HANDBUCH DER BODENLEHRE

HERAUSGEGEBEN VON

DR. E. BLANCK

O. Ö. PROFESSOR UND DIREKTOR DES AGRIKULTURCHEMISCHEN UND BODENKUNDLICHEN INSTITUTS DER UNIVERSITÄT GÖTTINGEN

ACHTER BAND

SPRINGER-VERLAG BERLIN HEIDELBERG GMBH

1931

DER KULTURBODEN UND DIE BESTIMMUNG SEINES FRUCHTBARKEITSZUSTANDES

BEARBEITET VON

PROFESSOR DR. **A. GEHRING**-BRAUNSCHWEIG
DR. **F. GIESECKE**-GÖTTINGEN · PROFESSOR DR. **E. HASELHOFF**-KASSEL · PROFESSOR DR. **O. HEUSER**-DANZIG · PROFESSOR DR. **H. KAPPEN**-BONN · PROFESSOR DR. **O. LEMMERMANN**-BERLIN
PROFESSOR DR. **W. MEVIUS**-MÜNSTER i. W. · PROFESSOR DR. **A. RIPPEL**-GÖTTINGEN · PROFESSOR DR. **TH. ROEMER**-HALLE ‹SAALE›
PROFESSOR DR. **A. A. J. v. 'SIGMOND**-BUDAPEST

MIT 21 ABBILDUNGEN

SPRINGER-VERLAG BERLIN HEIDELBERG GMBH
1931

ISBN 978-3-662-01926-9 ISBN 978-3-662-02221-4 (eBook)
DOI 10.1007/978-3-662-02221-4

URSPRUNGLICH ERSCHIENEN BEI JULIUS SPRINGER IN BERLIN 1931
SOFTCOVER REPRINT OF THE HARDCOVER 1ST EDITION 1931

Vorwort.

Die Schwierigkeiten der Herausgabe des vorliegenden Bandes waren aus Gründen, die hier nicht erörtert zu werden brauchen, weit größer, als die der voraufgegangenen Bände. Wenn trotzdem die Aufgabe unter Inanspruchnahme äußerster Kraftentfaltung gelöst werden konnte, so verdankt dies der Herausgeber der tatkräftigen Unterstützung des Verlages und den ihm bei der redaktionellen Durchführung behilflichen Mitarbeitern, die sich auch diesmal in aufopfernder Weise der oft z. T. recht mühevollen, aber unvermeidlichen Kleinarbeiten unterzogen haben. Herrn Dr. F. GIESECKE, Dr. F. KLANDER, Frl. Dr. E. v. OLDERSHAUSEN und Frl. M. SCHÄFER sowie dem Verlage sei daher auch an dieser Stelle aufrichtigster Dank ausgesprochen.

Die strenge Begrenzung in der Behandlung der einzelnen, an sich oft recht naheliegenden Stoffgebiete hat sich insbesondere im vorliegenden Bande in manchen Fällen leider nicht immer mit der wünschenswerten Schärfe durchführen lassen. Wenn aber davon abgesehen wurde, hier und da auftretende Wiederholungen zu streichen, so geschah dies einzig und allein aus der Erwägung heraus, durch eine solche Maßnahme den inneren Zusammenhang im Aufbau der einzelnen Beiträge nicht zu stören. Bei dem berechtigten Wunsche, die einzelnen Kapitel durch die infolge ihrer Arbeitsrichtung besonders in Frage kommenden Autoren zu behandeln, hat es sich nicht vermeiden lassen, daß z. T. Überschneidungen in der Darstellung einzelner naheliegender Geschehnisse eintreten mußten.

Möge auch diesem Bande des Handbuches die gleich günstige Aufnahme seiner Vorgänger beschieden sein.

Göttingen im Juli 1931.

E. BLANCK.

Inhaltsverzeichnis.

Zweiter Teil.

Angewandte oder spezielle Bodenkunde (Technologie des Bodens).

Der Kulturboden und die Bestimmung seines Fruchtbarkeitszustandes.

A. Der Kulturboden, seine Charakteristik und seine Einteilung vom landwirtschaftlichen Gesichtspunkt.

Von Professor Dr. O. HEUSER, Danzig.

(Mit 1 Abbildung.)

B. Die Bestimmung des Fruchtbarkeitszustandes des Bodens.

Zweiter Teil.

Angewandte oder spezielle Bodenkunde. (Technologie des Bodens.)

Der Kulturboden und die Bestimmung seines Fruchtbarkeitszustandes.

A. Der Kulturboden, seine Charakteristik und seine Einteilung vom landwirtschaftlichen Gesichtspunkt.

Von O. HEUSER, Danzig.

Mit 1 Abbildung.

Charakteristik des Kulturbodens.

Naturboden und Kulturboden. Wesen und Begriff des Bodens haben sowohl in der landwirtschaftlichen als auch in der bodenkundlichen Literatur verschiedene Auslegungen erfahren. Die vielseitigen Beziehungen, die der Boden zu seiner Umwelt hat, lassen eine ebenso vielseitige Deutung des Begriffes zu, je nach den Gesichtspunkten, von welchen aus der Boden beurteilt wird. Zusammensetzung und Eigenschaften des Bodens, Benutzungs- und Verwendungsmöglichkeiten treten uns in so mannigfacher Art entgegen, daß sich die Aufgabe und Bedeutung des Bodens schwerlich in kurz zusammengefaßter Form zum Ausdruck bringen läßt. Viele Versuche der Begriffsbestimmung kranken überdies daran, daß sie den Boden als eine unveränderliche Sache ansehen, als etwas „Gewordenes", während doch jeder Boden, wie bereits 1847 von SENFT[1] zum Ausdruck gebracht wurde, sowohl der vom Pflug bisher unberührte, als auch der in regelmäßiger Ackerkultur befindliche, etwas „Werdendes" darstellt, das ständigen Veränderungen und Umwandlungen ausgesetzt ist, nicht nur durch Einflüsse von außen her, sondern auch von innen heraus, als Organismus im ganzen betrachtet.

Der Begriff „Kulturboden" engt die vielfache Deutungsfähigkeit immerhin schon stark ein, weil mit diesem Begriff festumrissene Vorstellungen verbunden sind, nämlich die Bewertung des Bodens als ein dem landwirtschaftlichen Gewerbe dienendes Naturprodukt. Immerhin lassen die verschiedenen Erscheinungsformen des Kulturbodens auch innerhalb dieser Begrenzung noch mannigfache Auslegungen zu, je nachdem in welcher Richtung die Hauptaufgabe des Bodens bei der landwirtschaftlichen Produktion erblickt wird. Um alle Möglichkeiten des Auftretens von Kulturboden zu erfassen, muß daher der Begriff zunächst auf den Boden schlechthin ausgedehnt werden, worauf versucht werden soll, die den Kulturboden vom Naturboden unterscheidenden Eigenschaften herauszuarbeiten.

[1] SENFT, F.: Lehrbuch der Gebirgs- und Bodenkunde. II. Bodenkunde, S. 268—312. Jena 1847.

In den einleitenden Abschnitten dieses Werkes[1] ist ein umfassender Überblick über das Wesen des Bodens als Naturerscheinung gegeben. Die dort angestellte Betrachtung, losgelöst von einseitigen Begriffen des Zweckes, dem der Boden unter Umständen dienen kann, kennzeichnet den Boden zunächst einmal als allgemeine Naturerscheinung von weitgehender Verbreitung und Anteilnahme am Aufbau unseres Erdkörpers. Als wichtigste Eigenschaft des Bodens, in diesem umfassenden und wissenschaftlichen Sinn, wird sein allgemeines Auftreten an der Erdoberfläche hervorgehoben und der Boden danach als die spezifische Ausbildungsform der obersten Erdoberflächenschicht bezeichnet. Sein Zustandekommen ist das Werk der lebenden Naturkräfte, die ihre Auslösung in gegenseitiger Wechselwirkung aufeinander finden.

Trotz Ausschaltung aller Gesichtspunkte, die für eine nutzbringende Verwendung des Bodens sprechen, bietet aber auch die umfassende, wissenschaftliche Begriffsbestimmung dieses Naturkörpers noch recht verschiedene Auslegungsmöglichkeiten, je nachdem dieser Naturkörper mehr von dem Gesichtspunkt der einen oder der anderen naturwissenschaftlichen Disziplin angesehen wird. Von dem einseitig geologischen Standpunkt LANGS[2], der den Boden als eine Art Gestein, jedenfalls als erdgeschichtliches Produkt ansieht, bis zu dem ausschließlich pflanzenphysiologischen Standpunkt MITSCHERLICHS[3], der die Eigenschaft als Träger einer Vegetation für allein wesentlich erklärt, gibt es zahlreiche Übergänge. Die Ausschließung jeder Angabe über die Möglichkeit zweckbewußter Verwendung des Bodens finden wir zwar auch bei RAMANN[4], der den Boden als „die obere Verwitterungsschicht der festen Erdrinde" ansieht, immerhin weisen aber doch wohl die Mehrzahl auch der rein bodenkundlich wissenschaftlichen Definitionen auf die Fähigkeit des „Bodens" hin, Pflanzenwuchs zu tragen, die ihn letzten Endes erst vom Gestein unterscheidet, obschon auch das Gestein unter gewissen Bedingungen befähigt ist, einer höheren Vegetation als Standort zu dienen[5]. Noch einen Schritt weiter geht STREMME[6], der die wechselseitige Beeinflussung von Pflanze und Boden hervorhebt und als wesentliches Merkmal eines Bodens ansieht, daß Pflanzen an der Zertrümmerung und dem chemischen Aufschluß der Mineralien beteiligt sind, andererseits ihre Stoffwechselprodukte, Humus, Lösungen, Gase, abgeben und dadurch erst aus einem Trümmergestein Boden machen. Ferner wird hier auch die dauernde Veränderung des Bodens als sein kennzeichnendes Merkmal hervorgehoben. Wechselbeziehungen zu den lebenden Pflanzen gibt auch LUNDEGÅRDH[7] als das Wesentliche für den Boden, auch bei völlig anorganischer Zusammensetzung desselben, an.

Die Kennzeichnung des Bodens dahin, daß es sich um ein Material handelt, welches Pflanzenwachstum tragen kann, bringt den rein wissenschaftlichen Begriff des Bodens dem landwirtschaftlichen Standpunkt näher. Immerhin besagt die Fähigkeit, Vegetation zu tragen, noch lange nicht, daß es sich um landwirtschaftlich verwendungsfähigen Boden handelt. Die verbreitetste und beliebteste landwirtschaftliche Bodenbegriffsbestimmung ist die von FELIX WAHNSCHAFFE[8] geprägte Definition des Bodens als „die oberste lockere und zum Teil erdige

[1] BLANCK, E.: Begriff und Wesen des Bodens, 1, 19ff.
[2] LANG, R.: Verwitterung und Bodenbildung, S. 1. Stuttgart 1920.
[3] MITSCHERLICH, E. A.: Bodenkunde für Land- und Forstwirte, 3. Aufl., S. 8. Berlin 1920.
[4] RAMANN, E.: Bodenkunde, 3. Aufl., S. 5. Berlin 1911.
[5] Vgl. dieses Handbuch 2, 257f.; ferner E. BLANCK: Bodenlehre, S. 11. Berlin 1928.
[6] STREMME, H.: Grundzüge der praktischen Bodenkunde, S. 1 und 2. Berlin 1926.
[7] LUNDEGÅRDH, H.: Klima und Boden, S. 219. Jena 1925.
[8] WAHNSCHAFFE, F.: Anleitung zur wissenschaftlichen Bodenuntersuchung, S. 3. Berlin 1887.

Schicht unserer Erdrinde, soweit dieselbe imstande ist, eine Vegetation, mag dieselbe auch noch so kümmerlich sein, zu tragen". Dürftige Vegetation zeigt auch der feste, mit Flechten überzogene Felsen, der demnach ebenso wie der lockere Waldhumus oder der Schlamm in stillen Gewässern als Boden angesehen werden müßte. Kulturboden, d. h. für landwirtschaftliche Zwecke verwendungsfähiger Boden, bedarf jedoch in bezug auf das Pflanzenwachstum einer engeren Begrenzung. Er muß höher organisierten Pflanzen Standort und Nahrung bieten. Die Bezeichnung „Kulturboden" schließt in sich, daß der Boden den Kulturpflanzen einen technisch und wirtschaftlich entsprechenden Standort bietet, daß er genügend mächtig und bearbeitungsfähig ist und auch noch einer Reihe weiterer Anforderungen genügt, auf die weiter unten näher eingegangen wird.

Die oberste Verwitterungsrinde der Mineralgesteine, die salzreichen angeschwemmten Ablagerungen an Meeresküsten, die Rohhumusanhäufungen der Hochmoore stellen im weiten Sinne schon Boden dar, der Pflanzenwuchs bestimmter Art tragen kann. Kulturboden im engen Sinne setzt jedoch weitergehende Zerlegung der Verwitterungsrinde, entsprechende Mächtigkeit und Humusanreicherung, Entsalzung der Meeresablagerungen, Entwässerung der Torfmasse des Hochmoors usw. voraus.

Neben den Beziehungen der Pflanze zum Boden, die letzteren erst als solchen charakterisieren, wird von den meisten Autoren auch der Einfluß des Klimas bei der Bodenbildung besonders stark hervorgehoben[1]. Die Tatsache, daß es sich um eine Verwitterung der festen Erdrinde handelt, die das Ausgangsmaterial für die Bodenbildung liefert, schließt den Einfluß der Atmosphärilien auf diesen Prozeß ja bereits in sich ein. Es leuchtet ein, daß bei der Vielzahl und Verschiedenheit klimatischer Faktoren Änderungen im Zusammenwirken dieser Verhältnisse auch eine Änderung des Verwitterungsvorganges und damit des Produktes hervorbringen müssen. Daß die Berührung der Erdoberfläche mit der Luft erst das Zustandekommen des Bodens ermöglicht, wird zwar in den meisten der älteren bodenkundlichen Definitionen zum Ausdruck gebracht, neuzeitliche Erkenntnisse haben aber erst ergeben, in welchem Maße namentlich unter extremen klimatischen Verhältnissen die Bodenbildung durch das Klima beeinflußt werden kann. Innerhalb Deutschlands vermögen die klimatischen Faktoren der Bodenbildung allerdings die durch das Muttergestein gegebenen Eigenheiten der Böden nicht zu verwischen[2]. Die Unterscheidung der Böden nach rein geodynamischen Gesichtspunkten in Verwitterungsböden und Schwemmlandsböden, die sich bis in die neuere Zeit erhalten hat, kann aber nur noch eine untergeordnete Bedeutung beanspruchen, die sich übrigens auch schon auf Grund einer Berücksichtigung der früher genannten Wechselbeziehungen bei der Bodenbildung ergibt. Nicht die Böden selbst, sondern nur das Verwitterungsmaterial wird angeschwemmt, aus diesem wird dann durch dieselben Vorgänge, die auch das anstehende Verwitterungs-

---

[1] RICHTHOFEN, F. v.: Führer für Forschungsreisende. Leipzig 1886. — HILGARD, E. W.: Über den Einfluß des Klimas auf die Bildung und Zusammensetzung des Bodens. Forschgn. Geb. Agrikult.-Phys. 16, 82 (1893); Die Böden humider und arider Länder. Internat. Mitt. Bodenkde. 1, 415 (1911). — RAMANN, E.: Bodenkunde, 3. Aufl., S. 521. Berlin 1911; Bodenbildung und Bodeneinteilung. Berlin 1918. — LANG, R.: Versuch einer exakten Klassifikation der Böden in klimatischer und geologischer Hinsicht. Internat. Mitt. Bodenkde. 5, 312 (1915). — JENNY, H.: Klima und Klimabodentypen in Europa und in den Vereinigten Staaten von Nordamerika. Bodenkdl. Forschgn. 1, 139 (1929). — BLANCK, E.: Handbuch der Bodenlehre 3, 1. — GLINKA, K.: Die Typen der Bodenbildung. Berlin 1914.

[2] MILCH, L.: Über die Beziehungen der Böden zu ihren Muttergesteinen. Mitt. Landw. Inst. Breslau 3, 897 (1906).

material betreffen, erst der endgültige Boden. Faßt man den engeren Begriff des Kulturbodens ins Auge, so kann man sogar bei den jüngsten alluvialen Ablagerungen, den Marschböden, diesen Grundsatz noch aufrecht erhalten. Wenn es sich vielfach auch um ein recht bodenähnliches Material handelt, das hier abgelagert wird, um Material, das vielleicht schon anderswo einmal Boden gewesen ist, so gehört doch Trockenlegung, Durchlüftung usw., jedenfalls ein Bodenbildungsvorgang dazu, um auch aus diesem Material wieder Boden zu machen[1].

Der Einfluß des Klimas auf die Bodenbildung ist im dritten Bande des Handbuches ausführlich dargelegt worden.

Die zur Bodenbildung führende Verwitterung der Erdrinde ist jedoch nicht nur das Resultat der atmosphärischen, sondern auch der biologischen Kräfte[2].

Alle diese Faktoren wirken nicht nur auf den Naturboden, sondern noch in weit höherem Maße auf den eigentlichen Kulturboden ein. Soweit der Kulturboden regelmäßig bearbeitet wird, unterliegt er der Einwirkung der Atmosphärilien in verstärkter Form. Auch der gegenüber dem Naturboden anders zusammengesetzte Pflanzenbestand eines Kulturbodens mit verschiedenen Ansprüchen, verschiedener Durchwurzelung des Bodens usw. beeinflußt diesen in höherem Maße. Besonders stark wirken sich auch alle Düngungsmaßnahmen auf den Fortgang des Bodenbildungsprozesses aus, sowie die durch unsere Kulturmaßnahmen geförderten biologischen Vorgänge im Boden. Einmal wird der direkte Einfluß des Klimas auf die Bodenbildungsvorgänge unterstützt, zum andern wirkt das Klima jedoch auch auf den Pflanzenwuchs und dadurch indirekt auf den Boden ein.

Der Boden ist demnach als das Ergebnis einer Entwicklung anzusehen, die aber nie ganz abgeschlossen ist, solange die Einflüsse des Klimas sich ändern können und solange die Pflanzen den Boden beeinflussen. Müssen wir schon den Naturboden als etwas Veränderliches und Bewegliches auffassen, um so mehr gilt dieses von dem Kulturboden, bei dem zu den natürlichen Faktoren der Bodenbildung noch die Einflüsse hinzukommen, die der Mensch durch seine Maßnahmen auf den Boden ausübt.

Begriff und Wesen des Kulturbodens, Bodenbestandteile. Die Bezeichnung Kulturboden drückt aus, daß dieser Boden vom Menschen in Kultur genommen wurde. Wenn wir vom Boden in weiterem Sinne sprechen, so verbinden wir auch damit schon unbewußt die Vorstellung des Trägers einer Pflanzenvegetation, obwohl dies nicht das Wesentliche des Bodens ausmacht. Wenn wir aber von Kulturboden sprechen, so verstehen wir darunter landwirtschaftlich, forstwirtschaftlich oder gärtnerisch genutzten Boden und verbinden damit bewußt die Vorstellung, daß diese Materie den Pflanzen Standort und Nahrung zu gewähren imstande ist. Kulturboden muß nicht nur eine Vegetationsdecke tragen können, sondern muß Pflanzen mit bestimmt gerichteten, meist höheren Ansprüchen tragen können.

Der Kulturboden hat für das landwirtschaftliche Gewerbe eine ganze Reihe von Aufgaben zu erfüllen. Er gewährt den Kulturpflanzen eine mehr oder weniger fortlaufende Zufuhr von Nährstoffen und Wasser, er reguliert die Temperatur und gestattet den Pflanzenwurzeln eine wirksame Verankerung. Früher erblickte man in landwirtschaftlicher Beziehung eine Hauptaufgabe des Bodens in seiner Eigenschaft als Nährstoffquelle[3]. Mit zunehmender Erkenntnis der

---

[1] HEUSER, O.: Grundzüge der praktischen Bodenbearbeitung auf bodenkundlicher Grundlage, S. 4. Berlin 1928.

[2] Vgl. hierzu die ausführlichen Angaben dieses Handbuchs 2.

[3] LIEBIG, J. VON: Die Chemie in ihrer Anwendung auf Agrikultur und Physiologie, 7. Aufl., S. 65. 1862. — KNOP, W.: Die Bonitierung der Ackererden, S. 63. Leipzig 1871.

sich im Boden bei der Ernährung der Pflanze abspielenden Vorgänge wurde denn auch die Eignung des Bodens hierfür als Merkmal hervorgehoben und vom Boden als von der „Küche der Pflanzen"[1] gesprochen, worin auch die Verarbeitung der dem Boden künstlich zugeführten Nährstoffe und deren Übermittlung an die Pflanzen einbegriffen ist. Von den Stoffen, die den Pflanzenkörper aufbauen, entnimmt die Pflanze aber nur den 2—5 % betragenden Mineralstoffanteil dem Boden; die übrigen Bestandteile ihrer Trockenmasse stammen aus der Luft und werden mit Hilfe des Assimilationsvorganges aufgebaut. Die aus der Luft assimilierte Kohlensäure stammt zwar, wie neuere Forschungen[2] dargelegt haben, zum überwiegenden Teil auch aus dem Boden, wo sie durch Zersetzung des organischen Materials freigemacht wird. Hierfür ist aber die biologische Tätigkeit eines Bodens entscheidender als seine chemische Zusammensetzung. Zu den wichtigsten und quantitativ ausschlaggebendsten Vorgängen der Pflanzenproduktion trägt der Boden also nur indirekt bei. Mit der fortschreitenden Bedeutung, die dieser Tatsache beigelegt wird, ist uns heute der Boden vorwiegend als Pflanzenstandort wichtig geworden, dessen chemische Zusammensetzung vor der Bedeutung seiner physikalischen Beschaffenheit und biologischen Tätigkeit etwas in den Hintergrund tritt. Dementsprechend nehmen auch in der Erörterung landwirtschaftlicher Maßnahmen die Düngungsfragen nicht mehr den breiten Raum ein wie bisher, man beginnt, den Maßnahmen der Bodenbearbeitung und Bodenpflege, allen Einwirkungen auf die Bodenstruktur, mehr Augenmerk zu schenken.

Die Verlegung des Schwerpunktes in der Auffassung von der Aufgabe des Kulturbodens muß uns folgerichtig dahin führen, sämtliche Eigenschaften des Bodens als wichtig zu betrachten, ferner bei der Charakterisierung des Kulturbodens auch die Entstehung des Bodens und die Faktoren der Bodenbildung zu berücksichtigen. Für diese Art der Betrachtung wird auch die Berücksichtigung jener Definitionen besonders wichtig, die den Boden in Beziehung zu der über ihm befindlichen Luftschicht bringen[3]. Im ganzen ist daher in der neueren Entwicklung der landwirtschaftlichen Bodenkultur eine deutliche Annäherung an die bodenkundliche Wissenschaft festzustellen.

Ist der Begriff des Kulturbodens durch die vorausgesetzte Fähigkeit, Kulturpflanzen zu tragen, zunächst einmal grob umrissen, so fehlt doch noch jeder Anhaltspunkt dafür, welche untere Begrenzung wir dieser Bodenschicht zu geben haben. Da bodenkundlich der Boden als Verwitterungsprodukt angesehen wird, so müssen wir die untere Grenze des Bodens wohl dorthin verlegen, wo die Verwitterung nicht mehr zu wirken vermag bzw. wo keine Verwitterungserscheinungen mehr beobachtbar sind[4]. Da es jedoch an einer scharfen Umgrenzung dessen fehlt, was wir als Verwitterungsvorgang und als Produkt der Verwitterung anzusehen haben, so bietet die Festlegung einer solchen Grenze immerhin große Schwierigkeiten und ist erst dann möglich, wenn die Kenntnis der Verwitterung und ihrer Erscheinungen in vollem Umfange dazu herangezogen wird. Immerhin wird auch von rein bodenkundlicher Seite die Lockerheit als wesentliches Merk-

---

[1] ROSENBERG-LIPINSKY, A. VON: Der praktische Ackerbau, 1, 4. Aufl., S. 321. Breslau 1871.

[2] Vgl. E. REINAU: Kohlensäure und Pflanze. Halle 1920; Forschungsergebnisse zur Kohlensäurefrage. Angew. Bot. **9**, 1 (1927). — H. MAGERS: Untersuchungen über die Produktion der Kohlensäure im Ackerboden und ihre Diffusion in der Atmosphäre. Wiss. Arch., A. f. L. **2**, 3 (1929). — H. LUNDEGARDH: Der Kreislauf der Kohlensäure in der Natur. Jena 1924; ferner dieses Handbuch **7**, 378.

[3] WALTHER, J.: Einleitung in die Geologie als historische Wissenschaft. Jena 1893 bis 94.

[4] Vgl. die Ausführungen E. BLANCKS in diesem Handbuch **1**, 25.

mal des Verwitterungsproduktes „Boden" angesehen[1], wodurch uns der Übergang zum landwirtschaftlichen Begriff Kulturboden erleichtert wird.

Die untere Grenze des Kulturbodens ist ganz zweifellos da zu suchen, wo wir von einer Lockerheit des Verwitterungsproduktes nicht mehr sprechen können, da mit der Lockerheit gleichzeitig die Fähigkeit des Bodens entfällt, an denjenigen Vorgängen teilzunehmen, die wir für den Kulturboden als ausschlaggebend erkannt haben. Soweit die Möglichkeit des Luftzutrittes besteht, besteht auch gleichzeitig die Möglichkeit, an der Versorgung der Kulturpflanzen Anteil zu nehmen. Diese letzte Möglichkeit steigt, landwirtschaftlich betrachtet, mit zunehmender Lockerheit des Verwitterungsproduktes bis zu einer gewissen Grenze geradlinig an. Wir müssen daher für den Begriff des Kulturbodens, der ja die Fähigkeit, anspruchsvolle Pflanzen zu tragen, ausdrücken soll, einen gewissen Mindestgrad an Lockerheit verlangen[2].

Der Landwirt unterscheidet beim Kulturboden die Ackerkrume, die regelmäßig gedüngt und bearbeitet wird, und die für das Pflanzenleben in erster Linie in Frage kommt, von der darunterliegenden Schicht, dem Untergrund. Diese landwirtschaftliche Krume entspricht jedoch nicht immer zugleich den bodenkundlichen Begriffen. In bodenkundlichem Sinne reicht die Krume (*A*-Horizont) so weit, wie der Boden durch humose Bestandteile eine dunklere Färbung und andere, durch den Humusgehalt hervorgerufene Eigenschaften gegenüber den darunterlagernden Schichten aufweist. Im übrigen liefert auch die Pflugtiefe zur Bemessung der landwirtschaftlichen Krume nur einen unsicheren Maßstab, da die normale Pflugarbeit je nach der Kulturpflanze in wechselnder Tiefe ausgeführt wird. Noch unsicherer wird diese Begrenzung durch die Ausführung der sog. Untergrundlockerung, bei der man je nach der Beschaffenheit der Bodenschichten im Zweifel sein kann, ob die gelockerte Schicht der Krume oder dem Untergrund zugerechnet werden muß.

Auch der — im landwirtschaftlichen Sinne gebrauchte Ausdruck — Untergrund kann, soweit er nicht aus festem Gestein besteht, zu den Aufgaben des Pflanzenbaus weitgehend herangezogen werden. Der Endzweck jeder intensiven Bodenkultur besteht darin, die bestehende Krume zu vertiefen. Soweit der Untergrund noch im bodenkundlichen Sinne als Krume aufgefaßt werden muß, also mit zum *A*-Horizont gehört, ist eine derartige Vertiefung mit mechanischen Mitteln verhältnismäßig einfach und billig herbeizuführen. Eine allmähliche Auflockerung und vorsichtige Einmischung in die oberen Schichten wird hier leicht zum Ziele führen. Wo der Untergrund allerdings auch im bodenkundlichen Sinne als Untergrund, d. h. als besonders geartete, in Eigenschaften und Zusammensetzung stark von der darüberliegenden Krume abweichende Schicht anzusehen ist, muß eine solche Einmischung tunlichst vermieden werden. Die aus dem Untergrund heraufgeholten Bestandteile bilden zunächst Fremdkörper im eigentlichen Kulturboden. Der Landwirt kennt die Schädigungen für das Pflanzenwachstum, die durch das Heraufholen von „totem" Boden bewirkt werden. Der Untergrund darf in solchem Falle nur gelockert, nicht in die Ackerkrume eingemischt werden. Die Technik der Untergrundlockerung ist daher je nach der vorliegenden Boden-

---

[1] LANG, R.: Die Verwitterung. Fortschr. d. Min., Kristall. u. Petrogr. 7, 240. Jena 1922.

[2] Vgl. E. WOLLNY: Forschgn. Geb. Agrikult.-Phys. 8, 369 (1885). — J. KOPECKY: Die physikalischen Eigenschaften des Bodens. Internat. Mitt. Bodenkde. 4, 138—140 (1914). — W. NITZSCH: Die Gesetzmäßigkeiten in den Porositätsverhältnissen des Ackerbodens und ihre Beziehungen zur Bodenkultur. Wiss. Veröff. Siemenskonzern 5, 3 (1927); Zustand und Veränderung des Ackerbodens. Ebenda 4, 2 (1925). — H. JANERT: Neue Methoden zur Bestimmung der wichtigsten physikalischen Grundkonstanten des Bodens. Landw. Jb. **66**, 426 (1927).

schichtung verschieden vorsichtig und mit verschiedenen Mitteln zu handhaben[1].

Die Beschaffenheit des Untergrundes kann für die darüber befindliche Ackerkrume von ausschlaggebender Bedeutung sein, vielfach sogar bestimmend für die Entstehungsmöglichkeit des eigentlichen Kulturbodens. Die Beurteilung eines Bodens darf sich daher in keinem Falle auf die Beschaffenheit der Ackerkrume beschränken. Der Untergrund ist ebenfalls zu prüfen, wobei man sich zweckmäßig nicht nur auf die Feststellung seiner stofflichen Zusammensetzung und seines physikalischen Zustandes beschränkt, sondern die Entstehungsart des betr. Bodens zur Beurteilung mit heranzieht. Auch die Erforschung der Bodenhorizonte kann die Bewertung der stofflichen Zusammensetzung ergänzen. Bei der Beurteilung des Untergrundes vom landwirtschaftlichen Standpunkt aus ist zu beachten, daß die absolute Beschaffenheit desselben weniger ausschlaggebend ist als die sich aus seiner Beschaffenheit ergebende Ergänzung einer in ihren Eigenschaften extrem gearteten Ackerkrume. Für einen leichten Sandboden ist ein lehmiger oder toniger Untergrund wertvoller als ein Untergrund von leichter Beschaffenheit, während umgekehrt ein sandiger oder kiesiger Untergrund die unangenehmen Eigenschaften eines strengen Tonbodens zu mildern vermag. Besonders wichtig ist die Beschaffenheit des Untergrundes für die Feuchtigkeitsregulierung im Boden. Übermäßige Feuchtigkeit ist stets das Zeichen eines undurchlässigen Untergrundes. Die Durchlässigkeit des Untergrundes wird wiederum besonders wertvoll für Böden, die infolge der Beschaffenheit ihrer Ackerkrume zur Anhäufung von Feuchtigkeit neigen. Endlich wäre noch zu erwähnen, daß kalkhaltiger Untergrund das Fortkommen aller kalkliebenden Kulturpflanzen sichert, auch wenn diese in der Ackerkrume nicht genügend Kalk vorfinden. So bestehen vielfache Möglichkeiten, wie sich Ackerkrume und Untergrund in ihren Eigenschaften ergänzen können. Bei extrem schweren und extrem leichten Böden kann man nur dann eine Eignung als Kulturboden erwarten, wenn eine entsprechende Ergänzung zwischen Ackerkrume und Untergrund besteht.

Setzt man einen Mindestgrad von Lockerheit auf der einen Seite als wesentliches Merkmal des Kulturbodens voraus, so muß dem auf der anderen Seite noch hinzugefügt werden, daß die Verwitterungsvorgänge, die die Lockerheit des Produktes bewirkten, zu einem Ergebnis geführt haben müssen, das auch in landwirtschaftlichem Sinne als günstig anzusehen ist. Man kennt Bodenbildungsvorgänge, mit denen eine Auslaugung der oberen Bodenschicht verbunden ist[2]. Diese Auslaugung, die in landwirtschaftlichem Sinne eine Verarmung an wertvollen Bodenbestandteilen bedeutet, kann so stark sein, daß dem dabei gebildeten Bodenmaterial die Fähigkeit, einen Kulturboden abzugeben, nicht zugesprochen werden kann. Andere Vorgänge der Bodenbildung führen zur Entstehung von Schichten im Boden, die als dem Pflanzenwachstum unzuträglich angesehen werden müssen[3] (Ortstein, Raseneisenstein usw.). Sind derartige Vorgänge bis zu einer gewissen Stufe fortgeschritten, so kann auch aus solchem Bodenmaterial kein Kulturboden im engeren Sinne entstehen. Die durch die Verwitterungsvorgänge gebildete Krume muß ferner genügend mächtig sein, um den Lebensbedingungen der anspruchsvollen Kulturpflanzen zu genügen.

---

[1] HEUSER, O.: Wo ist Tiefkultur angebracht und wie ist sie durchzuführen? Georgine 1927, 71; Grundzüge der praktischen Bodenbearbeitung, S. 108. 1928. — SCHLABACH, W.: Geräte für Untergrundkultur. Techn. i. d. Landw. 1925, 124.

[2] RAMANN, E.: Bodenbildung und Bodeneinteilung. Berlin 1918.

[3] EHRENBERG, P.: Die Bodenkolloide, S. 481 f. 1918.

Ein bestimmter Mindestgrad an Lockerheit sowie gleichzeitig ein für das Pflanzenleben günstiger Verlauf der Bodenbildungsvorgänge sind also in gleicher Weise als physische Voraussetzungen für das Zustandekommen eines Kulturbodens anzusehen. Daneben müssen auch noch gewisse landwirtschaftlich-technische Voraussetzungen erfüllt sein, die hauptsächlich in der Bearbeitbarkeit, Bodenneigung, Lage usw. zum Ausdruck kommen.

Die Hauptbestandteile des Kulturbodens können als mineralische und organische Bestandteile sowie als Kalk unterschieden werden.

Mineralische Bestandteile. Die Gesteinsverwitterung liefert uns je nach dem Verlauf der Verwitterung und je nach der Natur der ursprünglichen Bestandteile selbstverständlich ganz verschiedene Bodenbestandteile. Die Natur und Beschaffenheit dieser einzelnen Bestandteile bedingt wiederum eine Reihe von Eigenschaften, die einen bestimmten Bodencharakter hervorbringen können. Entsprechend der verschiedenen Zusammensetzung des Muttergesteins und den verschiedenen Lösungsvorgängen bei der Bodenbildung weisen die einzelnen Böden zunächst eine verschiedene chemische Zusammensetzung auf. Der Gehalt der natürlichen Vorräte an Pflanzennährstoffen kann daher außerordentlich schwanken. Man kann den Boden analysieren und seine chemische Zusammensetzung genau bestimmen. Die Erfahrung lehrt jedoch, daß die Kenntnis der chemischen Zusammensetzung allein für die Beurteilung des Bodens noch keine ausschlaggebende Bedeutung beanspruchen kann.

Außer der stofflichen Zusammensetzung zeigt auch die sog. mechanische Zusammensetzung der Böden stark wechselnde Werte. Die mechanische Bodenanalyse besteht darin, den Boden durch Absieben und Aufschlämmen in seine Korngrößen aufzuteilen. Der Boden wird hierbei in feinkörnige oder tonige Gemengteile, die sich in Wasser längere Zeit schwebend halten können, und in gröbere Gemengteile, Sand und Kies zerlegt.

Die Kenntnis der mechanischen Zusammensetzung gibt einen gewissen Einblick in den Aufbau des Bodens. Es ist bekannt, daß die tonigen Bestandteile die Hauptquelle der aufnehmbaren Nährstoffe bilden, daß sie eine gewisse Dichtigkeit des Bodens zur Folge haben, seine physikalischen Eigenschaften also ungünstig beeinflussen. Die sandigen Bestandteile des Bodens liefern im allgemeinen keine aufnehmbaren Nährstoffe, begünstigen aber die Lockererhaltung des Bodens. Ein nur aus tonigen Gemengteilen bestehender Boden würde ebensowenig einen geeigneten Pflanzenstandort abgeben wie ein nur aus sandigen Gemengteilen bestehender Boden. Eine Mischung von sandigen und tonigen Gemengteilen ist für alle Vorgänge im Boden vorzuziehen.

Für die allgemeine Charakteristik der Böden kann daran festgehalten werden, daß zunehmender Tongehalt die chemischen Eigenschaften und das Wasserhaltungsvermögen verbessert, die physikalischen Eigenschaften dagegen ungünstiger werden läßt. Umgekehrt weist der Boden mit zunehmendem Sandgehalt ungünstigere chemische Eigenschaften, ein geringes Wasserhaltungsvermögen und günstigere physikalische Eigenschaften auf. Der Anhalt, den uns die mechanische Bodenanalyse für die genannten Bodeneigenschaften gibt, ist jedoch sehr gering. Die Bodenbestandteile sind in einem normalen Boden stets zu zusammengesetzten Partikeln miteinander verbunden, wodurch die feineren Teilchen stärkere Beeinflussung erleiden als die gröberen Gemengteile. Die Eigenschaften eines Bodens sind daher nie gleich der Summe der Eigenschaften seiner einzelnen Bestandteile. Böden von gleicher mechanischer Zusammensetzung können doch sehr verschiedene Eigenschaften aufweisen.

Auch in anderer Beziehung weist die mechanische Analyse des Bodens gewisse Mängel auf. Die mechanische Bodenanalyse zerlegt den Boden durch Absonderung seiner Bestandteile innerhalb bestimmter Durchmessergrenzen in bestimmte Korngrößen. Die Korngrößen über 2 mm werden durch Absieben, die Korngrößen unter 2 mm durch Abschlämmen oder durch Sedimentieren in Wasser ermittelt[1]. Die Korngrößen unter 0,05 mm werden als abschlämmbare Teilchen bezeichnet, die Schlämmanalyse trennt jedoch nicht sicher tonige von sandigen Bestandteilen. Form und zufällige Lage der Bodenteilchen spielen eine große Rolle, auch hängt das Ergebnis der Schlämmanalyse von der Beschaffenheit des Wassers stark ab[2]. Die feinsten Bodenteilchen brauchen durchaus nicht immer tonige Bestandteile zu sein, sondern können auch aus feinstem Sand (Schluff) bestehen. Für den physikalischen Zustand sowohl als für die chemischen Eigenschaften eines Bodens ist das aber ein sehr wichtiger Umstand.

Sand besteht chemisch aus SiO_2, Quarz, und spielt für die Pflanzenernährung keine Rolle. Physikalisch bedeutet der Sand ein verhältnismäßig unbewegliches Material, er unterliegt keinen bemerkenswerten Zustandsänderungen. Da ihm die Fähigkeit mangelt, Krümelstruktur zu bilden, so bringt ein hoher Schluffsandgehalt des Bodens eine sehr ungünstige, dichte Struktur des Bodens mit sich. Die gröberen Sandbestandteile wirken dagegen günstig auf den Lockerungsgrad des Bodens ein.

Der Ton besteht chemisch aus einem Gemenge von Kieselsäure und Aluminiumhydroxyd. Er kommt gewöhnlich im Gemenge mit vielerlei Verwitterungsprodukten gleicher Größenklassen vor, die infolge ihrer relativ großen Oberfläche leicht angreifbar sind und viel Nährstoffe liefern. Der Ton selbst spielt für die Fruchtbarkeit eines Bodens insofern eine große Rolle, als die Tonbestandteile Träger der Absorptions- und Austauschvorgänge sind. Die tonigen Bestandteile stellen ferner im kolloidfähigen Zustande wichtige Stoffe des Bodens dar. Unter dem Einfluß bestimmter kolloidchemischer Erscheinungen, Anwesenheit von Elektrolyten usw. flocken die Tonbestandteile aus und bilden Krümelstruktur. Sie sind daher neben den Humuskolloiden als strukturbildende Bestandteile des Bodens anzusehen.

In physikalischer Hinsicht zeigt der Ton eine Reihe von Eigenschaften, die eine Begrenzung seines Anteils im Boden wünschenswert erscheinen lassen. In feuchtem Zustand ist der Ton plastisch, die einzelnen Tonpartikel halten zusammen. Geringe Mengen Ton erhöhen die Wasserkapazität eines Bodens erheblich, Ton im Überschuß macht den Boden schwer und setzt die Wasserführung herab. Reine Tonschichten sind fast undurchdringlich für Wasser. Beim Trocknen schrumpft der Ton unter Bildung von Rissen zusammen und verhärtet sehr stark. Diese physikalischen Eigenschaften machen sich bei einem großen Gehalt eines Bodens an Ton unangenehm bemerkbar. In guten Ackerböden darf der Tongehalt nicht über 20—30% betragen. Schwere Tonböden können unter Umständen ganz unfruchtbar sein.

Die kolloidfähigen Tonbestandteile bilden sowohl beim Abschlämmen als auch in natürlichem Zustand mit dem Bodenwasser Suspensionen, die je nach dem Salzgehalt des Dispersionsmittels einen sehr verschiedenen Zerteilungsgrad besitzen können[3]. Es leuchtet ein, daß ein etwaiger Salzgehalt des Schlämmwassers daher auch das Ergebnis einer Schlämmanalyse weitgehend beeinflussen

[1] Vgl. dieses Handbuch **6** sowie auch: F. Wahnschaffe u. F. Schucht: Anleitung zur wissenschaftlichen Bodenuntersuchung, 4. Aufl., S. 18. Berlin 1924.

[2] Wiegner, G.: Boden und Bodenbildung in kolloidchemischer Betrachtung, S. 9. Dresden u. Leipzig 1918.

[3] Vgl. dieses Handbuch **7**, 45, ferner P. Ehrenberg: Die Bodenkolloide. 1918. — Vgl. auch G. Wiegner: Über eine neue Methode der Schlämmanalyse. Landw. Versuchsstat. **91** (1918). — S. Odén: Eine neue Methode zur mechanischen Bodenanalyse. Internat. Mitt. Bodenkde. **5** u. **6** (1915).

muß. Tonkolloide, die in reinem Wasser die feinsten Fraktionen der Korngröße ergeben würden, flocken bei Anwesenheit von Salzen aus und bilden dann ganz andere Größenklassen. Daraus müssen wir ohne weiteres ableiten, daß auch in der Natur der physikalische Zustand eines Bodens sehr beweglich ist und innerhalb gewisser Grenzen stets Schwankungen unterliegt. Diese Schwankungen sind bedingt durch den Wechsel im Salzgehalt der Bodenlösung, hängen von Temperatur, Feuchtigkeit, Düngung und einer ganzen Reihe weiterer Faktoren ab[1]. Die mechanische Bodenanalyse vermag uns daher nur eine gewisse Vorstellung über die physikalischen Zustandsmöglichkeiten zu geben, die ein Boden in sich birgt.

Ferner bestehen die feinsten Bodenbestandteile nicht nur aus Schluffsand und Ton, auch die Humusteilchen finden sich in dieser Größenklasse in wechselnden Mengen vor und verleihen der Beurteilung eines Bodens lediglich nach seiner Korngröße weitere Unsicherheit. Man kann daher die Feststellung des Korngrößenanteils nur als eine erste grobe Unterscheidung der Böden bewerten.

Organische Bestandteile. Neben den mineralischen Bestandteilen des Bodens spielt die organische Substanz eine wertbestimmende Rolle. Die organischen Stoffe des Bodens bestehen im wesentlichen aus pflanzlichen Rückständen, die entweder mit dem Gesteinsmaterial zusammen abgelagert wurden oder von der Flora des betr. Bodens stammen[2]. Die organische Substanz hat in den Mineralböden wichtige Aufgaben zu erfüllen. Durch die bei ihrer Zersetzung frei werdende Kohlensäure trägt sie zu den Lösungsvorgängen im Boden bei[3]. Die Absorptionsfähigkeit der Böden hängt weitgehend von ihrem Gehalt an organischen Bestandteilen ab, auch auf die physikalischen Eigenschaften, wasserhaltende Kraft, Erwärmung, Lockerungsgrad usw. übt die organische Substanz großen Einfluß aus. Vor allen Dingen ist die organische Substanz aber unentbehrlich für den Ablauf aller biologischen Vorgänge im Boden. Hier liefert sie das Energiematerial für unzählige Mikroorganismen, deren Vorhandensein als ein bestimmendes Merkmal eines Bodens gegenüber dem Gestein angesehen werden muß. Durch die Tätigkeit der Mikroorganismen wird die organische Substanz nach und nach wieder in einfache zur Ernährung der Pflanzen dienende Stoffe abgebaut[4], wodurch ein immerwährender Kreislauf der Nährstoffe zwischen Boden und Pflanze sich ergibt.

Die organische Substanz im Boden wird gewöhnlich unter der Bezeichnung Humus zusammengefaßt, obwohl diese Zusammenfassung nicht immer als richtig angesehen werden kann. Die Definition der Humusstoffe steht wissenschaftlich nicht genau fest[5]. Immerhin müssen wir einen Unterschied zwischen organischer Substanz und eigentlichem Humus machen, der eine durch mannigfache biologische Prozesse umgewandelte Masse darstellt, die dem Boden eine dunkle Färbung, die Humusfärbung, verleiht, und die auf die Eigenschaften des Bodens stark einwirkt. Es können nicht alle organischen Reste im Boden als Humus angesprochen werden, ebensowenig wie das den Moorboden bildende Torfgestein ohne weiteres als Humus anzusehen ist. Erst bei weitgehender Zersetzung und biologischer Umformung der organischen Substanz, wie sie sich bei der Kultur der Moorflächen auch für das Torfgestein ergibt, wird Humus gebildet[6].

---

[1] RAMANN, E.: Bodenkunde, 3. Aufl., S. 89. Berlin 1911. — RAMANN, E., S. MÄRZ u. H. BAUER: Über Boden-Preßsäfte. Internat. Mitt. Bodenkde. **6** (1916). — PUCHNER, H.: Bodenkunde für Landwirte, S. 253. Berlin 1926.

[2] WOLLNY, E. v.: Die Zersetzung der organischen Stoffe und die Humusbildungen. Heidelberg 1897; ferner dieses Handbuch **7**, 113.

[3] LUNDEGÅRDH, H.: Der Kreislauf der Kohlensäure in der Natur, S. 54. Jena 1924.

[4] Vgl. dieses Handbuch **2**, S. 224 u. **8**, S. 599f.

[5] Vgl. S. ODÉN: Die Huminsäuren. Kolloidchem. Beih. **11**, 75 (1919). — A. STEBUTT: Lehrbuch der allgemeinen Bodenkunde, S. 145 u. 193. Berlin 1930.

[6] Vgl. die Ausführungen von K. MAIWALD in diesem Handbuch **7**, S. 158.

Kalk. Als weiterer wichtiger Bestandteil ist der Kalk zu nennen, dessen Vorkommen im Boden mit der Entstehung der Böden aufs engste zusammenhängt und der, abgesehen von ausgesprochenem Kalkgestein, in der Hauptsache aus den Überresten lebender Organismen sowie aus den Lösungen des verwitterten Gesteins stammt[1]. Der Kalk hat im Boden neben seiner reinen Nährstoffwirkung wichtige physikalische und chemische Aufgaben zu erfüllen. Der Lockerungsgrad eines Bodens hängt aufs engste mit dem Kalkgehalt zusammen, auf der anderen Seite ist die chemische Reaktion der Böden ebenfalls in der Hauptsache durch den Kalkgehalt bedingt. Ferner verlangen auch alle biologischen Vorgänge im Boden einen günstigen Kalkzustand. Die Wirksamkeit des Kalkes hängt dabei wesentlich von seiner Verteilung im Boden ab.

Kulturarten, Kulturzustand und Bodengare. Es ist angedeutet worden, welche Unterstützung die Verwitterungsvorgänge durch die Bearbeitung des Bodens erfahren können. Der Lockerungsgrad, den wir bei einem Kulturboden erwarten, kann zweifellos schneller erreicht werden, wenn zu dem Vorgang der natürlichen Selbstauflockerung im Boden noch die mechanische Auflockerung durch geeignete Werkzeuge hinzutritt. Diese Beschleunigung ist aber nicht unentbehrliche Voraussetzung, denn der Begriff des Kulturbodens umfaßt auch Boden, der unter Umständen nie ein mechanisch lockerndes Werkzeug zu sehen bekommen hat, je nach der Kulturart, durch die der Boden genutzt wird.

Als Kulturarten[2] unterscheidet man: Ackerland, Wiesen und Weiden. Die Weiden sind als die einfachste Form der landwirtschaftlichen Bodennutzung anzusehen. Weiden sind dauernd mit einer Vegetation von Gräsern oder Kräutern bestanden, die regelmäßig durch Nutzvieh abgeweidet wird. Sehr reiche Weiden werden als Fettviehweiden, auch Fettweiden, bezeichnet, sie finden sich meist auf dem fruchtbaren Schwemmboden der Flußniederungen oder in der Nähe des Meeres. Weiden mit spärlichem Pflanzenwuchs nennt man Hutungen. Die Nutzung eines Bodens durch Beweidung setzt immerhin natürliche Graswüchsigkeit voraus, die in erster Linie von der Feuchtigkeitsversorgung abhängt. Weidenutzung ist aber, im Gegensatz zu den Wiesen, nicht so sehr vom Grundwasserstand, als vielmehr von ausreichender Feuchtigkeitsversorgung durch Niederschläge abhängig. Werden Weiden auf Flächen angelegt, wo sie von Natur nicht vorhanden waren, so spricht man von künstlichen Weiden im Gegensatz zu natürlichen Weideflächen. Auf dem Ackerland vorübergehend angelegte Weideflächen werden als Wechselweide bezeichnet, während das ständige Weideland auch Dauerweide heißt. Heute hat sich allgemein für alle Dauerfutterflächen die Bezeichnung Grünland eingebürgert.

Werden die Grünlandflächen regelmäßig zur Grünfutter- oder Heugewinnung geschnitten und abgeerntet, so werden sie als Wiesen bezeichnet. Da der Wasserbedarf der dichten Wiesennarbe sehr groß ist, so setzen natürliche Wiesenflächen einen verhältnismäßig hohen Grundwasserstand voraus. Wird den Wiesen die Feuchtigkeit künstlich zugeführt, so spricht man von Kunstwiesen. Natürliche Wiesenflächen eignen sich infolge ihres feuchten Charakters weder für eine Benutzung als Weide noch als Ackerland, nur in Ausnahmefällen kann gleichzeitige Beweidung erfolgen. Man redet daher auch von „absolutem"

---

[1] Milch, L.: Die Zusammensetzung der festen Erdrinde als Grundlage der Bodenkunde, S. 226. 1926. — Wolff, E.: Der Hauptmuschelkalk und seine Verwitterungsprodukte. Landw. Versuchsstat. 7, 272 (1865). — Ewert, R.: Verwitterung des Muschelkalkes. Landw. Jb. 31, 141 (1902). — Dittrich, M.: Über die chemischen Beziehungen zwischen den Quellwässern und ihren Ursprungsgesteinen. Großh. bad. geol. Landesanst. H. 2 (1901).

[2] Aereboe, F.: Allgemeine landwirtschaftliche Betriebslehre, 6. Aufl., S. 17f. Berlin 1923.

Wiesenland, worunter die durch natürliche Verhältnisse gegebene ausschließliche Nutzung als Mähwiese verstanden wird. Je nach ihrer Graswüchsigkeit werden ein-, zwei- und dreischürige Wiesen unterschieden. Die in manchen Gegenden übliche „Nachweide", d. h. also Nutzung des zweiten oder dritten Schnittes, wird von der Praxis vielfach als Mittel zu besserer Ausnutzung der Wiesenflächen angesehen. Eigene Beobachtungen in den Weichselmarschen haben ergeben, daß Höchstausnutzung der Grünlandflächen nur durch ausschließliche Beweidung oder ausschließliche Benutzung als Mähwiese erzielt werden kann, da der Pflanzenbestand der Nutzungsart angepaßt sein muß, um Höchsterträge bringen zu können[1].

Je nach der natürlichen Lage werden unterschieden:

1. Fluß- oder Niederungswiesen,
2. Tal- oder Feldwiesen,
3. Torf- oder Moorwiesen (Bruchwiesen),
4. Berg- oder Quellwiesen (Almwiesen)[2].

Wiesen- sowohl als Weideflächen haben gemeinsam, daß sich der aus verschiedenen Gräsern und Kräutern zusammengesetzte Pflanzenbestand verschiedenen klimatischen und Bodenverhältnissen anpassen kann.

Im Gegensatz zu Wiesen und Weiden wird das Ackerland regelmäßig bearbeitet und mit einheitlichen Kulturpflanzen besäet. Die Ackerkultur soll eine „Reinkultur" bestimmter Pflanzen darstellen, sie setzt also neben Saat und Pflege der Kulturpflanzen auch die Fernhaltung der natürlichen Flora, des Unkrauts, voraus. Wenn auch gerade der letzten Forderung nicht immer genügend Rechnung getragen wird und man in der Praxis gelegentlich Ackerkulturen antreffen kann, die durch ihren Unkrautwuchs einer Wiese gleichen, so unterscheidet sich doch die Kultur des Ackers wesentlich von der Kultur des Grünlandes. Auch im Feuchtigkeitsbedarf bestehen große Unterschiede. Die dichte Pflanzendecke des Grünlandes wächst während des ganzen Jahres und verbraucht große Feuchtigkeitsmengen, während die meisten unserer Ackerpflanzen nur eine kurze Wachstumszeit aufweisen. Dagegen sind die meisten Ackerpflanzen in bezug auf Wärme anspruchsvoller als die Pflanzen des Grünlandes. Die Ackerkultur setzt daher einen Boden voraus, der nicht an Wasserüberschuß leidet, der regelmäßige Bearbeitung gestattet, und der auch die Wärmeansprüche der Kulturpflanzen zu decken vermag.

Die Nutzung von Wiesen und Weiden kann erfolgen, ohne daß nennenswerte Kulturmaßnahmen aufgewendet werden müssen. Immerhin bringt die fortschreitende Bodenkultur auf dem Ackerland meist gleichzeitig eine Pflege der Wiesen und Weiden mit sich. Im ganzen wird das aber bestimmt durch den Umfang der natürlichen Grünlandflächen im Verhältnis zum Ackerland und durch den sich daraus ergebenden Wert, den das Grünland als natürliche Futterbasis des Betriebes und Grundlage der Stallmistproduktion für die Ausnutzung des Ackerbodens darstellt. Man kann daher häufig feststellen, daß selbst bei hochentwickelter Ackerkultur für die natürlichen Grünlandflächen wenig Sorgfalt aufgewendet wird, wenn sie im Verhältnis zum Ackerland in großem Umfang vorhanden sind. Andererseits werden bei ungünstigem Wiesenverhältnis die Wiesen mehr als der Acker zu pflegen sein.

Das Ackerland erfordert regelmäßigen und relativ hohen Aufwand an Kulturmaßnahmen, als welche die Maßnahmen der Düngung, Bodenbearbeitung und Bodenpflege zusammengefaßt werden.

[1] HEUSER, O.: Anlage und Behandlung von Wiesen auf moorigen Böden. Ill. Landw. Ztg. 1927, Nr. 51.

[2] AEREBOE, F.: a. a. O., S. 25.

Man spricht allgemein von dem Kulturzustand unserer Ackerböden und versteht darunter das Ergebnis einer gewissen Ackerkultur, bezogen auf den Boden, der bestimmten Kulturmaßnahmen ausgesetzt war. In dieser Definition liegt ohne weiteres die Tatsache ausgedrückt, daß auch unsere üblichen Ackerbaumaßnahmen, die Bodenbearbeitung sowohl als auch der Anbau bestimmter Gewächse, einen gewissen Einfluß auf die Bodenbildung haben, daß sie an den Vorgängen, welche die ursprüngliche Gesteinsrinde in einen Kulturboden verwandeln, teilnehmen. Neben den vielartigen Verwitterungs- und Zersetzungserscheinungen stellen unsere eigenen technischen Maßnahmen wichtige Faktoren der Bodenbildung dar.

Wenn von einem Boden gesagt wird, er befinde sich in einem „hohen Kulturzustand", so will man damit ausdrücken, daß es sich um ein Produkt richtig und gut ausgeführter Ackerkultur handelt, und daß sich in diesem Boden alle für die Pflanzenerzeugung notwendigen Vorgänge, die Umsetzungen der Nährstoffe, die Herstellung einer günstigen Bodenstruktur, in der gewünschten Form abspielen. Gröbere Störungen sind nicht zu erwarten, sonst handelt es sich eben um einen Boden in „schlechtem Kulturzustand". Der hohe Kulturzustand ist zwar auf Böden von besserer chemischer und physikalischer Beschaffenheit häufiger anzutreffen als auf Böden geringerer Güte, das Vorhandensein des guten Kulturzustandes ist deshalb aber durchaus nicht an Böden von bestimmter Zusammensetzung geknüpft. Die Erreichung des hohen Kulturzustandes wird selbstverständlich durch einen größeren Vorrat an Nährstoffen und durch günstige physikalische Beschaffenheit erleichtert. Der Kulturzustand ist an biologische Vorgänge gebunden, und diese hängen weitgehend von chemischen und physikalischen Eigenschaften des Bodens ab. Da der Kulturzustand aber nicht nur ein Produkt natürlicher Faktoren, sondern ganz wesentlich auch von technischen Maßnahmen abhängig ist, so kann man auch einen leichten, von Haus aus nährstoffarmen Boden durch geeignete Kulturmaßnahmen und Düngerzufuhr in einen hohen Kulturzustand versetzen, ebenso wie es möglich ist, einen von Natur guten Boden durch verkehrte Behandlung in schlechten Kulturzustand zu bringen.

Die einzelnen Böden reagieren nun auf die gleichen Kulturmaßnahmen durchaus verschieden. Für dieses verschiedenartige Verhalten findet sich durch Untersuchung der Zusammensetzung des Bodens keine genügende Erklärung. Böden, die annähernd gleichen Anteil der beschriebenen Hauptbestandteile aufweisen, können sich durchaus verschieden gegen technische Maßnahmen verhalten und vor allen Dingen diese mit sehr verschieden großem Erfolge lohnen[1]. Die übliche Anschauung von der Güte eines Bodens berücksichtigt diejenigen Bodeneigenschaften nicht erschöpfend, die gerade für den Kulturzustand des Bodens maßgebend sind. Es muß eine Berücksichtigung derjenigen Bodeneigenschaften hinzukommen, die auf die Struktur des Bodens Einfluß haben, es muß ferner die natürliche Lagerung und Schichtung des Bodens mit herangezogen werden, die sich aus der Entstehung des Bodens ergibt. Im allgemeinen ist dem Bodenzustand mehr Gewicht beizumessen als seiner Zusammensetzung. In der Praxis zeigt sich daher immer wieder, daß für die Möglichkeit des Anbaues anspruchsvollerer Pflanzen weniger die sog. Bodenqualität ausschlaggebend ist als der Kulturzustand, in welchem sich der Boden befindet.

---

[1] Vgl. auch G. Blohm: Der Einfluß der Bodenstruktur auf die physikalischen Eigenschaften des Bodens. Landw. Jb. **66**, 147 (1927); Einfluß der Bodenbearbeitung auf die Wasserführung des Bodens. Kühn-Arch. **12** (1926). — W. Nitzsch: Die Beziehungen zwischen Bearbeitung, Struktur und Ertrag des Ackerbodens. Wiss. Veröff. Siemens-Konzern **6**, 1 (1927). — K. Opitz: Über den Einfluß von Bodenbearbeitung und Kalkung auf den Zustand des Dahlemer Bodens und den Pflanzenertrag. Wiss. Arch. Landw. A, **4**, 1 (1930).

In engstem Zusammenhang mit dem Kulturzustand steht die Struktur des Bodens, d. h. die Art der Lagerung der einzelnen Bodenteilchen[1]. Die einfachste Form der Lagerung ist die Einzelkornstruktur, bei der jedes Bodenteilchen, sei es grob oder fein, für sich gelagert ist. Einzelkornstruktur kann sowohl in sandigen als auch in tonigen Böden auftreten. In reinen Sandböden ist sie die einzig mögliche Struktur, da hier die Bestandteile fehlen, die eine Änderung der Struktur hervorrufen könnten. Absolute Sandböden sind strukturlos. In Tonböden wirkt sich die Einzelkornstruktur durch dichte Lagerung der einzelnen Bodenteilchen besonders unangenehm aus.

Der Einzelkornstruktur stellt man die Krümelstruktur gegenüber. Unter Krümelstruktur wird ein Gemisch von gröberen und feineren Bodenteilchen, größeren und kleineren Hohlräumen verstanden[2]. Die Erreichung der Krümelstruktur setzt das Vorhandensein von tonigen Bestandteilen voraus, die die Fähigkeit haben, sich zu größeren Bodenpartikeln zusammenzuballen. Die Krümelstruktur hängt also in gewissen Grenzen von der mechanischen Zusammensetzung des Bodens ab, reine Sandkörner können sich nicht zusammenballen. Es handelt sich aber bei der Herstellung der Krümelstruktur nicht um einen physikalischen, sondern um einen kolloidchemischen Vorgang. Neben den Stoffen, die sich zusammenballen können, den eigentlichen Trägern der Krümelstruktur, ist die Anwesenheit von Stoffen notwendig, welche die Zusammenballung oder Ausflockung bewirken. Es sind dies elektrolytisch wirkende Salze, von denen sich der Kalk als besonders wirksam erweist. Die Erreichung der Krümelstruktur setzt also das Vorhandensein kolloidfähigen Materials und elektrolytisch wirkender Stoffe voraus. Beides ist weniger von der Zusammensetzung des Bodens als von dem Verlauf der Bodenbildungsprozesse abhängig. Man unterscheidet in bezug auf die Möglichkeit der Krümelstruktur die strukturlosen Böden von den eigentlichen Strukturböden. Echte, d. h. natürliche Krümelstruktur zeigen nur die Böden vom Steppenbodentypus[3], alle anderen Bodentypen weisen mehr oder weniger ungünstige Struktur auf oder vermögen ihre Struktur nur kurze Zeit zu erhalten[4]. Der Steppenboden ist entsprechend seinen Entstehungsbedingungen reich an neutralen Elektrolyten und an gesättigten, nicht sauren Humusstoffen. Auslaugungs- und Umlagerungsvorgänge haben fast nicht stattgefunden, alle Verwitterungsprodukte und pflanzlichen Rückstände sind diesem Boden erhalten geblieben. Infolge seiner natürlichen Eigenschaften bereitet der Steppenboden dem Ackerbau keinerlei Schwierigkeiten, die natürliche Bodenstruktur ist leicht aufrecht zu erhalten.

Unter den Böden, die keine echte Krümelstruktur aufweisen bzw. deren Struktur nur schwer aufrecht zu erhalten ist, nehmen die ehemaligen Waldböden und die ihnen entsprechenden Bodentypen einen besonders großen Raum ein. Die Auslaugungsvorgänge, unter denen diese Bodenbildungen stattgefunden haben, führen zu weitgehender Verarmung an kolloidem Material und an Elektrolyten. Man kann daher auf solchen Böden lediglich durch mechanische Mittel keine Krümelstruktur herstellen, sondern muß zunächst die strukturbildenden Bestandteile, in erster Linie Humus und Kalk, anzureichern suchen.

Im engsten Zusammenhang mit den geschilderten Strukturverhältnissen steht das besondere Verhalten der Böden gegenüber den atmosphärischen Niederschlägen. In durchlässigen Böden mit Krümelstruktur sickert das Wasser durch

[1] Vgl. E. Wollny: Forschgn. Geb. Agrikult.-Phys. **20**, 50 (1897/98).
[2] Heuser, O.: Grundzüge der praktischen Bodenbearbeitung, S. 25. Berlin 1928.
[3] Stebutt, A.: a. a. O., S. 475.
[4] Todorovic, B.: Einige Grundfragen der Pflanzenproduktionslehre im Lichte der neueren bodenkundlichen Forschungen. Fortschr. Landw. **1**, 429 (1926).

die zahlreichen Poren schnell in größere Tiefen hinab. Es verteilt sich auf einen großen Raum, bleibt frei beweglich und tritt nicht in die Bodenbestandteile selbst ein. Anders auf den Böden von mangelhafter Strukturbildung. Hier tritt das Wasser in den Tonanteil selbst ein und bringt diesen zum Aufquellen[1]. Bei größeren Niederschlagsmengen entsteht eine Art Bodenemulsion, eine breiartige Aufschwemmung, die nach dem Austrocknen steinhart wird. Das Austrocknen erfolgt hier rasch, da infolge des Mangels an größerem Porenraum das Wasser nicht in die Tiefe sickern und sich auf einen größeren Bodenraum verteilen kann, sondern in der obersten Bodenschicht angesammelt bleibt. Hinzu kommt noch, daß sich auf solchen Böden vielfach unter der Ackerkrume ein verdichteter Bodenhorizont befindet, der wenig durchlässig, in krassen Fällen sogar praktisch undurchlässig ist. Die Wasseransammlung muß sich daher bei diesen Böden auf einen verhältnismäßig geringen Raum beschränken und diesen selbst bei kleinen Regengüssen stark durchnässen, wodurch wiederum die Struktur ungünstig beeinflußt wird. Große Bodennässe wechselt verhältnismäßig schnell mit rascher Austrocknung, worunter alle Vorgänge in diesen Böden leiden. Solche Böden sind kalt und untätig, verkrusten und verhärten leicht, leiden unter Luftmangel und zeigen obendrein saure Bodenreaktion. Die Pflegemaßnahmen während der Vegetation, Hackkultur usw., können sich nur mangelhaft auswirken, Abhilfe kann auch hier wiederum nicht durch mechanische Mittel allein, sondern nur durch geeigneten Ersatz der positiv strukturbildenden Faktoren erfolgen.

Ungünstige Strukturveränderungen treten ferner in den später noch näher zu beschreibenden Moorböden auf. Hier zeigt sich unter der Einwirkung vorübergehend starker Austrocknung die Erscheinung der „Vermullung". Auch diese Erscheinung beruht auf kolloidchemischen Vorgängen[2]. Es handelt sich hier um eine Zerstörung des Kolloidanteils, durch Frost und Trockenheit entstehen Oberflächenverkleinerungen der Humuskolloide, die das Quellungsvermögen des Bodens ungünstig beeinflussen. Die einzelnen Bestandteile verlieren damit die Fähigkeit, sich zu Krümeln zusammenzuballen, der Boden wird ebenfalls strukturlos. Während solches bei Mineralböden aber eine dichtere Lagerung infolge der Einzelkornstruktur hervorruft, bedeutet dieser Vorgang für Moorböden eine derartige Lockerung des Bodengefüges, daß der Boden für Kulturzwecke ungeeignet wird. Die obere Bodenschicht wird zunächst lose und pulverig wie Asche und verliert zugleich die Benetzungsfähigkeit. Mechanische Auflockerung, wie sie mit der Bodenbearbeitung verbunden ist, befördert den Prozeß weiter und läßt ihn auf tiefere Bodenschichten übergreifen. Unter Umständen kann die Ackerkrume in ihrer ganzen Tiefe der Vermullung anheimfallen[3]. Da es sich bei diesem Vorgang um eine irreversibel verlaufende kolloidchemische Erscheinung handelt, so hält dieser Zustand gewöhnlich während des ganzen Jahres an. Erst durch die gründliche Befeuchtung des Moorbodens im Winter, verbunden mit mechanischer Zusammenpressung, kann eine Wiederherstellung der Struktur erfolgen.

Der Begriff der Krümelstruktur ist für den Kulturboden besonders wichtig, da die Erreichung der Bodengare die Bildung von Krümelstruktur zur Voraussetzung hat. Als Bodengare wird allgemein ein Zustand gekennzeichnet, in welchem der Zutritt der Atmosphärilien zum Boden am vollkommensten und die

---

[1] Todorovic, B.: a. a. O., S. 430.

[2] Vgl. B. Tacke: Die naturwissenschaftlichen Grundlagen der Moorkultur, S. 35 u. 73. Berlin 1929. — W. Freckmann: Die Vermullung (Puffigwerden) der Moorböden, ihre Bekämpfung bzw. Mittel zu ihrer Beseitigung. Mitt. Ver. Förd. Moorkultur 3, 37 (1922).

[3] Heuser, O.: Grundriß der Moorkultur, S. 32, 108. Berlin 1927.

Bodentätigkeit selbst am lebhaftesten ist[1]. Gar ist demnach ein Boden, der sich in besonders günstigem chemischen, physikalischen und biologischen Zustand befindet[2]. Die dem praktischen Landwirt bekannten Kennzeichen für garen Boden sind genügende Lockerheit und Feuchtigkeit, dunkle Färbung, ein spezifischer Erdgeruch usw. Der Eintritt der Gare ist durch eine gewisse Elastizität des Bodens gekennzeichnet, die einzelnen Bodenteilchen haften gut zusammen, ohne daß der Boden bindig erscheint. Der Boden ist in der oberen Schicht locker, unten durch eingetretenen „Schluß" dagegen fester. Das Zustandekommen der Gare ist weitgehend als ein Ergebnis natürlicher Selbstauflockerung anzusehen, bei der die Bakterien eine besonders große Rolle spielen[3]. Im ganzen laufen unsere Maßnahmen auf die Förderung der Bakterientätigkeit hinaus. Die Bodengare selbst ist wiederum als ein wichtiges Kennzeichen des Kulturbodens anzusehen, der sich vom Naturboden nicht durch eine irgendwie anders geartete Zusammensetzung und Beschaffenheit unterscheidet, sondern in erster Linie durch Eigenschaften wie Kulturzustand, Krümelstruktur und Garebildung[4].

Im vorstehenden sind eine Reihe von Merkmalen beschrieben worden, die den Boden im allgemeinen Sinne sowie den Kulturboden in engerer Begrenzung charakterisieren. Im wesentlichen lief die Bestimmung des Kulturbodenbegriffes darauf hinaus, daß bei ihm eine Verstärkung aller derjenigen bodenbildenden Faktoren für besonders wesentlich erachtet wird, die auch bei der Umwandlung von Gestein in Boden als Träger des bodenbildenden Vorganges gelten mußten. Wenn demnach auch zweifellos die typischen Eigenschaften des Bodens gegenüber den Eigenschaften des toten Gesteins beim Kulturboden stärker in Erscheinung treten als beim Naturboden, so bedeutet dies doch nicht allein das Wesentliche des Kulturbodens. Das Wesentliche an dem Begriff Kulturboden ist, daß dieser Boden vom Menschen in Kultur genommen wurde, daß bestimmte Kulturmaßnahmen ausgeführt werden, die den Boden in seinen Eigenschaften und in seinem Zustand verbessern sollen, daß Arbeit und Kapital auf den Boden verwandt wird. Dabei ist zu berücksichtigen, daß die der menschlichen Betrachtung nahe liegende Bodenfläche inzwischen vorwiegend nach dem Gesichtspunkt ihrer Eignung zu Kulturzwecken besiedelt worden ist. Fassen wir die gesamte Bodenfläche der Erde ins Auge, so müssen wir feststellen, daß Böden mit allen für einen Kulturboden zutreffenden Merkmalen doch noch gelegentlich als Naturböden anzutreffen sind, unberührt von menschlicher Hand, ungenutzt, weil sie sich durch ihre Lage vorläufig der Nutzung entziehen. Das für den Begriff Kulturboden Entscheidende ist sonach letzten Endes nicht Eigenschaft und Zustand eines Bodens, sondern dessen Besitzergreifung durch den Menschen, die ihn erst zum Kulturboden stempelt.

Der Kulturboden stellt die erste und wichtigste Grundlage eines jeden landwirtschaftlichen Betriebes dar. Er ist Betriebsmittel und Rohstoff zugleich, auf ihn stützen sich alle Vorgänge des landwirtschaftlichen Gewerbes, alle Kräfte der Pflanzenproduktion stehen mittelbar oder unmittelbar in Beziehung zum Boden. Die Pflanzenproduktion bedarf großer Bodenflächen, da der Kulturpflanze ein genügend freier Standraum gegeben werden muß, auf dem sie sowohl die Bodennährstoffe einschließlich des nötigen Wassers gewinnen als auch genügend Licht und Luft zum Leben erhalten kann. Die Beschaffenheit des Kulturbodens, der Zustand, in den der Mensch ihn mit Hilfe seiner Kulturmaßnahmen

---

[1] RÜMKER, K. v.: Der Boden und seine Bearbeitung, S. 35. Berlin 1923. — DROOP, H.: Die Brache, 1, 174. Heidelberg 1900.

[2] LÖHNIS, F.: Bodenbakterien und Bodenfruchtbarkeit, S. 55. Berlin 1914.

[3] REINAU, E.: Bodengare. Fortschr. Landw. 1, 710 (1926).

[4] Vgl. dieses Handbuch 9.

versetzen kann, ist daher in erster Linie entscheidend für den Erfolg, mit dem das landwirtschaftliche Gewerbe betrieben werden kann.

Zur Charakteristik des deutschen Kulturbodens ist zu sagen, daß sich hier ein Bild von außerordentlicher Mannigfaltigkeit darbietet, wie es nach der Verschiedenartigkeit des Muttergesteins und der orographischen Verhältnisse sowie nach den vielseitigen Beziehungen zwischen Mensch und Boden nicht anders erwartet werden kann. Von der besten steinfreien Schwarzerde und dem steinfreien Löß bis zum steinigen Sand- und Kiesboden sind alle Abstufungen von Kulturböden vorhanden. Im Süden und Westen Deutschlands sind vorzugsweise fruchtbare, der Ackerkultur gut zugängliche Böden vorhanden, namentlich in den Flußtälern und in den Auen der größeren Ströme. Der Süden Deutschlands kennt auch nicht die große Ungleichmäßigkeit des Ackerbodens, wie sie der Norden und Osten mit seinen durch Moränen gebildeten Böden aufweist. In den letzteren bereiten die zahlreichen großen Steine sowie die starken Unterschiede in der Bodengüte dem Anbau oft erhebliche Schwierigkeiten. Der Wert des Kulturbodens wird hier nicht allein durch die Ungleichmäßigkeit in der physikalischen Beschaffenheit und Struktur beeinträchtigt, sondern auch durch die großen Unterschiede im Nährstoffgehalt der einzelnen Bodenarten, die häufig genug selbst innerhalb eines einzelnen Feldschlages stark wechseln und eine wirklich rationelle Düngung und Bewirtschaftung der Fläche erschweren.

Von den rund 25 Mill. Hektar landwirtschaftlich genutzter Bodenfläche sind etwa 15 Mill. Hektar leichte Böden mit geringer natürlicher Fruchtbarkeit. Während in Süd- und Westdeutschland vorwiegend die Zwischenstufen von Ton- und Lehmboden bis zu leichtem Lehmboden herab zu finden sind, zeigen sich nördlich der deutschen Mittelgebirge ausgesprochene Sandböden in allen möglichen Abstufungen. Diese Tatsache wird auch durch die natürliche Flora gekennzeichnet. Die Einfachheit der norddeutschen Waldflora ist weniger durch das Klima als durch die Bodenqualität bedingt. Die ausgesprochenen Sandböden sind der landwirtschaftlichen Kultur nur zugänglich, wo hoher Grundwasserstand oder reichliche Niederschlagsmengen die Wasserversorgung der Kulturpflanzen sicherstellen. Große Flächen der norddeutschen Tiefebene sind infolge ihres geringen Nährstoffkapitals als Kulturboden nur unter besonders günstigen wirtschaftlichen Bedingungen geeignet. Die wissenschaftlichen Fortschritte der letzten 50 Jahre sind zwar wesentlich den leichteren Böden zugute gekommen, und haben namentlich durch die Erkenntnis der stickstoffsammelnden Tätigkeit der Leguminosen und durch die planmäßige Einführung der Gründüngung die Grenze der rentablen Bewirtschaftung im Hinblick auf die Bodengüte immer weiter hinausgeschoben, es leuchtet aber ein, daß in Zeiten wirtschaftlicher Krisis diese Böden in allererster Linie leiden, und daß in der gegenwärtigen Zeit für weite Strecken unseres Kulturbodens die Voraussetzungen zur Ackerkultur nicht mehr gegeben sind.

Ein gewisser Ausgleich in der Bodengüte ist allerdings dadurch gegeben, daß sich die angeführte Charakteristik vornehmlich auf die Ackerkrume erstreckt. Bezüglich des Untergrundes sind die Gebirgsböden Süddeutschlands allgemein benachteiligt, unter einer flachen Krume findet sich häufig bereits das unverwitterte Gestein, auch durch die bergige Lage ist der Ackerbau erschwert, während der Norden demgegenüber nicht nur vorwiegend ebene Felder, sondern auch tiefen und vielfach günstigen Untergrund besitzt.

Einen weiteren kennzeichnenden Unterschied des norddeutschen Kulturbodens gegenüber dem Süden bilden die Moorgebiete, die im südlichen Teil der norddeutschen Tiefebene ganz fehlen und die in Süddeutschland zwar auch vorhanden sind, aber doch nur einen geringen Teil der Gesamtfläche einnehmen.

Die Moore spielen für die Charakteristik des deutschen Kulturbodens deshalb eine gewichtige Rolle, weil sie nur in ganz beschränktem Umfange selbst als Kulturboden angesehen werden können. Eine genaue Statistik der kultivierten Moorflächen stößt auf gewisse Schwierigkeiten, da die Moore auch in unkultiviertem Zustand eine gewisse Nutzung zulassen. Nach vorsichtiger Schätzung sind aber nur etwa 10% der Moorflächen als wirklich kultiviert anzusprechen. Die Bewirtschaftung der Moore erfordert besondere Spezialkenntnisse des Landwirts, die weitere Umwandlung von Naturboden in Kulturboden, wie sie auf den Moorflächen noch möglich ist, ist also im wesentlichen eine Frage der landwirtschaftlichen Schulung und Ausbildung.

Einteilung der Kulturböden.

Die Bodeneinteilung nach landwirtschaftlichen Gesichtspunkten. Der Kulturboden, wie er in seinen Eigenschaften in den vorhergehenden Ausführungen gekennzeichnet worden ist, stellt sich der landwirtschaftlichen Praxis in ungeheuerer Mannigfaltigkeit dar. Der Prozeß der Bodenbildung führt, je nach seinem Verlauf und je nach der Natur der bodenbildenden Bestandteile, zu sehr verschiedenen Resultaten. Es ergab sich von jeher die Notwendigkeit, eine Einteilung der so sehr verschiedenen Böden zu schaffen und mit dieser Einteilung möglichst zugleich eine Vorstellung von dem Nutzwert der Böden zu verbinden. Die sog. Bodenbonitierung stellt eine Beurteilung der Ertragsfähigkeit des betreffenden Bodens dar.

Will man über die Vielseitigkeit dieser Erscheinungen einen Überblick bekommen, so muß man sie nach bestimmten Grundsätzen zu gliedern suchen. Eine solche Gliederung kann einerseits nach äußeren Gesichtspunkten erfolgen, wie z. B. die Einteilung der Böden nach Farbe, Struktur und sonstigen physikalischen Eigenschaften. Für manche Zwecke einfachster Gliederung des Bodens mag eine derartige Einteilung ausreichend sein. Sie ist auch, wie wir sehen werden, einer ganzen Reihe von einfacheren Einteilungsversuchen, namentlich aus älterer Zeit, zugrunde gelegt worden.

Die bloße Einteilung der Böden nach äußeren Gesichtspunkten trifft jedoch nicht das Wesen der Sache und verschafft jedenfalls nur einen mangelhaften Einblick in die Verschiedenheit der Böden. Man kann, allgemein gesprochen, eine Erscheinung erst dann richtig verstehen, wenn man über ihre Entstehung und die dazu gehörigen Bedingungen im klaren ist. Eine befriedigende Einteilung der Böden kann daher folgerichtig nur dann gegeben werden, wenn die Entstehungsbedingungen dieser so verschiedenen Erscheinungen bei ihrer Einteilung berücksichtigt werden. In dem Maße, wie unsere wissenschaftliche Kenntnis vom Boden wächst, verlangen wir daher mit Recht, daß diese auch in der Einteilung der Böden weitgehend und erschöpfend zum Ausdruck gelangt.

Das Problem der Bodeneinteilung ist schwierig und kompliziert. Die wissenschaftliche Einteilung der Böden nach Gesichtspunkten der Bodenlehre hat entsprechend der Entwicklung, die diese verhältnismäßig junge Wissenschaft genommen hat, in den letzten Jahrzehnten eine außerordentliche Vertiefung erfahren. Die Einteilung der Böden nach landwirtschaftlichen Gesichtspunkten, die im wesentlichen immer nach dem jeweiligen Stande bodenkundlicher Erkenntnisse vorgenommen wurde, hat mit dieser Entwicklung, das muß ohne weiteres zugegeben werden, nicht Schritt halten können. Die Begriffe, die der praktische Landwirt heute noch für die Unterscheidung seiner Böden fast ausschließlich benutzt, schließen nicht die Weiterentwicklung in sich, die die bodenkundliche Forschung in den letzten Jahren erfahren hat. Auch die wissenschaftliche Lehre des Landbaus, soweit sie sich mit der Einteilung oder Klassifizierung der Böden befaßt, berücksichtigt vorwiegend noch Einteilungsmethoden, die zwar den Bedürfnissen der Landwirtschaft weitgehend entsprechen, die aber durch die Berücksichtigung des augenblicklichen Standes der bodenkundlichen Forschung eine wesentliche Vertiefung und Verfeinerung erfahren könnten. Vor allem ist festzustellen, daß derjenige landwirtschaftliche Wissenszweig, für den die Klassifikation der Böden einen wichtigen Teil seines Arbeitsgebietes darstellt, nämlich die landwirtschaftliche Taxations- oder Schätzungslehre, die Einteilung der Böden noch immer im wesentlichen nach den Grundsätzen vornimmt, die ALBRECHT THAER hierfür aufgestellt hat[1], während in ackerbaulicher Hinsicht immerhin die Ansätze und Versuche zu spüren sind, neuere bodenkundliche Erkenntnisse auch für die Einteilung des Kulturbodens heranzuziehen[2]. Eine sinngemäße Weiterentwicklung in der Einteilung der Böden von landwirtschaftlichen Gesichtspunkten aus kann nur unter stärkerer Anlehnung an die bodenkundliche Forschung erreicht werden. Es müssen die Ergebnisse der letzteren zur Verfeinerung und Vervollkommnung unserer landwirtschaftlichen Einteilungsmethoden herangezogen werden, ebenso wie ja auch die seitherigen Einteilungsmethoden vorwiegend auf bodenkundlichen Erkenntnissen beruhen. Es liegt offenbar ein Widerspruch darin, daß man bei der landwirtschaftlichen Forschung einerseits mit den genauesten Methoden die mannigfachen Vorgänge, die sich im Kulturboden abspielen, untersucht, andererseits aber diesen Boden vorwiegend nach Merkmalen einteilt, die, gemessen am Stande unserer übrigen Kenntnisse für eine wissenschaftliche Eingliederung der Böden als unzulänglich angesehen werden müssen[3].

Die Zusammenfassung landwirtschaftlicher und bodenkundlicher Fragen in einem Handbuch der Bodenlehre ist daher vom Standpunkt der landwirtschaftlichen Wissenschaft sehr zu begrüßen, ist doch dadurch Gelegenheit geboten, Hand in Hand mit einer immer mehr verfeinerten Einteilung der Böden nach bodenkundlichen Gesichtspunkten eine Einteilung der Böden nach landwirtschaftlichen Gesichtspunkten zu schaffen, die sowohl die wissenschaftliche Forschung durch die Aufstellung einer sinngemäßen und umfassenden Gliederung aller Erscheinungen befriedigt, als auch dem praktischen Bedürfnis nach einer die Be-

---

[1] THAER, A.: Grundsätze der rationellen Landwirtschaft **2**, 107. Berlin 1831. — Vgl. F. AEREBOE: Die Beurteilung von Landgütern und Grundstücken. Berlin 1924.

[2] HEUSER, O.: Grundzüge der praktischen Bodenbearbeitung, S. 9. Berlin 1928. — Vgl. ferner A. ATTERBERG: Die Klassifikation der humusfreien und der humusarmen Mineralböden Schwedens nach den Konsistenzverhältnissen derselben. Internat. Mitt. Bodenkde. **4** (1916). — R. FLOESS,: Die Hygroskopizitätsbestimmung, ein Maßstab zur Bonitierung des Ackerbodens. Ebenda **2**, 291 (1912). — B. FROSTERUS: Zur Frage der Einteilung der Böden in Nordwesteuropas Moränengebieten. Helsingfors 1914. — J. HASENBÄUMER: Die Bedeutung des Bodens in physikalischer und chemischer Hinsicht bei der alten und neuen Bodenbearbeitung. Z. Pflanzenern., Düng. u. Bodenk. A, **14**, 3 (1929). — J. KOPECKY: Die Klassifikation der Bodenarten auf Grund des Gehalts an bodenbildenden Bestandteilen. Prag 1913. — P. KRISCHE: Bodenkarten und andere kartographische Darstellungen der Faktoren der landwirtschaftlichen Produktion verschiedener Länder. Berlin 1928. — H. NIKLAS: Eine landwirtschaftliche Bodenübersichtskarte von Bayern. Naturw. Z. Forst- u. Jagdwes. **62** (Stuttgart 1920).; Die Verbreitung der schweren und leichten Böden in Bayern. Z. Stat. Landesamt München **1** (1920). — TH. REMY: Bodeneinschätzung und Bodenuntersuchung. Landw. Jb. **49**, 147 (1916). — H. STREMME: Die bodenkundliche Kartierung von Feldversuchen als Mittel zur Feststellung der praktisch-wichtigen Bodeneigenschaften. Z. Pflanzenern., Düng., u. Bodenk. B, **3**, 11 (1917). — A. TILL; Die Bodenkartierung und ihre Grundlagen. Wien 1923. — W. WOLFF: Bodenkarten für Landgüter. Jb. Pr. Geol. Landesanst. **49** (1928). — H. L. SHANTZ u. C. F. MARBUT: Vegetation and Soils of Afrika. Soc. Res. Ser. **13** (1923).

[3] Über die geschichtliche Entwicklung der Bezeichnung und Einteilung der Böden vgl. O. NEUSS: Die Entwicklung der Bodenkunde von ihren ersten Anfängen bis zum Beginn des 20. Jahrhunderts. Internat. Mitt. Bodenkde. **4**, 454 (1914); sowie H. NIKLAS: Dieses Handbuch **4**, 5.

wertung der verschiedenen Bodenklassen erleichternden Einteilungsmethode entgegenkommt.

Nach diesen einleitenden Bemerkungen zur Einteilung der Böden wird auch ohne weiteres klar sein, daß jeder Versuch einer Einteilung der Böden nur etwas Vorläufiges darstellt, das sich mit dem Wachstum unserer Kenntnisse ändern muß. Man kann daher von vornherein darauf verzichten, nach einer Einteilungsmethode zu suchen, die als beste und allgemeingültige zu gelten hat. Im Gegenteil werden bei der Eigenart der in Rede stehenden Materie diejenigen Einteilungsmethoden die besten sein, die eine Weiterentwicklung der vorgenommenen Gliederung entsprechend der Weiterentwicklung und Vertiefung unserer Erkenntnis vom Boden zulassen. Eine vollkommene wissenschaftliche Klassifikation, gleichgültig welchen Gegenstandes, wäre ja, wie schon AMPÈRE[1] bemerkte, nur dann möglich, wenn man alles von den zu klassifizierenden Objekten wissen könnte. Da das — glücklicherweise — nicht der Fall ist, so können wir auch keine der existierenden Einteilungsmethoden als vollendet ansehen.

Was von einer wissenschaftlichen Klassifikation verlangt werden muß, ist, daß sie dem Standpunkt der Kenntnisse von den einzuteilenden Objekten entspricht. Die Klassifikation muß weiter dazu zwingen, von den Tatsachen in solchen Gruppen und von den Gruppen in solcher Reihenfolge zu denken, „daß man am schnellsten an die ihren Gesetzen zugrunde liegenden Tatsachen erinnert wird und sie gleichzeitig am leichtesten behält"[2]. Die Klassifikation muß danach übersichtlich sein, die Gesetze, nach denen sie aufgestellt ist, müssen einfache Gesetze sein, und die Einzelheiten müssen sich dem Gedächtnis gut einprägen. Eine Bodenklassifikation, die den genannten Grundsätzen in höchstem Maße entspricht, war die von ALBRECHT THAER[3] eingeführte Klassifikation der Böden auf chemischer und physikalischer Grundlage, auf die wir noch wiederholt zurückkommen werden. THAERS Einteilung der Böden ist übersichtlich nach einfachsten Gesetzen aufgestellt. Die Unterscheidungsmerkmale sind handgreiflich und einleuchtend, die Bezeichnungen für die einzelnen Bodenklassen entsprechen dem allgemeinen Sprachgebrauch und prägen sich dadurch auch dem praktischen Landwirt leicht und schnell ein. Sie entsprach, als THAER sie aufstellte, dem Stand wissenschaftlicher Erkenntnis vom Boden, darüber hinaus ist auch in neuerer Zeit eine gute Übereinstimmung der von THAER aufgestellten Bodengruppen mit neueren Erkenntnissen, z. B. der geologisch agronomischen Kartierung, festgestellt worden[4].

Bodenarten. Mineralböden. Der landläufigen Einteilung der Böden sind die Hauptbestandteile zugrunde gelegt, aus denen die Böden bestehen. Diese von ALBRECHT THAER begründete naturwissenschaftliche Bodeneinteilung teilt die Böden ein in Sandböden, Lehmböden, Tonböden, Mergelböden, Kalkböden und Humusböden, das sind die sog. Hauptbodenarten. Die Bodenarten kommen auch in der Gesteinskunde vor, sie unterscheiden sich von dem Gestein durch das Vorhandensein lebender Organismen, pflanzlicher und tierischer Überreste und Stoffwechselprodukte. In jeder der genannten Hauptbodenarten schwankt der Gehalt an Hauptgemengteilen innerhalb bestimmter Grenzen, die bereits durch den allgemeinen Sprachgebrauch annähernd vorgezeichnet waren und die dann

[1] AMPÈRE, A. M.: Essai sur la philosophie des sciences, P. 1. Paris 1838.

[2] MILL, I. ST.: Principles of political economy I. Deutsche Übers. von AD. SOETBEER, 4. Aufl. 1855.

[3] THAER, ALB.: Über die Wertschätzung des Bodens. Berlin 1811; Grundsätze der rationellen Landwirtschaft 2, 107. Berlin 1831.

[4] WOELFER, TH.: Die geologische Spezialkarte und die landwirtschaftliche Bodeneinschätzung. Abh. Kgl. Pr. Geol. Landesanst., N. F., H. 2 (Berlin 1892).

durch wissenschaftliche Vereinbarungen immer schärfer gefaßt worden sind. Innerhalb der sechs Hauptbodenarten sind ebenfalls nach dem jeweiligen Verhältnis der vier Hauptgemengteile Unterabteilungen gebildet worden, bei denen vorwiegend das Verhältnis von Ton zu Sand entscheidend war, da diese für die meisten Kulturböden die wichtigsten Hauptgemengteile darstellen. Das Verhältnis von Ton zu Sand ist bei der Einteilung in Bodenarten in den Vordergrund gerückt, die Einstufung der einzelnen Unterarten ist je nach dem Tongehalt von 10 zu 10 % erfolgt[1].

I. Sandböden mit 0—20 % Ton:

1. Sandboden mit . . . . 0—10 % Ton
Rest Sand mit einer Beimischung von höchstens 5 % Kalk oder 5 % Humus.
2. Lehmiger Sandboden mit . . . . 10—20 % „
Rest Sand mit einer Beimischung von höchstens 5 % Kalk oder 5 % Humus.

II. Lehmböden mit 20—50 % Ton:

3. Sandiger Lehmboden mit . . . . 20—30 % „
Rest wie bei den vorigen.
4. Milder Lehmboden mit . . . . 30—40 % „
Rest wie bei den vorigen.
5. Schwerer Lehmboden mit . . . . 40—50 % „
Rest wie oben.

III. Tonböden über 50 % Ton:

6. Lehmiger Tonboden mit . . . . 50—60 % „
Rest wie oben.
7. Schwerer Tonboden mit . . . . 60—70 % „
8. Reiner oder kittiger Tonboden mit über . . . . 70 % „
Rest wie oben.

IV. Mergelböden mit 5—20 % Kalk:

9. Sandmergelboden mit . . . . 0—10 % „
und 5—20 % Kalk, Rest Sand mit einer Beimischung von höchstens 5 % Humus.
10. Lehmiger Sandmergelboden mit . . . . 10—20 % „
und 5—20 % Kalk, Rest wie bei Nr. 9.
11. Sandiger Lehmmergelboden mit . . . . 20—30 % „
und 5—20 % Kalk, Rest wie bei Nr. 9.
12. Milder Lehmmergelboden mit . . . . 30—40 % „
5—20 % Kalk, Rest wie bei Nr. 9.
13. Schwerer Lehmmergelboden mit . . . . 40—50 % „
5—20 % Kalk, Rest wie bei Nr. 9.
14. Tonmergelboden mit über . . . . 50 % „
5—20 % Kalk, Rest wie bei Nr. 9.

V. Kalkböden mit über 20 % Kalk:

15. Sandkalkboden mit . . . . 0—10 % „
über 20 % Kalk, Rest Sand mit einer Beimischung von höchstens 5 % Humus.
16. Lehmiger Sandkalkboden mit . . . . 10—20 % „
über 20 % Kalk, Rest wie bei Nr. 15.
17. Sandiger Lehmkalkboden mit . . . . 20—30 % „
über 20 % Kalk, Rest wie bei Nr. 15.
18. Milder Lehmkalkboden mit . . . . 30—40 % „
über 20 % Kalk, Rest wie bei Nr. 15.
19. Schwerer Lehmkalkboden mit . . . . 40—50 % „
über 20 % Kalk, Rest wie bei Nr. 15.
20. Toniger Kalkboden mit . . . . 50 % „
über 20 % Kalk, Rest wie bei Nr. 15.

VI. Humusböden mit über 5 % Humus:

21. Sandiger Humusboden mit . . . . 0—20 % „
5—20 % Humus, Rest Sand mit wechselnder Beimischung von Kalk bis zu 5 %.

[1] Aereboe, F.: Die Beurteilung von Landgütern und Grundstücken, S. 393. Berlin 1924.

22. Lehmiger Humusboden mit . . . . 20—50 % Ton
    5—20 % Humus, Rest wie Nr. 21.
23. Toniger Humusboden mit über . . . . 50 % „
    5—20 % Humus, Rest wie Nr. 21.
24. Eigentlicher Humusboden mit über 20 % Humus und wechselnden Mengen der übrigen Bestandteile.

Diese Bodeneinteilung ist auf die vier Hauptbestandteile Sand, Ton, Kalk und Humus aufgebaut, wobei Ton immer im Sinne feinster, bei Benutzung der Schlämmanalysen abschlämmbarer Teilchen, nicht im chemischen Sinn, gemeint ist. Aus einer schematischen Übersicht dieser Hauptbestandteile und der daraus gebildeten Bodenarten (Abb. 1) ergibt sich, daß die hauptsächlich in Frage kommenden Bodenarten als um so günstiger anzusprechen sind, je weniger extrem sie sich in ihrer Zusammensetzung erweisen. Im inneren Viereck der Abbildung finden sich die durchschnittlich besten Ackerböden, während nach außen zu fortschreitend durchschnittlich schlechtere auftreten.

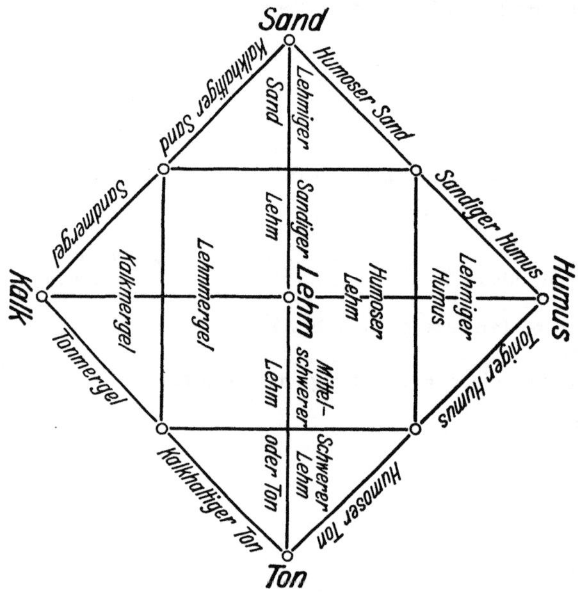

Abb. 1. Schematische Übersicht der Bodenarten. (Nach WERNER[1].)

Mit den genannten Bezeichnungen der Bodenarten ist für den Landwirt zwar eine bestimmte Vorstellung verbunden, ihre Exaktheit hängt jedoch von dem Ausmaß seiner praktischen und theoretischen Schulung weitgehend ab. Es lag daher nahe, die vorstehende, auf physischer Grundlage beruhende Einteilung durch Gesichtspunkte zu erweitern, die den Fruchtbarkeitszustand und die Produktionsfähigkeit des Bodens näher charakterisieren. Eine derartige Erweiterung ist u. a. von HAZARD[2] vorgenommen worden, der bei Bodenaufnahmen in Sachsen außer den physikalischen Bodeneigenschaften noch die Wärme- und Feuchtigkeitsverhältnisse des Bodens sowie dessen Lage für die Einteilung berücksichtigte. Die gesamte Wirksamkeit dieser Faktoren stellt er durch eingehende Beobachtung der Vegetationsentwicklung fest, das verschiedene Wasser- und Wärmebedürfnis der einzelnen Nutzpflanzen wird andererseits wieder als Maßstab für die Unterscheidung und Feststellung der Bodeneigenschaften benutzt. Erst auf Grund dieser Kennzeichnung wird der Boden dann nach seinem petrographischen Charakter, seiner Korngröße, Struktur, Mächtigkeit, nach Untergrund und Grundwasser, Höhenlage und Abdachung untersucht, und mit Hilfe all dieser Faktoren wird schließlich seine Anbaufähigkeit für bestimmte Kulturgewächse ermittelt. Das Hilfsmittel der ganzen Untersuchung ist eine eingehende Kartierung des Bodens. In ähnlicher Weise ist R. HEINRICH[3] vor-

[1] Vgl. G. KRAFFT: Die Ackerbaulehre, 15. Aufl., S. 79. Berlin 1927.
[2] HAZARD, J.: Die geologisch-agronomische Kartierung als Grundlage einer allgemeinen Bonitierung des Bodens. Landw. Jb. 29, 805 (1900).
[3] HEINRICH, R.: Landwirtschaftliche Bodenkarten. Rostock 1910.

gegangen, der Wasser- und Durchlüftungsverhältnisse des Bodens, allerdings durch bloße Schätzung, ermittelte und mit Hilfe von Vegetationsbildern während der Zeit des regsten Wachstums der Feldkulturen eine Vorstellung von den grundlegenden Bodeneigenschaften zu erlangen suchte. Die Grundlage dieser Schätzung ist ebenso wie bei HAZARD eine pflanzenphysiologische; es liegt dies wohl auf der gleichen Linie, die auch in anderer Hinsicht (Bestimmung des Düngerbedürfnisses im Boden) zu einer Ergänzung der chemischen und physikalischen Methoden durch pflanzenphysiologische Methoden geführt hat. Diese Einteilung der Böden greift ferner auf die älteren Versuche der Wertschätzung des Ackerlandes zurück, die ebenfalls vielfach die Eignung für bestimmte Gewächse als Einteilungsgrundlage benutzten. In die landwirtschaftliche Praxis sowohl wie in die wissenschaftliche Nomenklatur der Ackerböden hat die Beziehung auf das Wachstum bestimmter Kulturpflanzen zwar weitgehend Eingang gefunden, doch fehlt es bisher an einer einheitlichen Fassung geeigneter Bezeichnungen.

Außer den gekennzeichneten Bodenarten werden gelegentlich noch Steinböden als besondere Bodenart aufgezählt[1]. Als Steinböden werden solche Böden bezeichnet, die einen so hohen Gehalt an nicht oder nur wenig zersetzten gröberen Gesteinstrümmern aufweisen, daß hierdurch die wichtigsten Eigenschaften des Bodens nachhaltig beeinflußt werden. Äußerlich ist dieser Boden durch das Vorherrschen grober Gesteinstrümmer gekennzeichnet, die als Schutt bezeichnet werden, wenn sie scharfkantig sind, als Geröll, wenn sie durch Umlagerung abgerundet wurden. Schuttböden finden sich vielfach an steilen Gebirgshängen, während die Geröllböden sich in der Tiefebene, als Produkt der diluvialen Vergletscherung Nordeuropas, finden.

Die groben Bestandteile der Steinböden bedingen geringe Bodenoberfläche, sehr geringe Wasserkapazität, geringes Absorptionsvermögen, rasches Versinken der Niederschläge, gute Durchlüftung. Steinböden sind als noch nicht fertig gebildete Böden zu betrachten. Nehmen die groben Bestandteile einen großen Anteil an der Zusammensetzung ein, so eignen sich diese Böden mehr zur Aufforstung als für landwirtschaftliche Kulturzwecke. Anders ist es, wenn bereits eine weiter gehende Verwitterung zur Bildung von Feinerde geführt hat, in der nur noch einzelne größere Bruchstücke des Gesteins vorkommen. Unter solchen Böden finden sich bei klimatisch günstigen Verhältnissen vielfach die fruchtbarsten Kulturböden.

Moorböden. Die bisherige Einteilung der Bodenarten berücksichtigte in erster Linie die sog. Mineralböden, wenn sie auch ,,Humusböden" als eine Hauptbodenart enthält. Die hierunter aufgeführten Humusböden sind jedoch Mineralbodenarten mit größerem Gehalt an organischer Substanz. Gelegentlich werden zwar Moorböden als extreme Humusböden bezeichnet und unter solchen beschrieben und aufgeführt[2]. Eine solche Zusammenfassung kann jedoch den besonderen Entstehungsbedingungen und Eigenschaften der Moorböden nicht gerecht werden. Die Moorbildungen nehmen als Böden organischen Ursprungs eine ganz besondere Stellung unter den Bodenarten ein. Die Anhäufung von Pflanzenresten führt unter bestimmten Bedingungen zur Ablagerung von Torfschichten, die Moorböden werden daher auch als Torfböden bezeichnet. Die Ablagerung des organischen Materials kann auf verschiedene Weise erfolgen. Nicht immer führt sie zur Entstehung reinen Moorbodens, sehr häufig werden durch Zwischenlagerung mineralischer Bestandteile Übergänge zwischen Moor-

[1] KRAFFT, G.: Die Ackerbaulehre, 15. Aufl., S. 79. Berlin 1927. — SCHUCHT, FR.: Grundzüge der Bodenkunde, S. 241. 1930. — RAMANN, E.: Bodenkunde, S. 543. 1911.
[2] KRAFFT, G.: a. a. O., S. 84.

und Mineralböden gebildet, die als anmoorige oder moorige Böden bezeichnet werden. Gelegentlich ist die Torfschicht auch nur in geringer Stärke vorhanden, so daß sie bei der Inkulturnahme mit dem darunter liegenden Untergrund vermengt wird und dadurch ihren Moorcharakter wieder verliert. Die Bezeichnung „Moor" trifft erst dann zu, wenn die organische Substanz einen überwiegenden Anteil an der Bildung der oberen Bodenschicht hat und wenn diese aus vorwiegend organischen Resten bestehende Schicht auch eine gewisse Mächtigkeit aufweist.

Als bester Maßstab für die Begriffsbildung kann die Definition von C. A. WEBER über Moore dienen. Nach WEBER[1] sind die Moore „Lagerstätten, auf denen sich aschenärmere Humusgesteine an der Erdoberfläche in größerer Ausdehnung vorfinden. Ein Moor ist des näheren ein Gelände, das von Natur mit einer im entwässerten Zustand mindestens 20 cm dicken Humusschicht, die keine sichtbaren oder fühlbaren mineralischen Gemengteile in auffälliger Menge enthält, bedeckt ist".

Die geforderte Stärke der Humusschicht bezieht sich auf die Schicht im zusammengesunkenen Zustand nach erfolgter Entwässerung. Die oben aufliegende, lose Decke von lebenden oder eben erst abgestorbenen Pflanzenteilen darf in diese Schicht nicht einbezogen werden. Ferner ist der Mineralgehalt des Bodens maßgebend für seine Bezeichnung als Moorboden. Übersteigt der Gehalt an Mineralbestandteilen 40%, so kann man nicht mehr von Moor, sondern nur von Moorerde oder anmoorigem Boden sprechen.

In Österreich glaubt man eine mindestens 50 cm dicke, in Dänemark eine mindestens 33 cm dicke Humusschicht für die Bezeichnung „Moorboden" fordern zu müssen[2].

Die Moorböden werden eingeteilt in[3]: Hochmoor-, Flach- oder Niedermoor und Zwischenmoorbildungen. Die Hochmoorbildung vollzieht sich über dem Grundwasserspiegel, während die Flachmoorbildung unterhalb des Grundwasserspiegels vor sich geht. Bedingung für das Zustandekommen größerer Anhäufungen organischen Materials ist in allen Fällen eine gewisse Unterbindung der Zersetzung. Die Bildung neuer Pflanzensubstanz muß jedenfalls die Zersetzung der abgestorbenen Pflanzenreste überwiegen. Bei den Flachmooren wird dies dadurch erreicht, daß das abgestorbene Pflanzenmaterial unter Wasser abgelagert wird, hier infolge Luftmangels nur langsame Zersetzung erleidet, vertorft. Auch die Zersetzung der Hochmoorvegetation steht unter dem Zeichen des Luftmangels. Hier sind es die moorbildenden Pflanzen selbst, die sich infolge ihrer Bauart stark mit Wasser vollsaugen und dadurch den Zersetzungsvorgang ebenfalls hemmen. Die Inkulturnahme derartiger Böden beruht in erster Linie auf regelrechter Durchlüftung, die durch Entwässerung und Umbruch erzielt wird. Damit wird die Zersetzung in der obersten Schicht befördert, aus dem toten Torf (dem Torfgestein) entsteht analog den Vorgängen bei der Mineralbodenverwitterung ein Kulturboden. Der Mineralgehalt der Moorböden ist meist sehr gering, er entspricht, abgesehen von mineralischen Einlagerungen bei der Bildung des Moores, dem Aschengehalt der moorbildenden Pflanzen. Nach ihrer Entstehungsweise lassen sich die Moore einteilen in: 1. lokal beschränkte Moorbildungen in Wasser sammelnden Geländeformen, 2. lokal nicht beschränkte, regionale Moorbildungen, die nicht von den Formen des Geländes abhängig sind, sondern von klimatischen Faktoren.

---

[1] WEBER, C. A.: Über Torf, Humus, Moor. Versuch einer Begriffsbestimmung mit Rücksicht auf die Kartierung und die Statistik der Moore. Abh. Naturw. Ver. Bremen 17, 465 (1903).

[2] SCHREIBER, H.: Moorkunde, S. 3. 1927.

[3] Vgl. hierzu die Ausführungen BR. TACKES in diesem Handbuch 4, 124ff.

Zu den ersteren gehören alle Moore, die aus der Verlandung der verschiedensten Wasseransammlungen entstehen. Man faßt derartige Moore unter dem Sammelbegriff Flachmoore zusammen. Andere Bezeichnungen hierfür sind: Niederungs-, Flachland-, Grünland- und Wiesenmoore[1]. Aus Gründen der Einfachheit sollen diese im nachstehenden auf die Bezeichnung Flachmoor beschränkt werden.

Regionale Moorbildungen werden als Hochmoore bezeichnet. Andere Namen für regionale Moorbildungen, die hier ebenfalls unberücksichtigt bleiben sollen, sind: Niederschlags-, Weichwasser-, Sphagnum-, Moos- und Heidemoore.

Zwischen Flachmoor und Hochmoor bestehen Übergangsformen, die man als Übergangs- oder Zwischenmoore bezeichnet. Derartige Zwischenmoore finden sich häufig dort, wo auf einem bereits gebildeten Flachmoor die Moorbildung fortschreitet, das künftige Hochmoor sich also auf Flachmoorunterlage aufbaut. Je nach dem Stadium ihrer Entwicklung können die Zwischenmoore Anklänge nach der Flachmoor- oder nach der Hochmoorseite zeigen.

Außer diesen sog. Hauptmoortypen gibt es Mischmoore, die an einzelnen Stellen, meist verursacht durch Wasserbrüche, einen anderen Charakter aufweisen als ihre Umgebung. Auch die Entwässerungsmöglichkeit unterscheidet die Moore in typischer Weise. Bei Flachmooren (Unterwasserbildungen) ist infolge ihrer muldenförmigen Gestalt die Entwässerung oft nur durch Schaffung einer künstlichen Vorflut möglich. Hochmoore (Überwasserbildungen) bereiten der natürlichen Vorflutgewinnung meist keine allzu großen Schwierigkeiten.

Für landwirtschaftliche Kulturzwecke sind zunächst diejenigen Unterscheidungsmerkmale wichtig, die sich auf die Zusammensetzung im Nährstoffgehalt der einzelnen Moortypen beziehen. An der Zusammensetzung des Moores sind sehr verschiedene Pflanzengruppen beteiligt. Die einzelnen Torfarten, die aus den verschiedenen Pflanzengruppen entstehen, werden nach ihrem Nährstoffgehalt wie folgt eingeteilt[2]:

I. Nährstoffreiche (eutrophe) Torfarten.

Rohrtorf (Phragmites), in norddeutschen Flachmooren stark verbreitet. Als frischer Rohrtorf leicht erkennbar durch zahlreiche gut erhaltene, gelbe Stengelstücke mit charakteristischen Knoten. Häufig Schwefelwasserstoffbildung.

Seggentorf, Carextorf, kalk- und stickstoffreich, meist nur in schwacher Schicht.

Schneidentorf, aus den Resten der Sumpfschneide (Cladium mariscus), ebenfalls kalk- und stickstoffreich, häufig in mächtigen Lagern vorkommend.

Astmoostorf, aus verschiedenen Hypnumarten, je nach der betreffenden Art mehr oder weniger reich an Nährstoffen.

Bruchwaldtorf, aus Resten von Erlen und Weiden mit Einlagerung von anderen Torfarten, kalk- und stickstoffreich, bildet oft die oberste Lage der Flachmoore.

Allen genannten Torfarten ist ein verhältnismäßig großer Nährstoffgehalt gemeinsam sowie die Fähigkeit, sich bei der Inkulturnahme verhältnismäßig leicht in erdig-krümelige Beschaffenheit überführen zu lassen.

II. Nährstoffärmere (mesotrophe) Torfarten.

Widertonmoostorf, aus verschiedenen Polytrichumarten, meist nur in flacher Schicht und wenig ausgedehnt, ein ungemein zäher, dunkel gefärbter und nur langsam sich zersetzender Torf.

Föhrenwaldtorf, aus den Resten von Föhren, Birken, Beerenreisern usw., durch gelegentlich vorkommende Baumstubben bereitet der Föhrenwaldtorf der Kultivierung oft große Schwierigkeiten.

Heidetorf (Calluna), ein bröckeliger Torf aus stark zersetzten Pflanzenresten, gewöhnlich nur in flacher Schicht vorkommend.

---

[1] Heuser, O.: Grundriß der Moorkultur, S. 26. Berlin 1927.

[2] Weber, C. A.: Die wichtigsten Humus- und Torfarten und ihre Beteiligung an dem Aufbau norddeutscher Moore. Die Entwicklung der Moorkultur in den letzten 25 Jahren, S. 80. 1908.

III. Nährstoffärmere (oligotrophe) Torfarten.

Wollgrastorf, aus verschiedenen Wollgräsern, besonders aus Eriophorum vaginatum, dem scheidigen Wollgras, mit deutlich erhaltener Pflanzenstruktur, kommt in gewissen Schichten der Hochmoore (Grenzhorizont) vor.

Beisentorf, aus Resten der Scheuchzeriaarten, ebenfalls nur in flachen Schichten in Hochmooren vorkommend.

Bleichmoostorf, aus den Resten von Sphagnumarten mit Einlagerung von verschiedenen anderen Pflanzen, der Hauptbestandteil der Hochmoore. Jüngerer Sphagnumtorf ist hell gefärbt mit deutlich erhaltener Pflanzenstruktur, der ältere Sphagnumtorf ist dunkel gefärbt, Pflanzenreste sind weitgehend zersetzt.

Die Flachmoore setzen sich entsprechend ihrer Bildung in nährstoffreichem Wasser vorwiegend aus nährstoffreichen Torfarten zusammen. Auch als Vegetationsdecke der Flachmoore finden sich heute anspruchsvolle Pflanzenvereinigungen. Der Kalkgehalt der Flachmoore beträgt über 2%, häufig sogar über 4% der Trockensubstanz[1]. Ferner zeichnen sich die Flachmoore durch hohen Stickstoffgehalt aus, der sie in landwirtschaftlicher Beziehung zu besonders wertvollen Kulturböden macht. Nach erfolgter Entwässerung zersetzen sich die oberen Moorschichten infolge des natürlichen Kalkgehalts ziemlich rasch, das Moor „vererdet" gut.

Im Gegensatz dazu setzen sich die Hochmoore aus den als nährstoffarm gekennzeichneten Torfarten zusammen. Auch der Kalkgehalt ist ebenfalls gering, meist unter 0,2%. Im Naturzustand sind die Hochmoore oft dicht mit anspruchslosen Holzgewächsen und Heidekraut bestanden, die auf dem nährstoffarmen Standort noch ihr Fortkommen finden[2]. Die landwirtschaftliche Nutzung der Hochmoore setzt die Zuführung der fehlenden Nährstoffe voraus. Ferner ist nach erfolgter Entwässerung zunächst durch Zuführung von Kalk für eine beschleunigte Zersetzung der obersten Schichten zu sorgen, damit aus dem Hochmoortorf ein Kulturboden werden kann[3].

Übergangsmoore setzen sich vorwiegend aus den mesotrophen Torfarten zusammen. Sie stehen bezüglich ihres Nährstoffgehalts sowie ihrer sonstigen Eigenschaften für landwirtschaftliche Kulturzwecke zwischen den Flachmooren und den Hochmooren.

Hochmoor und Flachmoor sind Bezeichnungen, die mit der absoluten Höhe dieser Lagerstätten über dem Meeresspiegel nichts zu tun haben. An sich können Flachmoore in großer Höhe im Gebirge vorkommen, wenn die Bedingungen dafür gegeben sind, und ebensogut können Hochmoore in der Tiefebene vorkommen, wenn hier die Bedingungen für die Entstehung dieses besonderen Moorcharakters gegeben sind. Flachmoore sind, um es noch einmal zu wiederholen, Unterwasserbildungen, Hochmoore dagegen solche Bildungen, die über dem Wasserspiegel erfolgen, entweder auf Flachmoorunterlage oder auf reinem Mineralboden.

Entsprechend den verschiedenen Voraussetzungen der Moorbildungen können Moore sowohl aus einem einzelnen Moortypus als auch aus mehreren Typen bestehen. Wenn auch für die landwirtschaftliche Nutzung in erster Linie die obere Schicht des Moores maßgebend ist, so spielt doch für die Kultivierung des Moores eine etwa aus mehreren Moortypen bestehende Schichtenfolge, das Moorprofil, eine wichtige Rolle. Ebenso wie von der Art des mineralischen Untergrundes hängt auch von dem eigentlichen Aufbau der Moore die Entwässerungs- und Kultivierungsmöglichkeit in entscheidendem Maße ab.

---

[1] MINSSEN, H.: Beiträge zur Kenntnis typischer Torfarten. Landw. Jb. **44**, 269 (1913).

[2] WEBER, C. A.: Über die Vegetation und Entstehung des Hochmoores von Augstumal im Memeldelta. 1902.

[3] Vgl. M. FLEISCHER u. BR. TACKE: Hochmoorkultur und Fehnkultur. Berlin 1906.

Im Aufbau der Moore sind folgende Möglichkeiten zu unterscheiden[1]:

1. Flachmoor, mineralischer Untergrund.	2. Zwischenmoor, mineralischer Untergrund.
3. Hochmoor, mineralischer Untergrund.	4. Hochmoor, Flachmoor, mineralischer Untergrund.
5. Hochmoor, Zwischenmoor, mineralischer Untergrund.	6. Hochmoor, Zwischenmoor, Flachmoor, mineralischer Untergrund.

Es leuchtet ohne weiteres ein, daß ein Moortypus, der die Oberfläche eines Moores bildet, sich in bezug auf seine Kultivierungsmöglichkeiten, abgesehen von seiner eigenen Mächtigkeit, sehr verschieden verhalten muß, je nachdem ob er sich auf einem oder mehreren andersartigen Moortypen oder direkt auf dem mineralischen Untergrund aufbaut. Andererseits wird auch der mineralische Untergrund weitgehend von den auf ihm stattfindenden Moorbildungen beeinflußt. Die Farbe sowohl als auch das Verhalten des Untergrundes hängen sehr von dem auf ihm ruhenden Moortypus ab.

Einen gewissen Übergang von den Moorböden zu den Mineralböden bilden die anmoorigen Böden, es sind humusreiche Bodengruppen, die zwar mit der Moorbildung eng zusammenhängen, deren Mineralgehalt aber eine Höhe erreicht, die eine Bezeichnung als Moorboden nach den geltenden Ansichten nicht mehr zuläßt. Es handelt sich entweder um Moorbildungen mit erheblichen Mineralbeimengungen durch Einschlämmung, Aufwehung usw. oder um die Randpartien der eigentlichen Moore, bei denen die flachausstreichende Humusschicht mit dem mineralischen Untergrund eine künstliche oder natürliche Vermischung erfahren hat.

Derartige Böden kommen in Verbindung mit wirklichen Moorböden wie auch ohne Zusammenhang mit solchen in großer Ausdehnung vor. Ihre statistische Erfassung unterliegt den gleichen Schwierigkeiten wie die der Moorböden, sehr häufig ist in den Angaben über Moorflächen ein erheblicher Anteil anmoorigen Bodens eingeschlossen. Da diese Böden ebenso wie die verschiedenen Moortypen eine bestimmte, ihrem Charakter angepaßte Behandlung verlangen, andererseits aber vielfach den Moorböden zugerechnet werden, so ist ihre besondere Beschreibung hier wiedergegeben.

Bei wenig mächtigen Flachmooren, die ehemalige Flußtäler ausfüllen, entstehen anmoorige Bodenpartien auch dadurch, daß einzelne der durch den ehemaligen Flußlauf gebildeten Sanddünen durchragen bzw. nur eine sehr dünne Humusdecke tragen. Im letzteren Falle erfolgt bei der Kultivierung leicht die Vermischung der eigentlichen Moordecke mit dem mineralischen Untergrund. Handelt es sich um eine völlige Durchragung, so unterliegt die Sanddüne häufig der Verwehung, wodurch eine Vermischung mit der angrenzenden Moorsubstanz ebenfalls leicht erfolgt. Das Havelländische Luch ist u. a. reich an solchen Dünenbildungen, die zahlreiche Unterbrechungen des Flachmoors durch mehr oder weniger ausgedehnte Flächen anmoorigen Sandes hervorrufen[2].

Soweit es sich bei den anmoorigen Böden um tonige oder Schlickbeimengungen handelt, ist die landwirtschaftliche Nutzbarkeit dieser Böden infolge des feuchten Charakters im wesentlichen von der Witterung abhängig. Die Beschaffenheit des Moores wird durch diese Beimengungen bis zu einem gewissen Grade verbessert.

---

[1] Vgl. J. Stoller: Erläuterungen zu Blatt Hebelermoor. Pr. Geol. Landesanst., Lief. 135. 1907.

[2] Heuser, O.: Grundriß der Moorkultur, S. 39. Berlin 1927.

Anders liegt es bei den Vermengungen mit sandigem Material. Eine geringe Beimischung von sandigen Bestandteilen verbessert allerdings zunächst eine Reihe von Eigenschaften des reinen Moorbodens. Hochgelegene, anmoorige Sandböden mit sehr hohem Sandanteil verhalten sich jedoch in landwirtschaftlicher Beziehung sehr ungünstig. Der grobkörnige Sand wirkt stark durchlüftend, es findet eine lebhafte Zersetzung der Moorsubstanz statt. Schließlich bleiben nur noch geringe Reste des organischen Materials übrig, die sich zudem noch sehr ungünstig verhalten. Es handelt sich nämlich um die schwer angreifbaren Kohlenstoffkerne der ehemaligen Torfsubstanz. Diese Restprodukte besitzen keine Quellbarkeit und nur geringes Absorptionsvermögen, sie verschmieren in feuchtem Zustand den Boden, vermögen aber die Feuchtigkeit nicht besser zu halten als mineralische Bodenbestandteile[1]. Von den Eigenschaften der Moorsubstanz ist in diesen Stoffen nicht viel übrig geblieben, höchstens, daß sie dem Sand eine schwarze Färbung verleihen. Dem anmoorigen Sandboden mit so stark zersetzter organischer Substanz fehlt auch die Fähigkeit, Krümelstruktur zu bilden. Im nassen Zustand ist dieser Boden kalt und untätig, im trockenen Zustand besitzt er keine Zusammenhangskraft und verweht. Die Bestellung macht aus diesem Grunde oft Schwierigkeiten.

Infolge der geschilderten Eigenschaften sind die anmoorigen Böden selbst bei genügender Entwässerung bakterienarm. Die Restbestandteile der Humussubstanz sind für das biologische Leben im Boden kein geeignetes Energiematerial. Die Leistung dieser Böden läßt sich aber oft überraschend steigern durch Zuführung von Stallmist, also von nicht so weitgehend zersetztem organischen Material, das sowohl eine Energiequelle für die Bakterien abgibt, als auch selbst die Bakterien in den Boden hineinbringt. Auch die physikalische Verbesserung des anmoorigen Bodens durch den Stalldung spielt eine gewisse Rolle[2].

Marschböden[3]. Von den genannten Humus- und humushaltigen Böden sind die Marschböden als besondere Gruppe genau zu unterscheiden. Im allgemeinen handelt es sich um humose Böden, die nach ihren physikalischen Eigenschaften zwischen Ton- und Lehmböden einzureihen wären. Die Marschböden sind ebenso wie die Moorböden Bildungen des Alluviums. Es handelt sich hier um Ablagerungen feinster toniger und sandiger Bodenteilchen, vermischt mit organischen Resten, im unteren Teil der Flußläufe (Flußmarschböden) oder in Küstengebieten (Seemarschböden). Die Marschböden zeichnen sich meist durch besonders hohen Gehalt an organischen Bestandteilen vor den übrigen sog. Schwemmböden aus, sie sind ferner, da ihre Bildung unter dem Einfluß eines hohen Grundwasserstandes vor sich gegangen ist, nur durch Trockenlegung für den Ackerbau brauchbar zu machen. Die eigentliche Bodensubstanz der Marschen ist Seeschlick oder Flußschlick, eine infolge des Gehaltes an abgestorbenen Lebewesen stickstoffreiche marine Ablagerung. Die Schlickabsätze unterscheiden sich in Zusammensetzung sowie in ihrem Verhalten gegen Pflanzenwuchs und landwirtschaftliche Bearbeitung sehr beträchtlich voneinander. Auch der Gehalt an tonigen Bestandteilen, die dem Marschboden die zähe Beschaffenheit verleihen, wechselt stark. Der Gehalt an Pflanzennährstoffen bewegt sich zwischen

0,26 und 5,45 % Kalk	0,08 und 0,55 % Phosphorsäure
0,11 und 1,15 % Kali	0,10 und 0,99 % Stickstoff[4]

[1] Vgl. auch B. Frosterus: Die Klassifikation der Böden und Bodenarten Finnlands. Mem. Nomencl. Class. Sols, Helsingfors **1924**, 159/60. — P. Treitz: Das Wesen und der Bereich der Agrargeologie. C. r. Conf. extraord. Prag **1922**, 64—97.

[2] Heuser, O.: a. a. O., S. 116.

[3] Vgl. Fr. Schucht: Die Bodenarten der Marschen. Landw. Versuchsstat. **53**, 309 (1905); ferner Br. Tacke: Marschböden. Dieses Handbuch **4**, 162.

[4] Tacke, Br.: Bericht über die Tätigkeit der Marschkulturkommission. S. 10. Berlin 1920.

Ältere Marschböden weisen infolge der Umwandlungen und Auswaschungen oft kaum noch einen nachweisbaren Gehalt an Kalziumkarbonat auf, sind daher nur sehr schwer in Krümelstruktur zu bringen.

Gelegentlich sind die Marschböden und Moorböden mit anderen humusreichen Mineralböden (Schwarzerde usw.) zu einer Gruppe vereinigt worden[1]. Die an Humus reichen Böden sind jedoch je nach ihren Entstehungsbedingungen scharf voneinander zu trennen, da sie gänzlich verschiedene Eigenschaften aufweisen[2]. Die Anreicherung mit Humus kann sowohl durch Überschuß an Feuchtigkeit (Moorboden) als auch durch Mangel an Feuchtigkeit (eigentliche Schwarzerde) hervorgerufen sein.

Bodentypen. Die Aufstellung von Bodentypen ist das Ergebnis der Erforschung der Bodenhorizonte. Horizonte entstehen in den Böden infolge der Wechselwirkung des Klimas, des organischen Lebens, der Oberflächengestaltung, des Wasserhaushalts. Ein und dieselbe Bodenart kann danach durchaus verschiedenen Bodentypen angehören. Diese Erscheinung hat in Verbindung mit der Tatsache, daß gleiche Bodenarten sehr verschiedene Eigenschaften aufweisen können, dazu geführt, bei den Mineralböden außer der Bodenart bestimmte Bodentypen zu unterscheiden, denen sich die Moorböden und Marschböden als besondere und selbständige Typen anschließen würden. Da die Einteilung in Bodentypen nicht nur die Zusammensetzung, sondern auch die Entstehungsbedingungen und die sich daraus ergebende Lagerung und Struktur des Bodens berücksichtigt, so gestattet diese Einteilung eine eingehendere Charakterisierung der Böden als die bloße Einteilung in Bodenarten[3].

Die Berücksichtigung der Bodentypen bei der Einteilung der Böden kann uns ermöglichen, aus Gesetzmäßigkeiten in der Bodenbildung zu Gesetzmäßigkeiten in den Bodeneigenschaften zu kommen. Sehr häufig zeigen Böden ein in bestimmter Weise gleichsinniges Verhalten, ohne dabei eine gleiche Zusammensetzung aufzuweisen. Der Verbreitung und Verteilung der Bodenarten fehlt jede Gesetzmäßigkeit, während für die Bodentypen sich eine solche aus ihren Beziehungen zu klimatischen Bedingungen ergeben kann.

Die Berücksichtigung der Bodenhorizonte kommt dem praktischen Bedürfnis außerordentlich entgegen. In den Anweisungen zur Beurteilung des Bodens findet man immer wieder den Hinweis, daß die Beurteilung des Untergrundes mit herangezogen werden muß. Die Einteilung in Bodentypen berücksichtigt nicht nur den Untergrund, sondern auch alles, was damit zusammenhängt, nämlich Grundwasser, Wasser- und Luftbewegung im Boden, Zersetzungsgrad, Struktur usw. Damit ist vielfach das verschiedene Verhalten der Böden gegen Düngungs- und Bearbeitungsmaßnahmen erklärt, das bei der praktischen Beurteilung eines Bodens ebenfalls berücksichtigt werden muß.

Während die Bodenarten das Einteilungsergebnis der Erforschung des stofflichen Materials der Böden sind, stellen die Bodentypen das Einteilungsergebnis der Erforschung der Bodenhorizonte dar. Der Einfluß der klimatischen Bodenlehre ist in den letzten Jahren erheblich angewachsen; es liegt auf der Hand, daß diese Anschauungen auch der landwirtschaftlichen Bodeneinteilung nützlich werden können. Die Einteilung der Böden allein nach den Entstehungsbedin-

---

[1] Vgl. V. Hohenstein: Die ostdeutsche Schwarzerde (Tschernosem) mit kurzen Bemerkungen über die ostdeutsche Braunerde. Internat. Mitt. Bodenkde. **9**, 1 (1919). — K. v. See: Beitrag zur Kenntnis zweier Schwarzerdevorkommen in Deutschland. Internat. Mitt. Bodenkde. **8**, 123 (1918).

[2] Krafft, G.: a. a. O., S. 84.

[3] Glinka, K.: Die Typen der Bodenbildung. Berlin 1914. — Vgl. auch H. Stremme: Grundzüge der praktischen Bodenkunde. Berlin 1926.

gungen des Bodens vorzunehmen, dürfte jedoch über das Ziel hinausschießen. In wie starkem Maße unter den gemäßigten Klimabedingungen Mitteleuropas das Muttergestein die Eigenschaften der aus ihm hervorgehenden Böden beeinflußt, ist von MILCH[1] überzeugend nachgewiesen worden. Selbst LANG[2], der den sog. Regenfaktor als Grundlage einer nach klimatischen Gesichtspunkten orientierten Bodeneinteilung einführte und der die starke Beeinflussung der Bodenbildung durch das Klima anerkennt, weist darauf hin, daß die Beschaffenheit des Bodens doch letzten Endes von Charakter und Zusammensetzung des Muttergesteins abhänge.

Landwirtschaftliche Bodenklassifikation.

Allgemeines. Wie an früherer Stelle[3] bereits hervorgehoben wurde, stellt die Einteilung oder Klassifizierung der Böden einen wesentlichen Teil der landwirtschaftlichen Schätzungslehre dar. Vorstellungen über den Wert landwirtschaftlicher Grundstücke lassen sich nur gewinnen, wenn man die Güte der jeweils in Betracht kommenden Böden berücksichtigt. Die Kulturböden eines Landgutes werden zunächst in Kulturarten, Acker, Wiese, Weide und evtl. Wald aufgeteilt, innerhalb jeder Kulturart wird eine besondere Klassifikation vorgenommen. Es ist Grundsatz der landwirtschaftlichen Schätzungslehre, bei dieser Klassifikation den Einfluß der Wirtschaftslage, der Betriebsgröße und anderer rein wirtschaftlicher Momente auszuschalten und diesen Einfluß gesondert zu berücksichtigen. Die Einteilung der Böden erfolgt ausschließlich nach natürlichen Bodeneigenschaften.

Bei vorliegenden Betrachtungen ist in erster Linie die Klassifikation des Ackerbodens ins Auge zu fassen, weil sich hier die Einteilung weitgehend mit der Beschaffenheit des Bodens befaßt, während die Klassifikation der Wiesen und Weiden ebenso wie die der Waldflächen sehr häufig lediglich nach der Produktionsmasse, die sich erwarten läßt, erfolgt[4]. Bei der Einteilung der Ackerböden können die früher besprochenen Hauptgemengteile entweder ohne weiteres oder mittelbar zugrunde gelegt werden. Im letzteren Falle erfolgt eine Berücksichtigung der auf den einzelnen Bodenarten vornehmlich wachsenden Kulturpflanzen. Es können schließlich auch sowohl die Hauptgemengteile als auch die wichtigsten auf den einzelnen Böden wachsenden Kulturpflanzen zur Charakteristik der aufgestellten Ackerklassen herangezogen werden. Diese Charakteristik kann ferner durch Heranziehung der auf den einzelnen Böden wildwachsenden Pflanzen (Unkräuter) vervollkommnet werden. Durch die Mitbenutzung der Flora des Bodens für die Einteilung werden die Unterschiede in den Wasserverhältnissen bei sonst gleichen Hauptgemengteilen mit berücksichtigt. Es ist selbstverständlich zweckmäßig, möglichst viele Gesichtspunkte für die Einteilung der Böden heranzuziehen, um eine klare Charakteristik der gebildeten Klassen geben zu können. Die Angaben über das Verhältnis der Hauptgemengteile können ferner noch durch solche über die Bearbeitungsfähigkeit der Böden ergänzt werden.

Eine Untersuchung der einzelnen Klassifikationssysteme zeigt uns, daß gelegentlich bestimmten Gesichtspunkten besonderes Augenmerk geschenkt wird. Diejenigen Klassifikationssysteme, die sich einseitig auf irgendeinen ein-

---

[1] MILCH, L.: Über die Beziehung der Böden zu ihren Muttergesteinen. Mitt. Landw. Inst. Breslau 1906, 867; Die Zusammensetzung der festen Erdrinde als Grundlage der Bodenkunde, S. 235. Leipzig u. Wien 1926.

[2] LANG, R.: Versuch einer praktischen Klassifikation der Böden in klimatischer und geologischer Hinsicht. Internat. Mitt. Bodenkde. 5, 312 (1915).

[3] Vgl. S. 19.

[4] Vgl. CLAUS: Sächsische Wiesenklassifikation. Kulturtechniker 1923.

zelnen Maßstab bei der Einteilung stützen, haben jedoch nur eine theoretische Bedeutung. Die praktische Durchführung der Abschätzung zwingt, möglichst viele Gesichtspunkte für die Einteilung der Böden heranzuziehen. Die theoretischen Systeme der Klassifikation können dagegen dazu dienen, allgemeine Kenntnisse über die Einteilung zu ermitteln, mit deren Hilfe man eine den einzelnen Schätzungsbezirken angepaßte Bodenklassifikation aufstellen kann. Während die Zahl der Klassen in einem allgemeinen Klassifikationssystem relativ groß sein kann, darf bei der Aufstellung einer besonderen Klassifikation für den Einzelbezirk die Zahl der zu bildenden Klassen 8 oder 9 im allgemeinen nicht übersteigen. Es ist ferner zu beachten, daß die Bodenklassifikation den besonderen Verhältnissen der einzelnen gesonderten Schätzungsbezirke angepaßt sein muß. Es ist daher erforderlich, daß die Ausdehnung des einzelnen Schätzungsbezirks nach den vorkommenden besonderen Bodenverhältnissen der einzelnen Gegenden zu wählen ist, da nur auf diese Weise die Bodenklassifikation sich den wechselnden Verhältnissen anschmiegen und die Beziehungen der einzelnen Bodenarten zum Bodenwert genügend genau klarstellen kann. Es kann daher für den gesamten landwirtschaftlich genutzten Boden oder auch nur für weite Landstriche nicht ein bestimmtes Klassifikationssystem aufgestellt werden. Man kann nicht Gebirgsgegenden des Rheinlandes mit denen der Rheinniederung, die Hannoverschen Marschen und die Lüneburger Heide zusammen in ein Klassifikationssystem zwängen. Die natürlichen, insbesondere die klimatischen Unterschiede dieser Böden würden dann so groß sein, daß die Beziehungen zwischen den Bodeneigenschaften und dem Bodenwert nicht ausreichend erfaßt werden können. Die Klassifikation erfordert also eine Begrenzung der Schätzungsgebiete.

Die landwirtschaftlichen Methoden der Klassifikation können in zwei große Gruppen getrennt werden. Man kann die Klassifikationssysteme nach naturwissenschaftlichen Gesichtspunkten von den sog. ökonomischen Klassifikationssystemen unterscheiden. Während die ersten eine Einteilung auf der Grundlage der physischen Verhältnisse des Bodens vornehmen, beruhen die letzteren auf der Erfassung der Ertragsfähigkeit oder der Fruchtbarkeit des betr. Bodens. Als dritte Gruppe wären dann die sich aus beiden Methoden zusammensetzenden gemischten Klassifikationssysteme zu nennen.

Die naturwissenschaftlichen Klassifikationssysteme gehen teilweise von geologischen, teilweise von petrographischen Gesichtspunkten aus[1]. Daneben gibt es auch Systeme, die den Boden nach chemisch-physikalischen Eigenschaften, nach botanischen Gesichtspunkten (Fähigkeit, bestimmte Kulturpflanzen zu tragen, Vorkommen von wildwachsenden Pflanzen und Unkräutern), nach den Entstehungsbedingungen des Bodens und endlich nach Klimazonen einteilen.

Die ökonomische Klassifikation ist die Zusammenstellung aller Böden, die einen gleichen Ertrag gewähren. Die physischen Verhältnisse dienen hier nur zur Angabe der Merkmale, die diejenigen Böden bezeichnen, die in Ansehung ihres Ertrages zusammengehören. Dieser Ertrag kann einmal der Gesamt- oder Rohertrag sein, den eigentlichen ökonomischen Klassifikationsystemen liegt jedoch auch eine Berücksichtigung des Reinertrags zugrunde. Der Reinertrag eines Grundstückes ist der Überschuß des Rohertrages nach Abzug sämtlicher Kosten, die der Anbau verursacht hat. Während im Rohertrag nur die absolute Fruchtbarkeit des Bodens zum Ausdruck kommt, ist im Reinertrag eine Bewertung derjenigen Unkosten mit enthalten, die z. B. die Bearbeitung des Bodens verursacht hat. Da die mehr oder weniger schwere Bearbeitbarkeit ein wesentliches Merkmal

---

[1] Vgl. hierzu die Ausführungen von H. NIKLAS: Dieses Handbuch **4**, 8ff. und Band 9.

des Bodens darstellt, so ist die ökonomische Klassifikation nach dem Reinertrag umfassender als eine bloße Einteilung nach den erzielbaren Roherträgen.

Der Reinertrag eines Grundstückes hängt nun nicht allein von den physischen Bodenverhältnissen ab, sondern von vielen anderen Faktoren zugleich. Das Wirtschaftssystem sowohl als die Wahl des Anbauverhältnisses, verschiedene Fruchtfolgen, verschiedene Ackerbaumethoden, können zu sehr verschiedenen Reinerträgen auf dem gleichen Boden führen. In neuerer Zeit tritt noch hinzu, daß auch durch die verschieden günstige Lage der Betriebe die Verwertung der Erzeugnisse in steigendem Maße beeinflußt wird, das sind Dinge, die zu der Zeit, als man ökonomische Klassifikationssysteme aufstellte, weniger in die Waagschale fielen. Immerhin war man sich auch zu damaliger Zeit über die Schwierigkeiten klar, die sich aus dem Zusammenwirken zahlreicher schwer zu berechnender Einflüsse auf den Reinertrag für ein derartiges System ergeben mußten, das für die Ermittlung der natürlichen Ertragsfähigkeit des Bodens die Geldsumme feststellen sollte, die für die Erzeugnisse zu erwarten war. Man war bemüht, ein gewöhnliches, landübliches Bewirtschaftungsverfahren dieser Einteilung zugrunde zu legen und nahm eine mittelgute Wirtschaftsführung und mittelgute Verwertung der Erzeugnisse an. Den älteren ökonomischen Klassifikationssystemen liegt die Dreifelderwirtschaft zugrunde, in Holstein und Mecklenburg wurde für die Einteilung der Böden die dort übliche Koppelwirtschaft angenommen.

Auch für eine Klassifikation, die wissenschaftlichen Zwecken dienen soll, ist die Kenntnis derjenigen Ausdrücke unentbehrlich, mit denen rein erfahrungsgemäß in der landwirtschaftlichen Praxis der Boden eingeteilt und gekennzeichnet wird. Allgemein und natürlich ist eine Unterscheidung zwischen gutem, mittlerem und schlechtem Boden. Diese Unterscheidung ist jedoch sehr bedingt; was in der einen Gegend als Mittelboden bezeichnet wird, bedeutet für eine andere Gegend die beste Qualität unter den dort überhaupt vorkommenden Böden. Außerdem ist mit dieser Bezeichnung für die eigentlichen Eigenschaften des Bodens nichts ausgesagt, je nach der Bodenformation der betreffenden Gegend gilt einmal leichter, trockener Sandboden, ein andermal zäher, naßkalter Tonboden als schlechtester Boden. Eine derartige Einteilung berücksichtigt also nur das relative Wertverhältnis der Fruchtbarkeit in einer einzelnen Gegend. Das gleiche gilt für die Hinzunahme der Bezeichnungen schwerer, mittlerer und leichter Boden, die teilweise in gleichem Sinne angewandt werden, teilweise auch als Bezeichnung für die Bindigkeit des Bodens gelten, sowie für den Widerstand, den der betreffende Boden den Bodenbearbeitungsgeräten entgegensetzt.

In älteren Versuchen einer Klassifikation ist der Boden auch gelegentlich im allgemeinen Durchschnitt nach der Vermehrung der Einsaat bei dem landüblichen Bewirtschaftungssystem eingeteilt worden. Man sprach von Böden, die das dritte, vierte, fünfte oder sechste Korn bringen. A. THAER hebt aber bereits hervor, daß der Ertrag mehr vom Düngungszustand als von der Grundbeschaffenheit des Bodens abhängt[1].

Von der Wiedergabe der auf geologischer, mineralogischer und physikalisch-chemischer Grundlage aufgebauten Klassifikationssysteme kann an dieser Stelle abgesehen werden, da diese schon in anderem Zusammenhange durch H. NIKLAS[2] in diesem Handbuche Behandlung gefunden haben, nur die auf den wildwachsenden Pflanzenbestand des Bodens Rücksicht nehmenden Bodeneinteilungen seien hier kurz angeführt.

---

[1] THAER, ALBR.: Grundsätze der rationellen Landwirtschaft, 1, 41. Berlin 1831.
[2] Siehe dieses Handbuch 4, 10f.

Die wildwachsenden Pflanzen, insbesondere die Ackerunkräuter sind wiederholt zur Charakteristik der Bodenarten herangezogen worden[1]. Da die Verbreitung der wildwachsenden Pflanzen je nach den Kulturmaßnahmen des Landwirts und seiner Nachbarn aber auch auf sehr ähnlichen Böden sehr verschiedenartig sein kann, so kann auf einer derartigen Methode die Beurteilung der Böden nicht allein aufgebaut werden. Immerhin vermag uns die Berücksichtigung der wildwachsenden Flora eine Vertiefung der Erkenntnis zu verschaffen. Am wichtigsten für die Bodencharakteristik sind diejenigen wildwachsenden Pflanzen, welche Kalkreichtum und Kalkarmut, Nährstoffreichtum und Nährstoffarmut bzw. hohe und niedrige Kultur des Bodens, stauende Nässe im Untergrund usw. anzeigen. Das Vorkommen von Huflattich deutet immer auf quelligen Boden und undurchlässige Schichten im Untergrund, Brombeeren auf Sandboden zeigen Lehm im Untergrund an, eine ganze Reihe von Pflanzen ist ferner für die Bestimmung des Kalkgehalts und der Bodenreaktion herangezogen worden[2]. Diese letztere Methode hat sich jedoch als wenig zuverlässig erwiesen, da die Unkräuter zwar deutlich auf den Säuregrad des Bodens reagieren, noch stärker aber von anderen Bodeneigenschaften, Wassergehalt, Fruchtbarkeit usw. beeinflußt werden. Eine Berücksichtigung der natürlichen Flora kann natürlich nur soweit erfolgen, als die betr. Pflanzen auf den in Frage kommenden Bodenarten eine weitgehende Verbreitung haben und daher dem Beurteiler des Bodens auch bekannt sind.

Ein botanisches System der Bodeneinteilung ist von R. Braungart[3] aufgestellt worden, der den Versuch machte, die wildwachsenden Pflanzen nach ihrer Abhängigkeit von der chemischen Bodenbeschaffenheit zu gruppieren. Er kam dabei zur Aufstellung von fünf Gruppen, die jeweils eine größere Anzahl von Unkräutern enthalten. Die Einteilung erfolgte in:

1. Pflanzen des kalk- und magnesiaarmen Ton-, Kieselton- oder Kieselbodens,
2. Pflanzen des spezifischen Kalk-, des kalkreichen Sand-, Lehm- und Mergelbodens, des kalkreichen Urgebirgsbodens,
3. Pflanzen des kalkreichen Bodens,
4. Pflanzen des salzhaltigen Bodens,
5. Pflanzen des ammoniakreichen Bodens.

E. A. Mitscherlich[4] hat auf Grund der Angaben von Schübler[5] eine Zusammenstellung der für die einzelnen Bodenarten typischsten und weit verbreitetsten Wildpflanzen gemacht, die ebenfalls als Ergänzung und Vervollständigung der Bonitierung nach anderen Gesichtspunkten benutzt werden kann. Die Unkrautflora wird für die einzelnen der von Thaer aufgestellten Bodenklassen getrennt angegeben. Auch Trommer[6] hat die wildwachsenden Pflanzen für ein Bonitierungssystem benutzt, ausgehend von der Folgerung, daß die wildwachsenden Pflanzen so gut wie die Kulturpflanzen von dem chemischen und physikalischen Zustand des Bodens abhängig sind. Für die einzelnen Bodenarten werden bestimmte Pflanzen angegeben, wobei besonderes Gewicht auf das üppige, massenhafte Wachstum der betreffenden Pflanze gelegt wird.

Besonderes Interesse verdient der in jüngster Zeit gemachte Versuch A. Petersens[7], auf Grund des natürlichen Pflanzenbestandes von Ackerland und

[1] Vgl. die eingehenden Ausführungen von W. Mevius auf S. 49—106 dieses Bandes

[2] Eichinger, A.: Die Unkrautpflanzen des kalkarmen Ackerbodens. Berlin 1927.

[3] Braungart, R.: Gibt es bodenbestimmende Pflanzen? J. Landw. **27**, 423; Bodenbestimmende Pflanzen. Ebenda **28**, 399.

[4] Mitscherlich, E. A.: Bodenkunde für Land- und Forstwirte, S. 344. Berlin 1905.

[5] Schübler, G.: Grundsätze der Agrikulturchemie **2**, 145. Leipzig 1830.

[6] Trommer, C.: Die Bonitierung des Bodens mittels wildwachsender Pflanzen. Greifswald 1853.

[7] Petersen, A.: Taxation von Ackerländereien auf Grund des natürlichen Pflanzenbestandes von Ackerland und Ackerrand. Berlin 1930.

Ackerrand eine Beurteilung des Bodens für Taxationszwecke vorzunehmen. PETERSEN unterscheidet die bodenbedingten Fruchtbarkeitsverhältnisse der Ackerböden von der durch Bodenbearbeitung und Düngung beeinflußten Bodenfruchtbarkeit. Anzeichen der ersteren vermögen in gewisser Weise die angrenzenden Wälder zu geben, während die Unkrautflora des Ackerlandes den durch die Bewirtschaftung geschaffenen Fruchtbarkeitszustand anzeigt. Die Heranziehung der natürlichen Pflanzenbestände des Ackerrandes, der sog. ,,Raine", erweist sich als besonders aufschlußreich, da die Pflanzenvereine des Ackerrains von Düngung und Bodenbearbeitung nur wenig beeinflußt werden und in ihrer Zusammensetzung, namentlich aber in ihren örtlich verschiedenen ,,Nebenbestandteilen", eine deutliche Charakteristik der grundlegenden Bodeneigenschaften geben können.

Aus allen Versuchen botanischer Einteilungssysteme ergibt sich, daß nicht das Vorkommen einzelner Leitpflanzen entscheidend sein kann, sondern das Überwiegen bestimmter Pflanzen innerhalb der Pflanzengemeinschaft[1].

In neuerer Zeit ist versucht worden, die Wertschätzung und Bonitierung der Wiesenländereien ebenfalls auf Grund des Pflanzenbestandes vorzunehmen[2]. PETERSEN[3] stellt eine Reihe von Wiesentypen je nach dem vorherrschenden Pflanzenbestand auf und teilt danach die Wiesenländereien in sechs Klassen ein. Die Klassifikation berücksichtigt dabei ferner die Ertragsmenge, die ja mit dem Pflanzenbestand in unmittelbarem Zusammenhange steht, und spricht von zwei- bis dreischürigen, zweischürigen und einschürigen Wiesen, die außerdem noch unter sich in bessere und geringere eingeteilt sind. Die einzelnen Typen ergeben sich aus dem Vorwiegen bestimmter Wiesengräser im Bestand, so enthält die beste Klasse folgende Typen:

Wiesenfuchsschwanzwiese,
Wiesenschwingelwiese,
Lieschgraswiese,
Rohrglanzgraswiese,
Wiese des ansehnlichen Mannagrases,
Wiese der gemeinen Rispe.

Eine der mittleren Klassen enthält die Typen:

Queckenwiese,
Wiese der wehrlosen Trespe,
Wiesenrispengraswiese.

In der geringsten Klasse sind vertreten:

Horstseggenwiese,
Binsenwiese,
Drahtschmielenwiese,
Schafschwingelwiese.

Jedem Typus kommt ein ganz bestimmter Heuertrag der Menge und Güte nach zu. Bei der Abstufung ist einem Zentner gutes Heu zwei Zentner eines geringen Heues gleichgesetzt. Die beste Klasse hat 100 dz/ha. Außer den gegenwärtig erzielten Erträgen werden bei den unzulänglich oder gar nicht gedüngten oder gepflegten Wiesen die in Zukunft auf Grund von Meliorationen zu erwartenden Erträge gleichfalls berücksichtigt, indem hinter der Bezeichnung des verwahrlosten Typs die höhere Klasse angegeben wird, in die der betreffende Typ nach Maßgabe der Umwandlungsmöglichkeiten eingereiht werden könnte. Die zahlreich in der Natur vorkommenden Mischtypen sind je nach den für die reinen Typen gemachten Angaben einzugruppieren.

---

[1] Vgl. auch K. STEYER u. G. EBERLE: Die Unkrautflora der Äcker und ihre Bedeutung als biologisches Reagens. Arb. Biol. Reichsanst. **16**, 2 (1928).

[2] WEBER, C. A.: Die Bedeutung der Untersuchung des Pflanzenbestandes dauernden Grünlandes. Dtsch. landw. Presse **1924**. — KONOLD, O.: Der Pflanzenbestand einer Dauerweide und seine Beziehungen zum Boden. Dissert. Danzig 1927. — KLAPP, L.: Zum Ausbau der Graslandsaufnahme zu landwirtschaftswissenschaftlichen Zwecken. Pflanzenbau **6**, 197 (1930).

[3] PETERSEN, A.: Taxation von Wiesenländereien. Berlin 1927.

Ökonomische Klassifikationssysteme. Die Einteilung der landwirtschaftlich genutzten Böden gewinnt naturgemäß besondere Bedeutung, wenn sie als Bestandteil der Schätzung landwirtschaftlicher Betriebe auftritt. Bei der Schätzung landwirtschaftlicher Betriebe wird der Schwerpunkt des eigentlichen Schätzungsverfahrens auf gewisse Vorarbeiten verlegt, die zunächst einmal bestimmte Schätzungsmerkmale zu ermitteln haben. Die Schätzungsmerkmale gestatten dann, die zu schätzenden Betriebe in Gruppen oder Klassen einzuteilen. Die Wertberechnungen brauchen nicht mehr für jeden einzelnen Betrieb, sondern nur noch für die Gruppe, zu der dieser Betrieb gehört, aufgestellt zu werden. Die Einreihung der Betriebe in die einzelnen Gruppen erfolgt außer nach wirtschaftlichen Merkmalen (Verkehrslage, Wegeverhältnisse usw.) in erster Linie auf Grund einer eingehenden Bonitierung des Ackerlandes, der Wiesen und der Weiden. Die endgültige Bewertung der Betriebsklassen erfolgt entweder auf Grund von Kaufpreisen oder auf Grund von Ertragsveranschlagungen oder auch auf Grund beider Gesichtspunkte.

Da die Beurteilung des Bodens bei allen Schätzungsverfahren eine ausschlaggebende Rolle spielt, so weist die Entwicklung der Methoden in der landwirtschaftlichen Schätzungslehre zugleich ein reiches Material von Ansichten über die zweckmäßige Einteilung der landwirtschaftlich genutzten Böden auf. Je nach den vorliegenden Verhältnissen und dem jeweiligen Stande der Erkenntnis wird bei den einzelnen Schätzungsverfahren der einen oder der anderen Methode der Bodenbonitierung der Vorzug gegeben. Es ist weiter zu berücksichtigen, daß die meisten der von landwirtschaftlicher Seite aufgestellten Gesichtspunkte der Einteilung der Böden gleichzeitig den Zweck einer Einschätzung des Bodens im Auge hatten. Das gilt einmal für die naturwissenschaftlichen, noch mehr aber für die sog. ökonomischen Klassifikationssysteme.

Den ersten allgemein bekannten Versuch, durch Bodenbonitierung die Grundlage für ein Schätzungsverfahren aufzustellen, hat ALBRECHT THAER[1] gemacht. Nach ihrer natürlichen Beschaffenheit auf Grund der schon früher kennengelernten THAERschen Bodeneinteilung wurden die Bodenarten in zehn Klassen eingeteilt und für jede Klasse eine eingehende Charakterisierung gegeben. THAER berechnete sodann unter der Voraussetzung der damals üblichen Dreifelderwirtschaft den für jede Klasse erzielbaren Rohertrag, die aufzuwendenden Arbeitskosten und den Reinertrag in Verhältniszahlen einer 120gradigen Wertskala. Der Reinertrag sollte sich durch einfache Einreihung der Grundstücke in die Bodenklasse ergeben, wodurch den Taxatoren die entsprechende Berechnung in jedem einzelnen Fall erspart wurde. Dem Beispiel THAERS folgten später viele bekannte landwirtschaftliche Forscher. KOPPE[2] nimmt wie THAER zehn Hauptbodenklassen an, setzt aber für jede Klasse eine bestimmte Fruchtfolge voraus, für die der Roh- und Reinertrag in Roggenwerten errechnet wird. PABST[3] teilt das Ackerland in sechzehn Klassen ein und gibt für jede Klasse die Roherträge derjenigen Kulturgewächse an, die für den betr. Boden hauptsächlich geeignet sind. SETTEGAST[4] fußt wieder auf zehn Hauptbodenklassen, die in zahlreiche Unterklassen abgestuft sind und bei denen auch eine weitgehende Berücksichtigung des Untergrundes in der richtigen Erkenntnis vorgenommen wird, daß der Untergrund in sehr vielen Fällen für die Brauchbarkeit eines Bodens ebenso ausschlaggebend ist wie die Beschaffenheit der Ackerkrume. Gleichzeitig sind

[1] THAER, A.: Versuch einer Ausmittlung des Reinertrages der produktiven Grundstücke. Berlin 1813.
[2] KOPPE, J. G.: Unterricht im Ackerbau und in der Viehzucht. Berlin 1842.
[3] PABST, H. W.: Die landwirtschaftliche Taxationslehre. Wien 1853.
[4] SETTEGAST, H.: Die Landwirtschaft und ihr Betrieb. Breslau 1875.

die Humusböden und Moorböden berücksichtigt. Je nach der Bodenbeschaffenheit wird ein Reinertragsverhältnis berechnet, wobei der beste Boden = 100 gesetzt wird. Da hier eine eingehende Beschreibung verschiedener wichtiger Bodenmerkmale vorliegt, sei das Klassifikationssystem von SETTEGAST in seinen wichtigsten Grundzügen mitgeteilt.

I. Hauptklasse: Reicher, tiefer, milder Ton- und Aueboden.

Ackerkrume warm, tätig, mild und mürbe, überhaupt in jeder Beziehung fehlerfrei, 21—26 cm tief, Untergrund durchlassend, bis zur Tiefe von 1 m wenig abweichend von der Ackerkrume.

Weizenboden erster Klasse. Vorzügliches Gedeihen aller Kulturpflanzen, die einen großen Sand- und Kalkgehalt im Boden nicht beanspruchen, also Handelsgewächse aller Art, Raps, Rübsen, Weizen, Gerste, Hülsenfrüchte, Klee, Rüben.

Im günstigsten Kulturzustande zur Tiefkultur vorzüglich geeignet.

Verhältniszahl des Reinertrages 100.

II. Hauptklasse: Humoser, reicher, milder Lehmboden.

Ackerkrume, wie in Klasse I.

Untergrund, wie in Klasse I.

Gerstenboden erster Klasse. Für Gerste aufs vorzüglichste geeignet, für die übrigen Kulturpflanzen wie auf Klasse I, mit Ausnahme des Weizens, der dort hohe Erträge mit größerer Sicherheit gewährt. Die Blattbildung mehr begünstigend als die Entwicklung der Körner, welche weniger schwer ausfallen als auf Klasse I.

Verhältniszahl des Reinertrages 78.

Unterklasse: Humusboden A.

Milder, toniger und lehmiger Humus- und Aueboden. Die Krume aufziehender[1] Beschaffenheit, daher für Winterfrucht unsicher. Zum Gemüsebau vorzüglich geeignet. Große Stroh-, qualitativ ungenügende Körnerträge. Roggen, Gerste, Grünwicken, Rüben aller Art, Futtergräser.

III. Hauptklasse: Schwerer, kräftiger Tonboden.

Ackerkrume streng, stark gebunden, schwierig zu pulvern, leicht erhärtend, nicht flacher als 20—25 cm.

Untergrund mäßig durchlassend, in nassen Jahren durch Anhäufung der Feuchtigkeit die Bearbeitung erschwerend und verzögernd.

Weizenboden zweiter Klasse. Für Weizen und Hafer besser als für Roggen und Gerste geeignet. Bohnen, Wicken, Rotklee, Runkelrüben. Liefert schwere Körner.

Erfordert starkes Gespann, mannigfaltige und stark gebaute Ackerinstrumente. Die Dränage äußert sehr günstige Wirkung.

Verhältniszahl des Reinertrages 67.

IV. Hauptklasse: Milder, tiefer, frischer Lehmboden und sandiger Lehmboden.

Die Ackerkrume besitzt ausreichenden Tongehalt, um einen günstigen Feuchtigkeitsgehalt selbst in trockenen Jahren zu sichern. Sie ist locker, porös, warm, mindestens 18 cm tief.

Der Untergrund ist der Ackerkrume ziemlich ähnlich; in den tieferen Schichten vermehrt sich der Sandgehalt, daher durchlassend.

Gerstenboden zweiter Klasse. Für Roggen besser als für Weizen, für Gerste so gut wie für Hafer geeignet. Alle Hülsenfrüchte und Futtergewächse, Rüben und Kartoffeln gleich gut. Raps, Rübsen, Lein.

Sehr sicher in Roh- und Reinerträgen. Nicht schwierig, auf höhere Kulturstufe gehoben und darin erhalten zu werden.

Reinertragsverhältniszahl 56.

Unterklasse: Humusboden B.

Milder Humusboden mit schwacher Lehm- und Sandbeimischung. Die aufziehende Beschaffenheit der Krume in dem Grade auftretend, daß die Winterfrucht gefährdet ist. Im sonstigen physikalischen Verhalten und den übrigen Merkmalen übereinstimmend mit Humusboden A (Klasse II). Mäßig durchlassend, in tieferen Schichten zuweilen zäher Ton.

V. Hauptklasse: Leichter, sandiger Lehm und lehmiger Sandboden.

Ackerkrume trocken, tätiger als wünschenswert; zu locker, mindestens 16 cm tief.

Untergrund wegen des mit der Tiefe zunehmenden Sandgehaltes die Feuchtigkeit nicht genügend anhaltend.

---

[1] Aufziehen des Bodens bedeutet Neigung zum Auffrieren.

Roggenboden erster Klasse. Es gedeiht Roggen, bei hoher Kultur kleine Gerste. Sommerroggen im Gemisch mit Hafer und Erbse, Lupine, Klee- und Grasgemische, Kartoffeln, Kohlrüben.

Düngung mit passendem Mergel erhöht die Ertragsfähigkeit dieser Böden außerordentlich. Weidewirtschaft und Schäfereibetrieb gewinnen hier höhere Bedeutung.

Reinertragsverhältniszahl 33.

VI. Hauptklasse: Kalter, zäher Ton- und Lehmboden.

Ackerkrume ähnlich der Klasse III, aber kälter, untätiger und in nassen Jahren durch Übermaß von Wasser das Pflanzenwachstum gefährdend, mindestens 16 cm tief.

Untergrund strenger, undurchlassender steifer Ton (Letten), wassergallige zähe Lehmschichten, mit Letten verkitteter Kies.

Weizenboden dritter Klasse. Anbau wie Klasse III.

Die Ertragsfähigkeit des Bodens und die Sicherheit der Ernten sind durch Dränage wesentlich zu heben.

Verhältniszahl des Reinertrages 22.

VII. Hauptklasse: Leichter magerer Sandboden, dürftiger lehmiger Sandboden.

Ackerkrume zu trocken; feines Korn, oft zu lose bis staubig, mindestens 13 cm tief.

Unterlage feinkörniger Quarzsand trocken.

Roggenboden zweiter Klasse. Roggen, Sommerroggen und Hafer in Gemenge, Buchweizen, Lupinen, Weißklee und Hopfenluzerne im Gemisch mit bescheidenen Gräsern, Wundklee, Spörgel, Kartoffeln.

Von Natur dürftig, weil mit den wichtigsten mineralischen Pflanzennährstoffen sehr stiefmütterlich bedacht.

Verhältniszahl des Reinertrages 17.

Unterklasse: Humusboden C.

Saurer sandiger Humusboden. Der faserige Humus mit feinem Sande innig gemischt. Die in trockener Zeit lose und staubige Krume fließt bei Regen breiartig zusammen. Im Untergrunde Schluff, Letten, Quellsand. Roggen, Hafer, Buchweizen, Kartoffeln, Weidegräser in dem Anbau besonders zu berücksichtigen. Durch geeignete mineralische Düngemittel, ferner durch Mergeln und Dränage wesentlich zu verbessern und zum Anbau von Futterkräutern geschickt zu machen.

VIII. Hauptklasse: Strenger, zäher, naßkalter Tonboden von lettenartiger Beschaffenheit.

Ackerkrume kalt, untätig, widerspenstig, bei Trockenheit steinhart. Der beigemischte Sand ist meist von sehr feinem Korn. Das Wasser standhaft zurückhaltend, daher schwer austrocknend und für die Bearbeitung im richtigen Feuchtigkeitsgrade selten zugänglich; ca. 13 cm tief.

Untergrund ähnlich wie bei Klasse VI, nur noch steifer und noch weniger durchlassend.

Haferboden erster Klasse. Weizen, Hafer, Bohnen, Wicken, Rotklee.

Schwierige Bearbeitung, kostspielige Bewirtschaftung. Große Unsicherheit in den Erträgen aller Kulturpflanzen. Bis zu einem gewissen Grade ist diesen Übelständen durch Dränage abzuhelfen.

Verhältniszahl des Reinertrages 11.

IX. Hauptklasse: Armer Sand- und Kiesboden.

Ackerkrume dürr, ohne genügende wasserhaltende Kraft, oft mit Steinen erfüllt, ca. 13 cm tief.

Unterlage grober Sand und Grand, häufig mit Steinen gemischt.

Roggenboden dritter Klasse. Anbau wie Klasse VII.

Die Pflanzen brennen infolge der dürren Krume und des trockenen Untergrundes leicht aus. Der Waldbau erweist sich in den überwiegenden Fällen lohnender als der Ackerbau.

Reinertragsverhältniszahl 7.

Unterklasse: Humusboden D.

Saurer Heidehumus mit geringer Beimischung von Quarzsand. Hauptfrüchte und Charakteristik wie bei Humusboden C der Hauptklasse VII.

X. Hauptklasse: Töpferton, loser Sand, Grand, Kies und ähnliche Böden geringster Ertragsfähigkeit.

Ackerkrume der typischen Konstitution entsprechend bald versumpft und kaum mit dem Pfluge zu bearbeiten, bald so dürr, daß das Pflanzenwachstum bei landwirtschaftlicher Kultur nicht aufkommen kann; 10—12 cm tief.

Untergrund Kies, Gerölle, Schluff, Raseneisenstein.

Haferboden zweiter und dritter Klasse. Auf trockenen Stellen Roggen, Lupinen, Buchweizen, Kartoffeln; auf tonigen Hafer, Weißklee und bescheidene Gräser.

Die Unsicherheit in den ohnehin sehr niedrigen Erträgen läßt es meist zweckmäßig erscheinen, den Boden in dauernden Weiden anzulegen, wenn derselbe landwirtschaftlich benutzt werden soll. In den überwiegenden Fällen wird der Waldbau lohnend sein.

Verhältniszahl des Reinertrages 5.

Unterklasse: Humusboden E.

Mooriger, saurer Torfboden. Nasse schwammige Krume mit geringer Beimischung von Sand, im Untergrunde Torf und Moor. Winterung zu unsicher. Hafer, Buchweizen, Gräser.

Eine besondere Gruppe bilden diejenigen Systeme, die naturwissenschaftliche Merkmale mit ökonomischen Begriffen der Einteilung verbinden, die sog. kombinierten Klassifikationssysteme. Die Trennung ist nicht immer eindeutig durchzuführen, da je nach der Anwendung dieser Systeme einzelne Gesichtspunkte mehr oder weniger stark in den Vordergrund treten können. Zunächst ist hier SCHÖNLEUTNER[1] zu nennen, der als Maßstab für die Klassifizierung der Ackerböden die Kleefähigkeit wählte und gleichzeitig den Heuertrag der betreffenden Bodenklassen an Klee, Luzerne, Esparsette in Gewichtsmengen angab. Die Hauptklassen sind:

I. Kleefähige Bodenarten, wozu auch die Esparsetteböden und ausgesprochenen Luzerneböden gehören (abgestuft in sechs Unterklassen).

II. Nicht kleefähige Bodenarten (abgestuft in drei Unterklassen).

Dieses Klassifikationssystem berücksichtigt als wichtige Bodeneigenschaft demnach in erster Linie den Kalkgehalt, da der Anbau von Klee, noch mehr aber der von Luzerne, sich nur auf Böden mit einem bestimmten Kalkgehalt durchführen läßt, Esparsette erfordert ausgesprochenen Kalkboden. Gleichzeitig war damit eine Unterscheidung gegeben, die die Wasserversorgung der Kulturpflanzen berücksichtigte, da der Rotklee die größten Ansprüche an Bodenfeuchtigkeit stellt, Luzerne infolge ihrer starken Bewurzelung weniger anspruchsvoll ist, Esparsette für ausgesprochen trockene Lagen in Frage kommt.

BIRNBAUM[2] greift zehn Eigenschaften des Bodens heraus, die für eine Beurteilung des landwirtschaftlichen Wertes in erster Linie in Frage kommen und die nach einem Punktierverfahren den Boden eingliedern. Diese Beurteilungsmomente sind folgende:

1. Mächtigkeit der Krume und des Untergrundes,
2. Untergrund,
3. Zusammenhalt der Krume,
4. Bearbeitungsfähigkeit,
5. Absorption,
6. Feuchtigkeit (Wärme),
7. Bestandesmischung (Humus, Kalk, Ton, Sand),
8. Reichtum,
9. Kulturzustand,
10. Anbaubeschränkung.

Dieses System wird in der landwirtschaftlichen Literatur als wenig befriedigend angesehen, da es Beurteilungsmomente mit gleichen Wertziffern bedenkt, die doch sehr verschiedenen Einfluß auf die Ertragsfähigkeit haben können. Es sind verschiedene Abänderungen vorgeschlagen worden, die sich ebenfalls des Punktierverfahrens bedienen, von denen hauptsächlich das Verfahren von KRAFFT[3] Erwähnung verdient, der für ein bestimmtes gegebenes Klima mit durchschnittlicher Jahrestemperatur ein Schema entwirft, das in zehn Abteilungen eingeteilt ist, und nach dem die zu beurteilenden Böden nun verschieden punktiert werden können. Der Gesamtwert des ertragreichsten Bodens ist hier wieder = 100 gesetzt.

---

[1] Vgl. S. A. PFANNSTIEL: Die Bonitierungsmethoden der Ackererde. Landw. Jb. **8**, 713 (1879).

[2] BIRNBAUM, E.: Landwirtschaftliche Taxationslehre. Berlin 1877.

[3] KRAFFT, G.: Die Betriebslehre. Berlin 1877.

Als ein besonderes Klassifikationssystem ist die Anweisung der Grundsteuerreinertragseinschätzung anzusehen, die in den Jahren 1861—64 für das preußische Staatsgebiet durchgeführt wurde. Diese staatliche Grundsteuerreinertragseinschätzung bringt die ersten zuverlässigen, wenn auch noch unvollkommenen Angaben über die Bodenbeschaffenheit in den einzelnen Gebietsteilen. Der Vorgang der Einschätzung spielte sich so ab, daß nach allgemeiner Vermessung und Katastrierung sämtlicher Bodenflächen in den verschiedenen deutschen Bundesstaaten, zuerst in Sachsen, später in den preußischen Provinzen, für die verschiedenen Bodenarten Kaufpreise gesammelt wurden. Hieraus wurden die mittleren Kaufpreise für die einzelnen Bodenqualitäten errechnet. Aus dem mittleren Kaufpreise wurde unter Zugrundelegung des landesüblichen Zinsfußes der Reinertrag berechnet, der zur Verzinsung des Kaufpreises erwirtschaftet werden mußte. Diese Reinerträge wurden der Besteuerung der Güter zugrunde gelegt (Grundsteuerreinerträge). Für die acht Bodenklassen, die man eingerichtet hatte, wurden unter Einrechnung eines mittelguten Inventars je nach den Kaufpreisen, die im Durchschnitt in jedem Bezirk ermittelt waren, verschieden hohe Grundsteuerreinerträge ermittelt. Die Grundsteuerreinerträge entsprechen daher nicht den tatsächlich erzielten Reinerträgen, sie sind vielmehr ein Ausdruck dafür, zu welchen Reinerträgen ein Boden bei mittelguter Bewirtschaftung „befähigt" ist.

In neuerer Zeit ist die Brauchbarkeit der Grundsteuerreinertragseinschätzung als Einteilungs- und Bewertungsmaßstab für den landwirtschaftlich genutzten Boden insofern eingeschränkt, als die Grundsteuerreinertragstaxe ja nicht an die vielfach veränderten Verhältnisse der Neuzeit angepaßt worden ist. Böden mit gleichem Grundsteuerreinertrag können heute einen sehr verschiedenen landwirtschaftlichen Wert aufweisen, so sind z. B. Zahl und Wirkungsgrad aller wissenschaftlichen und technischen Errungenschaften auf landwirtschaftlichem Gebiete den leichteren Böden in ganz anderem Ausmaße zugute gekommen als allen anderen Böden. Auch Entwässerungen und Dränagen können eine wesentliche Verschiebung zwischen Bodenwert und Grundsteuerreinertrag hervorbringen. Auf vielen Gütern war zur Zeit der Steuereinschätzung die Möglichkeit der Bodenverbesserungen noch nicht zu übersehen. Ein entsprechender Ausbau der Grundsteuer ist leider nicht erfolgt, statt dessen ist bekanntlich die staatliche Erhebung der Grundsteuer fallen gelassen und den Kommunalverbänden überwiesen worden. Wir haben aber keine Veranlassung, das Taxverfahren der Grundsteuerreinertragseinschätzung als nicht mehr zeitgemäß zu verwerfen. Dieses Taxverfahren bietet uns in seiner eingehenden Bewertung auch heute noch die besten Grundlagen für die Einschätzung landwirtschaftlich genutzter Grundstücke, es müssen diese Grundlagen nur den jeweils vorliegenden Verhältnissen angepaßt werden.

Die Grundsteuerreinertragsbonitierung sah die Einreihung der Grundstücke in die derzeit vorgeschriebenen acht Bonitierungsklassen vor. Sie wurde ausschließlich zu dem Zwecke durchgeführt, einen Maßstab für die Umlage der Grundsteuer zu gewinnen. Jedes einzelne Grundstück wurde, losgelöst aus seinem Verbande mit anderen Grundstücken, selbständig auf seinen Ertrag geschätzt. Damit gehen natürlich auch diejenigen Wirkungen verloren, die die Benutzbarkeit des einen Grundstückes auf andere Grundstücke ausübt. Die gegenseitigen Beziehungen der einzelnen Grundstücke zueinander, die z. B. in einem günstigen oder ungünstigen Wiesenverhältnis zum Ausdruck kommen, werden bei dieser Bonitierung außer acht gelassen. Die auf Grund der Bonitierung ermittelten Bodenpreise richten sich zwar nach der Verkehrslage und anderen wirtschaftlichen Gesichtspunkten, innerhalb der für eine bestimmte Gegend abgegrenzten Bodenklassifikation stellt die Grundsteuerreinertragseinschätzung jedoch lediglich ein

Bodenbonitierungssystem nach ökonomischen Gesichtspunkten dar, bei dem betriebswirtschaftliche Zusammenhänge gänzlich unberücksichtigt bleiben. Wir können daher die Betrachtung dieses Taxverfahrens in der vorliegenden Darstellung nicht übergehen, zumal es auf die spätere landwirtschaftliche Einteilung der Böden nicht ohne Einfluß geblieben ist.

Für die Abschätzung der Grundstücke wurde in jedem landrätlichen Kreis oder für jede innerhalb eines solchen infolge besonderer Verschiedenheiten zu bildende Abteilung (Klassifikationsdistrikt) ein besonderer Klassifikationstarif aufgestellt, in welchem die für jede Bodenart festgesetzten Bonitätsklassen nach dem Reinertragswert eines preußischen Morgens in Silbergroschen angegeben wurden. Die Zahl der Klassen in jeder Kulturart wurde nach den vorhandenen Unterschieden in den Bodenverhältnissen festgesetzt, überstieg jedoch niemals die Zahl 8. Die einzelnen Kreise oder Distrikte waren in Zahl und Höhe der Klassen vollkommen voneinander unabhängig.

Die Unterscheidung der Bodenarten und ihrer örtlichen Lagerungsverhältnisse beschränkte sich nur auf die allgemeine, aber für die Landwirtschaft entscheidende Charakteristik des Bodens nach seiner Mischung aus den bekannten Hauptbestandteilen und gab die übliche Unterscheidung in Lehm, Mergel, Sand, Moorboden u. dgl. Für die Information der Zentralbehörde wurde eine Untersuchung ausgeführt, die für das gesamte Gebiet zunächst einmal eine Übersicht der Verteilung dieser allgemeinen Bodenarten bietet[1]. Für jeden Kreis wurden von den betreffenden Veranlagungsstellen nach dem Abschluß der Schätzungen, nachdem also bereits eine sehr genaue Kenntnis der Bodenverhältnisse erlangt war, die Bodenarten in Karten nach folgendem Schema eingetragen:

Lehm auf der Höhe,	Sandiger Lehm, lehmiger Sand,
Lehm in den Flußniederungen,	Sand,
Grauer Lehm (Ton) auf der Höhe,	Moor,
Grauer Lehm (Ton) in den Flußniederungen,	Wasserfläche,
	Darunter Kalklager.

Dieses Schema wurde in einzelnen Bezirken des Gebirgslandes noch durch eingehendere Unterscheidungen vervollständigt.

Die Grundsteuerreinertragseinschätzung war zwar auf Feststellung des verhältnismäßigen Reinertragswertes gerichtet, der nicht vom Boden allein, sondern auch von zahlreichen anderen Bedingungen abhängt. Die Schätzung sah jedoch grundsätzlich von allen Zufälligkeiten des zeitlichen Betriebes und von aller Zugehörigkeit zu anderen Grundstücken ab und sprach lediglich denjenigen Reinertrag aus, der nach der Gesamtheit der Eigenschaften des Bodens und den allgemeinen Verhältnissen der örtlichen Lage durchschnittlich und dauernd erwartet werden konnte. Die Berücksichtigung der Bodenbeschaffenheit kam also vorwiegend zur Geltung, die Klassifikation selbst schloß sich unmittelbar und ausdrücklich an die einzelnen Merkmale der Bodenbeschaffenheit an. Dies Hervortreten der Bodenbeschaffenheit bei einer Reinertragsermittlung war dadurch möglich, daß die Klassifikation für kleine Bezirke selbständig aufgestellt wurde; innerhalb eines kleinen Bezirks treten für die Unterschiede des Reinertragswertes wirtschaftliche Gesichtspunkte gegen örtliche Bodenbeschaffenheit wesentlich in den Hintergrund oder können wenigstens eine angemessene Ausgleichung bei der praktischen Anwendung der Klassifikation finden. Wir können daher aus den Unterlagen der Grundsteuereinschätzung besonders genaue und bestimmte Feststellungen der Bodenmerkmale entnehmen. Namentlich die Klassenbeschreibung der Ackerböden ist überall bestimmt und eingehend auf

[1] Vgl. A. MEITZEN: Der Boden und die landwirtschaftlichen Verhältnisse des preußischen Staates I. Berlin 1868.

die einzelnen Eigenschaften des Bodens bezogen worden, und ihre Charakterisierung ergibt ein klares, verständliches Bild von den in dem betreffenden Klassifikationsbezirk auftretenden Hauptbodenunterschieden.

Im nachstehenden sei ein Beispiel der Ackerklassifikation mit den Angaben der Schätzungswerte angeführt, aus dem sich, wie bei fast allen Einschätzungen, eine anschauliche Vorstellung vom Boden ergibt.

Ackerklassifikation Kreis Friedland[1].

Sgr	
99	I. Ackerklasse (Kaufwerth etwa 70 Thlr.), besteht aus schwarzer, theilweise mit Lehm gemischter Erde von mindestens 18 Zoll Tiefe bei durchlassendem, reichem, mergelhaltigem oder gleichartigem Untergrunde und fehlerfreier Lage.
81	II. Ackerklasse (Kaufwerth etwa 55 Thlr.), enthält schwarzgraue mehr oder weniger bündige Erde von mindestens 12 Zoll Tiefe, gelben durchlassenden Lehm oder graue Erde im Untergrunde und fordert fehlerfreie Lage
54	III. Ackerklasse (Kaufwerth etwa 38 Thlr.), enthält: a) mehr oder weniger bündige graue Erde von mindestens 8 Zoll Tiefe, auf mit der Krume gleichartigem Untergrunde und größtentheils abdachender Lage; b) milden braunen Lehm von mindestens 8 Zoll Tiefe auf mildem, lehmigem Untergrunde und größtentheils abdachender Lage; c) grauen sehr reichen Sand von mindestens 8 Zoll Tiefe auf sandigem Untergrunde und abdachender Lage.
42	IV. Ackerklasse (Kaufwerth etwa 30 Thlr.), dazu gehört: a) der schwarze und der humusreiche Sand von mindestens 10 Zoll Tiefe mit grandigem Sande im Untergrunde und in theils ebener, theils sanft abdachender Lage; b) der graue mit Erde gemischte Sand von mindestens 10 Zoll Tiefe, mit grauem oder gelbem Sande im Untergrunde und in gleicher Lage; c) der braune und graue Lehm von mindestens 6 Zoll Tiefe mit eisenhaltigem und mildem Lehm, sowie auch mit Schluff im Untergrunde, bei meistens guter Abdachung und theilweise bei flacher Lage, dabei sind die humusreichen Bestandteile der Krume berücksichtigt worden; d) graue Erde mit mindestens 7 Zoll Krume, im Untergrunde milder Lehm, theils flach, theils abträgig.
30	V. Ackerklasse (Kaufwerth etwa 21 Thlr.), besteht: a) aus grauem Sand und lehmigem Sand von mindestens 8 Zoll Tiefe mit durchlassendem Lehm und grauem und lehmigem Sande im Untergrunde, theils bei guter Abdachung, theils flach; b) aus grauer Erde oder grauem Lehm von mindestens 6 Zoll Tiefe mit undurchlassendem Lehm, sandigem Lehm und sandigem Schluff im Untergrunde und bei größtentheils flacher Lage; c) aus grauem, sprockigem[2] Lehm von 6 Zoll Tiefe auf undurchlassendem, rothem und gelbem Lehm im Untergrunde und bei sanfter Abdachung; d) aus sandigem Lehm mit gleichartigem Untergrunde, 6 Zoll Tiefe und guter Lage.
21	VI. Ackerklasse (Kaufwerth etwa 14 Thlr.), enthält: a) gewöhnlichen Sandboden von mindestens 6 Zoll Tiefe mit Sand und eisenhaltigem Sand im Untergrunde und bei nicht zu schroffer Abdachung; b) gelben, braunen und rothen Lehm bei mindestens 4—6 Zoll Tiefe, blauem und gelbem undurchlassendem Lehm im Untergrunde und flacher Lage.
15	VII. Ackerklasse (Kaufwerth etwa 9 Thlr.), enthält: a) graugelben, rothgelben und gelben, sowie grauen mit Eisenerde gemischten Sand von mindestens 6 Zoll Tiefe auf theils gelbem oder rothem, theils stark

[1] MEITZEN, A.: a. a. O., S. 225.

[2] Besonderer Ausdruck von A. MEITZEN.

Sgr.	
	mit Eisenocker versetztem Untergrunde und in theils flacher, theils sanft abdachender Lage;
	b) graue mit Schluff (!) gemischte Erde von 4 Zoll Tiefe mit blauem, zähem Schluffe im Untergrunde, sehr flach;
	c) ähnlichen Boden wie bei der VI. Klasse zu b, jedoch mit nur 2—3 Zoll Tiefe.
6	VIII. Ackerklasse (Kaufwerth etwa 5 Thlr.), enthält grauen und gelben kieshaltigen Sand von mindestens 4 Zoll Tiefe bei gelbem oder rothem, kieshaltigen Sande im Untergrunde und hoher, trockener Lage. (6jähriges Roggenland.)

Neuere Versuche der Bodenklassifikation. Überblickt man die seither aufgestellten Klassifikationssysteme, so fällt einmal die Verschiedenartigkeit der einzelnen Vorschläge auf, zum andern aber auch die Tatsache, daß eigentlich keins der genannten Systeme als allseitig befriedigend gilt und sich allgemein durchgesetzt hat. Das liegt einmal an der Vielgestaltigkeit der einzuteilenden Materie und zum anderen daran, daß mannigfache Umweltfaktoren ihren Einfluß auf den Boden ausüben und je nach ihrer Zusammenstellung und Wirksamkeit ein und denselben Boden zu sehr verschiedenen Erträgen befähigen.

Wenig geeignet, sich allgemein durchzusetzen, sind zunächst einmal diejenigen Systeme, die das Ziel zu weit stecken und für fast alle Verhältnisse Deutschlands, oder wenigstens für größere Gebiete passen sollen. Bei den stark wechselnden Bodenverhältnissen Deutschlands können Klassifikationssysteme nur für einen ganz engen Bezirk aufgestellt werden. Soll ein System auf einen größeren Bezirk ausgedehnt werden, so sind innerhalb des Systems für jede Gegend verschiedene Klassen aufzustellen. Damit im Zusammenhang steht, daß die Klassifikationssysteme keine absoluten Wertmaßstäbe enthalten dürfen, sondern nur eine relative Einstufung der in dem betr. Bezirk vorkommenden Böden vornehmen sollen.

Die Merkmale für die einzelnen Klassen der Klassifikationssysteme knüpfen an die Bodenbeschaffenheit als den wichtigsten, die Ertragsfähigkeit beeinflussenden Faktor an. Der gleichen Bodenbeschaffenheit entsprechen jedoch nicht immer und unter allen Verhältnissen auch gleiche Erträge. Außer der Bodenbeschaffenheit wirken auf den Ertrag noch zahlreiche andere Faktoren ein. Vor allem ist auf das Klima hinzuweisen. Feuchtes oder trockenes Klima beeinflußt den Wert eines Bodens außerordentlich stark, ebenso wie das Klima in seiner Wirkung auf die Ertragsfähigkeit je nach der Beschaffenheit des Bodens sehr verschieden zu beurteilen ist. Ein Sandboden, der im trockenen Kontinentalklima höchstens zum Anbau von Roggen und Lupinen in Frage kommt, kann im Gebiet des Seeklimas zum Anbau von Futtergewächsen geeignet sein. Der Zusammenhang zwischen der durch Bodenuntersuchungen festgestellten Bodenbeschaffenheit und den Erträgen dieses Bodens kann darum sehr verschiedenartig sein. Die Schwierigkeiten nehmen noch zu, wenn gleichzeitig der Reinertrag berücksichtigt wird, da der Reinertrag zum Rohertrag durchaus nicht im gleichen Verhältnis steht. Ein Tonboden kann unter Umständen die gleichen Roherträge aufweisen wie ein lehmiger Sandboden. Im ersten Fall sind jedoch die Bewirtschaftungskosten erheblich höher, wodurch sich ein sehr verschiedener Reinertrag herausstellt. Auf die Reinerträge sind zudem eine Reihe von wirtschaftlichen Faktoren von Einfluß, die hier nicht näher untersucht werden können. Der für einzelne Klassen eines Klassifikationssystems berechnete Reinertrag kann daher nur unter der Voraussetzung Anspruch auf Richtigkeit erheben, daß man für alle übrigen, neben der Bodenbeschaffenheit mitwirkenden Faktoren ganz bestimmte Verhältnisse unterstellt.

Schätzungsrahmen des Bewertungsbeirats[1].

Bodengruppe	Beschreibung des Bodens		Krumentiefe in cm	Tongehalt in %	Durchschnittlicher Reinertrag in Verhältniszahlen	Im Mittel
1	2		3	4	5	6
I	Milde Lehme (Lößboden) . . .		30	40—30	100—80	—
	1. stark humoser milder Lehm (bester Schwarzerdeboden) . .	h mi L	—	—	100—97	98
	2. humoser milder Lehm	h mi L	—	—	96—90	93
	3. schwach humoser milder Lehm	h mi L	—	—	87—85	86
	4. milder Lehm	mi L	—	—	84—80	82
II	Sandige Lehme		25	30—20	76—56	—
	1. schwach sandiger Lehm . . .	s L	—	—	76—72	74
	2. sandiger Lehm	s L	—	—	68—64	66
	3. stark sandiger Lehm	s L	—	—	60—56	58
III	Lehmige Sande.		25—20	20—10	54—34	—
	1. stark lehmiger Sand	l S	—	—	54—48	51
	2. lehmiger Sand	l S	—	—	46—42	44
	3. schwach lehmiger Sand . . .	l S	—	—	38—34	36
IV	Sandböden		25—15	10—0	32— 6	—
	1. anlehmiger Sand	l S	—	—	32—28	30
	2. humoser Sand	h S	—	—	32—28	30
	3. frischer Sand	fr S	—	—	26—22	24
	4. trockener Sand	tro S	—	—	20—16	18
	5. grober kiesiger Sand	gro ki S	—	—	14— 6	10
V	Schwere Lehme		30—20	40—50	90—64	—
	1. humoser kräftiger Lehm . . .	h kr L	—	—	90—84	87
	2. kräftiger Lehm	kr L	—	—	80—74	77
	3. schwerer Lehm	sch L	—	—	70—64	67
VI	Tonböden		20—10	50—80	60— 6	—
	1. lehmiger Ton	l T	—	—	60—50	55
	2. schwerer Ton	sch T	—	—	46—34	40
	3. strenger Ton	str T	—	—	30—20	25
	4. fast strenger Ton	T	—	—	16— 6	11
VII	Flachgründige Verwitterungsböden .		—	—	—	—
	1. mittelschwere Böden		20	—	51—45	48
	Krume = schwach steiniger grobsandiger		15	—	44—36	40
	Lehm		10	—	32—24	28
	2. schwere Böden		20	—	50—42	46
	Krume = schwach steiniger kräftiger bis		15	—	40—32	36
	schwerer Lehm		10	—	30—18	24
	3. leichte Böden		20	—	42—34	38
	Krume = schwach steiniger lehmiger bis		15	—	32—26	29
	schwach lehmiger großer Sand		10	—	24—16	20
VIII	Humusböden		25—15	—	—	—
	1. gutes Niederungsmoor (Nm)		—	—	45—35	40
	2. mittelgutes Niederungsmoor und bestes Hochmoor (Hm)		—	—	34—26	30
	3. geringes Niederungsmoor und mittelgutes Hochmoor		—	—	25—18	21
	4. geringes Hochmoor		—	—	17— 7	12

[1] Erklärung siehe S. 44.

Die im vorstehenden entwickelten Gesichtspunkte sind in größerem Umfange bei der Schätzungstätigkeit des gemäß § 17 des Reichsbewertungsgesetzes beim Reichsfinanzministerium gebildeten Bewertungsbeirates beachtet worden[1]. Für einen begrenzten Bezirk wird ein sog. Schätzungsrahmen aufgestellt, und zwar für Ackerland, Wiese und Weide getrennt. Ein solcher Rahmen enthält eine Einteilung der Betriebe in Gruppen oder Klassen nach der Bodenbeschaffenheit und ferner für jede Gruppe den durchschnittlichen Wert oder Ertrag je Hektar. Da die Kaufpreisstatistik einstweilen noch nicht ausreicht, um eine sichere Grundlage für die Einschätzung abzugeben, sind die Reinerträge der Bewertung zugrunde gelegt. Da der Reinertrag in jedem Betriebe außer von den bereits genannten Faktoren auch noch von der Besonderheit des einzelnen Betriebsleiters abhängt, so sind für die einzelnen Betriebsgruppen Normaltypen herausgearbeitet worden, die das Allgemeine jeder Gruppe umfassen und das Einmalige, Besondere des Einzelbetriebes ausschalten. Auf Grund solcher konstruierten Betriebe sind die Wertzahlen für den Schätzungsrahmen abgeleitet.

Die Berücksichtigung der außer der Bodenbeschaffenheit auf den Ertrag einwirkenden Faktoren ist in der Weise erfolgt, daß ein bestimmter Betrieb ausgesucht wurde, bei dem die neben der Bodenbeschaffenheit mitwirkenden Faktoren annähernd mittlere Verhältnisse darstellen, und der daher einen klaren und sicheren Ausgangspunkt bietet. Die zu untersuchenden Betriebe werden nun in Beziehung zu diesem Spitzenbetrieb gesetzt, für die Einflüsse des Klimas wird eine Bodenklimazahl berechnet, ebenso werden innere und äußere Verkehrslage des Gutes zahlenmäßig berücksichtigt. Dadurch ist es möglich, die auf Grund der Bodenbeschaffenheit gefundenen Einreihungswerte zu erhöhen oder zu erniedrigen, je nachdem die übrigen Ertragsfaktoren von den bei der Ausarbeitung des Schätzungsrahmens vorausgesetzten abweichen.

Die Gruppierung nach der Bodenbeschaffenheit erfolgt hier in acht Gruppen, wobei auffällt, daß die Wertzahlen der einzelnen Bodengruppen sehr eng gefaßt sind und nicht unmittelbar aneinander anschließen. Das ist geschehen, um die einzelne Bodengattung schärfer zum Ausdruck zu bringen, und um die Bildung von Übergangsgruppen zu erleichtern, die sich selbst bei gleicher Krumentiefe und Zusammensetzung durch Verschiedenheiten in der Bodenmischung, im Übergang von Krume zum Untergrund usw. ergeben können.

Endlich sei noch eine in neuester Zeit aufgestellte Bodenklassifikation angeführt, die als Grundlage für die Denkschrift der Preußischen Zentralgenossenschaftskasse ausgearbeitet worden ist[2]. Die genannte Denkschrift bezieht sich auf die Gebietsteile östlich der Elbe, die Bodenbonitierung ist nach Möglichkeit unter Anlehnung an die katastermäßig festliegende Grundsteuerreinertragsbonitierung erfolgt, die jedoch bei Änderungen des Kulturartenverhältnisses seit der Bonitierung, bei Meliorationen usw. korrigiert wurde. Wo keine brauchbare Bonitierung vorlag, wurde eine Neubonitierung nach dem folgenden Taxrahmen vorgenommen[3]:

Taxrahmen der Preuß. Zentralgenossenschaftskasse.

1. Ackerbonitierung.

I. Klasse: Milder, tiefgründiger, humoser Lehmboden, vorzüglicher Zuckerrüben- und Braugerstenboden, sicherer Weizen-, Rotklee- und Luzerneboden. Bodenbearbeitung nur bei starker Nässe unzulässig, etwa 30—40 % Ton.

[1] Rothkegel, W., u. H. Herzog: Das Verfahren der Reichsfinanzverwaltung bei der Bewertung landwirtschaftlicher Betriebe. Berichte über Landwirtschaft, **1928**, 10.

[2] Preuß. Zentralgenossenschaftskasse. Die Lage der landwirtschaftlichen Großbetriebe in den östlichen Landesteilen. Berlin 1928.

[3] Preuß. Zentralgenossenschaftskasse. Richtlinien für die Durchführung von Ortstaxen im Rahmen der landwirtschaftlichen Kreditkontrolle, S. 37. Berlin 1928.

II. Klasse: a) Wie Klasse Nr. I, aber humusarm und ohne besonders tiefe Ackerkrume, aber mit gesundem, der Tiefkultur zugänglichem Untergrund.

b) Schwerer Lehmboden, ausgesprochener Weizen-, Raps- und Pferdebohnenboden, schwerer Zuckerrübenboden, rotklee-, schwedenklee-, luzernesicher. Nasse Bodenbearbeitung, besonders im Frühjahr, schädlich, etwa 40—50 % Ton.

III. Klasse: a) Lehmiger und — sofern eng dräniert — nicht zu nasser Tonboden, besonders für Hafer und Winterweizen, aber auch noch für Raps und Pferdebohnen geeignet, für Zuckerrüben dagegen zu schwer oder diese doch nur auf höheren Dämmen noch anzubauen. Unter den Kleearten gedeihen Schwedenklee und Rotklee am besten. Etwa 50—60 % Ton.

b) Sandiger Lehmboden, Winterweizen nur bei hohem Kulturzustand noch sicher und dem Roggen noch überlegen. Zuckerrüben liefern zwar nicht die höchsten Roherträge, aber hohe Reinerträge. Vorzüglicher Hannagerstenboden. Etwa 20—30 % Ton.

IV. Klasse: a) Schwerer Tonboden, trotz Dränage zeitweilig naß. Vornehmlich für Hafer, Sommerweizen, Pferdebohnen und besonders für Anlage von Dauerweiden geeignet. Winterweizen unsicher. Bestellung muß sehr abgepaßt werden und Bodenbearbeitung sehr schwierig. Über 60 % Ton.

b) Stark lehmiger Sandboden, noch eben zuckerrübenfähig und für Hannagerste geeignet. Vorzüglicher Roggen- und Kartoffelboden. Pferdebohnen unsicher, Peluschken noch sicher, Bodenbearbeitung bei jeder Witterung zulässig. Etwa 15—20 % Ton.

V. Klasse: Anlehmiger Sandboden, noch peluschkenfähig und in gutem Kulturzustand haferfähig. Guter Roggen- und Kartoffelboden, sicherer Serradellaboden. 10—15 % Ton.

VI. Klasse: Frischer Sandboden mit zwar geringem Tongehalt, aber merklichem Humusgehalt. Guter Roggen- und Kartoffelboden, unsicherer Hafer-, aber sicherer Serradellaboden.

VII. Klasse: Geringer, humusarmer, trockener Sandboden, Roggen und Lupinen sind Hauptfrüchte, Serradella ist unsicher. Kartoffeln vornehmlich nur nach Gründung lohnend.

VIII. Klasse: Steriler, trockener Sandboden, der nur bei sehr günstigem Wiesenverhältnis für Ackerkultur in Frage kommt, sonst Kiefernboden ist.

2. Wiesenbonitierung.

I. Klasse: Rieselwiesen mit reichlichem, gesichertem und regulierbarem Wasserzufluß an Bächen, Mühlenflüssen und ähnlichen Gewässern mit leichter Wasserabnahme durch Entwässerungsgräben oder Dränage, so daß ein Versauern bei richtiger Pflege nicht zu befürchten ist. Verhältnis der Hauptgemengteile des Bodens hier ziemlich gleichgültig, soweit es sich nicht um leicht auffrierenden, lockeren Moorboden handelt, der aus dieser Klasse auszuscheiden und gewöhnlich in die dritte Klasse zu verweisen ist. Die Wiesen dieser I. Klasse müssen auch mit allen Maschinen bearbeitbar sein. Erzielbarer durchschnittlicher Heuertrag etwa 30 Ztr. erster Qualität, zwei bis dreischürig.

II. Klasse: Vorzügliche Fluß- oder Bachwiesen, mit ziemlich regelmäßiger, winterlicher Überschwemmung, günstigen Grundwasser- und Wasserabzugsverhältnissen, mit gleichmäßigen Bodenverhältnissen, leichter Bearbeitbarkeit, weil genügend eben, ohne Bültengräser, Binsen, Schachtelhalm, Herbstzeitlose, Schilf, daher Heu erster Qualität, zweischürig. Erzielbarer Durchschnittsertrag etwa 25 Ztr.

III. Klasse: Bachwiesen, Tal- und Seerandwiesen, die nicht gerieselt oder überstaut werden können, aber günstige Grundwasser- und Wasserabzugsverhältnisse und ziemlich gleichmäßige Bodenbeschaffenheit aufweisen, zudem keine Gefahr laufen, im Sommer zu vertrocknen. Mit allen Maschinen bearbeitbar. Zweischürig. Erzielbarer Durchschnittsertrag 25 Ztr. Heu zweiter Qualität.

IV. Klasse: Flußwiesen, Bachwiesen, Seerand- und Talwiesen (Feldwiesen) ohne Überstauung mit wechselnden Boden- und Grundwasserverhältnissen, dazu uneben, aber ziemlich frei von Bültengräsern, Schilf und Schachtelhalm, Ertrag durch stellenweises Austrocknen im Sommer geschmälert, ein- bis zweischürig. Erzielbarer Durchschnittsertrag etwa 20 Ztr. Heu zweiter Qualität.

V. Klasse: Fluß-, Bach-, Seerand- und Talwiesen mit ungenügenden Entwässerungsverhältnissen, daher mit Sauergräsern durchsetzt. Mit Maschinen nur zeitweilig bearbeitbar, ziemlich frei von Bülten und Schachtelhalm, einschürig. Erzielbarer Durchschnittsertrag 20 Ztr. Heu dritter Qualität.

VI. Klasse: Dieselben Wiesen wie Klasse V, aber entweder stark mit hohen Bülten bestanden oder mit Schachtelhalm durchsetzt. Mit Mähmaschinen in letzterem Falle bearbeitbar, einschürig. Durchschnittsertrag der Bültenwiesen 15 Ztr. dritter Qualität, der Schachtelhalmwiesen 20 Ztr. Heu vierter Qualität.

VII. Klasse: Sumpfige, nicht entwässerbare, saure Seerandwiesen und Bruchwiesen, die nicht mit Maschinen bearbeitbar und mit Wagen nicht befahrbar sind, einschürig, erzielbarer Durchschnittsertrag 20 Ztr. Heu vierter Qualität.

VIII. Klasse: Sumpfige Schilfstreuwiesen an Seerändern, in Torflöchern, Erlenbrüchen usw. mit Heu, das nur in futterarmen Jahren als Ochsenheu, sonst als Streu benutzt wird. Mit Maschinen nicht bearbeitbar, auch für Menschen nicht jederzeit betretbar. Erzielbarer Durchschnittsertrag 25 Ztr. Heu fünfter Qualität.

Für die Bonitierung der Weiden gilt der Ackertaxrahmen, sie sind jedoch gesondert zu bonitieren und zu bewerten.

Besonders hervorzuheben ist an dieser Einteilung die Berücksichtigung landwirtschaftlich-technischer Gesichtspunkte, das Verhalten des Bodens bei der Bearbeitung, die mehr oder weniger große Sicherheit im Anbau einzelner Gewächse, bei Wiesen die Anwendungsmöglichkeit von Maschinen.

Die Berücksichtigung wirtschaftlicher Momente in der Bodenklassifikation durfte nur so weit erfolgen, als es zum Verständnis einzelner Klassifikationssysteme erforderlich ist. In den sog. ökonomischen Klassifikationssystemen verläßt die Bodenkunde ihre naturwissenschaftliche Grundlage und geht in den betriebswirtschaftlichen Teil unserer Wissenschaft, in die Bodentaxation über. Auf die Doppelaufgabe der Klassifikationssysteme hat bereits FESCA[1] hingewiesen, der grundsätzlich die auf bodenkundlichem Gebiet liegenden naturwissenschaftlichen Systeme von den ökonomischen unterschied, die er aus dem Bedürfnis der Betriebslehre ableitete[2]. Diese Zweiteilung entspricht auch der heute verbreiteten Vorstellung, daß die Einteilung der Böden entweder von rein wissenschaftlichen Gesichtspunkten aus oder zum Zwecke wirtschaftlicher Wertschätzung erfolgt[3]. Von jeher ist die naturwissenschaftliche Klassifikation die wissenschaftlichere, die ökonomische hingegen die für die landwirtschaftliche Praxis wichtigere gewesen. Das enthebt die landwirtschaftliche Schätzungslehre jedoch nicht der Notwendigkeit, ihrerseits auch das System der ökonomischen Klassifikation auszubauen und den modernen Erkenntnissen von den wertgebenden Eigenschaften des Bodens anzupassen. Obwohl betriebswirtschaftliche Fragen nur in einem sehr losen Zusammenhang mit einem Handbuch der Bodenlehre stehen, glaubte der Verfasser doch auf diese Dinge hinweisen zu müssen, da die Bodentaxation auch ihrerseits gelegentlich befruchtend auf die Bemühungen gewirkt hat, den Boden nach seinen wesentlichen Merkmalen einzuteilen, wenn sie auch, wie eingangs betont wurde, mit den neueren Erkenntnissen bodenkundlicher Forschung nicht immer Schritt gehalten hat.

Die Einteilung der landwirtschaftlich genutzten Böden stellt eine der schwierigsten Aufgaben der angewandten Bodenkunde dar, namentlich wenn sie sich bemüht, mit dieser Einteilung zugleich eine Vorstellung von dem Kulturwert der Böden zu geben. Eine möglichst genaue Vorstellung von der Eignung eines Bodens zu landwirtschaftlichen Kulturzwecken, mithin gleichzeitig ein Ausdruck für den Kulturwert des Bodens, ist aber als die ursprüngliche Aufgabe einer Einteilung des Bodens nach landwirtschaftlichen Gesichtspunkten anzusehen.

Auf geologischen wie auf petrographischen Grundlagen ist eine befriedigende Einteilung nicht durchzuführen, da petrographisch gleichartige Gesteine ein und derselben Formation je nach den Einwirkungen des Klimas bei der Bodenbildung sehr ungleichartige Böden abgeben können[4]. Nur unter gleichen klimatischen

---

[1] FESCA, M.: Die agronomische Bodenuntersuchung und Kartierung auf naturwissenschaftlicher Grundlage. J. f. Landw. **27**, Suppl.-Bd. 1 (1879).

[2] Vgl. auch C. TROMMER: Die Bodenkunde, S. 238. Berlin 1857.

[3] SCHUCHT, FR.: Grundzüge der Bodenkunde, S. 289. Berlin 1930.

[4] Vgl. SCHNEIDER, A.: Beschaffenheits-, Ertrags- und Wertsbeurteilung (Bonitur) landwirtschaftlicher Grundstücke, S. 72. Freising 1925.

Bedingungen können auf eine gewisse Erstreckung hin gleichartige Böden gebildet werden, das System einer solchen Einteilung würde aber viel zu kompliziert sein, auch kaum etwas über den Kulturwert des Bodens aussagen können. Wenn auch in der landwirtschaftlichen Literatur die Begriffe Lößboden, Buntsandsteinboden, Muschelkalkboden usw. noch eine gewisse Rolle spielen, so sind sie doch durch die Entwicklung unserer Erkenntnis inzwischen überholt.

Die natürliche Flora eines Gebietes kann uns in vielen Fällen wertvolle Anhaltspunkte über die Beschaffenheit eines Bodens geben. Ausschließlich auf botanische Grundlagen kann sich eine befriedigende Bodeneinteilung aber auch nicht stützen. Was die chemische Zusammensetzung unserer Böden angeht, so können wir diese durch unsere Maßnahmen ändern, sie bietet daher ebenfalls keine sicheren Grundlagen für die Einteilung.

Diejenige Bodeneinteilung, die der praktische Landwirt heute vornehmlich vornimmt, und die auch den meisten der behandelten Klassifikationssysteme zugrunde liegt, ist die THAERsche Bodenklassifikation. Wenn THAERS Ertragsklassifikation heute auch wissenschaftlich nicht mehr aufrechtzuerhalten ist, so bietet sie uns doch die Grundlage, auf der wir weiterbauen können. THAER unterschied die Böden nach den wichtigsten Gemengteilen, Sand, Schluff, Ton, Humus und Kalk, die meist in den verschiedensten Mischungsverhältnissen zueinander auftreten. Wir wissen zwar heute, daß die mechanische Bodenanalyse die genannten Gemengteile nicht mit Sicherheit zu trennen vermag, ebenso wenig wie uns eine chemische Analyse allein Aufschluß über den Boden geben kann. Die von THAER eingeführten Bezeichnungen Tonboden, Lehmboden, Sandboden, Mergelboden, Kalkboden, Humusboden und die weiteren Gliederungen je nach den Gemengteilen waren dem allgemeinen Sprachgebrauch angepaßt und haben sich daher allgemein durchgesetzt. Ein Weiterausbau des THAERschen Systems würde uns wohl das beste Mittel bieten, unter Hinzuziehung anderer wichtiger Faktoren eine allgemein befriedigende Einteilung der Böden zu schaffen. Eine solche Ergänzung ist in bezug auf die Bedingungen notwendig, unter denen sich die Bildung der Böden jeweils abgespielt hat; die Klimaverhältnisse sind hier an erster Stelle zu nennen.

Die Einteilung der Böden nach lediglich klimatischen Gesichtspunkten kann dem Landwirt nur die allgemeine Orientierung über die Eigenschaften bestimmter Bodentypen geben. Die rein zonale Einteilung der Böden ergibt einen guten Überblick, wenn wir die Böden der gesamten Erdoberfläche unter einheitlichem Gesichtspunkt betrachten wollen. In unserem Gebiete sind die klimatischen Einflüsse selten so extrem gerichtet, daß es unter ihrem Einfluß zur Bildung regionaler Bodentypen anders als in kleinen, lokal umgrenzten Gebietsteilen kommen konnte. Zahlreiche Spezialformen treten innerhalb der einzelnen Bodentypen bei uns auf, jedes Gestein hat fast seinen besonderen Boden ausgebildet, und dieses Vorkommen von scharf ausgeprägten intrazonalen oder Ortsböden macht es notwendig, außer den Einflüssen des Klimas bei der Bodeneinteilung auch der Gesteinsbeschaffenheit, der Ortslage, dem Grundwasser usw. Bedeutung zu schenken. Trotzdem muß aber auch für eine Einteilung der Böden vom landwirtschaftlichen Gesichtspunkt aus das Verhältnis zwischen Niederschlägen und Verdunstung, Temperatur und Einfluß der Vegetation die große Grundlage bleiben, die ergänzt wird durch Berücksichtigung der Bodenzusammensetzung, -mischung und des sich daraus ergebenden Bodenzustandes. Die Berücksichtigung des bei der Bodenbildung tätig gewesenen Klimaeinflusses liegt um so näher, als auch die jetzt noch wirksamen Klimafaktoren einen großen Einfluß auf den Kulturwert des Bodens haben.

Die Einteilung der Böden von landwirtschaftlichem Gesichtspunkt aus erfolgt ebenso wie von bodenkundlichem Gesichtspunkt aus nach natürlichen Bodeneigenschaften. Stellen wir aber auch hier den Kulturboden dem Naturboden gegenüber, so ist ein wesentlicher Unterschied festzuhalten. Für die landwirtschaftliche Einteilung ist es gleichgültig, ob die natürlichen Bodeneigenschaften von Natur aus gegeben waren oder erst durch die Kulturmaßnahmen des Menschen geschaffen wurden. Die zweckmäßige Einteilung der Böden nach landwirtschaftlichen Gesichtspunkten muß daher auch einen weiteren Faktor berücksichtigen, der für den Naturboden nicht in Frage kommt, nämlich den Kulturzustand, der durch die Maßnahmen des Menschen hervorgerufen wurde, und der je nach der Zweckmäßigkeit dieser Maßnahmen sehr verschieden sein kann.

B. Die Bestimmung des Fruchtbarkeitszustandes des Bodens.

1. Die Bestimmung des Fruchtbarkeitszustandes des Bodens auf Grund des natürlichen Pflanzenbestandes.

Von **W. Mevius**, Münster i. W.

Bodenzeigende oder -kennzeichnende, wildwachsende Pflanzen.

Über das Fortkommen einer Pflanze an einem bestimmten Platze entscheiden die hier herrschenden Standortsfaktoren, die wir in drei Gruppen zusammenfassen können: klimatische, edaphische und biotische Faktoren. Die erste Gruppe umfaßt die atmosphärischen Faktoren: Licht, Temperatur, Luftfeuchtigkeit, Niederschläge, Wind, Kohlensäuregehalt. Die zweite Gruppe umfaßt die physikalischen und chemischen Eigenschaften des Bodens am Standorte der Pflanze wie Wassergehalt, Wärmeleitung, Durchlüftung, Struktur, Salzgehalt, Wasserstoffionenkonzentration. In der letzten Gruppe fassen wir alle die Einflüsse zusammen, die von lebenden Organismen — Mensch, Tier, Pflanze — auf die Pflanze ausgeübt werden. Wegen dieser Bedingtheit der Vegetation durch die sie beeinflussende Außenwelt mit ihrer Mannigfaltigkeit treffen wir auf der Erde eine Fülle von verschiedenen Pflanzenformationen an: Wüsten, Steppen, Prärien, Savannen, Wälder, Matten, Heiden, Moore usw. Clements[1] faßt die Abhängigkeit des Pflanzenlebens von den Außenbedingungen in folgende treffende Worte zusammen: ,,Jede Pflanze ist ein Indikator. Dies ist eine unvermeidliche Folgerung aus der Tatsache, daß jede Pflanze das Produkt der Bedingungen ist, unter denen sie wächst, und daher ist sie auch ein Maßstab für diese Bedingungen.''

Weiterhin läßt sich aber auch die Beobachtung machen, daß bei gleichen klimatischen und biotischen Standortsfaktoren die Pflanzendecke in erheblichem Maße in ihrer Zusammensetzung schwankt, je nach Änderung der edaphischen Faktoren, und die Reaktion kann so ausgeprägt sein, daß schon eine ganz oberflächliche Betrachtung der Flora eines Standortes in mehr oder weniger ausgeprägtem Maße Auskunft über die chemischen und physikalischen Eigenschaften des Standortbodens gibt. Schon Giraud-Soulavie[2] machte im Jahre 1780 im mittleren Frankreich die Beobachtung, daß die Flora auf Kalkböden eine ganz andere als auf Kieselböden ist. Auch konnte er zeigen, daß die edle Kastanie dort haltmacht, wo Kalk im Boden erscheint. 1789 stellte Link[3] in der Umgegend von Göttingen einen Unterschied zwischen der Kalkbodenflora, der Tonbodenflora und der Kieselbodenflora fest. In den folgenden drei Jahrzehnten wurden diese Beobachtungen von zahlreichen Floristen und Pflanzengeographen in den verschiedensten Teilen Europas bestätigt. Weiterhin wurde aber auch die Beobachtung gemacht, daß Böden, die größere Mengen Kochsalz führen, eine ganz charakteristische Vegetation tragen. Crome[4] führte schon 1812 charakte-

---

[1] Clements, F. E.: Plant succession and indicators. New York 1928.
[2] Giraud-Soulavie: Histoire naturelle de la France méridionale. Paris 1780.
[3] Link, H. F.: Florae Goettingensis specimen. Goettingen 1789.
[4] Crome, G. E. W.: Der Boden und sein Verhältnis zu den Gewächsen. Hannover 1812.

ristische Pflanzen für Kalk-, Mergel-, Sand-, Salz- und Humusböden an. DUBOURG-D'ISIGNY[1] kam daher auf Grund eigener Untersuchungen und der älteren Beobachtungen zu der Ansicht, daß die geologische Unterlage einen auffallenden, sei es physikalischen, sei es chemischen Einfluß auf die Vegetation äußere, und daß dieser Einfluß von allen klimatischen Einflüssen unabhängig sei. Es sei daher möglich, von der Flora eines Landes und oft auch von der Gegenwart einer einzigen Pflanze auf den geognostischen Charakter einer Gegend Schlüsse zu ziehen, wie auch umgekehrt aus dem Gesteinscharakter einer Gegend auf ihre phytognostische Eigenart. Ganz besonders eingehend hat sich aber um dieselbe Zeit (1836) mit diesen Fragen in Tirol UNGER[2] beschäftigt. Er kam dabei zu folgender Ansicht: „Ungleich mächtiger als Atmosphäre und Wasser, wirkt die Beschaffenheit des Bodens, in dem die meisten Pflanzen wurzeln, auf diese ein. Seinen Eigenschaften folgt allenthalben in mächtigen Zügen die Heerschau der Gewächse und sein Charakter prägt sich zunächst in ihrer allgemeinen Physiognomie wieder ab." „Die Beobachtungen haben gezeigt, daß mit dem Auftreten dieser oder jener Erde als Gebirgsart, ja selbst nur mit dem Vorwiegen der einen oder der anderen, auch die Pflanzenwelt, wenngleich nicht einen total verschiedenen, doch einen deutlich genug danach nuancierten Charakter annimmt. Dieses gilt besonders für die Kiesel- und für die Tonerde, weniger für die Kalkerde, obgleich wir auch hierin die Mangelhaftigkeit unserer Erfahrungen bekennen müssen." Auf Grund ihres Vorkommens unterscheidet UNGER Salzpflanzen oder Halophyten, Kalk- und Kreidepflanzen, Gipspflanzen, Dolomitpflanzen, Kieselpflanzen, Tonpflanzen und Torfpflanzen. Nach dem Grade der Abhängigkeit ihres Vorkommens vom Boden unterscheidet UNGER bodenstete, bodenholde und bodenvage Pflanzen. Bodenstete Gewächse sind solche, die nur auf einer Bodenart angetroffen werden. Bodenholde Pflanzen werden auf verschiedenen Bodenarten angetroffen, aber der Grad ihres jeweiligen Vorkommens läßt doch erkennen, daß sie für eine Bodenart eine besondere Vorliebe besitzen. Bodenvage Gewächse sind solche, die keine Beziehung zwischen Vorkommen und Standortsboden erkennen lassen. Zur Beantwortung der Frage, ob sich aus dem Pflanzenbestand Rückschlüsse auf die Zusammensetzung des Bodens ziehen lassen, kommen natürlich in erster Linie nur die bodensteten Gewächse in Betracht, die bodenholden nur bei größter Vorsicht und die bodenvagen überhaupt nicht. Die älteren Pflanzengeographen und besonders auch UNGER berichten, daß in vielen Fällen ganz nahe verwandte Arten an den Boden die verschiedensten Ansprüche stellten. Meistens entsprach einer kieselsteten Art eine entsprechende kalkstete. Es wurden also analoge Spezies auf den verschiedensten Bodenarten angetroffen. Für diese nahe verwandten Arten mit den entgegengesetzten Standortsansprüchen, wurde der Ausdruck vikariierende Spezies eingeführt. Ähnliche Untersuchungen wie UNGER haben SCHNITZLEIN und FRICKHINGER[3] im Niederschlagsgebiet der Wörnitz und Altmühl angestellt. Sie unterscheiden Kieselzeiger, Kalkzeiger, Kieseldeuter, Kalkdeuter, Tondeuter und Humusdeuter. In den folgenden Jahrzehnten wurde in den verschiedensten Teilen Europas nach bodensteten und bodenholden Pflanzen gesucht. Hinsichtlich der Literatur sei auf BRAUNGART[4],

[1] DUBOURG-D'ISIGNY, M.: Aperçus généraux sur la géologie et la flore de l'arrondissement de Vire. Vire 1836.

[2] UNGER, F.: Über den Einfluß des Bodens auf die Verteilung der Gewächse. Wien 1836.

[3] SCHNITZLEIN, A., u. A. FRICKHINGER: Die Vegetationsverhältnisse der Jura- und Keuperformation in den Flußgebieten der Wörnitz und Altmühl. Nördlingen 1848.

[4] BRAUNGART, R.: Die Wissenschaft in der Bodenkunde. Berlin-Leipzig 1876. — CONTEJEAN, C.: Géographie botanique. Paris 1881. — VALLOT, I.: Recherches physico-

CONTEJEAN, VALLOT, ROUX verwiesen. Besonders eingehend hat sich in Deutschland SENDTNER[1] mit den aufgeworfenen Fragen befaßt. Er kommt auch zu der Ansicht, daß enge Beziehungen zwischen der Zusammensetzung des Bodens und seiner Vegetation bestehen. „Wir sehen das Vorkommen von Pflanzen streng an das Dasein gewisser chemischer Stoffe im Boden, und zwar an eine gewisse Menge derselben gebunden. Wir können diese als ihre notwendigen Nahrungsmittel betrachten. Ebenso sehen wir, daß die Gegenwart einer größeren Menge gewisser Stoffe (Kalk, Ammoniak, Kochsalz) im Boden das Auftreten gewisser Pflanzen ausschließt. Es läßt sich daraus annehmen, daß diese als Gift auf sie wirken." „Unsere Wissenschaft ... wird aus dem Komplexe der vorkommenden Pflanzen die Beschaffenheit ihres Bodens, jeden Wechsel, jede Abstufung derselben in kleiner und großer Ausdehnung mit aller nur erforderlichen Sicherheit anzugeben imstande sein. Kombinationen charakteristischer Pflanzen lassen nicht bloß einen, sondern mehrere Stoffe erkennen. So wird derjenige, welcher auf der Buchenrainalpe die um die Hütte zerstreuten Felsblöcke mit Lecidea geographica und Hypnum Halleri bekleidet findet, mit vollem Recht urteilen: dieser Stein enthält Kalk und Kieselerde. Es sind in der Tat Kalkhornsteinblöcke. So wie wir mitten in einem Alpenwald auf das ehemalige Vorhandensein einer Weide schließen können, wenn uns auf einer Blöße Rumex alpina begegnet (unter den Moosen ein Splachnum), ebenso sicher wird uns Pteris aquilina einen Mergellehm oder Sandboden mit Kali, Tussilago farfara einen Tonboden mit reinem Kalk verraten." „Es gibt Felder, welche Sand- und Kalkboden in der allerschärfsten Abgrenzung nebeneinander darbieten ... In der Umgegend von Wasserburg sind solche Äcker, wo sich Viola tricolor var. arvensis, Myosotis versicolor, Spergula arvensis genau nur auf den sandigen Teil des Ackers beschränken. Der andere, der doch ohne Zweifel aus demselben Sacke angesäet worden ist, hat keine Spur davon aufzuweisen." SENDTNER führt die verschiedensten bodensteten Pflanzen auf: 1. Auf kieselreichem Boden ohne Kalk, 2. auf kieselreichem Boden mit und ohne Kalk, 3. auf kieselreichem Boden mit Kalk, 4. auf Tonboden ohne Kalk, 5. auf Tonboden mit und ohne Kalk, 6. auf Tonboden mit Kalk, 7. Pflanzen, die allgemein auf einem kalkfreien kieseligen oder sandigen oder lehmigen oder tonigen Boden angetroffen werden, aber ebenso auch auf Torf, dessen Unterlage kalkfrei ist oder auch auf angehäuften vegetabilischen Moder übergehen, 8. Pflanzen auf Kalkböden, 9. Pflanzen auf ammoniakreichen Böden, 10. Pflanzen auf Salzböden. SENDTNER weist auch schon auf die Möglichkeit hin, Unkräuter zu Bonitierungszwecken zu benutzen, und er gibt auch eine Reihe von mehr oder weniger bodensteten Unkräutern an.

Werden nun aber die über das Vorkommen bodensteter Pflanzen in den verschiedensten Teilen Europas aufgeführten älteren Angaben miteinander verglichen, so macht man in vielen Fällen die Beobachtung, daß eine Reihe von Pflanzen, die in einem Gebiet als streng bodenstet auftraten, in anderen Gegenden als bodenhold oder sogar als bodenvag galten. So sollen nach WAHLENBERG[2] 39 Pflanzenarten in den Karpathen nur auf Kalk vorkommen, die in der Schweiz und in Lappland auf Granit angetroffen werden. Weiterhin ist bekannt, daß in den Alpen Alchemilla vulgaris kieselstet ist, während sie in Skandinavien in-

---

chimiques sur la terre végétale et ses rapports avec la distribution géographique des plantes. Paris 1883. — ROUX, I. A. CL.: Études historiques, critiques et expérimentales sur les rapports des végétaux avec le sol usw. Montpellier 1900.

[1] SENDTNER, O.: Die Vegetationsverhältnisse Südbayerns. München 1854; Die Vegetationsverhältnisse des bayerischen Waldes. München 1860.

[2] WAHLENBERG, G.: Flora Carpatorum. Goettingen 1814.

different ist. In der jüngsten Zeit sind von SALISBURY[1] eine Reihe von Pflanzen aufgeführt worden, die in der Schweiz andere Ansprüche an den Boden stellen als in England. Alle diese Unstimmigkeiten wurden auch von den älteren Forschern erkannt und ein Teil von ihnen kam daher zur Ablehnung von bodensteten Pflanzen, andere vertraten die Ansicht, daß die derzeitigen Kenntnisse nicht ausreichen, diese Frage zu lösen. So schreibt HOFFMANN[2] schon im Jahre 1865: „Wenn man bisher bemüht war, fast nur auf dem Wege der Vergleichung verschiedener Standorte einer gewissen Pflanze Aufschluß zu erhalten über ihre Anforderungen an den Boden, so zeigten die voranstehenden Untersuchungen, daß jene Bemühungen zu keinem Resultat führen und daß die verschiedenen Beobachter sich nach allen Seiten widersprechen." „Wenn man aber daraus nur schließen wollte, daß es überhaupt für die Zukunft wertlos sei, statistisches Material bezüglich dieser oder jener beliebigen Pflanze zu sammeln, so ist dies nicht richtig." „Dazu kommt aber weiter, daß eine solche Arealkarte einer beliebigen Pflanze, wenn einmal auf irgendeinem anderen Wege das Verständnis für ihre Bodenbeziehungen gewonnen worden ist, einen hohen selbständigen Wert gewinnt, indem das Vorkommen oder Fehlen der betreffenden Pflanze uns alsdann einen Schlüssel zum Verständnis der Eigentümlichkeit und des Wertes der betreffenden Bodenarten bietet, wie er auf keine andere Weise, weder durch die chemische Untersuchung, noch durch die Betrachtung der petrographischen Eigenschaften gewonnen werden kann; denn der Schluß ist gerechtfertigt und liegt nahe, daß, wenn wir den Weizen, Hopfen, die Esparsette in der einen Landschaft gut gedeihen sehen auf einem Terrain, auf welchem die Pflanze N oder X als spontanes Unkraut in Menge wuchert, daß diese Kulturpflanzen auch in einer anderen Gegend, unter Voraussetzung eines nicht allzu verschiedenen Klimas, gut gedeihen werden und zum Anbau auffordern, wo sie bisher zwar nicht angebaut wurden, wo sich aber die Angemessenheit des Bodens eben durch jene Unkräuter deutlich verrät." Aber es wird „noch eine gute Weile dauern, bis man dahin kommen wird, aus dem Vorkommen und dem Gedeihen wildwachsender Pflanzen (Unkräuter) sichere Schlüsse auf die Bonität des Bodens zu ziehen, auf sein Geeignetsein für die Kultur von Weizen, Gerste und Klee".

BRAUNGART[3] ist an Hand seiner Untersuchungen 15 Jahre später schon zu erheblich günstigeren Ergebnissen gelangt, und er zeigte, daß ein Weg, sich eine eingehende Kenntnis der wichtigsten chemischen und physikalischen Natur des Bodens und des Untergrundes zu verschaffen, darin besteht, „sich der im Terrain spontan (wild) auftretenden Pflanzen zur Beurteilung des Bodens zu bedienen". „Sie spiegeln die chemische und physikalische Natur des Bodens allerdings bloß qualitativ, nicht den Mengenverhältnissen nach, ab — obgleich auch in dieser Richtung der Apparat entwicklungsfähig ist —, aber dabei ist der Apparat billig, von dem Pflanzenkundigen leicht zu handhaben, mit möglichst wenig Zeit und Kosten verknüpft, und dabei wirkt derselbe noch tiefer nach dem Untergrund, indem er sogar noch den Einfluß durchstreichender Quellen, und selbst das, was Winde in Form von Staub deponieren, reflektiert; wichtige Feinheiten der Beurteilung, welche selbst der chemischen Analyse, die ohne diese gerade nur für den Punkt gilt, dem das Material entnommen, unerreichbar bleiben." „Würde man es einmal versuchen, mit der nötigen Vorsicht die spon-

[1] SALISBURY, E. I.: The change in habitat of certain plants. Veröff. geobot. Inst. Rübel 1, 285 (1924).

[2] HOFFMANN, H.: Untersuchungen zur Klima- und Bodenkunde. Bot. Ztg. **23**, Beil. 1, 1865.

[3] BRAUNGART, R.: Gibt es bodenbestimmende Pflanzen. J. Landw. **27**, 423 u. 481 (1879); Bodenbestimmende Pflanzen. Ebenda **28**, 399 u. 469 (1881).

tane Flora mit den ORTHschen Bodenprofilen in Verbindung zu bringen, man würde staunen, wie sich die letzteren in ihr abspiegeln; bei vielen Pflanzen würde man zudem bald gewahren, daß sie dieselben auf weit größerer Tiefe als 1—2 m reflektieren. Das empfindliche Reagens der Vegetation wird uns auch da auf den weiten Flächen nicht im Stiche lassen, wo der Analytiker ratlos stehen wird."

Warum aber haben die älteren Untersuchungen so wenig übereinstimmende Ergebnisse geliefert? Die meisten Unstimmigkeiten finden wir hinsichtlich der Standorte von kiesel- bzw. kalksteten Pflanzen. In sehr vielen Fällen sind genaue Untersuchungen, ob Kalk im Boden ist und wieviel, gar nicht angestellt worden. Man hat einfach aus der geologischen Zugehörigkeit des Standortbodens auf seinen Kalkgehalt geschlossen. Auf diesen Fehler wurde schon von STUR[1] (1856) und BRAUNGART (1879, 1881) hingewiesen. Heute wissen wir, daß benachbarte Stellen gleicher geologischer Formation hinsichtlich ihrer chemischen Zusammensetzung größte Unterschiede aufweisen können. GREBE[2] führt eine Reihe von Beispielen dafür an. Es können z. B. in kalkreichen Gegenden einzelne Stellen durch Auslaugung mehr oder weniger an $CaCO_3$ verarmt sein. Auch hat man in vielen Fällen nicht genügend darauf geachtet, von welcher Zusammensetzung der Teil des Bodens war, in dem sich die Hauptmasse der Wurzeln ausgebreitet hatte. Wie LEININGEN[3] gezeigt hat, ließ sich in vielen Fällen, wo kieselstete Pflanzen auf Kalkböden vorkommen, nachweisen, daß die Wurzeln dieser Gewächse durch Humusschichten von dem kalkführenden Gestein getrennt waren. Hierauf haben auch KERNER, SCHRÖTER, BROCKMANN-JEROSCH, LÜDI und LINSTOW hingewiesen. Das Vorkommen von Urgesteinspflanzen auf Kalkgestein ist 1924 in der Tatra noch einmal von SZAFER genauer untersucht worden. Tatsächlich ließ die chemische Analyse die vollständige Auslaugung von $CaCO_3$ erkennen. „Es zeigte sich noch einmal, und zwar an einem sehr lehrreichen Beispiele, wie wichtig die Abhängigkeit der Pflanzen vom Boden ist und in welchem Grade die genaue Bodenuntersuchung nötig ist in allen denjenigen Fällen, wo Urgesteinspflanzen auf der Kalkunterlage vorzukommen scheinen." Weiterhin hat man häufig an Hand ganz ungenügenden Beobachtungsmaterials eine Reihe von Pflanzen als bodenstet bezeichnet. Erst als mehr Beobachtungen vorlagen, ließ sich feststellen, daß es sich um bodenholde, zum Teil sogar um bodenvage Gewächse handelte. Weiterhin darf man natürlich nur die Floren solcher Gebiete miteinander vergleichen, die sich klimatisch nicht allzu stark voneinander unterscheiden, denn SCHRÖTER weist schon 1910 darauf hin, daß klimatische Faktoren ersetzend für Bodenfaktoren eintreten können. „Im feuchten Klima gedeiht dieselbe Pflanze auf trockenem Kalkboden, welchen sie im trockenen Klima meidet. Im Optimum der klimatischen Bedingungen, im Zentrum ihres Gebietes ist eine Art oft bodenvag, weil sehr konkurrenzfähig; an der Peripherie des Ver-

---

[1] STUR, D.: Über den Einfluß des Bodens auf die Verteilung der Pflanzen. Sitzgsber. Akad. Wiss. Wien, Math.-naturwiss. Kl. **22**, 71 (1856).

[2] GREBE, C.: Studien zur Biologie und Geographie der Laubmoose. Hedwigia **59**, 1 (1918).

[3] LEININGEN, W. Graf zu: Über Humusablagerungen in den Kalkalpen. Nat. Z. Forst- u. Landw. **6**, 529 (1908); Über Humusablagerungen im Gebiet der Zentralalpen. Ebenda **10**, 465 (1912). — KERNER v. MARILAUN, A.: Pflanzenleben, **2**. Leipzig-Wien 1891. — SCHRÖTER, C.: Bodenzeigende Pflanzen der Schweiz. In: H. MOOS: Die landwirtschaftliche Schule des Eidgenössischen Polytechnikums in Zürich, S. 120. 1910; Das Pflanzenleben der Alpen. Zürich 1926. — LÜDI, W.: Die Sukzession der Pflanzenvereine. Mitt. Naturf. Ges. Bern **1919**, 9. — BROCKMANN-JEROSCH, H. u. M.: Beobachtung über Pflanzenausbreitung. Ebenda Basel **35**, 382 (1923). — LINSTOW, O. von: Einige Bemerkungen über die Abhängigkeit der Flora in der Gegend von Kassel von deren Untergrund. Abh. Ver. Naturk. Kassel **90/93**, 5 1929. — SZAFER, WL.: Zur soziologischen Auffassung der Schneetälchenassoziationen. Veröff. geobot. Inst. Rübel, Zürich **1**, 300 (1924).

breitungsbezirkes, wo sie infolge ungünstiger klimatischer Bedingungen weniger konkurrenzfähig ist, besiedelt sie nur den ihr am besten zusagenden Boden und ist also bodenzeigend." Daher fanden PESOLA[1] und BRENNER, daß in Finnland die Ansprüche mancher Pflanzen an den Kalkgehalt des Bodens um so ausgesprochener werden, je weiter man nach Norden kommt.

In manchen Fällen kann aber das verschiedene Verhalten einer Pflanze dem Boden gegenüber in räumlich weit von einander getrennten Gebieten einen ganz anderen Grund haben. Schon SCHIMPER[2] sprach 1898 die Vermutung aus, daß kalkarmer und kalkreicher Boden in vielen Fällen äußerlich nicht unterscheidbare physiologische Varietäten, eine „Kalkform" und eine „Kieselform" erzeugen, die auf äußere Bedingungen verschieden reagieren. In der jüngsten Zeit hat TURESSON[3] teilweise diese Vermutung rein experimentell bestätigen können. Der schwedische Forscher hat gezeigt, daß von der systematischen Botanik verschiedene sog. „Ökotypen" unter demselben Artnamen zusammengefaßt werden, die sich in ihrem morphologischen und physiologischen Verhalten von einander unterscheiden und nicht alle wieder wie Standortsmodifikationen bei gleichen Außenbedingungen in einen Haupttypus zurückschlagen. TURESSON bezeichnet als Ökotypus je eine Gruppe nahe verwandter Biotypen, die an einem gewissen Standort aus der heterogenen Ortspopulation durch die sortierende und kontrollierende Wirkung der am Standort herrschenden ökologischen Faktoren ausdifferenziert wurde. So gibt TURESSON vier verschiedene Ökotypen der Goldraute an. Ein Typ kommt in Norddeutschland und in Schweden vor, ein zweiter im süddeutschen Flachlande, in Gebirgsgegenden tritt ein subalpiner Typ und der alpine im Hochgebirge auf. Bei der Kultur unter gleichen Bedingungen zeigten alle vier Typen charakteristische, erbliche Unterschiede. Für eine Reihe anderer Pflanzen wurden ebenfalls charakteristische Ökotypen festgestellt. Die Beobachtungen von TURESSON dürften nun für die Lösung der Frage, warum ist eine Pflanze in einer Gegend bodenstet, während sie in einer anderen bodenvag ist, von erheblicher Bedeutung sein. In vielen Fällen werden hier zwei Ökotypen vorliegen, die zwar verschiedene Bodenansprüche stellen, aber von der systematischen Botanik nicht als zwei Varietäten aufgefaßt worden sind, da sie große morphologische Ähnlichkeit haben. In einigen Fällen dürfte auch dem verschiedenen physiologischen Verhalten ein so ausgeprägter morphologischer Unterschied parallel gehen, daß diese Typen schon von den Floristen als Varietäten derselben Spezies geführt wurden. So ist z. B. nach FRIES[4] Cerastium alpinum var. glabratum kalkstet, Cerastium alpinum var. legitimum indifferent. Es sind also hier zwei Ökotypen, die an die Beschaffenheit des Standortes verschiedene Ansprüche stellen, auch morphologisch gut getrennt. Dasselbe dürfte nach FRIES auch für Astragalus alpinus gelten, var. arcticus indifferent, var. Dryas kalkstet. Weitere Beispiele, die TURESSON anführt, geben Ökotypen an, die nicht als Varietäten aufgelöst sind. Rumex acetosella liefert neben den bekannten kalkmeidenden Formen einen Ökotypus, der nur auf Kalkböden vorkommt. Von Artemisia campestris werden drei Typen aufgeführt, Kalkbodentyp, Dünentyp und ein gewöhnlicher Feld- und Wiesentyp, der auch auf Salzböden angetroffen wird. Es muß der zukünftigen

---

[1] PESOLA, V. A.: Calcium carbonate as a factor in the distribution of plants in Finland. Ann. Soc. zool. bot. fennicae Vanamo 9, 1 (1928). — BRENNER, W.: Beiträge zur edaphischen Ökologie der Vegetation Finnlands. Acta bot. fennica 7, 86 (1930).

[2] SCHIMPER, A. F. W.: Pflanzengeographie. Jena 1898.

[3] TURESSON, G.: The plant species in relation to habitat and climate. Hereditas 6, 147 (1925); Die Bedeutung der Rassenökologie für die Systematik und Geographie der Pflanzen. Beih. z. Repertorium 41, 15 (1926).

[4] FRIES, T. C. E.: Die Rolle des Gesteinsgrundes bei der Verbreitung der Gebirgspflanzen in Skandinavien. Sv.Växtsoc. Sällsk. Hdl. 4 (1925).

Forschung vorbehalten bleiben, festzustellen, wieweit die verschiedenen Bodenansprüche „derselben Pflanzenart“ in verschiedenen Gegenden durch das Vorliegen verschiedener Ökotypen bedingt sind. Hierüber können nur Kulturversuche entscheiden.

Noch ein weiterer Umstand kann dazu beitragen, daß die Beziehungen zwischen Boden und Pflanzendecke unübersichtlich werden und es nicht leicht ist, aus der Abwesenheit bzw. Anwesenheit einer oder mehrerer Spezies Rückschlüsse auf die Eigenschaften des Bodens zu ziehen. Es ist der Kampf ums Dasein in der Natur. Es sind Standorte denkbar, die einer bestimmten Pflanzenart noch ein normales Fortkommen gestatten, solange an diesen Plätzen nur noch solch' andere Spezies vorkommen, die in ihrem Wachstum etwa die gleiche Förderung erfahren. Anders müssen sich aber die Verhältnisse gestalten, wenn ein oder mehrere Spezies durch die Standortsfaktoren in ihrer Ausbreitung in ganz besonderem Maße gefördert werden. Da auf dem verfügbaren Raum nur eine ganz bestimmte Anzahl von Pflanzen ernährt werden kann, so werden die Spezies, die besonders in ihrem Wachstum gefördert werden, alle übrigen Arten mehr oder weniger stark hemmend beeinflussen, vielleicht sie sogar an dieser Stelle vollständig unterdrücken[1]. Würden daher die Kulturpflanzen auf den Feldern nicht von den Menschen gegenüber den dort heimischen Unkrautpflanzen ständig geschützt, so würden die ersteren von den letzteren bald überwuchert und ausgerottet werden. Hierauf hat schon 1865 H. HOFFMANN[2] hingewiesen. Es ist das Verdienst von NÄGELI[3] an Hand der Lehre vom Kampf ums Dasein in der Pflanzenwelt, uns die Möglichkeit gegeben zu haben, eine Erklärung dafür zu finden, daß eine Reihe von Gewächsen in gewissen Gebieten sich als bodenstet erweist, während sie in anderen Bezirken keine besonderen Standortsansprüche an den Boden stellt, hier also zur Klasse der bodenvagen Pflanzen gehört. Achillea moschata bevorzugt kalkarme Schiefertrümmer, Achillea atrata den Kalkboden. Beide sind in Graubünden streng bodenstet. Dort aber, wo A. atrata vollständig fehlt, soll nach NÄGELI, da die Konkurrenz ausgeschaltet ist, A. moschata auch auf Kalk vorkommen. Rhododendron ferrugineum kommt im allgemeinen nur auf Urgesteinböden vor, R. hirsutum besiedelt den Kalk. Wenn R. hirsutum fehlt, so soll Rh. ferrugineum auch auf kalkhaltigen Böden fortkommen können. Wir wissen nun aus neuesten Untersuchungen, daß diese Beobachtungen NÄGELIS heute nicht mehr stichhaltig sind[4]. Weiterhin ist auch nicht einzusehen, warum sich der Kampf ums Dasein nur zwischen den beiden vikariierenden Arten abspielen soll. Auf Kalk müssen alle kalksteten Pflanzen den eindringenden kieselsteten im Wachstum überlegen sein und umgekehrt. Trotzdem kann die NÄGELIsche Ansicht auch heute noch ihre Gültigkeit behalten, wenn wir den Kampf ums Dasein nicht auf vikariierende Arten beschränken, sondern auf die ganze Pflanzenwelt ausdehnen. Fehlt die Konkurrenz, so kann sich eine Reihe von bodensteten Pflanzen auch auf Böden, die ihnen nur ein kümmerliches Dasein gestatten, entwickeln, da jetzt keine Gefahr besteht, daß sie von kräftiger wachsenden Arten unterdrückt werden. Gegen das Vorkommen von bodensteten Pflanzen in der Natur wurden vor allen Dingen Wachstumsversuche auf Böden verschiedener Zusammensetzung

[1] CAJANDER, A. K.: Der gegenseitige Kampf in der Pflanzenwelt. Veröff. geobot. Inst. Rübel 3, 665 (1925).

[2] HOFFMANN H.: a. a. O., S. 123.

[3] NÄGELI, C. v.: Über die Bedingungen des Vorkommens von Arten und Varietäten innerhalb ihres Verbreitungsbezirks. Sitzgsber. bayer. Akad. Wiss. 2, 367 (1865). — Kritik bei J. BRAUN-BLANQUET: Die Vegetationsverhältnisse der Schneestufe in den Rhätisch-Lepontischen Alpen. Neue Denkschr. Schweiz. Naturf. Ges. 48, 141 (1913).

[4] Siehe S. 67.

angeführt, bei denen andere Arten fern gehalten wurden. Man erhielt fast überall Wachstum. Ob aber diese Pflanzen in der freien Natur konkurrierenden Arten gewachsen gewesen wären, zumal wenn sich ungünstige klimatische Außenbedingungen einstellten, wurde ganz übersehen. Es sei an dieser Stelle auf TANSLEYS[1] Kulturversuche mit dem kieselsteten Galium saxatile und dem kalksteten Galium silvestre verwiesen, der diese Überlegungen vollständig bestätigt fand.

Wie PALMGREN[2] gezeigt hat, spielt aber auch der Zufall bei der Zusammensetzung einer Pflanzendecke eine mehr oder weniger große Rolle; denn hat sich der Vegetationsteppich an einem Standorte erst einmal geschlossen, so wird es für spätere Ansiedler unter Umständen nicht möglich sein, einzudringen, da alle Plätze besetzt sind, und so muß eine Art, für die der Boden besonders günstig ist, vor einer anderen Art, die hier nicht ihre günstigsten Standortsbedingungen findet, zurückweichen. So kann es auch kommen, daß z. B. auf einer Insel manche sehr auffälligen Pflanzenarten fehlen, während diese auf einer nahe benachbarten, die gleiche klimatische und edaphische Standortsfaktoren besitzt, in großem Maße angetroffen werden.

Trotz aller Unstimmigkeiten im Vorkommen von bodensteten Pflanzen weiß man doch heute, daß es eine Reihe von Leitpflanzen gibt, die imstande sind, über eine Reihe von Böden und ihre physikalischen und chemischen Eigenschaften Auskunft zu geben. Daher wird auch in der neuesten Zeit von zahlreichen Land- und Forstwirten gefordert, daß die Standortsgewächse bei der Bestimmung der Bodenfruchtbarkeit in weiterem Maße als bisher herangezogen werden.

Welche Eigenschaften des Bodens sind es nun eigentlich, welche die Bodenstetigkeit bedingen? Nur wenn es möglich ist, diese Frage der Lösung näher zu bringen, ist zu hoffen, daß der natürliche Pflanzenbestand einen brauchbaren „Indikator" des derzeitigen Fruchtbarkeitszustandes eines Bodens abgeben kann.

Merkwürdigerweise hat im Anfang des vergangenen Jahrhunderts ein Teil der Pflanzengeographen, trotz der Beobachtung, daß Kalkböden eine andere Flora als Kieselböden tragen, den Einfluß edaphischer Faktoren vollständig verneint und nur die klimatischen Eigenschaften des Standortes für die verschiedene Entwicklung der Pflanzenwelt verantwortlich gemacht. Andere Forscher hingegen vertraten schon vor mehr als hundert Jahren die Ansicht, daß auch die edaphischen Standortsfaktoren von großer Bedeutung sind. Unter diesen Vertretern erhob sich aber sehr bald ein heftiger Kampf um die Frage, ob es die chemischen oder die physikalischen Eigenschaften eines Bodens sind, die bestimmend auf die Pflanzendecke einwirken, ein Kampf, der auch heute noch nicht vollständig erloschen ist.

Nach Ansicht von UNGER[3], der noch eine vermittelnde Stellung einnahm, soll für kalkstete Gewächse kohlensaurer Kalk ein lebenswichtiger Stoff sein, und sie sollen nur auf Böden fortkommen können, in denen genügend $CaCO_3$ vorhanden ist. Für die kieselsteten Gewächse vertritt er eine ganz andere Ansicht: „Tonschiefer und die homologen Feldspatarten wie Glimmerschiefer, Chloritschiefer, Hornblende, Gneis, Granit u. dgl. scheinen mehr durch ihre physikalischen Eigenschaften auf die Pflanzen zu wirken." Nach UNGER trat aber sofort

---

[1] TANSLEY, A. G.: On competition between Galium saxatile and Galium sylvestre on different types of soil. J. Ecology 5, 173 (1917).

[2] PALMGREN, A.: Über Artenzahl und Areal sowie über die Konstitution der Vegetation. Acta forestalia fennica. **22**, H. 1 (1922).

[3] UNGER, F.: a. a. O., S. 144, 181, 193.

eine Trennung der Geister ein. Der krasseste und bedeutendste Vertreter der „physikalischen Theorie" war THURMANN[1], nach dessen Meinung die chemischen Eigenschaften ganz ohne Einfluß auf die Zusammensetzung der Pflanzendecke sind. Allein der Bau des Bodens und das dadurch bedingte Wasserspeicherungsvermögen sollen es sein, die die Verteilung der Gewächse regeln; dabei untersuchte THURMANN nur die Durchlässigkeit der den Boden bildenden Gesteine für Wasser und machte dann weiterhin den Trugschluß, daß die Durchlässigkeit der aus ihnen entstehenden Böden dieselbe sei. Z. B. saugt Sandstein begierig Wasser auf, und da nun Sand aus Sandstein entsteht, so muß auch Sand das Wasser speichern und einen feuchten Boden darstellen. Da das Wasserspeicherungsvermögen mit der Art der Verwitterung und mit dem Grad der Zerkleinerung in direktem Zusammenhang steht, so mußten von THURMANN auch diese Verhältnisse mit in den Kreis der Betrachtung einbezogen werden. Die Gesteine werden in zwei Gruppen eingeteilt, in pelogene und psammogene. Bei ersterer geht die Verwitterung bis ins Unendliche weiter, bei der letzteren schließt die Verwitterung schon bei einer gröberen Verteilung ab. In den beiden Gruppen werden nach der Geschwindigkeit, mit der die Verwitterung verläuft, folgende Unterabteilungen gebildet: perpelische, hemipelische und oligopelische bzw. perpsammische, hemipsammische und oligopsammische. Die mit „per" benamten Gruppen werden auch, da sie leicht Dammerde bilden, als eugeogene Gesteine und die mit „oligo" benamten, die schlecht Dammerde bilden, als dysgeogene Gesteine bezeichnet, die übrigen nehmen eine Zwischenstellung ein. Die Pflanzen ihrerseits, die diesen Boden besiedeln, zerlegt THURMANN in solche hygrophilen bzw. xerophilen Charakters.

1. Hygrophiles en général, Feuchtigkeit liebende Pflanzen im allgemeinen, sie besiedeln Ton, Tonmergel, Lehm, Gips, Quarzsand, Sandstein, Granit, Gneis.

2. Hygrophiles plus psammiques, Feuchtigkeit liebende Pflanzen, die sandigen Boden brauchen. Quarzsand, Dolomitsand, Kalkhornstein.

3. Hygrophiles plus péliques, Feuchtigkeit liebende Pflanzen, die tonigen Boden brauchen. Ton, Lehm, Mergel.

4. Xérophiles préférentes und 5. Xérophiles plus adhérentes, also vorzugsweise bis ausschließlich Trockenheit liebende Formen auf Kalk, Dolomit, Hornstein und Alm.

Die hygrophilen Pflanzen sollen nach THURMANN auf den verschiedensten Böden fortkommen können, wenn sie nur eugeogenen Charakter besitzen, die xerophilen sollen den dysgeogenen Böden eigen sein. Der Kalkgehalt der Böden soll bei der Verteilung der Gewächse hingegen ohne die geringste Bedeutung sein. Merkwürdigerweise haben diese Lehren THURMANNS bei seinen Zeitgenossen ganz außergewöhnlichen Anklang gefunden, obwohl sie, wie spätere Untersuchungen zeigten, nicht imstande waren, die einfachsten pflanzengeographischen Verhältnisse zu erklären[2]. Von den späteren Anhängern wurden allerdings auch noch andere physikalische Bodeneigenschaften wie die Bodenwärme mit zur Erklärung des Verhaltens bodensteter Pflanzen herangezogen. So ist HOFFMANN[3] der Ansicht, daß man aus dem Auftreten kalksteter Pflanzen nicht auf den Kalkgehalt des Bodens schließen dürfe, sondern daß das Auftreten dieser Pflanzen an das Bodenklima gebunden ist, da dieselben eine größere Wärmezufuhr von seiten ihrer Unterlage fordern als andere. Für die physikalische Theorie traten

---

[1] THURMANN, I.: Essai phytostatique appliqué à la chaine du Jura. Bern 1849.

[2] Literatur bei BRAUNGART, R.: a. a. O., S. 423ff., 481ff. (1879); VALLOT, J.: Recherches physico-chimiques sur la terre végétale usw. 1883; ROUX, J. A. CL.: a. a. O., S. 45ff.

[3] HOFFMANN, H.: a. a. O., S. 102 (1865); Über Kalk- und Salzpflanzen. Landw. Versuchsstat. **13**, 269 (1891).

in Deutschland im zwanzigsten Jahrhundert besonders KRAUS[1] und sein Schüler FRICKHINGER ein. Letzterer schreibt: „Es sind die physikalischen, d. h. die mechanischen Eigenschaften des Humus, die einen Einfluß auf das Gedeihen und die Verbreitung der Pflanzen ausüben, nicht aber die chemische Zusammensetzung derselben.“ „Der Unterschied, welcher zwischen der Vegetation des Sandbodens und derjenigen des Kalk- und Tonbodens besteht, wird einzig durch die mechanische Verschiedenartigkeit der Verwitterungsprodukte der Gesteinsarten hervorgerufen.“ Am Schluß der Arbeit heißt es sodann: „Meine Versuche haben gezeigt, daß der Kalk hier nicht als chemische Beimengung wirkt, sondern einzig wegen seiner Beeinflussung der physikalischen Eigenschaften des Bodens von der Pflanze aufgesucht oder gemieden wird. Die Vermutung liegt nahe, daß die größere Trockenheit, größere Wärme des Kalkbodens und das Verhältnis vom Skelett zu Feinerde eine Rolle spielen.“

Eine rein physikalische Theorie ist auch von COWLESS[2] aufgestellt worden. Nach ihm ist die Verschiedenartigkeit des Florencharakters verschiedener Gesteinsunterlagen durch das Verwitterungsstadium bestimmt, in welchem sich das Gestein befindet. Da nun unter gleichen klimatischen Bedingungen die verschiedenen Gesteine dieselbe Verwitterungsstufe ungleich rasch durchlaufen, so soll sich daraus die Verschiedenartigkeit ihrer Vegetation erklären. Ein nackter Felsen soll nach COWLESS unabhängig von der Gesteinsart ungefähr immer dieselbe Flora tragen. Wenn Felsen aus Schiefer oder Sandstein oder Granit oder Kalkstein eine verschiedene Vegetation besitzen, so soll das nicht durch die verschiedene mineralogische Zusammensetzung des Gesteins bedingt sein, sondern soll nur eine Folge davon sein, daß der eine Felsen in seiner Verwitterungsgeschichte weiter vorgerückt ist als der andere. Die Vegetation aller Gesteinsunterlagen soll überall derselben Endformation zustreben. Diese stelle in Nordamerika der mesophytische Wald dar. Würde überall dieselbe Verwitterungsstufe zu derselben Zeit durchlaufen, so würde nach COWLESS sich überall dieselbe Flora einstellen, und alle Diskussionen über die Bedeutung der chemischen bzw. physikalischen Bodeneigenschaften für die Pflanzendecke seien hinfällig. Die Unhaltbarkeit dieser „dynamischen Theorie“ hat aber vor allen Dingen SCHRÖTER[3] gezeigt. „Diese extreme Ansicht ist aber weder für die Pflanzengesellschaften, noch für die Einzelarten richtig. Es ist unrichtig, daß die erste Besiedlung der nackten Felsen überall dieselbe sei; es gibt Kalkflechten und Kieselflechten, ebenso für Moose. Und es ist ebenso unrichtig, daß das Endstadium überall dasselbe sei; es gibt xerophytische und mesophytische und hydrophytische Wälder in demselben Klima; und der mesophytische Wald auf Kalk ist anders als auf kalkarmem Gestein.“

Im vergangenen Jahrhundert hat aber die Ansicht, daß es die chemischen Eigenschaften des Bodens sind, welche die Bodenstetigkeit bedingen, ständig langsam an Anhängern gewonnen und die physikalische Theorie immer mehr zurückgedrängt. Schon 1854 machte SENDTNER[4] auf die Unhaltbarkeit der THURMANNschen Lehren aufmerksam. Er wies darauf hin, daß bei gleichen Feuchtigkeitsverhältnissen Wiesenmoore eine ganz andere Pflanzendecke haben als Hochmoore, und daß dieser Unterschied nur durch die chemische Verschieden-

---

[1] KRAUS, G.: Boden und Klima auf kleinstem Raum. Jena 1911. — FRICKHINGER, H.: Die Pflanzen- und Bodenformationen in den Flußgebieten der Wörnitz, Eger, Sechta und des Kessel. Ber. byer. Bot. Ges. **14**, 1 (1914).

[2] COWLESS, H. C.: The influence of underlying rocks on the character of the vegetation. Bull. Am. Bur. Geog. **2**, 1 (1901); The physiographic ecology of Chicago. Bot. Gaz. **31**, 73 (1901).

[3] SCHRÖTER, C.: a. a. O., S. 125 (1910). [4] SENDTNER, F.: a. a. O., S. 338.

artigkeit des Untergrundes bedingt sein könne. Diese Beobachtungen wurden in der Folgezeit noch von KERNER[1], SAINT-LAGER, BRAUNGART, CONTEJEAN, VALLOT, ROUX, VOGLER, SCHRÖTER, BRAUN, LÜDI, BRENNER und vielen anderen sehr stark erweitert. SCHRÖTER weist darauf hin, daß kalkarme Gewässer eine ganz andere Algen- und Moosflora haben als kalkreiche. Ebenso haben Quarzsand und Kristall-Kalksand, kalkreicher und kalkarmer Lehm, obwohl sie physikalisch gleich sind, eine total verschiedene Flora. „Auf dem kalkreichen Basalt besiedeln die Kalkpflanzen — Xerophyten im Sinne von THURMANN — gerade die verwitterten Partien, die kalkscheuen — Hygrophyten — dagegen den dysgeogenen festen Ton.“

Die Ansicht von UNGER, daß die Bodenstetigkeit der Kalkpflanzen dadurch bedingt sei, daß für die kalksteten Pflanzen $CaCO_3$ ein lebenswichtiger Stoff sei, wurde in ähnlicher Form auch später für das Kochsalz auf Halophyten und für die Kieselsäure auf die Kieselpflanzen übertragen. Es ist das Verdienst von SENDTNER und KERNER, durch einfache Experimente gezeigt zu haben, daß diese Ansicht in dieser Form zu Unrecht besteht. SENDTNER hatte beobachtet, daß die Gegenwart von gewissen Stoffen im Boden wie Ammoniak, Kochsalz, Kalk, das Auftreten von bestimmten Pflanzen ausschließt. Es müssen also diese Stoffe für sie Gift sein, während andererseits Kalk von kalksteten Pflanzen und Kochsalz von Salzpflanzen ohne Schädigung vertragen wird. Kieselpflanzen meiden also Kalkböden allein wegen deren Gehalt an $CaCO_3$. SENDTNER hat daher auch die Bezeichnung „kieselstet“ durch „kalkfeindlich“ ersetzt. Die Frage aber, warum kalkstete Pflanzen nicht auf kalkarmen Böden vorkommen, mußte auch SENDTNER offen lassen. KERNER wies später darauf hin, daß die Kieselsäure zum Fortkommen der kieselsteten Pflanzen ohne Bedeutung ist, und daß Kalkpflanzen durch sie nicht im Wachstum gehemmt werden. Die Gifttheorie von SENDTNER ist später mit der Konkurrenztheorie von NÄGELI von einer Reihe von Forschern vereint worden. Kalkflieher und Salzflieher werden entweder auf Kalk- bzw. Salzböden abgetötet, oder wenigstens derartig in ihrem Fortkommen gehemmt, daß sie der Konkurrenz der kalksteten bzw. salzsteten Flora nicht mehr gewachsen sind. Vielleicht werden letztere sogar mehr oder weniger durch $CaCO_3$ bzw. NaCl im Wachstum gefördert. Diese kombinierte Bodenflucht- und Konkurrenztheorie dürfte heute wohl unter den Forschern den größten Anhang besitzen.

GRAEBNER[2] war auf Grund seiner Heidestudien zu der Ansicht gelangt, daß für das Vorkommen bzw. Fehlen von bestimmten Pflanzen auf den verschiedenen Böden nicht in erster Linie das Vorhandensein bzw. Nichtvorhandensein besonderer chemischer Stoffe im Boden von maßgebender Bedeutung ist, sondern die Gesamtkonzentration der im Boden gelösten Stoffe. So sollen Kieselpflanzen eine Bodenlösung schwacher Konzentration verlangen, während Kalkpflanzen durch stärkere Konzentrationen nicht geschädigt werden und daher auf Kalkböden, die im allgemeinen an Nährstoffen reich sind, erstere im Kampf ums Dasein verdrängen. Diese osmotische Theorie GRAEBNERS ist später von

[1] KERNER, A.: Über das sporadische Vorkommen sog. Schieferpflanzen im Kalkgebirge. Verh. zool.-bot. Ges. Wien **13**, 245 (1863); Die Abhängigkeit der Pflanzengestalt von Klima und Boden. Innsbruck 1869. — SAINT-LAGER, I.: De l'influence chimique du sol sur les plants. Ann. Soc. Bot. de Lyon **4** (1876). — BRAUNGART, R.: a. a. O., S. 399 (1881). — CONTEJEAN, E.: Géographie botanique. 1881. — VALLOT, J.: Recherches physico-chimiques sur la terre végétale usw. 1883. — ROUX, J. A. CL.: a. a. O., S. 147 ff. — VOGLER, P.: Beobachtungen über die Bodenstetigkeit der Arten im Gebiet des Albulapasses. Ber. schweiz. Bot. Ges. **11**, 63 (1901). — BRAUN, J.: a. a. O., S. 141. — LÜDI, W.: a. a. O., S. 66. — BRENNER, W.: a. a. O., S. 82.

[2] GRAEBNER, P.: Die Heide Norddeutschlands. Leipzig 1901; Jahrbuch der Heidekultur. Leipzig 1904; Lehrbuch der allgemeinen Pflanzengeographie. Leipzig 1929.

GOLA[1] noch weiter ausgebaut worden. Nach seiner Ansicht ist der Gehalt der Bodenlösung an Kristalloiden und Kolloiden und ihr gegenseitiges Mengenverhältnis der wichtigste edaphische Bodenfaktor. Verfasser unterscheidet perhaloide und haloide Böden auf der einen Seite und geloide und pergeloide auf der anderen. In der Bodenlösung befinden sich an Kristalloiden bei perhaloiden Böden über 2%, bei haloiden 0,5—2%, bei geloiden 0,2—0,5%, bei pergeloiden unter 0,2%. Weiterhin werden Böden unterschieden, bei denen die Konzentration der Bodenlösung konstant bleibt und solche, bei denen sie starken Schwankungen unterworfen ist. Nach der Konzentration der Bodenlösung, ihrer Stabilität und dem Wassergehalt des Bodens werden die Pflanzen in 32 Standortsgruppen eingeteilt. Man soll also an Hand dieser Gruppen leicht Auskunft über einige wichtige edaphische Faktoren eines Standortes, wie Wassergehalt, Konzentration der Bodenlösung und ihre Schwankungen erhalten können, wenn man seine Flora genau untersucht.

Die Frage nach den Ursachen der Bodenstetigkeit gewisser Pflanzen dürfte sich nach unseren bisherigen Erfahrungen dahin beantworten lassen, daß es in den meisten Fällen die chemischen Eigenschaften sind, die darüber entscheiden, ob eine Pflanze auf einem Boden bei nicht zu ungünstigen klimatischen Bedingungen, so fortkommen kann, daß sie jedem Konkurrenzkampfe gewachsen ist. Dabei darf aber nicht vergessen werden, daß die physikalischen Bodeneigenschaften wie Wärmeleitung, Bodendichte, Gasaustausch und besonders auch Feuchtigkeitsgehalt, sich ihrem Fortkommen hemmend oder fördernd entgegenstellen. In einer Reihe von Fällen kann sicher der hemmende Einfluß dieser Faktoren so groß sein, daß es bestimmten Arten, trotz für sie günstiger chemischer Bodeneigenschaften, unmöglich gemacht ist, an bestimmten Standorten fortzukommen. Weiterhin werden wir die Verschiedenartigkeiten der Floren auf Böden gleicher chemischer Zusammensetzung, die sich immer wieder beobachten lassen, soweit nicht der Zufall bei der Verteilung der Gewächse eine ausschlaggebende Rolle gespielt hat, sicher auf Verschiedenheiten der physikalischen Bodenfaktoren zurückführen müssen. Damit haben wir uns wieder einer Ansicht genähert, die schon 1859 von RATZEBURG in seinem bekannten Werke „Die Standortsgewächse und Unkräuter Deutschlands und der Schweiz" vertreten worden ist. „Die Flora ist das treueste Abbild des Bodens, sowohl nach seiner physikalischen wie nach seiner chemischen Beschaffenheit, jedoch so, daß die einen Elemente derselben mehr die chemischen Eigentümlichkeiten, andere mehr die physikalischen ausdrücken."

Es soll im folgenden unsere Aufgabe sein, mit einigen Pflanzengruppen, die für bestimmte Böden oder Bodeneigenschaften charakteristisch sind, bekannt zu machen. Wir wollen sie mit SCHRÖTER, der in seiner Arbeit „Bodenzeigende Pflanzen der Schweiz" eine große Zahl aufgeführt hat, bodenzeigende Pflanzen nennen. Bei dieser Zusammenstellung wurde außer auf diese Arbeit noch vor allen Dingen auf diejenigen WITTMACKS, LINSTOWS, HEGIS, TANSLEYS und von KIRCHNER, LOEW und SCHRÖTER, zurückgegriffen[2].

---

[1] GOLA, G.: Studi sui rapporti tra la distribuzione delle piante e la costituzione fissicochimica del suolo. Annali Bot. **3**, 455 (1905); Saggio di una teoria osmotica dell' edofismo. Ebenda **8**, 275 (1910). — Siehe auch F. CAVERS: GOLA's osmotic theory of edaphism. J. Ecology **2**, 4 (1914).

[2] WITTMACK, L.: Botanik der kulturtechnischen und landwirtschaftlich wichtigen Pflanzen. Berlin 1924. — LINSTOW, O. v.: Bodenanzeigende Pflanzen, 2. Aufl. Abh. Pr. Geol. Landesanst., H. 114 (1929). — HEGI, G.: Illustrierte Flora von Mitteleuropa. München 1906—31. — TANSLEY, A. G.: Types of British vegetation. Cambridge 1911. — KIRCHNER, O., E. LOEW u. C. SCHRÖTER: Lebensgeschichte der Blütenpflanzen Mitteleuropas. Stuttgart 1908—1931.

Kalkzeiger. Ausgesprochen kalkstet sind vor allen Dingen eine Reihe von Flechten und Moosen. Von ersteren sind eine große Zahl von ARNOLD[1] angeführt worden:

Acarospora glaucocarpa, Amphoridium dolomiticum, A. Hochstetteri, Biatora rupestris, B. incrustans, Biatorina lenticularis, B. minuta, Bilimbia cuprea, B. hygrophila, Microthelia marmorata, Polyblastia dermatodes, P. obsoleta, Thelidium cataractarum, T. decipiens, T. absconditum, T. minimum, Verrucaria anceps, V. brachyspora, V. calcarea, V. congregata, V. crassa, V. decussata, V. deformis, V. maculiformis und viele andere.

Kalkstete Moose führt GREBE[2] in großer Zahl an. Es seien nur einige wiedergegeben:

Amblystegium Sprucei, Barbula fallax var. brevifolia, B. reflexa, B. sinuosa, Bryum badium, B. elegans, B. Funckii, Didymodon tophaceus, Funaria dentata, Grimmia crinita, G. orbicularis, Gymnostomium calcareum, Mnium orthorhynchium, Orthotrichum cupulatum, O. saxatile, Pottia minutula, P. mutica, Seligerien außer S. recurvata, Tortella caespitosa, T. inclinata, T. squarrosa, Trichostomum caespitosum, T. crispulum, T. mutabile, Weisia crispata, W. muralis.

Auf frisch aufgeworfenen Erdböden deuten nach GREBE Ephemeraceen, Phasceen, Pottieen, Enthostodon auf Kalk im Boden hin. Auf stark kalkhaltigem Humus der Kalkböden treten auf Eurhynchien, Mnium stellare, M. serratum und M. rostratum, Tortella tortuosa, Fissidens taxifolius und Encalypta contorta. Zahlreiche weitere Angaben findet man bei HERZOG[3] und solche über die Kalkflechten und Moose Englands bei WATSON.

Die folgende Tabelle bringt Farne und Blütenpflanzen, die als Kalkzeiger in Mitteleuropa in Betracht kommen:

Farne: Cystopteris montana, Asplenium fissum, A. fontanum, A. viride, Dryopteris rigida, D. Robertiana.

Blütenpflanzen: Juncaceae: Juncus Hostii. Liliaceae: Allium montanum, Tofieldia calyculata. Gramineae: Brachypodium pinnatum, Bromus erectus, Festuca alpina, F. pulchella, F. rupicaprina, Melica ciliata, Phleum Michelii, Poa compressa, Poa minor, Sesleria coerulea (in Süd- und Mitteldeutschland Leitpflanze der Muschelkalkschotterböden — s. auch bei ZLATNÍK[4]). Cyperaceae: Carex alba, C. alpetris, C. brachystachis, C. firma, C. humilis, C. mucronata. Orchidaceae: Aceras anthropophora, Cypripedium calceolus, Himantoglossum hircinum, Ophris apifera, O. aranifera, O. muscifera, Orchis militaris, O. pallens, O. Simia. Salicaceae: Salix reticulata, S. retusa, S. serpyllifolia. Caryophyllaceae: Alsine octandra, Cerastium latifolium, Gypsophila repens, Moehringia muscosa, Tunica prolifera. Ranunculaceae: Adonis aestivalis, A. vernalis, Anemone alpina, A. silvestris, Helleborus niger, H. foetidus, Nigella arvensis, Ranunculus parnassiifolius, Thalictrum alpinum. Cruciferae: Aethionema saxatile, Arabis alpina, A. auriculata, A. bellidifolia, A. pauciflora, A. pumila, A. serpyllifolia, A. Turrita, Cheiranthus cheiri, Conringia orientalis, Draba aizoides, D. tomentosa, Erysimum odoratum, Iberis amara (auch auf Dolomit), Lepidium campestre, Thlaspi rotundifolium. Papaveraceae: Papaver alpinum, P. aurantiacum. Violaceae: Viola alba, V. cenisia, V. lutea. Polygalaceae, P. amara, P. calcarea. Cornaceae: Cornus mas. Crassulaceae: Sedum atratum. Saxifragaceae: Saxifraga Aizoon, S. ascendens, S. caesia, S. tridactylites. Rosaceae: Alchemilla Hoppeana, Cotoneaster tomentosa, Fragaria collina, Potentilla arenaria, P. caulescens, Prunus Mahalep, Rubus caesius, Sanguisorba minor. Leguminosae: Astragalus exscapus, Coronilla montana, C. vaginalis, Hippocrepis comosa, Onobrychis sativa. Rutaceae: Dictamnus albus. Umbelliferae: Athamanta cretensis, Bupleurum falcatum, B. ranunculoides, Caucalis daucoides, Laserpitium latifolium, Orlaya grandiflora, Scandix pecten Veneris, Seseli Libanotis, Trinia glauca. Primulaceae: Primula auricula. Gentianaceae:

---

[1] ARNOLD, F.: Zur Lichenenflora von München. München 1891—1901.

[2] GREBE, C.: Die Kalkmoose und deren Verbreitung auf den Kalkformationen Mitteldeutschlands. Festschr. Ver. Naturk. Kassel **1911**, 195, a. a. O., S. 144 ff. (1918).

[3] WATSON, W.: The bryophytes and lichenes of calcareous soil. J. Ecology **6**, 189 (1918). — HERZOG, TH.: Geographie der Moose. Jena 1926.

[4] ZLATNÍK, A.: Travaux Soc. Roy. d. Sc. de Bohême. Cl. d. Sc. N.S. **8**, No. 1 (1928).

Gentiana ciliata, G. lutea. Scrophulariaceae: Linaria (Elatinoides) Elatine, L. minor (Chaenorrhinum minus), L. spuria (Elatinoides spuria). Labiatae: Ajuga Chamaepitys, Brunella alba, B. grandiflora, Melittis Melissophyllum, Stachys germanica, S. recta, Teucrium Botrys, T. montanum. Rubiaceae: Asperula arvensis, A. cynanchica, A. glauca, Galium parisiense, G. tricorne, Sherardia arvensis. Valerianaceae: Valeriana saxatilis, V. supina. Campanulaceae: Campanula pusilla. Compositae: Achillea atrata, Anthemis tinctoria, Carduus defloratus, Carlina acaulis, Centaurea montana, C. solstitialis, Crepis Jacquini, C. hyoseridifolia, C. pontana (montana), Erigeron glabratus, Gnaphalium Hoppeanum, Hieracium bupleuroides, H. glaucum, Lactuca perennis, Saussurea pygmaea, Senecio campestris, Tussilago farfara.

Zahlreiche kalkstete Pflanzen von Skandinavien sind bei FRIES[1] angegeben. PESOLA hat neuerdings eingehend das Vorkommen von kalksteten und kalkholden Pflanzen in Finnland studiert. Er führt folgende Gruppen an: Felsenpflanzen, Waldpflanzen (getrennt nach trockenen, feuchten, nassen Standorten), Sumpf- und Wiesenpflanzen. Ein Verzeichnis der kalkliebenden Pflanzen in Schwaben gibt BERTSCH an. Letzterer hat eingehend den Kalkgehalt der Standorte mit untersucht und immer gefunden, daß, wenn an einer Stelle Kalkpflanzen auf engbegrenztem Raume mitten zwischen Kieselpflanzen auftraten, sich immer Kalk im Boden nachweisen ließ. Bezüglich der englischen Kalkflora sei auf TANSLEY[2], TANSLEY und ADAMSON und ADAMSON verwiesen.

Kalkflieher. Nach ARNOLD kommen nur auf kalkarmem Gestein folgende Flechten vor:

Imbricaria conspersa, I. sorediata, Lecanora sordida, L. polytropa, Lecidea albocoerulescens, L. atomaria, L. contracta, L. expansa, L. fumosa, L. lactea, L. lithophila, L. plana, L. platycarpa, L. polygonia, Pertusaria amara, P. globulifera, P. lactea, Rhizocarpon concentricum, R. distinctum, R. grande, R. obscuratum, R. subpostumum u. a.

Bei den Moosen unterscheidet GREBE verschiedene Gruppen von kalkfliehenden Arten.

1. Kieselstete Formen: Brachysteleum polyphyllum, Brachythecium albicans, B. plumosum, Campylostelium saxicola, Dicranella crispa, D. subulata, Dicranum fulvum, Ditrichum nivale, Grimmia Doniana, G. incurva, die Heterocladien, Hyocomium flagellare, die Pogonatum-Arten, Racomitrium fasciculare, R. microcarpum, R. protensum, Rhynchostegiella Jaquinii, Schistostega osmundacea. 2. Humusbewohnende Formen: Buxbaumia-Arten, Diphyscium-Arten, Brachythecium rutabulum var. robustum und var. turgescens, B. velutinum var. longisetum, Eurhynchium Schleicheri, Isotheciae, Mnium cuspidatum, Plagiothecium curvifolium, P. elegans, P. silesiacum, P. silvaticum, Rhabdoweisia denticulata, R. fugax, Webera nutans. 3. Formen nährstoffarmer Moore und Sümpfe: a) Trockene Torfböden: Campylopus brevipilus, Dicranella cerviculata, Polytrichum gracile, P. strictum. b) Nasse Torfböden: Hypnum fluitans, Jungermannia anomala, I. inflata, Polytrichum commune var. uliginosum, Webera nutans var. sphagnetorum, vor allen Dingen aber zahlreiche Sphagnum-Arten, die, wie PAUL[3] gezeigt hat, eine abgestufte Kalkfeindlichkeit erkennen lassen. 4. Formen des Trockentorfes: Campylopus flexuosus, Dicranum majus, D. undulatum, D. scoparium, Leucobryum vulgare, Polytrichum commune, P. formosum, P. juniperinum, P. perigoniale, Sphagnum cymbifolium, S. Girgensohnii, S. quinquefarium, S. recurvum, S. subnitens. 5. Formen des Heidetorfs: Archidium phascoides, Atrichum tenellum, Bryum bimum,

[1] FRIES, T. C. E. Sv. Växtsoc. Sällsk. Hdl. **4** (1925). — PESOLA, V. A. Ann. Soz. zool. bot. fenn. Vanamo 9. 1. (1928). — BERTSCH, K.: Kalkliebende Pflanzen in Oberschwaben. Jahresber. Ver. vaterl. Naturk. Württemberg **78**, 55 (1922). — BRAUN, J.: a. a. O., S. 141 (1913). — SCHERZER, H.: Erd- und pflanzengeschichtliche Wanderungen durchs Frankenland **2**, 1. Nürnberg 1922. — HEGI, G.: Zur Flora der Maloja. Vjschr. Naturf. Ges. Zürich, Beibl. 15, 233 (1928).

[2] TANSLEY, A. G.: Types of british vegetation. 1911. — TANSLEY, A. G., a. R. S. ADAMSON: Reconnaissance in the Cottes woolds and the Forest of Dean. J. Ecology **1**, 81 (1913); Studies of the vegetation of the english chalk III a. IV. Ebenda **13**, 177 (1925); **14**, **1** (1926). — ADAMSON, R. S.: The woodlands of Ditcham Park, Hampshire. Ebenda **9**, 113 (1921).

[3] PAUL, H.: Die Kalkfeindlichkeit der Sphagna und ihre Ursache. Mitt. bayer. Moorkulturanst. H. 2, 63 (1908).

Dicranum spurium, Entosthodon ericetorum, Hypnum imponens, Sphagnum molle, S. rigidum, S. tenellum, Trematodon ambiguus; an den trockensten Stellen Polytrichum piliferum und Dicranum spurium.

Im folgenden soll eine Reihe von kalkfliehenden Farnen und Blütenpflanzen aufgeführt werden.

Farne: Allosorus crispus, Asplenium septentrionale (nach SCHRÖTER ausgeprägtester Kalkflieher der Schweiz), Blechnum spicant, Botrychium lunaria, Dryopteris Thelypteris, Lycopodium clavatum, L. complanatum, L. inundatum, Osmunda regalis, Woodsia ilvensis.

Blütenpflanzen: Juncaginaceae: Scheuchzeria palustris. Juncaceae: Juncus squarrosus, J. supinus, J. Tenageia, Luzula lutea, L. silvatica, L. spadicea. Gramineae: Aira caryophyllea, A. flexuosa, A. praecox, Anthoxanthum aristatum, Calamagrostis tenella, C. villosa, Festuca Lachenalii, F. varia, F. Halleri, Glyceria remota, Mibora minima, Nardus stricta (s. Literatur bei COULON[1] und SMITH), Poa Chaixii, P. laxa, Sieglingia decumbens. Cyperaceae: Carex brunnescens, C. canescens, C. curvula, C. frigida, C. globularis, C. pauciflora, C. pendula, C. pilosa, C. pilulifera, C. rigida. Orchidaceae: Cephalanthera longifolia, Listera cordata, Malaxis paludosa. Fagaceae: Castanea sativa. Salicaceae: Salix herbacea. Polygonaceae: Polygonum minus, Rumex acetosella. Portulacaceae: Montia rivularis. Caryophyllaceae: Arenaria biflora, Cerastium uniflorum, Corrigiola litoralis, Gypsophila muralis, Illecebrum verticillatum, Moenchia erecta, Spergula pentandra, Spergularia rubra, Scleranthus annuus, S. perennis, Tunica prolifera, Viscaria vulgaris. Cruciferae: Arabis Thaliana, Cardamine hirsuta, C. impatiens, C. resedifolia, Erysimum (Conringia) orientale, Hutchinsia brevicaulis, Teesdalea nudicaulis, Thlaspi corymbosum. Empetraceae: Empetrum nigrum. Violaceae: Viola arvensis, V. palustris. Polygalaceae: Polygala serpyllifolia. Droseraceae: alle Drosera-Arten. Crassulaceae: Crassula aquatica, Sedum alpestre, S. roseum, Sempervivum montanum. Saxifragaceae: Saxifraga aspera, S. bryoides, S. Cotyledon, S. exarata. Rosaceae: Alchemilla alpina, Potentilla frigida, Rubus chamaemorus. Leguminosae: Cytisus nigricans, Genista anglica, Lathyrus niger, Sarothamnus scoparius (nach ULBRICH[2] Xerophyt). Er meidet alle Bodenarten mit hohem kapillarem Wassergehalt — Ton, Lehm — oder mit hohem Grundwasserstand — Moor-, Torfböden und Sumpfland — und bevorzugt durchlässige Bodenarten), Trifolium agrarium, T. alpinum, T. arvense, T. pallescens, T. saxatile, Ulex europaeus. Umbelliferae: Bupleurum stellatum, Chaerophyllum hirsutum, Laserpitium Halleri, Meum athamanticum, Selinum Carvifolia. Ericaceae: Andromeda polifolia, Calluna vulgaris, Ledum palustre, Pirola uniflora, Vaccinium Myrtillus, V. oxycoccus, V. uliginosum, V. Vitis idaea. Primulaceae: Androsace alpina, A. carnea, A. imbricata, Centunculus minimus, Primula hirsuta. Plumbaginaceae: Armeria alpina. Gentianaceae: Sweertia perennis. Labiatae: Galeopsis dubia, G. ochroleuca, Teucrium scorodonia. Scrophulariaceae: Anarrhinum bellidifolium, Digitalis purpurea, Euphrasia alpina, Pedicularis Kerneri, Verbascum Lychnitis, Veronica bellidioides. Rubiaceae: Galium saxatile. Campanulaceae: Campanula excisa, Phyteuma nigrum, P. pedemontanum. Compositae: Achillea Erba rotta ssp. moschata, A. nana, Arnica montana, Cirsium heterophyllum, C. rivulare, Filago arvensis, F. minima, Gnaphalium norvegicum, Helichrysum arenarium, Hieracium alpinum, H. intybaceum, Senecio incanus, S. uniflorus.

Über den Kalkzustand eines Bodens kann aber in vielen Fällen auch das Aussehen mancher Standortsgewächse Auskunft geben. Schon vor hundert Jahren wurde die Beobachtung gemacht, daß eine Reihe von kieselsteten Pflanzen auf kalkhaltigen Böden nicht mehr die Fähigkeit besitzt, normal grüne Blätter auszubilden. Es kommt bei ihnen zu einer ausgesprochenen Chlorose, die den Namen „Kalkchlorose" führt und durch Zufuhr von Eisensalzen behoben werden kann. (Literatur bei ROUX und MEVIUS[3].) Weiterhin sollen aber auch bodenvage Gewächse auf kalkarmen Böden eine andere Wuchsform als auf kalkreichen zeigen. Sie sind im letzteren Falle stärker behaart, die Farbe der Blätter ist ein blaues Grün und häufig sind die Blätter mehr und tiefer geteilt. Die Kronblätter sind größer. Viele dieser Angaben sind allerdings der

---

[1] COULON, I. DE: Nardus stricta. Dissert. Zürich 1923. — SMITH, W. G.: The distribution of Nardus stricta in relation to peat. J. Ecology 6, 1 (1918).

[2] ULBRICH, E.: Der Besenginster. Freiburg 1920.

[3] ROUX, I. A. Cl.: a. a. O., S. 241ff. — MEVIUS, W.: Reaktion des Bodens und Pflanzenwachstum. Freising-München 1927.

Nachprüfung bedürftig, da man bis vor wenigen Jahren noch nicht wußte, daß auf dem Kalk andere Ökotypen vorkommen können, als auf den kalkarmen Böden. Aber daß bei einigen Arten sicher Standortsmodifikationen durch Kalkgegenwart oder -abwesenheit erzeugt werden, hat BONNIER[1] durch Kulturversuche bewiesen.

HILGARD[2] hat ferner gezeigt, daß die Wuchsformen von Bäumen einen wichtigen Anhalt über den Kalkgehalt des Bodens geben können. Ferner sei auch noch darauf hingewiesen, daß der Artenreichtum einer Pflanzendecke mit zunehmender Kalkverarmung eines Bodens ständig abnimmt. Großer Artenreichtum deutet immer auf einen guten Kalkzustand hin.

Warum wirkt der Kalk so sehr verschiedenartig auf die Pflanzen? Das Kalzium haben alle höheren Pflanzen zum Leben unbedingt nötig. Auch übt es keine Giftwirkung auf kieselstete Pflanzen aus. Die hydrolytische Spaltung des kohlensauren Kalkes und die dadurch bedingte Reaktionsbeeinflussung der Böden sind es, die einen so großen Einfluß auf die Verteilung der Gewächse haben. MEVIUS[3] war auf Grund von Versuchen mit Wasserkulturen zu der Ansicht gelangt, daß es zwischen kalksteten und kalkfliehenden Gewächsen hinsichtlich ihres Nährsalzbedarfes keinen prinzipiellen Unterschied gibt, sondern „daß nur das Intervall der Wasserstoffionenkonzentration, das in dem Lebensprozesse für die eine bzw. die andere Art möglich ist, ein verschiedenes ist. Im ersten Fall muß die Wasserstoffzahl gleich oder größer als 10^{-7}, im zweiten Falle gleich oder kleiner als 10^{-7} sein, sollen normale Stoffwechselprozesse in den Wurzelzellen stattfinden". Eine Reihe von Untersuchungen der letzten Jahre haben nun klar gezeigt, daß bei günstigsten klimatischen Bedingungen und bei Gegenwart aller Nährstoffe in für die Versuchspflanze ausreichendem Maße Wachstum für jede Pflanzenart nur in einem für sie charakteristischen p_H-Intervall möglich ist. Dieses kann, je nach der untersuchten Pflanze, eng oder breit sein. Weiterhin zeigt aber die Wachstumskurve in dem Reaktionsbereich einen für die Versuchspflanze charakteristischen Verlauf, nämlich einen flachen oder steilen Anstieg, ein oder zwei Maxima (diese können schmal oder breit sein) und langsamen oder steilen Abfall. Zu allen diesen Laboratoriumsversuchen stehen zahlreiche Untersuchungen am natürlichen Standorte in bester Übereinstimmung. In den meisten Fällen erwies sich aber hier das p_H-Intervall nicht so breit wie im Laboratoriumsversuch. Dieses ist aber selbstverständlich. Nur bei optimaler Wasserstoffionenkonzentration ist die Pflanze ungünstigen klimatischen Einflüssen und der Konkurrenz am besten gewachsen. Auch wird sie dann die Wirkung von etwaigen giftigen Stoffen im Boden und von ungünstigen physikalischen Bodenfaktoren am leichtesten ertragen können. Ganz anders müssen sich natürlich alle diese Standortseigenschaften auswirken, wenn im Boden p_H-Werte angetroffen werden, bei denen schon die normale Wachstumskurve mehr oder weniger stark gehemmte Wachstumsenergie erkennen läßt. Jetzt wird sich die Konkurrenz stark auswirken können, und jetzt müssen weitere ungünstige klimatische und edaphische Standortsfaktoren die Lebenskraft der Pflanze in ganz besonders starkem Maße treffen. Es dürfte nach diesen Ausführungen auch verständlich sein, warum unter ungünstigen klimatischen Bedingungen die Abhängigkeit einer Pflanze

---

[1] BONNIER, G.: Remarques sur les différences que présente l'Ononis Natrix cultivé sur un sol calcaire ou sur un sol sans calcaire. Bull. Soc. Bot. de France **41**, 59 (1894).

[2] HILGARD, E. W.: Über den Einfluß des Kalkes als Bodenbestandteil auf die Entwicklungsweise der Pflanzen. Forschgn. Geb. Agrikult.-Phys. **10**, 185 (1888); Soils. New York 1906. S. 2.

[3] MEVIUS, W.: Beiträge zur Physiologie kalkfeindlicher Gewächse. Jb. Bot. **60**, 147 (1921).

vom Kalkgehalt des Bodens sehr viel ausgesprochener ist, als unter günstigen Bedingungen[1]. Bei der großen Bedeutung der Bodenreaktion für das Pflanzenleben schlug CHODAT[2] vor, für eine jede Pflanzenart die p_H-Amplitude anzugeben, in der sie in der freien Natur angetroffen worden ist, und die alten Bezeichnungen „kalkfeindlich" oder „kieselstet" bzw. „kalkliebend" aufzugeben. Bis wir allerdings hierzu imstande sein werden, wird noch sehr viel Kleinarbeit erforderlich sein. Ein erheblicher Teil von Arbeit ist aber schon in dieser Richtung geleistet worden. Es hat sich dabei ergeben, daß eine Gruppe von Pflanzen in einem großen p_H-Intervall vorkommen, es sind dieses in erster Linie die bodenvagen Pflanzen im Sinne von UNGER, andere Pflanzen findet man nur in einem engen Reaktionsbezirk, so vor allen Dingen die Hochmoorpflanzen und die ausgesprochen kalksteten Gewächse. Alle diese Beobachtungen geben uns die Möglichkeit, den Pflanzenbestand zur Bestimmung der Bodenreaktion zu benutzen. Die Bedeutung der Wasserstoffionenkonzentration für die Verbreitung von Flechten hat TRÜMPENER[3] gezeigt. Bei AMANN[4] finden wir die charakteristischen Moose saurer, neutraler und alkalischer Standorte. Die ersten eingehenden Untersuchungen über die Verbreitung von Farnen und Blütenpflanzen in den Vereinigten Staaten von Nordamerika in Abhängigkeit von der Bodenreaktion hat WHERRY[5] in den Jahren 1916—22 angestellt. Er hat vor allen Dingen die Verbreitungsintervalle von zahlreichen Wald- und Felsenfarnen, Orchideen und Erikaceen festgestellt. Für dasselbe Land stammen ähnliche Untersuchungen von KURZ, CAIN und GUSTAFSON[6]. Für England liegen derartige Untersuchungen von ATKINS und SALISBURY vor. Weitere Untersuchungen stammen von ARRHENIUS[7]

[1] Siehe auch die Ausführungen von J. BRAUN-BLANQUET u. H. JENNY: Vegetationsentwicklung und Bodenbildung. Denkschr. Schweiz. Naturf. Ges. **63**, Abh. 2 (1926).

[2] CHODAT, F.: Le conc. en ions H du sol, et son importance pour la constitution des formations végétales. Dissert. Genf 1924.

[3] TRÜMPENER, E.: Über die Bedeutung der Wasserstoffionenkonzentration für die Verbreitung von Flechten. Dissert. Kiel 1926.

[4] AMANN, I.: Contribution à l'étude de l'édaphisme physico-chimique. Bull. Soc. Vaud. Sc. Nat. **52**, 363 (1919).

[5] WHERRY, E. T.: Soil acidity usw. SMITHsonian Rep. f. **1920**, 247. Washington 1922 (dort die übrige Literatur). — ATKINS, W. R. G.: Some factors affecting the H. conc. of the soil and its relation to plant distribution. Not. Bot. School. Trinity Coll. Dublin **3**, 133 (1922).

[6] KURZ, H.: The relation of p_H to plant distribution in nature. Amer. Naturalist **64**, 314 (1930). — CAIN, S. A.: Soil reaction and plant distribution in the Sycamore Creek Region. But. Univ. Stud. Nr. 2. 1929. — GUSTAFSON, F. G.: Plant distribution as affected by the Ph of the soil. Pap. Michigan Acad. **6**, 237 (1927). — SALISBURY, E. I.: The incidence of species in relation to soil reaction. J. Ecology **13**, 149 (1925).

[7] ARRHENIUS, O.: Ökologische Studien in den Stockholmer Schären. Stockholm 1920; H-conc., soil propertis and growth of higher plants. Arkiv Bot. **18**, H. 1 (1922). — CHODAT, F.: a. a. O. S, 48. — CHRISTOPHERSEN, E.: Soil reaction and plant distribution in the Sylene National Park, Norway. Trans. Connect. Acad. Arts Sc. **27**, 471 (1925). — ZLATNÍK, A.: Les associations de la végétation des Krkonŏse et le p_H. Prag 1925. — WLODEK, I. u. K. STRZEMIENSKI: Untersuchungen über die Beziehungen zwischen den Pflanzenassoziationen und der H-Konzentration in den Böden des Chochotowska-Tales. Bull. Acac. Polon. Sc. et Let., Cl. math. et nat. Sér. B, 787 (1924). — NIELSEN, N. C.: Unkrudsvegetationen som Vejledning ved Undersøgelser over Mineraljorders Kalktrang. Beretning f. N. I. F. s Kong. i Oslo 1926. — ZOLLITSCH, L.: Zur Frage der Bodenstetigkeit alpiner Pflanzen. Flora **122**, 93 (1927). — OLSEN, C.: Studies on the H-conc. of the soil and its significance to the vegetation usw. C. R. Lab. Carlsberg **15**, H. 1 (1923). — BRAUN-BLANQUET, I., u. H. JENNY: a. a. O. S. 279. — BRENNER, W.: a. a. O. S. 24. — MARTIN-ROSSET, A.: Contribution à l'étude de la réaction du sol et son influence sur la végétation. Dissert. Lyon 1927. — BEAUVERIE, J. et A. MARTIN-ROSSET: Le marais des Echets (Ain.). Bull. Soc. Bot. France **72**, 1045 (1926). — ISSLER, E.: Acidité, alcalité, neutralité du sol. Bull. Ass. philomat. d'Als.-Lorr. **7**, 194 (1927). — KLAPP, E. L.: Studien über Zusammenhänge von Bodenreaktion, Verbreitung der Wiesenpflanzen und Wiesenerträgen. Landw. Jb. **71**, 807 (1930). — VOLK, O. H.: Beiträge zur Ökologie der Sandvegetation der Oberrheinischen Tiefebene. Z. Bot. **24**, 114 (1931).

I. Wiesenpflanzen. Prozentuale Verteilung auf die verschiedenen p_H-Klassen.

Pflanzenart	3,5—3,9	4,0—4,4	4,5—4,9	5,0—5,4	5,5—5,9	6,0—6,4	6,5—6,9	7,0—7,4	7,5—7,9
Aira flexuosa[1]	54	31	16	—	—	—	—	—	—
Galium saxatile	41	18	29	5	6	—	—	—	—
Molinia coerulea	26	26	26	10	0	2	3	7	—
Potentilla erecta	20	20	20	20	6	4	3	8	—
Calluna vulgaris	31	24	31	14	—	—	—	—	—
Viola palustris	20	20	20	22	10	9	—	—	—
Vaccinium oxycoccus	—	42	37	31	—	—	—	—	—
Agrostis tenuis	17	8	25	29	21	—	—	—	—
Hydrocotyle vulgaris	—	13	28	37	13	9	—	—	—
Agrostis canina	—	22	11	38	22	7	—	—	—
Festuca ovina	—	10	32	19	16	13	10	—	—
Anthoxanthum odorat.	8	8	20	20	17	14	7	3	3
Carex vulgaris	14	14	7	12	10	17	6	12	8
Holcus lanatus	—	5	14	12	15	12	15	12	15
Rumex acetosa	15	10	10	11	15	15	18	7	—
Carex panicea	—	20	10	26	10	10	9	9	6
Festuca rubra	—	7	7	15	15	15	14	14	13
Geum rivale	—	—	4	10	18	19	22	19	8
Plantago lanceol.	—	—	9	11	15	14	23	19	10
Potentilla palustris	—	12	23	36	12	11	5	—	—
Galium palustre	—	—	—	13	20	29	18	13	6
Poa pratensis	—	—	—	10	17	19	20	13	22
Ranunculus acer	—	—	9	8	18	19	21	16	10
Aira caespitosa	—	—	—	4	21	24	14	18	19
Cirsium palustre	—	—	—	22	10	16	28	17	—
Phragmites com.	—	—	—	—	4	9	13	39	35
Dactylis glomerata	—	—	—	—	7	5	26	26	35
Festuca elatior	—	—	—	—	6	4	35	30	26
Briza media	—	—	—	—	11	15	20	40	14
Cirsium oleraceum	—	—	—	—	—	—	29	33	38
Scirpus silvaticus	—	—	—	—	—	—	58	12	30
Trifolium pratense	—	—	—	—	15	10	14	27	35
Angelica silvestris	—	—	—	—	—	10	27	27	36
Carex glauca	—	—	—	—	—	14	10	50	26
Tussilago farfara	—	—	—	—	—	7	11	41	41
Agrostis alba	—	—	—	—	—	—	12	24	64
Carex hirta	—	—	—	—	—	—	21	21	57
Durchschnittliche Zahl der Arten	8,0	10,4	13,3	17,6	14,8	15,9	21,0	21,1	18,8

II. Waldbodenpflanzen. Prozentuale Verteilung auf die verschiedenen p_H-Klassen.

Pflanzenart	3,5—3,9	4,0—4,4	4,5—4,9	5,0—5,4	5,5—5,9	6,0—6,4	6,5—6,9	7,0—7,4	7,5—7,9
Vaccinium Myrtillus	100	—	—	—	—	—	—	—	—
Aira flexuosa	45	55	—	—	—	—	—	—	—
Convallaria maj.	57	43	—	—	—	—	—	—	—
Majanthemum bif.	20	40	20	20	—	—	—	—	—
Oxalis acetosella	—	15	15	14	15	13	13	9	7
Anemone nemorosa	—	10	13	12	11	13	15	15	11
Lamium galeobd.	—	20	20	20	20	20	—	—	—
Melica uniflora	—	12	23	20	17	8	12	9	—
Asperula odorata	—	7	16	20	25	6	11	7	8
Hordeum europaeum	—	—	—	19	19	14	19	19	12
Mercurialis perennis	—	—	9	14	16	15	14	14	18
Allium ursinum	—	—	—	—	20	17	21	21	21
Brachypodium silv.	—	—	—	—	—	26	26	26	22
Anemone hepatica	—	—	—	—	—	—	—	55	55

[1] Die Rechenfehler finden sich bei OLSEN.

(Schweden und Java), CHODAT (Gegend in der Nähe des Genfer Sees), CHRISTOPHERSEN (Norwegen), ZLATNÍK (Riesengebirge), WLODEK u. STRZEMIENSKI (Tatra), NIELSEN (Dänemark), BRAUN-BLANQUET u. JENNY (Schweiz), ZOLLITSCH (bayr. Alpen), BRENNER (Finnland), MARTIN-ROSSET, BEAUVERIE und MARTIN-ROSSET, ISSLER (Frankreich), KLAPP (Thüringen), VOLK (Oberrheinische Tiefebene) und vor allen Dingen von OLSEN (Dänemark). Im vorstehenden sind einige von OLSENS Ergebnissen wiedergegeben worden.

KLAPP, der neuerdings ähnliche Untersuchung wie OLSEN auf zahlreichen Wiesen Thüringens angestellt hat, findet für die meisten Wiesenpflanzen ein größeres p_H-Intervall als der dänische Forscher. Auch stellt er andere p_H-Werte für die Lage der optimalen Reaktionsbereiche fest. Nach Ansicht von KLAPP kann dieses teils auf der großen Verschiedenheit der von ihm untersuchten Standorte, teils auf dem Vorhandensein physiologisch verschiedener Rassen der einzelnen Arten beruhen. Wie aber VOLK gezeigt hat, kann die von KLAPP und vielen anderen benutzte Methode der Auswertung der p_H-Bestimmungen zu keinen einwandfreien Ergebnissen führen. Zum Teil müssen diese direkt falsch sein. Weiterhin ist von KLAPP auch nicht berücksichtigt worden, daß die verschiedenen Arten in ganz verschiedenen Bodentiefen wurzeln. Man darf sich daher nicht an jedem Standorte mit einer Reaktionsbestimmung begnügen, sondern muß, wie VOLK und andere getan haben, Proben aus den verschiedensten Bodentiefen entnehmen.

ZOLLITSCH hat bei einigen vikariierenden Arten gezeigt, daß diese auch nur in einem bestimmten p_H-Bezirk vorkommen, und daß die Ansicht von NÄGELI, daß bei Ausschluß der Konkurrenz die eine Art auch auf den Boden der anderen Art übergehe, nicht zu Recht besteht und daß auch bei der Verteilung dieser Pflanzenarten die Reaktion des Bodens und damit natürlich auch indirekt der Kalkgehalt entscheidend sind.

Kalkstete Form:		Kieselstete Form:	
Achillea atrata	6,45—7,7	Achillea moschata	unter 6,6
Chrysanthemum atratum	6,19—7,7	Chrysanthemum alpinum	4,37—6,82
Gentiana acaulis	6,25—7,6	Gentiana excisa	4,5 —6,0
Sesleria coerulea	über 6,38	Sesleria disticha	unter 6,4
Rhododendron ferrugineum	4,07—7,03	Rhododendron hirsutum	5,8 —7,6
	(Opt. 5,5)		(Opt. 7,3)

Zum Schluß seien noch die von NIELSEN für die verschiedensten Ackerunkräuter gefundenen p_H-Werte und ihre relative Häufigkeit in den einzelnen p_H-Intervallen mitgeteilt (s. Tab. S. 68).

Die Standortsuntersuchungen, besonders von ARRHENIUS, CHODAT, CHRISTOPHERSEN, WLODEK u. STRZEMIENSKI, BRAUN-BLANQUET u. JENNY und VOLK, haben weiterhin eindeutig gezeigt, daß die Reaktion des Bodens sehr viel sicherer als mit Hilfe von einzelnen Leitpflanzen durch die am Standorte sich befindende Assoziation bestimmt werden kann. CHRISTOPHERSEN kommt daher zu der Ansicht, daß jede Assoziation in ihrer Verbreitung auf ein bestimmtes, für jede Assoziation charakteristisches, relativ sehr enges p_H-Intervall begrenzt ist. J. BRAUN-BLANQUET u. H. JENNY trafen das Firmetum nur in dem Intervall 6,7—7,7, das Elynetum in dem Intervall 5,0—7,0 und das Curvuletum in dem Intervall 4,2—5,4 an. Wir dürfen daher für die Zukunft erwarten, daß die Kenntnis der für die Assoziationen charakteristischen p_H-Grenzen für uns ein wichtiges Hilfsmittel bei der Wald-, Wiesen- und Moorwirtschaft darstellen wird.

Salzpflanzen oder Halophyten. Die Beziehungen zwischen Salzvorkommen im Boden und der Pflanzendecke sind so eng, daß schon ASCHER-

Häufigkeit von Unkrautpflanzen in Prozenten bei p_H (NIELSEN).

Pflanzenart	<5,6 %	5,6—6,0 %	6,1—6,5 %	6,6—7,0 %	7,1—7,5 %	>7,5 %	Es fallen unter p_H 6,6 %	Anzahl der untersuchten Standorte	Anzahl der gefundenen Pflanzen
Viola tricolor	55	28	17	—	—	—	100	15	52
Gnaphalium silvaticum	31	46	23	—	—	—	100	8	32
Potentilla argentea	—	47	53	—	—	—	100	9	32
Raphanus raphanistrum	—	20	80	—	—	—	100	6	22
Rumex acetosella	42	38	18	2	—	—	98	115	508
Scleranthus annuus	54	23	17	6	—	—	94	96	360
Spergula arvensis	50	22	22	6	—	—	94	70	251
Chenopodium album	57	20	8	3	6	6	85	22	93
Hypochoeris radicata	—	59	25	16	—	—	84	20	69
Alchemilla arvensis	34	16	31	19	—	—	81	90	275
Anthemis arvensis	45	18	17	5	9	6	80	47	162
Sagina procumbens	12	34	28	17	8	1	74	93	349
Leontodon autumnalis	25	34	14	12	9	6	73	27	100
Plantago lanceolata	12	33	27	14	—	14	72	85	304
Cerastium vulgatum	7	22	31	22	7	11	60	98	318
Veronica serpyllifolia	6	27	24	19	11	13	57	90	272
Achillea millefolium	7	21	22	13	20	17	50	65	251
Chrysanthemum leucanth.	—	11	21	14	31	23	32	22	75
Viola arvensis	15	8	6	11	35	28	29	35	102
Cirsium arvense	5	9	11	17	28	30	25	73	249
Arenaria serpyllifolia	—	—	23	22	35	20	23	22	92
Stellaria media	7	4	10	15	34	30	21	77	249
Euphorbia helioscopia	12	—	8	29	29	22	20	13	29
Sinapis arvensis	—	—	18	16	30	36	18	21	70
Plantago major	4	4	9	18	37	28	17	65	227
Mentha arvensis	—	9	6	27	36	22	15	21	70
Matricaria inodora	5	1	9	21	23	41	15	35	102
Anagallis arvensis	4	5	4	15	34	29	13	18	49
Galium aparine	—	—	13	22	54	11	13	7	27
Lamium purpureum	—	—	12	38	50	—	12	8	14
Sonchus arvensis	6	3	3	17	32	39	12	29	117
Convolvulus arvensis	3	6	2	15	30	44	11	26	90
Tussilago farfara	6	1	3	22	41	27	10	52	184
Veronica agrestis	—	—	10	21	39	30	10	51	164
Atriplex patulum	3	1	5	10	37	44	9	37	130
Stachys arvensis	4	—	4	24	16	52	8	12	35
Sherardia arvensis	1	—	6	20	47	26	7	32	109
Rumex crispus	—	3	3	15	41	38	6	24	65
Medicago lupulina	—	1	—	5	63	31	1	18	72

SON[1] (1859) die Salzstellen der Mark Brandenburg in ihrer Flora nachgewiesen hat. Folgende charakteristische Halophyten Mitteleuropas seien angeführt:

Juncaceae: Juncus maritimus. Gramineae: Agrostis alba var. salina und var. maritima, Alopecurus bulbosus, Deschampsia Wibeliana, Festuca thalassica, Koeleria altescens, Poa pratensis var. costata, Triticum junceum. Cyperaceae: Carex extensa, C. vulpina var. litoralis, Scirpus punctata, S. rufus. Chenopodiaceae: Atriplex litorale, A. patulum var. salina, Kochia hirsuta, Salicornia herbacea, Salsola kali, Suaeda maritima. Caryophyllaceae: Sagina maritima, Spergularia marginata. Cruciferae: Cakile maritima, Capsella procumbens, Cochlearia anglica, C. danica, C. officinalis, Lepidium latifolium, Sisymbrium officinale var. leiocarpa. Umbelliferae: Apium graveolens. Plumbaginaceae: Armeria maritima, Statice limonium. Scrophulariaceae: Odontites litoralis. Compositae: Artemisia maritima, A. laciniata, A. rupestris, Aster Tripolium, Matricaria inodora var. maritima, Scorzonera parviflora.

---

[1] ASCHERSON, P.: Die Salzstellen der Mark Brandenburg, in ihrer Flora nachgewiesen. Z. Dtsch. geol. Ges. **11**, 90 (1859); Verzeichnis der in ihrer Flora bekannten Salzstellen der Provinz Brandenburg. Jb. preuß. geol. Landesanst. **32** I, 494 (1911).

Weitere Salzpflanzen sind bei SCHIMPER, LINSTOW und WITTMACK angegeben. Außereuropäische Halophytenassoziationen sind bei WARMING und GRAEBNER[1] aufgeführt. Da die verschiedenen Halophyten verschiedene Salzkonzentrationen vertragen, kann man in einigen Fällen sie auch zu groben quantitativen Schätzungen der Salzmenge in der Bodenlösung benutzen[2].

Die Halophyten können zum größten Teil auch an salzfreien Stellen vorkommen, da sie aber hier der Konkurrenz der Glykophyten — Nichthalophyten — nicht gewachsen sind, so werden sie schon in den meisten Fällen nach kurzer Zeit unterdrückt. Weiterhin sei aber doch darauf hingewiesen, daß einige Salzpflanzen z. B. Salicornia und Aster Tripolium[3] durch nicht zu starke Salzmengen im Wachstum erheblich gefördert werden. Warum kommt aber an salzhaltigen Stellen eine so charakteristische Flora vor? Kochsalz ist selbst in ziemlich schwachen Dosen ein Gift für die Nichthalophyten, so daß diese an halischen Plätzen zugrunde gehen. Daher wird dort nur eine Halophytenvegetation angetroffen. Im übrigen sei hinsichtlich des Halophytenproblems auf STOCKER[4] verwiesen.

Galmeipflanzen. Eine ganz charakteristische Flora wird auch in den meisten Fällen auf zinkerzhaltigen Böden angetroffen. Die typischsten Pflanzen, die in besonderer Üppigkeit an solchen Stellen sich einfinden, sind Viola calaminaria und Thlaspi calaminarium. Erstere stellt wahrscheinlich einen Ökotyp von Viola lutea und letztere von Thlaspi alpestre dar. Einwandfreie experimentelle Untersuchungen stehen aber noch aus. Ferner sind auch noch in einigen Gegenden für Galmeiböden charakteristisch Alsine verna, Armeria Halleri, Silene inflata var. glaberrima. Auch bei den Galmeipflanzen dürften ähnliche Verhältnisse vorliegen wie bei den Halophyten. Zinksalze sind selbst in sehr schwacher Konzentration äußerst giftig für die Wurzeln der meisten höheren Pflanzen. Die charakteristischen Galmeipflanzen hingegen müssen, wie ihr Vorkommen zeigt, etwas größere Mengen davon vertragen können. Da neue Untersuchungen weiterhin gezeigt haben, daß Zink in geringen Spuren zum Leben einer Reihe von Pflanzen unbedingt erforderlich ist, und daß es bei niederen Pflanzen als Stimulans wirken kann, so wäre auch die Frage zu prüfen, ob nicht Galmeipflanzen durch Zink in ganz besonderem Maße im Wachstum gefördert werden[5].

Serpentinpflanzen. Auch die serpentinführenden Böden sind durch eine ihnen eigene Vegetation ausgezeichnet.

Ihre Leitpflanzen sind in erster Linie die Serpentinfarne, Asplenium adulterinum und Asplenium cuneifolium (serpentini), sie sollen Serpentinformen von Asplenium viride bzw. Aspl. adiantum nigrum darstellen, ferner Sempervivum Pattonii, Alyssum montanum var. Preissmanni, Dianthus Carthusianorum var. basalticus, Zwackhia Sendtneri, Solanum rupestre, Potentilla serpentini, Sedum serpentini, Erica vagans, Scleranthus dichotomus var. serpentini.

Welche Eigenschaften der Serpentinböden es sind, durch welche die ihnen charakteristische Flora bedingt ist, darüber liegen noch keine experimentellen Untersuchungen vor. In erster Linie dürfte wohl die Tatsache, daß sich in Serpentinböden das Verhältnis Mg : Ca extrem zugunsten des Magnesiums verschoben hat, für das Verhalten der Pflanzen maßgebend sein; denn bekanntlich werden die meisten Pflanzen in ihrem Wachstum stark gehemmt und zum Teil sogar ihre

---

[1] WARMING, E., u. P. GRAEBNER: Lehrbuch der ökologischen Pflanzengeographie. 1918.
[2] TANSLEY, A. G.: Types of british vegetation. 1911.
[3] KELLER, B.: Halophyten- und Xerophytenstudien. J. Ecology 13, 225 (1925). — BENECKE, W.: Kulturversuche mit Aster Tripolium. Z. Bot. 23, 745 (1930).
[4] STOCKER, O.: Das Halophytenproblem. Erg. Biol. 3, 265 (1928).
[5] MEVIUS, W.: Weitere Beiträge zum Problem des Wurzelwachstums. Jb. Bot. 69, 119 (1928).

Wurzeln geschädigt, wenn diese Verschiebung in einer Nährlösung erfolgt. — Wegen der Literatur sei auf HAYEK, NEVOLE und LÄMMERMAYR verwiesen[1].

Kalipflanzen. Nach LINSTOW und MITSCHERLICH[2] soll die Gegenwart von Althaea officinalis, Artemisia Absinthium, Centaurea nigra, Fumaria officinalis, Papaver somniferum, Silene rupestris, Trifolium pratense und T. spadiceum auf Kali im Boden hinweisen, da diese Pflanzen einen großen Bedarf an Kalium haben und auf kaliarmen Böden zugrunde gehen. Ferner können aber auch ein Teil der kieselsteten Pflanzen auf Kalkböden als Kalizeiger dienen. Wie schon ausgeführt, werden diese Pflanzen auf Kalkböden stark chlorotisch, ist aber reichlich Kalium im Boden vorhanden, so sollen einige von ihnen, z. B. die edle Kastanie, wieder normalgrüne Blätter ausbilden können.

Gipspflanzen. Auch stark gipsführende Böden sind, wie neben anderen WEISS[3] für den Harz und PETRY[4] für das Kyffhäusergebirge gezeigt haben, an der Zusammensetzung ihrer Flora zu erkennen. Die meisten Pflanzen kommen aber auch auf Kalkböden vor. Es gibt allerdings einige, die in bestimmten Gebieten gipsstet sind. Im Südharz sind stark gipsliebend:

Arabis auriculata, A. alpina, A. petraea, Biscutella laevigata, Rosa cinnamomea, Salix hastata, Astragalus exscapus, Gypsophila fastigiata, G. repens, Helianthemum Fumana, Oxytropis pilosa.

Nach PETRY sollen im Kyffhäusergebirge die vier letzteren niemals die Gipsböden verlassen. Weiterhin ist für Gipsböden charakteristisch, daß eine Reihe von Pflanzenarten einen charakteristischen Zwergwuchs aufweisen, dieser kann in einigen Fällen so ausgeprägt sein, daß man bei zahlreichen Arten besondere, dem Gips eigene Formen und Varietäten aufgestellt hat (Beispiele bei WEISS). Bei der Ausbildung der Gipsflora dürfte wohl neben chemischen Bodeneigenschaften vor allen Dingen die Trockenheit des Bodens maßgebend gewesen sein.

Dünger- und Magerkeitszeiger. Wie schon SCHRÖTER u. STEBLER, BRAUNGART und SCHRÖTER[5] gezeigt haben, kann man den natürlichen Pflanzenbestand benutzen, um den Zustand des Bodens in bezug auf Stalldüngung zu beurteilen. SCHRÖTER unterscheidet: 1. düngerfordernde Arten, die selten auf ungedüngten Plätzen vorkommen, 2. düngerliebende Arten, die auch auf ungedüngten Plätzen auftreten, aber durch die Düngung besonders begünstigt werden, 3. indifferente Arten, die auf gedüngten und ungedüngten Stellen gleich gut fortkommen, 4. magerkeitliebende Arten, die durch die Düngung im Konkurrenzkampf vertrieben werden, ohne direkt geschädigt zu sein, 5. magerkeitfordernde Arten, die durch Düngung direkt geschädigt werden.

Für die Wiesen gibt SCHRÖTER folgende Leitpflanzen an:

Düngerliebende Arten: Arrhenatherum elatius, Chaerophyllum cicutaria, Dactylis glomerata, Heracleum Sphondylium, Poa nemoralis, Taraxacum vulgare, Trifolium

[1] HAYEK, A.: Pflanzengeographie von Steiermark. Graz 1923. — LÄMMERMAYR, L.: Materialien zur Systematik und Ökologie der Serpentinflora. Sitzgsber. Akad. Wiss. Wien, Math.-naturwiss. Kl. **135**, 369 (1926); **136**, 25 (1927). — Weitere Beiträge zur Flora der Magnesit- und Serpentinböden. Ebenda **137**, 55 (1928). — NEVOLE, J.: Flora der Serpentinberge in Steiermark. Acta Soc. Sci. nat. Moraviae **3**, 59 (1926).

[2] MITSCHERLICH, E. A.: Bodenkunde, Seite 344. Berlin 1905.

[3] WEISS, R. F.: Die Gipsflora des Südharzes. Bot. Zbl., Beih., Abt. II, **40**, 223 (1924).

[4] PETRY, A.: Die Vegetationsverhältnisse des Kyffhäusergebirges. Halle 1889.

[5] STEBLER, F. G. u. C. SCHRÖTER: Beiträge zur Kenntnis der Matten und Weiden der Schweiz II. Landw. Jb. Schweiz **1**, 93 (1887). — BRAUNGART, R.: Handbuch der rationellen Wiesen- und Weidenkultur und Futterverwendung. München 1899. — SCHRÖTER, C.: a. a. O., S. 129. — THELLUNG, A.: Über die Frühjahrsveilchenflora von Lugano. Vjschr. Naturf. Ges. Zürich, Beibl. **15**, 62 (1928).

repens. Magerkeitszeiger: Alle Cyperaceen, Ericaceen, Orchidaceen, Juncaceen, Euphrasia- und Hieraciumarten, Anthyllis Vulneraria, Hippocrepis comosa, Trifolium montanum, Arnica montana, Gnaphalium dioecum — streng magerkeitfordernd —, Potentilla erecta, Avena pratensis, Brachypodium pinnatum, Briza media, Bromus erectus, Nardus stricta — streng magerkeitfordernd —, Sesleria coerulea.

Nach THELLUNG sind Viola hirta, V. Thomasiana, V. alba ausgesprochen düngerfliehend, Viola odorata dagegen düngerliebend.

Es werden sich für jeden Bezirk leicht ähnliche Tabellen aufstellen lassen. BRAUNGART führt folgende Gruppen von Wiesenpflanzen auf: düngerliebende, düngerfliehende und indifferente.

Nährsalzliebende und nährsalzfliehende Arten. Wie schon[1] erwähnt, haben GRAEBNER und besonders GOLA darauf hingewiesen, daß der Reichtum der Bodenlösung an Nährsalzen ein wichtiger Faktor bei der Verteilung der Gewächse ist. Wir können hinsichtlich ihrer Forderung an den Gehalt der Bodenlösung an Nährsalzen die Pflanzen in drei Gruppen einteilen: 1. nährsalzliebende Formen, Arten die einen sehr großen Nährsalzbedarf haben, wie die Leitpflanzen schwerer, humusreicher Ton- und Lehmböden, die anspruchsvollen Ruderal-, Wald- und Wiesenpflanzen — Alopecurus pratensis, Dactylis glomerata, Festuca pratensis, Lolium multiflorum, Poa pratensis, Mercurialis perennis, Tussilago farfara und zahlreiche Solanaceen und Chenopodiaceen; 2. indifferente Formen, die durch große Nährsalzmengen nicht geschädigt werden, aber auch mit geringeren Mengen gut auskommen können; 3. nährsalzfliehende Formen: hierhin gehören vor allen Dingen die Leitpflanzen der Heiden und Hochmoore. Die beiden Flechten Cetraria islandica und Cladonia rangiferina sind Anzeiger nährstoffärmsten Bodens. In den meisten Fällen dürften die magerkeitfordernden Arten SCHRÖTERS mit den nährsalzfliehenden zusammenfallen.

Nitrophile oder stickstoffliebende Pflanzen. Auch hinsichtlich des Stickstoffbedarfes treffen wir bei den verschiedenen Pflanzenarten die verschiedensten Ansprüche. Das Auftreten von Cerastium arvense, Draba verna und Holosteum umbellatum deutet nach HEINRICH[2] auf Stickstoffmangel im Boden hin. Diesen gerade entgegengesetzt verhalten sich die nitrophilen Gewächse. Zahlreiche nitrophile Flechten finden wir bei SERNANDER angegeben. Nach HERZOG sind von den Moosen die Splachneen, Funaria hygrometrica und Marchantia polymorpha stickstoffliebend. Von den höheren Pflanzen gelten als nitrophil vor allen Dingen die Ruderalpflanzen — zahlreiche Chenopodiaceen und Solanaceen, Lepidium ruderale, Rumex alpinus, R. obtusifolius usw. — und die bekannten Ackerunkräuter Anagallis arvensis, Galium aparine und Stellaria media. In den letzten Jahren hat man auch erkannt, daß man zahlreiche nitrophile Pflanzen als Indikator für die Nitrifikation in Wald- und Ackerböden benutzen kann. Schon MOLISCH[3] wies 1883 darauf hin, daß die Vertreter einiger Pflanzengattungen besonders reich an gespeicherten Nitraten sind, denen er den Namen „Salpeterpflanzen" gab. Solche Gattungen sind Amarantus, Capsella, Chenopodium, Helianthus, Mercurialis, Sinapis, Solanum und Urtica. Nach

---

[1] Siehe S. 59/60.

[2] HEINRICH, R.: Dünger und Düngen, 8. Aufl. Berlin 1922. — SERNANDER, R.: Studier öfver lafvarnes biologi I. Sv. Bot. Tidskr. **6**, 803 (1902). — HERZOG, T.: a. a. O., S. 69. — FRÖDIN, J.: Über nitrophile Pflanzenformationen auf den Almen Jämtlands. Bot. Notiser **1919**, 271.

[3] MOLISCH, H.: Über den mikrochemischen Nachweis von Nitraten und Nitriten in den Pflanzen mittels Diphenylamin oder Brucin. Ber. Dtsch. bot. Ges. **1**, 150 (1883).

HESSELMAN[1] deutet das Auftreten folgender Pflanzen auf normale Nitrifikation in Böden hin:

1. In Buchenwäldern: Arenaria trinervia, Asperula odorata, Corydalis intermedia, Dentaria bulbifera, Lactuca muralis, Oxalis acetosella, Rubus Idaeus, Stellaria holostea, St. nemorum, Viola Riviniana, Viola silvestris. 2. In Mischwäldern aus edlen Laubbäumen: Adoxa Moschatellina, Corydalis-Arten, Geum rivale, G. urbanum, Mercurialis perennis, Pulmonaria officinalis, Rubus Idaeus, Stachys silvatica, Viola silvestris. 3. In Erlenwäldern: Anthriscus silvestris, Melandrium rubrum, Urtica dioica. 4. Auf Schlagflächen: Atropa Belladonna, Epilobium angustifolium, Rubus Idaeus, Senecio silvaticus. Auf das Fehlen der Nitrifikation deuten die Rohhumuspflanzen: Aira flexuosa, Empetrum nigrum, Vaccinium Myrtillus, Vaccinium Vitis Idaea usw.

Zu gleichen Ergebnissen wie HESSELMAN kommen auch NĚMEC und KVAPIL[1]. Wie OLSEN[2] gezeigt hat, bestehen zwischen Entwicklung von Urtica dioica und dem Nitratgehalt des Erdbodens sehr enge Beziehungen. Die folgenden Tabellen geben einige seiner Ergebnisse wieder.

1. Kulturversuche mit Nährlösungen, die steigende NO_3-Gaben wöchentlich erhielten.

	Wöchentliche NO_3-Gabe im Liter Nährlösung in mg			
	50	15	5	1
Höhe der Pflanze in cm . .	140	72	25	18
Frischgewicht	318,6	129,0	42,2	18,1
Trockengewicht	75,0	30,4	9,4	4,2

2. Die Nitrifikationskraft verschiedener Böden und die Höhe von Urtica dioica. (Die folgende Tabelle gibt die NO_3-Menge in Milligramm pro Liter Boden an, die sich nach 25tägiger Nitrifikation gebildet hat.)

Höhe von Urtica dioica in cm	NO_3-Gehalt in mg	Höhe von Urtica dioica in cm	NO_3-Gehalt in mg
225	107,79	100	50,04
200	225,87	80	40,98
160	79,78	Urtica fehlt	37,19
160	79,38	,,	24,79
160	90,98	,,	22,82
140	98,19	,,	20,83
140	66,19	,,	21,30
140	55,03	,,	3,67

In den folgenden Absätzen sollen einige Charakterpflanzen von bestimmten Böden angeführt werden, bei denen es vollständig unbekannt ist, welche Bodeneigenschaften es in erster Linie sind, die sich für das Auftreten dieser Pflanzen entscheidend erweisen.

Leitpflanzen des Tonbodens: Nach den Angaben von MITSCHERLICH, NOWACKI, SCHNIDER und LINSTOW zusammengestellt[3].

1. Auf kalkhaltigen Tonböden: Althaea hirsuta, Anagallis coerulea, Anthyllis Vulneraria, Bupleurum rotundifolium, Corydalis cava, Erysimum orientale, Medicago sativa, Pimpinella saxifraga, Sherardia arvensis, Sorbus domestica, Turgenia latifolia, Tussilago farfara (ein ebenso vorzüglicher Indikator für Tonböden wie Cirsium arvense für Lehmböden). 2. Auf feuchten Tonböden: Heleocharis palustris, Juncus glaucus, Juncus Leersii. 3. Auf kalkarmen Tonböden: Bromus giganteus, Galium aparine, Sonchus arvensis.

[1] HESSELMAN, H.: Studier över salpeterbildningen i naturliga jordmänner och dess betydelse i växtekologiskt avseende. Medd. Stat. Skogsförsöksanst. **13/14**, 297 (1917). — NĚMEC, A. u. K. KVAPIL: Über den Einfluß verschiedener Waldbestände auf den Gehalt und die Bildung von Nitraten in Waldböden. Z. Forst- u. Jagdw. **59**, 321 u. 385 (1927).

[2] OLSEN, C.: The ecology of Urtica dioica. J. Ecology **9**, 1 (1921).

[3] NOWACKI, A.: Praktische Bodenkunde, 7. Aufl. Berlin 1920. — MITSCHERLICH, E. A.: a. a. O., S. 344. — SCHNIDER, A.: Beschaffenheits-, Ertrags- und Wertsbeurteilung landwirtschaftlicher Grundstücke. Freising-München 1925. — LINSTOW, O.: a. a. O., S. 93.

Leitpflanzen des Lehmbodens. Eine große Zahl von Charakterpflanzen des Lehmbodens findet man bei WITTMACK und LINSTOW. Der beste Indikator ist nach den Angaben der letzteren die Ackerdistel (Cirsium arvense). Diese Distel „hilft in ausgezeichneter Weise mit, eine Abgrenzung von Lehm- und Sandflächen auszuführen, da sie ohne Ausnahme sofort den Beginn kleinerer oder ausgedehnterer Lehmstellen anzeigt, die dann sogleich mit dem Handbohrer nachgeprüft und bestätigt werden können. Selbst dann stellt sich in vielen Fällen Cirsium arvense ein, wenn die Lehmfläche nur wenige Geviertmeter groß ist. Ähnlich scharfe Grenzen liefert die Süßkirsche". Für verschiedene Lehmböden gibt NOWACKI folgende Leitpflanzen an:

1. Milder humoser Lehmboden an trockenen Stellen auf Acker- und Gartenland: Fumaria officinalis, Mercurialis annua, Senecio vulgaris; an mittelfeuchten Stellen auf Wiesen: Alopecurus pratensis, Arrhenatherum elatius, Avena flavescens, Cynosurus cristatus, Dactylis glomerata, Festuca pratensis, Lolium multiflorum, L. perenne, Poa pratensis. 2. Auf gemeinen Lehmböden, Ackerunkräuter: Anthemis arvensis, Capsella Bursa pastoris, Chrysanthemum segetum, Cichorium Intybus, Cirsium arvense, Delphinium consolida, Matricaria chamomilla, Papaver Rhoeas, Ranunculus arvensis, R. bulbosus, Sonchus arvensis, Veronica arvensis, V. hederaefolia; Wiesenunkräuter: Anthriscus silvestris, Carum carvi, Chrysanthemum Leucanthemum, Daucus carota, Ranunculus acer, R. repens, Tanacetum vulgare, Taraxacum officinale, ferner die vorher aufgezählten Wiesengräser. NOWACKI weist aber darauf hin, daß die hier aufgeführten Pflanzen auch auf anderen Lehmbodenarten anzutreffen sind. „Sie sind auch nicht ausschließlich auf die Lehmböden angewiesen, sondern sie gehen auf verwandte Bodenarten, besonders auf Tonboden, Ton- und Lehmmergelboden und lehmigen Sandboden über. Immerhin wird man dort, wo viele oder mehrere von ihnen oder wo einige von ihnen in Menge, d. h. in zahlreichen Exemplaren, vorkommen, zunächst einen Lehmboden, und zwar häufiger mit als ohne Mergelunterlage, vermuten dürfen." 3. Auf schweren (feuchten) Lehmböden: Bromus secalinus, Poa trivialis, Ranunculus acer. 4. Auf naßkalten Lehmböden: Colchicum autumnale, Equisetum arvense, Riedgräser und Moose.

Auch hinsichtlich des Humusgehalts und der Humusform eines Bodens können uns die Standortspflanzen ein wichtiger Wegweiser sein. Alle diese Charakterpflanzen sollen unter dem Namen Humuszeiger zusammengefaßt werden, dabei soll aber betont werden, daß ein Teil dieser Pflanzen auch auf humusarmen Böden, z. B. nährstoffarmen Sandböden gedeihen kann. SCHRÖTER unterscheidet absolute Humuszeiger, chlorophyllose Pflanzen, die rein saprophytisch auf Kosten der Humussubstanzen des Bodens sich ernähren und chlorophyllhaltige Humuspflanzen, die in erster Linie nur auf humusreichen Böden gedeihen. Zu der ersten Gruppe gehören:

Corallorrhiza innata, Epipogon aphyllus, Limodorum abortivum, Monotropa Hypopitys und Neottia Nidus avis.

Unter den chlorophyllhaltigen Pflanzen der zweiten Gruppe finden wir neben zahlreichen höheren Pflanzen eine Reihe von Moosen, die besonders dem Forstmanne über den Humuszustand des Waldbodens wichtige Anhaltspunkte geben können.

GREBE[1] führt folgende Moosgruppen an: die Moose der Waldstreu, die Moose des Wild- und Rohhumus, die Moose des reichen, braunschwarzen, erdigen Waldhumus, die Moose des kalkhaltigen Humus, die Moose des völlig zergangenen, schleimigen, schlüpferigen Waldhumus, die Moose des Trockentorfs und die des Heidetorfs. — Weitere Angaben finden sich bei GAISBERG[2]. Nach RUBNER[3] sind charakteristisch für milden, in normaler Zersetzung befindlichen Humus:

[1] GREBE, C.: a. a. O., S. 12 (1918).

[2] GAISBERG, E. v.: Moose als Standortsweiser. Silva 1924. S. 73.

[3] RUBNER, K.: Forstliche Standortsgewächse im westlichen Moränengebiet Bayerns. Forstw. Zbl. **42**, 135 (1920); Die pflanzengeographischen Grundlagen des Waldbaues. Neudamm 1925. — HESSELMAN, H.: Studier over barrträdsplantans utveckling i rahhumus I. Medd. Stat. Skogsförsögsanst. **23**, 337 (1927).

Asperula odorata, Elymus europaeus, Galium rotundifolium, Impatiens noli tangere, Brachypodium silvaticum, Carex silvatica, Milium effusum, Oxalis acetosella (diese beiden Pflanzen verschwinden bei beginnender Rohhumusbildung) und die Moose Catharinea undulata und Mnium undulatum.

Auf beginnenden oder fortschreitenden Rohhumus deuten hin:

Festuca silvatica, Lycopodium annotinum, Vaccinium Myrtillus und die Moose Dicranum scoparium, Pleuroschisma attenuatum, Polytrichum formosum (weitere Roh- und Trockentorfpflanzen bei LINSTOW).

HESSELMAN weist auch darauf hin, daß Beziehungen zwischen Rohhumusform und Wurzelentwicklung bei Kiefer und Fichte bestehen. Es dürfte damit die Möglichkeit gegeben sein, falls diese Beobachtungen auch bei anderen Gewächsen zutreffen sollten, daß man die Wurzelform und Wurzelentwicklung ebenfalls als Indikator für die Humusform benutzen kann.

Zu den Humuszeigern gehören weiterhin vor allen Dingen die Charakterpflanzen der verschiedenen Moortypen. Je nach dem Nährstoffreichtum unterscheiden wir bekanntlich die eutrophen Niederungsmoore, die oligotrophen Hochmoore und die zwischen ihnen stehenden, bald mehr nach der einen oder anderen Seite neigenden Flach- oder Übergangsmoore. Es sollen nun im folgenden einige der den Niederungs- bzw. Hochmooren charakteristischen Leitpflanzen aufgeführt werden[1].

Leitpflanzen der Niederungs- oder Wiesenmoore:

Vor allen Dingen Cyperaceen, besonders Carex-Arten, ferner Eriophorum angustifolium und E. polystachyum, Scirpus- und Rhynchospora-Arten. Von den Gramineen: Agrostis vulgaris, Aira caespitosa, Molinia coerulea, Phragmites communis, Juncaceae und Juncaginaceae (Triglochin palustre); von den Ranunculaceen: Caltha, Trollius; ferner Alnus glutinosa, Epilobium palustre und Epilobium parviflorum, Parnassia palustris, Menyanthes trifoliata, Galium palustre, Pedicularis palustris, Peucedanum palustre, Angelica silvestris und Archangelica officinalis; die Schachtelhalme Equisetum palustre und E. limosum und die Torfmoose Sphagnum Girgensohnii, fimbriatum, contortum, platyphyllum, subsecundum und terres. Typische Leitpflanzen für die im Sommer kaltgründigen Quellmoore sind nach LINSTOW vor allen Dingen Rumex acetosa und Hypnum Kneiffii, ferner enggeschlossene Bestände von Menyanthes trifoliata und Equisetum palustre.

Leitpflanzen der Hochmoore:

In erster Linie zahlreiche Torfmoose, Sphagnum cuspidatum, cymbifolium, medium, molluscum, rubellum, recurvum, zahlreiche Laub- und Lebermoosarten Polytrichum juniperinum, P. strictum, Aulacomnium palustre, Hypnum Schreberi, Cephalozia fluitans; von den

[1] WEBER, C. A.: Über die Vegetation des Moores von Augstumal bei Heydekrug. Mitt. Ver. Förd. Moorkultur **12**, 181 (1894); Aufbau und Vegetation der Moore Norddeutschlands. Bot. Jb. **40**, Beibl. 90 (1907). — FRÜH, J. u. C. SCHRÖTER: Die Moore der Schweiz. Beitr. Geol. Schweiz, geol. Serie, Lief. 3, **1904**. — PAUL, H.: Die Moorpflanzen Bayerns. Ber. bayer. bot. Ges. **12**, 136 (1909/10). — SCHREIBER, H.: Jahresbericht der Moorkulturanstalt in Sebastiansberg (Böhmen) VIII—X. Staab 1907—1909; Die Moore Vorarlbergs. Staab 1910; Die Moore Salzburgs. 1913; Moorkunde. Berlin 1927 (hier ein ganz besonders ausführliches Leitpflanzenverzeichnis). — CAJANDER, A. K.: Studien über die Moore Finnlands. Acta forestalia fennica **2** (1913). — ELGEE, F.: The vegetation of the eastern moorlands of Yorkshire. J. Ecology **2**, 1 (1914). — OSVALD, H.: Die Vegetation des Hochmoores Komosse. Sv. Växtsoc. Sällsk. Hdl. **1** (1923); Die Hochmoortypen Europas. Veröff. geobot. Inst. Rübel **3**, 707 (1925). — OLTMANNS, F.: Pflanzenleben des Schwarzwaldes, 3. Aufl. Freiburg 1927 (hier viele weitere Literatur). — KOTILAINEN, M. I.: Untersuchungen über die Beziehungen der Pflanzendecke der Moore und der Beschaffenheit, besonders die Reaktion des Torfbodens. Wiss. Veröff. Finn. Moorkulturver. **7** (1928). — WARÉN, H.: Untersuchungen über die botanische Entwicklung der Moore mit Berücksichtigung der chemischen Zusammensetzung des Torfes. Ebenda **5** (1924). — KOPPE, F.: Die biologischen Moortypen Norddeutschlands. Ber. Dtsch. bot. Ges. **44**, 585 (1926). — HUECK, K.: Vegetationsstudien auf brandenburgischen Hochmooren. Beitr. Naturdenkmalpfl. **10**, 309 (1926). — GAMS, H. u. S. RUOFF: Geschichte, Aufbau und Pflanzendecke des Zehlauerbruches. Schrift. phys. ökon. Ges. Königsberg **66**, 1 (1929). — HARNISCH, O.: Biologie der Moore. Stuttgart 1929.

höheren Pflanzen Andromeda polifolia, Betula nana und B. pubescens, Drosera anglica, D. intermedia, D. rotundifolia, Erica tetralix, Eriophorum alpinum, E. angustifolium, E. vaginatum, Empetrum nigrum, Juncus stygius, Malaxis paludosa, Narthecium ossifragum, Pedicularis silvatica, Rhynchospora alba, Rubus chamaemorus, Scirpus caespitosus, Vaccinium Oxycoccus, V. Myrtillus, V. uliginosum und V. Vitis Idaea.

Zum Schluß seien auch noch die von LINSTOW angegebenen Leitpflanzen des Schwarzerdebodens aufgeführt[1]:

1. Echte Steppenpflanzen: Astragalus Danicus, A. Cicer, Lavatera Thuringiaca, Lithospermum officinale, Onobrychis viciifolia, Stachys Germanicus, Salvia pratensis. 2. Auf nassem Humusboden: Carex aristata, Euphorbia villosa, Gentiana uliginosa, G. verna, Orchis laxiflorus, Tetragonolobus siliquosus. 3. Auf salzhaltigem Humusboden: Glaux maritima, Lotus tenuifolius, Triglochin maritima.

Einer der wichtigsten Faktoren bei der Verbreitung der Gewächse auf der Erde ist der Wasservorrat, der den Pflanzen im Erdboden zur Verfügung steht; dabei kommt es weniger auf die im Boden vorhandene absolute Wassermenge an, sondern in erster Linie auf den Anteil, der von den einzelnen Pflanzen noch den verschiedenen Böden entrissen werden kann. Dieser ist bei gleichem Wassergehalt um so größer, je kleiner die Adsorptions-, Quellungs- und Kapillarkräfte des Bodens und sein Elektrolytgehalt sind. Weiterhin wird die Pflanze dem Boden die größten Wassermengen entreißen können, die über die größten Saugkräfte verfügt. Da nun die verschiedenen Pflanzen an den Feuchtigkeitsgehalt des Bodens ganz verschiedene Ansprüche stellen, so muß es auch möglich sein, aus dem natürlichen Pflanzenbestand Rückschlüsse auf den Wasserhaushalt des Standortbodens zu ziehen. Nach den Feuchtigkeitsansprüchen unterscheiden wir bekanntlich Hygrophyten, die an sehr feuchten bis nassen Plätzen vorkommen. Xerophyten, die extrem trockene Standorte besiedeln und die zwischen diesen beiden Gruppen stehenden Mesophyten. Hygrophyten und Xerophyten sind in vielen Fällen an ihrem morphologischen und anatomischen Bau zu erkennen. So gibt NEGER[2] folgende Eigenschaften als charakteristisch für xerophile Pflanzen an: Reduktion der Oberfläche bei gleichbleibendem Volumen, Verdickung und Kutikularisierung der Oberhaut, Haarkleid, bereifte und lackierte Blätter, besondere Ausbildung und Lage der Spaltöffnungen, Resupination der Blätter und Einrollung und Faltung derselben, ferner zum Teil Ausbildung von besonderen wasserspeichernden Geweben oder Hohlräumen usw. Die Frage, ob außer den Wasserspeicherorganen, die sicher Anpassungen zur Aufspeicherung von Wasser für die Zeit der Wassernot darstellen, die übrigen Einrichtungen Anpassungen zur Herabsetzung der Transpiration darstellen, wie von vielen Forschern angenommen wird, und des weiteren, ob die Xerophyten durch einen geringen Wasserverbrauch ausgezeichnet sind, muß zur Zeit noch unbeantwortet bleiben[3]. Die Hygrophyten sind auf der anderen Seite durch Einrichtungen ausgezeichnet, die eine Erhöhung der Transpiration bedingen, so die Vergrößerung der Oberfläche der transpirierenden Organe, Vergrößerung der Interzellularen, exponierte Lage der Spaltöffnungen, Guttation, Träufelspitze, Samtblätter usw.

Wie nun auch die physiologisch-ökologischen Untersuchungen über die Bedeutung der xerophilen bzw. hygrophilen Struktur für den Wasserhaushalt der Pflanzen ausfallen werden, so können wir doch aus einer xeromorphen bzw. hygromorphen Vegetation wichtige Rückschlüsse auf den Wasserhaushalt ihrer Standortsböden ziehen und damit häufig entscheiden, ob ein Naturboden für die Inkulturnahme in Frage kommt, ob er für Äcker oder Wälder oder Wiesen

---

[1] Vgl. auch dieses Handbuch 3, 270.

[2] NEGER, F. W.: Biologie der Pflanzen. Stuttgart 1913.

[3] DELF, E. M.: The meaning of xerophily. J. Ecology 3, 110 (1915). — WALTER, H.: Die Anpassung der Pflanzen an Wassermangel. Freising-München 1926.

bzw. Weiden geeignet ist, ob und bejahendenfalls, welche Kulturmaßnahmen vorher ergriffen werden müssen, und welche Kulturpflanzen evtl. für den Anbau in Frage kommen.

Bei unseren Kulturböden lassen sich aber auch unter Außerachtlassung der xeromorphen bzw. hygromorphen Struktur der Pflanzen wertvolle Anhaltspunkte über die Feuchtigkeitsverhältnisse gewinnen, wenn wir die Ansprüche der wichtigsten Feld-, Wiesen- und Waldgräser und -Kräuter kennen, die sie an den Wasserhaushalt ihres Standortbodens stellen. Es ist aber nicht möglich, hier alle die Xerophyten bzw. Hygrophyten unter ihnen aufzuführen. Es soll daher nur an einigen Gräsern gezeigt werden, wie verschiedenartig die Ansprüche der verschiedenen Pflanzen an den Feuchtigkeitsgrad des Bodens sein können. Die Angaben sind STRECKER[1] entnommen:

1. Gräser feuchter Standorte: Agrostis alba (stolonifera), Alopecurus geniculatus, Avena pubescens, Bromus racemosus, Calamagrostis lanceolata, C. neglecta, Festuca arundinacea, Glyceria aquatica, G. fluitans, G. plicata, Holcus lanatus, Hordeum secalinum, Lolium temulentum, Molinia coerulea, Phalaris arundinacea, Phragmites communis, Poa serotina, P. trivialis. 2. Gräser trockener Standorte: Agrostis canina, Aira flexuosa, Ammophila arenaria, Avena pratensis, Brachypodium pinnatum, Bromus erectus, Festuca ovina, Koeleria cristata, Poa compressa, Sesleria coerulea, Stipa pennata, Weingaertneria canescens.

Weitere zahlreiche wasserliebende und wasserfliehende Wiesengräser und Kräuter sind bei STEBLER und SCHRÖTER und besonders bei BRAUNGART aufgeführt. In vielen Fällen können uns aber auch die Wurzeln der Standortsgewächse wichtige Aufschlüsse über die Wasserverhältnisse in den einzelnen Bodenschichten geben. Schon FREIDENFELDT[2] zeigte, daß die Lage der Hauptwurzelmasse deutliche Beziehungen zu den Wasserverhältnissen erkennen läßt. Im trockenen Boden dringen die Hauptwurzeln, die gut ausgebildet sind, tief ein, bevor sie sich ausbreiten. Im feuchten Boden setzt eine Rückbildung der Hauptwurzeln und stärkere Verzweigung der Nebenwurzeln ein. Neuerdings[3] haben sich besonders amerikanische Forscher, CANNON, MARKLE und WEAWER mit diesen Fragen befaßt, und besonders der letztere, der diese Verhältnisse bei Prärie- und Wüstenpflanzen studierte, hat gezeigt, welche wichtigen Schlüsse die Kenntnisse der Wurzelentwicklung dieser Standortsgewächse für die Inkulturnahme der Böden, auf denen sie angetroffen werden, zulassen. Der Wasserhaushalt der einzelnen Bodenschichten wurde sehr getreu in dem Teil der Wurzeln wiedergespiegelt, der sich in ihnen entwickelt hatte.

In Gegenden mit aridem Klima hat man in den beiden letzten Jahrzehnten nach Pflanzen gesucht, die als Indikatoren für Grundwasser geeignet sind. Nach WAGNER[4] zeigen in Südafrika Aciacia horrida, Rhus lancea, Suaeda fructicosa,

[1] STRECKER, W.: Erkennen und Bestimmen der Wiesengräser, 9. Aufl. Berlin 1923. — STEBLER, F. G. u. C. SCHRÖTER: Beiträge zur Kenntnis der Matten und Weiden der Schweiz, III. Landw. Jb. Schweiz **1**, 149 (1887). — BRAUNGART, R: a. a. O., S. 234ff. (1899).

[2] FREIDENFELDT, T.: Studien über die Wurzeln kräutiger Pflanzen I. Flora **91**, 115 (1902); II. Bibl. bot. **61** (1904).

[3] CANNON, W. A.: The root habits of desert plants. Carn. Inst. Washington, Publ. **131** (1911); Botanical features of the Algerian Sahara. Ebenda **178** (1913). — MARKLE, M.: Root systems of certain desert plants. Bot. Gaz. **64**, 177 (1917). — WEAWER, I. E.: A study of the root-systems of prairie plants of Southern Washington. Plant World **18**, 227 (1915); The ecological relations of roots. Carn. Inst. Washington, Publ. **286** (1919); Root development in the grassland formation. Ebenda **292** (1920). — HAASIS, F. W.: Relations between soil type and root. Ecology **2**, 291 (1921). — WÄCHTER, W.: Das Wurzelwachstum der Pflanzen unter besonderer Berücksichtigung der Grundwasserverhältnisse. Mitt. Landesanst. Wasserhygiene **21**, 206 (1916); **26**, 80 (1921).

[4] WAGNER, P. A.: The geology and mineral industry of Southwest Africa. S. Africa Geol. Surv. Mem. **7**, 22 (1916). — MAINZER, O. E.: Plants as indicators of ground water. U. S. Geol. Surv. Water-Supply, Paper **1927**, 577. — BRYAN, K.: Change in plant associations by change in ground water level. Ecology **9**, 474 (1928).

Acanthosyos horrida Grundwasser an. In den Vereinigten Staaten von Nordamerika weisen Distichlis spicata, Sporobolus airoides, Allenrolfea occidentalis, Chrysothamnus graveolens nach MAINZER ebenfalls auf Grundwasser hin. Man soll sogar in zahlreichen Fällen aus dem Vorhandensein dieser Pflanzen schließen können, in welcher Tiefe sich etwa der Grundwasserspiegel befindet.

Weiterhin hängt die Zusammensetzung der Vegetation an feuchten bis nassen Standorten sehr davon ab, ob das Grundwasser sich bewegt oder stagnierend ist. Auf Wiesen werden bekanntlich in letzterem Falle die Süßgräser vollständig unterdrückt, und es treten die Sauergräser, vor allen Dingen Carex-Arten, an ihre Stelle.

Wir dürfen heute wohl mit Recht annehmen, daß es die bei stagnierender Nässe im Boden auftretende Sauerstoffarmut ist, die diesen Vegetationswechsel bedingt. Besonders neuere Untersuchungen, es sei nur hier die von CANNON und FREE[1], ROMELL und CLEMENTS angeführt, — dort auch die ganze Literatur — haben die Wichtigkeit der Bodenventilation für das Pflanzenwachstum und für die Verteilung der Gewächse gezeigt. Da nun die Pflanzen ganz verschieden auf Sauerstoffmangel reagieren, so ist es auch möglich, den natürlichen Pflanzenbestand als Indikator für den Gasaustausch im Boden zu benutzen.

Sicher dürfen wir auch Beziehungen zwischen Bodenstruktur und Pflanzendecke vermuten, aber gerade hierüber liegen kaum Untersuchungen vor. FRICKHINGER[2] ist der Ansicht, daß das Vorkommen gewisser Pflanzengruppen vollständig abhängig von dem Verhältnis von Feinerde zum Skelett, und von der Menge abschlämmbarer toniger Bestandteile sei. Spergula arvensis, Panicum crus galli, Lycopsis arvensis, Trifolium arvense, Sagina procumbens, S. nodosa, Sarothamnus scoparius, Vaccinium uliginosum, sollen niemals auf Böden mit mehr als 10% abschlämmbarer, toniger Bestandteile zu finden sein. Betragen die letzteren andererseits weniger als 80%, so sollen Coronilla coronata, Laserpitium latifolium, Trifolium rubens und andere nicht mehr angetroffen werden. Alle diese Angaben scheinen aber dringend der Nachprüfung bedürftig. Aus den Untersuchungen von BERKMANN[3], TROMMER und MOROSOW dürfte aber andererseits hervorgehen, daß es später einmal möglich sein wird, aus der Ausbildung des Wurzelsystems Rückschlüsse auf die Bodendichte zu ziehen. Weiterhin sei auch darauf hingewiesen, daß die Wurzeln von Bäumen, die auf Böden wachsen, die eine Ortsteinschicht oder Hardpan führen, ganz charakteristische Wuchsformen zeigen[3].

Ferner sei auch darauf hingewiesen, worauf schon einmal aufmerksam gemacht wurde, daß vor allen Dingen HOFFMANN dargetan hat, daß die durchschnittliche Bodenwärme ein wichtiger Faktor bei der Verteilung der Gewächse sein kann, und daß sich die Pflanzen nach den Ansprüchen, die sie an dieselbe stellen, in drei Gruppen einteilen lassen: 1. Pflanzen, die eine relativ hohe

---

[1] CANNON, W. A. a. E. E. FREE: Root adaption to deficient soil aeration. Yearbook Carn. Inst. Washington **19**, 62 (1920); The ecological significance of soil aeration. Science (N. S.) **45**, 178 (1917). — ROMELL, L. G.: Luftväxlingen i marke som ekologisk factor. Medd. Stat. Skogsförsöksanst. **19**, 125 (1922). — CLEMENTS, F. E.: Aeration and air-content. Carn. Inst. Washington, Publ. **315** (1921).

[2] FRICKHINGER, H.: Die Pflanzen- und Bodenformationen in den Flußgebieten der Wörnitz, Eger und Sechta und der Kessel. Ber. bayer. bot. Ges. **14**, 1 (1914).

[3] BERKMANN, M.: Untersuchungen über den Einfluß der Pflanzenwurzeln auf die Struktur des Bodens. Internat. Mitt. Bodenkde. **3**, 1 (1913). — TROMMER, M.: Untersuchungen über den Einfluß der mechanischen Bodenbeschaffenheit auf das Wachstum der Wurzeln. Dissert. T.-H. München 1920. — MOROSOW, G. F.: Die Lehre vom Walde. Neudamm 1928. GRAEBNER, P.: a. a. O., S. 107 (1901). — BÜSGEN, M. u. E. MÜNCH: Bau und Leben unserer Waldbäume. Jena 1927. — WEAVER, I. E. a. I. W. CHRIST: Relation of hardpan to root penetration in the Great Plains. Ecology **3**, 237 (1922).

Bodenwärme verlangen, dazu gehören eine Reihe von Unkräutern, die in Weinbergen angetroffen werden. 2. Pflanzen, die keine besonderen Ansprüche stellen, es sei denn, daß der Boden durchschnittlich nicht zu kalt ist. 3. Pflanzen, die an kaltgründigen Stellen aushalten, hierzu gehören vor allen Dingen zahlreiche Moorpflanzen, besonders die der Quellmoore und einige Unkräuter schwerer Böden mit hohem Grundwasserstand.

Die im vorhergehenden aufgeführten Gruppen von bodenzeigenden Pflanzen lassen sich, besonders wenn nur auf einen kleineren Bezirk Rücksicht zu nehmen ist, noch um die eine oder andere vermehren. So führt z. B. SCHNIDER[1] für die Umgebung von München und Augsburg die Charakterpflanzen von achtzehn verschiedenen Bodenarten an.

Will man in einer bestimmten Gegend Rückschlüsse auf eine oder mehrere Eigenschaften des Bodens ziehen, so muß man zunächst natürlich darüber unterrichtet sein, welche Standortsansprüche überhaupt von den einzelnen Bodenpflanzen gestellt werden, hierüber können uns in vielen Fällen die großen Floren, wie HEGI[2] oder manche floristisch-biologischen Werke, wie KIRCHNER, LOEW und SCHRÖTER, die gewünschte Auskunft geben. Da wir aber gesehen haben, daß günstige klimatische Faktoren die „Bodenstetigkeit" mehr oder weniger weit abschwächen können, so werden uns häufig gute Lokalfloren mit ausreichenden Standortsangaben oder pflanzengeographische Abhandlungen, die sich mit der Flora des bestimmten Gebietes befassen, sehr viel wertvolle Dienste leisten. Weiterhin muß aber darauf hingewiesen werden, daß man nicht aus dem vereinzelten Auftreten einer bodenzeigenden Pflanze sichere Rückschlüsse auf den Boden ziehen kann. Nur wenn diese Pflanze in zahlreichen, kräftigen Exemplaren am Standort angetroffen wird, hat sie Wert als „Indikator". Die Sicherheit, mit der man aus der Vegetation Rückschlüsse auf die Bodeneigenschaften des Standortes ziehen kann, wird natürlich um so größer werden, je mehr für eine bestimmte Bodeneigentümlichkeit charakteristische Leitpflanzen an der Zusammensetzung der Pflanzendecke beteiligt sind. Damit ergibt sich natürlich die Forderung, den ganzen Pflanzenverein, der am Standorte vorkommt, genauer zu untersuchen und seine Zusammensetzung in qualitativer und quantitativer Hinsicht festzustellen. Um diese Untersuchungen in einwandfreier Weise durchführen zu können, müssen wir uns die Methoden der Pflanzensoziologie oder Vegetationsforschung zu eigen machen. Da aber ein weiteres Eingehen auf dieses pflanzengeographische Gebiet den Rahmen dieser Abhandlung überschreiten würde, so muß auf die Werke von RÜBEL, TANSLEY, MARKGRAF, LÜDI, DU RIETZ[3] und vor allen Dingen BRAUN-BLANQUET verwiesen werden. Die grundlegende Einheit der Pflanzensoziologie ist die Assoziation, sie entspricht also der Einheit der Systematik der Art. Als Assoziation faßt man Bestände zusammen, die im großen und ganzen dieselbe floristische Zusammensetzung haben. Die Assoziation erhält ihren Namen von einer oder zwei Leitpflanzen, die ihre Physiognomie bestimmen. Die Standortsunter-

[1] SCHNIDER, A.: Zur Förderung der Kenntnis der bodenbestimmenden Pflanzen. Wochenbl. landw. Ver. Bayern 111, 298, 304, 312 (1921).

[2] HEGI, G.: Illustrierte Flora. 1906—1931. — KIRCHNER, V. O., E. LOEW, C. SCHRÖTER: Lebensgeschichte der Blütenpflanzen Mitteleuropas. 1908—1931.

[3] RÜBEL, E.: Geobotanische Untersuchungsmethoden. Berlin 1922; Pflanzengesellschaften der Erde. Bern-Berlin 1930. — TANSLEY, A. G.: Practical plant ecology. London 1924. — MARKGRAF, F.: Praktikum der Vegetationskunde. Berlin 1926. — BRAUN-BLANQUET, J.: Pflanzensoziologie. Berlin 1928. — LÜDI, W.: Der Assoziationsbegriff in der Pflanzensoziologie. Bibl. bot. H. 96 (1928); Die Methoden der Sukzessionsforschung in der Pflanzensoziologie. ABDERHALDEN Handbuch biologischer Arbeitsmethoden, Abt. XI, 5, 527 (1930). — DU RIETZ, G. E.: Vegetationsforschung auf soziationsanalytischer Grundlage. Ebenda S. 293. — BERGER, H.: Praktische Richtlinien der struktuellen Assoziationsforschung. Ebenda S. 481.

suchungen der letzten Jahre zeigen nun immer klarer, daß es dereinst mit Hilfe der Assoziationen möglich sein wird, aus der Pflanzendecke eines Standortes ein schnelles Bild von den Eigenschaften des Bodens zu erhalten. Am deutlichsten zeigt sich das an den Arbeiten, die sich mit der Frage nach der Abhängigkeit der Pflanzendecke von den Bodenreaktionen befaßt haben. Vor allen Dingen haben, wie schon erwähnt wurde[1], CHRISTOPHERSEN, BRAUN-BLANQUET u. JENNY und VOLK einwandfrei gezeigt, daß jede Assoziation auf ein bestimmtes p_H-Intervall beschränkt ist, dessen Breite relativ sehr eng begrenzt ist, weit enger als diejenige einer Pflanzenart, die am Aufbau der Assoziation in erster Linie beteiligt ist. In Zukunft wird es sicher möglich sein, ähnlich den jetzigen Gruppen bodenzeigender Pflanzen, solche bodenzeigender Assoziation aufzustellen. Letztere werden natürlich den Vorteil sehr viel größerer Sicherheit haben.

Daß uns aber heute schon eine Reihe von Pflanzengesellschaften ein treffliches Bild von dem Zustand des Bodens — „Bodenreifung" — geben können, das hat, neben anderen Forschern, vor allen Dingen LÜDI[2] gezeigt. „Die Vegetation erleidet also, entsprechend den Vorgängen der Bodenreifung, eine Reihe von Veränderungen, die sich in eine Sukzessionsreihe zusammenfassen lassen, wobei allerdings auch noch andere Faktoren auf den Gang der Sukzession bedingend einwirken können, namentlich in tieferen Lagen. Die Anfangsglieder der Sukzessionsreihe besiedeln den mineralischen Rohboden, die Folgeglieder, die Böden der günstigsten Zusammensetzung, die auch die höchste Produktion an organischen Stoffen aufweisen. Die Schlußglieder finden sich auf dem vermagerten, in seiner Produktionskraft stark geschwächten Boden." Wenn man weiterhin die Tiefen kennt, in denen die zu der Assoziation gehörenden einzelnen Arten wurzeln, dann kann, wie aus den Untersuchungen von BRAUN-BLANQUET u. JENNY hervorgeht, sogar geschlossen werden, bis zu welchen Bodentiefen die verschiedenen „Reifungsgrade" bereits vorgedrungen sind.

Die Bedeutung des natürlichen Pflanzenbestandes für die Ermittelung des Bodenfruchtbarkeitszustandes.

Wie im vorhergehenden Abschnitt ausgeführt worden ist, gibt es eine Reihe von Pflanzen, deren Auftreten auf bestimmte Eigenschaften des Standortbodens mit mehr oder weniger großer Sicherheit hinweisen. Es ist aus diesem Grunde ganz selbstverständlich, daß auch schon sehr frühzeitig Versuche unternommen wurden, an Hand des natürlichen Pflanzenbestandes die Fruchtbarkeit der verschiedenen Böden zu bestimmen und Verzeichnisse von „Bonitierungspflanzen" anzufertigen. Wie angegeben[3], hat schon 1854 SENDTNER auf diese Möglichkeit hingewiesen. Aber schon 1812 hat CROME Anweisungen gegeben, „den Boden, vorzüglich vermöge der darauf wildwachsenden Pflanzen, kennen zu lernen und seinen Wert zu beurteilen. 1853 ist dann TROMMER[4] dazu übergegangen, „die

[1] Siehe S. 67.

[2] LÜDI, W.: Die Sukzession der Pflanzenvereine. Mitt. Naturf. Ges. Bern **1929**, 9; Die Pflanzengesellschaften des Lauterbrunnentals und ihre Sukzession. Schweiz. Naturf. Ges. Beitr. geobot. Landesaufn. **9** (1921); Beitrag zu den Beziehungen zwischen Vegetation und Zustand des Bodens im westlichen Berner Oberland. Ber. Schweiz. Bot. Ges. **37**, 15 (1928). — BRAUN-BLANQUET, J. u. H. JENNY: a. a. O., S. 278. — CHODAT, F.: a. a. O., S. 48. — CLEMENTS, F. E.: a. a. O., S. 3ff. (1928). — GESSNER, H. u. R. SIEGRIST: Bodenbildung, Besiedlung und Sukzession der Pflanzengesellschaften auf den Aareterrassen. Mitt. Aargauisch. Naturf. Ges. **17**, 88 (1925); Über die Auen des Tessinflusses. Veröff. Geobot. Inst. Rübel, Zürich **3**, 127 (1925).

[3] Siehe S. 51.

[4] SENDTNER, O.: a. a. O., S. 586. — CROME, G. E. W.: a. a. O., S. 1. — TROMMER, C.: Die Bonitierung des Bodens vermittelst wildwachsender Pflanzen. Greifswald 1853. — BRAUNGART, R.: a. a. O., S. 399, 469 (1881). — RATZEBURG, J. T. C.: Die Standortsgewächse

Bonitierung des Bodens vermittelst wildwachsender Pflanzen" durchzuführen und „wildwachsende Pflanzen als Erkennungsmittel für die chemische und physikalische Beschaffenheit des Bodens" zu benutzen. Wir finden in dieser Arbeit, die wohl wert ist, daß auch heute noch auf sie zurückgegriffen wird, die wichtigsten Sand- und Kalkpflanzen, die spezifischen Pflanzen des Ton-, Mergel-, Humus-, Salz- und Torfbodens. Weiterhin werden auch einige Charakterpflanzen des feuchten und solche des trockenen Bodens aufgeführt. Von den Nachfolgern TROMMERS in Deutschland seien besonders BRAUNGART, der immer wieder die Möglichkeit betont, aus der Pflanzendecke Rückschlüsse auf den Fruchtbarkeitszustand des Bodens zu ziehen, RATZEBURG, der eine Reihe von Standortsgewächsen und Unkräutern Deutschlands und der Schweiz aufführt und betont, daß die Flora das treueste Abbild der physikalischen und chemischen Bodeneigentümlichkeiten und ein „wahrer Telegraph" für den Pflanzenkenner ist, und F. SENFT, der zahlreiche bodenzeigende Charakterpflanzen des Ackers, der Wiese und des Waldes anführt, genannt. Auch die jüngeren Bodenkundler haben zum Teil zu der aufgeworfenen Frage Stellung genommen. E. RAMANN[1] gibt folgende Gruppen von bodenbestimmenden Pflanzen an: Kalkpflanzen, kalkmeidende Pflanzen, Salzpflanzen, Schuttpflanzen, Sandpflanzen, Tonpflanzen, Steppenpflanzen, Pflanzen sehr fester Böden und Humuspflanzen, letztere umfassen folgende Gruppen: Rohhumuspflanzen des Waldes, Pflanzen der Grundlandmoore, der Hochmoore und der Heidegebiete. RAMANN weist auch weiter darauf hin, daß man die ganze Pflanzendecke berücksichtigen muß und sich nicht auf die eine oder die andere Pflanzenart beschränken darf. „Um zu einem richtigen Urteil zu gelangen, muß man das Gesamtbild der Flora betrachten; nicht das Vorkommen des einen oder des anderen Exemplares einer Pflanze, noch weniger das seltener Arten ist entscheidend, sondern die Zusammensetzung der herrschenden Pflanzendecke ist es." MITSCHERLICH berücksichtigt die bodenzeigenden Pflanzen nur in der ersten Auflage seiner Bodenkunde, später finden sie sich nicht mehr aufgeführt. 1905 war er über den Wert der Bodenvegetation für die Bonitierung zu folgender Ansicht gelangt: „Zur Beurteilung eines Bodens kann wohl die Unkrautflora in Verbindung mit anderen Merkmalen wertvoll sein, nie vermag sie aber die Grundlage einer Bodenklassifikation zu bilden." Größere Bedeutung für die Beurteilung der Bodenfruchtbarkeit mißt KEILHACK[2] der Standortsflora bei. Er führt auch einige Beispiele dafür an: „Ich kenne keinen schärferen Gegensatz der Pflanzendecke als zwischen den an kalk- und alkalienarmen Kulmböden des Oberharzes und dem als stockförmige Masse sie durchragenden oberdevonischen Korallenkalkstocke des Iberges: auf der einen Seite, auf dem unfruchtbaren, steinigen Grunde Fichtenhochwald, auf dessen nadelbedecktem Boden fast keine Spur von Unterholz oder Kräutern sich findet, — auf der anderen Seite, abgegrenzt durch eine äußerst scharfe Linie, auf warmem, lockerem Boden prächtiger Buchenwald, und auf dessen Grunde ein üppiger Pflanzenwuchs von Gräsern, Farnen, zahlreichen Blütenpflanzen und üppigem, buschigem Unterholze." Auch in den neueren Bodenkunden[3] von PUCHNER, FREBOLD, NOSTITZ und SCHUCHT wird der pflanzlichen Standortslehre wieder ein größerer Platz eingeräumt. In ganz besonders günstigem Sinne äußert sich

und Unkräuter Deutschlands und der Schweiz. Berlin 1859. — SENFT, F.: Der Erdboden nach Entstehung, Eigenschaften und Verhalten zur Pflanzenwelt. Hannover 1888.

[1] RAMANN, E.: Forstliche Bodenkunde und Standortslehre. 1893.

[2] KEILHACK, K.: Lehrbuch der praktischen Geologie. 1916.

[3] PUCHNER, H.: Bodenkunde für Landwirte. Stuttgart 1923. — FREBOLD, G.: Grundriß der Bodenkunde. Berlin-Leipzig 1926. — NOSTITZ, A. v.: Anleitung zur praktischen Bodenuntersuchung und Bodenbeurteilung. Berlin 1929. — SCHUCHT, F.: Grundzüge der Bodenkunde. Berlin 1930.

SCHNIDER[1] über die Möglichkeit der Bestimmung des Fruchtbarkeitsgrades eines Bodens mit Hilfe der natürlichen Vegetation. „Der Bewirtschafter eines Grundstückes vermag dasselbe also — sofern er die wichtigsten Leitpflanzen kennt — in ziemlich weitgehendem Maße schon vor genauer Untersuchung auf Krume und Untergrund, auf Grundwasser usw. einigermaßen bei einem erstmaligen Übergehen an Hand dieser einheimischen Leitpflanzen zu beurteilen; und die eigentliche Grundstücksbonitur vermag sich recht wohl dieses Hilfsmittels für die vorläufige Erkennung der Standortsbeschaffenheit zu bedienen."

Ganz besonderes Interesse hat man der hier aufgeworfenen Frage in Nordamerika und Finnland gewidmet. HILGARD[2] war 1860 der erste in den Vereinigten Staaten von Nordamerika, der die Bedeutung der Vegetation als „Indikator" erkannte und auch zeigte, wie man mit ihrer Hilfe beurteilen kann, welchen landwirtschaftlichen Wert Neuland besitzt. Als Leitpflanzen benutzte er in erster Linie Bäume, deren verschiedene Wuchsformen, wie er zeigt, deutliche Beziehungen zu der Bodenart, vor allen Dingen aber zu dem Kalkgehalt der Standorte, erkennen lassen. Später hat er diese Untersuchungen noch stark erweitert und seine Ergebnisse in seiner Bodenkunde zusammengefaßt. Er gibt eine Reihe der wichtigsten Indikatorpflanzen und weist besonders eingehend darauf hin, daß man mit großer Sicherheit mit Hilfe der natürlichen Pflanzendecke entscheiden kann, ob ein Salz- oder Alkaliboden für landwirtschaftliche Zwecke ausgenutzt werden kann oder nicht. CHAMBERLIN[3] war der zweite Forscher in Nordamerika, der die Bedeutung der Vegetation von Neuland für die Beurteilung seines Fruchtbarkeitsgrades erkannte. Auch wies er schon darauf hin, daß hierbei der Pflanzenverein des Standortes sehr viel bessere Dienste leistet als etwa eine einzige Leitpflanze. Sechzehn verschiedene Gruppen von Pflanzengemeinschaften sind zu diesem Zwecke von ihm aufgestellt worden. Einen weiteren Fortschritt bedeuten die Arbeiten von CLEMENTS[4] und vor allen Dingen die von SHANTZ[5]. Letzterer stellte in seiner Arbeit die Richtlinie auf, mit deren Hilfe in der Folgezeit vom „Bureau of Plant Industry" ein großer Teil der Ödländereien der Vereinigten Staaten auf ihren landwirtschaftlichen Wert untersucht worden ist. Folgende Ausführungen finden sich bei SHANTZ: „Beziehungen zwischen der natürlichen Pflanzendecke und der Fruchtbarkeit von Neuland in einem bestimmten Bezirk können in ausreichendem Maße nur festgestellt werden nach sorgfältigem Studium der verschiedenen Vegetationstypen des Bezirkes in Abhängigkeit von ihren physikalischen Umweltsfaktoren. Solche Beziehungen, die für einen bestimmten Bezirk gelten, müssen erst in mehr oder weniger weitem Ausmaß modifiziert werden, bevor man sie auf einen anderen Bezirk, wo die physikalischen Bedingungen andere sind, übertragen kann. Wenn auf Grund ausreichender Untersuchungen derartige Beziehungen für einen bestimmten Bezirk aufgefunden worden sind, so darf man annehmen, daß sie uns die Basis bieten für die Klassifizierung des Bodens dieses Bezirkes, und zwar auf schnellere, aber dennoch nicht weniger exakte Weise als mit Hilfe irgendeiner anderen bekannten Methode."

---

[1] SCHNIDER, A.: Beschaffenheits-, Ertrags- und Wertbeurteilung (Bonitur) landwirtschaftlicher Grundstücke. Freising-München 1925.

[2] HILGARD, E. W.: Report on the geology and agriculture of the State of Mississippi. **2**, 202 (1860); Über den Einfluß des Kalkes als Bodenbestandteil auf die Entwicklungsweise der Pflanzen. Forschgn. Geb. Agrikult.-Phys. **10**, 185 (1888); Soils. New York 1906.

[3] CHAMBERLIN, T. C.: Geology of Wisconsin; Survey of 1873—1877. **2**, 176 (1877).

[4] CLEMENTS, F. E.: A classification and survey of Minnesota resources. Minn. Conserv. Agr. Congr. 1910.

[5] SHANTZ, H. L.: Natural vegetation as an indicator of the capability of land for crop production in the Great Plains area. U. S. Dep. Agr. Bur. Plant Ind. Bull. **201** (1911).

Im folgenden soll nun gezeigt werden, daß die Möglichkeit besteht, nach zwei verschiedenen Richtungen hin die natürliche Pflanzendecke für landwirtschaftliche und forstliche Zwecke zur Beurteilung des Fruchbarkeitszustandes von Böden auszunutzen: 1. Handelt es sich darum, neu entdecktes Land oder Ödländereien in Kultur zu nehmen, so hilft uns der natürliche Pflanzenbestand, die Frage zu lösen, in welchem Fruchtbarkeitszustand sich diese Böden befinden, für welche landwirtschaftlichen oder forstlichen Zwecke — Ackerland, Wiesen, Weiden, Wälder — dieselben in Betracht kommen und weiterhin, ob besondere Kulturmaßnahmen zu ergreifen sind und, bejahendenfalls, welche? In einigen Fällen können sie uns auch einen Hinweis geben, welche Kulturpflanzen für den Anbau in Frage kommen, wenn man die Standortsansprüche der wichtigsten Leitpflanzen und die der anzubauenden Kulturpflanzen kennt. 2. Liegen Kulturböden vor, so ändert sich der natürliche Pflanzenbestand mit einer Änderung der biotischen und der edaphischen Standortsfaktoren. Die derzeitige natürliche Vegetation ist nun imstande, uns wichtige Hinweise auf den derzeitigen Stand der letzteren zu geben. In Nordamerika wurden nach der Methode von SHANTZ vor allen Dingen die Ödländereien der semiariden Bezirke untersucht. In erster Linie interessierten dabei die Wasserverhältnisse und der Salzgehalt der Böden. KEARNY[1], BRIGGS, SHANTZ, MCLANE und PIEMEISEL haben Alkaliböden im Staate Utah auf ihre Kultivierbarkeit untersucht und folgende Beziehungen zwischen der Pflanzendecke und dem Fruchtbarkeitszustand festgestellt.

Vegetationstyp (Assoziation)	Ist der Boden als Ackerland geeignet?	
	a) ohne Bewässerung	b) mit Bewässerung
Artemisia tridentata . . .	ja	ja
Kochia vestita	unsicher in Jahren mit Regenfällen über normal	ja, wenn die Alkalisalze ausgewaschen werden können
Atriplex confertifolia . . .	unsicher, etwas günstiger als auf Kochia-Böden	ja, nach Auswaschung der Alkalisalze
Sarcobatus-Atriplex . . .	nein	ja, nach Auswaschung der Alkalisalze
Sporobolus-Distichlis . . .	wahrscheinlich nicht	möglich nach Dränage
Allenrolfea-Salicornia . . .	nein	nein

In Ungarn hatte schon drei Jahre vorher ALEX. V. 'SIGMOND[2] darauf hingewiesen, daß man an Hand der natürlichen Pflanzendecke bei Alkaliböden, die durch Auswaschen verbessert werden sollen, das Fortschreiten und den Stand der Kultivierung verfolgen kann.

I. Kl.: Gesamtsalzgehalt 0,0—0,1 %, Sodagehalt 0,0—0,05 %. Leitpflanzen: Alopecurus pratensis, Poa angustifolia, P. trivialis, Trifolium hybridum, T. repens. II. Kl.: Gesamtsalzgehalt 0,1—0,25 %, Sodagehalt 0,05—0,10 %. Leitpflanzen: Alopecurus pratensis, Lotus corniculatus und überwucherte Stücke von Trifolium repens. III. Kl.: Gesamtsalzgehalt 0,25—0,50 %, Sodagehalt 0,1—0,2 %. Leitpflanzen: Artemisia monogyna, Festuca pseudovina, Medicago lupulina. IV. Kl.: Gesamtsalzgehalt über 0,5 %, Sodagehalt über 0,2 %. Leitpflanzen: Camphorosma ovata, Hordeum Gossinianum, Matricaria Chamomilla.

MAGYAR[3] hat 1928 zahlreiche Pflanzengesellschaften und Weiserpflanzen beschrieben, die es gestatten, die Bodengüte, besonders auch den Sodagehalt, der

[1] KEARNY, T. H., L. I. BRIGGS, H. L. SHANTZ, MCLANE a. R. L. PIEMEISEL: Indicator significance of vegetation in Torele Valley, Utah. J. Agricult. Res. 1, 365 (1914).

[2] 'SIGMOND, A. V.: Erfahrungen über die Verbesserungen von Alkaliböden. Internat. Mitt. Bodenkde. 1, 44 (1911).

[3] MAGYAR, P.: Beiträge zu den pflanzenphysiologischen und geobotanischen Verhältnissen der Hortobagy-Steppe. Edészeti Kisérletek 30, 26 (1928). — RAPAICS, R.: Die Pflanzengesellschaften der Salz- und Szikböden von Szeged und Csongrád. Bot. Kozlemények 24, 4 (1927).

lehmigen Szikböden in Ungarn abzuschätzen. Auch TACKE[1] gibt an, daß bei den durch Eindeichung gewonnenen Marschböden scharfe Beziehungen zwischen dem Kochsalzgehalt des Bodens, der Flora und dem landwirtschaftlichen Wert der betreffenden Grundstücke festgestellt werden konnten.

SHANTZ und PIEMEISEL[2] haben 1924 die verschiedenen Assoziationen der Wüstengebiete in den Staaten Arizona, Nevada und Kalifornien auf ihre Eignung als „Fruchtbarkeitsindikatoren" untersucht. Sie führen eine Reihe von Vegetationstypen und die physikalischen und zum Teil auch chemischen Bodeneigenschaften an, auf die ihre Gegenwart hinweist: die folgende Tabelle gibt einige ihrer Ergebnisse wieder.

Assoziation	Wachstum	Kommt bei Berieselung der Boden als Ackerland in Frage?
Covillea glutinosa	gut	ja.
	schlecht	zweifelhaft, da Boden zu steinig oder Hardpan im Untergrund.
Atriplex polycarpa	gut	ja.
	schlecht	zweifelhaft, da Hardpan oder Soda oder beides im Boden.
Atriplex canescens, Prosopis glandulosa	—	der größte Teil nicht, kleinere Teile für besondere Pflanzen.
Atriplex canescens	—	ja.
Prosopis glandulosa	—	ja, wenn die Salze ausgelaugt sind.
Dondia torreyana	sehr gut	sehr wahrscheinlich, wenn D. auf aufgegebenem Land erneutes Wachstum zeigt, sonst muß das Salz ausgewaschen und der Boden dräniert werden.
	schlecht	Salz muß ausgewaschen werden.
Atriplex lentiformis, Pluchea sericea		ja, wenn der Boden dräniert ist.
Atriplex lentiformis		ja, wenn der Boden dräniert ist.
Allenrolfea occidentalis		nur wenn der Boden dräniert und die Salze ausgewaschen sind.
Distichlis spicata		nur wenn der Boden dräniert und die Salze ausgewaschen sind.
Yucca und Cactus		Gewöhnlich zu steinig oder das Gelände zu abschüssig.

ALDOUS und SHANTZ[3] haben weiterhin 102 Vegetationstypen der semiariden Gebiete der Vereinigten Staaten aufgestellt und sie nach dem Grade der Bodenfruchtbarkeit, die sie anzeigen, eingeordnet. Auch haben sie die geographische Verbreitung der einzelnen Vegetationstypen festgestellt, so daß es möglich ist, an Hand derselben die verschiedenen Bezirke hinsichtlich ihres Fruchtbarkeitsgrades miteinander zu vergleichen.

Ähnliche Untersuchungen wurden auch von LUKKALA[4] und LINKOLA in Finnland ausgeführt, um über die Verbreitung der fruchtbaren Landstriche

[1] TACKE, B.: Über Beziehungen zwischen dem Gehalt des Bodens an Kochsalz und dem Pflanzenwuchs. Abh. Naturw. Ver. Bremen **26**, 503 (1928).

[2] SHANTZ, H. L. a. R. L. PIEMEISEL: Indicator significance of the natural vegetation of the south western desert region. J. agricult. Res. **28**, 721 (1924). — MAINZER, O.: a. a. O., S. 88.

[3] ALDOUS, A. E. a. H. L. SHANTZ: Types of vegetation in the semiarid portion of the United States and the economic significance. J. agricult. Res. **28**, 99 (1924).

[4] LUKKALA, O. I.: Untersuchungen über die Verteilung des fruchtbaren Bodenareals hauptsächlich in den Landschaften Savo und Karjala. Acta forest. fennica **9** (1919). — LINKOLA, K.: Zur Kenntnis der Verteilung der landwirtschaftlichen Siedlungen auf die Böden verschiedener Waldtypen in Finnland. Ebenda **22** (1922). — CAJANDER, A. K.: Über die Verteilung des fruchtbaren Bodens in Finnland. Ebenda **25** (1923).

eine Übersicht zu gewinnen. Sie benutzten die anspruchsvolleren Pflanzen oder die von ihnen gebildeten Pflanzenvereine, die sie gemäß ihrer Standortsansprüche in eine Reihe von Klassen einteilten, und stellten an Hand ihres mehr oder weniger häufigen Vorkommens die Fruchtbarkeit des Bodens fest.

Aber auch in Mitteleuropa hat man schon bei der Beurteilung des Fruchtbarkeitszustandes von Mooren und Heiden seit Jahrzehnten die natürliche Vegetation in weitestem Maße herangezogen, unbewußt ist dieses vom Moorbauer sogar schon seit Geschlechtern geschehen. Wir unterscheiden bekanntlich drei Hauptypen von Mooren: die nährstoffarmen Hochmoore, die nährstoffreichen Nieder- oder Wiesenmoore und die eine Zwischenstellung einnehmenden Übergangsmoore. Wie schon bei den bodenzeigenden Pflanzengruppen ausgeführt wurde, ist allen diesen Moortypen eine charakteristische Pflanzendecke eigen. Diese Beziehungen sind so eng, daß eine Reihe von Moorforschern, z. B. FRÜH und SCHRÖTER[1], CAJANDER, die Einteilung der Moore allein nach den charakteristischen Oberflächenpflanzen durchgeführt haben. Auch RAMANN teilt die Moore nach der herrschenden Pflanzenformation ein, den Torf eines Moores nach den Pflanzen, aus denen er gebildet wurde. SCHREIBER, der die Moore nach geologischen Gesichtspunkten einordnet, weist ebenfalls darauf hin, daß der Pflanzenbestand jungfräulicher Moore „bei Berücksichtigung der Orts- und Höhenlage oft einen, wenn auch nicht untrüglichen Schluß auf den anstehenden Torf, also die Moorgruppe“ gestattet, „so daß wir von Leitpflanzen der Möser, Rieder und Riedmöser reden können“. „Auf jeden Fall gestattet die Pflanzendecke den Nährstoffreichtum der obersten Bodenschicht abzuschätzen und anzugeben, welches Stadium der Moorbildung erreicht ist.“ Wie wertvoll die natürliche Pflanzendecke für die Beurteilung des Fruchtbarkeitsgrades der obersten, auch für das Wachstum der Kulturpflanzen wichtigsten Bodenschicht ist, das dürfte aus folgenden Sätzen SCHREIBERS hervorgehen. „Auf unkultivierten Mooren geben die Pflanzen der Mooroberfläche den besten Maßstab für die Kulturfähigkeit des Bodens ab.“ „Die Pflanzendecke des Moores läßt auch auf Düngungsbedürfnis berechtigte Schlüsse zu. Je anspruchsloser die vorwiegenden Pflanzen, um so mehr muß gedüngt werden. Die Pflanzen des Urmoores verraten auch die Stellen, die der Entwässerung am meisten bedürfen.“ Die Bedeutung der Pflanzendecke für die Beurteilung des Fruchtbarkeitszustandes eines Moores dürfte auch daraus hervorgehen, daß die preußische Moorversuchsstation in Bremen auf ihren Fragebogen folgende Angaben verlangt: Welche Gewächse trägt das Moor, und trägt die Fläche ihrer Vegetation nach einen einheitlichen Charakter oder zeigen sich größere Verschiedenheiten?

Aber nicht allein die großen Moorgruppen lassen sich an Hand der Pflanzendecke hinsichtlich ihres Nährstoffreichtums klassifizieren, sondern auch innerhalb einer Gruppe spiegeln sich in der Zusammensetzung der Vegetation die Unterschiede im Wassergehalt des Bodens, ob es sich um stagnierendes oder sich bewegendes Wasser handelt, und die Änderungen in der Bodenreaktion deutlich wieder. Schon 1894 hat WEBER[2] darauf hingewiesen, wie sich die geringste Änderung in der zur Verfügung stehenden Wassermenge in einer sehr wesentlichen Verschiebung innerhalb der Pflanzendecke kenntlich macht. Bei den Hochmooren sind die Moorränder meistens mit Kräutern und Sträuchern bedeckt, während die Mitte fast kahl erscheint. Die stärkere Wasserabgabe an den ersteren Stellen dürfte sehr wahrscheinlich der einzigste Grund für die Verschiedenartigkeit

---

[1] FRÜH, I., u. C. SCHRÖTER: a. a. O., Beitr. Geol. Schweiz, geol. Ser., 3 (1904). — CAJANDER, A. K.: Acta forest. fennica 2 (1913). — RAMANN, E.: a. a. O., S. 244. — SCHREIBER, H.: a. a. O., S. 10. 1927

[2] WEBER, C. A.: a. a. O., S. 181ff. (1894).

der Vegetation sein. Aber auch in Hochmooren selbst läßt sich eine größere Trockenperiode meistens daran erkennen, daß die Sphagnen zurückgedrängt werden und Wollgras und die übrigen höheren Moorpflanzen starkes Wachstum zeigen. Eine Überschwemmung mit nährstoffreichem Wasser bringt sofort die eigentliche Hochmoorflora zum Absterben, und typische Pflanzen der Flachmoore treten an ihre Stelle. Es ist an Hand dieser Beobachtungen natürlich nicht weiter verwunderlich, worauf, ebenfalls als einer der ersten, WEBER[1] hingewiesen hat, daß die geringste Kulturmaßnahme an der Vegetationsänderung zu erkennen ist. Bei diesen engen Beziehungen, die zwischen Standortsboden und Standortsvegetation bestehen, muß es möglich sein, die edaphischen Standortsfaktoren aus der Pflanzendecke und ihre Veränderung aus dem Vegetationswechsel zu erschließen. KOTILAINEN[2] betrachtet daher als eine der wichtigsten Aufgaben der praktischen Mooruntersuchung „eben die Bestimmung jener Beziehungen zwischen der Pflanzendecke und dem Oberflächentorf; kennen wir diese Beziehungen, so können wir die Moorvegetation und die Pflanzenarten zur Charakterisierung der Bonitätsklasse des Oberflächentorfes anwenden". Die erste Bedingung ist aber, daß wir die Standortsansprüche der verschiedenen Leitpflanzen kennen, und zwar in quantitativer Abstufung. In dieser Hinsicht liegt aber noch nicht viel Beobachtungsmaterial vor. CRUMP[3] hat für verschiedene Moorpflanzen den Wassergehalt des Moorbodens festgestellt, bei dem eine genügende Wasserversorgung nicht mehr möglich ist: ein Drittel bei Erica tetralix, Molinia coerulea, Pteris aquilina; ein Viertel bei Deschampsia flexuosa, Nardus stricta; ein Fünftel bei Calluna vulgaris; ein Sechstel bei Vaccinium Myrtillus, Agrostis vulgaris; ein Siebentel bei Eriophorum angustifolium, E. vaginatum; ein Neuntel bei Vaccinium Vitis Idaea. Bei WALTER[4] finden wir, daß von Hochmoorpflanzen außer Sphagneen auf sehr nassen Stellen: Carex limosa, Scheuchzeria palustris, Rhynchospora alba, Zygogonium ericetorum, Cephaloria fluitans; auf mäßig feuchten Standorten: Eriophorum vaginatum, Carex pauciflora, Vaccinium Oxycoccus, Andromeda polifolia, Drosera-Arten; auf trockneren Standorten: Vaccinium uliginosum, Erica tetralix, Rubus chamaemorus, Scirpus caespitosus, Betula nana, B. pubescens, Pinus silvestris, P. montana; auf ganz trockenen Standorten: Polytrichum-, Cetraria- und Cladoniaarten angetroffen werden. PAUL[5] zeigte, daß man die Sphagneen nach ihrer Empfindlichkeit Kalk gegenüber in folgender Reihenfolge anordnen kann: S. rubellum $>$ S. papillosum, S. molluscum $>$ S. medium $>$ S. Dusenii $>$ S. acutifolium, S. platyphyllum $>$ S. recurvum. OLSEN und MEVIUS haben ebenfalls bei den verschiedenen Sphagneen erhebliche Unterschiede in ihrer Abhängigkeit von der Wasserstoffionenreaktion festgestellt. KOTILAINEN hat am natürlichen Standort die Abhängigkeit verschiedener Moorpflanzen von der Bodenreaktion untersucht. Die folgende Tabelle gibt einige von seinen Ergebnissen wieder, die auch wieder zeigen, daß man die natürliche Vegetation als Indikator für die Bodenreaktion benutzen kann.

---

[1] WEBER, C. A.: Über Veränderungen in der Vegetation der Hochmoore unter dem Einfluß der Kultur mit Beziehung auf praktische Fragen. Mitt. Ver. Förd. Moorkultur **12**, 309 (1894).

[2] KOTILAINEN, M. J.: a. a. O., S. 7.

[3] CRUMP, W. B.: Notes on water-content and the wilking point. J. ecology **1**, 96 (1913).

[4] WALTER, H.: Einführung in die allgemeine Pflanzengeographie Deutschlands. Jena 1928.

[5] PAUL, H.: Die Kalkempfindlichkeit der Sphagna. Mitt. bayer. Moorkulturanst. **2**, 63 (1908). — OLSEN, C.: a. a. O., S. 111. 1923. — MEVIUS, W.: Beiträge zur Physiologie „kalkfeindlicher" Gewächse. Jb. Bot. **60**, 147 (1921); H-Konz. und Permeabilität bei „kalkfeindlichen" Gewächsen. Z. Bot. **16**, 641 (1924).

Der prozentuale Anteil an jeder p_H-Klasse (nach KOTILAINEN).

Die Arten	unter 3,6	3,6—4,0	4,1—4,5	4,6—5,0	5,1—5,5	5,6—6,0	6,1—6,5	über 6,5
Carex globularis	68,8	31,2	—	—	—	—	—	—
Ledum palustre	84,2	10,5	—	—	—	5,3	—	—
Vaccinium Vitis Idaea . . .	84,6	7,7	—	7,7	—	—	—	—
Rubus chamaemorus	80,0	10,0	—	5,0	5,0	—	—	—
Calluna vulgaris	70,0	10,0	20,0	—	—	—	—	—
Carex pauciflora	68,0	16,0	4,0	12,0	—	—	—	—
Eriophorum vaginatum . . .	61,6	18,3	15,0	1,7	1,7	1,7	—	—
Scheuchzeria palustris . . .	58,3	16,7	16,7	8,3	—	—	—	—
Carex dioica	—	—	23,6	8,8	41,2	20,6	2,9	2,9
Carex panicea	—	—	3,7	10,3	58,5	20,7	3,4	3,4
Saxifraga hirculus	—	—	—	—	100,0	—	—	—
Eriophorum latifolium . . .	—	—	—	3,7	51,9	14,8	18,5	11,1
Ulmaria pentapetala	—	—	—	—	35,7	—	21,4	42,9
Carex capillaris	—	—	—	—	—	16,7	—	83,3

Weiterhin führt KOTILAINEN auch Moorpflanzen auf, die als Indikatoren für den Kalk- und den Elektrolytgehalt dienen können. Es sind dieses die Leitpflanzen der Böden geringster Azidität.

HESSELMAN[1] gibt an, daß in Niederungsmooren das Auftreten von Epilobium angustifolium, Cirsium palustre, Viola palustris, Geum rivale, Ulmaria pentapetala auf Nitrifikation im Boden deutet, falls nicht das Grundwasser zu sauerstoffarm ist, daher kann man auch Quellen im Moor an ihrer nitrophilen Vegetation, Epilobium- und Stellaria-Arten, erkennen (s. auch KOTILAINEN).

Zu sehr viel brauchbareren Resultaten bei der Beurteilung der Moore und ihrer physikalischen und chemischen Bodeneigenschaften werden wir aber kommen, wenn wir dazu übergehen, nicht die Standortsfaktoren der einzelnen Leitpflanzen zu studieren, sondern für bestimmte Gegenden charakteristische Moorassoziationen und erforderlichenfalls noch kleinere Pflanzenvereine, Subassoziationen, aufzustellen. Dieses ist zum Teil von CAJANDER[2] durch die Aufstellung seiner zahlreichen Moortypen mit ihren verschiedenen Unterklassen in die Tat umgesetzt worden. Mit ihrer Hilfe ist es möglich, in vielen Fällen über Wasserverhältnisse und Gehalt an Mineralstoffen ein Urteil abzugeben, und sie können daher bei der Beurteilung des Fruchtbarkeitszustandes wichtige Dienste leisten. TANTTU hat später diese Untersuchungen weiter fortgestezt und die Frage geprüft, wie sich der Fruchtbarkeitszustand der verschiedenen Moortypen durch Senkung des Grundwasserstandes ändert, und in welche Waldtypen sie übergehen. LUKKALA hat nach Beziehungen zwischen Moortyp und Oberflächentorf gesucht. KOTILAINEN hat neuerdings die p_H-Intervalle bestimmt, denen die verschiedenen Moortypen angehören.

KOTILAINEN hat weiter nachgewiesen, „daß zwischen Azidität des Oberflächentorfes und Bonitätsverhältnissen der Moore enge Beziehungen bestehen", deshalb versteht es sich von selbst, daß die Pflanzendecke und auch ihre Konstituenten, „die einzelnen Arten als Indikatoren der Bonität des Torfbodens verwendbar sind".

Zahlreiche Assoziationen mit genauer Angabe zahlreicher Standortsfaktoren sind in den letzten Jahren für schweizerische Wiesen- und Übergangsmoore von

[1] HESSELMAN, H.: a. a. O., S. 473ff. (1917).

[2] CAJANDER, A. K.: Acta forest. fennica **2** (1913) — TANTTU, A.: Studien über die Aufforstungsfähigkeit der entwässerten Moore. Acta forest. fennica **5** (1915). — LUKKALA, O. I.: Studien über das Verhältnis zwischen dem Moortypus und dem Oberflächentorf der Moore. Ebenda **16** (1920). — MULLAMÄKI, S. E.: Untersuchungen über das Waldwachstum entwässerter Torfböden. Ebenda **27** (1924). — GAMS, H. u. S. RUOFF: a. a. O., S. 1ff.

Verteilung auf die verschiedenen p_H-Klassen (nach KOTILAINEN).

Moortyp	unter 3-6	3,6—4,0	4,1—4,5	4,6—5,0	5,1—5,5	5,6—6,0	6,1—6,5	über 6,5
Kurzhalmige Weißmoore . .	7	—	—	—	—	—	—	—
Heidemoore	9	2	—	—	1	—	—	—
Sphagnum-papillosum-Moore	4	1	—	—	—	—	—	—
Sph.-fuscum-Weißmoore . .	6	2	—	—	—	—	—	—
Anmoorige Wälder	6	5	—	—	—	—	—	—
Rosmarinkrautmoore	14	3	5	—	2	—	—	—
Verlandungsweißmoore . . .	4	5	2	1	1	1	—	—
Rimpi(weiß)moore	8	3	5	2	—	—	—	—
Seggenreisermoore	2	1	2	1	—	—	—	—
Großseggenmoore	—	1	8	2	—	—	—	—
Kräuter- und Grasbrücher .	—	—	2	4	1	—	—	—
Braunmoor-Reisermoore . .	—	—	4	1	—	2	1	1
Rimpi-Braunmoore	—	—	—	2	6	5	1	—
Eigentliche Braunmoore . .	—	—	3	4	30	12	6	4
Braunmoorbrücher	—	—	—	—	6	1	2	3

KOCH[1] aufgestellt worden, und bei OSVALD finden wir für das Hochmoor Komosse in Südschweden weit über 100 Assoziationen angegeben.

Die Überlegungen, die wir soeben hinsichtlich der Moore angestellt haben, gelten in etwas abgeänderter Form natürlich auch für die Heiden (Zwergstrauchheiden der Pflanzengeographen). Das Auftreten der typischen Heidepflanzen deutet immer auf nährstoffarme Böden hin. An Hand der Pflanzendecke lassen sich aber weiterhin auf die Feuchtigkeitsverhältnisse wichtige Rückschlüsse ziehen. Aber auch auf Bodenreaktion, Humusform und Ortsteinbildung kann in vielen Fällen geschlossen werden. Nach GRAEBNER[2] sind Spergula vernalis, Teesdalea nudicaulis, Erophila verna, Weingaertneria canescens und die Flechten Cornicularia aculeata und Cladonia rangiferina die Charakterpflanzen der unfruchtbarsten Sandflächen. Das Vorkommen von Calluna vulgaris deutet auf einen sehr nährstoff- und kalkarmen Boden hin, der mit einer mehr oder weniger dichten Schicht von filzigem Humus bedeckt ist, darunter häufig Bleichsand und Ortsteinbänke. Treten dazwischen Genista Anglica, G. pilosa und G. Germanica auf, so weist letzteres immer auf die feuchteren Stellen hin. Ist Calluna von Erica tetralix begleitet, so deutet dieses auf etwas größere Bodenfeuchtigkeit und Bodenfruchtbarkeit hin, und je mehr Erica überwiegt, um so günstiger gestalten sich diese Bodenfaktoren. Besonders reich an Pflanzennährstoffen, besonders Phosphorsäure, sollen nach LOHAUS[3] die Heideböden sein, die mit dichtem Strauchwerk von Myrica gale bedeckt sind. Sie sollen sich daher gut zur Anlage von Grünland eignen. Nach den Angaben von HUECK[4] weichen in Holstein die Eichenkratts von typischen, stark podsolierten Heideböden der Umgebung dadurch ab, daß meistens die Rohhumusauflage weniger mächtig ist, und daß die Ortsteinschicht fehlt oder nur sehr schwach ist. Sie zeigen also „Stellen besserer Bodengüte inmitten stark humider Bildung an". Die Leitpflanzen der Heideböden, besonders die Charakterpflanzen trockener und feuchter Stellen, lassen sich um das Vielfache vermehren. SMITH[5] gibt solche für die Heiden Dänemarks an.

Sind Heide- und Moorböden einmal in Kultur genommen, so kann uns der natürliche Pflanzenbestand auch weiterhin ein wichtiges Hilfsmittel sein. Je mehr

---

[1] KOCH, W.: Die Vegetationseinheiten der Linthebene. Jb. St. Gallischen Naturw. Ges. **61**, Teil II, 1 (1925). — OSVALD, H.: a. a. O., S. 33ff.

[2] GRAEBNER, P.: Handbuch der Heidekultur. Leipzig 1904.

[3] LOHAUS, W.: Neukulturen und Viehweiden auf Heide und Moorboden. Berlin 1907.

[4] HUECK, K.: Die Pflanzenwelt der Heimat, 1. Berlin 1930.

[5] SMITH, W. G.: Notes on Danish vegetation. J. Ecology **2**, 65 (1914).

Vertreter der ursprünglichen Flora zurückkehren, um so ungünstiger müssen sich die Fruchtbarkeitsverhältnisse wieder gestaltet haben, wie z. B. verminderter Nährsalzgehalt oder größerer Feuchtigkeitsgrad oder beides, weiterhin häufig auch eine Abnahme des Sauerstoffreichtums der Bodenatmosphäre. Auf letzten Punkt hat auch VAGELER[1] aufmerksam gemacht. Er zeigte, daß in künstlichen Pflanzenvereinen wie Wiesenanlagen mit Abnahme der Bodenluftmenge eine Annäherung der Pflanzenformation an die Flora der Hochmoore Hand in Hand ging. „Luftabnahme im Boden entspricht einer Verdrängung anspruchsvoller Gewächse durch solche, die mit geringeren Bodeneigenschaften vorliebnehmen, wie Calluna und Sphagnum es sind. Von ganz besonderer Bedeutung für die Landwirtschaft ist natürlich die Frage, ob sich hinsichtlich des Fruchtbarkeitszustandes von Ackerböden Rückschlüsse aus der Unkrautflora ziehen lassen. Wie schon ausgeführt wurde, ist es möglich, Gruppen von Leitpflanzen für die verschiedenen Mineral- und Humusböden aufzustellen. SCHNIDER[2] hat sodann weiter gezeigt, daß sich in kleineren Bezirken diese Gruppen von Charakterpflanzen so stark vermehren lassen, daß sie ein gutes Hilfsmittel bei der Bonitierung von Ackerböden abgeben können. Ferner kann in vielen Fällen auch das Auftreten von besonders feuchten und trockenen Stellen und weiterhin stagnierendes Grundwasser und dadurch bedingte Sauerstoffarmut im Boden an Hand der Unkrautflora erkannt werden. So soll sich z. B. nach BORNEMANN[3] der Huflattich nur auf solchen Tonböden entwickeln, wo Wasser unter oder in dem Ton lebhaft zirkuliert. Auch Papaver Rhoeas soll vorwiegend strenge Lehmböden in frischer Lage und besonders quellige und nasse Flächen bevorzugen. Auf einen dem Landwirt meist unerwünscht hohen Feuchtigkeitsgehalt deutet auch das Auftreten von Myosurus minimus und Juncus bufonius hin. Wegen der Standortsansprüche der einzelnen Unkräuter muß auf die zahlreichen Unkrautfloren und die Sonderveröffentlichungen der Deutschen Landwirtschaftsgesellschaft über Unkräuter verwiesen werden[4]. Weiterhin kann man in vielen Fällen auch Rückschlüsse auf den Stickstoffhaushalt des Bodens ziehen. Starke Entwicklung von Cerastium arvense, Draba verna und Holosteum umbellatum weist, wie schon ausgeführt, auf Stickstoffmangel im Boden hin. Umgekehrt liegen die Verhältnisse, wenn nitrophile Pflanzen in größeren Mengen auf den Feldern angetroffen werden. Ein Teil von ihnen kann auch als Indikator für den Nitratgehalt des Bodens und damit als Zeiger günstiger Nitrifikationsverhältnisse dienen. In dieser Hinsicht ist, wie OLSEN[5] zeigte, besonders das Vorkommen und die Entwicklung der zweihäusigen Brennessel von erheblicher Bedeutung. Ganz einwandfreie Resultate lassen sich hinsichtlich des Vorkommens von Nitraten im Boden gewinnen, wenn mit den „botanischen Indikatoren" eine kleine, einfache chemische Probe ausgeführt wird. Wie MOLISCH gezeigt hat, läßt sich die Gegenwart von Salzen der Salpeter-

[1] VAGELER, P.: Bodentemperatur und Bodenluft als ökologischer Faktor im Moor. Mitt. Ver. Förd. Moorkultur **25**, 208, 216 (1907). — Vgl. auch: C. A. WEBER: Über Veränderungen in der Vegetation der Hochmoore unter dem Einfluß der Kultur mit Beziehung auf praktische Fragen. Ebenda **12**, 309 (1894). — E. P. EVANS: Carrington Moss, with special reference to the weeds of arable ground. J. Ecology **11**, 64 (1923). — K. WARINGTON: The influence of manuring on the weedflora of arable land. Ebenda **12**, 111 (1924).

[2] SCHNIDER, A: a. a. O., S. 298. 1921. — ROGENHOFER, E.: Wie erkennt der Landwirt den Boden nach der Pflanzendecke? Wiener Landw. Ztg. **78**, 433 (1928). — BUKORESTLIEFF, B.: Versuch einer Bodenklassifikation nach der Unkrautvegetation. Bull. Soc. Bot. Bulgarie **3**, 93 (1929). — DIENST, F.: Die wildwachsende Flora als Indikator für Bodenbonitierung. Dissert. Gießen 1924.

[3] BORNEMANN, F.: Die wichtigsten landwirtschaftlichen Unkräuter. Berlin 1910.

[4] Literatur bei L. WITTMACK: Botanik der kulturtechnisch und landwirtschaftlich wichtigen Pflanzen. Berlin 1924; und A. PETERSEN: Taxation von Ackerländereien. Berlin 1930.

[5] OLSEN, C.: a. a. O., S. 1. 1921. — MOLISCH, H.: a. a. O., S. 150. 1883.

säure in pflanzlichen Schnitten oder pflanzlichen Preßsäften mit Hilfe von Diphenylamin-Schwefelsäure durch starke Blaufärbung feststellen. Da nun die höheren Pflanzen Nitrate nicht aus anderen stickstoffhaltigen Verbindungen selbst herstellen können, so zeigt ein positiver Ausfall der Diphenylamin-Schwefelsäure-Reaktion immer an, daß Nitrate im Boden vorhanden sind, die zum Teil von der Pflanze aufgenommen und in ihrem Gewebe gespeichert werden. Die Intensität des Ausfalles der Reaktion läßt auch eine gewisse Abschätzung des Nitratreichtums bzw. der Nitrifikationskraft des Bodens zu. Diese Methode wurde zuerst von HESSELMAN[1] benutzt, um den Nitratgehalt in Waldböden zu bestimmen. Später wurde sie weiter ausgearbeitet von RAUNKIAER[2] und besonders von NIKLAS und VOGEL[3].

PETERSEN[4] ist neuerdings dazu übergegangen, die Pflanzengesellschaften des Ackerraines zur Beurteilung des Fruchtbarkeitszustandes von Ländereien in großem Maßstabe heranzuziehen. Er zeigt, daß die wiesenartigen Pflanzenbestände des Ackerrandes „zu jeder Jahreszeit schnell und zuverlässig schon geringe Unterschiede in der durch Bodenbearbeitung, Düngung und Zufälligkeit der Jahreswitterung nicht veränderten Bodenfruchtbarkeit des Ackers angeben". Dabei sollen die bestandsbildenden Gräser mehr die Nährstoff- und Feuchtigkeitsverhältnisse, die Kräuter mehr die Durchlüftungsverhältnisse widerspiegeln. Zahlreiche, für den Fruchtbarkeitszustand der verschiedensten Böden charakteristische „Ackerrainpflanzengesellschaften — Ackerraintypen" werden aufgeführt. Erst zur Beurteilung der durch Bodenbearbeitung und Düngung beeinflußten Bodenfruchtbarkeit der Äcker zieht PETERSEN für die tieferen, weniger beeinflußten Bodenschichten, die tiefer wurzelnden mehrjährigen Ackerunkräuter, wie Mentha arvensis, Stachys palustris, Polygonum amphibium, Tussilago Farfara, Equisetum silvaticum, E. palustre, E. arvense, Phragmites communis, Sonchus arvensis, Cirsium arvense, Falcaria vulgaris, heran. Als Anzeiger der durch Bodenbearbeitung und Düngung stark beeinflußten „Ackerkrumenfruchtbarkeit" benutzt er die flacher wurzelnden mehrjährigen und die einjährigen Unkräuter, und zwar unterscheidet er folgende Gruppen: die Unkräuter der feuchten, sog. „wassersauren", der fruchtbaren, der mittelfruchtbaren, der mageren und der unfruchtbaren Äcker.

Die wichtigste Frage, die man aber schon seit Jahrzehnten mit Hilfe der Unkrautvegetation zu lösen versucht hat, ist die nach dem Kalkgehalt des Bodens. Bekanntlich gibt es eine Reihe von Pflanzen wie z.B. den kleinen Sauerampfer, den Knäuel, den Hederich, von denen die Praktiker behaupten, daß starkes Auftreten derselben darauf hindeute, daß ihr Standortsboden dringend der Kalkung bedürfe. Es liegen aber nur wenig einwandfreie Arbeiten über das Auftreten von Ackerunkräutern in ihrer Abhängigkeit vom Kalkgehalt des Bodens vor. In den letzten Jahren hat sich in der Niederlausitz EICHINGER[5] eingehend mit dieser Frage befaßt. Die folgende Tabelle gibt seine Ergebnisse wieder. Es werden unterschieden: 1. Böden mit ausreichendem Kalkbedarf, 2. Böden mit beginnen-

---

[1] HESSELMAN, H.: a. a. O., S. 317ff. 1917.

[2] RAUNKIAER, C.: Nitratintholdet hos Anemone nemorosa paa forskellige Standpladser. K. Danske Vidensk. Sels. Biol. Meddel. 5 (1926).

[3] NIKLAS, H. u. F. VOGEL: Die Brauchbarkeit der Diphenylaminreaktion im Pflanzenbau, in der Düngerlehre und Bodenkunde. Z. Pflanzenern., Düng. u. Bodenk. A, 3, 323 (1924). — NIKLAS, H. u. F. GRANDEL: Über die Beziehungen zwischen Pflanzen und Bodennitraten. Freising-München 1927. — FEICHTINGER, E. u. E. MÖLLER-ARNOLD: Weitere Prüfung der Diphenylaminmethode zur Bestimmung des Stickstoffzustandes der Böden. Pflanzenbau 3, 373 (1926/27).

[4] PETERSEN, A.: a. a. O., S. 73ff (1930).

[5] EICHINGER A,: Die Unkräuter des kalkarmen Ackerbodens. Berlin 1927.

dem Kalkmangel, 3. Böden mit ausgeprägtem Kalkmangel, 4. Böden mit starkem Kalkmangel:

Pflanzenname	Ihr Hauptvorkommen auf Boden			
	mit genügendem Kalkgehalt	mit Kalkmangel		
		beginnend	ausgeprägt	stark
Weingaertneria canescens			+	+
Holcus mollis			+	+
Spergula Morisonii			+	+
Teesdalia nudicaulis			+	+
Viola tricolor-vulgaris			+	+
Trifolium arvense			+	+
Plantago ramosa			+	+
Iasione montana			+	+
Filago minima			+	+
Filago arvensis			+	+
Filago Germanica			+	+
Chrysanthemum segetum			+	+
Rumex acetosella		+	+	+
Spergula arvensis		+	+	+
Scleranthus annuus		+	+	+
Hypochoeris glabra		+	+	+
Hyoseris minima		+	+	+
Gypsophila muralis		+	+	
Spergularia rubra		+	+	
Herniaria glabra		+	+	
Illecebrum verticillatum		+	+	
Raphanus Raphanistrum		+	+	
Gnaphalium luteo-album		+	+	
Setaria viridis	+	+	+	+
Panicum sanguinale	+	+	+	+
Polygonum aviculare	+	+	+	+
Oxalis stricta	+	+	+	+
Melandryum album	+	+	+	+
Erodium cicutarium	+	+	+	+
Erysimum cheiranthoides	+	+	+	
Viola tricolor arvensis	+	+	+	
Erigeron Canadensis	+	+	+	
Plantago lanceolata	+	+	+	
Galinsoga parviflora	+	+	+	
Anthemis arvensis	+	+	+	
Myosurus minimus	+	+		
Arabidopsis Thaliana	+	+		
Sinapis arvensis	+	+		
Gnaphalium uliginosum	+	+		
Matricaria inodora	+	+		

Aus der Tabelle geht deutlich hervor, daß wir unter den Ackerkräutern typische Leitpflanzen kalkarmer bzw. kalkreicher Böden haben. Außerdem gibt es aber auch noch eine Reihe von Pflanzen, die in ihrer Verbreitung keine Abhängigkeit vom Kalk erkennen lassen, also zu den bodenvagen Pflanzen UNGERS gehören.

Eine Reihe der hier aufgeführten Unkräuter werden überall vorkommen, so daß man für sie die Ergebnisse auch auf andere Gebiete wird übertragen können. Trotzdem dürfte es aber sehr wichtig sein, wenn in geologisch und klimatisch ganz verschiedenen Landstrichen ähnliche Untersuchungen angestellt würden. HESSBERG[1] bezeichnet den Knäuel Scleranthus annuus, ebenfalls als

[1] HESSBERG, O. v.: Der Knäuel, ein bisher wenig bekanntes gefährliches Unkraut für Gräsersaaten. Pflanzenbau 3, 157 (1926/27). — SCHWOERER, F. J.: Reaktion, Kalkgehalt und Bewirtschaftung der Böden des Oberrheintales und des südlichen Schwarzwaldes Ebenda 4, 152 (1927/28).

Kalkmangelanzeiger. SCHWOERER gibt für das Oberrheintal und den südlichen Schwarzwald Rumex acetosella, Raphanus Raphanistrum und Spergula arvensis als die Leitpflanzen kalkarmer Böden an.

CHRISTENSEN, HARDER und RAVN[1] haben schon 1909 bei Untersuchungen über die Verbreitung des Wurzelbrandes der Runkelrübe und der Kohlhernie auf Böden verschiedenen Kalkgehaltes die Beobachtung gemacht, daß das Verschwinden von Unkrautpflanzen kalkarmer Böden bei Kalkung und ihr Ersatz durch solche typischer Kalkböden nicht eine direkte Folge des Kalkes ist, sondern durch die veränderte Bodenreaktion, die die Kalkung nach sich gezogen hat, bewirkt worden ist. Die dänischen Forscher unterschieden daher säureliebende Pflanzen (Surbundsplanter) wie Scleranthus annuus, Rumex acetosella, Gnaphalium uliginosum, Raphanus Raphanistrum, Spergula arvensis, Viola tricolor und basenliebende Pflanzen (Basebundsplanter) wie Veronica agrestis und Sinapis arvensis. Neben der Azotobakter- und Lackmusprobe nach CHRISTENSEN benutzten die Forscher daher auch schon die Unkrautvegetation, um zu entscheiden, ob ein Boden sauer ist oder nicht. FERDINANDSEN hat 1918 die Beobachtungen über die Zusammensetzung der Unkrautflora und den Säuregrad des Bodens bzw. seinen Kalkbedarf noch erweitert. Die eingehendsten und auch für die praktische Landwirtschaft wertvollsten Untersuchungen liegen von NIELSEN vor. Dieser führt eine sehr große Zahl von Charakterpflanzen saurer bzw. neutral-alkalischer Ackerböden an. Ferner bestimmte er bei einer Reihe von ihnen die prozentuelle Häufigkeit ihres Vorkommens auf Böden von bestimmten p_H-Werten[2] und erschloß daraus das für jede Pflanzenart charakteristische p_H-Optimum. Weiterhin unternahm er aber auch den Versuch, aus der Unkrautvegetation eines Standortes und der Häufigkeit der einzelnen, sie zusammensetzenden Arten den p_H-Wert des Standortsbodens zu bestimmen. Für die Häufigkeit wurden die Werte 1—10 benutzt. NIELSEN multiplizierte nun für jede Art den optimalen p_H-Wert mit ihrem Häufigkeitsgrad, die so für alle Arten eines Standortes erhaltenen Werte wurden sodann addiert und diese Zahl durch die Summe aller benutzten Häufigkeitsgrade dividiert. Der so gefundene Wert soll sodann die Bodenreaktion angeben.

I. Standort				II. Standort			
1	2	3	4	1	2	3	4
Pflanze	ihr p_H-Optimum	Häufigkeitsgrad	Produkt aus 2 u. 3	Pflanze	ihr p_H-Optimum	Häufigkeitsgrad	Produkt aus 2 u. 3
Rumex acetosella .	5,5	6	33	Sherardia arvensis .	7,5	7	52,5
Scleranthus annuus .	5,5	8	44	Atriplex patulum .	7,5	5	37,7
Alchemilla arvensis .	6,0	4	24	Cerastium vulgare .	6,2	3	18,6
Sagina procumbens .	6,2	3	18,6	Alchemilla arvensis .	6,0	2	12,0
		(21)	(119,6)			(17)	(120,6)
119,6 : 21 = 5,7				120,6 : 17 = 7,1.			

Der erste Standort besitzt also den p_H-Wert 5,7, der zweite 7,1. Untersuchungen in anderen Ländern müssen zeigen, ob dieser Weg von NIELSEN zu brauchbaren Ergebnissen führt.

[1] CHRISTENSEN, H. R., HARDER, P. u. F. K. RAVN: Undersøgelser over Forholdet mellem Jordbundens Beskaffenhed og Kaalbroksvampens Optraeden i Egnen mellem Aarhus og Silkeborg. Tidssk. Landbrugets Planteavl **16**, 430 (1909). — FERDINANDSEN, C.: Undersøgelser over danske Ukrudtsformationer paa Mineraljorder. Ebenda **25**, 629 (1918). — NIELSEN, N. C.: Kalktrangsundersøgelser om Plantevegetationen som vejledning ved Kortlaegningen i Marken. Jorders Grundforbedring III. Reihe, Nr. **8**, 309 (1925).; Hvad Ukrudsplanterne fortaeller om Jordens Kalktrang. Viborg 1926.

[2] Siehe Tabelle S. 68.

In Deutschland haben neuerdings STEYER und EBERLE[1] auf die Bedeutung der Unkrautflora als „biologisches Reagens auf den Reaktionszustand" der Ackerböden hingewiesen. Ihre Untersuchungen erstreckten sich auf verschiedene Bezirke. Von den zahlreichen untersuchten Pflanzen erwiesen sich Arnoseris minima, Spergula Morisonii, Teesdalea nudicaulis, Sagina procumbens und Ornithogalum umbellatum als Leitpflanzen saurer Böden. Tussilago farfara wurde nur auf neutralen bis alkalischen Äckern angetroffen. Lamium purpureum und Lamium amplexicaule waren auf nährstoffreiche, lockere, gut durchgelüftete, gare und wasserstoffionenarme Bodenarten angewiesen. Nur 13% ihrer Standorte fielen in ausgesprochen kalkbedürftiges Gebiet. Ähnliche Standortsansprüche hinsichtlich der Bodenreaktion stellte Capsella bursa pastoris. Veronica hederaefolia bevorzugte ebenfalls Böden schwächsten Säuregrades. Spergula arvensis und Anthemis arvensis sollen nur dann als Leitpflanzen kalkarmer, saurer Böden angesehen werden dürfen, wenn gleichzeitig einige andere Pflanzen, die auch für kalkarme Böden typisch sind, mit ihnen vergesellschaftet vorkommen. Von besonderem Interesse dürften die Beobachtungen hinsichtlich des Vorkommens von Rumex acetosella sein. Die Pflanze gilt bekanntlich als Leitpflanze kalkarmer Böden. LANGELOH[2] gibt an, daß die Bezeichnung „kalkscheue Pflanze" für Rumex acetosella L. nicht zutrifft. Zu diesem Urteil kommt LANGELOH durch Kulturversuche in mit Erde von verschiedenen p_H-Werten gefüllten Töpfen, die im Gewächshaus aufgestellt wurden, und durch einige Standortsuntersuchungen. Die Gefäßversuche, in der von LANGELOH angesetzten Form, können gar nicht beweiskräftig sein. Die Konkurrenz ist künstlich ferngehalten, krassen klimatischen Wechseln, wie sie am natürlichen Standort vorkommen, sind die Pflanzen im Gewächshaus niemals ausgesetzt gewesen, auch war bei den meisten Versuchen eine günstige Wasser- und Nährstoffversorgung gewährleistet. Man hätte im äußersten Fall an Hand einiger dieser Versuche die „ideale Wachstumskurve" konstruieren können, dazu wären aber genaue Erntegewichtsbestimmungen nötig gewesen. Auch die Standortsuntersuchungen reichen keineswegs aus, um ein Urteil über die Abhängigkeit von Rumex acetosella von der Bodenreaktion zu fällen. Ein ausgesprochen alkalischer Boden ist überhaupt nicht in den Kreis der Untersuchungen einbezogen worden. Ferner sei auch auf die Seite 54 angeführte Beobachtung von TURESSON[3] hingewiesen, daß bei Rumex acetosella verschiedene Ökotypen vorkommen, darunter ein ausgesprochen kalkholder Typ. Allerdings soll auch noch auf die Angaben von PIPAL und WHITE hingewiesen werden, die behaupten, daß der kleine Sauerampfer durch Kalkung sogar im Wachstum gefördert werde. Er soll deshalb auf Kalkböden nur selten angetroffen werden, weil er hier von anderen, kräftiger wachsenden Pflanzen überwuchert werde. Es ist nun sehr zu begrüßen, daß auch STEYER und EBERLE die Reaktion zahlreicher Sauerampferstandorte genauer untersucht haben (s. Tab. S. 93).

Man sieht also, daß in zwei Gebieten Rumex acetosella ein sehr guter Indikator für den Kalkzustand ist. Im Lübecker Gebiet ist das Ergebnis nicht so günstig und einwandfrei. Es wäre hier einmal die Frage nach den klimatischen Einflüssen etwas genauer mit in den Kreis der Untersuchungen hinein zu ziehen.

---

[1] STEYER, K. u. G. EBERLE: Die Unkrautflora der Äcker und ihre Bedeutung als biologisches Reagens auf den Reaktionszustand ihrer Böden. Arb. biol. Reichsanst. Land- u. Forstw. **16**, 325 (1928).

[2] LANGELOH, H. I.: Rumex Acetosella L. als Leitpflanze bei der Beurteilung des Bodens bezüglich seiner Azidität und seines Kalkgehaltes. Landw. Jb. **66**, 911 (1927).

[3] TURESSON, G. T.: a. a. O., S. 152. 1925. — PIPAL, F. I.: Red sorrel and its control. Ind. Agr. Exp. Stat. Bull. **197** (1916). — WHITE, I. W.: Concerning the growth and composition of clover and sorrel as influenced by varied amounts of limestone. Pennsylv. Agr. Exp. Stat. Ann. Rep. **1913/14**, 46 (1916).

Prozentuale Verteilung von Rumex acetosella auf Böden verschiedenen Kalkgehaltes.

Gebiet	Ausgesprochen kalkbedürftige Böden	Übergangsböden	Boden mit praktisch einwandfreier Reaktion
Lübecker Gebiet	63 %	14 %	23 %
Reinersdorf	86 %	4 %	10 %
Pförten	91 %	5 %	4 %

Nach EICHINGER soll nur das Massenauftreten von dürftigen Rumexexemplaren mit erheblicher Kalkbedürftigkeit in Zusammenhang gebracht werden können.

Eine weitere Leitpflanze saurer, kalkbedürftiger Ackerböden ist der Knäuel Scleranthus annuus, auf den vor einigen Jahren besonders HESSBERG[1], ZUTAVERN und WÜRTENBERGER aufmerksam gemacht haben. Das Vorkommen dieser Pflanze ist nun in besonders großzügiger Weise von STEYER und EBERLE untersucht worden. 1123 Scleranthus-Standorte wurden gemessen. 76% gehörten den bedenklich kalkbedürftigen Böden an, 15% den Übergangsböden und nur 8% den Böden, für welche eine praktisch bedeutsame Kalkbedürftigkeit in der Regel nicht besteht.

Als zwei weitere Leitpflanzen für den Kalkzustand des Bodens kommen Raphanus Raphanistrum und Sinapis arvensis in Frage. Letzterer soll auf genügenden Kalkgehalt im Boden hinweisen, während ersterer Kalkbedürftigkeit andeuten soll. Nach STEYER und EBERLE nahm die Häufigkeit im Auftreten des Ackersenfes nach der neutralen bis alkalischen Seite zu. Auf sehr stark sauren Böden kam keine Pflanze vor und auf stark sauren wurden nur vereinzelte Pflanzen angetroffen. „Wir stimmen N. C. NIELSEN bei in der Meinung, daß die Anwesenheit von Sinapis ein sichereres und verläßlichereres Kennzeichen ist, als das etwa gleichzeitig mit ihm beobachtete Auftreten geringfügiger „Säureflora". Hinsichtlich der Bedeutung des Hederichs als Indikator sprechen die beiden Forscher ihr Bedenken aus „und vermeiden es, auf ihn bei der floristischen Feldbeurteilung ein endgültiges Urteil zu begründen". Ähnlich lauten in dieser Hinsicht die Angaben von VOGEL[2] für die verschiedensten Landesteile von Bayern. Für die Sinapis-Standorte wurden p_H-Werte von 6,6—7,69 gemessen, für die reinen Hederichböden (wässeriger Auszug) 5,25—7,34. „Sinapis bevorzugt die mehr oder weniger stark alkalischen und kohlensauren Kalk enthaltenden Bodenarten. Im Konkurrenzkampf mit dem Rettich unterliegt er diesem gegenüber, wenn der Kalkgehalt unter ein gewisses Minimum gesunken ist." „Das p_H-Gebiet, innerhalb dessen Raphanus angetroffen wird, scheint nach der saueren Seite abhängig zu sein vom Kolloid- und Staubgehalt der Böden". „Dieser Umstand, daß bei verschiedener Bodenart der Rettich sich bei ganz verschiedenen Säuregraden entwickelt, schränkt den allgemeinen Gebrauch einer p_H-Intervallangabe für den Rettichstandort erheblich ein."

Es besteht also die Möglichkeit, nach der qualitativen und quantitativen Zusammensetzung der Standortsflora einen Rückschluß auf die Bodenreaktion zu machen, und die folgenden Schlußausführungen von STEYER und EBERLE dürften wohl zu Recht bestehen. Es scheint „möglich zu sein, mit der floristischen Unkrautdiagnose dem Praktiker eine Methode an die Hand zu geben, welche bei

[1] HESSBERG, O. v.: a. a. O., S. 157. — ZUTAVERN, P.: Der Knäuel, Scleranthus annuus. Pflanzenbau 3, 200 (1926/27). — WÜRTENBERGER, R.: Zwei Leitpflanzen zur Beurteilung des Bodenzustandes. Ebenda S. 352.

[2] VOGEL, F.: Beiträge zur Kenntnis der Standortsansprüche von Ackerrettich (Raphanus Raphanistrum) und Ackersenf (Sinapis arvensis). Landw. Jb. Bayern. **16**, 149 (1926); Ackerrettich- und Senfverunkrautung. Pflanzenbau 3, 26 (1926/27).

gewissenhaft durchgeführter Beobachtung nicht die Gefahren großer Fehlermöglichkeiten bietet, wie sie bei der Verwendung empfindlicher chemisch-physikalischer Methoden in der Hand des Landwirtes jederzeit gegeben sind". Unbedingt erforderlich ist es natürlich, daß man die Unkrautflora und ihre Standortsansprüche auch wirklich kennt.

Aber nicht allein die Ackerunkrautpflanzen können als Leitpflanzen dem Landwirt bei der Beurteilung des Fruchtbarkeitszustandes der Ackerböden in vielen Fällen eine wertvolle Hilfe sein, in noch größerem Maße gilt dieses von der Pflanzendecke der Wiesen und Weiden. Obwohl man in vielen Fällen den natürlichen Pflanzenbestand von dem künstlichen auf Wiesen nicht wird unterscheiden können — bei zahlreichen neu angelegten Wiesen wird ersterer sogar fast vollständig fehlen — so soll doch kurz auf die Bedeutung der Wiesenpflanzen als „Bodenindikatoren" eingegangen werden. Schon TROMMER[1] hat 1853 auf die große Bedeutung der Kenntnis der gesamten Wiesenvegetation für den Wiesenbautechniker hingewiesen. Nach seiner Ansicht zeigt sie ihm, ob eine Wiese zu naß oder zu trocken ist, ob gedüngt werden muß oder nicht, ob noch andere Kulturmaßnahmen ergriffen werden müssen und welche.

Die in der zweiten Hälfte des vergangenen Jahrhunderts und in der Nachzeit vorgenommenen zahlreichen Wiesendüngungs- und Bewässerungs- und Entwässerungsversuche haben diese Ansicht im weitesten Maße bestätigt. Es sei nur an die Untersuchungen der Versuchsstation Rothamsted[2] und an die klassischen Versuche von STEBLER und SCHRÖTER und an die Arbeiten der verschiedenen Moorkulturanstalten erinnert. Daher finden wir auch 1923 bei STRECKER[3] folgende Ansicht vertreten: „Man kann mit Sicherheit von dem natürlichen Stande der Wiesen auf die Eigenschaften des Bodens schließen, weil die Abhängigkeit der Gräser von Boden und Feuchtigkeit eine auffallend große ist. Darin liegt es begründet, daß man von jeher zwischen guten und schlechten Gräsern zu unterscheiden gewußt hat: findet der Landwirt die eine bessere Wiese oder Weide charakterisierenden Gräser, so weiß er eben, daß er eine gute Wiese oder Weide vor sich hat, die viel Futter und, weil sie einen reichen Boden besitzt, auch nährstoffreiches hervorbringt und umgekehrt." „Es ist gewiß, daß für Wiesen und Weiden eine Bonitierung und Klassifikation nach ihrem Pflanzenbestande die natürlichste und sicherste ist. Der Boniteur hat sich weniger um die Lage, den Untergrund usw. zu kümmern, weil alle diese Verhältnisse schon aus den auf den Wiesen vorgefundenen Gräsern und den ihnen entsprechenden Bodenarten sich schließen lassen."

Welche Bodeneigenschaften lassen sich nun aus der Pflanzendecke der Wiesen und Weiden erschließen? Wie schon[4] ausgeführt wurde, haben STEBLER und

---

[1] TROMMER, C.: Die Bonitierung des Bodens. 1853.

[2] BRENCHLY, W. E.: Die Rothamsteder Wiesendüngungsversuche von 1856—1919. Deutsch v. C. A. WEBER. Berlin 1926. — STEBLER, F. G. u. C. SCHRÖTER: Beiträge zur Kenntnis der Matten und Weiden der Schweiz. Landw. Jb. Schweiz I. **1**, 77 (1887); II. **1**, 93 (1887); III. **1**, 149 (1887); IV. **1**, 178 (1887); VII. **2**, 139 (1888); VIII. **3**, 29 (1889); IX. **5**, 141 (1891); X. **6**, 95 (1892). — STEBLER, F. G.: Die Streuwiesen der Schweiz. Ebenda XI, 1 (1897). — WEBER, C. A.: Über Saatmischungen für Dauerwiesen und Dauerweiden auf den Moorböden des norddeutschen Tieflandes. Landw. Jb. **27** (Erg.-Bd. **4**), 451 (1898); Die Entwicklung der Wiesen und Weiden der Versuchswirtschaft der Moor-Versuchsstation Bremen. Ebenda **44**, 17 (1913).

[3] STRECKER, W.: Erkennen und Bestimmen der Wiesengräser, 9. Aufl. Berlin 1923; Die Kultur der Wiesen, 4. Aufl. Berlin 1922. — DÜNKELBERG, F. W.: Der Wiesenbau, 4. Aufl. Braunschweig 1907. — STEBLER, F. G. u. C. SCHRÖTER: Die besten Futterpflanzen, 3. Aufl. Bern 1902 u. 1908. — WERNER, H.: Handbuch des Futterbaues, 3. Aufl. Berlin 1907.

[4] Siehe S. 76.

SCHRÖTER sowie BRAUNGART darauf hingewiesen, daß man hinsichtlich ihrer Ansprüche an die Bodenfeuchtigkeit die Wiesengräser und -kräuter in verschiedene Gruppen einteilen kann. Letzterer unterscheidet wasserliebende, indifferente und wasserfliehende Kräuter und Gräser. Es wird aber weiterhin von BRAUNGART noch unterschieden, wie stark diese Eigenschaften bei den einzelnen Pflanzen ausgeprägt sind. Wiesen, die unter stagnierender Nässe leiden, sind bekanntlich sofort, wie jeder Praktiker weiß, an ihrer Flora zu erkennen. Die Süßgräser werden dort durch die Sauergräser, wie Carex acuta, C. rostrata, C. disticha, C. vesicaria und andere, verdrängt. Sehr wahrscheinlich ist es aber nicht direkt die Bodennässe, die diese Änderung der Pflanzendecke hervorbringt, sondern die durch sie gehemmte Sauerstoffversorgung der Wurzeln, die bekanntlich bei den Cyperaceen und verwandten Arten durch besondere Durchlüftungsgewebe sichergestellt ist. Auch bei der Bestimmung der Feuchtigkeitsverhältnisse von Wiesen und Weiden wird man die sichersten Ergebnisse erwarten dürfen, wenn man sich nicht auf einzelne Leitpflanzen stützt, sondern den ganzen Pflanzenverein einer Wiese berücksichtigt und nach dem Vorgange von STEBLER und SCHRÖTER[1], WEBER[2], FISCHBACH, EMMERLING u. WEBER, PETERSEN besondere „Wiesentypen“ unterscheidet, die nach dem vorherrschenden Grase benannt werden. Weitere Wiesentypen sind später von WITTMACK, BRAUNGART, NAUMANN und in den letzten Jahren von KLAPP und KNOLL aufgestellt worden. Bestimmend für den Pflanzenverein einer Wiese sind natürlich die klimatischen, biotischen und edaphischen Standortsfaktoren. Es wird Aufgabe der zukünftigen Vegetationsforschung sein müssen, die verschiedenen Standortsbedürfnisse, getrennt nach den einzelnen Faktoren, bei den einzelnen Wiesentypen klarzustellen. Erst dann wird der Pflanzenverein ein sicheres Reagens für alle Standortsfaktoren abgeben können. Die bisher vorliegenden Studien an Wiesentypen haben aber in vielen Fällen schon gezeigt, daß einzelne Typen gut die Feuchtigkeitsverhältnisse des Bodens widerspiegeln. Es wird z. B. nach WITTMACK in Norddeutschland der Mielitz-Typ — Glyceria aquatica-Typ — nur auf den feuchtesten, süßen Wiesen angetroffen. Der Rasenschmielen-Typ — Aira caespitosa — stellt den Typus der moorigen Wiesen dar. Der französische Raygras-Typus — Arrhenatherum elatius — stellt den Typus der mittelfeuchten, besten Wiesen dar. Zum Straußgras-Typus — Agrostis vulgaris — gehören die trockenen Wiesen. WEBER gibt vier Typen der reichen norddeutschen Moorwiesen und ihre Beziehung zur Bodenfeuchtigkeit an. Bei EMMERLING und WEBER finden wir dreiundzwanzig Typen der Dauerweiden in den Marschen Norddeutschlands.

[1] Siehe Anm. 2 S. 94.

[2] WEBER, C. A.: Über die Zusammensetzung des natürlichen Graslandes in Westholstein. Schriften naturw. Ver. Schleswig-Holstein **9**, 179 (1892); a. a. O., S. 451ff. (1898); Wiesen und Weiden in den Weichselmarschen. Arb. Dtsch. Landw. Ges. **165** (1909); Untersuchungen der Wiesen und Weiden des norddeutschen Tieflandes und ihre Ergebnisse. Jb. Landw. Ges. **1909**, 285. — EMMERLING, A. u. C. A. WEBER: Beiträge zur Kenntnis der Dauerweiden in den Marschen Norddeutschlands. Arb. Dtsch. Landw. Ges. **61** (1901). — WITTMACK, L.: Die eidgenössische Samen-Kontrollstation in Zürich. Landw. Jb. **23**, 47 (1894). — NAUMANN, A.: Die Grasfluren der Erde, Deutschlands Wiesentypen und die Wertbestimmung des Wiesenheues. Z. Inf.krkh. Haustiere **4**, 50 (1908). — KLAPP, E. L.: Beiträge zur Kenntnis einiger oberbayerischer Wiesenbestände und der für ihre Zusammensetzung maßgebenden Faktoren. Landw. Jb. Bayern **12** (1922); Studien über die Beteiligung unserer Wiesenpflanzen an der Bildung des Pflanzenbestandes und ihr Verhalten gegen Düngung. Landw. Jb. **66**, 55 (1927); Einwirkung der Wiesendüngung auf den Pflanzenbestand. Mitt. Dtsch. Landw. Ges. **1926**, 486; Wiesendüngung und Pflanzenbestand. Ebenda **1927**, 673. — KNOLL, I.: Die Pflanzenbestandsverhältnisse der Dauerwiesen in der Umgebung von Ulm. Dissert. Hohenheim 1926. — FISCHBACH, H.: Floristische Untersuchungen der Pflanzenbestände oldenburgischer Grünländereien. Dissert. Kiel 1919. — PETERSEN, A.: Die Taxation von Wiesenländereien. Berlin 1928.

Sie unterscheiden solche des hochgelegenen, trockenen bis mäßig feuchten Kleibodens, solche des frischen bis ziemlich feuchten Kleibodens, solche des feuchten Marschbodens und solche des nassen Marschbodens. PETERSEN gibt für Deutschland 46 verschiedene Wiesentypen an, die zum Teil ebenfalls sehr wertvolle Schlüsse auf die Feuchtigkeitsverhältnisse des Bodens zulassen. Wegen der engen Beziehungen zwischen der Pflanzengesellschaft der Wiesen und deren Wasserhaushalt kommt FISCHBACH[1] auf Grund von eingehenden Untersuchungen auf oldenburgischen Grünländereien zu folgendem Urteil: „Der wichtigste und am stärksten hervortretende Faktor für die Bildung und Zusammensetzung der Grasnarbe ist die Feuchtigkeit. Während bei extremen Feuchtigkeitsverhältnissen, also in sehr nassen und sehr trockenen Lagen, die an Feuchtigkeit bzw. Trockenheit gebundenen Arten prozentual die höchsten Anteile einnehmen, treten schon auf den Flächen mit mittleren Feuchtigkeitsverhältnissen diese Pflanzenarten zurück und räumen indifferenten Arten das Feld. Steigt auf trockenen Flächen der Grundwasserstand, so gelangt als erste Grasart der feuchtigkeitsliebenden Pflanzengruppe Agrostis alba zur Entwicklung; ihr folgen Holcus lanatus, Alopecurus geniculatus, Glyceria fluitans und endlich die Carex-Arten. Die Einwirkung der Feuchtigkeit kann so stark sein, daß sie die Einflüsse des Nährstoffgehaltes erheblich abschwächen, teilweise sogar vollständig aufheben kann. BRENNER[2] hat in Finnland die Wiesenböden hinsichtlich ihres Feuchtigkeitsgrades in zehn Klassen eingeteilt — Klasse zehn bezeichnet den feuchtesten, Klasse eins den trockensten Boden — und sodann die Verteilung einiger Wiesentypen auf diese Klassen bestimmt: Carex rostrata-Wiese Kl. 7—9; Carex gracilis-Wiese Kl. 7—9; Juncus filiformis-Wiese Kl. 6—8; Carex Goodenowii-Wiese Kl. 6—7; Carex canescens-Wiese Kl. 6—7; Agrostis canina-Wiese Kl. 5—7; Aira caespitosa-Wiese Kl. 4—6; Nardus stricta-Wiese Kl. 3—5; Festuca ovina-Wiese Kl. 2—5; Kräuterwiesen 2—6.

Ferner lassen sich auch Beziehungen zwischen der Abhängigkeit der Wiesenflora und der geognostischen Unterlage feststellen. Sie müssen aber in den verschiedenen Gegenden verschieden stark ausgeprägt sein. WEBER verneint eine solche für Holstein. Alle dort vorkommenden Graslandformationen soll man dort ohne weiteres auf jeden Boden versetzen können, wenn nur dafür gesorgt wird, daß die Formation auf dem neuen Boden die Feuchtigkeitsverhältnisse antrifft, die sie verlangt. BRENNER ist ähnlicher Ansicht. STEBLER und SCHRÖTER, BRAUNGART und STRECKER sind anderer Ansicht. Sie geben an, daß der Kalkgehalt des Bodens von ganz besonderer Bedeutung für die Verteilung der Wiesenpflanzen und auch Wiesentypen ist. Die schweizerischen Forscher führen eine Reihe von Wiesenformationen an, die nur auf kalkarmen Böden, und andere, die nur auf Kalkböden angetroffen werden. STEBLER und SCHRÖTER weisen aber auch weiter darauf hin, daß sich der Einfluß des Bodens auf die Zusammensetzung der Wiesenflora erst dort ausgeprägt geltend macht, wo die Böden nicht gedüngt sind und die wahrhaft unterlageständigen Gräser und Kräuter nicht durch den Dünger verdrängt worden sind. STRECKER macht weiterhin noch darauf aufmerksam, daß einige Wiesenpflanzen mit Vorliebe auf salzhaltigen Strandwiesen und noch andere auf ganz leichten Sandböden vorkommen.

Neuerdings ist auch gezeigt worden, was bei der Abhängigkeit der Wiesenpflanzen vom Kalkgehalt des Bodens auch erwartet werden mußte, daß die Pflanzendecke der Wiesen und Weiden ein Bild von der Bodenreaktion geben

[1] FISCHBACH, H.: a. a. O., S. 69.

[2] BRENNER, W.: Studien über die Vegetation im westlichen Nyland und ihr Verhältnis zu den Eigenschaften des Bodens. Fennia 43, 1 (1922/23).

[3] OLSEN, C.: a. a. O., S. 33 1923. [4] Vgl. S. 66.

kann. OLSEN[1] hat, wie gezeigt wurde[2], die Verteilung der Wiesenpflanzen auf die verschiedenen p_H-Klassen des Bodens untersucht und weiterhin den erfolgreichen Versuch gemacht, aus der Wiesenvegetation direkt die ungefähre Bodenreaktion abzulesen. KLAPP[3] konnte allerdings im Gegensatz zu OLSEN keine eindeutigen Beziehungen zwischen einem engen Reaktionsbereich einerseits, der Häufigkeit und dem Massenanteil einzelner Arten, dem Auftreten bestimmter Pflanzengesellschaften, dem Gras- und Leguminosenanteil andererseits feststellen, wenn Standorte in verschiedener Lage betrachtet wurden. „Befriedigend deutlich wurden diese Beziehungen nur in den extremen Reaktionsstufen, aber auch hier vorwiegend bei extensiv behandelten Wiesen mit wenig beeinflußter Wildflora."

Ferner kann in vielen Fällen die Pflanzendecke einer Wiese über den Nährstoffreichtum des Bodens Auskunft geben. Herrschen in der Pflanzendecke die hochwertigen und anspruchsvollen Gräser vor, wie Alopecurus pratensis, Dactylis glomerata, Festuca pratensis, Lolium multiflorum und Poa pratensis, so läßt dieses auf einen fruchtbaren Boden schließen. Werden diese Arten durch genügsamere Wiesenpflanzen zurückgedrängt, so deutet dieses auf eine mehr oder weniger große Nährstofferschöpfung des Bodens hin. Besonders wertvoll können solche Beobachtungen für die Überwachung von Hochmoorwiesen sein. Ein Wiederauftreten von Vertretern der ursprünglichen Hochmoorflora läßt ein dringendes Düngerbedürfnis erkennen. Diese engen Beziehungen zwischen Pflanzengesellschaft und Nährstoffreichtum der Wiesenböden zeigen in besonders eindeutiger Weise eine Reihe der von PETERSEN[4] aufgestellten Wiesentypen. Bei dieser Abhängigkeit der Wiesenflora vom Nährstoffgehalt des Bodens ist es auch ganz selbstverständlich, daß sich alle Düngemaßnahmen auf einem Wiesenboden in seiner Pflanzendecke widerspiegeln. Die älteren Versuche von Rothamsted haben gezeigt, daß durch Stickstoffdüngung das Wachstum der Gräser, durch Kalidüngung das der Leguminosen besonders gefördert wird. Damit stehen zahlreiche spätere Untersuchungen von EMMERLING und WEBER[5], MAIWALD, KLAPP, MOSSOLOW in vollständiger Übereinstimmung. EMMERLING und WEBER machen folgende Angaben: „Je größer die Fläche ist, welche die besten Weidegräser auf einer Raygrasdauerweide des schweren Marschkleies einnehmen, um so größer ist durchschnittlich der prozentige Gehalt des Bodens an Stickstoff und Phosphorsäure. Je größer die Fläche ist, welche auf einer Raygrasdauerweide des schweren Marschkleies die Kleearten bedecken, um so größer ist durchschnittlich der prozentische Gehalt des Bodens an Kalk und Kali und um so kleiner der an Stickstoff und Phosphorsäure." Wir dürfen hoffen, noch einen besseren Indikator auf das Düngerbedürfnis einer Wiese durch die Pflanzendecke zu erhalten, wenn wir erst einmal die Ernährungsansprüche, besonders auch die Bedürfnisse an Nährsalzen, der einzelnen Wiesenpflanzen kennen. Hierüber liegen nur wenige Untersuchungen vor. Aber die klassischen Arbeiten von STEBLER und SCHRÖTER haben einwandfrei gezeigt, daß man die Wiesenpflanzen in ihrem Verhalten zum Stalldünger in die fünf Gruppen, düngerfordernde, düngerliebende, indifferente, düngerfliehende und

[1] OLSEN, C.: a. a. O., S. 33 (1923). [2] Vgl. S. 66.

[3] KLAPP, E. L.: a. a. O., S. 834 (1930). — LANDGRAF, E.: Bodenreaktion und Wachstum der Wiesenpflanzen. Dissert. T.H. München 1928. — WEISKE, F.: Beobachtungen über den Einfluß der Bodenreaktion auf die Entwicklung von Wiesenpflanzen I. u. II. Landw. Jb. **68**, 373 (1929); **70**, 191 (1929).

[4] PETERSEN, A.: a. a. O., S. 28 (1928).

[5] EMMERLING A. und C. A. WEBER: a. a. O., S. 103. — MAIWALD, K.: Die Wirkung einer Stickstoffdüngung des Grünlandes auf das Verhältnis von Gräsern und Kleearten. Z. Pflanzenernährung, Abt. B, **4**, 521 (1925). — KLAPP, E. L.: a. a. O., S. 114 (1926). — MOSSOLOW, W. P.: Zur Kenntnis der Wiesenbiologie II, J. Landw. Wiss. Moskau **2**, 121 (1925).

[6] Beispiele siehe S. 70.

düngerfürchtende Arten einteilen kann[4]. BRAUNGART hat die Zahl der verschiedenen Arten noch vergrößert. Zu den düngerfliehenden und düngerfürchtenden Wiesenpflanzen gehören in erster Linie die Sauergräser und zahlreiche Hochmoorpflanzen, die sich bekanntlich auf einer sehr nährstoffreichen Wiese nicht halten können, und die man daher auch durch animalische oder mineralische Düngung vertreiben kann. Weiterhin ist vor allen Dingen von BRAUNGART darauf hingewiesen worden, daß sich eine Überdüngung auch an der Flora erkennen läßt. Treten auf Wiesen Ackerunkräuter, besonders Ruderalpflanzen wie Polygonum aviculare, Plantago major, Chenopodium album, auf und halten sich diese, so ist dieses immer ein Zeichen, daß an diesen Stellen mit Stickstoff überdüngt worden ist. Ein starkes Verdrängen von Kleearten durch Doldengewächse soll darauf hindeuten, daß die Wiesen jahrelang mit Mist und Gülle gedüngt worden sind.

Aber nicht allein der Landwirt kann aus der Unkrautflora auf manche Eigenschaften seiner Äcker schließen. Die gleichen Beziehungen bestehen natürlicherweise zwischen der Pflanzendecke eines W a l d e s und dem Fruchtbarkeitszustand der Waldböden, so daß sich der Forstwirt desselben Hilfsmittels bedienen kann. Man darf erwarten, daß der natürliche Pflanzenbestand eines Standortes zunächst einmal zur Lösung der Frage, ob diese Stelle für waldbauliche Zwecke geeignet ist oder nicht, eine mehr oder weniger große Hilfe sein kann. Wie aus den Ausführungen von ROTH[1] hervorgeht, hat man in Ungarn schon seit 1884 die Bedeutung der Bodenflora für die Bodenschätzung bei der Aufforstung der Flugsandgebiete erkannt und hiervon in weitem Maße Gebrauch gemacht. „Der Boden der Sandgebiete wechselt auf Schritt und Tritt und zeigt eine unglaubliche Mannigfaltigkeit. Geringfügige Abweichungen in der Zusammensetzung des Bodens, schwache dem Auge kaum bemerkbare Erhebungen oder Senkungen sind für den Erfolg der Pflanzung oft von einschneidenster Bedeutung. Diese äußerlich kaum bemerkbaren Unterschiede gelangen in der Bodenflora mehr oder weniger prägnant, doch für den sorgsamen Beobachter stets auffallend genug, zum Ausdruck und geben infolgedessen Aufschluß über die Bonität des Bodens und über seine Eignung für gewisse Holzarten, so daß damit ein Fingerzeig für die Auswahl der Holzart zur Aufforstung gegeben ist." ROTH bringt ein Verzeichnis bei, in welchem die für die Bodenschätzung wichtigsten Standortsgewächse, die Standortseigenschaften, die sich aus ihrem Vorkommen erschließen lassen, und die standortsgemäßen Holzarten aufgeführt sind. ROTH weist aber darauf hin, daß eine Pflanzenart nur dort als typischer Standortsanzeiger angesehen werden darf, wo sie in normalem, kräftigem Wuchs und in größerer Anzahl vorkommt: „Bei gesellschaftlichem Auftreten mehrerer Pflanzenarten ergänzen sie sich gegenseitig und geben eine Verstärkung oder Abschwächung des ihnen innewohnenden Hinweises." BATES und PIERCE[2] haben auf ähnliche Weise die Aufforstungsmöglichkeiten der Sandhügel von Nebraska und Kansas bestimmt.

Im Walde selbst kann aber die Bodenflora von ebenso großer Bedeutung sein. Direkte Beziehungen bestehen allerdings nur zwischen ihr und der obersten Bodenschicht. Da diese aber für die Nährstoffversorgung der tieferen Schichten, in denen sich die Hauptmasse der Baumwurzeln befindet, von allergrößter Bedeutung ist, so dürfte dennoch die Bodenvegetation in mehr oder weniger großem Umfange einen geeigneten Indikator für den ganzen Waldboden abgeben. Ob-

[1] ROTH, I.: Die Aufforstung der ungarischen Flugsandgebiete. Forstw. Zbl. **38**, 377, 464, 523 (1916) (dort auch die ältere Literatur).

[2] BATES, C. G. und R.G. PIERCE: Forestation of sand hills of Nebraska and Kansas. For. Serv. Bull. **121** (1913).

wohl schon TROMMER[1] und RATZEBURG[2] eine Reihe von Standortsgewächsen des Waldes angegeben und darauf hingewiesen haben, daß man die Bodenvegetation bestehend aus Pilzen, Flechten, Moosen, Kräutern, Halbsträuchern und Sträuchern zur Bonitierung der Waldböden mit heranziehen sollte, so ist doch in der Folgezeit in Europa und besonders in Deutschland forstlicherseits dem Studium der Bodenflora als Hilfsmittel zur Bestimmung der Fruchtbarkeit der Waldböden wenig Aufmerksamkeit gewidmet worden. Erst seit den letzten 20 Jahren scheinen sich auch hier andere Verhältnisse anzubahnen, und von seiten der Forstwirtschaft wird auch darauf hingewiesen, daß der Forstmann den Standortsgewächsen die ihnen zukommende Beachtung schenken müsse. Als erster untersuchte SENFT[3] die Kräuter und Grasarten in ihrem Verhalten zum Boden- und Waldbau. Seinen Beobachtungen kommt auch heute noch ein gewisser Wert zu. Besondere Aufmerksamkeit hat er den Gräsern als Standortsanzeigern gewidmet.

1. Ungenügsame Gräser: Poa pratensis, Aira caespitosa, Alopecurus pratensis deuten auf lehmigen Boden hin, welcher reich an verwitternden kieselsauren Salzen und gutem Humus in seinen oberen Lagen ist. 2. Genügsame Gräser: Holcus lanatus, Anthoxanthum odoratum, Koeleria cristata, Brachypodium pinnatum deuten auf einen sandig-lehmigen oder auch kalkhaltigen Boden hin, welcher nur allmählich ein mäßiges Quantum von löslichen kieselsauren Salzen und löslichem kohlensaurem Kalk und nur ein geringes Maß von gutem Humus in seinen oberen Lagen besitzt. 3. Pelzgräser: Aira flexuosa, Aira canescens, Festuca ovina, Nardus stricta mit tiefgreifenden, faserreichen Filzwurzeln und Borstenblättern deuten auf einen Boden hin, welcher in seinen oberen Lagen nichts als kohligen — tauben — Humus und nur in seinen unteren Lagen noch einige Mineralsalze besitzt. 4. Auslaufende Gräser: Holcus mollis, Agrostis stolonifera verlangen einen lockeren, warmen, mäßig feuchten, lösliche Silikate produzierenden Boden.

SENFT gibt ferner noch eine Reihe von Kräutern und ihre Standortsansprüche an. Tollkirsche, Nachtschatten, Hohlzahn, Bingelkraut sind starke Humusverbraucher und zeigen daher einen günstigen Bodenzustand an. Geringere Humusansprüche stellen das schmalblättrige Weidenröschen, das Habichtskraut und das Waldkreuzkraut.

Seit etwa 20 Jahren sind in den verschiedenen Ländern Europas zahlreiche Untersuchungen über die Geeignetheit der Bodenvegetation als Standortsweiser angestellt worden[4].

---

[1] TROMMER, C.: Die Bonitierung des Bodens. 1853.

[2] RATZEBURG, I. T. C.: a. a. O., S. 344 ff., 421 ff.

[3] SENFT, F.: Die Kräuter- und Grasarten auf den Waldblößen in ihrem Verhalten zum Boden und Waldbau. Z. Forst- u. Jagdwes. **1**, 341 (1869); **2**, 255 (1870).

[4] GREBE, C.: a. a.O., S. 12 (1928). — RUBNER, K.: a. a.O. S. 135 (1920). S. 286 (1925); Bedeutung der Waldtypen für den deutschen Wald. Silva **1922**, 89. — FEUCHT, O.: Die Bodenflora als waldbaulicher Weiser. Ebenda **1922**, 369; Die Bodenpflanzen unserer Wälder. Stuttgart 1925. — HARTMANN, F. K.: Die Bestandsflora als Ausdruck aller Standortsfaktoren. Z. Forst- u. Jagdwes. **55**, 609 (1923); Grundlagen für die Analysierung von Bestandsfloren im Dienste bestandsbiologischer Forschungen. Forstw. Zbl. **45**, 340, 385 (1923); Untersuchungen zur Azidität märkischer Kiefern- und Buchenstandorte unter Berücksichtigung typischer Standortsgewächse als Weiser. Z. Forst- u. Jagdwes. **57**, 321 (1925). — GAISBERG, E. v.: a. a.O., S. 73 ff. — ANDERSON, G. u. H. HESSELMAN: Vegetation och flora i Hamra kronopark. Medd. Stat. Skogsförsöksanst **4**. 35. (1907). — HESSELMAN, H.: Jordmånen i Sveriges skogar. Skogsvårdsfören. folkskr. **1911**, 27/28; Våra skogars mark vegetation och den samband med markboniteten. Skogs vårdsfören. Tidskr. **1914**, 520; **1917**: a. a. O., S. 297. — TIBERG, H. V.: Skogsproduktionen, markläget och jord analysen. Värmlandska Bergsmannafören. Ann. **1910**, 189. — LAGERBERG, T.: Markfloransanalys på objektiv grund. Medd. Stat. Skogsförsöksanst. **11**, 129 (1914); Några kritiska synpunkter vid beståndsanalyser. Skogsvårdsfören. Tidskr. **1916**, 401. — BORNEBUSCH, C. H.: Om Bedømmelse af Skovjordens Godhed ved Hjaelp af Bundfloaen. Dansk. Skovforenings Tidskr. **1920**; Objektiv Beskrivelse af et Skovdistrikts Urteflora. Ebenda **1921**; Skovbundstudier I—III: Det forstlige Forsøgsvaesen i Danmark **8**, 1 (1923/26); IV—IX. Ebenda 181. — OLSEN, C.: a. a. O.: S. 1 (1921); S. 66 (1923). — RAUNKIAER, C.: a. a. O., S. 1 (1926).

Über welche Eigenschaften der obersten Bodenschicht kann uns die Bodenflora Auskunft geben? Sie dürfte, wie schon aus den Ausführungen von Senft hervorgeht, in erster Linie einen Indikator für die Humusformen abgeben. Neuere Untersuchungen haben dieses bestätigt. Müller[1] gibt schon 1887 die charakteristischen Leitpflanzen des fruchtbaren Buchenmulls — milder Humus anderer Autoren — an, ferner die des Buchentorfes, also Pflanzen, die beginnenden oder ausgesprochenen Rohhumus anzeigen. Grebe[2] wies, wie schon gezeigt wurde, vor allen Dingen auf die zahlreichen Rückschlüsse hin, die sich aus dem Auftreten der verschiedensten Waldmoose auf den Humuszustand der Waldböden ziehen lassen. Gaisberg[3] hat später diese Beispiele noch erweitert. Rubner hat die für die verschiedenen Humusformen im westlichen Moränengebiet Bayerns charakteristischen höheren und niederen Leitpflanzen, wie ebenfalls schon[2] ausgeführt wurde, angegeben. Feucht[4] machte im nördlichen Schwarzwald folgende Beobachtungen:

Oxalis acetosella und Asperula odorata sind Anzeiger milden, tätigen Bodens. Wird erstere im Grase erstickt, so ist dieses ein Zeichen dafür, daß die normale Zersetzung aufhört und Rohhumus entsteht, dasselbe gilt für Carex silvatica und Mercurialis perennis. Das Fehlen von Rohhumus zeigt auch Epilobium angustifolium an. Weitere Charakterpflanzen des normalen Humus sind Milium effusum, Elymus europaeus, Holcus lanatus, Melica uniflora und Catharinea undulata. Anmoorigen Boden bezeichnen Sieglingia decumbens und Nardus stricta. Rohhumuszeiger sind Aira flexuosa, Dicranum scoparium, Leucobryum glaucum.

Hartmann[5] hat vor allen Dingen die Bodenvegetation des Eichenwaldes Westdeutschlands in ihren Beziehungen zur Bodenstruktur untersucht. Er findet folgende Leitpflanzen:

1. **Moose:** Es zeigen gesunde, frische und gekrümelte Böden in schattigen Wäldern: Catharinea undulata, Mnium undulatum und Mnium cuspidatum; in etwas lichteren Wäldern: Eurhynchium Stokesii, Hylocomium brevirostre, H. triquetrum, Hypnum delicatulum, Thuidium tamariscinum; bei noch stärkerer Lichtzufuhr: Hylocomium splendens, Hypnum purum, H. Schreberi. Auf mehr oder minder dicht gelagerte Böden mit oder ohne Rohhumusbildung deuten die folgenden Moose in aufsteigender Reihenfolge hin: Dicranella heteromalla, Bryum caespitosum, Pohlia nutans, Ceratodon purpureus, Dicranum scoparium, D. undulatum, Polytrichum formosum, P. commune, P. juniperinum und Leucobryum glaucum. 2. **Gräser usw.:** Die Gegenwart folgender Gräser und verwandter Arten deuten auf normal zersetzte Böden in mehr oder weniger gut gelagerter Krümelstruktur: Poa nemoralis, Milium effusum, Aira caespitosa, Carex silvatica, Luzula albida, L. silvatica. Dactylis glomerata, Holcus lanatus, H. mollis, Aira caespitosa, wenn es in größeren Büschen und Rasen auftritt, Carex leporina, Carex remota, Festuca gigantea, Brachypodium silvaticum, B. pinnatum zeigen unter Umständen schon Anpassungsfähigkeit an dichter gelagerte Böden, wenn sie auch teilweise auf gekrümelten Böden vorkommen oder diese hier und da zu bevorzugen scheinen. Dasselbe gilt in verstärktem Maße für Agrostis vulgaris. Festuca ovina und Aira flexuosa treten nur auf dicht gelagerten Böden oder Bodenstellen auf, welche zur Rohhumusbildung neigen oder diese schon erkennen lassen. Auch Calamagrostis epigeios und C. arundinacea zeigen Vorliebe für Böden in Einzelkornstruktur. 3. **Kräuter:** Von diesen erscheinen in aufsteigender Reihenfolge bei zunehmender Lichtung auf normal zersetzten Böden: Anemone nemorosa, Oxalis acetosella, Asperula odorata, Viola silvatica, Veronica Chamaedrys, V. officinalis, Galeobdolon luteum, Ajuga reptans, Glechoma hederacea, Epilobium montanum. Hypericum hirsutum, H. tetrapterum, H. perforatum, Senecio jacobaea, Epilobium angustifolium, Potentilla sterilis, Fragaria vesca, Campanula- und Hieracium-Arten sind Pflanzen, welche mit zunehmender Lichtung eine beginnende Bodenverdichtung anzeigen, ohne daß jedoch der Boden in seiner physikalischen Beschaffenheit schon merklich beeinflußt ist. Die genannten Kräuter verschwinden bei beginnender Rohhumusbildung gewöhnlich sehr schnell. Diese vermag nur Melampyrum pratense, Potentilla tormentilla und evtl. Lactuca muralis auszuhalten.

Weiterhin kann in manchen Fällen die Bodenflora einen sehr brauchbaren Maßstab für die Feuchtigkeitsgrade des Waldbodens abgeben und be-

[1] Müller, P. E.: Studien über die natürlichen Humusformen und deren Einwirkung auf Vegetation und Boden. Berlin 1887.

[2] Vgl. S. 73. [3] Gaisberg, E. v.: a. a. O., S. 73ff. [4] Feucht, O,: a. a. O., S. 369ff.

[5] Vgl. Hartmann, F. K.: a. a. O., S. 629 (1923.)

sonders auf mehr oder weniger versumpfte Stellen hinweisen. So deutet nach FEUCHT[1] die Gegenwart von Impatiens noli tangere auf einen feuchten Boden hin, „wie er der Esche zusteht, auf dem aber die Fichte leicht rotfaul wird". Molinia coerulea weist auf gleichmäßig feuchten Boden hin und gilt im Schwarzwald als Leitpflanze des Klebsandes. Polytrichum juniperinum soll auf einen Boden hinweisen, der öfters austrocknet. Versumpfende Stellen sind durch das Auftreten von Moorpflanzen charakterisiert. Stellen, an denen Quellwasser austritt, haben ebenfalls ihre Charakterpflanzen, z. B. Cardamine amara, Scirpus silvaticus und häufig Equisetum maximum. Weitere Beispiele unter gleichzeitiger Berücksichtigung des Kalkgehaltes des Bodens findet man bei PESOLA[2]. ROMELL[3] hat wegen der engen Beziehung zwischen Bodenvegetation und Bodenfeuchtigkeit erstere als Indikator für den Grad der Sumpfigkeit des Bodens bei seinen Untersuchungen über das Auftreten von Bartflechten und den Zuwachs der Fichte benutzt. Als Leitpflanzen trockener Böden führt er die gewöhnlichen Wald-Hylocomien, Dicranum-Arten, Heidelbeere, Preißelbeere usw. an, für die Übergangszonen zahlreiche Polytrichum-Arten, Empetrum nigrum, Rubus chamaemorus und Carex globularis und für die ausgesprochen sumpfigen Stellen die Sphagnen, besonders Sphagnum Russowii. Diese Beispiele ließen sich an Hand forstlicher Floren für die verschiedenen Bezirke noch um das Vielfache vermehren. Auch R. S. HOLL und P. SINGH[4], haben nach CLEMENTS[5] in Indien bei der Aufforstung von Shorea robusta den natürlichen Pflanzenbestand, besonders Gräser, benutzt, um in erster Linie den Feuchtigkeitsgehalt und die Bodendurchlüftung zu bestimmen.

Auch zwischen der Wasserstoffionenkonzentration der obersten Bodenschicht und ihrem Pflanzenbestand lassen sich, wie die schon angeführten Untersuchungen von ARRHENIUS, CHODAT, OLSEN, WHERRY, ZLATNÍK usw. gezeigt haben[6], enge Beziehungen feststellen. Zu denselben Ergebnissen kamen auch HARTMANN, BORNEBUSCH und FRANK[7]. Letzterer gibt z. B. für Gneisböden in der Nähe von Freiburg an, daß die Standorte von Urtica, Geranium Robertianum, Impatiens noli tangere und Anemone nemorosa die geringsten Säuregrade aufweisen. Auf etwas stärker saueren Bodenstellen kamen Oxalis acetosella, Asperula odorata, Melica uniflora, Senecio Fuchsii, Carex brizoides und Rubus Idaeus vor. Die sauersten Stellen suchen zahlreiche Moose, Leucobryum glaucum, Polytrichum formosum, Dicranum scoparium, ferner Vaccinium Myrtillus, Calluna vulgaris, Aira flexuosa und Melampyrum pratense auf. Sagen nun auch alle diese Bodenpflanzen nur etwas über die Reaktion der obersten Bodenschicht aus, so ist diese doch auch indirekt für den Nährstoffreichtum der tieferen Schichten maßgebend, denn gerade das Pilz- und Bakterienleben, das für die Mobilisierung der im Humus sich vorfindenden organischen Substanzen von größter Bedeutung ist, hängt im weitesten Maße von der Reaktion des Nährmediums ab.

Besonders wichtig für die Entwicklung der Waldbäume ist die Menge des ihnen in aufnehmbarer Form zur Verfügung stehenden gebundenen Stickstoffs. Bei Besprechung der nitrophilen Pflanzen ist aber schon darauf hingewiesen worden, daß die Zusammensetzung der Pflanzendecke besonders bei Waldböden ein gutes Bild davon geben kann, ob Nitrate im Boden vorhanden sind und damit

[1] FEUCHT, O.: a. a. O., S. 369ff.
[2] PESOLA, V. A.: a. a. O. Vgl. diesen Beitrag Anm. 1. S. 54.
[3] ROMELL, L. G.: Bartflechten und Zuwachs der Fichte. Medd. Stat. Skogsförsöksanst. **19**, 405 (1922).
[4] HOLL, R. S. a. P. SINGH: Oecology of sal I/III. Indian Forest Records **5** (1914/16).
[5] CLEMENTS, F. E.: a. a. O., (1928), S. 222. [6] Vgl. S. 65/67.
[7] HARTMANN, F. K.: a. a. O. S. 321 (1925). — BORNEBUSCH, C. H.: a. a. O., S. 221ff. (1923/26). — FRANK, A.: Über Bodenazidität im Walde. Dissert. Freiburg, Baden, 1927.

auf die Nitrifikationskraft der Böden hindeuten. Graf ZU LEININGEN[1] gibt zahlreiche Leitpflanzen gut nitrifizierender Böden an. Bei HESSELMAN finden sich die charakteristischen Nitratpflanzen der Laubwiesen, der Erlenwälder, der Buchenwälder, der Mischwälder und der Fichtenwälder Südschwedens und die Rohhumus- und Trockentorfpflanzen, die auf fehlende Nitrifikation hindeuten. BORNEBUSCH[2], der ähnliche Untersuchungen in Dänemark ausgeführt hat, zeigt, daß annähernd aus der Zusammensetzung der Bodenflora in Buchenbeständen auf die Bodenreaktion und die Intensität der Nitratbildung geschlossen werden kann. Gleiche Angaben machen NĚMEC und KVAPIL[3] für die Wälder der Tschechoslowakei:

„Die Humusschichten in Nadelholzbeständen mit vegetationsloser Bodenoberfläche, welche die höchsten in unseren Waldgebieten beobachteten Säuregrade aufweisen, zeigen allgemein eine ausgesprochene Tendenz zur Denitrifikation. Weniger saure Humusschichten und Untergrundböden der Koniferenbestände mit vegetationslosen oder moorbedeckten Oberflächen, Hylocomium, Hypnum, Dicranum und Polytrichum, bilden keine Nitrate, zeigen aber auch Denitrifizierungsvorgänge in einem Umfange, welcher die Grenze der zulässigen Versuchsfehler überschreiten würde. Nadelholzbestände mit einer Humusdecke, welche als Träger von saftiger Pflanzenvegetation, Sträuchern und Halbsträuchern gekennzeichnet ist, zeigen ein beträchtliches Nitrifikationsvermögen, auch in dem Falle, wo der Säuregrad des Bodens höhere Werte aufweist. Sehr intensive Nitratbildung wurde in Beständen von Rubus Idaeus und Rubus nemorosus festgestellt; diese Sträucher reihen sich an die ausgesprochen nitrophilen Pflanzenarten." „In Buchenwäldern und anderen Laubholzbeständen mit vegetationsloser oder moorbedeckter Oberfläche gehen meistens keine Nitrifikationsvorgänge vor sich. In Böden der Laubholzarten mit Pflanzenvegetation werden Stickstoffverbindungen weit mehr nitrifiziert als in Laubholzbeständen, die keine Standortsvegetation aufweisen. Gewisse typische Standortspflanzen oder Pflanzenassoziationen können als Weiser des Nitrifikationsvermögens in Betracht kommen." „In Buchenwäldern, in denen Oxalis acetosella Leitpflanze ist, zeigen die Humus- und Streuschichten geringere Nitrifikationsfähigkeit als in Waldtypen, welche durch Auftreten von Asperula odorata, Anemone hepatica, Mercurialis perennis, Epilobium angustifolium, Paris quadrifolia und Rubus Idaeus gekennzeichnet sind, wo der Stickstoff organischer Verbindungen der Streu- und Mullschichten leicht in Nitratform überführt wird."

Im vorhergehenden ist in erster Linie gezeigt worden, wie einzelne Bodenpflanzen über die Fruchtbarkeit der obersten Bodenschicht Auskunft geben können. Zu sehr viel günstigeren Resultaten wird man aber kommen, wenn man sich bei der Bodenbeurteilung nicht auf das Vorkommen oder die Abwesenheit einiger Leitpflanzen stützt, sondern auch hier die qualitative und quantitative Zusammensetzung des ganzen Pflanzenvereins eines Standortes zu seiner Beurteilung heranzieht. In Finnland ist man unter der Leitung von CAJANDER[4] im weitesten Maße in den letzten zwanzig Jahren dazu übergegangen, den am Standorte vorherrschenden Pflanzenverein zur Grundlage der Beurteilung des Fruchtbarkeitszustandes des Waldbodens und seiner Bonitierung

[1] LEININGEN, W. Graf ZU: Über die Sticktoffaufnahme verholzender Pflanzen. Forstw. Zbl. **47**, 673 (1925). — HESSELMAN, H.: a. a. O., S. 425 ff. (1917); Om våra skogsföryngringsåtgärders inverkan på salpeterbildningen i marken. Medd. Stat. Skogsförsöksanst. **13/14**, 923 (1916/17).

[2] BORNEBUSCH, C. H.: a. a. O., S. 98ff., 221ff. (1923/26).

[3] NĚMEC, A. u. K. KVAPIL: a. a. O., S. 410ff.

[4] CAJANDER, A. K.: Über Waldtypen. Acta forest. fennica **1** (1909; Über die Verteilung des fruchtbaren Bodens in Finnland. Ebenda **25** (1923); The theory of forest types. Ebenda **29** (1926) (hier die ganze Literatur). — CAJANDER, A. K. u. Y. ILVESSALO: Über Waldtypen II. Ebenda **20** (1922). — ILVESSALO, Y.: Untersuchungen über die taxatorische Bedeutung der Waldtypen. Ebenda **15** (1920); Ein Beitrag zur Frage der Korrelation zwischen den Eigenschaften des Bodens und dem Zuwachs des Waldbestandes. Ebenda **25** (1923). — BJÖRKENHEIM, R.: Beiträge zur Kenntnis einiger Waldtypen in den Fichtenwaldungen des deutschen Mittelgebirges. Ebenda **6** (1916/18). — PALMGREN, A.: Zur Kenntnis des Florencharakters des Nadelwaldes. Ebenda **22** (1922). — LINKOLA, K.: Waldtypenstudien in den Schweizer Alpen. Veröff. geobot. Inst. Rübel **1**, 139 (1924). — Ferner die zahlreichen Arbeiten in Bd 34 der Acta forestalia fennica, Festband für CAJANDER (1929).

zu machen. „Da die Standortsgüte eigentlich nur ein Ausdruck für das Vermögen des Standortes ist, die Ansprüche der Vegetation zu befriedigen, so liegt der Gedanke nahe, die Standorte nach der für sie charakteristischen Vegetation zu gruppieren, die Waldstandorte somit nach den Pflanzenvereinen des Waldes.“ Für letztere hat CAJANDER den Ausdruck „Waldtypen“ geprägt. „Zu ein und demselben Waldtyp werden alle Waldungen gerechnet, deren Vegetation sich im erreichten bzw. angehenden Haubarkeitsalter und bei wenigstens annähernd normalem Geschlossenheitsgrad des Baumbestandes durch im wesentlichsten gemeinsame Artzusammensetzung und denselben ökologisch-biologischen Charakter auszeichnet, sowie alle diejenigen, deren Vegetation sich von der eben definierten nur in solchen Hinsichten unterscheidet, die — z. B. infolge des verschiedenen Alters des Baumbestandes, einer Durchhauung, Einführung einer anderen Holzart usw. — als vorübergehend oder zufällig, jedenfalls nicht als bleibend zu betrachten sind. Das System der Waldtypen ist also vorzüglich auf die im Haubarkeitswalde der normal geschlossenen Waldbestände unterscheidbaren Pflanzenvereine basiert. Die übrigen Waldungen werden zu denjenigen Waldpflanzenvereinen gezählt, denen sie bei entsprechender Holzart, normaler Geschlossenheit und entsprechendem Alter des Waldbestandes, sowie auch sonst unter als normal zu betrachtenden Verhältnissen angehören würden.“ „Die Waldtypen stellen also in erster Linie Pflanzengesellschaften der Untervegetation der Wälder dar. Sie werden nach charakteristischen Pflanzenarten benannt. So repräsentiert der Myrtillus-Typ einen ganz bestimmten Typ, für den zwar das mehr oder weniger reichliche Vorkommen von Myrtillus nigra im allgemeinen charakteristisch ist, daneben aber auch bestimmte andere Pflanzenarten, ein bestimmter biologischer Charakter, ja sogar der Grad des Gedeihens der einzelnen Pflanzenarten. Es kommt sogar nicht selten vor, daß die namengebende Pflanzenart ganz fehlt. Das ist besonders der Fall mit den besten Waldtypen, z. B. dem Sanicula-Typ, bei dem die Artenzahl am größten ist. Natürlich gehört der Waldbestand trotzdem dem Sanicula-Typ an, wenn auch Sanicula ganz fehlt, falls nur die übrigen charakteristischen Eigenschaften diejenigen des Sanicula-Typ sind.“ Von CAJANDER und seinen Mitarbeitern sind folgende Waldtypen aufgestellt worden. Die Reihenfolge gibt die fallende Standortsgüte an.

I. Gruppe der Hainwälder. Die üppigsten Wälder, die Moosvegetation mehr oder weniger spärlich bzw. unvollständig entwickeln, darunter Eurhynchium, Brachythecium, Mnium, Flechten fehlen fast vollständig. Die Kraut- und Grasvegetation reichlich und üppig; ihre Reichlichkeit variiert jedoch je nach dem Grade des Schattens im Bestande. Reiser sehr wenig hervortretend, oft fehlen sie vollständig. Sträucher reichlicher als in den anderen Gruppen. Der Waldbestand im Naturzustand mehr oder weniger gemischt; vorherrschend gewöhnlich die Laubhölzer. Die Vegetation sehr artenreich. Charakter der Vegetation hygrophil (-tropophil). Der Humus ist ein mehr oder weniger ausgeprägt milder Humus; die Auswaschung des Bodens ist verhältnismäßig gering. 1. Sanicula-Typ (ST), 2. Aconitum-Typ (AT), 3. Vaccinium-Rubus-Typ (VRT), 4. Oxalis-Majanthemum-Typ (OMaT), 5. Farn-Typ (FT), 6. Geranium-Dryopteris-Typ (GDT).

II. Gruppe der frischen Wälder. Charakteristisch für diese Gruppe der Waldtypen ist eine mehr oder weniger ununterbrochene bzw. sehr üppige Moosvegetation, vornehmlich aus Hylocomium-Arten bestehend, und eine im allgemeinen ziemlich bzw. sehr reichliche Heidelbeervegetation; dagegen sind Kräuter und Gräser im großen und ganzen ziemlich spärlich vorhanden. Diese Gruppe der Wälder tritt vor allem auf frischem Moränenboden auf. Der Humus ist mehr oder weniger ausgeprägter Rohhumus. Die Auswaschung bzw. Podsolierung des Bodens ist mehr oder weniger stark. 1. Oxalis-Myrtillus-Typ (OMT) tritt besonders auf Moränenhügeln und Moränenhängen auf, auf frischem ziemlich kräftigem Boden. 2. Pyrola-Typ (PyT). Dieser Waldtyp scheint an Lehm- und Tonböden gebunden zu sein. Die durch diesen Typ charakterisierten Böden eignen sich ganz besonders gut zum Ackerbau. 3. Myrtillus-Typ (MT). 4. Hylocomium-Myrtillus- und Dickmoos-Typ (HMT).

III. Gruppe der Heidewälder. Mehr oder weniger xerophile Wälder mit gewöhnlich vorherrschender Kiefer. Bisweilen überwiegt jedoch die Fichte, namentlich auf frischerem Boden, sowie besonders im nördlichen Finnland, die Birke. Der Boden wird von einem im allgemeinen ziemlich zusammenhängenden Moos- oder Flechtenteppich bedeckt. Die Humusschicht ist im allgemeinen dünn und ziemlich trocken; die Auswaschung meistens weniger intensiv. 1. Vaccinium-Typ (VT) tritt vor allen Dingen auf ziemlich trockenem, nicht zu sterilem Geröllboden auf. 2. Empetrum-Myrtillus-Typ (EMT). 3. Calluna-Typ (CT) bevorzugt besonders sterile und trockene und vor allen Dingen sandige Böden. 4. Myrtillus-Cladonia-Typ (MClT). 5. Cladonia-Typ (ClT).

In Anlehnung an CAJANDER hat in den Jahren 1923—26 BORNEBUSCH[1] die für die Wälder Dänemarks charakteristischen Waldtypen aufgestellt. Für die Buchenwälder führt er folgende an: 1. Oxalis-Typ gibt die ärmsten Wälder an. 2. Der Anemone-Oxalis-Typ kennzeichnet etwas bessere Wälder. 3. Asperula-Anemone-Typ gibt einen guten Boden an. 4. Galeobdolon-Asperula-Typ weist auf noch besseren Boden hin. 5. Mercurialis-Corydalis-Typ weist auf Böden von gleich guter Beschaffenheit hin. Weiterhin werden noch zahlreiche für feuchte Böden charakteristische Waldtypen aufgestellt.

ILVESSALO[2] hat auch die Beziehungen zwischen Waldtyp und Dickenwachstum der Bäume untersucht. Bei allen Holzarten war der mittlere Durchmesser der Bestandsbäume in sämtlichen Altersstufen um so größer, je besser der Waldtyp. Er vertritt daher die Ansicht, daß sich die Waldtypen als „relativ leicht unterscheidbare Bonitäten im allgemeinen gut zur Grundlage der Waldbonitierung aller waldtaxatorischen Untersuchungen und vor allem der Ertragstafeln eignen.

In den letzten Jahren ist man dazu übergegangen, nach Beziehungen zwischen Waldtyp und einigen edaphischen Standortsfaktoren zu suchen. VALMARI[3] konstatierte, daß zwischen dem Waldtyp und dem Gesamtelektrolytgehalt des Bodens eine ziemlich deutliche Korrelation besteht, eine noch weit deutlichere aber zwischen dem Waldtyp und dem Gehalt an salzsäurelöslichem Kalzium und die deutlichste zwischen dem Waldtyp und dem Stickstoffgehalt.

Waldtyp	Glühverlust pro ha Boden in kg	Gehalt pro ha in kg an			Relativer Gehalt in der 20 cm dicken Bodenschicht an		Relativer Zuwachs in einem 75jährigen Kiefernbestand[4]	Relativer Zuwachs in einem 60jährigen Birkenbestand[4]	Zahl der höheren Pflanzenarten[4]
		Elektrolyten	CaO	N	salzsäurelöslichem CaO[4]	Gesamtstickstoff[4]			
AT .	1894	578	4012	4500	—	—	—	—	—
OMaT	1771	781	1760	4760	140	223	—	185	158
OMT .	1448	794	1478	3315	117	137	115	117	119
MT .	1237	497	1257	2428	100	100	100	100	100
VT .	1029	271	996	1726	79	71	83	83	73
CT. .	1083	418	680	1547	54	64	52	—	41
ClT .	601	220	464	860	36	34	27	—	20

[1] BORNEBUSCH, C. H.: a. a. O., S. 11ff., 207ff. (1923/26).
[2] ILVESSALO, Y.: Acta forest. fennica **25**, Abh. 10 (1923).
[3] VALMARI, I.: Beiträge zur chemischen Bodenanalyse. Acta forest. fennica **20** (1921).
[4] Der jeweilige Wert des MT gleich 100 gesetzt.

AALTONEN[1] hat später die Mobilisierung des Stickstoffs in der Humusschicht der Böden der verschiedenen Waldtypen untersucht:

Waldtyp	CT	VT	MT	OMT	OMaT
Prozentgehalt an Gesamtstickstoff .	1,495	1,666	1,796	2,234	2,795
Verhältnis: löslicher N zu Gesamt-N	0,220	0,335	0,385	0,484	0,551
Dasselbe Verhältnis nach 2 Monaten	1,074	1,207	1,819	2,868	4,425

BORNEBUSCH und NĚMEC und KVAPIL haben ähnliche Beziehungen[2] zwischen der Mobilisierung des Bodenstickstoffs und dem Waldtyp festgestellt. Von AALTONEN und BORNEBUSCH sind weiterhin auch Untersuchungen über die Bodenreaktion und den Waldtyp angestellt worden. Die folgende Tabelle gibt die Ergebnisse wieder.

Finnland		Dänemark	
Waldtyp	Bodenreaktion	Waldtyp	Bodenreaktion
nach AALTONEN		nach BORNEBUSCH	
OMaT	(5,0)	Primula-T	5,6
OMT	5,2	Mercurialis-T	5,6
MT	4,8	Circaea-Asperula-T	5,3
VT	4,6	Galeobdolon-Asperula-T . .	5,2
CT	4,2	Anemone-Oxalis-T	4,9
ClT	3,6	Oxalis-T	4,7

CAJANDER spricht 1926 auch die Vermutung aus, daß Beziehungen zwischen Waldtyp und Podsolierung bestehen. Die Allgemeingültigkeit der CAJANDERschen Waldtypen und besonders ihre Bedeutung für waldtaxatorische Zwecke und als Grundlage der Ertragstafeln hat zahlreiche Verteidiger, aber auch manche Gegner gefunden. Letztere sind besonders auf schwedischer Seite zu finden. Hier sind HESSELMAN[3], WALLMO und LAGERBERG zu nennen. Da CAJANDER, BJÖRKENHEIM und LINKOLA einen Teil ihrer Untersuchungen in Deutschland und der Schweiz angestellt haben und auch zahlreiche Waldtypen aufführen, die dem deutschen Forstmann die Mittel in die Hand geben sollen mit ihrer Hilfe die Wälder zu bonitieren, so ist natürlich die Ansicht der deutschen Forstwissenschaftler über ihre Brauchbarkeit von besonderem Interesse. HARTMANN lehnt die Waldbodenflora zu waldbaulichen Bonitierungszwecken im Kulturwalde ab. SCHWAPPACH glaubt, „die Waldtypen wohl als eine wertvolle Bereicherung unserer bodenkundlichen und waldbaulichen Erkenntnisse betrachten zu sollen". Für taxatorische Zwecke glaubt er ihnen aber nur beschränkte Anwendung

---

[1] AALTONEN, V. T.: Über den Aziditätsgrad des Waldbodens. Comm. ex Inst. quaestionum forest. Finl. **9** (1925); Über die Umsetzungen der Stickstoffverbindungen im Waldboden. Ebenda **10** (1926).

[2] BORNEBUSCH, C. H.: a. a. O., S. 203ff. (1923/26). — NĚMEC, A. und K. KVAPIL: a. a. O., S. 321, 385. — CAJANDER, A. K.: Acta forest. fennica **29** (1926).

[3] HESSELMAN, H.: a. a. O., S. 520 (1914. Studier över barrskogens humustäcke. Medd. Stat. Skogsförsöksanst. **22**, 169 (1925). — WALLMO, U.: Våra skogars markvegetation och dess sam band med markboniteten. Skogsvårdsfören. Tidskr. **1914**, 517. — LAGERBERG, T.: a. a. O., S. 131 (1914), S. 401 (1916). — BJÖRKENHEIM, R.: Acta forest. fennica **6**, III (1919). — LINKOLA, K.: a. a. O., S. 139 (1924). — HARTMANN, F. K.: a. a. O., S. 609 (1923); Kiefernbestandstypen des nordostdeutschen Diluviums. Neudamm 1929. — SCHWAPPACH, A.: Untersuchungen über die taxatorische Bedeutung der Waldtypen. Forstl. Rdsch. **22**, 113 (1921). — RUBNER, K.: a. a. O., S. 89 (1922); Bodenvegetation und Höhenbonität im Lehr- und Versuchsrevier Grafrath. Forstw. Zbl., N. F. **51**, 813, 860 (1929). — LEININGEN, W. Graf ZU: Über Waldtypen. Zbl. ges. Forstwes. **48**, 154 (1922). — SUKATSCHEW, W.: Der Waldtyp. Forstarch. **3**, 381 (1927).

einräumen zu dürfen. RUBNER ist der Ansicht, „daß der Zusammenhang zwischen Bodenflora und Standortsbonität überall da, wo es sich um Waldboden handelt, der früher reinen oder doch vorherrschenden Laubholzwuchs trug, eine sehr problematische Sache" ist, die häufig geradezu irreführend sein kann. Andererseits hat dieser Forscher selbst aber im oberpfälzischen Hügelland vier sehr gut unterscheidbare Standortsbonitäten festgestellt, die aufs deutlichste durch die Bodenflora und den Höhenzuwachs der Kiefer gekennzeichnet waren. Auf Grund späterer Versuche (1929) kommt er zu der Ansicht, daß die Vegetationstypen sehr wichtig zur Beurteilung des Bodenzustandes sind, so daß die CAJANDERschen Waldtypen für Bonitierungszwecke allerdings in Deutschland nur bei größter Einschränkung gelten. Nach Ansicht von Graf ZU LEININGEN können in Deutschland und Österreich die Waldtypen nur dann in nähere Beziehungen zur Produktivität des Bestandes gebracht werden, wenn man die verschiedenen Waldtypen nur auf ein und derselben Bodenart miteinander vergleicht. WIEDEMANN[1] ist andererseits „fest überzeugt, daß systematische, floristische Untersuchung auch bei uns die auf der Flora aufgebauten Waldtypen zu vollen Ehren bringen wird".

Sollte nun auch aus späteren Untersuchungen hervorgehen, daß die CAJANDERschen Waldtypen für waldtaxatorische Zwecke in nichtfinnländischen Ländern wenig oder gar nicht geeignet sind, so ist dieses natürlich für die Frage, ob man mit Hilfe dieser natürlichen Pflanzengesellschaften den Fruchtbarkeitszustand des Bodens bestimmen kann, ganz nebensächlich; denn die Waldtypen werden uns immer den Zustand der obersten Bodenschichten widerspiegeln und darüber hinaus werden sie uns sogar manchen Hinweis auf bestimmte Eigenschaften der tieferen Schichten geben können. Kennen wir aber weiterhin die Standortsansprüche[2] der an den gleichen Stellen wachsenden Bäume, so können wir aus ihrem Vorkommen und ihrem Wuchs weitere wertvolle Aufschlüsse gewinnen.

2. Die Bestimmung des Fruchtbarkeitszustandes des Bodens mit Hilfe chemischer Untersuchungsmethoden.

a) Die Bestimmung der im Boden im leichtlöslichen Zustande vorhandenen Nährstoffe.

Von **A. GEHRING**, Braunschweig.

Die Bestimmung der in Wasser löslichen Nährstoffe des Bodens (Wasserauszüge).

Auszüge ohne vorherige Behandlung des Bodens.

J. VON LIEBIG[3] zog im Jahre 1857 aus seinen Arbeiten den Schluß, daß die Mehrzahl unserer Kulturgewächse ihre wichtigsten und zum Wachstum wesentlichsten mineralischen Bestandteile nicht aus einer Lösung vom Boden empfangen

---

[1] WIEDEMANN, E.: Arb. Biol. Reichsamt. Land- u. Forstw. 13, 1 (1924).

[2] SCHROETER, C.: Das Pflanzenleben der Alpen. Zürich 1926. — MOROSOW, G. F.: Die Lehre vom Walde. Neudamm 1928. — STEBUTT, A.: Lehrbuch der allgemeinen Bodenkunde. Berlin 1930. — HUECK, K.: Die Pflanzenwelt der deutschen Heimat, 1. Berlin 1930. — DENGLER, A.: Waldbau auf ökologischer Grundlage. Berlin 1930.

[3] LIEBIG, J. VON: Über einige Eigenschaften der Ackerkrume. Ann. Chem. u. Pharm. 105, 139 (1858).

kann, sondern ihre Nahrung direkt dem Boden entzieht. Eine große Zahl seiner Fachgenossen stand dieser Auffassung ablehnend gegenüber und vertrat weiterhin die Anschauung, daß die Kulturpflanze ihren Nährstoffbedarf lediglich der Bodenflüssigkeit entzieht, so daß also durch Ausziehen des Bodens mit Wasser und durch Analyse dieses Filtrates ein Maßstab für den Nährstoffreichtum und die Fruchtbarkeit des Bodens gewonnen werden kann. Da andererseits auf der 20. Versammlung deutscher Forst- und Landwirte[1] die Anregung gegeben wurde, Untersuchungen darüber durchzuführen, welche Mengen an Bodenbestandteilen in einer bestimmten Zeit durch Verwesung und Verwitterung in einen löslichen, von den Pflanzen assimilierbaren Zustand übergeführt werden können, so war in den folgenden Jahren eine lebhafte Bearbeitung dieser Frage zu erkennen.

Es konnte z. B. R. HOFFMANN[2] in seinen Untersuchungen feststellen, daß in den Wasserauszügen der untersuchten Erden der Qualität nach alle Pflanzennährstoffe vorkommen, wenn sie auch in ungemein variierender Menge in diesen enthalten sind. Jedoch erscheinen die Mengen der bei diesen Versuchen durch kaltes Wasser aus den Böden ausziehbaren Nährstoffe geringer, als man dies namentlich in früheren Analysen fand. Die Ursache hierfür sieht HOFFMANN darin, daß er eine sehr sorgfältige Trennung der im Wasser gelösten und der darin nur suspendierten Stoffe vorgenommen hat, was bei älteren Analysen sicherlich nicht der Fall war. A. STÖCKHARDT[3] untersucht ferner Böden von Vegetationsversuchen durch dreimaliges Digerieren mit Wasser und findet dabei enge Beziehungen zur Nährstoffaufnahme der Pflanzen. EICHHORN[4] folgert sodann aus seinen Versuchen, daß von reinem Wasser aus dem Ackerboden alle zur Pflanzenernährung nötigen Stoffe aufgelöst werden, und daß die in den Monaten Juli und August in Bonn durchschnittlich fallende Regenmenge mehr als ausreicht, um alle Mineralbestandteile, die durch eine Ernte den verschiedenen Kulturpflanzen entzogen werden (Kieselsäure ausgenommen), in Lösung zu überführen. Diesen durchaus günstigen Beobachtungen stehen jedoch völlig entgegengesetzte Feststellungen gegenüber. WUNDER[5] wendet sich z. B. gegen EICHHORN und stellt dabei fest, daß diejenige Menge Wasser, welche während der Wachstumperiode der Zerealien durchschnittlich fällt, bei vierwöchentlicher Einwirkung auf den Boden wesentlich weniger Nährstoffe aus dem Boden löst, als in einer Ernte durch diese Kulturpflanzen dem Boden entzogen wird. Er folgt daher der Auffassung von LIEBIG (s. o.), wonach die Stoffe, welche die Pflanze dem Boden entnimmt, in letzterem in einem ähnlichen Zustand sich vorfinden wie etwa Farbstoffe in der Kohle oder Jod in Jodstärkemehl, also in einem Zustand, in welchem sie in Regenwasser für sich nicht löslich sind, welcher aber doch die Aufnahme durch die Wurzeln der Pflanzen gestattet. Diese Feststellung wird von E. PETERS[6] bestätigt. Außerdem finden PETERS[7] und JARRIGES[8] keinerlei Übereinstimmung derartiger Analysen mit den Vorgängen in der Praxis. H. GROUVEN[9] bestätigt ebenfalls diese Beobachtung. E. WOLFF[10] will daher die

[1] Hoffmanns Jber., A. 49. **1860**,
[2] HOFFMANN, R.: Verh. K. K. patr. ökonom. Ges. Böhmen **1859**, 105.
[3] STÖCKHARDT, A.: Studien über den Boden. Landw. Versuchsstat. **1**, 21 (1859).
[4] EICHHORN, H.: Z. Landw. Lehranst. Poppelsdorf, 1. Heft 22.
[5] WUNDER: Über die im Boden enthaltenen Lösungen. Landw. Versuchsstat. **2**, 104 (1860).
[6] PETER, E.: Über den Einfluß, welchen eine höhere oder niedere Bodentemperatur auf den Verw.- und Verwesungsprozeß in der Ackererde ausübt. Landw. Versuchsstat. **4**, 117 (1862).
[7] PETERS, C.: Chem. Ackermann **1860**, 228.
[8] JARRIGES, V.: Chem. Ackermann **1861**, 83.
[9] GROUVEN, H.: Eine landwirtschaftliche Monographie. Salzmünde. 1866.
[10] WOLFF, E.: Entwurf zur Bodenanalyse. Landw. Versuchsstat. **6**, 141 (1864).

in Wasser löslichen Pflanzennährstoffe nur noch in dem Maße berücksichtigen, daß er deren Gesamtmenge bestimmt. Und S. W. JOHNSON[1] zieht für amerikanische Verhältnisse ähnliche Schlußfolgerungen.

Auf Grund dieser widersprechenden Erfahrungen schlägt R. ULBRICHT[2] ein anderes Verfahren zur Gewinnung des wässerigen Bodenauszuges vor. Er hält es für richtig, durch Behandlung des Bodens mit größeren Mengen von Wasser sowohl die im gelösten Zustande befindlichen Mengen an Nährstoffen als auch die adsorbierten Nährstoffe zu entziehen. Aus diesem Grunde bereitet er von jedem Boden zehn Auszüge, indem er 2000 g Boden mit 8 l Wasser behandelt, davon nach einiger Zeit 6000 cm^3 abhebert und diese als Auszug I bezeichnet. Die abgeheberten 6000 cm^3 werden ersetzt und in entsprechender Weise weiter verfahren. ULBRICHT findet, daß vom zweiten Auszug ab die Werte für Kali und Kalk eine gewisse Konstanz erkennen lassen, wie auch schon PETERS beobachtete, und erklärt diese Tatsache dadurch, daß „durch den ersten Auszug ... ein Mehr an Kali usf. ... in Lösung geführt wird, welches außerhalb des Bereiches der adsorbierenden Kraft der Erde und der Menge des einwirkenden Wassers liegt, daß dagegen die Quantitäten Basen, welche die folgenden Auszüge gelöst enthalten, eine konstante Größe sind, die abhängig sein mag von der Adsorption der Erde, der Wassermenge und der chemischen Konstitution der Erde selbst". Ähnliche Erfahrungen sammelt auch FR. SCHULZE[3]. Für Kali und Phosphorsäure beobachtet er, „daß eine stark hervortretende Abnahme der folgenden Extraktportionen gegen das erste extrahierte Liter ... einen Fruchtbarkeitszustand bezeichnet, von welchem anzunehmen ist, daß er durch die nächsten Ernten erschöpft sein werde; zeigen umgekehrt die Extrakte bis zum fünften Liter noch keinen bedeutend verminderten Gehalt an jenen Stoffen, so ist der Gegensatz der nachhaltigen Fruchtbarkeit zu der gegenwärtigen gering. In beiderlei Fällen darf der Prozentgehalt der auf die ersten Auszüge folgenden Extraktportionen als Maß für den Bodenreichtum gelten". Aber auch gegen dieses Verfahren werden Einwendungen erhoben. W. KNOP[4] weist z. B. darauf hin, daß es ihm nicht gelungen ist, in den wässerigen Auszügen von fruchtbaren Ackererden Spuren von gelöster Phosphorsäure nachzuweisen. Dieser Einwand wird jedoch von FR. SCHULZE (s. o.) zurückgewiesen; auch E. HEYDEN[5] wendet sich gegen diese Feststellung von KNOP. Dagegen macht A. COSSA[6] darauf aufmerksam, daß es schwer ist, den Boden an löslichen Bestandteilen zu erschöpfen. Außerdem nimmt mit steigender Temperatur des Wassers das Lösungsvermögen zu, jedoch werden dabei Kohlensäure und flüchtige Ammoniakverbindungen ausgetrieben. Auch löst CO_2-haltiges Wasser größere Mengen von Pflanzennährstoffen aus dem Boden. Es muß daher eine genaue Arbeitsvorschrift festgelegt werden, um vergleichbare Werte zu erhalten.

Zur weiteren Aufklärung dieser Vorgänge stellt M. FESCA[7] Untersuchungen an über die Zusammensetzung eines durch einen kontinuierlichen Wasserstrom gewonnenen Bodenextraktes im Vergleich zu den Stoffen, welche eine Tabak-

---

[1] JOHNSON, S. W.: Amer. J. Sc. a. Arts Sillimann **32**, 233.

[2] ULBRICHT, R.: Ein Beitrag zur Methode der Bodenanalyse. Landw. Versuchsstat. **5**, 200 (1863).

[3] SCHULZE, FR.: Über den Phosphorsäuregehalt des Wasserauszugs der Ackererde. Landw. Versuchsstat. **6**, 409 (1864).

[4] KNOP, W.: Über den Phosphorsäuregehalt der Bodenflüssigkeit. Chem. Zbl. **1864**, 168.

[5] HEYDEN, E.: Ann. Landw. **45**, 189.

[6] COSSA, A.: Über die Bestimmung der im Wasser löslichen Bestandteile der Ackererden. Landw. Versuchsstat. **8**, 54 (1866).

[7] FESCA, M.: Beziehungen der stofflichen Zusammensetzung eines durch einen kontinuierlichen Wasserstrom gewonnenen Bodenextraktes usw. J. Landw. **8**, 459 (1873).

pflanze in der gleichen Zeit (6 Wochen) dem Boden entzieht. Dabei beträgt der Glührückstand des wässerigen Auszuges die vierfache Menge der Pflanzenasche. Von allen Stoffen mit Ausnahme des Eisens, von welchem die Pflanze die dreifache Menge aufgenommen hatte, enthält der Auszug einen Überschuß. Die Verhältnisse im Wasserauszug entsprechen dabei denen der Pflanze mehr als die im Salzsäureauszug.

Speziell über das Verhalten der Phosphorsäure geben noch folgende Arbeiten Auskunft: P. WAGNER[1] nimmt in Übereinstimmung mit PETERS an, daß der Gehalt wässeriger, kohlensaurer und essigsaurer Auszüge eines Bodens auf das Vorhandensein phosphorsaurer Salze der Alkalien und alkalischen Erden schließen läßt. Eine genaue quantitative Bestimmung dieser Phosphate ist jedoch aus dem Grunde in der wässerigen Lösung nicht möglich, weil die Phosphorsäure, welche als phosphorsaures Alkali und die, welche durch den Einfluß neutraler Salze aus den phosphorsauren Erden in Wasser gelöst wird, sich während der Digestionszeit nicht der adsorbierenden Einwirkung der Eisenverbindungen, der Kalk- und Magnesiumkarbonate entziehen kann. M. GERLACH[2] findet bei seinen Untersuchungen über die Festlegung von wasserlöslicher Phosphorsäure durch die Bestandteile des Bodens, daß die durch $CaCO_3$ und $MgCO_3$ adsorbierte P_2O_5 verhältnismäßig leicht löslich bleibt. Sie löst sich selbst nach längerer Zeit noch teilweise in Wasser, vollständig in CO_2-haltigem Wasser. TH. SCHLOESING SOHN[3] greift die Bestimmung des Nährstoffgehaltes des Bodens mit Hilfe des Wasserauszuges wieder auf, den er in der Weise feststellt, daß 300 g Erde plus 1300 g Wasser in einer Flasche 10 Stunden geschüttelt werden. Nach seiner Ansicht scheint die Menge der gelösten Phosphorsäure abhängig zu sein von dem Gleichgewichtszustand zwischen verschiedenen Reaktionen, welche für sich die Phosphorsäure in lösliche bzw. unlösliche Form überführen würden. Wird durch irgend einen Umstand der Gehalt der gelösten Phosphorsäure vermindert, so treten neue Mengen in Lösung und umgekehrt, was zur Folge hat, daß diese Menge der Phosphorsäure im Boden sich in dem Maße erneuern kann, als sie durch die Pflanzen aufgenommen wird. In einer weiteren Veröffentlichung[4] glaubt derselbe Autor, daß die im Bodenwasser enthaltene Menge an Phosphorsäure ausreicht, um die Pflanzen genügend mit Phosphorsäure zu versorgen. Er behandelt daher in Vegetationsversuchen Mais mit einer Phosphorsäurelösung, welche den Verhältnissen der Bodenlösung entspricht und erhält dabei schöne Maiskulturen. Ähnlich spricht er sich dann auch über das wasserlösliche Kali des Bodens aus[5]. Weiter[6] untersucht TH. SCHLOESING Sohn, inwieweit normalen Böden durch fortgesetztes Behandeln mit Wasser die Phosphorsäure entzogen werden kann. Er findet bei den untersuchten Böden Phosphorsäuremengen, welche unter sonst günstigen Umständen für 5, 10 oder 20 Ernten genügen würden. Er bemerkt jedoch, daß so große Wassermengen, wie sie hier benötigt werden, in der Natur der Erde anscheinend nicht zur Verfügung ständen; doch ist hierbei auch die Tätigkeit der Wurzeln in Betracht zu ziehen, welche die gelöste Phosphorsäure dem Bodenwasser entzieht. Somit wird in derselben Wassermenge immer wieder ein neues Quantum Phosphorsäure gelöst werden. TH. SCHLOESING

[1] WAGNER, P.: Verhalten der Phosphorsäure im Erdboden. J. Landw. **6**, 89 (1871).
[2] GERLACH, M.: Über das Verhalten der wasserlöslichen Phosphorsäure gegen absorbierende Bestandteile des Bodens.. Landw. Versuchsstat. **46**, 211 (1896).
[3] SCHLOESING, TH., Sohn: C. r. **127**, 236 u. 327 (1898).
[4] SCHLOESING, TH., Sohn: Utilisation par les plantes, de l'acide phosphorique dissous dans les eaux du sol. C. r. **127**, 820 (1898).
[5] SCHLOESING, TH., Sohn: C. r. **130**, 422 (1900).
[6] SCHLOESING, TH., Sohn: C. r. **132**, 1189 (1901).

Sohn[1] folgert weiter, daß die benutzten Maispflanzen den größten Teil ihres Kalis aus dem Vorrat an wasserlöslichem Kali entnommen haben. Das wasserlösliche Kali wurde zu diesem Zweck in der Weise bestimmt, daß 100 g Boden je Tag mit etwa 7 l Wasser durchsickert wurden. Die Manipulation wurde so lange fortgesetzt, bis die in dieser Flüssigkeitsmenge enthaltene Kalimenge sowohl bei dem mit Mais bepflanzten Boden als auch bei dem nicht mit Mais bepflanzten Boden gleich geworden war.

HALL und Mitarbeiter[2] lassen ebenfalls die Pflanzen in derart gewonnenen Bodenlösungen wachsen (20 kg trockener Boden: 35 kg Wasser). Die Zahlen für das Wachstum der Pflanzen zeigen, daß die Lösungen aus den verschiedenen Böden nicht identisch sind, aber die Differenzen zeigen sich parallel zu den Differenzen der Bodenerträge. NANNES[3] findet sogar eine bessere Übereinstimmung zwischen den Ergebnissen von Feldversuchen und dem Gehalt der Böden an wasserlöslicher Phosphorsäure als mit den Phosphorsäuremengen, welche in 2 proz. Essig-, Zitronen- oder Salzsäure gelöst gefunden wurden. S. A. SACHAROW[4] folgert schließlich aus seinen Versuchen, daß zur Ermittlung der wirklich löslichen Substanzen des Bodens ein 2 Minuten langes Schütteln des Bodens mit Wasser ausreichend ist, und S. BOGDANOW[5] bestimmt die assimilierbaren Bodenbestandteile Kali und Kalk in einer wässerigen Lösung, die durch achtundvierzigstündiges Schütteln von 1 Teil Boden mit 100 Teilen Wasser erhalten wird. Zahlreiche Kulturversuche sollen die Zuverlässigkeit des Verfahrens bestätigen.

Allen diesen erneuten Bestrebungen gegenüber kommen aber M. WHITNEY und F. K. CAMERON[6] zu dem Schluß, daß bei zahlreichem Versuchsmaterial keine Beziehung zwischen dem Gehalte der Bodenlösung und der Ertragsfähigkeit der betr. Böden festgestellt werden kann. Auch zeigt sich kein Unterschied von Ober- und Untergrund im Gehalte der Bodenflüssigkeit. Die angewendete Methodik war folgende: 100 g Boden werden mit 500 cm^3 Wasser 3 Minuten lang kräftig geschüttelt, nach 20 Minuten Stehen wird die überstehende Flüssigkeit dekantiert. Diese Methode entspricht der von KING[7] ausgearbeiteten, der lediglich das Filtrieren durch Chamberland-Pasteurkerzen vornimmt. Dieses Verfahren scheint weite Verbreitung gefunden zu haben, wie z. B. bei SACHAROW[8]. Auch G. SNYDER[9] stellt fest, daß Weizen dem Boden mehr Phosphorsäure entzieht, als aus dem Boden durch fünfzehntägige Extraktion mit Wasser herausgeholt werden kann.

Wenn nach diesen Erfahrungen auch eine weitere Verwendung des wässerigen Bodenauszuges zur Bestimmung des Nährstoffgehaltes normaler Böden vorläufig nicht mehr in Frage kam, so wurde doch durch nachstehende Arbeiten diese Arbeitsweise mit einem gewissen Erfolge für die Beurteilung der Alkali- und Salzböden herangezogen. So benutzte z. B. G. TUMIN[10] den Wasserauszug zur Bestimmung des Salzgehaltes von Alkaliböden. Die Pflanzen vertragen danach

---

[1] SCHLOESING, TH., Sohn: C. r. 137, 1206 (1903).

[2] HALL, A. D. u. Mitarbeiter: Phil. Trans. roy. Soc. Lond. Ser. B. **204**, 179.

[3] NANNES, G.: K. Landtbr. Akad. Hdl. Tidskr. **44**, 387 (1905).

[4] SACHAROW, S. A.: On methods of aqueous extraction. Z. Opuitn. Agron. **10**, 35 (1909); Exp. Stat. Rec. **21**, 520.

[5] BOGDANOW, S.: Third report of work in the study of the fertility of soils. Selsk. Khoz. Lyesov **1900**, 198; Exp. Stat. Rec. **12**, 725 (1900/01).

[6] WHITNEY, M. u. F. K. CAMERON: U. S. Dept. Agricult. Bureau Soil Bull. Nr. **22**, 71.

[7] KING: U. S. Dept. Agricult. Bur. soils, Bull. **26**, 29 (1905).

[8] SACHAROW: Russ. J. expt. Landw. **1906**, 476.

[9] SNYDER, G.: Water-soluble plant food of soils. Sc., n. ser. **19**, 834 (1904); ref. Exp. Stat. Rec. **15**, 1051 (1903/04).

[10] TUMIN, G.: The relation of vegetation to water extracts from the soils of Atbasar District, Akmolinsk. Z. Opytn. Agron. **11**, 704 (1910); Exp. Stat. Rec. **24**, 619 (1911).

in den tieferen Schichten einen höheren Salzgehalt als in der Oberfläche, und die Anwesenheit von $CaSO_4$ wie $CaCO_3$ ermöglichen der Pflanze ebenfalls, eine höhere Konzentration der Bodenlösung zu vertragen. Auch R. BALLENBERGER[1] findet eine gute Übereinstimmung zwischen der Fruchtbarkeit des Bodens und seinem Wasserauszug, seiner Leitfähigkeit und seiner Alkalität.

Nachdem dann lange Zeit hindurch die Frage des wässerigen Bodenauszuges vernachlässigt wurde, ist kürzlich dieses Verfahren erneut aufgegriffen worden, und zwar von A. NĚMEC[2], der 30 g Boden mit 100 cm^3 destilliertem Wasser auszieht. Im klaren Filtrat werden sodann kolorimetrisch die Phosphorsäure und das Kali bestimmt. Die Phosphorsäurebedürftigkeit für Zuckerrüben soll beginnen, wenn 1 kg Boden weniger als 35 mg Phosphorsäure enthält. Ähnliche Werte werden auch bei anderen Kulturpflanzen für beide Nährstoffe festgestellt. Die Feststellung der Stickstoffbedürftigkeit erfolgt in der Weise, daß die Bodenprobe zunächst im feuchten Zustande 14 Tage bei 18° aufbewahrt wird, um ohne Auswaschungsverluste Nitratbildung zu ermöglichen. Sodann werden 30 g Boden ebenfalls ausgewaschen mit 100 cm^3 H_2O und anschließend im Filtrat kolorimetrisch Nitrat bestimmt. Auch hier werden für die einzelnen Pflanzen Grenzwerte festgelegt. Genauere Angaben folgen später[3], wo auch eine Reihe von Belegen durch Felddüngungsversuche gegeben wird. B. DIRKS und F. SCHEFFER[4] glauben jedoch, den Grenzwerten NĚMECs nicht folgen zu können, doch sind sie der Überzeugung, daß auf basenarmen, sauren Böden der wässerige Bodenauszug die sichersten Angaben über die Löslichkeit der Bodenphosphorsäure geben wird.

Diese Auffassungen bestätigen die beiden Autoren[5] erneut, indem sie an einer Reihe von Versuchen und Vergleichen mit bekannten Methoden zur Bestimmung der Nährstoffbedürftigkeit des Bodens das Zutreffen ihrer Auffassung wiederum zeigen. Auch M. VON WRANGELL[6] greift neuerdings auf den Wasserauszug des Bodens zur Bestimmung seiner Nährstoffbedürftigkeit zurück, indem sie folgende Methode angibt: 1 g Feinerde in natürlichem Feuchtigkeitszustand wird mit 100 cm^3 destilliertem Wasser 5 Stunden lang geschüttelt. Nach kurzem Stehen, wobei die gröberen Teilchen niederfallen, wird die überstehende Flüssigkeit abpipettiert und zentrifugiert. Die klare Lösung wird möglichst quantitativ aus dem Zentrifugenglas herauspipettiert und der Rückstand im Zentrifugenglas wird mit neuen 100 cm^3 destilliertem Wasser mit dem ersten Rückstand vereinigt und eine neue Extraktion vorgenommen. Die Phosphorsäure wird kolorimetrisch bestimmt und die gesamte Menge an wasserlöslicher Phosphorsäure nach der Formel $x = \frac{a^2}{a - b}$ ermittelt, wobei a die Phosphorsäure im ersten, b die Phosphorsäure im zweiten Extrakt darstellt.

Diese Methode stimmt recht gut mit den Erfahrungen nach NEUBAUER überein. Eine ähnliche Methode zur Bestimmung des Vorrates an Kali ist in Vorbereitung, doch noch nicht in allen Einzelheiten ausgearbeitet.

---

[1] BALLENBERGER, R.: Study of Hungarian soils by means of their water solutions. Földtani Közlöny 43, 317 (1913); ref. Exp. Stat. Rec. 31, 814 (1914).

[2] NĚMEC, A.: Ein neues Verfahren zur raschen Bestimmung des Düngerbedürfnisses der Ackerböden. Dtsche Landw. Presse 53, 463 (1926).

[3] Ebenda S. 630 u. 642.

[4] DIRKS, B. u. F. SCHEFFER: Vergleichende Untersuchungen über das Nährstoffbedürfnis der Kulturböden. Landw. Jb. 67, 779 (1928).

[5] DIRKS, B. u. F. SCHEFFER: Der Kohlensäurebikarbonatauszug und der Wasserauszug als Grundlage zur Ermittelung der Phosphorsäurebedürftigkeit der Böden. Landw. Jb. 71, 73 (1930).

[6] WRANGELL, M. VON: Die Bestimmung der pflanzenzugänglichen Nährstoffe des Bodens. Landw. Jb. 71, 149 (1930).

Zu dem Verfahren von NĚMEC ist noch zu bemerken, daß F. TERLIKOWSKI, S. MICHNIEWSKI und M. KWINICHIDZE[1] das Verfahren für noch nicht genügend durchgearbeitet halten, da es z. B. vielfach einen deutlichen Mangel an Phosphorsäure angibt, wo die Verfahren von MITSCHERLICH und LEMMERMANN noch keine Bedürftigkeit anzeigen. Dabei besteht eine ziemlich bedeutsame Regelmäßigkeit zwischen dem Humusgehalt der untersuchten Böden und den in Wasser löslichen Phosphorsäureverbindungen. A. NĚMEC[2] weist selbst noch darauf hin, daß mehrfach von ihm beobachtet wurde, daß zwar ein geringer Vorrat an Phosphorsäure im Boden festgestellt wurde, daß aber trotzdem keine Wirkung der gegebenen Düngerphosphorsäure beobachtet werden konnte. Um die Wirkung von leichtlöslichen Eisenverbindungen in ihrem Einfluß auf diese Erscheinung zu prüfen, wurden 10 g Boden mit 100 cm³ 1proz. Zitronensäurelösung 1 Stunde bei 22⁰—25⁰ C geschüttelt. Am nächsten Tage wurde dann der Gehalt an Eisen kolorimetrisch bestimmt. Es wurde nun beobachtet, daß phosphorsäurearme Böden keine Phosphorsäurewirkung zu zeigen brauchen, wenn 100 g Boden mehr als 50 mg in 1proz. Zitronensäure lösliches Eisen enthalten. Ferner ist darauf hinzuweisen, daß der genannte Autor im Gegensatz zu VON WRANGELL daran festhält, daß ein einmaliges Ausziehen des Bodens mit Wasser genügt, um ihn zu charakterisieren, ohne daß seine Nachlieferungsgeschwindigkeit berücksichtigt wird.

Einen weiteren Weg, die löslichen Salze des Bodens zu bestimmen und zur Charakterisierung des Bodens zu benutzen, schlagen M. WHITNEY, F. D. GARDNER, L. B. BRIGGS und T. H. MAENS[3] ein, nämlich durch Bestimmung der elektrischen Leitfähigkeit. Sie führen diese Bestimmung in der Weise aus, „daß sie zu einer abgewogenen Bodenmenge eine bestimmte Menge Wasser von bekanntem Leitungswiderstand zusetzen und den Widerstand des Gemisches ermitteln. Sie verwenden hierzu eine aus Hartgummi hergestellte Zelle, füllen diese mit 10 cm³ Wasser, dessen Widerstand mindestens 150000 Ohm betragen muß, und tragen so viel trockenen Boden ein, als nötig ist, um alles Wasser aufzusaugen und bestimmen dann Temperatur und Widerstand. Die Zelle wird sodann gereinigt und der Versuch wiederholt, nur daß statt reinem Wasser 10 cm³ einer $^1/_{40}$ Normal-NaCl-Lösung verwendet wird. Die in beiden Versuchen ermittelten Werte sind selbstverständlich auf gleiche Bodenmengen und gleiche Temperaturen umzurechnen; aus den so erhaltenen Zahlen berechnet sich sodann der Gehalt des Bodens an löslichen Salzen, bezogen auf NaCl. Kleine Änderungen im Wassergehalt bedingen bereits große Änderungen des Widerstandes; so beträgt die Differenz der Widerstände zwischen 6—12% Wasser 12000 Ohm. Die Verfasser haben jedoch beobachtet, daß die Leitungsfähigkeit verschiedener Böden durch Wasserzusatz nicht in gleicher Weise verändert wird. Für reinen Quarzsand mit verschiedenen Mengen Salzlösungen ergeben ihre Versuche, daß mit steigendem Salz- und Wassergehalt sich der Widerstand proportional vermindert und umgekehrt. Einfache Verdünnung einer Salzlösung bewirkt nur eine allmähliche Änderung des Widerstandes gemäß der allmählich vor sich gehenden Dissoziation. Zusatz von Sand erhöht den Widerstand sofort; wurde soviel Sand

[1] TERLIKOWSKI, F., MICHNIEWSKI, S. u. M. KWINICHIDZE: Über die Ermittelung des Phosphorsäurebedürfnisses der Böden. Roczn. Nauk Rolniczych I Lesnych **17**, 330 (1927); nach Z. Pflanzenern. Düng. u. Bodenk. A., **11**, 180 (1928).

[2] NĚMEC, A.: Ein neues Verfahren zur Auswertung chemischer Düngerbedürftigkeitsmethoden auf die Bestimmung der Wirkung phosphorsäurehaltiger Düngemittel. Z. Pflanzenern., Düng. u. Bodenk. A., **18**, 48 (1930).

[3] WHITNEY, M., F. D. GARDNER, L. B. BRIGGS u. T. H. MAENS: Eine elektrische Methode zur Bestimmung der Feuchtigkeit, der Temperatur und der löslichen Salze im Boden. U. S. Dep. Agr. Div. Soils Buls **6**, 26; **7**, 15; **8**, 30; Obige Ausführungen zitiert nach einem Referat von J. MEYRHOFER in Hoffmanns Jber. **1898**, 605.

zugegeben, daß die Mischung etwa 4,5 % Feuchtigkeit besaß, so war der Widerstand bereits um das Fünfzehnfache gestiegen. Die Autoren erklären dies dadurch, daß der Strom infolge der Sandbeimengungen zwischen den Polen nicht mehr einen gradlinigen, sondern, um den Sandkörnern auszuweichen, einen vielfach gewundenen, d. h. längeren Weg, zurückzulegen hat. Direkte Versuche bestätigen diese Annahme. Wird in eine Zelle, die zur Hälfte mit Salzlösung gefüllt ist, eine oder mehrere Marmorkugeln, deren Volumen dem der halben Zelle entspricht, eingebracht, so wächst der Widerstand um 35—40 %, dasselbe Verhalten zeigt eine zu Schaum geschlagene Lösung. Feinkörniger Boden besitzt einen größeren Leitungswiderstand als grobkörniger Boden von genau dem gleichen Salzgehalt und Wassergehalt, veranlaßt durch die feinen Kapillaröffnungen zwischen den Körnern und den Flüssigkeitshäutchen an der Oberfläche derselben."

F. H. King und J. A. Jeffery[1] beobachten, daß in bebauten Böden eine kleine Abnahme des Salzgehaltes stattfindet, doch entspricht sie nicht der durch die Pflanzen aufgenommenen Mineralsubstanz. Ferner ist bei Humusböden mit verschiedener Behandlung und Bestellung ein Zusammenhang zwischen Salzgehalt und Fruchtbarkeit nicht zu erkennen. Im allgemeinen waren die schlechten Böden reicher an Salzen als die guten, wenn auch die Unterschiede nicht erheblich waren. F. H. King und A. R. Whitson[2] weisen ferner darauf hin, daß die Bestimmung der Gesamtsalze nach diesem Verfahren mit einem Fehler behaftet ist, nämlich durch das Adsorptionsvermögen des Bodens für lösliche Salze. Weiterhin beschäftigen sich auch J. König, J. Hasenbäumer und H. Meyering[3] mit dieser Methode und geben zunächst eine genaue Beschreibung der von ihnen angewendeten Apparatur und Arbeitsweise. Das Widerstandsgefäß war aus Hartgummi und von einer Größe von 10 × 1 × 5 cm. Die Sättigung des Bodens mit Leitfähigkeitswasser fand in einem Exsikkator statt, der je ein Gefäß mit verdünnter Schwefelsäure und Kaliumhydroxyd enthielt. Aus den Untersuchungen war zu erkennen, daß die elektrolytische Leitfähigkeit mit osmotischer Wasseraufnahme steigt und fällt, daß ferner durch Düngung eine bedeutende Erhöhung der Leitfähigkeit eintritt; durch das Pflanzenwachstum tritt dagegen ein Zurückgehen des Wertes ein. Bei der Untersuchung einzelner Siebanteile der Böden ergibt sich, daß der Anteil des Bodens von der Größenordnung 0—0,5 mm Durchmesser durchweg eine größere Leitfähigkeit besitzt als der Anteil von 0,5—1,0 mm Korngröße. Diese Erscheinung wird so erklärt, daß die Feinerde den größten Teil der leichtlöslichen Salze enthält. Ferner können mit Abnahme der Korngröße die kapillar wirkenden Hohlräume zahlreicher werden, wodurch die Wasseraufnahmefähigkeit des Bodens zunimmt. Über das Austrocknen wird von ihnen berichtet[4], daß mit Hilfe der Leitfähigkeit festgestellt werden kann, „daß schon das gewöhnliche Austrocknen eine teilweise Aufhebung des kolloidalen Zustandes und damit eine Erhöhung der Löslichkeit der kolloidal gebundenen Nährstoffe zur Folge hat". In einer weiteren Arbeit[5] bestätigen sie ihre bisherigen Erfahrungen über die Leitfähigkeit aufs neue und beobachten

[1] King, F. H. u. J. A. Jeffery: Die löslichen Salze in kultivierten Böden. Wisconsin Stat. Rept. **1899**, 219; ref. Hoffmanns Jber. **1900**, 51.

[2] King, F. H. u. A. R. Whitson: Entstehung und Verteilung der Nitrate und anderen löslichen Salze im bebauten Boden. Wisconsin Stat. Bul. **85**; ref. Hoffmanns Jber. **1901**, 34.

[3] König, J., J. Hasenbäumer u. H. Meyering: Bedeutung des osmotischen Druckes und der elektrolytischen Leitfähigkeit für die Beurteilung des Bodens. Landw. Versuchsstat. **74**, 1 (1911).

[4] König, J., J. Hasenbäumer u. K. Glenk: Über die Anwendung der Dialyse für die Beurteilung des Bodens. Landw. Versuchsstat. **79/80**, 500 (1913).

[5] König, J., J. Hasenbäumer u. R. Krönig: Die Trennung der Bodenteile nach dem spezifischen Gewicht und die Beziehungen zwischen Pflanze und Boden. Landw. Jb. **46**, 223 (1914).

ferner[1], daß die elektrolytische Leitfähigkeit eines Bodens nach dem Anbau von Lupinen und Bohnen zugenommen hat. Die Verbindung von Leitfähigkeit und Wasserstoffionenkonzentration, wie sie J. KÖNIG und J. HASENBÄUMER[2] später durchzuführen versuchen, hat zu nennenswerten Ergebnissen nicht geführt. Jedoch schlagen sie erneut vor, daß stets dieselbe Korngröße (bis 1 mm) bei derartigen Messungen Anwendung findet. B. HORVÁTH[3] weist ebenfalls darauf hin, daß eine Einteilung der Böden auf Grund der elektrischen Leitfähigkeit ihrer wässerigen Auszüge nicht durchführbar erscheint. Vielleicht ist es aber möglich, daß diese bei der Erklärung anderer agrogeologischen Erscheinungen gute Dienste leisten wird, wie dieses auch A. VESTERBERG[4] ausspricht.

A. FLODERER[5] schildert die Erfahrungen mit Leitfähigkeitsmessungen auf den ungarischen Szikböden und glaubt in dieser Untersuchung eine Methode zu sehen, die für die Praxis ausreichende Resultate liefert. Denn schon M. WHITNEY und T. H. MEANS[6] benutzen die Leitfähigkeitsmessung zur Bestimmung des Salzgehaltes von Alkaliböden. Dasselbe bestätigt T. H. MEANS[7]. L. J. BRIGGS[8] gibt eine genaue Beschreibung der benutzten Apparatur. Von R. O. E. DAVIS[9] und R. O. E. DAVIS und H. BRYAN[10] wird versucht, einige Differenzen zu beseitigen, welche bei dieser Methode beobachtet wurden. Der Widerstand von Böden mit gleichem Salzgehalt nimmt nach ihnen mit steigender Feinheit der Bodenbestandteile zu. Wenn ein Teil der Salze in Karbonatform vorliegt, so ist ebenfalls der Widerstand größer als wenn die Salze in anderer Form vorliegen. Auch die Gegenwart von Humus erhöht den Widerstand für die gleiche Salzmenge. Bei der Anwendung von trockenem Boden soll die Ablesung nicht vor 20 Minuten nach dem Anfeuchten vorgenommen werden. Die Methode hat daher nur exakten Wert, wenn der Alkaligehalt des Bodens sehr gering oder kein Karbonat anwesend ist, und wenn ferner der Gehalt an organischer Substanz niedrig ist. Sie berichten ferner über Ausgleichstabellen für solche Böden, die Karbonate enthalten. W. BEAM und G. A. FREAK[11] halten es für richtig, bei Felduntersuchungen die Wirkung etwa vorhandenen Gipses auszuschalten. Sie erreichen dieses praktisch dadurch, daß sie den Boden statt mit Wasser mit 40prozentigem Alkohol ausziehen.

Ganz neuerdings verfolgt W. BENADE[12] verschiedene Einwirkungen, z. B. das Auswaschen des Bodens mit Hilfe von Leitfähigkeitsmessungen und stellt

---

[1] KÖNIG, J. u. J. HASENBÄUMER: Die Ermittelung des Düngungsbedürfnisses des Bodens. Z. Pflanzenern., Düng. u. Bodenkd. B. **1924**, 497.

[2] KÖNIG, J. u. J. HASENBÄUMER: Bedeutung neuer Bodenforschungen für die Landwirtschaft. Landw. Jb. **55**, 196 (1921).

[3] HORVÁTH, B.: Über Einteilung der Böden nach ihrer elektrischen Leitfähigkeit. Internat. Mitt. Bodenkde. **4**, 230 (1916).

[4] VESTERBERG, A.: Verh. II. Internat. Agrogeologenkonferenz Stockholm, S. 141. 1911.

[5] FLODERER, A.: Die Bestimmung der lösbaren Bodensalze auf elektrischem Wege. Mitt. Dtsch. Landw. Ges. **1912**, 579.

[6] WHITNEY, M. u. T. H. MEANS: The alkali of the Yellowstone Valley. U. S. Dept. Div. Soils Bul. **14**, 39; ref. Exp. Stat. Rec. **10**, 1026 (1898/99).

[7] MEANS, T. H.: A rapid method for the determination of the amount of soluble mineral matter in a soil. Amer. J. Sci. **4**, 7, 264; Exp. Stat. Rec. **11**, 131 (1899/1900).

[8] BRIGGS, L. J.: Electrical instruments for determining the moisture, temperature, and soluble salt content of soils. U. S. Dept. Agr. Div. Soils Bull. **15**; ref. Exp. Stat. Rec. **11**, 325 (1899/1900).

[9] DAVIS, R. O. E.: The effect of moisture and of solutions upon the electric conductivity of soils. Trans. Amer. Elektrochem. Soc. **17**, 391 (1910); Exp. Stat. Rec. **24**, 20 (1911).

[10] DAVIS, R. O. E. a. H. BRYAN: The electrical bridge for the determination of soluble salts in soils. U. S. Dept. Agr. Bur. Soils, Bul. **61**, 36; Exp. Stat. Rec. **24**, 210 (1911).

[11] BEAM, W. a. G. A. FREAK: An improvement in the electrical method of determining salt in soil. Cairo Sci. J. **8**, 133 (1914); Exp. Stat. Rec. **32**, 806 (1915).

[12] BENADE, W.: Einige bodenkundliche Untersuchungen mit Hilfe von Leitfähigkeitsmessungen. Z. Pflanzenern., Düng. u. Bodenk. A. **12**, 293 (1928).

fest, daß nach dem Auswaschen wieder ein Ansteigen der Leitfähigkeit zu beobachten ist als ein Zeichen einer Regenerationskraft, die für jeden Boden eine typische Eigenschaft ist. W. B. HAINES[1] verbessert die Leitfähigkeitsmessung des Bodens, benutzt sie jedoch nur, um die Größe der Bodenfeuchtigkeit zu bestimmen.

J. KÖNIG[2] schlägt sodann noch vor, den osmotischen Druck zur Charakterisierung des Bodens zu verwenden. Er stellt dabei bemerkenswerte Unterschiede zwischen den einzelnen Böden fest, wenn er folgende Arbeitsweise durchführt: „Tunlichst gleichmäßig bearbeitete sog. Chamberland-Pasteursche Filterkerzen werden erst in verdünnte Kalilauge, darauf in verdünnte Salzsäure gelegt, indem nach jedesmaliger Behandlung so lange destilliertes Wasser durch die Rohre gesaugt wird, bis sich das angewendete Reinigungsmittel (Kalilauge und Salzsäure) nicht mehr nachweisen läßt. In die so gereinigten Tonzellen wird eine heiße 7proz. Gelatinelösung eingesaugt und nach dem Durchtränken äußerlich von anhängender Gelatine befreit; darauf werden die Zellen in einem mit Tubus versehenen großen Exsikkator, auf dessen Boden sich eine Schicht Formaldehyd befindet, Formaldehyddämpfen ausgesetzt, indem der Exsikkator gleichzeitig evakuiert wird. Formaldehyd gibt bekanntlich mit Leim eine in Wasser unlösliche Verbindung, und muß hierauf wohl die Dichtung der Zellwandungen zurückgeführt werden. Nach genügender Einwirkung der Formaldehyddämpfe werden die Rohre aus dem Exsikkator herausgenommen, der darin befindliche Formaldehyd wird ausgefüllt, der Exsikkator statt dessen mit so viel Wasser angefüllt, daß die wieder hineingelegten Zellen davon bedeckt werden. Durch abermaliges Evakuieren wird alle Luft und aller Formaldehyddampf aus den Tonwandungen entfernt, was wesentlich ist. Darauf wird die Tonzelle innen mit einer 4,2proz. Ferrocyankaliumlösung gefüllt und in eine 5proz. Kupfersulfatlösung gehängt; hierin bleiben die Zellen 2 mal 24 Stunden, darauf ersetzt man die innere 4,2proz. Ferrocyankaliumlösung durch eine 8proz. Lösung und hängt sie wieder in die 5proz. Kupfersulfatlösung, indem die Öffnung der Zellen mit einem Steigerohr versehen wird. Infolge des jetzt verschiedenen isotonischen Druckes der Flüssigkeiten innen und außen dringt Kupfersulfatlösung bzw. Wasser, wenn die hemipermeabele Membran wirksam ist, durch die Wandung zur gehaltreicheren Ferrocyankaliumlösung, die infolgedessen in dem Steigerohr aufsteigt. Man erzielt auf diese Weise nicht nur eine Dichtung der Membran, sondern kann die hemipermeabele Schicht durch Abstufung des Gehaltes der inneren Lösung unter gleichzeitiger Anwendung verschieden hoher Steigrohre auch für verschiedene Druckhöhen einstellen. Man läßt die verdünnte Kupfersulfat- und gehaltreichere Ferrocyankaliumlösung ebenfalls längere Zeit (2—3 Tage) aufeinander einwirken, nimmt die Zellen aus der Kupfersulfatlösung heraus, gießt die innere Ferrocyankaliumlösung aus, ersetzt diese durch destilliertes Wasser und setzt die Zellen bis an den Rand in einen Behälter mit destilliertem Wasser. Das Wasser wird innen wie außen so oft erneuert, daß sowohl das Ferrocyankalium als das Kupfersulfat völlig ausgewaschen ist. Sie sind dann für den Gebrauch fertig und können tagelang für osmotische Versuche benutzt werden, ohne daß die Membran dehnbar oder undicht wird. Nach jedesmaligem Gebrauch für einen Versuch wird die Membran, wenn sie auch noch wirksam sein sollte, wieder aufs neue gedichtet, indem man die Zellen innen wieder mit 8proz. Ferrocyankaliumlösung füllt und einen oder mehrere Tage in die 5proz. Kupfersulfatlösung stellt."

---

[1] HAINES, W. B.: Beobachtungen über die elektrische Leitfähigkeit der Böden. J. Agricult. Sci. **1925**, 536; nach Z. Pflanzenern., Düng. u. Bodenk. A **12**, 422 (1928).

[2] KÖNIG, J.: Einige neue Eigenschaften des Ackerbodens. Landw. Versuchsstat. **63**, 471 (1906).

In einer weiteren Arbeit von J. KÖNIG, J. HASENBÄUMER und H. GROSSMANN[1] wird die Vermutung ausgesprochen, daß der Löslichkeitsgrad der Bodennährstoffe einerseits von dem Humus und seiner Oxydationsfähigkeit, andererseits von der wasserhaltenden bzw. wasseranziehenden Kraft des Bodens wesentlich mit bedingt wird. Wendet man daher zur Bestimmung der wasseranziehenden Kraft eine hemipermeable Membran an, die Boden und Wasser voneinander trennt und einen Ausdruck für den osmotischen Druck des Bodens liefert, so dürfte durch eine fehlerfreie Gewinnung dieser Größe ein direkter Ausdruck für den Löslichkeitsgrad der Nährstoffe des Bodens gegeben sein, da angenommen werden muß, daß sämtliche Nährstoffe aus dem Boden mehr oder minder auf osmotischem Wege in die Pflanzenzelle gelangen. Die Genannten bringen sodann auf Grund ihrer Versuche den Nachweis, daß schon ganz geringe Mengen löslicher Düngesalze von nur einigen Milligrammen in 100 g Boden auf diese Weise zu erkennen sind. Beim Vergleich dieser Werte mit einigen Vegetationsversuchen wurde beobachtet, daß der osmotische Druck in manchen Fällen in geradem Verhältnis zur Menge der auf dem Boden gewachsenen Pflanzentrockensubstanz steht. Bei diesen Versuchen wurde die Methode noch in folgender Weise verändert. Der osmotische Druck wird nicht mehr durch die Steighöhe, sondern durch die Menge austropfenden Wassers bei nur geringem Überdruck gemessen. Ferner haben sich am geeignetsten Tonfilterkerzen erwiesen, die bei $1^1/_2$ Atm. Druck in 10 Minuten 900 cm^3 Wasser durchtreten lassen. Weitere Einzelheiten sind zweckmäßig im Original nachzulesen.

Einige Jahre später berichten J. KÖNIG, J. HASENBÄUMER und H. MEYERING[2] über weitere Versuche. Die Methode erfährt noch folgende Änderung: „Die gereinigten und getrockneten Filterkerzen wurden noch heiß in passende Glaszylinder gehängt und sofort mit etwa 90° warmer 6proz. Gelatinelösung gefüllt. Drang nach einiger Zeit (2—3 Minuten) keine Flüssigkeit mehr ein, so wurde Leimlösung nachgefüllt und gewartet, bis sie außen austrat. Hierauf wurden die Filterkerzen, innen wie außen, für einige Minuten mit heißem Wasser behandelt und sofort in einem großen Vakuumexsikkator Formaldehyddämpfen ausgesetzt.“ Ferner wird die Apparatur während der Versuche in einem Thermostaten bei einer konstanten Temperatur von 18° aufbewahrt. Es konnte festgestellt werden, daß bei allen Böden durch eine übliche Düngung eine Steigerung der osmotischen Wasseraufnahme beobachtet werden konnte, während durch das Pflanzenwachstum ein Zurückgehen dieses Wertes festzustellen war. Die Osmose liefert daher tatsächlich einen Ausdruck für den Löslichkeitsgrad der im Boden vorhandenen Pflanzennährstoffe. Dieses wird später[3] erneut bestätigt. Schließlich benutzt G. L. SCHUSTER[4] den osmotischen Druck des Bodens zur Bestimmung der Konzentration der Bodenlösung in der Weise, daß er ihn mit 2 und 5 proz. Zuckerlösung vergleicht.

G. BOUYOUCOS und M. M. MCCOOL[5] wollen ferner die Gefrierpunktserniedrigung als einen Maßstab für die Konzentration der Bodenlösung benutzen. Zu-

[1] KÖNIG, J., J. HASENBÄUMER u. H. GROSSMANN: Verhalten der organischen Substanz des Bodens und der osmotische Druck desselben. Landw. Versuchsstat. 69, 1 (1908).

[2] KÖNIG, J., J. HASENBÄUMER u. H. MEYERING: Bedeutung des osmotischen Druckes usw. Landw. Versuchsstat. 74, 1 (1911).

[3] KÖNIG, J., J. HASENBÄUMER u. R. KRÖNIG: Die Trennung der Bodenteile nach dem spezifischen Gewicht und die Beziehungen zwischen Pflanzen und Boden. Landw. Jb. 46, 223 (1914).

[4] SCHUSTER, G. L.: A study of soils solutions by means of a semipermeable membrane supported on a porous clay plate. J. Amer. Soc. Agron. 9, 333 (1917); Exp. Stat. Rec. 40, 718 (1919).

[5] BOUYOUCOS, G. u. M. M. MCCOOL: A new method of measuring the concentration of the soil solution around the soil particles. Sci. n. ser. 42, 507 (1915); ref. Exp. Stat. Rec. 34, 419 (1916).

nächst variiert die Gefrierpunktserniedrigung mit der Menge an Wasser, welche vorhanden ist. Wenn z. B. der Feuchtigkeitsgehalt niedrig ist, dann ist eine deutliche Gefrierpunktserniedrigung zu beobachten. Bei Versuchen, die Gefrierpunktserniedrigung an Nährlösungen mit und ohne Gegenwart von Boden durchzuführen, ergab sich, daß die dabei beobachteten Werte nicht sehr schwankten[1]. D. R. HOAGLAND[2] bestätigt diese Erfahrungen und J. S. BURD[3] ist der Ansicht, daß durch Bestimmung der Bestandteile des Wasserauszuges des Bodens die Möglichkeit besteht, die Produktionskraft des Bodens zu erfassen. G. J. BOUYOUCOS[4] benutzt die Methode der Gefrierpunktserniedrigung auch zur Bestimmung des Kalkbedürfnisses des Bodens. Die angewandte Methodik ist die folgende: Zu 2 g Boden werden 10 cm^3 Wasser zugefügt und die Erniedrigung des Gefrierpunktes festgestellt. Sodann werden diesem Gemisch steigende Mengen von $Ca(OH)_2$ zugefügt, bis eine Änderung der Höhe oder der Richtung der Gefrierpunkterniedrigung eintritt. Diese Methode ergab wesentlich höhere Kalkmengen als die Methodik von VEITCH. G. J. BOUYOUCOS und M. M. McCOOL[5] bestimmen schließlich den absoluten Salzgehalt des Bodens in der Weise, daß sie von der Beobachtung ausgehen, daß verschiedenartige Böden, die soweit ausgewaschen wurden, daß ihre löslichen Salze in der Hauptsache entfernt waren, praktisch die gleiche Gefrierpunktserniedrigung ergeben. Dies läßt vermuten, daß bei einer gleichmäßig hohen Feuchtigkeit der Einfluß des gebundenen Wassers, d. h. des Wassers, welches an der Gefrierpunktserniedrigung nicht teilnimmt, auf die Konzentration der Bodenlösung praktisch zu vernachlässigen ist. Auch wurde festgestellt, daß Trocknen an der Luft die Gefrierpunktserniedrigung nicht beeinflußt. Die Bestimmung wird nun wie folgt ausgeführt: 15 g lufttrockener Boden werden in dem Apparat mit 10 cm^3 H_2O versetzt. Nach einigem Umschütteln wird das Gefäß in die Eismischung gebracht, die eine Temperatur von $-2{,}5^0$ C hat. Das Bodenwassergemisch wird so lange mit dem BECKMANN-Thermometer geschüttelt, bis die Temperatur 1^0 zeigt. Erst wenn die Temperatur auf $-0{,}5^0$ C gesunken ist, wird mit dem Thermometer erneut umgerührt. Sobald die Erstarrung beginnt, wird das Gefäß aus der Eismischung herausgehoben und in der Luft über dem Eisbad aufbewahrt. Sodann wird unter Umrühren der Gefrierpunkt abgelesen. B. A. KEEN[6] weist dagegen darauf hin, daß der Gehalt des Bodens an gebundenem Wasser nicht konstant ist, sondern sich mit dem Gesamtgehalt an Wasser verändert. Diese Tatsache wird jedoch von G. BOUYOUCOS[7]

---

[1] Vgl. auch: The freezing point method as a new means of measuring the concentration of the soil solution directly in the soil. Michigan Stat. Tech. Bull. **24**, 44 (1915); ref. Exp. Stat. Rec. **34**, 721, und Further studies on the freezing point lowering of soils. Michigan, Stat. Tech. Bull. **31**, 51 (1916); ref. Exp. Stat. Rec. **38**, 16 (1918).

[2] HOAGLAND, D. R.: The freezing-point method as an index of variations in the soil solution due to season and crop growth. U. S. Dept. Agr. J. Agr. Res. **1918**, 369; Exp. Stat. Rec. **38**, 813 (1918).

[3] BURD, J. S.: Water extractions of soils as criteria of their crop-producing power. U. S. Dept. Agr. J. Agr. Res. **1918**, 297; ref. Exp. Stat. Rec. **38**, 812 (1918).

[4] BOUYOUCOS, G. J.: The freezing point method as a new means of determining the nature of acidity and lime requirement of soils. Michigan, Stat. Tech. Bull. **27**, 56 (1916); ref. Exp. Stat. Rec. **36**, 210 (1917).

[5] BOUYOUCOS, G. J. a. M. M. McCOOL: Determining the absolute salt content of soils by means of the freezing-point method. J. Agricult. Res. **15**, 331 (1918); Exp. Stat. Rec. **40**, 315 (1919).

[6] KEEN, B. A.: A quantitative relation between soil and the soil solution brought out by freezing-point determinations. J. Agricult. Sci. **9**, 400 (1919); ref. Exp. Stat. Rec. **42**, 215 (1920).

[7] BOUYOUCOS, G.: The amount of unfree water in soils at different moisture contents. Soil Sci. **11**, 255 (1921); Exp. Stat. Rec. **45**, 323 (1921).

bestritten, und F. W. PARKER [1] findet in seinen Versuchen in gewissem Umfange die Vorstellungen von BOUYOUCOS bestätigt, jedoch verneint[2] er die Anschauungen von BOUYOUCOS darüber, daß eine gewisse Menge des Wassers des Bodens überhaupt als „gebunden" im vorhin erwähnten Sinne zu bezeichnen ist.

Einen anderen Weg, den Wasserauszug des Bodens für praktische Zwecke nutzbar zu machen, schlagen PETERMANN und L. H. FRIEDBURG[3] ein. Sie berichten nämlich über Versuche, den Boden durch Dialyse zu untersuchen, worauf auch schon F. SESTINI[4] bereits 1861 aufmerksam gemacht hat. PETERMANN kann feststellen, daß destilliertes Wasser — durch Pergamentpapier vom Ackerboden getrennt — Kalk, Magnesia, Eisen, Kali, Natron, Schwefelsäure, Kieselsäure, Chlor, Phosphorsäure und Salpetersäure aufnimmt. Ferner werden organische Stoffe festgestellt, welche ebenfalls durch Pergamentpapier leicht diffundieren.

J. DUMONT[5] bestätigt die Dialysierbarkeit der Alkalihumate, C. V. GAROLA[6] ebenfalls die Befunde von PETERMANN. Er glaubt, daß diese Methode zur Bestimmung der assimilierbaren Pflanzennährstoffe benutzt werden kann.

Später beschäftigen sich auch J. KÖNIG, J. HASENBÄUMER und K. GLENK[7] mit derselben. Sie lehnen sie jedoch ab, da die Dialyse einerseits zu viel Zeit in Anspruch nimmt, andererseits die Ungleichmäßigkeit der Membran (Pergamentpapier) ebenso wie die Verarbeitung großer Mengen von Dialysaten Ungenauigkeiten aller Art mit sich bringen. Die Versuchsansteller geben folgende Beschreibung der von ihnen verwendeten Methodik: „Die verwendeten Dialysatoren bestanden aus zylindrischen Glasgefäßen, in die die Glasreifen von 16 cm unterem Durchmesser so eingebaut waren, daß sie die Glasgefäße oben abschlossen. Die Glasreifen waren am unteren Rande verdickt, um das Pergamentpapier bequem befestigen zu können. Kurz über der Bodenfläche des Glasgefäßes war bei jedem Dialysator ein Tubus angebracht, der ein leichtes Ablassen des Dialysates während der Dialyse ermöglichte. Das verwendete Pergamentpapier war vor seiner Anwendung wochenlang mit Wasser ausgezogen worden. Zum Befestigen und zum Spannen der Membran wurde Bindfaden benutzt. Nach dem Aufspannen der Membran wurde der Glasreifen ins Glasgefäß gebracht und Membran mit Bindfaden erst noch 24 Stunden mit destilliertem Wasser ausgezogen. Während der Dauer einer Dialyse wurde das Wasser öfters erneuert, das abgelassene Dialysat gesammelt und eingedampft." Eingehende Versuche über die Anwendung der Dialyse teilen kürzlich P. KÖTTGEN und R. DIEHL[8] mit unter Benutzung des modernen Schnelldialysators nach GUTBIER-SCHIEBER und des Extraktionsdialysators von GOLODETZ. Neben der Bestimmung der gesamten gelösten Nährstoffmengen wurde vor allem kurvenmäßig die Lösungsgeschwindig-

---

[1] PARKER, F. W.: Methods of studying the concentration and composition of the soil solution. Soil Sci. **12**, 209 (1921); ref. Exp. Stat. Rec. **46**, 420 (1922).

[2] PARKER, F. W.: The classiffication of soil moisture. Soil Sci. **13**, 43 (1922); Exp. Stat. Rec. **46**, 810 (1922).

[3] FRIEDBURG, L. H.: Zur Statistik des landwirtschaftlichen Versuchswesens. Landw. Versuchsstat. **15**, 465 (1872).

[4] SESTINI, F.: Über die Anwendung der Dialyse in den Bodenanalysen. Landw. Versuchsstat. **29**, 459 (1883).

[5] DUMONT, J.: C. r. **124**, 1051 (1897).

[6] GAROLA, C. V.: Note on dialysis of soils. Atti 6, Cong. Internaz. Chim. Appl. **4**, 562 (1906); Exp. Stat. Rec. **20**, 218 (1908/09).

[7] KÖNIG, J., J. HASENBÄUMER u. K. GLENK: Über die Anwendung der Dialyse und die Bestimmung der Oxydationskraft für die Beurteilung des Bodens. Landw. Versuchsstat. **80**, 491 (1913).

[8] KÖTTGEN, P. u. R. DIEHL: Über die Anwendung der Dialyse und Elektro-Ultrafiltration zur Bestimmung des Nährstoffbedürfnisses des Bodens. Z. Pflanzenern., Düng. u. Bodenk. A, **14**, 65 (1928).

keit der Nährstoffe verfolgt. Und es wurden dabei charakteristische Kurven ermittelt, die einen bemerkenswerten Einblick in die Verhältnisse des Bodens gestatten.

Auszüge nach vorheriger Behandlung des Bodens.

Einen weiteren Weg zur Gewinnung einer dem Nährstoffgehalt des Bodens entsprechenden wässerigen Lösung schlägt J. KÖNIG[1] vor. Er weist darauf hin, daß aus dem mit Kaliumhydroxyd gefällten Eisen- und Aluminiumhydroxyd der letzte Rest Kali selbst durch anhaltendes Auswaschen mit destilliertem Wasser nicht entfernt werden kann. Hebt man dagegen den kolloidalen Zustand durch Erwärmen der Niederschläge auf 150^0—200^0 auf, so kann man schon durch Wasser alles Kali von dem Eisen- und Aluminiumhydroxyd trennen. Als jedoch Böden in dieser Weise behandelt wurden, war durch Wasser nur wenig mehr an Kali herauszulösen. In einer weiteren Arbeit[2] verfolgt J. KÖNIG den Gedanken in der Richtung weiter, durch Dämpfen den kolloidalen Zustand des Bodens aufzuheben, um so einen Ausdruck für die vorhandenen adsorptiv gebundenen Bodennährstoffe zu gewinnen. Diese Behandlung hatte zu einem früheren Zeitpunkt bereits TH. DIETRICH[3] bei Untersuchungen an Gesteinen und Erdarten zur Anwendung gebracht. J. KÖNIG dämpfte 250 g Boden, die in einem kupfernen Kessel mittels eines kleinen Beutelchens in 3—4 l Wasser eingehängt waren, 3 Stunden bei 4 Atm. im Autoklaven. Die dabei erhaltene Flüssigkeit, die stets mehr oder weniger gebräunt und durch feine durchgegangene Tonteilchen getrübt war, wurde in gut glasierten Porzellanschalen eingeengt, darauf filtriert und zuletzt in Platinschalen vollends zur Trockne verdampft. Aus der dabei aus dem Boden herausgelösten Menge an Phosphorsäure und Kali schließt J. KÖNIG, daß es sich hier tatsächlich um adsorptiv gebundene Nährstoffe handelt. F. K. CAMERON und J. M. BELL[4] vertreten allerdings die Anschauung, daß die lösende Kraft des Wassers mit wachsendem Druck zunimmt, wie ja auch die geologische Tatsache zeigt, daß die lösende Kraft des Wassers im Innern der Erde größer ist als an der Erdoberfläche. Jedoch müssen die höheren Kohlensäurekonzentrationen Berücksichtigung finden. Die Genannten glauben aber dem Verfahren von KÖNIG keinen Wert beilegen zu sollen, da der Ackerboden eben nur dem atmosphärischen Druck ausgesetzt ist und hier ganz andere Verhältnisse obwalten als im Innern der Erde. J. KÖNIG[5] selbst macht sodann noch auf die Versuche von C. SCHULZE[6] und KOSAROFF[7] aufmerksam, die finden, daß sterilisierter Boden schlechtere Ernten erbrachte als unsterilisierter. Beide halten die gelösten organischen Stoffe für saure Zersetzungsprodukte der Humusbestandteile der Böden, da durch Zusatz von $CaCO_3$ die schädliche Wirkung auf die Pflanzen aufgehoben werden konnte.

Gegenüber diesen Einwendungen und Auffassungen entwickelt nun KÖNIG seine Methodik in folgender Weise weiter: Er entscheidet sich, die Böden bei 5 Atm. 5 Stunden lang unter Benutzung von 500 g Boden mit 5 l Wasser zu dämpfen. Es ergab sich dabei, daß die Lösung der Mineralstoffe in den einzelnen

---

[1] KÖNIG, J.: Bestimmung der Fruchtbarkeit und des Nährstoffbedürfnisses des Ackerbodens. Landw. Versuchsstat. **61**, 390 (1905).

[2] KÖNIG, J.: Einige neue Eigenschaften des Ackerbodens. Landw. Versuchsstat. **63**, 471 (1906).

[3] DIETRICH, TH.: J. prakt. Chem. **74**, 12 (1857); ref. Landw. Versuchsstat. **70**, 81 (1909).

[4] CAMERON, F. K. u. J. M. BELL: The Mineral Constituents of the soil Solution. Washington 1905.

[5] KÖNIG, J.: Beziehungen zwischen den Eigenschaften des Bodens und der Nährstoffaufnahme durch die Pflanzen. Landw. Versuchsstat. **66**, 401 (1907).

[6] SCHULZE, C.: Einige Beobachtungen über die Einwirkung der Bodensterilisation auf die Entwicklung der Pflanzen. Landw. Versuchsstat. **65**, 137 (1907).

[7] KOSAROFF: Arb. Biol. Reichsanst. **5**, 126 (1906).

Bodenarten beim Dämpfen wesentlich von dem Humusgehalt des Bodens mit abhängig ist und mit diesem steigt und fällt. Durch Dämpfen bei hohem Atmosphärendruck scheint der Humus eine teilweise Zersetzung zu erleiden, die aber die Lösung der Mineralstoffe nicht beeinträchtigt. Beim Vergleich der auf dieser Grundlage erhaltenen analytischen Werte für die einzelnen Pflanzennährstoffe mit den Ergebnissen aus Vegetationsversuchen ist zu erkennen, daß die durch Dämpfen gelösten Mengen Phosphorsäure, Kalk und Kali den durch die Pflanzen aufgenommenen Mengen von allen sonstigen von J. KÖNIG durchgeführten Prüfungen am nächsten stehen. Auch kann zwischen dem auf diese Weise gelösten Bodenkali und dem von den Pflanzen aufgenommenen Kali eine Beziehung gefunden werden, während für Phosphorsäure und Kalk, sowie Magnesia bestimmte Beziehungen bis jetzt noch nicht beobachtet sind. In späteren Versuchen[1] bestätigt KÖNIG diese Erfahrungen erneut sowohl hinsichtlich der Phosphorsäure, als auch in Hinsicht auf das Kali. Jedoch ist das Verfahren nicht imstande, kleinere Unterschiede, die z. B. durch die Düngung bedingt sind, anzuzeigen.

Mit bewundernswürdiger Ausdauer hat J. KÖNIG diese Untersuchungen ständig weitergeführt. So berichtet er in Gemeinschaft mit J. HASENBÄUMER und R. KRÖNIG[2], daß ein Boden, der in 100 g nur 5,0 mg durch Dämpfen lösliches Kali enthielt, für Kalidüngung dankbar ist, daß dagegen ein Boden, bei dem die so erhaltenen Kalimengen den Wert von 8,0 mg in 100 g Boden erreichen, einer Kalizufuhr nicht bedarf. Ferner wird beobachtet[3], daß eine Düngung mit Kali mit Hilfe dieser Methode festzustellen ist, und daß ferner der Boden nach der Ernte weniger durch Dämpfen ausziehbares Kali enthält als vor der Ernte. Auch die in Gemeinschaft mit J. HASENBÄUMER und E. KRÖGER[4] an Hafer durchgeführten Versuche bestätigen wiederum die schon früher gefundene Tatsache, daß die durch Dämpfen aus einer 20 cm tiefen Bodenschicht gelösten Mengen Kali im Durchschnitt nahezu mit den absoluten Mengen Kali übereinstimmen, die durch die Pflanzen dem Boden entzogen werden. Diese Beobachtung wird ferner bestätigt durch zehnjährige Vegetationsversuche mit sechs verschiedenen Böden, wie nachstehende Tabelle zeigt:

Menge gelöst durch:	Sandboden mg	Kalkboden mg	Lehmboden mg	Schieferboden mg	lehmiger Sandboden mg	Tonboden mg
Dämpfen	414	443	564	651	749	1159
Aufgenommen durch die Pflanzen	386	492	453	643	726	1055

Aber auch in diesen Versuchen treten derartige Beziehungen für die Phosphorsäure nicht hervor. Spätere Erfahrungen zu Roggen und Rüben[5] sind allerdings nicht so günstig. Dahingegen weisen J. KÖNIG und J. HASENBÄUMER an anderer Stelle[6] darauf hin, daß der Kalk das Kali bis zu einer gewissen Grenze vertreten kann. Zehnjährige Versuche mit verschiedenen Pflanzen ergaben im Mittel für 100 g Pflanzentrockensubstanz:

[1] KÖNIG, J.: a. a. O., Landw. Versuchsstat. **69**, 1 (1908).

[2] KÖNIG, J., J. HASENBÄUMER u. R. KRÖNIG: a. a. O., Landw. Jb. **46**, 165 bzw. 235 (1914).

[3] KÖNIG, J., J. HASENBÄUMER u. J. SCHÄFERS: Beziehungen zwischen dem Nährstoffgehalt des Bodens und der Nährstoffaufnahme durch die Kartoffel. Landw. Jb. **58**, 69 (1923).

[4] KÖNIG, J., J. HASENBÄUMER u. E. KRÖGER: Beziehungen zwischen dem Nährstoffgehalt des Bodens und der Nährstoffaufnahme. Landw. Jb. **58**, 87 (1923).

[5] KÖNIG, J., J. HASENBÄUMER u. K. KUPPE: Beziehungen zwischen den im Boden vorhandenen und den von Roggen und Futterrüben aufgenommenen leichtlöslichen Nährstoffen. Landw. Jb. **59**, 65 (1924).

[6] KÖNIG, J., u. J. HASENBÄUMER: a. a. O., Landw. Jb. **55**, 187 (1921).

Nährstoffe	Sandboden g	lehmiger Sandboden g	Lehmboden g	Kalkboden g	Tonboden g	Schieferboden g
Kalk	1,218	1,150	1,202	1,651	1,003	1,179
Kali	2,119	2,165	1,910	1,755	2,757	2,063
	3,337	3,315	3,112	3,406	3,760	3,242

Ferner schlagen die genannten Autoren[1] den elektrischen Gleichstrom zur Untersuchung des Bodens vor. Sie machen sich darüber folgende Vorstellungen: „Bringt man eine mit Wasser durchfeuchtete Bodenprobe zwischen 2 Platinelektroden und leitet einen Gleichstrom hindurch, so übernimmt die zwischen den Polen befindliche Bodenschicht — ihrem Kolloidgehalte entsprechend — die Rolle und Funktion einer Scheidewand von mehr oder weniger semipermeablem Charakter, durch deren unendlich viele und feine Poren die Ionen ihren Weg nehmen. Es müssen also hier die nämlichen Erscheinungen auftreten, welche schon lange bei der Tonzelle bekannt sind, nämlich: 1. Eine einfache Elektrolyse der gelösten Bestandteile, die durch chemische Umsetzungen mehr oder minder verwickelt verlaufen kann, 2. die Fortführung des Wassers zur Kathode, und 3. die Fortführung der Suspensionen und Kolloide zur Anode."

Die verwendete Apparatur war folgende: „Der zur Aufnahme des Bodens bestimmte Teil A besteht aus einem runden beiderseits offenen Glasgefäß von 10 cm Höhe und 15 cm Durchmesser, welches unten mit Pergament (vor dem erstmaligen Gebrauche muß dieses natürlich ... sorgfältig ausgewaschen werden) bespannt ist. Mittels Kupferdrahtes und eines Holzstabes wird es bei der Benutzung derartig in ein größeres Standgefäß B von 23 cm Höhe und 19,5 cm Durchmesser eingehangen, daß ein Abstand von 2,5 cm zwischen dem Boden des Innen- und Außengefäßes bleibt. Die Zuführung des elektrischen Stromes geschieht durch 2 Platinelektroden, von denen die eine als Anode auf dem Boden des Gefäßes B unter der Membran ruht, die andere, durch ein Stativ gehalten, in das als Kathodenraum dienende Gefäß A taucht".

Die Versuchsanordnung war folgende: „200 g lufttrockenen Bodens wurden zunächst in einer Porzellanschale mit destilliertem Wasser gut verrührt. Darauf wurde die Masse in das Einsatzgefäß A gespült, noch so viel Wasser zugegeben, daß die Höhe desselben samt Boden etwa 4 cm betrug, und dann das Innengefäß an dem Holzstab in den größeren Behälter B eingehangen. Letzterer wurde ebenfalls mit Wasser gefüllt, und zwar so weit, daß das Flüssigkeitsniveau innen und außen gleich war. Als Stromquelle diente die zur Verfügung stehende Lichtleitung von 220 Volt Spannung. Den Stromverbrauch zeigte ein vorgestelltes Ampèremeter, die Temperatur des Bades ein im Anodengefäß stehendes Thermometer an. Nach Einschaltung des Stromes trat alsbald an beiden Elektroden eine lebhafte Gasentwicklung — natürlich Sauerstoff an der Anode und Wasserstoff an der Kathode — ein, und das Bad begann sich je nach der Leitfähigkeit des betreffenden Bodens bzw. je nach seinem Gehalt an leichtlöslichen Salzen schneller oder langsamer zu erwärmen. Die Flüssigkeit im Kathodengefäß stieg infolge des elektroosmotischen Druckes allmählich in die Höhe und wurde durch die zunehmende Ausflockung der Kolloide klar, während die Humussäuren durch die Membran nach der Anode wanderten und die dortige Flüssigkeit bräunten. Um eine vollkommene Entfernung aller auf diese Weise in Lösung gehenden Stoffe herbeizuführen, wurde das Wasser, dem Gehalt der einzelnen Böden entsprechend, mehrmals gewechselt. Durch einen Zusatzwiderstand war dafür gesorgt, daß der Stromverbrauch tunlichst nicht mehr als 3 Ampère betrug; außerdem wurde

[1] König, J., J. Hasenbäumer u. C. Hassler: Bestimmung der Kolloide im Ackerboden. Landw. Versuchsstat. 75, 410 (1911).

der Strom jedesmal so lange einwirken gelassen, bis das Bad die Temperatur von 50° erreicht hatte. Das Innengefäß wurde dann sofort herausgenommen, abgespült und die über dem Boden stehende alkalische Flüssigkeit in ein Becherglas abgegossen, worauf sie durch ein quantitatives Filter filtriert wurde. Die im Anodengefäß verbleibende saure Flüssigkeit wurde anfangs immer erst nach der dritten Füllung des Innengefäßes mit frischem Wasser erneuert, späterhin erschien es jedoch zweckdienlicher, sie ebenso oft wie jene zu ergänzen. Ein Filtrieren war bei ihr nicht nötig. Diese Behandlung des Bodens wurde unter jedesmaligem Wasserwechsel so oft fortgesetzt, bis nach längerer Zeit des Einwirkens keine merkliche Strommenge mehr durch den Boden ging und dementsprechend auch keine wesentliche Erwärmung mehr stattfand.“ Die bei dieser Behandlung des Bodens erzielten Ergebnisse waren folgende: Es wurde eine gute Übereinstimmung erzielt mit den Ergebnissen, die beim Dämpfen des Bodens beobachtet wurden, jedoch wird durch den elektrischen Strom bei erschöpfender Behandlung mehr an mineralischen Nährstoffen aus den Böden gelöst als durch Dämpfen. Vorher mit Nährsalzen behandelte Böden gaben durch Einwirkung des elektrischen Stromes fast alle adsorbierten Nährstoffmengen wieder ab. Die Autoren sind der Ansicht, daß bereits ein einmaliges Behandeln mit dem elektrischen Strom genügt, um entsprechende Einblicke in die Böden zu erlangen.

Weitere Angaben machen J. KÖNIG, J. HASENBÄUMER und K. KUPPE[1]. Es wird hier eine vereinfachte Apparatur benutzt, die zwar in der gleichen Weise wie die früher geschilderte wirkt, jedoch wurde früher mehr Phosphorsäure, jetzt mehr Kalk gelöst. Die von KÖNIG[2] vorgeschlagene Apparatur ist folgende: „Man verschließt die Glasröhre zuerst an einem Ende mit einem Korkpfropfen, durch den die Elektrode (Platinelektrode mit Stift) führt und füllt dann eine genügende Schicht reinsten Quarzsandes ein, indem man den unteren Tubus mit einem Kork, durch den ein Abflußrohr ausmündet, verschließt. Auf die innere Öffnung des Abflußrohres wird eine Papierscheibe gelegt, um den Austritt von Boden oder Sand zu verhüten. Dann füllt man von einer abgewogenen Bodenmenge eine Schicht von einigen Zentimetern ein und durchfeuchtet sie genügend mit Wasser, indem man durch Rütteln und Aufstoßen in der Hand für eine Dichtlagerung des Bodens Sorge trägt. Man fährt in dieser Weise fort bis die genügende Menge Boden eingespült ist; in der Regel werden 50—300 g Boden ausreichen, nur bei reichhaltigen Böden, welche dem elektrischen Strome nur geringen Widerstand leisten, wird man 400—500 g Boden einfüllen können. Während des Einfüllens des Bodens hat man den zweiten unteren Tubus wie den ersten und auch den obersten Tubus für Wasserzufluß geschlossen. Nach dem Einfüllen des Bodens wird die Platinelektrode eingesetzt, Quarzsand aufgefüllt und die Röhren mit einem Korkpfropfen, durch den der Stift der Elektrode hindurchführt, verschlossen. Man leitet dann einen Gleichstrom durch und regelt ihn unter stetem, tropfenweisen Zufluß von reinem Wasser aus dem oberen Tubus so, daß die Temperatur des Bodens 40° nicht übersteigt. Das an beiden Polen austropfende Wasser wird gesammelt und kann getrennt oder auch vereinigt untersucht werden. Die aufzusammelnde Menge Wasser richtet sich nach der Menge der hydrolytisch spaltbaren Verbindungen im Boden; in der Regel genügt etwa $^1/_2$—1 l Wasser an jedem Pol.“

M. YEGOROV[3] läßt ebenfalls den elektrischen Strom von 100 Volt und 0,002 bis 0,23 Ampère auf den Boden einwirken und studiert die Einwirkung auf die Löslich-

---

[1] KÖNIG, J., J. HASENBÄUMER u. K. KUPPE: a. a. O., Landw. Jb. **59**, 65 (1924).

[2] KÖNIG, J. Die Untersuchung landwirtschaftlich wichtiger Stoffe, S. 75, Berlin (1923).

[3] YEGOROV, M.: The influence of a constant weak electric current on the solubility of the nitrogen, and the phosphoric acid of the soil. Z. Opuitn. Agron. **6**, 315 (1905); ref. Exp. Stat. Rec. **17**, 745 (1905/06).

keit der Bodenbestandteile. Es wird dabei beobachtet, daß die Löslichkeit der Phosphorsäure in 1 proz. Zitronensäure um 100% erhöht, der Nitratstickstoff stark vermindert, während der Ammoniakstickstoff drei- bis fünfmal erhöht wird.

Neuerdings sind diese Untersuchungen wieder von S. MATTSON[1] aufgegriffen, der mit Hilfe der Elektrodialyse die austauschbaren Basen des Bodens bestimmen will. Vorversuche zeigten, daß die Menge der Basen, welche durch Elektrodialyse herausgelöst wurden, scharf umgrenzt ist, und daß die Basen in der Reihenfolge Kalzium, Kalium, Natrium, Magnesium, Aluminium, Mangan, Eisen an der Kathode auftreten. Auszüge der beiden untersuchten Kolloide mit $n NH_4Cl$-Lösung oder $n/20$ Salzsäure ergaben Basenmengen, welche hinsichtlich der ein- oder zweiwertigen mit denen bei der Elektrodialyse erhaltenen gut übereinstimmten. Eine Behandlung der elektrodialysierten Kolloide mit einer $CaCl_2$-Lösung ließ eine Säuremenge entstehen, die annähernd der ausgetauschten Basenmenge entsprach. Es wird daher angenommen, daß während des Prozesses der Elektrodialyse das H-Ion des Wassers für die durch den Strom entfernten ein- und zweiwertigen Basen eintritt. N. A. CLARK, H. HUMFELD und A. O. ALBEN[2], sowie H. HUMFELD und A. O. ALBEN[3], ferner R. BRADFIELD[4] geben eine weitere Ausbildung der zu dieser Methode benötigten Apparatur. Die ersteren finden einen Wechsel der Dialysierflüssigkeit nach 3, nach weiteren 6 und nach weiteren 12 Stunden für zweckmäßig. Über eine Anwendung dieses Verfahrens bei Untersuchung des Basenaustausches in Böden mit Hilfe von p_H-Messungen berichten F. O. ANDEREGG und R. P. LUTZ[5]. Auch K. TARANOW[6] wendet dieses Verfahren mit Erfolg an.

P. KÖTTGEN und R. DIEHL[7] benutzen das von BECHHOLD[8] vorgeschlagene Verfahren der Elektro-Ultrafiltration, welches besonders gut gestattet, die Elektrolyte von den Kolloiden zu trennen. Die von ihnen benutzte Apparatur ist folgende: „In einem größeren Behälter, der zur Aufnahme von Eis zur Konstanthaltung der Temperatur oder zur Aufnahme eines Thermoregulators dient, befindet sich das Aufnahmegefäß für drei nierenförmige Körper aus poröser Porzellanerde. Zwei dieser Körper, in deren Inneren ein Platinnetz aufgemalt ist, dienen zusammen als Anodenraum und ein gleichfalls mit einer Platinelektrode versehener als Kathodenraum. Diese nierenförmigen Elektrodenräume werden in bekannter Weise mit einer Kollodium-Membran überzogen, sie besitzen wegen ihrer großen relativen Oberfläche eine außerordentlich große Filtrationsgeschwindigkeit, so daß also allein schon durch die Wirkung der reinen Ultrafiltration die Entsalzung eines Bodens weitgehend gefördert werden kann[9]." P. KÖTTGEN und R. DIEHL stellen bei ihren Untersuchungen nun fest, daß die Entfernung der Elektroden

[1] MATTSON, S.: Electrodialysis of the colloidal soil material and the exchangeable bases. J. Agricult. Res. (U. S.) **33**, 553 (1926); ref. Exp. Stat. Rec. **56**, 115 (1927).

[2] CLARK, N. A., H. HUMFELD u. A. O. ALBEN: Electrodialysis of soils and the Mattson cell. Soil Sci. **24**, 291 (1927); ref. Exp. Stat. Rec. **58**, 514 (1928).

[3] HUMFELD, H., u. A. O. ALBEN: Electrodialysis of soil. 1. A study of the method. J. Amer. Soc. Agron. **19**, 984 (1927); ref. Exp. Stat. Rec. **58**, 717 (1928).

[4] BRADFIELD, R.: A simplified cell for determining the electrodialysable base content of soils and permutits. J. Amer. Soc. Agron. **19**, 1015 (1927); Exp. Stat. Rec. **58**, 717 (1928).

[5] ANDEREGG, F. O., a. R. P. LUTZ: Untersuchung des Basenaustauschs im Boden mit Hilfe der Chinhydronelektrode. Soil Sci. **24**, 403 (1927); ref. Chem. Zbl. **1928 I**, 1088.

[6] TARANOW, K.: Elektrodialytische Versuche mit Böden. J. chim. Ukraine **3**, 89 (1928); Z. Pflanzenern., Düng. u. Bodenk. A, **15**, 375 (1930).

[7] KÖTTGEN, P. u. R. DIEHL: Über die Anwendung der Dialyse und Elektro-Ultrafiltration zur Bestimmung des Nährstoffbedürfnisses des Bodens. Z. Pflanzenern., Düng. u. Bodenk. A, **14**, 65 (1928).

[8] BECHHOLD: Z. Elektrochem. **31**, 496.

[9] KÖTTGEN, P. u. R. DIEHL: a. a. O. S. 75.

voneinander für die Entsalzungsgeschwindigkeit ein wichtigerer Faktor als die Temperatur ist. Wird diese Entfernung konstant gehalten, dann ist das Schwanken der Stromstärke in bestimmten Zeitintervallen schon ein Hinweis, in welchem Ausmaß sich die Entsalzung vollzieht. Es werden auf diese Weise Kurven erhalten, welche z. B. typische Unterschiede für verschieden zersetzte Humusformen ergeben. Diese Apparatur ist ähnlich wie eine Reihe der von denselben Autoren geprüften Schnelldialysatoren sehr dazu geeignet, die Lösungsverhältnisse der einzelnen Nährstoffe zu verfolgen. Kurvenmäßiges Verfolgen der in Lösung gegangenen Phosphorsäuremengen zeigt mit den Ergebnissen der Felddüngungsversuche ein recht befriedigendes Übereinstimmen. Auch die Lösungskurven der Basen bieten charakteristische Formen. Eine Nachprüfung dieser Methode führte H. HEUSER[1] durch.

Bestimmung der in Wasser löslichen Nährstoffe des Bodens durch Gewinnung der Bodenlösung selbst.

Nach den vielen verschiedenartigen Erfahrungen, die mit dem Nährstoffgehalt eines wässerigen Bodenauszuges hinsichtlich der Beurteilung eines Bodens erzielt worden waren, versucht TH. SCHLOESING[2] die im Boden zirkulierende wässerige Flüssigkeit, die Bodenlösung, selbst zu gewinnen. Er benutzte dabei eine Apparatur[3], die das aufzugießende Wasser in jeder beliebigen Intensität und Schnelligkeit als künstlichen Regen auf den zu untersuchenden Boden mit solcher Genauigkeit ausfließen zu lassen gestattet, daß während seines Herabdrängens die Grenze zwischen der mit Wasser gesättigten Erde und der ursprünglich feuchten Erde eine ganz horizontale Linie bildet. Auf Grund seiner Versuche nimmt SCHLOESING an, daß es sich tatsächlich um Bodenlösungen handelt, da er unter den einzelnen behandelten Böden deutlich Unterschiede feststellen konnte. Auch WILEY[4] empfiehlt diese Methode, nachdem er sie durch einen Versuch, bei dem eine NaCl-Lösung aus gereinigtem Sand verdrängt wurde, bestätigt glaubte. BRIGGS und MCCALL[5] gehen ferner in der Weise vor, daß eine Chamberland-Pasteurkerze sorgfältig in den Boden eingebettet wird, die mit einer größeren evakuierten Flasche verbunden wird. Nach Bedarf (gewöhnlich einmal täglich) pumpt man die Flasche leer, pipettiert die in die Kerze eingesaugte Flüssigkeit ab und verbindet den Apparat wieder. Auf diese Weise kann man fortlaufend den natürlichen Boden untersuchen. Solches geschah durch die Autoren mit einem Boden vom 7. Juni bis 20. Juli. Trotz starken Regens, der gelegentlich niederging, wurde die gewonnene Flüssigkeit allmählich immer konzentrierter. Anfänglich war der Abdampfrückstand 1,6 g pro Liter, zum Schluß 2,1 g. Einen weiteren Vorschlag macht W. ISCHTSCHERIKOW[6]. Dieser verdrängt das den Boden durchtränkende Wasser durch eine Flüssigkeit, die spezifisch leichter als Wasser ist. Zum Beispiel kann zu diesem Zweck Alkohol, Methylalkohol usw. Verwendung finden. Die Verdrängung geht sehr schnell vor sich, und die abfließende Bodenlösung ist vollständig klar, bis diese zu fließen aufhört und der Abfluß von Weingeist anfängt. Dabei treten trübe Tropfen auf. Ähnliche Wege

[1] HEUSER, H.: Die Umwandlung des Ätzkalkes und die Beeinflussung der Löslichkeit der Phosphorsäure und des Kalis durch denselben in schweren Böden. Z. Pflanzenern., Düng. u. Bodenk. A, **16**, 204 (1930).
[2] SCHLOESING, TH.: Analysen von in Ackererden befindlichen Bodenlösungen. C. r. **70**, 98 (1870); ref. Hoffmanns Jber. **1870**, 36.
[3] SCHLOESING, TH.: C. r. **1866**, Dez.-Heft.
[4] WILEY: Principles a. Pract. of Agricult. An. **1**, 553 (Washington 1906).
[5] BRIGGS, G. E. u. MCCALL; Science, new ser. **20**, 566 (1914).
[6] ISCHTSCHERIKOW, W.: Die Gewinnung der Bodenlösung im unveränderten Zustande. Russ. J. exp. Landw. **8**, 165 (1907); ref. Hoffmanns Jber. Agrikult.-Chem. **1907**, 557.

scheint auch A. N. SSOKOLOWSKY[1] eingeschlagen zu haben. F. H. HESSELINK VAN SUCHTELEN[2] nimmt die Verdrängung der Bodenlösung durch abgekühltes Paraffinöl vor. Mittels Scheidetrichter wird das schwerere Wasser von dem leichteren Paraffinöl getrennt. Man soll einen Teil der Bodenlösung in ihrer natürlichen Zusammensetzung ermitteln, während die ganze Menge mit Hilfe einer Umrechnung dieser Werte unter Zugrundelegung einer Trockensubstanzbestimmung errechnet wird. A. G. DOJARENKO[3] bestimmt dagegen in der Weise die Bodenlösung, daß frischer Boden mit einer bekannten Menge Öl so lange gemischt wird, bis das Öl vollständig mit der Bodenlösung emulsioniert ist. Danach wird die Emulsion durch Pressen gewonnen. J. P. VAN ZYL[4] gibt zunächst eine kritische Übersicht über die bisherigen Methoden zur Bestimmung der Bodenlösung, und zwar vielfach auf Grund eigener Versuche. Er weist darauf hin, daß das Wasser aus Bodenproben nicht mit der eigentlichen Bodenlösung verwechselt werden darf, wie z. B. für die Methode von VAN SUCHTELEN und BRIGGS und MCCALL z. T. befürchtet werden muß. Auch die Methoden SCHLOESING und ISCHTSCHERIKOW lehnt er bis zu einem gewissen Grade ab. G. HAGER[5] kann den Anschauungen von VAN ZYL hinsichtlich der Gewinnung von Bodenlösungen durch Verdrängungsflüssigkeiten nicht ganz folgen. Da GRAHAM gezeigt hat, daß das Gelwasser von Zeolithen durch Alkohol, Essigsäure, Glyzerin verdrängt werden kann, schlägt er ähnlich wie SCHLOESING vor, die Bodenlösung durch Wasser zu verdrängen. Um aber zu erkennen, ob ein Vermischen dieser Flüssigkeiten eingetreten ist, wird dem Verdrängungswasser Natronsalpeter oder Chlorkalium hinzugesetzt. Durch portionsweises Auffangen der Bodenlösung und Prüfung auf Salpetersäure oder Chlor kann der Zeitpunkt festgestellt werden, wann die durchtropfende Lösung nicht mehr als reine Bodenlösung anzusehen ist. Etwa 80% der vorhandenen Bodenlösung wurden auf diese Weise erfaßt. J. F. MORGAN[6] will eine Bodenlösung dadurch gewinnen, daß er unter Druck flüssiges Paraffin durch den Boden preßt. Selbst in sandigen Böden wurde auf diese Weise 74% der Feuchtigkeit erfaßt[7]. Ferner wurde später das Zentrifugieren angewendet[8]. CAMERON[9] benutzt diese Methode mehrfach. Er kommt dabei zu dem Schluß, daß der Boden bei seinem optimalen Wassergehalt kein frei bewegliches Wasser mehr enthält, vielmehr soll die eigentliche Bodenlösung unter günstigen Bedingungen ausschließlich aus „Oberflächenwasser" bestehen; es wird wahrscheinlich nie gelingen, diese Lösung dem Boden zu entziehen, denn sie wird von den Bodenteilchen mit erheblicher Kraft festgehalten.

Ein Weg der Gewinnung der Bodenlösung hat jedoch noch besondere Aufmerksamkeit erfahren, nämlich der der Gewinnung durch Auspressen des Bodens. Bereits W. KNOP[10] erwähnt, daß man versucht hat, den Boden auszupressen, um eine Bodenlösung zu gewinnen. Er glaubt jedoch nicht, daß man auf diese Weise zu einer

---

[1] SSOKOLOWSKY, A. N.: Aus dem Gebiete der Absorptionserscheinungen im Boden. Russ. Jourl. exp. Landw. **1914** Nr. 2, vergl. Biederm. Zbl. **1915**, 11.

[2] HESSELINK VAN SUCHTELEN, F. H.: Methode zur Gewinnung der natürlichen Bodenlösung. J. Landw. **60**, 369 (1912).

[3] DOJARENKO, A. G.: The soil solution. I. Methods for obtaining and investigating soil solutions. Nauch. Agron. Z. **1**, 577 (1924); Exp. Stat. Rec. **54**, 211 (1926).

[4] VAN ZYL, J. P.: Über die Bodenlösung. J. Landw. **64**, 201 (1916).

[5] HAGER, G.: Die Gewinnung von den natürlichen Verhältnissen entsprechenden Bodenlösungen usw. Z. Pflanzenern., Düng. u. Bodenk. A, **2**, 421 (1923).

[6] MORGAN, J. F.: The soil solution obtained by the oil pressure method. Soil Sci. **3**, 531 (1917); Exp. Stat. Rec. **37**, 717 (1917).

[7] Vgl. auch Mich. Stat. Tech. Bull. **28**, 7 (1916); Expt. Stat. Rec. **39**, 20 (1918).

[8] U. S. Dept. agricult. Bureau Soils Bull. **45** (1907).

[9] CAMERON: J. physic. Chem. **1910**, 353.

[10] KNOP, W.: Der Kreislauf des Stoffes, S. 513. 1868.

wirklichen Bodenlösung gelangt. Auch E. J. RUSSELL[1] erwähnt einige Versuche dieser Art. Nach W. SCHUMACHER[2] konnte KARMRODT dem Torf durch Pressen eine beträchtliche Menge Flüssigkeit entziehen und stellte dabei folgendes fest: „1000 g lufttrockener (= 760 g wasserfreier Torf) Torf wurden mit 16 Nährsalzen vermischt, mit 1200 cm^3 Wasser begossen und nach 8 Tagen ausgepreßt. Ungefähr 570 cm^3 Flüssigkeit, mit einer Konzentration von 3 g pro Liter, konnten ausgepreßt werden. Ein zweiter Versuch, wobei salzhaltiger, mit Wasser gesättigter Torf zur Untersuchung kam, ergab, daß durch das Pressen keine ungelösten adsorbierten Stoffe in Lösung versetzt werden. Die Flüssigkeit wurde nämlich in drei Teilen gewonnen: a) durch die Luftpumpe, b) durch schwaches Pressen, c) durch starkes Pressen". Die Konzentration sämtlicher Teile war dieselbe. KEPPELER[3] konnte bei Torf den ersten Teil des Wassers leicht abpressen. Dieser Teil wird daher zum Unterschiede von dem festgehaltenen „Quellungswasser". von ihm als zwischen den Fasern sitzend bezeichnet. Ein Teil von dem letzten läßt sich nach $MgCl_2$-Zusatz leicht abpressen. Das Festhalten des Wassers nach KEPPELER beruht deshalb im wesentlichen auf der kolloidalen Struktur des Torfes.

J. P. van ZYL[4] führte ebenfalls Untersuchungen mit Abpressen aus. Nach einer Reihe von Vorversuchen, die zufriedenstellende Ergebnisse brachten, wurden verschieden gedüngte Parzellen eines Tonbodens untersucht. Die Proben wurden zu verschiedenen Jahreszeiten entnommen. Trotz der großen Schwankungen der Konzentration in den einzelnen Jahreszeiten blieb doch die prozentuale Zusammensetzung des Glührückstandes fast gleich, unbeachtet, ob die Parzelle gekalkt oder mit Stallmist gedüngt war. Lediglich die Konzentration der Lösung scheint von diesen Faktoren im gewissen Grade abhängig zu sein. Die einzelnen Bodenproben wiesen übrigens derartige Schwankungen auf, daß vielfach die Unterschiede in der Düngung verwischt wurden. Er nimmt daher an, daß man auf diesem Wege das Oberflächenwasser, das wahrscheinlich als die wahre Bodenlösung und gleichzeitig als das eigentliche Medium gilt, aus welchem die Pflanze ihre mineralische Nahrung schöpft, ebensowenig vom Boden trennen kann wie durch die anderen bis jetzt herangezogenen Verfahren. Doch scheint die Preßflüssigkeit der natürlichen Bodenlösung erheblich näherzustehen als die meisten auf anderen Wegen gewonnenen sog. Bodenlösungen.

Auch E. RAMANN, S. MÄRZ und H. BAUER[5] versuchen durch Auspressen des Bodens zu einer Bodenlösung zu gelangen. Sie weisen darauf hin, daß W. SPRING[6] berechnete, daß quellender gewöhnlicher Ton auf den Quadratzentimeter einen Druck von etwa 2 kg auszuüben vermag. Es kann daher kaum ein Zweifel vorliegen, daß durch Anwendung ausreichenden Druckes die Bodenflüssigkeit aus dem Boden frei gewonnen werden kann. R. EMMERICH[7] machte praktischen Gebrauch davon, indem er Boden mit 4—500 Atm. auspreßte. Auf Grund dieser Versuche gingen auch die Genannten zu ähnlichen Untersuchungen über, indem sie mit einem Druck von etwa 300 kg arbeiteten. Zur Untersuchung kam ein Boden von einem Versuchsfeld, welches einerseits seit 1902 nicht mehr gedüngt, und andererseits seit diesem Jahre mit Volldüngung versehen worden war. Sie folgern aus ihren Untersuchungen, daß die erhaltenen Preßsäfte der im Boden vorhandenen Flüssigkeit entsprechen. „Niederschläge verdünnen, Ver-

[1] RUSSELL, E. J.: Boden und Pflanze, S. 83. Leipzig u. Dresden: Steinkopf 1914.
[2] SCHUMACHER, W., Über die Bodenlösungen usw.: Landw. Versuchsstat. **5**, 214 (1863).
[3] KEPPELER, G.: Mitt. Förd. Moorkult. Dtsch. R. **1914**, Nr. 7.
[4] VAN ZYL, J. P.: a. a. O., J. Landw. **64**, 217 (1916).
[5] RAMANN, E., S. MÄRZ u. H. BAUER: Über Bodenpreßsäfte. Internat. Mitt. Bodenkde. **6**, 1 (1916).
[6] SPRING, W.: Ann. Soc. Géol. Belg. 28. Mémoires **1900/1901**, 119 u. 123.
[7] EMMERICH, R.: MAX PETTENKOFERS Bodenlehre der Cholera indica. München 1910.

dunstung steigert die Konzentration der Bodenlösung. Einwirkung der Bodensorption auf die Konzentration der Bodenlösung wurde nicht beobachtet. Kali verhält sich in seiner Verteilung in den Bodenlösungen als löslicher Bestandteil. Die Bewegungen von Kali und Kalk in der Bodenflüssigkeit verlaufen analog.“ In allen Fällen bleibt der Gehalt an gelöstem Kali auf der ungedüngten Fläche gegenüber der gedüngten merklich zurück. Eine bedeutsame Wirkung sprechen sie auch den Nährstoffen des Untergrundes zu. P. EHRENBERG und J. P. VAN ZYL[1] machen auf die großen Schwankungen in den Ergebnissen von Paralleluntersuchungen bei Böden aufmerksam und halten es für verfrüht, derartige bestimmte Schlußfolgerungen zu ziehen, wie es RAMANN und Mitarbeiter ohne Paralleluntersuchungen getan haben. Neue, eigene Versuche zeigen jedoch, daß auch bei diesen Untersuchungen Verschiedenheiten unter verschiedenen Böden und verschieden gedüngten Parzellen zu beobachten sind. P. EHRENBERG und A. W. GROH[2] bringen später ähnliche Untersuchungen unter Benutzung von Böden, die mit verschiedenen Früchten bestanden waren. G. HAGER[3] weist darauf hin, daß es nach seiner Anschauung unmöglich ist, durch Auspressen des Bodens die wirkliche Bodenlösung zu erhalten, da auf diese Weise nur die beweglichen Anteile erhalten werden. M. VON WRANGELL[4] gibt dagegen an, daß bei ihren Ausspreßversuchen keine Anhaltspunkte gefunden wurden, welche sie genötigt hätten, von der Anschauung abzugehen, „daß die Versorgung der Pflanze anders stattfände als durch in Lösung gegangene Nährstoffe“. Auf Grund der auf dieser Tatsache aufgebauten Ergebnisse sind folgende drei Größen für die Phosphorsäureversorgung der Pflanzen nach ihrer Ansicht bestimmend: 1. Die Phosphorsäurekonzentration der Bodenlösung, bestimmt durch Auspressen des Bodens in einer Weise, die noch näher zu beschreiben ist. 2. Die Geschwindigkeit, mit welcher nach gestörtem Gleichgewicht zwischen Boden und Bodenlösung dasselbe wieder erreicht wird. 3. Der Gesamtvorrat an löslicher Phosphorsäure im Boden. Über die Gewinnung der Bodenlösung wird folgende Beschreibung[5] gegeben. „Die natürliche Bodenlösung wurde mit Hilfe einer starken hydraulischen Presse aus dem natürlichen, feuchten Boden gewonnen. Als Preßform diente eine mit zahlreichen 5 mm Bohrlöchern versehene Stahlplatte, auf welche ein 1,2 cm starker Stahlzylinder, dessen innerer Durchmesser 14,6 cm betrug, flüssigkeitsdicht paßte. Durch geeignete Einlagen, wie Drahtnetze, Filtrierpapier .... wurde bewirkt, daß nur die Bodenflüssigkeit durch die Bohrlöcher trat, um in einer darunter befindlichen Schale aufgefangen zu werden. Der angewandte Druck betrug 300 Atm. Das Ende der Pressung wurde erkannt an dem Konstantbleiben des erreichten Druckes. Bei Sandböden konnte dieser Zustand innerhalb eines Zeitraumes von fünf Minuten erreicht werden; bei humösen wie bei stark lehmigen Böden waren hierzu bis zu 15 Minuten erforderlich.“ Die auf diese Weise gewonnene Bodenlösung war farblos oder gelb bis braun, auch war sie durch fein suspendierte Bodenteilchen mehr oder weniger getrübt. Die erhaltene Lösung wurde zunächst zentrifugiert mit Hilfe einer Zentrifuge von 3000 Umdrehungen. Die darin enthaltenen Kolloide wurden ferner durch Zugabe von 1 cm^3 $^1/_{10}$ n-Schwefelsäure (zu 50 cm^3 Lösung) ausgeflockt. Daraufhin wurden die so ausgeflockten Kolloide durch Zentrifugieren entfernt. In der so erhaltenen klaren

---

[1] EHRENBERG, P., u. J. P. VAN ZYL: Zur Kenntnis der Bodenlösung. Internat. Mitt. Bodenkde. **7**, 141 (1917).

[2] EHRENBERG, P., u. A. W. GROH: Die Anwendung des Auspressens von Erde usw. Internat. Mitt. Bodenkde. **13**, 107 (1923).

[3] HAGER, G.: a. a. O., Z. Pflanzenern., Düng. u. Bodenk. A, **2**, 421 (1923).

[4] WRANGELL, M. VON: Über Bodenphosphate und Phosphorsäurebedürftigkeit. Landw. Jb. **63**, 627 (1926).

[5] WRANGELL, M. VON u. W. HAASE: Ebenda **63**, 711 (1926).

Lösung wurde die Phosphorsäure kolorimetrisch nach einem von VON WRANGELL[1] ausgearbeitetem Verfahren bestimmt. Der auf diese Weise erhaltene durchschnittliche Gehalt der Bodenlösung an Phosphorsäure betrug je Liter 0,1 bis 0,6 mg. Es ist auf Grund von Versuchen anzunehmen, daß — wahrscheinlich aus osmotischen Gründen — keine Phosphorsäureaufnahme mehr stattfinden kann, wenn der Gehalt der Bodenlösung 0,03 mg Phosphorsäure je Liter und darunter beträgt. Ferner ist darauf hinzuweisen, daß die Konzentration einer Bodenlösung in weit größerem Maße von den Adsorptionskräften des Bodens abhängig ist als von der chemischen Natur der darin enthaltenen Phosphate. Stark abhängig ist sie auch von dem Wassergehalt eines Bodens, so daß gleiche Werte für die Konzentration der Bodenlösung erhalten wurden, gleich ob mit destilliertem Wasser oder mit dem eigenen vorher gewonnenen Bodensaft angefeuchtet wurde. Ferner spielt die „Nachlieferungsgeschwindigkeit" für die Versorgung der Pflanzen eine große Rolle. Es werden darunter die Ergebnisse verstanden, die man erhält, wenn man die Konzentration der Bodenlösung in ihrem Verhalten nach wiederholtem Auspressen und Wiederanfeuchten vergleicht. VON WRANGELL stellt fest, daß sie groß ist in „adsorptionsschwachen Böden, gering in schweren adsorptionskräftigen Böden; in letzteren wird deshalb die Konzentration der Bodenlösung nicht in erster Linie eine Funktion des Wassergehaltes darstellen, sondern in höherem Maße von dem Faktor Zeit abhängig sein". Ferner stellt VON WRANGELL noch folgendes fest: „Am bestimmendsten für die Phosphorsäureversorgung der Pflanze ist der Gesamtgehalt an löslicher Phosphorsäure in einem Boden. Der Wert desselben läßt sich experimentell ermitteln durch andauerndes Extrahieren einer kleinen Bodenmenge und rechnerisch bestimmen aus der Konzentrationsabnahme von 2 bis 3 aufeinanderfolgenden Extraktionen." C. B. LIPMAN[2] hat ebenfalls eine Methode ausgearbeitet, um durch Druck zu einer wirklichen Bodenlösung zu gelangen[3]. P. S. BURGESS[4] bespricht diese Methode im Vergleich mit dem wässerigen Bodenauszug.

Überblickt man alle diese Versuche, den Wasserauszug des Bodens zur Erkennung des Nährstoffbedürfnisses nutzbar zu machen, so muß man zugeben, daß dieses Problem in großer Mannigfaltigkeit und mit seltener Ausdauer in Angriff genommen worden ist. Zahlreiche Untersuchungen ergaben ein durchaus befriedigendes Übereinstimmen mit dem Feldversuch, der ja nur allein über den Wert einer derartigen Methode aufklären kann. Aber zahlreiche Befunde konstatieren dagegen vorläufig noch wenig befriedigende Übereinstimmung. Wenn somit dieses Problem noch keineswegs als endgültig geklärt betrachtet werden kann, so ist doch zu erkennen, daß gerade in den letzten Jahren überaus begrüßenswerte Fortschritte in diesen Fragen erzielt wurden, und es ist nicht unmöglich, daß gerade die während dieser langen Zeit unbeachtet gebliebenen Wege der Bodenuntersuchung von besonderer Bedeutung für die zweckmäßige Beurteilung des Nährstoffbedürfnisses des Bodens werden.

Neben der allgemeinen Feststellung des Nährstoffbedürfnisses des Bodens hat man den Wasserauszug auch benutzt, um einzelne Bestandteile des Bodens zu bestimmen. So hat man namentlich den Wasserauszug zur Bestimmung des Gehaltes des Bodens an Salpetersäurestickstoff herangezogen.

[1] WRANGELL, M. VON: a. a. O., Landw. Jb. **63**, 669 (1926).

[2] LIPMAN, C. B.: A new method of extracting the soil solution. Univ. Cal. Pbs. Agr. Sci. **3**, 131 (1918); ref. Exp. Stat. Rec. **38**, 803 (1918).

[3] Vgl. auch MARTIN, J. C., u. J. S. BURD: The composition of the soil solution as indicated by the displacement method. Californien Stat. Rept. **1923**, 174; Exp. Stat. Rec. **52**, 19 (1925).

[4] BURGESS, P. S.: The soil solution, extracted by LIPMAN's direct-pressure method, compared with 1 : 5 water extracts. Soil Sci. **14**, 191 (1922); Exp. Stat. Rec. **48**, 718 (1923).

W. KNOP[1] bearbeitet eingehend das Verhalten von Salpetersäure und ihrer Salze bei Einbringung in den Boden und stellt fest, daß sie sich ganz wieder aus dem Boden durch Wasser auswaschen läßt. Darauf gibt er auf Grund seiner Versuche folgende Angaben über die Behandlung von Erde, um den darin enthaltenen Salpeterstickstoff zu bestimmen: „Quantitäten von 100 g bis 2 kg wurden in eine Flasche gebracht und mit so viel Wasser übergossen, daß dieses mit dem in der Erde vorher schon enthaltenen eine gerade Anzahl Kubikzentimeter, je nach Bedürfnis 400, 500, 1000 und 2000 cm³ betrug. Man schüttelt die Erde damit und zieht darauf einen bestimmten Bruchteil Wasser ... so klar als tunlich ab. Wo die Lösung bei mutmaßlich sehr geringem Salpetersäuregehalt ein großes Volumen hat, dunstet man den abgezogenen zur Untersuchung bestimmten Teil derselben ein, wo zugleich ein Ammoniakgehalt vorhanden, fügt man beim Abdunsten Kalkhydrat oder Ätznatron hinzu, bringt die Flüssigkeit auf ein Volum von 100, 150 oder 200 cm³ und unterwirft sie nun der Behandlung mit dem Zinkeisenelement und bestimmt nachher das erzeugte Ammoniak.“ E. WOLFF[2] gibt noch an, daß er das Bodenwassergemisch 48 Stunden lang unter häufigem Umschütteln stehen läßt. R. WARINGTON[3] findet, daß es nicht gleichgültig ist, ob man die Erdproben langsam (z. B. an der Luft) oder rasch (unter Anwendung künstlicher Wärme) trocknet; im ersteren Falle erhält man mehr Salpetersäure, indem offenbar bei langsamem Austrocknen die Salpetersäurebildung noch fortschreitet. BUHLERT und FICKENDEY[4] stellen sodann fest, daß die 48 stündige Einwirkung des Wassers auf den Boden bereits zu Verlusten an Salpeterstickstoff infolge biologischer Umsetzungen führen kann. Eine Schütteldauer von $^1/_2$ Stunde dürfte deshalb wohl in allen Fällen genügen, um die Salpetersäure auszuziehen, ohne daß andererseits eine Denitrifikation zu befürchten ist. Bei Böden, die wie Lehm- und Tonböden kein Filtrieren gestatten, empfiehlt es sich noch, zur Klärung 2% Kochsalz zuzusetzen, um kolloidale Substanzen zu fällen. V. I. SASSANOW[5] empfiehlt ebenfalls zur Bestimmung des Nitrates im Boden den Boden nicht länger in Berührung mit dem Wasser zu lassen, bis sich die feineren Teilchen abgesetzt haben, da sonst eine starke Verminderung an Nitraten infolge von Reduktion eintritt. Ähnliche Anschauungen vertreten S. FRANKFURT und A. DUSHECHKIN[6]. J. KÖNIG[7] schlägt ferner noch vor, das Ausziehen des Bodens mit 5proz. Chlorkaliumlösung vorzunehmen, um die gegebenenfalls von den Humuskolloiden adsorbierte Salpetersäure in Lösung zu bringen.

Über die Bestimmung der wasserlöslichen Chloride finden sich folgende Angaben: E. WOLFF[8] bestimmt das Chlor des Bodens in der Weise: „daß man 300 g des Bodens mit 900 cm³ reinem oder mit Salpetersäure angesäuertem Wasser unter häufigem Umschütteln 48 Stunden lang in Berührung läßt, sodann 450 cm³ abgießt, filtriert und das klare Filtrat bis auf etwa 200 cm³ eindampft, endlich

[1] KNOP, W.: Über das Vorkommen der Salpetersäure in Wässern, Ackererden usw. Landw. Versuchsstat. 5, 137 (1863).

[2] WOLFF, E.: Entwurf zur Bodenanalyse. Landw. Versuchsstat. 6, 159 (1864).

[3] WARINGTON, R.: Über die Bestimmung der Salpetersäure im Boden. J. Chem. Soc. 1882; ref. Hoffmanns Jber. 25, 353 (1882).

[4] BUHLERT u. FICKENDEY: Zur Bestimmung der Salpetersäure im Boden. Landw. Versuchsstat. 63, 239 (1906).

[5] SASSANOW, V. I.: Notes on the determination of nitric acid in chernozem soils. Z. Op. Agron. 7, 381 (1906); ref. Exp. Stat. Rec. 19, 110 (1907/08).

[6] FRANKFURT, S. u. A. DUSHECHKIN: Determination of nitric acid in the soil. Vyestnik Sakh. Promuish 1906, 652; ref. Exp. Stat. Rec. 19, 409 (1907/08).

[7] KÖNIG, J.: Untersuchung landwirtschaftlicher und landwirtschaftlich-gewerblich wichtiger Stoffe, 5. Aufl., 1, 82. 1923.

[8] WOLFF, E.: a. a. O., Landw. Versuchsstat. 6, 161 (1864).

das Chlor mit salpetersaurem Silberoxyd ausfällt". Auch J. KÖNIG[1] hält ein einfaches Abfiltrieren für ausreichend.

Es ist auch vorgeschlagen worden, im wässerigen Auszug des Bodens die Sulfate zu bestimmen. Doch muß darauf hingewiesen werden, daß E. W. BOBKO und D. L. ASKINASI[2] fanden, daß Gips durch Auswaschen nicht leicht zu entfernen ist. Diese Untersuchung wird daher Schwierigkeiten bieten.

Die Methoden zur Bestimmung der in verdünnten Säuren löslichen Bodennährstoffe.

Bestimmung der in CO_2-haltigem Wasser löslichen Nährstoffe des Bodens.

Bereits A. STÖCKHARDT[3] beobachtet die aufschließende Wirkung der Kohlensäure, als er bei Vegetationsversuchen während des Wachstums der Pflanzen den Boden mit CO_2 durchlüftete und feststellte, daß die auf derartig behandelten Böden wachsenden Pflanzen einen wesentlich größeren Mineralstoffgehalt aufwiesen als die auf den unbehandelten Böden geernteten. E. PETERS[4] benutzt ebenfalls neben anderen Lösungsmitteln CO_2-haltiges Wasser zur Untersuchung von Ackererden und stellt fest, daß die Einwirkung der Kohlensäure auf das von der Ackererde gebundene Kali ziemlich kräftig ist. „Für die Theorie der Pflanzenernährung ist dies von Wichtigkeit, da der Erdboden stets freie Kohlensäure enthält." Zu gleicher Zeit bestimmt er[5] die Bildung von Kohlensäure bei Vegetationsversuchen und findet bei gesteigerter Temperatur überraschend hohe Kohlensäuremengen. W. SCHUMACHER[6] betont ebenfalls die lösende Wirkung der Kohlensäure und ihre Bedeutung für die Pflanzenernährung. Über die Art der Behandlung des Bodens mit CO_2-haltigem Wasser gibt E. WOLFF[7] folgende Vorschrift: „2500 g des lufttrockenen Bodens werden unter Berücksichtigung von dessen Wassergehalt mit 8000 cm^3 reinem Wasser und außerdem mit 2000 cm^3 Wasser übergossen, welches vorher bei gewöhnlicher Temperatur mit Kohlensäure gesättigt worden ist. Man läßt in der verschlossenen Flasche unter häufigem Umschütteln 7 Tage lang stehen, gießt dann $^3/_4$ der Flüssigkeit, also 7500 cm^3, von dem Bodensatz ab und filtriert, wenn nötig, mehrmals und durch doppelte Filter." A. COSSA[8] folgert aus seinen Versuchen, daß das mit Kohlensäure gesättigte Wasser in allen Fällen mehr Nährstoffe aus dem Boden gelöst hatte als Wasser allein und betont die Notwendigkeit der Anwendung des CO_2-haltigen Wassers zur Analyse der Ackererden, falls man richtige, befriedigende Resultate zu erlangen wünscht. W. WOLFF[9] kam zu der Auffassung, daß durch aufeinander folgendes Ausziehen des Bodens mit einem vierten Teil gesättigten CO_2-haltigen Wassers Anhaltspunkte für die Beurteilung eines Ackers zu erzielen sind. Günstig in diesem Sinne spricht sich auch POLLACCI[10] aus.

---

[1] KÖNIG, J.: Untersuchung landwirtschaftlicher und landwirtschaftlich-gewerblich wichtiger Stoffe, 5. Aufl., 1, 82. 1923.

[2] BOBKO, E. W., u. D. L. ASKINASI: Bestimmung der Absorptionskapazität und des Ungesättigtkeitsgrades der Böden. Z. Pflanzenern., Düng. u. Bodenk. A, 6, 105 (1926).

[3] STÖCKHARDT, A.: Studien über den Boden. Landw. Versuchsstat. 1, 21 (1859).

[4] PETERS, E.: Studien über den Boden. Landw. Versuchsstat. 2, 136 (1860).

[5] PETERS, E.: a. a. O., Landw. Versuchsstat. 4, 133 (1862).

[6] SCHUMACHER, W.: Nimmt die Pflanze ihre Nahrungsstoffe aus dem Bodenwasser oder direkt von den Bodenteilchen auf? Landw. Versuchsstat. 4, 275 (1862).

[7] WOLFF, E.: a. a. O., Landw. Versuchsstat. 6, 152 (1864).

[8] COSSA, A.: a. a. O., Landw. Versuchsstat. 8, 54 (1866).

[9] WOLFF, W.: Beiträge zur Begründung der naturwissenschaftlichen Bonitierung der Ackererden. Landw. Jb. 2, 373 (1873).

[10] POLLACCI: Rendic. R. Inst. Lomb. 27, 15.

Über die Einwirkung des CO_2-haltigen Wassers auf die einzelnen Bestandteile des Bodens liegen folgende Untersuchungen vor: E. PETERS[1] ist der Anschauung, daß die phosphorsauren Alkalien des Bodens in Wasser leicht löslich sind, daß die Kalk- und Magnesiaphosphate sich — wenn auch schwierig — in kohlensäurehaltigem Wasser, leicht in verdünnter Essigsäure lösen, und daß die Verbindungen der Phosphorsäure mit Eisenoxyd und Tonerde sich schwer oder kaum in verdünnter Essigsäure, leicht aber in konzentrierter Salzsäure lösen. P. WAGNER[2] macht jedoch darauf aufmerksam, daß im Boden die Verhältnisse dadurch kompliziert werden, daß neben der Lösung der Phosphorsäure durch einzelne Maßnahmen auch andere Stoffe wie Ca, Fe usw. gelöst werden, die je nach der Dauer des Lösungsvorganges usw. Phosphorsäure bereits wieder zur Fällung bringen. Nach seiner Auffassung ist noch keine Methode bekannt, die gestattet, diese Verhältnisse auszuschalten, um dadurch zu einer klaren Erkenntnis der Bindungsverhältnisse der Phosphorsäure im Boden zu kommen. M. GERLACH[3] beobachtet, daß 1 l CO_2-freies Wasser aus 1 g Dikalziumphosphat 3,39% P_2O_5, aus 1 g Trikalziumphosphat 1,09% P_2O_5 löst, während kohlensäurehaltiges Wasser 55,4 bzw. 24,51% P_2O_5 in Lösung bringt. Phosphorsäure, welche von überschüssigem kohlensauren Kalk absorbiert war, wurde nach 12 Tagen fast quantitativ durch kohlensäurehaltiges Wasser wieder gelöst. Dahingegen wurde Phosphorsäure, welche von Sesquioxydhydraten absorbiert war, durch kohlensäurehaltiges Wasser nicht wieder gelöst. GERLACH weist auch darauf hin, daß, wenn man kohlensäurehaltiges Wasser langsam durch eine mit Lehmboden gefüllte Röhre filtrieren läßt, in welchem aus Superphosphat absorbierte Phosphorsäure enthalten ist, das Filtrat dennoch keine Phosphorsäure aufweist, da diese während der Filtration wahrscheinlich durch die stark absorbierenden Sesquioxyde wieder gebunden wird. M. VON WRANGELL[4] findet in systematischen Untersuchungen, daß bei Steigerung der H-Ionenkonzentration von Flüssigkeiten, die Kalkphosphat enthalten, z. B. durch Verwendung von kohlensäuregesättigtem Wasser, der Gehalt an PO_4-Ionen von 7 mg auf 47 mg gesteigert wurde. „Al- und Fe-Phosphat ... werden durch H-Ionen nicht wesentlich beeinflußt, so daß in saurer Reaktion die Löslichkeit des Kalkphosphates weit die des Fe und Al übertrifft.“ Die Löslichkeitsverhältnisse liegen bei Verwendung von $^1/_{10}$ n-Essigsäure ähnlich. TH. SCHLOESING[5] weist jedoch darauf hin, daß die Löslichkeit des reinen Trikalziumphosphates in kohlensäuregesättigtem Wasser zwar in direktem Verhältnis zur vorhandenen Kohlensäuremenge steht, daß aber bei Gegenwart von kohlensaurem Kalk oder Kalziumbikarbonat fast gar keine Lösung stattfindet. Demnach trägt die in der Bodenfeuchtigkeit enthaltene Kohlensäure unter der Voraussetzung, daß kein völlig kalkfreier Boden vorliegt, nicht zu der Lösung des Phosphates bei.

Nachdem auch E. A. MITSCHERLICH[6] die stärker lösende Wirkung des kohlensäurehaltigen Wassers betont hatte, geht er[7] dazu über, mit Hilfe dieser lösenden Wirkung des CO_2-haltigen Wassers eine Methode zu schaffen, welche die Dünger-

[1] PETERS, E.: Ann. Landw. **49**, 31.
[2] WAGNER, P.: Verhalten der Phosphorsäure im Erdboden. J. Landw. **6**, 89 (1871).
[3] GERLACH, M.: Über das Verhalten der wasserlöslichen Phosphorsäure gegen absorbierende Bestandteile des Bodens. Landw. Versuchsstat. **46**, 201 (1896).
[4] WRANGELL, M. VON: a. a. O., Landw. Jb. **63**, 627 (1927).
[5] SCHLOESING, TH.: Über die Löslichkeit des Trikalziumphosphats in der Bodenfeuchtigkeit bei Gegenwart von Kohlensäure. C. r. **131**, 149 (1900); ref. Hoffmanns Jber. **44**, 32 (1901).
[6] MITSCHERLICH, E. A.: Die chemische Bodenanalyse. Fühlings Landw. Ztg. **55**, 368 (1906).
[7] MITSCHERLICH, E. A.: Chemische Bodenanalyse für pflanzenphysiologische Forschungen. Landw. Jb. **36**, 309 (1907).

bedürftigkeit des Bodens erkennen lassen soll. Nach seiner Auffassung sind für die Pflanze alle wasserlöslichen und die in kohlensäurehaltigem Wasser löslichen Salze aufnehmbar, da im Boden ständig durch Atmung und Zersetzung Kohlensäure entsteht. Wenn auch die Natur der Wurzelausscheidungen noch ungeklärt ist, so stimmen doch die Forscher darin überein, daß die Kohlensäure das wichtigste Ausscheidungsprodukt der Wurzel ist. Aus diesem Grunde wählt er kohlensäurehaltiges Wasser als Lösungsmittel für seine chemische Bodenanalyse. Durch sorgfältige Untersuchungen versucht er, die Methode in eine genaue und präzis bestimmte Form zu bringen. Ihre Ausführung ist folgende: 200 bzw. 80 g absolut trockener Boden werden mit 2 l Wasser, dem 5 cm^3 Chloroform zugesetzt werden, im Thermostaten bei 30° C 11—12 Stunden unter gleichzeitigem ständigen Einleiten von Kohlensäure gerührt. Sodann wird mit Hilfe eines Ballonfilters (Tonzelle) bei gleicher konstanter Temperatur die überstehende Flüssigkeit abgesaugt. Alsdann werden genaue Vorschriften für die Ausführung der chemischen Analyse gegeben und ihre Fehlergrenzen bestimmt. E. A. MITSCHERLICH weist darauf hin, daß die Lufttrocknung des Bodens ganz bedeutende Einflüsse auf die Löslichkeit der Nährstoffe ausübt, und daß selbst noch die Aufbewahrung im lufttrockenen Zustande Veränderungen bedingt. Bei der Nachprüfung der Methode an Düngungsversuchen in Vegetationsgefäßen ergibt sich, daß der zugegebene Kalk nicht in befriedigender Weise wiedergefunden wurde, während für Phosphorsäure, Kali und Stickstoff vielfach recht befriedigende Resultate beobachtet werden. J. POUGET und D. CHOUCHAK[1] ziehen den Boden mit kalziumbikarbonathaltigem Wasser aus und beobachten, daß die Phosphorsäureverbindungen im Boden in einer leicht löslichen Form, die zum größten Teil in einer organischen Bindung vorhanden zu sein scheint, und in einer weniger löslichen Form enthalten sind. Jedoch sind beide Formen assimilierbar. TH. BIÉLER[2] kommt zu dem Schluß, daß „das Ausziehen der Böden mit kohlensäurehaltigem Wasser . . . ein Maß für die verwertbaren Kali- und Phosphorsäuremengen" gibt, „die mit den durch Kulturversuche enthaltenen besser übereinstimmen, als die beim Behandeln der Böden mit verdünnter und konzentrierter Säure erhaltenen". Böden mit weniger als 0,015 % K_2O sind kalibedürftig, wenn sich die Böden in normalem physikalischen Zustande befinden. Phosphorsäurebedürftigkeit tritt auf, wenn der Boden weniger als 0,25 % Gesamt-P_2O_5 und 0,015 % in kohlensäurehaltigem Wasser lösliche Phosphorsäure aufweist. E. A. MITSCHERLICH[3] stellt weiterhin die genauen Untersuchungsbedingungen für die einzelnen Pflanzennährstoffe mit Hilfe der von ihm ausgearbeiteten Methode der Kohlensäurelöslichkeit fest und gibt die mathematischen Gesetzmäßigkeiten dafür an. Demgegenüber weist E. HASELHOFF[4] darauf hin, daß die durch CO_2-haltiges Wasser aus bodenbildenden Gesteinen herausgelösten Nährstoffmengen nicht mit den durch das Pflanzenwachstum wirklich aufgenommenen in Übereinstimmung stehen. Ebenso weisen TH. PFEIFFER und E. BLANCK[5] im Gegensatz zu E. A. MITSCHERLICH darauf hin, daß die auf-

[1] POUGET, J. u. D. CHOUCHAK: Beitrag zum Studium der Beziehungen zwischen der Fruchtbarkeit des Bodens und der im Wasser löslichen Phosphorsäure. Rev. gén. Chim. pur et appl. 13, 157—178; ref. Hoffmanns Jber. **1910**, 76.

[2] BIÉLER, TH.: Untersuchungen über das aufnehmbare Kali der Böden. Ann. Agricult. Suisse **1909**, 161—184; ref. Hoffmanns Jber. **1909**, 58.

[3] MITSCHERLICH, E. A.: Ein Beitrag zur Düngemittel- und Bodenanalyse. Landw. Jb. **39**, 299 (1910).

[4] HASELHOFF, E.: Untersuchungen über die Zersetzung bodenbildender Gesteine. Landw. Versuchsstat. **70**, 85 (1909).

[5] PFEIFFER, TH. u. E. BLANCK: Die Säureausscheidung der Wurzeln und die Löslichkeit der Bodennährstoffe in kohlensäurehaltigem Wasser. Landw. Versuchsstat. **77**, 217 (1912).

schließende Wirkung der Pflanzenwurzeln nicht allein auf die ausgeatmete Kohlensäure zurückzuführen sei, sondern daß auch organische Säuren dabei eine Rolle spielen. Sie schöpfen diese Auffassung aus Versuchen, in denen sie durch künstliche Zufuhr von Kohlensäure in Vegetationsversuchen keine Verbesserung der Wirkung von Phosphoriten erzielten, obwohl diese von den Pflanzen in ziemlich erheblichem Grade ausgenutzt werden konnten. Ferner konnten mit Meltau befallene Haferpflanzen Phosphorit trotz Begießens mit kohlensäuregesättigtem Wasser nicht ausnutzen, obwohl normal gewachsener Hafer Phosphorit durchaus anzugreifen vermag. Außerdem fordert der Unterschied in dem Aufschließungsvermögen der Leguminosen und Cerealien ebenfalls die Beteiligung stärkerer Säuren an diesem Vorgang. „MITSCHERLICH hat gezeigt", so führen sie aus, „daß die Haferpflanze soviel Phosphorsäure aufnimmt, als in der von ihr verbrauchten, mit CO_2 gesättigten Wassermenge löslich ist. Eine etwaige stärkere Atmungsintensität der Leguminosenwurzel könnte daher nicht zur Wirkung kommen. Der Wasserverbrauch der Leguminosen ist ... ein relativ geringer, so daß auch dieses Moment für eine Erklärung auszuscheiden hat." Auch eine innigere Berührung der Wurzelmasse der Leguminosen als die der Gramineen mit dem Boden konnte nicht bestätigt werden. Die Ergebnisse der Genannten drängen daher zu der Vermutung, daß die Wurzeln auch organische Säuren auszuscheiden vermögen, was die Anschauungen von MITSCHERLICH über die Bedeutung der Löslichkeit der Nährstoffe in kohlensäurehaltigem Wasser sehr beschränken würde. Hinsichtlich Analyse und Bewertung der Düngemittel kommen auch J. D. HISSINK[1] sowie I. G. MASCHHAUPT[2] zu einer Ablehnung der Methode MITSCHERLICHS. Immerhin verdient die Löslichkeit derartiger Stoffe, z. B. von Phosphaten in kohlensäurehaltigem Wasser eine stärkere Berücksichtigung als die in Zitronensäure, weil das erstgenannte Lösungsmittel zwar nicht das einzige, aber ohne Zweifel das wichtigste Lösungsmittel ist, über das der Boden und die Pflanzenwurzeln verfügen. Auch O. LEMMERMANN[3] wendet sich ebenfalls gegen MITSCHERLICH, indem er auf die Entstehung von organischen Säuren im Boden selbst und auf die Wirkung gewisser Salze hinweist. E. A. MITSCHERLICH[4] macht dagegen darauf aufmerksam, daß auf Grund weiterer Erfahrungen die chemische Bodenanalyse nur dann benutzt werden kann, wenn die genaue Fixierung der Lösungsbedingungen erfolgt ist, an deren Ermittelung er arbeitet. TH. PFEIFFER und Mitarbeiter[5] stellen demgegenüber fest, daß kohlensäuregesättigtes Wasser in den Mengen, wie es beim Vegetationsversuch mit dem Boden in Berührung kommt, bedeutend weniger Phosphorsäure löst, als die Pflanzen aus dem betreffenden Boden aufnehmen können. Es müssen daher andere Prozesse für die Erklärung der Löslichmachung der Bodenphosphorsäure herangezogen werden. E. BLANCK und F. ALTEN[6] geben schließlich an, daß ein Auszug mit CO_2-gesättigtem Wasser nicht die assimilationsfähige Bodenphosphorsäure in Lösung zu bringen vermag. Neuerdings

---

[1] HISSINK, J. D.: Festlegung des Ammoniakstickstoffes durch Permutit und Tonboden. Landw. Versuchsstat. **81**, 423 (1913).

[2] MASCHHAUPT, I. G.: Verslagen von Landbouwkundige Onderzoekungen der Rijkslandbouwproefstation **11**, 67—70 (1912).

[3] LEMMERMANN, O.: Zur Frage der Ermittelung des Düngebedürfnisses der Böden. Landw. Versuchsstat. **83**, 345 (1914); Internat. Mitt. Bodenkde. **3**, 572 (1913).

[4] MITSCHERLICH, E. A.: Zur Frage der Ermittelung des Düngebedürfnisses usw. Landw. Versuchsstat. **83**, 401 (1914).

[5] PFEIFFER, TH., E. BLANCK, W. SIMMERMACHER u. W. RATHMANN: Pflanzenanalyse und Bodenanalyse. Landw. Versuchsstat. **86**, 339 (1915).

[6] BLANCK, E. u. F. ALTEN: Untersuchungen über die physiologische Bedeutung der Nährstoffauszüge. J. Landw. **73**, 219 (1925).

haben B. DIRKS und F. SCHEFFER[1] die Frage wieder aufgegriffen, den Gehalt des Bodens an pflanzenaufnehmbarer P_2O_5 mit Hilfe der Einwirkung von CO_2-gesättigtem Wasser festzustellen. Nach ihnen bedingt die vielfach herrschende Auffassung, zufolge der die Säuren allein die Bodennährstoffe löslich machen, daß diese wegen ihres sauren Charakters die Reaktion der Bodenlösung stark beeinflussen. Zwar ist die Bodenlösung in der Tat ständig mit Kohlensäure angereichert, doch schwankt die Reaktion in der Hauptsache um den Neutralpunkt. „Schon aus dieser Überlegung folgt, daß die Bodenlösung reichliche Mengen Puffersubstanzen enthält, die die Reaktion der Bodenlösung fast konstant halten. Wie man sich leicht durch einen Versuch überzeugen kann, enthält fast jeder Boden neben Kohlensäure nicht unbeträchtliche Mengen Karbonatverbindungen gelöst. Wenn nun die im Boden gebildeten Säuren ... in eine solche Bodenlösung hineindiffundieren, so werden natürlicherweise diese durch die gelösten Karbonatverbindungen neutralisiert. Die Säurewirkung als solche ist damit vollkommen aufgehoben, und es kann höchstens nur noch eine Wirkung der gebildeten Salze bei der Löslichmachung der Nährstoffe in Betracht kommen. Aus all diesem folgt aber, daß ein Lösungsmittel, wenn es die Eigenschaften einer Bodenlösung besitzen soll, Kalkverbindungen, wie auch andere Salze, in Gegenwart einer bestimmten Menge Kohlensäure enthalten und eine um den Neutralpunkt 7 p_H wenig schwankende Reaktion aufweisen muß ... Nur die stark sauren Böden bilden eine Ausnahme ... Für sie ist daher das eben Gesagte nur bedingt richtig". Die Autoren behandeln daher den Boden mit bikarbonat- und CO_2-haltigem Wasser, welches durch Schüttelungen von 1 g $CaCO_3$ mit 75 cm^3 mit CO_2-gesättigtem Wasser hergestellt wurde. Eine solche Lösung zeigte p_H 6,8 bis 7,0. 30 g Boden wurden 1 Stunde lang mit 75 cm^3 dieses Lösungsmittels behandelt; sodann wurde abfiltriert und die gelöste P_2O_5 kolorimetrisch bestimmt. Mit dieser Art des Vorgehens wurde eine außerordentlich gute Übereinstimmung mit Vegetationsversuchen nach MITSCHERLICH bei 80 Böden erzielt. Spätere Versuche[2] erbrachten ebenfalls günstige Übereinstimmung mit den Verfahren von NEUBAUER, MITSCHERLICH und Felddüngungsversuchen.

Bestimmung der in verdünnter Zitronensäure löslichen Nährstoffe des Bodens.

Auf Grund der unbefriedigenden Ergebnisse, welche zunächst mit allen Methoden der Bodenanalysierung zur Beurteilung des Fruchtbarkeitszustandes erzielt worden waren, wurden auch organische Säuren zum „Inlösungbringen" der Pflanzennährstoffe herangezogen. Man beschritt diesen Weg mit um so größerem Interesse, weil ja angenommen wird, daß auch die Pflanzenwurzel in der Lage ist, organische Säuren abzusondern, so daß zu erhoffen war, auf diese Weise einen Weg zu finden, der den natürlichen Verhältnissen weitgehend entsprach. Die mit diesem Vorgehen erzielten Erfolge und Erfahrungen sind die nachstehenden:

Im Gegensatz zu M. MAERCKER[3] stellt M. GERLACH[4] fest, daß die Prüfung des Bodens mittels PETERMANNscher Ammonzitratlösung (spez. Gewicht 1,09) keine Phosphorsäuremengen anzeigt, welche in Übereinstimmung mit den in der Praxis ermittelten stehen. Er schlägt vielmehr 2proz. Zitronensäure auf Grund von

[1] DIRKS, B. u. F. SCHEFFER: Landw. Jb. **1928**, 779.

[2] DIRKS, B. u. F. SCHEFFER: Der Kohlensäure-Bikarbonatauszug und der Wasserauszug als Grundlage zur Ermittelung der Phosphorsäurebedürftigkeit der Böden. Landw. Jb. **71**, 73 (1930).

[3] MAERCKER, M.: Jber. Versuchsstat. Halle **1890**.

[4] GERLACH, M.: Über die Löslichkeit der Bodenphosphorsäure. Vortr. 64. Vers. Naturf. Halle 1891; ref. Hoffmanns Jber. **1891**, 75.

Vergleichen mit Vegetationsversuchen vor. Seine vergleichenden Untersuchungen mit einer Reihe von organischen Säuren sind in nachstehender Tabelle zusammengestellt:

	West-bruch	St. Ulrich Helldorfs-hof	Untere Weiz-länder	Turm-breite	Mar-becke I	Mein-hausen V	Hämer-ten I
Gesamtphosphorsäure	6,45	7,75	33,90	7,00	11,48	4,00	2,50
1 % Essigsäure	0,00	0,00	15,55	0,00	0,00	0,00	0,00
1 % Weinsäure	1,41	0,13	18,43	0,45	1,28	0,00	0,00
1 % Zitronensäure	2,21	0,34	25,73	0,20	2,05	0,32	0,11
1 % Oxalsäure	4,35	2,37	27,52	1,73	5,50	1,86	1,73
1/2 % Oxalsäure	3,46	2,43	27,26	1,02	4,54	1,54	1,41
1 % Zitronensäure + 1 % Essigsäure	2,62	0,38	25,09	0,83	2,37	0,26	6,26
1/2 % Zitronensäure + 2 % Essigsäure	2,43	0,00	24,26	0,61	1,66	0,00	—
1/2 % Zitronensäure + 1/2 % Oxalsäure	3,58	2,82	27,77	1,02	4,54	1,66	0,34
2 % neutral. oxals. Kalium	1,02	0,06	9,79	0,06	0,32	0,00	0,26
2 % neutral. oxals. Ammonium	1,28	0,00	15,62	0,00	1,22	0,00	0,38
1/2 % saures oxals. Kalium	2,94	2,30	26,11	0,82	4,48	2,30	1,60
1 % saures oxals. Kalium	4,16	3,20	27,39	1,92	5,50	2,50	1,73
2 % saures oxals. Kalium	4,93	3,65	27,01	3,01	6,53	—	2,50

M. Gerlach[1] findet ferner, daß beim Vergleich mit den Ergebnissen von Vegetationsversuchen der Auszug des Bodens mit 1 proz. Zitronensäure zu 80% eine Übereinstimmung mit der Wirkung der Phosphorsäure ergibt. Während die an Ca gebundenen Phosphate sehr leicht durch kohlensäurehaltiges Wasser wieder gelöst werden können, ergibt sich für die an Sesquioxyde gebundenen Phosphate folgende Beziehung:

Aus	werden gelöst durch:		
	1% Essigsäure %	1% Zitronensäure %	1% Oxalsäure %
Aluminiumphosphat	11,87	99,72	97,02
Aluminiumphosphat u. Tonerdehydrat	5,27	98,44	98,99
Ferriphosphat	2,83	76,64	93,88
Ferriphosphat u. Eisenoxydhydrat	0,00	10,79	98,56

Emmerling[2] baut unter Benutzung dieser Erfahrungen von M. Gerlach Vorstellungen über die Zusammensetzung der Bodenphosphorsäure auf. Er unterscheidet P_2O_5 1. in Apatitform, 2. in absorbierter Form, 3. in Form gewisser nicht näher zu beschreibender schwer löslicher Phosphate, 4. in organischer Bindung. Dagegen beobachtet W. M. Borzuchowski[3], daß 20% der Zitronensäureauszüge der Böden keine Übereinstimmung mit den Feststellungen der Praxis ergaben. B. Dyer[4] findet ebenfalls schwankende Resultate, wenn der Boden mit Ammonzitratlösung extrahiert wurde. Er geht in der Weise vor, daß er den von den Pflanzenwurzeln ausgeschiedenen sauren Saft festzustellen versucht. Zu dieser Bestimmung verwendet er das ganze Wurzelwerk, welches mit der Erde aus dem Boden gehoben, mit Wasser zur Entfernung der Erde nachgespült und zwischen

[1] Gerlach, M.: a. a. O., Landw. Versuchsstat. **46**, 201 (1896).

[2] Emmerling: Über die verschiedenen Formen der Phosphorsäure im Boden. Landw. Versuchsstat. **52**, 60 (1899).

[3] Borzuchowski, W. M.: Der Zusammenhang der Menge der im gesamten Ackerboden und in den abschlämmbaren Bestandteilen enthaltenen Pflanzennährstoffe mit der Fruchtbarkeit des Bodens. Dissert. Leipzig 1893; ref. Hoffmanns Jber. **1894**, 71.

[4] Dyer, B.: Über die analytische Bestimmung der wahrscheinlich assimilierbaren mineralischen Pflanzennährstoffe im Boden. J. Chem. Soc. **1894**, 115; ref. Hoffmanns Jber. **1894**, 626.

Filtrierpapier getrocknet wurde. Die Säurebestimmung führt er in der Weise aus, daß die Wurzeln rasch mit der Schere zerschnitten und mit destilliertem Wasser ausgekocht wurden. Die Flüssigkeit wurde durchgeseiht, der Rückstand im Porzellanmörser zerrieben und abermals ausgekocht. Endlich wurden alle Lösungen titriert. Dabei wird beobachtet, daß die Saftazidität im Durchschnitt als Wasserstoff berechnet 0,013, als Zitronensäure berechnet 0,910 beträgt, so daß daher die Verwendung einer 1 proz. Zitronensäurelösung bei der Untersuchung des Bodens berechtigt erscheint. B. DYER findet bei seinen Untersuchungen die folgende als kristallisierte Zitronensäure berechnete Saftazidität der Wurzeln:

Gramineen:	
Wiesenfuchsschwanz	0,54
Wiesenlieschgras	0,80—0,88
Wiesenrispengras	0,44
Gemeines Rispengras	0,85
Knaulgras	0,81
Kammgras	0,55
Verschiedene Schwingel	0,28, 0,46, 0,88, 1,06
Goldhafer	0,86
Hafer	0,65
Gerste	0,38
Weizen	0,58
Leguminosen:	
Inkarnatklee	1,28
Weißer Klee	1,43
Roter Klee	1,55
Bohnen	1,11

Bei Untersuchungen in Rothamsted an Versuchsfeldern, deren Geschichte bekannt war, werden anschließend folgende Beobachtungen gemacht: Die Untersuchungen wurden in der Weise durchgeführt, daß 200 g Boden mit 2 l 1 proz. Zitronensäurelösung 7 Tage lang bei 15° C aufbewahrt und während dieser Zeit etwa 400 mal aufgeschüttelt wurden. Der mittlere Gehalt an Gesamtphosphorsäure auf der ungedüngten Parzelle betrug 0,106%, bei den mit Phosphorsäure gedüngten Parzellen 0,178%. Dahingegen enthielten die ungedüngten Parzellen in 1 proz. Zitronensäure 0,0078% lösliche P_2O_5, die mit Phosphorsäure gedüngten 0,0463%. Während das Verhältnis der Gesamtphosphorsäure 10 : 17 beträgt, verhält sich die lösliche Phosphorsäure wie 10 : 60. Dieser auffallende Unterschied läßt sich auch noch deutlich in mit gleichem Gesamtphosphorsäuregehalt ausgestatteten Bodenproben erkennen, ebenso in solchen, die gleichzeitig mit Alkalien gedüngt wurden, woraus wichtige Folgerungen hinsichtlich des günstigen Einflusses der Alkalidüngung auf die Löslichmachung von P_2O_5 gezogen werden können. Nach Ansicht DYERS ist ein Boden phosphorsäurebedürftig, wenn er nur 0,01% in 1 proz. Zitronensäure lösliche Phosphorsäure enthält. Die Grenze für ein Kalibedürfnis sieht er bei 0,005% in 1 proz. Zitronensäure löslichem Kali. Karbonate werden erst durch entsprechende Mengen von Zitronensäure zersetzt, ehe man die 1 proz. Lösung auf den Boden einwirken läßt. D. PRJANISCHNIKOW und B. A. SKALOV[1] finden ebenfalls eine Übereinstimmung zwischen der Wirkung von Düngerphosphorsäure und der Löslichkeit der Bodenphosphorsäure in 2 proz. Zitronensäure. Später bestimmt auch O. LEMMERMANN[2] auf Grund einer Reihe von Vorversuchen nach eigenem Verfahren die Azidität von Wurzeln und kommt zu der gleichen prinzipiellen Auffassung wie B. DYER. Auch nach diesen Untersuchungen haben die Leguminosen einen höheren Säuregrad als die Gramineen.

Der Weg, mit Hilfe von schwachprozentiger Zitronensäurelösung die Pflanzennährstoffe des Bodens zu bestimmen, ist nun jahrzehntelang weiter verfolgt worden, ohne daß er auch heute als vollkommen geklärt betrachtet werden kann.

[1] PRJANISCHNIKOW, D. u. B. A. SKALOV: On the relative influence of phosphatic fertilizer on various soils on the solubility of the phosphoric acid contained in these soils in a 2 per cent citric acid solution. Moscow Selskohoz. Inst. **3**, 58 (1897); ref. Exp. Stat. Rec. **9**, 821 (1897/98).

[2] LEMMERMANN, O.: Untersuchungen über Ernährungsunterschiede der Leguminosen und Gramineen. Landw. Versuchsstat. **67**, 207 (1907).

Die nachstehenden, in der Hauptsache in geschichtlicher Reihenfolge angeordneten Arbeiten, geben ein deutliches Bild dieser Bestrebungen. J. BAESSELER[1] erweitert die Bestimmung der Phosphorsäure mit Hilfe von Zitronensäure in der Richtung, daß er die in 1 proz. Zitronensäure lösliche Bodenphosphorsäure mit dem Gehalt des Bodens an Gesamtphosphorsäure vergleicht. Es zeigt sich, daß dieses Verhältnis zwischen 4,2 bis 35,9 schwanken kann. (Es sei jedoch bemerkt, daß die Methode LEMMERMANNS an anderer Stelle gesondert besprochen wird, so daß in diesem Abschnitt alle Arbeiten nicht erörtert werden, die mit dieser Methode in Zusammenhang stehen[2]). Steigende Einwirkungsdauer ergibt bei BAESSELER auch Ansteigen der löslichen Phosphorsäuremenge. Ebenso untersucht J. SEISSL[3] sowohl die zitronensäurelösliche Phosphorsäure des Bodens als auch die Gesamtphosphorsäure und bestimmt hiernach die Löslichkeit der Phosphorsäure des Bodens. T. B. WOOD[4] beobachtet eine gute Übereinstimmung zwischen den Ergebnissen der Methode von DYER und den Ergebnissen von Düngungsversuchen. Diese Übereinstimmung bestand sowohl für das Kali als auch für die Phosphorsäure. Jedoch wird darauf hingewiesen, daß die beste Übereinstimmung erzielt wurde, wenn die 1 proz. Zitronensäure ohne Rücksicht auf den im Boden vorhandenen Kalk angewendet wurde. H. SNYDER[5] untersucht Böden nach der Methode DYER und GOSS ($^1/_5$ *n* HCl). Er findet, daß die Methode von GOSS besser den praktischen Verhältnissen folgt als die DYERS. Ein Boden, der 3 Monate hindurch mit 1 proz. Zitronensäure behandelt worden war und dann bepflanzt wurde, vermochte noch normale, kräftige Weizenpflanzen zu produzieren. Durch die dreimonatige Behandlung wurde dem Boden in der Hauptsache Kali entzogen, während die Löslichmachung der Phosphorsäure unerheblich war.

G. BERJU[6] vergleicht die Methoden von DYER und MAERCKER und empfiehlt die Anwendung der Methode von DYER, da nach 7 Tagen Digestionsdauer kaum noch eine Zunahme der gelösten Phosphorsäure zu beobachten ist. B. DYER[7] untersucht nach seiner Methode ein weiteres Rothamsteder Versuchsfeld und findet gute Übereinstimmung sowohl hinsichtlich der Phosphorsäure als auch des Kalis. A. D. HALL und F. J. PLYMEN[8] unterwerfen eine Reihe von Böden, deren Behandlung und Düngerbedürftigkeit seit Jahren bekannt war, der Einwirkung von verschiedenen Säuren. Geprüft wurden die 1 proz. Zitronensäure, entsprechende Lösungen von Salzsäure, Essigsäure und eine gesättigte Kohlensäurelösung. Dabei ergab sowohl für Phosphorsäure als auch für Kali die 1 proz. Zitronensäure Werte, welche am besten mit der Entwicklung der einzelnen Böden übereinstimmten, obwohl zugegeben werden muß, daß dieselbe Auslegung nicht für alle Bodenarten dieselbe Gültigkeit besitzt. B. SJOLLEMA[9] weist jedoch darauf hin, daß durch einmalige Be-

---

[1] BAESSELER, J.: Jb. Tätigk. agrikult. Versuchsstat. Köslin **1895**, 26.

[2] Vergl. vorliegenden Band, Seite 174f.

[3] SEISSL, J.: Z. landw. Versuchswes. Österr. **2**, 120 (1899).

[4] WOOD, T. B.: Available potash and phosphoric acid in soils. J. Chem. Soc. **1896**, 287; ref. Exp. Stat. Rec. **8**, 113 (1896/97).

[5] SNYDER, H.: Bodenuntersuchungen. Minnesota Stat. Bull. **65**; ref. Hoffmanns Jber. **1900**, 66.

[6] BERJU, G.: Beitrag zur Methodik der chemischen Bodenuntersuchung. Landw. Versuchsstat. **55**, 19 (1901).

[7] DYER, B.: Untersuchungen über den Phosphorsäure- und Kaligehalt des Weizenbodens von Broadbalkfield in Rothamsted. Proc. roy. Soc. Lond. **68**, 11 (1901); ref. Hoffmanns Jber. **1901**, 32.

[8] HALL, A. D. a. F. J. PLYMEN: The determination of available plant food in soils by the use of weak acid solutions. J. roy. Chem. Soc. Lond. **81**, 117 (1902); ref. Exp. Stat. Rec. **13**, 914 (1901/02).

[9] SJOLLEMA, B.: Zur Methodik der chemischen Bodenuntersuchung. Chem. Ztg. **25**, 711 (1901); ref. Hoffmanns Jber. **1902**, 501.

handlung eines Bodens mit 1 proz. Zitronensäure nicht alle Stoffe herausgelöst werden, die durch 1 proz. Zitronensäure herausgelöst werden können. Dies ist nur möglich durch wiederholtes Ausziehen. Da ferner festgestellt wurde, daß durch einmaliges Ausziehen nicht ständig der gleiche Anteil der gesamtlöslichen Stoffe herausgelöst wird, so folgt daraus, daß z. B. die Methode von DYER der wissenschaftlichen Grundlage entbehrt. Dagegen weisen A. D. HALL und F. J. PLYMEN[1] darauf hin, daß „zwischen wirksamer und nicht wirksamer Phosphorsäure und Kali im Boden nicht scharf unterschieden werden" kann; „jedes Verfahren zur Bestimmung der wirksamen Bestandteile ist ein empirisches, von der Konzentration und Natur der angewendeten Säure abhängiges. Verdünnte Lösungsmittel geben eine weit zuverlässigere Kenntnis der für einen bestimmten Boden erforderlichen Mineraldüngung wie beispielsweise konzentrierte Salzsäure. Von den geprüften Säuren gibt die 1 proz. Zitronensäurelösung Resultate, welche am besten mit der Erfahrung übereinstimmen, obwohl dieselbe Interpretation nicht auf die mit allen Bodentypen erhaltenen Resultate angewendet werden kann". A. D. HALL und A. AMOS[2] studieren sodann die Gleichgewichte zwischen Bodenphosphorsäure und verschiedenen schwachen Lösungsmitteln bei mehrfach wiederholter Extraktion. Sie folgern aus ihren Versuchen, daß für die praktischen Zwecke der Bodenanalyse ein einmaliges Ausziehen des Bodens nach 20stündiger Einwirkung und ständigem Schütteln sehr ähnlich den durch mehrmaliges Ausziehen erhaltenen Werten ist. Ebenso untersuchen sie[3] mit Hilfe von 1 proz. Zitronensäure die Löslichkeit der Bodenphosphorsäure bei ständiger Extraktion. Sie f nden auch hier, daß für die praktische Bodenanalyse eine einmalige 20stündige Ausschüttlung genügt.

O. LEMMERMANN[4] hält jedoch die Methode BERJUS nicht für ausreichend und gelangt durch kontinuierliche Extraktion zu besseren Ergebnissen, während J. KÖNIG, J. HASENBÄUMER und K. KUPPE[5] feststellen, daß es keinen wesentlichen Einfluß ausübt, ob man den Boden zweimal je 1 Stunde ausschüttelt (100 g Boden mit 1000 cm^3 1 proz. Zitronensäure) oder ob man diese 1000 cm^3 durch 100 g Boden hindurchfiltrieren läßt. Ferner wird festgestellt, daß eine einmalige Behandlung genügen dürfte. Für die Bestimmung der leicht aufnehmbaren Nährstoffe des Bodens schreibt A. D. HALL[6] ferner vor, daß „Feinerde" ohne Mahlung zu benutzen ist. Im allgemeinen wird die Methode von DYER empfohlen: 200 g Erde werden mit 20 g Zitronensäure in 2000 cm^3 Wasser versetzt, „no further addition of citric acid being made". Demgegenüber weist J. A. MURRAY[7] darauf hin, daß ungetrocknete Böden mehr assimilierbare Phosphorsäure abgeben als getrocknete. H. H. COUSINS und H. J. HAM-

[1] HALL, A. D. u. F. J. PLYMEN: Die Bestimmung der wirksamen Pflanzennahrung im Boden mittels verdünnter Lösungsmittel. Proc. Chem. Soc. **17**, 239 (1901); ref. Hoffmanns Jber. **1902**, 501.

[2] HALL, A. D., a. A. AMOS: The determination of available plant food in soil by the use of weak acid solvents. J. Chem. Soc. **89**, 205 (1906); ref. Exp. Stat. Rec. **17**, 934 (1905/06).

[3] HALL, A. D., a. A. AMOS: Die Bestimmung der nutzbaren Pflanzennährstoffe im Boden mittels schwachsaurer Lösungsmittel. Trans. Chem. Soc. **1906**; ref. Hoffmanns Jber. **1906**, 64.

[4] LEMMERMANN, O., A. EINECKE u. L. FRESENIUS: Untersuchungen über die Feststellung des Wirkungswertes der Bodennährstoffe. Landw. Versuchsstat. **89**, 81, 1917.

[5] KÖNIG, J., J. HASENBÄUMER u. K. KUPPE: Beziehungen zwischen den im Boden vorhandenen und den von Roggen und Futterrüben aufgenommenen leichtlöslichen Nährstoffen. Landw. Jb. **59**, 65 (1924).

[6] HALL, A. D.: On uniformity in soil analyses. Analyst. **25**, 281 (1900); ref. Exp. Stat. Rec. **12**, 905 (1900/01).

[7] MURRAY, J. A.: Analysis of soils. Analyst. **26**, 92 (1901); ref. Exp. Stat. Rec. **13**, 221 (1901/02).

MOND[1] halten es in Übereinstimmung mit DYER für notwendig, bei Bestimmung der zitronensäurelöslichen Nährstoffe des Bodens erst das vorhandene $CaCO_3$ zu zersetzen, denn sonst werden Werte erhalten, die nicht mit den Ergebnissen der Praxis übereinstimmen. Wurde Boden, welcher an und für sich frei von Karbonaten war, mit $CaCO_3$ versetzt und entsprechend behandelt, dann wurden hinsichtlich der P_2O_5 dieselben Werte als zitronensäurelöslich wie vor dem Zusatz von Kalk gefunden. Beim Kali wurden jedoch teilweise nach Zusatz von $CaCO_3$ und seiner Zersetzung höhere Werte an Kali gefunden, die auf die Einwirkung der bei der Zersetzung von $CaCO_3$ entstehenden Kohlensäure zurückgeführt werden. E. BLANCK und F. ALTEN[2] halten dagegen vorherige Zersetzung von vorhandenem $CaCO_3$ im Boden für unrichtig. J. KÖNIG, J. HASENBÄUMER und J. SCHÄFERS[3] empfehlen jedoch, den Gehalt an kohlensaurem Kalk zu berücksichtigen. C. BRIOUX[4] weist darauf hin, daß die Methode von DYER überhaupt nicht gleichsinnig anwendbar für kalkarme und kalkreiche Böden ist. B. DIRKS und F. SCHEFFER[5] halten auf Grund ihrer Erfahrungen wiederum das vorherige Zersetzen von vorhandenem $CaCO_3$ für unbedingt notwendig. K. K. GEDROIZ[6] folgert aus seinen Versuchen, daß infolge der ungleichen Fähigkeit der Pflanzen, die Phosphorsäure auszunutzen, die Ausnutzbarkeit der durch die Analyse gefundenen Phosphorsäuremengen je nach Pflanzenart verschieden sein kann, daß ferner kein Parallelismus zwischen der Löslichkeit der Phosphorsäure verschiedener Böden in 2proz. Zitronensäure und 2proz. Essigsäure und den Phosphorsäuremengen, welche Gerste und Lein demselben Boden entziehen, besteht, daß dagegen ein solcher Parallelismus in hohem Grade bei gleichartigen Böden zu konstatieren ist. K. K. GEDROIZ[7] weist ferner nach, daß eine Reihe von Probenahmen, welche im Verlauf von 2 Jahren auf denselben Feldern durchgeführt wurden, ein derartiges Schwanken der gefundenen löslichen Bodenphosphorsäure ergaben, daß danach die Methode als unbrauchbar bezeichnet werden muß.

Ebenso kommt G. INGLE[8] auf Grund zweijähriger Vegetationsversuche zu dem Schluß, daß zwar „die DYERsche Methode als genügend zuverlässig anzusehen ist für die Bestimmung der relativen Menge assimilierbarer Pflanzennahrung bei dem Vergleich zweier Böden ähnlicher Lage und gleicher klimatischer Bedingungen. Unberücksichtigt bleibt jedoch bei dieser Methode die relative Geschwindigkeit, mit der sich die verfügbare Pflanzennahrung im Boden durch den Verwitterungsprozeß erneuert". Zum Beispiel muß bedacht werden, daß das Auswaschen, die Aufschließung des Bodens und ähnliche Prozesse unter verschiedenen Klimaten, wie z. B. Tropen und nördlichen Gebieten, sehr verschieden beurteilt werden müssen. Sonst wäre es nicht zu verstehen, daß Böden in Südafrika hervor-

---

[1] COUSINS, H. H., a. H. J. HAMMOND: The determination of available phosphoric acid and potash in calcareous soils. Analyst. **28**, 238 (1903); ref. Exp. Stat. Rec. **15**, 335 (1903/04).

[2] BLANCK, E. u. F. ALTEN: Untersuchungen über die physiologische Bedeutung der Nährstoffauszüge usw. A. a. O., J. Landw. **73**, 219 (1925).

[3] KÖNIG, J., J. HASENBÄUMER u. J. SCHÄFERS: Beziehungen zwischen dem Nährstoffgehalt des Bodens und der Nährstoffaufnahme der Kartoffel. Landw. Jb. **58**, 55 (1923).

[4] BRIOUX, C.: The determination of so called assimilable phosphoric acid in arable soils. Ann. Sci. Agron. France et Etrangère **39**, 82 (1922); ref. Exp. Stat. Rec. **49**, 111 (1923).

[5] DIRKS, B. u. F. SCHEFFER: Landw. Jb. **1928**, 779.

[6] GEDROIZ, K. K.: Russ. J. exp. Landw. **4**, 432 (1903); ref. Hoffmanns Jber. **1904**, 51, u. Exp. Stat. Rec. **15**, 549 (1903/04).

[7] GEDROIZ, K. K.: Über die Schwankungen der Konzentration der Bodenlösungen und des Gehalts an leichtlöslichen Verbindungen des Bodens in ihrer Abhängigkeit von äußeren Verhältnissen. Russ. J. exp. Landw. **7**, 591 (1906); ref. Hoffmanns Jber. **1906**, 61.

[8] INGLE, G.: Die verfügbare Pflanzennahrung im Boden. J. Amer. Soc. **87/88**, 43 (1905); ref. Biederm. Zbl. **1906**, 148, u. Exp. Stat. Rec. **16**, 857 (1904/05).

ragende Ernten bringen, die nach den Begriffen der Nordländer sehr arm an Nährstoffen sind. Daher findet auch E. HASELHOFF[1] keine Übereinstimmung zwischen den mit 0,1 und 1proz. Zitronensäure aus Gesteinen herausgelösten Nährstoffen nnd dem Nährstoffgehalt der darauf gewachsenen Pflanzen. Auf Grund von weiteren Versuchen kommt J. KÖNIG[2] zu dem Schluß, daß sämtliche Lösungsmittel wie Zitronensäure, Essigsäure, kohlensäurehaltiges Wasser einen Ausdruck für den leichter löslichen Anteil von Kali, Kalk und Magnesia ergeben, daß sich dagegen für die Phosphorsäure nur 2proz. Zitronensäure oder Ammoniumzitrat bewährt hat. Am einfachsten und für alle Fälle brauchbar ist daher eine 2proz. Lösung von Zitronensäure. F. T. SHUTT und A. T. CHARRON[3] empfehlen ebenfalls auf Grund von Versuchen mit verschiedenen Mengen von Lösungsmitteln und verschiedenen Einwirkungszeiten das Beibehalten der Vorschrift von DYER. J. C. BRUMICH[4] hält jedoch die Bestimmung der verwertbaren Pflanzennährstoffe durch Ausziehen mit 1proz. Zitronensäurelösung für nicht brauchbar. J. W. LEATHER[5] kommt dagegen auf Grund von Vegetationsversuchen von zweijähriger Dauer und mit acht verschiedenen Böden wieder zu dem Schluß, daß im allgemeinen die Methode von DYER zuverlässig verwertbar ist, und daß die von DYER festgesetzten Grenzzahlen (0,01% P_2O_5 und K_2O) im allgemeinen viel besser verwendbar sind als erwartet werden möchte. J. A. STENIUS[6] nimmt an, daß die in Zitronensäure lösliche Phosphorsäure tatsächlich der ausnutzbaren entspricht, wenn 3 g Boden mit 100 cm^3 0,5proz. Lösung $^1/_2$ Stunde geschüttelt werden. C. A. GOESSMANN, H. D. HASKINS und C. J. GOESSMANN[7] beobachten an mehreren, seit einer Reihe von Jahren zu Phosphorsäureversuchen benutzten Böden keinen Zusammenhang zwischen den Ergebnissen der Methode von DYER und ihren Versuchsbefunden. C. C. MOORE[8] findet beim Vergleich mit Topfversuchen, daß die Behandlung der Böden mit 1proz. Zitronensäurelösung hinsichtlich des Kalis sehr gut mit den praktischen Verhältnissen übereinstimmt, während hinsichtlich der Phosphorsäure diese Übereinstimmung nicht besteht. Derselbe weist ferner darauf hin, daß die Auflösung der Bodennährstoffe nicht so sehr von den Ausscheidungen der Pflanzenwurzeln als durch die Tätigkeit der in der Umgebung der Wurzeln vorhandenen Bakterien bewirkt wird. T. B. WOOD und R. A. BERRY[9] finden, daß der Auszug des Bodens mit 1proz. Zitronensäure für Phosphorsäure im allgemeinen gute Anhaltspunkte für die Düngerbedürftigkeit gibt, vorausgesetzt, daß für Weideböden die Grenze, bei der die assimilierbare Phosphorsäure noch als ungenügend zu betrachten ist, auf 0,02% festgesetzt wird. Für Kali ist der entsprechende Wert 0,01%. G. NAN-

[1] HASELHOFF, E.: a. a. O., Landw. Versuchsstat. **70**, 85 (1909).

[2] KÖNIG, J.: a. a. O., Landw. Versuchsstat. **66**, 401 (1907).

[3] SHUTT, F. T. u. A. T. CHARRON: Über DYERS Verfahren zur Bestimmung der leicht aufnehmbaren Pflanzennahrung. J. Amer. Chem. Soc. **30**, 1020 (1908); ref. Hoffmanns Jber. **1908**, 594.

[4] BRUMICH, J. C.: Boden-Analysen. Ref. Hoffmanns Jber. **1908**, 56.

[5] LEATHER, J. W.: Versuche über die Aufnahmefähigkeit von Phosphaten und Kali in Böden. Mem. Dept. Agr. India, Chem. Ser. **1**, 43 (1907); ref. Hoffmanns Jber. **1908**, 598.

[6] STENIUS, J. A.: Die Lösungswirkung von verdünnter Zitronensäurelösung und verdünnter Salpetersäure auf Bodenphosphate. J. Ind. a. Eng. Chem. **11**, 224 (1919); ref. Hoffmanns Jber. **1919**, 36.

[7] GOESSMANN, C. A., H. D. HASKINS u. C. J. GOESSMANN: Contribution to the determination of the available phosphoric acid in soils under cultivation. Mass. Hatch. Stat. Rpt. **1898**, 127; ref. Exp. Stat. Rec. **11**, 508 (1899/1900).

[8] MOORE, C. C.: A study of the available mineral plant food in soils. J. Amer. Chem. Soc. **24**, 79 (1902); ref. Exp. Stat. Rec. **13**, 927 (1901/02).

[9] WOOD, T. B. a. R. A. BERRY: Soil analysis as a guide to the manurial treatment of poor pastures. J. Agr. Sci. **1**, 114 (1905); ref. Exp. Stat. Rec. **16**, 756 (1904/05).

NES[1] stellt fest, daß die Methode von DYER nur dann mit den Feldversuchen übereinstimmende Werte ergab, wenn es sich um Lehmböden handelte. Bei anderen Bodentypen war keine Übereinstimmung zu beobachten. J. W. LEATHER[2] beobachtet gute Übereinstimmung mit der Methode DYER sowohl für Kali als auch für Phosphorsäure im Vergleich mit Felddüngungsversuchen; 0,01 % Kali oder Phosphorsäure geben die Grenze für die Düngerbedürftigkeit an. F. T. SHUTT und A. T. CHARRON[3] sehen auf Grund ihrer Untersuchungen keine Veranlassung, von den Bestimmungen DYERS zur Ausführung seiner Methode abzuweichen. J. KÖNIG[4] beobachtet, daß „durch die 2proz. Zitronensäure im großen und ganzen die leicht löslichen, vom Boden absorbierten Nährstoffe wieder gelöst werden, daß aber unter Umständen ein Teil derselben nach der üblichen Anwendung des Verfahrens nicht angegriffen wird". Da ferner die 2proz. Zitronensäure wesentlich mehr Pflanzennährstoffe aus dem Boden löst als von der Pflanze aufgenommen wird, und da auch die verschiedenen Pflanzenarten die gelösten Mengen prozentual ganz verschieden ausnutzen, so kommt KÖNIG zu dem Schluß, daß „die 2proz. Zitronensäure nicht... als ein Lösungsmittel angesehen werden kann, welches allgemein die aufnehmbaren Nährstoffe eines Bodens anzuzeigen vermag".

M. J. VAN DER SPUIJ[5] findet im Vergleich mit Gefäßversuchen, daß der Gehalt in 1proz. Zitronensäurelösung einen Aufschluß über den Bedarf eines Bodens an Phosphorsäure gibt. Noch günstiger war die Beziehung mit $^1/_2$proz. Zitronensäure. E. BLANCK und F. ALTEN[6] beobachten ebenfalls eine gute Parallele zwischen Ernteertrag in Vegetationsversuchen und der in verdünnten Säuren löslichen Bodenphosphorsäure. Es wurden 1proz. HNO_3, 1proz. Essigsäure und $^1/_2$proz. Zitronensäure benutzt. Jedoch durfte ein etwa vorhandener Karbonatgehalt nicht berücksichtigt werden wie schon erwähnt wurde. Durch den Vegetationsversuch in Quarzsand wurde ferner der Beweis für die Gleichwertigkeit der Bodenphosphorsäure mit der u. a. in $^1/_2$proz. Zitronensäurelösung löslichen Phosphorsäure des Bodens — benutzt in Form von Dikalziumphosphat — in ihrer Wirkung erbracht. Ebenso finden sie eine gewisse Übereinstimmung[7] auch beim Kali bei der Behandlung des Bodens mit 1proz. Essigsäure, $^1/_2$proz. Zitronensäure und bei nicht stattgefundener Abstumpfung des Bodenkalkgehaltes. In diesem Zusammenhang sei noch auf eine Arbeit von W. JESSEN und W. LESCH[8] hingewiesen, die feststellen, daß bei karbonatreichen Böden die Methode von 'SIGMOND zur Bestimmung der P_2O_5-Bedürftigkeit der Methode von LEMMERMANN und NEUBAUER vorzuziehen sei, daß jedoch auf kalkarmen Böden keine Überlegenheit der Methode von 'SIGMOND besteht. Die bezeichneten rein chemischen Methoden geben indessen die Kali-

[1] NANNES, G.: Investigations of the solubility of the phosphoric acid in some typical Swedish soils. K. Landtbr. Akad. Hdl. Tidskr. **44**, 387 (1905); ref. Exp. Stat. Rec. **18**, 208 (1906/07).

[2] LEATHER, J. W.: Experiments on the availability of phosphates and potash in soils. Mem. Dept. Agr. India Chem. Ser. **1**, 43 (1907); ref. Exp. Stat. Rec. **19**, 716 (1907/08).

[3] SHUTT, F. T. a. A. T. CHARRON: Note on the DYER method for the determination of plant food in soils. Abs. Sci. n. ser. **27**, 295 (1908); ref. Exp. Stat. Rec. **19**, 1008.

[4] KÖNIG, J.: Bestimmung der Fruchtbarkeit und des Nährstoffbedürfnisses des Ackerbodens. Landw. Versuchsstat. **61**, 383 (1905).

[5] SPUIJ, M. J. VAN DER: Vergleichende Untersuchungen über die Feststellung der Düngebedürftigkeit der Böden. Z. Pflanzenern., Düng. u. Bodenk. A, **5**, 281 (1925).

[6] BLANCK, E. u. F. ALTEN: a. a. O., J. Landw. **73**, 219 (1925).

[7] BLANCK, E. u. F. SCHEFFER: Weitere Untersuchungen über die physiologische Bedeutung der Nährstoffauszüge. Z. Pflanzenern., Düng. u. Bodenk. A, **8**, 298 (1926 bis 27).

[8] JESSEN, W. u. W. LESCH: Vergleichende Untersuchungen über die Bestimmung der P_2O_5 und K_2O-Düngungsbedürftigkeit der Böden mit Hilfe der Zitronensäuremethode bzw. der Salpetersäuremethode von 'SIGMOND. Z. Pflanzenern., Düng. u. Bodenk. A, **18**, 218 (1930).

bedürftigkeit gleichmäßig an. O. LEMMERMANN[1] findet folgende Parallele zwischen Feldversuch und Zitratmethode:

	Feldversuch %	Zitratmethode %
Es waren phosphorsäurebedürftig	56	40
Es waren nicht phosphorsäurebedürftig .	32	48
Phosphorsäurebedürfnis zweifelhaft . . .	12	12

J. KÖNIG und J. HASENBÄUMER[2] benutzen die 1 proz. Zitronensäure auch zur Bestimmung des leicht löslichen Stickstoffs und finden diese Methode gut anwendbar. Ferner benutzen sie zum gleichen Zweck eine 1 proz. Kaliumsulfatlösung. Da sich letztere nach KJELDAHL besser verarbeiten läßt, verdient sie den Vorzug, obwohl beide Methoden ganz ähnliche Werte ergeben. Ganz allgemein führen die Autoren aus, daß die „Kulturpflanzen für die Erzeugung einer gleichen Menge Pflanzentrockensubstanz eine nahezu gleiche Menge Phosphorsäure" verlangen; „die Hauptunterschiede liegen im Gehalt an Stickstoff und Kali". Für die letzteren bestehen wichtige Unterschiede zwischen Getreide- und Wurzelgewächsen, indem das Getreide mit derselben Menge Stickstoff und Kali mehr Pflanzentrockensubstanz erzeugt als die Wurzelgewächse. Sie errechnen ferner aus ihren Versuchen, daß ein Boden, der 140—150 mg in 1 proz. Zitronensäure löslichen Stickstoff für 1 kg Boden enthält, einer weiteren Stickstoffdüngung für alle Fruchtarten nicht mehr bedarf. Für Phosphorsäure würde der Wert 250 mg P_2O_5, für Kali 160 mg K_2O je 1 kg Boden sein. Diese Zahlen wurden kürzlich von W. LUDORF[3] bestätigt. J. KÖNIG, J. HASENBÄUMER und J. SCHÄFERS[4] beobachten erneut, daß 1 proz. Zitronensäure sich recht gut zur Bestimmung der leicht löslichen Mengen an Kali und Phosphorsäure benutzen läßt. Es ist unwesentlich, ob 0,5—2,0 proz. Zitronensäurelösungen verwendet werden. J. KÖNIG, J. HASENBÄUMER und R. KRÖGER[5] bestätigen diese Erfahrungen und stellen fest, daß selbst die durch Düngung gegebenen Kali- und Phosphorsäuremengen sich durch diese Methode nachweisen lassen, und daß auch befriedigende Beziehungen zwischen diesen Werten und den erzielten Erträgen bestehen. J. KÖNIG, J. HASENBÄUMER und K. KUPPE[6] beobachten erneut, daß die 1 proz. Zitronensäurelösung sehr wohl genügt, um die Menge der löslichen Nährstoffe im Boden (kalkreiche Böden ausgenommen) anzuzeigen. C. BRIOUX[7] macht hinsichtlich der Methode von DYER darauf aufmerksam, daß die Phosphate von Fe und Al, denen man allgemein nicht die Bedeutung, z. B. die des Kalziumphosphats beimißt, durch sie zu leicht gelöst werden. Eine gleiche Auffassung vertritt H. NEUBAUER[8]. J. HASENBÄUMER und R. BALKS[9] untersuchen, in welchem Umfange eine Düngung des Bodens mit Phos-

[1] LEMMERMANN, O.; Bestimmung des Düngebedürfnisses der Böden. Z. Pflanzenern., Düng. u. Bodenk. B, 5, 105 (1926).

[2] KÖNIG, J. u. J. HASENBÄUMER: Die Ermittelung des Düngebedürfnisses des Bodens. Z. Pflanzenern., Düng. u. Bodenk. B, 497 (1924).

[3] LUDORF, W.: Die Gemengteile des Bodens als Träger des Nährstoff- und Säuregehaltes und die Beziehungen zwischen den leichtlöslichen Bodennährstoffen und deren Aufnahme durch die Pflanzen. Landw. Jb. 65, 779 (1927).

[4] KÖNIG, J., J. HASENBÄUMER u. J. SCHÄFERS: a. a. O., Landw. Jb. 58, 55 (1923).

[5] KÖNIG, J., J. HASENBÄUMER u. R. KRÖGER: a. a. O., Landw. Jb. 58, 87 (1923).

[6] KÖNIG, J., J. HASENBÄUMER u. K. KUPPE: a. a. O., Landw. Jb. 59, 65 (1924).

[7] BRIOUX, C.: The determination of so-called assimilable phosphoric acid in arable soils. Ann. Sci. Agron. Franc. et Etrangère 1922, 82; ref. Exp. Stat. Rec. 49, 111 (1923).

[8] NEUBAUER, H.: Keimpflanzenmethode oder Zitratmethode zur Bodenuntersuchung? Ill. landw. Ztg. 46, 653 (1926).

[9] HASENBÄUMER, J. u. R. BALKS: Beziehungen zwischen den zitronensäurelöslichen und wurzellöslichen Nährstoffen des Bodens. Z. Pflanzenern., Düng. u. Bodenk. B, 6, 116 (1927).

phorsäure und Kali mit Hilfe von 1 proz. Zitronensäure wiedergefunden wird. Dabei ergab sich, daß die Phosphorsäure in recht befriedigender Weise erkannt wird, während die Düngung mit Kali nicht so deutlich zu ersehen war. F. ROSSBACH[1] findet eine gute Übereinstimmung zwischen dem Ergebnis des Feldversuches und dem der Bodenuntersuchung mit 1 proz. Zitronensäure. S. GERICKE[2] beobachtet, daß der Bodenauszug mit 1 proz. Zitronensäure recht gut mit der NEUBAUER-Methode und der Methode der relativen Löslichkeit der Phosphorsäure nach LEMMERMANN übereinstimmt, jedoch ist die Übereinstimmung mit der letzteren stets besser. S. GOY, P. MÜLLER und WURM[3] finden, daß die Methode KÖNIG den P_2O_5-Mangel richtig anzeigt, jedoch sind die gefundenen Werte bei ausreichendem P_2O_5Gehalt des Bodens zu niedrig. Dahingegen ist die von diesem Autor vorgeschlagene Bestimmung der Kalibedürftigkeit recht bedeutungsvoll.

B. DIRKS und F. SCHEFFER[4] prüfen, ob die Menge der in 1 proz. Zitronensäurelösung lösliche Pflanzennährstoffe des Bodens mit den Ergebnissen der Methode MITSCHERLICHS übereinstimmt. Sie beobachten, daß die Methode KÖNIG wohl stickstoffarme Böden anzeigt, aber über den Reichtum des Bodens an Stickstoff nichts Bestimmtes aussagt. Daher können nach ihnen die Grenzzahlen von KÖNIG nicht aufrecht erhalten bleiben. Hinsichtlich der Bestimmung des Bodenkalis erweisen sich die mit 1 proz. Zitronensäurelösung gefundenen Werte zu niedrig. Daher wird die Differenzierung sehr erschwert. Jedenfalls war eine Übereinstimmung mit der Methode MITSCHERLICH nur in 32 von 80 untersuchten Böden zu erkennen. Hinsichtlich der Bodenphosphorsäure wurde festgestellt, daß auch noch sehr viele nicht übereinstimmende Werte mit den Gefäßversuchen von MITSCHERLICH vorhanden waren. Immerhin wurde in 70% der Fälle eine Übereinstimmung mit der Methode MITSCHERLICH erzielt.

Neuerdings schlägt O. ARRHENIUS[5] noch vor, 5 g Boden 48 Stunden lang mit 50 cm^3 2 proz. Zitronensäure zu schütteln. Das Filtrat wird kolorimetrisch auf seinen P_2O_5-Gehalt untersucht. Die Übereinstimmung der Befunde mit denen der Praxis soll gut sein. H. NIKLAS, H. POSCHENRIEDER und J. TRISCHLER[6] benutzen Aspergillus niger, um auf den Boden einwirkende 1 proz. Zitronensäure hinsichtlich ihres Kaligehaltes zu charakterisieren.

Wenn daher auch nicht zu verkennen ist, daß die geschilderten Methoden, die trotz verschiedener Abweichungen doch alle verhältnismäßig ähnlich sind, mannigfache praktische Erfolge erzielt haben, so muß doch betont werden, daß eine unbedingt gesicherte Übertragung der analytisch gewonnenen Unterlagen auf die Praxis noch nicht erfolgen kann. Vielmehr wird die persönliche Erfahrung des Analytikers in seinem Wirtschaftsgebiet jede Untersuchung wesentlich stützen und sichern können.

---

[1] ROSSBACH, F.: Zur Kenntnis der Düngebedürftigkeit von Kulturböden. Fortschr. Landw. **2**, 450 (1927).

[2] GERICKE, S.: Beiträge zur Ermittelung des Düngebedürfnisses des Bodens. Fortsch. Landw. **2**, 110 (1927).

[3] GOY, S., P. MÜLLER u. WURM: Die Prüfung auf Phosphorsäurebedürftigkeit nach NEUBAUER, KÖNIG und LEMMERMANN gegenüber dem Feldversuch. Georgine Nr. 19 u. 20, vom 6. u. 9. März 1928.

[4] DIRKS, B. u. F. SCHEFFER: a. a. O., Landw. Jb. **1928**, 779.

[5] ARRHENIUS, O.: Die Phosphatfrage. Z. Pflanzenern., Düng. u. Bodenk. A, **14**, 185 (1929).

[6] NIKLAS, H., H. POSCHENRIEDER u. J. TRISCHLER: Eine neue mikrobiologische Methode zur Feststellung der Düngebedürftigkeit der Böden. Z. Pflanzenern., Düng. u. Bodenk. A, **18**, 129 (1930).

Bestimmung der in sonstigen organischen Säuren löslichen Nährstoffe des Bodens.

Wie aus dem vorstehenden bereits zu erkennen ist, hat man wiederholt neben der Zitronensäure auch sonstige organische Säuren zur Bestimmung der leicht aufnehmbaren Pflanzennährstoffe des Bodens herangezogen. Zunächst seien nunmehr die mit Hilfe von Essigsäure ausgeführten Untersuchungen besprochen. BIRNER[1] macht bereits darauf aufmerksam, daß Salzsäureauszüge nicht befriedigen. Vielmehr wünscht er, daß die Vorgänge, die von der Pflanzenwurzel durchgeführt werden, nachgeahmt werden. Er schlägt daher als Lösungsmittel für die chemische Analyse organische Säuren, namentlich Essigsäure vor. E. HEIDEN[2] lehnt jedoch u. a. die Anwendung solcher Lösungsmittel ab, da sie gegenüber dem HCl-Auszug keine Vorteile böten. E. PETERS[3] stellt bei Bodenauszügen mit Essigsäure (1 Teil Essigsäure: 2 Teilen H_2O) fest, daß nicht alles adsorbierte Kali durch sie in Lösung gebracht wird, während er[4] für die Phosphorsäure angibt, daß die Kalk- und Magnesiaphosphate sich — wenn auch schwierig — in kohlensäurehaltigem Wasser, leicht in verdünnter Essigsäure lösen, und daß die Verbindungen der Phosphorsäure mit Eisenoxyd und Tonerde sich schwer oder kaum in verdünnter Essigsäure lösen. E. WOLFF[5] gibt auf Vorschlag von PETERS an, daß die Essigsäure, welche auf den Boden einwirken soll, nach Sättigung der im Boden enthaltenen kohlensauren Salze noch 20% wasserfreie Essigsäure enthalten soll, und P. WAGNER[6] weist darauf hin, daß bei dem Lösungsprozeß bereits Einflüsse sekundärer Art auftreten können (z. B. durch Eisenoxydhydrat), so daß derartige Vorstellungen, wie die von PETERS nicht ohne weiteres als gesichert erscheinen dürften, wenn auch kein Weg angegeben werden könne, um sicher zu einer völligen Einsicht zu gelangen. Nach Versuchen des Genannten ist anzunehmen, daß die Phosphorsäure, die nicht durch Essigsäure, wohl aber durch HCl aus dem Boden herausgelöst werden kann, wahrscheinlich an Eisenoxyd gebunden ist. Diese Erfahrung bestätigt M. GERLACH[7].

S. BOGDANOW[8] bestimmt die lösliche Phosphorsäure des Bodens durch 29stündiges Digerieren mit der vierfachen Menge einer 2proz. wässerigen Essigsäurelösung. Zahlreiche Kulturversuche sollen die Ergebnisse dieses Verfahrens bestätigt haben. D. PRJANISCHNIKOW[9] stellt fest, daß die Essigsäure nicht als analytisches Mittel zur Trennung des Kalkphosphates von Eisen- und Tonerdephosphat dienen kann. Da ferner das Zurückgehen der Phosphorsäure im Sinne ihrer Unlöslichkeit in Essigsäure nicht bedingt, daß diese zurückgegangene Phosphorsäure auch für die Pflanze unlöslich geworden ist, so muß der Auszug des Bodens mittels Essigsäure zur Feststellung der Phosphorsäurebedürftigkeit praktisch bedeutungslos sein. O. LEMMERMANN und Mitarbeiter[10] bestätigen ebenfalls, daß bei längerem Einwirken der Essigsäure die Menge der gelösten Phosphorsäure in dem zur Unter-

---

[1] BIRNER: Verh. d. VI. Wanderversammlung Dtsch. Agrikulturchemiker usw. Landw. Versuchsstat. **13**, 10 (1870).

[2] HEIDEN, E.: Landw. Versuchsstat. **13**, 10 (1870).

[3] PETERS, E.: a. a. O. Landw. Versuchsstat. **2**, 136 (1860).

[4] PETERS, E.: a. a. O. Ann. Landw., Monatsheft 49, 31.

[5] WOLFF, E.: a. a. O. Landw. Versuchsstat. **6**, 153 (1864).

[6] WAGNER, P.: a. a. O. J. Landw. **6**, 89 (1871).

[7] GERLACH, M.: a. a. O. Vortr. 64. Vers. Naturf. Halle **1891**; ref. Hoffmanns Jber. **1891**, 75.

[8] BOGDANOW, S.: Über die Bestimmung der Fruchtbarkeit des Bodens. Selsk. Khoz. Lyesow **1900**, 198; ref. Hoffmanns Jber. **1901**, 30.

[9] PRJANISCHNIKOW, D.: Zur Frage über den essigsauren Bodenauszug. Russ. J. exp. Landw. **5**, 200 (1904); ref. Hoffmanns Jber. **1904**, 651.

[10] LEMMERMANN, O., A. EINECKE u. L. FRESENIUS: a. a. O., Landw. Versuchsstat. **89**, 91 (1917).

suchung benutzten Boden nicht zu, sondern abnimmt. A. PAGNOUL[1] benutzt zur Bestimmung der assimilierbaren Phosphorsäure ebenfalls Essigsäure, indem 10 g Boden mit 10 cm³ (verdünnt auf 50 cm³) einer Lösung versetzt werden, welche 120 g Eisessig in 1 l Wasser enthält. Die lösliche Phosphorsäure wird in 25 cm³ des Filtrates kolorimetrisch bestimmt. O. HOFMANN-BANG[2] sieht in der 2proz. Essigsäure ein Mittel, die Menge an Bodenphosphorsäure zu bestimmen, welche von den Pflanzen tatsächlich aus dem Boden herausgeholt wird. E. BLANCK und F. ALTEN[3] finden ebenfalls in ihren Versuchen eine sehr gute Übereinstimmung zwischen der mit 1proz. Essigsäure herausgelösten Menge an Bodenphosphorsäure und den tatsächlich bei der Ernte aufgenommenen Phosphorsäuremengen.

Desgleichen wurde auch die Oxalsäure zu den gleichen Untersuchungen benutzt. M. E. JAFFA[4] vergleicht die Wirkung von Salzsäure vom spez. Gewicht 1,115 mit der der Oxalsäure von entsprechender Stärke auf die Bestandteile des Bodens. Die Menge des in Lösung gebrachten Kalis ist bei beiden Säuren gleich. Auch für Magnesia ergaben sich keine größeren Unterschiede. Dahingegen wird durch Salzsäure mehr Kalk, Eisenoxyd und Tonerde als durch Oxalsäure gelöst. H. SNYDER[5] weist darauf hin, daß 10proz. Oxalsäure von den benutzten organischen Säuren (Zitronensäure, Weinsäure und einem Gemisch dieser drei Säuren) den geringsten unlöslichen Rückstand vom Boden zurückläßt. Im übrigen wurden die Erfahrungen von JAFFA bestätigt. Weinsäure ergibt ungefähr die Wirkung von Zitronensäure gleicher Konzentration. A. S. KUDASHEV[6] verwirft die Anwendung von 2proz. Essigsäure, 1proz. Zitronensäure, 2proz. oxalsaurem Ammon als Lösungsmittel für die Bodenphosphorsäure, er schlägt dafür 0,5proz. Oxalsäure vor. Die Untersuchung von 62 Bodenproben soll seine Ansicht bestätigen, indem sie gute Übereinstimmung mit der Erfahrung der Praxis brachte. Die Behandlungsweise des Bodens mit Dünger war nach dieser Methode feststellbar. Später vermag er eine erneute Bestätigung dieser Ansicht zu erbringen[7]. G. DAIKUHARA[8] untersucht 3 Jahre lang mit Phosphaten gedüngte Böden nach der Methode DYER, jedoch unter Benutzung verschiedener organischer Säuren. Er beobachtet, daß die Oxalsäure am stärksten Phosphorsäure aus dem Boden löste, dann folgten Zitronensäure und Weinsäure, zuletzt Essigsäure.

W. MAXWELL[9] schlägt zur Bestimmung der leicht löslichen Nährstoffe des Bodens eine 1proz. Asparaginsäurelösung vor. Bei der Untersuchung von Zuckerrohrböden fand er, daß auf diese Weise die zehnfache Menge an Nährstoffen aus dem Boden gelöst wurde, als eine Zuckerrohrernte diesem zu entnehmen vermag.

---

[1] PAGNOUL, A.: What percentage of phosphoric acid should a good soil contain? Ann. Agron. **25**, 549 (1899); ref. Exp. Stat. Rec. **11**, 822 (1899/1900).

[2] HOFMANN-BANG, O.: Experiments to determine the available phosphoric acid in soils. K. Landtbr. Akad. Hdl. Tidskr. **45**, 316 (1906); ref. Exp. Stat. Rec. **18**, 717. (1906/07).

[3] BLANCK, E. u. F. ALTEN: a. a. O., J. Landw. **73**, 219 (1925).

[4] JAFFA, M. E.: Vergleichende Versuche über die Einwirkung der Salzsäure und Oxalsäure auf die Bestandteile des Ackerbodens. Ref. Exp. Stat. Rec. **6**, 792 (1895); Hoffmanns Jber. **1895**, 588.

[5] SNYDER, H.: The action of organic and mineral acids upon soils. J. Amer. Chem. Soc. **17**, 148 (1895); ref. Exp. Stat. Rec. **6**, 704 (1894/95).

[6] KUDASHEV, A. S.: Available phosphoric acid in chernozem soils. Russ. J. exp. Landw. **6**, 457 (1905).

[7] KUDASHEV, A. S.: Z. Opuitn. Agron. **6**, 437 (1905); **8**, 481 (1907); Ref. Exp. Stat. Rec. **17**, 527 (1905/06); **20**, 317 (1908/09).

[8] DAIKUHARA, G.: Über das Verhalten der Phosphorsäure in den Böden gegen verschiedene organische Säuren. Bull. Coll. Agr. Tokyo **5**, 505 (1903); ref. Hoffmanns Jber. **1903**, 37.

[9] MAXWELL, W.: Kalk, Kali und Phosphorsäure im Boden von Hawaii. Chem. Zbl. **1899**, II, 1136.

Bestimmung der in Mineralsäuren (mit Ausnahme von Salzsäure) löslichen Nährstoffe des Bodens.

Auch mit Mineralsäuren verschiedenster Art wurde eine Reihe von Untersuchungen durchgeführt. So weist z. B. H. SNYDER[1] darauf hin, daß 40 proz. HCl $2^1/_4$% mehr des Silikatkomplexes löst als eine gleichprozentige HNO_3. Schwefelsäure hat die am stärksten lösende Wirkung. TH. SCHLOESING[2] findet, daß sich nach der Löslichkeit zwei Arten von Phosphaten im Boden unterscheiden lassen, nämlich solche, welche bereits in einem Wasser mit 0,1—0,2‰ N_2O_5 löslich und „leicht assimilierbar" sind, und solche, welche sich erst in einer Säure von 1‰ N_2O_5-Gehalt zu lösen vermögen.

A. VON 'SIGMOND[3] vergleicht die Ergebnisse der Methode von SCHLOESING mit den Resultaten von Düngungsversuchen in Töpfen. Im allgemeinen wurde eine gute Übereinstimmung gefunden, wenn auch Fehlschläge nicht ausblieben. Später[4] weist auch von 'SIGMOND darauf hin, „daß die Bodenphosphate durch eine gehörig verdünnte Salpetersäurelösung in zwei, in ihrer Löslichkeit streng unterscheidbare Gruppen geteilt werden müssen". Es ergab sich nämlich, daß dann, wenn die benutzte Salpetersäurelösung stufenweise verstärkt angewandt wurde, auch die Löslichkeit der Bodenphosphate dementsprechend bis zu einer Endazidität von 200 mg N_2O_5 pro Liter zunahm. Von dieser Konzentration ab bis zu einer Endazidität von 1000 mg N_2O_5 war jedoch die Zunahme an löslicher Bodenphosphorsäure praktisch unbedeutsam, um dann bei weiterer Steigerung des N_2O_5-Gehaltes wieder weiter anzusteigen. Es ist also ein gewisses Grenzgebiet vorhanden, welches die leichtlösliche von der schwerlöslichen Bodenphosphorsäure trennt. Als Resultat seiner zahlreichen Düngungsversuche, die zur Prüfung dieser Methode durchgeführt wurden, gibt VON 'SIGMOND an, daß Böden, in welchen die Menge der leicht assimilierbaren Phosphorsäure 75—80 mg Phosphorsäure pro 100 g Boden überschritt, nicht phosphorsäurebedürftig sind. Diejenigen Böden, welche weniger leicht assimilierbare Phosphorsäure enthalten, müssen jedoch in weitere Unterabteilungen eingeteilt werden. Die Einteilung in diese Unterabteilungen wird auf Grund der Basizität des Bodens durchgeführt. Unter Basizität versteht er die Menge von Säuren in Milligramm N_2O_5 ausgedrückt, welche zur Titrierung des Bodens bei Anwendung von 25 g benutzt werden muß. Aus den Versuchen ist zu erkennen, daß bei Böden, welche eine Phosphorsäuredüngung verlangen, die Menge der leicht assimilierbaren Phosphorsäure mit der Basizität zunimmt. Die Basizität des Bodens vermag daher die Assimilierbarkeit der Bodenphosphate bedeutend herabzusetzen. Aus diesem Grunde schlägt VON 'SIGMOND folgendes Verfahren zur Beurteilung des Bodens vor: 1. Bestimmung der Basizität des Bodens. 2. Zubereitung der entsprechenden Bodenlösung. 3. Bestimmung der Phosphorsäure. Auf weitere Einzelheiten kann hier nicht eingegangen werden. J. H. PETTIT[5] bringt den Nachweis, daß die nach SCHLOESING und VON 'SIGMOND angegebene Methode auch bei den von ihm untersuchten Böden deutlich die natürliche Abgrenzung der Löslichkeit der Bodenphosphate erkennen läßt. Da jedoch die verschiedenen Pflanzen große Unterschiede in der Fähigkeit zeigen, Nährstoffe dem Boden zu entziehen, so ist nach seiner Ansicht auch diese Me-

[1] SNYDER, H.: J. Amer. Chem. Soc. **17**, 148 (1895); ref. Exp. Stat. Rec. **6**, 704 (1894/95).

[2] SCHLOESING, TH., Sohn.: Über die Phosphorsäure der Böden. Ref. Hoffmanns Jber. **1901**, 31.

[3] 'SIGMOND, A. VON: Preliminary experiments on the determination in cultivated soil of assimilable phosphoric acid. Ann. Sci. Agron. **2**, 451 (1900); ref. Exp. Stat. Rec. **12**, 907 (1900).

[4] 'SIGMOND, A. VON: Über die praktische Bedeutung der chemischen Bodenanalyse. Z. Landw. Versuchswes. Österr. **10**, 583 (1907).

[5] PETTIT, J. H.: Beiträge zur Bodenanalyse. J. Landw. **57**, 237 (1909).

thode nicht geeignet, spezielle Angaben für die einzelnen anzubauenden Pflanzen zu machen. Vielmehr vermag sie lediglich die „leichtlöslichen" Nährstoffe anzugeben. BRIOUX[1] hält die Methode von SCHLOESING für besser als die von DYER. Diejenigen Böden, welche die meiste Phosphorsäure in verdünnter Salpetersäure (100—200 mg N_2O_5 im Liter) im löslichen Zustande enthalten, waren diejenigen, welche auch die meiste wasserlösliche Phosphorsäure enthielten.

G. S. FRAPS[2] stellt assimilierbares Kali und assimilierbare Phosphorsäure mit Hilfe von $^1/_5$ und $^1/_{50}$ *n* Salpetersäure fest und untersucht dabei die Einwirkung chemischer und physikalischer Einflüsse sowie die Wirkung des Wetters. H. SNYDER[3] benutzt $^1/_5$ *n* Salpetersäure zur Bestimmung der assimilierbaren Pflanzennährstoffe des Bodens. Mit geringen Ausnahmen wird hierbei eine günstige Übereinstimmung mit 21 Felddüngungsversuchen beobachtet, und zwar sowohl für Phosphorsäure als auch für Kali, und C. W. STODDART[4] hält $^1/_5$ *n* HNO_3 für ein ausgezeichnetes Mittel, um das Phosphorsäurebedürfnis des Bodens zu bestimmen. Diese Tatsache ist dadurch bedingt, daß die $^1/_5$ *n* HNO_3 sehr gut die an Ca gebundene Menge Phosphorsäure im Boden anzugeben vermag. Bei einem Gehalt von unter 0,015% in $^1/_5$ *n* HNO_3 löslicher Phosphorsäure ist der Boden phosphorsäurebedürftig. W. P. KELLEY[5] berichtet, daß der Neutralisationskoeffizient des Bodens mit $^1/_5$ *n* HNO_3 eine direkte Beziehung zur Assimilierbarkeit der Bodenphosphate zeigt. Jedoch ist die benutzte Säure in der Menge, wie sie gewöhnlich angewendet wird, bei stark eisenhaltigen Böden nicht ausreichend. G. S. FRAPS[6] vergleicht in Vegetationsversuchen die Wirkung von Phosphorsäure mit dem Gehalt der Böden an assimilierbarer Phosphorsäure, die in der Weise festgestellt wurde, daß 200 g Boden 5 Stunden bei 40° mit 2000 cm³ $^1/_5$ *n* HNO_3 behandelt wurden. Enthält der Boden 20 Teile je Million oder weniger assimilierbare Phosphorsäure, so ist der Boden stark phosphorsäurebedürftig. Enthält der Boden 30—100 Teile, so ist er mehr oder weniger phosphorsäurebedürftig. Böden mit 100—300 Teilen sind im allgemeinen nicht bedürftig. Einen guten Zusammenhang beobachtete derselbe[7] Autor später auch hinsichtlich des Gehaltes an Bodenkali mit den Ergebnissen von Topfdüngungsversuchen. Die gleichen Befunde wurden später nochmals festgestellt[8]. E. HASELHOFF[9] findet dagegen keine befriedigenden Zusammenhänge zwischen den in 0,1 und 0,01 proz. HNO_3 löslichen Nährstoffen in Gesteinen und dem Gehalt der darauf gewachsenen Pflanzen. Dagegen sehen auch E. BLANCK und F. ALTEN[10] in 1 proz. Salpetersäure ein besonders geeignetes Lösungsmittel zur Erfassung der assimilationsfähigen

[1] BRIOUX, C.: Ann. Sci. Agron. Franc. et Etrangère **39**, 82 (1922); ref. Exp. Stat. Rec. **49**, 111 (1923).

[2] FRAPS, G. S.: The availability of potash and phosphoric acid in soil. North Carolina Stat. Rpt. **1904**, 26; ref. Exp. Stat. Rec. **17**, 444 (1905/06).

[3] SNYDER, H.: A comparison of chemical methods with field tests for determining the fertilizer requirements of soils. Minnesota Stat. Bull. **102**, 35; ref. Exp. Stat. Rec. **19**, 924 (1907/08)

[4] STODDART, C. W.: Soil acidity in its relation to lack of available phosphates. J. Indus. a. Eng. Chem. **1**, 69 (1909); ref. Exp. Stat. Rec. **20**, 1114 (1908/09).

[5] KELLEY, W. P.: The availability of phosphates. J. Indus. a. Engin. Chem. **2**, 277 (1910); ref. Exp. Stat. Rec. **23**, 610 (1910).

[6] FRAPS, G. S.: Relation of pot experiments to the active phosphoric acid of the soil. J. Indus. a. Engin. Chem. **2**, 350 (1910); ref. Exp. Stat. Rec. **24**, 423 (1911).

[7] FRAPS, G. S.: The active potash of the soil and its relation to pot experiments. Texas Stat. Bull. **145**, 39; ref. Exp. Stat. Rec. **27**, 323 (1912).

[8] FRAPS, G. S.: Relation of chemical composition to soil fertility. Amer. J. Soc. Agron. **7**, 33 (1915); ref. Exp. Stat. Rec. **33**, 421 (1915).

[9] HASELHOFF, E.: a. a. O., Landw. Versuchsstat. **70**, 85 (1909).

[10] BLANCK, E. u. F. ALTEN: a. a. O., J. Landw. **73**, 219 (1925).

Bodenphosphorsäure, während E. BLANCK und F. SCHEFFER[1] feststellen, daß hinsichtlich des Bodenkalis keiner der benutzten Bodenauszüge imstande gewesen ist, diejenige Menge an Kali wiederzugeben, die von der Pflanze dem Boden entnommen wird. K. BAMBERG[2] hält aus diesem Grunde die Anwendung von verdünnter Salpetersäure zur Feststellung der im Boden enthaltenen aufnehmbaren Pflanzennährstoffe für günstiger als deren Ermittelung durch Zitronensäure, weil bei Verwendung der Salpetersäure das Austrocknen der Böden die Löslichkeit der Bodenphosphate weniger als bei Zitronensäure beeinflußt. Außerdem untersucht er die Böden in der Weise, daß soviel Säure zu den einzelnen Böden gegeben wird, daß in jedem Falle ein gleiches End-p_H erreicht wird. Bei Verwendung von Salpetersäure erfolgte die Einstellung auf ein End-p_H von 2, bei Zitronensäure auf p_H 3. Wenn auch keine vollständige Übereinstimmung erzielt wurde, so war auch hier zu beobachten, daß die Salpetersäure im allgemeinen bessere Übereinstimmung mit der Methode MITSCHERLICHS erbrachte als die Zitronensäure. Es ist jedoch schwierig, die Resultate der Säureauszüge aus den karbonatfreien Böden mit denen der karbonatreichen bei ein und derselben End-p_H-Zahl zu vergleichen.

b) Die Bestimmung der in Salzsäure löslichen Mineral- und Nährstoffe des Bodens und die Bewertung der Befunde des Salzsäureauszuges.

Von **A. A. J. VON 'SIGMOND**, Budapest.

Allgemeines.

Die Salzsäure wird schon seit sehr langer Zeit als Zersetzungs- und Lösungsmittel bei der chemischen Analyse des Bodens benutzt. Allerdings hat man im Anfang ihrer Anwendung geglaubt, aus der chemischen Zusammensetzung des Salzsäureauszuges auf den Fruchtbarkeitszustand des Bodens schließen zu können. Wenn sich auch diese Hoffnung im Laufe der Zeit nicht erfüllt hat, so kann man trotzdem auch heute noch nicht sagen, daß bei der Beurteilung des Fruchtbarkeitszustandes des Bodens die Ermittelung der chemischen Beschaffenheit durch den Salzsäureauszug gänzlich versage. Jedenfalls hat der Salzsäureauszug in der letzten Zeit besonders dadurch an Wichtigkeit gewonnen, daß er zur chemischen Kennzeichnung des Bodens herangezogen werden kann[3], denn wenn man den Boden aus rein bodenkundlich-wissenschaftlichen Gründen als ein natürliches Produkt der verschiedenen bodenkundlichen Faktoren betrachtet und ihn von dem ursprünglichen Muttergestein, aus welchem er entstanden ist, zu unterscheiden wünscht, so genügt hierzu die sog. Bauschanalyse des Bodens nicht. Damit soll aber nicht die Bedeutung letzterer unterschätzt oder gänzlich geleugnet werden. Es ist ja bekannt, daß die russischen Bodenkundler zur Beurteilung ihrer Boden-

---

[1] BLANCK, E. u. F. SCHEFFER: a. a. O., Z. Pflanzenern., Düng. u. Bodenk. A, **8**, 298 (1927).

[2] BAMBERG, K.: Untersuchungen über die chemische Bestimmung der Bodenfruchtbarkeit. Z. Pflanzenern., Düng. u. Bodenk. A, **11**, 115 (1928).

[3] 'SIGMOND, A. A. J. VON: Über die Bedeutung der chemischen Bodenuntersuchungen im Gebiete der agrogeologischen Forschungen usw. Ber. I. Agrogeol.-Konf. Budapest **1909**; ferner siehe: Über die Grundfragen in der Zubereitung der Bodenlösungen für die chemische Analyse. Verh. II. Internat. Agrogeol.-Konf. Stockholm 1910; Erfahrungen über die Verbesserungen der Alkaliböden. Internat. Mitt. Bodenkde. **1**, 44 (1911); Über die Charakterisierung des Bodens auf Grund des salzsauren Bodenauszuges usw. Ebenda **5**, 165 (1915). — D. J. HISSINK: Über die Bedeutung und die Methode der chemischen Bodenanalyse mit starker heißer Salzsäure. Ebenda, **1915**, 1.

profile die Bauschanalysen, also den völligen Aufschluß des Bodens mit Alkalikarbonaten bzw. Flußsäure und die vollständige chemische Analyse der in Lösung gebrachten Bestandteile, mit gutem Erfolg benutzen, denn es ist bekanntlich in der Petrographie allgemein üblich, die Verwitterungsverhältnisse der Gesteine durch die Veränderung in der chemischen Gesamtzusammensetzung zu beurteilen, und u. a. hat schon W. KNOP[1] im Jahre 1871 die Bestimmung der aufgeschlossenen Silikate bei seiner Bonitierung der Ackererde zu benutzen versucht. Es erscheint auch wohl durchaus richtig, wenn man aus der Bauschanalyse der einzelnen Bodenhorizonte resp. des Muttergesteins zu beurteilen sucht, welche Bestandteile bei der Bodenbildung fortgeführt, angehäuft oder unverändert zurückgeblieben sind. Will man dagegen die Verwitterungs- und Auslaugungsverhältnisse im Boden näher kennen lernen, so genügt die Bauschanalyse hierzu nicht. Für solche und ähnliche Zwecke ziehen die russischen Bodenforscher den Salzsäureauszug heran. Theoretisch kann man die mineralischen Bestandteile des Bodens in drei Gruppen zerlegen: 1. Chemisch unveränderte Mineralteile, 2. amorphe oder kolloiddisperse Verwitterungsprodukte und die in ihnen absorptiv gebundenen Bestandteile, 3. kristalloide, gut definierbare echte chemische Verbindungen, wie die Salze und Oxyde.

Wird der Boden völlig aufgeschlossen, so erfährt man über diese verschiedenen Bodenbestandteile nichts, denn bei der Bauschanalyse verschmelzen alle diese für den Boden charakteristischen Gruppen, und man erhält nur die Elementarzusammensetzung des Gesamtbodens. Wenn man daher die oben angegebenen drei Gruppen der anorganischen Bodenbestandteile auch nicht absolut voneinander trennen kann, so sind doch Methoden bekannt, welche über den Gehalt der drei Gruppen nähere Auskunft zu erhalten gestatten.

Es ist das Verdienst von E. W. HILGARD[2], die große wissenschaftliche Bedeutung der vollständigen chemischen Analyse des Salzsäureauszuges an Hunderten von Bodenanalysen klargestellt und die Wichtigkeit der einzelnen Bodenbestandteile von neuen Gesichtspunkten aus erläutert zu haben. Er war nicht nur ein hervorragender Bodenforscher, sondern auch ein ausgezeichneter Analytiker, der auf die Mängel und Ungenauigkeiten der damals üblichen Methoden hingewiesen hat und die vorhandenen analytischen Fehler beseitigte. Er war es auch, der u. a. auf die bodenkundliche Wichtigkeit des unlöslichen Rückstandes, der löslichen Kieselsäure, des Verhältnisses von SiO_2 zu Al_2O_3 und des Gehaltes an CaO und Na_2O die Aufmerksamkeit anderer Forscher lenkte und auch u. a. den Verfasser dazu bewog, seine Methode für die Beurteilung der ungarischen Alkaliböden mit vielem Erfolge anzuwenden und die in Rede stehende Methode auch gegen andere Verfahren jahrelang zu verteidigen[3].

Von anderen Gesichtspunkten ausgehend, hat J. M. VAN BEMMELEN seine chemische Methode zur Bestimmung des Verwitterungssilikates im Boden aus-

---

[1] KNOP, W.: Die Bonitierung der Ackererde. Leipzig 1871.

[2] HILGARD, E. W.: A report on the relation of soil to climate 1892. U. S. Weather Bur., Bull. 3; Über den Einfluß des Klimas auf die Bildung und Zusammensetzung des Bodens. Heidelberg: Carl Winters Univ. Buchh. 1893; De l'influence du climat sur la formation et la composition des sols, etc. Ann. Sci. Agron. **2**, 92—149, 395—465 (1892). Paris 1893; The relation of soils to climate. Calif. Agr. Exp. Stat. Rept. **1892/93** u. **1894**.

[3] 'SIGMOND, A. A. J. VON: Mezögazdasági chemia (Agrikulturchemie) **1904**, 83—87, 115—121; A szikes talajok tanulmányozása. Kisérl. Közl. **8**, H. 3, 386—448 (1905); Über die Szikbodenarten des ungarischen Alföld. Földtani Közlöny **36**, 439 (1906); Über die Bedeutung der chemischen Bodenanalyse. Ber. I. Agrogeol.-Konf. Budapest 1909; ferner noch A. A. J. VON 'SIGMOND: An die Mitglieder der Internationalen Kommission für die chemische Bodenanalyse. Földtani Közlöny **44** (1914).

gearbeitet[1]. Schon MULDER[2] hatte auf die Wichtigkeit der gelatinösen Stoffe in der Ackererde hingewiesen, die besonders in fetten Tonböden in großer Menge vorkommen und z. T. aus anorganischen Komplexen von Kieselsäure, Tonerde, Eisenoxyd und den Basen (CaO, MgO, K_2O, Na_2O) bestehen. VAN BEMMELEN war es aber, der sich mit diesen amorphen, gelartigen Bodenbestandteilen näher beschäftigte und sie von den nicht kolloiden Anteilen des Bodens zu trennen lehrte. Er unterschied zwei Teile im Boden: Das Verwitterungssilikat (V. S.) und das unverwitterte Silikat (U. V. S.). Das gesamte Verwitterungssilikat wird mittels konzentrierter H_2SO_4 von dem unverwitterten Silikat getrennt. Ferner hat er das Verwitterungssilikat in zwei weitere Teile zerlegt, nämlich in den Komplex A, welcher durch konz. HCl zersetzbar ist, und in den Komplex B, der die durch konz. H_2SO_4 zersetzbaren Verwitterungssilikate darstellt. VAN BEMMELENS analytische Methode hat sich aber außer in Holland bis zur jüngsten Zeit kaum anderwärts eingebürgert[3]. Hierüber hat sich schon D. J. HISSINK[4] im Jahre 1910 auf der zweiten Agrogeologen-Konferenz zu Stockholm beklagt, und auf die Ansichten VAN BEMMELENS hinsichtlich der Konstitution der Verwitterungskomplexe besonders aufmerksam gemacht. Gleichzeitig hat auch A. VESTERBERG[5] darauf hingewiesen, daß zur Auflösung der sog. zeolithischen Verwitterungssilikate die 12proz. HCl bei gewöhnlicher Zimmertemperatur gar nicht ausreicht. Die Säure müsse stärker sein und bei höherer Temperatur zur Einwirkung kommen. Er schlug daher eine 20proz. Salzsäure, und zwar auf je 1 g Boden je 5 cm^3 Säure bei einer Stunde Kochdauer vor.

Es würde zu weit führen, wenn man alle gebräuchlichen Salzsäuremethoden hier aufzählen und näher begründen wollte. Nicht nur in den verschiedenen Ländern, sondern auch in den verschiedenen Laboratorien ein und desselben Landes werden verschiedene Methoden zur Bereitung des Salzsäureauszuges benutzt. So ist z. B. in Deutschland auf Grund der Vereinbarungen des Verbandes landwirtschaftlicher Versuchsstationen im Deutschen Reiche[6] seit 1890 zur Bereitung des salzsauren Bodenauszuges gebräuchlich[7], entweder auf ein Gewichtsteil Boden 2 Volumteile 25proz. Salzsäure unter Berücksichtigung der Karbonate des Bodens bei öfterem Umschütteln 48 Stunden bei Zimmertemperatur einwirken zu lassen oder auf einen Gewichtsteil Boden zwei Volumenteile einer 10proz. Salzsäure gleichfalls unter Berücksichtigung der Bodenkarbonate unter häufigem Umschütteln während dreier Stunden auf dem Wasserbad zur Wirkung kommen zu lassen. Trotz dieser Vereinbarungen wird aber auch die Methode von E. WOLFF mit kalter konzentrierter Salzsäure, und zwar 450 g Boden mit je 1500 cm^3 konzentrierter Säure vom spez. Gewicht 1,15, d. h.

[1] BEMMELEN, J. M. VAN: Die Absorptionsverbindungen und das Absorptionsvermögen der Ackererde. Landw. Versuchsstat. **35**, 69 (1888); Die Zusammensetzung des Meeresschlicks in den neuen Alluvionen der Zuidersee. Ebenda **34**, 239, 257, 277, 347; Beiträge zur Kenntnis der Verwitterungsprodukte der Silikate usw. Z. anorg. Chem. **42**, 265.

[2] MULDER, G. J.: Die Chemie der Ackerkrume; deutsch bearb. von J. MÜLLER. Berlin 1863.

[3] Vgl. u. a. G. H. LEOPOLD: Beobachtungen über die chemische Zusammensetzung des Geschiebelehms im niederländischen Diluvium mit besonderer Rücksicht auf das Verwitterungssilikat. Verh. II. Internat. Agrogeol.-Konf., Stockholm 1910. S. 55. — In Deutschland haben, wenn auch nach etwas modifiziertem Verfahren, u. a. H. HARRASSOWITZ und E. BLANCK, nach der Methode gearbeitet.

[4] HISSINK, D. J.: Die kolloiden Stoffe im Boden und ihre Bestimmung. Verh. II. Internat. Agrogeol.-Konf. Stockholm 1910, S. 25.

[5] VESTERBERG, ALB.: Bereitung von Bodenextrakten für die chemische Analyse. Verh. II. Internat. Agrogeol.-Konf. Stockholm 1910, S. 93.

[6] Landw. Versuchsstat. **38**, 292 (1890); **42**, 156 (1892); **43**, 339 (1893).

[7] KÖNIG, J.: Die Untersuchung landwirtschaftlich und gewerblich wichtiger Stoffe, 4. Aufl., S. 12. Berlin 1911. 5. Aufl., S. 48, 1913.

etwa 30prozentig, zur Einwirkung gebracht, oder es werden ferner 150 g Boden mit 300 cm³ konzentrierter Salzsäure vom spez. Gewicht 1,15 eine Stunde lang gekocht[1]. Auch gibt F. WAHNSCHAFFE[2] wieder etwas anders modifizierte Methoden für die kalte resp. heiße Behandlung mit konzentrierter Salzsäure an, und wie wir später noch erfahren werden, wird auch heute noch in der Preußischen Geologischen Landesanstalt eine wieder hiervon etwas abweichende Salzsäuremethode angewandt. In WILEYS[3] Angaben über die Bodenuntersuchungsmethoden finden sich eine ganze Reihe verschiedener Salzsäuremethoden angeführt, die in verschiedenen Ländern als offizielle Methoden gelten. Doch hat sich herausgestellt[4], daß wohl keine der bisher bekannten Methoden des HCl-Auszuges imstande ist, absolute Werte zu liefern. Aber dennoch kann man die Zusammensetzung des salzsauren Bodenauszuges zur Beurteilung des Verwitterungs- und Auslaugungszustandes des Bodens gut verwenden. In vergleichenden Untersuchungen hat daher der Verfasser versucht, festzustellen, in welchem Maße die unverwitterten Mineralien durch die verschiedenen Methoden der Salzsäurebehandlung angegriffen werden.

Es wurde zunächst[5] ein degradierter Steppenboden aus Hatvan in Ungarn mit konzentrierter Salzsäure vom spez. Gewicht 1,115 bei 109—110° C Kochtemperatur verschieden lange Zeit behandelt und von je 5 g ausgehend, der Verlust, der durch die Säurebehandlung hervorgerufen wird, bestimmt. Die nachfolgende Tabelle gibt die näheren Angaben des diesbezüglichen Versuches wieder.

Versuchsnummer	Kochdauer in Stunden	Gesamte Lösungsdauer in Stunden	Aus 5 g abgeschlämmtem Feinsand von 0,2—0,02 mm Größe wurden gelöst	
			in g	%
1	1	1	0,2166	4,33
2	5	5	0,2413	4,82
3	10	10	0,2652	5,30
4	10	96¾	0,2680	5,36
5	36	98½	0,3012	6,02
6	36	308	0,3230	6,46
7	120	570	0,3580	7,12

Diese Versuche lassen erkennen, daß die Salzsäure, selbst bei nur einer Stunde Kochdauer, die feinen Sandkörner schon in beträchtlichem Maße angreift, denn es ist darauf hingewiesen, daß Karbonate im Boden überhaupt nicht vorhanden waren. Es lassen daher diese Befunde schon vermuten, daß in dem Komplex A nach VAN BEMMELEN nicht nur das Verwitterungssilikat, sondern auch unverwitterte Mineralien zersetzt und gelöst enthalten sind. Dies hat sich denn auch durch die weiteren mineralogischen und chemischen Prüfungen durchaus bestätigt.

Ferner wurde derselbe Boden nach vier verschiedenen Salzsäuremethoden untersucht, insbesondere nach derjenigen von HILGARD und der offiziellen amerikanischen Methode mit einer Stunde Kochdauer, desgleichen nach der russischen Methode vermittels 10proz. HCl[6]. Hier sei nur hervorgehoben, daß in den drei

[1] KÖNIG, J.: a. a. O., S. 28.

[2] WAHNSCHAFFE, FELIX: Anleitung zur wissenschaftlichen Bodenuntersuchung, 2. Aufl., S. 129. Berlin 1903.

[3] WILEY, W.: Principles and Practice of Agricultural Analysis. 1, Soils. Easton Pa., S. 388—398. 1906.

[4] 'SIGMOND, A. A. J. VON: Bericht über die Arbeiten der Internationalen Mitteilungen für die chemische Bodenanalyse. Internat. Mitt. Bodenkde. 4, 271—326 (1914).

[5] 'SIGMOND, A. A. J. VON: Beiträge zur ausführlichen chemischen Analyse des Bodens. Internat. Mitt. Bodenkde. 4, 336—362 (1914).

[6] 'SIGMOND, A. A. J. VON: Internat. Mitt. Bodenkde. 4, 344—347.

ersten Fällen stets eine Salzsäure vom spez. Gewicht 1,115 angewandt wurde. Beim Verfahren von Hilgard wurde 120 Stunden hindurch im kochenden Wasserbade, bei der offiziellen amerikanischen Methode nur 10 Stunden erhitzt. Bei der dritten Methode wurde dagegen bei 109° C im Schwefelsäurebad eine Stunde lang und bei der russischen Methode wieder während einer Zeitdauer von 10 Stunden erwärmt. Die nachfolgende Tabelle bringt die Zusammensetzung der verschiedenen Salzsäureauszüge:

Bestandteile	Hilgards Methode %	Offizielle amerikanische Methode %	1 Stunde Kochdauer mit Salzs. v. spez. Gew. 1,115 %	Russische Methode mit 10 proz. Salzsäure %
Na_2O	1,00	0,51	0,44	0,44
K_2O	1,28	0,90	0,92	0,80
CaO	0,97	0,67	0,75	0,78
MgO	0,58	0,38	0,55	0,30
Fe_2O_3	2,98	2,48	2,56	2,40
Al_2O_3	4,62	4,34	3,22	3,47
Mn_3O_4	0,06	0,06	0,05	0,04
SO_3	0,12	0,11	0,10	0,07
P_2O_5	0,21	0,19	0,05	0,07
SiO_2	10,89	10,90	8,01	8,27
Glühverlust . .	8,12	8,12	8,12	8,23
Unlösl. Rest . .	69,54	71,30	75,37	75,88
Summe:	100,37	100,36	100,13	100,75

Diese Befunde zeigen ohne weiteres, daß die Hilgardsche Methode den Boden am meisten zersetzt, jedoch die Methode mit einstündiger Kochdauer, aber mit 10proz. HCl und 10stündiger Digestion im kochenden Wasserbade, ungefähr dieselben Werte liefert.

Daran anschließend wurden gemeinsam mit A. Vendl sowohl der ursprüngliche Boden als auch die einzelnen Rückstände nach der Salzsäurebehandlung mineralogisch-petrographisch untersucht. Zwar haben Stremme und Aarnio schon früher Versuche ausgeführt, nach welchen die Salzsäure nicht nur verwitterte kolloidale Silikate, sondern auch unverwitterte Silikate zu zersetzen vermag wie z. B. Anorthit, Leucit, Nephelin, Augit, Olivin, Orthoklas, Glimmer[1] usw., jedoch wurde von anderer Seite bezweifelt, daß diese etwas leichter zersetzbaren Silikate im Boden unverwittert verbleiben können[2]. Der untersuchte Boden von Hatvan gibt nun aber ein Beispiel dafür, daß in den Steppenböden solche unverwitterten Mineralien recht zahlreich vorkommen können. Auch hat sich gezeigt, daß schon während einstündiger Kochdauer mit Salzsäure vom spez. Gewicht 1,115 Mineralien wie Biotit, Chlorit, Calcit, Apatit, Magnesit, Augit vollkommen zersetzt wurden. Durch die russische Methode wurde noch der Mikroklin angegriffen und durch die offizielle amerikanische wurden sogar noch die Plagioklase sowie Muscovit und Amphibole merklich zersetzt. Die Hilgardsche Methode ließ schließlich Orthoklas und Plagioklase vollständig in Lösung gehen, und nur die widerstandsfähigsten Mineralien, wie Turmalin, Epidot, Hypersthen, Cyanit, Rutil, Zirkon, Granat und Staurolith, blieben scheinbar unberührt zurück.

Man erkennt also, daß selbst bei einstündiger Kochdauer ein Teil der unverwitterten Silikate merklich zersetzt und gelöst

[1] Stremme, H. u. B. Aarnio: Die Bestimmung des Gehalts an anorganischen Kolloiden in zersetzten Gesteinen usw. Z. prakt. Geol. **19**, H. 10 (1911).

[2] Ganssen (Gans), R.: Die Charakterisierung des Bodens usw.. Internat. Mitt. Bodenkde. **3**, 563—564 (1913); ferner siehe: Die Diskussion über diese Frage. Verh. II. Internat. Agrogeol.-Konf. Stockholm 1910, S. 43—53.

wird, und zwar geschieht dies um so mehr, je längere Kochzeit angewandt wird.

Die Frage, inwieweit der sog. kolloide Teil des Bodens oder der „Rohton" durch die Salzsäure angegriffen wird, ließ sich durch die in folgender Tabelle wiedergegebenen Befunde entscheiden:

	1 Stunde gekocht %	120 Stunden im Wasserbade erhitzt %	Unterschied beider Methoden
Na_2O	1,02	1,51	0,49
K_2O	1,02	2,81	1,79
CaO	2,60	2,32	0,28
MgO	1,50	1,92	0,42
Fe_2O_3	7,68	8,48	0,80
Al_2O_3	9,05	15,90	6,85
Mn_3O_4	0,06	0,08	0,02
SO_3	1,74	2,34	0,60
P_2O_5	0,79	1,12	0,33
SiO_2	33,95	27,18	—6,77
Glühverlust	24,08	24,08	—
Unlösl. Rückstand	16,91	12,47	—4,44
Summe	100,40	100,21	—0,19

Es geht aus diesem Ergebnis hervor, daß nicht nur die 120stündige Kochdauer, sondern selbst schon einstündiges Kochen imstande ist, den Rohton sehr stark zu zerlegen. Die mineralogische Untersuchung des unlöslichen Rückstandes ergab hierzu ergänzend, daß die geringen Mengen von Muscovit, Biotit und Amphibol im ursprünglichen Rohton gänzlich verschwunden waren und sich nur noch feine Quarzkörnchen mikroskopisch nachweisen ließen. Der unlösliche Rückstand, der nach der 120stündigen Salzsäurebehandlung erhalten worden war, wurde sodann nochmals 120 Stunden mit konzentrierter HCl behandelt, und es wurden dadurch folgende Mengen in Lösung gebracht:

	In Prozenten des unlöslichen Rückstandes	In Prozenten des gesamten Rohtons
Na_2O	2,92	0,77
K_2O	1,04	0,26
CaO	0,03	0,01
MgO	—	—
Fe_2O_3	0,52	0,14
Al_2O_3	4,92	1,30
SiO_2	22,30	5,88
Glühverlust	52,74	13,91
Unlösl. Rest	15,63	4,12
Summe	100,10	26,39

Wie aus diesen Analysen hervorgeht, scheint selbst bei 120stündiger Behandlung auf dem kochenden Wasserbade mit konzentrierter HCl nur ein Zersetzungs- und Lösungsgleichgewicht vorzuliegen, denn da schon bei der ersten Behandlung mit HCl außer Quarz alle Mineralkörnchen zersetzt waren, so kann das gelöste Kalium und Natrium bei der zweiten Behandlung mit konzentrierter HCl nicht aus unzersetzten Mineralien, sondern nur aus dem unverwitterten Tonkomplex stammen, welcher mit der gegebenen Menge Salzsäure in einen gewissen Gleichgewichtszustand getreten ist. Aus allen diesen Erfahrungen geht also deutlich hervor, daß die konzentrierte HCl, selbst bei einer Stunde Kochdauer, nicht nur die verwitterten, sondern auch einen beträchtlichen Teil der unverwitterten Bodensilikate zersetzt und in Lösung bringt.

Im Jahre 1913 trat GANSSEN[1] mit einer neuen Theorie hinsichtlich der Charakterisierung des salzsauren Bodenauszuges auf. Schon in seinen früheren

[1] GANSSEN (GANS), R.: Die Charakterisierung des Bodens nach der molekularen Zusammensetzung des durch Salzsäure zersetzlichen silikatischen Anteiles des Bodens. Internat. Mitt. Bodenkde. 3, 529 (1913).

Abhandlungen[1] hatte er auf die Ähnlichkeit der durch kalte 21,12proz. HCl ausziehbaren Bodenbasen mit den zeolithischen Basen hingewiesen und deren bodenkundliche Wichtigkeit betont. „Diese Auszüge mit kalter Salzsäure", schreibt er[2], „haben also die Bestandteile der Zeolithe in den Verhältnissen ergeben, daß sich daraus mit Leichtigkeit chemische Verbindungen von der Zusammensetzung der Zeolithe rekonstruieren lassen. In chemischer Beziehung ist damit der Nachweis geführt, daß die Annahme des Vorkommens zeolithischer Verbindungen im Boden volle Berechtigung hat", und er läßt sich weiter bei der Zusammenfassung seiner Ergebnisse[3] wie folgt vernehmen: „1. Die durch eintägige Behandlung von absorbierenden Bodenarten mit kalter Salzsäure (21 %) gewonnenen Analysenresultate ermöglichen die Rekonstruktion von Silikaten, welche in ihrer Zusammensetzung den kristallisierten Zeolithen, insbesondere dem Chabasit, ähnlich sind. 2. Diese zeolithischen Körper des Bodens zeigen in bezug auf die Austauschfähigkeit gegenüber Salzlösungen dasselbe Verhalten wie die kristallisierten Zeolithe." Bezüglich der Einzelheiten seiner weiteren Schlußfolgerungen sei jedoch auf die Originalabhandlung verwiesen.

GANSSEN begnügte sich also nicht allein mit der Feststellung von VAN BEMMELEN, daß der Salzsäureauszug (Komplex A) die zeolithischen, amorphen Absorptionsverbindungen des Bodens, welche sich aus den Komponenten nach inkonstanten Molekularverhältnissen bilden, darstelle, sondern kommt auf Grund seiner Untersuchungen zu der Annahme, daß hier echte chemische Verbindungen mit konstanten, wenn auch, wie bei den kristallisierten Zeolithen, wechselnden Molekularverhältnissen im Boden vorliegen. Es handelt sich nach ihm um Verbindungen mit Molekularverhältnissen der echten, kristallisierten Zeolithe, in welchen auf 1 Mol. Al_2O_3 stets 1 Mol. Base (Na_2O, CaO) und 3 oder 4 oder 6 Mol. SiO_2 entfallen[4].

Die grundlegenden Ergebnisse wurden im Jahre 1913 in der bodenkundlichen Literatur durch seine Abhandlung „Die Charakterisierung des Bodens nach der molekularen Zusammensetzung des durch Salzsäure zersetzlichen silikatischen Anteils des Bodens (der zeolithischen Silikate)"[5] bekannt. In dieser Arbeit hat GANSSEN die bodenkundliche Wichtigkeit seiner Forschungen dargelegt und die Aufmerksamkeit auf diese Verbindungen gelenkt, so daß sich eine neue Richtung in den Ansichten über das Verwitterungssilikat des Bodens geltend machte[6]. Besonders RAMANN hat die große Tragweite dieser Befunde betont, indem er wie folgt ausführte[7]: „Die Untersuchungen von GANSSEN (Berlin) haben den Nachweis erbracht, daß sich zwei Gruppen von wasserhaltigen, Tonerde und Alkalien bzw. alkalische Erden führenden Silikaten unterscheiden lassen. Die eine Gruppe tauscht ihre Basen in kürzester Frist gegen andere in Lösung befindliche Basen aus; die zweite Gruppe tauscht ihre Basen sehr langsam aus, so daß das Gleichgewicht zwischen erneuter Lösung und Bodenkörper lange Zeit konstant bleibt. Verwertet man diese Erfahrung, so gelingt es, die im Boden vorhandenen, absorbierten Basen durch Behandlung mit konzentrierten neutralen Salzlösungen in jene zwei Gruppen zu zerlegen." RAMANN hat daran anschließend

---

[1] GANSSEN (GANS), R.: Zeolithe und ähnliche Verbindungen, ihre Konstitution und Bedeutung für Technik und Landwirtschaft. Jb. Kgl. Pr. Geolog. Landesanst. **26**, H. 2, 119—211 (1905); ferner: Konstitution der Zeolithe, ihre Herstellung und technische Verwendung. Ebenda **27**, H. 1, 63—94 (1906).

[2] GANSSEN (GANS), R.: Jb. Kgl. Pr. Geol. Landesanst. **26**, H. 2, 186 (1905).

[3] Vgl. R. GANSSEN (GANS): Jb. Kgl. Pr. Geol. Landesanst. **26**, H. 2, 207 (1905).

[4] GANSSEN (GANS), R.: a. a. O., Jb. Kgl. Pr. Geol. Landesanst. **27**, 73—74.

[5] GANSSEN (GANS), R.: Internat. Mitt. Bodenkde. **3**, 527 (1913).

[6] Vgl. hierzu Internat. Mitt. Bodenkde. **5**, 25 (1915).

[7] RAMANN, E.: Internat. Mitt. Bodenkde. **5**, 41.

eine Methode der Bestimmung leicht umsetzbarer Bodenbestandteile vorgeschlagen, die er auf der schnellen Austauschfähigkeit der Basen des Bodens aufbaute. Ferner hat der Genannte die Basenaustauschvorgänge im Boden unter Zuhilfenahme künstlicher Zeolithe einer grundlegenden wissenschaftlichen Untersuchung unterzogen[1]. RAMANNS Anregung erwies sich als äußerst fruchtbar, denn die Basenaustauschvorgänge wurden von verschiedenen Forschern eingehend studiert, und, wie man weiß, spielen heute der Absorptionskomplex, der Grad seiner Sättigung resp. die Ungesättigtheit des Bodens eine wichtige Rolle in der modernen Bodenlehre. An dieser Stelle kann sich jedoch nicht näher mit diesen Fragen beschäftigt werden, sondern es soll nur die Frage beantwortet werden, inwiefern die Salzsäuremethode zur Aufklärung des besagten Absorptionskomplexes dienen kann. Denn GANSSEN begnügte sich nämlich nicht, wie schon erwähnt, mit der Annahme VAN BEMMELENS, daß durch den salzsauren Bodenauszug der kolloide, zeolithische Verwitterungskomplex, der aus sog. Absorptionsverbindungen besteht, zersetzt und gelöst wird, insofern nämlich VAN BEMMELEN betont hat: „Man irrt sicher, wenn man glaubt, auf diese Weise eine Trennung des Gemisches oder Komplexes in bestimmte chemische Verbindungen erreichen zu können. Das kolloide Silikat besteht wohl nicht aus einem trennbaren Gemisch von chemischen Individuen“[2]. GANSSEN betrachtet im Gegenteil die durch starke Salzsäure zersetzbaren Bodenbestandteile als Komponenten echter zeolithischer Verbindungen, welche ebenso zusammengesetzt sein mögen wie die von ihm künstlich dargestellten Zeolithe, und dementsprechend wird auch diesen echten chemischen Verbindungen das Basenaustauschvermögen zugesprochen. Diese Annahme stützt GANSSEN durch seine Erfahrung, nach der sich fast der ganze salzsäurelösliche Kalk als austauschfähig erweist.

In seiner oben zitierten Abhandlung führt GANSSEN als weitere Beweisführung nachstehendes aus[3]: „Daß die zeolithischen Silikate des Bodens ebenso wie die hydratisierten Gesteinsgläser nicht aus mechanischen Gemischen von Gelen der SiO_2 und Al_2O_3 bestehen, beweist auch ihr Verhalten beim Erhitzen mit Alkalihydratlösung. Mechanische Gelgemenge der SiO_2 und Al_2O_3 besitzen keinen nennenswerten Austausch gegen die Basen neutraler Salzlösungen, jedoch nach dem Erwärmen mit Alkalihydratlösung einen sehr starken, vielfach höheren, als zuvor. Der Austausch der Bodenproben und der hydratisierten Gesteinsgläser jedoch wird durch die Einwirkung von Alkalihydrat im allgemeinen nur in geringerem Grade verstärkt. Folglich können in ihnen obige Gelgemenge nicht oder nur in sehr geringem Grade vorhanden sein; die austauschenden Silikate müssen vielmehr schon vorher aus Aluminatsilikaten bestanden haben.“

Mit der Benennung Aluminatsilikat will GANSSEN zum Ausdruck bringen, daß die Basen der Silikate in Form von Aluminat im Silikat gebunden enthalten seien. Diese Aluminatsilikate entstehen nur dann, wenn die Tonerde in Form von Aluminat an der Bildung dieser Silikatkomplexe teilnimmt, und eben deshalb findet man in den neutralen Aluminatsilikaten das Verhältnis von Tonerde zur Base stets wie 1 : 1, wogegen das Molekularverhältnis $SiO_2 : Al_2O_3 = 3 : 1$ oder darüber hinaus innerhalb weiterer Grenzen schwanken kann. Diese neutralen Aluminatsilikate werden jedoch leicht von Säuren, selbst von Kohlensäure, an-

---

[1] RAMANN, E.: Adsorption und Basenaustausch. Actes de la IV. ème Conf. Internat. de Pédologie, 383—390, Rome 1924, **2**.

[2] BEMMELEN, J. M. VAN: Die Absorption. Gesammelte Abhandlungen von Dr. W. OSTWALD, S. 115. Dresden 1910; Die Absorptionsverbindungen und das Absorptionsvermögen in der Ackererde. (Orig.-Abh.) Landw. Versuchsstat. **35**, 69 (1888).

[3] GANSSEN (GANS), R.: Internat. Mitt. Bodenkde. **3**, 535 (1913).

gegriffen, wie solches LEMBERG dargetan hat[1]. Ein durch Einwirkung von Kaliumaluminat auf Kaliumsilikat entstandenes Produkt von der Zusammensetzung 2,67 Mol. SiO_2, 1 Mol. Al_2O_3, 0,92 Mol. K_2O und 0,95 Mol. Na_2O wurde durch Behandlung mit CO_2-haltigem Wasser in ein allophanartiges Produkt mit 2,30 Mol. SiO_2, 1 Mol. Al_2O_3 und 0,15 Mol. K_2O überführt. Diese allophanartigen Produkte unterscheiden sich von den neutralen Aluminatsilikaten dadurch, daß sie, mit neutralen Salzen behandelt, letztere unter Absorption und chemischer Bindung der Basen zersetzen und beim Kochen eine nicht verschwindende saure Reaktion hervorrufen. Ferner hat GANSSEN für solche allophanartigen Körper als charakteristisch aufgestellt, daß ihr Austauschvermögen, wenn man sie mit Alkalisilikatlösung erwärmt, meist vervielfacht werden kann. Da aber nach Feststellung von GANSSEN diese Vermehrung der Austauschfähigkeit in Böden nach erfolgter Behandlung mit Alkalisilikatlösung nur als schwach vorhanden befunden worden war, so kommt er zu der Behauptung, daß mechanische Gemenge von SiO_2 und Al_2O_3 resp. allophanartige Silikate nur in geringer Menge im Boden vorkommen. Nach diesen und ähnlichen Annahmen hat sich GANSSEN auf den Standpunkt gestellt, daß der reaktionsfähige Anteil des Bodens aus Aluminatsilikaten besteht und der chemische Charakter des Bodens am besten aus seiner molekularen Rekonstruktion beurteilt werden könne. Er schreibt: „Diese verschiedenen Reaktionen und Formen der Aluminatsilikate lassen sich feststellen, wenn wir die Analysenresultate, welche wir bei der Zersetzung des Bodens durch kochende konzentrierte Salzsäure erhalten, auf die molekulare Zusammensetzung umrechnen.

„Die Äquivalente für die Säuren (P_2O_5, CO_2, SO_3, HCl) kommen dabei von den Äquivalenten für die Basen (CaO, MgO, K_2O, Na_2O) in Abzug, und zwar bringen wir für P_2O_5 3 Moleküle, für CO_2, SO_3 und 2 HCl je 1 Molekül der zweiwertigen Base in Anrechnung. . . .

Es sei gleich darauf hingewiesen, daß die molekularen Berechnungen auch für diejenigen Forscher von Wert sein dürften, welche eine physikalische Bindung der Basen durch die gemengten Gele von SiO_2 und Al_2O_3 annehmen. Denn bei dieser Anschauung besteht ein Adsorptionsmaximum seitens der Gele, und das letztere ist auf 1 Mol. Base durch die Gelgemenge von 3 Mol. SiO_2 und 1 Mol. Al_2O_3 festgestellt worden, wenn eine neutrale Reaktion der Aluminatsilikate besteht; ebenso ist es für die molekulare Berechnung gleichgültig, ob die saure Natur eines Bodens durch die Annahme saurer chemischer Verbindungen oder adsorptiv ungesättigter, mechanischer Gelgemenge erklärt wird[2]."

Demzufolge betrachtet GANSSEN einen Boden als neutral, wenn das durch Salzsäure zersetzbare Verwitterungssilikat auf 3 Mol. SiO_2, 1 Mol. Al_2O_3, 1 Mol. Base (CaO, MgO, Na_2O) enthält, oder, falls die Kieselsäure nicht bestimmt wurde, auf 1 Mol. Al_2O_3 1 Mol. Base führt. Als sauer ist der Boden anzusprechen, wenn er bei ungefähr 3 Mol. SiO_2 weniger als 1 Mol. Base besitzt, und alkalisch ist er dann, wenn mehr als 1 Mol. Base auf 1 Mol. Tonerde vorhanden ist. Auf diese Weise kann man sich nach GANSSEN über den Reaktionszustand eines Bodens unterrichten. Wenn aber in den Verwitterungslösungen die alkalische Reaktion vorherrscht, wodurch ein Teil der Kieselsäure ausgelaugt wird, so entstehen nach GANSSENS Vermutung Böden, die einen geringeren Gehalt an SiO_2 als 3 Moleküle auf 1 Mol. Al_2O_3 aufweisen, denn

[1] Vgl. R. GANSSEN (GANS): Internat. Mitt. Bodenkde. 3, 537; Original: Z. dtsch. geol. Ges. 28, 318 (1876).

[2] Der letzte Absatz im Original gesperrt. Ebenda, Internat. Mitt. Bodenkde. 3, 539 bis 540 (1913).

„infolge des geringen SiO_2-Gehaltes vermögen sie nicht mehr 1 Mol. Base auf 1 Mol. Al_2O_3 zu binden, ohne daß sie jedoch einen sauren Charakter besitzen[1]".

Allerdings ist GANSSEN die experimentelle Beweisführung, nach der das vermeintliche Verwitterungssilikat im Boden durch die alkalischen Verwitterungslösungen derart zersetzt wird, daß die Kieselsäure z. T. ausgelaugt werden kann, schuldig geblieben. Der Verfasser hat demgegenüber seine Bedenken in Anbetracht der ungarischen Alkaliböden, wie auch der von HILGARD als humid und arid zusammengefaßten Böden schon im Jahre 1915 ausgesprochen[2], worauf noch zurückzukommen sein wird. Die weiteren Schlußfolgerungen GANSSENS lauten dagegen wie folgt: „Daraus ergibt sich, daß für die neutrale, alkalische oder saure Natur eines Bodens nicht die gewichtsprozentischen Anteile der durch konzentrierte kochende Salzsäure ausgezogenen Basen maßgebend sind, sondern das molekulare Verhältnis der Basen zu der Kieselsäure und Tonerde in den hierbei zur Zersetzung kommenden Silikaten. Dieses Verhältnis wird den Zustand des Bodens am besten charakterisieren[3]". Hier liegt der Kernpunkt jener Auffassung, weshalb GANSSEN zur Kennzeichnung der Böden die molekulare Rekonstruktion des Verwitterungskomplexes verlangt, denn es heißt weiter wörtlich:

„Es empfiehlt sich nach dem Vorschlage VAN BEMMELENS bei der Salzsäuremethode auch die Kieselsäure zu bestimmen. Außerdem ist die molekulare Umrechnung der Analysenresultate auch auf die (nicht an die anderen Säuren des Bodens [P_2O_5, SO_3 usw.] gebundenen) Basen auszudehnen.

„a) Weil die molekulare Umrechnung auch der Basen noch schärfer den Verwitterungszustand des Bodens demonstriert, als die der SiO_2 und Al_2O_3 allein,

b) weil die molekulare Zusammensetzung von größtem Einfluß auf die Löslichkeit der P_2O_5 und auf den Austausch und die Löslichkeit der Basen ist und

c) weil die Hygroskopizität ebenfalls von der chemischen Zusammensetzung des Verwitterungssilikates abhängig sein muß, und

d) weil die Bestimmung der Hygroskopizität in Verbindung mit der molekularen Berechnung uns häufig über die Fälle aufklären wird, bei denen die Höhe der Hygroskopizität nicht dem durch Salzsäure bestimmten Kolloidgehalt entspricht, ob der Fehler (infolge der Zersetzung nichtkolloidaler Silikate) bei der Kolloidbestimmung liegt oder ob die Hygroskopizität durch die chemische Zusammensetzung der zeolithischen Bestandteile beeinflußt wurde."

Auf Einzelheiten näher einzugehen, scheint nicht nötig, jedoch bedarf es einer Erklärung der Stellungnahme GANSSENS zu der von A. A. v. 'SIGMOND vorgeschlagenen Berechnung nach Aequivalentgewichten, worauf sich der fünfte Punkt seiner Schlußfolgerungen bezieht. Der Verfasser hat nämlich schon im Jahre 1905 eine neue Ausdrucksweise für die chemische Zusammensetzung der Mineralien des Bodens vorgeschlagen[4], die auch heute noch von ihm und seinen Schülern bei salzsauren Bodenauszügen benutzt wird[5]. Der Grundgedanke für seine Ausdrucksweise liegt darin, daß anstatt der alten, dualistischen Wiedergabe der Konstituenten, die positiven und negativen Bestandteile entsprechend den

---

[1] GANSSEN (GANS), R.: Internat. Mitt. Bodenkde. 3, 570 (1913).

[2] 'SIGMOND, A. A. J. VON: Über die Charakterisierung des Bodens usw. Internat. Mitt. Bodenkde. 5, 194—196 (1915).

[3] GANSSEN (GANS), R.: Internat. Mitt. Bodenkde. 3, 570—571.

[4] 'SIGMOND, A. A. J. VON: Az ásványok és talajok chemiai összetételének uj kifejezésmódjáról. Magy. Chem. Folyóirat. 13, H. 11—12 (Budapest 1907).

[5] 'SIGMOND, A. A. J. VON: Contribution to the unification of terms in soil- and mineral analysis. London 1909; Introduction of a new terminology in indicating the chemical composition of minerals and soils. Internat. Mitt. Bodenkde. 2, H. 2/3 (1912).

Ionen umgerechnet und weiterhin die Aequivalentwerte in Prozenten der gesamten positiven resp. negativen Bestandteile zur Wiedergabe gebracht werden. Dadurch soll der chemische Charakter des salzsauren Bodenauszuges mit den hauptsächlichsten bodenbildenden Mineralien verglichen werden können, um nähere Aufschlüsse über Verwitterungs- und Auslaugungsverhältnisse zu erhalten. Wenn man z. B. die chemische Zusammensetzung einiger der bekannten Feldspate und Zeolithe mit der Zusammensetzung der nach der Methode Hilgards untersuchten humiden und ariden Böden vergleicht, so gelangt man hierdurch zu der Einsicht, daß recht interessante Verschiebungen in der Zusammensetzung des salzsauren Auszuges wahrnehmbar werden (vgl. hierzu die Tabellen auf

Die chemische Zusammensetzung einiger gut bekannter Feldspate.

Frühere Bezeichnung der Bestandteile	%	Neue Bezeichnung der Bestandteile	%	Grammaequivalente der Bestandteile	Gesamtmenge der positiven bzw. negativen Grammaequivalente	Grammaequivalente in Prozenten der Bestandteile	
Adular:							
K_2O . . .	14,8	K^I . . .	12,29	0,3148		21,80	
Na_2O . .	1,3	Na^I . .	0,96	0,0417		2,89	
CaO . . .	0,3	Ca^{II} . .	0,21	0,0105	1,4439	0,72	100
Al_2O_3 . .	18,4	Al^{III} . .	9,80	1,0769		74,59	
SiO_2 . . .	64,5	$Si_3O_8{}^{IV}$.	76,41	1,4439	1,4439	100,00	
Summe .	99,3		99,67				
Albit:							
Na_2O . .	11,04	Na^I . . .	8,19	0,3564		20,21	
CaO . . .	0,32	Ca^{II} . . .	0,22	0,0110		0,73	
MgO . .	0,03	Mg^{II} . .	0,02	0,0017	1,5119	0,11	100
Al_2O_3 . .	19,53	Al^{III} . .	10,40	1,1428		78,95	
SiO_2 . .	68,75	$Si_3O_8{}^{IV}$.	80,01	1,5119	1,5119	100,00	
		SiO_2 . .	0,81				
Summe .	99,67		99,65				
Oligoklas:							
K_2O . .	0,8	K^I . . .	0,66	0,0169		0,95	
Na_2O . .	9,7	Na^I . . .	7,20	0,3133		17,66	
CaO . . .	2,8	Ca^{II} . . .	2,00	0,1003	1,7736	5,65	100
MgO . .	0,4	Mg^{II} . .	0,24	0,0200		1,13	
Al_2O_3 . .	22,6	Al^{III} . .	12,04	1,3231		74,61	
SiO_2 . .	64,3	$Si_3O_8{}^{IV}$.	69,90	1,3208	1,7736	74,47	100
		$SiO_4{}^{IV}$ . .	10,40	0,4528		25,53	
Summe .	100,6		102,44				
Andesin:							
K_2O . .	0,08	K^I . . .	0,07	0,0017		0,09	
Na_2O . .	7,28	Na^I . . .	5,40	0,2351		11,16	
CaO . .	7,25	Ca^{II} . . .	5,18	0,2596	1,9806	13,21	100
Al_2O_3 . .	25,35	Al^{III} . .	13,51	1,4842		75,54	
SiO_2 . .	60,48	$Si_3O_8{}^{IV}$.	50,12	0,9472	1,9806	47,80	100
		$SiO_4{}^{IV}$ . .	23,73	1,0334		52,20	
		SiO_2 . .	2,43				
Summe .	100,44		100,44				
Labradorit:							
K_2O . .	1,13	K^I . . .	0,94	0,0241		1,04	
Na_2O . .	4,50	Na^I . . .	3,34	0,1453		6,27	
CaO . .	11,42	Ca^{II} . . .	8,16	0,4090	2,3129	17,65	100
Al_2O_3 . .	29,71	Al^{III} . .	15,83	1,7345		75,04	
SiO_2 . .	54,19	$Si_3O_8{}^{IV}$.	35,86	0,6776	2,3129	29,23	100
		$SiO_4{}^{IV}$ . .	37,66	1,6403		70,77	
Summe .	100,95		101,79				

Fortsetzung der Tabelle von S. 158.

Frühere Bezeichnung der Bestandteile	%	Neue Bezeichnung der Bestandteile	%	Grammaequivalente der Bestandteile	Gesamtmenge der positiven bzw. negativen Grammaequivalente	Grammaequivalente in Prozenten der Bestandteile	
Bytownit:							
K_2O . .	0,38	K^I . . .	0,315	0,0081	2,4553	0,33	100
Na_2O . .	2,82	Na^I . . .	2,093	0,0911		3,71	
CaO . . .	14,24	Ca^{II} . . .	10,171	0,5098		20,76	
MgO . .	0,87	Mg^{II} . .	0,522	0,0436		1,77	
Fe_2O_3 . .	0,80	Fe^{III} . .	0,560	0,0200		0,81	
Al_2O_3 . .	30,45	Al^{III} . .	16,223	1,7827		72,62	
SiO_2 . .	47,40	$Si_3O_8^{IV}$.	20,999	0,3968	2,4553	16,16	100
		SiO_4^{IV} . .	47,263	2,0585		83,84	
Summe .	96,96		98,146				
Anorthit:							
CaO . .	18,31	Ca^{II} . . .	13,08	0,6556	2,7380	23,94	100
Al_2O_3 . .	35,57	Al^{III} . .	18,95	2,0824		76,06	
SiO_2 . .	45,06	SiO_4^{IV} . .	62,86	2,7380	2,7380	100,00	
		SiO_2 . .	4,05				
Summe .	98,94		98,94				

Die chemische Zusammensetzung einiger Zeolithe.

Frühere Bezeichnung der Bestandteile	%	Neue Bezeichnung der Bestandteile	%	Grammaequivalente der Bestandteile	Gesamtmenge der positiven bzw. negativen Grammaequivalente	Grammaequivalente in Prozenten der Bestandteile	
Thomsonit:							
Na_2O . .	6,2	Na^I . . .	4,60	0,2002	2,4667	—8,12	100
CaO . . .	12,6	Ca^{II} . . .	9,00	0,4511		18,29	
Al_2O_3 . .	31,0	Al^{III} . . .	16,52	1,8154		73,50	
SiO_2 . .	37,0	SiO_4^{IV} . .	56,63	2,4667	2,4667	100,00	
		SiO_2 . .	0,05				
H_2O . .	12,2	H_2O . .	12,20				
Summe .	99,0		99,00				
Natrolith							
Na_2O . .	16,2	Na^I . . .	12,02	0,5231	2,0341	25,71	100
Al_2O_3 . .	25,8	Al^{III} . .	13,75	1,5110		74,29	
SiO_2 . .	47,7	SiO_4^{IV} . .	46,70	2,0341	1,1843	100,00	156,50
		SiO_2 . .	17,23	1,1502		56,50	
H_2O . .	9,3	H_2O . .	9,30				
Summe .	99,0		99,00				
Phillipsit:							
K_2O . .	5,28	K^I . . .	4,38	0,1122	1,6370	6,85	100
CaO . . .	6,99	Ca^{II} . . .	4,99	0,2501		15,28	
Al_2O_3 . .	21,88	Al^{III} . . .	11,66	1,2747		77,87	
SiO_2 . .	49,65	SiO_3^{II} . .	62,11	1,6370	1,6370	100,00	
		SiO_2 oder	0,61				
		SiO_4^{IV} . .	37,58	1,6370	3,3152	100,00	202,50
		SiO_2 . .	25,14	1,6782		102,50	
H_2O . .	16,16	H_2O . .	16,16				
Summe .	99,96		99,91				

Fortsetzung der Tabelle von S. 159.

Frühere Bezeichnung der Bestandteile	%	Neue Bezeichnung der Bestandteile	%	Gramm-aequivalente der Bestandteile	Gesamtmenge der positiven bzw. negativen Grammaequivalente	Grammaequivalente in Prozenten der Bestandteile
Analcim:						
Na_2O . .	12,1	Na^I . . .	8,98	0,3907		21,92
K_2O . .	1,5	K^I . . .	1,24	0,0318	1,7822	1,78 } 100
CaO . . .	0,2	Ca^{II} . . .	0,14	0,0070		0,39
Al_2O_3 . .	23,1	Al^{III} . . .	12,31	1,3527		75,91
SiO_2 . .	55,2	SiO_3 . . .	67,62	1,7822	1,7822	100,00
		SiO_2^{IV}oder	1,81			
		SiO_4^{IV} . .	40,92	1,7822	3,6847	100,00 } 206,7
		SiO_2 . .	28,50	1,9025		106,70
H_2O . .	7,6	H_2O . .	7,60			
Summe .	99,7		99,70			
Chabasit:						
Na_2O . .	1,96	Na^I . . .	1,45	0,0631		4,42
CaO . .	7,80	Ca^{II} . . .	5,57	0,2792	1,4258	19,58 } 100
Al_2O_3 . .	18,50	Al^{III} . . .	9,86	1,0835		76,00
SiO_2 . .	49,90	SiO_3^{II} . .	54,09	1,4258	1,4258	100,00
		SiO_2 oder	7,19			
		SiO_4^{IV} . .	32,74	1,4258	3,3310	100,00 } 233,6
		SiO_2 . .	28,54	1,9052		133,60
H_2O . .	20,70	H_2O . .	20,70			
Summe .	98,86		98,86			
Stilbit:						
Na_2O . .	0,4	Na^I . . .	0,30	0,0130		1,05
K_2O . .	0,9	K^I . . .	0,75	0,0192	1,2315	1,55 } 100
CaO . . .	8,0	Ca^{II} . . .	5,71	0,2862		23,24
Al_2O_3 . .	15,6	Al^{III} . .	8,31	0,9131		74,16
SiO_2 . .	58,2	$Si_3O_8^{IV}$.	65,17	1,2315	1,2315	100,00
		SiO_2 oder	2,86			
		SiO_4^{IV} . .	28,27	1,2315	3,8861	100,00 } 315,50
		SiO_2 . . .	39,75	2,6546		215,50
H_2O . .	18,0	H_2O . .	18,00			
Summe .	101,1		101,10			
Heulandit:						
Na_2O . .	0,4	Na^I . . .	0,30	0,0130		1,11
K_2O . .	2,3	K^I . . .	1,91	0,0489	1,1675	4,19 100
CaO . . .	6,2	Ca^{II} . . .	4,43	0,2221		19,02
Al_2O_3 . .	15,1	Al^{III} . . .	8,04	0,8835		75,68
SiO_2 . .	59,6	$Si_3O_8^{IV}$ . .	61,78	1,1675	1,1675	100,00
		SiO_2 oder	7,14			
		SiO_4^{IV} . .	26,80	1,1675	3,9793	100,00 } 340,8
		SiO_2 . .	42,12	2,8118		240,80
H_2O . .	15,4	H_2O . .	15,40			
Summe .	99,1		99,00			

S. 158 und 159). In den humiden Böden ist zunächst die Summe der Milligrammaequivalente der positiven resp. negativen Bestandteile ungefähr die Hälfte derjenigen der ariden Böden (vgl. Tabelle auf S. 161). Das deutet darauf hin, daß der Verwitterungskomplex der letzteren viel reicher als der der humiden Böden ist, trotzdem im allgemeinen angenommen werden kann, daß in den humiden Gebieten die Verwitterung viel lebhafter als in den ariden Böden vor sich geht. Jedoch ist die Auslaugung im feuchten Klima sehr viel energischer als im trockenen, so daß das Restprodukt der Verwitterung und Auslaugung, das durch den von Salzsäure zersetzbaren Bodenkomplex am besten charakterisiert werden kann, bei den humiden Böden auf Grund des Durchschnitts von mehreren Hunder-

Die chemische Zusammensetzung humider und arider Böden in Amerika.

Frühere Bezeichnung der Bestandteile	%	Neue Bezeichnung der Bestandteile	%	Grammaequivalente der Bestandteile	Gesamtmenge der positiven bzw. negativen Grammaequivalente	Grammaequivalente in Prozenten der Bestandteile	
		Durchschnittliche Zusammensetzung humider Böden.					
Na_2O . . .	0,091	Na^I . . .	0,067	0,00291		0,82	
K_2O . . .	0,216	K^I	0,178	0,00456		1,28	
CaO . . .	0,108	Ca^{II} . . .	0,077	0,00386		1,08	
MgO . . .	0,225	Mg^{II} . . .	0,131	0,01094	0,35573	3,07	100
Fe_2O_3 . . .	3,131	Fe^{III} . .	2,192	0,07843		22,05	
Mn_3O_4 . . .	0,133	Mn^{III} . .	0,096	0,00349		0,98	
Al_2O_3 . . .	4,296	Al^{III} . . .	2,289	0,25154		70,72	
SO_3	0,052	SO_4^{II} . . .	0,062	0,00129		0,36	
P_2O_5 . . .	0,113	PO_4^{III} . .	0,152	0,00481	0,35573	1,35	100
SiO_2 . . .	4,212	SiO_4^{IV} . .	6,456	0,28117		79,05	
		O^{II}	0,546	0,06846		19,24	
Glühverlust	3,644	Glühverlust	3,644				
Unlösl. Rest	84,031	Unlösl. Rest	84,031				
Summe:	100,252		99,951				
		Durchschnittliche Zusammensetzung arider Böden.					
Na_2O . . .	0,264	Na^I . . .	0,196	0,00852		1,19	
K_2O . . .	0,729	K^I	0,605	0,01550		2,17	
CaO . . .	1,362	Ca^{II} . . .	0,973	0,04877		6,82	
MgO . . .	1,411	Mg^{II} . . .	0,846	0,07068	0,71517	9,88	100
Fe_2O_3 . . .	5,752	Fe^{III} . . .	3,027	0,10830		15,14	
Mn_3O_4 . . .	0,059	Mn^{III} . .	0,042	0,00150		0,21	
Al_2O_3 . . .	7,888	Al^{III} . . .	4,203	0,46187		64,59	
SO_3 . . .	0,041	SO_4^{II} . . .	0,049	0,00102		0,14	
P_2O_5 . . .	0,117	PO_4^{III} . .	0,156	0,00493		0,69	
CO_2 . . .	0,316	CO_3^{II} . . .	1,792	0,05989	0,71517	8,37	100
SiO_2 . . .	7,266	SiO_4^{IV} . .	11,136	0,48504		67,83	
		O_2^{II} . . .	1,311	0,16429		22,97	
Glühverlust	4,945	Glühverlust	4,945				
Unlösl. Rest	70,565	Unlösl. Rest	70,565				
Summe:	101,715		99,846				

ten von Bodenanalysen um die Hälfte kleiner wird als in den ariden Böden. Ferner findet man, wenn man die näheren Beziehungen der einzelnen Gruppen der Bestandteile untersucht:

1. Daß die Aequivalentprozente der einwertigen und zweiwertigen Metallbestandteile (Kationen) in den humiden Böden 6,3%, in den ariden dagegen 20,06% ausmachen, und es bleiben demzufolge für die dreiwertigen Metallbestandteile in den humiden Böden 93,77%, in den ariden 79,94% übrig.

2. Daß die Kieselsäure in der Gesamtmenge der Säureradikalaequivalente in humiden Böden 79,05%, in ariden nur 67,83% beträgt, und schließlich

3. daß die Karbonate in den humiden Böden gänzlich fehlen, dagegen in den ariden Böden mit 8,37 Aequivalentprozenten im Durchschnitt hervortreten.

Geht man nun von der chemischen Zusammensetzung der Feldspate aus und vergleicht dieselbe mit der Zusammensetzung des Salzsäureauszuges humider Böden, so zeigt sich, daß sich die dreiwertigen Metallanteile der humiden Böden auf Kosten der ein- und zweiwertigen angehäuft haben, bzw. die letzteren schon ausgelaugt worden sind. In den ariden Böden finden sich diese Merkmale der Bodenauslaugung nur in recht vermindertem Maße. Sieht man von dem Gehalt an dreiwertigem Eisen und zweiwertigem Magnesium ab, so läßt sich eine Ähnlichkeit zwischen der Zusammensetzung der kristallinischen Kalziumzeolithe und dem Verwitterungskomplex der ariden Böden nicht verkennen. Man muß allerdings in Erwägung ziehen, daß in den Böden nicht nur die Feldspäte, sondern auch andere Mineralien mit einem Überschuß an Magnesia und Eisen verwittern, so daß diese Bestandteile auch im Verwitterungskomplex der Auslaugung resp. Anhäufung ausgesetzt sind. Es ist leicht einzusehen, daß bei den ariden Böden gerade die am schwierigsten auslaugbaren dreiwertigen Metallbestandteile angehäuft werden und die Karbonate gänzlich fehlen. Die Gegenwart des zweiwertigen Sauerstoffs unter den negativen Bestandteilen bedeutet, daß die Summe der Säureäquivalente nicht genügt hat, um die Kationenaequivalente völlig zu sättigen. Demnach könnte man sagen, daß der chemische Charakter des Verwitterungskomplexes bei allen Böden als von basischer Natur aufgefaßt werden kann. Wenn man jedoch bedenkt, daß das dreiwertige Eisen und das dreiwertige Mangan zum größten Teil als Fe_2O_3 und Mn_2O_3 vorkommen dürften, so zeigt sich, daß die Aequivalentprozente von O'' in den humiden Böden weniger, nämlich zu 19,24% als die Gesamtaequivalentprozente des Fe''' und Mn''' 23,03% ausmachen, daß jedoch in den ariden Böden das Verhältnis (22,97% : 15,35%) umgekehrt ist. Man kann also nur im letzten Fall von einem basischen Charakter des Verwitterungskomplexes sprechen, wogegen in den humiden Böden durchschnittlich ein schwach saurer Charakter des Verwitterungskomplexes hervorzutreten scheint. Es ergibt sich also hieraus, daß der allgemeine chemische Charakter des Bodens durch diese Ausdrucksweise weit besser zum Ausdruck gelangt als durch die einfache Gewichtsprozentangabe, was denn auch GANSSEN zugegeben und anerkannt hat. Auf Grund seiner Auffassung von der molekularen Beschaffenheit des Verwitterungskomplexes kann er aber natürlicherweise nicht die Tonerde als Metall ansehen, sondern muß sie in Verbindung mit der Kieselsäure als komplexe Säure betrachten. Andererseits wird aber auch von ihm anerkannt, daß es nicht genüge, nur die Gesamtmenge der Basenmoleküle zu berücksichtigen, denn er sagt: „Die von DE 'SIGMOND geforderte Berechnung in Äquivalenten kann bei den Basen durch die Angabe des Anteiles der einzelnen Basen an dem molekularen Verhältnis zum Ausdruck kommen; vielleicht in der Form, wie folgendes Beispiel erkennen läßt:

$$4{,}20 \text{ Mol. } SiO_2 : 1 \text{ Mol. } Al_2O_3 : 0{,}95 \text{ Mol. Base} \begin{cases} 0{,}5 \text{ Mol. } CaO \\ 0{,}2 \text{ ,, } MgO \\ 0{,}2 \text{ ,, } K_2O \\ 0{,}05 \text{ ,, } Na_2O \end{cases}$$ [1]."

Wenn nun auch offenbar ein deutlicher Unterschied zwischen der Ausdrucksweise des Verfassers und der molekularen Rekonstruktion von GANSSEN vorliegt, so kann jedoch nicht geleugnet werden, daß beide Betrachtungen darin übereinstimmen, sich nicht mit der gewöhnlichen gewichtsprozentischen Angabe der Bestandteile zu begnügen, sondern sie nach näheren chemischen Beziehungen zu suchen trachten. Wie aber der Verfasser schon in seiner oben zitierten Abhandlung[2] anerkannt hat, besitzt die Molekularformulierung GANSSENS den großen Vorteil, daß man bei ihrer Benutzung den chemischen Charakter des Verwitterungskomplexes durch eine einfache Molekularformel ausdrücken kann. Die unbedenkliche Annahme der Molekularformel GANSSENS setzt jedoch die Erfüllung nachstehender Punkte voraus: 1. Daß der Säurecharakter der Tonerde in jeder Hinsicht sichergestellt ist; 2. daß die ganze Menge der im salzsauren Bodenauszug befindlichen Tonerde diesen sauren Charakter besitzt; und 3. daß der Silikatkomplex eine einheitliche Verbindung oder ein Gemenge von gleichen resp. verschiedenen Silikaten oder auch ein Gemenge von Silikaten und von SiO_2- und Al_2O_3-Gelen darstellt.

---

[1] GANSSEN (GANS), R.: Internat. Mitt. Bodenkde. 3, 571 (1913).
[2] 'SIGMOND, A. A. J. VON: Internat. Mitt. Bodenkde. 5, 191 (1915).

Daß der Tonerde im Absorptionskomplex des Bodens ein saurer Charakter zukommt, kann heute kaum noch bezweifelt werden, und daß das gemeinsam mit dem Kieselsäuregel ausgeschiedene Tonerdegel hinsichtlich der Absorption von Kationen nicht denselben Charakter besitzt wie das einfache Tonerdegel, erweist sich gleichfalls als feststehend. Die Untersuchungen des Verfassers[1] mit künstlichen, von ihm dargestellten Zeolithen und mit verschiedenen Böden haben ihn überzeugt, daß der Absorptionskomplex im Boden als eine unlösliche schwache Säure, aus SiO_2, Al_2O_3 und Humusstoffen bestehend, aufgefaßt werden kann[2]. Jedoch nicht nur vom Verfasser, sondern auch von HISSINK[3], GEDROIZ[4], PAGE[5] u. a. ist eine ähnliche Auffassung vertreten worden. Gleichzeitig haben sich auch die Methoden zur Bestimmung der Basenabsorption entwickelt. Es hat sich sogar feststellen lassen, daß sich ein Bruchteil der Aequivalente des Absorptionskomplexes durch Wasserstoffionen verdrängen läßt und daß damit die Aziditätsverhältnisse des Bodens zusammenhängen. Es erhellt daraus, wie fruchtbringend das nähere Studium der Bodenabsorptionsvorgänge für die bodenkundliche Wissenschaft gewesen ist. Allein gerade aus diesen Erfahrungen geht zur Genüge hervor, daß durch die Behandlung des Bodens mit starker Salzsäure nicht nur der Absorptionskomplex, sondern auch andere Bodensilikate zersetzt werden. Es sei hier nur noch auf einige Erfahrungen hingewiesen, nach welchen die starke Salzsäure stets viel mehr Basen im Bodenauszug in Lösung bringt als solche im Absorptionskomplex tatsächlich vorhanden sind, wodurch die ganze Rekonstruktion des Absorptionskomplexes

---

[1] 'SIGMOND, A. A. J. VON: Internat. Mitt. Bodenkde. 5, 198—212; ferner: A talajismeret szempontjából fontos mesterséges zeolithok elállitása, összetétele, sajátságai és jelentösége (Über die Darstellung, Zusammensetzung, Eigenschaften und Wichtigkeit der künstlichen Zeolithe). Math. Term. Tud. Ertesitó **1916** (Budapest); A mesterséges zeolithok chemiai és fizikai sájatságairol (Über die chemischen und physikalischen Eigenschaften der künstlichen Zeolithe). Magy. Chem. Folyóirat **22**, H. 9—11 (Budapest 1916).

[2] 'SIGMOND, A. A. J. VON: A sziktalajok képződésében szereplő chemiai átalakulások (Über die chemischen Umsetzungen bei der Bildung der Szikböden). Math. Term. Tud. Értesitö **1918** (Budapest); Die praktische Bedeutung der Absorptionsvorgänge im Boden. Chem. Rdsch. **3**, Nr. 13, 15, 16, 17 (Budapest 1925); Neue Erfahrungen über die sogenannten künstlichen Zeolithe und über einige wichtige Bodeneigenschaften. C. r. der Konferenz in Prag **1922**, S. 124—130. 1924; Beziehungen der sog. künstlichen Zeolithe zu dem Basenaustausch und den physikalischen Eigenschaften der Alkaliböden. Actes de la IVième Conf. Internat. Pédologie, Rome.**2**, 434—444 (1924); Tanulmány a talaj humuszeolithkomplexumáról és a talaj reakciokról (Eine Studie über den Humuszeolithkomplex des Bodens und die Bodenreaktionen). Math. u. Naturwiss. Anzeiger Ung. Akademie Wissensch. **43**, 51—80 (Budapest 1926); Einige vergleichende Untersuchungen über die Bestimmung der austauschfähigen Kationen, Sättigungszustand, Aziditätsverhältnisse im Boden. Verh. II. Komm. Internat. Bodenkdl. Ges., A, Groningen (Holland) 1926, S. 55—71. — 'SIGMOND, A. A. J. DE u. J. DI GLERIA: The different degrees of saturation of the absorbing komplex (humus-zeolite) of the soil and methods for their determination. Proc. I. Int. Congr. Soil Sci. **2**, 55 (1928).

[3] HISSINK, D. J.: Beitrag zur Kenntnis der Adsorptionsvorgänge im Boden. Internat. Mitt. Bodenkde. **12**, 81—112 (1922); Der Sättigungszustand des Bodens. Z. Pflanzenern., Düng. u. Bodenkde. A, **4**, 137—158; Base exchange in soils. Trans. Faraday Soc. **20**, Nr. 60, T. 3 (1925); The relation between the values p_H, V and S (humus) of some humus-soils etc. Verh. II. Komm. Internat. bodenkdl. Ges., A, Groningen (Holland) 1926, S. 198—206.

[4] GEDROIZ, K. K.: The absorbing capacity of the soil and the zeolithic bases of the soil. Russ. Z. Opit. Agron. **17**, 472 (1916); Contribution to our knowledge of the absorption capacity of soils. (russ.) a. a. O., **19**, 269 (1918); **20**, 31 (1919); Soils unsaturated with bases etc. (russ.). Zhur Opit. Agron. **22**, 3 (1924); The absorbent soil-complex and the absorbed soil cations as a basis for the genetic classification of soils. (russ.). Nossv. Agricult. Exp. Stat., Agricult. Dic. Paper Nr. 38. Leningrad 1925.

[5] PAGE, H. J.: The investigations of K. K. GEDROIZ on Base exchange and absorption; ferner The nature of soil acidity. Verh. II. Komm. Internat. bodenkdl. Ges., A, Groningen (Holland) 1926, S. 207—231 resp. 232—244.

auf Grund der Zusammensetzung des Salzsäureauszuges hinfällig zu sein scheint[1].

Schon im Jahre 1922 hat GEDROIZ[2] Mitteilungen gemacht, nach welchen die Summe der durch 10proz. HCl ausgezogenen Basenaequivalente die Menge der austauschbaren Basen bei weitem übertrifft, wie dies aus nebenstehender Zusammenstellung hervorgeht:

Bodentypus	Gesamtmenge der Basenaequivalente	
	austauschbar	in 10proz. HCl zersetzbar
Tschernosem	1,05	1,96
Podsol	0,13	0,57

Im Fall des Tschernosems wird also nur ungefähr die Hälfte der durch 10proz. HCl zersetzbaren Basen gelöst, dagegen im Fall des Podsols nur ungefähr 1/4. Ferner vermochte GEDROIZ festzustellen, daß nur eine 0,05 n-HCl imstande ist, etwa die gleiche Menge von Basen auszuziehen, die der Menge austauschbarer Basen entspricht, und nach des Verfassers Erfahrungen ist stets nur ein Bruchteil der durch konzentrierte HCl zersetzbaren Basen wahrscheinlich austauschbar[3]. Hinsichtlich diesbezüglicher Einzelheiten sei auf die Befunde nachstehender Tabelle verwiesen:

Austauschbare Kationen in Prozenten der Gesamtmenge der durch HCl zersetzbaren Kationen nach VAN BEMMELEN-HISSINK.

Horizont	Ca	Mg	K	Na
1. Waldboden von Hüvösvölgy bei Budapest.				
A	21,75	15,77	18,18	5,08
B_1	10,20	12,95	16,90	9,38
B_2	17,85	5,69	21,44	9,65
C	25,00	5,24	16,20	14,85
2. Dunkelbrauner Tschernosem aus Csorvás (Ungarn).				
A	26,3	1,44	19,6	4,7
B_1	27,5	2,35	1,0	3,5
B_2	36,4	0,56	5,1	74,5
3. Schwarzer Tschernosem aus Pußtakamarás (Rumänien).				
A	72,3	2,8	4,72	6,1
B	69,0	2,45	5,3	9,0
C	83,0	1,47	4,82	14,4
4. Ausgelaugter Alkaliboden aus Hortobágy (Ungarn).				
A	27,55	40,7	15,6	26,55
B_1	34,20	17,9	10,8	19,90
B_2	26,50	21,9	7,55	24,80
B_3	39,40	11,5	6,7	32,3
C_1	36,70	12,65	31,6	58,4
C_2	32,78	79,0	45,3	48,1
C_3	44,69	65,5	43,6	64,8
D	39,45	45,9	33,1	44,2

Aus obigen Angaben kann man zur Genüge entnehmen, daß nach dem Verfahren von VAN BEMMELEN-HISSINK die Basen durch kochende HCl in viel größeren Mengen ausgezogen werden als es ihre austauschbare Menge verlangt. Folglich kann man die im salzsauren Auszug enthaltenen Bodenmengen

[1] Vgl. hierzu die Ausführungen von E. BLANCK: Chemie der Erde 1, 454 u. 474 (1919).

[2] GEDROIZ, K. K.: On the absorbtive Power of Soils. Editional Comm. of the People's Commissariat of Agriculture. Petrograde 1922.

[3] 'SIGMOND, A. A. J. VON: The chemical characteristics of soil leaching. Proc. a. Papers of the First Internat. Cong. of Soil Science, Wash. D. C. 1, 60—90 (1927).

nicht zur Rekonstruktion des Absorptionskomplexes benutzen. Wenn noch eine gewisse Regelmäßigkeit in dem Verhältnis beider Werte auftreten würde, so könnte man wenigstens relative Werte erwarten. Das ist jedoch auch nicht einmal der Fall, denn es ist aus obiger Tabelle zu entnehmen, daß die Prozentzahlen der austauschbaren Kationen, berechnet auf die Gesamtmenge des im Salzsäureauszug vorhandenen Anteils abzüglich des $CaCO_3$, sich um 1—83% verändern können. Hieraus folgt, daß sich der Absorptionskomplex auch nach Molekularverhältnissen nicht aus dem Salzsäureauszug konstruieren läßt, weil man niemals wissen und beurteilen kann, in welchem Grade auch noch andere, durch Salzsäure zersetzbare Bodensilikate mit gelöst und damit angegriffen worden sind. Eine jede molekulare Konstruktion erscheint daher dem Verfasser als eine willkürliche Maßnahme, und weil dieses der Fall ist, so kann man aus der Rekonstruktion des Molekularverhältnisses $SiO_2 : Al_2O_3 : RO$ nicht auf den Reaktionszustand des Bodens schließen. Wenn daher GANSSEN neuerdings sehr großes Gewicht auf die Beurteilung des salzsauren Auszuges legt[1], so erweist sich dieses als ganz natürlich, denn der Verfasser hat schon im Jahre 1915 betont, daß bei gleichen Böden, die nach verschiedenen Verfahren bearbeitet worden sind, die Molekularverhältniszahlen sehr verschieden ausfallen, wie nachstehender Überblick ohne weiteres erkennen läßt[2]:

Verfahren	Mol SiO_2	Mol Al_2O_3	Mol RO
Nach HILGARD	3,99	1	1,23
Amerikanisches offizielles Verfahren	4,25	1	0,80
Verfahren mit 1 Stunde Kochdauer	4,20	1	1,31
Russische Methode mit 10proz. HCl	4,05	1	1,08

Nach diesen Angaben würde der Boden von Hatvan nach dem russischen Verfahren etwa neutral, nach HILGARDS Verfahren bzw. nach dem mit einer Stunde Kochdauer, alkalisch und nach dem amerikanischen offiziellen Verfahren sogar als sauer zu betrachten sein. GANSSEN und UTESCHER vertreten jedoch demgegenüber die Ansicht, daß bei der Behandlung des Bodens nach der Methode der Preußischen Geologischen Landesanstalt, „die ursprünglichen Mineralien und die kaolinischen Silikate weitgehend geschont werden, während sie beim Kochen unter Rückfluß durch dauernde Zurückführung der Säure von unveränderter Stärke z. T. in nicht unbeträchtlicher Menge (bis über 8% des angewandten Bodens) abgebaut werden. Hierdurch ergibt sich unter Umständen ein falsches Bild von dem im Boden vorhandenen Nährstoffvorrat oder seinem Verwitterungszustand, und auch die Charakterisierung des Bodens kann ungenau werden".

Der Verfasser[3] hat hiergegen seine Bedenken zum Ausdruck gebracht, wodurch die Internationale bodenkundliche Gesellschaft veranlaßt wurde, die Methode VAN BEMMELEN-HISSINK endgültig als offizielle Methode anzunehmen. Dieselbe sei daher unter Hervorhebung ihrer Grundlagen näher beschrieben:

Bei der Zubereitung des Salzsäureauszuges kommen zunächst folgende Hauptbedingungen in Betracht: 1. Die Einwirkungsdauer der Salzsäure, 2. die Temperatur bei der Behandlung, 3. die Stärke der Salzsäure, 4. das Verhältnis vom Boden zur Salzsäure, 5. die Korngröße der Bodenprobe und 6. die weitere Behandlung der Lösung und des Rückstandes. Die vorzugsweise in Betracht

[1] UTESCHER, K.: Chemische Bodenanalyse und Molekularverhältnis. Z. Pflanzenern. Düng. u. Bodenkde.A, 11, 275 (1928).

[2] 'SIGMOND, A. A. J. VON: Über die Charakterisierung des Bodens usw. Internat. Mitt. Bodenkde. 5, 197 (1915).

[3] 'SIGMOND, A. A. J. VON: Bemerkungen zur Frage der Zubereitung des Salzsäureauszuges. Verh. II. Komm. Internat. bodenkdl. Ges., Budapest 1929, A, S. 13—18.

kommenden Untersuchungsmethoden, die in sehr verschiedener Weise auf die obigen Grundprinzipien Rücksicht nehmen, sind die nachstehend aufgezählten:

	Einwirkungs-dauer in Std.	Temperaturen	Säure-konzen-tration (spez. Gewicht)	Gew.-Proz.
1. Hilgards Verfahren	5·24 = 120	Im kochenden Wasserbad etwa 95—96° C	1,115	23
2. Offiz. Amerikan. Verfahren .	10	Dasselbe	1,115	23
3. van Bemmelen-Hissinks Methode	2	Kochtemperatur bei 110° C	1,10	20
4. Vesterberg-Atterberg . .	1	Kochtemperatur	1,10	20
5. Russ.offiz. Methode nach Gedroiz	10	Kochendes Wasserbad etwa 95—96° C	1,050	10

Es ist leicht einzusehen, daß unter so wechselnden Bedingungen auch die Zusammensetzung des Salzsäureauszuges ziemlich verschieden ausfallen mußte, wie dieses denn auch durch die Versuche des Verfassers[1] Bestätigung findet (vgl. Tabelle S. 152). Schon ein flüchtiger Blick auf die Werte dieser Tabelle, deren Zahlen sich alle auf ein und denselben Boden, nämlich auf denjenigen von Hatvan in Ungarn beziehen, macht es verständlich, daß, wenn man nicht nach derselben Methode arbeitet, auch keine vergleichbaren Analysenergebnisse erhalten kann. Da die Maximalwerte durch die Hilgardsche Methode gewonnen werden, so hat der Verfasser die Unterschiede im Vergleich zu den anderen Methoden in Prozenten der Werte nach Hilgard umgerechnet und wie folgt zusammengestellt:

Relative Werte, bezogen auf die durch die Hilgardsche Methode gewonnenen und gleich 100 gesetzten Mengen.

	Nach der offiziellen amerikanischen Methode %	1 Stunde Kochdauer Salzs. v. spez. Gew. 1,115 %	Nach der russischen Methode mit 10 proz. Salzsäure %
Na_2O	51	44	44
K_2O	70	72	63
CaO	69	77	80
MgO	66	95	52
Fe_2O_3	83	86	81
Al_2O_3	94	70	75
Mn_3O_4	100	83	67
SO_3	92	83	58
P_2O_5	90	24	33
SiO_2	100	74	76

Aus dieser Zusammenstellung geht ohne weiteres hervor, daß es sich in diesen Zahlen um erhebliche Unterschiede handelt. Hinsichtlich von Einzelheiten muß auf die oben zitierte Abhandlung verwiesen werden, doch sei noch besonders bemerkt, daß sich ähnliche, große Unterschiede auch bei dem Vergleich der Ergebnisse des Hilgardschen mit dem van Bemmelen-Hissinkschen Verfahren[2] gezeigt haben. Diese letzteren Untersuchungen wurden mit einem Boden von Mezőhegyes durchgeführt und sind in folgender Tabelle zusammengestellt:

[1] 'Sigmond, A. A. J. von. Intern. Mitt. Bodenkde 4, 347 (1914).
[2] Internat. Mitt. Bodenkde. 5, 214 resp. 216 (1915); ferner A. A. J. von 'Sigmond: A chemiai talavizsgálati módszerek tanulmányozása. Magy. Chem. Folyóirat 20/21 (1915).

	HILGARDS-Verfahren	VAN BEMMELEN-HISSINKS-Verfahren		
		Komplex A	Komplex B	Summe A + B
Na_2O	0,50	0,60	0,22	0,82
K_2O	1,23	0,66	0,53	1,19
CaO	6,80	6,32	0,15	6,47
MgO	2,16	2,12	0,09	2,21
Fe_2O_3	4,12	4,69	0,22	4,91
Al_2O_3	7,58	5,16	2,11	7,27
P_2O_5	0,20	0,25	—	—
CO_2	5,14	5,11	—	—
SiO_2	17,02	11,20	1,76	12,96
Glühverlust	8,67	8,54	—	—
Unlöslicher Rückstand	46,75	55,33	50,73	—
Summe	100,17	99,98	—	—

Die sich hieran anschließenden Untersuchungen der Internationalen bodenkundlichen Gesellschaft führten dazu, die Kochtemperatur auf 110° C festzusetzen, und sich bezüglich der Salzsäurekonzentration auf die Benutzung einer 20 gewichtsprozentigen Säure (spez. Gewicht 1,10) zu einigen[1]. Hinsichtlich des Verhältnisses vom Boden zur Säure wurde vom Verfasser dasjenige von 1 : 10, und bei karbonatreichen Böden ein solches von 1 : 25 vorgeschlagen, das späterhin dahin abgeändert wurde, daß auf je 1 g Boden 10 cm^3 HCl zu verwenden sei.

Was nun aber die Korngröße des zu untersuchenden Bodens anbetrifft, so kann diese nicht allgemein für sämtliche Verhältnisse als gleichartig vorgeschrieben werden. Auf Grund der geologischen bzw. mineralogischen Kenntnisse des Bodens, des Klimas und des Verwitterungszustandes des Bodens wird der Versuchsansteller vielmehr selbst zu entscheiden haben, welche Korngröße zu bevorzugen ist. Als etwaige Richtschnur kann nur gelten, daß möglichst indifferente Fraktionen nicht hineinbezogen, aber auch zersetzbare Sandteile nicht ausgeschaltet werden dürfen. Im allgemeinen kann man wohl sagen, daß für die Böden humider Gegenden, in denen die gröberen Sandteile zumeist von Salzsäure unangegriffen bleiben, die Korngröße von 0,5 mm genügen dürfte. Für aride Sandböden empfiehlt dagegen HILGARD die Korngröße von 1 mm. Vielfach wird auch der Bodenanteil unter 2 mm als Feinboden bezeichnet und zur chemischen Analyse benutzt, wie solches allgemein in Deutschland gebräuchlich ist. Hier kann man schwer allgemeine Regeln aufstellen, jedoch ist es wünschenswert, stets die Korngröße der zur Analyse benutzten Probe in ihrem Mengenverhältnis zum Gesamtboden anzugeben.

Was endlich die weitere Behandlung der Lösung resp. des Rückstandes anbelangt, so wird prinzipiell die Salzsäurelösung nach dem bei der Mineralanalyse üblichen Verfahren auf sämtliche Bestandteile hin untersucht[2], und zwar namentlich auf SiO_2, TiO_2, Al_2O_3, Fe_2O_3, Mn_3O_4, CaO, MgO, K_2O, Na_2O, P_2O_5 und SO_3. In dem unlöslichen Rest wird zunächst die durch die starke HCl zersetzte und ausgeschiedene Kieselsäure durch alkalische Lösungsmittel in Lösung gebracht und bestimmt und sodann von dem unzersetzten Rückstand getrennt und ermittelt. Bezüglich dieser Bestimmung sind verschiedene Verfahren vorgeschlagen worden. HILGARD hat stets eine konzentrierte Sodalösung zu diesem Zweck benutzt, andere Autoren dagegen eine 5proz. Sodalösung. VAN BEMMELEN und HISSINK haben eine verdünnte KOH vom spez. Gewicht 1,04 verwendet und den

[1] Vgl. E. BLANCK: Zur chemischen Bodenanalyse. Fühlings Landw. Ztg. **69**, 130 (1920).

[2] Vgl. die Ausführungen von A. RIESER in diesem Handbuch **7**, 205 u. f.; ferner E. BLANCK u. A. RIESER: Beiträge zur Methodik der Bodenauszüge nach der Salzsäure-Methode. J. Landw. **1928**, 25.

Rückstand 5 Minuten bei 55° C mit dieser erwärmt. Die lösliche SiO_2 wird nun entweder direkt aus der alkalischen Lösung nach ihrer Ausscheidung bestimmt, oder indirekt aus dem Gewichtsverlust des Rückstandes nach dem Salzsäureauszug ermittelt. Bei titanreichen Böden wird allerdings die lösliche Kieselsäure von Titandioxyd und von Phosphorsäure begleitet sein, so daß diese besonders bestimmt werden müssen. Auch kann etwas Al_2O_3 neben dem löslichen SiO_2 vorkommen, so daß mit Flußsäure abgeraucht werden muß, falls man richtige Resultate erzielen will.

Obgleich sehr verschiedene Möglichkeiten in der analytischen Verarbeitung des Salzsäureauszuges gegeben sind, soll an dieser Stelle nur das Verfahren des Verfassers wiedergegeben sein.

Bereitung des Salzsäureauszuges.

10 g Feinboden werden mit 100 cm³ 25proz. HCl vom spez. Gewicht 1,13 in einem offenen, 500 cm³ fassenden Erlenmeyerkolben auf freier Flamme gekocht, bis die konstante Kochtemperatur 110° C erreicht ist, was in spätestens 5 Minuten der Fall ist. Dann wird der Kolben unter Rückflußkühlung in ein Ölbad von 130° C gesetzt und eine Stunde lang im Sieden erhalten. Nach dieser Zeit wird das Kochen scharf abgebrochen, indem man den Inhalt des Kolbens auf etwa 450 cm³ mit kaltem destillierten Wasser verdünnt und dadurch abkühlt. Man läßt den Boden sich bis zum nächsten Tag absetzen und gibt die klare Lösung durch ein Filter. Der Rückstand wird wiederholt mit destilliertem Wasser dekantiert und ausgewaschen, bis die titrierte Lösung nur noch schwach sauer reagiert. Diese salzsaure Lösung dient zur Bestimmung der in ihr gelösten SiO_2, Al_2O_3, Fe_2O_3, P_2O_5, CaO, MgO, SO_3, K_2O und Na_2O, und eventuell auch des Mn_3O_4 und TiO_2. Bei der ursprünglichen Vorschrift von HISSINK[1] soll nach vollzogener Auswaschung mit Wasser dem Waschwasser im Erlenmeyerkolben noch etwas NaCl hinzugefügt werden, damit sich die feineren Teilchen schneller und besser absetzen. Jedoch erscheint diese Maßnahme dem Verfasser als überflüssig.

Im Erlenmeyerkolben befindet sich nun der durch die Behandlung mit Salzsäure unlösliche Bodenanteil, welcher neben den unzersetzbaren Bodenanteilen auch die kolloidal abgeschiedene Kieselsäure und geringe Mengen von Al_2O_3 sowie auch Basen absorptiv gebunden enthält. In den Böden mit namhaftem Titangehalt geht ein Teil desselben in die salzsaure Lösung über, ein geringer Teil nebst etwas P_2O_5 wird jedoch durch die starke Salzsäure niedergeschlagen. Gewöhnlich genügt es im Rückstand die in KOH lösliche Kieselsäure und den unlöslichen Rückstand als solchen zu bestimmen. Es geschieht dieses am einfachsten, indem man den Rückstand im Erlenmeyerkolben zur Trockne eindampft und bei 105° C bis zur Konstanz trocknet. Das Filter wird samt Inhalt getrocknet, verbrannt und geglüht, sodann dem bei 105° C getrockneten Rückstand hinzugefügt und gewogen. Der in HCl unlösliche Rückstand setzt sich also hauptsächlich zusammen: 1. aus den unzersetzten und unlöslichen Mineralpartikeln, 2. aus der in verdünnter Lauge löslichen Kieselsäure, die zum größten Teil aus den durch HCl zersetzten Silikaten frei gemacht und durch die starke HCl niedergeschlagen worden ist und 3. aus den noch unzersetzten organischen Substanzen.

Nun werden etwa 3 g des bei 105° C getrockneten Rückstandes abgewogen, in einen Erlenmeyerkolben überführt und mit 200 cm³ KOH vom spez. Gewicht 1,04 genau 5 Minuten im Wasserbad bei 55° C und unter gleichzeitigem öfteren

[1] HISSINK, D. J.: Internat. Mitt. Bodenkde. 5, 22 (1915).

Umschütteln erwärmt. Dann wird der ganze Inhalt sofort mit 250 cm³ kalten destillierten Wassers verdünnt und abgekühlt und bis zum Absitzen des unlöslichen Rückstandes beiseitegestellt. Hierauf wird die klare Lösung durch ein Filter dekantiert und mit destilliertem Wasser bis zur völligen Entfernung der alkalischen Reaktion ausgewaschen. HISSINK schlägt vor, am Schlusse dieser Operation abermals etwas NaCl dem Waschwasser zuzusetzen und auf diese Weise das Auswaschen durchzuführen. Es ist jedoch bequemer, die alkalische Lösung sogleich bei der Verdünnung mit kalt gesättigter Kochsalzlösung zu versetzen und bis zum Verschwinden der alkalischen Reaktion mit Kochsalzlösung und dann bis zum Verschwinden der Chlorreaktion mit heißem Wasser zu waschen.

Der im Erlenmeyerkolben zurückgebliebene Rückstand wird nun zur Trockne eingedampft, das Filter für sich verbrannt und zu ersterem hinzugefügt und dann das ganze geglüht und gewogen. „Dieser unlösliche Rückstand" besteht aus Quarz, unverwitterten Silikaten und aus den verwitterten Silikaten des Komplexes B nach VAN BEMMELEN. Will man diesen letzteren näher untersuchen, so wird der unlösliche Rückstand mit konzentrierter H_2SO_4 nach dem Verfahren von SABECK[1] behandelt.

Die lösliche Kieselsäure befindet sich zum größten Teil in der alkalischen Lösung, nur ein geringer Teil geht in die salzsaure Lösung über, deren Bestimmung später erfolgt. Die Bestimmung der in Kalilauge gelösten SiO_2 kann direkt oder indirekt geschehen. Will man sie direkt ermitteln, so wird die Lösung mit starker HCl bis zur Trockne eingedampft, etwa 2 Stunden bei 120° C dehydratisiert, mit wenig konzentrierter HCl befeuchtet und 10 Minuten auf dem Wasserbade digeriert, sodann mit etwa 100 cm³ Wasser aufgekocht, filtriert und bis zum Verschwinden der Chlorreaktion ausgewaschen. Sehr oft ist die alkalische Lösung mit organischen Stoffen, welche die Lösung braun färben und das Filtrieren erschweren, verunreinigt. In diesen Fällen werden beim Eindampfen etwa 20 bis 25 cm³ konzentrierte HNO_3 hinzugefügt und diese Behandlung mehrmals wiederholt, bis sämtliche organische Substanz zerstört ist. Die von der Kieselsäure abfiltrierte, saure Lösung wird nochmals eingedampft, bei 120° C dehydratisiert, mit HCl aufgenommen und filtriert, denn bei der ersten Fällung gelingt es gewöhnlich nicht, die gesamte Menge der Kieselsäure unlöslich zu machen. Die beiden Filter mit der Kieselsäure werden getrocknet, verbrannt, vereinigt und gewogen. Die gefundene Menge gibt die Kieselsäure, die in der KOH-Lösung gelöst war, unmittelbar an. Sie kann mit etwas TiO_2 und P_2O_5 verunreinigt sein, deren Menge, wenn nötig, besonders bestimmt werden kann. Gewöhnlich begnügt man sich aber mit der indirekten Bestimmung und verfährt zu diesem Zwecke wie folgt: Der zurückgebliebene Rückstand A besteht aus drei Teilen, nämlich dem oben schon beschriebenen, unlöslichen Rückstand, welcher nach der alkalischen Behandlung zurückgeblieben und bestimmt wurde. Die in A vorhandene organische Substanz wird durch Glühen eines aliquoten Teiles besonders ermittelt, und die lösliche Kieselsäure wird sodann nach Abzug der Summe der obigen beiden Größen von der Gesamtmenge des Rückstandes A erhalten. Wenn nötig, kann auch hier noch TiO_2 und P_2O_5 für sich ermittelt und in Abzug gebracht werden. Die kleinen Mengen von Al_2O_3 und Basen, die durch die KOH-Lösung ausgezogen werden können, bleiben bei der indirekten Methode unbeachtet. Hierin ist auch die Erklärung dafür zu finden, daß die lösliche SiO_2 nach der direkten Bestimmungsmethode gewöhnlich geringer ausfällt. Allein dieser Unterschied ist so unbedeutend, daß es sich kaum lohnt, die viel umständlichere und langwierige direkte Methode zu benutzen.

---

[1] SABECK: Chem. Indust. **1902**, 25.

Analyse des salzsauren Auszuges.

Enthält die saure Lösung noch etwas SiO_2, so wird auch der Gehalt daran wie oben ermittelt, und es gilt in bezug auf die Entfernung etwaiger organischer Substanzen dasselbe, wie oben dargelegt. Die auf diese Weise erhaltene SiO_2-Menge wird zu der Menge der löslichen SiO_2 addiert. Jedoch ist die in der salzsauren Lösung befindliche Menge gewöhnlich nicht groß; sie wird bei normaler Arbeitsweise nicht mehr als 0,3% überschreiten; zumeist bewegt sie sich zwischen 0,2 bis 0,1%, nur wenn beim Auswaschen des Rückstandes A fein dispergiertes Material durch das Filter geht, kann ihre Menge höher ausfallen.

Nunmehr wird die von SiO_2 befreite salzsaure Lösung auf 500 cm³ verdünnt und in drei aliquote Teile von je 100 cm³ getrennt und zur Bestimmung von 1. Al_2O_3, Fe_2O_3, TiO_2, MnO, CaO, MgO; 2. SO_3, K_2O, Na_2O und 3. P_2O_5 benutzt.

Bestimmung von Al_2O_3, Fe_2O_3, TiO_2. Zunächst werden die Sesquioxyde vermittels der Acetatmethode von den übrigen Bestandteilen getrennt. Zu diesem Zweck werden die 100 cm³ Lösung zum Sieden erhitzt, mit verdünnter Sodalösung unter Verwendung von Lackmuspapier genau neutralisiert. Dann werden 25 cm³ 10proz. Natriumacetatlösung hinzugefügt und während zweier Minuten gekocht, sodann sofort filtriert und mit verdünnter heißer Natriumacetatlösung bis zur nur noch schwach merkbaren Chlorreaktion ausgewaschen. Darauf wird der Niederschlag in 10proz. HCl gelöst, mit Ammoniak gefällt, filtriert und ausgewaschen. Die Filtrate werden nach Vereinigung weiter verarbeitet.

Der Niederschlag enthält Fe_2O_3, Al_2O_3, TiO_2 und P_2O_5. Er wird zunächst in verdünnter HCl gelöst und auf 250 cm³ aufgefüllt. Ein aliquoter Teil, z. B. 50 cm³, werden mit Ammoniak gefällt, ausgewaschen, getrocknet und geglüht, um die Gesamtmenge der angegebenen Bestandteile zu erhalten. In einem anderen Teil, etwa 100 cm³, wird zur Bestimmung von Fe_2O_3 zunächst mit Ammoniak gefällt, der Niederschlag in verdünnter Schwefelsäure gelöst, mit Zink in üblicher Weise reduziert und mit Kaliumpermanganat titriert. Die nach der Bestimmung des Fe_2O_3 zurückgebliebene Lösung wird bis auf 50—80 cm³ eingeengt und mit so viel reiner H_2O_2-Lösung versetzt, bis die gelbe Farbe der Lösung nicht mehr zunimmt, d. h. die Titansulfatlösung völlig oxydiert ist. Die Lösung wird nun in einem geeichten Kolben (100 cm³) mit so viel H_2SO_4 versetzt, daß sie mindestens einer 5proz. H_2SO_4 entspricht (hierfür genügen gewöhnlich 5 g konzentrierte H_2SO_4) und bis zur Marke aufgefüllt und gut durchmischt. In dieser Lösung wird das TiO_2 kolorimetrisch nach Weller[1] bestimmt. Die Phosphorsäure wird im gesonderten Teil bestimmt und in Abrechnung gebracht. Aus der Summe der gefundenen Mengen von Fe_2O_3, TiO_2 und P_2O_5 und der Gesamtmenge des Niederschlages aller Bestandteile wird die Tonerde durch Differenzbildung ermittelt.

Bestimmung von MnO, CaO und MgO[2]. Die vereinigten Filtrate von dem Acetatniederschlag und des Niederschlages mit Ammoniak werden auf ein geringeres Volumen eingeengt. Sollte sich dabei etwas von einem Niederschlage bilden, so wird dieser abfiltriert, gewogen und zum vorhergehenden Niederschlag (Fe_2O_3 und Al_2O_3) hinzugerechnet, jedoch erweist es sich als besser, wenn derselbe mit dem früheren Niederschlag vereinigt und gemeinsam mit diesem verarbeitet wird. Dies verlangt aber mehr Zeit. Die klar abfiltrierte Lösung wird nun mit etwa 10 Tropfen Bromlösung bis zur intensiv schwarzen Färbung versetzt. Die Lösung, zu der das Bromwasser hinzugegeben wird, soll neutral oder schwach

---

[1] Weller, A.: Ber. dtsch. chem. Ges. 15, 2592 (1882).

[2] Siehe auch W. F. Hillebrand: Analyse der Silikat- und Karbonatgesteine, S. 132 bis 136. Leipzig 1910.

sauer sein, sie wird nach dem Bromzusatz durch etwas Ammoniak alkalisch gemacht. Dann wird das Brom auf dem Wasserbade oder über freier Flamme vollständig ausgetrieben und der verdichtete Manganniederschlag abfiltriert und mit heißem Wasser, dem etwas Essigsäure hinzugefügt ist, ausgewaschen, getrocknet und geglüht. Das Mangan wird als Mn_3O_4 gewogen und auf MnO umgerechnet.

Da die abfiltrierte Lösung noch etwas Mn enthalten kann, so erweist es sich als angebracht, die Abscheidung desselben durch Brom zu wiederholen. Zu der vom Manganniederschlag abfiltrierten Lösung wird etwas Ammoniak und Essigsäure hinzugesetzt und alsdann mit gesättigter Ammoniumoxalatlösung das Kalzium gefällt. Nach vierstündigem Stehen wird filtriert, mit heißem Wasser ausgewaschen und der Niederschlag in 1 proz. H_2SO_4 gelöst. Sodann werden zu der schwefelsauren Lösung noch 5 cm³ 10 proz. H_2SO_4 hinzugefügt, auf 80° C erwärmt und die Oxalsäure mit $KMnO_4$ titriert und daraus der Gehalt an CaO berechnet.

Zu der abfiltrierten Lösung werden, nachdem dieselbe mit Ammoniak alkalisch gemacht worden ist und noch einen Zusatz von Chlorammonium erhalten hat, etwa 10 cm³ 10 proz. Na_2HPO_4-Lösung gegeben, mit 10 proz. Ammoniaklösung das Volumen der Lösung um ein Drittel vermehrt und 24 Stunden stehen gelassen. Dann filtriert man ab, wäscht mit 2,5 proz. Ammoniak aus, glüht den Niederschlag zu $Mg_2P_2O_7$, wägt ihn und berechnet daraus die vorhandene Menge an MgO.

Bestimmung von SO_3. 100 cm³ der salzsauren Lösung werden nach dem Aufkochen mit 10 proz. $BaCl_2$-Lösung zur Fällung von $BaSO_4$ versetzt.

Bestimmung der Alkalien. Die vom Bariumsulfat abfiltrierte Lösung wird in einer Porzellanschale auf dem Wasserbade eingetrocknet, sodann etwa eine halbe Stunde bei 150—200° erhitzt, in 200 cm³ warmen Wassers gelöst, mit an Alkali freiem BaOH versetzt und auf dem Wasserbade eine halbe Stunde digeriert. Darauf wird filtriert und mit etwa einem Liter destillierten Wassers ausgewaschen. Nunmehr wird das Filtrat auf etwa 200 cm³ eingeengt und mit verdünntem Ammoniak und Ammonkarbonat eine halbe Stunde digeriert, filtriert und gewaschen. Das Filtrat wird dann auf dem Wasserbade getrocknet, die Ammonsalze abgeraucht und der Rückstand mit wenig Wasser aufgenommen und mit einigen Tropfen von Ammoniak und Ammonkarbonat versetzt. Der sich dabei bildende Niederschlag wird abfiltriert und ausgewaschen. Diese Behandlung wiederholt man so lange, bis durch die Zugabe von $(NH_4)_2CO_3$ kein Niederschlag mehr entsteht. Ist dies der Fall, so wird die klare Lösung eingedampft, die Ammonsalze werden verraucht, der Rest in HCl gelöst und eingedampft und die Alkalichloride nach gelindem Glühen gewogen, worauf das Kalium mit Perchlorsäure oder Platinchlorwasserstoffsäure wie üblich als $KClO_4$ bzw. K_2PtCl_6 bestimmt wird.

Bestimmung der P_2O_5. 100 cm³ der salzsauren Lösung werden mit HNO_3 vom spez. Gewicht 1,2 wiederholt eingedampft, sodann in 20 cm³ HNO_3 gelöst und mit 20 cm³ LORENZscher Lösung versetzt und nach dem Aufkochen mit 40 cm³ Molybdänlösung gefällt. — In einer gesonderten Bodenprobe werden der Glühverlust und die etwa vorhandenen Karbonate für sich bestimmt und alle ermittelten Bestandteile auf lufttrockenen Boden (bei 105° C) berechnet. Sollte der Boden noch Chloride in namhafter Menge enthalten, so müssen diese im Wasserauszug bestimmt und in der Gesamtanalyse unter Abrechnung der aequivalenten Sauerstoffmenge umgerechnet werden.

Hinsichtlich der Auswertung der Analysenergebnisse kann zwar nicht auf Einzelheiten eingegangen werden, jedoch sei wenigstens eine kurze Übersicht gegeben.

Es mag zunächst darauf hingewiesen sein, daß der Salzsäureauszug in erster Linie zur chemischen Charakterisierung des Bodens zu dienen hat. Schon HILGARD hat darauf aufmerksam gemacht, daß man schon aus der chemischen Analyse des oberen Bodenhorizontes wichtige Schlüsse auf die Verwitterungsverhältnisse und Bodenauslaugungszustände ziehen kann. Besonders aufklärend erweist sich aber in dieser Beziehung die Kenntnis des ganzen Bodenprofils, so daß die Zusammensetzung der einzelnen Bodenhorizonte verglichen werden kann, denn nun erst ist die Wanderung, Auslaugung oder Anhäufung der einzelnen Bodenbestandteile zu verfolgen. Dies möge an Hand nachstehender Tabelle näher erläutert werden.

Die chemische Zusammensetzung des salzsauren Auszuges eines Bodenprofils von Hüvösvölgy, wiedergegeben in Prozent des trockenen Bodens.

	Horizont			
	A	B_1	B_2	*C*
Na_2O	0,39	0,41	0,44	0,35
K_2O	0,57	0,59	0,51	0,61
CaO	0,60	1,91	1,67	8,95
MgO	0,80	0,81	1,24	3,60
MnO	0,28	0,55	0,07	0,94
Fe_2O_3	1,59	2,59	2,97	3,41
Al_2O_3	3,75	4,69	7,50	3,03
SO_3	0,39	0,29	0,47	0,35
P_2O_5	0,06	0,08	0,13	0,12
CO_2	—	—	—	7,94
SiO_2	8,94	9,43	10,68	6,09
Glühverlust	4,51	3,87	4,52	3,76
Unlöslicher Rest	77,21	74,41	70,26	61,11
Summe:	99,99	99,63	100,46	100,27

Es liegt hier ein schwach podsolierter Waldboden mit Quercus sesiliflora und Carpinus betulus als Hauptbaumart vor. Unter der Laubhumusdecke befindet sich ein nur schwach ausgebildeter lichtgrauer und strukturloser Eluvialhorizont *A*; er reicht etwa bis zu 8 cm Tiefe. In der Tiefe von 20—80 cm befindet sich ein etwas rötlich gefärbter Illuvialhorizont, B_1, dem ein dunkelroter Akkumulationshorizont, B_2, in 80—100 cm Tiefe folgt. Bei einer Tiefe von ungefähr 120 cm stößt man schon auf Löß, der als Muttergestein gelten kann. Nicht weit von diesem Aufschluß entfernt tritt in einem offenen Einschnitt der ursprüngliche Löß auf, der in obiger Tabelle mit *C* bezeichnet worden ist. Man hat es also hier mit einem Waldboden zu tun, der auf Löß entstanden und in dem die Podsolierung nur sehr schwach zur Geltung gekommen ist.

Will man den Verwitterungs- und Auslaugungszustand beurteilen, so hat man zunächst die relative Menge des unlöslichen Rückstandes in Betracht zu ziehen. Demzufolge erkennt man aus der Tabelle, daß diese Werte ausgehend vom Horizont *A* nach *C* stets abnehmen. Dies bedeutet, daß der durch HCl zersetzbare Teil, und damit der Verwitterungskomplex, der Tiefe nach zu stets zunimmt. Die lösliche Kieselsäure ist in den Horizonten *A*, B_1 und B_2 in größerer Menge als in *C* vorhanden, denn bei dem Auslaugungsvorgang wurden die übrigen Verwitterungsprodukte stärker als die Kieselsäure ausgelaugt. Diese ist allerdings nur z. T. als im Zustande des freien Kieselsäurehydrates anzunehmen, und es ist daher in diesem Falle auch die Menge des in 5proz. KOH löslichen SiO_2-Anteils zu bestimmen, der folgende Werte erbracht hat:

Horizont	laugelösl. SiO_2 des Bodens in Prozent	laugelösl. SiO_2 in Prozent der Ges.-SiO_2 des Bodens
A	1,57	17,5
B_1	2,02	21,4
B_2	1,90	17,7
C	1,51	24,8

Da durch die Behandlung des ursprünglichen Bodens mit 5 % KOH nach obiger Methode nur die freie SiO_2 gelöst wird und die unzersetzbaren Silikate kaum angegriffen werden, so kann gefolgert werden, daß obige Werte der freien Kieselsäure entsprechen. Da das Muttergestein, *C*, selbst recht viel freie SiO_2 enthält, so kann man die nicht unbeträchtliche Anhäufung an SiO_2 in den oberen Bodenhorizonten nicht einer Auslaugung zuschreiben. Verfolgt man nur die relativen Werte der Al_2O_3, dann kommt die Auslaugung der Alumosilikate aus dem *A*-Horizont und ihre Anhäufung in den Horizonten B_1 und B_2 klar zum Vorschein. Auch in diesem Falle sind die in 5 proz. KOH löslichen Al_2O_3-Mengen bestimmt worden, und zwar wie folgt befunden:

Horizont	laugelösl. Al_2O_3 des Bodens in Prozenten	laugelösl. Al_2O_3 in Prozenten der Ges. Al_2O_3 des Bodens
A	0,60	16,0
B_1	0,48	10,2
B_2	0,46	6,0
C	0,46	15,1

Hieraus ergibt sich eine geringe Anhäufung im Horizont *A*, jedoch ist die relative Menge der freien Al_2O_3 weit geringer als die der freien SiO_2. Dies bedeutet aber für den vorliegenden Fall, daß bei der Auslaugung eine wesentliche Zersetzung des Silikatkomplexes und eine damit verbundene Anhäufung von freier Kieselsäure resp. Tonerde kaum aufgetreten sein kann und solches mit der schwachen Podsolierung sehr wohl zu erklären ist. Am stärksten zeigt sich die Auslaugung von CaO und MgO, wenn man die betreffenden Werte des Horizontes *C* mit denen der Horizonte *A*, B_1 und B_2 vergleicht. Besonders sind die Karbonate der betreffenden Basen ausgelaugt worden, da nur noch im Horizont *C* ein Gehalt an CO_2 festzustellen ist. Augenscheinlich sind dagegen K_2O und Na_2O nicht merkbar ausgelaugt worden. Allein, wenn man die leichte Löslichkeit dieser Salze und den viel höheren Gehalt daran in den Böden der trockenen Gebiete berücksichtigt, so muß doch die Vermutung ausgesprochen werden, daß diese Bestandteile, besonders das Na_2O, fortgeführt worden sein können und aus diesem Grunde nicht aufzufinden sind.

Auch eine schwache Auslaugung der Phosphorsäure aus den Horizonten *A* und B_1 ist gleichfalls zu bemerken, welcher Umstand vom Standpunkt der Pflanzenernährung betrachtet, gar nicht bedeutungslos sein dürfte, namentlich, wenn man bedenkt, daß gerade die leichter löslichen Anteile der Auslaugung unterliegen. Endlich ist noch das Fe_2O_3 und MnO zu berücksichtigen. Bei ersterem ist eine Anhäufung ganz deutlich nach der Tiefe zu zu bemerken. Beim MnO scheint dagegen, nur eine geringe Anhäufung in B_1 die Auslaugung in der Tiefe zu unterbrechen.

Will man jedoch noch tiefer in die chemischen Verhältnisse eindringen, so hat es sich bewährt, die einzelnen Bestandteile in Kationen- und Anionenaequivalente umzurechnen und folgendermaßen zusammenzustellen (s. Tab. S. 174).

Durch diese Zusammenstellung erkennt man, daß sich der Verwitterungskomplex der Horizonte *A*, B_1 und B_2 hauptsächlich nur aus Aluminiumsilikaten aufbaut und die Erdalkalikarbonate in *C* mehr als 40 % desselben ausmachen. Auch ist es ganz merkwürdig, daß im Horizont *A* die Menge der Mg-Aequivalente im Verhältnis zum Ca sehr bedeutend angehäuft erscheinen. Aus den relativen Werten des Horizontes *C* geht deutlich hervor, daß das Muttergestein nicht unbeträchtliche Mengen von Magnesiumkarbonat bzw. Dolomit enthält, denn die berechneten 37,39 Aequivalentprozente Ca genügen nicht für die vorhandenen

Milligrammaequivalente der Ionen im salzsauren Auszug berechnet auf Prozente der Gesamtmilligrammaequivalente (Boden aus Hüvösvölgy).

Gesamtmilligrammaequivalente der Kationen		Horizont A	B_1	B_2	C	
		376,52	523,26	696,39	865,75	
Prozentaequivalent der Gesamtaequivalente	Na^{I} . . .	3,32	2,53	2,03	1,30	100
	K^{I}	3,20	2,39	1,55	1,50	
	Ca^{II} . .	5,67	13,06	8,55	37,39	
	Mg^{II} . . .	10,56	7,68	8,82	20,30	
	Mn^{II} . . .	2,10	2,97	0,28	3,10	
	Fe^{III} . . .	15,85	18,69	15,91	15,02	
	Al^{III} . . .	59,30	52,68	62,85	20,79	
	SO_4^{II} . .	2,16	1,10	1,40	0,87	100
	PO_4^{III} . .	0,68	0,85	0,80	0,59	
	CO_3^{II} . . .	—	—	—	42,16	
	SiO_4^{IV} . .	97,16	98,05	97,80	47,18	
	Om^{II} . . .	—	—	—	9,20	
Überschuß an SiO_2 in 100 g des trockenen Bodens . .		3,46	1,74	0,32	—	

42,16 Aequivalentprozente an CO_3. Es muß daher sicherlich ein Teil des Magnesiums an CO_3 gebunden vorhanden sein.

Schließlich kann man auch die Molekularverhältnisse von $SiO_2 : Al_2O_3 : RO$ nach GANSSEN berechnen und, wie schon oben mitgeteilt, daraus auf die Verwitterungs-. Auslaugungs- und Reaktionszustände und damit auf die Fruchtbarkeit des Bodens weitere Schlüsse ziehen. Nachdem aber GANSSEN und seine Mitarbeiter die Methode VAN BEMMELEN-HISSINK für eine solche Deutung als unsicher erklären, sei die weitere Prüfung dieser Verhältniszahlen unterlassen. Es soll nur darauf hingewiesen sein, daß dann, wenn der Boden nicht reich an Karbonaten ist, die Molekularverhältniszahlen eine gute Einsicht abgeben können, wenn auch nicht in dem Maße, wie es GANSSEN bei seinem Verfahren gefunden hat. Jedoch bei karbonatreichen Böden muß die CO_2-Bestimmung sehr genau ausgeführt werden, denn sonst erhält man für den Silikatkomplex recht eigenartige Molekularverhältnisse. Überhaupt darf man niemals vergessen, daß man durch den salzsauren Auszug nur in der Lage ist, extreme chemische Kennzeichen des Bodens zu ermitteln. Für eine feinere Charakterisierung muß man mit schwächeren Zersetzungsmitteln arbeiten, namentlich hat sich in letzter Zeit die Austauschfähigkeit der absorbierten Kationen sowie der Sättigungszustand des Absorptionskomplexes für die weitere Charakterisierung als viel empfindlicher und damit als weit geeigneter denn der Salzsäureauszug gezeigt. Das soll natürlich nicht besagen, daß der letztere damit an Wichtigkeit verloren hätte. Zwar kann auch der salzsaure Bodenauszug für die Ermittlung des Fruchtbarkeitszustandes eines Bodens gute Dienste leisten, wenn auch die leichtlöslichen Bodenbestandteile durch ihn nicht erfaßt werden können.

c) Die Bestimmung der relativen Löslichkeit der Phosphorsäure im Boden.

Von **O. LEMMERMANN**, Berlin.

Mit 1 Abbildung.

Das Wesen der Methode. Wenn man einen klaren Einblick in die Nährstoffverhältnisse eines Bodens gewinnen will, dann genügt es nicht, allein festzustellen, welche Mengen an wurzellöslichen bzw. pflanzenlöslichen Nährstoffen ein Boden zu einer bestimmten Zeit enthält, denn diese Mengen stellen gleichsam nur das derzeitig flüssige Nährstoffkapital, oder wenn man will, die „Zinsen" des gesamten Nährstoffkapitals dar, das den Pflanzen zur Verfügung steht. Es ist aber klar, daß man zu einem viel besseren Urteil über den Wert der in einem Boden enthaltenen Nährstoffmengen gelangen muß, wenn man nicht nur die zu einer gewissen Zeit für die Pflanzen verfügbaren, assimilierbaren, Nährstoffmengen kennt, sondern auch das Gesamtkapital, das jene Mengen liefert. Aus diesen und noch anderen Gründen hat der Verfasser zusammen mit seinem Mitarbeiter FRESENIUS in Verfolgung früherer Arbeiten[1] eine Methode zur Bestimmung des Düngungsbedürfnisses der Böden (zunächst für den Nährstoff Phosphor) ausgearbeitet[2], die darin besteht, daß man zur Beurteilung des Düngungsbedürfnisses eines Bodens drei Werte feststellt: 1. Den Gehalt des Bodens an Gesamtphosphorsäure (also die Größe des Gesamtkapitals A). 2. Den Gehalt des Bodens an zitronensäurelöslicher Phosphorsäure (also die verfügbare „wurzellösliche" Phosphorsäuremenge B). 3. Die relative Löslichkeit des Phosphorsäurekapitals des Bodens (als Gradmesser für die Flüssigkeit des Kapitals C), d. h. das Verhältnis der Größen $B : A$.

C ist also
$$\frac{100 \cdot B}{A}.$$

Die Ausführung der Methode. Die Bestimmung der Gesamtphosphorsäure erfolgt durch Behandeln des Bodens mit Königswasser in Anlehnung an ein Verfahren von H. FISCHER[3]. 30 g Boden werden in einem 500 cm^3 Maßkolben mit etwa 200—250 cm^3 Königswasser übergossen und während $1^1/_2$ Stunden auf freier Flamme erhitzt. Bei Böden mit geringem Humusgehalt ist dies ohne weiteres durchführbar; enthält ein Boden aber größere Mengen organische Substanz, so ist es, um der Gefahr des Übersteigens zu begegnen, vorteilhaft, die Bodenproben zuerst nur mit Salpetersäure zu übergießen und so lange in der Kälte oder vorsichtig auf dem Wasserbade zu digerieren, bis sich der Humus zum Teil zersetzt hat und die anfangs zähe, schleimige Masse dünnflüssig geworden ist. Dann erst fügt man die Salzsäure hinzu und kocht auf freier Flamme wie oben angegeben. Nach dem Erkalten wird bis zur Marke aufgefüllt und filtriert. Vom Filtrat werden 300 cm^3 eingedampft, der Rückstand zum völligen Verjagen der Salzsäure zweimal mit Salpetersäure befeuchtet und wieder eingedampft. Nunmehr erhitzt man den Schaleninhalt im Trockenschrank 1 Stunde auf 105^0, nimmt nach dem Erkalten mit salpetersäurehaltigem Wasser auf und filtriert. Im Filtrat fällt man die Phosphorsäure heiß mit Molybdänlösung im Überschuß und läßt über Nacht stehen. Alsdann filtriert man den gelben Niederschlag durch einen NEUBAUER-Tiegel, wäscht mit angesäuerter Ammoniumnitratlösung aus, erhitzt bis der Niederschlag blauschwarz geworden ist und wägt. Die Berechnung der Phosphorsäure geschieht unter Berücksichtigung des Volumens der angewandten 30 g Boden, ferner ist der gefundene Wert auf Trockensubstanz umzurechnen.

Die Bestimmung der zitronensäurelöslichen Phosphorsäure erfolgt durch Ausschütteln des Bodens mit 1 proz. Zitronensäurelösung im WAGNER-

---

[1] LEMMERMANN, O., A. EINECKE und L. FRESENIUS: Untersuchungen über die Feststellung des Wirkungswertes der Bodennährstoffe Phosphorsäure und Kali durch den Vegetationsversuch und die Bestimmung ihrer relativen Löslichkeit durch Säuren. Landw. Versuchsstat. **89**, 81—195 (1916).

[2] LEMMERMANN, O. u. L. FRESENIUS: Ermittelung des Düngebedürfnisses der Böden für Phosphorsäure mit Hilfe der Zitratmethode. Z. Pflanzenern., Düng. u. Bodenk. B, **6**, 163 (1927).

[3] FISCHER, H.: Die Bestimmung der Gesamt-Phosphorsäure im Boden. Internat. Mitt. Bodenkde. **2**, 541 (1912).

schen Schüttelapparat. Da die hierbei in Lösung gehende Phosphorsäuremenge in erster Linie eine Funktion der Zeit ist, ist es notwendig, die Schütteldauer immer gleich zu gestalten, um vergleichbare Zahlen zu erhalten. Wir verfahren entsprechend einem Vorschlage von BERJU[1] in folgender Weise. 80 g Boden werden mit 800 cm^3 1 proz. Zitronensäurelösung am ersten Tage 6 Stunden und am nächsten Tage nochmals 2 Stunden geschüttelt. Vom Filtrat werden 500 cm^3 in einer geräumigen Porzellanschale unter Zusatz von etwa 50 cm^3 Salpetersäure eingedampft. Es empfiehlt sich, die Porzellanschale möglichst groß zu wählen, um Verluste durch Verspritzen zu vermeiden. Der Abdampfrückstand wird noch zweimal mit Königswasser übergossen und abermals zur Trockne eingedampft, um die Zitronensäure möglichst vollständig zu zerstören, da nach unserer Erfahrung die Anwesenheit von organischer Säure die Fällung der Phosphorsäure durch Molybdän ganz oder teilweise verhindert[2]. Der Trockenrückstand wird dann noch 1 Stunde bei 105° im Trockenschrank getrocknet, mit salpetersäurehaltigem Wasser aufgenommen, die Kieselsäure abfiltriert und dann genau so wie vorher angegeben weiter verfahren. Bei der Fällung der Phosphorsäure ist hier die Anwendung eines besonders großen Überschusses an Molybdänlösung zu empfehlen. Die gefundenen P_2O_5-Werte werden ebenfalls auf Trockensubstanz umgerechnet; es ist übersichtlicher, alle Zahlen nicht in Grammprozenten, sondern in Milligramm je 100 g Boden anzugeben. Anstatt die Zitronensäure durch wiederholtes Abdampfen mit Königswasser zu zerstören, kann man auch das Filtrat des Zitronensäureauszuges in einer Platinschale eindampfen und den Trockenrückstand vorsichtig veraschen. Die Veraschung dürfte besonders dann angebracht sein, wenn Böden mit einem beachtenswerten Gehalt an $CaCO_3$ vorliegen, dessen Neutralisation erhebliche Mengen Zitronensäure erfordert, deren Zerstörung mit Säuren sehr umständlich und zeitraubend ist.

Die Bestimmung der zitronensäurelöslichen Phosphorsäure kann auf Grund neuerer Untersuchungen auch kolorimetrisch erfolgen. Das bedeutet nicht nur eine Vereinfachung, sondern auch eine wesentliche Verbilligung des Verfahrens. Man gelangt zu genauen Zahlen, wenn man in Anlehnung an den Vorschlag von A. NĚMEC[3] in folgender Weise verfährt.

5 cm^3 des Zitronensäureauszuges werden in einem 100 ccm Erlenmeyerkolben mit 10 cm^3 40 Vol.proz. Schwefelsäure versetzt, zum Sieden erhitzt und vorsichtig 12 cm^3 einer Kaliumpermanganatlösung hinzugegeben, die ca. 7 g $KMnO_4$ im Liter enthält. Unter wiederholtem Aufkochen wird dann mit derselben Lösung auf schwache Rosafärbung titriert. Mit 1—2 Tropfen einer 0,25 proz. Wasserstoffsuperoxydlösung wird hierauf entfärbt und werden die Kolben $^1/_2$ Stunde auf das Wasserbad gestellt. Man spült dann den Inhalt in einen 100 cm^3 Meßkolben über, versetzt die Lösung mit 4 Tropfen α-Dinitrophenollösung und neutralisiert mit Ammoniak. Hierauf fügt man 2 cm^3 Molybdänlösung (100 cm^3 10 proz. Ammoniummolybdatlösung + 300 cm^3 Schwefelsäure im Verhältnis von 1 : 1) und 0,3 cm^3 frisch bereitete Zinnchlorürlösung nach ATKINS hinzu, füllt zur Marke auf, mischt gut durch und vergleicht nach 5 Minuten im Kolorimeter. Als Standard dient eine Reihe von Lösungen, die 0,025; 0,05; 0,075; 0,1; 0,15 und 0,2 mg P_2O_5 in 100 cm^3 enthalten.

Berücksichtigung des Karbonatgehaltes des Bodens. Enthält ein Boden kohlensauren Kalk, so ist es notwendig, diesen Umstand bei der Ausschüttelung mit der Zitronensäurelösung zu berücksichtigen, da sonst, je nach

[1] BERJU, G.: Beitrag zur Methodik der chemischen Bodenuntersuchung. Landw. Versuchsstat. 55, 19 (1901).

[2] In der Literatur findet man über diesen Punkt widersprechende Angaben.

[3] NĚMEC, A.: Ztsch. Pflanzenern., Düng. u. Bodenkde. A, 18, 315 (1930).

der Menge des vorhandenen Kalkes, ein größerer oder geringerer Anteil der 1proz. Zitronensäurelösung durch Neutralisation verlorengehen würde, und eine wesentlich schwächere Lösung bei der eigentlichen Ausschüttelung auf die Bodenphosphorsäure zur Einwirkung käme. Der Karbonatgehalt des Bodens wird mit Hilfe des SCHEIBLERschen Apparates bestimmt. Zur Austreibung der CO_2 ist in fast allen Fällen die Anwendung von verdünnter HCl am einfachsten und zweckmäßigsten, da sie im wesentlichen dieselben Ergebnisse liefert, wie sie bei Benutzung von Zitronensäure gewonnen werden. Nur bei Böden, die dolomitischen Kalk enthalten, liefert die Verwendung von Mineralsäure zu hohe Werte, da sie das dolomitische Material viel weitgehender zersetzt als die viel schwächere Zitronensäure bei der Ausschüttelung. In derartigen Fällen, die sich durch langsame CO_2-Entwicklung, deren Endpunkt auch nach längerer Zeit nicht erreicht wird, deutlich zu erkennen geben, ist die Verwendung von Zitronensäure vorzuziehen, um annähernd dieselben Reaktionsbedingungen zu schaffen, wie sie bei der eigentlichen Ausschüttelung bestehen. Störend ist hierbei, daß der Endpunkt der Reaktion erst nach längerer Zeit eintritt (bis zu 24 Stunden). Aus der so frei gewordenen CO_2-Menge wird dann diejenige Zitronensäure menge berechnet, die der 1proz. Zitronensäurelösung bei der Ausschüttelung zuzusetzen ist.

Die Frage, in welcher Weise der Karbonatgehalt des Bodens am besten zu berücksichtigen ist, wenn man einen Boden mit Hilfe von chemischen Lösungsmitteln untersuchen will, ist ja seit Jahrzehnten in der Agrikulturchemie erörtert worden und mit Recht als eine Klippe für die Verwendung chemischer Extraktionsmittel, an Stelle der Pflanzen selbst, bezeichnet worden. Der Verfasser glaubt, diese Klippe durch die Art, wie er den Karbonatgehalt des Bodens bestimmt, einigermaßen beseitigt zu haben. Er ist sich aber darüber klar, daß die Beurteilung von Böden mit höherem Gehalt an kohlensaurem Kalk mit Hilfe chemischer Lösungsmittel aus dem genannten Grund schwieriger und unsicherer wird[1].

J. KÖNIG und Mitarbeiter, die ganz unabhängig von ihm eine Laboratoriumsmethode zur Bestimmung des Düngungsbedürfnisses der Böden durch Ausschüttelung derselben mit einer 1proz. Zitronensäurelösung ausgearbeitet haben (auf die auch an dieser Stelle noch einmal besonders hingewiesen sein möchte), äußern sich zu dieser Frage folgendermaßen[2]: „Bei der Bestimmung der leichtlöslichen Phosphorsäure ist zu berücksichtigen, daß O. LEMMERMANN wie auch wir je zweimal 1 Stunde mit einer Zwischenzeit von einigen Stunden (über Mittag bzw. über Nacht) ausschütteln, und daß geringe Mengen (0,1—0,2%) kohlensauren Kalkes im Boden an der Konzentration der Zitronensäure nichts ändern; sind aber 0,3% und mehr kohlensaurer Kalk im Boden vorhanden, so muß entsprechend mehr Zitronensäure gegeben werden, nämlich mehr auf je 50 g Boden“:

Bei Vorhandensein von $CaCO_3$ in 100 g Boden %	Zusatz von Zitronensäure g	Bei Vorhandensein von $CaCO_3$ in 100 g Boden %	Zusatz von Zitronensäure g
0,25	0,171	1,25	0,854
0,50	0,342	1,50	1,026
0,75	0,513	1,75	1,197
1,00	0,684	2,00	1,367

[1] Vgl. O. LEMMERMANN u. L. FRESENIUS: a. a. O., Z. Pflanzenern., Düng. u. Bodenk. B, 6, 166 (1927).

[2] KÖNIG, J. u. J. HASENBÄUMER: Ermittelung des Düngungsbedürfnisses des Bodens. Z. Pflanzenern., Düng. u. Bodenk. B, 5, 443 (1926).

Die Endazidität. BAMBERG hat auf Grund von Versuchen, die er über die Löslichkeit von Phosphaten in verdünnten Säuren angestellt[1] hat, eine weitgehende Beeinflussung der Löslichkeit der P_2O_5 durch die Höhe der H-Ionenkonzentration festgestellt. Er hat darauf hingewiesen, daß bei der Bestimmung der Löslichkeit der Bodenphosphate nur dann vergleichbare Werte erwartet werden können, wenn die Ausschüttelung der Böden unter Berücksichtigung ihres Pufferungsvermögens durchgeführt wird, d. h. wenn die Anfangskonzentration der betreffenden Säure so gewählt wird, daß die p_H-Zahlen der Ausschüttelungen nach Beendigung des Versuches annähernd gleich sind.

Dieser Forderung wird bei Böden, die keinen kohlensauren Kalk enthalten, im allgemeinen mit hinreichender Genauigkeit genügt werden können. Der Verfasser fand, daß die p_H-Werte der Ausschüttelungen karbonatfreier Böden mit der zehnfachen Menge 1 proz. Zitronensäurelösung bei etwa 2,7—2,8 liegen. Besitzen die Böden dagegen einen nennenswerten Gehalt an $CaCO_3$, so ist die Erfüllung obiger Forderung schwierig. Neutralisiert man z. B. bei einem Boden, der mehr als 5% $CaCO_3$ enthält, diese Kalkmenge mit Zitronensäure (wie wir dies bei der Ausführung unseres Verfahrens tun) und schüttelt dann mit 1 proz. Zitronensäurelösung aus, so besitzt das Filtrat nach Beendigung der Ausschüttelung wohl dieselbe Titrationsazidität, die auch bei karbonatfreien Böden erhalten wird, die p_H-Zahl dagegen beträgt etwa 3,7. Der Versuch, durch Zusatz von weiteren Zitronensäuremengen die p_H-Zahl auf 2,7—2,8 herabzudrücken, ist bei Gegenwart erheblicher Kalkmengen aussichtslos, da die Bodenausschüttelung stark gepuffert ist. So erhielt der Verfasser z. B. bei einem Boden mit 10% $CaCO_3$, selbst nach Zusatz der vierfachen Menge der zur Neutralisation des Kalkes erforderlichen Zitronensäuremenge, ein Filtrat, dessen p_H-Wert erst 3,1 betrug. Aus dem Verlauf der p_H-Kurve war zu ersehen, daß selbst bei Zusatz der acht- bis zehnfachen Zitronensäuremenge ein p_H-Wert von 2,7 noch nicht erreicht wurde. Dieses Beispiel zeigt deutlich die Unmöglichkeit, innerhalb praktisch ausführbarer Grenzen die p_H-Zahlen der Ausschüttelungen karbonatfreier und karbonathaltiger Böden gleich zu gestalten. Der Verfasser glaubt daher, daß es richtiger ist, bei karbonathaltigen Böden den Zitronensäurezusatz so zu bemessen, daß die Titrationsazidität aller Filtrate annähernd gleich wird, wie auch KÖNIG und HASENBÄUMER es vorgeschlagen haben.

Die relative Löslichkeit ist diejenige Zahl, die angibt, wieviel Prozent der Gesamtphosphorsäure in 1 proz. Zitronensäure löslich sind. Die Benutzung dieser Zahl kommt besonders bei Böden mit einem mittleren Gehalt an Gesamtphosphorsäure in Frage.

Die Auswertung der Ergebnisse und der Vergleich mit der Keimpflanzenmethode. Auf Grund seiner bisherigen Erfahrungen nimmt der Verfasser vorläufig an, daß ein Boden, der mehr als 25 mg zitronensäurelösliche Phosphorsäure in 100 g Boden besitzt, nicht phosphorsäurebedürftig ist, zumal wenn der Grad der relativen Löslichkeit mehr als 25% beträgt. Wenn der Gehalt der Böden an zitronensäurelöslicher P_2O_5 zwischen 20—25 mg liegt, so ist die Beurteilung

Menge an zitronensäurelöslicher P_2O_5 in 100 g Boden mg	Relative Löslichkeit %	Beurteilung der Böden
Mehr als 25	Mehr als 25	Kein P_2O_5-Bedürfnis wahrscheinlich
Weniger als 20	Weniger als 20	P_2O_5-Bedürfnis wahrscheinlich
20—25	20—25	Unsicher

[1] BAMBERG, K.: Untersuchungen über die chemische Bedeutung der Bodenfruchtbarkeit. Z. Pflanzenern., Düng. u. Bodenk. A, 9, 161 (1927).

seines Düngungsbedürfnisses für P_2O_5 unsicher. Sind weniger als 20 mg P_2O_5 in 100 g Boden vorhanden, so dürfte in den meisten Fällen eine Düngung mit Phosphorsäure zweckmäßig sein. Es ergibt sich also vorstehende Übersicht.

In einigen Veröffentlichungen anderer Forscher ist angegeben worden, daß die Böden vorwiegend oder allein auf Grund der relativen Löslichkeit der in ihnen vorhandenen P_2O_5 bewertet werden können. Das ist unseres Erachtens nicht zulässig. Jedenfalls ist die Ansicht nicht zutreffend, daß der Verfasser in dieser Weise verfährt. Die Zahl für die relative Löslichkeit der P_2O_5 ist nur einer der Werte, die er für die Beurteilung benutzt. Sie erlaubt, die übrigen Werte besser beurteilen zu können. Durch einen hohen relativen Löslichkeitswert wird zum Ausdruck gebracht, daß der ganze Löslichkeitszustand der Bodenphosphorsäure ein für die Pflanzen günstigerer sein wird, als im umgekehrten Falle. Bei hoher relativer Löslichkeit wird man z. B. schon bei einem Gehalt von 20 mg zitronensäurelöslicher P_2O_5 berechtigt sein, den betreffenden Boden als auf P_2O_5-Düngung nicht reagierend anzusprechen, während bei niederer relativer Löslichkeit eher die obere Grenze von 25 mg P_2O_5 als Kriterium für diesen Zustand anzusprechen sein wird.

Wie wichtig die Kenntnis der relativen Löslichkeit der P_2O_5 für die Bewertung der analytischen Befunde ist, möge an folgenden Beispielen erläutert werden. Drei Böden hatten auf Grund der Untersuchungen von SCHNEIDEWIND[1] folgende Eigenschaften:

	In 100 g Boden waren enthalten		Durch Versuch ermitteltes Düngungsbedürfnis	Relative Löslichkeit von uns berechnet	Abschlämmbare Teile
	Gesamt-P_2O_5 mg	Zitronensäurelösliche P_2O_5 mg		%	%
Sandboden Nr. 1	48	20	Nicht vorhanden	41,5	3
Lößlehmboden Nr. 7 . .	148	21	Stark vorhanden	14,2	32,3
Lößlehmboden Nr. 8 . .	80	16	Stark vorhanden	20,0	38,0

Die Böden 1 und 7 hatten also denselben Gehalt an zitronensäurelöslicher bzw. wurzellöslicher P_2O_5. Wenn man sie nur auf Grund ihres Gehaltes an zitronensäurelöslicher P_2O_5 beurteilen würde, würde man ihr P_2O_5-Bedürfnis als zweifelhaft bezeichnen. Würde man zur weiteren Charakteristik noch ihren Gehalt an Gesamt-P_2O_5 heranziehen, so würde man schließen müssen, daß der Boden 7, der annähernd dreimal soviel P_2O_5 enthält wie Boden 1, voraussichtlich weniger P_2O_5-bedürftig sein wird als Boden 1. In Wirklichkeit war es umgekehrt. Die Erklärung hierfür gibt die Berechnung der relativen Löslichkeit der in den beiden Böden vorhandenen P_2O_5, die bei Boden 1 etwa dreimal so groß ist wie bei Boden 7. Wenn also die relative Löslichkeit der Gesamt-P_2O_5 in einem Boden *A* größer ist als in einem Boden *B*, so bedeutet das, daß die Löslichkeitsgeschwindigkeit der vorhandenen Phosphorsäure in Boden *A* größer ist, oder mit anderen Worten, daß die von den Pflanzen in einem gewissen Zeitraum verbrauchte lösliche P_2O_5-Menge in Boden *A* schneller wieder ersetzt werden kann. In dem vorliegenden Falle hing die verschiedene Löslichkeit der Bodenphosphorsäure zusammen mit dem ganzen Charakter der Böden. Der Boden 1 besaß nach den Angaben von SCHNEIDEWIND 3%, der Boden 7 dagegen 32,3% abschlämmbare Teile.

Es dürfte deshalb angezeigt sein, außer den genannten drei Werten auch noch den leichteren und schwereren Charakter der Böden durch Angabe ihres Gehaltes

[1] SCHNEIDEWIND, W.; Die Ernährung der landwirtschaftlichen Kulturpflanzen. Berlin: Paul Parey 1917. Lehrbuch 2. Aufl. S. 183.

an abschlämmbaren Teilen zum Ausdruck zu bringen. Das ist auch deshalb nützlich, weil man ja weiß, daß z. B. die „wurzellösliche" P_2O_5 des Superphosphates und des Thomasmehles in leichteren und schwereren Böden ganz verschieden beweglich sind. Man darf ferner auch bei der Benutzung der Grenzzahlen den durch den verschiedenen Charakter des Bodens bedingten verschieden großen Fruchtbarkeitszustand des Bodens nicht außer acht lassen, denn der Nährstoffbedarf der Pflanze ist natürlich auf einem sehr fruchtbaren Boden anders als auf einem weniger fruchtbaren Boden. Die Grenzzahlen können also nicht für die verschiedenen Böden den gleichen Wert haben[1]. Wir kommen weiter unten auf diese Frage zurück.

Es ist auf Grund der Erfahrungen des Verfassers durchaus wahrscheinlich, daß man den Löslichkeitsgrad der P_2O_5-Verbindungen des Bodens noch in anderer, ja vielleicht sogar besserer Weise durch rein chemische Methoden zum Ausdruck bringen kann. Immerhin bieten diese Möglichkeiten vorläufig keinen Grund, von der Verwendung der 1 proz. Zitronensäurelösung Abstand zu nehmen, zumal auch J. KÖNIG und J. HASENBÄUMER unabhängig von O. LEMMERMANN gezeigt haben, daß man die 1 proz. Zitronensäurelösung mit gutem Erfolge zur Beurteilung des Düngerbedürfnisses des Bodens für P_2O_5 benutzen kann[2].

Von besonderer Wichtigkeit scheint es zu sein, daß man in Zukunft die Lösungsgeschwindigkeit der Bodennährstoffe noch näher untersucht und bei der Beurteilung des Fruchtbarkeitszustandes mehr als bisher berücksichtigt. Denn es kann keinem Zweifel unterliegen, daß der mehr oder weniger schnell (durch Lösungsvorgänge aller Art) bewirkte Ersatz der durch die Pflanzen in der Zeiteinheit verbrauchten Nährstoffe in der Bodenlösung (namentlich zur Zeit des größten Bedarfs) von größter Bedeutung für die ausreichende Ernährung und damit für den Fruchtbarkeitszustand eines Bodens ist. Daß aber die Zitronensäuremethode schon in ihrer jetzigen Gestalt feine Unterschiede bezüglich des Phosphorsäurezustandes eines Bodens zu zeigen vermag, und daß sie nach dieser Richtung dasselbe leistet wie die Keimpflanzenmethode von NEUBAUER und SCHNEIDER, ist von LEMMERMANN und anderen wiederholt nachgewiesen worden. Das zeigen u. a. die folgenden Untersuchungsergebnisse eines Bodens (vom Versuchsfelde Lauchstädt), dessen acht Versuchsstücke in verschiedener Weise gedüngt worden waren[3]. Die Untersuchung dieser acht Bodenproben ergab folgende Werte:

Düngung	Methode NEUBAUER P_2O_5 in 100 g Boden mg	Zitronensäure-Methode Gesamt-P_2O_5 in 100 g Boden mg	Zitronensäurelösl. P_2O_5 in 100 g Boden mg	Relative Löslichkeit %
Mit Stalldünger:				
NPK 1	18,7	137	48	35
NP 2	17,2	121	48	39
N–K 3	7,5	83	18	21
––– 4	7,3	90	18	20
Ohne Stalldünger:				
NPK 5	13,2	103	35	34
NP– 6	19,2	122	43	35
N–K 7	4,2	71	12	17
––– 8	4,5	76	14	18

[1] Das gilt für die Grenzzahlen aller Laboratoriumsmethoden.

[2] Nähere Angaben: J. KÖNIG u. J. HASENBÄUMER: a. a. O., Z. Pflanzenern., Düng. u. Bodenk. B, 5, 443—468 (1926).

[3] Weitere Belege: O. LEMMERMANN: Bestimmung des Düngungsbedürfnisses der Böden durch Laboratoriumsversuche. Z. Pflanzenern., Düng. u. Bodenk. B, 5, 106 (1926).

Ein Vergleich der NEUBAUER-Zahlen mit den Werten für zitronensäurelösliche P_2O_5 ergibt, daß beide Zahlenreihen parallel verlaufen. Die nachstehende graphische Darstellung läßt dies auf das deutlichste erkennen.

Der Unterschied der verschiedenartigen Düngung bzw. des Löslichkeitszustandes der P_2O_5 läßt sich also durch die wesentlich einfachere Zitronensäuremethode zweifellos gerade so gut ermitteln wie mit Hilfe der Keimpflanzenmethode. Das zeigen ferner die Untersuchungen von KÖNIG und seinen Mitarbeitern[1]. Der Verfasser erblickt einen Vorzug der chemischen Zitronensäuremethode gegenüber der biologisch-chemischen Keimpflanzenmethode nicht nur in ihrer schnelleren und billigeren Durchführbarkeit, sondern auch noch in folgendem Umstande. Zum Wesen einer guten Methode zur Feststellung des Düngungsbedürfnisses des Bodens gehört es auch, daß die bei ihrer Benutzung

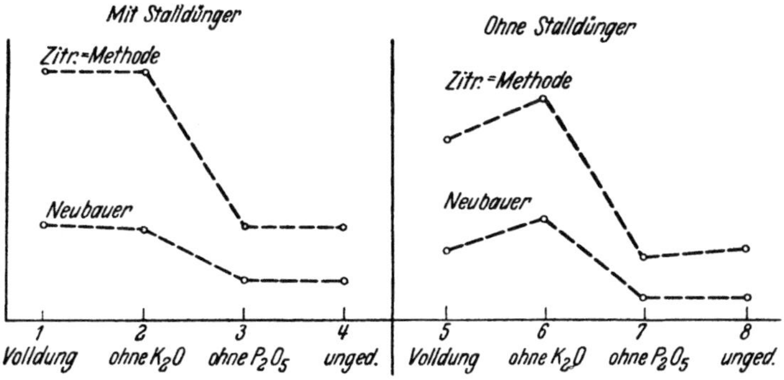

Abb. 2.

gewonnenen Ergebnisse stets und überall mit der gleichen Genauigkeit gewonnen werden können. Die Zahlen müssen also jederzeit reproduzierbar sein. Nach dieser Richtung hin ist aber die chemische Zitronensäuremethode der biologisch-chemischen Keimpflanzenmethode sicher überlegen. Es hat sich nämlich, abgesehen von den sonstigen Fehlerquellen, die dieser empfindlichen Methode anhaften, herausgestellt, daß gleiche Ergebnisse von verschiedenen Untersuchungsstellen nur dann mit Sicherheit zu erwarten sind, wenn alle Untersucher das gleiche Saatgut benutzen, da von dem physiologischen Zustand des Samens die ermittelten Werte in hohem Maße abhängig sind. Auch bezüglich der Beurteilung des Düngungsbedürfnisses eines Bodens steht die Zitronensäuremethode der Keimpflanzenmethode nicht nach, soweit man das auf Grund der bisher vorliegenden Versuche zu beurteilen vermag. So ergaben vergleichende Untersuchungen über das P_2O_5-Bedürfnis von 44 Böden auf Grund von Topfversuchen, der NEUBAUER-Methode sowie der Zitronensäuremethode folgende Ergebnisse[2]:

P_2O_5-Bedürfnis der 44 Böden	Auf Grund der Vegetations-versuche	Auf Grund der NEUBAUER-Methode Grenzzahl 8 mg	Auf Grund der Zitronensäure-Methode Grenzzahl 20—25 mg	Auf Grund der Zitronensäure-Methode Grenzzahl 25 mg
P_2O_5-bedürftig	42	41	37	43
Nicht P_2O_5-bedürftig	2	2	1	1
P_2O_5-Bedürfnis zweifelhaft . . .	—	1	6	—

[1] KÖNIG, J. u. J. HASENBÄUMER, Z. Pflanzenern., Düng. u. Bodenk. B, 5, 443 (1926).

[2] LEMMERMANN, O. u. L. FRESENIUS: Ermittelung des Düngebedürfnisses der Böden für Phosphorsäure. Z. Pflanzenern., Düng. u. Bodenk. B, 6, 175 (1927). — Nach Einreichung dieses Manuskriptes sind weitere, vergleichende Untersuchungen über die verschiedenen Methoden angestellt worden. Eine von TH. ROEMER veröffentlichte Zusammenfassung der Ergebnisse befindet sich in den Mitteilungen der DLG 46, 192 (1931).

Die Fehlerquellen. Auf die Bedeutung und die Schwierigkeit der Gewinnung einer wirklich richtigen Durchschnittsprobe des zu beurteilenden Feldes, sowie auch auf die Notwendigkeit und die Schwierigkeit der richtigen Berücksichtigung des Untergrundes soll hier nicht näher eingegangen werden. Diese Schwierigkeiten lassen sich aber mehr oder weniger überwinden. Größer und zur Zeit nicht voll überwindbar sind zwei andere Umstände.

Der eine ist die Veränderung des Löslichkeitsgrades der Bodennährstoffe, auf dessen Bedeutung wiederholt vom Verfasser hingewiesen worden ist[1]. Sie wird bedingt durch die Bearbeitung des Bodens, durch die Witterungsverhältnisse und durch die Mikroorganismentätigkeit und kann sich innerhalb kurzer Zeiträume auswirken. Wenn man also einen Boden im Laboratorium (dasselbe gilt natürlich auch für Gefäßversuche) untersucht, so erfährt man zunächst immer nur, welche pflanzenlöslichen Nährstoffe er zu eben dieser Zeit enthält. Wie sehr und schnell die Löslichkeitsverhältnisse der P_2O_5 sich aber ändern können, zeigen z. B. folgende Zahlen, die einigen Versuchen P. WAGNERS entnommen worden sind. Bei Böden, die 3 Jahre auf ihr Nährstoffbedürfnis mit Hilfe von Hafer geprüft wurden, waren an P_2O_5 folgende Mengen von den Pflanzen aus dem Boden aufgenommen worden:

Jahr	Boden I	Boden VI	Boden X	Boden II	Boden III	Boden V	Boden VIII	Boden IX
1907	0,360	0,394	0,359	0,596	0,582	0,531	0,141	0,488
1908	0,350	0,148	0,177	0,436	0,393	0,501	0,113	0,498
1909	0,333	0,124	0,096	0,334	0,295	0,313	0,123	0,408

Die Zahlen zeigen also u. a., daß die Böden I, VI, X, die annähernd die gleich große Menge „wurzellöslicher“ P_2O_5 im Jahre 1907 enthielten, in den folgenden Jahren ganz verschieden große Mengen an „wurzellöslicher“ P_2O_5 besaßen. Der Wert der „wurzellöslichen“ P_2O_5 kann also, je nach dem Charakter des Bodens, recht verschieden sein. Dasselbe kann man, wie an Beispielen gezeigt worden ist, auch bei Feldversuchen beobachten[2].

Die andere Schwierigkeit, aus den Ergebnissen von Laboratoriumszahlen sichere Schlüsse bezüglich des Düngungsbedürfnisses des zu beurteilenden Feldes abzuleiten, besteht darin, daß es zur Zeit nicht möglich ist, feste Grenzzahlen aufzustellen, die für alle Verhältnisse Gültigkeit besitzen. Je nach dem Fruchtbarkeitszustand der Böden müssen auch die Grenzwerte verschieden hoch sein. Auf guten Böden mit hohen Ernten werden sie größer sein müssen als auf Böden, die eine geringere Ernte liefern. Aber nicht nur die Bodenbeschaffenheit, sondern auch die ganzen klimatischen Verhältnisse (die ja ebenfalls von Einfluß auf die Ernten sind), beeinflussen den Wert der sog. Grenzzahlen. Hierauf hat der Verfasser wiederholt hingewiesen[3]. Auch D. MEYER und K. WODARZ[4], sowie H. WIESSMANN[5], E. GÜNTHER[6] haben diesen Gesichtspunkt nachdrücklich betont. So schrieb der Verfasser[7] 1913 in einer kurzen Bemerkung: „Die Schwierigkeiten, welche

[1] LEMMERMANN, O.: Bestimmung des Düngebedürfnisses des Bodens durch Laboratoriumsversuche. Z. Planzenern., Düng. u. Bodenk. B. 5, 113 (1926); B 5, 138 (1926); B 7, 352 (1928).

[2] Vgl. O. LEMMERMANN: a. a. O., Z. Pflanzenern., Düng. u. Bodenk. B, 7, 359 (1928).

[3] LEMMERMANN, O.: a. a. O., Z. Pflanzenern., Düng. u. Bodenk. B, 4, 39 (1925); B, 6, 172 (1927); B, 7, 83 (1928).

[4] MEYER, D. u. K. WODARZ: Z. Pflanzenern., Düng. u. Bodenk. B, 5, 433 (1926).

[5] WIESSMANN, H.: Untersuchungen über die Feststellung des Nährstoffbedürfnisses der Böden. Z. Pflanzenern., Düng. u. Bodenk. B, 6, 77 (1927).

[6] GÜNTHER, E.: Untersuchungen über die Keimpflanzenmethode. Z. Pflanzenern., Düng. u. Bodenk. B, 6, 506 (1927).

[7] LEMMERMANN, O.: Zur Kritik der chemischen Bodenanalyse. Internat. Mitt. Bodenkde. 3 (1913).

die Faktoren Klima und Witterung den Bestrebungen entgegensetzen, aus der Bestimmung der leichtlöslichen Nährstoffe brauchbare Schlüsse zu ziehen hinsichtlich der Beurteilung des Fruchtbarkeitszustandes der Böden, sind noch nicht überwunden." Es wird Aufgabe der Zukunft sein, hier Wandel zu schaffen. E. GÜNTHER meint, daß es die nächste Aufgabe der Agrikulturchemiker sein müsse, neben den Grenzwerten noch eine einfache Untersuchungsmethode des Ertragsfaktors eines jeden Bodens zu schaffen. Der Verfasser ist seit langer Zeit derselben Meinung. Es ist ja auch früher schon von älteren Agrikulturchemikern vorgeschlagen worden, die Bodenarten so zu charakterisieren, daß man Versuchsergebnisse, die auf Böden von einem bestimmten Charakter gewonnen sind, mehr als es bisher möglich ist, auf andere, ähnlich beschaffene Böden übertragen kann. Man wird also in Zukunft dahin streben müssen, die Bodenarten eines Landes auf Grund namentlich ihrer mehr oder weniger unveränderlichen physikalischen Eigenschaften bzw. Zusammensetzung, und unter besonderer Berücksichtigung ihrer Wasserverhältnisse und des Fruchtbarkeitsgrades zu charakterisieren. Außerdem wird es nötig sein, die Länder in Klimazonen einzuteilen, was ja schon heute in ziemlich weitgehendem Maße geschehen ist. Auch sind dabei die Niederschlagsmengen zu berücksichtigen.

Schon HELLRIEGEL ist 1867 auf Grund seiner Untersuchung zu den Ergebnissen gekommen, daß die Höhe der Ernten durch die Menge und Verteilung des Regens viel mehr beeinflußt wird als durch irgend einen anderen Faktor. Aus dieser Erkenntnis heraus hat HELLRIEGEL damals auf die große Bedeutung einer künstlichen Bewässerung der Felder hingewiesen und sie durch Versuche bewiesen.

Alle Methoden, die heute zur Ermittlung des Düngungsbedürfnisses der Böden empfohlen und benutzt werden, haben demnach vorläufig nur einen bedingten Wert. Sie können das Düngungsbedürfnis eines Bodens unter natürlichen Verhältnissen, abgesehen von mehr extremen Fällen, nie völlig sicher, geschweige denn quantitativ, genau angeben.

d) Die Bodenabsorption und der Basenaustausch in ihrer Bedeutung für den Fruchtbarkeitszustand des Bodens.

Von **A. GEHRING**, Braunschweig.

Vorbemerkungen.

Mit immer größerer Deutlichkeit hat sich im Laufe der Jahrzehnte gezeigt, daß die Vorgänge des Basenaustausches und der Adsorption im Boden von grundlegender Bedeutung für die Erkenntnis aller derjenigen Erscheinungen sind, welche den Fruchtbarkeitszustand des Bodens bedingen. Es ist daher verständlich, daß eine überaus bedeutsame Zahl von Untersuchungen über diesen Gegenstand veröffentlicht worden ist, deren zusammenfassende Bearbeitung jedoch ungemeine Schwierigkeiten bietet. Es braucht nur daran erinnert zu werden, daß das hier zu behandelnde Problem bereits über ein Jahrhundert lang erörtert wurde, um zu erkennen, welche graduellen Unterschiede z. B. in der chemischen Erkenntnis der Vorgänge notgedrungen vorhanden sein mußten. Um trotzdem diese älteren Erfahrungen in dem nötigen Umfange berücksichtigen zu können, wurden die Betrachtungen über die Bodenadsorptions- und Basenaustauscherscheinungen mit einer der geschichtlichen Entwicklung folgenden Berichterstattung eröffnet, welche die Zeit bis zum Auftreten von VAN BEMMELEN berücksichtigt. Anschließend sind dann spezielle Fragen wie die Natur des absorbierenden Komplexes, die Gesetzmäßigkeiten des Basenaustausches auf Grund neuzeitlicher Untersuchungen, sowie die Bedeutung dieser Vorgänge in chemischer und physikalischer Hinsicht für den Fruchtbarkeitszustand behandelt worden.

Ferner sei bemerkt, daß in allen Jahrzehnten der geschichtlichen Entwicklung dieser Probleme die Frage diskutiert wurde, ob es sich hier um Vorgänge mehr chemischer oder mehr physikalischer Natur handelt. Oft ist diese gegenteilige Auffassung in dem Gebrauch der Worte „Absorption“ oder „Adsorption“ zum Ausdruck gekommen. Der Verfasser hat sich daher beim Gebrauch dieser Worte so weit wie möglich an die Ausdrucksweise der einzelnen Forscher gehalten.

Bei der überaus großen Zahl der vorliegenden Arbeiten war eine gleichmäßige Berücksichtigung derselben nicht möglich. Auf Grund der in diesem Handbuch bereits vorhandenen Abhandlungen über theoretische Vorstellungen hinsichtlich der Adsorptionsvorgänge[1] hat sich der Verfasser bei der Auswahl der zu berücksichtigenden Arbeiten daher davon leiten lassen, lediglich die den Boden speziell behandelnden Untersuchungen und ihre Resultate zu besprechen, während die Vorstellungen der allgemeinen und theoretischen Chemie, sowie Arbeiten mehr mineralogischer oder geologischer Natur unberücksichtigt geblieben sind. Da zur Abfassung dieser Arbeit aus Gründen, die unerörtert bleiben können, nur eine verhältnismäßig kurze Zeit zur Verfügung stand, war es leider nur vereinzelt möglich, die ausländische Literatur im Original einzusehen. Durch Berücksichtigung zusammenfassender Darstellungen ist versucht worden, diesen Mangel, den keiner mehr als der Verfasser selbst bedauert, so weit wie möglich zu beseitigen.

Über die Natur der Absorptions- und Basenaustauscherscheinungen des Bodens.

Die geschichtliche Entwicklung der Erkenntnisse von den Basenaustausch- und Absorptionserscheinungen des Bodens bis zu den Arbeiten von VAN BEMMELEN.

Die ersten beachtenswerten Erkenntnisse[2] derjenigen Vorgänge im Boden, die als Absorptions- und Basenaustauscherscheinungen in der letzten Zeit von seiten der Agrikulturchemie ganz besondere Bearbeitung erfahren haben, sind schon vor mehr als 100 Jahren gesammelt worden. Im allgemeinen wird GAZZERI[3] als derjenige bezeichnet, der mit einiger Klarheit diese Vorgänge erkannte, indem er 1819 über die Entfärbung von gefärbtem Mistwasser durch Ton sagt: „Die Erde, und besonders der Ton, bemächtigt sich der dem Erdreiche anvertrauten auflöslichen Stoffe und hält sie zurück, um sie den Pflanzen nach und nach, ihrem Bedürfnisse angemessen, mitzuteilen.“ Es ist überraschend, mit welcher Klarheit bereits hier die pflanzenphysiologische Bedeutung dieser Vorgänge erkannt worden ist! Später äußert sich LAMBRUSCHINI[4] über denselben Gegenstand: „Wir können eine spezielle Verwandtschaft und eine Verbindung sui generis zwischen den Nahrungssäften der Pflanzen und den Bestandtheilen des wohl hergerichteten Bodens gar wohl erkennen, eine Verbindung, welche einmal nicht so schwach ist,

---

[1] Vgl. dieses Handbuch **1**, 203ff., **7**, 45—112.

[2] Es sei jedoch darauf aufmerksam gemacht, daß W. KNOP: Lehrbuch der Agrikultur-Chemie **1**, 494. Leipzig 1868, den Hinweis bringt, daß schon ARISTOTELES angegeben habe, es könne sich Meerwasser in Trinkwasser verwandeln, wenn es durch Erde filtriert werde. Ferner geben H. E. PATTAN u. W. H. WAGGAMAN: (U. S. Dept. Agricult. Bur. Soils, Bull. **52**, 10), an, daß H. DAVY 1813 das Klären von gefärbten Flüssigkeiten beim Durchsickern durch Erde beobachtete. Weitere ältere Literatur ist bei E. C. SULLIVAN: (U. S. Geol. Survey, Bull. **312**, 7 [1907]), zu finden.

[3] Siehe A. ORTH: Über die Priorität in Sachen der Bodenabsorption. Landw. Versuchsstat. **16**, 56 (1873).

[4] Siehe E. HEIDEN: Lehrbuch der Düngerlehre **1**, 291, 2. Aufl. Hannover 1879.

um einen leichten Verlust der Nahrungssäfte oder ein zu starkes Aufsaugen derselben von seiten der Pflanzen zu gestatten, und zum anderen auch nicht so stark, um nicht mehr und mehr von der immer zunehmenden Wirkung der Lebenskraft der Vegetation überwunden zu werden; um diese Verbindung mit einem besonderen Namen zu bezeichnen, möchte ich sie Inkorporirung (incorporamento) nennen." Auch hier erkennt man einen überraschend tiefen Einblick in diese Vorgänge.

Im Jahre 1836 war es dann BRONNER[1], welcher wiederum feststellen konnte, daß Mistjauche, aber auch Salze von Dammerde absorbiert werden. Der Umfang seiner Erkenntnisse auf Grund der von ihm durchgeführten Versuche geht aus folgenden Worten hervor: „Diese wenigen Beispiele beweisen hinreichend, welche Fähigkeiten die Erden, selbst Sand und Sandsteine, besitzen, die extraktiven Teile auszuziehen und völlig aufzunehmen, ohne sie wieder durch das nachrückende Wasser loszulassen; selbst die auflöslichen Salze werden aufgenommen und nur ein geringer Teil durch nachrückendes Wasser wieder abgespült." Aber auch diese Versuche von BRONNER gerieten bald in Vergessenheit. Erst H. S. THOMPSON[2] ließ 1845 durch J. SPENCE feststellen, daß Lösungen von kohlensaurem oder schwefelsaurem Ammoniak, welche durch Ackererde hindurchfiltrieren, die Base an diese bis auf Spuren abgeben. Bei der Anwendung von schwefelsaurem Ammoniak ist dabei zu beobachten, daß dafür Gips mit dem durchlaufenden Wasser fortgeführt wird. Ferner wurden zu gleicher Zeit die Versuche BRONNERS von HUXTABLE wiederholt, und THOMPSON zeigte, daß beim Durchsickern von Mistjauche durch Lehm das farb- und geruchlos abfließende Wasser nicht mehr den Ammoniak- und Salzgehalt der verwendeten Ausgangsflüssigkeit aufweist. Wesentlich wurden nun diese gemachten Erfahrungen durch die Untersuchungen von J. TH. WAY[3] gefördert, indem dieser nicht nur die Absorption der wichtigsten Bestandteile des Bodens untersuchte, sondern bereits sehr umfangreiche Untersuchungen über die Ursachen dieser Absorption ausführte. Er konnte beweisen, daß der Boden aus kohlensaurem, schwefelsaurem, salpetersaurem und salzsaurem Ammoniak und Kalium die Basen festzuhalten vermag, während die Säurereste ausgewaschen werden können, wobei sie in der Hauptsache an Kalk gebunden sind. Dabei wird beobachtet, daß die Kalkmenge, welche in der filtrierten Lösung enthalten ist, der Menge an Ammoniak aequivalent ist, welche vom Boden zurückgehalten wird. Ferner erfolgt die Festlegung der Basen sehr schnell. Von den Säuren wird dagegen die Phosphorsäure ebenso wie die Basen vom Boden absorbiert. Im Gegensatz zum Boden hat Sand dieses Absorptionsvermögen nicht. Schließlich erkennt WAY sehr deutlich, welche Bedeutung diese Vorgänge für die Pflanzenernährung besitzen. Über die Ursachen dieser Vorgänge gelangt er zu der Auffassung, daß der ganze Vorgang vollständig verschieden von einer Oberflächenwirkung sei, daß die organische Substanz nichts damit zu tun habe, und daß vielmehr hierfür ein Bestandteil des Tones in Frage komme. Später erweitert er diese Erkenntnis dahin, daß die im Boden enthaltenen, aus kieselsaurer Tonerde und kieselsaurem Kalk oder kieselsaurer Magnesia zusammengesetzten Doppelsilikate Kali und Ammoniak dadurch chemisch zu binden vermögen, daß Kalk oder Magnesia verdrängt werden, und daß sich diese dabei mit den Säureresten der Alkalisalze vereinigen. WAY vermag diese Vorstellung bereits dadurch zu erhärten, daß es ihm gelingt, dieselben Vorgänge an künstlich hergestellten Doppelsilikaten nachzuahmen. Jedenfalls faßt er die ganzen Vorgänge als rein chemisch auf. Die verschieden starke Absorption der einzelnen Basen erklärt er in der Weise, daß er sie auf die ver-

[1] BRONNER I. P.: Der Weinbau in Süddeutschland. Heidelberg 1836.
[2] THOMPSON, H. S.: J. roy. agricult. Soc. Engl. **11**, 68 (1850).
[3] WAY, J. TH.: J. roy. agricult. Soc. Engl. **11**, 313 (1850); **13**, 123 (1852); **15**, 491 (1854).

schieden große Affinität zwischen dem Doppelsilikat und den einzelnen Basen zurückführt. Selbst eine „Verwandtschaftsreihe" der verschiedenen Basen mit den erwähnten Doppelsilikaten stellt er bereits auf, wenn seine Angaben darüber auch noch keineswegs eindeutig sind. Ferner stellt WAY bereits fest, daß das Ammoniak alle übrigen Basen zu verdrängen vermag, während das Umgekehrte nicht der Fall ist. Außerdem beobachtet er noch, daß das Glühen des künstlich hergestellten Doppelsilikates die Absorbierbarkeit der Basen aufhebt, daß die Temperatur nur einen geringen Einfluß auf die Stärke der Absorption ausübt, daß die Absorption bei einer gewissen Konzentration eine obere Grenze erreicht, und daß Bodenmenge und absorbierte Menge nicht proportional sind. Sodann findet WAY, daß die Absorption freier Alkalien von anderer Stärke als die ihrer Salze ist. Er schreibt ihre Festlegung daher einer verschiedenen Ursache zu. Da ferner die Absorption der Neutralsalze nicht das ganze Salz, sondern nur die Base beeinflußt, unterscheidet er diese seiner Auffassung nach chemische Absorption deutlich von der physikalischen Absorption.

Wenige Jahre später (1857) kann VÖLCKER[1] diese Erfahrungen bestätigen. Er läßt flüssigen Dünger durch die Ackererde fließen und zeigt, daß der Boden die braunfärbenden Stoffe sowie Ammoniak, Kali und Phosphorsäure absorbiert. Dabei befindet er sich in Übereinstimmung mit der chemischen Auffassung von WAY über die Ursachen dieser Erscheinungen. Auch dieser beobachtete z. B., daß die schweren Böden stärkere Absorption zeigen als die leichteren.

Wenn auch diese Feststellungen von großer Bedeutung waren, „so kann doch nicht geleugnet werden, daß die wahre Bedeutung der Absorption erst 1858 von J. VON LIEBIG[2] in ihrem ganzen Umfange erfaßt worden ist", wie W. KNOP[3] wörtlich ausspricht. J. VON LIEBIG gab damit der Agrikulturchemie ganz neue Gesichtspunkte. Er[4] bestätigt zunächst in seinen Versuchen die Erfahrungen von WAY über die Absorption von Ammoniak, jedoch lehnt er die von WAY für diese Vorgänge gegebene Erklärung ab. V. ROTHMUND und G. KORNFELD[5] weisen hinsichtlich dieses Gegensatzes darauf hin, daß zu jener Zeit der Begriff des chemischen Gleichgewichtes noch nicht anerkannt worden war. WAY nahm daher an, daß der von ihm beobachtete Basenaustausch nur in einer Richtung vor sich gehen könne, wobei er allerdings seine eigene Beobachtung, daß Natriumchloridlösungen aus diesen Silikaten Kalzium in Lösung brachten, vollkommen unberücksichtigt ließ! An dieser Stelle setzte dann auch VON LIEBIG, dem der Begriff des Gleichgewichtes ebenfalls fremd war, mit seiner Kritik der WAYschen Versuche ein. „In seiner Zersetzungsreihe treibt Kalk das Kali aus und in dem eben angeführten Versuch treibt Kali den Kalk aus! Eins von beiden ist nicht möglich." In der späteren, bereits angeführten Arbeit weist er zur Begründung seiner Auffassung besonders auf das Verhalten des kieselsauren Kalis zur Ackererde hin. Die Base dieses Salzes wird wie bei den übrigen Kalisalzen der Lösung fast vollständig entzogen, aber hinsichtlich der Kieselsäure ist zu beobachten, daß, je reicher die Erde an Humus ist, um so weniger Kieselsäure von dem Boden absorbiert wird. Zum Beispiel nimmt eine Walderde mit 30,9% Humus fast gar keine, eine andere

---

[1] VÖLCKER, A.: Versuche über das Absorptionsvermögen der Ackererde. Landw. Zbl. Dtschl., herausgeg. v. A. Wilda. **6**, 1—9 (1858).

[2] LIEBIG, J. v.: Über einige Eigenschaften der Ackerkrume. Ann. Chem. u. Pharm. **105**, 109 (1858).

[3] KNOP, W.: Lehrbuch der Agrikulturchemie **1**, 118. Leipzig 1868.

[4] LIEBIG, J. v.: Über Kieselsäurehydrat und kieselsaures Ammoniak. Ann. Chem. u. Pharm. **94**, 377; Z. landw. Ver. Bayern **1855**, 433; Z. Dtsch. Landw. **1855**, 209; J. Landw. **1857**, 100.

[5] ROTHMUND, V. u. G. KORNFELD: Der Basenaustausch im Permutit. Z. anorg. Chemie **103**, 129 (1918).

mit 9,8% Humus fast alle Kieselsäure aus der Wasserglaslösung auf. Wird die humusreiche Erde geglüht, oder zur Neutralisation der sauren Humussubstanzen mit Kalkmilch gesättigt, so wird nun weit mehr Kieselsäure als vorher aufgenommen. Danach verhindern also die Humussäuren die Absorption der Kieselsäure, so daß deren Festlegung nur stattfinden kann, wenn sie eine Base vorfindet, mit der sie sich zu binden vermag. VON LIEBIG stellt auch fest, daß die Ackererden sich zwar gegen Natrium nicht ganz indifferent verhalten, jedoch ist ihr Vermögen, Natrium den Lösungen zu entziehen, weit geringer als die Kraft, mit der sie das Kali zurückhalten. Sodann sind die Ergebnisse mit Erdphosphaten von besonderer theoretischer Bedeutung, da LIEBIG in ihnen den Einfluß von Oberflächenkräften deutlich zu erkennen vermeint. Aus diesen Salzen wird z. B. der phosphorsaure Kalk in Gegenwart von CO_2-haltigem Wasser vom Boden gebunden, während Kreidepulver aus einer Lösung von phosphorsaurem Kalk in kohlensaurem Wasser den phosphorsauren Kalk nicht festlegt. Eine chemische Umsetzung kann daher für diesen Vorgang nicht angenommen werden, und die Absorption hängt daher seiner Meinung nach lediglich von einer gewissen physikalischen Beschaffenheit des Kalk- und Tonsilikates des Bodens ab. Das besondere Vorherrschen mechanischer Kräfte bei der Absorption nimmt VON LIEBIG auch aus dem Grunde an, weil die Menge des absorbierten Kalis durchaus unabhängig von der chemischen Zusammensetzung des Bodens ist, denn weder zu dem Ton- noch zu dem Kalkgehalt stand in seinen Versuchen die Absorptionsfähigkeit in irgendeiner Beziehung. Er vergleicht daher die Absorption der Basen durch den Boden mit ihrer Festlegung durch die Kohle, wenn er auch die Bedeutung chemischer Vorgänge nicht abstreitet. Jedoch lehnt er gegenüber den Auffassungen von WAY eine Wechselzersetzung mit den Bodensilikaten ab, weil er z. B. die Existenz der bei Einwirkung von Ammoniaksalzen entstehenden Ammoniumsilikate für sehr zweifelhaft hält. —

Neben diesen theoretischen Auffassungen sind nun aber seine grundlegenden Gedanken über die Bedeutung dieser Vorgänge für die Ernährung der landwirtschaftlichen Kulturpflanzen von ganz besonderem Interesse. Durch diese erreichte er es, daß die besagten Fragen in den folgenden Jahren in ganz erheblichem Umfange der Erforschung unterworfen wurden.

Vor allem wurde zu klären versucht, welchen Gesetzmäßigkeiten die Absorptionsvorgänge unterworfen sind, ferner welche Bestandteile des Bodens die Absorptionsvorgänge veranlassen, und ob diese Vorgänge chemischer oder physikalischer Natur sind.

Hinsichtlich der Gesetzmäßigkeiten der Absorptionsvorgänge stellen W. HENNEBERG und F. STOHMANN[1] in Übereinstimmung mit TH. WAY fest, daß die Zeitdauer der Berührung der Salzlösungen mit dem Boden für die Umsetzungen ganz unwesentlich ist. Das gleiche bestätigt E. PETERS[2]. Doch weisen W. KALMANN und F. BÖCKER[3] darauf hin, daß in ihren Versuchen die Menge des aus Gips absorbierten Kalkes mit der Zeitdauer wächst, während welcher Erde und Gipslösung in Berührung sind. Ferner ist nach ihrer Beobachtung die Menge der ausgetauschten Basen nicht aequivalent dem eingetauschten Kalke. Jedoch steht auch diese Feststellung im Widerspruch zu vielen anderen Beobachtungen, denn es gibt z. B. C. KRAUCH[4] an, daß Zink aus zinksulfathaltigem

[1] HENNEBERG, W. u. F. STOHMANN: Ann. Pharm. **107**, 152 (1858).

[2] PETERS, E.: Über die Absorption von Kali durch Ackererde. Landw. Versuchsstat. **2**, 113 (1860).

[3] KALMANN, W. u. F. BÖCKER: Über die Einwirkung von Gypslösungen auf eine Ackererde. Landw. Versuchsstat. **21**, 349 (1878).

[4] KRAUCH, C.: Über die Wirkung von zinksulfat- und kochsalzhaltigem Wasser auf Boden und Pflanzen. Landw. Versuchsstat. **28**, 468 (1883).

Wasser vom Boden absorbiert wird, wobei aequivalente Mengen von Kalk, Magnesia und Kali in Lösung gehen. Aequivalenz zwischen eingetauschten und ausgetauschten Basen finden ferner F. RAUTENBERG[1], J. M. VAN BEMMELEN[2] u. a.

Bezüglich der Bedeutung der Temperatur für die Höhe der Absorption der Basen hatte schon TH. WAY festgestellt, daß sie keine größere Einwirkung zeigt. R. BIEDERMANN[3] kann diese Beobachtung bestätigen. Wiederholt wird auch die schon ebenfalls von TH. WAY bearbeitete Frage untersucht, in welcher Weise die Konzentration der Lösungen die Stärke der Absorption beeinflußt. W. HENNEBERG und F. STOHMANN[4] finden, daß die Erde aus konzentrierteren Lösungen eine absolut größere Menge an Ammoniak aufnimmt, daß sie aber die schwächeren relativ mehr erschöpft. Auch E. PETERS[5] kommt zu ähnlichen Erfahrungen, indem er feststellt, daß um so mehr Kali absorbiert wird, je konzentrierter die Salzlösung ist, daß jedoch diese aufgenommene Menge relativ geringer ist als diejenige, welche aus verdünnteren Lösungen festgelegt wird. R. BIEDERMANN[6] verfolgt die Absorptionsvorgänge bei Anwendung von steigenden Erdmengen und beobachtet, daß die Höhe der Absorption zwar mit der Menge des Bodens ansteigt, nicht aber bei weitem dieser Veränderung proportional verläuft.

Die von HENNEBERG und STOHMANN gefundenen Gesetzmäßigkeiten bei der Absorption von Basen versucht C. BÖDEKER[7] zahlenmäßig zu erfassen, er folgert aus seinen Versuchen das nachstehende Gesetz: „Die Quantitäten des in der Lösung wirkenden Stoffes verhalten sich wie die Quadrate ihrer Wirkungen." Wenn daher bei Anwendung von p NH_3 die absorbierte Menge $= a$ ist, so soll bei Anwendung von $p' = n$ p NH_3 die absorbierte Menge $a' = a \sqrt{n}$ werden. A. WEINHOLD[8] untersucht ebenfalls die Richtigkeit dieses Gesetzes, er kann es aber nicht bei der Einwirkung von schwefelsaurem Ammoniak und Ätzammoniak auf den Boden bestätigen.

Über die Höhe der vom Boden absorbierten Basenmenge hatte TH. WAY bereits angegeben, daß sie bei einer gewissen Konzentration eine obere Grenze erreicht. F. BRUSTLEIN[9] kann nun feststellen, daß beim Durchfiltrieren von Salzlösungen durch den Boden eine stärkere Absorption der Basen stattfindet als durch bloßes Schütteln der Lösung mit dem Boden erfolgt. W. PILLITZ[10] beobachtet bei Erweiterung dieser Untersuchungen durch Arbeiten mit Verdrängungsröhren die bemerkenswerte Tatsache, daß jede Ackererde für Kali, Ammoniak und Phosphor-

---

[1] RAUTENBERG, F.: Über die Absorptionsfähigkeit verschiedener Bodenarten und das geognostische Vorkommen derselben. J. Landw. **7**, 49 (1862).

[2] BEMMELEN, J. M. VAN: Das Absorptionsvermögen der Ackererde. Landw. Versuchsstat. **21**, 135 (1878).

[3] BIEDERMANN, R.: Einige Beiträge zu der Frage der Bodenabsorption. Landw. Versuchsstat. **11**, 1 (1869).

[4] HENNEBERG, W. u. F. STOHMANN: Ann. Pharm. **107**, 152 (1858).

[5] PETERS, E.: a. a. O. Landw. Versuchsstat. **2**, 113 (1860).

[6] BIEDERMANN, R.: a. a. O. Landw. Versuchsstat. **11**, 1 (1869).

[7] BÖDEKER, C.: Über das Verhältniß zwischen Masse und Wirkung beim Contact ammoniakalischer Flüssigkeiten mit Ackererde und kohlensaurem Kalk. J. Landw. **7**. N. F. **3**, 48 (1859).

[8] WEINHOLD, A.: Einwirkung von Ammoniaksalzen auf Böden. Landw. Versuchsstat. **4**, 308 (1862).

[9] BRUSTLEIN, F.: Das Verhalten des Ammoniaks in verschiedener Form als Gas, als Lösung im Wasser, als Ammoniaksalz gegen die Ackerkrume, und über den Gehalt derselben an Ammoniak und Salpetersäure. Ann. chem. et phys. T. 2, **6**, 165; nach Hoffm. Jber. **2**, 1 (1861).

[10] PILLITZ, W.: Studien über die Bodenabsorption. Z. analyt. Chem. **14**, 55 (1875); nach Hoffm. Jber. **18/19**, 49 (1875/76).

säure einen bestimmten „Aussättigungspunkt" besitzt, über den hinaus eine weitere Aufnahme nicht mehr stattfindet, wenn neutrale Lösungen zur Anwendung gelangen. Die Aufnahme von Kali und Ammoniak erfolgt dabei in aequivalenten Verhältnissen. Zugleich werden direkte Beziehungen zu den benutzten Erdmengen festgestellt. F. ULLIK[1] bestätigt diese Beobachtung und gibt dem Wunsche Ausdruck, daß dieses Vorgehen möglichst bei allen weiteren Untersuchungen zugrunde gelegt werden möge, denn die Behandlung eines Bodens mit einer Salzlösung ohne Verdrängung stelle doch nur einen Gleichgewichtszustand dar, während die mit Hilfe von Verdrängungsröhren festgestellte Höchstsättigung einen Endzustand erfaßt. Es ist bedauerlich, daß diesem Vorschlage — wohl vor allem wegen der Unbequemlichkeit der Ausführung — nicht entsprochen wurde, denn erst heute gehen die in jener Zeit berührten Fragen langsam ihrer Klärung entgegen. Zu ganz ähnlichen Vorstellungen gelangte auch R. ZALOMANOFF[2], der die damalige Bestimmung der Adsorptionskraft des Bodens durch Einwirkung einer Salzlösung auf den Boden mit nachfolgendem Abfiltrieren ebenfalls für falsch hält und ein richtiges Vorgehen nur in dem längeren Durchfiltrieren der Salzlösung durch den Boden sieht. Einige Jahre später werden diese Feststellungen erneut von O. KELLNER[3] aufgegriffen, der ebenfalls bestätigt, daß eine obere Grenze für die Absorption von Ammoniak für jeden Boden vorhanden ist. Die dabei erzielten Werte für die Höchstsättigung stehen in enger Beziehung zu dem Reichtum des Bodens an wasserhaltigen Doppelsilikaten und Humus. Die gleiche Sättigungskapazität wurde mit Kali erzielt, so daß eine völlige Aequivalenz zwischen der Absorption des Kalis und des Ammoniaks aus neutralen Lösungen angenommen werden darf. M. FESCA[4] kann kurz darauf ebenfalls diese Beobachtungen von KELLNER bestätigen.

Anschließend sollen nun die Erfahrungen besprochen werden, die über das Verhältnis der einzelnen Basen untereinander bei den Absorptionsprozessen gesammelt wurden.

Schon E. PETERS[5] kann feststellen, daß die bisherigen, am unbehandelten Boden gefundenen Gesetzmäßigkeiten, nach welchen das Kalium viel stärker als das Natrium vom Boden zurückgehalten wird, während das Ammoniak eine Mittelstellung einnimmt, nicht aufrecht erhalten werden können als Maßstab für die Kraft, mit der die einzelnen Basen vom Boden festgelegt werden, denn nach einer Vorbehandlung des Bodens mit KCl-Lösung wird wesentlich mehr Natrium aus NaCl absorbiert. So zeigen denn auch O. KÜLLENBERG und P. BRETSCHNEIDER[6], daß der von ihnen benutzte Boden aus aequivalenten Lösungen die Basen in folgender Reihenfolge aufnimmt: NH_3, K_2O, MgO, Na_2O, CaO. A. FRANK[7] berichtet ferner, daß ein Zusatz von Kochsalz zu der Lösung eines Kalisalzes die Absorption des Kalis verringert. Auf diese Weise wird z. B. ermöglicht, das Kali in tiefere Bodenschichten absinken zu lassen. Ähnliche Beobachtungen

[1] ULLIK, F.: Beiträge zur Kenntnis der Absorptionserscheinungen. Landw. Versuchsstat. **23**, 347 (1879).

[2] ZALOMANOFF, R.: Eine neue Methode der Bestimmung der Absorptionskraft des Bodens. vgl. Biederm. Zbl. **10**, 226 (1881).

[3] KELLNER, O.: Untersuchungen über die Bodenabsorption. Landw. Versuchsstat. **33**, 349 (1887).

[4] FESCA, M.: Über Bodenabsorption. J. Landw. **23**, 29 (1888).

[5] PETERS, E.: a. a. O. Landw. Versuchsstat. **2**, 113 (1860).

[6] KÜLLENBERG, O. u. P. BRETSCHNEIDER: Über das Absorptionsvermögen des Erdbodens. Schles. landw. Ztg. **114** (1865; n. Hoffm. Jber. **8**, 15 (1867).

[7] FRANK, A.: Über die Bedeutung des Kochsalzes für Zuführung mineralischer Nahrungsmittel zu den Wurzeln der Pflanzen und für die Düngung des Untergrundes. Landw. Versuchsstat. **8**, 45 (1866).

sammeln FIEDLER[1] und C. F. A. TUXEN[2]. W. KNOP und HUSSAKOWSKY[3] dagegen untersuchen das Verhalten dieser Vorgänge gegenüber einer Mischung der mineralischen Pflanzennährstoffe und stellen wieder fest, daß vor allem Kali und Phosphorsäure absorbiert werden, während der Kalkgehalt der Lösungen meistens nach ihrer Einwirkung auf die Erde (z. T. infolge einsetzender biologischer Tätigkeit) größer als vorher war. Die Magnesia soll nach diesen Autoren nicht vom Boden absorbiert werden, sondern soll einfach „chemisch" ausgefällt werden. W. KNOP[4] bestätigt ferner die alten Erfahrungen, nach welchen die Absorption des Ammoniaks durchaus ähnlich der des Kalis ist, während von dem Natrium stets viel weniger absorbiert wird, und die Kalksalze sich ziemlich indifferent verhalten. Dahingegen zeigt die Magnesia deutliche Absorption. J. IWANOFF[5] prüft die Absorption von Lithiumchlorid durch den Boden und findet die Aufnahme des Lithiums ähnlich der des Natriums. J. G. MÜLDER[6] beschreibt diese Vorgänge des Basenaustausches vom Standpunkt der Gesetze des chemischen Gleichgewichtes, indem er angibt: „Wenn die Salzlösung und das Silikat miteinander in Berührung bleiben, so findet so lange ein Platzwechsel der Basen statt, bis zwischen sämtlichen löslichen und unlöslichen Bestandteilen ein Gleichgewichtszustand eingetreten ist. Dieser Gleichgewichtszustand wird aber sofort in beiden aufgehoben, sobald er in einem von beiden gestört ist." H. P. ARMSBY[7] vertritt die Auffassung, daß beim Behandeln eines Bodens mit einer Salzlösung ein Gleichgewicht entsteht zwischen der Absorption der Base und „dem Streben der Reaktionsprodukte, durch umgekehrte Zersetzungen wieder die ursprüngliche Verbindung zu geben". Später führt derselbe[8] unter Anwendung der Massenwirkung das langsame Eindringen von $CaCl_2$ in ein künstlich hergestelltes Natron-Aluminiumsilikat auf die Anhäufung des entstehenden NaCl in der Lösung zurück. Seine Versuche ergeben ferner, daß in jedem Falle die Absorption des $CaCl_2$ durch vorherigen Zusatz von NaCl herabgedrückt wird. Ähnliche Beobachtungen sammelt auch F. ULLIK[9].

Die weiteren Versuche beschäftigen sich nunmehr mit der Vertretbarkeit der einzelnen Basen untereinander. So gibt W. PILLITZ[10] an, daß sich bei seinen Verdrängungsversuchen Kali und Ammoniak gegenseitig aequivalent zu ersetzen vermögen und zu dem gleichen „Aussättigungsgrad" führen. Die gleichen Beobachtungen sammeln O. KELLNER[11] und M. FESCA[12]. Auch J. LEMBERG[13] zeigt an einem künstlich hergestellten Tonerde-Kalisilikat, daß es ohne weiteres gelingt, das Kali durch Natrium, dieses durch Kalzium, dieses schließlich durch

[1] FIEDLER: Über Beeinflussung der Absorption von Phosphorsäure und Kali durch Chilisalpeter. Landw. Versuchsstat. **26**, 135 (1881).

[2] TUXEN, C. F. A.: Untersuchungen über die Wirkungen des Chilisalpeters, des Kochsalzes und des Chlorkaliums im Erdboden. Landw. Versuchsstat. **27**, 107 (1882).

[3] KNOP, W. u. HUSSAKOWSKY: Kreislauf des Stoffs **1**, 504; **2**, 173. Leipzig 1868.

[4] KNOP, W.: Absorption von Kali, Ammoniak usw. durch Tschernosem. Hoffm. Jber. **11**, 71 (1868).

[5] IWANOFF, J.: Über das Verhalten von Chlorlithiumlösungen zu dem Boden. Ber. dtsch. chem. Ges. **10**, 709 (1877); n. Hoffm. Jber. **20**, 34 (1877).

[6] MULDER, J. G.: Chemie der Ackerkrume, **1**, 309. Leipzig 1862.

[7] ARMSBY, H. P.: Absorption von Basen durch den Boden. Amer. J. **14**, 28; n. Hoffm. Jber. **20**, 35 (1877).

[8] ARMSBY, H. P.: Über das Absorptionsvermögen des Bodens für Basen. Landw. Versuchsstat. **21**, 397 (1878).

[9] ULLIK, F.: Beiträge zur Kenntnis von Absorptionserscheinungen. Landw. Versuchsstat. **23**, 347 (1879).

[10] PILLITZ, W.: Z. analyt. Chem. **14**, 55 (1875); n. Hoffm. Jber. **18/19**, 49 (1875/76).

[11] KELLNER, O.: a. a. O. Landw. Versuchsstat. **33**, 349 (1887).

[12] FESCA, M.: a. a. O. J. Landw. **23**, 29 (1888).

[13] LEMBERG, J.: Dissert. Dorpat 1877; n. Hoffm. Jber. **20**, 35 (1877).

Magnesium zu einem gewissen Teil zu ersetzen; jedoch gelingt es selbst durch große Mengen einwirkender Natriumsalze z. B. nicht, alles Kali zu verdrängen. Die vollständige Ersetzbarkeit, die zwischen Kali und Ammoniak durch die bisher genannten Forscher beobachtet wurde, besteht also für Kali und Natrium nicht. Schließlich sei in diesem Zusammenhang noch auf die Versuche von EICHHORN[1] aufmerksam gemacht, der beobachtet, daß bei Einwirkung von NH_4Cl oder NaCl auf Boden mit reichem Humusgehalt eine Versäuerung entstehen kann. Er findet nämlich, daß humusreiche Böden, welche freie Humussäure enthalten, aus den Lösungen neutraler Salze die Mineralsäure frei machen, und diese ist stärker als die ohne Mitwirkung der Salze vorher vorhandene. Ist die Humussäure an Basen gebunden, so tritt eine solche Versäuerung nicht ein.

Sodann sei über Versuche berichtet, welche erkennen lassen, wie die Säureradikale absorbiert werden, und wie sie andererseits die Absorption der Base beeinflussen. Wiederholt wird zunächst festgestellt, daß lediglich die Phosphorsäure, Kohlensäure und Kieselsäure vom Boden festgelegt werden. Die Besprechung dieser Vorgänge wird an anderer Stelle erfolgen. Dahingegen kann durchweg eine Absorption der Cl-, SO_4- und NO_3-Ionen durch den Boden nicht beobachtet werden. Dies bestätigen z. B. C. FRAAS[2], O. KÜLLENBERG und P. BRETSCHNEIDER[3] und A. KÖNIG[4]. ULBALDINI[5] gibt das gleiche für Jod und Brom an. W. KNOP[6] stellt ebenfalls fest, daß die Salpetersäure vollkommen wieder ausgewaschen werden kann. Bei den humusreichen Böden werden jedoch Verluste an Salpetersäure-N beobachtet. Jedoch ist es nicht entschieden, ob diese Tatsache evtl. einer Einwirkung der organischen Substanz auf diese Säure zuzuschreiben ist. Ferner kann nach seiner Auffassung die Bildung von basisch-salpetersaurem Eisenoxyd ebenfalls diese Verluste erklären.

Sodann sei darauf hingewiesen, daß die Anionen die Absorbierbarkeit der Kationen durch den Boden deutlich zu beeinflussen vermögen, wie bereits E. PETERS[7] beobachtet hat. Er findet die stärkste Absorption aus Kaliumphosphat und KOH, dann folgen K_2CO_3 und $KHCO_3$, anschließend das Nitrat, Sulfat und endlich das Chlorid. Wurden von KOH 0,4018 g Kali absorbiert, so gab KCl nur 0,1990 g an den Boden ab. Gleiche Beobachtungen sammelten auch O. KÜLLENBERG und P. BRETSCHNEIDER[8]. C. TREUTLER[9] berichtet in diesem Zusammenhange, daß KCl leichter als K_2SO_4 in die tieferen Schichten des Bodens gewaschen wird. Kochsalzzusatz drückt dabei die Versickerungsfähigkeit des KCl herab, während die des K_2SO_4 erhöht wird. Ebenso findet er[10],

---

1 EICHHORN, H.: Einwirkung humusreicher Erden auf Salze, besonders phosphorsauren Kalk. Landw. Jb. **1**, 957 (1877); n. Hoffm. Jber. **20**, 68 (1877).

2 FRAAS, C.: Ergebnisse landwirtschaftlicher und agrikulturchemischer Versuche in der Station des Generalkomitees des bayerischen landwirtschaftl. Vereins. Hoffm. Jber. **2**, 9 (1861).

3 KÜLLENBERG, O. u. P. BRETSCHNEIDER: Schles. landw. Ztg. **1865**, 114; n. Hoffm. Jber. **8**, 15 (1867).

4 KÖNIG, A.: Über Absorptionsvermögen humoser Medien. Landw. Versuchsstat. **26**, 400 (1881); Landw. Jb. **11**, 1 (1882).

5 ULBALDINI: Absorptionserscheinungen in der Ackererde. C. r. **53**, 333; n. Hoffm. Jber. **4**, 1 (1863).

6 KNOP, W.: Über das Vorkommen der Salpetersäure in Wässern, Ackererden, und das Verhalten des Ammoniaks und der salpetersauren Salze in der Ackererde. Landw. Versuchsstat. **5**, 137 (1863).

7 PETERS, E.: a. a. O. Landw. Versuchsstat. **2**, 113 (1860).

8 KÜLLENBERG, O u. P. BRETSCHNEIDER: Schles. landw. Ztg. **1865**, 114; n. Hoffm. Jber. **8**, 15 (1867).

9 TREUTLER, C.: Einige Versuche über Löslichmachen des im Boden absorbierten Kalis. Landw. Versuchsstat. **12**, 184 (1869).

10 TREUTLER, C.: Weitere Versuche über Löslichmachung des im Boden absorbierten Kalis. Landw. Versuchsstat. **15**, 368 (1872).

daß das salpetersaure Kali viel mehr als alle anderen Kalidüngemittel im Boden in Lösung bleibt.

Anschließend sei noch auf die Angaben, welche über die Löslichkeit der adsorptiv gebundenen Basen im Boden gemacht werden, hingewiesen. Im Gegensatz zu VON LIEBIG, der eine sehr feste Bindung der adsorptiv gebundenen Basen im Boden annimmt, so daß nur durch Einwirkung der Wurzel eine Aufnahme dieser Basen durch die Pflanze erfolgen kann, zeigen bereits W. HENNEBERG und F. STOHMANN[1], daß bei reichlichem Ammoniakgehalt der Oberkrume durch Auswaschen eine gewisse N-Menge in den Untergrund geführt wird. F. BRUSTLEIN[2] stellt sodann fest, daß die Erde nicht imstande ist, selbst sehr verdünnten NH_3-Lösungen Ammoniak vollständig zu entziehen. Es ist aus diesem Grunde die Zirkulation einer schwachen Ammoniaklösung im Boden möglich. E. PETERS[3] stellt dasselbe für verdünnte Kalilösungen fest. Sehr interessant sind ferner die Versuche von PETERS über das „Wiederinlösunggehen" des absorbierten Kalis. Demnach ergibt sich gegenüber destilliertem Wasser eine gewisse Regelmäßigkeit, indem es scheint, als ob „die in der Erde enthaltene absorbierte Kalimenge das Wiederauflösen beeinflußt, da in der Mehrzahl der Versuche die sich lösende Kalimenge bei lange fortgesetztem Auswaschen sich verminderte". CO_2-haltiges Wasser löst demgegenüber wesentlich größere Mengen, und in steigender Weise ist das gleiche bei verdünnter Essigsäure und Salzsäure zu beobachten. Damit werden ähnliche Erfahrungen von GROUVEN[4], TH. DIETRICH[5], L. VON BABO[6] und VON WOLFF[7] bestätigt. Bei den Untersuchungen über das Vorkommen von Ammoniak im Boden stellen W. KNOP und W. WOLF[8] fest, daß der Gehalt des natürlich gelagerten Ackerbodens außerordentlich gering an NH_3 ist. Sie kommen dabei zu der Überzeugung, daß dieser geringe Gehalt durch die Umwandlung des Ammoniaks in Salpetersäure zu erklären sei. Diese letzten Reste von Ammoniak sind allerdings aus dem Boden sehr schwer zu beseitigen, auch nicht durch ständiges Ausziehen mit Wasser. Für die Ernährung der Pflanzen sind diese Vorstellungen nach ihrer Meinung sehr bedeutungsvoll. Denn wirkt das NH_3 eigentlich nur als Salpetersäure erzeugender Stoff, so läßt sich die Erfahrung, nach der unausgesetztes Düngen mit N-haltigen Düngern wie z. B. mit Guano den Boden so sehr ausmergelt, nur dadurch erklären, daß die ständige Bildung von HNO_3 dem Boden eine große Menge von Basen, namentlich Kali, entzieht, die nicht im genügenden Umfange ersetzt werden. In ähnlicher Richtung bewegen sich die Auffassungen von E. PETERS[9], der den Einfluß der Verwitterung auf die Löslichkeit der Nährstoffe im Boden untersucht und feststellt, daß CO_2-haltige Bodenlösungen mehr Mineralstoffe enthalten als lediglich einwirkendes destilliertes Wasser. Dabei wird ferner beobachtet, daß in humusreichen Böden durch Erhöhung der Temperatur wesentlich mehr Nährstoffe gelöst werden als auf humusarmen Böden.

---

[1] HENNEBERG, W. u. F. STOHMANN: Ann. Pharm. **107**, 152 (1858).
[2] BRUSTLEIN, F.: Ann. Chem. et phys. T. 2, **6**, 165; n. Hoffm. Jber. **2**, 1 (1861).
[3] PETERS, E.: a. a. O. Landw. Versuchsstat. **2**, 113 (1860).
[4] GROUVEN: Agron. Ztg. **1858**, 469; n. Hoffm. Jber. **1**, 13 (1860).
[5] DIETRICH, TH: Versuche über die Einwirkung von verschiedenen Agentien auf die Ackererde und einige Gesteine. J. prakt. Chem. **74**, 12; n. Hoffm. Jber. **1**, 29 (1860).
[6] BABO, L. v.: Landw. Ber. **1858**, 1; n. Hoffm. Jber. **1**, 15 (1860).
[7] WOLFF, E. v.: Mitt. v. Hohenh., Heft 4, 66; n. Hoffm. Jber. **1**, 19 (1860).
[8] KNOP, W. u. W. WOLF: Untersuchungen über das Vorkommen und Verhalten des Ammoniaks in der Ackererde. Landw. Versuchsstat. **3**, 109, 207 (1861); **4**, 67 (1862).
[9] PETERS, E.: Über den Einfluß, welchen eine höhere oder niedere Bodentemperatur auf den Verwitterungs- und Verwesungsprozeß in der Ackererde ausübt. Landw. Versuchsstat. **4**, 117 (1862).

Für die Verwitterungsprozesse ist ferner noch eine Angabe von J. LEMBERG[1] wichtig. Danach ist es sehr bedeutungsvoll, daß Kohlensäure und Mineralsäure sich gegen Silikate wesentlich verschieden verhalten. Erstere verbindet sich nur mit den starken Basen und läßt die Sesquioxyde unangegriffen, während die Mineralsäuren alle Basen lösen. Dabei wird noch zur Ergänzung früherer Angaben darauf hingewiesen, daß das schon mehrfach erwähnte stärkere Absorptionsvermögen des Bodens für Kali gegenüber Natrium sich auch bei den künstlich hergestellten Tonerde-Alkalisilikaten findet. Beim Angriff der Kohlensäure auf solche Silikate tritt nun immer zuerst das Natrium, erst dann das Kali aus.

Bei den zahlreich durchgeführten Absorptionsversuchen wurden im allgemeinen Neutralsalze verwendet, doch wurden selbstverständlich im gewissen Umfange auch Hydroxyde und hydrolytisch gespaltene Salze zur Einwirkung gebracht. Gegenüber den bisher mitgeteilten Gesetzmäßigkeiten des Basenaustausches durch Neutralsalze konnten nun aber durch Anwendung von Hydroxyden und hydrolytisch gespaltenen Salzen bemerkenswerte Unterschiede beobachtet werden, auf die näher eingegangen werden muß. So untersucht F. BRUSTLEIN[2] das Verhalten des Ammoniaks in verschiedener Form gegen die Ackerkrume. Er gelangt dabei zu der Auffassung, daß die Absorption des freien Ammoniaks anderen Gesetzmäßigkeiten folgt als die der Ammoniaksalze, indem die Absorption des freien Ammoniaks durch die physikalische Beschaffenheit des Bodens bedingt sein soll, während sich die der Ammoniaksalze von den chemischen Eigenschaften des Bodens als abhängig erweisen soll. Besonders deutlich ist dieser Unterschied beim Humus zu beobachten, der gegen freies Ammoniak eine noch größere Absorptionskraft besitzt als die Ackererde, während er für die Ammoniaksalze nicht das geringste Absorptionsvermögen zeigt.

Eingeschaltet seien hier auch die Versuche von H. EICHHORN[3] über die Bindung von Ammoniakgas durch eine große Zahl von Körpern. Je größer die Porosität und Lockerheit, je größer der Gehalt des festen Körpers an Wasser, je stärkere chemische Anziehung zwischen den festen Körpern und dem Ammoniakgas stattfindet, um so stärker ist seine Absorption. Ferner weist E. PETERS[4] darauf hin, daß Kali aus Kaliumkarbonat wesentlich stärker festgelegt wird als z. B. aus KCl. Eine ganz ähnliche Feststellung macht C. TREUTLER[5], und R. BIEDERMANN[6] vertritt die Auffassung, daß Ätzkali oder kohlensaures Kali ohne weiteres chemische Verbindungen mit den Gemengteilen des Bodens eingehen können, während die Absorption des Kalis aus seinen Verbindungen mit starken Säuren sich nicht aus chemischer Affinität erklären läßt. Dabei hat die Absorption des Ammoniaks eine gewisse Ähnlichkeit mit der des Kalis. A. KÖNIG[7] erwähnt dahingegen bei den Absorptionserscheinungen humoser Medien, daß nach seiner Meinung die starke Absorption der Basen aus alkalischer Lösung hauptsächlich eine physikalische Wirkung der organischen Moorsubstanz sei, während die Basenabsorption aus neutralen Lösungen einen chemischen Prozeß darstelle, der durch die Mineralstoffe des Moores veranlaßt sein soll.

Ein besonderes Interesse hat bei der Beurteilung dieser Erscheinungen immer die wiederholt festgestellte Tatsache gehabt, daß durch Behandeln eines Bodens

---

[1] LEMBERG, J.: Dissert. Dorpat 1877; n. Hoffm. Jber. **20**, 35 (1877).
[2] BRUSTLEIN, F.: Ann. chem. et phys. T. 2, **6**, 165; n. Hoffm. Jber. **2**, 1 (1861).
[3] EICHHORN, H.: Landw. Mitt. v. Dr. HARTSTEIN, Heft 3, 17; n. Hoffm. Jber. **3**, 27 (1862).
[4] PETERS, E.: a. a. O. Landw. Versuchsstat. **2**, 113 (1860).
[5] TREUTLER, C.: a. a. O. Landw. Versuchsstat. **15**, 368 (1872).
[6] BIEDERMANN, R.: Über die Beziehungen zwischen Absorption, Verwitterung des Bodens und Fruchtbarkeit desselben. Landw. Versuchsstat. **15**, 21 (1872).
[7] KÖNIG, A.: a. a. O. Landw. Versuchsstat. **26**, 400 (1881); Landw. Jb. **11**, 1 (1882).

mit Säure, z. B. Salzsäure, dessen Absorptionsvermögen vermindert wird, wie z. B. E. HEIDEN[1] für die Absorption von Kali zeigt. Dabei beobachtete er jedoch, daß durch Behandeln eines derartigen Bodens mit Soda dessen Absorption für Kali wieder erhöht wird. J. LEMBERG[2] verfolgt diesen Vorgang an einem künstlich hergestellten Tonerde-Kalisilikat, welches mit kohlensaurem Wasser behandelt worden war. Dabei beobachtet er, daß das in diesem Produkt enthaltene basische Wasser z. B. durch freies Kali ersetzt werden kann. Er faßt diesen Vorgang als eine teilweise Rückbildung zersetzter Silikate auf, wobei z. B. beim Behandeln mit kohlensaurem Kali dieses in freie Kohlensäure (saures Salz) und KOH zerlegt wird, das vom Silikat aufgenommen wird. Die Ammoniaksalze verhalten sich ganz ähnlich, jedoch kann ferner beobachtet werden, daß neben dem Ersatz des im Silikat enthaltenen Kalis durch Ammoniak bei seiner Behandlung mit einer Lösung von Ammoniumkarbonat noch eine Addition von kohlensaurem Ammoniak stattfindet. Mit ganz besonderer Sorgfalt wird diese Frage des Absorptionsvermögens des Bodens von J. M. VAN BEMMELEN[3] behandelt. In einer überaus sorgfältigen Übersicht über die bisherige Literatur weist er besonders darauf hin, daß unterschieden werden müsse zwischen der Absorption der Neutralsalze, die nur in einer ,,äquivalenten Metallauswechslung" besteht, und einer solchen von NH_3, NaOH, $Ca(OH)_2$, die stärker absorbiert werden als ihre Salze, ohne daß dabei aequivalente Auswechselung beobachtet wird. Auf Grund dieser Literaturübersicht wird zur Klärung der Ursachen der Absorption vor allem die Frage verfolgt, in welcher Weise die verschiedenartigen schon mitgeteilten Beobachtungen darüber Aufklärung bringen, wie sich die Absorption eines Bodens beim Behandeln mit Salzsäure und darauf folgendem Ausziehen mit Na_2CO_3 usw. verändert. Auf Grund dieser eingehenden Untersuchungen gelangt VAN BEMMELEN zu folgenden Auffassungen: Die Absorption der Neutralsalze erfolgt hauptsächlich durch die basischen (zeolithischen), in Salzsäure löslichen Silikate, welche CaO, Na_2O, MgO und K_2O enthalten. Die Absorption der Hydrate und Karbonate der Alkalien und der löslichen Hydrate der alkalischen Erden ist stärker als die der Neutralsalze, und es ist wahrscheinlich, daß dabei auch Absorption ohne Auswechselung stattfindet. Werden die zeolithischen Bestandteile eines Bodens durch Auskochen mit Salzsäure entfernt, dann hört die Absorption der Basen der Neutralsalze fast vollständig auf. Die beobachtete geringe Absorption von Kali aus KCl macht aequivalente Mengen von Aluminium frei. Dahingegen hat eine derartig behandelte Erde noch ein starkes Absorptionsvermögen für Hydrate und Karbonate der Alkalien und für die löslichen Hydrate der Erdalkalien. Diese Absorption findet ohne Austausch statt. Welche Bestandteile diese Festlegung verursachen, ist nicht entschieden. VAN BEMMELEN glaubt jedoch, daß die Kieselsäure einen Anteil daran hat. Die Kaliabsorption, welche beobachtet wurde, wenn die ihrer löslichen Silikate beraubte Erde mit etwas Na_2CO_3 oder $CaCO_3$ gemischt und mit KCl behandelt wurde, erklärt sich in der folgenden Weise:

,,In der Lösung der zwei Salze hat in geringer Menge eine Bildung von vier Salzen statt, aber weil das eine der gebildeten Salze — das kohlensaure Alkali — durch die Erde ohne Auswechslung absorbiert, also dem Wirkungskreise entzogen wird, wird so lange Kaliumkarbonat (oder Natrium- oder Ammoniumkarbonat) gebildet und absorbiert, bis bei der herrschenden Temperatur ein

[1] HEIDEN, E.: Über die Ursachen der Absorption der Ackererde. Ann. landw. Mbl. **43**, 310; n. Hoffm. Jber. **7**, 17 (1866). Eingehende Literaturzusammenstellung über diese Erscheinung bei J. M. VAN BEMMELEN: Landw. Versuchsstat. **21**, 142 (1878).

[2] LEMBERG, J.: Dissert. Dorpat 1877; n. Hoffm. Jber. **20**, 35 (1877).

[3] BEMMELEN, J. M. VAN: a. a. O. Landw. Versuchsstat. **21**, 135 (1878).

Gleichgewicht entstanden ist zwischen der absorbierenden Kraft der Erde, der lösenden Kraft des Wassers für die Salze und den Anziehungen, welche die Salze aufeinander ausüben."

In einer weiteren Arbeit[1] setzte J. M. VAN BEMMELEN diese Untersuchungen fort und bestätigt erneut, daß bei der Absorption von Alkalikarbonaten, die ja größer ist als die aus Neutralsalzen, eine Absorption ohne Basenaustausch zu beobachten ist. Jedoch erfolgt diese Absorption nicht als ganzes Salz, sondern die Kohlensäure bleibt in der Lösung zurück und bildet mit dem zurückbleibenden Alkalikarbonat Alkalibikarbonat. In gleicher Weise erklärt sich die Absorption von Böden, deren zeolithische Bestandteile durch Salzsäure zerstört wurden, und die bei späterer Behandlung mit $CaCO_3$ und KCl eine Absorption ohne Austausch zeigen.

Eingehende Untersuchungen sind sodann über die Natur des absorbierenden Komplexes im Boden durchgeführt worden. Zunächst sollen in dieser Hinsicht die anorganischen Bestandteile besprochen werden.

H. EICHHORN[2] konnte in dieser Hinsicht bei seinen Versuchen feststellen, daß Ton als solcher von keiner Bedeutung für die Absorption von Ammoniak aus einer Lösung von Ammonchlorid ist, wohl aber spielen seiner Meinung nach kieselsaure Verbindungen hier eine Rolle. In Übereinstimmung damit waren diese Vorgänge an natürlichen Silikaten wie Natrolit, Leucit, Chabasit in der bekannten Form nachzuweisen. Daher folgert EICHHORN, daß gewisse natürliche Doppelsilikate vor allem für die Absorptionserscheinungen in Frage kommen, und er glaubt daher, daß es im Boden niemals an solchen Silikaten fehlen wird. W. KNOP und W. WOLF nehmen[3] an, daß der Ton als Ganzes in der Lage ist, das Ammoniak zu binden. F. RAUTENBERG[4] untersucht die Absorbierbarkeit von Ammonchlorid durch verschiedene Bodenarten, die unter den von ihm gewählten Bedingungen zwischen 0,070 und 0,2489 g für Ammoniak schwankte. Die verschiedene Absorptionsfähigkeit stand in keinerlei Zusammenhang mit der Menge an Kalk, Magnesia oder unlöslichem Rückstand. Wohl aber waren gute Zusammenhänge zwischen dem Gehalt an Tonerde und Eisenoxyd zu erkennen, d. i. eine Beziehung, die J. VON LIEBIG nicht feststellen konnte. Diese Beobachtungen gewinnen noch dadurch an Bedeutung, daß sie in guter Übereinstimmung mit Feststellungen von PETERS[5] stehen. Weiter kommt F. RAUTENBERG[6] zu der Überzeugung, daß Ton, Sand, $CaCO_3$, Eisenoxydhydrat und Tonerdehydrat für die Absorptionsvorgänge keine Rolle spielen. Lediglich die wasserhaltigen Doppelsilikate, die bereits WAY für die Erzeuger der Absorptionserscheinungen hält, sind auch nach RAUTENBERGS Meinung diejenigen, welche die Absorption des Bodens veranlassen. TH. DIETRICH[7] läßt Salzlösungen auf Gesteine einwirken, und beobachtet z. B. nach 3 Jahren, daß auch aus diesen Materialien Basen gelöst werden, vor allem durch Ammoniaksalze, NaCl, Na_2CO_3, $CaCl_2$, $CaSO_4$ und Ätzkalk. W. KNOP[8] kommt in Weiterentwicklung seiner früheren Anschauungen zu dem Schluß, daß die Absorption der Basen durch den Boden in der Weise zu

[1] BEMMELEN, J. M. VAN: Das Absorptionsvermögen der Ackererde II. Landw. Versuchsstat. **23**, 265 (1879).

[2] EICHHORN, H.: Z. d. Königl. höh. landw. Lehranst. Poppelsdorf **1859**, 133 u. 142; nach Hoffm. Jber. **2**, 16 (1861).

[3] KNOP, W. u. W. WOLF: a. a. O. Landw. Versuchsstat. **3**, 109, 207 (1861); **4**, 67 (1862).

[4] RAUTENBERG, F.: a. a. O. J. Landw. **7**, 49 (1862).

[5] PETERS: Landw. Versuchsstat. **2**, 148 (1860).

[6] RAUTENBERG, F.: Über die Abhängigkeit der Absorptionsfähigkeit der Ackererde von den einzelnen Bestandteilen derselben. J. Landw. **7**, 405 (1862).

[7] DIETRICH, TH.: J. prakt. Chem. **74**, 12; n. Hoffm. Jber. **1**, 29 (1858/59); Hoffm. Jber. **5**, 12 (1864).

[8] KNOP, W.: Arbeiten der Versuchsstation Möckern. Landw. Versuchsstat. **7**, 54. (1865).

erklären ist, daß Tonerdehydrat oder Eisenoxydhydrat einerseits, fein verteilte Silikate — wasserfreie wie wasserhaltige, selbst die in Wasser gelöst gewesene, an der Luft getrocknete Kieselsäure — andererseits bei den Absorptionsvorgängen zusammenwirken. Kalisalze geben z. B. ihre Säure an Tonerdehydrat und Eisenoxydhydrat ab, während das Kali von im Wasser unlöslichen Silikaten, in geringem Umfange auch von amorpher Kieselsäure, aber auch von phosphorsaurer Tonerde gebunden wird. Zu ähnlichen Vorstellungen wie F. RAUTENBERG gelangt auch E. HEIDEN[1], der findet, daß zwischen der Absorptionsfähigkeit eines Bodens für Kali und seinem Gehalt an Kieselsäure, Eisenoxyd und Tonerde eine gewisse Beziehung besteht. Jedoch weist er in Übereinstimmung mit W. KNOP nach, daß die größte Menge der löslichen Kieselsäure mit dem größten Teile des Eisenoxydes und der Tonerde, sowie mit einem Teile des Kalkes und der Magnesia im Boden vereinigt vorkommt. Auch HEIDEN folgert hieraus, daß diese Silikate einen bedeutsamen Einfluß auf die Absorption haben. Den Beweis für die Richtigkeit seiner Auffassung sucht E. HEIDEN zu bringen, indem er den Boden mit Salzsäure auszieht, um diese Silikate zu entfernen. Tatsächlich wird auf diese Weise das Absorptionsvermögen des Bodens für Kali vermindert, doch gelingt es, durch Behandlung eines solchen Bodens mit Soda die Absorptionsfähigkeit für Kali wieder zu erhöhen. Weiterhin prüft E. HEIDEN[2] zur Klärung der Ursachen der Basenabsorption das Verhalten verschiedener Bodenarten und natürlicher und künstlich hergestellter wasserhaltiger Doppelsilikate. Die Absorption der Bodenarten war gering, die der Doppelsilikate deutlich, bis auf ein Tonerde-Magnesiumsilikat, welches wenig Kali und kaum Ammoniak absorbierte. Über das Verhalten der Kieselsäure gegen Ammoniak führen WITTSTEIN und PRIBRAM[3] Versuche durch, die zeigen, daß zunächst Kieselsäure verschiedenartiger Herstellung durch Ammoniak gelöst wird, daß aber beim Stehen dieser so gelösten Kieselsäure mit NH_3 sich dieses verflüchtigt, so daß zum Schluß 1 Aeq. Ammoniak auf 4 Aeq. Kieselsäure entfällt. Durch Kochen wird noch $^{19}/_{20}$ des Ammoniaks ausgetrieben. W. KNOP[4] gibt wiederum an, daß die Absorption allein an der tonigen Feinerde haftet, und die einzelnen in einer Salzmischung enthaltenen Basen und Säuren sich zur Ackererde im wesentlichen ebenso verhalten, wie sie für sich allein auf Erde einwirken. Ferner beobachtet er[5], daß ein Zusatz von Eisenoxydhydrat und Tonerde zur Erde die Absorption des Kalis und der Phosphorsäure steigert. Indifferentes Material, wie Sand, ändert dahingegen die Absorptionseigenschaften eines Bodens nicht. Auch R. WARRINGTON[6] studiert die absorbierende Kraft des Eisenoxyds und der Tonerde. Dabei beobachtet er, daß für Kali- und Ammoniaksalze die Absorptionskraft des Eisenoxydes größer als die der Tonerde ist. Jedoch ist darauf hinzuweisen, daß vielfach mehr Säure als Base absorbiert wurde, so daß der Genannte annimmt, es sei eine schwache chemische Affinität im Spiele.

Weiterhin stellt nun W. KNOP[7] die Behauptung auf, daß die Absorption im Zusammenhang mit den aufgeschlossenen Basen des Bodens steht (bestimmt

---

[1] HEIDEN, E.: Ann. Landw. Mbl. **43**, 310; n. Hoffm. Jber. **7**, 17 (1866).

[2] HEIDEN, E.: Über die Ursachen der Absorption von Basen durch Ackererde. Ann. Landw. **48**, 248; n. Hoffm. Jber. **9**, 27 (1866).

[3] WITTSTEIN, C. G. u. R. PRIBRAM: Über das Verhalten der Kieselsäure gegen Ammoniakflüssigkeit. Wittsteins Vjsschr. **15**, 534; **16**, 30; n. Hoffm. Jber. **9**, 32 (1866).

[4] KNOP, W.: Hoffm. Jber. **11**, 71 (1868).

[5] KNOP, W.: Kreislauf des Stoffs **1**, 504; **2**, 173. Leipzig 1868.

[6] WARRINGTON, R., jun.: Über die absorbierende Kraft des Eisenoxyds und der Tonerde in Bodenarten. J. prakt. Chem. **104**, 316; n. Hoffm. Jber. **11**, 95 (1868).

[7] KNOP, W.: Die Bonitierung der Ackererde. Leipzig 1871; n. Hoffm. Jber. **13—15**, 49 (1874).

durch 5proz. HCl-Auszug). R. STREHL[1] bestätigt diese Erfahrung, wenn gleichzeitig Sesquioxyde vorhanden sind. W. KNOP[2] gibt ferner an, daß basische Silikate eine höhere Absorption als saure besitzen. Er bestimmt daher den Gehalt der Feinerde an freier Kieselsäure, um festzustellen, wie groß die von den Basen gebundene Menge an Kieselsäure ist. J. FREY[3] kommt dahingegen ähnlich wie J. LEMBERG[4] zu der Feststellung, daß weder ein hoher Eisengehalt im Ton, noch die Menge der aufgeschlossenen Silikatbasen eine Beziehung zur Höhe der Absorption zeigen. Dagegen werden Beziehungen zu der Plastizität der Böden festgestellt. Demgegenüber zeigt J. HAZARD[5] erneut, daß im allgemeinen die Absorption mit der Zunahme der aufgeschlossenen Silikatbasen steigt. Sodann weist W. KNOP[6] darauf hin, daß die Böden von großer Fruchtbarkeit eine hohe Absorption aufweisen. Diese Erfahrung bestätigt R. BIEDERMANN[7] und ist der Anschauung, daß sie von ganz besonderer Bedeutung für die Bodenuntersuchung sei.

Nachdem schon mehrfach die Untersuchung der Absorptionserscheinungen an Mineralien oder an künstlich hergestellten Produkten durchgeführt worden war, wird diesem Vorgehen nunmehr größere Aufmerksamkeit geschenkt. A. BEYER[8] untersucht z. B. die Einwirkung verschiedener Salzlösungen auf Feldspat. Dabei vermögen Kalkwasser, schwefelsaures Ammoniak, Ätzmagnesia und Magnesiumbikarbonat deutliche Mengen von Kali frei zu machen. Gips, CO_2, $CaCO_3$, $Ca(HCO_3)_2$, $Ca(NO_3)_2$ üben dagegen keine wesentlichen Wirkungen aus.

Ferner untersucht EICHHORN[9] zahlreiche Materialien auf ihre Absorptionsfähigkeit. Eine zehntägige Behandlung mit Chlorammonium hatte folgende Einwirkung aufzuweisen:

	Adsorbiertes Ammoniumoxyd	Chemisch gebundenes Wasser		Adsorbiertes Ammoniumoxyd	Chemisch gebundenes Wasser
1. Chabasit	2,871	20,18	10. Feldspat	0,021	0,19
2. Geglühter Chabasit	0,036	0,00	11. Mit Kalk behandelter Feldspat	0,142	3,44
3. Stilbit	2,216	16,30	12. Kaolin	0,129	10,46
4. Prehnit	0,038	4,80	13. Geglühter Kaolin	0,100	0,00
5. Phonolit	0,717	5,18	14. Hochofenschlacke	0,131	0,08
6. Geglühter Phonolit	0,047	0,00	15. Lehm	0,320	2,31
7. Mit Kalk behandelter Phonolit	1,150	7,48	16. Lehm mit Salzsäure und Natronlösung	0,056	0,86
8. Leucitophyr	0,125	2,65	17. Geglühter Lehm	0,086	0,00
9. Veränderter Leucitophyr (mit Kalk)	1,061	4,96			

Es zeigt sich, daß die Absorptionskraft mit größerem Wassergehalt zunimmt, denn es wurde für je 1% Wasser in den Mineralien absorbiert:

[1] STREHL, R.: Analysen einiger Ackererden und Absorptionsbestimmungen derselben. Landw. Versuchsstat. **17**, 62 (1874).

[2] KNOP, W.: Methode der chemischen Analyse der Ackererden. Landw. Versuchsstat. **17**, 70 (1874).

[3] FREY, J.: Untersuchungen über das Absorptionsvermögen der Ackererden. Landw. Versuchsstat. **18**, 3 (1875).

[4] LEMBERG, J.: Über Silikatsumwandlungen. Z. dtsch. geol. Ges. **28**, 522, 579, 592 (1876).

[5] HAZARD, J.: Chemisch-physikalische Untersuchung über die Bildung der Ackererden durch Verwitterung. Landw. Versuchsstat. **24**, 225 (1880).

[6] KNOP, W.: Die Bonitierung der Ackererde. Leipzig 1871; n. Hoffm. Jber. **13/15**, 49 (1874).

[7] BIEDERMANN, R.: a. a. O. Landw. Versuchsstat. **15**, 21 (1872).

[8] BEYER, A.: Über die Zersetzung des Feldspaths unter dem Einfluß von Salzlösungen und einigen anderen Agentien. Landw. Versuchsstat. **14**, 314 (1871).

[9] EICHHORN, H.: Einige Beiträge zu Absorptions-Erscheinungen in der Ackererde. Landw. Jb. **4**, 1 (1875); n. Hoffm. Jber. **18/19**, 44 (1875/76).

Chabasit	0,142 %	Veränderter Phonolit	0,154 %
Stilbit	0,136 %	Veränderter Leucitophyr	0,214 %
Phonolit	0,138 %	Lehm	0,138 %

Die durch 12 Monate hindurch mit Kalziumhydrat behandelten Gesteine haben ferner in ihrer Absorptionskraft sämtlich bedeutend zugenommen. Schließlich sei noch darauf hingewiesen, daß FRIEDEL und SARASIN[1] den Zeolithen folgende Strukturformel beilegen:

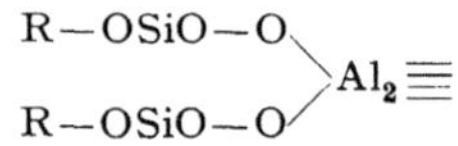

Abschließend ist also zu erkennen, daß durch die geschilderten Arbeiten eine große Zahl von Vorgängen als Ursache für die Absorptionserscheinungen herangezogen wurde. Das Bild, welches sich seinerzeit aus diesen verschiedenartigen Feststellungen entwickelt hat, mögen nachfolgende Zusammenfassungen, welche aus jenen Jahren vorliegen, dartun:

So gibt W. KNOP[2] an, daß das Kali absorbiert wird:

„1. am meisten, wenn in einer Erde wasserhaltige Silikate und zugleich Eisenoxydhydrat und Tonerdehydrat reichlicher enthalten sind;

2. von freier amorpher Kieselsäure und auch von fein verteilten wasserfreien Silikaten;

3. von der kohlensauren Ammoniaktonerde, der phosphorsauren Tonerde und von dem phosphorsauren Eisenoxyd."

Nur wenig oder gar nicht adsorbiert wird es:

„1. von den Hydraten des Eisenoxyds und der Tonerde;
2. von den Tonerdeverbindungen der Monoxyde;
3. von humussauren Salzen; auch nicht von denen der Sesquioxyde;
4. von den Karbonaten der Kalkerde und der Magnesia".

J. M. VAN BEMMELEN[3] führt die Absorption der Neutralsalze hauptsächlich auf die basischen (zeolithischen), in Salzsäure löslichen Silikate zurück, welche CaO, Na_2O, MgO und K_2O enthalten, und zwar aus dem Grunde, weil Zeolithe ganz deutliche Erscheinungen zeigen, wenn sie mit Salzlösungen geschüttelt werden, da Erdgesteine ferner ähnliche Umwandlungen erkennen lassen, und da schließlich künstliche zeolithische Silikate wiederum ein ganz ähnliches Bild ergeben. Eisenoxydhydrat und Aluminiumoxydhydrat lassen bislang noch kein einheitliches Bild erkennen, da sie nach dem einen Forscher nur eine Absorption für freies Ammoniak und Kaliumhydroxyd in Lösung zeigen, aber keine für Salzlösungen, während sie nach WARRINGTON gewisse Mengen von Kali- und Ammoniaksalzen absorbieren. Aber gerade die schon früher erwähnten Versuche mit Böden, deren zeolithische Bestandteile durch HCl zerstört wurden, aber durch Zusatz von Karbonaten wieder eine gewisse Absorptionsfähigkeit erhielten, führen VAN BEMMELEN zu der Auffassung[4], daß die hoch hydratisierte Kieselsäure des Bodens bei diesen Vorgängen ebenfalls eine wesentliche Rolle spielt. Durch sehr sorgfältige Untersuchungen an einer sehr weitgehend gereinigten Kieselsäure wird erhärtet, daß SiO_2 sich mit Wasser in sehr vielen Verhältnissen chemisch verbinden kann, und daß eine chemische Verbindung stattfindet, wenn viele Moleküle ungelöster Kieselsäure (hydratisch) ein Molekül KOH aus einer wässerigen

[1] FRIEDEL, D. u. E. SARASIN: Konstitution der Zeolithe. Bull. Soc. Chem. Paris T. 40; n. Hoffm. Jber. **28**, 1 (1886).
[2] KNOP, W.: Die Bonitierung der Ackererde. Leipzig 1871; n. Hoffm. Jber. **13**, 53 (1874).
[3] BEMMELEN, J. M. VAN: Landw. Versuchsstat. **21**, 135 (1878).
[4] BEMMELEN, J. M. VAN: Landw. Versuchsstat. **23**, 265 (1879).

Lösung in der Weise absorbierten, daß K und H auswechseln. Bei dieser Einwirkung stellt sich ein chemisches Gleichgewicht ein, dieses ist abhängig von der Menge an Kieselsäure, Wasser, Kali und von der Temperatur sowie von dem allotropen Zustand, in welchem sich die Kieselsäure befindet.

Wenden wir uns nunmehr der Frage zu, in welchem Umfange die organischen Bestandteile des Bodens für die Absorptionserscheinungen verantwortlich gemacht worden sind.

Bereits F. BRUSTLEIN[1] zeigt, daß Humus, Torf, Spodium gegen freies Ammoniak eine noch größere Absorptionskraft als Ackererde aufweisen. Dahingegen wird beobachtet, daß Torf und Humuserde für Ammoniaksalze nicht die geringste Absorptionskraft besitzen. W. KNOP und W. WOLF[2] bestätigen, daß der Humus Ammoniak zu binden vermag. Dagegen schreibt A. VÖLCKER[3] dem Humus kein nennenswertes Absorptionsvermögen für Ammoniak zu. F. RAUTENBERG[4] beobachtet, daß die verschiedene Absorptionsfähigkeit der einzelnen Böden in keinerlei Zusammenhang mit ihrem Gehalt an organischer Substanz steht. Später[5] gibt er zu, daß zwar der Humus ein bedeutendes Absorptionsvermögen für freies Ammoniak wie auch für Ammoniaksalze besitze. Doch ist er nicht sicher, ob der beobachtete Basenaustausch nicht durch Wechselzersetzungen mit den Mineralbestandteilen des Humus vorgetäuscht worden sei. Ferner könne seine Mitwirkung an den Absorptionsprozessen infolge seiner geringen Menge nur unbedeutend sein. Nach E. HEIDEN[6] scheint dagegen eine Beziehung zwischen der Absorptionskraft der Böden und ihrem Gehalt an organischer Substanz zu bestehen. Später[7] gibt er an, daß verschiedenartig behandelte Humusstoffe eine gewisse Absorption aufweisen, daß aber auch eine mechanische Festlegung des ganzen einwirkenden Salzes eintreten kann. W. SCHUHMACHER[8] hält dagegen den Humus für denjenigen Bodenbestandteil, der die kräftigste Absorption veranlaßt.

R. BIEDERMANN[9] beobachtet ferner, daß beim Glühen von Schwarzerde die Absorption von Kali abnimmt, da die absorbierende Humusmenge zerstört wird. Andererseits erscheint es ihm jedoch zweifelhaft, ob ein enger Zusammenhang zwischen Humusgehalt und Absorptionsfähigkeit besteht. W. KNOP und VON POCHWISSNEW[10] beobachten, daß mit Kalk neutralisierte Humussubstanzen keine wesentliche Absorption zeigen. EICHHORN[11] kann wiederum eine deutliche Absorption durch Humussubstanzen feststellen. Er geht von der Anschauung aus, daß bei diesem Vorgang schwerlösliche humussaure Kalk- und Alkali-Doppelsalze entstehen. A. VOGEL[12] untersucht die Absorptionsfähigkeit von künstlich hergestellten Humussubstanzen. Seine Versuche, diese Humussubstanzen zur Absorption von Neutralsalzen, Säuren usw. zu veranlassen, verliefen negativ. Die Einwirkung von kaustischen Alkalien und Ammoniak faßt er als chemisch auf und bespricht sie nicht weiter. Jedoch macht er darauf aufmerksam, daß nach

---

[1] BRUSTLEIN, F.: Ann. chem. et phys. T. 2, **6**, 165; n. Hoffm. Jber. **2**, 1 (1861).
[2] KNOP, W. u. W. WOLF: a. a. O. Landw. Versuchsstat. **3**, 109, 207 (1861); **4**, 67 (1862).
[3] VÖLCKER, A.: J. roy. agricult. Soc. **21**, 105; n. Hoffm. Jber. **3**, 1 (1862).
[4] RAUTENBERG, F.: J. Landw. **7**, 49 (1862).
[5] RAUTENBERG, F.: J. Landw. **7**, 405 (1862).
[6] HEIDEN, E.: Ann. Landw. Mbl. **43**, 310; n. Hoffm. Jber. **7**, 17 (1866).
[7] HEIDEN, E.: Ann. Landw. **48**, 248; n. Hoffm. Jber. **9**, 27 (1866).
[8] SCHUHMACHER, W.: Über das Verhalten der Pflanzennährstoffe im Boden. Ann. Landw. **49**, 322; n. Hoffm. Jber. **10**, 18 (1867).
[9] BIEDERMANN, R.: a. a. O. Landw. Versuchsstat. **11**, 1 (1869).
[10] KNOP, W. u. v. POCHWISSNEW: Kreislauf des Stoffs, S. 502. Leipzig 1868; n. Hoffm. Jber. **11/12**, 71 (1868/69).
[11] EICHHORN H.: Landw. Jb. **4**, 1 (1875); n. Hoffm. Jber. **18/19**, 44 (1875/76).
[12] VOGEL, A.: Sitzgsber. bayer. Akad. Wiss., Math.-physik. Kl. **3**, 5 (1879).

Lösen der Humussubstanz in kochender Kalilauge und Fällung der Lösung durch verdünnte Säure eine Substanz erhalten wird, welche auch nach vollständigem Auswaschen eine weit größere Menge Asche hinterläßt als die ursprüngliche. Er schließt daraus, daß Humussäure unter dieser Behandlung Kali aus seinen salzartigen Verbindungen zu absorbieren vermag. A. KÖNIG[1] führt besonders eingehende Untersuchungen über die Frage der Absorption durch Humussubstanzen aus. Er findet eine besonders starke Festlegung der Hydroxyde und der alkalisch-reagierenden Salze, während die Neutralsalze die geringste Aufnahme zeigen und in der Hauptsache nur einen Basenaustausch veranlassen. Die Kaliverbindungen werden ähnlich wie dies bei den mineralischen Bestandteilen des Bodens der Fall ist, vielfach stärker festgelegt als die Ammoniakverbindungen. A. BAUMANN[2] stellt ferner fest, daß Waldhumus etwa 200 mal mehr Zink aus Zinksulfat zu absorbieren vermag als ein Sandboden. Dabei ist zu beobachten, daß das aufgenommene Zink sonstige Basen in Freiheit setzt, also einen Basenaustausch veranlaßt. Schließlich bestätigt O. KELLNER[3], daß die in Verdrängungsröhren festgestellte „Sättigungskapazität" des Bodens in enger Beziehung zu dem Reichtum des Bodens an wasserhaltigen Doppelsilikaten und an Humus steht.

Somit darf namentlich auf Grund der Arbeit von A. KÖNIG als unbedingt gesichert angesehen werden, daß die Humusstoffe des Bodens je nach ihrem Auftreten im Boden als eine der Ursachen für die Absorptionserscheinungen des Bodens angesehen werden müssen.

Nachdem nun das in den besagten Jahren beobachtete Tatsachenmaterial zusammengefaßt worden ist, sei zur Besprechung der Frage übergegangen, ob die Absorptionserscheinungen auf chemische oder physikalische Vorgänge zurückzuführen sind, eine Frage, welche bekanntlich durch die gegensätzlichen Auffassungen von TH. WAY und J. VON LIEBIG eine besondere Anteilnahme in weiten Kreisen hervorrief.

Kurze Zeit nach dem Erscheinen der Arbeiten von VON LIEBIG prüfen W. HENNEBERG und F. STOHMANN[4] dessen Auffassung und können bei der Verwendung von Ammoniak und Ammoniaksalzen feststellen, daß „die Absorptionserscheinungen der Ackererde sich nicht überall durch chemische Zersetzungen nach den Regeln der Affinität erklären lassen". F. BRUSTLEIN[5] glaubt, daß die Absorption des freien Ammoniaks durch die Erde von der physikalischen Beschaffenheit bedingt, daß dagegen die Absorption eines Ammoniaksalzes von den chemischen Eigenschaften des Bodens abhängig sei. E. PETERS[6] folgert aus den bereits erwähnten Versuchen über die Höhe der Absorption in ihrer Abhängigkeit von den Anionen und der Konzentration, daß die Absorption des Kalis nicht allein durch rein chemische Prozesse veranlaßt werde. W. KNOP und W. WOLF[7] nehmen an, daß nur der Humus Ammoniak chemisch zu binden vermöge, während der Ton als Ganzes in der Lage sei, durch Flächenattraktion Ammoniak zu binden. ULBALDINI[8] nimmt ebenfalls als Ursache für die Absorption des Bodens mechanische wie chemische Kräfte an, und auch F. RAUTENBERG[9] gelangt zu dieser Auffassung, denn „chemische sowohl als

[1] KÖNIG, A.: Landw. Versuchsstat. **26**, 400 (1881); Landw. Jb. **11**, 1 (1882).
[2] BAUMANN, A.: Das Verhalten von Zinksalzen gegen Pflanzen und im Boden. Landw. Versuchsstat. **31**, 1 (1885).
[3] KELLNER, O.: Landw. Versuchsstat. **33**, 349 (1887).
[4] HENNEBERG, W. u. F. STOHMANN,: Ann. Pharm. **107**, 152 (1858).
[5] BRUSTLEIN, F.: Ann. chem. et phys. T 2, **6**, 165; n. Hoffm. Jber. **2**, 1 (1861).
[6] PETERS, E.: Landw. Versuchsstat. **2**, 113 (1860).
[7] WOLF, W. u. W. KNOP: Landw. Versuchsstat. **3**, 109, 207 (1861); **4**, 67 (1862).
[8] ULBALDINI: C. r. **53**, 333; n. Hoffm. Jber. **4**, 1 (1863).
[9] RAUTENBERG, F.: J. Landw. **7**, 405 (1862).

mechanische Einflüsse treten deutlich in der Umsetzung des Ammoniaksalzes mit den Silikaten und in der erhöhten Absorption des freien Ammoniaks durch die Gegenwart der letzteren hervor". E. HEIDEN[1] zieht aus den schon erwähnten Versuchen den Schluß, daß die Absorption kein rein physikalischer Vorgang, sondern das Hauptgewicht auf die chemischen Umwandlungen zu legen sei. In ähnlicher Weise gibt er[2] später an, daß bei den Absorptionserscheinungen zwei Momente, nämlich einerseits die chemische Bindung der Basen durch die wasserhaltigen Silikate und die Humuskörper, andererseits die Flächenanziehung wirksam sind. Den chemischen Vorgang hält er für den wichtigsten, und zwar spielen bei dem verhältnismäßig geringen Gehalt des Bodens an Humusstoffen die wasserhaltigen Silikate die Hauptrolle dabei. Auf chemischem Wege werden nur die Basen gebunden, bei der Flächenanziehung jedoch die ganzen, unzersetzten Salze. Ganz die gleichen Auffassungen vertritt er[3] hinsichtlich der Umsetzungen, die Gips, schwefelsaure Magnesia[4] und Kochsalz[5] auf den Boden auszuüben vermögen. Er sieht sie als rein chemische an.

Dahingegen kommt A. SALOMON[6] auf Grund von Absorptionsversuchen mit Kalk zu der Auffassung, daß die Absorption vornehmlich ein physikalisches Problem ist. W. KNOP[7] äußert sich darüber wie folgt: „Was Ammoniak, Kali und Kalk anbetrifft, so glaube ich, hat VON LIEBIG unbedingt recht, wenn er behauptet daß diese Körper wenigstens beim ersten Angriff der Erden auf die Lösungen derselben durch Flächenattraktion zur Erde übertreten. Jene Proportionalitäten der Absorptionen des Kalis und Kalkes mit wachsender Menge von Flüssigkeit von sich gleich bleibender Konzentration stehen nicht mit den Wirkungen der chemischen Affinität im Einklang. Späterhin wird diese allerdings rege werden müssen; ist Kieselsäurehydrat oder ein Silikat mit Kali und Kalk in innige Berührung getreten, so werden die ersten sicherlich mit der Zeit teilweise diese Basen chemisch binden." Später äußert er[8] nochmals die gleiche Auffassung. Jedoch läßt die Arbeit von J. FREY[9] erkennen, daß die chemische Natur der Absorptionsvorgänge im großen und ganzen zu diesem Zeitpunkte anerkannt war. Neben den wasserhaltigen Doppelsilikaten wurden ferner für diese Vorgänge verantwortlich gemacht: Eisenoxydhydrat, Tonerdehydrat, Kieselsäurehydrat und andere. Dieses findet z. B. eine Bestätigung in der Arbeit von J. LEMBERG[10], der überaus interessante Untersuchungen an einem künstlich hergestellten Tonerde-Kalisilikat durchführt. Aus diesen Untersuchungen, in denen das Kali zunächst durch Natrium, dann durch Kalzium, schließlich durch Magnesium zu einem gewissen Teil ersetzt wurde, folgert Lemberg, daß hier rein chemische Prozesse vorliegen. Wenn es auch nicht gelingt, selbst durch große Na-Mengen alles Kali zu ersetzen, so ist doch hierdurch die Annahme spezifischer Absorp-

---

[1] HEIDEN, E. Ann. Landw. Mbl. **43**, 310; n. Hoffm. Jber. **7**, 17 (1866).

[2] HEIDEN, E.: Ann. Landw. **48**, 248; n. Hoffm. Jber. **9**, 27 (1866).

[3] HEIDEN, E.: Über die Umsetzungen, welche der Gips im Boden bewirkt. Ann. Landw. Preuß. **50**, 29; n. Hoffm. Jber. **11**, 59 (1868).

[4] HEIDEN, E.: Beitrag zur Erklärung der Düngerwirkung der schwefelsauren Magnesia. Landw. Versuchsstat. **11**, 69 (1869).

[5] HEIDEN, E.: Beitrag zur Erklärung der Wirkung des Kochsalzes. Landw. Versuchsstat. **11**, 300 (1869).

[6] SALOMON, A.: Versuche über die Absorption des Kalks. Landw. Versuchsstat. **9**, 351 (1867).

[7] KNOP, W.: Kreislauf des Stoffs, **1**, 504; **2**, 173. Leipzig 1868.

[8] KNOP, W.: Die Bonitierung der Ackererde. Leipzig; n. Hoffm. Jber. **13/15**, 49 (1874).

[9] FREY, J.: Landw. Versuchsstat. **18**, 3 (1875).

[10] LEMBERG, J.: Dissert. Dorpat 1877; n. Hoffm. Jber. **20**, 35 (1877); Z. dtsch. geol. Ges. **28**, 575 (1876).

tionskräfte nicht gerechtfertigt. W. PILLITZ[1] spricht die Hoffnung aus, daß es auf Grund seiner Anschauungen über die „Aussättigungsgrenze" bald gelingen werde, „die Identität der Absorption mit der chemischen Affinität zur Gewißheit zu erheben". Auch H. P. ARMSBY[2] hält diesen Vorgang für einen chemischen Prozeß, der abhängig von der Massenwirkung ist. Die entstandenen Verbindungen streben, „die ursprünglichen Substanzen zu bilden; und die wirklich gefundene Absorption zeigt den Punkt, wo die beiden Umsetzungen im Gleichgewicht stehen". Schließlich gelangt auch J. M. VAN BEMMELEN[3] auf Grund von Literaturstudien und seiner eigenen Versuche dazu, daß er die früheren Auffassungen über die physikalische Absorption ablehnt und die Überzeugung ausspricht, die Vorgänge der Basenabsorption auch hinsichtlich der schwierigen Vorgänge (Zerstörung des zeolithischen Komplexes und anschließendes Behandeln mit Karbonaten usw.) mit bekannten chemischen Reaktionen in Einklang gebracht zu haben. Er schließt mit den Worten: „Die Absorptionserscheinungen der Ackererde vor und nach der Ausziehung mit konzentrierter Salzsäure, in Lösungen von Alkalien und von Alkalisalzen (auch von alkalischen Erden) mit starken und schwachen Säuren, sind nur chemischen Reaktionen zuzuschreiben."

Abschließend sei noch kurz auf die Absorption von Gasen eingegangen, die mehrfach in der älteren Literatur behandelt wird, und die J. VON LIEBIG besonders hinsichtlich der Aufnahme von Ammoniak durch den Boden für die Ernährung der Pflanze als bedeutungsvoll ansieht. Jedoch sollen diese Versuche hier nur so weit besprochen werden, als sie mit Verbindungen durchgeführt wurden, die auch im Rahmen des Basenaustausches Interesse haben.

Zunächst untersucht EICHHORN[4] bei einer großen Zahl von Körpern das Absorptionsvermögen für gasförmiges Ammoniak, doch sind seine Erfahrungen nicht von einem einheitlichen Gesichtspunkte aus zusammenzufassen. Teilweise handelt es sich um rein chemische Prozesse, teilweise sind Lösungsvorgänge in Wasser bestimmend, teilweise spielt mechanische Festlegung eine Rolle. Dort, wo die letztere ausschlaggebend war, ist das Absorptionsvermögen um so größer, je poröser und lockerer die Stoffe sind. So absorbiert fein verteilte Kreide mehr als der dichtere Marmor usw.

VAN DEN BROEK[5] gibt an, daß auch die Kohlensäure mechanisch von der Ackererde gebunden wird. E. BLUMTRITT und E. REICHARDT[6] finden, daß die verschiedenartigen Böden die Gemengteile der Atmosphäre in qualitativ wie quantitativ wechselnden Mengen absorbiert enthalten. Besonders leicht scheint der Stickstoff absorbiert zu werden; ebenso verhält sich die Kohlensäure hinsichtlich des Eisenoxydes und der Tonerde. G. DÖBRICH[7] sammelt ähnliche Erfahrungen. Sehr eingehende Untersuchungen führt sodann G. AMMON[8] durch. Er folgert aus seinen Versuchen, daß die Verdichtung der Gase durch den Boden durch chemische und physikalische Prozesse bedingt ist. Die durch chemische Prozesse veranlaßten Gasabsorptionen sind seiner Meinung nach dabei bedeutungsvoller

[1] PILLITZ, W.: Studien über die Bodenabsorption. Z. analyt. Chem. **14**, 55 (1875).

[2] ARMSBY, H. P.: Landw. Versuchsstat. **21**, 397 (1877).

[3] BEMMELEN, J. M. VAN: Landw. Versuchsstat. **21**, 135 (1878); **23**, 265 (1879).

[4] EICHHORN, H.: Über die Absorption des gasförmigen Ammoniaks durch feste Körper. Landw. Mitt. Poppelsd. **3**, 17; n. Landw. Versuchsstat. **3**, 102 (1861).

[5] VAN DEN BROEK: Über die Absorption der Kohlensäure durch die Ackererde. Ann. Chem. u. Pharm. **65**, 87; n. Landw. Versuchsstat. **3**, 104 (1861).

[6] BLUMTRITT, E. u. E. REICHARDT: Über die von trockenen Körpern absorbierten und verdichteten Gase. Z. Dtsch. Landw. **1866**, 169; n. Hoffm. Jber. **9**, 24 (1866).

[7] DÖBRICH, G.: Über die von den Erdbestandteilen absorbierten Gase. Ann. Landw. Preuß. **52**, 181 (1868); n. Hoffm. Jber. **11/12**, 39 (1868/69).

[8] AMMON, G.: Untersuchungen über das Absorptionsvermögen der Bodenkonstituenten für Gase. Forschgn. Geb. Agrikult.-Phys. **2**, 1 (1878); n. Biederm. Zbl. **8**, 511 (1879).

als die durch Flächenattraktion. Die Gase werden allgemein um so stärker kondensiert, je leichter sie auch sonst ihren Aggregatzustand verändern und je leichter sie sich zersetzen. Zwischen 0°—10° ist die Absorption am größten. Mit fallender wie steigender Temperatur wird von hier aus die Absorption der Gase geringer.

Th. Schloesing[1] untersucht speziell die Absorption des Ammoniaks der Luft durch den Boden. Sie wird durch die Feuchtigkeit des Bodens begünstigt, durch seine Trockenheit verhindert. Sehr eingehend behandelt auch von Dobeneck[2] diese Fragen. Er sieht die Absorption der Gase durch den Boden nicht lediglich als eine Wirkung der Oberfläche an, sondern führt sie außerdem auf die Absorption permanenter Flüssigkeitsschichten, auf chemische Reaktionen und der Diffusion verwandte Einwanderungen von Gasmolekülen zurück. Über den Einfluß der verschiedenen Feinheitsgrade der Bodenteilchen auf die Absorption von Ammoniakgas und Wasserdämpfen läßt sich ermitteln, daß sie zwar mit steigendem Feinheitsgrad, aber nicht in proportionalen Verhältnissen dazu zunimmt, ferner daß Absorption und Hygroskopizität, soweit es sich um Oberflächenwirkung handelt, den gleichen Gesetzmäßigkeiten unterworfen sind, daß aber auch noch andere Ursachen einen Einfluß ausüben. An Einzelheiten stellt er fest, daß die Absorption von Ammoniak entsprechend der Reihe Humus, Eisenoxydhydrat, Kaolin, Quarz und $CaCO_3$ abnimmt.

Die Kohlensäure wird dagegen in abnehmendem Umfange von Eisenhydroxyd, Humus, Kaolin, Quarz und Kalk absorbiert. Die Absorptionsgröße nimmt zwischen 0°—30° C mit steigender Temperatur annähernd im Verhältnis des reziproken Wertes der Tension ab. H. Puchner[3] gelangt zu ähnlichen Ermittelungen. H. E. Patten und F. E. Gallagher[4] beobachten wiederum, daß von den Böden Stickstoff meist in größerer Menge als Sauerstoff absorbiert wird. L. Pinner[5] prüft die Absorption gasförmigen Ammoniaks an Bodenkonstituenten, um festzustellen, durch welche von den bisher aufgestellten theoretischen Anschauungen sie erklärbar ist. Er kommt zu dem Schluß, daß bei der Vielseitigkeit der Absorptionsprozesse und bei einem so kompliziert zusammengesetzten Adsorbens, wie es der Boden darstellt, eine bestimmte Hypothese nur unter Vorbehalt aufgestellt werden kann. Die von ihm beobachteten Absorptionserscheinungen lassen jedoch eine chemische Deutungsweise nicht zu. Vielmehr erklären H. Freundlichs[6] Ansichten über die Oberflächenverdichtung auch beim Boden die beobachteten Prozesse am besten. Ferner stellt er fest, daß die Absorptionswerte für Ammoniak bei den einheimischen Böden eine Beziehung zu ihrer Hygroskopizität nach Mitscherlich zeigen, während die zugleich von ihm untersuchten Roterden keine derartig befriedigende Beziehung erkennen lassen. Die Absorption des Ammoniaks durch den Boden ähnelt der der Gase durch Holzkohle. Der größte Teil der Absorption vollzieht sich in wenigen Minuten, doch wird ein stationärer Zustand erst nach einigen Stunden erreicht. Boden, der mit hygroskopischem Wasser benetzt ist, absorbiert mehr Ammoniak als trockener Boden, doch erweist sich seine Absorption nicht so groß, wie die des trockenen Bodens und des Wassers zusammengenommen.

---

[1] Schloesing, Th.; Über die Absorption des Ammoniaks der Luft durch den Ackerboden. C. r. **110**, 429, 499 (1890); n. Biederm. Zbl. **19**, 361 (1890).

[2] Dobeneck, A. von: a. a. O. Forschgn. Geb. Agrikult.-Phys. **15**, 163 (1892).

[3] Puchner, H.; Über Spannungszustände von Wasser und Luft im Boden. Forschgn. Geb. Agrikult.-Phys. **19**, 1 (1896); n. Hoffm. Jber. **39**, 74 (1896).

[4] Patten, H. E. u. F. E. Gallagher: Absorption von Dämpfen und Gasen durch Böden. U. S. Dept. Bur. Soils Bull. **51**; n. Exp. Stat. Rec. **19**, 1118 (1908); n. Hoffm. Jber. **51**, 89 (1908).

[5] Pinner, L.: Kühn Arch. **6**, 153 (1915).

[6] Freundlich, H.: Kapillarchemie. Leipzig 1909.

Die neuzeitliche Entwicklung der Anschauungen über die Natur des absorbierenden Komplexes im Boden.

Bei den ungemein schnell wechselnden Anschauungen auf diesem Gebiet, die auch heute noch nicht als endgültig geklärt anzusehen sind, wird es nur möglich sein, die weitere Entwicklung des Problems in ihrem geschichtlichen Ablauf zu schildern.

Zunächst sei darauf verwiesen, daß in der Beurteilung der theoretischen Verhältnisse der Absorptionserscheinungen des Bodens durch die weiteren Untersuchungen von J. M. VAN BEMMELEN[1] ein neuer Abschnitt eingeleitet worden ist. Ausgehend von den Untersuchungen von GRAHAM[2] und den Beobachtungen von SCHLOESING[3] gelangt VAN BEMMELEN zu der Auffassung, daß die Feinerde des Bodens, welche die Absorptionserscheinungen zur Hauptsache zeigt, aus amorphen kolloidalen Substanzen besteht. Er überträgt daher die beim Studium der Kolloide gefundenen Ergebnisse auch auf die Erscheinungen des Bodens. Die Kolloide vermögen mit Wasser und anderen Flüssigkeiten Gallerten zu bilden, die Gele genannt werden. In diesen sind keine gewöhnlichen chemischen Verbindungen anzunehmen, genau so wie die Verbindung dieser Gele mit Wasser je nach den äußeren Verhältnissen eine inkonstante ist, denn in allen Fällen stellt sich ein von Druck und Temperatur abhängiges Gleichgewicht mit dem Wasserdampf ein. Je mehr Wasser ein solches Gel gebunden enthält, um so schwächer ist es gebunden und umgekehrt. Jedoch können in gewissen Grenzen auch chemische Hydrate auftreten und konstant bleiben. Ferner kommt hinzu, daß beim Abscheiden der Gele aus einer Lösung gewisse Stoffe aus derselben gebunden werden. VAN BEMMELEN würde diese Vorgänge als Erscheinungen der Adhäsion betrachten, wenn solche Verbindungen nicht stattfinden würden zwischen Substanzen, die sich auch zu normalen chemischen Verbindungen vereinigen können, und wenn nicht chemische Substitution dabei auftreten würde. VAN BEMMELEN glaubt daher, diese Vorgänge noch als zum Gebiete der Chemie gehörig betrachten zu müssen und bezeichnet sie als „Absorptionsverbindungen". So findet er in dem Gel der Metazinnsäure (SnO_2), welches aus einer verdünnten Kalilösung abgeschieden wurde, eine Absorption des Kalis durch das Gel, während das abfiltrierte Wasser fast frei von Kali ist. Jedoch ist die Bindung verhältnismäßig schwach, doch andererseits so stark, daß erst oft erneuertes Wasser (Dialyse) die gebundene Substanz aus dem Gel entfernen kann. Die absorbierten Basen sind ferner durch chemische Substitution zu ersetzen. Hat z. B. ein Gel Kalk absorbiert, so wird es diesen z. T. gegen Kali oder Natrium auswechseln und umgekehrt. Auch Gase können durch lufttrockene Gele in inkonstanten Verhältnissen aufgenommen werden. Die Kolloide vermögen auch Salze in Lösung chemisch zu zersetzen. Schon früher wurde von VAN BEMMELEN darauf hingewiesen, daß das Gel der Kieselsäure Alkalisalze mit schwachen Säuren unter Bildung von primärem Karbonat, Phosphat und Borat z. B. zu zersetzen vermag. Kolloidale Humussubstanzen zersetzen Karbonate und Phosphate, ja selbst Salmiak und Chlorkalium im geringen Umfange. Die Gele von Eisenoxyd und Alaunerde entziehen Ammoniaksalzen aus wässerigen Lösungen einen Teil der Säure. Das rote Kolloid von MnO_2 zersetzt Salze wie KCl, KNO_3 in wässeriger Lösung neben gleichzeitiger Ab-

[1] BEMMELEN, J. M. VAN: Die Absorptionsverbindungen und das Absorptionsvermögen der Ackererden III. Landw. Versuchsstat. **35**, 69 (1888).

[2] GRAHAM, J.: Ann. Chem. et Phys. **3**, 121 (1864).

[3] SCHLOESING, TH.: Sur la constitution des argiles. C. r. **78**, 1438 (1874); **79**, 376, 473 (1874).

sorption des ganzen Salzes. Die Filtrate reagieren naturgemäß deutlich sauer. Haben sich die Gele oder Kolloide in chemische Hydrate umgesetzt, so sind sie nicht mehr imstande Absorptionsverbindungen zu bilden.

Über die Substitution bei Absorptionsverbindungen macht sich VAN BEMMELEN die Vorstellung, daß ein Gel mit der absorbierten Substanz *a* in einer Lösung mit der Substanz *b* zunächst *a* abgibt und *b* auf Grund der lösenden Wirkung des Wassers aufnimmt. VAN BEMMELEN bezeichnet dieses Gleichgewicht als eine scheinbare Substitution. Die gegenseitige, darüber hinausgehende Beeinflussung ist schwierig zu kennzeichnen. Sie kann bei geringen Mengen annähernd additiv sein, bei größeren Mengen wird aber eine wahre Substitution eintreten.

Über die Bildungsgesetze der Absorptionsverbindungen der Kolloide gibt VAN BEMMELEN außer den bereits erwähnten Beobachtungen noch an, daß die Absorption von Gasen wie von Substanzen aus Flüssigkeiten sowohl von ihren Massen als auch von der Temperatur abhängig sind. Diese Reaktionen sind im allgemeinen umkehrbar, und es bildet sich dabei ein Gleichgewichtszustand aus. Wie schon erwähnt, ist die Absorptionskraft keine konstante; „je mehr absorbiert ist, desto schwächer wird die Absorptionskraft gegenüber dem Widerstand der Flüssigkeit". Jedes Gel hat sein eigenes Absorptionsvermögen für eine Säure, eine Base oder ein Salz. Bedeutsam ist bei sonst gleichen Verhältnissen die Konzentration der Lösung. Die Menge einer aus Lösungen mit steigender Konzentration aufgenommenen Substanz folgt der bekannten Absorptionskurve. Jedoch gelingt es VAN BEMMELEN noch nicht, die Vorgänge durch eine mathematische Formel zu erfassen. Bei der Übertragung dieser Vorstellungen auf den Erdboden nimmt er die folgenden kolloidalen Bestandteile als im Boden vorhanden an: 1. die Gewebereste der Pflanzen und Tiere, 2. die Humussubstanzen, 3. das kolloidale Eisenoxyd (oder Oxyduloxyd), 4. die kolloidale Kieselsäure, 5. die amorphen, zeolithischen Silikate, welche durch Verwitterung entstanden sind.

Die Absorptionserscheinungen kristallinischer Silikate, die z. B. J. LEMBERG[1] untersuchte, möchte VAN BEMMELEN hier ausscheiden, da sie rein chemischen Gesetzmäßigkeiten folgen und bei den Absorptionserscheinungen der Erde keine größere Bedeutung haben. Auch die Gewebereste der Pflanzen und Tiere berücksichtigt VAN BEMMELEN nur so weit, als sie bereits zu den Humussubstanzen zu zählen sind. Im einzelnen bemerkt er noch folgendes: Das Gel von SiO_2 in der Ackererde absorbiert KOH, NaOH, NH_3, CaO, MgO aus Lösungen der Hydrate und aus Lösungen von Salzen mit schwachen Säuren, wie dieses schon früher geschildert wurde. An diesen absorbierten Basen können dann die bekannten Absorptionen unter Auswechslung stattfinden, wenn sie mit Salzlösungen zusammengebracht werden. Wird trockene Erde mit derartigen Lösungen versetzt, so sättigt sich ferner die Kieselsäure mit Wasser und absorbiert dabei ohne weiteres die darin gelösten Substanzen, ohne daß diese Absorption in einer Konzentrationsänderung zu beobachten ist.

Das Gel von Fe_2O_3 oder $Fe_2O_3(FeO)_x$ soll dieselben Erscheinungen hervorbringen wie die Kieselsäure; die Absorption von ganzen Salzen soll jedoch bedeutungsvoller als bei der Kieselsäure sein, und aus Ammonsalzlösungen können ferner Säuren absorbiert werden. Da die Menge des freien Eisenoxyds im Boden als gering anzunehmen ist, treten seine Wirkungen bei den Absorptionsversuchen nicht deutlich hervor.

Die kolloidalen Silikate im Ackerboden absorbieren unzweifelhaft freie Alkalien, alkalische Erden sowie Ammoniak. Weiterhin geben sie die bekannten

---

[1] LEMBERG, J.: Z. dtsch. geol. Ges. **28** u. **29**.

Substitutionen, wenn sie mit Lösungen von Salzen in Berührung treten. Auf Grund der weiter oben schon erwähnten Absorptionskurve nimmt er an, daß eine Grenze der Absorption theoretisch nie zu erreichen, wenn auch praktisch zu beobachten ist. Eine Absorption ganzer Salze und Säuren ohne Auswechslung durch kolloidale Silikate nimmt VAN BEMMELEN nicht an, wohl aber eine solche von kolloidalen Substanzen wie Humussubstanzen, Gerbsäure usw.

Die Humussubstanzen können zunächst Absorptionen unter Auswechslung zeigen, da sie in der Ackererde Ammoniak, alkalische Basen usw. gebunden enthalten können. Diese Absorption folgt den bereits entwickelten Gesetzen. Die Absorption ohne Auswechslung bezieht sich auf die Aufnahme der Basen aus Lösungen der Hydrate und aus den Salzlösungen mit schwachen oder selbst starken Säuren. Sie entspricht den bei der kolloidalen Kieselsäure beobachteten Vorgängen unter Bildung von Absorptionsverbindungen. Die Absorption von Säuren und ganzen Salzen durch Humussubstanz ohne Auswechslung ist auf Grund der z. B. bei Zellulose beobachteten Vorgänge zu erwarten, denn trockener Humus nimmt große Mengen von Wasser auf; und es ist anzunehmen, daß auf diese Weise Säuren und Salze, die darin gelöst sind, absorbiert werden können. Eine genügende Klarheit über diese Vorgänge besteht trotz der Versuche von KÖNIG[1] noch nicht.

Auf Grund der Zusammensetzung der Böden werden die durch die kolloidalen Silikate hervorgerufenen Absorptionserscheinungen bei ihnen von besonderer Bedeutung sein, und es werden dabei in der Hauptsache die Absorptionen mit Basenaustausch in den Vordergrund treten, während das Absorptionsvermögen für vollständige Salze gering sein wird. Später formuliert J. M. VAN BEMMELEN[2] seine Auffassung noch in der Weise, daß die im Boden enthaltenen Verwitterungssilikate einen Komplex von SiO_2, Al_2O_3 und kleinen Mengen alkalischer Basen darstellen, die in unbestimmten Verhältnissen gemengt vorliegen. Ihre Natur und ihre Zusammensetzung kann nicht näher erklärt werden.

U. PRATOLONGO[3] und A. N. SSOKOLOWSKY[4] bestätigen die Auffassungen von VAN BEMMELEN, indem der erstere auf Grund des Verhaltens der das Absorptionsvermögen des Bodens veranlassenden Bestandteile Lösungen gegenüber diese Bestandteile in der Hauptsache als Absorptionsverbindungen annimmt. Auch kommt er später[5] zu der Auffassung, daß vom Standpunkte der Phasenregel das Auftreten von festen Lösungen beim Absorptionsprozeß ausgeschlossen ist. Das Absorptionsvermögen des Bodens soll hauptsächlich eine Absorptionserscheinung sein, und auch A. HAMBERG[6] bestätigt die Untersuchungen von VAN BEMMELEN in der Weise, daß die Zeolithmineralien keine konstante Dampfspannung im Gegensatz zu den kristallwasserhaltigen Salzen zeigen. Er schlägt daher vor, dieses Wasser als gelöstes oder dilutes Wasser zu bezeichnen.

---

[1] KÖNIG, A.: Landw. Jahrb. **11**, 1 (1882).

[2] BEMMELEN, J. M. VAN: Beitrag zur Kenntnis der Verwitterungsprodukte der Silikate in Ton-, vulkanischen und Lateritböden. Z. anorg. Chem. **22**, 265 (1905); n. Hoffm. Jber. **48**, 45 (1905).

[3] PRATOLONGO, U.: Das Absorptionsvermögen des Bodens vom physikalisch-chemischen Standpunkt aus. Rend. R. Inst. Lomb. sci. et lett. **43**, 542; n. Hoffm. Jber. **53**, 86 (1910).

[4] SSOKOLOWSKY, A. N.: Aus dem Gebiet der Adsorptionserscheinungen im Boden. Russ. J. exp. Landw. **15**, 114 (1914); n. Hoffm. Jber. **58**, 74 (1915).

[5] PRATOLONGO, U.: Physiko-chemische Bodenstudien. I. Über das Absorptionsvermögen des Bodens. Staz. sperim. agricult. ital. **45**, 5 (1912); n. Hoffm. Jer. **55**, 95 (1912).

[6] HAMBERG, A.: Über das sogenannte Kristallwasser sowie über den Wassergehalt der Zeolithmineralien. Sv. Kemisk. Tidskr. **1900**, 103; n. Hoffm. Jber. **45**, 21 (1902).

M. DITTRICH[1] verfolgt sodann die Frage, welche weiteren Bestandteile des Bodens für die Absorptionserscheinungen in Frage kommen. Er untersucht daher die Absorptionserscheinungen bei verwitterten Gesteinen von Hornblendegranit, Amphibolperidotit und Granit, in denen sicherlich keine Zeolithe zugegen waren. Dabei steigt mit zunehmender Aufbereitung der Gesteine die Menge der austauschbaren Basen. Er führt diese Austauschvorgänge auf wasserhaltige Aluminate von Ca und Mg zurück und beobachtet zugleich, daß z. B. absorbiertes Kali so fest gebunden wurde, daß eine chemische Bindung anzunehmen ist. Ebenfalls macht K. GLINKA[2] darauf aufmerksam, daß auch viele andere Mineralien einen gewissen Basenaustausch zeigen, so daß man in derartigen Fällen den im Boden nachgewiesenen Basenaustausch auch ohne Zuhilfenahme von Zeolithen und dergleichen den Kolloiden entsprechenden Substanzen erklären könne. Ebenso vertritt auch K. K. GEDROIZ[3] die Anschauung, daß die Muttergesteine einen adsorbierenden Komplex besitzen, soweit sie einen kolloid-zerteilten Anteil haben. Nach seiner Ansicht ist der adsorbierende Komplex das Ergebnis „der mechanischen, chemischen und biologischen Zersetzung des Muttergesteins und des Bodens". M. S. ANDERSON, W. H. FRY, P. L. GILE, H. MIDDLETON und W. O. ROBINSON[4] stellen demgegenüber bezüglich der Natur der adsorbierenden Komplexe des Bodens fest, daß in der Regel bedeutend weniger als 5% der Gesamtadsorption eines Bodens seinem nichtkolloiden Anteile zufällt, mit Ausnahme solcher Böden, die viel Glimmer enthalten. Hier kann die durch Nichtkolloide bewirkte Absorption 10—20% der gesamten Absorption betragen. Die bis zur Feinheit der Bodenkolloide oder des Ultratones zerkleinerten Mineralien hatten ein geringeres Adsorptionsvermögen als der Ultraton.

F. H. CAMPBELL[5] wendet sich in seinen Untersuchungen wieder bestimmten Verbindungen zu und beobachtet, daß reine Al-Silikate mit Alkalisalzen nicht reagieren. Reines Ca-Silikat läßt zwar Austausch erkennen, aber erheblich weniger als gemischte Ca-Al-Silikate. Bei den Doppelsilikaten ist für den Austausch das Hydratwasser bedeutungsvoll, ferner die Menge der in ihnen gebundenen Kationen und die Konzentration der einwirkenden Salzlösung.

Nachdem jedoch schon J. DUMONT[6] die Absorption der Alkalikarbonate durch die Mineralbestandteile des Bodens in der Hauptsache wieder als eine rein chemische Erscheinung auffaßte, war es neben LÉO VIGNON[7] besonders R. GANSSEN[8], welcher mit ganz besonderem Nachdruck die chemische Natur dieser Vorgänge wieder vertrat. Er erbringt zunächst den Nachweis, daß Bodenauszüge mit kalter Salzsäure „die Bestandteile der Zeolithe in den Verhältnissen

---

[1] DITTRICH, M.: Chemisch-geologische Untersuchungen über „Absorptionserscheinungen" bei zersetzten Gesteinen. Mitt. Großh. bad. geol. Landesanst. **4**, 341 (1901); n. Hoffm. Jber. **45**, 22 (1902).

[2] GLINKA, K.: Studien im Gebiete der Verwitterungsprodukte, S. 141. St. Petersburg 1906.

[3] GEDROIZ, K. K.: Der absorbierende Bodenkomplex, S. 6. Dresden: Th. Steinkopff 1929.

[4] ANDERSON, M. S., W. H. FRY, P. L. GILE, H. MIDDLETON u. W. O. ROBINSON: Absorption durch kolloide und nichtkolloide Bodenbestandteile. U. S. Dept. Agricult. Bull. **1922**; n. Z. Pflanzenern., Düng. u. Bodenk. A, **3**, 53 (1924).

[5] CAMPBELL, F. H.: Der Einfluß der Chloralkalilösungen auf Doppelsilikate des Kalziums und Aluminiums. Landw. Versuchsstat. **65**, 247 (1907).

[6] DUMONT, J.: Über die Absorption der Alkalikarbonate durch die Mineralbestandteile des Bodens. C. r. **142**, 345; n. Hoffm. Jber. **48**, 90 (1905); **49**, 74 (1906).

[7] VIGNON, LÉO: Einfluß der chemischen Affinität bei gewissen sogenannten Adsorptionserscheinungen. C. r. **151**, 673 (1910); n. Hoffm. Jber. **54**, 105 (1911).

[8] GANSSEN (GANS), R.: Zeolithe und ähnliche Verbindungen, ihre Konstitution und Bedeutung für Technik und Landwirtschaft. Jb. Kgl. Pr. Geol. Landesanst. f. d. J. 1905, **26**, 179 (1908).

ergeben, daß sich daraus mit Leichtigkeit chemische Verbindungen von der Zusammensetzung der Zeolithe rekonstruieren lassen. In chemischer Beziehung ist damit der Nachweis geführt, daß die Annahme des Vorkommens zeolithischer Verbindungen im Boden volle Berechtigung hat". Außerdem stimmen die Eigenschaften beider, namentlich in der Art des Austausches, so weit überein, daß diese Auffassung dadurch weitgehende Stützung erfährt. Beim Vergleich der natürlichen Zeolithe wurde nun aber festgestellt, daß ihre Austauschfähigkeit sehr verschieden ist, und auf Grund der dabei gemachten Beobachtungen nimmt R. Ganssen an, daß zwei Gruppen der tonerdehaltigen Zeolithe zu unterscheiden sind:

1. „Zeolithe, welche die alkalischen Erden und Alkalien zum größten Teile an Kieselsäure gebunden enthalten und diese Basen binnen kurzer Zeit in sehr geringem Grade austauschen."

Ganssen bezeichnet sie als Tonerdedoppelsilikate, indem die „Tonerde und die Basen der Alkalien und alkalischen Erden gleichmäßig einen Teil des Hydroxylwasserstoffs des Kieselsäurehydrates ersetzen".

2. „Zeolithe, welche die alkalischen Erden und die Alkalien zum größten Teile an die Tonerde gebunden enthalten", und „diese Basen binnen kurzer Zeit fast vollständig austauschen." R. Ganssen bezeichnet sie als Aluminatsilikate, da sie den größten Teil ihrer Basen durch die Vermittlung von Tonerdehydrat an die Kieselsäure gebunden enthalten. Beide Formen konnte Ganssen künstlich herstellen, je nach der Reihenfolge, mit der er Kieselsäurehydrat, Tonerdehydrat und Natronhydrat aufeinander einwirken ließ. Ein Tonerdedoppelsilikat z. B. von der Zusammensetzung des Analcims ($Na_2Al_2Si_4O_{12} + 2\,H_2O$) charakterisiert Ganssen in der folgenden Weise:

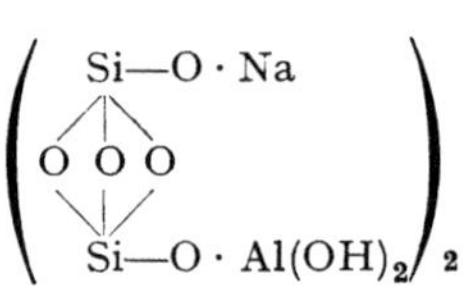

oder

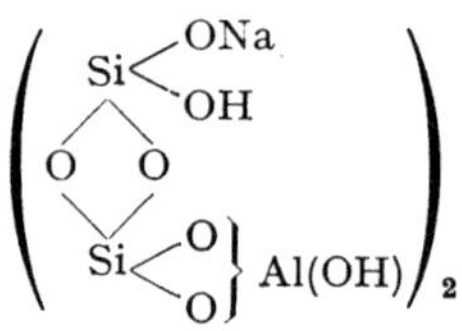

Ein Aluminatsilikat, wie z. B. der Natronchabasit $Na_2Al_2Si_4O_{12} + 6\,H_2O$ erhält folgende Struktur:

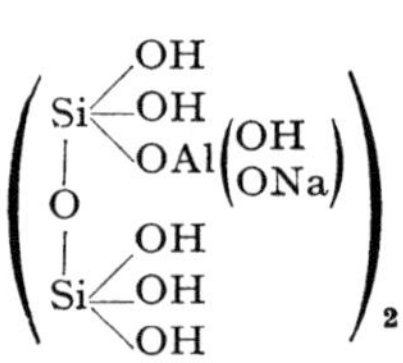

Daß die zeolithischen Verbindungen des Bodens nicht kristallisiert vorliegen, führt Ganssen darauf zurück, daß die Konzentration der Verwitterungslösungen sowie die Struktur des Bodens und die Bewegung des Wassers der Kristallisation hinderlich sind. Später erweitert R. Ganssen[1] seine Auffassungen dahin, daß er noch eine dritte Gruppe natürlicher Zeolithe unterscheidet, welche weder nach Erwärmen mit Natriumhydroxyd bei 100° noch bei 180—190° C unter Druck ein nennenswertes Austauschvermögen binnen kurzer Zeit aufweisen. Hierher gehört Natrolith und Analcim.

Zu ganz anderen Auffassungen gelangt H. Stremme[2], der in großem Umfange die Fällungen untersucht, die beim Einwirken von Natriumsilikat auf

---

[1] Ganssen (Gans), R.: Konstitution der Zeolithe, ihre Herstellung und technische Verwendung. Jb. Kgl. Pr. Geol. Landesanst. **27**, 63 (1909).

[2] Stremme, H.: Über Fällungen der gemengten Gele von Tonerde und Kieselsäure und deren Beziehungen zu Allophan, Halloysit und Montmorillonit. Cbl. Mineral. **1908**, 622.

Aluminiumacetat in wechselnden Verhältnissen entstehen. Durch vergleichende Löslichkeitsversuche sowie durch theoretische Erwägungen wird wahrscheinlich gemacht, daß es sich bei den niedergeschlagenen Kolloiden nicht um Verbindungen von Tonerde und Kieselsäure, auch nicht um deren amorphe Mischung, sondern um ein Gemenge der einzelnen Gele handelt. Auch nimmt er an, daß die „wasserhaltigen Silikate" wie Allophan, Halloysit usw. in chemischer wie physikalischer Beziehung so große Übereinstimmung mit diesen künstlichen Gelgemengen aufweisen, daß auch sie als Gemenge von Gelen von Tonerde und Kieselsäure zu betrachten sind. Ferner kommt er[1] in Fortsetzung seiner früheren Angaben zu dem Schluß, daß die Bodenzeolithe die kolloidale Modifikation der kristallisierten Zeolithe und damit Allophantone sind, da DÖLTER[2] aus Lösungen von Salzen, die Kieselsäure, Tonerde, kohlensauren Kalk und kohlensaures Natron enthielten, in verschlossenen Röhren bei einer Temperatur von 130—180° C kristallisierte Zeolithe erhielt, während bei unverschlossenem Gefäß und bei gewöhnlicher Temperatur die Allophantone entstanden. Diese Tatsache wird dadurch noch bedeutungsvoller, daß eine Reihe von gemeinsamen Eigenschaften vorhanden ist. Namentlich ist es wichtig, daß auch der natürliche Allophan starken Basenaustausch zu zeigen scheint. Weiter vergleicht H. STREMME[3] die Gele, die beim Einwirken von SiO_2 und Al_2O_3-Verbindungen entstehen und die bei Neutralisation der Endlösungen auch ganz bestimmte Zusammensetzung aufweisen können, mit den natürlich vorkommenden wasserhaltigen Aluminiumsilikaten wie Kaolin und seine Verwandten, die Zeolithe und die um Allophan, Halloysit und Montmorillonit zu gruppierenden Mineralien. Nach Ansicht von STREMME entsprechen die Kaoline nicht den von ihm beobachteten Fällungen; die Zeolithe sind kristallisiert und daher nicht mit gefällten Gelen zu vergleichen. Dagegen sollen die Allophantone die natürlichen Vertreter der gefällten Gele sein. In ähnlichem Sinne wie H. STREMME stellt sich G. WIEGNER[4] zu diesem Problem. Er legt seinen Untersuchungen die Erkenntnisse der modernen Kolloidchemie zugrunde und baut auf den Forschungen von H. FREUNDLICH[5] auf. Danach zeichnen sich die kolloiden Stoffe durch ihre große Oberflächenentwicklung aus, an denen nach GIBBS Konzentrationsverschiebungen eintreten können, und zwar reichern sich die Stoffe um so mehr an der Oberfläche an, je mehr sie die Oberflächenspannung erniedrigen. Für die Oberflächenreaktionen sind nach ihm folgende Merkmale charakteristisch:

„1. Man beobachtet in zweiphasigen Systemen, deren eine Phase aus einem Gase oder einer Lösung besteht, Konzentrationsänderungen im Gasraum oder in der Lösung, die von der Feinheit der Zerteilung der anderen (flüssigen oder festen) Phase, dem Adsorbens, abhängen, es werden bei diesem Vorgange charakteristische Gleichgewichtszustände erreicht.

„2. Die von der einen Phase je Mengeneinheit aufgenommene Stoffmenge ändert sich stetig mit der Gleichgewichtskonzentration in der Phase variabler Konzentration, besonders auffallend ist, daß bei kleinen Konzentrationen die aufgenommenen Mengen groß sind und nur wenig mit steigender Konzentration zunehmen; ist x die aufgenommene Menge, m die Menge der kondensierten Phase (Menge des Adsorbens), c die Gleichgewichtskonzentration im Gasraum oder in

[1] STREMME, H.: Über Feldspatresttone und Allophantone. Z. dtsch. geol. Ges. **62**, 122 (1910).

[2] DÖLTER, C.: Über die künstliche Darstellung und die chemische Konstitution einiger Zeolithe. Jb. Min. **1**, 118 (1890).

[3] STREMME, H.: Über Gele und natürliche wasserhaltige Aluminiumsilikate. Verh. internat. II. Agrargeologenkonf. **1910**, 43 (Stockholm 1911); n. Hoffm. Jber. **54**, 53 (1911).

[4] WIEGNER, G.: Zum Basenaustausch in der Ackererde. J. Landw. **60**, 111, 197 (1912).

[5] FREUNDLICH, H.: Kapillarchemie. Leipzig 1909.

der Lösung, so wird diese Beziehung quantitativ in beträchtlichen Bereichen durch eine Gleichung $\frac{x}{m} = \beta \cdot c^{\frac{1}{p}}$ dargestellt, in der β und p Konstanten sind, die mit der Natur des Stoffes variieren.

„3. Das Adsorptionsgleichgewicht stellt sich meist rasch ein (über 90% der gesamten Änderungen im Verlaufe einiger Minuten).

„4. Das Adsorptionsgleichgewicht verschiebt sich mit der Temperatur und zwar in weitaus den meisten Fällen in dem Sinne, daß bei tieferer Temperatur vom Adsorbens mehr vom Gas oder gelösten Stoffe aufgenommen wird. Die eben erwähnte Gleichung bleibt bestehen, es ändert sich aber sowohl β wie $\frac{1}{p}$, und zwar nimmt letzteres vor allem bei steigender Temperatur zu."

In zweiter Linie können noch folgende Punkte als charakteristisch aufgeführt werden:

„5. Die Reihenfolge, in der die Gase und gelösten Stoffe adsorbiert werden, ist häufig von der Natur des festen Adsorbens nur wenig abhängig.

„6. Gase werden allgemein um so stärker adsorbiert, je leichter sie sich verdichten lassen, in wässeriger Lösung werden meist Säuren und Basen stärker absorbiert als ihre Salze, aromatische Stoffe stärker als aliphatische u. a. m.

„7. Die Adsorption eines gelösten Stoffes ist aus wässeriger Lösung viel stärker als aus der eines organischen Lösungsmittels[1]." Auf Grund dieser Vorstellungen prüft nun G. WIEGNER den Vorgang des Basenaustausches an Permutiten und an natürlichem Boden. Er bestätigt dabei die bekannten Erscheinungen des Basenaustausches und gelangt hinsichtlich der Natur dieses Vorganges zu folgenden Vorstellungen: „Diese Reaktion ist eine chemische Reaktion, falls als Charakteristikum einer chemischen Reaktion der Ablauf nach Äquivalenten angesprochen wird. Das genauere Studium derselben läßt andererseits erkennen, daß sie alle Eigentümlichkeiten einer sog. Adsorptionsreaktion nach FREUNDLICH aufweist, was geringen negativen Temperatureinfluß, rasche Einstellung des Gleichgewichtes und quantitative Konzentrationsverhältnisse anbetrifft", so daß G. WIEGNER zu der Ansicht geführt wurde, „daß eine Adsorption von Ionen und zwar von Kationen vorliegt, die aus elektrostatischen Ursachen unter Verdrängung einer Menge aequivalenter Kationen aus dem Gel der sog. Aluminiumkieselsäure verläuft".

„Für die Ackererde ließ sich zeigen, daß die Verhältnisse die gleichen sind wie in den Aluminiumhydroxyd-Kieselsäure-Gelen ... Die Adsorptionsgleichung $\frac{x}{m} = \beta \cdot c^{\frac{1}{p}}$ ($\frac{x}{m}$ von 1 g Substanz adsorbierte Menge der Kationen, c Konzentration derselben Kationen im Gleichgewicht, β und $\frac{1}{p}$ Konstanten) gibt für amorphe wasserhaltige Silikate sowie für Ackererden die Konzentrationsverhältnisse für die adsorbierbaren Kationen im weiten Bereiche wieder. Der Wert $\frac{1}{p}$ liegt bei allen untersuchten Reaktionen, bei denen eine einzige Kationenart verdrängend wirkte, sehr nahe an 0,4[2]."

Bei der Annahme einer sog. Adsorptionsreaktion ist G. WIEGNER von folgender Vorstellung ausgegangen:

„1. Permutite und wasserhaltige amorphe sog. Aluminiumsilikate mit Austauschvermögen sind Kolloidverbindungen von Aluminiumhydroxyd und Kieselsäuregel, die eine große innere Oberflächenentwicklung haben, wodurch Adsorptionen möglich werden.

---

[1] WIEGNER, G.: Ebenda S. 128 u. 129. [2] WIEGNER, G.: a. a. O. S. 221, 222.

2. Kommt die Kolloidverbindung mit Lösungen in Berührung, so ist die Möglichkeit der Konzentrationsänderungen gegeben. Diese Konzentrationsänderungen resultieren aus der verschiedenen Adsorbierbarkeit der in Lösung befindlichen Moleküle. Daneben kommt in Neutralsalzen vor allem die verschiedene Adsorbierbarkeit der Ionen in Betracht.

3. Die Entstehung des amorphen Silikates mit Austauschvermögen würde dann wie folgt vor sich gehen: Die durch Aluminiumhydroxyd positiv geladene Kolloidverbindung von Aluminiumhydroxyd mit Kieselsäure hat eine starke Adsorptionskraft für OH-Ionen. Bekanntlich ist für positive Grenzflächen das OH-Ion bei weitem das am stärksten adsorbierbare Ion. Aus elektrostatischen Gründen muß nun gefordert werden, daß sich die Kationen aequivalent mit OH-Ionen im Gelwasser anreichern, damit findet eine starke Anreicherung von Basen im Gel statt. Diese Gele, die Basen im Gelwasser enthalten, sind die amorphen ‚Doppelsilikate mit Austauschvermögen'.

4. Die Aufnahme der freien Basen durch das Gel gehorcht der Adsorptionsisotherme, wie aus einer Anzahl von Beobachtungen hervorgeht.

5. Das Gel steht nunmehr in Berührung mit Wasser im Adsorptionsgleichgewicht für OH-Ionen, es ist übersättigt an Kationen, die elektrochemisch im Gelwasser festgehalten werden.

6. An reines Wasser werden gemäß der starken Adsorbierbarkeit des OH-Ions nur wenig OH-Anionen aus dem Gelwasser abgegeben. Die Anreicherung bleibt bestehen. Kommen nun mit einem Neutralsalz neue Kationen und Anionen in die Lösung über dem Gel, so können die Anionen kaum nachweisbar das stark adsorbierbare OH-Ion aus dem Gelwasser verdrängen, die Kationen aber verteilen sich neu, da die Differenz in ihrer Adsorbierbarkeit keine so große ist. Der Eintritt der Kationen in die Kapillarräume des Geles muß aus elektrostatischen Gründen unter Verdrängung aequivalenter Kationen verlaufen, die ins Lösungswasser übertreten. Der Austausch der Kationen zwischen Gelwasser und Wasser außerhalb des Geles ist das, was man als Basenaustausch bezeichnet.

7. Die Verdrängungen geschehen bis zu einem Gleichgewichtszustand, der der Adsorptionsisotherme entspricht.

8. Werden die Kapillarräume im Gel durch Entwässerung verkleinert, so geht der Austausch zurück. Wird durch Schmelzen die Gelnatur zerstört, so hört der Austausch auf[1]."

D. J. Hissink[2] beobachtet ebenfalls, daß sowohl die Löslichkeitsverhältnisse des NH_3-N des Ammoniumpermutits wie eines mit Ammonium gesättigten Tonbodens in CO_2-haltigem Wasser der bekannten Gleichung von Freundlich $\frac{x}{m} = a \cdot c^{\frac{1}{n}}$ folgen. Dementsprechend lehnt er ebenfalls die Anschauung von Ganssen ab, wonach die Permutite chemische Verbindungen mit stöchiometrischen Verhältnissen sein sollen, vielmehr sieht er in ihnen gleichfalls Absorptionsverbindungen im Sinne van Bemmelens. Jedoch kann F. Singer[3] erneut die von Ganssen vorgeschlagene konstitutionelle Unterscheidung der künstlichen Zeolithe in Tonerdedoppelsilikate und Aluminatsilikate bestätigen und er-

[1] Wiegner, G.: a. a. O. S. 204, 205.

[2] Hissink, D. J.: Die Festlegung des Ammoniakstickstoffs durch Permutit und Tonboden und die Zugänglichkeit des Permutit-Stickstoffs für die Pflanze. Landw. Versuchsstat. **81**, 377 (1913).

[3] Singer, F.: Über künstliche Zeolithe und ihren konstitutionellen Zusammenhang mit Silikaten. Dissert. Berlin 1910.

weitern, und R. GANSSEN[1] weist sodann von selbst zur Stütze seiner Auffassung hinsichtlich der Natur der Zeolithe als Aluminatsilikate darauf hin, daß zwar das Verhältnis $SiO_2 : Al_2O_3$ in diesen Verbindungen in weiten Grenzen schwanken kann, daß aber das Molekularverhältnis Al_2O_3 : Base trotzdem immer dasselbe, nämlich 1 : 1 bleibt. Nach seiner Auffassung deutet auch diese Feststellung darauf hin, daß die Base an die Tonerde gebunden ist. Auch die natürlichen Zeolithe sowie die Substanzen, die im Boden als solche angenommen werden, zeigen dieselben Verhältnisse, wenn sie den zersetzenden Einwirkungen der Verwitterung entzogen waren. Auf Grund dieser konstanten Molekularverhältnisse, die GANSSEN in die Formel

$$1 \text{ Mol. Base} \,.\; 1 \text{ Mol. } Al_2O_3 \,.\; 3^+ \text{ Mol. } SiO_2$$

kleidet, wobei das Pluszeichen bedeutet, daß auch mehr als drei SiO_2-Moleküle in diesem Komplex enthalten sein können, glaubt GANSSEN sich berechtigt, die kolloidalen Aluminatsilikate als chemische Verbindungen zu betrachten. Wenn VAN BEMMELEN für die zeolithähnlichen Bestandteile des Bodens den Ausdruck Absorptionsverbindungen prägte und andererseits glaubte, daß die kontinuierliche Dampfspannungsänderung ein Kennzeichen der Adsorptionsverbindungen gegenüber den chemischen Verbindungen darstellt, so weist GANSSEN darauf hin, daß E. LÖWENSTEIN[2] auch bei chemischen Verbindungen den variablen Dampfdruck entdeckte. Der variable Dampfdruck der Zeolithe und der kolloidalen wasserhaltigen Aluminatsilikate ist daher kein Beweis für ihre Natur als Absorptionsverbindungen. Nur ihre Verbindung mit Wasser bezeichnet er in Übereinstimmung mit VAN BEMMELEN als Absorptionsverbindung.

Die Übereinstimmung der kolloidalen wasserhaltigen Aluminatsilikate mit den kristallisierten Zeolithen berechtigt ihn dazu, sie als „zeolithartig" zu bezeichnen und GANSSEN hält diese Ausdrucksweise für richtiger als die Auffassung dieser Verbindungen des Bodens als „Allophantone", wie H. STREMME[3] es tut. Denn die Allophane sind wesentlich ärmer an Basen und SiO_2. Auch kann GANSSEN nicht der Auffassung von H. STREMME beipflichten, daß die Verbindungen von kolloidalen Tonerdesilikaten zeolithartigen Charakters lediglich mechanische Gemenge von Tonerde- und Kieselsäuregelen sind, denn Versuche zeigten, daß derartige Gemenge nur ganz geringe Absorption aufweisen.

Ferner wendet sich R. GANSSEN gegen die Auffassungen von G. WIEGNER und D. J. HISSINK. „Die von HISSINK resp. von WIEGNER festgestellte Anpassung ihrer Versuchsresultate an die FREUNDLICH'sche Gleichung besagt durchaus nicht, daß die kolloidalen Aluminatsilikate Absorptionsverbindungen sind, weil nach G. C. SCHMIDT[4] diese Gleichung sich nicht immer mit den Versuchsresultaten im Einklang befindet, weil nach SV. ARRHENIUS[5] sich die Fassung der Gleichung im schärfsten Widerspruch mit dem von SCHMIDT festgestellten Absorptionsmaximum befindet, und weil bei den vorliegenden Austauschprozessen WIEGNER'S die für die Gleichgewichtskonzentrationen der Lösung eingesetzten Werte nicht Rücksicht auf die außer der nichtabsorbierten Substanz noch in

[1] GANSSEN (GANS), R.: Über die chemische und physikalische Natur der kolloidalen wasserhaltigen Tonerdesilikate. Cbl. Min. **1913**, 699.

[2] LÖWENSTEIN, E.: Über Hydrate, deren Dampfspannung sich kontinuierlich mit der Zusammensetzung ändert. Z. anorg. Chem. **62**, 69 (1909).

[3] STREMME, H.: Z. dtsch. geol. Ges. **62**, 127 (1910).

[4] SCHMIDT, G. C.: Über Adsorption von Lösungen. Z. physik. Chem. **74**, 716 (1910).

[5] ARRHENIUS, SV.: Medd. Vet. Akads. Nobelinst. **2**, Nr. 6.

Lösung befindlichen ausgetauschten Stoffe des Silikates nehmen, wie es die genaue rechnerische Wiedergabe der Gleichgewichtslage erfordert.

Berücksichtigt man aber diese ausgetauschten Stoffe auch bei der Formel

$$F_K = \frac{C''}{C'} = \frac{\frac{x}{m}}{\frac{a}{g}},$$

welche Formel nur bei Absorptionsverbindungen keine Konstante liefert, so erhält man eine Konstante; ebenfalls ein Beweis dafür, daß keine Absorptionsverbindungen in den künstlichen Aluminatsilikaten und den natürlichen zeolithischen Silikaten des Bodens vorliegen, und daß bei ihnen die Absorption (Austausch) nicht auf physikalischer Oberflächenwirkung beruht[1]."

C'' = Konzentration des absorbierenden Körpers an absorbierter Substanz,
C' = Konzentration der Flüssigkeit an gelöster Substanz,
F = unbekannte Funktion,
x = Anzahl der absorbierten Millimol,
m = Anzahl der angewandten Gramm Permutit,
a = Anzahl der Millimol der absorbierten Substanz in der Lösung nach der Absorption,
g = Gesamte Anzahl der Millimol, welche in nicht absorbierter Form in der Lösung nach der Absorption vorhanden ist.

Erneut[2] vertritt R. GANSSEN gegenüber den Anschauungen von H. STREMME, G. WIEGNER u. a. nochmals seinen Standpunkt, indem er anführt: „Der Absorptionsfaktor k in der Formel $F_K = \frac{C''}{C'}$ ist bei den Austauschprozessen der Aluminatsilikate mit Neutralsalzen nur dann keine Konstante, wenn nur die restierende, nicht absorbierte Menge der ursprünglich vorhandenen Salze in der Formel zum Ausdruck gelangt; er wird jedoch eine Konstante, wenn das Verhältnis dieser Restsalze zu dem gesamten im Gleichgewicht in Lösung befindlichen Salz in die Formel eingesetzt wird, wie es erforderlich ist, um die Gleichgewichtslage rechnerisch genau wiederzugeben. Aber nur dann kann man von einer Oberflächenverdichtung sprechen, wenn die Versuche keine Konstanz des Absorptionsfaktors $F_K = \frac{C''}{C'}$ ergeben . . .

WIEGNERS Ansicht, daß bei dem Austausch mit Neutralsalzen eine Adsorption von Ionen vorliegt, läßt die Tatsache außer acht, daß in den Permutiten Verbindungen mit konstanten Molekularverhältnissen vorliegen, die auf 1 Mol. Al_2O_3 1 Mol. Basen gebunden enthalten; die ursprünglich im Permutit gebundenen Ionen (Kationen) müssen somit nach WIEGNER's Auffassung auch absorbiert sein, und zwar sind sie es in solchen Mengen, daß ganzzahlige konstante Molekularverhältnisse entstanden. Eine Adsorption in der Höhe dieser Molekularverhältnisse ist aber von einer chemischen Bindung nicht zu unterscheiden und als letztere aufzufassen, um so mehr als sich die Verbindung auch sonst in ihrem Verhalten dem der chemischen Verbindungen anschließt."

---

[1] GANSSEN (GANS), R.: a. a. O. S. 741.

[2] GANSSEN (GANS), R.: Zur Frage der chemischen oder physikalischen Natur der kolloiden, wasserhaltigen Tonerdesilikate. Jb. Kgl. Pr. Geol. Landesanst. f. d. J. 1913, **34** II, 242 (1915).

G. WIEGNER[1], H. STREMME[2] und R. GANSSEN[3] erörtern weiterhin eingehend ihre verschiedenartige Auffassung über die chemische oder physikalische Natur der Basenaustauschvorgänge, ohne zu einer gleichsinnigen Auffassung zu kommen. Immerhin muß man der Ansicht von G. WIEGNER zustimmen, daß es der Sache nur dienlich gewesen ist, „daß in neuerer Zeit vor allem von mehr kolloid-physikalischen Gesichtspunkten aus die Frage, die bisher meist rein chemisch bearbeitet wurde, zur Klärung in Angriff genommen worden ist", wenn auch prinzipiell die Bearbeitung dieser Vorgänge gleichfalls von der chemischen Seite erfolgen kann.

V. ROTHMUND und G. KORNFELD[4] versuchen die verschiedenartigen Ergebnisse von WIEGNER und GANSSEN zu klären und zu deuten. Ein näheres Eingehen hierauf würde zu weit führen.

Auf Grund theoretischer Überlegungen nimmt dann E. BLANCK[5] zu der Frage Stellung, in welcher Form die mineralischen, Basenaustausch veranlassenden Bestandteile im Boden enthalten sind. Den Anschauungen von R. GANSSEN über die zeolithische Natur der den Basenaustausch hervorrufenden Bodenbestandteile gegenüber gibt zwar BLANCK zu, daß von chemischer Seite aus keine Einwendungen hiergegen zu erheben sind. Jedoch scheint die Annahme ihrer Anwesenheit im Boden gewagt, weil die Zeolithisierung nicht ein Vorgang der Oberflächenverwitterung ist, sondern auf postvulkanische Kräfte zurückzuführen sei. Daher neigt E. BLANCK zu der Auffassung von H. STREMME, der die amorphen wasserhaltigen Silikate, wie sie in Allophantonen enthalten sind, für bedeutungsvoll in dieser Hinsicht hält. Da jedoch Allophantone unzweifelhaft aus Lösungen durch Koagulation entstanden sind, ist E. BLANCK im Gegensatz zu H. STREMME der Ansicht, daß sie nur in geringer Menge im Boden enthalten seien. Dahingegen stimmt E. BLANCK wieder darin H. STREMME zu, daß der kolloide Zustand dieser Bestandteile von entscheidender Bedeutung für die sich abspielenden Vorgänge ist. Aus diesem Grunde pflichtet E. BLANCK der Auffassung H. STREMMES bei, daß die Allophantone die kolloidale Modifikation der Zeolithe sein können. Doch hält er es für zweckmäßig, die Bezeichnung zeolithartig zu vermeiden, „um auch nicht den Schein zu erwecken, als ob kristalloide Substanzen dabei im Spiele wären".

Ferner greift auch A. A. J. VON 'SIGMOND[6] in diese Erörterungen ein und weist darauf hin, daß die Molekularformel für Zeolithe nach GANSSEN ganz in Übereinstimmung mit derjenigen von VERNADSKY[7] steht. Auch wird darauf verwiesen, daß der von GANSSEN angenommene Säurecharakter der Tonerde zwar von einer Reihe von anderen Forschern angenommen wird, jedoch mit der Einschränkung, daß der salzsaure Bodenauszug nicht allein die Bestandteile dieser reaktionsfähigen Bodenbestandteile wiedergibt, sondern auch noch andere Silikate und Gele durch denselben mitgelöst

[1] WIEGNER, G.: Über die chemische oder physikalische Natur der kolloiden, wasserhaltigen Tonerdesilikate. Cbl. Min. **1914**, 262.

[2] STREMME, H.: Über das Verhalten des Cimolits vor dem Lötrohr mit Kobaltsolution. Cbl. Min. **1913**, 313. Über die physikalische Natur der kolloiden wasserhaltigen Tonerdesilikate. Ebenda **1914**, 80.

[3] GANSSEN (GANS), R.: Über die chemische oder physikalische Natur der kolloiden, wasserhaltigen Tonerdesilikate. Cbl. Min. **1914**, 273, 365.

[4] ROTHMUND, V. u. G. KORNFELD: Z. anorg. Chem. **103**, 129 (1918).

[5] BLANCK, E.: Gesteine und Boden in ihrer Beziehung zur Pflanzenernährung, insbesondere die ernährungsphysiologische Bedeutung der Sandstein-Bindemittel-Substanz. Landw. Versuchsstat. **77**, 129 (1912).

[6] 'SIGMOND, A. A. J. VON: Über die Charakterisierung des Bodens auf Grund des salzsauren Bodenauszuges und des Basenaustauschvermögens. Internat. Mitt. Bodenkde. **5**, 165 (1915).

[7] VERNADSKY. W.: Bull. russ. Ges. Naturf. **1**, Nr. 1 (1891).

werden. Ferner beobachtet er an Permutiten, daß die Base des Silikates fast vollständig ausgetauscht werden kann, und daß dieser Austausch anfangs verhältnismäßig rasch vonstatten geht. Schließlich sei noch angegeben, daß H. KAPPEN und H. LIESEGANG[1] das von GANSSEN aufgestellte molekulare Verhältnis zwischen Kieselsäure, Tonerde und Basen auf Grund der Feststellungen über die Austauschazidität behandeln. Trotz der dadurch bedingten Veränderungen bleiben die Anschauungen von R. GANSSEN in Hinsicht darauf, daß ein Boden sauer ist, wenn weniger Basen vorhanden sind als dem Verhältnis 1 Mol. Basen : 1 Mol. Al_2O_3 entspricht, auch unter den korrigierten Verhältnissen bestehen.

Weiterhin spricht sich noch R. VAN DER LEEDEN[2] ebenfalls gegen die Auffassung von R. GANSSEN aus, und J. ZOCH[3] beobachtet wiederum, daß die FREUNDLICHsche Adsorptionsisotherme die Beziehungen zwischen den Gleichgewichtskonzentrationen in der Lösung und im Silikat ganz gut wiederzugeben vermag. Das gleiche Verhalten beobachten R. F. GELLER und D. R. CALDWELL[4]. Ebenfalls stellen A. NATH PURI[5] für den Wasserstoff, K. MIYAKE, M. SUGAWARA und K. NAKAMURA[6] für NH_4 fest, daß deren Absorption der FREUNDLICHschen Formel folgt. Sie sehen darin einen physikalischen Prozeß, indem aus dissoziiertem NH_4Cl NH_4OH durch die Bodenkolloide physikalisch gebunden wird, während die freie HCl in sekundärer chemischer Reaktion die Basen des Bodens löst. Temperaturerhöhung erniedrigt die Absorption. Fände dagegen eine chemische Reaktion statt, so müßte das Gegenteil eintreten. Ammoniumsalze schwacher Säuren werden stärker absorbiert als solche starker Säuren; bei einem chemischen Vorgang müßte infolge der größeren Dissoziation starker Säuren auch hier das Gegenteil stattfinden. H. E. PATTEN und W. H. WAGGAMAN[7] ziehen aus ihren Versuchen den Schluß, daß die mathematische Formulierung der Absorption durch die Flockung, die sich gleichzeitig vollzieht, gestört wird. Schließlich vertritt E. A. FISHER[8] die Auffassung, daß die Adsorptionskurve infolge ihrer Schmiegsamkeit kein Beweis dafür sei, daß die dadurch charakterisierte Reaktion auf physikalischen Vorgängen beruhe.

Die Frage, in welcher Weise die Adsorptionserscheinungen des Bodens aufzufassen sind, wird auch weiterhin noch in zahlreichen Arbeiten behandelt. So faßt E. G. PARKER[9] den Basenaustausch als „selektive Adsorption" der absorbierten Base auf, wobei freie Säure entsteht, die einen aequivalenten Anteil der Bodenbasen löst. K. K. GEDROIZ[10] sucht die Frage, ob die Basen in den sog. Zeolithen und Humusstoffen des Bodens chemisch gebunden sind oder nicht, dadurch zu klären, daß er die Geschwindigkeit der Umtauschreaktion im Vergleich zu ähn-

[1] KAPPEN, H. u. H. LIESEGANG: Weitere Untersuchungen über die Austauschazidität der Mineralböden. Landw. Versuchsstat. 99, 213 (1922).

[2] LEEDEN, R. VAN DER: Über das Verhalten einiger durch Verwitterung entstandener Tonerde-Kieselsäure-Mineralien. Cbl. Min. 1911, 139.

[3] ZOCH, J.: Dissert. Berlin 1915.

[4] GELLER, R. F. u. D. R. CALDWELL: Die Absorption von Natriumhydroxyd durch Kaoline. J. Amer. Chem. Soc. 4, 468 (1921); n. Hoffm. Jber. 64, 57 (1921).

[5] NATH PURI, A.: Versuche über die Wechselwirkung zwischen Boden und verdünnten Säuren. J. Agricult. Sci. 15, 334 (1925); n. Z. Pflanzenern., Düng. u. Bodenk. A, 10, 255 (1927/28).

[6] MIYAKE, K., M. SUGAWARA u. K. NAKAMURA: Über das Wesen der Ammonium-Absorption durch Böden. J. Biochem. 3, 283 (1924); n. Hoffm. Jber. 68, 76 (1925).

[7] PATTEN, H. E. u. W. H. WAGGAMAN: U. S. Dept. Agricult. Bur. Soils Bull. 1908, 52.

[8] FISHER, E. A.: Trans. Faraday Soc. 17, 305 (1921/22).

[9] PARKER, E. G.: Die selektive Adsorption durch Böden. J. Agricult. Res. 1, 179 (1913); n. Hoffm. Jber. 57, 72 (1914).

[10] GEDROIZ, K. K.: Die Kolloid-Chemie in Fragen der Bodenkunde. Russ. J. exp. Landw. 15, 205 (1914); n. Hoffm. Jber. 57, 69 (1914).

lichen Umwandlungen bei Phosphaten verfolgt. Da der Basenaustausch des Bodens wesentlich schneller verläuft als der ähnliche Vorgang beim Phosphat, so ist diese Tatsache für ihn ein Beweis, daß die Bindung der Basen im Boden keine chemische sei. L. PINNER[1] stellt fest, daß zwischen der Ammoniakaufnahme eines Bodens aus NH_4Cl-Lösung und einer aequimolekularen Ammoniaklösung keine Aequivalenz besteht, auch Permutit zeige diese Aequivalenz nicht. Doch bestehe zwischen Boden und Permutit der Unterschied, daß beim Austausch des Permutites gegen NH_4Cl-Lösung die Vermehrung der Menge des Lösungsmittels keinen Unterschied bewirkt, während bei den Böden ein Sinken der Adsorption zu beobachten ist. Dahingegen wird auch beim Permutit wie beim Boden die Adsorption aus einer NH_3-Lösung vermindert, wenn die Wassermenge, in der das Ammoniak gelöst ist, vermehrt wird. Bei diesen beiden Prozessen handelt es sich demnach um ganz verschiedenartige Vorgänge. Diese Beobachtungen erleichtern einerseits die Auffassung des Basenaustausches als eines chemisch zu erklärenden Prozesses, während die Adsorption der freien Base durch den Permutit wie den Boden mit gewissem Recht als durch Oberflächenerscheinungen bedingt anzusprechen ist. L. PINNER folgert daraus, daß „zeolithartige" Gebilde in größerer Menge nicht im Boden anzunehmen sind und nimmt vielmehr adsorptionsfähige Gele hierfür an. Die ausgeführten Adsorptionsversuche an einer Lindenholzkohle folgten hinsichtlich der Adsorption sowohl aus NH_4Cl-Lösung als aus einer NH_3-Lösung mehr den Vorgängen im Boden als denen am Permutit. Nach J. H. ABERSON[2] folgt die Bodenadsorption ebenfalls denselben Gesetzen wie die Adsorption mittels Kohle, Wolle und Seide. Sie wird von der Oberfläche der kolloidalen Substanzen veranlaßt. Sie ist aber keine chemische Wirkung im Sinne des GULDBERG-WAAGEschen Massenwirkungsgesetzes. Bei konstanter Endkonzentration der ausgetriebenen Ionen ist die Adsorption der Masse oder der Oberfläche der kolloidalen Substanzen proportional. Daher wird auch ein gewisser Zusammenhang zwischen Bodenadsorption und Hygroskopizität angenommen. Durch Steigerung der Temperatur wird die Adsorption erniedrigt.

P. EHRENBERG[3] ist auf Grund einer ausführlichen Literaturübersicht einmal der Ansicht: „Immerhin wird die reine Adsorption der Mehrzahl der anorganischen Salze der Alkali- und Erdalkalimetalle, sei sie nun positiv oder negativ, zunächst eine sehr geringe und demnach für die Landwirtschaft in der Regel keine größere Rolle zu spielen vermögen". Aber er ist auch der Auffassung, daß die Vorstellungen von G. WIEGNER noch nicht in der Lage sind, eine befriedigende Klarheit über die Vorgänge des Basenaustausches zu vermitteln. Vielmehr neigt P. EHRENBERG auf Grund der Ähnlichkeit der Vorgänge bei mineralischen und organischen Bodenbestandteilen der Anschauung zu, in diesen chemische Wirkungen zu sehen. Jedoch betrachtet er die Aufnahme von Ionen bei der Ausfällung von Kolloiden und Aufschwemmungen als Ionenadsorption. E. RAMANN und A. SPENGEL[4] gelangen zu der Vorstellung, daß der Basenaustausch der Silikate eine Ionenreaktion ist, „die von dem Ionenverhältnis der Lösungen abhängt und nach den Gesetzen der chemischen Massenwirkung verläuft. Für die Umsetzungen Kalium-Ammonium-Permutit gilt dies unbedingt, für die Umsetzungen in überwiegend Natrium-Kalziumsalze enthaltenden Lösungen tritt noch ein zweiter, vermutlich

[1] PINNER, L.: Kühn-Arch. **6**, 153 (1915).

[2] ABERSON, J. H.: Das Adsorptionsvermögen der Ackererde. Z. Chem. Ind. Kolloide **10**, 13 (1912); n. Hoffm. Jber. **55**, 63 (1912).

[3] EHRENBERG, P.: Die Bodenkolloide, S. 282. Dresden u. Leipzig: Th. Steinkopff 1918.

[4] RAMANN, E. u. A. SPENGEL: Der Basenaustausch der Silikate. Z. anorg. Chem. **105**, 82 (1918).

physikalischer Faktor in Wirkung, der zu Abweichungen führt." P. VAGELER und J. WOLTERSDORF[1] fassen den Basenaustausch als die Reaktion eines Elektrolyten auf, der ein träges Anion besitzt, welches als Bodenkörper vorliegt (also an der gleichmäßigen statischen Verteilung der Ionen nicht teilnimmt) mit einem gewöhnlichen Elektrolyten beliebiger Konzentration und Menge. Die Sorption ist eine durch diese Eigenschaften des Anions bedingte chemische Reaktion. L. CASALE[2] gibt an, daß das Absorptionsvermögen des Bodens eine kolloide Reaktion ist. Nach ihm sind die Bodenkolloide teils positiv, teils negativ geladen und reagieren entsprechend mit den Anionen und Kationen der Bodenlösung. Die Stärke der Adsorption richtet sich im Einklang mit ihrem Koagulationsvermögen auf die Bodenkolloide nach der Ionenkonzentration. C. P. JONES[3] vertritt die Anschauung, daß die im Boden enthaltenen Kolloide, und zwar anorganische wie organische, sowohl Adsorptions- als auch Absorptionserscheinungen zeigen. Adsorptionserscheinungen sind nur in geringer Ausdehnung vorhanden, im Gegensatz zur Absorption, die richtiger Adsorptionszersetzung genannt werden sollte. Die letztere ist ein rein physikalisch-chemischer Vorgang, der in bedeutendem Ausmaße erfolgt und von der chemischen Natur und der Art der reagierenden Kolloide abhängig ist.

Von weiteren Auffassungen über die Natur des adsorbierenden Komplexes im Boden seien noch folgende erwähnt: W. VERNADSKY[4] faßt die Zeolithe als komplizierte physikalische Verbindungen, als „dissoziierende Lösungen" auf. E. A. MITSCHERLICH[5] betrachtet Lösung und Absorption im Boden als einen Kreisprozeß, der daher den entsprechenden Gesetzen unterliegt. A. GÜNTHER-SCHULZE[6] sieht auf Grund seiner Versuche den Basenaustausch an Permutiten als Ionendiffusion an. Ferner weist er später[7] darauf hin, daß alle Untersuchungen über die Abhängigkeit der Basengleichgewichte im Permutit von den Basengleichgewichten der Lösung, die mit Gesamtkonzentrationen statt mit Ionenkonzentrationen arbeiten, keine Aufschlüsse über die das Gleichgewicht beherrschenden Gesetzmäßigkeiten zu erbringen vermögen, da die Grundlage dieser Gesetzmäßigkeit, die Ionenkonzentration, in der Lösung nicht nur von der Gesamtkonzentration weitgehend abweicht, sondern sich auch mit dem Verteilungsverhältnis der Basen in der Lösung in unbekannter Weise verändert. V. ROTHMUND und G. KORNFELD[8] sehen schließlich in den Permutiten chemische Verbindungen mit verschiedenen Basen, die ineinander unbegrenzt löslich sind. Permutite sind danach feste Lösungen, die eine einzige Phase bilden. Sie charakterisieren den Gleichgewichtszustand durch folgende Formel:

$$c' = \varphi\left(\frac{C_1}{C_2}\right),$$

in der c' die Konzentration der Salze im Permutit, C_1 und C_2 die Konzentrationen der Salze in der Lösung und φ die funktionelle Abhängigkeit bedeuten.

---

[1] VAGELER, P. u. J. WOLTERSDORF: Beiträge zur Frage des Basenaustausches und der Aziditäten. Z. Pflanzenern., Düng. u. Bodenk. A, **15**, 329 (1930).

[2] CASALE, L.: Physikochemische Versuche über das Absorptionsvermögen des Bodens und über die Art, wie die Pflanze die Nährstoffe aus dem Boden aufnimmt. Staz. sperim. agrar. ital. **54**, 65 (1921); n. Hoffm. Jber. **64**, 56 (1921).

[3] JONES, C. P.: Absorption und Adsorption von Basen durch die Böden. Soil Sci. **17**, 255 (1924); n. Z. Pflanzenern., Düng. u. Bodenk. A, **5**, 107 (1925).

[4] VERNADSKY, W.: Zur Theorie der Silikate. Z. Kristallograph. **34**, 39 (1901).

[5] MITSCHERLICH, E. A.: Lösung und Absorption im Boden. Landw. Jb. **46**, 413 (1914).

[6] GÜNTHER-SCHULZE, A.: Die Ionendiffusion im Permutit und Natrolith. Z. physik. Chem. **89**, 168 (1915).

[7] GÜNTHER-SCHULZE, A.: Die Ermittelung der Selbstkomplexbildung in wäßrigen Lösungen von Kupfersalzen mit Hilfe des Permutits. Z. Elektrochem. **28**, 89 (1922).

[8] ROTHMUND, V. u. G. KORNFELD: Der Basenaustausch im Permutit. Z. anorg. Chem. **103**, 129 (1918).

Zur Berechnung der Versuche dient ausschließlich die Formel:

$$\left(\frac{n}{n-x}\right)^p = K\frac{a-x}{b+x}.$$

Hier bedeuten x die ausgetauschte Menge, a, b die ursprünglich vorhandenen Mengen der beiden Salze und n die maximal austauschbare Menge.

In einer andern Arbeit faßt E. RAMANN[1] die durch Säuren mit schwacher Wasserstoffionenkonzentration entbasten Permutite als „Permutitsäuren" auf, die sehr wenig löslich sein sollen. Ihr Ionenzerfall ähnelt dem der Kohlensäure. Dieser Vorstellung schließt sich auch W. U. BEHRENS[2] an. R. BRADFIELD[3] sieht ebenfalls den Ton als eine wahre Säure an. Ähnliche Anschauungen vertreten D. J. HISSINK und J. VAN DER SPEK[4], die annehmen, daß bei den negativ geladenen Bodenteilchen die austauschbaren Basen und der austauschbare Wasserstoff teilweise ionisiert sind. In der äußeren Hälfte der elektrischen Doppelschicht befinden sich also Ca-, Mg-, K-, Na- und H-Ionen, während die innere Hälfte aus den Resten der Bodensäuren besteht. J. VAN DER SPEK[5] betrachtet die Adsorption als eine chemische Reaktion zwischen freien und adsorptiv gebundenen Ionen, wobei unter „adsorptiv gebunden" solche Ionen verstanden werden, die sich auf der Oberfläche der kolloiden Teilchen befinden und nicht mit H_2O auswaschbar noch gegen andere Ionen gleicher elektrischer Ladung auswechselbar sind. Die Verbindungen von Al_2O_3 und SiO_2 werden dabei als Tonsäuren angesehen, während die Humussäuren als Säurereste von organischer Zusammensetzung betrachtet werden. W. P. KELLEY und S. M. BROWN[6] nehmen ebenfalls an, daß die austauschbaren Basen der Mineralböden — chemisch betrachtet — in der Form von Salzen von einer oder mehreren der Aluminiumkieselsäuren auftreten.

F. SCURTI[7] betrachtet als Träger der Absorptionserscheinungen des Bodens wieder die Zeolithe und schildert ihre Natur in folgender Weise: Er nimmt an, daß die Zeolithe aus Feldspaten und feldspatähnlichen Gesteinen entstanden sind. Sie sind Doppelsilikate des Al und eines Alkali- oder Erdalkalimetalles, in denen Al in ein- oder zweiwertiger Hydratform auftritt. Das beim Erhitzen frei werdende Wasser soll aus den Hydroxylgruppen des Siliziums und Aluminiums stammen und das Alkali- oder Erdalkalimetall soll an den Hydroxylsauerstoff des Si oder Al gebunden sein, so daß zwei isomere Formen möglich sind. Die Gewichtsverhältnisse führen zu einer homologen Reihe von der Zusammensetzung:

$$(HO)_2 \cdot Al \cdot O \cdot SiO \cdot O\{Si(OH)_2 \cdot O\}_n \cdot SiO \cdot O \cdot O \cdot Al(OH)_2, \quad n = 1-8.$$

Zeolithe mit acht Si-Atomen kommen nicht vor. Die in der Ackererde möglichen Umsetzungen werden am Beispiel des in der Erde kolloid gelösten Heulandits in folgender Weise geschildert:

$$CaSi_6Al_2O_{21}H_{10} + 2NaCl = CaCl_2 + Na_2Si_6Al_2O_{21}H_{10}.$$

[1] RAMANN, E.: Das Wesen, die Bedeutung und die Bestimmungsmethoden der Bodenazidität. Z. Pflanzenern., Düng. u. Bodenk. A, **4**, 217 (1925).

[2] BEHRENS, W. U.: Säureeigenschaften von entbasten künstlichen und Boden-Permutiten. Z. Pflanzenern., Düng. u. Bodenk. A, **11**, 281 (1928).

[3] BRADFIELD, R.: J. amer. chem. Soc. **45**, 1243 (1923).

[4] HISSINK, D. J. u. J. VAN DER SPEK: Das Wesen des Säuregrades des Bodens. Chem. Weekbl. **22**, 500 (1925); n. Z. Pflanzenern., Düng. u. Bodenk. A, **8**, 181 (1926/27).

[5] SPEK, J. VAN DER: Die Einwirkung von Lösungen neutraler Salze auf den Boden. Versl. Landbouwkund. Onderzoeck **1922**, 161; n. Hoffm. Jber. **66**, 44 (1923).

[6] KELLEY, W. P. u. S. M. BROWN: Ionenaustausch in Beziehung zur Bodensäure. Soil Sci. **21**, 289 (1926); n. Z. Pflanzenern., Düng. u. Bodenk. A, **10**, 251 (1927/28).

[7] SCURTI, F.: Zur Kenntnis der Ackererde. Die natürlichen Zeolithe. Ann. Chim. Applic. **13**, 161 (1923); n. Z. Pflanzenern., Düng. u. Bodenk. A, **3**, 120 (1924).

Bei überschüssigem NaCl soll die weitere Reaktion in folgender Weise erfolgen:

$$Na_2Si_6Al_2O_{21}H_{10} + 2NaCl = Na_4Si_6Al_2O_{21}H_8 + 2HCl,$$

wobei sich HCl mit $CaCO_3$ verbindet, während $Na_4\,Si_6\,Al_2O_{21}H_8$ durch Hydrolyse wieder in $Na_2\,Si_6\,Al_2O_{21}H_{10}$ unter Abspaltung von NaOH zurückverwandelt wird, wobei NaOH unter Aufnahme von CO_2 in Na_2CO_3 übergeht. O. WEIGEL[1] ist der Ansicht, daß in den Zeolithen offenbar Silikatwassergemische nach Art der festen Lösungen vorliegen, die infolge der richtenden Kräfte des relativ starren Silikatgitters auf die relativ leicht bewegliche Komponente des Wassers eine erklärliche Beziehung zu den echten Hydraten behalten. Ferner formuliert er an anderer Stelle[2] seine Ansicht dahin gehend, daß er die Zeolithe für keine einfachen Hydrate hält, indem er sich der Ansicht TAMMANNS anschließt, nach der Mischkristalle von Silikatwasserverbindungen vorliegen, die sich gegenseitig durchdringen können. Die Auffassung von F. RINNE, nach der die Zeolithe kristalline Substanzen im amikroskopischen Kolloidzustand sind, wird dadurch weitgehend bestätigt. G. WIEGNER[3] entwickelt ebenfalls noch eingehender seine Vorstellungen über die Natur des adsorbierenden Komplexes. Er faßt die Entstehung der Austauschzeolithe z. B. in der Weise auf, daß positiv geladenes Aluminiumhydroxyd und negativ geladene Kieselsäure, beide im Solzustand befindlich, eine Adsorptionsfällung ergeben, wenn die entgegengesetzten elektrischen Ladungen sich neutralisieren, „denn da elektrische Ladung und Ultramikrongröße in keinem scharfen Zusammenhang zueinander stehen, obwohl die Größenordnung der Ladung auch nicht gerade beliebig variiert, sind scharfe stöchiometrische Verhältnisse nicht zu erwarten.“

In seinen letzten Veröffentlichungen faßt G. WIEGNER mit H. JENNY[4] schließlich die Permutite, die künstlich hergestellte Aluminatsilikate mit gleichen Eigenschaften darstellen, als hochdisperse, oft nahezu maximaldisperse feste Systeme auf. Die Bindung der Bestandteile bei diesen mit Basen gesättigten Substanzen sieht er als eine Ionenverbindung an. Wie bei den Kristallen von festen Elektrolyten zwischen den entgegengesetzt geladenen Ionen die Gitterkräfte in stöchiometrischem Ausmaße wirksam sind, so soll es sich nach G. WIEGNER bei den Permutiten um allerdings nicht stöchiometrische Wechselwirkungen zwischen den nicht austauschbaren Anionen und den austauschbaren Kationen handeln. Beide Eigenschaften — sowohl die kolloide Beschaffenheit wie die Ionenbindung ihrer Bestandteile — dürften als die eigentlichen Ursachen der Befähigung zum Ionenaustausch zu betrachten sein. G. WIEGNER und K. W. MÜLLER[5] kommen dann erneut zu der Feststellung, daß der Ionenaustausch von der Dispersität der Austauschgele, sowie ferner vom gegenseitigen Ionenverhältnis und von den Ioneneigenschaften abhängig, aber in einem weiten Bereiche unabhängig von der Verdünnung sei.

Selbst wenn man den Unterschied zwischen Chemie und Physik nicht mehr in veralteter Weise auffassen mag, so zeigen diese neueren Auffassungen nach H. KAPPEN und B. FISCHER[6] doch wohl eine gewisse Annäherung. Jedoch

[1] WEIGEL, O.: Zur Frage der Wasserbindung in den Zeolithen. Cbl. Min. **1922**, 164 u. 201; n. Z. Pflanzenern., Düng. u. Bodenk. A, **2**, 232 (1923).

[2] WEIGEL, O.: Die Wasserbindung in den Zeolithen. Sitzgsber. Ges. Förd. Naturw. Marburg **1919**, Nr. 5, 1; n. Hoffm. Jber. **63**, 60 (1930).

[3] WIEGNER, G.: Boden- und Bodenbildung. Dresden u. Leipzig: Th. Steinkopff 1929.

[4] WIEGNER, G. u. H. JENNY: Dispersität und Basenaustausch (Ionenaustausch) Ausz. Verh. internat. Kong. Bodenk., S. 40, 2. Kom. Washington 1927; Zsigmondy Festschr. (Koll. Zeitschr.), S. 341. 1925.

[5] WIEGNER, G. u. K. W. MÜLLER: Beiträge zum Ionenumtausch, besonders an Permutiten. Z. Pflanzenern., Düng. u. Bodenk. A, **14**, 321 (1929).

[6] KAPPEN, H. u. B. FISCHER: Über den Ionenaustausch der zeolithischen Silikate bei Beteiligung hydrolytisch gespaltener Salze. Z. Pflanzenern., Düng. u. Bodenk. A, **12**, 8 (1928).

lehnt G. WIEGNER[1] diese Auffassung ab. S. MATTSON[2], der sodann den Mechanismus der Adsorptionserscheinungen und des Basenaustausches behandelt, gelangt zu dem Schluß, daß — sofern sich die Adsorbenten als Säuren verhalten — diese Erscheinung im Zusammenhang mit einer polaren Orientierung der Wassermoleküle in der Zwischenschicht stehe.

Gegenüber diesen Anschauungen G. WIEGNERS und seiner Schule hält H. KAPPEN[3] die Annahme, in diesen Bodenbestandteilen kolloide chemische Verbindungen zu sehen, so lange für richtiger, „bis von den Vertretern der anderen Auffassung der Nachweis geliefert ist, daß sich Gelgemische herstellen lassen, die in gleich hohem Maße die charakteristischen Eigenschaften besitzen, die von den Verwitterungssilikaten des Bodens und den künstlich auf chemischem Wege hergestellten Aluminatsilikaten aufgewiesen werden". In diesem Zusammenhange ist es bemerkenswert, daß neuere Untersuchungen von R. BRADFIELD[4] an der Möglichkeit der Herstellung solcher Kolloidgemische zweifeln lassen. Sodann sei in diesem Zusammenhange darauf hingewiesen, daß J. CLARENS und PÉRON[5] die NH_3-Absorption eines sauren Bodens aus Neutralsalzen fortlaufend verfolgten. Bei NH_4Cl und $(NH_4)_2SO_4$ verliefen die Fixierungskurven gradlinig, wodurch die Annahme einer rein physikalischen Absorption ausgeschlossen ist. Ferner weist K. K. GEDROIZ[6] gerade den Auffassungen von H. STREMME[7] gegenüber darauf hin, daß eine Neubildung des Aluminatsilikatanteils des adsorbierenden Bodenkomplexes als ein mechanisches Gemisch aus den einzelnen kolloid gelösten Hydraten und Hydroxyden von Si, Fe und Al nicht anzunehmen sei, da sonst ein ganz anderes Verhalten der Alkalien gegenüber diesen Bestandteilen des Bodens anzunehmen wäre. Dagegen schließt sich A. STEBUTT[8] der Anschauung von WIEGNER und SCHWARZ an, daß die Silikate „mindestens aber die Feldspate, schon bei dem ersten Angriff der Verwitterung sofort hydrolytisch in ihre Komponenten MeO, Al_2O_3 und SiO_2 zerfallen, und daß alle Produkte der Verwitterung, die einen komplizierteren Bau aufweisen, wie die verschiedenen Kieselsäure-Tonerdekomplexe (Bodenzeolithe, kaolin- und allophanartige Siallite) Neuverbindungen der beim Zerfall frei gewordenen Silikatkomponenten darstellen".

Neuerdings hat nun M. TRÉNEL[9] auf Grund seiner Versuche zur Erklärung der Adsorptionsvorgänge wieder mehr auf die Vorstellungen von VAN BEMMELEN zurückgegriffen. Er beobachtet nämlich, daß ein seiner Basen beraubter Permutit weder selbst sauer ist, noch durch KCl-Lösung austauschsauer wird[10]. Den Aus-

---

[1] WIEGNER, G.: a. a. O. Z. Pflanzenern., Düng. u. Bodenk. A, **14**, 321 (1929).

[2] MATTSON, S.: Die Wirkung der Neutralsalze auf sauren Böden in Beziehung zu dem Eisen- und Aluminiumgehalt derselben. Soil Sci. **25**, 345 (1928); n. Z. Pflanzenern., Düng. u. Bodenk. A, **14**, 313 (1929).

[3] KAPPEN, H.: Die Bodenazidität, S. 6. Berlin: Julius Springer 1929.

[4] BRADFIELD, R.: J. amer. Soc. Agron. **17**, 257.

[5] CLARENS, J. u. PÉRON: Beitrag zum Studium der Böden. III. Absorptionsfähigkeit der Böden gegen Ammoniak. Bull. Soc. chim. France **43**, 962 (1928); n. Z. Pflanzenern., Düng. u. Bodenk. A, **15**, 376 (1930).

[6] GEDROIZ, K. K.: Der adsorbierende Bodenkomplex. Dresden u. Leipzig: Th. Steinkopff.

[7] STREMME, H.: Allophan, Halloisit und Montmorillonit sind in der Tat nur Gemenge von Tonerde und Kieselsäuregel. Cbl. Min. **1908**, 622 u. 661; **1911**, 207; **1914**, 80; Landw. Jb. **1911**, 338.

[8] STEBUTT, A.: Lehrbuch der allgemeinen Bodenkunde, S. 205. Berlin: Gebr. Borntráger 1930.

[9] TRÉNEL, M.: Enthalten die Bodenzeolithe direkt austauschbare Wasserstoffionen? Ein Beitrag zur Frage nach den Ursachen der pflanzenschädigenden Wirkung der Bodenazidität. Z. Pflanzenern., Düng. u. Bodenk. A, **9**, 121 (1927).

[10] Vgl. hierzu auch: E. BLANCK und E. VON OLDERSHAUSEN: Über den Einfluß eines Zusatzes von Ton verschiedener Zusammensetzung zu Sand auf das Pflanzenwachstum. J. f. Landw. **77**, 331 (1930) und E. VON OLDERSHAUSEN: Der Einfluß künstlicher Bodensäuerung auf Boden und Pflanzenwachstum. Dissert. Göttingen 1930.

druck, Permutitsäure von RAMANN, hält er daher nicht für richtig, da die fortgeführten Basen nicht durch H-Ionen ersetzt sind. Weiter beobachtet er in Gemeinschaft mit J. WUNSCHIK[1], daß mit fortschreitender Entbasung der Permutit zunächst ein aus den Hydraten der Sesquioxyde und der Kieselsäure bestehendes Gelgemisch darstellt, welches bei völliger Entbasung im wesentlichen nur noch aus Kieselsäure besteht. In einer weiteren Mitteilung[2] vermögen die Genannten dann auch eine Erklärung für die sich an diesen Gelgemischen vollziehende Austauschazidität zu geben, so daß damit eine bedeutsame Begründung für die Möglichkeit der Übertragung dieser an Permutiten gemachten Beobachtungen auf den Erdboden vorhanden ist.

Auch beim Studium der Bodentypen weist K. K. GEDROIZ[3] darauf hin, daß die Verwitterung die Entstehung derartiger Gele fördert. Es soll daher noch kurz auf die Beobachtungen hingewiesen werden, die bei der Untersuchung dieser Gele hinsichtlich ihrer Absorptions- und Basenaustauscherscheinungen gesammelt wurden. C. G. SCHMIDT[4] beobachtet z. B., daß wasserhaltige Kieselsäure KCl aufnimmt, und daß das Verhältnis der von der Kieselsäure gelösten Salzmenge nahezu als ein konstantes zu bezeichnen ist, woraus gefolgert wird, daß bei der Absorption von Salzen durch Kieselsäure eine sog. feste Lösung eintritt. E. RAMANN[5] gibt an, daß Quarz alkalisch-reagierende Stoffe sehr stark absorbiert, wogegen Neutralsalze und Säuren in Übereinstimmung mit den Erfahrungen von BRIGGS[6] nur in Spuren gebunden werden.

W. HÜMMELCHEN und H. KAPPEN[7] beobachten bei Kieselsäure keine Neutralsalzzersetzung, während O. NOLTE[8] sie beobachten konnte. A. F. JOSEPH[9] findet, daß die beim Behandeln von Ton mit NaCl auftretende Säure mit steigendem Verhältnis von $\frac{SiO_2}{Al_2O_3}$ zunimmt, so daß bei reiner Kieselsäure ein Maximum erreicht wird. R. C. WILEY und N. E. GORDON[10] beobachten, daß sowohl Hydrogel wie Hydrosol von Kieselsäure Metalle negativ adsorbieren, während Nitrate und Sulfate von Ca, Mg und K nur eine leichte negative Adsorption erleiden. Der Phosphatrest wird jedoch durch Hydrogel positiv, durch Hydrosol aber negativ adsorbiert. J. N. MUKHERJEE[11] gibt an, daß reine Kieselsäurehydrate Säuren adsorbieren, während nach JOSEPH und HANCOCK[12] vollkommen reine SiO_2 die

---

1 TRÉNEL, M. u. J. WUNSCHIK: Über den Chemismus der „mineralischen Bodenazidität". Z. Pflanzenern., Düng. u. Bodenk. A, **17**, 257 (1930).

2 TRÉNEL, M. u. J. WUNSCHIK: Über den Chemismus der „Austausch-Azidität" im Boden. Z. Pflanzenern. Düng. u. Bodenk. A, **17**, 296 (1930).

3 GEDROIZ, K. K.: Der adsorbierende Bodenkomplex. Dresden u. Leipzig: Th. Steinkopff 1929.

4 SCHMIDT, C. G.: Über Absorption von Salzen durch Kieselsäure. Z. phys. Chem. **15**, 56 (1894), n. Hoffm. Jber. **37**, 85 (1894).

5 RAMANN, E.: Die chemisch-physikalischen Wirkungen von Ätzkalk und kohlensaurem Kalk in Mineralböden. Z. Pflanzenern., Düng. u. Bodenk. A, **3**, 257 (1924).

6 BRIGGS: J. Phys. Chem. **9**, 617 (1905).

7 HÜMMELCHEN, W. u. H. KAPPEN: Die Neutralsalzzersetzung durch Kolloide. Z. Pflanzenern., Düng. u. Bodenk. A, **3**, 289 (1924).

8 NOLTE, O.: Bemerkung zu dem Aufsatz des Herrn Dr. A. v. NOSTITZ „Zur verkrustenden Wirkung der Magnesiasalze". Landw. Versuchsstat. **99**, 294 (1922).

9 JOSEPH, A. F.: J. Chem. Soc. **125**, 1888 (1924).

10 WILEY, R. C. u. N. E. GORDON: Die Adsorption von Pflanzennahrung durch kolloidale Kieselsäure. Soil Sci. **14**, 441 (1922); n. Biederm. Zbl. **54**, 140 (1925).

11 MUKHERJEE, J. N.: Reaktion zwischen Säuren und Elektrolyten und deren Beziehung zur Theorie der Bodenazidität. Nature **115**, 157 (1925); n. Z. Pflanzenern., Düng. u. Bodenk. A, **7**, 252 (1926).

12 JOSEPH, A. F. u. J. S. HANCOCK: The action of Silica on Elektrolytes. J. Chem. Soc. London **123**, 2022 (1923).

p_H Zahl der Lösungen von Säuren nicht ändert. O. RUFF und P. MAUTNER[1] stellen fest, daß Kieselsäuregele ein sehr geringes Adsorptionsvermögen für molekulardispers gelöste Stoffe zeigen. Die Frage, ob die Silikagele als saure Oxyde eine spezifische Adsorption für saure oder basische Verbindungen haben, wird geprüft und dabei gefunden, daß gewisse Basen in erheblichem Umfange adsorbiert werden, aber nur dann, wenn diese das Gel peptisieren. Es scheint sich hier um eine Ionenadsorption zu handeln.

Ferner beobachten W. H. MACINTIRE und W. M. SHAW[2], daß die Auswaschung der dem Boden zugeführten Sulfate durch Beigabe von Kalk beeinflußt wird. Sie finden, daß Mischungen von frisch gefälltem Eisen- und Al-Hydroxyd zusammen mit $Ca(OH)_2$ und $CaSO_4$ Festlegungen in molekularen Verhältnissen ergeben. Es resultieren Verbindungen von der Zusammensetzung: $3\,CaO \cdot Al_2O_3 \cdot 3\,CaSO_4$ und $3\,CaO \cdot Fe_2O_3 \cdot 3\,CaSO_4$. K. FLEROW[3] nimmt Adsorption von Nitraten an kolloidem $Fe(OH)_3$, SiO_2 und $Al(OH)_3$, die ja oft im Boden auftreten, an. Am stärksten legen die frischen, schwächer die bei 25° getrockneten Kolloide das Nitrat fest. Bei 100° getrocknete Kolloide adsorbieren gar nicht. Die positive Aufnahme des Nitrates ist indessen keine Adsorption, die mit der Beeinflussung der Grenzflächenspannung des Lösungsmittels durch den gelösten Stoff zusammenhängt. Nach der Meinung dieses Autors spielt hier die wichtigste Rolle die nach der Theorie von P. N. PARLOW aufgestellte „Verteilungsadsorption". D. C. LICHTENWALNER, A. L. FLENNER und H. GORDON[4] untersuchen die Adsorption durch kolloidale Eisen- und Aluminiumhydroxyde. Es werden von Anionen der Reihe nach die Phosphate stark, Sulfate und Nitrate schwach adsorbiert; während die Adsorption der Kationen sich in der Reihenfolge Kalzium, Magnesium, Kalium vollzieht. Die adsorbierten Nitrate und Sulfate können durch Wasser vollständig ausgewaschen werden. Zusammenfassend weist E. RAMANN[5] jedoch darauf hin, daß für die Adsorptionswirkungen im Boden Quarz in allen Korngrößen, sowie unverwitterte Minerale der Feldspat-, Glimmer-, Augit-, Hornblende-, Granit- und Kaolinitgruppen nicht in Frage kommen. Wenn z. B. bei der Granatgruppe gelegentlich geringe Absorptionswirkungen beobachtet worden sind, so ist daraus doch nicht zu folgern, daß sie praktische Bedeutung besitzen. „Zweifelhaft ist, ob man dem Eisenoxydhydrat und Aluminiumoxydhydrat sorbierende Wirkungen im Boden zuzumessen hat; für das erste ist dies wahrscheinlich zu bejahen, für das letzte zu verneinen. Die Erfahrung mit frisch hergestellten Solen oder Gelen dieser Körper dürfen nur mit Vorsicht für das Verhalten der in Böden vorkommenden Hydratstufen in Vergleich gestellt werden." Zweifelhaft ist nach ihm auch das diesbezügliche Verhalten der im Boden vorhandenen Kieselsäurehydrate. Eine ähnliche Vorsicht empfiehlt auch C. E. MARSHALL[6]. R. GANSSEN[7] bestätigt die Auffassung von E. RAMANN, wobei er noch darauf hinweist, daß im humiden Klima derartige Adsorptionen nicht beständig sind, und daß die Innigkeit der Mischung

[1] RUFF, O. u. P. MAUTNER: Die aktiven Formen der Kieselsäure (das Silikagel) und deren Adsorptionsvermögen. Z. angew. Chem. **40**, 428 (1927).

[2] MACINTIRE, W. H. u. W. M. SHAW: Das ternäre System $CaO—Fe_2O_3—CaSO_4$ und $CaO—Al_2O_3—CaSO_4$ als Erklärung für die Zurückhaltung der Sulfate in stark gekalkten Böden. Soil Sci. **19**, 125 (1925); n. Z. Pflanzenern., Düng. u. Bodenk. A, **8**, 315 (1926/27).

[3] FLEROW, K.: Zur Frage der Sorption der Nitrate im Boden. Kolloid-Z. **43**, 81 (1927); n. Pflanzenern., Düng. u. Bodenk. A, **14**, 307 (1929).

[4] LICHTENWALNER, D. C., A. L. FLENNER u. H. GORDON: Soil Sci. **15**, 157 (1923).

[5] RAMANN, E.: Über Mineralstoffaufnahme der Pflanzen aus dem Boden. Landw. Versuchsstat. **88**, 379 (1916).

[6] MARSHALL, C. E.: J. Agricult. Sci. **17**, 315 (1927).

[7] GANSSEN, R. u. Mitarbeiter: Die Bestimmung der Bodenreaktion. Die Bindung der Basen im Boden. Z. Pflanzenern., Düng. u. Bodenk. A, **8**, 332 (1926/27).

der Gele von großer Bedeutung für die sich daran abspielenden Adsorptionsprozesse ist[1]. In dieser Hinsicht zeichnen sich besonders die molekularen Gemische aus. Nach G. J. BOUYOUCOS[2] zeigen Böden und künstliche Gele von Kieselsäure, Aluminium und Eisen etwa die gleiche Benetzungswärme, jedoch ist beim Behandeln mit Hydroxyden bei den letzteren eine wesentlich größere Reaktionswärme zu konstatieren. Man muß aus diesem verschiedenen Verhalten schließen, daß die Bodenkolloide und die künstlichen Gele von Kieselsäure, Aluminium und Eisen zwar dieselbe Zusammensetzung, nicht aber dieselbe Konstitution haben.

Abschließend sei nur noch auf einige Hinweise von F. SCHEFFER[3] aufmerksam gemacht, der beobachtete, daß der Ätzkalk, der in den Boden gelangt, auch in sonst neutral reagierenden und sogar in sehr fruchtbaren Böden nur teilweise in Karbonat übergeht. Auch in verhältnismäßig reinen Sanden verläuft diese Umsetzung nicht völlig. Nach Ansicht des Genannten soll diese Absorption jedoch nicht durch die zeolithischen Substanzen erfolgen, vielmehr müssen die absorbierenden Substanzen HCl-unlöslich sein. H. W. KERR[4] weist darauf hin, daß das den Basenaustausch veranlassende Material im Boden, welches frei von organischer Substanz war, so innig mit den Tonbestandteilen vermischt ist, daß eine Trennung durch spezifische Gravitationsmethoden nicht möglich sei. Auf Grund gewisser Austauschkonstanten gelangt KERR zu dem Schluß, daß der Bentonit für den Austausch im Boden in Frage kommt. Dieser soll vor allem eine Mischung von zwei Mineralien sein, deren Trennung infolge ihrer kolloiden Eigenschaften überaus schwierig ist. Dem ungesättigten Material weist er die Formel: $H_2O\ (Al_2O_3 \cdot 6\ SiO_2) \cdot 8\ H_2O$ zu. W. G. OGG und J. HENDRICK[5] vertreten schließlich die Anschauung, daß die feinen Sandfraktionen des Bodens von ähnlicher Bedeutung für die Adsorption wie die Tonanteile seien.

Da jedoch auch der Humus des Bodens für die Adsorptions- und Basenaustauscherscheinungen von jeher verantwortlich gemacht worden ist, so sei im nachstehenden auch auf den Entwicklungsgang dieser Erkenntnis eingegangen.

J. M. VAN BEMMELEN[6] hat sich ebenfalls eingehend über diese Vorgänge verbreitet. Seine Erfahrungen sind bereits im Zusammenhang geschildert[7]. Zusammenfassend darf man sagen, daß bis jetzt nicht festzustellen ist, „ob eine eigentliche chemische Verbindung zwischen Humussäure und einem Metalloxyd stattfinden kann, und welche, oder ob eine chemische Verbindung in dem kolloidalen Komplex verborgen ist". Sehr eingehend beschäftigen sich A. BAUMANN und E. GULLY[8] mit den Adsorptionserscheinungen des Humus und führen sie auf seine kolloide Natur zurück. Dabei entstehen Absorptions-

---

[1] GANSSEN (GANS), R.: Über Bodenreaktion und Auswahl des Düngers. Internat. Mitt. Bodenkde. **10**, 186 (1920).

[2] BOUYOUCOS, G. J.: Die Unterschiede in der Reaktionswärme von natürlichen und künstlichen Bodengelen von Kieselsäure, Aluminium und Eisen mit Hydroxyden. Soil. Sci. **23**, 243 (1927); n. Z. Pflanzenern., Düng. u. Bodenk. A, **13**, 135 (1929).

[3] SCHEFFER, F.: Über die Art der Umwandlung des Ätzkalkes im Boden und ihre Ursachen. J. Landw. **72**, 201 (1924). Desgl. E. BLANCK und F. SCHEFFER: Ein weiterer Beitrag zur Amwandlung des Ätzkalkes in kohlensauren Kalk im Boden und die Ursachen der Bindung des Kalkes. Z. Pflanzenern., Düng. u. Bodenk. B. **4**, 66 (1925).

[4] KERR, H. W.: Die Identifizierung und Zusammensetzung der beim Basenaustausch und bei der Bildung von Bodensäure wirksamen Tonerdesilikate. Soil. Sci. **26**, 385 (1928); n. Z. Pflanzenern., Düng. u. Bodenk. A, **15**, 187 (1930).

[5] OGG, W. G. u. J. HENDRICK: J. agricult. Sci. **10**, 343 (1920).

[6] BEMMELEN, J. M. VAN: a. a. O. Landw. Versuchsstat. **35**, 69 (1888).

[7] Vergl. S. 194.

[8] BAUMANN, A. u. E. GULLY: Untersuchungen über die Humussäuren II. Mitt. K. Bayer. Motorkulturanst. **1910**, H. 4, 31.

verbindungen, wie sie VAN BEMMELEN bereits für das Siliziumdioxyd festgestellt hat. Die Vorgänge folgen der FREUNDLICHschen Absorptionsisotherme, und größere Kolloidmengen absorbieren aus der gleichen Lösung relativ geringere Mengen als kleinere Kolloidmengen. Sie zeigen ferner, daß die Behandlung des Humus mit Wasser die Basen wieder in Lösung gehen läßt, und daß erneutes Behandeln mit Kationen wieder einen verstärkten Eintausch von Basen gestattet. BAUMANN und GULLY ziehen aus ihren zahlreichen Versuchen den Schluß, daß den Humussubstanzen die Säurenatur abzusprechen ist, da sie lediglich durch Adsorptionszersetzungen vorgetäuscht wird. Jedoch konnten die Arbeiten von A. RINDELL[1], BR. TACKE und H. SÜCHTING[2], P. EHRENBERG und F. BAHR[3] sowie eine Reihe von anderen Forschern diese Anschauung widerlegen. Die letzteren weisen dabei noch darauf hin, daß die Humussäure auf Grund ihres amorphen Zustandes trotz ihrer drei- und vierbasischen Natur keine dementsprechend gebauten Salze zu bilden vermag, da die Säure mit ihren Salzen in allen Verhältnissen feste Lösungen bildet. „Die Affinität der Säure zu einer bestimmten Base ist daher eine mit dem Grade der Sättigung sich stetig ändernde Größe, die für vollkommene Sättigung sehr klein ist, bei Abspaltung der Base aber rasch wächst und schließlich sehr hohe Werte annimmt.“ Sehr eingehende Bearbeitungen dieser Fragen sind dann von S. ODÉN[4] durchgeführt worden. Er bringt zunächst — auch auf Grund seiner eigenen Erfahrungen — eine Einteilung der Humusstoffe, die nachstehend wiedergegeben sein möge:

Name	Verhalten gegen			Salze	Farbe	Sonstige charakteristische Eigenschaften
	Wasser	Alkokol	Lauge			
Humuskohle	Weder löslich, noch dispergierbar	Nicht löslich	Nicht löslich, aber quellungsfähig	Nur Absorptionskomplexe bekannt	Schwarz	Geht durch Schmelzen mit Alkalihydrat in Salze der Huminsäuren über
Huminsäuren: Humussäure	Schwer löslich, aber dispergierbar, wobei Suspensionen entstehen	Nicht löslich aber dispergierbar	Löslich	Alkalisalze in Wasser löslich, in Alkohol dispergierbar. Andere Salze schwer löslich, aber im Wassser dispergierbar	Schwarzbraun mit einem Stich ins Rote	Aequivalentgewicht etwa 340, Kohlenstoffgehalt etwa 58%
Huminsäuren: Hymatomelansäure	Schwer löslich, aber leicht dispergierbar, wobei suspensoide bis kolloide Lösungen entstehen	Echt löslich	Löslich		Braun mit Stich ins Gelbe	Aequivalentgewicht etwa 250, Kohlenstoffgehalt etwa 62%
Huminsäuren: Fulvosäuren	Geben echte, leicht diffundierende Lösungen	Echt löslich	Löslich	Die meisten wasserlöslich	Goldgelb bis blaßgelb	Kohlenstoffgehalt $< 55\%$

Ferner bringt er zur Verknüpfung der Angaben der früheren Forscher eine Synonymitätstabelle, die ebenfalls nachstehend aufgeführt wird:

[1] RINDELL, A.: Über die chemische Natur der Humussäuren. Internat. Mitt. Bodenkde. 1, 67 (1911).

[2] TACKE, BR. u. H. SÜCHTING: Über Humussäuren. Landw. Jb. **41**, 717 (1911).

[3] EHRENBERG, P. u. F. BAHR: Beiträge zum Beweis der Existenz von Humussäuren und zur Erklärung ihrer Wirkungen vom Standpunkt der allgemeinen und theoretischen Chemie. J. Landw. **61**, 427 (1913).

[4] ODÉN, SV.: Die Huminsäuren. Dresden u. Leipzig: Th. Steinkopff 1919. S. 33.

Synonymitätstabelle (nach SVEN ODÉN)[1].

Bezeichnung in vorliegender Arbeit	Aelteste Forschung	SPRENGEL 1826	BBRZELIUS 1826—27	BERZELIUS 1839	MULDER 1840	HERMANN 1841	F. SENFT 1862	DETMER 1871	SESTINI 1881	EGGERTZ 1888	HOPPE-SEYLER 1889
Humuskohle Humin, vielleicht Anhydrid der Humussäure Ulmin, vielleicht Anhydrit der Hymatomelansäure	Magma unguinosum (KÜLBEL), Humus (WALLERIUS, TERREAU [de Sanssure]), Dammerde (JOHN, THAER u. a.)	Humuskohle	Mullkohle Geïn	Humin	Humin Ulmin	Anitrohumin Nitrohumin Nitrolin	Geïn C-reichste Ulmin Humin		Sacculmi	Mullkörper	Humin
Humussäure		Humussäure	Mylla (Humussäure) Geïnsäure	Huminsäure	Huminsäure	Eigentl. Humussäuren: Anitrohumussäure, Zuckerhumussäure, Holzhumussäure, Metaholzhumussäure	Huminsäure Geïnsäure	Huminsäure	Sacculminsäure	Mullsäuren	Huminsäuren
Hymatomelansäure	Magma unguinosum (KÜLBEL), Humus (WALLERIUS, TERREAU [de Sanssure]), Dammerde (JOHN, THAER u. a.)	Humussäure	Mylla (Humussäure) (Geïnsäure)	Huminsäure	Ulminsäure (?)	Satzsäuren: Torfsäure oder Torfsatzsäure, Ulminsäure, Anitrosatzsäure, Satzsäure, Ackersatzsäure, TULAsche Ackersäure, Sibir. Ackersäure, Porlaquellsatzsäure (?)	Ulminsäure	Huminsäure	Sacculminsäure	Mullsäuren	Hymatomelansäuren
Fulvosäuren			Mullextrakt	Quellsäure (Krensäure) Quellsatzsäure (Apokrensäure)	Gluzinsäure Apogluzinsäure	Quellsäuren: Holzquellsäure, Torfquellsäure, Anitrokrensäure, Ackerquellsäure, Porlaquellsäure Oxykrensäuren: Holzoxykrensäure, Torfoxykrensäure, Humusoxykrensäure, Anitrooxykrensäure, Humusextrakt	Geïnsäure Quellsäure Quellsatzsäure				

[1] ODÉN, S.: a. a. O. S. 50 u. 51.

Zu seiner Systematik der Humusstoffe gibt S. ODÉN folgende Erläuterungen[1]:

„Besonders bei sehr alten Ablagerungen treffen wir einen Teil von Humusstoffen an, welcher durch Behandlung mit Säure und Lauge oder durch andere Lösungsmittel weder in echter Lösung als Salz noch als Kolloid dispergiert werden kann. Nur durch langwierige Einwirkung starker Lauge wandelt er sich wahrscheinlich durch hydrolytische Verseifung in alkalilösliche Stoffe um. Derartige Stoffe wurden von SPRENGEL und BERZELIUS als Humuskohle, später als Humin und Ulmin bezeichnet, sind aber im Gegensatz zur typischen Steinkohle im Wasser quellungsfähig, so daß die Trockensubstanz nur etwa 10—15% vom Rohgewicht ausmacht. Dieser älteste Name von SPRENGEL soll hier beibehalten werden.

„Eine zweite Klasse der Humusstoffe geht schon durch Behandlung mit Wasser in Lösung, wobei leicht diffundierbare echte Lösungen von gelber bis gelbbrauner Farbe entstehen. In der Natur kommen sie in Moorwässern vor, jedoch stets durch die Kolloide der folgenden Stoffgruppen verunreinigt. Filtriert man solche Moorwässer durch CHAMBERLAIN'sche Porzellanfilter, so erhält man blaßgelbe bis goldgelbe Lösungen. Konzentrierte Lösungen haben bisweilen eine orangegelbe Farbe, etwa wie Kaliumbichromat. Der Farbenton ist aber stets überwiegend gelblich, nicht braun oder schwarzbraun. Sie sind teils gegen Oxydation empfindlich (Krensäuren), teils widerstandskräftiger (Apokrensäuren). Ein zweckmäßiger Sammelname fehlt, weshalb ich hier, eben der charakteristischen gelben Farbe wegen, für diese Stoffgruppe den Namen Fulvosäuren vorschlage. Sie sind wenig untersucht und die älteren Angaben in der Literatur einander sehr widersprechend.

„Wir kommen jetzt zu einem in Alkohol löslichen Bestandteil. Dieser wurde von F. HOPPE-SEYLER als Hymatomelansäure beschrieben, dürfte aber teilweise mit der schon früher beschriebenen Ulminsäure identisch sein. Auf Zusatz von Wasser fällt ein schokoladenbrauner Niederschlag aus, der in Lauge mit dunklerer Farbe löslich ist. Wenn die Säure im Humus als Kalk- oder Eisensalz vorkommt, muß dieselbe erst mit Salzsäure zersetzt werden, denn die Salze sind in Alkohol weniger löslich. Die Hymatomelansäure entsteht vielleicht durch Zersetzung der Humussäure und kommt stets mit dieser nicht alkohollöslichen Säure vermischt vor; beide Säuren gehen leicht ineinander über. Eine solche Mischung von Hymatomelansäure und Humussäure ist das von der Firma E. Merck in den Handel gebrachte Präparat Acidum huminicum. Von der Hymatomelansäure unterscheidet sich die Humussäure, außer durch ihre Nichtlöslichkeit in Alkohol durch dunkelbraune, fast schwarze Farbe und durch höheres Aequivalentgewicht, etwa 340, während das Aequivalentgewicht der Hymatomelansäure etwa 250 und das der Merckschen Mischung Acidum huminicum etwa 300 beträgt.

„Hier sei noch folgendes hervorgehoben. Die verschiedenen Humusgruppen sind keine unveränderlichen Stoffe, sondern gehen allmählich vielleicht unter Zwischenstufen ineinander über, so daß in den natürlichen Humusablagerungen wohl stets sämtliche Gruppen repräsentiert sind. Man gewinnt entschieden den Eindruck, als ob die Humussäure und Hymatomelansäure bestimmte chemische Verbindungen seien, welche relativ lange nebeneinander bestehen können, während Humuskohle und die Fulvosäuren nur Sammelnamen sind." Ferner weist S. ODÉN darauf hin, daß die Humusstoffe keine stabilen Verbindungen sind, sondern ineinander übergehen, jedoch ist der Reaktionsmechanismus hierbei noch vollständig unbekannt.

---

[1] ODÉN, S.: a. a. O. S. 31.

Neben den schon gemachten Angaben sei noch folgende Charakterisierung der Humate nach den Anschauungen von S. ODÉN gegeben: Die Humussäure ist kurz als eine vierbasische, mittelstarke Säure aufzufassen, welche in Wasser sehr schwer löslich ist, aber leicht kolloide Lösungen gibt. „Die Formel $(HOCO)_4C_{60}H_{52}O_{24}$ steht in keinem Widerspruch zu den analytischen Ergebnissen verschiedener Forscher ... Von den Salzen sind die der Alkalien (inkl. Lithiumsalz) löslich, sämtliche anderen dagegen schwerlöslich[1]." Im einzelnen ist noch zu bemerken:

Die Reaktion der Lösung NaH_3R-Humat ist schwach sauer, p_H = ca. 5, die von Na_2H_2R-Humat zeigt eine p_H von etwa 7, während Na_3HR-Humat etwa $p_H = 9$ und Na_4R-Humat etwa $p_H = 11$ erkennen läßt. Die Natur der Alkalihumate wird als nicht kolloidal angesehen. Das Kalziumhumat wird als schwer löslich aufgefaßt, wodurch sich erklärt, daß BAUMANN und GULLY mit Kalziumacetat größere Aziditätswerte als mit Kaliumacetat erhielten. Auch für das Ferrosalz weist S. ODÉN nach, daß es im Gegensatz zu früheren Anschauungen wenig löslich ist, während das Ferrisalz neben dem Kupfersalz das am schwersten lösliche Humat ist.

Die Hymatomelansäure wurde ebenfalls als eine wirkliche Säure mit einem Äquivalentgewicht von etwa 200 erkannt. Ihre Salze sind in Alkohol nicht löslich, dagegen sind die Alkalisalze in Wasser löslich, während die übrigen durch Fällung der völlig neutralisierten Alkalisalze erhältlich sind.

A. MUSIEROWICZ[2] beobachtet, daß die Adsorption verschiedener Düngersalze aus Lösungen an Torfen der bekannten Adsorptionsformel nach FREUNDLICH folgt. A. TH. TJULIN[3] zieht den Kohlenstoff des adsorbierenden Komplexes mit NaCl aus dem Boden aus und stellt fest, daß Austauschreaktionen dieses Bodenkomplexes ausblieben, wenn er nach der Behandlung mit Kochsalzlösung durch dreiwertiges Aluminium koaguliert wurde. Hat aber eine vorherige Behandlung mit $Ca(OH)_2$ oder $Ba(OH)_2$ stattgefunden, so vermag er Ca und Ba mit anderen Kationen auszutauschen. G. STADNIKOFF und P. KORSCHEW[4] untersuchen Adsorptions- und Basenaustauscherscheinungen an dem Präparat von MERCK, welches als Acidum huminicum bezeichnet wird. Sie können feststellen, daß die Menge des durch die Huminsäure adsorbierten Bariumhydroxydes nicht von der Konzentration der Lösung abhängt. Hierdurch unterscheidet sich dieses Präparat wesentlich von der künstlichen, aus Zucker dargestellten Humussäure, die KAWAMURA[5] untersuchte. Sie ähnelt vielmehr der Stearinsäure, welche von dem gleichen Autor untersucht wurde. Die genannten Autoren folgern aus diesen Ergebnissen, daß das Präparat von MERCK „eine echte Säure vorstellt, welche die Bariumsalze mit bestimmter Zusammensetzung bildet". Sie nehmen dabei das Aequivalent der Säure mit 147 an. Dieser von den Untersuchungen von S. ODÉN abweichende Befund wird in der Weise erklärt, daß bei der Bildung des Bariumsalzes nicht nur Karboxylgruppen, sondern auch Phenolhydroxylgruppen, dagegen bei den Versuchen von S. ODÉN nur die Karboxylgruppen der Säure an der Bildung des Ammoniumsalzes teilnehmen. Der Austausch des auf diese Weise adsorbierten Bariums gegen Alkalinitrat verläuft ziemlich langsam. Das Gleichgewicht kann erst nach

[1] ODEN, SV.: a. a. O., S. 102.

[2] MUSIEROWICZ, A.: Über sorptive Eigenschaften von Torfen im Licht der Adsorptionsformel von FREUNDLICH. Roczn. Nauk Roczn. i. Lesnych **22**, 129 (1929); n. Z. Pflanzenern., Düng. u. Bodenk. A, **15**, 319 (1930).

[3] TJULIN, A. TH.: Gesichtspunkte zur Zusammensetzung des adsorbierenden Bodenkomplexes. Nach Z. Pflanzenern., Düng. u. Bodenk. A, **13**, 310 (1929).

[4] STADNIKOFF, G. u. P. KORSCHEW: Zur Kenntnis der Huminsäuren. Kolloid-Z. **47**, 136 (1929).

[5] KAWAMURA, A.: Adsorption by Humic Acid. J. physic. Chem. **30**, 1364 (1926).

6 Tagen erreicht werden, wie dies besondere Untersuchungen zeigten, während die Absorption des $Ba(OH)_2$ praktisch nach 72 Stunden vollendet ist. Die Konzentration des löslichen Humats verändert sich proportional der Konzentration des Alkalisalzes in der Lösung. Die Konzentration des Bariumsalzes in der Lösung verändert sich dagegen in der Weise, daß sie bei kurvenmäßiger Darstellung der gewöhnlichen Adsorptionskurve sehr ähnelt. Dagegen wächst die Konzentration des ausgetauschten Bariums in der Lösung mit steigender Konzentration des Alkalisalzes unvergleichlich schneller als die Konzentration des löslichen Humats. Die Autoren erklären diesen Vorgang in folgender Weise: ,,Bei der Einwirkung des Alkalisalzes auf das Bariumhumat entstehen gemischte, in Wasser unlösliche Humate, bei sukzessiver Ersetzung des Bariums durch Alkalimetall, wie folgt:

$$\text{Hum Ba}_n + \text{KNO}_3 = \text{Hum Ba}_{(n-1)}\text{K} + \text{BaNO}_3$$
$$\text{Hum Ba}_{(n-1)} + \text{KNO}_3 = \text{Hum Ba}_{(n-2)}\text{K}_2 + \text{BaNO}_3.$$

Endlich reagiert das gemischte Humat, welches nur ein Aequivalent Barium enthält, mit Alkalisalz unter Bildung des löslichen Alkalihumats nach der Gleichung:

$$\text{Hum BaK}_{(n-1)} + \text{KNO}_3 = \text{Hum K}_n + \text{BaNO}_3\text{''}.$$

Gestützt auf die Erfahrungen S. ODÉNs nehmen die Autoren an, daß das Bariumsalz der Huminsäure ca. 6—7 Aequivalente des Bariums enthält. A. STEBUTT[1] gibt sodann noch an, daß die bisherige Forschung keine bemerkenswerten Unterschiede in dem Verhalten der mineralischen und organischen Bodenbestandteile zu der Adsorption festgestellt hat. E. RAMANN[2] weist jedoch darauf hin, daß, soweit bekannt, Humusstoffe im Gegensatz zu den Silikaten K, Na und NH_4 in Lösung gehen lassen, während sie von den Silikaten festgelegt werden. K. K. GEDROIZ[3] macht folgende Angaben über die Zusammensetzung des organischen Anteils des adsorbierenden Komplexes des Bodens: ,,Irgend etwas über die Zusammensetzung des organischen Anteils des adsorbierenden Komplexes auszusagen, ist gegenwärtig noch nicht möglich. Sicher ist nur das eine, daß er, wie auch der Humus des Bodens überhaupt, viele verschiedenartige Verbindungen enthält. Welcher Art diese Verbindungen sind, wissen wir nicht, auch stehen uns noch keine geeigneten Methoden zur Verfügung, um Licht in diese Frage zu bringen. Wir kennen auch noch nicht die chemische Zusammensetzung dieser Bestandteile als Ganzes und können daher nicht beurteilen, wieweit sein Aufbau für die verschiedenen Böden einheitlich ist.''

Die sonstige moderne Humusforschung läßt sich nach dem Vorschlage von S. ODÉN[4] zunächst in die Erforschung der ,,schwarzen Materie'' und dann in das Aufsuchen bestimmter Verbindungen einteilen. Es muß jedoch darauf hingewiesen werden, daß wesentliche Ergebnisse für die Erklärung der Absorptions- und Basenaustauschvorgänge auf diese Weise nicht gewonnen wurden. Zu erwähnen ist, daß auf Grund der Untersuchungen von FR. FISCHER und H. SCHRADER[5] und W. ELLER[6] man vielfach zu der Anschauung gelangt ist, daß die Huminsäuren aromatischen Charakter besitzen. W. FUCHS[7] hält den Schluß

[1] STEBUTT, A.: Lehrbuch der allgemeinen Bodenkunde, S. 222. Berlin: Gebr. Bornträger 1930.

[2] RAMANN, E.: Die Mineralstoffaufnahme der Pflanzen aus dem Boden. Landw. Versuchsstat. **88**, 390 (1916).

[3] GEDROIZ, K. K.: Der adsorbierende Bodenkomplex, S. 11. Dresden u. Leipzig: Th. Steinkopff 1929.

[4] ODÉN, S.: Die Huminsäuren, S. 49. Dresden u. Leipzig: Th. Steinkopff 1919.

[5] FISCHER, FR. u. H. SCHRADER: Ges. Abh. Kenntn. Kohle **5**, 135 (1920).

[6] ELLER, W.: Synthetische Darstellung von Huminsäuren. Ber. dtsch. chem. Ges. **53**, 1469 (1920).

[7] FUCHS, W.: Über Fortschritte in der Chemie der Huminsäure und der Kohle. Z. angew. Chem. **41**, 851 (1928).

für gerechtfertigt, daß Huminsäuren und Lignin wohl verwandt sind. Untersuchungen von MARCUSSON[1], ERDMANN, S. ODÉN und A. UMERSTAD[2] lassen erkennen, daß Karboxylgruppen im Molekül der Säuren anwesend sind, während die Untersuchungen von FR. FISCHER und H. SCHRADER[3] annehmen lassen, daß auch Hydroxylgruppen mit dem Phenolcharakter im Molekül der Säuren anwesend sein dürften[4].

Die neuzeitliche Entwicklung der Anschauungen über die allgemeinen Gesetzmäßigkeiten der Adsorptions- und Basenaustauschvorgänge im Boden.

Zunächst wurden wiederholt die Befunde bestätigt, die bereits in früheren Jahrzehnten erhärtet worden waren. Sie sollen daher nur soweit aufgeführt werden, als sie nicht schon früher behandelt wurden. So wird z. B. in umfangreicher Weise bestätigt, daß der Basenaustausch durch Neutralsalze sich in aequivalenter Weise vollzieht, wie die Angaben von W. P. KELLEY und A. B. CUMMINS[5] und H. JENNY[6] erkennen lassen. E. UNGERER[7] stellt ebenfalls fest, daß der Basenaustausch an Ca-Permutit mit Salzen organischer N-Verbindungen nach Aequivalenten im Sinne der Adsorptionsisotherme erfolgt. E. RAMANN und A. SPENGEL[8] berichten gleiches für Alkalien und Ammon bei Untersuchungen an Permutiten. Jedoch ist P. VAGELER[9] der Anschauung, daß diese Aequivalenz bei der ausgesprochenen Selektivität des Sorbens für die einzelnen Ionen mit ihrer verschiedenen Hydratation nicht immer zu erwarten sein wird.

Die frühere Beobachtung, daß die Anionen wie Cl', SO_4'', NO_3' keine Festlegung erfahren, wird ebenfalls wiederholt bestätigt, wie solches z. B. W. P. KELLEY und A. B. CUMMINS[10] angeben. Dahingegen beobachten W. HÜMMELCHEN und H. KAPPEN[11], daß die aus Zucker hergestellte Humussäure H_2SO_4, HCl und HNO_3 adsorbiert. Dabei wird die Schwefelsäure stärker adsorbiert als die Salz- und Salpetersäure. Die adsorbierte Säure läßt sich jedoch praktisch mit Wasser restlos wieder auswaschen.

Über eine schwache Absorption von Nitrat durch Schwarzerde berichtet A. SCHMUCK[12]. A. W. TROFIMOW[13] beobachtet eine negative Adsorption von $Ca(NO_3)_2$, $CaCl_2$ und Alkalichloriden an Schwarzerde, Lehmboden und Podsol-

---

[1] MARCUSSON, J.: Asphalt und Kohle. Z. angew. Chem. **32**, 114 (1919); Die Vorstufen der Asphalte und Kohlen. Chem.-Ztg. **44**, 43 (1920).

[2] ODÉN, S. u. A. UMERSTAD: Dtsch. Torfind.Ztg. **1925**, 8.

[3] FISCHER, FR. u. H. SCHRADER: Brennstoff-Chemie **3**, 37 (1922).

[4] Vergl. hierzu die Ausführungen K. MAIWALDs in diesem Handb. **7**, S. 158—202.

[5] KELLEY, W. P. u. A. B. CUMMINS: Chemische Einwirkung von Salzen auf Böden. Soil Sci. **11**, 139 (1921); n. Hoffm. Jber. **64**, 40 (1921).

[6] JENNY, H.: Kationen und Anionenumtausch an Permutitgrenzflächen. Kolloidchem. Beih. **23**, 428 (1927).

[7] UNGERER, E.: Einige Versuche über Basenaustausch mit Salzen organischer Stickstoffverbindungen. Kolloid-Z. **36**, 228 (1925).

[8] RAMANN, E. u. A. SPENGEL: Über den Basenaustausch der Silikate. I. Austausch der Alkalien und des Ammons von wasserhaltigen Tonerde-Alkalisilikaten (Permutiten). Z. anorg. Chem. **95**, 115 (1916).

[9] VAGELER, P.: nach persönlicher Mitteilung an den Verf.

[10] KELLEY, W. P. u. A. B. CUMMINS: Soil Sci. **11**, 139 (1921); n. Hoffm. Jber. **64**, 40 (1921).

[11] HÜMMELCHEN, W. u. H. KAPPEN: Z. Pflanzenern., Düng. u. Bodenk. A, **3**, 289 (1924).

[12] SCHMUCK, A.: Aus den Erscheinungen der Absorptionsfähigkeit von Salpetersäuren. durch die Schwarzerde. Russ. J. landw. Wissensch. **1**, 142 (1924); n. Z. Pflanzenern., Düng. u. Bodenk. A, **6**, 182 (1926).

[13] TROFIMOW, A. W.: Zur Erkenntnis der gebundenen Fraktion der Bodenlösung. — Die negative Adsorption von Elektrolyten durch den Boden. Russ. J. landw. Wissensch. **2**, 613 (1925); n. Z. Pflanzenern., Düng. u. Bodenk. A, **9**, 261 (1927).

boden. Ihre Konzentration in der Oberflächenschicht ist daher geringer als in der übrigen Masse der Bodenlösung.

Ebenso zeigt eine Reihe von Forschern, daß die Absorption der Basen in sehr kurzer Zeit in der Hauptsache beendet ist, wie dies z. B. die Arbeiten von O. ENGELS[1] und D. J. HISSINK[2] erkennen lassen. K. MIYAKE, M. SUGAWARA und K. NAKAMURA[3] beobachten, daß die Absorption der Zeitformel $x = k \cdot t^m$ gehorcht, in der x der absorbierte Betrag und k und m Konstanten bedeuten. Nach etwa 30 Minuten ist die Absorption konstant. Ferner wurde der geringe Einfluß der Temperatur auf diese Vorgänge erneut bestätigt, wie solches z. B. die Arbeiten von W. McGEORGE[4] zeigen. K. MIYAKE, M. SUGAWARA und K. NAKAMURA[5] beobachten, daß Temperaturerhöhung die Absorptionswerte erniedrigen. W. HÜMMELCHEN und H. KAPPEN[6] zeigen dagegen, daß die Erhöhung der Temperatur bei Humussäuren aus Zucker eine wesentliche Steigerung der Neutralsalzzersetzung herbeiführt.

Über den geringen Einfluß des Trocknens auf die Absorptionsfähigkeit des Bodens berichtet W. McGEORGE[7].

E. RAMANN und A. SPRENGEL[8] bringen sodann erneut den Beweis, daß die absolute Konzentration der in der Bodenflüssigkeit vorhandenen Salze auf die Zusammensetzung der Endkörper ohne erheblichen Einfluß ist. W. HÜMMELCHEN und H. KAPPEN[9] sehen es für Absorptionsreaktionen als charakteristisch an, „daß der nämliche Gleichgewichtszustand erreicht wird, wenn man die gleiche Menge des Adsorbens mit einer konzentrierten Lösung des adsorbierbaren Stoffes schüttelt und darauf verdünnt, oder wenn man von Anfang an mit der verdünnten Lösung schüttelt; die Adsorptionsreaktion ist völlig reversibel". Dabei weisen sie noch darauf hin, daß GANSSEN[10] bei Behandlung eines Na-Permutites mit NH_4Cl-Lösung eine Unabhängigkeit von der Konzentration beobachtete, daß hingegen WIEGNER[11] bei gleicher Salzmenge eine größere Absorption bei geringerer Lösungsmenge als bei größerer Lösungsmenge feststellte. W. HÜMMELCHEN und H. KAPPEN beobachten bei Behandlung von Ca-Permutit mit KCl-Lösung verschiedene ausgetauschte Ca-Mengen. Es liegt hier also keine Reversibilität vor. Dahingegen konnte beim Eintausch von NH_3 aus NH_4Cl Unabhängigkeit von der Konzentration beobachtet werden. Ferner finden sie bei Neutralsalzzersetzung ein starkes Ansteigen der Absorption der Base mit steigender Verdünnung. G. WIEGNER und K. W. MÜLLER[12] geben ferner an, daß der Ionenaustausch in weitem Bereiche unabhängig von der Verdünnung ist. P. VAGE-

[1] ENGELS, O.: Absorptionsfähigkeit pfälzischer Bodenarten für verschiedene Pflanzennährstoffe. Landw. Jb. Bayern 1, 689 (1911); n. Hoffm. Jber. 54, 108 (1911).

[2] HISSINK, D. J.: Der Sättigungszustand des Bodens. Z. Pflanzenern., Düng. u. Bodenk. A, 4, 137 (1925).

[3] MIYAKE, K., M. SUGAWARA u. K. NAKAMURA: Über das Wesen der Ammonium-Absorption durch Böden. J. Biochem. 3, 283 (1924); n. Z. Pflanzenern., Düng. u. Bodenk. A, 7, 390 (1926).

[4] GEORGE, Mc. W.: Die Absorption von Düngesalzen durch die Böden Hawaiis. Hawaii Stat. Bull. 35, 32 (1914); n. Hoffm. Jber. 58, 79 (1915).

[5] MIYAKE, K., M. SUGAWARA u. K. NAKAMURA: J. Biochem. 3, 383 (1924); n. Z. Pflanzenern., Düng. u. Bodenk. A, 7, 390 (1926).

[6] HÜMMELCHEN, W. u. H. KAPPEN: Z. Pflanzenern., Düng. u. Bodenk. A, 3, 289 (1924).

[7] GEORGE, Mc. W.: Hawaii Stat. Bull. 35, 32 (1914); n. Hoffm. Jber. 58, 79 (1915).

[8] RAMANN, E. u. A. SPRENGEL: Zur Kenntnis der Bodensorption. Landw. Versuchsstat. 92, 127 (1919).

[9] KAPPEN, H.: a. a. O. Z. Pflanzenern., Düng. u. Bodenk. A, 3, 289 (1924).

[10] GANSSEN (GANS), R.: Cbl. Min. 1913, 737.

[11] WIEGNER, G.: Cbl. Min. 1914, 262.

[12] WIEGNER, G. u. K. W. MÜLLER: Z. Pflanzenern., Düng. u. Bodenk. A, 14, 321 (1929)

LER und J. WOLTERSDORF[1] formulieren die Konzentrationsunabhängigkeit der Sorption in der Weise, „daß sie nur insofern besteht, als Dehydratationsvorgänge, die mit Erhöhung der Konzentration über einen gewissen, für jedes Ion typischen Schwellenwert notwendig schon wegen der zur vollen Hydratation nicht mehr hinreichenden Wassermenge verbunden sind, nicht die Feldstärke und damit Verdrängungsenergie und Beweglichkeit des Ions erhöhen".

Sodann muß noch darauf hingewiesen werden, daß selbstverständlich die Anionen den Eintausch der einzelnen Basen stark beeinflussen. Aufmerksam gemacht sei nochmals auf die früher bereits erwähnten Arbeiten. Ferner bestätigen J. CLARENS und PÉRON[2], daß aus $(NH_4)_2SO_4$ mehr Ammoniak als aus NH_4Cl absorbiert wird. Ebenso beobachtet G.V.C. HOUGHLAND[3], daß das Kalium aus Sulfat stärker absorbiert und schwerer ausgewaschen wird als aus Chlorid. Eine besondere Auffassung vertritt B. AARNIO[4] hinsichtlich der Absorption des NH_4-Ions aus Lösungen verschiedener Ammoniumsalze. Während er ähnlich wie W. HENNEBERG und F. STOHMANN[5] beobachtet, daß die Böden aus Lösungen von NH_4Cl, NH_4NO_3 und $(NH_4)_2SO_4$ fast die gleichen Mengen an NH_3 absorbieren, ist nach seinen Versuchen die Absorption aus Ammoniumphosphat jedoch wesentlich größer. T. TADOKOWO[6] erklärt diese Tatsache in der Weise, daß die P_2O_5 des Ammoniumphosphates sich mit dem Al des Bodens verbindet, wodurch die Absorptionskraft des letzteren vergrößert wird. B. AARNIO prüft nun die Frage, ob die stärkere Absorption dadurch zustande kommen könnte, daß Ammoniumphosphat ein starkes Dispersionsmittel sei. Aus diesem Grunde wird die Wirkung verschiedener, die Koagulation beeinflussender Elektrolyte geprüft und festgestellt, daß H-Ionen die Absorption des Ammoniumions herabdrücken, während die OH-Ionen sie vergrößern. Doch scheint auch das Verdrängungsgesetz eine wichtige Rolle zu spielen.

Ferner sei noch auf eine Beobachtung von E. RAMANN und A. SPRENGEL[7] hingewiesen, die angeben, daß bei Neutralsalzen zur Erzielung von Endgleichgewichten der Austausch von Kationen unabhängig von den vorhandenen Anionen ist und auf chemischen Vorgängen beruht. A. MUSIEROWICZ[8] ist der Anschauung, daß der Anionenanteil der adsorbierten Ca-Salzlösung nur bei Monokalziumphosphat einen größeren Einfluß auf den Adsorptionsgrad von Ca gezeigt hat.

Sodann weist F. H. CAMPBELL[9] auf den Einfluß des Hydratwassers beim Basenaustausch mit KCl hin, nachdem bereits LEMBERG[10], DITTRICH[11] und RÜMPLER[12] hierauf aufmerksam gemacht haben. Auch CAMPBELL beobachtete,

---

[1] VAGELER, P. u. J. WOLTERSDORF: Beiträge zur Frage des Basenaustausches und der Aziditäten. Z. Pflanzenern., Düng. u. Bodenk. A, **16**, 188 (1930). Im Original gesperrt gedruckt.

[2] CLARENS, J. u. PÉRON: Bull. Sci. chim. Franc. **43**, 962 (1928); n. Z. Pflanzenern., Düng. u. Bodenk. A, **15**, 376 (1930).

[3] HOUGHLAND, G. V. C.: Adsorption of potassium from different sources and nitrification studies with Norfolk sandy loam. Soil Sci. **26**, 329 (1928); n. Exp. Stat. Rec. **60**, 421 (1929).

[4] AARNIO, B.: Die Absorption des Ammoniumions aus Lösungen verschiedener Ammoniumsalze und die Einwirkung von Elektrolyten auf dieselbe. Z. Pflanzenern., Düng. u. Bodenk. A, **1**, 320 (1922).

[5] HENNEBERG, W. u. F. STOHMANN: Fortschr. Agrikult.-Chem. **1858—59**, 25.

[6] TADOKOWO, T.: J. Coll. Agr., Tohokii Imp. Univ. Sapporo **6**, 47 (1914/15).

[7] RAMANN, E. u. A. SPRENGEL: Z. anorg. u. allg. Chem. **95**, 115 (1916).

[8] MUSIEROWICZ, A. a. a. O.: Z. Pflanzenern., Düng. u. Bodenk. A, **15**, 319 (1930).

[9] CAMPBELL, F. H.: Landw. Versuchsstat. **65**, 247 (1907).

[10] LEMBERG, J.: Z. dtsch. geol. Ges. **28**, 579.

[11] DITTRICH, M.: Chemisch-geologische Untersuchungen über „Absorptionserscheinungen" bei zersetzten Gesteinen. Z. anorg. u. allg. Chem. **47**, 151 (1905).

[12] RÜMPLER, A.: Ber. V. Internat. Kongr. angew. Chemie, Sekt. V, **3**, 59.

daß bei 100° getrocknete, künstlich hergestellte Doppelsilikate eine Abnahme des ausgetauschten Kations zeigen. Dahingegen ist der Einfluß der Temperatur gering, während die Höhe des ausgetauschten Ca von der Menge des überhaupt anwesenden Ca abhängig ist. Ferner sei darauf hingewiesen, daß LEMBERG hinsichtlich des Hydratwassers die bemerkenswerte Feststellung machte, daß der kalihaltige Leucit wenig Wasser enthält, während der Na-haltige Analcim 8 bis 9% davon aufweist. Damit steht in Übereinstimmung, daß bei allen Experimenten und bei allen angewandten Temperaturen diese Mineralien eine Zunahme an Wasser aufwiesen, wenn das Kali durch Natrium ersetzt wird.

Während bislang für die Absorptions- und Basenaustauschuntersuchungen in der Hauptsache nur die Alkali- und Erdalkalibasen benutzt worden waren, führten nun die neuzeitlichen Untersuchungen über die Reaktionserscheinungen des Bodens dazu, die Bedeutung des Aluminiums, Eisens und vor allem des Wasserstoffs für diese Vorgänge zu erforschen, so daß mit diesen Erkenntnissen ganz anders geartete Vorstellungen ermöglicht wurden. Die Beobachtungen verschiedener älterer Forscher, daß der Basenaustausch sich nicht nach Aequivalenten vollziehen sollte, sowie die Wirkung hydrolytisch gespaltener Salze, finden z. B. hierdurch eine genügende Erklärung.

Es würde zu weit führen, die ungemein zahlreichen und ausgedehnten Untersuchungen über die Reaktionserscheinungen des Bodens hier im einzelnen aufzuführen. Sie werden auch in diesem Handbuch an anderer Stelle besprochen[1]. Nur soviel sei erwähnt, daß F. P. VEITCH[2] eine Säureform feststellt, bei der der Boden zwar gegen die gebräuchlichen Indikatoren neutral reagiert, aber ein Basenaustausch der Neutralsalze gegen Aluminium, Eisen und Mangan stattfindet. Da die entstehenden Verbindungen sehr stark hydrolytisch gespalten sind, reagieren sie deutlich sauer. Diese Beobachtung wird sodann vor allem von G. DAIKUHARA[3] weiter entwickelt, dem es gelingt durch Behandeln von Böden mit $AlCl_3$ und $FeCl_3$ diese so zu verändern, daß ebenfalls nach weiterer Behandlung mit KCl-Lösung wieder Al in dem Bodenauszug zu beobachten war. Es handelt sich hier also um einen typischen Basenautausch. DAIKUHARA schließt daraus, daß die Bezeichnung der sauren Böden als „adsorptiv ungesättigte Böden" so aufgefaßt werden muß, daß diese Böden durch $AlCl_3$ und $FeCl_3$ gesättigt sein können und trotzdem noch sauer reagieren. Man müßte daher richtiger sagen, daß es sich um an Alkalien und Erdalkalien ungesättigte Böden handelt. Auch bei der Reaktion des Humus sind diese Al- und Fe-Verbindungen von Bedeutung.

H. KAPPEN[4] gibt dieser Reaktionserscheinung des Bodens den Namen Austauschazidität und stellt zunächst fest, daß es sich bei der Behandlung des Bodens mit $AlCl_3$ nicht um eine adsorptive Bindung des gesamten $AlCl_3$ handelt, wie DAIKUHARA annahm, sondern daß lediglich eine Festlegung des Al erfolgt, wie sie auch bei den übrigen austauschfähigen Kationen des Bodens anzunehmen ist. Die Festlegung des Al im Boden sowie sein Austausch durch Neutralsalze ist also lediglich ein Spezialfall des schon früher behandelten Basenaustausches.

Wie schon gesagt, ist es nicht möglich, die zahlreichen über diese Frage veröffentlichten Arbeiten an dieser Stelle näher zu verfolgen. Doch muß darauf

---

[1] Siehe die Ausführungen H. KAPPENS über diesen Gegenstand auf S. 317f. im vorliegenden Bande.

[2] VEITCH, F. P.: J. amer. chem. Soc. **1904**, 637.

[3] DAIKUHARA, G.: Bull. Imp. Centr. Agr. Exp. Stat. Japan **2**, 1 (1914).

[4] KAPPEN, H.: Studien an sauren Mineralböden aus der Nähe von Jena. Landw. Versuchsstat. **88**, 96 (1916).

hingewiesen werden, daß zahlreiche Forscher (H. G. KNIGHT[1], K. K. GEDROIZ[2], E. RAMANN[3], D. J. HISSINK[4] und J. VAN DER SPEK[5], W. P. KELLEY und S. M. BROWN[6]) diese Beobachtungen noch in der Richtung entwickelt haben, daß sie annehmen, daß bei der durch Säureeinwirkung auftretenden Basenverarmung des Bodens das Wasserstoffion selbst in austauschfähiger Form in den Kolloidkomplex eintritt, und daß die Austauschazidität in der Form, wie sie soeben gekennzeichnet wurde, dadurch entsteht, daß das Neutralsalz durch Basenaustausch die Wasserstoffionen frei macht. Die auf diese Weise in der Bodenlösung entstehende Säure löst dann nachträglich die entsprechende Menge Aluminium bzw. Eisen aus den übrigen Bestandteilen des Bodens. K. MIYAKE, M. SUGAWARA und K. NAKAMURA[7] erklären ferner die Ammoniumabsorption als physikalischen Vorgang in folgender Weise: $NH_4Cl + H_2O = NH_4OH + HCl$. NH_4OH wird durch die Bodenkolloide physikalisch absorbiert und die in Freiheit gesetzte HCl löst in sekundärer chemischer Reaktion die Basen des Bodens, wobei Al und Fe leichter gelöst werden.

Über die Richtigkeit dieser Anschauungen sind zahlreiche Arbeiten veröffentlicht worden, aber auch heute ist diese Frage noch nicht endgültig entschieden, denn M. TRÉNEL[8] vertritt z. B. noch die Auffassung des reinen Aluminiumaustausches. Auch G. HAGER[9] schließt sich auf Grund seiner Versuche den Anschauungen von H. KAPPEN an. B. AARNIO[10] zeigt, daß Elektrolyte H-Ionen nicht aus dem Boden herausdrängen können. Die Austauschazidität kann also nur darauf beruhen, daß Al ausgetauscht wird. Dagegen hat H. KAPPEN[11] neuerdings seinen Standpunkt insoweit den übrigen angenähert, daß er annimmt, daß die Austauschazidität als Wasserstoff- und — wenn auch dem Grade nach sehr untergeordnet — als Aluminiumaustausch bezeichnet werden muß, und K. K. GEDROIZ[12] vertritt die Anschauung, daß Eisen und Aluminium sich nicht als zeolithisch gebundene Basen im Boden befinden. Ferner beobachtet z. B. D. L. ASKINASI[13] durchweg keine Übereinstimmung zwischen der Titrationsazidität und dem frei gemachten Al. Eine weitere Auffassung vertreten neuerdings M. TRÉNEL und J. WUNSCHIK[14]. Sie erklären die Austauschazidität an Permutiten in der Weise, daß die Permutite mit zunehmender Entbasung in ihre Gele zerfallen. Dabei wird die als „Austauschazidität" bezeichnete Einwirkung

---

[1] KNIGHT, H. G.: Azidität und Azidimetrie von Böden. I. Untersuchungen über die Methode von HOPKINS und PETTIT zur Bestimmung der Bodenazidität. J. Ind. a. Eng. Chem. **12**, 340 (1920); n. Hoffm. Jber. **63**, 458 (1920).

[2] GEDROIZ, K. K.: Russ. J. exp. Landw. **1921—23**.

[3] RAMANN, E.: Z. Pflanzenern., Düng. u. Bodenk. A, **4**, 217 (1925).

[4] HISSINK, D. J.: Z. Pflanzenern., Düng. u. Bodenk. A, **4**, 137 (1925).

[5] HISSINK, D. J. u. J. VAN DER SPEK: Chem. Weekbl. **22**, 500 (1925); n. Z. Pflanzenern., Düng. u. Bodenk. A, **8**, 181 (1926/27).

[6] KELLEY, W. P. u. S. M. BROWN: Soil Sci. **21**, 289 (1926); n. Z. Pflanzenern., Düng. u. Bodenk. A, **10**, 251 (1927/28).

[7] MIYAKE, K., M. SUGAWARA u. K. NAKAMURA: J. Biochem. **3**, 283 (1924); n. Z. Pflanzenern., Düng. u. Bodenk. A, **7**, 390 (1926).

[8] TRÉNEL, M.: Z. Pflanzenern., Düng. u. Bodenk. A, **9**, 121 (1927).

[9] HAGER, G.: Zur Aziditätsbestimmung der Mineralböden. Z. Pflanzenern., Düng. u. Bodenk. A, **4**, 166 (1925).

[10] AARNIO, B.: Die Einwirkung von Elektrolyten auf die Adsorption des Wasserstoffions. Internat. agrar.-wissensch. Rdsch. **34** (1926).

[11] KAPPEN, H.: Die Bodenazidität, S. 132. Berlin: Julius Springer 1929.

[12] GEDROIZ, K. K.: Die Feststellung der im Boden befindlichen zeolithischen Basen. Petersburg 1918; n. Z. Pflanzenern., Düng. u. Bodenk. A, **4**, 121 (1925).

[13] ASKINASI, D. L.: Aziditätsformen und Adsorptionskapazität von Böden und die Bedeutung dieser Faktoren für Kalkung und Phosphoritdüngung. Z. Pflanzenern., Düng. u. Bodenk. A, **8**, 198 (1926/27).

[14] TRÉNEL, M. u. J. WUNSCHIK: Z. Pflanzenern., Düng. u. Bodenk. A, **17**, 257, 296 (1930).

des Kaliumchlorids auf die Gelgemische der Kieselsäure und Sesquioxydhydrate dadurch ausgelöst, „daß die Fällung dieser Oxydhydrate durch Hydroxylionen unter normalen Bedingungen unvollständig verläuft, daß also die ‚Austauschazidität' die rückläufige Umsetzung der Fällung von Aluminium und Eisen im Sinne des Gleichgewichtes darstellt:

$$Al(OH)_3 + 3\,KCl \rightleftharpoons AlCl_3 + 3\,KOH\,.$$

Der Boden erhält die Eigenschaft der mineralischen Azidität dadurch, daß seine hydratisierten ‚Aluminio-Silikate' mit fortschreitender Entkalkung in die Gele der Kieselsäure und Tonerde zerfallen." Werden bei weiterer Auswaschung diese Gele basenfrei, so zeigen sie gegen Kaliumchlorid die eben geschilderte Umsetzung. Ferner sei darauf hingewiesen, daß L. WOLF[1] in Übereinstimmung mit E.C. SULLIVAN[2] und G. DAIKUHARA[3] auch an Kaolinen Austauschazidität beobachten und erzeugen konnte. Die Kompliziertheit aller dieser Verhältnisse möge abschließend noch daran zu erkennen sein, daß nach E. UNGERER[4] $FePO_4$ und $AlPO_4$ im Boden unter dem Einfluß von Neutralsalzen ebenfalls Austauschazidität ergeben, indem Al_2O_3 in einer der Titrationsazidität nahezu aequivalenten Menge in dem Filtrat erscheint.

Im einzelnen sei noch auf eine Reihe von Arbeiten eingegangen, in denen die Gesetzmäßigkeiten des Eintausches von dreiwertigen Kationen namentlich an Permutiten eingehend studiert wurden. Nachdem bereits E. C. SULLIVAN die Einwirkung verschiedener Kationen wie Mg, Ca, Mn, Fe, Ni, Cu, Ag, Pb, Au, Zn und Sr vor allem an Orthoklas untersucht hatte, weisen z. B. H. KAPPEN und H. LIESEGANG[5] auf das Verhalten von Al und Fe beim Einwirken von $AlCl_3$ und $FeCl_3$ auf Permutit hin. Demzufolge hatte DAIKUHARA bei seinen Versuchen, Permutit austauschsauer zu machen, keinen Erfolg gehabt. Ebenso konnte HAGER[6] diesen Zustand durch Behandeln mit CO_2haltigem Wasser nicht erreichen. Scheinbar zeigt also der Permutit andere Erscheinungen als der Boden. Jedoch wurde beobachtet, daß der Permutit viel zu leicht zersetzlich ist und aus diesem Grunde keine Austauschazidität bei der üblichen Behandlung zu zeigen vermag. Bei Behandlung mit CO_2 wurde aber Austauschazidität erzielt.

Nachdem ferner H. KAPPEN in Gemeinschaft mit J. BREIDENFELD[7] schon den Ein- und Austausch von Al, Fe'' und Fe''' erörtert hatte, besprechen H. KAPPEN und F. RUNG[8] ausführlich den Ionenaustausch zeolithischer Silikate bei Beteiligung hydrolytisch gespaltener Salze. Es wird festgestellt, daß die Erzeugung von Ferripermutit nicht gelingt, da sich das Eisenhydroxyd nur oberflächlich dem Permutit anlagert. Die Ursache dafür erblicken die Autoren darin, daß der Permutit nach seiner physikalischen Beschaffenheit ein Material darstellt, das von einer ungeheuren Menge allerengster Kapillaren durchsetzt ist. In solchen engen Kapillaren wird aber nach B. AARNIO und N. SAHLBOM die

---

[1] WOLF, L.: Zur Kenntnis der Chemie des Ackerbodens. Z. angew. Chem. **43**, 922 (1930).
[2] SULLIVAN, E. C.: U. S. Geol. Survey. Bull. **312**, 8 (1907).
[3] DAIKUHARA, G.: Bull. Imp. Centr. Agr. Exp. Stat. Japan **2**, 1 (1914).
[4] UNGERER, E.: Über pflanzenphysiologisch wichtige schwerlösliche Phosphate. Z. Pflanzenern., Düng. u. Bodenk. A, **12**, 349 (1928); Die Beteiligung des Eisen- und Aluminiumphosphates an der Austauschazidität. Fortschr. Landw. **2**, 519 (1927).
[5] KAPPEN, H. u. H. LIESEGANG: Weitere Untersuchungen zur Austauschazidität der Mineralböden. Landw. Versuchsstat. **99**, 198 (1922).
[6] HAGER, G.: Weiteres über die Ursachen der schädlichen Wirkung der Kali- und Natronsalze auf die Struktur des Bodens. J. Landw. **68**, 73 (1920).
[7] KAPPEN, H. u. J. BREIDENFELD: Zur Kenntnis der Säurewirkungen der Kieselsäure und gewisser Silikate. Z. Pflanzenern., Düng. u. Bodenk. A, **7**, 174 (1926).
[8] KAPPEN, H. u. F. RUNG: Über den Ionenaustausch der zeolithischen Silikate bei Beteiligung hydrolytisch gespaltener Salze. Z. Pflanzenern., Düng. u. Bodenk. A, **8**, 345 (1926/27).

Hydrolyse von Eisensalzlösungen erheblich gesteigert. Dahingegen gelingt die Herstellung eines Al-Permutites, während Churompermutit nicht zu erhalten war. Die Herstellung von Ferropermutit gelingt dagegen wiederum, ebenso die von Cu- und Zink-Permutit. Neben der Herstellung von Al-Permutit mit Hilfe von Aluminiumchlorid wird nun aber auch versucht, einen derartigen Permutit mit Hilfe von Säure zu gewinnen, was auch gelingt. H. KAPPEN und B. FISCHER[1] setzen diese Untersuchungen fort. Zunächst erhalten sie an kristallisierten Zeolithen (Chabasit, Desmin, Stilbit, Apophyllit) ganz ähnliche Resultate. Jedoch verläuft hier der Austausch langsamer, auch zeigt sich die benutzte Korngröße als von Bedeutung. Sodann wird versucht, ähnlich wie beim Permutit, durch Behandlung mit Säure einen Al-Zeolith zu gewinnen, es werden hierbei die gleichen Erfahrungen gesammelt. Prinzipiell wird im Zusammenhang mit WIEGNER ausgeführt, daß anzunehmen sei, Aluminium könne sich noch in höherem Maße als Alkali- und Erdalkaliionen eintauschen. K. K. GEDROIZ zeigt dies z. B. an einem mit Basen künstlich gesättigten Boden durch Angabe der in Prozenten des Bodens ausgetauschten Bariummenge.

Einwertige Kationen	%	Zweiwertige Kationen	%	Dreiwertige Kationen	%
LiCl	0,522	$MgCl_2$	1,058	$AlCl_3$	2,291
NH_4Cl	0,886	$CaCl_2$	1,400	$FeCl_3$	2,492
NaCl	0,625	$CdCl_2$	1,505		
KCl	0 932	$CoCl_2$	1,545		
RbCl	1,062				

Sie folgern daraus, daß die Austauschazidität mit Al in der Natur auftreten kann. In Übereinstimmung mit diesen Erfahrungen von H. KAPPEN und seinen Mitarbeitern erbringen sodann N. D. PRJANISCHNIKOW und E. K. LUKOWNIKOW[2] einen weiteren Beweis dafür, daß das Al vom Boden unter Austausch gebunden werden kann, und zwar dann, wenn die p_H-Zahl kleiner als 5,0 ist. J. S. JOFFE u. H. C. MCLEAN[3] untersuchen ferner Böden mit Hilfe der Dialyse und finden nur in solchen mit extremer Säure, Eisen und Aluminium in molekularem Zustande. S. MATTSON[4] gibt schließlich noch an, daß die Austauschsäure an sich unabhängig von der Anwesenheit von Eisen und Aluminium ist, wenn auch zugegeben wird, daß die Kationen dieser Elemente in Austauschreaktion treten. Ferner sei auch an dieser Stelle an die schon oben zitierten Erfahrungen von M. TRÉNEL und F. WUNSCHIK erinnert.

Weiterhin sollen zur Charakterisierung der Reaktionserscheinungen die Erfahrungen besprochen werden, welche bei dem weiteren Studium der Neutralsalzzersetzung gemacht wurden. Unter der Neutralsalzzersetzung durch Humusstoffe wird eine Beobachtung von EICHHORN[5] verstanden, der feststellte, daß kalkarme Humusböden und Humusstoffe durch Zusatz von Neutralsalzen eine

[1] KAPPEN, H. u. B. FISCHER: Z. Pflanzenern., Düng. u. Bodenk. A, **12**, 8 (1928).
[2] PRJANISCHNIKOW, N. D. (jun.) u. E. K. LUKOWNIKOW: Über die Absorption von Aluminium und Eisen durch den Boden. Z. Pflanzenern., Düng. u. Bodenk. A, **10**, 232 (1927/28).
[3] JOFFE, J. S. u. H. C. MCLEAN: Colloidal behavior of soils and soil fertility. V. The distribution of soluble and colloidal iron and aluminium in soils. Soil Sci. **26**, 317 (1928); n. Exp. Stat. Rec. **60**, 23 (1929).
[4] MATTSON, S.: Soil Sci. **25**, 345 (1928); n. Z. Pflanzenern., Düng. u. Bodenk. A, **14**, 313 (1929).
[5] EICHHORN, H.: Landw. Jb. **4**, 1 (1875).

stärker saure Reaktion als vorher zeigen. EICHHORN führte nämlich Versuche mit Humussubstanzen aus, indem er eine aus Torf gewonnene Humussäure und ein durch Behandeln mit $Ca(OH)_2$ daraus gewonnenes Kalziumhumat sowie einen Torf gegen verschiedene Salze prüfte. Die Humussäure ergab eine wesentlich geringere Absorption für Ammoniak als das Ca-Humat, und ähnlich verhielt sich verschiedenartig behandelter Torf. EICHHORN nimmt als Erklärung für diese Vorgänge an, daß ein humussaures Kalk-Alkali-Salz unter gleichzeitigem Austritt von Kalk gebildet wird. Das Chlor wurde dagegen bei diesen Versuchen nicht aufgenommen. „Wenn also die Humussäure und der mit Salzsäure gereinigte Torf kein Chlor absorbieren, dagegen aber Ammoniak oder Kali aufnehmen, so müssen die zu den Versuchen verwendeten Chlorammonium- und Chlorkaliumlösungen nach der Einwirkung obiger Substanzen auf dieselben sauer reagieren, da bei den Versuchen mit der Humussäure kein Kalk an die Stelle des Ammoniaks und bei dem mit Salzsäure gereinigten Torf nur so geringe Mengen von Kalk ausgetreten sind, daß diese keineswegs genügen können, um die durch die Absorption des Ammoniaks oder Kalis in Freiheit gesetzte Chlorwasserstoffsäure zu neutralisieren." In der Tat konnte diese Säurebildung beobachtet werden. Wenn daher Bodenarten, die freie Humussäure enthalten, mit Neutralsalzen gedüngt werden, so wird eine stärkere Säuremenge im Boden nach der Düngung vorhanden sein als vorher, da die Humussäure für sich allein nur eine geringe saure Reaktion gibt. Diese Erscheinung wird als Neutralsalzzersetzung bezeichnet, und diese Anschauung ist jahrzehntelang hindurch aufrecht erhalten worden, wie z. B. die Arbeiten von A. KÖNIG[1] M. FLEISCHER und W. HESS[2], BERTHELOT und G. ANDRÉ[3] und K. K. GEDROIZ[4] erkennen lassen. A. BAUMANN und E. GULLY[5] geben dieser Erklärung der Neutralsalzzersetzung gegenüber an, daß es 1. unwahrscheinlich sei, daß eine schwache organische Säure aus Chloriden und Sulfaten die starke Salz- und Schwefelsäure frei machen könne; 2. sei es auch nicht gelungen, die freie Salz- oder Schwefel- oder Essigsäure, die dabei entstehen, einwandfrei nachzuweisen; 3. stehe die Annahme mit der leichten Löslichkeit der humussauren Alkalien im Widerspruch. Ältere Autoren haben deshalb auch keine Abspaltung der Säuren aus den Salzen, sondern eine Lösung der Humussäure in Salzlösungen angenommen. Jedoch können BAUMANN und GULLY feststellen, daß eine solche Erklärung nicht zutrifft. Ferner beobachten sie, daß zwar aus konzentrierten Lösungen stets bis zu einer bestimmten Grenze mehr Säure als aus verdünnten abgespalten wird, aber in der schwächsten Salzlösung läßt sich immer die verhältnismäßig stärkste Zersetzung erkennen.

Die Genannten führen ihre Beobachtungen des weiteren auf die Kolloidnatur der Humusbestandteile, die Absorptionsverbindungen dieser Art veranlassen werden, zurück. Diese Absorptionsverbindungen lassen sich charakterisieren als Gleichgewichtszustände, bei denen sich die Basen in wechselnden Mengen an die Kolloide anlagern. Die Vorgänge folgen dabei der FREUNDLICHschen Absorptionsisotherme. Die Temperatur hat auf den Verlauf der Absorptionsvorgänge nur

[1] KÖNIG, A.: Landw. Jb. 11, 36 (1882).

[2] FLEISCHER, M. u. W. HESS: Die Einwirkung gewisser als Meliorations- und Düngemittel verwendeter Stoffe auf die Zersetzungsvorgänge im Hochmoorboden. Landw. Jb. 20, 889 (1891).

[3] BERTHELOT, M. P. E. u. G. ANDRÉ: Absorptionsvermögen der Ackererde und Fixierung von Ammoniaksalzen und Phosphaten durch Huminsäuren. Chem. Zbl. II, 880 (1891); n. Hoffm. Jber. 35, 105 (1892).

[4] GEDROIZ, K. K.: Auf welchen Böden wirkt der Phosphorit? Die mit Basen gesättigten und ungesättigten Böden. Russ. J. exp. Landw. 12 (1911); n. Hoffm. Jber. 54, 109 (1911).

[5] BAUMANN, A. u. E. GULLY: Mitt. K. Bayer. Moorkulturanst. H. 4, 31 (1910).

einen verhältnismäßig geringen Einfluß. Größere Kolloidmengen absorbieren aus der gleichen Lösung relativ geringere Mengen. Sie finden also beim Humus die gleichen Absorptionserscheinungen, wie sie VAN BEMMELEN für das Siliziumdioxyd festgestellt hat, indem sie ferner noch bestätigen, daß die Absorptionsgröße nach dem Mengenverhältnis der Substanz zur Base wechselt, und zwar je nach dem Mengenverhältnis der Substanz zum Wasser und je nach der Wertigkeit der Base. Auch die Neutralsalzzersetzung folgt diesen Gesetzmäßigkeiten.

S. ODÉN[1] hält dagegen die Neutralsalzzersetzung für den Austausch von an den Humusstoffen adsorbierten, schwer flüchtigen Säuren. DAIKUHARA[2] kann jedoch bereits nachweisen, daß saure Humusstoffe nach Behandeln mit Al- und Fe-Lösungen Säureerscheinungen zeigen, die denen entsprechen, die beim Behandeln des Bodens mit Neutralsalzlösungen zu beobachten sind. H. KAPPEN[3] findet bei seinen Untersuchungen über die Austauschazidität, daß der Aluminiumaustausch an Moorboden ungefähr aequivalent dem Kalieintausch aus KCl verläuft, während L. J. GILLESPIE und L. E. WISE[4] bei Einwirkung von Neutralsalzen auf Humus ein starkes Absinken der p_H-Zahl beobachten. In Gemeinschaft mit M. ZAPFE[5] kann KAPPEN dann weiter an natürlichen Humusstoffen nachweisen, daß die Übereinstimmung zwischen Titrationswert und tatsächlich gefundener Menge an Al_2O_3 wesentlich schlechter als bei den Mineralböden ist. Es ist daher anzunehmen, daß nur ein Teil der früher als Neutralsalzzersetzung der Humusstoffe beobachteten Erscheinungen reine Äußerungen der als Austauschazidität bezeichneten Eigenschaften sind.

H. HEIMANN und H. KAPPEN[6] prüfen weiter die verschiedenen Auffassungen hinsichtlich der Austauschazidität und kommen zu einer Ablehnung der Vorstellungen von S. ODÉN. Sie müssen jedoch zugeben, daß die als Austauschazidität gekennzeichneten Vorgänge nicht allein für die früher als Neutralsalzzersetzung genannten Erscheinungen in Frage kommen, so daß neben der Austauschazidität der alte Begriff der Neutralsalzzersetzung wieder aufgestellt werden muß. Sie formulieren daher den früher als Neutralsalzzersetzung gekennzeichneten Vorgang wie folgt:

$$\text{Humussäure} + \text{KCl} \rightleftharpoons \text{Kalihumat} + \text{HCl} \text{ wie auch}$$

$$\text{Aluminiumhumat} + \text{KCl} \rightleftharpoons \text{Kalihumat} + \text{Aluminiumchlorid.}$$

W. HÜMMELCHEN und H. KAPPEN[7] zerlegen als Abschluß ihrer Untersuchungen theoretisch die Neutralsalzzersetzung in zwei Teilreaktionen, nämlich in die Bindung der OH-Ionen durch schwächere Valenzkräfte (Adsorption) und in die darauf folgende Basenbindung durch stärkere Valenzen (chemische Bindung). Eingeleitet wird die Neutralsalzzersetzung durch die die OH-Ionenbindung ver-

---

[1] ODÉN, S.: Die Einwirkung von Salzsäure auf Tone und Mineralkörner. 3. Werden Neutralsalze infolge Basenadsorption im Boden zersetzt? Internat. Mitt Bodenkde. **9**, 364 (1919).

[2] DAIKUHARA: Bull. Imp. Centr. Agricult. Exp. Stat. Japan **2**, 1 (1914).

[3] KAPPEN, H.: Über die Aziditätsformen und ihre pflanzenphysiologische Bedeutung. Landw. Versuchsstat. **96**, 277 (1920).

[4] GILLESPIE, L. J. u. L. E. WISE: Die Wirkung von Neutralsalzen auf Humus und andere Versuche über die Azidität des Bodens. J. amer. chem. Soc. **40**, 769 (1918); n. Hoffm. Jber. **61**, 50 (1918).

[5] KAPPEN, H. u. M. ZAPFE: Über Wasserstoffionenkonzentrationen in Auszügen von Moorböden und von moor- und rohhumusbildenden Pflanzen. Landw. Versuchsstat. **90**, 321 (1917).

[6] HEIMANN, H. u. H. KAPPEN: Die Neutralsalzzersetzung durch Humusstoffe. Z. Pflanzenern., Düng. u. Bodenk. A, **1**, 345 (1922).

[7] HÜMMELCHEN, W. u. H. KAPPEN: Z. Pflanzenern., Düng. u. Bodenk. A, **3**, 289 (1924).

stärkende Wirkung der Neutralsalze selbst. Später[1] erweitert KAPPEN diese Vorstellung noch in der Weise, daß er auch für die sauren Humusstoffe das Vorhandensein von austauschfähigen Wasserstoffionen annimmt. Die Neutralsalzzersetzung würde dann als ein Austausch der Basen des Neutralsalzes gegen die in den Humusstoffen enthaltenen austauschfähigen Wasserstoffionen aufzufassen sein. Allerdings bestehen Abweichungen gegenüber den sonst bekannten Ionenaustauschvorgängen, für die jedoch KAPPEN verständliche Deutungen zu geben vermag. P. VAGELER[2] weist darauf hin, daß bei der von ihm aufgestellten mathemathischen Formulierung des Basenaustausches (s. S. 254) das grundsätzlich verschiedene Verhalten von Ton- und Humussubstanzen bezüglich des Auftretens von Neutralsalzzersetzung auf Grund der verschiedenen Bindungsfestigkeit des H-Ions hervortritt. „Während sich die Sorptionsmodule q der Humussubstanzen für H gegenüber z. B. Alkaliionen, nämlich in der Größenordnung 15—50 bewegen, . . . gehören sie bei den Tonsubstanzen dem Größenbereich zwischen 5000—75000 an."

Es sei noch darauf hingewiesen, daß O. NOLTE[3] auch Neutralsalzzersetzungen an feingepulvertem Quarz beobachtet hat. Gegenüber Feststellungen von H. KAPPEN und W. HÜMMELCHEN[4] und H. KAPPEN und J. BREIDENFELD[5], die diese Neutralsalzzersetzung durch Kieselsäure nicht bestätigt fanden, weist O. NOLTE[6] erneut auf die Existenz dieses Vorganges hin. E. RAMANN[7] gibt an, daß feinst gemahlener Quarz alkalisch reagierende Stoffe stark absorbiert, Neutralsalze und Säuren dagegen nur in Spuren bindet. M. TRÉNEL[8] vermag vor kurzem die Widersprüche in der Weise aufzuklären, daß er die Annahme einer Neutralsalzzersetzung durch Kieselsäure ablehnt, und darauf hinweist, daß je nach dem Dispersitätsgrad der SiO_2 die Beobachtungen verschieden sind. Jedenfalls führt er die gelegentlich zu beobachtende Ansäuerung von KCl-Lösungen durch Kieselsäurehydratgel auf Peptisation des Kieselsäuregels zurück.

Diesen durch die Vorgänge mit Neutralsalzen gewonnenen Anschauungen stehen nun die Beobachtungen, welche mit hydrolytisch gespaltenen Salzen erzielt wurden, gegenüber. Bereits J. M. VAN BEMMELEN[9] beobachtete, daß Siliziumdioxydhydrat wässerigen Lösungen von K_2CO_3, sekundärem Natriumphosphat und von Kalziumkarbonat gewisse Mengen ihrer Basen entzog, wobei Bikarbonat oder primäres Phosphat gebildet wurde. Später waren es vor allem A. BAUMANN und E. GULLY[10], welche die Einwirkung von essigsauren Salzen auf den Boden prüften, wobei sie einen Maßstab für die Versauerung der Moorböden gewinnen wollten. Auch O. LOEW[11] ging in ähnlicher Weise bei Mineralböden vor. Eine wesentliche Weiterentwicklung der Vorstellungen über diese Vorgänge bewirkten dann die Arbeiten von KAPPEN. Nachdem er zunächst in Gemeinschaft mit LIESEGANG[12] die durch Zersetzung der Aluminiumsilikate frei werdenden Gelgemenge als die Ursache dafür ansah, daß der Boden solche Salze zersetzt, die aus starken Basen und

[1] KAPPEN, H.: Die Bodenazidität, S. 132. Berlin: Julius Springer 1929.
[2] VAGELER, P.: Z. Pflanzenern., Düng. u. Bodenk. A, **16**, 184 (1930).
[3] NOLTE, O.: Landw. Versuchsstat. **99**, 294 (1922).
[4] KAPPEN, H. u. W. HÜMMELCHEN: Z. Pflanzenern., Düng. u. Bodenk. A, **3**, 289 (1924).
[5] KAPPEN, H. u. J. BREIDENFELD: Z. Pflanzenern., Düng. u. Bodenk. A, **7**, 174 (1926).
[6] NOLTE, O.: Neutralsalzzersetzung durch Kieselsäure. Z. Pflanzenern., Düng. u. Bodenk. A, **4**, 191 (1925).
[7] RAMANN, E.: Z. Pflanzenern., Düng. u. Bodenk. A, **3**, 257 (1924).
[8] TRÉNEL, M.: Über den Chemismus der „mineralischen Bodenazidität". Z. Pflanzenern., Düng. u. Bodenk. A, **19**, 238 (1931).
[9] BEMMELEN, J. M. VAN: Landw. Versuchsstat. **35**, 69 (1888).
[10] BAUMANN, A. u. E. GULLY: Mitt. K. Bayer. Moorkulturanst. **1910**, 31.
[11] LOEW, O.: Porto Rico Agr. Exp. Stat. Bull. **1913**, Nr. 13.
[12] KAPPEN, H. u. H. LIESEGANG: Landw. Versuchsstat. **99**, 191 (1922).

schwachen Säuren bestehen, wie z. B. Kalziumacetat, und damit beginnende Basenverarmung anzeigt — eine Anschauung, der auch G. HAGER[1] zustimmt — ändert H. KAPPEN[2] seine Auffassung auch hier in der Weise, daß er bei diesem Zustand des Bodens bereits das Vorhandensein von Wasserstoffionen annimmt, die allerdings dann gegen Neutralsalze nicht austauschbar sein können. Dann ist aber die hydrolytische Azidität nichts anderes „als die Folge des Wiederaustausches der Wasserstoffionen der versauerten Silikate und Humate gegen die Kationen der Salzlösung". M. P. REMESOW[3] vertritt den gleichen Standpunkt, indem er annimmt, daß die hydrolytische Azidität als eine besondere Form der Bodenazidität nicht existiert. Es ist nur ein absorbiertes H' vorhanden, welches aus dem Boden bei verschieden hohem p_H-Wert der gebrauchten Lösung in verschiedenem Umfange verdrängt wird. D. L. ASKINASI[4] erklärt die hydrolytische Azidität in der Weise, daß er z. B. CH_3COONa in wässeriger Lösung sich wie folgt hydrolytisch aufspalten läßt:

$$CH_3COONa + H_2O \rightleftarrows CH_3\,COOH + NaOH\,.$$

Das NaOH tauscht die H-Ionen des sauren Bodens aus, wobei Wasser entsteht und das Na in den Adsorptionskomplex eintritt. Dabei wird Essigsäure frei und die Hydrolyse geht weiter (nach rechts) bis ein gewisses Gleichgewicht eintritt. Dieses Gleichgewicht hängt von der Fähigkeit des Bodens, die NaOH unter diesen Bedingungen zu neutralisieren, ab. In ähnlicher Weise ist auch die Einwirkung von $CaCO_3$, $Ca_3(PO_4)_2$ usw. auf den Boden zu erklären.

Wie aus allen diesen Forschungsergebnissen zu erkennen ist, hat also das Wasserstoffion eine ungemeine Bedeutung für die praktische Bodenkunde, wenn auch die darüber vorliegende Literatur nur gestreift werden konnte. Wichtiger für die hier zu behandelnden Fragen ist nun noch die Tatsache, daß die Eigenschaften des Wasserstoffions von denen der sonstigen Basen, die beim Basenaustausch des Bodens eine Rolle spielen, gewisse Unterschiede aufweisen. Durch die Nichtbeachtung des Wasserstoffions wie auch seiner Eigenschaften erklären sich manche abwegigen Vorstellungen früherer Jahrzehnte.

So ist die unterschiedliche Wirkung der Neutralsalze und der hydrolytisch gespaltenen Salze auf den Boden schon früher beobachtet worden. Erinnert sei nur an die schon geschilderten Beobachtungen auf S. 194. Ferner geben in neuerer Zeit O. LEMMERMANN und L. FRESENIUS[5] an, daß ein Boden aus $CaCl_2$ nur wenig, aus $Ca(HCO_3)_2$ mehr und aus $Ca(OH)_2$ am stärksten CaO absorbiert. K. MIYAKE, M. SUGAWARA und K. NAKAMURA[6] beobachteten ebenfalls, daß Ammoniumsalze schwacher Säuren stärker als die der stärkeren Säuren absorbierten, und zu ähnlichen Schlußfolgerungen gelangt auch C. P. JONES[7]. W. HILLKOWITZ[8] unterwirft stufenweise entbaste Böden und Permutite Absorptionsversuchen mit Neutralsalzen und hydrolytisch gespaltenen Salzen. Nach seinen Untersuchungen

---

[1] HAGER, G.: Das Wesen, die Bedeutung und die Bestimmungsmethoden der Bodenazidität. Z. Pflanzenern., Düng. u. Bodenk. A, **4**, 227 (1925).

[2] KAPPEN, H.: Die Bodenazidität. Berlin: Julius Springer 1929.

[3] REMESOW, M. P.: Über ungesättigte Böden. Z. Pflanzenern., Düng. u. Bodenk. A, **13**, 228 (1929).

[4] ASKINASI, D. L.: Z. Pflanzenern., Düng. u. Bodenk. A, **8**, 213 (1926/27).

[5] LEMMERMANN, O. u. L. FRESENIUS: Untersuchungen über Verhalten von Kalk im Boden. Z. Pflanzenern., Düng. u. Bodenk. A, **3**, 1 (1924).

[6] MIYAKE, K., M. SUGAWARA u. K. NAKAMURA: J. Biochem. **3**, 283; n. Z. Pflanzenern., Düng. u. Bodenk. A, **7**, 390 (1926).

[7] JONES, C. P.: Soil Sci. **17**, 255 (1924); n. Z. Pflanzenern., Düng. u. Bodenk. A, **5**, 107 (1925).

[8] HILLKOWITZ, W.: Absorptionserscheinungen bei sauren Böden. Z. Pflanzenern., Düng. u. Bodenk. A, **11**, 229 (1928).

nimmt die Absorption der Basen der Neutralsalze mit steigender Entbasung ab, während z. B. die Absorption des Kations von $(NH_4)_2HPO_4$ zunimmt.

Von entscheidender Bedeutung für die Erklärung dieser Vorgänge sind die Erkenntnisse der letzten Zeit über die speziellen Eigenschaften des Wasserstoffions geworden. Sehr eingehende Ausführungen darüber macht E. RAMANN[1]. Zunächst macht er darauf aufmerksam, daß die Austauschfähigkeit zwischen dem Wasserstoff der Permutitsäuren und den Kationen von Neutralsalzen gering ist. Bei einem Permutit, der noch die Hälfte der Kationen des Normalpermutits enthielt, brachte 26maliges Behandeln mit n KCl-Lösung nur 2 % des im Permutit enthaltenen basischen Wasserstoffs gegen Kalium zum Umsatz. Dahingegen lassen sich die Permutitsäuren durch Behandeln mit basischen Hydroxyden oder Karbonaten leicht wieder in austauschfähige Permutite zurückverwandeln. E. W. BOBKO und D. L. ASKINASI[2] sehen das Wasserstoffion als gleichberechtigt mit den anderen Kationen an; es kann dieses Basen verdrängen oder von ihnen verdrängt werden. Alle diese Vorgänge spielen sich in aequivalenten Mengenverhältnissen ab. Die Absorptionsenergie eines solchen Wasserstoffions ist sehr groß; das Wasserstoffion übersteigt in dieser Beziehung die ein- und zweiwertigen und nähert sich den dreiwertigen Kationen. Ferner weist H. JENNY[3] darauf hin, daß der Wasserstoff eine Ausnahmestellung hinsichtlich des Umtausches mit anderen einwertigen Ionen einnimmt, indem er ganz besonders stark eintauscht. „Selbst geringste Spuren von H tauschen meßbar ein, wie das nachstehende Ammonium-Paradoxon beweist. Versetzt man NH_4-Permutit mit Ammoniumchlorid, so sollte eigentlich nichts passieren, höchstens wäre eine geringe ‚NH_4-Adsorption' möglich, falls der NH_4-Permutit noch nicht ganz umgewandelt ist. Tatsächlich tauschen erhebliche Mengen NH_4 aus dem Permutit heraus. Die Erklärung ist folgende: Ammoniumchlorid hydrolysiert schwach, doch genügend, um den entstehenden Wasserstoffionen einen auffälligen Basenaustausch mit NH_4 im Permutit zu gestatten. Der Umtausch verläuft proportional der Wasserstoffionenkonzentration der Ammonchloridlösung." R. GALLAY[4] weist auf Anschauungen von K. FAJANS und K. v. BECKERATH[5] hin, die in der geringen Hydratation der H- und OH-Ionen die Ursache für ihre hervorragende Adsorptionsfähigkeit sehen. H. KAPPEN[6] macht in seiner Besprechung dieser Verhältnisse noch ferner darauf aufmerksam, daß schon früher Leitfähigkeitsbestimmungen ergeben haben, „daß das Wasserstoffion beim Eintritt in das Zeolithmolekül seine leichte Beweglichkeit einbüßt, indem es Bestandteil der als schwache Säure nur sehr wenig zur elektrolytischen Dissoziation neigenden Zeolithsäure wird". Diese Tatsache muß seinen Eintausch in das Silikat erleichtern, erklärt aber auch seine schwere Austauschbarkeit. Ferner werden die Wasserstoffionen erst dann in der Bodenlösung existenzfähig sein, wenn eine gewisse Anreicherung an Säurewasserstoff vorliegt, denn sonst müßte sich bei stärkerem Gehalt an Basen, die ausgetauscht werden können, das Wasserstoffion infolge seines starken Einlagerungsvermögens sofort wieder eintauschen. Der Wasserstoff soll daher erst seine Austauschfähigkeit gegen Neutralsalze gewinnen, „wenn er schon in größerer Konzentration im Austauschmaterial

---

[1] RAMANN, E.: Z. Pflanzenern., Düng. u. Bodenk. A, **4**, 218 (1925).

[2] BOBKO, E. W. u. D. L. ASKINASI: Bestimmung der Absorptionskapazität und des Ungesättigkeitsgrades der Böden. Z. Pflanzenern., Düng. u. Bodenk. A, **6**, 99 (1926).

[3] JENNY, H.: Kolloidchem. Beih. **23**, 428 (1927).

[4] GALLAY, R.: Beitrag zur Kenntnis der Tonkoagulation. Kolloidchem. Beih. **21**, 431 (1925).

[5] FAJANS, K. u. K. v. BECKERATH: Oberflächenkräfte bei heteropolaren Kristallgittern. Adsorption von Bleiisotopen an kolloidalen Silberhalogeniden. Z. physik. Chem. **97**, 478 (1921).

[6] KAPPEN, H.: Die Bodenazidität, S. 134 u. 135. Berlin 1929.

vorhanden ist". Bei der Behandlung des Bodens mit hydrolytisch gespaltenen Salzen tritt nun infolge der Pufferung dieser Lösungen die Erscheinung auf, daß sofort beim Austausch des Wasserstoffions dieses Ion verschwindet und in den Molekülen der wenig dissoziierten schwachen Säure festgelegt wird. Ein Rücktausch des Wasserstoffions findet daher trotz des eventuellen größeren Gehaltes des Bodens an austauschbaren Basen nicht statt. Über die verschiedenen Vorgänge, aus deren Zusammenwirken nun die tatsächliche Wasserstoffionenkonzentration des Bodens entsteht, berichten W. P. KELLEY und S. M. BROWN[1]. Sie geben an, daß die Wasserstoffionenkonzentration des Bodens bedingt wird: 1. durch die Dissoziationsprodukte der Austauschkomplexe, welche er enthält, 2. durch die Produkte der hydrolytischen Spaltung der Austauschbestandteile und verschiedener anderer noch vorhandener Bestandteile und 3. durch die Puffereigenschaft des Bodens. Letztere wird zum großen Teil durch den Gesamtbetrag und die spezifische Natur der verschiedenen ersetzbaren Basen, welche vorhanden sind, bedingt.

Sodann sei noch auf einige weitere Angaben von D. J. HISSINK und J. VAN DER SPEK[2] verwiesen, welche die Rolle des Wasserstoffions noch näher zu klären gestatten. Wie schon früher erwähnt, gehen sie davon aus, daß im Boden Ton- und Humussäuren enthalten sind. In der äußeren Hälfte der elektrischen Doppelschicht der negativ geladenen Kolloidbestandteilchen befinden sich nach ihrer Meinung die austauschfähigen Ca-, Mg-, K-, Na- und H-Ionen, während die innere Hälfte aus den Resten der Bodensäure besteht. „Nun sind die Tonteilchen nicht kleiner, wohl aber teilweise größer als kolloid dispers. In reinen Tonaufschwemmungen wird also der Säuregrad der wässerigen Tonsuspension nur von den Wasserstoffionen in der elektrischen Doppelschicht um die Tonteilchen bestimmt. Die Menge H-Ionen ist dabei abhängig vom Gehalt der Tonteilchen an austauschbarem Wasserstoff und dem Dissoziationsgrad der Tonsäuren. Humusstoffe treten dagegen in allen Verteilungsgraden auf, auch in molekulardisperser Form, also auch als wahre Säuren . . . Die Beobachtung verschiedener Untersucher, daß die Wasserstoffionenkonzentration saurer Bodensuspensionen bei zunehmender Verdünnung abnimmt, kann bei Böden, die keine wahre Säure enthalten, ausschließlich der Verminderung der Anzahl der kolloidalen Teilchen zugeschrieben werden. Beseitigt man diese ganz, so muß sich eine neutrale Reaktion ergeben, wie auch RICE und OSUGI gefunden haben[3]." G. WIEGNER und H. PALLMANN[4] gelingt es, diese Beziehungen der H-Ionen der wässerigen Lösung zu denjenigen der sedimentierenden Suspension genauer zu präzisieren und mathematisch zu verfolgen. Ionenaustauschversuche gestatteten sogar einen Einblick in den Aufbau dieser Ionenschwärme zu nehmen. Die Genannten ziehen aus ihren Versuchen die folgenden Schlußfolgerungen: 1. Teilchen mit elektronegativen Mizellarionen, die überwiegend Wasserstoffionen im Außenschwarme enthalten, haben sauren Dispergierungseffekt und zeigen Wasserstoffionenaustausch; 2. Teilchen mit elektropositiven Mizellarionen, die überwiegend Hydroxylionen im Außenschwarme führen, zeigen den alkalischen Dispergierungseffekt und Hydroxylionenaustausch;

[1] KELLEY, W. P. u. S. M. BROWN: Soil Sci. **21**, 289 (1926); n. Z. Pflanzenern., Düng. u. Bodenk. A. **10**. 251 (1927/28).

[2] HISSINK, D. J. u. J. VAN DER SPEK: Das Wesen des Säuregrades des Bodens. Chem. Weekbl. **22**, 599 (1925).

[3] Das angeführte Zitat ist einem Referat von GROSSFELLD entnommen. Z. Pflanzenern., Düng. u. Bodenk. A. **8**. 181 (1926/27).

[4] WIEGNER, G. u. H. PALLMANN: Über Wasserstoff- u. Hydroxylschwarmionen um suspendierte Teilchen und dispergierte Ultramikronen. Ein Beitrag zur Methodik der Wasserstoffionenmessung und zur Bestimmung der Wasserstoff- und Hydroxylionenverteilung in dispersen Systemen. Z. Pflanzenern., Düng. u. Bodenk. A. **16**. 1 (1930).

3. Teilchen mit elektronegativen Mizellarionen, die überwiegend Hydroxylionen im Innenschwarme enthalten, haben alkalischen Dispergierungseffekt und Wasserstoffionenaustausch; 4. Teilchen mit elektropositiven Mizellarionen, die überwiegend Wasserstoffionen im Innenschwarme enthalten, zeigen den sauren Dispergierungseffekt und haben Hydroxylionenaustausch.

Diese so gewonnenen und in aller Kürze geschilderten Gesetzmäßigkeiten, insbesondere die des Wasserstoffions vermögen auch Vorgänge zu erklären, welche beim Behandeln des Bodens mit Hydroxyden beobachtet und noch nicht näher erörtert wurden. Zunächst sei nochmals darauf hingewiesen, daß nach J. M. VAN BEMMELEN Hydroxyde absorbiert werden, ohne daß dabei aequivalente Auswechslung beobachtet wird.

Später macht dann G. HAGER[1] darauf aufmerksam, daß ein Zusatz von Ätzkalk zum Boden nicht einen Basenaustausch veranlaßt. Ganz ähnliche Erfahrungen sammeln O. LEMMERMANN und L. FRESENIUS[2]. Ebenso gibt E. RAMANN[3] an, daß $Ca(OH)_2$ und alkalisch reagierende Verbindungen einen Basenaustausch bewirken, dem sofort eine Bindung der entstandenen Hydroxyde folgt, die auf Adsorptionsverbindungen oder auf Bildung basischer Salze zurückzuführen ist. Sodann sei nochmals auf die Feststellung E. RAMANNS[4] verwiesen, daß feinst gemahlener Quarz alkalisch reagierende Stoffe stark absorbiert, daß Neutralsalze und Säuren dagegen nur in Spuren gebunden werden, weil, wie er zu beobachten vermochte, der Austausch des basischen Wasserstoffs gegenüber Hydroxyden und alkalisch reagierenden Stoffen vollständig ist, während er gegen Neutralsalze nur unvollständig austauscht. N. P. REMESOW[5] ist ebenfalls vom Standpunkt des Wasserstoffionenaustausches bereit, diese Absorption der Hydroxyde als unter Freiwerden von Wasser zustande kommend aufzufassen. Nach seiner Meinung ist keine freie Absorption anzunehmen, wie es z. B. D. J. HISSINK tut. Hinsichtlich der scheinbaren Totaladsorption der Hydroxyde gelangt schließlich auch H. JENNY[6] zu der Auffassung, daß sich diese durch Basenaustausch erklären läßt. „Entweder werden H-Ionen ausgetauscht unter Bildung von Wasser oder herausgetauschte zweiwertige Kationen binden OH-Ionen durch Bildung unlöslicher Hydroxyde.“ Grundlegend für diese Anschauung ist die Beobachtung, daß aus einem NH_4-Permutit

	n/10 NaCl	45 % NH_4
austauscht.	n/10 NaOH	79,5 % NH_4

Unter Berücksichtigung des Verhaltens des OH-Ions bei Al- und Fe-Permutiten gelangt H. JENNY ferner zu dem Schluß: „Die sog. Absorption der Hydroxyde läßt sich durch kombinierten Kationen- und Anionenaustausch hinreichend erklären“, indem die HELMHOLZsche Doppelschicht modifiziert wird „durch Annahme partiell umgeladener Oberflächen mit kombiniertem Kationen- und Anionenumtausch.“

Den Vorgang, daß Hydroxyde ohne Basenaustausch absorbiert werden, deutet A. STEBUTT[7] als eine einfache Neutralisation der Bodenazidoide. S. MATT-

[1] HAGER, G.: Die Umwandlung des Ätzkalkes im Boden und die Löslichkeit der gebildeten Kalkverbindungen in ihren Beziehungen zur Theorie der Kalkwirkung. J. Landw. **65**, 245 (1917).

[2] LEMMERMANN, O. u. L. FRESENIUS: Z. Pflanzenern., Düng. u. Bodenk. A, **3**, 1 (1924).

[3] RAMANN, E.: Z. Pflanzenern., Düng. u. Bodenk. A, **3**, 257 (1924).

[4] RAMANN, E.: Z. Pflanzenern., Düng. u. Bodenk. A, **3**, 257 (1924).

[5] REMESOW, N. P.: Z. Pflanzenern., Düng. u. Bodenk. A, **13**, 228 (1929).

[6] JENNY, H.: Kolloidchem. Beih. **23**, 428 (1927).

[7] STEBUTT, A.: Lehrbuch der allgemeinen Bodenkunde, S. 205. Berlin: Gebr. Borntráger 1930.

SON[1] zeigt jedoch, daß die Absorption von Hydroxyden durch natürliche Gele die Absorption beider Ionen, sowohl die der OH-Ionen als auch die der Kationen umfaßt, und daß es sich um eine wirkliche Adsorption und nicht um die Neutralisierung einer Säure handelt.

Auch D. N. PRJANISCHNIKOW ist nach D. L. ASKINASI[2] der Anschauung, daß bei der sog. „freien Absorption“[3] des Bariums aus $Ba(OH)_2$ Wasserstoff aus dem Boden ausgetauscht wird, während für Neutralsalze dieses H dagegen nicht zugänglich ist. Einen ähnlichen Standpunkt vertritt D. J. HISSINK[4]. E. RAMANN[5] gibt dagegen bei einer Besprechung der Eigenschaften des H-Ions in den Permutitsäuren an, daß die Einwirkung der Kalkung zu zerlegen sei in: 1. Vorgänge des Basenaustausches. 2. der Sättigung der Bodensäuren. Daneben nimmt er aber 3. auch eine Adsorption des Kalkes durch den Boden an. Abschließend sei ein Überblick über die Absorptions- und Löslichkeitsverhältnisse der Basen und der SiO_2 des Bodens nach R. BRADFIELD und W. COWAN[6] gegeben, welche die Absorption von Ca durch einen kolloiden elektrodialysierten Ton unter dem Einfluß der Azidität untersuchten. Für 1 g elektrodialysierten Ton und 0,03 n-Kalziumlösung wurden folgende Werte gefunden:

p_H	Absorbiert		Herausgelöst			
	CaO mg	MgO mg	KCl + NaCl mg	Al_2O_3 mg	Fe_2O_3 mg	SiO_2 mg
1,96	6,28	4,90	11,4	4,2	2,79	4,25
1,85	2,05	5,75	11,9	4,0	4,71	3,30
2,61	0,53	5,35	11,0	2,1	0,91	1,00
3,81	3,75	5,15	10,0	5,8	0,00	0,25
4,13	4,88	5,10	9,3	0,4	0,00	0,30
4,75	6,75	5,10	9,8	0,0	0,00	0,20
6,35	8,70	4,75	12,2	0,0	0,00	0,40
6,80	9,18	4,40	13,8	0,0	0,00	0,15
6,90	11,90	3,70	12,7	0,0	0,00	0,15
7,00	14,95	2,40	9,1	0,0	0,00	0,10
8,00	16,67	0,85	10,1	0,2	0,00	0,00
8,60	25,45	0,20	8,8	0,7	0,00	0,00
10,54	35,12	0,00	9,4	1,5	0,00	0,65
11,41	49,12	0,00	9,4	2,1	0,00	0,70

Die Serie der sauren Versuchsböden wurde durch HCl eingestellt. Ferner sei noch auf eine weitere Erscheinung hingewiesen, der ebenfalls größere Bedeutung zukommt. Wiederholt wurde in der älteren Literatur darauf aufmerksam gemacht, daß nach Behandlung von Gesteinstrümmern mit Hydroxyden die vorhandenen Basen austauschfähig wurden, und daß ferner die Absorptionsfähigkeit der betreffenden Bestandteile dadurch erhöht wurde. So äußert sich hierüber H. EICHHORN[7] folgendermaßen: „Wir haben hiermit in dem Kalk ein Mittel, um in solchen Bodenarten, welche eine geringe Adsorptionskraft zeigen, diese für den Ackerbau so wichtige Eigenschaft der Erden bedeutend zu erhöhen, falls nur noch Gesteins-

[1] MATTSON, S.: Das elektrokinetische und chemische Verhalten der Aluminiumsilikate. Soil Sci. **25**, 289 (1928); n. Z. Pflanzenern., Düng. u. Bodenk. A, **14**, 312 (1929).

[2] ASKINASI, L.: Z. Pflanzenern., Düng. u. Bodenk. A, **8**, 206 (1926/27).

[3] Vgl. auch S. 244.

[4] HISSINK, D. J.: Z. Pflanzenern., Düng. u. Bodenk. A, **4**, 137 (1925).

[5] RAMANN, E.: Z. Pflanzenern., Düng. u. Bodenk. A, **4**, 217 (1925).

[6] BRADFIELD, R. u. W. COWAN: Der Einfluß der Wasserstoffionenkonzentration auf die Absorption von Kalzium durch einen kolloiden Ton. Soil Sci. **24**, 365 (1927); n. Z. Pflanzenernährung, Düng. u. Bodenk. A, **14**, 108 (1929).

[7] EICHHORN, H.: Landw. Jb. **4**, 1 (1875).

brocken feldspatartiger Natur, welche durch Kalk in wasserhaltige Silikate umgewandelt werden können, in demselben enthalten sind." F. W. CLARKE und G. STEIGER[1] beobachten, daß auf Analcim einwirkende Salmiaklösung nur einen kleinen Teil des Na durch NH_3 ersetzt. Ein vollständiger Ersatz erfolgt erst durch mehrstündiges Erhitzen der auf den Analcim einwirkenden Lösung auf 350°. Spielen auch wahrscheinlich bei diesem Vorgehen Vorgänge mit, wie sie R. GANSSEN zur Unterscheidung des Austauschvermögens in den verschiedenen Zeolithen benutzt hat[2], so ist doch darauf hinzuweisen, daß auch die Vorstellungen über das austauschfähige H-Ion, wie sie VAN BEMMELEN bei mit HCl behandelten Böden gewann, sie bequem zu erklären vermögen. Es vermochten auch O. LEMMERMANN und L. FRESENIUS[3] eine Erhöhung der ammoniakbindenden Kraft des Bodens durch $CaCO_3$ festzustellen. E. RAMANN[4] gibt an, daß Permutit, welcher durch Behandlung mit niederen Säurekonzentrationen seiner Basen beraubt ist, durch alkalisch reagierende Stoffe wieder regeneriert werden kann. Über ganz ähnliche Erfahrungen berichtet W. HILLKOWITZ[5] sowohl für Permutit als auch für Böden.

A. MUSIEROWICZ[6] beobachtet, daß K- und NH_4-Ionen durch Niederungsmoor besser als durch Hochmoor absorbiert werden. Die Ursache hierfür liegt wahrscheinlich in dem größeren Kalkgehalt des Niederungsmoores begründet. V. VINCENT[7] weist darauf hin, daß CaO trotz seiner Affinität zu den Bodenkolloiden die Säure des Bodens zuerst neutralisiert. D. N. PRJANISCHNIKOW gibt, wie L. ASKINASI[8] mitteilt, für diese Vorgänge aber noch folgende Erklärung: „Im Boden, in seinem organischen Teil, können laktonähnliche Verbindungen vorkommen (geschlossene Ketten). Während der Bodenbearbeitung mit Baryt wird eine Karboxylgruppe befreit, die die Fähigkeit besitzt, Kationen (in unserem Fall das Ba) zu adsorbieren; diese Kationen werden im weiteren durch Kationen von Neutralsalzen ausgetauscht. Die Erscheinung der ‚erhöhten' oder ‚freien' Adsorption im Boden ist, wie es scheint, mit ihrem Humatteil verbunden, für sauere Böden wird dieses dadurch bestätigt, daß, je mehr Humus in solchen Böden vorhanden ist, desto größer in solchen Böden diese ‚erhöhte' Adsorption ist."

Das überaus eifrige Studium der Reaktionsverhältnisse des Bodens, das in den letzten Jahren zu beobachten war, hat ferner auch einen Begriff zur Entwicklung gebracht, von dem man zunächst nicht vermutet, daß er eine besondere Würdigung bei den allgemeinen Gesetzmäßigkeiten des Basenaustausches verdient, es ist die Basensättigung des Bodens, aus der sich später der Begriff Basensättigungsgrad entwickelt hat.

Diese Vorstellungen wurden zuerst von E. RAMANN[9] in die Bodenkunde eingeführt, der zwischen absorptiv ungesättigten und absorptiv gesättigten Böden unterscheidet. Die absorptiv ungesättigten Böden sind die früher als sauer bezeichneten Böden. Sie reagieren aber nach RAMANN nicht deshalb sauer, weil sie freie Säure enthalten, „sondern weil sie die vorhandenen Basen

---

[1] CLARKE, F. W. u. G. STEIGER: Die Einwirkung von Ammoniumchlorid auf Analzim und Leucit. Amer. J. Sci. **9**, 117 (1900); n. Hoffm. Jber. **44**, 29 (1901).

[2] Vgl. L. ASKINASI: Z. Pflanzenern., Düng. u. Bodenk. A, **8**, 211 (1926/27).

[3] LEMMERMANN, O. u. L. FRESENIUS: Über die Erhöhung der ammoniakbindenden Kraft des Bodens unter dem Einfluß von kohlensaurem Kalk. Fühlings Landw. Ztg. **61**, 240 (1912).

[4] RAMANN, E.: Z. Pflanzenern., Düng. u. Bodenk. A, **3**, 257 (1924).

[5] HILLKOWITZ, W.: Z. Pflanzenern., Düng. u. Bodenk. A, **11**, 229 (1928).

[6] MUSIEROWICZ, A.: a. a. O. Z. Pflanzenern., Düng. u. Bodenk. A, **15**, 319 (1930).

[7] VINCENT, V.: Wirkung von Alkali- und Erdalkalikarbonaten auf die Bodenazidität. C. r. acad. **180**, 534 (1925); n. Z. Pflanzenern., Düng. u. Bodenk. A, **7**, 64 (1926).

[8] ASKINASI, L.: Z. Pflanzenern., Düng. u. Bodenk. A, **8**, 211 (1926/27).

[9] RAMANN, E.: Bodenkunde, 3. Aufl., S. 242. Berlin: Julius Springer 1911.

absorbieren und dadurch deren Säuren frei machen. Sind die Böden absorptiv gesättigt, so hört die ‚saure' Reaktion auf, da dann nur noch Absorption durch Austausch stattfindet".

K. K. GEDROIZ[1] weist jedoch darauf hin, daß der RAMANNsche Begriff der adsorptiv gesättigten und ungesättigten Böden erweitert werden muß. RAMANN faßt als ungesättigt nur einen solchen Boden auf, welcher auf Indikatoren sauer reagiert, d. h. er erblickt in der sauren Reaktion des Bodens das Grundmerkmal des Ungesättigtseins. GEDROIZ zählt dahingegen hierzu auch solche Vorgänge, die bei Einwirkung von Neutralsalzen auf solche Böden, die durchaus nicht sauer sind, mehr Basen entziehen als sie der Lösung von ihren Basen abgeben; auf diese Weise wird die Lösung sauer. Diese Böden müssen ebenfalls als ungesättigt angesprochen werden. Als Grundmerkmal des Ungesättigtseins der Böden ist daher die Fähigkeit dieser Böden anzusehen, „aus neutralen Salzlösungen Säuren frei zu machen".

Eine ganz bedeutsame Weiterentwicklung erhielt diese Vorstellung durch die Anschauungen von D. J. HISSINK[2]. Er geht davon aus, daß ein Boden eine gewisse Menge von Basen adsorptiv gebunden enthält, die der Autor durch Austauschvorgänge zu bestimmen vermag. Darüber hinaus kann aber der Boden eine gewisse weitere Menge von Basen aufnehmen bis er an Basen gesättigt bzw. eine Höchstsättigung an Basen erreicht worden ist. Es sind also Vorstellungen, die sehr lebhaft an die Sättigungskapazitäts-Versuche von W. PILLITZ erinnern. Das Verhältnis zwischen den vorhandenen absorptiv gebundenen Basen und der Höchstsättigung an Basen bezeichnet D. J. HISSINK als „Sättigungsgrad". Besondere Schwierigkeiten hat es nun aber seit einer Reihe von Jahren gemacht, diese Höchstsättigung im Boden zu bestimmen. Zahlreiche Methoden sind dazu ausgearbeitet worden, doch ist eine Entscheidung, welcher Methode der Vorzug zu geben ist, noch nicht gefallen. Die einen Methoden begrenzen die Höchstsättigung durch den Austausch mit Neutralsalzen, andere legen sie durch Karbonate, noch andere durch Hydroxyde fest. Es ist auf Grund des früher Gesagten verständlich, daß je nach der verwendeten Einwirkung die Höchstsättigung eine ganz verschiedenartige Höhe besitzen muß. Speziell für die Verhältnisse des Kalkes scheint die Methode von A. GEHRING und O. WEHRMANN[3] die am meisten erprobte zu sein.

Für die hier zu besprechenden allgemeinen Gesetzmäßigkeiten des Basenaustausches ist nun die Vorstellung von dem Sättigungsgrad des Bodens in der Hinsicht wichtig, wie sich seine Absorption und sein Basenaustauschvermögen bei Zusatz von Karbonaten verändert. Es sei an die frühere Beobachtung erinnert, daß sich bei Zusatz von Karbonaten die Absorption aus zugesetzten Neutralsalzen wesentlich erhöhte, wie dies z. B. die Untersuchungen von VAN BEMMELEN zeigen. Später weist auch z. B. W. MCGEORGE[4] darauf hin, daß die Bindung von Kalium und Ammonium durch den Boden augenscheinlich abhängig von dem Gehalt der Böden an CaO und MgO sei, während W. THAER[5] zeigt, daß eine vorherige Behandlung des Bodens mit Kalk die Adsorbierbarkeit von Kali aus

[1] GEDROIZ, K. K.: Russ. J. exp. Landw. **12**, 1911; n. Hoffm. Jber. **54**, 109 (1911).

[2] HISSINK, D. J.: Beitrag zur Kenntnis der Adsorptionsvorgänge im Boden. Methode zur Bestimmung der austauschfähigen und adsorptiv gebundenen Basen im Boden und die Bedeutung dieser Basen für die Prozesse, die sich im Boden abspielen. Internat. Mitt. Bodenkde. **12**, 81 (1922).

[3] GEHRING, A. u. O. WEHRMANN: Studien über die Einwirkung des Kalkes auf den Boden. Landw. Versuchsstat. **103**, 279 (1925).

[4] MCGEORGE, W.: Hawaii Stat. Bull. **35**, 32 (1914); n. Hoffm. Jber. **58**, 79 (1915).

[5] THAER, W.: Der Einfluß von Kalk und Humus auf Basenabsorption und Lösung von Bodenbestandteilen. J. Landw. **59**, 107 (1911).

KCl nicht verändert. Dagegen beobachten O. LEMMERMANN und L. FRESENIUS[1], wie schon dargetan, daß $CaCO_3$ die NH_3-bindende Kraft des Bodens erhöht, während Ätzkalk entgegengesetzt wirkt. Sie führen diese Vorgänge auf Basenaustausch zurück. Diese Beobachtungen lassen sich nun sehr einfach in der Weise erklären, daß wie G. HAGER[2] feststellte, bei einer Düngung mit Ätzkalk der größte Teil des Kalkhydrates in adsorptiver Bindung festgelegt wird. Erst der Rest wird in kohlensauren Kalk übergeführt. Ebenso werden diese Vorgänge deutlich, wenn man den Anschauungen von GEDROIZ folgt, nach dem die Ungesättigtkeit ein teilweiser Ersatz der Basen des adsorbierenden Komplexes des Bodens durch Wasserstoff ist. Diese Wasserstoffionen sind den anderen Kationen gleichberechtigt; sie können diese Basen verdrängen oder von ihnen verdrängt werden. Nur ist, wie schon geschildert, die Absorptionsenergie dieses H-Ions sehr groß.

Wenn man dagegen den Anschauungen einer Reihe von anderen Forschern folgt, dann ist die Steigerung der Adsorptionskapazität auch bedingt durch den Austausch von Al- und Fe-Ionen, die beim Zusatz von Hydroxyden und Karbonaten ausgetauscht werden und dabei infolge ihrer hydrolytischen Spaltung und Ausflockung der Hydroxyde aus dem Gleichgewicht verschwinden. Dabei muß darauf hingewiesen werden, daß diese Ausflockung durch die Anionen beeinflußt wird, denn J. S. JOFFE und H. C. MCLEAN[3] geben z. B. an, daß das gesamte Al in Gelform übergeführt ist:

bei Gegenwart von SO_4-Anionen	bei p_H 4,7—4,8
bei Gegenwart von Cl-Anionen	bei p_H 5,4
bei Gegenwart von NO_3-Anionen	bei p_H 5,8—6,0.

Hinsichtlich der Bedeutung des Sättigungsgrades für weitere Erscheinungen des Basenaustausches sei auf die weiter unten folgende Besprechung hingewiesen[4].

Abschließend kann jedoch gesagt werden, daß die ungemein fleißige Bearbeitung der Reaktionsverhältnisse des Bodens durch die Formulierung des Al-, Fe- und H-Ionenaustausches zu einer wesentlichen Vereinfachung der allgemeinen Gesetzmäßigkeiten des Basenaustausches beigetragen hat.

Neben diesen Gesetzmäßigkeiten allgemeiner Art bestehen nun aber noch eine große Zahl solcher spezieller Natur, welche vor allem die gegenseitigen Beeinflussungen der einzelnen Kationen unter sich beim Ein- und Austausch betreffen. Diese Vorgänge haben schon seit alters her Beachtung gefunden, denn selbst WAY hat bereits eine Reihe, in welcher Stärke die Basen einzutauschen vermögen, aufgestellt. Sie lautet für den Basenaustausch bei Silikaten: Natron, Kali, Kalk, Magnesia, Ammoniak. Wenn nun auch immer wieder Beobachtungen in diesem Sinne gesammelt worden sind[5], so setzten doch erst in verhältnismäßig später Zeit eingehende Untersuchungen über die exakten Vorstellungen auf diesem Gebiete ein. — So gibt z. B. J. M. VAN BEMMELEN an, daß sich das Kali beim Basenaustausch stärker gebunden als Natron oder Kalk zeigt. Das gleiche bestätigt LEMBERG[6]. G. WIEGNER[7] bemerkt, daß bei fortschreitender Konzentration von NH_4Cl in einer Lösung aus den von ihm untersuchten amorphen Silikaten mehr Ca als K verdrängt wird. Nach den Angaben von F. H. CAMPBELL[8] ist für

[1] LEMMERMANN, O. u. L. FRESENIUS: Fühlings Landw. Ztg. **61**, 240, 274 (1912).
[2] HAGER, G.: J. Landw. **65**, 245 (1917).
[3] JOFFE, J. S. u. H. C. MCLEAN: Soil Sci. **26**, 47 (1928); n. Z. Pflanzenern., Düng. u. Bodenk. A, **15**, 59 (1929).
[4] Vgl. S. 253.
[5] Vergl. die Angaben auf Seite 190.
[6] LEMBERG: Z. dtsch. geol. Ges. **22**, 335 (1870); **24**, 187 (1872); **28**, 537 (1876); **29**, 483 (1879).
[7] WIEGNER, G.: Zum Basenaustausch in der Ackererde. J. Landw. **60**, 111 (1912).
[8] CAMPBELL, F. H.: Landw. Versuchsstat. **65**, 250 (1907).

die Reihenfolge des Eintausches der verschiedenen Alkalien beim Basenaustausch die Konzentration von maßgebendem Einfluß. Bei geringer Konzentration ordnen sich die Chloride ansteigend der Reihe LiCl, NaCl, KCl und NH_4Cl nach. Bei hohen Konzentrationen erreichen NaCl und KCl nahezu dasselbe Maximum, LiCl geht noch erheblich höher, ohne jedoch NH_4Cl zu erreichen. A. BAUMANN und E. GULLY[1] geben für Humus an, daß von den mehrwertigen Metallen erheblich mehr Grammaequivalente der Basen absorbiert werden als von den einwertigen, und zwar von Kalium fast durchweg mehr als von Natrium, vom Magnesium fast durchweg etwas weniger als von den anderen zweiwertigen Metallen. Die Absorption von Aluminium und Eisen wird schon durch Umladungserscheinungen beeinflußt, wobei noch zu beobachten ist, daß das kolloidale Eisenhydroxyd nicht unter Austausch von Basen absorbiert wird, sondern sich direkt an die Torfkolloide anlagert.

Letztere zeigen ferner, daß ein Behandeln des Humus mit Wasser die Basen wieder in Lösung gehen läßt, und daß erneutes Behandeln mit Na- oder Ca-Acetat abermals einen verstärkten Eintausch von Basen bewirkt. Dabei wird Ca wesentlich stärker als Na zurückgehalten. P. EHRENBERG[2] ordnet die Basen mit steigender Wirkung unter Benutzung der Angaben von J. M. VAN BEMMELEN, J. IWANOFF[3], M. BÖTTCHER[4] in nachstehende Reihe: Lithium, Kalzium, Natrium, Magnesium, Kalium, Ammonium.

Dabei wurde von der Vorstellung ausgegangen, daß diese Basen in niedriger Konzentration zur Anwendung gelangen. Bei hohen Konzentrationen erreicht Na dasselbe Maximum wie Kalium, während Ammonium seine Stellung an der Spitze behält. P. EHRENBERG und J. P. VAN ZYL[5] beobachten in Bodenpreßsäften etwa die fünffache Menge an Na_2O als an K_2O. Sie erklären diese Tatsache in der Weise, daß der Boden das Kali fester als das Natron bindet. Bemerkenswert ist in dieser Hinsicht auch die Feststellung von R. W. RUPRECHT und F. W. MORSE[6], daß 33jährige Anwendung von $(NH_4)_2SO_4$ so lange kein K_2O und Na_2O des Bodens zu lösen scheint, als Kalk im Boden vorhanden war. Fehlt dieser, so wurde K_2O gelöst. K. K. GEDROIZ[7] weist darauf hin, daß die dreiwertigen Kationen am stärksten absorbiert werden, während von der kalkreichen Schwarzerde die zweiwertigen am schwächsten gebunden werden. Eingehendes Zahlenmaterial über die Bedeutung der Wertigkeit des Kations für die Adsorption auf Grund der Versuche von K. K. GEDROIZ wurde bereits mitgeteilt[8].

Sehr eingehend hat sich sodann auch E. RAMANN mit diesen Fragen beschäftigt. E. RAMANN und A. SPENGEL[9] finden bei Verwendung von Permutiten, daß der Austausch zwischen Kalium und Ammonium und zwischen Ammonium und Kalium vollständig ist, auch verdrängen sich Na und Ca vollständig aus dem Silikat. Dahingegen vermochte z. B. eine $CaCl_2$- oder NaCl-Lösung nicht die gesamten Mengen

---

[1] BAUMANN, A. u. E. GULLY: Mitt. K. Bayer. Moorkulturanst. H. 4, 31 (1910).

[2] EHRENBERG, P.: Die Bodenkolloide, 2. Aufl., S. 308. Dreden u. Leipzig: Th. Steinkopff 1918.

[3] IWANOFF, J.: Über das Verhalten von Chlorlithiumlösungen zu dem Boden, n. Ber. dtsch. chem. Ges. **10**, 709 (1877).

[4] BÖTTCHER, M.: Dissert. Dresden 1908.

[5] EHRENBERG, P. u. J. P. VAN ZYL: Zur Kenntnis der Bodenlösung. Internat. Mitt. Bodenkde. **7**, 141 (1917); Weitere Untersuchungen über die Beschaffenheit der Bodenkrümel. Ebenda **8**, 41 (1918).

[6] RUPRECHT, R. W. u. F. W. MORSE: Die Wirkung von Ammoniumsulfat auf den Boden. Mass. Stat. Bull. **1915**, 73; n. Hoffm. Jber. **60**, 44 (1917).

[7] GEDROIZ, K. K.: Nach Z. Pflanzenern., Düng. u. Bodenk. A, **4**, 121 (1925).

[8] Vgl. S. 235.

[9] RAMANN, E. u. A. SPENGEL: Z. anorg. u. allg. Chem. **105**, 82 (1918); Landw. Versuchsstat. **92**, 127 (1919).

an K, Na und NH_4 aus den entsprechenden Permutiten restlos zu verdrängen. Die durch Kalk nicht austauschbaren prozentualen Mengen an K, Na und NH_4 sind annähernd gleich. Ferner weisen sie darauf hin, daß das Basenverhältnis in den Permutiten und in den Lösungen verschieden ist, denn die Endkörper enthalten in allen Fällen von der in geringster Menge in den Lösungen enthaltenen Base mehr als ihrer Menge in den Salzlösungen entspricht. Außerdem entspricht das Basenverhältnis in den Permutiten dem Ionenverhältnis in den Lösungen in allen den Fällen, in welchen Kalium, Ammonium, meist auch Natrium, in der Lösung gegenüber anderen Basen im Überschuß vorhanden ist. Überwiegen jedoch in der Lösung Kalziumsalze, zum Teil auch Natriumsalze, so enthält der Endkörper weniger Na oder Ca als dem Ionenverhältnis der Lösung entspricht. E. RAMANN und H. JUNK[1] zeigen sodann, daß reine Mg-Salze im Permutit vorhandene Basen nur unvollständig verdrängen. Ferner wird festgestellt, daß Einwirkung von K-Mg-Salzgemischen völliges Verdrängen von NH_3 aus Ammoniumpermutit nicht herbeiführt. Auch der Einfluß großer Mg-Mengen in den Lösungen auf den K_2O-Gehalt des Silikates ist gering. Das Verhalten der K-Mg-Sulfatlösungen weicht von dem der Chloridlösungen nur insofern ab, als entsprechend der geringen Ionisierung der Sulfate die Mg-Wirkung vermindert, die K-Wirkung gesteigert ist. Sowohl dem Na, wie NH_4, Ca und K gegenüber vermag Mg nur wenig in den Permutit einzudringen. L. CASALE[2] gibt an, daß die Bodenlösung verschieden schnell adsorbierbare Kationen enthält. Am schnellsten werden der Reihe nach K und NH_4, alsdann Ca, Mg und Na adsorbiert. D. J. HISSINK[3] weist darauf hin, daß die Angaben von VAN BEMMELEN, wonach das Kali vom Boden stärker absorbiert wird als z. B. das Kalzium, nicht ohne weiteres als das absolute Wirkungsverhältnis zwischen K und Ca aufgefaßt werden dürfen, weil ja der Boden durchweg wesentlich mehr Ca als K enthält. Versuche mit einem Kleiboden, der als austauschbare Base nur Ammoniak enthielt, ergaben, daß aus den Chloriden Kalk stärker als Kali und Natrium gebunden wird. Auch soll der Kalk stärker gebunden werden als Ammoniak. Als vorläufiges Resultat gibt D. J. HISSINK die Reihenfolge der Bindungsstärke vom Tonkomplex wie folgt an: Mg, Ca, NH_4, K und Na.

W. U. BEHRENS[4] weist darauf hin, daß der Wasserstoff vom Permutitanion noch fester als das Calcium gebunden wird.

Besonders eingehende Untersuchungen in dieser Frage wurden ferner von H. JENNY[5] ausgeführt. In Übereinstimmung mit den erwähnten Arbeiten von V. ROTHMUND und G. KORNFELD und E. RAMANN und A. SPENGEL wird erneut festgestellt, daß die Eintauschfähigkeit eines Ions mit seiner Stellung im periodischen System steigt. Dabei wird erneut die Auffassung von G. WIEGNER bestätigt, daß die Umtauschkonstanten direkt proportional dem Volumen der Ionen sind. Zur Erklärung wird darauf hingewiesen, daß hinsichtlich der Anwendung des Hydratationseffektes auf die Theorie des Ionenumtausches der Umstand von Bedeutung ist, daß nicht allein die Konzentration der Ionen in der Lösung in Betracht gezogen werden muß, sondern vielmehr die Konzentration der Ionen an der aktiven Grenzfläche, wo der Umtausch tatsächlich stattfindet, maßgebend ist. Da nun stark hydratisierte Ionen durchnittlich weniger nahe an die

---

[1] RAMANN, E. u. H. JUNK: Basenaustausch der Silikate. Z. anorg. u. allg. Chem. **114**, 90 (1920).

[2] CASALE, L.: Staz. sperim. agr. ital. **54**, 65 (1921); n. Hoffm. Jber. **64**, 56 (1921).

[3] HISSINK, D. J.: Beiträge zur Kenntnis der Adsorptionserscheinungen im Boden. Biederm. Zbl. **51**, 1 (1922).

[4] BEHRENS, W. U.: a. a. O. Z. Pflanzenern., Düng. u. Bodenk. A, **11**, 281 (1928).

[5] JENNY, H.: a. a. O. Kolloidchem. Beih. **23**, 428 (1927).

negative Oberfläche eines Teilchens herantreten können und sich ferner das Potential eines solchen Teilchens um so größer erweist, je größer der Abstand der Außenbelegung von der Innenbelegung ist, und außerdem das Ultramikron nach einer Erniedrigung des Potentials durch Bevorzugung solcher Ionen strebt, die möglichst nahe an die negative Innenschicht herantreten können, so nimmt die Eintauschfähigkeit eines Ions mit steigendem Ionenradius, d. h. mit abnehmender Hydratation, zu. Der Umtausch einwertiger Permutite mit einwertigen Ionen folgt diesen Vorstellungen. Auch der Eintausch einwertiger Permutitanteile mit zweiwertigen Ionen entspricht den Erwartungen; nur in verdünnten Konzentrationen tauschen die zweiwertigen Ionen besser als die entsprechend hydratisierten einwertigen ein. Beim Austausch der zweiwertigen Ionen verstärken sich diese Gegensätze noch mehr, denn in Übereinstimmung mit den Erfahrungen anderer Forscher haften die zweiwertigen Kationen fester als die einwertigen an der Grenzfläche. Die Erklärung dafür ist darin zu suchen, daß die negative Innenbelegung der Ultramikronen wahrscheinlich durch OH-Ionen gebildet wird, so daß die HELMHOLTZsche Doppelschicht aus Hydroxyden gebildet wird. „Im Hinblick auf die hohen Konzentrationen an den Permutitgrenzflächen (3 bis 4 normal) müssen die Hydroxyde der Erdalkalimetalle unlöslich werden." Dadurch wird verständlich, warum die zweiwertigen Ionen schneller eintauschen und langsamer austauschen als die einwertigen, indem der Kationenschwarm der zweiwertigen nur wenige Ionen enthält und nur ein gewisser geringer Prozentsatz der eingetauschten Kationen in austauschfähiger Stellung steht, während die anderen Ionen latent sind und als unlösliche Hydroxyde im Ultramikron festgelegt sind. Daß schließlich bei der geringeren Löslichkeit des $Mg(OH)_2$ diese Base besonders abweichende Verhältnisse schafft, ist verständlich.

G. WIEGNER und H. JENNY[1] behandeln in zusammenfassender Weise ihre letzten Erfahrungen über den Basenaustausch an Permutiten. Der sich an diesen vollziehende Basenaustausch wird in den Eintausch der gelösten Ionen und in den Austausch der im Permutit enthaltenen Ionen zergliedert. Der aus beiden Vorgängen resultierende Gleichgewichtszustand wird als Umtausch der Ionen bezeichnet. Der Eintausch hängt von der Wertigkeit der Ionen und ihrer Hydratation ab, was z. B. dadurch erhärtet werden konnte, daß durch Veränderung der Hydratation der Ionen ihr Eintauschvermögen verändert wird, wie folgende Tabelle zeigt:

Zusammenhang zwischen den eingetauschten Ionenmengen und ihrer Dehydratisierung durch Alkohol.

Alkoholgehalt in 100 g Mischung	Eintausch in Milliaequivalenten					
	Natrium		Kalium		Kalzium	
	beobachtet	berechnet	beobachtet	berechnet	beobachtet	berechnet
0	0,64	0,64	0,88	0,88	0,98	0,98
20	0,76	0,79	1,02	1,03	1,04	1,05
40	0,99	0,94	1,17	1,17	1,10	1,12
60	1,06	1,09	1,34	1,32	1,18	1,18
80	1,23	1,23	1,46	1,46	1,25	1,25

Mit zunehmender Dehydratisierung steigt also der Eintausch der Ionen. Der Austausch ist nach den Untersuchungsergebnissen von der Wertigkeit der Austauschkationen, von ihrer Hydratation und von der Löslichkeit der zwischen den entgegengesetzten Ionen im Permutit möglichen Verbindungen abhängig.

[1] WIEGNER, G. u. H. JENNY: Über Basenaustausch an Permutiten. Kolloid.-Z. 42, 268 (1927).

Der Austausch erfolgt um so schlechter, je höher die Wertigkeit der austauschenden Ionen ist. Je stärker ferner die Hydratation ist, um so stärker ist das Austauschbestreben, wie es besonders deutlich bei den Alkaliionen zu beobachten ist, während die Löslichkeit der Verbindung zwischen Gelanion und austauschbarem Kation von besonderer Bedeutung bei den zweiwertigen Kationen ist. Ihr Austauschvermögen ist von der geringen, aber verschiedenen Löslichkeit der Hydroxyde deutlich abhängig. Sehr bemerkenswert ist z. B., daß Mg daraufhin fester als Ca oder Ba im Permutit haftet, „obwohl es am schwächsten hineintauscht".

Für den Ionenumtausch wird folgende neue Formel angegeben, obwohl sich auch die alte Formulierung nach H. FREUNDLICH als brauchbar erwiesen hat:

$$(a - c) = k' \left(\frac{c}{a - c}\right)^{\frac{1}{p}}.$$

In dieser Formel bedeuten a die Aequivalentmengen der Ionen im Anfang, c die Aequivalentmengen der Ionen im Gleichgewicht, $(a - c)$ die Aequivalentmengen der im Permutit eingetauschten oder der in die Lösung eingetauschten Kationen.

G. WIEGNER und K. W. MÜLLER[1] bestätigen erneut die große Bedeutung der Hydratation der Ionen für den Umtausch an Permutiten. Dahingegen vermag das dielektrische Verhalten des Dispersionsmittels den Ionenaustausch nicht in allen Fällen zu charakterisieren. Die genannten Autoren gelangen wiederum zu dem Schluß, daß der Ionenaustausch abhängig von der Dispersität der Austauschgele ist, ferner sich vom gegenseitigen Ionenverhältnis und von den Ioneneigenschaften als abhängig erweist; dagegen ist er in einem weiten Bereiche von der Verdünnung unabhängig.

W. HILLKOWITZ[2] beobachtet bei steigender Entbasung von Böden und Permutiten, daß sich bei der Absorption von Basen das Verhältnis zwischen NH_4 und K ändert. Gleichartige Versuche mit Na-Permutit lassen erkennen, daß die Haftfestigkeit des Ca größer als die des K und NH_4 ist. K. BAMBERG[3] beobachtet, daß das Natrium das Kalium der Böden sehr schwach austauscht. „Die Erscheinung, daß kleine Natriummengen nach TH. PFEIFFERS und E. A. MITSCHERLICHS Untersuchungen den physiologischen Wirkungswert des Kaliums erhöhen, muß also größtenteils in physiologischen Vorgängen gesucht werden."

Diese Tatsachen können zur Erklärung verschiedener Widersprüche herangezogen werden. So beobachteten W. HÜMMELCHEN und H. KAPPEN[4] bei Behandlung von in der Hauptsache Ca enthaltenden Permutiten mit KCl-Lösung bei verschiedenen Konzentrationen keine Reversibilität der Vorgänge, was sich wohl zwanglos aus den hier geschilderten Ergebnissen erklären läßt. Dahingegen konnte beim Eintausch von NH_3 aus NH_4Cl eine Unabhängigkeit von der Konzentration beobachtet werden.

Diesen mit Neutralsalzen durchgeführten Versuchen stehen nun solche gegenüber, bei denen lediglich mit Hydroxyden und Karbonaten gearbeitet wurde. Besonders eingehend wurden diese Vorgänge in letzter Zeit von A. GEHRING, O. WEHRMANN und A. WOLTER[5] bearbeitet. Diese konnten beobachten,

---

[1] WIEGNER, G. u. K. W. MÜLLER: Z. Pflanzenern., Düng. u. Bodenk. A, **14**, 321 (1929).
[2] HILLKOWITZ, W.: Z. Pflanzenern., Düng. u. Bodenk. A, **11**, 229 (1928).
[3] BAMBERG, K.: Studien über das austauschbare Kalium. Z. Pflanzenern., Düng. u. Bodenk. A, **14**, 177 (1929).
[4] HÜMMELCHEN, W. u. H. KAPPEN: Z. Pflanzenern., Düng. u. Bodenk. A, **3**, 289 (1924).
[5] GEHRING, A., O. WEHRMANN u. A. WOLTER: Über die Löslichkeit der adsorptiv gebundenen Basen des Bodens in ihrer Abhängigkeit vom Kalk und Basensättigungsgrad. Z. Pflanzenern, Düng. u. Bodenk. A, **19**, 77 (1931).

daß die Wasserlöslichkeit des Kalis nicht durch Zusatz von NaOH und $Mg(OH)_2$, wohl aber durch NH_4OH und Ca $(HCO_3)_2$ beeinflußt wird. Die Wasserlöslichkeit des im Boden enthaltenen Magnesiums wurde dagegen nur durch $Ca(HCO_3)_2$ verändert.

Diese Ergebnisse haben im Zusammenhang mit denjenigen über den Basensättigungsgrad im Boden noch weitere Erkenntnisse über sonstige spezielle Vorgänge des Basenaustausches herbeigeführt. So gibt z. B. R. GANSSEN[1] an, daß die Löslichkeit der Nährstoffbasen immer geringer wird, je saurer die zeolithischen Silikate werden. Einer Zusammenstellung von P. EHRENBERG[2] folgend, ist über ähnliche Beobachtungen noch zu sagen, daß nach M. DITTRICH[3] Ammoniak, das von zersetztem Gestein gebunden war, selbst durch verdünnte Essigsäure nicht ausgezogen werden konnte. Ähnlich deutet G. BERJU[4] die geringe Zitronensäurelöslichkeit, die er in Lehmböden für Kali zu beobachten vermochte, durch eine auf Basenaustausch (Absorption) zurückzuführende Zurückhaltung des Pflanzennährstoffs. Eingehende Untersuchungen liegen sodann von O. KELLNER[5] über die Frage der Bindung des Kalis im Boden vor, wobei festgestellt wurde, daß die letzten Reste ungemein schwer herausgelöst werden konnten. Ähnliche Beobachtungen vermochten J. KÖNIG und E. HASELHOFF[6], M. DITTRICH[7], J. KÖNIG, J. HASENBÄUMER und H. MEYERING[8] und D. N. PRJANISCHNIKOW[9] beizubringen. Th. PFEIFFER und A. EINECKE[10] kommen zu dem Schluß, daß die Bindung von Ammoniak durch Zeolithe zu einer Festlegung führt, die besondere Beachtung verdient. D. J. HISSINK[11] zeigt ebenfalls, daß die 5000fache mit CO_2 gesättigte Wassermenge nötig ist, um 0,9 % des Gesamt-N eines mit 5,65 % NH_3-N ausgestatteten Ammoniumpermutites in Lösung zu überführen. Jedoch ist nach seinen Versuchen der im Ammoniumpermutit enthaltene N ebenso gut wie der N des Ammonsulfates für die Pflanze zugänglich, wenn ausreichende Feuchtigkeit vorhanden ist. W. SCHNEIDEWIND, D. MEYER, F. MÜNTER, J. GRAFF und W. GRÖBLER[12] folgern aus ihren Versuchen, daß auf normalen Böden, auf denen die Salpeterbildung glatt erfolgt, die Ausnutzung des NH_3-N durch Zusatz von Zeolithen nicht in nennenswerter Weise beeinflußt wird. Die Erfahrungen von PFEIFFER erklären sich in der Weise, daß die Salpeterbildung in dem benutzten Odersand nicht so gut wie in Naturböden verlief. G. WIEGNER[13] ist hinsichtlich der Festlegung von Ammoniak durch sog. Zeolithe der Auffassung,

---

[1] GANSSEN (GANS), R.: Die Charakterisierung des Bodens nach der molekularen Zusammensetzung des durch Salzsäure zersetzlichen silikatischen Anteils des Bodens (der zeolithischen Silikate). Internat. Mitt. Bodenkde. **3**, 529 (1913).

[2] EHRENBERG, P.: Bodenkolloide, III. Aufl., S. 309. 1922.

[3] DITTRICH, M.: Mitt. Großh. Bad. Geol. Landesanst. **4**, 352 (1900).

[4] BERJU, G.: Ein Beitrag zur Methodik der chemischen Bodenuntersuchung. Landw. Versuchsstat. **55**, 29, 31 (1901).

[5] KELLNER, O.: Landw. Versuchsstat. **33**, 363 (1887).

[6] KÖNIG, J. u. E. HASELHOFF: Die Aufnahme der Nährstoffe aus dem Boden durch die Pflanzen. Landw. Jb. **23**, 1023 (1894).

[7] DITTRICH, M.: Z. anorg. u. allg. Chem. **47**, 160 (1905).

[8] KÖNIG, J., J. HASENBÄUMER u. H. MEYERING: Bedeutung des osmotischen Druckes und der elektrolytischen Leitfähigkeit für die Beurteilung des Bodens. Landw. Versuchsstat. **74**, 34 (1911).

[9] PRJANISCHNIKOW, D. N.: Quantitative Bestimmung der im Boden vorhandenen absorptiv gebundenen Basen. Landw. Versuchsstat. **79/80**, 667 (1913).

[10] PFEIFFER, Th. u. A. EINECKE: Mitt. Landw. Inst. Kgl. Univ. Breslau **3**, 299 (1905).

[11] HISSINK, D. J.: Landw. Versuchsstat. **81**, 419 (1913).

[12] SCHNEIDEWIND, W., D. MEYER, F. MÜNTER, J. GRAFF u. W. GRÖBLER: Stickstoffversuche. Landw. Jb. **39**, Suppl.-Bd. 3, 227 (1910).

[13] WIEGNER, G.: Die Festlegung des Stickstoffs durch sogenannte Zeolithe. J. Landw. **16**, 11 (1913).

daß das NH_4-Ion im Gleichgewicht mit sämtlichen Ionen der Bodenlösung steht, und daß jede Änderung dieser Art auch auf die Löslichkeit des NH_4-Ions einwirkt. Umgekehrt wird das NH_4-Ion in dem Maße aus den Zeolithen nachgeliefert, wie es von der Pflanze verbraucht oder in Salpetersäure-N umgewandelt wird. G. WIEGNER ist daher nicht der Auffassung, daß ständig ein ganz bestimmter und konstanter Teil an Ammoniak der Lösung entzogen wird. Dahingegen scheint L. BERNARDINI[1] auch die Möglichkeit einer ziemlich weitgehenden Festlegung anzunehmen, indem er glaubt, daß durch Leucit aufgenommenes Ammoniak der Auswaschung durch Regen entzogen wird. Auch W. SCHNEIDEWIND[2] nimmt einen Entzug von Kali für die Pflanzen durch adsorptive Festlegung an. Weiterhin sind die Beeinflussungen zu besprechen, welche die adsorbierten Basen gegenseitig bei ihrer Aufnahme in die Pflanze hervorrufen. P. EHRENBERG[3] behandelt die Beziehungen zwischen der Kalk- und Kaliaufnahme der Pflanzen in seinem Kalk-Kali-Gesetz, welches in folgender Weise formuliert wird: „Wird für eine nur schwächer mit Kali versorgte Pflanze die Kalkzufuhr erheblich gesteigert, so tritt hierdurch eine Zurückdrängung der Kaliaufnahme ein, welche erhebliche Schädigung im Gefolge haben kann; durch einseitige Verstärkung der Kalidüngung kann aber wieder die Pflanze vor Kalküberschwemmung bewahrt und zu günstigerer, gegebenenfalls normaler Entwicklung gebracht werden.“ Es ist jedoch anzunehmen, daß dieses Gesetz weniger die Löslichkeitsverhältnisse des Kalis im Boden als eine Beurteilung der physiologischen Beziehungen dieser Kationen charakterisieren will.

Jedenfalls weisen C. B. LIPMANN und W. F. GERICKE[4], T. L. LYON[5], TH. PFEIFFER und A. RIPPEL[6], S. S. PECK[7], A. GEHRING[8], sowie S. GERICKE[9] darauf hin, daß Kalkdüngung die Löslichkeit des Bodenkalis erhöht, während z. B. L. J. BRIGGS und J. F. BREAZEALE[10], J. K. PLUMMER[11], W. H. MC INTIRE, W. M. SHAW und J. B. YOUNG[12], sowie O. M. SHEDD[13] eine größere Löslichkeit des Bodenkalis nach Kalkdüngung nicht beobachten konnten. Schließlich sei noch auf die Beobachtungen von E. RAMANN und A. SPENGEL[14] hingewiesen, die

[1] BERNARDINI, L.: Staz. sper. agr. ital. **41**, 304 (1908).

[2] SCHNEIDEWIND, W., D. MEYER u. F. MÜNTER: Versuche über die Wirkung des Kainits, 40proz. Kalisalzes und Phonoliths aus den Jahren 1904—1910. Arb. Dtsch. Landw. Ges. **193**, 7, 13 (1911).

[3] EHRENBERG, P.: Das Kalk-Kali-Gesetz. Berlin: P. Parey 1919.

[4] LIPMANN, C. B. u. W. F. GERICKE: Does calcium carbonate or calcium sulphate treatment affect the solubility of the soil's constituents? Univ. Cal. Pubs. Agr. Sci. **3**, 271 (1918); n. Exp. Stat. Rec. **39**, II, 821 (1918).

[5] LYON, T. L.: The effect of liming on the composition of the drainage water of soils. J. amer. Soc. agron. **13**, 124 (1921); n. Exp. Stat. Rec. **47**, 323 (1922).

[6] PFEIFFER, TH. u. A. RIPPEL: Der Einfluß von Kalk und Magnesia auf das Wachstum der Pflanzen. J. Landw. **68**, 5 (1920).

[7] PECK, S. S.: Lysimeter experiments. Haw. Sugar Plant. Stat. Agr. Chem. Bull. **37**, 5; n. Exp. Stat. Rec. **25**, 824 (1911).

[8] GEHRING, A.: Meine Erfahrungen über die Phosphorsäure- und Kalkdüngung. Mitt. Dtsch. Landw. Ges. **42**, 971 (1927).

[9] GERICKE, S.: Der Einfluß hoher Kalkgaben auf die Wurzellöslichkeit der Nährstoffe Kali und Phosphorsäure im Boden. Fortschr. Landw. **2**, 381 (1927).

[10] BRIGGS, L. J. u. J. F. BREAZEALE: J. agr. Res. **8**, 21 (1917).

[11] PLUMMER, J. K.: J. Amer. Soc. Agron. **13**, 162 (1921).

[12] MCINTIRE, W. H., W. M. SHAW u. J. B. YOUNG: Lysimeterstudien zu der Frage des Freiwerdens von Bodenkali durch Kalzium und Magnesiumzuschläge. Soil Sci. **16**, 217 (1923); n. Biederm. Zbl. **54**, 530 (1925).

[13] SHEDD, O. M.: Der Einfluß von Schwefel und Gips auf die Löslichkeit von Kali im Boden und auf die Menge, welche gewisse Pflanzen von diesem Element aufnehmen. Soil Sci. **22**, 335 (1926); n. Z. Pflanzenern., Düng. u. Bodenk. A, **12**, 131 (1928).

[14] RAMANN, E. u. A. SPENGEL: Z. anorg. u. allg. Chem. **105**, 82 (1918).

zeigen, daß in geringer Menge vorhandene Basen stärker gebunden werden als ihrem Anteil an der gesamten Salzmenge der Lösung entspricht. Ferner geben sie an, daß ein Teil des Kaliums im Boden durch Kalziumsalze nicht austauschbar zu sein scheint.

Alle diese verschiedenartigen Beobachtungen haben A. GEHRING, O. WEHRMANN und A. WOLTER[1] dadurch in klare Beziehungen gebracht, daß sie für jede Base einen Sättigungsgrad aufstellten und nun untersuchen, wie sich bei steigendem Sättigungsgrad und durch die Beeinflussung der übrigen Kationen die Wasserlöslichkeit verändert. Sie zeigen, daß mit steigendem Sättigungsgrad die Löslichkeit der Base wächst, daß ferner vor allem unter dem Einfluß steigender Kalksättigungsgrade[2] eine deutliche Zunahme der Löslichkeit der einzelnen Kationen zu erkennen ist, daß aber unter Bedingungen, wie sie im Boden auftreten, z. B. für das Kali, ein Sättigungsgrad existiert, bei dem auch der höchste Kalksättigungsgrad kein Freimachen von Kali herbeiführt. Diese Beobachtung bestätigt auch P. VAGELER auf der Hauptversammlung der bodenkundlichen Gesellschaft in Königsberg im September 1930.

Neben den mineralischen Bestandteilen des Bodens sind auch die organischen für die Löslichkeitsverhältnisse der Kationen naturgemäß von besonderer Bedeutung. Leider sind aber alle diese Fragen nur überaus wenig bearbeitet, so daß durchweg wenig mehr als Vermutungen ausgesprochen werden können. So kann eigentlich nur gesagt werden, daß nach BERTHELOT und G. ANDRÉ[3] das aus dem Humus stammende Kali etwa 40mal so löslich wie das des Ackerbodens ist. Später[4] geben sie an, daß künstlich hergestelltes Ulmin neben einem löslichen ein kaliärmeres, aber wasserunlösliches Kalisalz erkennen läßt. Die gleichen Beobachtungen sammeln sie[5] bei der Untersuchung natürlicher Humusformen. J. DUMONT[6] folgert aus seinen Versuchen, daß die Kalihumate tatsächlich dialysierbar sind. BR. TACKE[7] gibt an, daß durchweg das Kali sehr lose gebunden ist, und nach P. B. MYERS und G. M. GILLIGAN[8] gibt ein an organischer Substanz reicher Boden durch Elektrodialyse seine Basen wesentlich schneller als ein humusarmer Boden ab. Ebenso vertreten V. NOVÁK und L. SMOLIK[9] die Auffassung, daß die Nährstoffe des Bodens leichter aus den organischen Verbindungen und Komplexen des Bodens frei werden als aus den anorganischen. Eine ganz ähnliche Auffassung vertreten R. GANSSEN und Mitarbeiter[10], die von der Vorstellung ausgehen, daß die Humate einer erheblich stärkeren hydrolytischen Spaltung unterliegen als die Basen-

---

[1] GEHRING, A., O. WEHRMANN u. A. WOLTER: Z. Pflanzenern., Düng. u. Bodenk. A, **19**, 77 (1931).

[2] Die Kalksättigungsgrade wurden in der Hauptsache mit $Ca(HCO_3)_2$ eingestellt. Es muß noch untersucht werden, welche tatsächlichen Kalksättigungsgrade auf diese Weise entstanden sind.

[3] BERTHELOT, M. u. G. ANDRÉ: Über die Bindungsform des Kaliums in den Pflanzen, dem Humus und der Ackererde. C. r. **105**, 883 (1887); n. Biederm. Zbl. **17**, 217 (1888).

[4] BERTHELOT, M. u. G. ANDRÉ: Untersuchungen über die Humussubstanzen. C. r. **112**, 916; n. Hoffm. Jber. **34**, 90 (1891).

[5] BERTHELOT, M. u. G. ANDRÉ: Über die organischen Bestandteile des Pflanzenbodens. C. r. **116**, 666 (1893); n. Biederm. Zbl. **23**, 2 (1894).

[6] DUMONT, J.: Über die Dialyse der Alkalihumate. C. r. **124**, 1051 (1897); n. Hoffm. Jber. **41**, 49 (1898).

[7] TACKE, BR.: Naturwissenschaftliche Grundlage der Moorkultur. Berlin: P. Parey 1929.

[8] MYERS, P. B. u. G. M. GILLIGAN: A fundamental study of the mechanism of buffer action in soils. Delaware Stat. Bull. **158**, 17 (1928); n. Exp. Stat. Rec. **60**, 713 (1929).

[9] NOVÁK, V. u. L. SMOLIK: Über die Menge und chemische Zusammensetzung des kolloidalen Tones. Internat. Agrikult.Wiss. Rdsch. **2**, 865 (1926); n. Biederm. Zbl. **57**, 179 (1928).

[10] GANSSEN (GANS), R.: Z. Pflanzenern., Düng. u. Bodenk. A, **8**, 332 (1926).

verbindungen der SiO_2-Al_2O_3-Gele. Man kann die Rolle der beiden Kolloidarten dahin deuten, daß die letzteren die starke Bindung der Basen, die sie vor Auswaschung schützt, übernehmen, während die Humusgele die Spender der Basen sind, die sie in steter, durch die Hydrolyse geregelter Zufuhr den Pflanzen zur Verfügung stellen. Einzelne Ergebnisse der Untersuchungen von A. GEHRING, O. WEHRMANN und A. WOLTER[1] scheinen diese Auffassungen zu bestätigen.

W. THAER[2] findet bei humusreichen Böden eine verhältnismäßig geringe Absorption an Kali und nimmt daher an, daß sich das humussaure Kalzium erheblich weniger als zeolithisch gebundenes am Basenaustausch beteiligt. T. J. NÖGAKUSHI[3] findet die Konstante des Adsorptionsgleichgewichtes bei den humusarmen sauren Böden größer als bei den humusreichen.

In diese bislang noch wenig zu übersehenden Vorgänge werfen sodann Untersuchungen von K. BAMBERG[4] ein bemerkenswertes Licht. Da der adsorbierende Bodenkomplex sowohl aus organischen wie aus anorganischen Teilen besteht, wird das leichtlösliche Kalium vor allem von solchen Bodenbestandteilen adsorbiert, welche mit ihm schwerlösliche Verbindungen einzugehen vermögen. Entscheidend ist also die Löslichkeit der Kalihumate und des Kalitones. Hinsichtlich der Verdrängbarkeit durch andere Basen stellt K. BAMBERG für das Kali fest, daß aus Torfböden durch zweiwertiges Ca und Mg mehr Kalium ausgetauscht wird als durch das einwertige NH_4 und Na, die mit Humus löslichere Verbindungen ergeben als Ca und Mg. Dahingegen wird aus den tonig-zeolithischen Bestandteilen des Bodens das Kalium am stärksten von dem Ammonium ausgetauscht. Die anderen Kationen verhalten sich ungefähr so wie beim Torf.

Abschließend sei nun noch kurz darauf eingegangen, daß wiederholt aus theoretischen Gründen versucht worden ist, eine zahlenmäßige, mathematische Formulierung des Basenaustausches zu geben. Ein Teil dieser Untersuchungen ist bereits[5] angegeben worden, so daß nur noch auf die bisher nicht erwähnte Literatur eingegangen werden soll.

H. SALLINGER[6] beobachtet zunächst, daß die Formel:

$$\frac{S}{S-x} - \frac{x}{S} = ko \cdot c$$

den Einfluß der Hydratation der adsorbierten Kationen sehr deutlich zum quantitativen Ausdruck bringt. P. VAGELER und J. WOLTERSDORF[7] entwickeln an ihrer Gleichung, welche den Basenaustausch verfolgt, prinzipiell die Bedingungen, die bei einer mathematischen Behandlung erfüllt sein müssen. Die Gleichung, welche sie aufstellen, lautet:

$$y = \frac{x \cdot S}{x + C},$$

worin y die von der Einheit des Sorbens festgelegte, resp. ausgetauschte Menge der Aequivalente ist, x die auf diese Menge zur Einwirkung gebrachte Ionenmenge in Aequivalenten, S den Grenzwert als Sorptionskapazität für das betreffende

---

[1] GEHRING, A., O. WEHRMANN u. A. WOLTER: Z. Pflanzenern., Düng. u. Bodenk. A, **19**, 77 (1931).

[2] THAER, W.: J. Landw. **59**, 107 (1911).

[3] NÖGAKUSHI, T. J.: Über die kolloidalen Eigenschaften der sauren Böden in Japan. Nach Internat. Mitt. Bodenkde. **11**, 45 (1921).

[4] BAMBERG, K.: Z. Pflanzenern., Düng. u. Bodenk. A, **14**, 177 (1929).

[5] Vgl. die Ausführungen von C. BÖDECKER: S. 188; R. GANSSEN: S. 213; G. WIEGNER: S. 209; V. ROTHMUND u. G. KORNFELD: S. 218; G. WIEGNER u. H. JENNY: S. 250.

[6] SALLINGER, H.: Beitrag zur Theorie der Adsorption aus verdünnten Lösungen. Kolloidchem. Beih. **25**, 401 (1927).

[7] VAGELER, P. u. J. WOLTERSDORF: Z. Pflanzenern., Düng. u. Bodenk. A, **15**, 329 (1930).

Ion resp. die im Gel vorhandene Kationenmenge bedeutet und C den Halbwert wiedergibt, d. h. „die Menge der unabhängigen Variablen, die die Reaktion halb zum Ablauf bringt, oder, was dasselbe ist, für die abhängige Variable den halben Grenzwert gibt". Verwendet man in dieser Gleichung reziproke Werte, setzt man also

$$\frac{1000}{x} = a\,, \quad \frac{1000}{y} = b\,, \quad \frac{1000}{S} = k \quad \text{und} \quad \frac{C}{S} = q\,,$$

so wird

$$b = k + q \cdot a$$

$$q = \frac{b_1 - b_2}{a_1 - a_2} = \frac{\Delta b}{\Delta a} \qquad k = \frac{a_1 \cdot b_2 - a_2 \cdot b_1}{\Delta a}$$

$$S \cdot q = C\,,$$

woraus für zwei gegebene Kurvenpunkte die Konstanten berechnet werden können.

Nach VAGELER soll diese Gleichung mindestens formell identisch sein mit dem Massenwirkungsgesetz der idealen Kolloidoberflächenreaktion nach LANGMUR-PAULI[1]. P. VAGELER und J. WOLTERSDORF[2] gelingt es, die Richtigkeit dieser Gleichung an dem Analysenmaterial von JENNY und WIEGNER[3] nachzuweisen, wobei sich die Gleichung von VAGELER dem beobachteten Zahlenmaterial besser anschloß als die Formel von JENNY und WIEGNER. Erscheinungen, die letztere Autoren beim Natrium und Lithium als Analysenfehler angesehen haben, weist P. VAGELER als Gesetzmäßigkeiten nach, indem er folgert, daß bei höheren Konzentrationen die stark hydratisierten kleinen Ionen ein prinzipiell verschiedenes Verhalten von den Ionen mit größerem Volumen zeigen, denn von einem gewissen Schwellenwert der Konzentration an nimmt die Verdrängungskraft der stark hydratisierten Ionen offenbar ständig und gesetzmäßig zu. Bei der Nachprüfung dieser und ähnlicher Vorstellungen an Permutiten werden diese Beobachtungen bestätigt.

In zusammenfassender Weise behandelt P. VAGELER[4] erneut seine Erfahrungen unter kritischer Behandlung der mathematischen Formulierungen dieser Vorgänge durch die einzelnen Forscher. Eine Erörterung dieser Vorstellungen und Einwendungen würde an dieser Stelle zu weit führen. Jedoch ist darauf hinzuweisen, daß R. W. BELING[5] bei Anwendung dieser mathematischen Formulierungen auf praktische Untersuchungsergebnisse keine befriedigenden Resultate erhielt.

Die für den Fruchtbarkeitszustand des Bodens bedeutungsvollen sekundären Wirkungen der Absorptions- und Basenaustauschvorgänge.

Die geschilderten Absorptions- und Basenaustauscherscheinungen im Boden bewirken nun sekundär Vorgänge chemischer und kolloid-chemischer Art, die von der gleichen Bedeutung wie die geschilderten primären Veränderungen sind. Diejenigen chemischer Art sind bei ähnlichen zusammenfassenden Darstellungen meistens direkt mit den letzteren besprochen worden, doch sollen sie hier für sich getrennt behandelt werden, obwohl diese Abtrennung wohl nicht mit

[1] LANGMUR-PAULI: Elektrochemie der Kolloide, S. 114. Wien 1929.

[2] VAGELER, P. u. J. WOLTERSDORF: Z. Pflanzenern., Düng. u. Bodenk. A, **16**, 184 (1930).

[3] JENNY, H. u. G. WIEGNER: Kolloidchem. Beih. **1927**, Heft 10—12.

[4] Vgl. Anmerkung 9 auf S. 229.

[5] BELING, R.W.: Zum Reaktionsgleichgewicht beim Kationenaustausch an Permutiten, Z. Pflanzenern., Düng. u. Bodenk. A, **18**, 292 (1930).

der Schärfe betont werden darf, wie es durch diese Einteilung geschieht. Jedoch ist die Darstellung des umfangreichen Stoffgebietes auf diese Weise übersichtlicher zu gestalten.

Die sekundären Wirkungen der Absorptions- und Basenaustauschvorgänge chemischer Art.

Hierzu sind alle diejenigen Umsetzungen chemischer Natur zu rechnen, die durch Veränderungen, die sich im Boden durch den Ablauf der Absorptions- und Basenaustauschvorgänge vollziehen, veranlaßt werden, und die für den Fruchtbarkeitszustand des Bodens Bedeutung besitzen. Vor allem sind hier die Festlegung der Phosphorsäure durch die adsorptiv gebundenen Basen des Bodens, ferner die der Kieselsäure und der Kohlensäure zu besprechen.

Zunächst soll die Absorption der Phosphorsäure im Boden besprochen werden.

Schon TH. WAY[1] beobachtet, daß die Phosphorsäure im Gegensatz zu den übrigen Säureradikalen wie SO_4, Cl usw. in gleicher Weise wie die Basen vom Boden absorbiert wird. Neben der Möglichkeit einer Festlegung der Phosphorsäure im Boden durch Bildung unlöslicher Phosphate mit Kalzium- oder Eisensalzen usw., welcher Vorgang infolge der chemischen Eigenschaften der Phosphorsäure und des Bodens ohne weiteres als gegeben angenommen werden muß, erkennt er, daß die Festlegung auch als eine Begleiterscheinung des sog. Basenaustausches auftreten kann, indem zunächst die Phosphorsäureanionen im Boden vollkommen unberührt bleiben, um erst sekundär beim Austausch von Kationen, die schwerlösliche Salze mit der Phosphorsäure bilden können, im Boden festgelegt zu werden. Er schreibt z. B.: „Phosphate of lime is, like the carbonate insoluble or nearly insoluble in pure water, therefore when an alkaline phosphate of potash or ammonia is brought in contact with the soil, the absorbing action of the latter for the potash or ammonia causes the phosphoric acid to combine at the same time with lime forming a phosphate of lime which from its insolubility is retained." VÖLCKER kann diese Erfahrung 1857 bestätigen, ebenso W. HENNEBERG und F. STOHMANN[2]. Letztere schreiben: „Wir haben gesehen, daß in den Filtraten von Salmiak oder schwefelsaurem Ammoniak die ganze Menge der ursprünglich in der Lösung enthaltenen Salzsäure oder Schwefelsäure wiedergefunden wird. Ganz anders verhält sichs mit der Phosphorsäure des phosphorsauren Ammoniaks. Ein großer Teil wird gleichzeitig mit dem Ammoniak von der Erde adsorbiert; das Filtrat ist ärmer an Phosphorsäure als die ursprüngliche Lösung .... Keine Spur von Kalk findet sich in dem Filtrat, welches bei den Adsorptionsversuchen mit neutralem und phosphorsaurem Ammoniak erhalten wird", während in allen anderen Fällen in dem aufgenommenen Ammoniak etwa aequivalente Mengen an Kalk vorgefunden werden. E. PETERS[3] macht ähnliche Erfahrungen und stellt ferner fest, daß die Festlegung der Phosphorsäure sehr stark von der Dauer der Einwirkungszeit abhängig ist. So wurden z. B. in 24 Stunden 0,3238 g, in 3 Wochen 0,5141 g Phosphorsäure vom Boden festgelegt. Außerdem beobachtet er, daß die starke Phosphorsäureabsorption auch zu gleicher Zeit die Absorption des Kalis steigert. Auch A. BEYER[4] bestätigt die Auffassung, daß die Phosphorsäure als unlösliches Phosphat festgelegt wird, indem er darauf hinweist, daß die Abhängigkeit der Ab-

[1] WAY, TH.: J. roy. agricult. Soc. 11, 313 (1850).
[2] HENNEBERG, W. u. F. STOHMANN: J. Landw. 3, 25 (1850).
[3] PETERS, E.: Landw. Versuchsstat. 2, 113 (1860).
[4] BEYER, A.: Preuß. Ann. 52, 104; n. Hoffm. Jber. 11, 67 (1868).

sorption der Phosphorsäure vom Kalkgehalt nicht zu verkennen ist. Die Phosphorsäure wird um so weniger durch Salzlösungen gelöst, je mehr die alkalischen Erden gelöst werden. Nach diesen Untersuchungen, in denen die Festlegung der Phosphorsäure nur oberflächlich behandelt wurde, beschäftigen sich O. KÜLLENBERG und P. BRETSCHNEIDER[1] etwas ausführlicher mit der Absorption der Phosphorsäure durch den Boden. Sie stellen fest, daß die Phosphorsäure am stärksten aus den konzentrierteren Lösungen absorbiert wird, wenn auch die verdünnteren Lösungen relativ mehr erschöpft werden. Sie stellen also die gleiche Gesetzmäßigkeit, wie solche für die Absorption der Kationen gilt, fest. Ferner beobachten sie, daß die Art der Base auf die Absorbierbarkeit der Phosphorsäure von Einfluß ist, und daß beim Auswaschen des Bodens kleine Mengen an gelöster Phosphorsäure gefunden werden. Nach W. KNOP[2] steigert ganz besonders ein Zusatz von Eisenoxydhydrat und Tonerde zum Boden die Absorption der Phosphorsäure. Sie wird jedoch nach seiner Meinung von diesen Stoffen und von dem Kalk nur chemisch gebunden. Indifferentes Material wie Sand ändert die Absorptionseigenschaften eines Bodens nicht. R. BIEDERMANN[3] macht ferner darauf aufmerksam, daß Kochen die Höhe der Absorption von Kali kaum verändert. Dahingegen ist die Temperatur von größtem Einfluß auf die Absorption der Phosphorsäure. Ferner verändert sich die Absorption bei Anwendung der gleichen Menge Lösungsmittel auf verschiedene Bodenmengen, und zwar fast genau entsprechend den letzteren. Die Aufnahme der Phosphorsäure durch den Boden scheint daher ganz zweifellos auf chemischer Bindung zu beruhen. So wächst denn auch z. B. beim Glühen von Schwarzerde die Festlegung der Phosphorsäure wahrscheinlich infolge des Entstehens von $CaCO_3$, während die Absorption von Kali abnimmt, da die absorbierende Humusmenge fortgefallen ist. Wichtig sind auch die Betrachtungen von EICHHORN[4], nach dem die Phosphorsäure aus einer Lösung von phosphorsaurem Ammoniak durch Chabasit und Stilbit sehr stark aufgenommen wird. Ebenso nimmt die Kreide aus einer solchen Lösung viel Phosphorsäure auf, vermehrt aber durch Zusatz zum Chabasit die Absorptionskraft desselben nicht, und zwar weder in Beziehung auf die Phosphorsäure, noch hinsichtlich des Ammoniums. Sehr bemerkenswert ist ferner das Verhalten des Superphosphates. Aus diesem wird die Phosphorsäure besonders schnell aufgenommen durch den humussauren Kalk, weniger schnell, aber vollständig durch sauren kohlensauren Kalk und Kreide. Andere Körper wie Stilbit, Brauneisenstein, Kaolin und Humussäure scheinen die Phosphorsäure aus Superphosphatlösungen wenig oder gar nicht zu absorbieren. Ebenso weist F. ULLIK[5] darauf hin, daß die Phosphorsäurefestlegung erst das Resultat eines sekundären Prozesses ist, indem bei Einwirkung eines Kaliumphosphates zunächst das Kali den Kalk in Freiheit setzt, und das Kalzium sich dann mit der Phosphorsäure verbindet und diese niederschlägt. E. HEIDEN nimmt in seiner Düngerlehre[6] einen ähnlichen Standpunkt ein, ebenso R. SACHSE in seinem Lehrbuch der Agrikulturchemie, so gibt der letztere z. B. an, daß die „rein chemische Natur des Absorptionsvorganges unbestreitbar ist". Ferner sagt er: „Wenn durch das Alkali Kalk oder Magnesia aus dem Boden in Lösung gebracht werden, so werden diese alkalischen Erden sich mit dem noch in Lösung befindlichen phosphorsaurem Alkali umsetzen können und eine Aus-

[1] BRETSCHNEIDER, P. u. O. KÜLLENBERG: Schles. landw. Ztg. **1865**, 114; n. Hoffm. Jber. **8**, 15 (1867).
[2] KNOP, W.: Kreislauf des Stoffes, **1**, 504; **2**, 173. Leipzig 1868.
[3] BIEDERMANN, R.: Landw. Versuchsstat. **11**, 1 (1869).
[4] EICHHORN: Landw. Jber. **4**, 1 (1875).
[5] ULLIK, F.: Landw. Versuchsstat. **23**, 347 (1879).
[6] HEIDEN, E.: Düngerlehre, **1**, 371. Hannover 1879.

fällung der Phosphorsäure bewirken.“ A. König[1] legt diese Verhältnisse in sehr präziser Weise für die humosen Medien ebenfalls klar, er schreibt: „Je mehr Alkali aus einer neutralen Lösung absorbiert wurde, desto mehr Kalk und Magnesium findet sich nach der Adsorption in Lösung .... Salzsäure, Salpetersäure und Schwefelsäure scheinen von den Moorböden nicht absorbiert zu werden, Phosphorsäure nur in dem Maße, als dieselben Mineralbestandteile enthalten, welche mit dieser Säure unlösliche Salze bilden.“ Ebenso beschäftigt sich J. M. van Bemmelen[2] mit diesen Fragen. Er kann den wichtigen Nachweis erbringen, daß Boden, welcher durch Behandeln mit HCl alle Kationen, die mit der Phosphorsäure schwer lösliche Verbindungen bilden können, verloren hat, das Vermögen einbüßt, nennenswerte Phosphorsäuremengen zu absorbieren. Das gleiche zeigt er für das Hydrogel von SiO_2. M. Fesca[3] kann bei der Absorption der Basen die vollkommene Erschöpfung der Lösung niemals beobachten, wohl aber bei der Phosphorsäure. Auch hieraus erhellt wiederum, daß die Natur der beiden Vorgänge verschieden ist. Das steht im Einklang mit Erfahrungen von W. Knop[4], während F. Schulze[5] beim Ausziehen des Bodens mit Wasser deutliche Mengen von Phosphorsäure findet. H. E. Patten[6] beobachtet ebenfalls, daß lösliche Salze die Absorbierbarkeit des Bodens für Phosphorsäure auf Grund der Vorgänge des Basenaustausches verändern können, und auch O. Engels[7] stellt erneut fest, daß die Absorption der Phosphorsäure mit der Dauer ihrer Einwirkung beträchtlich zunimmt. Es ist daher verständlich, daß A. de Dominicis[8] wiederum die Absorption von Anionen als Bildung unlöslicher Verbindungen auffaßt.

Demgegenüber muß nun darauf hingewiesen werden, daß J. v. Liebig[9] seine theoretischen Auffassungen über die Absorptionserscheinungen des Bodens durch Absorptionsversuche mit Erdphosphaten zu stützen versucht. Aus diesen Salzen wird nach seinen Beobachtungen die Säure vom Boden in Gegenwart von CO_2-haltigem Wasser gebunden, während Kreidepulver den phosphorsauren Kalk aus einer Lösung von phosphorsaurem Kalk in kohlensaurem Wasser nicht festlegt. Er verneint daher die Möglichkeit einer chemischen Umsetzung, und es hängt dementsprechend seiner Auffassung nach die Absorption lediglich von einer gewissen physikalischen Beschaffenheit der Kalk- und Tonerdesilikate des Bodens ab.

Eine ähnliche Anschauung entwickelt P. Rohland[10], indem er angibt, daß durch Ton und Zemente eine direkte Absorption von PO_4-Anionen stattfinden kann. Diese Auffassung wurde von P. Ehrenberg[11] unter Hinweis auf die bereits angeführte Literatur zurückgewiesen. S. Graf Rostworowski und G. Wiegner[12] benutzen jedoch die Gelegenheit, diese Vorgänge am Kaliumpermutit zu studieren. Sie stellen fest, daß eine Adsorption vom Phosphation an den

[1] König, A.: Landw. Jb. **11**, 1 (1882).
[2] Bemmelen, J. M. van: Landw. Versuchsstat. **21**, 135 (1878); **23**, 265 (1879); **35**, 69 (1888).
[3] Fesca, M.: Über Bodenabsorption. J. Landw. **36**, 29 (1888).
[4] Knop, W.: Chem. Zbl. **1884**, 168.
[5] Schulze, F.: Über den Phosphorsäure-Gehalt des Wasser-Auszuges der Ackererde. Landw. Versuchsstat. **6**, 409 (1864).
[6] Patten, H. E.: Einfluß löslicher Salze auf die Absorption der Phosphate durch den Boden. J. physik. Chem. **15**, 639 (1911); n. Hoffm. Jber. **54**, 107 (1911).
[7] Engels, O.: Landw. Jb. Bayern **1**, 689 (1911); n. Hoffm. Jber. **54**, 108 (1911).
[8] Dominicis, A. de: Absorption der Kationen und Anionen durch den Ackerboden. Staz. sperim. agr. ital. **47**, 449 (1914); n. Hoffm. Jber. **58**, 79 (1915).
[9] Liebig, J. v.: Ann. Pharm. **94**, 377.
[10] Rohland, P.: Über einige physikalisch-chemische Vorgänge bei der Entstehung der Ackererde. Landw. Jb. **36**, 473 (1907); **38**, 273 (1909).
[11] Ehrenberg, P.: Zum Basenaustausch von Salzen sogenannter „schwacher“ Säuren im Boden. Landw. Jb. **38**, 857 (1909).
[12] Rostworowski, S. Graf u. G. Wiegner: Die Absorption der Phosphorsäure durch „Zeolithe“ (Permutite). J. Landw. **60**, 223 (1912).

Gelen des Bodens nicht anzunehmen ist, daß vielmehr nur dann eine Festlegung der Phosphorsäure stattfindet, wenn die Bildung unlöslicher Phosphate möglich ist. RUSSELL und PRESCOTT[1] suchen jedoch wiederum die Festlegung der Säureradikale im Boden als eine Adsorption zu erklären. U. PRATOLONGO[2] unterscheidet zwei verschiedene Prozesse der P_2O_5-Festlegung im Boden. Der eine Vorgang, der in einem Boden ohne Kalk beobachtet wurde, zeigte mit der Zeit keine Zunahme der P_2O_5-Festlegung, während ein kalkreicher Boden diese Erscheinung erkennen ließ. Auch E. BERL und PH. SCHMITTNER[3] geben an, daß Natriumpermutit Phosphorsäure festlegt, und zwar zum kleineren Teil als auswaschbares Alkaliphosphat, in der Hauptsache aber als unlösliches Aluminiumphosphat.

Sodann weist N. W. LOBANOW[4] noch darauf hin, daß Nitrate negativ, wasserlösliche Phosphate positiv physikalisch von den Bodenteilchen adsorbiert werden. Bei dieser Gelegenheit sei noch auf die bereits erörterten Untersuchungen von B. AARNIO[5] verwiesen.

Nach diesen allgemeinen Ausführungen sei auf die Beeinflussungen des Phosphorsäurehaushaltes des Bodens durch Adsorptions- und Basenaustauschvorgänge näher eingegangen.

Schon J. VON LIEBIG[6] behandelt besonders ausführlich die Einwirkung von Kochsalz auf den Pflanzenertrag an der Hand von Felddüngungsversuchen. Auf Grund der als verhältnismäßig gering angenommenen Absorbierbarkeit des Natriums erklärt er die günstige Wirkung des Kochsalzes durch Löslichmachung der sonst an Erdalkalien gebundenen Phosphorsäure. Die gleiche Auffassung vertreten A. FRANK[7] und E. HEIDEN[8]. TH. DIETRICH[9] zeigt durch Versuche an Basalt und Ackererde, daß die verschiedenen Salzlösungen aufschließend wirken, indem z. B. durch Kochsalz neben Kationen auch Phosphorsäure in Lösung gebracht wird. FIEDLER[10] untersucht nun genauer die Beeinflussung der Absorption von P_2O_5 durch Chilesalpeter. Er beobachtet dabei, daß die Festlegung der Phosphorsäure zunächst deutlich stärker wird, während sie mit stärker steigenden Gaben von Chilesalpeter, die jedoch rein praktischen Verhältnissen nicht mehr entsprechen, wieder geringer wird. Folgende Zahlen geben ein genaueres Bild über diese Vorgänge:

Es lösen zunächst			
	200 cm³	Waschwasser ohne $NaNO_3$	0,2471 P_2O_5
Dann weitere	200 „	Waschwasser mit 0,5% $NaNO_3$	0,0900 P_2O_5
Dann weitere	200 „	Waschwasser mit 3,0% $NaNO_3$	0,0616 P_2O_5
Dann weitere	200 „	Waschwasser ohne $NaNO_3$	0,1676 P_2O_5
Dann weitere	200 „	Waschwasser ohne $NaNO_3$	0,2550 P_2O_5

[1] RUSSELL, E. J. u. PRESCOTT: J. agricult. Sci. **8**, 65 (1916).

[2] PRATOLONGO, U.: Staz. sperim. Agron. **48**, 457 (1915).

[3] BERL, E. u. PH. SCHMITTNER: Die Einwirkung wasserlöslicher Mono- und Diphosphate auf Permutit, ein Beitrag zur Festlegung der Phosphorsäure durch Bodenbestandteile. Z. angew. Chem. **42**, 351 (1929).

[4] LOBANOW, N. W.: Zur Frage der physikalischen Adsorption von Nitraten und Phosphaten durch den Boden. Nachr. Polyt. Inst. Iwanowo-Wosnessensk **12**, 75 (1928); n. Z. Pflanzenern., Düng. u. Bodenk. A, **14**, 315 (1929).

[5] AARNIO, B.: Z. Pflanzenern., Düng. u. Bodenk. A, **1**, 320 (1922).

[6] LIEBIG, J. VON: Ann. Pharm. **106**, 185 (1858).

[7] FRANK, A.: Über die Bedeutung des Kochsalzes für die Zuführung mineralischer Nahrungsmittel zu den Wurzeln der Pflanzen und für die Düngung des Untergrundes. Landw. Versuchsstat. **8**, 45 (1866).

[8] HEIDEN, E.: Beitrag zur Erklärung der Wirkung des Kochsalzes. Landw. Versuchsstat. **11**, 300 (1869).

[9] DIETRICH, TH.: Über die Einwirkung von Salzlösungen auf Fels- und Erdarten. Nach Hoffm. Jber. **5**, 12 (1864).

[10] FIEDLER, G.: Über Beeinflussung der Absorption von Phosphorsäure und Kali durch Chilesalpeter. Landw. Versuchsstat. **26**, 135 (1881).

Der Genannte erklärt diese Beobachtungen durch Annahme einer Doppelverbindung von Na + Ca-Phosphat, die bei Gegenwart von salpetersaurem Kalk, der durch die Auswaschung von $NaNO_3$ entsteht, zum größeren Teil unlöslich und existenzfähig sein soll, aber durch reines Wasser zersetzt wird. Eine weitere Erklärung nimmt die Entstehung von reinem Na-Phosphat an, welches durch die Zeolithe — solange ein Überschuß von $Ca(NO_3)_2$ vorhanden ist — absorptiv festgehalten wird. Jedoch vermag er eine endgültige Entscheidung nicht herbeizuführen. C. F. A. TUXEN[1] beobachtet ebenfalls, daß Chilesalpeter und Kochsalz die Fähigkeit zur Phosphorsäureaufnahme vergrößern, während S. SKALKIJ[2] die gleiche Beobachtung für KNO_3 macht. O. NOLTE[3] weist darauf hin, daß die Düngung mit Kalirohsalzen und nachfolgender Auswaschung die Bodenphosphorsäure löslich macht, wobei er die folgende Umsetzung zu Grunde legt:

$$Ca_3(PO_4)_2 + 6NaCl \rightleftarrows 2Na_3PO_4 + 3CaCl_2 .$$

Durch Schüttelversuche mit gleichen Bodenmengen und steigenden Wassermengen kann dieses Löslichwerden der Phosphorsäure weiter erhärtet werden. Die Löslichkeit steigt mit fallenden CaO-Mengen je Liter Bodenlösung.

E. UNGERER[4] zeigt schließlich, daß es möglich ist, „tertiäre Erdalkaliphosphate mit einwertigen Permutiten derart umzusetzen, daß die Phosphorsäure wasserlöslich ist. Die Umsetzung erfolgt auf dem Wege des Basenaustausches und läßt sich bis zum Punkte des maximalen Basenaustausches steigern. Dasselbe Vermögen haben mit einwertigen Basen angereicherte Tone". Diese Beobachtung wird von C. A. ROSSMANN[5] bestätigt, da eine Kalk-Ton-Verbindung $^1/_2$mal mehr Phosphorsäure als eine Natron-Ton-Verbindung absorbiert.

Nachdem somit die wichtigsten Erfahrungen über die verschiedenartige Bedeutung der Alkalien für die Löslichkeitsverhältnisse der Phosphorsäure mitgeteilt worden sind, soll auf weitere Beobachtungen über die Festlegung der Phosphorsäure im Boden unter Einwirkung der übrigen Kationen eingegangen werden.

Diese Art der Bindungsverhältnisse der Phosphorsäure im Boden wird zunächst durch die Versuche von A. THOMSON[6] beleuchtet, der über das Verhalten des Superphosphates zum Sandboden berichtet. Seesand verhindert danach die Auswaschung des Superphosphates nicht. $CaCO_3$ legt seine Phosphorsäure fest, jedoch sind bei Anwesenheit von NaCl und $NaNO_3$ weit größere Mengen von $CaCO_3$ nötig, um die Phosphorsäure des Superphosphates festzulegen. Sesquioxyde legen die Phosphorsäure energischer fest und schützen auch die Phosphorsäure energischer gegen die Einwirkungen der Salzlösungen. Ganz besonders eingehend untersuchte M. GERLACH[7] das Verhalten der wasserlöslichen Phosphorsäure gegen absorbierende Bestandteile des Bodens. Ausgehend von den eben erwähnten Versuchen, in welchen sich reiner Sand sowie Orthoklas bei der Phos-

[1] TUXEN, C. F. A.: Untersuchungen über die Wirkungen des Chilesalpeters, des Kochsalzes und des Chlorkaliums im Erdboden. Landw. Versuchsstat. **27**, 107 (1882).

[2] SKALKIJ, S.: Die Umwandlung der löslichen Phosphorsäure in unlösliche Phosphorsäure im Boden unter der Einwirkung physikalischer, chemischer und biologischer Faktoren. Südruss. landw. Ztg. **17**, Nr. 33 (1915); n. Hoffm. Jber. **61**, 49 (1918).

[3] NOLTE, O.: Der Boden und die Bodenlösung. J. Landw. **65**, 1 (1917).

[4] UNGERER, E.: Austauschreaktionen wasserlöslicher Erdalkaliphosphate mit Permutiten und Tonen. Kolloid-Z. **48**, 237 (1929).

[5] ROSSMANN, C. A.: Die Festlegung des Phosphors durch Bodenkolloide. Soil Sci. **24**, 465 (1927); n. Z. Pflanzenern., Düng. u. Bodenk. A, **14**, 111 (1929).

[6] THOMSON, A.: Experimentelle Studien zum Verhalten des Sandbodens gegen Superphosphate. Dissert. Dorpat 1890; n. Hoffm. Jber. **33**, 114 (1890).

[7] GERLACH, M.: Über das Verhalten der wasserlöslichen Phosphorsäure gegen absorbierende Bestandteile des Bodens. Landw. Versuchsstat. **46**, 201 (1896).

phorsäureabsorption indifferent zeigten, während $CaCO_3$ und vor allem die Sesquioxydhydrate von Eisen und Aluminium höchst wirksame Faktoren bei den Absorptionserscheinungen der Phosphorsäure abgaben, beobachtet er, daß Ton, Torf und Sand, welche mit Salzsäure ausgekocht waren, keine wasserlösliche Phosphorsäure absorbieren, während $CaCO_3$ und $MgCO_3$ sowie die Sesquioxydhydrate starke Absorptionsmittel für Phosphorsäure sind. Die Menge der auf diese Weise festgelegten Phosphorsäure steigt mit der Zeit der Einwirkung. Am stärksten absorbieren Eisenoxyd- und Tonerdehydrat, und zwar besonders die freie Phosphorsäure und die des Superphosphates, während die des Natriumsalzes in viel geringerer Menge festgelegt wird. Die durch $CaCO_3$ und $MgCO_3$ festgelegte Phosphorsäure ist verhältnismäßig leicht löslich, während die der Sesquioxydhydrate weniger löslich in CO_2-haltigem Wasser ist. Von Interesse ist ferner, daß älteres Eisenoxydhydrat weniger Phosphorsäure absorbiert als frisches. O. NOLTE[1] weist in seinen Versuchen darauf hin, daß die Phosphorsäure durch eine Düngung des Bodens mit $MgCl_2$ infolge der dadurch bedingten Bildung des unlöslichen Magnesiumphosphates nicht löslich wird. Ferner[2] erweitert er die Auffassung noch in der Weise, daß nach der Einwirkung von $MgCl_2$ der Phosphorsäuregehalt im Liter Durchlaufsflüssigkeit noch etwas ansteigt, während beim $CaCl_2$, $AlCl_3$ und $FeCl_3$ eine solche Wirkung nicht mehr zu beobachten ist.

Diesen durchaus einfachen und übersichtlichen Verhältnissen gegenüber sind nun aber auch eine Reihe von Beobachtungen gesammelt worden, welche die Bindungsverhältnisse der Phosphorsäure im Boden als wesentlich komplizierter erscheinen lassen. Denn bereits EICHHORN[3] gelingt es, nachzuweisen, daß freie Humussäure in der Lage ist, Chlorkalium, Chlornatrium, ferner aber auch dreibasisches Kalziumphosphat zu zerlegen. Dabei ist zu beobachten, daß die sauer reagierenden aschenarmen Moore mehr Phosphorsäure in Lösung bringen als die basenreichen, und daß ein Zusatz von $CaCO_3$ zu saurem Moor die Aufschließung des Phosphates verhindert. Ähnliche Erfahrungen werden von H. ALBERT und H. VOLLBRECHT[4] gewonnen und von M. FLEISCHER[5] bestätigt. R. KISSLING[6] untersucht den Einfluß, welchen verschiedene Salze auf dieses Aufschließungsvermögen der Humussäure schwerlöslichen Phosphaten gegenüber ausüben, denn schon EICHHORN hatte gezeigt, daß diese lösende Wirkung durch den Zusatz von Neutralsalzen, wie K_2SO_4 und Kainit, wesentlich gesteigert werden konnte. R. KISSLING kann diese Beobachtung in der Weise erweitern, daß $CaSO_4$ und $CaCl_2$ ein verhältnismäßig ungünstiges Resultat herbeiführen, während Chilesalpeter und Kainit in geringem Umfange, K_2SO_4, KCl und $(NH_4)_2SO_4$ aber in deutlicher Weise die Löslichmachung befördern. Auch J. M. VAN BEMMELEN[7] bestätigt diese Erfahrungen.

In späteren Jahren stellen M. ULLMANN und A. GRIMM[8] fest, daß die wasserlösliche Phosphorsäure des Superphosphates gelegentlich noch nach Monaten im

[1] NOLTE, O.: J. Landw. **65**, 1 (1917).

[2] NOLTE, O.: Über die Einwirkung von Salzlösungen auf den Boden. Landw. Versuchsstat. **98**, 135 (1921.

[3] EICHHORN, H.: Landw. Jb. **4**, 957 (1877).

[4] ALBERT, H. u. H. VOLLBRECHT: Das Verhalten wasserlöslicher und zurückgegangener Phosphorsäure in kalkreichem und kalkarmem Boden. Landw. Jb. **9**, 118 (1880).

[5] FLEISCHER, M., J. KÖNIG u. R. KISSLING: Untersuchungen über das Verhalten schwerlöslicher Phosphate im Moorboden und gegen einige schwache Lösungsmittel. Landw. Jb. **12**, 129 (1883).

[6] KISSLING, R.: Über den Einfluß, welchen gewisse Salze auf das Aufschließungsvermögen gewisser Moorbildungen für schwerlösliche Phosphate ausüben. Landw. Jb. **12**, 193 (1883).

[7] BEMMELEN, J. M. VAN: Landw. Versuchsstat. **35**, 130 (1888).

[8] ULLMANN, M. u. A. GRIMM: Chem. Ind. **23**, 61 (1907).

Boden in wasserlöslicher Form vorhanden sein und wandern kann. Diese Beobachtung bestätigt A. PETIT[1], der ebenfalls feststellt, daß ganz saurer humoser Waldboden aus Superphosphatlösung keine Phosphorsäure absorbiert, sondern noch Phosphorsäure an die Lösung abgibt. J. DUMONT[2] gelangt ferner zu der Feststellung, daß bei humusreichen Böden die Fixierung der Phosphorsäure nicht ausschließlich dem Zurückgehen zuzuschreiben ist. Die Größe der Absorption ist nämlich nicht vom Gehalte an $CaCO_3$, sondern von dem Verhältnis vom Humus zum kohlensauren Kalk abhängig. Heideböden absorbieren nämlich trotz ihrer Kalkarmut große Mengen an Phosphorsäure, wobei ein größerer Gehalt an Humus das Zurückgehen merklich verlangsamt. J. SEN[3] beobachtet schließlich, daß Superphosphate in kalkhaltigen Böden an der Oberfläche chemisch gebunden werden, während sie sich in kalkarmen gleichmäßig verteilen. Und K. K. GEDROIZ[4] vertritt sodann noch die Anschauung, daß ein ungesättigter Boden den Phosphoriten Kalk entzieht und dadurch die darin enthaltene Phosphorsäure den Pflanzen zugänglich macht.

Diese verschiedenartigen Auffassungen werden verständlich, wenn man die Löslichkeitsverhältnisse der Bodenphosphorsäure in Verbindung mit den neuzeitlichen Auffassungen über die Reaktion des Bodens bringt, denn die im letzten Jahrzehnt in ganz besonderem Umfange einsetzende Forschung über die Reaktionserscheinungen des Bodens hat auch für die Verfolgung der Bindung der Phosphorsäure im Boden klare Wege gewiesen. Vor allem hat die Beobachtung der Löslichkeit des Aluminiums und des Eisens bei austauschsauren Böden für die Bindung der Phosphorsäure weitgehende Bedeutung gehabt. R. GANSSEN[5] weist schon auf Grund seiner Zeolithstudien darauf hin, daß sich die durch das Molekularverhältnis festgestellte Reaktion in der Weise auswirkt, daß mit zunehmender Versauerung des Bodens die Löslichkeit der Phosphorsäure geringer wird; dabei wird die schwere Löslichkeit derselben in saurem Bodenzustand durch den Zerfall der „Zeolithe" und die dadurch bedingte Bindung der Phosphorsäure an Aluminium erklärt. Die Versuchsstation Rhode Island[6] bestätigt sodann die anfänglich stark einsetzende Herabsetzung der Löslichkeit des Aluminiums in sauren Böden durch das lösliche Phosphat. Nach ca. 3 Monaten beginnt allerdings das Aluminium wieder löslich zu werden.

Diese auf Grund der Reaktionserscheinungen des Bodens verständliche Vorstellung, daß die Phosphorsäure auf sauren Böden vor allem an das Aluminium und das Eisen gebunden ist, während sie auf neutralen zur Hauptsache in Form von Kalziumphosphat vorliegt, hat, wie die Arbeiten von TRUOG und PARKER[7], H. R. CHRISTENSEN[8], J. S. MARAIS[9], K. K. GEDROIZ[10], J. WITYN[11] er-

---

[1] PETIT, A.: Nichtbindung der Phosphorsäure durch einen sauren Waldboden. C. r. acad. sci. **155**, 921 (1912); n. Hoffm. Jber. **55**, 64 (1912).

[2] DUMONT, J.: Über die Absorption des Monokalziumphosphates durch die Ackererde und den Humus. C. r. **132**, 435 (1901); n. Hoffm. Jber. **44**, 42 (1901).

[3] SEN, J.: Die Bindung löslicher Phosphate in kalkreichen und kalkarmen Böden. Agr. Res.-Inst. Pusa **1919/20**; n. Hoffm. Jber. **64**, 51 (1921).

[4] GEDROIZ, K. K.: Russ. J. exp. Landw. **12**, 539 (1911); n. Hoffm. Jber. **54**, 109 (1911).

[5] GANSSEN (GANS) R.: Internat. Mitt. Bodenkde. **3**, 529 (1913).

[6] Versuchsstation Rhode-Island: Aluminium im sauren Boden. Nach Ref. Z. Pflanzenernährung, Düng. u. Bodenk. A, **6**, 55 (1926).

[7] TRUOG u. PARKER: Wisconsin Stat. Bull. **323**, 55 (1920).

[8] CHRISTENSEN, H. R.: Tidskr. Plantaeol. **28** (1922); **30** (1924).

[9] MARAIS, J. S.: Soil Sci. **13**, 355 (1922).

[10] GEDROIZ, K. K.: Chemische Bodenanalyse. Berlin 1926.

[11] WITYN, J.: Über die bessere Ausnutzung der im Boden befindlichen Phosphorsäuren. Z. Pflanzenern., Düng. u. Bodenk. A, **6**, 27 (1926).

kennen lassen, weitgehende Verbreitung gefunden. Hinsichtlich spezieller Untersuchungen dieser Vorgänge sei noch eine Beobachtung H. KAPPENS und K. BOLLENBECKS[1] angeführt, nach der sowohl Neutralsalzzersetzung wie Austauschazidität und hydrolytische Azidität das Trikalzium- und Rohphosphat infolge der Befähigung derartiger Böden, OH-Ionen und Basen zu binden, lösen können. Allerdings werden diese Vorgänge durch nachträgliche Wiederfestlegung von Al usw. entsprechend den bekannten Vorgängen der Austauschazidität beeinflußt. W. HILLKOWITZ[2] führt sodann Absorptionsversuche mit einem stufenweise entbasten Boden und $Ca(H_2PO_4)_2 \cdot 2\,H_2O$ durch und findet mit zunehmender Entbasung eine steigende Festlegung von P_2O_5, besonders dann, wenn Austauschazidität vorliegt. Umgekehrt liegen diese Verhältnisse bei Anwendung von $(NH_4)_2HPO_4$.

Im Zusammenhang mit diesen Untersuchungsergebnissen wird leichtverständlicherweise auch die Bedeutung der p_H-Zahl für diese Vorgänge untersucht. Zunächst sei auf die Beobachtungen von O. C. MAGISTAD[3] hingewiesen, der feststellt, daß bei einem $p_H = 5$ etwa 1—2$^0/_{00}$ Al_2O_3 in der Bodenlösung vorhanden sind. Jedoch nimmt von $p_H = 4{,}5$ ab diese Menge mit fallender p_H-Zahl stark zu. Ferner muß eine Angabe von W. W. BUTKEWITSCH[4] Beachtung finden, in der darauf hingewiesen wird, daß die Erscheinungen der Ungesättigtkeit der Böden auch vom Standpunkt der verschiedenartigen Beweglichkeit des Ca-Ions betrachtet werden müssen, denn in den ungesättigten Böden ist das Kalzium viel weniger als in den gesättigten beweglich. Schließlich sei noch auf die Ausführungen von E. UNGERER[5] verwiesen, der darauf aufmerksam macht, daß Eisen- und Aluminiumphosphat Verbindungen schwacher Basen mit einer schwachen Säure sind, deren Löslichkeit durch Vermehrung der H-Ionenkonzentration herabgesetzt, während sie durch Steigerung der OH-Ionenkonzentration erhöht wird. Umgekehrt verhalten sich in dieser Beziehung die Ca- und Mg-Phosphate.

Eine Reihe von Arbeiten läßt nun erkennen, in welchem Umfange diese Vorstellungen bedeutungsvoll für den Boden sind und welche Umsetzungen darüber hinaus beeinflussend sein können. So beobachtet C. A. ROSSMANN[6], daß die maximale Phosphorsäureabsorption bei p_H 3—4 eintritt, während oberhalb von p_H 9 keine merkliche Absorption mehr zu beobachten ist. Die maximale P_2O_5-Absorption fällt mit dem p_H-Wert der stärksten Löslichkeit der Fe- und Al-Salze zusammen. Die daraus gezogene Schlußfolgerung, daß diese Salze daher für die Absorptionsvorgänge der P_2O_5 keine Bedeutung haben, ist wohl nicht aufrecht zu erhalten, denn L. P. MILLER[7] beobachtet, daß die Bindung der Phosphor-

---

[1] KAPPEN, H. u. K. BOLLENBECK: Über die Bedeutung der Aziditätsformen der Böden für das Löslichwerden schwerlöslicher Phosphate. Z. Pflanzenern., Düng. u. Bodenk. A, **4**, 1 (1925).

[2] HILLKOWITZ, W.: Z. Pflanzenern., Düng. u. Bodenk. A, **11**, 235 (1928).

[3] MAGISTAD, O. C.: Der Aluminiumgehalt von Bodenlösungen und seine Beziehung zur Bodenreaktion und zum Pflanzenwachstum. Soil Sci. **20**, 181 (1925); n. Z. Pflanzenern., Düng. u. Bodenk. A, **10**, 119 (1927/28).

[4] BUTKEWITSCH, W. W.: Über die Faktoren, welche das Verhalten der Pflanze gegen schwerlösliche Ca-Phosphate beeinflussen. Landw. Jb. **66**, 947 (1927).

[5] UNGERER, E.: Darstellung und Löslichkeitsverhältnisse der Magnesiumsphosphate im Vergleich zu Kalzium- und Aluminiumphosphaten und ihre Verwertung durch Hafer und Gerste. Z. Pflanzenern., Düng. u. Bodenk. A, **7**, 352 (1926); Über schwerlösliche Phosphate. I. Beeinflussung deren Löslichkeit. II. Ausnutzungsversuche mit Hafer. Ebenda A, **9**, 321 (1927).

[6] ROSSMANN, C. A.: Soil Sci. **24**, 465 (1927); n. Z. Pflanzenern., Düng. u. Bodenk. A, **14**, 111 (1929).

[7] MILLER, L. P.: Die Zurückhaltung von Phosphat durch Aluminiumhydroxyd und ihre Beziehung zum Phosphat in der Bodenlösung. Soil Sci. **26**, 435 (1928); n. Z. Pflanzenern., Düng. u. Bodenk. A, **15**, 187 (1930).

säure in den p_H-Intervallen, in denen das Aluminium als $AlPO_4$ gefällt wird, am größten ist. Dieser Vorgang spielt sich etwa bei einem p_H von 3—4,5 ab. Sodann bewirkt ein Zusatz von Alkali eine Veränderung in der Weise, daß die Phosphorsäure in fortschreitendem Maße in Lösung geht und durch Hydroxyl ersetzt wird. Ehe jedoch dieser Prozeß beendet ist, setzt wiederum ein anderer Vorgang ein, indem oberhalb des p_H-Wertes 7,5 ein Wiederauflösen des ausgeschiedenen Al unter Bildung von Aluminat vor sich geht. Bei einem p_H von 8,5 ist der Phosphatgehalt des Niederschlages zu vernachlässigen. Die Vorgänge beim Eisen sind ähnlich, nur werden lösliche Eisenverbindungen unter Einwirkung von Alkalien nicht gebildet. Andererseits sind jedoch Übergänge in verschiedene Oxydationsstufen möglich. L. J. H. TEAKLE[1] gibt in Übereinstimmung hiermit an, daß Eisenphosphat bei einem p_H von 3 am wenigsten löslich ist. Geht der Säuregehalt zurück, so scheidet sich Eisenhydroxyd unter Freiwerden von Phosphation aus. Mn- und Al-Phosphate sind ebenfalls bei saurer Reaktion am wenigsten löslich. Dahingegen wird die Löslichkeit von Ca-Phosphat durch die Gegenwart von Ca- und OH-Ionen herabgedrückt. Schließlich wird noch darauf hingewiesen, daß Absorptionserscheinungen der Phosphate im Boden unwichtig sind.

Die Löslichkeit der Sesquioxydphosphate im Verhältnis zu der der Erdalkaliphosphate wird durch die Angaben von D. L. ASKINASI und S. S. JARUSSOW[2] beleuchtet, die beobachten, daß Kalkung zu einer Mobilisation der Phosphorsäure durch Überführung der Al-Phosphate in Ca-Phosphate führt. Wieweit hierbei allerdings biologische Faktoren mitspielen, ist nicht ohne weiteres zu entscheiden. Es sei jedoch darauf aufmerksam gemacht, daß M. DOMONTOWITSCH und SCH. ZINZADZE[3] Höchsternten an Hafer durch $FePO_4$ bei einem p_H von 3,5—4,5, durch $AlPO_4$ bei 4,5—5,5 in Nährlösung beobachten. Eine Alkalisierung der Nährlösung führt dabei zu Ernteverminderungen. Dennoch darf wohl angenommen werden, daß die Anschauung von D. L. ASKINASI und S. S. JARUSSOW allgemeinere Verbreitung gefunden hat, denn ähnliche Auffassungen vertritt auch J. WITYN[4]. Andererseits muß aber auch noch darauf verwiesen werden, daß nach R. H. AUSTIN[5] die lösliche Phosphorsäure durch Kalksalze nicht in das unlösliche $Ca_3(PO_4)_2$ umgewandelt wird, sondern daß die Reaktion nur bis zur $CaHPO_4$-Bildung geht, deren Bildungszone bei p_H 5,6 liegt. Diese Beobachtung wird von TH. ST. BRITTON[6] durch die Bemerkung bestätigt, daß Ca-Phosphate des Bodens sich lösen, wenn die p_H-Zahl des Bodens unter 5,5 sinkt. Das Unlöslichwerden der Phosphorsäure im Boden kann auf Grund der Feststellungen von R. H. AUSTIN also weder ganz auf die Bodenreaktion noch auf das im Boden vorhandene Fe und Al zurückgeführt werden, sondern beruht mindestens z. T. auf bis jetzt noch nicht erkannten Faktoren. Schließlich sei noch auf eine Beobachtung von A. G. WEIDEMANN[7] hingewiesen, die auf Grund der als Neutral-

[1] TEAKLE, L. J. H.: Phosphate in der Bodenlösung und die Beeinflussung derselben durch die Reaktion und die Konzentration der Kationen. Soil Sci. **25**, 143 (1928); n. Z. Pflanzenern., Düng. u. Bodenk. A, **14**, 119 (1929).

[2] ASKINASI, D. L. u. S. S. JARUSSOW: Kalkung als Faktor der Mobilisation der Phosphorsäure in den Podsolböden. Z. Pflanzenern., Düng. u. Bodenk. A, **13**, 294 (1929).

[3] DOMONTOWITSCH, M. u. SCH. ZINZADZE: Eisen- und Aluminiumphosphate als P_2O_5-Quellen für Hafer bei verschiedener Wasserstoffionenkonzentration des Substrats. J. landw. Wissensch. Moskau **3**, 578 (1926); n. Z. Pflanzenern., Düng. u. Bodenk. A, **11**, 158 (1928).

[4] WITYN, J.: Z. Pflanzenern., Düng. u. Bodenk. A, **6**, 27 (1926).

[5] AUSTIN, R. H.: Einige Reaktionen zwischen Monokalziumphosphat und Böden. Soil Sci. **24**, 263 (1927); n. Z. Pflanzenern., Düng. u. Bodenk. A, **13**, 309 (1929).

[6] BRITTON, TH. ST.: J. Chem. Soc. London **127**, II, 2160 (1925).

[7] WEIDEMANN, A. G.: Some factors involved in studying the fixation of phosphorus by soils. Soil Sci. **26**, 281 (1928); n. Exp. Stat. Rec. **60**, 23 (1929).

salzzersetzung geschilderten Vorgänge ohne weiteres verständlich wird. Es konnte nämlich festgestellt werden, daß zwei sehr saure Moorböden gänzlich negative Phosphorsäurefestlegung bei Behandlung mit konzentrierten Monokalziumphosphatlösungen zeigen. Der Autor erklärt diesen Vorgang in der Weise, daß die Böden nicht imstande sind, soviel P_2O_5 zu binden, wie in dem Wasser, welches gebunden wird, enthalten ist. Schließlich berichtet N. M. COMBER[1] über die Absorption von Oxalaten und Phosphaten und über einen Donnan-Membraneffekt in den Böden. Dieser besteht darin, daß die Konzentration der Anionen in den Poren des Bodens größer als in der überstehenden Flüssigkeit ist, wenn der Boden mit verdünnter Säure behandelt wird. Das die Bodenteilchen umhüllende Gel soll dabei wie eine semipermeable Membran wirken.

Die schon erwähnten Arbeiten von M. TRÉNEL weisen nun aber darauf hin, daß von einem bestimmten Basensättigungsgrad ab der zeolithische Komplex in ein Gemenge von Gelen zerfällt, und aus diesem Grunde werden Untersuchungen von Interesse sein, in welcher Weise diese Kolloide die Bindung der Phosphorsäure beeinflussen. In neuerer Zeit haben N. E. GORDON und E. B. STARKEY[2], N. E. GORDON und R. C. WILEY[3] und N. E. GORDON, A. L. FLENNER und D. C. LICHTENWALNER[4] diese Verhältnisse untersucht und festgestellt, daß Kieselsäurehydrogel das Phosphatanion positiv adsorbiert, während das Hydrosol negative Adsorption bewirkt. Jedoch zeigt das Kieselsäuregel Kalziumphosphat gegenüber nur geringe Adsorptionswirkung im Verhältnis zu der der Aluminiumhydroxyd- und Ferrihydroxydgele, die sehr große Absorptionsfähigkeit erkennen lassen. In früheren Arbeiten konnten TH. PFEIFFER und E. BLANCK[5] keine Entstehung von Adsorptionsverbindungen der Phosphorsäure mit Tonerde- und Kieselsäuregel im Boden feststellen.

In letzter Zeit ist ferner von O. LEMMERMANN[6] darauf hingewiesen worden, daß die Aufnehmbarkeit der Bodenphosphorsäure durch die Pflanze sehr stark durch die Gegenwart von kolloidaler Kieselsäure beeinflußt werden kann. FR. DUCHOŇ[7] erklärt jedoch die günstige Wirkung der Kieselsäure bei Verwendung von Sand dadurch, daß durch Zusatz des Kolloids die ungünstigen physikalischen Verhältnisse des Sandes verbessert worden seien. W. E. BRENCHLEY und E. T. MASKELL[8], sowie W. T. MCGEORGE[9] gelangen jedoch zu ähnlichen Erfahrungen wie

---

[1] COMBER, N. M.: Die Rolle der elektronegativen Ionen in der Reaktion zwischen Böden und Elektrolyten. Trans. Faraday Soc. **20**, 567; n. Hoffm. Jber. **68**, 75 (1925).

[2] GORDON, N. E. u. E. B. STARKEY: Soil Sci. **14**, 1 (1922).

[3] GORDON, N. E. u. R. C. WILEY: Soil Sci. **14**, 441 (1922).

[4] GORDON, N. E., A. L. FLENNER u. D. C. LICHTENWALNER: Soil Sci. **15**, 157 (1923).

[5] PFEIFFER, TH. u. E. BLANCK: Über die Wirkung eines Zusatzes von Tonerde- und Kieselsäuregel zum Boden auf die Ausnutzung der Phosphorsäure durch die Pflanzen. Mitt. Landw. Inst. Breslau **6**, 315 u. 613 (1911/12).

[6] LEMMERMANN, O. u. H. WIESSMANN: Die ertragssteigernde Wirkung der Kieselsäure bei unzureichender Phosphorsäureernährung der Pflanzen. Z. Pflanzenern., Düng. u. Bodenk. A, **1**, 185 (1922); B, **3**, 185 (1924); Untersuchungen über die Ursache der ertragssteigernden Wirkung der Kieselsäure. Ebenda A, **4**, 265, 326 (1925).

[7] DUCHOŇ, FR.: Beitrag zur Erklärung der ertragssteigernden Wirkung der kolloidalen Kieselsäure bei unzureichender Phosphorsäuredüngung in Sandkulturen. Z. Pflanzenern., Düng. u. Bodenk. A, **4**, 316 (1925).

[8] BRENCHLEY, W. E. u. E. T. MASKELL: Die Beziehungen zwischen der Kieselsäure und anderen Pflanzennährstoffen. Ann. Biol. London **14**, 45 (1927); n. Biederm. Zbl. **57**, 161 (1928).

[9] MC GEORGE, W. T.: Der Einfluß von Kieselsäure und Kalk sowie der Bodenreaktion auf die Aufnehmbarkeit von Phosphaten in Böden mit hohem Eisengehalt. Soil. Sci. **17**, 463 (1924); n. Biederm. Zbl. **57**, 484 (1928).

O. LEMMERMANN. W. KRÜGER und G. WIMMER[1] beobachten, daß die durch Zusatz von Eisensulfat in ihrer Aufnahmefähigkeit herabgedrückte Phosphorsäureverbindung durch eine Beigabe von Kieselsäure wieder zugänglich wird, womit die Beobachtungen von O. LEMMERMANN ihre Aufklärung finden sollen. Dahingegen bestätigen NANJI und SHAW[2] die Erfahrungen von O. LEMMERMANN. P. L. GILE und J. G. SMITH[3] finden durch Zusatz von Kieselsäuregel geringe Wachstumsförderung bei einer Düngung mit sauren Phosphaten, eine stärkere bei solcher mit mineralischen Phosphaten. Das Gel steigert die Aufnahmefähigkeit der Phosphate durch Zunahme der gelösten Phosphorsäure, da durch Zusatz von Fe und Al eine Ernte- und Phosphorsäuredepression beobachtet wird. O. LEMMERMANN[4] kann ferner zeigen, daß Kieselsäure die Kalkphosphate in Lösung zu bringen vermag. In Bestätigung dieser Auffassung weist T. GAARDER[5] darauf hin, daß die Kieselsäure das Vermögen hat, Kationen zu binden und damit die an diese Kationen gebundene Phosphorsäure frei zu machen. Dadurch hat sie eine große Bedeutung für die Ausnutzbarkeit der Phosphorsäure.

Eine weitere Auffassung in dieser Frage vertritt W. W. BUTKEWITSCH[6], der seine Beobachtungen ebenfalls mit dem Gesetz des „DONNANschen Membrangleichgewichtes" in Verbindung bringt. Nach diesem Gesetz müssen die sich in der Lösung befindenden Ionen, die unfähig sind (oder so gut wie unfähig sind), in die Wurzelzellen einzudringen, die Aufnahme von gleich beladenen, leicht permeierenden Ionen, wie z. B. Phosphorsäure, fördern.

Alle diese Vorstellungen über die Löslichkeit der Bodenphosphorsäure in hrer Abhängigkeit von der Löslichkeit der adsorbierten Kationen, von der p_H-Zahl und dem Gehalt an SiO_2 behandelt T. GAARDER[7] in ausgedehnten Löslichkeitsversuchen. Es ist unmöglich, diese Versuche in Kürze zu schildern, und aus diesem Grunde soll eine zusammenfassende Darstellung von GAARDER selbst wiedergegeben werden, die zeigt, wie überaus kompliziert diese Verhältnisse sind, denn es sind „nicht nur die Wassermenge, die Reaktion und die Menge der vorhandenen anorganischen Basen (und Salze und Haloide), welche eine Beeinflussung ausüben, auch der Zustand der Bodenkolloide und das Verhältnis zwischen den ‚aktiven' Mengen der SiO_2- und denen der Sesquioxyd-Kolloide wirkt stark auf die Löslichkeit der Phosphorsäure ein. Man kann erwarten, daß in Böden, die ein gutes Pflanzenwachstum zeigen und in welchen also die wasserlösliche Phosphorsäure gleichmäßig gut zugänglich ist, dort sind die Sesquioxydkolloide mit den Kieselsäurekolloiden einigermaßen im ‚Gleichgewicht' vorhanden, und sie dominieren nicht im Verhältnis zu diesen. Oder der Boden ist an Humusstoffen so inhaltreich, daß diese die Sesquioxydkolloide darin zu hindern vermögen, die Phosphorsäure zu stark zu binden. Oder der Boden hat auch einen besonders günstigen p_H-Wert, was die Löslichkeit der Phosphorsäure betrifft... Enthält der Boden dagegen einen verhältnismäßig großen Überschuß von Sesquihydroxydkolloiden, die die Gelegenheit haben mit der Phosphor-

[1] KRÜGER, W. u. G. WIMMER: Kann die Phosphorsäure bei der Ernährung unserer Kulturpflanzen teilweise durch Kieselsäure ersetzt werden? Sonderh. Z. Ver. Dtsch. Zuckerindustrie **1927**, 117.

[2] NANJI u. SHAW: Die Rolle der Kieselsäure beim Pflanzenwachstum. J. Soc. Ind. **44**, 1 (1925); n. Z. Pflanzenern., Düng. u. Bodenk. A, **5**, 397 (1925).

[3] GILE, P. L. u. J. G. SMITH: Kolloide Kieselsäure und ihre Wirkung auf Phosphate. J. Agricult. Res. **31**, 247 (1925); n. Z. Pflanzenern., Düng. u. Bodenk. A, **12**, 125 (1928).

[4] LEMMERMANN, O.: Zur Frage der Kieselsäurewirkung. Z. Pflanzenern., Düng. u. Bodenk. A, **13**, 28 (1929).

[5] GAARDER, T.: Die Bindung der Phosphorsäure im Erdboden. Bergen: J. Grieg 1930.

[6] BUTKEWITSCH, W. W.: Landw. Jb. **66**, 947 (1927).

[7] GAARDER, T.: Die Bindung der Phosphorsäure im Erdboden. Bergen: J. Grieg 1930.

säure zu reagieren, dann wird der Boden die Phosphorsäure so stark binden können, daß die Verhältnisse für die Organismen ungünstig oder kritisch werden. Die Verhältnisse können eventuell so ungünstig werden, daß sozusagen keine Phosphorsäure sich innerhalb des im Erdboden allgemein herrschenden p_H-Gebietes löst. In dem Falle wird es sich auch zeigen, daß Kalkzufuhr von kleiner oder keiner Wirkung sein wird... Je nach der Menge und dem Mengenverhältnis der Sesquioxyd-, der Kieselsäure- und der Humus-Kolloide eines Bodens, und je nach der adsorptiven Sättigung der Kieselsäure- und Humus-Kolloide mit verschiedenen Kationen wird daher ein Boden dem zugeführten wasserlöslichen Phosphat gegenüber ein sehr wechselndes Bindungsvermögen zeigen."

Schließlich sei noch darauf hingewiesen, daß auch die organischen Bestandteile des Bodens für die Bindung der Phosphorsäure von Bedeutung sind.

C. Brioux[1] nimmt z. B. an, daß die Phosphorsäure in nicht sauren Böden vor allem als $Ca_3(PO_4)_2$, ein kleiner Teil als Fe- und Al-Phosphat und ein dritter Teil in Verbindung mit den Humussäuren vorliegt. Dabei wird die Erfahrung von Dumont bestätigt, wonach die Konzentration der Phosphorsäure in der Bodenlösung von den Humussubstanzen abhängt.

Es muß nun aber unterschieden werden, daß einmal die Phosphorsäure in dem organischen Komplex gebunden enthalten sein kann, andermal aber die in den organischen Verbindungen enthaltenen Kationen die Löslichkeit der Phosphorsäure des Bodens beeinflussen können.

Die erstgenannte Bindungsweise ist naturgemäß für die hier zu erörternden Erscheinungen zu vernachlässigen, doch sei kurz erwähnt, daß O. Schreiner[2] aus den organischen Bestandteilen des Bodens Nukleinsäuren isolierte. M. Schmoeger[3] nimmt lecithinartige Verbindungen oder nukleinartige Körper an. K. Aso[4] beobachtet jedoch in der Hauptsache nur Nukleine. J. T. Auten[5] findet dagegen, daß der organische Phosphor zu einem wesentlichen Teile als Nuklein, Phytin oder Lecithin vorhanden ist, und daß eine Anhäufung von Pyrimidin-Eiweißstoffen kaum vorliegt. Er nimmt vielmehr an, daß die aus Nuklein, Lecithin und Phytin im Boden hydrolytisch abgespaltene Phosphorsäure ein Ca-Mg-Salz eines amphoteren humusartigen Komplexes bildet.

Wichtiger sind vielmehr bei der hier zu erörternden Fragestellung die Beeinflussungen der Bindung der Phosphorsäure durch die am Humus adsorptiv gebundenen Kationen. Da aber hierüber bereits zu Anfang dieses Kapitels die wichtigsten Angaben gemacht worden sind, bleibt hier nur noch übrig, auf eine Erscheinung hinzuweisen, die für die theoretische Bearbeitung der Löslichkeitsverhältnisse der Phosphorsäure im Boden von nicht geringer Bedeutung ist, nämlich die Tatsache des Löslichwerdens der Phosphorsäure unter dem Einfluß des Trocknens.

Schon M. Schmoeger zeigt in seiner soeben erwähnten Arbeit, daß durch Dämpfen des Moorbodens unter Druck die gesamte organisch gebundene Phosphorsäure in kalter Salzsäure löslich wird, woraus Schmoeger auf das Vorhandensein von Nukleinen im Moorboden schließt. In der Fortentwicklung dieser Beob-

---

[1] Brioux, C.: Die Phosphorsäure in sandigen Humusböden und in ihren Lösungen. Ann. sci. agron. franç. et étrang. **37**, 80 (1920); n. Hoffm. Jber. **64**, 50 (1921).

[2] Schreiner, O.: Organisch gebundener Phosphor im Boden. J. amer. Soc. Agron. **15**, 117 (1923); n. Biederm. Zbl. **54**, 428 (1925).

[3] Schmoeger, M.: Über den Phosphor im Moorboden. Ber. dtsch. chem. Ges. **1893**; n. Biederm. Zbl. **22**, 442 (1893).

[4] Aso, K.: Über das Vorkommen von Phosphorsäure in organischen Verbindungen im Boden. Bull. Coll. Agr. Tokyo **6**, 277; n. Biederm. Zbl. **34**, 3 (1905).

[5] Auten, J. T.: Organischer Phosphor der Bodenarten. Soil Sci. **16**, 281 (1923); n. Z. Pflanzenern., Düng. u. Bodenk. A, **7**, 388 (1926).

achtungen weist BR. TACKE[1] darauf hin, daß Moorboden in ursprünglichem Zustande wenig oder gar keinen Phosphor in der Form von Phosphorsäure enthält. Jedoch durch Austrocknen des Moorbodens bei niedriger Temperatur werden die Ernteerträge um rund das Vierfache gegenüber auf frischem Moorboden gesteigert, während der prozentuale Gehalt an aufgenommener Phosphorsäure rund auf das Doppelte steigt. BR. TACKE erklärt diese Beobachtungen in der Weise, daß durch das Austrocknen der kolloidale Humuskomplex zerstört wird, so daß die absorbierten Substanzen löslich werden. In Gemeinschaft mit H. IMMENDORFF[2] faßt BR. TACKE später die Vorgänge derartig auf, daß zwischen der Bodenphosphorsäure und den kolloidalen organischen Stoffen eine Verbindung besteht, welche den Übergang der Phosphorsäure in einen löslichen Zustand verhindert. Beim Trocknen wird diese Verbindung schwächer und die Löslichkeit der Phosphorsäure wird vergrößert. Dabei sei noch darauf hingewiesen, daß schon L. GRANDEAU[3] die Existenz von Doppelverbindungen zwischen der organischen Substanz des Bodens und dessen Mineralstoffen annahm, und M. E. SIMON[4] speziell diese Vorstellungen einer Prüfung unterworfen hat, wobei er drei Körper isoliert, von denen zwei, als sie der Dialyse unterworfen wurden, die Membran sehr leicht zu durchdringen vermochten, während Humussäure dazu nicht imstande war. Ferner gelingt es G. NANNES[5] aus Moorerde eine an Phosphorsäure reiche Substanz darzustellen, die sorgfältig von organischer Phosphorsäure befreit worden war.

Jedenfalls ist es in diesem Zusammenhang wichtig, daß die Einwirkung der Trocknung auf die Löslichkeit der Phosphorsäure auch in neuester Zeit bestätigt wurde. So beobachtet A. LEBEDIANTZEFF[6] ebenfalls eine Zunahme der wasserlöslichen Phosphorsäure nach Trocknung, die aber nach Anfeuchtung in etwa 25 Tagen wieder zurückgeht. A. TH. SCHLOESING und D. LEROUX[7] können ebenfalls bei Trocknung der Böden ein deutliches Ansteigen der wasserlöslichen Phosphorsäure feststellen. A. ACHROMEIKO[8] erbringt auf Grund ausgedehnter Untersuchungen den Nachweis, daß sich unter dem Einfluß des Trocknens die wasserlösliche Phosphorsäure, die wasserlöslichen organischen Stoffe, die H-Konzentration, die elektrische Leitfähigkeit und der organische Teil der dispersen Phase vielmals erhöhen. Die größere Löslichkeit der Phosphorsäure wird

[1] TACKE, BR.: Über eine eigentümliche Eigenschaft der Phosphorsäure im Moorboden. Mitt. Ver. Förd. Moorkultur **1894**, Nr. 21; n. Biederm. Zbl. **24**, 82 (1895).

[2] TACKE, BR. u. H. IMMENDORFF: Untersuchungen über die Phosphorsäureverbindungen des Moorbodens. Landw. Jb. **27**, Erg.-Bd. **4**, 303 (1898).

[3] GRANDEAU, L.: Die mineralische Ernährung der Pflanzen. Biederm. Zbl. **1**, 269; **2**, 331 (1872).

[4] SIMON, M. E.: Untersuchungen über die Zusammensetzung der natürlichen Humussäuren, ihre Beteiligung an der Pflanzenernährung und ihre Vereinigung mit den Mineralstoffen. Biederm. Zbl. **8**, 74 (1875).

[5] NANNES, G.: Zur Frage der Verbindungsformen der Phosphorsäure in der Moorerde. J. Landw. **47**, 45 (1899).

[6] LEBEDIANTZEFF, A.: Veränderungen, welche der Boden durch das Trocknen an der Luft erleidet. C. r. acad. franc. **178**, 960 (1924); n. Z. Pflanzenern., Düng. u. Bodenk. A, **4**, 126 (1925); Vermehrung der Fruchtbarkeit durch Austrocknung des Bodens an der Luft unter natürlichen Verhältnissen. C. r. acad. franc. **178**, 1091 (1924); n. Z. Pflanzenern., Düng. u. Bodenk. A, **4**, 127 (1925); Veränderungen der Löslichkeit der Phosphorsäure und der biologischen Eigenschaften des Bodens, beobachtet während der Brache eines vorher an der Luft getrockneten Bodens. C. r. acad. franc. **183**, 397 (1927); n. Z. Pflanzenern., Düng. u. Bodenk. A, **13**, 125 (1929).

[7] SCHLOESING, A. TH. u. D. LEROUX: Der Einfluß der Erhitzung und Trocknung der Ackerböden auf ihren Gehalt an wasserlöslicher Phosphorsäure. C. r. acad. franc. **184**, 649 (1927); n. Z. Pflanzenern., Düng. u. Bodenk. A, **13**, 118 (1929).

[8] ACHROMEIKO, A.: Der Einfluß des Pulverisierens und Trocknens des Bodens auf dessen Fruchtbarkeit. Z. Pflanzenern., Düng. u. Bodenk. A, **11**, 65 (1928).

in der Weise erklärt, daß sich durch das Erhitzen des Bodens beim Zerfall organischer Stoffe saure Produkte bilden, welche die p_H-Zahl des Bodens verringern, zugleich aber stark auf die Löslichkeit der Phosphorsäure einwirken. Durch Zersetzung gleichzeitig entstehende Kohlensäure wirkt ebenfalls in der selben Richtung, ebenso die größere Löslichkeit von Salzen (mit Ausnahme der Ca-Salze). Sodann sei noch erwähnt, daß kürzlich F. ZUNKER[1] weitere Vorstellungen entwickelte, auf die in dieser Zusammenstellung nur hingewiesen werden kann.

Schließlich hat bereits J. VON LIEBIG[2] über die Absorption der Kieselsäure berichtet.

Über die Absorption der CO_3-Anionen konnten keine speziellen Ergebnisse und Untersuchungen ermittelt werden. Prinzipiell werden hier die Vorgänge die gleichen wie bei der Phosphorsäure sein, jedoch werden sie modifiziert sein durch die speziellen chemischen Eigenschaften der dabei auftretenden Verbindungen.

Die sekundären Wirkungen der Absorptions- und Basenaustauscherscheinungen in physikalischer Hinsicht.

Einen weiteren wesentlichen Einfluß auf den Fruchtbarkeitszustand des Bodens üben die Absorptions- und Basenaustauschvorgänge dadurch aus, daß sie die Dispersität der im Boden vorhandenen Kolloide beeinflussen. Je eingehender die Forschung diese Vorgänge untersucht hat, um so klarer sind hier jene Zusammenhänge hervorgetreten, die eine Behandlung dieser Erscheinungen im Zusammenhang mit den hier zu erörternden Fragen nötig machen. Wenn nun auch vor allem in dieser Zusammenstellung die Bedeutung der Absorptions- und Basenaustauschvorgänge in besagter Richtung zu schildern ist, so ist es doch nicht zu umgehen, die Erfahrungen über die kolloid-chemische Wirkung der Elektrolyte zur Charakterisierung der Wirkung der einzelnen Ionen voranzustellen. Es sei daher mit der Schilderung dieser Verhältnisse begonnen:

Wenn auch der von K. NEUBERT[3] gegebene geschichtliche Rückblick erkennen läßt, daß gewisse kolloid-chemische, praktische Erfahrungen der Töpferei schon seit vielen Jahrzehnten, ja seit Jahrhunderten, bekannt sind, so wird es doch genügen, die Berichterstattung über die hier in Frage kommende wissenschaftliche Forschungsrichtung mit den Untersuchungen von W. H. SIDELL[4] zu beginnen. Dieser beobachtet schon 1837/38, daß im Niederungsgebiet des Mississippiflusses der Absatz von suspendierten Teilchen im Flußwasser 10—14 Tage benötigt, während die durch Lösungen von Salzen und Säuren herbeigeführten Trübungen schon in 12—18 Stunden völlig klar wurden. Später behandelt TH. SCHEERER[5] Pochtrüben mit verschiedensten Zusätzen in einer Menge von etwa 1 Volumprozent, um hierdurch zu erfahren, ob eine Klärung erfolgt. Während Alaun, Kupfervitriol, Eisenvitriol, Salpetersäure, Salz- und Schwefelsäure in kurzer Zeit eine weitgehende Klärung bewirken, zeigen kohlensaures Natron, Kochsalz, Salmiak und schwefelsaures Natron nur eine geringe Veränderung in der Trübung. Ähnliche Erfahrungen werden auch bei aufgeschwemmtem Quarzpulver gesammelt. FR. SCHULZE[6] beobachtet, daß auf-

[1] ZUNKER, F.: Über den Einfluß des Trocknens auf den kolloiden Zustand des Bodens und auf das Löslichwerden von Pflanzennährstoffen. Kulturtechniker **33**, 185 (1930).
[2] LIEBIG, J. v.: Ann. Pharm. **105**, 109 (1858).
[3] NEUBERT, K.: Dissert. Dresden 1913.
[4] SIDELL, W. H.: Zit. v. K. WEULE: Ann. Hydrograph. **24**, 402 (1910).
[5] SCHEERER, TH.: Pogg. Ann. Physik **82**, 419 (1851).
[6] SCHULZE, FR.: Über Sedimentärerscheinungen. Pogg. Ann. Physik **129**, 366; n. Hoffm. Jber. **9**, 4S (1866).

geschlämmte tonige Erden durch Zusatz von Kalkwasser leicht geklärt werden. Der dabei gebildete Absatz ist wesentlich lockerer als Niederschläge, die sich ohne Zusätze aus reinem Wasser absetzen. Diese Lockerheit bleibt auch beim Austrocknen bestehen.

Auf Grund praktischer Erfahrungen war es zwar längst bekannt, daß eine Kalkdüngung schwere Bodenarten zu lockern vermag, doch führte man diese Wirkung teils auf die beschleunigte Zersetzung der organischen Bestandteile, teils auf die dabei stattfindende Einlagerung von $CaCO_3$ zwischen die Tonteilchen der Ackererde zurück. Die Beobachtungen von F. SCHULZE ergaben nun in dieser Hinsicht ganz neue Gesichtspunkte.

Einige Zeit später kann TH. SCHLOESING[1] feststellen, daß beim Auswaschen des Bodens mit Wasser die ablaufende Flüssigkeit zunächst klar ist, daß aber das ablaufende Wasser nach einiger Zeit infolge des Auftretens von tonigen Bestandteilen trübe wird. Wird CO_2-haltige Luft durch den Boden getrieben, dann werden ständig klare Lösungen erhalten, so daß angenommen wird, daß diese klaren Lösungen infolge des entstehenden Kalziumbikarbonates auftreten. Auf Grund dieser Vorstellung wird nun von TH. SCHLOESING eine Reihe von Prüfungen durchgeführt. Nach diesen vermögen Kalk- und Magnesiasalze durch suspendierten Ton getrübte Flüssigkeiten zu klären, indem durch ihren Zusatz eine Koagulation des Schlammes eintritt. Die Lehmteilchen vereinigen sich zu sehr ansehnlichen Flocken und fallen zu Boden, wobei die Flüssigkeit klar wird. Die hierzu benötigte Zeit ist von der in der Flüssigkeit vorhandenen Tonmenge abhängig, desgleichen von der Menge des zugesetzten Ca- oder Mg-Salzes, von dem ein bestimmtes Minimum nicht unterschritten werden darf.

Nach den Untersuchungen von TH. SCHLOESING sind die Kalksalze und der Ätzkalk die wirksamsten Fällungsmittel, die Magnesiasalze sind fast gleich wirksam, die Kalisalze wirken schwächer, und noch geringer ist die Wirkung der Natron- und Ammoniakverbindungen. Die Schwefel-, Salpeter- und die Salzsäure vermögen ebenfalls eine Koagulation der Tonsuspensionen herbeizuführen, während die Alkalien das Aufgeschwämmtsein des Tones begünstigen und erst von einer ganz bestimmten Grenze ab fällend wirken. Wird ein koagulierter Ton von dem Fällungsmittel befreit, so wird er wieder in den aufgeschwemmten Zustand zurückkehren, aus dem er wieder durch Zusatz desselben Mittels von Neuem gefällt werden kann.

Auf Grund dieser Beobachtungen folgert TH. SCHLOESING, daß der Ton ein Zement für die sandigen Teile des Bodens ist, der sie verbindet und ihnen Festigkeit verleiht. So lange der Ton durch die Salze der Erde, namentlich durch das Kalziumkarbonat koaguliert bleibt, behält er diese Eigenschaft. Werden aber die Salze durch starken Regen z. B. ausgewaschen, so verliert der Ton die Fähigkeit eines Zementes, die Lockerheit der Erde verschwindet und der Boden wird zu einem Teig. Diese Erfahrungen werden von W. DURHAM[2] bestätigt. A. MAYER[3] beschreibt ebenfalls sehr eingehend die Vorgänge, die heute als Koagulationserscheinungen des Bodens bezeichnet werden, und gelangt dabei zu der Auffassung, daß die Salzlösungen in zweierlei Hinsicht wirken können: die einen wirken ähnlich wie destilliertes Wasser, die anderen veranlassen ein verhältnismäßig schnelles Absetzen der Bodenbestandteile. Zu der ersten Kategorie gehören nur wenige Salze, z. B. Ammoniak und phosphorsaure Alkalien. Zu der zweiten Kategorie

---

[1] SCHLOESING, TH.: Studien über die Ackererde. Einfluß der in der Ackererde enthaltenen Salze auf ihre Lockerheit. Ann. Chim. et Phys. V, 2, 514 (1874); n. Hoffm. Jber. 16/17, 104 (1873/74).

[2] DURHAM, W.: Chem. News 30, 57 (1874).

[3] MAYER, A.: Forschgn. Geb. Agrikult.-Phys. 2, 251 (1879).

sind namentlich die Mineralsäuren und deren Salze zu zählen. Kalkwasser verhält sich wie die Stoffe der zweiten Gruppe. Auch prüft er schon die Wasserdurchlässigkeit von Böden, die mit Salzen behandelt wurden, und er findet dabei eine verhältnismäßig geringe Beeinflussung z. B. durch NaCl oder Kalkwasser. Ersetzt man jedoch anschließend die Salzlösungen durch destilliertes Wasser, dann bewirken die verschiedenen Salze fundamentale Unterschiede. Die vorher mit NaCl behandelten Böden lassen dann in ganz kurzer Zeit eine überaus auffällige Abnahme ihrer Durchlässigkeit erkennen. Dabei findet eine Kontraktion des Tones während des Auswaschens statt, so daß A. MAYER annimmt, daß die Tonteilchen durch diese Behandlung unter Verstopfung der Hohlräume enger zusammengeschlämmt worden sind. Dahingegen ist beim Ersatz des Kalkwassers durch reines Wasser keine plötzliche Verminderung der Durchlässigkeit zu beobachten. Bedeutsame praktische Folgerungen werden hieraus für die Schädigungen der Meerwasserüberschwemmungen gezogen und auch schon auf die Bedeutung der häufigen Anwendung von Na-Salpeter hingewiesen. Speziell für die Verhältnisse der Meerwasserüberschwemmungen zeigt A. MAYER[1], daß der Boden durch diese Vorgänge schwer durchlässig und schwer bearbeitbar wird, und daß in trockener Zeit tiefe Spalten entstehen. Dadurch, daß durch die Wechselwirkung von NaCl mit $CaCO_3$ eine Sodabildung auftritt, soll ähnlich wie in den Pußten von Ungarn im Hochsommer Unfruchtbarkeit entstehen. Das Dichtschlämmen tritt erst dann ein, wenn das letzte Salz aus dem Boden ausgewaschen ist. A. MAYER bestätigt damit die Erfahrungen von G. REINDERS[2], desgleichen E. W. HILGARD[3] diejenigen von TH. SCHLOESING über die Wirkung des Kalkes und macht ferner darauf aufmerksam, daß 0,08% Na_2CO_3 bereits genügen, um einen Boden trotz Anwesenheit bedeutender Mengen von Neutralsalzen des Ca und Na praktisch unbearbeitbar zu machen. Auch E. WOLLNY[4] bestätigt derartige Erfahrungen und weist dabei auf die Wirkung der Kalisalze und des Chilesalpeters hin, die nur so lange die Krümelbildung unterstützen, als sich die Salze in der Bodenlösung befinden. Werden sie durch Regenwasser ausgewaschen, so tritt ein Dichtschlämmen ein, der Boden wird undurchlässig und damit ungünstig für das Pflanzenwachstum.

A. F. HOLLEMAN[5] schließt sich ebenfalls den Erfahrungen von TH. SCHLOESING an und sieht die lockernde Wirkung des Kalkes darin, daß die äußerst feinen Tonpartikelchen, welche sonst im Bodenwasser aufgeschlämmt die Poren des Bodens rasch verstopfen, unter dem Einfluß einer Kalkdüngung sich zusammenballen und nun dem Wasser die Zirkulation im Boden ermöglichen. Auch A. W. BREWER[6], C. BARUS[7] und J. THOULET[8] führen ähnliche Versuche wie SCHLOESING aus. Sehr eingehende Untersuchungen gibt schließlich G. BODLÄNDER[9] über die Koagulation von Kaolin bekannt. Hinsichtlich der Einwirkung wasserlöslicher Stoffe auf diese Suspension unterscheidet er ebenfalls zwei Gruppen, und zwar einmal solche Stoffe, die schon in sehr kleinen Mengen eine schnelle

[1] MAYER, A.: Beiträge zur Lehre von der Behandlung durch Seewasser verdorbener Ländereien. J. Landw. **27**, 389 (1879).
[2] REINDERS, G.: Beitrag zur Kenntnis der Einwirkung des Meerwassers auf den Boden. Landw. Versuchsstat. **19**, 190 (1876).
[3] HILGARD, E. W.: Forschgn. Geb. Agrikult.-Phys. **2**, 441 (1879).
[4] WOLLNY, E.: Österr. landw. Wbl. **8**, 27 (1882).
[5] HOLLEMAN, A. F.: Über die Bekalkung von steifen Kleiböden. Landw. Versuchsstat. **41**, 37 (1892).
[6] BREWER, W. H.: Amer. J. Sci. 3. Ser. **19** (1885).
[7] BARUS, C.: U. S. Geol. Surv. Bull. **36**.
[8] THOULET, J.: Ann. Mines **19**, 5 (1891).
[9] BODLÄNDER, G.: Versuche über Suspensionen. Jb. Min. **2**, 147 (1893); n. Hoffm. Jber. **36**, 62 (1893).

Klärung bewirken und andererseits solche, die sich auch in großen Mengen zugesetzt als wirkungslos erweisen. „Zu den klärenden Stoffen gehören alle jene, welche in wässeriger Lösung elektrolytische Leiter sind, während die nicht klärenden auch gleichzeitig Nichtleiter sind. Schlechte Leiter vermitteln den Übergang beider Gruppen ineinander." Auch von dem genannten Autor wird beobachtet, daß die flockende Wirkung erst dann einsetzt, wenn die zugesetzten Stoffe eine gewisse minimale Menge, den sog. „Schwellenwert" überschritten haben. Dieser Schwellenwert ist eine für jeden Körper charakteristische Größe. R. SACHSSE und A. BECKER[1] bestätigen ebenfalls die ausgezeichnet flockende Wirkung des Kalkwassers auf Kaolin, kommen jedoch auf Grund ihrer Untersuchungen zu der Überzeugung, daß bei diesem Vorgang eine Absorption oder chemische Bindung des Kalkes nicht festzustellen ist. Ebenfalls zeigen nach ihrer Ansicht Untersuchungen an Böden, daß die Kalkabsorption nichts mit dem Flockungsvorgang zu tun hat, denn der Boden mit der höchsten Kalkabsorption, der größere Mengen Humus enthält, zeigt nur eine äußerst langsame Flockung.

Die Bedeutung der flockenden Wirkung des Kalkes kann übrigens eindrucksvoll an den Ergebnissen der Schlämmanalyse gezeigt werden, wenn man die Ergebnisse mit destilliertem Wasser mit denen von destilliertem Wasser + Kalkwasser vergleicht. So zeigte ein derartig behandelter Kaolin folgende Teilchengrößen:

Teilchengrößen	Destilliertes Wasser	Destilliertes Wasser + Kalkwasser
bis zu 0,01 mm	99,5	80
zwischen 0,01 — 0,05 mm	0,25	19
über 0,05 mm	0,25	1

Ähnliche Ergebnisse ergeben sich bei Untersuchungen über die Wasserhaltung und die Wasserdurchlässigkeit des Bodens. Auch Säuren wirken koagulierend auf Kaolin ein, doch nehmen die genannten Autoren im Gegensatz zu TH. SCHLOESING an, daß die Säuren nicht durch Lösung von Kalk und die dadurch entstehenden Kalksalze wirken. Vielmehr sind von den Säuren zur Erzielung der Flockung wesentlich geringere Mengen als von Kalksalzen nötig. Bedeutungsvoll ist vor allem die Flockung durch Kohlensäure, deren vermehrte Entstehung im Boden durch Zufuhr organischer Substanzen sicherlich einen Teil der physikalisch verbessernden Wirkungen dieser Substanzen erklären kann. Die Salzsäure scheint hinsichtlich der Flockung die Wirkung der H_2SO_4 und HNO_3 zu übertreffen. Die Schlämmanalyse von Kaolin unter Zusatz von Salzsäure zum destillierten Wasser zeigte folgendes Ergebnis:

Bis zu 0,01 mm	60
Zwischen 0,01—0,05 mm	40
über 0,05 mm	—

Das Flockungsvermögen von Salzen ist im Vergleich dazu nur unbedeutend. Sehr eingehend war vor allem die Untersuchung des Chilesalpeters, dessen ungünstige Wirkung auf die physikalische Beschaffenheit des Bodens in der Praxis sehr bekannt ist, der aber als Neutralsalz deutlich, wenn auch schwach im Laboratoriumsversuch flockend wirkt. Die Genannten nehmen daher an, daß sowohl durch die Einwirkung der Pflanze als auch durch Austausch mit $CaCO_3$ Natriumkarbonat im Boden entsteht, und daß dieses Na_2CO_3 die ungünstige Wirkung im Boden ausübt.

In ähnlicher Weise wird auch Kieselgur und Quarzmehl untersucht. Dabei ergibt sich, daß sich diese Bestandteile ähnlich wie Kaolin verhalten, daß jedoch die Einwirkung der Flockungsmittel namentlich auf Quarz vielfach geringer ist.

[1] SACHSSE, R. u. A. BECKER: Der Einfluß des Kalkes, der Salze sowie einiger Säuren auf die Flockung des Thones. Landw. Versuchsstat. 43, 15 (1894).

Z. B. vermag CO_2 weder auf Kieselgur noch auf Quarz flockend einzuwirken. W. J. A. BLISS[1] und R. ULRICH[2] bestätigen diese Befunde.

C. FORCH[3] findet, daß der sog. Schwellenwert kein scharf kenntlicher Punkt ist, daß aber die Kurve der Fällungsgeschwindigkeit einer Hyperbel mit sehr scharfem Scheitel ähnelt. Die Formen aller Kurven für die verschiedenen von ihm angewandten Stoffe sind im allgemeinen einander ähnlich.

Nach dieser Schilderung der wichtigeren Beobachtungen über die Beeinflussung der Bodenkolloide soll nun nachstehend dargestellt werden, wie man versucht hat, diese am Boden beobachteten Erscheinungen, soweit nicht schon darauf eingegangen wurde, zu erklären.

TH. SCHEERER[4] gibt bereits eine Erklärung der Koagulationsvorgänge in der Weise, daß die Zusätze die Kohäsion des Wassers verändern. W. DURHAM[5] erklärt diese Vorgänge in folgender Weise: „Der Ton, während er durch Wasser fällt, bildet durch Reibung Elektrizität, und da Wasser ein schlechter Leiter ist, so bleibt der Unterschied der Potentiale zwischen Ton und Wasser für einige Zeit bestehen; aber wenn ein Salz oder eine Säure hinzugefügt wird, wird die Flüssigkeit ein guter Leiter: die Potentiale werden ausgeglichen und der Ton fällt." Bereits TH. SCHLOESING und A. W. BREWER[6] sehen sodann den Ton als ein Kolloid an. M. WHITNEY[7] weist darauf hin, daß es für die physikalischen Eigenschaften des Tones wenig Wert habe zu wissen, wie er chemisch beschaffen sei. Vielmehr sei hierfür die Kleinheit seiner Teilchen bedeutungsvoll, da reine Kieselsäure, schwefelsaures Barium und andere fein verteilte Niederschläge dieselben Eigenschaften wie der Ton aufweisen. Die Absorption des Wassers durch Ton unter gleichzeitiger erheblicher Volumvermehrung scheine z. B. eine Eigenschaft zu sein, die wesentlich von der Größe der Tonpartikelchen abhängig ist.

R. SACHSSE und A. BECKER[8] sehen in der Koagulation Vorgänge, „die dem Gebiete der Molekularphysik angehören zwischen Körperteilchen, die fast auf die Größe von Molekülen herabgesunken sind". Diese Vorgänge sind verwandt mit den Beobachtungen, die VAN BEMMELEN[9] über die Koagulation der Kolloide gesammelt hat. Nur infolge seiner feinen Verteilung kommt dem Ton diese bedeutsame Einwirkung auf die physikalische Beschaffenheit des Bodens zu. MOORMANN[10] weist auf die Wirkungen des Wassers auf den Boden hin, wobei Hydrate entstehen. Diese als „Hydrosole", also als kolloidale, gallertartige Lösung wirkenden Bestandteile sind von größter Bedeutung für die Durchlässigkeit des Bodens für Wasser.

Ferner sucht man sich eine Vorstellung darüber zu bilden, welche Stoffe und Bestandteile des Bodens neben den bereits genannten noch als Kolloide in Frage kommen. In dieser Hinsicht muß auf folgende Arbeiten hingewiesen

---

[1] BLISS, W. J. A.: Die scheinbaren Kräfte zwischen feinen, festen, in Flüssigkeit völlig untergetauchten Teilchen. Phys. Rev. **2**, 241 (1895); n. Hoffm. Jber. **38**, 81 (1895).

[2] ULRICH, R.: Untersuchungen über die Wasserkapazität der Böden. Forschgn. Geb Agrikult.-Phys. **19**, 37 (1896); n. Hoffm. Jber. **39**, 77 (1896).

[3] FORCH, C.: Ann. Hydrograph. **40**, 28 (1912).

[4] SCHEERER, TH.: Pogg. Ann. Physik **82**, 419 (1851).

[5] DURHAM, W.: Chem. News **30**, 57 (1874).

[6] SCHLOESING, TH. u. A. W. BREWER: Amer. J. Sci. **3**. Ser. **19**, 1 (1885).

[7] WHITNEY, M.: Die physikalischen Eigenschaften des Thones. Agricult. Sci. **7**, 85 (1893); n. Hoffm. Jber. **36**, 70 (1893).

[8] SACHSSE, R. u. A. BECKER: Landw. Versuchsstat. **43**, 15 (1894).

[9] VAN BEMMELEN: Rec. Trav. chim. Pays-Bas **7**, 37.

[10] MOORMANN: Über die Bewegung des Wassers im Boden. Schillings J. Gasbel. u. Wasservers. **1894**; n. Biederm. Zbl. **24**, 477 (1895).

werden: A. ATTERBERG[1] stellt sich z. B. die Frage, ob die feineren Sande ebenfalls koagulierbar sind. Dabei beobachtete er, daß schon der Sand zwischen 0,05—0,02 mm die Neigung zeigt, durch den Einfluß von NaCl-Lösung und HCl zu koagulieren. Deutlichere Koagulationserscheinungen zeigen sich erst bei den Sanden, die feiner als 0,02 mm sind. Diese Sande setzen sich in Salzlösungen schneller als in reinem Wasser ab. Jedoch ist eine Flockenbildung nicht zu beobachten. Diese findet sich scheinbar nur bei den Kolloiden.

H. PUCHNER[2] teilt die im Wasser aufgeschwemmt vorkommenden feinsten Teilchen des Bodens in folgender Weise ein: 1. Teilchen, welche in Wasser vollkommen unlöslich sind und durch Zusatz von Salzlösungen ausgeflockt werden, z. B. Ton, Eisenoxyd, Bergkristall, Sand. 2. Teilchen, welche in Wasser etwas löslich sind und sich dadurch aus wässerigen Aufschwemmungen selbst ausflocken, z. B. kohlensaurer Kalk. 3. Teilchen, welche etwas wasserlöslich sind und dadurch die Fähigkeit verlieren, sich auch bei Zusatz von sonst ausflockenden Salzlösungen aus wässerigen Aufschwemmungen abzusetzen, z. B. Humus.

K. K. GEDROIZ[3] versucht ferner den Gehalt des Bodens an kolloidalen Substanzen zu bestimmen und findet ihn im allgemeinen als sehr gering. Er ist daher der Anschauung, daß die Veränderungen dieser geringen Mengen durch Frost, Elektrolyte usw. keine große Bedeutung für die Veränderung der physikalischen Eigenschaften des Bodens haben können. Vielmehr sollen bedeutungsvoller die Beeinflussungen von mechanischen Suspensionen und von Gelen sein. P. EHRENBERG[4] unterscheidet als kolloidale Substanzen, die im Boden auftreten, die kolloide Kieselsäure, das kolloide Eisen- und Aluminiumhydroxyd, die kolloiden Verbindungen von Kieselsäure, Humussubstanzen, Eisenhydroxyd und Tonerde, die Humuskolloide und die Bakterienverteilungen. Nach J. DUMONT[5] sind die Sandkörner des Bodens im allgemeinen von einem Überzug kolloidaler Natur umkleidet. Wenn man die physikalische Zusammensetzung dieser Überzüge und die des Bodens, welchem sie entnommen sind, vergleicht, so gelangt man zu folgendem Bild:

	Sand %	Schlamm %	Ton %	Humus %
Der ursprüngliche Boden	81,25	10,30	3,20	1,64
Die Überzüge	37,80	30,50	15,20	16,50

G. J. BOUYOUCOS[6] nimmt ebenfalls an, daß Kolloide einerseits als Überzug um die Bodenkörner auftreten, andererseits aber auch als unabhängige Komponente im Boden vorhanden sind.

K. F. KELLERMAN[7] beobachtet sodann, daß in Böden derartig große SiO_2-Mengen in kolloidaler Form vorhanden sein können, daß sie den Boden undurchdringlich machen. Zufuhr von Gips hebt diese Erscheinung wahrscheinlich als Folge einer Koagulation der kolloiden SiO_2 auf.

[1] ATTERBERG, A.: Studien auf dem Gebiete der Bodenkunde. Landw. Versuchsstat. **69**, 93 (1908).

[2] PUCHNER, H.: Neue Untersuchungen über das Schweben und die Ausflockung feinster Teilchen in wäßrigen Aufschwemmungen. Landw. Versuchsstat. **70**, 249 (1909).

[3] GEDROIZ, K. K.: Die Kolloidchemie in Fragen der Bodenkunde. Russ. J. exp. Landw. **12**, 412 (1913); n. Hoffm. Jber. **56**, 55 (1913).

[4] EHRENBERG, P.: Die Bodenkolloide, 2. Aufl. Dresden u. Leipzig: Th. Steinkopff 1918.

[5] DUMONT, J.: Die Überkleidung der Bodenteilchen. C. r. **149**, 1087 (1909); n. Hoffm. Jber. **52**, 62 (1909). — GIESECKE, F., Chem. d. Erde **3**, 98 (1927).

[6] BOUYOUCOS, G. J.: Existieren Kolloide als ein Überzug um die Bodenkörner herum? Soil Sci. **21**, 481 (1926); n. Z. Pflanzenern., Düng. u. Bodenk. A, **10**, 249 (1927/28).

[7] KELLERMAN, K. F.: Die Beziehung kolloidaler Kieselsäure zu gewissen undurchdringlichen Böden. Sci. n. ser. **33**, 189 (1911); n. Hoffm. Jber. **54**, 106 (1911).

P. EHRENBERG und G. GIVEN[1] finden ferner, daß ein hochbildsamer Ton von Gibersdorf-Beckern etwa 1% Kolloidton enthielt. Da dieser deutlich und stark zu quellen und zu schwinden vermag, so ist er mit ziemlicher Berechtigung als ein Kolloid zu betrachten, welches zu den Emulsoiden oder Tröpfchenkolloiden gehört. G. GIVEN[2] weist ferner nach, daß der Ton als ein Gemenge von Sand und Kolloidton anzusehen ist. Die Größe der kolloiden Teilchen konnte auf weniger als 140 $\mu\mu$ Durchmesser geschätzt werden.

Über die chemische Natur des Tons kann auf die früher gemachten Angaben verwiesen werden[3]. Im einzelnen sei die Beobachtung R. BRADFIELDS[4] angeführt, nach der die feinsten Tonteilchen ungewöhnlich große Mengen von Fe_2O_3 und Al_2O_3 enthalten, welche in heißer HCl löslich sind. Seine Untersuchungen ergeben ferner, daß das natürliche Kolloid eher ein komplexes Al-Silikat als eine Mischung der kolloiden Oxyde ist.

Über die Menge der im Boden vorhandenen kolloiden Stoffe berichten V. NOWÁK und L. SMOLIK[5]. Sie finden, daß durchschnittlich 5% des Bodens als kolloide Anteile von der Größenordnung 0,1 μ mineralischer Natur sind. Mit Einschluß der humosen Bestandteile konnten durchschnittlich 8% als kolloidal gefunden werden.

N. M. COMBER[6] charakterisiert weiterhin den Unterschied zwischen fetten und mageren Tonen in der Weise, daß in den fetten Tonen ein höheres Verhältnis der emulsoiden Oberfläche zum suspensoiden Kern vorhanden ist, so daß der höhere oder geringere Gehalt an hydrophiler Oberfläche entscheidend ist. Sodann sei noch darauf hingewiesen, daß A. TH. TIULIN[7] den adsorbierenden Bodenkomplex durch Zentrifugieren oder Aufschwemmen isoliert, nachdem er mit Na gesättigt und peptisiert wurde.

Wenn nunmehr wieder auf die Erklärung der Koagulationsvorgänge eingegangen werden soll, so ist darauf hinzuweisen, daß P. ROHLAND[8] die Wirkung des Mergelns auf den Ton auf die dabei auftretenden Hydroxylionen zurückführt. Dabei erfahren die Tonteilchen „eine kolloidchemische Konstitutionsänderung, die eine Auflockerung des Bodens zur Folge hat." Dagegen beobachtet J. G. MASCHHAUPT[9] im Gegensatz zu P. ROHLAND immer eine stabilisierende Wirkung sehr verdünnter Natronlauge. Andererseits weist er auf die besonders kräftig flockende Wirkung des Ca-Ions hin. Jedoch kann er zeigen, daß, wenn steigende Konzentrationen von Natronlauge angewendet werden, dann die stabilisierende Wirkung in eine ausfällende übergeht. Auch Salze, die infolge Hydrolyse alkalisch wirken, vermögen bei ausreichenden Konzentrationen im Widerspruch zu P. ROHLAND

[1] EHRENBERG, P. u. G. GIVEN: Der Kolloidton. Kolloid-Z. 17, 33 (1915); n. Hoffm. Jber. 58, 76 (1915).

[2] GIVEN, G.: Dissert. Göttingen 1915.

[3] Vgl. u. a. E. BLANCK,; Band 7 S. 5 dieses Handbuches.

[4] BRADFIELD, R.: Die chemische Natur des kolloiden Tons. Missoury Stat. Res. Bull. 60, 5 (1923); n. Z. Pflanzenern., Düng. u. Bodenk. A, 5, 110 (1925).

[5] NOVÁK, V. u. L. SMOLIK: Über die Menge und Zusammensetzung des Kolloidtones in den Böden. Kolloid. Z. 32, 338 (1923) und Z. Pflanzenern., Düng. u. Bodenk. A, 3, 199 (1924).

[6] COMBER, N. M.: Die Charakterisierung von Ton. J. Soc. Chem. Ind. 41, T. 77 (1922); n. Z. Pflanzenern., Düng. u. Bodenk. A, 2, 89 (1923).

[7] TIULIN, A. TH.: Einige Gesichtspunkte über die Zusammensetzung der absorbierenden Bodenkomplexe. Landw. Versuchsstat. Perm 1927, 1. vorl. Mitt.; n. Z. Pflanzenernährung, Düng. u. Bodenk. A, 11, 168 (1928).

[8] ROHLAND, P.: Die Einwirkung von Hydroxylionen auf Kolloidtone. Die Wirkung der Hydroxylionen auf Tone und tonige Böden bei der „Mergelung". Landw. Jb. 44, 437 (1913); n. Hoffm. Jber. 56, 54 (1913).

[9] MASCHHAUPT, J. G.: Einige Bemerkungen zu Prof. Dr. ROHLAND: Die Wirkung der Hydroxylionen auf Tone usw. Landw. Versuchsstat. 83, 467 (1914).

flockend zu wirken. MASCHHAUPT ist auf Grund ähnlicher Erfahrung mit Rußsuspensionen der Meinung, daß hier Vorgänge vorliegen, die für negative Suspensionen typisch sind, so daß nicht ein typischer Vorgang für den Ton allein vorliegt. G. WIEGNER[1] unterstützt zunächst die Auffassung von MASCHHAUPT, daß es sich hier um Erscheinungen handelt, die typisch für negative Suspensionen sind. Er legt diesen Vorgängen die Anschauung von FREUNDLICH zugrunde, wonach die Kolloide eine bestimmte elektrische Ladung aufweisen, und zwar ladet sich nach der COEHNschen Regel das suspendierte Teilchen negativ, falls es eine geringere Dielektrizitätskonstante hat als das Dispersionsmittel. Ton ist daher in Wasser aufgeschwemmt negativ geladen. Infolge der großen Oberfläche der Suspensionen adsorbieren dieselben sehr leicht. Wird daher Natronlauge zu Ton zugesetzt, so wird das Anion (OH) stärker absorbiert als das Kation, da das OH-Anion ein viel stärker adsorbierbares Ion als das Na-Ion ist. Durch die so vermehrte elektrische Aufladung wird das Kolloid beständiger, da die Oberflächenspannung erniedrigt wird. Werden weitere Mengen von NaOH zugegeben, so wird in zunehmendem Maße auch das Kation adsorbiert, die elektrische Ladung wird vermindert und oberhalb des Schwellenwertes tritt Koagulation ein. Das Verhalten des Kalkwassers ist qualitativ dasselbe, nur ist der Schwellenwert sehr gering. Nach FREUNDLICH tritt nun aber bei den meisten Suspensionen die Koagulation nach der Adsorption von aequivalenten Ionenmengen ein. Da jedoch das Na nur eine einfache elektrische Ladung mitbringt, das Ca jedoch die doppelte, und da ferner nach der Adsorptionsisotherme aus geringeren Konzentrationen mehr adsorbiert wird als aus größeren, so erklärt sich auf diese Weise der höhere Schwellenwert des Na(OH) gegenüber $Ca(OH)_2$. WIEGNER folgert aus der FREUNDLICHschen Theorie, daß der Schwellenwert bei einwertigen Basen und bei Neutralsalzen mit einwertigen Leichtmetallkationen groß sein muß, da hier eine elektrische Störung der Ladung infolge gleicher mechanischer Adsorbierbarkeit von Kation und Anion erst bei ziemlich hohen Konzentrationen auftritt. Die Alkalisalze mehrwertiger Säuren, deren Anionen schärfer die Wirkung des adsorbierten Kations kompensieren, müssen höhere Schwellenwerte haben, als die Salze einwertiger Säuren. Salze mit mehrwertigen Kationen haben dementsprechend kleinere Schwellenwerte, vor allem die dreiwertigen. In den bislang geschilderten Verhältnissen wurde die mechanische Adsorbierbarkeit der Kationen als gleich angenommen. Es gibt aber eine Reihe von Kationen, die eine spezifisch starke Adsorbierbarkeit besitzen. Damit sind naturgemäß starke elektrische Wirkungen unabhängig von der Wertigkeit verbunden. Hierher gehören die vollständig dissoziierten Säuren mit stark adsorbierbarem H-Ion und ferner die stark adsorbierbaren und vielfach mehrwertigen Schwermetallkationen. WIEGNER schließt Abweichungen von diesen Vorstellungen jedoch nicht aus, doch gibt vorläufig die Theorie von FREUNDLICH „die Richtlinien für eine spätere allumfassende Theorie der Koagulation".

Ehe jedoch weiterhin die Entwicklung der theoretischen Anschauungen über die Dispersitätsverhältnisse des Bodens geschildert wird, sollen nun nähere Angaben über das ausgedehnte Tatsachenmaterial gemacht werden, welches zu dieser Zeit geklärt wurde. So zieht z. B. R. GANSSEN[2] aus seinen Untersuchungen über die „Zeolithe" für die praktische Düngeranwendung den Schluß, daß dem Boden nicht zu große Mengen solcher Salze zugeführt werden sollen, welche,

[1] WIEGNER, G.: Der Einfluß von Elektrolyten auf die Koagulation von Tonsuspensionen. Landw. Versuchsstat. **84**, 283 (1914).

[2] GANSSEN (GANS), R.: Zeolithe und ähnliche Verbindungen, ihre Konstitution und Bedeutung für Technik und Landwirtschaft. Jb. K. Pr. Geol. Landesanst. **26**, 279 (1905); **27**, 63 (1906); n. Hoffm. Jber. **50**, 43 (1907).

wie z. B. Na-Salze, in pflanzenphysiologischer Hinsicht wenig Bedeutung haben, aber zur Bildung von schleimigen, die physikalischen Eigenschaften des Bodens verschlechternden Substanzen Anlaß geben. Denn er kann feststellen[1], daß die K- und Na-Permutite schleimig und schwer durchlässig sind, während die Ca-Permutite körnig und durchlässig gefunden werden. Zu gleicher Zeit führt W. KRÜGER[2] das Verschlämmen und Undurchlässigwerden des Bodens durch die Düngung mit Chilesalpeter darauf zurück, daß die Pflanze den Salpeter-N aufnimmt, das darin enthaltene Na aber nicht verbraucht, so daß sich kohlensaures Natrium bildet. Es ist dabei von Bedeutung, daß z. B. durch Düngung mit $(NH_4)_2SO_4$ die Löslichkeit der Kalk- und Mg-Verbindungen im Boden zunimmt, während sie die Bildung von kohlensaurem Natrium herabsetzt.

D. J. HISSINK[3] schildert ferner, wie geringe NaCl-Mengen durch Basenaustausch die Fruchtbarkeit des Bodens erhöhen können, wie aber größere Mengen durch Eintausch des Na-Ions in größerem Umfange die Krümelstruktur des Bodens vernichten, Krustenbildung veranlassen und daher die Erträge herabsetzen. E. BLANCK[4] beobachtet, daß Salpeter die Durchlässigkeit verringert, während alle anderen künstlichen Düngemittel wie Kainit, Superphosphat, schwefelsaures Ammoniak sie erhöhen, wenn der Boden feucht verwendet wird. Wird jedoch der Boden im trockenen Zustande herangezogen, so wird die Durchlässigkeit durch alle angegebenen Düngemittel bis auf CaO vermindert. L. T. SHARP[5], H. J. PAGE und W. WILLIAMS[6] bestätigen erneut die Bedeutung des Na-Ions für die ungünstigen Wirkungen des Meerwassers. Dahingegen erklärt P. EHRENBERG[7] die ungünstige Wirkung des Na durch die Absorption desselben infolge von Basenaustausch. Wenn nun durch Regen die gebildeten Kalksalze entfernt werden, so vermindert sich auch die Menge des im Kolloidton enthaltenen Natriumions. Dieser kann nicht mehr durch die geringen Mengen des letzteren im Gelzustande erhalten bleiben, zumal es an dem zweiwertigen stärker wirkenden Ca-Ion fehlt. Die Kolloide gehen in den Solzustand über und die Krümelstruktur geht dabei verloren, die Durchlässigkeit des Bodens sinkt. Ferner macht P. EHRENBERG[8] auf die Feststellung von G. BODLÄNDER und P. BREULL aufmerksam, daß Kohlensäurelösungen bei Zusatz von NaCl deutlich stärker sauer reagieren. Auch derartige Vorgänge werden bei der Erörterung des Einflusses von NaCl auf den Boden in Frage kommen. G. WIEGNER[9] sieht die Wirkung der Alkalisalze auf die physikalische Beschaffenheit des Bodens in der Bildung schleimiger, leicht zur Verteilung neigender Na-Verbindungen. Auch soll das Entstehen von Na_2CO_3 in ähnlichem Sinne ungünstig auf den Boden wirken. D. J. HISSINK[10] vertritt eine ähnliche Anschauung, doch sollen Aus-

---

[1] GANSSEN (GANS), R.: Jb. K. Pr. Geol. Landesanst. f. d. J. 1905, **26**, 179 (1908).

[2] KRÜGER, W.: Über die Bedeutung der Nitrifikation für die Kulturpflanzen. Landw. Jb. **34**, 761 (1905).

[3] HISSINK, D. J.: Die chemische und physikalische Einwirkung von Salzwasser auf den Boden. Chem. Weekbl. **3**, 395; n. Hoffm. Jber. **49**, 72 (1906).

[4] BLANCK, E.: Ein Beitrag zur Kenntnis der Wirkung künstlicher Dünger auf die Durchlässigkeit des Bodens für Wasser. Landw. Jb. **38**, 863 (1909).

[5] SHARP, L. T.: Beziehungen zwischen löslichen Salzen und Bodenkolloiden. Univ. Cal. Pubs. Agr. Sci. **1916**, 291; n. Hoffm. Jber. **60**, 39 (1917).

[6] PAGE, H. J. u. W. WILLIAMS: Die Wirkung einer Überflutung mit Seewasser auf die Bodenfruchtbarkeit. J. agricult. sci. **16**, 551; n. Hoffm. Jber. **69**, 53 (1926).

[7] EHRENBERG, P.: Die Bodenkolloide, 2. Aufl., S. 334. Dresden u. Leipzig: Th. Steinkopff.

[8] EHRENBERG, P.: Bemerkung zu der Arbeit von Dr. O. NOLTE: Die schädlichen Wirkungen der Kali- und Natronsalze auf die Struktur des Bodens und ihre Ursachen. J. Landw. **67**, 273 (1919).

[9] WIEGNER, G.: Boden und Bodenbildung, S. 22, 27, 44. 1918.

[10] HISSINK, D. J.: Die Einwirkung verschiedener Salzlösungen auf die Durchlässigkeit des Bodens. Internat. Mitt. Bodenkde. **6**, 142 (1916).

flockungserscheinungen dabei eine nebensächliche Rolle spielen. O. NOLTE[1] behandelt eingehend die Verhältnisse der Bodenlösung vom Standpunkte des Massenwirkungsgesetzes und der daraus folgenden Einwirkungen auf die kolloidchemischen Veränderungen des Bodens. Zunächst wird die Einwirkung einer Auswaschung mit Wasser auf die Durchlässigkeit des Bodens geprüft, wobei ein Dichtschlämmen beobachtet wird. Dieses rührt nach Ansicht des genannten Autors davon her, daß die leichtlöslichen Salze wie KNO_3, $CaSO_4$ u. a. ausgewaschen werden. Dabei findet eine hydrolytische Spaltung der schwerlöslichen Bodenbestandteile statt, z. B.

$$Na_2SiO_3 + 2\,H_2O \rightleftharpoons 2\,NaOH + H_2SiO_3 .$$

Solange leichtlösliche Salze vorhanden sind, wird die dabei auftretende alkalische Reaktion nicht bemerkbar werden. Um so deutlicher tritt sie jedoch auf, je mehr diese Salze aus der Lösung verschwinden. Die OH-Ionen wirken peptisierend auf die meisten Bodenkolloide ein, und so entsteht allmählich ein Dichtschlämmen des Bodens. Diese Erfahrung wird von L. SMOLIK[2] bestätigt, der beobachtet, daß genügendes Auslaugen des Bodens Peptisation der Hydrogele und damit ein Steigen der Hygroskopizität um 10% bedingt. Bei zunehmendem Elektrolytgehalt nimmt die Bodenoberfläche ab. O. NOLTE gibt weiter an, daß dann, wenn der so behandelte Boden mit einer 1 proz. NaCl-Lösung weiter ausgewaschen wird, zunächst eine weitere Veränderung der Durchlässigkeit nicht zu beobachten ist. Wird sie aber erneut durch eine Auswaschung mit Wasser ersetzt, so ist nun eine fast vollständige Undurchlässigkeit des Bodens zu beobachten, weil durch die NaCl-Behandlung alle Ca-Ionen des Bodens weitgehend durch Na ersetzt werden, wodurch die hydrolytische Spaltung verstärkt wird. Durch sauer reagierende Salze wie $MgCl_2$ oder noch besser durch Superphosphat kann diese Undurchlässigkeit behoben werden, ebenso durch Behandeln mit $CaSO_4$ oder $CaCl_2$, indem nunmehr die Na-Ionen wiederum durch Ca-Ionen ersetzt werden. Diese Versuche setzt O. NOLTE[3] mit einer Reihe von anderen Salzen fort, wobei er seine bisherigen Erfahrungen bestätigt findet. Die Wirkung auf die Durchlässigkeit des Bodens ist von der Reaktion des betreffenden Salzes und von der Wertigkeit des betreffenden Kations abhängig. „Ein basisches Salz verursacht erklärlicherweise Dichtschlämmung, ein saures Lockerung und ein neutrales wird ebenfalls lockernd wirken infolge seiner kolloidfällenden Eigenschaft.“ Gemeinsam mit E. SANDER[4] bestätigt er diese Ergebnisse durch p_H-Messungen. J. WITYN[5] macht bei Durchlässigkeitsversuchen ähnliche Erfahrungen wie O. NOLTE. Auch D. J. HISSINK[6] berichtet über Durchlaufversuche mit verschiedenen Salzen und beobachtet gleichfalls ähnliche Erscheinungen. G. HAGER[7] bespricht ebenfalls die schädliche Wirkung des NaCl auf die physikalische Beschaffenheit des Bodens und weist darauf hin, daß das Auftreten der Undurchlässigkeit erst nach dem Auswaschen des NaCl zu erwarten ist. Er erklärt diesen Vorgang derartig, daß nur die Hydrolyse von schwer-

---

[1] NOLTE, O.: J. Landw. **65**, 1 (1917).
[2] SMOLIK, L.: Beitrag zur Flockung des Bodens nach Internat. agr. wissensch. Rdsch. **2**, 644 (1926).
[3] NOLTE, O.: Landw. Versuchsstat. **98**, 135 (1921).
[4] NOLTE, O. u. E. SANDER: Über die Einwirkung von Salzlösungen auf den Boden. 2. Mitt. Landw. Versuchsstat. **102**, 219 (1924).
[5] WITYN, J.: Über die Durchlässigkeit lehmiger Böden. Internat. agr. wissensch. Rdsch. **2**, 591 (1926).
[6] HISSINK, D. J.: Internat. Mitt. Bodenkde. **6**, 142 (1916).
[7] HAGER, G.: Die schädlichen Wirkungen der Kali- und Natronsalze auf die Struktur des Bodens und ihre Ursachen. J. Landw. **66**, 241 (1918).

löslichen Na-Verbindungen das Auftreten von Hydroxylionen veranlassen kann, wobei infolge Ersatzes des stark flockenden Ca durch das weniger flockende Na eine Aufteilung bzw. Peptisierung der gesamten hochdispersen Bodenbestandteile eintritt. Das Auftreten von Na_2CO_3 ist, wie eingehende Durchlässigkeitsversuche zeigten, dafür nicht erforderlich. Die aufteilende Wirkung der Hydroxylionen wird besonders durch ihre lösende Wirkung auf den Humus verstärkt, der infolge von Schutzwirkung erst die Hauptursache des Dichtschlämmens des Bodens bildet.

Die im Vergleich zum Kalium wesentlich ungünstigere Wirkung des Natriums erklärt G. HAGER u. a. durch die größere Löslichkeit von Humus in NaOH, der dann als Schutzkolloid wirkt. Die bei dieser Dispersitätsänderung auftretenden Quellungserscheinungen sind aber auch von praktischer Bedeutung. Für die Wirkung der Kalirohsalze nimmt G. HAGER jedoch die Bildung von Soda als bedeutungsvoll an. Später weist er[1] darauf hin, daß die schleimige Natur der Alkalizeolithe für diese Fragen nicht entscheidend ist, weil nicht einzusehen sei, weshalb diese Alkalizeolithe nur bei Abwesenheit und nicht auch bei Gegenwart von Salzen mit dem gleichen Kation schleimig sind, denn es erhöht ja z. B. NaCl die Durchlässigkeit des Bodens. Da ferner die verschiedenartige Wirkung von K und Na sich auch auf sehr humusarmen Böden geltend macht, erklärt G. HAGER die stärker dispergierende Wirkung der Natronsalze nunmehr in der Weise, daß „bei der Einwirkung von Alkalihydrat auf adsorptionsfähige Böden von der Natriumverbindung vorwiegend die Hydroxylionen, dagegen vom Kalihydrat auch bereits aus ganz verdünnten Lösungen die Kaliumionen mehr oder minder stark absorbiert werden, infolgedessen die peptisierende Wirkung der OH-Ionen geschwächt bzw. ausgeglichen wird. Erfolgt die Aufteilung infolge Ionenabgabe, so werden nach Ersatz der Salzlösung durch Wasser die durch Basenaustausch aufgenommenen Natriumionen abdissoziiert, während die fester gebundenen Hydroxylionen den Bodenteilchen eine starke negative Aufladung erteilen. Das stärker adsorbierte Kalium wird dagegen nicht in dem Maße abdissoziiert, die Aufladung und die Peptisation bleiben im allgemeinen schwächer." Ferner wird darauf aufmerksam gemacht, daß daneben auch eine Aufteilung im Boden auf Grund einer elektrischen Aufladung der Bodenteilchen infolge von Ionenabgabe erfolgen muß. Diese Vorstellung hat auch Bedeutung für die spezielle Wirkung der Kalirohsalze[2]. In diesem Zusammenhange sei darauf verwiesen, daß C. H. SPURWAY und R. H. AUSTIN[3] feststellen, daß beim Behandeln des Bodens mit Neutralsalzen $CaCl_2$ nur eine geringe Erhöhung der p_H-Zahl zeigt, während Mg-, K- und Na-Chlorid in steigendem Umfange den Boden alkalischer machen. Die Erhöhung der p_H wird auf erhöhte Löslichkeit und Hydrolyse des Bodenmaterials, welches die absorbierten Kationen enthält, zurückzuführen sein. Sehr eingehende Angaben über diese Vorgänge finden sich in den Arbeiten von der bodenkundlichen Abteilung der Rijkslandbouwproefstation Groningen[4]. Wenn z. B. im Durchschnitt der untersuchten Tonböden der Gehalt an austauschfähigem $CaO : MgO : K_2O : Na_2O$ sich wie 79 : 13 : 2 : 6 verhält, so zeigen durch Meerwasserüberschwemmung krank gewordene Böden das Verhältnis von 57 : 20 : 4 : 19.

---

[1] HAGER, G.: J. Landw. **68**, 73 (1920).

[2] Vgl. G. HAGER: Bodenstruktur und Kolloidchemie. Z. Pflanzenern., Düng. u. Bodenk. A, **2**, 292 (1923).

[3] SPURWAY, C. H. u. R. H. AUSTIN: Über einige Nachwirkungen von Neutralsalzen auf die Bodenreaktion. Soil Sci. **21**, 71 (1926); n. Z. Pflanzenern., Düng. u. Bodenk. A, **11**, 308 (1928).

[4] Rijkslandbouwproefst. Groningen: Beiträge zur Kenntnis der Adsorptionserscheinungen im Boden. Arb. v. 1. Mai 1916 bis 1. Mai 1923; n. Z. Pflanzenern., Düng. u. Bodenk. A, **3**, 195 (1924).

D. J. HISSINK[1] weist ferner darauf hin, daß für die Wirkung des Natriums nicht die Bildung von Na_2CO_3 wie früher angenommen wurde, nötig ist. Nicht die in der Bodenlösung gelösten Elektrolyte sind es, die die Bodenteilchen ausflocken und peptisieren, sondern diese Vorgänge werden von den an der Oberfläche der Bodenteilchen adsorbierten Ionen beherrscht. Allerdings kommt es zu einem Gleichgewicht zwischen den adsorbierten Ionen und denen in der Bodenlösung, wie es durch die FREUNDLICHsche Absorptionsisotherme charakterisiert wird. A. v. NOSTITZ[2] macht darauf aufmerksam, daß ein mit Mg-Salzen behandelter Boden widerstandsfähiger gegen Druck ist als ein Boden, welcher mit Na- und K-Salzen behandelt worden ist. Dagegen ist bei Mg-Zusatz die Wasserdurchlässigkeit besser als bei K-Zusatz. Weitere Versuche ergeben, daß die verkrustende Wirkung der Mg-Salze stark von der Temperatur abhängig ist. So besitzt z. B. $MgSO_4$ bei etwa 42^0 ein Maximum in dieser Hinsicht. Scheinbar handelt es sich dabei um eine mechanische Verkittung. Jedoch vermag O. NOLTE[3] der mechanischen Auffassung von A. v. NOSTITZ zunächst nicht zuzustimmen.

Diese an Meerwasserüberschwemmungen festgestellte und theoretisch weiter entwickelte Auffassung von der Wirkung des Na-Ions wurde bereits von E. W. HILGARD auf die Verhältnisse des Alkalibodens übertragen. Auf die Bedeutung des Na-Ions in dieser Hinsicht wird später noch eingegangen werden.

Anschließend seien nun die Untersuchungen über die flockende Wirkung der übrigen Kationen erwähnt, um zu zeigen, wie auch auf diesem Gebiete die

	Konzentrationen, durch die keine Koagulation hervorgerufen wird (Schwellenwert) Normalität	Konzentrationen, durch die noch vollständige Koagulation hervorgerufen wird Normalität
Mercurichlorid	0,5 —0,00025	0
Essigsäure	0,25 —0,125	0,5 —0,25
Zitronensäure	0,05 —0,0125	0,125 —0,05
Natronlauge	ungefähr 0,0225	ungefähr 0,05
Oxalsäure	unter 0,025	unter 0,5
Lithiumchlorid	0,025 —0,0125	0,125 —0,050
Ammoniumchlorid	0,025 —0,0125	0,125 —0,050
Natriumchlorid	0,015 —0,0125	0,125 —0,050
Kaliumchlorid	0,025 —0,0125	0,125 —0,050
Rubidiumchlorid	0,0125 —0,005	0,050 —0,025
Ameisensäure	0,0125 —0,005	0,1 —0,050
Silbernitrat	0,005 —0,0025	0,025 —0,0125
Orthophosphorsäure	0,005 —0,0025	0,025 —0,005
Salpetersäure	0,0015 —0,0005	0,005 —0,0025
Schwefelsäure	0,0015 —0,0005	0,005 —0,0025
Magnesiumchlorid	0,00125—0,0005	0,005 —0,0025
Manganchlorür	0,00125—0,0005	0,005 —0,0025
Kalziumchlorid	0,00125—0,0005	0,005 —0,0025
Strontiumchlorid	0,00125—0,0005	0,005 —0,0025
Nickelchlorid	0,00125—0,0005	0,005 —0,0025
Kobaltchlorür	0,00125—0,0005	0,005 —0,0025
Cadmiumchlorid	0,00125—0,0005	0,005 —0,0025
Bariumchlorid	0,00125—0,0005	0,005 —0,0025
Salzsäure	0,001 —0,0005	0,005 —0,0025
Kalziumhydroxyd	0,001 —0,0005	0,004 —0,0020
Kupferchlorid	0,0005 —0,00025	0,0025—0,00125
Eisenchlorid	ungefähr 0,000125	0,0005—0,00025
Aluminiumchlorid	,, 0,000125	ungefähr 0,00025

[1] HISSINK, D. J.: Die nachteiligen Folgen einer Salzwasserüberschwemmung von Tonböden. Internat. Mitt. Bodenkde. **10**, 16 (1920).
[2] NOSTITZ, A. v.: Zur verkrustenden Wirkung der Magnesiumsalze (Kalidüngesalze). Landw. Versuchsstat. **99**, 27 (1922).
[3] NOLTE, O.: Landw. Versuchsstat. **99**, 293 (1922).

Vorstellungen sich entwickelt haben. Sehr ausführliche Untersuchungen führt K. K. GEDROIZ[1] aus. Über seine Ergebnisse unterrichtet die vorstehende Tabelle.

Wie aus dieser Tabelle zu erkennen ist, untersucht K. K. GEDROIZ die Einwirkung zahlreicher Salze auf die Suspension eines roten Tones, der im Liter 0,22 g Tonteilchen enthält. Es haben danach die organischen Säuren im allgemeinen nur sehr schwache Koagulationsfähigkeit, auch die Phosphorsäure zeigt ebenfalls nur schwache Wirkungen. Dahingegen wirken die starken Mineralsäuren wesentlich stärker. NaOH wirkt sehr schwach, während $Ca(OH)_2$ sehr stark flockt. Die Koagulationsfähigkeit der Salze steht durchweg im engen Zusammenhange mit der Wertigkeit des Kations. Die einwertigen Kationen wirken nur bei verhältnismäßig hohen Konzentrationen, die zweiwertigen schon in verdünnteren, die dreiwertigen wie Eisen und Al dagegen besonders stark. O. NOLTE[2] führt — wie schon erwähnt — Durchlässigkeitsversuche unter Einwirkung zahlreicher Salze auf den Boden durch und beobachtet, daß der Einfluß von der Reaktion des betreffenden Salzes und von der Wertigkeit des betreffenden Kations abhängig ist. H. KAPPEN[3] untersucht die mechanische Zusammensetzung austauschsaurer Böden und kann beobachten, daß infolge flockender Wirkung von Al- und Fe-Kolloiden des Bodens die feineren Teile des Bodens so wenig in Suspension sind, daß ohne besondere Vorbehandlung kein gewichtsmäßiger Anteil daran durch die Schlämmanalyse festgestellt werden kann. Die Flockung durch diese Kolloide scheint weitgehend irreversibel zu sein, während die Flockung durch Elektrolyte bei der Behandlung des Bodens mit Wasser sehr bald reversibel wird. Er kann ebenfalls bei seinen Versuchen eine deutliche Abhängigkeit der flockenden Kraft von der Wertigkeit der Kationen beobachten. W. MC. GEORGE[4] erkennt ebenfalls deutliche Zusammenhänge zwischen der Flockung und der Wertigkeit der Salze. Die Säuren sind wirksamer als die zweiwertigen Salze, jedoch ist Aluminiumsulfat wirksamer als eine der Säuren. Auch W. L. POWERS[5] berichtet über ähnliche Erfahrungen, ebenso M. D. THOMAS[6]. In gleicher Art stellten A. F. JOSEPH und H. B. OAKLEY[7] fest, daß Li, Na und Mg im Boden eine Verstärkung der tonigen Eigenschaften veranlassen. Das K erwies sich jedoch vom Na deutlich verschieden. Sie beobachten bei Benutzung von $^1/_2 n$-Lösungen von Ca- und K-Chlorid eine Absorption beider Basen in aequivalenten Mengen, während Na nur zu $^1/_6$ jeder der beiden anderen aufgenommen wurde.

J. S. JOFFE und H. C. MCLEAN[8] benutzen sodann die Saugkraft des Bodens als Ausdruck für seinen Kolloidgehalt und stellen fest, daß Kalk die Saugkraft durch Koagulation der Kolloide herabsetzt, während K- und Na-Salze sie durch

---

[1] GEDROIZ, K. K.: Action des électrolytes sur les suspensions limoneuses. Petersburg 1915; n. F. WITYN: Intern. Wissensch. Rdsch. **2**, 48 (1926).

[2] NOLTE, O.: Landw. Versuchsstat. **98**, 135 (1921).

[3] KAPPEN, H.: Landw. Versuchsstat. **88**, 13 (1916).

[4] MC GEORGE, W.: Die Wirkung von Düngemitteln auf die physikalischen Eigenschaften von Hawaii-Böden. Hawaii Stat. Bull. **38**, 31 (1915); n. Hoffm. Jber. **58**, 80 (1915).

[5] POWERS, W. L.: Eine Studie über den kolloiden Anteil gewisser Böden, die eine gehemmte Dränage aufweisen. Soil Sci. **23**, 487 (1927); n. Z. Pflanzenern., Düng. u. Bodenk. A, **13**, 132 (1929).

[6] THOMAS, M. D.: Austauschbare Basen im Boden und die Dispersion des Bodens bei der mechanischen Analyse. Soil Sci. **25**, 419 (1928); n. Z. Pflanzenern., Düng. u. Bodenk. A, **15**, 54 (1929).

[7] JOSEPH, A. F. u. H. B. OAKLEY: The properties of heavy alkaline soils containing different exchangeable bases. J. agricult. Sci. **19**, 121 (1929); n. Exp. Stat. Rec. **60**, 618 (1929).

[8] JOFFE, J. S. u. H. C. MCLEAN: Das kolloide Verhalten von Böden und die Bodenfruchtbarkeit. I. Die Saugkraft der Böden als Maßstab für ihren Gehalt an Kolloiden. Soil Sci. **20**, 169 (1925); n. Z. Pflanzenern., Düng. u. Bodenk. A, **10**, 121 (1927/28).

Peptisation der Kolloide erhöhen. E. RAMANN[1] weist schließlich darauf hin, daß Ca und Mg die Krümelung fördern, während Alkalien und Wasserstoff den Boden schleimig machen und die Krümelbarkeit vermindern. K. K. GEDROIZ[2] zeigt ferner, daß die „Kolloidität" eines Bodens, welche an seinem Aufquellungsvermögen gemessen wurde, in enger Abhängigkeit von den absorbierten Kationen steht. Wenn z. B. das adsorbierte Ca bzw. Mg durch H, K, NH_4 und Na ersetzt wurde, dann vergrößerte sich die Zahl der kolloidalen Teilchen in der Reihenfolge der aufgezählten Kationen. Ba, Al oder Fe vermindern dahingegen ihre Zahl. L. D. BAVER[3] charakterisiert ebenfalls die Einwirkung der austauschbaren Kationen auf die physikalischen Eigenschaften der Böden. Auch A. N. SOKOLOWSKI und E. S. LUKASCHEWITSCH[4] stellen die Einwirkung der verschiedenen Basen auf die verschiedenen physikalischen Eigenschaften des Bodens wie Plastizität, Druckfestigkeit usw. fest. Wenn eine Normalprobe eine Druckfestigkeit von 100 aufweist, dann wird sie durch Einwirkung von Chloriden wie folgt geändert: Fe 22, H 30, Ca 70, Mg 180, NH_4 400, Na 440. Ähnliche Erfahrungen sammelt F. HARDY[5].

Neben den schon angegebenen Anschauungen über die flockende Wirkung des H-Ions sei noch auf die nachstehenden spezielleren Angaben hingewiesen:

W. DURHAM[6] kann bereits zeigen, daß Ton in konzentrierter H_2SO_4, woselbst H-Ionen nur im geringen Umfange vorhanden sind, aufgeschwemmt werden kann, daß aber diese Suspension sofort ausflockt, wenn man die Schwefelsäure verdünnt, da dann infolge elektrolytischer Dissoziation ausflockende H-Ionen in genügender Anzahl auftreten. A. D. HALL und C. G. T. MORISON[7] beobachten folgende flockende Kraft für aequinormale Lösungen zu Kaolintrübungen in willkürlichen Einheiten:

H′ = 20		H′ > 20		H′ > 20	
Al‴ = 20	als Anion	Ca″ > 10	als Anion	Ca″ = 10	als Anion
Ca″ > 5	SO_4''	K′ > 2	Cl′	Ba″ = 10	NO_3
Mg″ < 5		Na′ > 1		K′ > 2	
K′ > 1				Na′ < 1	
Na′ = 0,5					

K. K. GEDROIZ weist in seiner bereits mehrfach erwähnten Arbeit darauf hin, daß das Wasserstoffion der Mineralsäuren gut flockende Wirkung ausübt. Dabei wird ferner noch beobachtet, daß sehr schwache Konzentrationen von H_2SO_4 in besonderem Maße die Koagulationsfähigkeit der Salze verstärkt.

Von ganz besonderer Bedeutung ist schließlich die Tatsache, daß die Art der adsorbierten Kationen den Charakter des Kolloids z. B. hinsichtlich der Elektrolytempfindlichkeit deutlich zu beeinflussen vermag. So weist M. J. WOLKOFF[8] darauf hin, daß der Einfluß der Elektrolyte auf die Flockung der Bodenkolloide

---

[1] RAMANN, E.: Z. Pflanzenern., Düng. u. Bodenk. A, 3, 257 (1924).

[2] GEDROIZ, K. K.: Die ultramechanische Zusammensetzung des Bodens und ihre Abhängigkeit von der Art des im Boden in absorbiertem Zustande befindlichen Kations. Das Kalken als Mittel für die Verbesserung der ultramechanischen Zusammensetzung des Bodens. J. Exp. Agron. **1924**; n. Internat. agr. wissensch. Rdsch. **2**, 93 (1926).

[3] BAVER, L. D.: The relation of exchangeable cations to the physical properties of soils. J. Amer. Soc. Agron. **20**, 921 (1928); n. Exp. Stat. Rec. **60**, 115 (1929).

[4] SOKOLOWSKI, A. N. und E. S. LUKASCHEWITSCH: Zur Kenntnis der physikalischen Bodeneigenschaften. Internat. agr. wissensch. Rdsch. **2**, 360 (1926).

[5] HARDY, F.: Kohäsion in Bodenkolloiden. J. agricult. Sci. **15**, 420 (1925); n. Hoffm. Jber. **69**, 69 (1926).

[6] DURHAM, W.: Chem. News **30**, 57 (1874).

[7] HALL, A. D. u. C. G. T. MORISON: J. agricult. Sci. **2**, 251 (1907).

[8] WOLKOFF, M. J.: Studien über die Bodenkolloide in den Vereinigten Staaten. Soil Sci. **1**, 585 (1916); **3**, 423 (1917); n. Hoffm. Jber. **62**, 36 (1919).

von deren chemischer Zusammensetzung abhängig ist, so daß die SCHULZEsche Fällungsregel nicht für die Bodenlösung gilt. F. WITYN[1] kommt auf Grund seiner Versuche ebenfalls zu der Überzeugung, daß für die Koagulation denjenigen Kationen große Bedeutung zukommt, die von den feinsten Produkten adsorbiert sind und durch Austausch in die Lösung übergehen können. Dadurch wird die Empfindlichkeit der Suspension gegen Elektrolyte stark verändert. Auf diese Weise erklärt es sich, daß Tonsuspensionen von Böden mit großem Kalkbedürfnis wesentlich geringer empfindlich gegen Na-Verbindungen als die Suspensionen eines Mergellehms sind. Ein wichtiger Faktor ist ferner die hydrolytische Spaltung der zusammengesetzten Silikate, denn die bei dieser Spaltung frei werdenden Kationen beeinflussen die Koagulation. Auch hier unterscheiden sich die sauren Böden von den neutralen, indem angenommen wird, daß bei ungenügendem Kalkgehalt zunächst bedeutende Mengen von Na_2O, welche die Eigenschaften der Suspension der feinsten Teilchen beeinflussen können, in die Lösung übergehen. Der hemmende Einfluß von $NaHCO_3$ auf die Koagulation der Suspensionen ist bei kalkbedürftigen Böden besonders groß und wird in der Weise erklärt, daß das Na gegen den H des Bodens austauscht, wobei H_2O und CO_2 entstehen. Die Suspension erhält dadurch eine höhere Dispersität und kann daher nur durch eine höhere Konzentration von Elektrolyten koaguliert werden. Eine weitere Eigenschaft des $NaHCO_3$ besteht darin, daß es die Auflösung von $Ca(HCO_3)_2$ hemmt, indem es die Ausfällung von $CaCO_3$ fördert.

P. KÖTTGEN[2] kritisiert schließlich die bisherigen Untersuchungen über die Einwirkung von Elektrolyten auf feste Bodendispersionen indem er darauf hinweist, daß die Übertragung von Koagulationserscheinungen und von Durchlässigkeitsversuchen auf die Vorgänge des Bodens erhebliche Gefahren bietet. Er studiert die Wirkung der Elektrolyte vielmehr mit Hilfe von Schrumpfungskurven. Dabei beobachtet er, daß die Ca-Kationen nicht stärker als die einwertigen Kationen wirken, so daß die SCHULZEsche Wertigkeitsregel ihre Gültigkeit verliert. Bestimmtes über den Einfluß des Basenaustausches läßt sich jedoch noch nicht sagen.

Geprüft wurde auch die Bedeutung der Anionen für die flockende Wirkung der Kationen. A. D. HALL und C. G. T. MORISON[3] geben dem $Ca(NO_3)_2$ den empirischen Wert von 10, dann kommt $CaSO_4$ mit 5, $Ca(OH)_2$ mit 3 und $CaCO_3$ mit wenig mehr als 10. $Ba(OH)_2$ ergibt sehr ähnliche Werte wie $Ca(OH)_2$. Nach G. MASONI[4] haben die Chloride ein größeres Ausflockungsvermögen als die Nitrate und Sulfate. BODLÄNDER, HALL und MORISON sowie MASONI finden ferner, daß Ca, sofern es mit einem einwertigen Ion in Verbindung steht, einen größeren Fällungswert hat, als wenn es mit einem zweiwertigen Anion verbunden ist. K. K. GEDROIZ[5] beobachtet sodann bei den Ca-Salzen folgende Einwirkung der Anionen, wenn Konzentrationen verglichen wurden, die noch keine Koagulation hervorrufen:

$CaCl_2$	0,00125—0,0005 *n*	$CaSO_4$ . . .	unter 0,000125 *n*
$Ca(NO_3)_2$ . . .	unter 0,00125 *n*	$Ca(HCO_3)_2$.	unter 0,00125 *n*
$Ca(HSO_4)_2$ . .	0,001—0,0005 *n*		

[1] WITYN, F.: Der Einfluß der Elektrolyte auf verschiedene Tonsuspensionen. Mitt. Internat. Bodenkdl. Ges., N. F. II, 14 (1926).

[2] KÖTTGEN, P.: Über die Einwirkung von Elektrolyten auf feste Bodendispersionen. Fortschr. Landw. **2**, 730 (1927).

[3] HALL, A. D. u. C. G. T. MORISON: J. agricult. Sci. **2**, 224 (1907).

[4] MASONI, G.: Über das Fällungsvermögen (Ausflockung) einiger löslicher Salze auf die Tonbestandteile des Bodens. Staz. sperim. agrar. ital. **45**, 113 (1912); n. Hoffm. Jber. **55**, 95 (1912).

[5] GEDROIZ, K. K.: nach Internat. agrikult. wissensch. Rdsch. **2**, 51 (1926).

Über die Einwirkung der Temperatur auf die Koagulationserscheinungen berichten C. BARUS[1] und J. THOULET[2], daß sie eine sehr wichtige Rolle in der Absetzungsfrist spielt. Der erste ermittelt, daß bei 100° die Sedimentation zwanzigmal schneller als bei 20° vor sich geht. Der letztere erhält sehr ähnliche Resultate.

Über die Bedeutung der Konzentration gibt H. F. COWARD[3] noch an, daß die Ausflockung durch Elektrolyte um so schneller erfolgt, je weniger konzentriert die Suspension ist.

Sodann ist noch darauf hinzuweisen, daß ganz allgemein die Resultate aller Forscher über die Wirkung der Kalksalze außerordentlich genau übereinzustimmen scheinen. Jedoch sind die Ergebnisse, welche sie über die Wirkung von Kalziumhydroxyd erhielten, eigentümlicherweise auseinandergehend, und es erscheint daher angebracht, noch kurz die speziellen Verhältnisse der Wirkung der OH-Ionen zu charakterisieren. DURHAM z. B. schreibt dem Kalk eine negative Ausflockungskraft zu, und BODLÄNDER erhält Resultate, welche darauf hinweisen, daß innerhalb gewisser, sehr enger Grenzen Bariumhydroxyd eine suspendierende Wirkung zeigt; er hat aber diesem Umstande keine Beachtung geschenkt. Jedoch sind SCHLOESING sowie HALL und MORISON gegenteiliger Ansicht. Sie glauben, daß Ätzkalk eines der besten Ausflockungsmittel ist. Nach A. D. HALL und C. G. T. MORRISON[4] hat wiederum $Ca(OH)_2$ eine geringere Wirkung als $CaCl_2$ und $CaSO_4$. Auch für $Ba(OH)_2$ wurden ähnliche Wirkungen festgestellt. O. ENGELS[5] beobachtet, daß die kolloidchemische Wirkung des CaO energischer als die des $CaCO_3$ ist. G. GIVEN[6] untersucht diese Erscheinungen sehr eingehend und zeigt zunächst an Tonsuspensionen, daß die Kalksalze in nachstehender Reihenfolge mit nachlassender Kraft die Flockung beeinflussen:

$$CaCl_2,\ Ca(NO_3)_2,\ Ca(HCO_3)_2,\ CaSO_4,\ Ca(OH)_2\,.$$

Der Einfluß wechselnder Tonmenge äußert sich in der Weise, daß bei $CaCl_2$, $Ca(NO_3)_2$ und $CaSO_4$ die Menge des Tones keine Rolle zu spielen scheint, während bei $Ca(HCO_3)_2$ und $Ca(OH)_2$ eine Einwirkung deutlich bemerkbar ist, und zwar in der Weise, daß bei steigender Tonmenge trotz $2^1/_2$mal so starker Lösungen, wie dem zuerst gefundenen Schwellenwert entsprechen, teilweise keine Flockung herbeigeführt wird. Weitere Versuche scheinen zu beweisen, daß Kalziumhydroxyd in derselben Weise wie die Hydroxyde der Alkalimetalle innerhalb außerordentlich enger Grenzen die Eigenschaft aufweist, Ton in Suspension zu bringen. Durch Leitfähigkeitsuntersuchungen wird nachgewiesen, daß die Leitfähigkeit einer Gipslösung mit oder ohne Ton fast gleich ist, während bei Verwendung von $Ca(OH)_2$ der größte Teil davon durch den Ton der Lösung entzogen wird. Dadurch wird die Konzentration der Lösung schwächer als nötig ist, um die Ausfällung zu bewirken. Ganz ähnlich verhält sich auch Kalziumbikarbonat. Diese Einwirkung, die eine deutlich meßbare Zeit erfordert, wird auf die Wirkung der Hydroxylionen zurückgeführt. Dabei weist G. GIVEN darauf hin, daß jedoch in praktischer Hinsicht die Tatsache zu beachten ist, wonach Gips auf schwerem Boden weniger günstig als Branntkalk und Mergel

[1] BARUS, C.: N. S. Geolog. U. S. Bull. **36**.
[2] THOULET, J.: Ann. Min. **19**, 5 (1891).
[3] COWARD, H. F.: Sedimentation von Bentonit. J. chem. Soc. Lond. **125**, 1470 (1924); n. Z. Pflanzenern., Düng. u. Bodenk. A, **5**, 111 (1925).
[4] HALL, A. D. u. C. G. T. MORISON: J. agric. Sci. **2**, 224 (1907).
[5] ENGELS, O.: Der Einfluß von Kalk in Form von Ätzkalk und kohlensaurem Kalk auf die physikalische Beschaffenheit verschiedener Bodenarten. Landw. Versuchsstat. **83**, 409 (1914).
[6] GIVEN, G.: Inaug.-Dissert. Göttingen 1915.

wirkt. Die Feststellung der Ausflockung des Tones allein genügt also nicht, um die Wirkung der Kalkanwendung für die Praxis zu begründen. G. HAGER[1] verfolgt ferner in sehr sorgfältigen Untersuchungen die Umwandlungen, welche der Ätzkalk im Boden erleidet, und die Vorgänge, welche zu seiner günstigen Wirkung auf die physikalische Beschaffenheit des Bodens führen. Da Löslichkeitsversuche keine Erklärung für die bessere Wirkung des Ätzkalkes gegenüber dem kohlensauren Kalk ergeben, nimmt HAGER eine spezielle Einwirkung des Kalziumhydroxydes auf den Boden an, ohne im einzelnen diese Wirkung erklären zu können. K. K. GEDROIZ beobachtet, daß die Wirkung von NaOH in Verbindung mit Salzen wesentlich komplizierter ist als die der Säuren bei ähnlichen Verhältnissen. 0,005 n-NaOH verstärkt z. B. die Koagulation von 0,15 *n*-NaCl; dieselbe Konzentration von NaOH verschlechtert jedoch die Wirkung von geringeren NaCl-Mengen. NaOH zu $CaCl_2$ wirkt in Konzentrationen von 0,001—0,00025 *n* verstärkend, hemmt jedoch bei geringeren Konzentrationen. Nach GEDROIZ wird die Koagulation vor allem durch das Kation hervorgerufen, das Anion wirkt entgegengesetzt, wobei OH besonders deutlich bei einwertigen, schwächer bei zweiwertigen Kationen in Erscheinung tritt. S. E. MATTSON[2] zeigt wiederum, daß $Ca(OH)_2$ durchweg ein besseres Ausflockungsvermögen hat als z. B. $CaCl_2$. Werden jedoch geringe Mengen von 0,1 *n* NaOH zu der Suspension gefügt, welche schon $CaCl_2$ oder $CaSO_4$ enthält, so tritt sofort Flockung ein. Andererseits erhöht ein Zusatz von HCl oder H_2SO_4 zu $Ca(OH)_2$ die Beständigkeit der Suspension. Dabei hat man früher von den OH-Ionen stets eine verteilende Wirkung erwartet. Zur Erklärung für diese und zahlreiche andere Ergebnisse geht MATTSON von der Beobachtung aus, daß die OH-Ionen vom Boden weitgehend adsorbiert werden, daß sie stark aufladend wirken und in Gegenwart von nur schwach bis mäßig fällenden Kationen auch direkt aufteilend wirken. Indirekt üben sie eine fällende Wirkung dadurch aus, daß sie die Adsorption von fällenden Kationen fördern. Die Ausflockung ist nach MATTSON nicht allein dadurch bedingt, daß die Ladung der Teilchen herabgesetzt wird, sondern daß vielmehr auch eine Ausflockung von noch verhältnismäßig stark geladenen Teilchen stattfinden kann, wenn die Anzahl der in Adsorption gehaltenen Ionen groß ist. P. EHRENBERG[3] bestätigt diese Erfahrungen, indem er berichtet, daß reichliches Auftreten von OH-Ionen sehr günstig auf die Ausflockung und Krümelbildung wirkt, wenn stärker fällende, z. B. Ca-Ionen, ausreichend vorhanden sind. Die OH-Ionen laden die Bodenteilchen stärker auf, die entgegengesetzt geladenen Ca-Ionen werden jedoch zahlreicher adsorbiert, wodurch Ausflockung erfolgt. E. RAMANN[4] gibt an, daß in Quarzsuspensionen von 0,002 mm Korndurchmesser der Schwellenwert von $Ca(OH)_2$, $Ba(OH)_2$, $Sr(OH)_2$ bei einer Konzentration von 0,00035 *n*, von KOH und NaOH bei 0,1 *n* liegt. K_2CO_3 flockt bei 0,05 *n*, KCl bei 0,045 *n*, Na_2CO_3 bei 0,06 *n* und NaCl bei 0,055 *n*. Diese Schwellenwerte liegen also sehr dicht nebeneinander. N. M. COMBER[5] beobachtet, daß $Ca(OH)_2$ besser als neutrale Ca-Salze flockt, durch Einwirken von CO_2 wird

[1] HAGER, G.: J. Landw. **65**, 245 (1917). — Vgl. E. BLANCK u. F. SCHEFFER: Ein weiterer Beitrag zur Umwandlung des Ätzkalkes usw. Z. Pflanzenern., Düng. u. Bodenk. **4**, 553 (1925).

[2] MATTSON, S. E.: Die Beziehungen zwischen Ausflockung, Adsorption und Teilchenladung mit besonderer Berücksichtigung der Hydroxylionen. Kolloidchem. Beih. **14**, 227 (1921/22).

[3] EHRENBERG, P.: Zur Bildung der Bodenkrümel und Ackergare. Landw. Versuchsstat. **99**, 115 (1922).

[4] RAMANN, E.: Z. Pflanzenern., Düng. u. Bodenk. A, **3**, 257 (1924).

[5] COMBER, N. M.: Die Ausflockung von Böden II. J. agricult. Sci. **11**, 450 (1921); n. Z. Pflanzenern., Düng. u. Bodenk. A, **1**, 263 (1922).

jedoch die Fällung rückgängig gemacht, OH-Zusatz erhöht die fällende Wirkung von Ca'' in verschiedener Weise je nach der Zeit des Zusatzes. Sehr stark verdünnt wirkt $Ca(OH)_2$ direkt suspendierend. O. LEMMERMANN und L. FRESENIUS[1] bestätigen diese letzte Feststellung. A. F. JOSEPH und H. B. OAKLEY[2] beobachten, daß unter geeigneten Konzentrationsverhältnissen zunehmende Mengen von Gemischen von Chloriden und Hydroxyden zuerst flocken, dann in ihrer Wirkung nachlassen, um schließlich wieder in ihrer ausflockenden Wirkung stärker zu werden.

Neben diesen die speziellen Verhältnisse des Tons, also des mineralischen Bestandteiles des Bodens, charakterisierenden Untersuchungen muß nun noch näher auf die kolloidchemischen Verhältnisse der organischen Bestandteile eingegangen werden, wenn auch angenommen werden darf, daß prinzipiell eine bedeutende Zahl der erwähnten Erfahrungen auch für diese Substanzen zutrifft. Die Untersuchung der kolloiden Eigenschaften der Humate in ihrer Abhängigkeit von den Adsorptions- und Basenaustauschvorgängen sind überaus schwieriger Natur, weil sich einerseits chemische Lösungsprozesse vollziehen, andererseits aber Peptisationsvorgänge dabei eine Rolle spielen können. Bei der verwickelten Natur der Zusammensetzung dieser Bodenbestandteile ist es naturgemäß ungemein schwierig, eine Entscheidung in dieser Hinsicht zu treffen. S. ODÉN[3], der sich wohl am eingehendsten mit diesen Fragen beschäftigt hat, sieht die Humussäuren als in hohem Maße hydratisiert an. Peptisation wird in kleineren Konzentrationen durch Essigsäure, Kalziumzitrat, Zitronensäure usw. bewirkt. Vor allem aber wird die Peptisation hervorgerufen durch „die Humationen selbst, weshalb kleine Alkalimengen stark peptisieren".

Die Alkalisalze z. B. $KH_3—R_{Hum}$[4] faßt er als einen Übergangstypus zwischen einer kolloiden und einer echten Lösung auf, während er die übrigen Alkalisalze als nicht-kolloidal betrachtet. Die sonstigen Salze, außer dem Ca-Humat, zeigen größere oder geringere Neigung zur Dispergierung. Das Ferrisalz weist diese Eigenschaft am wenigsten auf. Über die Schwellenwerte, bei denen bei den verschiedenen Humussolen Koagulation eintritt, berichtet die nachstehende Tabelle:

Koagulator	Kolloidales			
	Humussäure-suspensionen	Kalziumhumat	Ferrihumat	Manganohumat
NaCl	0,25	1,0	0,25	1,5
NH_4NO_3	0,05	—	—	—
$Ca(HCO_3)_2$	0,007	0,018	0,014	0,018
$Fe(HCO_3)_2$	0,004	—	0,003	—
HCl	0,008	0,009	0,006	0,025

Alle Angaben beziehen sich auf molekularnormale Konzentration. Sv. ODÉN beobachtet ferner „daß der Quellungszustand und somit die Hydratation der dispersen Humussäureteilchen ähnlich wie bei manchen Eiweißstoffen von der Reaktion des Dispersionsmittels abhängig ist, und zwar scheint das Optimum der Hydratation bei schwach saurer Reaktion zu liegen (p_H etwa = 5)".

Wo. OSTWALD und A. STEINER[5] beobachten, daß die vorsichtig gereinigte Humussäure im elektrischen Strome mit negativer Ladung wandert und durch

---

[1] LEMMERMANN, O. u. L. FRESENIUS: Z. Pflanzenern., Düng. u. Bodenk. A, **3**, 1 (1924).

[2] JOSEPH, A. F. u. H. B. OAKLEY: Die anormale Flockung von Ton. Nature **117**, 624; n. Hoffm. Jber. **69**, 65 (1926).

[3] ODEN, S.: Die Huminsäuren, S. 116. Dresden u. Leipzig: Th. Steinkopff 1919.

[4] Siehe S. 122.

[5] OSTWALD, WO. u. A. STEINER: Beiträge zur Kolloidchemie von Humussäure und Torf. Kolloidchem. Beih. **21**, 97 (1925).

verschiedene Alkalien, alkalisch reagierende Salze und auch durch Pyridin peptisiert wird, während sie von Säuren ungefähr in der Reihenfolge ihrer Dissoziationsgrade ausgeflockt wird. Von einwertigen Salzen flocken nur relativ große Konzentrationen, die zweiwertigen viel stärker. Noch stärker flocken die drei- und vierwertigen Salze. Die Wirkung des H-Ions ist größer als die der einwertigen Kationen. Die Anionen wirken in der Weise, daß z. B. das Al-Azetat schwächer flockt als das Sulfat, obwohl das Al des Acetats nach BAUMANN und GULLY stärker als das des Sulfats adsorbiert wird. Alkali-Kolloid-Humate, wie sie vorsichtig die Alkalihumate bezeichnen, die bei höheren Alkalikonzentrationen entstehen, lassen sich dagegen mit Neutralsalzen nicht ausflocken; bilden sich jedoch amorphe Niederschläge aus, wie beim Zusatz von $Al_2(SO_4)_3$ durch Bildung von $Al(OH)_3$, so wird die Humussäure mitgerissen. Künstlich hergestellte Humussäure steht in kolloidchemischer Hinsicht den natürlichen Humussäuren sehr nahe.

A. STEBUTT[1] weist darauf hin, daß von allen kolloiden Bestandteilen des Bodens am stärksten die Humusstoffe durch Na- und H-Ionen peptisiert werden. Ferner gibt er an: „Auch das viel schwächer wirkende H′-Ultraion genügt, um den Humusstoffen einen so hohen Dispersitätsgrad zu verleihen, daß sich derselbe der Molekularverteilung nähert.“ Im übrigen besitzen die Humusstoffe prinzipiell die gleichen Eigenschaften wie die mineralischen kolloiden Bestandteile des Bodens, dies gilt insbesondere in bezug auf die Kationen H, Ca, Na. Zu ähnlicher Auffassung gelangt K. K. GEDROIZ[2]. Die organischen Bestandteile des Bodens vermögen nun aber die Koagulationsvorgänge der mineralischen Kolloide im Boden selbst in sehr bedeutungsvoller Weise zu beeinflussen. TH. SCHLOESING[3] weist bereits darauf hin, daß Humusstoffe eine Schutzwirkung gegenüber Tonsuspensionen auszuüben vermögen. Besonders wurde aber dieser Vorgang von E. FICKENDEY[4] untersucht, der angibt, daß sich ein natürlicher Tonboden in Suspension anders als eine Kaolinsuspension verhält, so daß die letztere schon durch Alkalien und Alkalikarbonate in vergleichsweise kleiner Konzentration ausgeflockt wird, während die Tonbodenaufschlämmung sehr hohe Konzentrationen jener Elektrolyte verträgt, ohne daß eine Zusammenballung der einzelnen Teilchen erfolgt. Diese Erscheinung wird damit erklärt, daß die im Tonboden enthaltenen Humussäuren durch Alkalien und Alkalikarbonate gelöst werden, und daß diese eine Schutzwirkung auf die Tonbestandteile ausüben. Die Verhältnisse sind also den in der allgemeinen Kolloidchemie beobachteten ganz gleich. Da die Humussäuren mit den Erdalkalien unlösliche Salze bilden, sollen sie bei Gegenwart von CaO ihre schädliche Eigenschaft nicht entfalten. Dadurch und infolge der Zweiwertigkeit des Ca-Ions, welche die flockenden Eigenschaften steigert, sowie dadurch, daß $Ca(OH)_2$ im Boden durch Gegenwart von CO_2 in $CaCO_3$ überführt wird, was wiederum die flockenden Eigenschaften erhöht, soll der günstige Einfluß des CaO auf die Struktur des Bodens erklärt werden. G. KEPPELER und A. SPANGENBERG[5] sowie H. PUCHNER[6] bestätigen die Beobachtungen von FICKENDEY. P. EHREN-

[1] STEBUTT, A.: Lehrbuch der allgemeinen Bodenkunde, S. 255. Berlin: Gebr. Bornträger 1930.

[2] GEDROIZ, K. K.: J. exp. Agron. **22**, 29 (1924).

[3] SCHLOESING, TH.: Détermination de l'argile dans la terre arable. C. r. Acad. Sci. Paris **28**, 1276 (1874).

[4] FICKENDEY, E.: Notiz über Schutzwirkung von Kolloiden auf Tonsuspensionen und natürliche Tonböden. J. Landw. **54**, 343 (1906).

[5] KEPPELER, G. u. A. SPANGENBERG: Notiz über die Schutzwirkung von Kolloiden auf Tonsuspensionen. J. Landw. **55**, 299 (1907).

[6] PUCHNER, H.: Landw. Versuchsstat. **70**, 249 (1909).

BERG[1] nimmt ferner an, daß bei Einwirkung größerer Mengen von Humuskolloiden diese flockend auf das Tonkolloid wirken können. G. FISCHER[2] kann eine nachweisbare Schutzwirkung der Humuskolloide gegenüber kolloidalem Gold und Tonerde nicht beobachten, doch besteht sie für Eisenoxyd. Weiterhin sichert SV. ODÉN[3] die Angaben über die Schutzwirkung der Humusstoffe. Sie „ist von gleicher Größenordnung wie die anderer ‚Schutzkolloide', wird aber durch die ziemlich große Elektrolytempfindlichkeit der Humuskolloide größeren Elektrolytkonzentrationen gegenüber begrenzt". Nach ODÉNS Auffassung handelt es sich dabei um eine Aufnahme des Schutzstoffes seitens der zu schützenden Teilchen. S. E. MATTSON[4] weist jedoch darauf hin, daß diese Vorgänge nicht allein in einer Schutzwirkung des Humus auf den Ton bestehen, sondern daß auch ein empfindlicheres Reagieren des Humus durch die Beimischung von Ton zu beobachten ist.

G. WIEGNER[5] und A. STEBUTT[6] geben ferner an, daß nur saurer Humus auf Bodenkolloide eine Schutzwirkung ausübt. V. T. AALTONEN[7] beobachtet schließlich, daß die Flockung von Eisensol durch Kalkwasser durch verschiedene Humusauszüge zunächst unterbunden wird. Bei steigenden Humusmengen flocken diese aber schon das Eisensol bald selbst aus.

Weiterhin sind noch die Koagulationsverhältnisse der verschiedenen SiO_2-, Al_2O_3- und Fe_2O_3-Gele zu besprechen. A. STEBUTT[8] gibt für die Sesquioxyde an, daß auch bei ihnen die Überlegenheit des Na-Ions als Peptisator zu bemerken ist, denn in den sauren Böden ist die Wanderung der kolloiden Sesquioxyde weitaus schwächer als in den Salzböden. Die kolloidale Kieselsäure soll dahingegen nach GEDROIZ in Gegenwart von Na-Ionen stark zurückgehalten werden. N. M. COMBER[9] beobachtet, daß eine Tonsuspension nach dem Versetzen mit NH_3 eine viel größere Fällbarkeit durch $Ca(NO_3)_2$ als in neutraler Lösung zeigt. Diese Tatsache ist jedoch nicht bei allen Böden zu beobachten. Ebenso ist die Wirkung von $Ca(OH)_2$ im Vergleich zu $Ca(HCO_3)_2$ und $Ca(NO_3)_2$ je nach der Art des Bodens verschieden. COMBER erklärt diese Vorgänge durch die Annahme, daß die Tonteilchen des Bodens durch ein lyophiles Kolloid, etwa SiO_2, geschützt sind. Nach A. STEBUTT[10] soll die wasserreiche Kieselsäure dagegen ihre Schutzwirkung vorwiegend auf Eisensole ausüben. Weitere Angaben über die Wirkung von SiO_2 als Schutzkolloid macht A. REIFENBERG[11], doch würde die eingehendere Besprechung zu weit führen.

---

[1] EHRENBERG, P.: Die Bodenkolloide, 3. Aufl., S. 130. Dresden u. Leipzig: Th. Steinkopff 1922.

[2] FISCHER, G.: Kühn-Arch. **4**, 1 (1914).

[3] ODÉN, SV.: Die Koagulation der Tone und die Schutzwirkung der Humussäure. J. Landw. **67**, 177 (1919).

[4] MATTSON, S. E.: Kolloidchem. Beih. **14**, 227 (1922).

[5] WIEGNER, G.: Boden und Bodenbildung, 5. Aufl., S. 11. Dresden u. Leipzig: Th. Steinkopff 1929.

[6] STEBUTT, A.: Lehrbuch der allgemeinen Bodenkunde, S. 256. Berlin: Gebr. Bornträger 1930.

[7] AALTONEN, V. T.: 1. Zur Kenntnis der Ausfällung des Eisens im Boden. 2. Versuche zur Klärung der Schutzwirkungen von wäßrigen Humusauszügen. Acta forest. Fenn. **25** (1923); n. Z. Pflanzenern., Düng. u. Bodenk. A, **10**, 58 (1927/28).

[8] STEBUTT, A.: Lehrbuch der allgemeinen Bodenkunde, S. 256. Berlin: Gebr. Borntrӓger 1930.

[9] COMBER, N. M.: Die Ausflockung der Böden. J. agricult. Sci. **10**, 425 (1920); n. Hoffm. Jber. **64**, 55 (1921).

[10] STEBUTT, A.: Lehrbuch der allgemeinen Bodenkunde, S. 256. Berlin: Gebr. Borntrӓger 1930.

[11] REIFENBERG, A.: Über die Rolle der Kieselsäure als Schutzkolloid bei der Entstehung mediterraner Roterden. Z. Pflanzenern., Düng. u. Bodenk. A, **10**, 159 (1927/28).

Diese ungemein vielfachen Erfahrungen hat nun vor allem G. WIEGNER gemeinsam mit seinen Schülern unter Berücksichtigung der theoretischen Erkenntnisse der allgemeinen Chemie zu ordnen und theoretisch zu erklären versucht. Es soll daher besonders auf diese Arbeiten eingegangen werden.

Zunächst bringt R. GALLAY[1] seine Vorstellungen auf Grund der Erkenntnisse, die in der Kolloidchemie gewonnen wurden, zum Ausdruck. Mit G. WIEGNER vertritt er die Auffassung, daß entsprechend der Theorie von H. FREUNDLICH[2] die Koagulation eine Folge der Adsorption ist. „Das positiv geladene Kolloidteilchen adsorbiert in Menge die negativen Ionen, das negativ geladene Teilchen adsorbiert vor allem positive Ionen. Je nach dem Umfange, den diese Adsorption annimmt, werden die Teilchenladungen ganz oder teilweise neutralisiert. Infolgedessen entsteht eine Verminderung oder Aufhebung der abstoßenden Kraft der Teilchen. Die kolloide Lösung, die Suspension, verliert ihre Beständigkeit und koaguliert.“

Durch HARDY[3] ist bekannt, daß die Koagulation nicht nur vor sich geht, wenn die Teilchen vollständig entladen sind, d. h. also der isoelektrische Punkt erreicht ist, sondern daß sie schon früher beginnt. POWIS und ELLIS[4] zeigten, daß für die Beständigkeit der kolloiden Lösungen ein kritisches Potential besteht, und daß eine Ölemulsion zu koagulieren beginnt, sobald das Teilchenpotential unter das kritische Potential sinkt. Das Vorkommen eines kritischen Potentials wurde von MATTSON[5] auch für den Ton festgestellt. Zur weiteren Kennzeichnung der von G. WIEGNER und seiner Schule vertretenen allgemeinen Auffassung seien noch folgende, allgemeine Angaben über diese Vorgänge von P. TUORILA[6] mitgeteilt:

M. VON SMOLUCHOWSKI[7] geht von der Anschauung aus, daß „die Stabilität kolloider Systeme abhängig sein muß von dem Verhältnis der zwischen Kolloidteilchen wirkenden Abstoßungs- und Anziehungskräfte. In einem stabilen kolloiden System berühren sich die Teilchen nicht, sondern es wirkt zwischen ihnen eine Abstoßung“. Als Ursache der Abstoßung ist das elektrische Grenzflächenpotential zwischen Kolloidteilchen und Dispersionsmittel, d. h. das elektrokinetische Potential der Kolloidteilchen, anzusehen. Wenn dieses Potential groß ist, dann ist auch die Abstoßung groß und die Teilchen können sich nicht vereinigen. „Wenn das elektrokinetische Potential kleiner ist, so ist auch die Abstoßung kleiner, einige Teilchen können sich berühren und aneinanderhaften. Das kolloide System koaguliert langsam. Ist das elektrokinetische Potential sehr klein oder Null, so ist praktisch keine Abstoßung vorhanden, die Teilchen können sich beliebig berühren und einander adhärieren. Das System koaguliert dann rasch.“ Dadurch, daß die Teilchen aneinanderhaften, folgt, daß zwischen ihnen Anziehungskräfte wirken müssen. Über die Art dieser Kräfte besteht bis jetzt noch keine Klarheit. Nach R. ELLIS[8], H. FREUNDLICH und H. P. ZEH[9] wird die Größe des elektrokinetischen Potentials durch die

[1] GALLAY, R.: Kolloidchem. Beih. **21**, 431 (1925).

[2] FREUNDLICH, H.: Die Bedeutung der Adsorption bei der Fällung der Suspensionskolloide. Z. physik. Chem. **73**, 385 (1910).

[3] HARDY: Proc. roy. Soc. Lond. **66**, 110 (1900).

[4] ELLIS, R.: Die Eigenschaften von Ölemulsionen II, Beständigkeit und Größe der Kügelchen. Z. physik. Chem. **80**, 597 (1912).

[5] MATTSON, S. E.: Kolloidchem. Beih. **14**, 227 (1921).

[6] TUORILA, P.: Über orthokinetische und perikinetische Koagulation. Kolloidchem. Beih. **24**, 1 (1927).

[7] SMOLUCHOWSKI, M. VON: Versuch einer mathematischen Theorie der Koagulationskinetik kolloider Lösungen. Physik. Z. **17**, 557, 583 (1916); Z. physik. Chem. **92**, 129 (1917).

[8] ELLIS, R.: Eigenschaften von Ölemulsionen. III. Koagulation durch kolloide Lösungen. Z. physik. Chem. **89**, 145 (1914).

[9] FREUNDLICH, H. u. H. P. ZEH: Über den Einfluß der Wertigkeit bei der Koagulation und der Kataphorese. Z. physik. Chem. **114**, 66 (1925).

Konzentration der Elektrolyte im System bestimmt, in dem es im allgemeinen klein ist, wenn der Gehalt des Systems an Elektrolyten oder Ionen groß ist, und umgekehrt.

Die Geschwindigkeit der Koagulation erreicht bei einer bestimmten Elektrolytkonzentration einen Grenzwert. Das elektrokinetische Potential ist dann bis zum Nullwert erniedrigt und das Sol koaguliert mit maximaler Geschwindigkeit. Diesen Zustand nennt man die „rasche“ Koagulation. Alle kleineren Koagulationsgeschwindigkeiten gehören zum Gebiete der „langsamen“ Koagulation.

M. VON SMOLUCHOWSKI berechnet nun zunächst den Koagulationsvorgang für die rasche Koagulation monodisperser Systeme, indem er für die nun eintretende Anziehung der Teilchen den Vorgang der BROWNschen Molekularbewegung zugrunde legt. Später berechnet er in ähnlicher Weise auch den Vorgang der langsamen Koagulation. H. MÜLLER[1] entwickelt dann die mathematische Formulierung der Koagulation polydisperser Systeme unter der Annahme, daß bei der Flockung kleine Teilchen die Neigung haben, sich an größere anzulegen. Wie gesagt, wurden diese Formulierungen unter Berücksichtigung der BROWNschen Molekularbewegung aufgestellt, und G. WIEGNER[2] bezeichnet sie daher zusammenfassend als „perikinetische Koagulation“, während weiterhin P. TUORILA die Vorgänge der Koagulation unter Berücksichtigung der Fallbewegung und des Rührens erfaßt. Diese Koagulation bezeichnet G. WIEGNER als „orthokinetische“. Auf Grund dieser theoretischen Vorstellungen untersucht nun R. GALLAY[3] speziell die Beziehungen zwischen Koagulation und Basenaustausch und findet: Wenn am Ton einwertige Basen angereichert werden, dann verlieren die Ca-Salze oder die Salze anderer zweiwertiger Metalle infolge des Basenaustausches einen Teil ihrer spezifischen Wirksamkeit. Wenn andererseits am Ton Ca-Ionen sich anreichern, dann können umgekehrt Na- und K-Salze einen Teil ihres Flockungsvermögens dem ausgetauschten Ca verdanken. So ist z. B. ein Boden, der an Ca angereichert wurde, elektrolytempfindlicher als Ammonium-, Kalium- oder Natriumböden. Bei gleichem Boden und gleicher Konzentration haben die zweiwertigen Ionen stets das größere Flockungsvermögen als die einwertigen Ionen. „Der Unterschied wird um so deutlicher, je verdünnter die Suspension ist, je weniger sich daher der Einfluß der Austauschionen geltend macht.“

Über diese Vorgänge gibt folgende Tabelle eine deutliche Vorstellung:

Abnahme der Teilchenzahl bei der Koagulation mit verschiedenen Elektrolyten. (In Prozenten der Anfangszahl.)

Elektrolyt-konzentration	Ca-Boden		K-Boden		Na-Boden		NH_4-Boden	
	KCl	$CaCl_2$	KCl	$CaCl_2$	KCl	$CaCl_2$	KCl	$CaCl_2$
n/10000	0,0	0,0	0,0	0,0	0.0	0,0	0	0
n/1000	32,4	39,3	8,6	13,2	6,6	12,6	6,1	12,9
n/100	67,3	83,3	34,2	67,1	29,4	58,2	32,4	65,6
n/10	78,8	83,3	67,7	79,0	65,6	74,9	67,6	74,4
n/1	—	—	74,5	79,0	72,9	74,9	73,0	74,4

Hinsichtlich der Bedeutung der Verdünnung ist aus den nachstehenden Tabellen zu entnehmen, daß bei der Koagulation eines Ca-Bodens durch KCl die Verdünnung der Suspension eine Verzögerung der Koagulation hervorruft,

[1] MÜLLER, H.: Die Theorie der Koagulationen polydisperser Systeme. Kolloid-Z. 38, 1 (1926).

[2] WIEGNER, G.: Über Koagulation. Z. Pflanzenern., Düng. u. Bodenk. A, 11, 185 (1928).

[3] GALLAY, R.: Kolloidchem. Beih. 21, 431 (1925).

da weniger zweiwertige Ionen in Freiheit gesetzt werden, wie es die nachstehende Tabelle zeigt:

Einfluß der Verdünnung auf die Koagulation verdünnter Ca-Tonsuspensionen.

Verdünnung	Aussehen der Suspension nach 18 Stunden nach der Koagulation	
	in $n/1000$ $CaCl_2$	in $n/1000$ KCl
nicht verdünnt	klar	klar
$^1/_2$ konzentriert	klar	klar
$^1/_4$ konzentriert	klar	klar
$^1/_8$ konzentriert	klar	opaleszierend
$^1/_{16}$ konzentriert	klar	trübe

Wenn dagegen ein Kaliboden durch $CaCl_2$ koaguliert wird, so muß die Verdünnung einen umgekehrten Einfluß ausüben, da weniger zweiwertige Ionen adsorbiert und gegen einwertige Ionen ausgetauscht werden. Die nachstehende Tabelle läßt diese Vorgänge deutlich erkennen.

Einfluß der Verdünnung auf die Koagulation eines K-Bodens.

Verdünnung	Zeit bis zum Auftreten einer deutlichen Flockung	
	in $n/200$ $CaCl_2$ Min.	in $n/200$ KCl Min.
nicht verdünnt	4	13
$^1/_2$ konzentriert	2	16
$^1/_4$ konzentriert	5	20
$^1/_8$ konzentriert	9	32
$^1/_{16}$ konzentriert	17	45
$^1/_{32}$ konzentriert	35	98

Ferner bespricht GALLAY die Bedeutung der Hydratation für den Basenaustausch und die Koagulationsvorgänge. Danach ist die Austauschfähigkeit eines Ions ,,um so größer, je weniger hydratisiert es ist und je mehr hydratisiert dagegen die schon adsorbierten Ionen an der Oberfläche sind". Z. B. sehen K. FAJANS und K. VON BECKERATH[1] in der geringen Hydratation der H- und OH-Ionen den Grund für die hervorragende Adsorptionsfähigkeit derselben. Nach der Stärke der Hydratation unterscheidet sodann bekanntlich Wo. OSTWALD zwischen hydrophilen und hydrophoben Kolloiden.

Im Zusammenhang mit diesen Erscheinungen stehen die Beobachtungen hinsichtlich des Flockungsvermögens. Die am wenigsten hydratisierten Ionen werden am leichtesten adsorbiert und zeigen daher das größte Flockungsvermögen. Bei den einwertigen Ionen wächst es vom Lithium zum Cäsium, bei den zweiwertigen vom Magnesium zum Barium. H. FREUNDLICH[2] zeigt im Zusammenhang damit, daß der Unterschied im Koagulationsvermögen zweier aufeinander folgender Ionen derselben Reihe um so deutlicher wird, je stärker die kolloiden Teilchen hydratisiert sind.

GALLAY verfolgt nun diese Vorgänge mit Hilfe von Viskositätsuntersuchungen, denn die Koagulation bewirkt eine Vergrößerung der Viskosität und damit eine Verminderung der Durchlaufsgeschwindigkeit infolge der durch die Koagulation bewirkten Vergrößerung des Volumens des Bodens. Auf Grund der dabei beobachteten Ergebnisse gelangt GALLAY zu folgenden Anschauungen:

[1] FAJANS, K. u. K. v. BECKERATH: Z. physik Chem. 97, 478 (1921).

[2] FREUNDLICH, H.: Kapillarchemie, S. 585. 1922.

a) „Das Flockungsvermögen der einwertigen und zweiwertigen Kationen wächst in der lyotropen Reihe:

$$Li < Na < NH_4 < K < Rb < Cs \quad \text{und} \quad Mg < Ca < Ba.$$

b) Die Viskosität des Koagulums und dieser parallel die Hydratation der ausgeflockten Teilchen ist um so kleiner, je weniger die adsorbierten Ionen und je mehr die Ionen der Außenflüssigkeit hydratisiert sind.“ Als Folge dieser Beobachtungen gibt der Na-Boden eine bedeutend viskosere Flockung als der K- und NH_4-Boden. Ferner ist die Viskosität am größten, „wenn der Na-Boden mit den am wenigsten hydratisierten Kationen koaguliert wird. Die Flockung des Ca-Bodens zeigt die kleinste Viskosität (er adsorbiert zweimal weniger Kationen)“.

Für die landwirtschaftliche Praxis wird z. B. als Auswertung eine Erklärung der verkrustenden Wirkung der Na- und K-Ionen gegeben, die bei Na größer ist, weil seine Hydratation größer als die des K ist. Zugleich wird eine größere Quellung des Bodens hervorgerufen, nachdem die Hydratationskraft der in der Außenflüssigkeit enthaltenen Ionen, wie z. B. bei den Durchlässigkeitsversuchen von O. NOLTE[1], durch Auswaschen eliminiert worden ist. Neben anderen Ergebnissen wird auf diese Weise auch die von A. VON NOSTITZ[2] beobachtete Verkrustung durch Magnesiasalze erklärt.

G. WIEGNER[3] gibt nun auf Grund dieser Arbeiten folgende zusammenfassende Darstellung seiner Anschauungen: „Jedes Teilchen hat . . . . eine festhaftende Innenbelegung und einen darum verdichteten äußeren Schwarm von entgegengesetzt geladenen, sonst frei beweglichen Ionen. Die Ionen der Innenbelegung laden das Teilchen auf und bilden mit dem zugehörigen äußeren Ionenschwarm zusammen die Ionen des Stabilisators. Je nach der Natur der Ionen des äußeren Schwarmes wird ohne Elektrolytzusatz bei gleicher Innenbelegung das Potential des Teilchens verschieden sein, indem der äußere Ionenschwarm mehr oder weniger weit von der Innenbelegung entfernt ist. Erhöhte Elektrolytkonzentration im Dispersionsmittel drückt die Konzentration der Außenschicht herauf, so daß der Außenschwarm dichter, das Potential geringer wird. Mit veränderter Hydratation der Ionen des äußeren Schwarmes, ganz abgesehen von der Innenbelegung, die als gleich angenommen wird, wird der Schwarm ebenfalls dichter oder weniger dicht sein und damit wird sein Schwerpunkt weniger oder mehr von der Innenbelegung entfernt sein . . . Das Potential des Teilchens und seine Stabilität sind mit der Hydratation der Außenionen verschieden. Ein sog. Lithiumton, der stark hydratisierte Li-Kationen im äußeren lockeren Ionenschwarm enthält, muß ein höheres Potential und damit eine größere Stabilität haben als ein Cäsiumton, der wenig hydratisiertes Cäsium im dichteren äußeren Ionenschwarm aufweist. Die Stabilität einer Reihe von Tonen und von Dispersoiden überhaupt wird also in der folgenden Reihe von links nach rechts zunehmen:

⟶ zunehmende Stabilität

H-Ton, Cs-Ton, Rb-Ton; K-Ton; NH_4-Ton; Na-Ton; Li-Ton

entsprechend: Ba-Ton, Sr-Ton, Ca-Ton, Mg-Ton.“

Die Tatsache, daß die koagulierende Wirkung des zweiwertigen Ions weit stärker als die des einwertigen ist, daß aber das einwertige Kation beim Basenaustausch fester am Teilchen haftet, wird in der Weise erklärt, daß das einwertige

[1] NOLTE, O.: Die schädlichen Wirkungen der Kali- und Natronsalze auf die Struktur des Bodens und ihre Ursachen. J. Landw. **67**, 267 (1919).

[2] NOSTITZ, A. v.: Landw. Versuchsstat. **99**, 27 (1922).

[3] WIEGNER, G.: ZSIGMONDY-Festschrift d. Kolloid-Z. **1929**, 341.

Ion zwar fester haftet, weil es näher an das einzelne Gegenion herantritt, trotzdem dringt es im Mittel nicht so dicht an die negative Innenbelegung und erniedrigt damit das Potential nicht so stark wie das zweiwertige Ion.

Sind die Dispersoide in einer Elektrolytmischung aufgeschwemmt, „so bestimmt das Ionengleichgewicht, das sich nach den Regeln des Basenaustausches einstellt, auch das Hydratationsverhalten der Ultramikronen.

„Der Wassergehalt eines Ultramikrons hängt ab vom Hydratationszustand der Gleichgewichtskationen nach erfolgtem Basenaustausch im Innern des Ultramikrons und im Innern des Dispersionsmittels. Stark hydratisierte Ionen, wie Na-Ionen in der Außenflüssigkeit vermindern die Anreicherung des Wassers im Innern des Teilchens und damit sein Quellen, weil sie selber stark hydratisiert sind. In dem Maße, wie durch Wegwaschen der Ionen des Dispersionsmittels die Hydratisierung der Ionen im Innern des Sekundärteilchens, die vorher durch Hydratisierung der Außenionen gebremst war, begünstigt wird, quillt das Primärteilchen beim Auswaschen auf und vermehrt sein Volumen." Basenaustausch und Hydratation der Ionen spielen daher bei allen Dispersitätsänderungen der Tone eine ausschlaggebende Rolle. Und die SCHULZEsche Wertigkeitsregel, die einen starken Unterschied in der Wirkung von ein- und zweiwertigen Ionen verlangt, verliert dabei zunehmend ihre Gültigkeit.

A. FODOR und B. SCHOENFELD[1] geben ferner noch an, daß H-Ionen nicht peptisieren, sondern dehydratisieren. Die Alkali- und Säureflockungen unterscheiden sich in charakteristischer Weise. Die alkalische Koagulation besitzt einen gequollenen Habitus, die Säurekoagulation dagegen eine dichtgeballte Konsistenz. Daran anschließend sei noch eine Beobachtung von R. BRADFIELD[2] mitgeteilt, der feststellt, daß verschiedene Säuren ausflockend auf Ton einwirken, wenn die p_H-Zahl 3,8 erreicht war. Ferner beobachtet er, daß mit steigender p_H-Zahl bis zum Neutralpunkt steigende Mengen von KCl verwendet werden müssen, um eine Flockung zu erreichen.

Die Bedeutung der Bodenabsorption und des Basenaustausches für den Fruchtbarkeitszustand des Bodens.

Nachdem nun in den vorhergehenden Abschnitten ein Bild von der Mannigfaltigkeit und den Gesetzmäßigkeiten der durch die Bodenabsorption und den Basenaustausch bewirkten Vorgänge und Umsetzungen entworfen worden ist, wodurch schon im einzelnen die Bedeutung derselben für den Fruchtbarkeitszustand zu erkennen ist, soll nachstehend versucht werden, deren Bedeutung für die Fruchtbarkeit des Bodens in allgemein zusammenfassender Form zu geben. Eine Einteilung der zahlreichen Beziehungen kann in der Weise vorgenommen werden, daß zunächst die Bedeutung chemischer Einflüsse, dann anschließend die der physikalischen geschildert wird.

Die Bedeutung der Bodenabsorption und des Basenaustausches für den Fruchtbarkeitszustand des Bodens in chemischer Hinsicht.

Schon die angeführten Zitate aus den Arbeiten von GAZZERI, LAMBRUSCHINI und BRONNER lassen erkennen, daß diese Forscher eine durchaus zutreffende Vorstellung von der Bedeutung dieser Vorgänge für die Pflanzenernährung gehabt haben. Schnelles Festhalten der Nährstoffe, so daß nur langsam Verluste eintreten, d. h. langsames Abgeben an die Pflanze entsprechend ihren Bedürfnissen geschieht, so darf man wohl in kurzen Worten ihre auch heute noch zutreffende

[1] FODOR, A. u. B. SCHOENFELD: Beitrag zur Kenntnis der Kolloidnatur des Tones. Kolloidchem. Beih. **19**, 1 (1924).

[2] BRADFIELD, R.: J. Amer. Chem. Soc. **45**, 1243 (1923).

Anschauung formulieren. In wesentlich klarerer Form weist dann J. TH. WAY[1] auf Grund seiner eingehenden Studien auf die Bedeutung der Absorption für die Auswaschung und Verteilung des Düngers hin. Auf Grund seiner Erkenntnisse schlägt er z. B. zur Verstärkung des Absorptionsvermögens des Bodens vor, diesen mit Ton zu überfahren. Später erkennt er bereits die Bedeutung einer Kalkung hinsichtlich ihrer Einwirkung auf die übrigen Nährstoffbasen. Sodann stellt er fest, daß diese so gebundenen Basen nicht vollständig unlöslich sind, daß vor allem CO_2-haltiges Wasser selbst von dem sehr fest gebundenen Ammoniak bedeutsame Mengen zu lösen vermag. Auch H. S. THOMPSON[2] zieht aus seinen Absorptionsversuchen bereits sehr klare Schlußfolgerungen für die Praxis der Düngeranwendung. Da er z. B. beobachtet, daß die verschiedenen Bodenarten ein verschieden starkes Absorptionsvermögen für Ammoniak besitzen, schlägt er vor, daß Tonböden schon eine längere Zeit vor der Aussaat gedüngt werden können, ohne daß stärkere Verluste zu befürchten sind, während leichte Böden nur kurz vor der Aussaat und nicht mit zu großen Gaben auf einmal gedüngt werden sollen. Ferner regt er aus dem gleichen Grunde an, die Krume des leichten Bodens zu vertiefen.

Jedoch war es vor allem J. v. LIEBIG, der in einer Reihe von Veröffentlichungen ein klares und fest umrissenes Bild von der pflanzenphysiologischen Bedeutung dieser Vorgänge zeichnete. Und wenn sich auch später herausstellte, daß einzelne Anschauungen von ihm nicht zutreffend waren, so haben doch seine Ausführungen so stark wie selten die Arbeitsrichtung seiner Zeitgenossen beeinflußt.

Vor allem gelangt J. v. LIEBIG zu der Vorstellung, daß die Mehrzahl der Gewächse die mineralischen Nährstoffe nicht aus einer Bodenlösung gewinnt, sondern daß die Pflanze erst durch ihre Wurzeltätigkeit die Nährstoffe direkt aus der Ackerkrume herauslösen muß. Ferner erkennt er die große Bedeutung der Absorptionsvorgänge für die Festlegung der Düngesalze im Boden an, wodurch sie an Löslichkeit in Wasser und Verbreitbarkeit verlieren. Wenn daher eine im Verhältnis zu der im Boden enthaltenen Menge an Nährstoffen kleine Düngermenge die Fruchtbarkeit in so auffallendem Maße erhöht, dann erklärt sich nach seiner Auffassung diese Tatsache dadurch, daß durch Anhäufung dieser Nährstoffe in den oberen Bodenschichten die Jugendentwicklung dieser Pflanzen besonders gefördert wird, wodurch sie in die Lage versetzt werden, später — in kräftigerem Zustande — die schwerlöslichen und in größeren Tiefen befindlichen Nährstoffe besser auszunutzen.

W. HENNEBERG und F. STOHMANN[3] weisen im Gegensatz zu den Auffassungen von LIEBIG darauf hin, daß bei reichlichem Ammoniakgehalt der Oberkrume eines Bodens doch gewisse Stickstoffmengen ausgewaschen werden. Jedoch gehen die Nährstoffe durch dieses Auswaschen nicht verloren, sondern werden sicherlich vom Untergrund festgehalten. GROUVEN[4] vertritt ebenfalls im Gegensatz zu den Auffassungen von v. LIEBIG über die praktische Bedeutung der Absorption die Anschauung, daß der fallende Regen durchaus in der Lage ist, genügend mineralische Nährstoffe aus dem Boden zu lösen, die in dieser Form von der Pflanze aufgenommen werden können. Ferner ist noch darauf hinzuweisen, daß im Boden entstehende Kohlensäure dieses Inlösunggehen verstärken wird, wie z. B. TH. DIETRICH[5] durch eingehende Versuche nachweist. GROUVEN lehnt

[1] WAY, J. TH.: J. roy. agricult. Soc. England **11**, 313 (1850); **13**, 123 (1852).
[2] THOMPSON, S.: J. roy. agricult. Soc. England **11**, 68 (1850).
[3] HENNEBERG, W. u. F. STOHMANN: Ann. Pharm. **107**, 152 (1858).
[4] GROUVEN, H.: Agron. Ztg. **1858**, 469; n. Hoffm. Jber. **1**, 13 (1860).
[5] DIETRICH, TH.: J. prakt. Chem. **74**, 12; n. Hoffm. Jber. **1**, 29 (1860).

daher die geschilderte Auffassung von v. LIEBIG ab. Auch in den landwirtschaftlichen Berichten von L. v. BABO[1] wird diese Auffassung von v. LIEBIG sehr eingehend widerlegt; ebenso ist auch E. WOLFF[2] unbedingt gegen die LIEBIGschen Anschauungen. Die auf S. 192 bereits angeführten Arbeiten von F. BRUSTLEIN, E. PETERS u. a. zeigen, daß tatsächlich eine gewisse Löslichkeit der absorbierten Basen angenommen werden muß. Ebenso zeigt FR. SCHULZE[3], daß im Wasserauszug des Bodens deutliche Mengen von Phosphorsäure auftreten. FRAAS[4] und F. STOHMANN[5] vertreten allerdings erneut die Auffassung, daß die Kulturpflanze ihre Nahrung nicht durch eine Lösung zugeführt erhält, und WUNDER[6] vermag den Ausführungen von EICHHORN[7] nicht zu folgen, wonach die im Juli und August in Bonn fallenden Regenmengen ausreichen sollen, um alle Mineralbestandteile, die durch eine Ernte der verschiedenen Kulturpflanzen dem Boden entzogen werden, in Lösung zu überführen. Jedoch sind seine Versuche wohl nicht ausreichend zur Belegung dieser seiner gegenteiligen Ansicht.

Neben ULBALDINI[8] bestreitet besonders W. SCHUHMACHER[9] die Richtigkeit der auf Grund der Absorptionserscheinungen des Bodens von v. LIEBIG angenommenen Anschauungen über die Ernährung der Pflanzen, die darin gipfeln, daß die Pflanzen den größten Teil ihrer Nährstoffe direkt von der Ackerkrume aufnehmen, jedoch ihr Bestehen gefährdet sei, wenn ihnen diese Bestandteile in einer Nährlösung zugeführt werden. SCHUHMACHER zeigt, daß die Drainwässer, Ausschüttelungen des Bodens mit destilliertem Wasser usw. nicht als Bodenlösungen aufzufassen sind, sondern daß der Boden selbst Kohlensäure und andere Säuren bildet, die nach den Versuchen von PETERS ein stark lösendes Vermögen besitzen, und daß ferner die Pflanzenwurzeln selbst in der Lage sind, durch ihre Ausscheidungen schwer lösliche Stoffe, wie $CaCO_3$ anzugreifen. Er ist daher der Auffassung, daß die landwirtschaftlichen Kulturpflanzen sowohl aus der Bodenlösung als auch direkt aus den Bodenbestandteilen ihre Nährstoffe aufnehmen können. Zwar widerspricht PH. H. ZÖLLER[10] sehr energisch dieser Auffassung, doch wurde durch die Versuche in Nährlösungen, wie sie von zahlreichen Forschern, wie z. B. W. KNOP[11], ausgeführt und durch die Versuche von TH. SCHLOESING[12] immer mehr erhärtet wurden, bewiesen, welche Bedeutung die im Boden zirkulierende Bodenlösung für das Pflanzenwachstum hat. Ferner sei auf die Auffassung E. RAMANNS[13] aufmerksam gemacht, der annimmt, daß es für die Aufnahme der Nährstoffe des Bodens durch die Pflanze unnötig sei,

---

[1] BABO, L. v.: Landw. Ber. 1858, 1; n. Hoffm. Jber. 1, 15 (1860).
[2] WOLFF, E.: Mitt. Hohenh., Heft 4, 66; n. Hoffm. Jber. 1, 19 (1860).
[3] SCHULZE, FR.: Landw. Versuchsstat. 6, 409 (1864).
[4] FRAAS: Nach Hoffm. Jber. 2, 9 (1861).
[5] STOHMANN, F.: Versuche mit absorbierten Nährstoffen. Landw. Versuchsstat. 6, 424 (1864).
[6] WUNDER, G.: Über die in dem Boden enthaltenen Lösungen. Landw. Versuchsstat. 2, 104 (1860).
[7] EICHHORN, H.: Z. Landw. Lehranst. u. Versuchsstat. Poppelsd., Heft 1, 22.
[8] ULBALDINI: C. r. 53, 333; n. Hoffm. Jber. 4, 1 (1863).
[9] SCHUMACHER, W.: Nimmt die Pflanze ihre Nahrungsstoffe aus dem Bodenwasser oder direkt von den Bodenteilchen auf? Landw. Versuchsstat. 4, 270 (1862).
[10] ZÖLLER, PH. H.: Vegetationsversuche in Böden, welche die pflanzlichen Nährstoffe in physikalischer Bindung (absorbiert) enthielten. Landw. Versuchsstat. 5, 40 (1863).
[11] KNOP, W.: Quantitativ-analytische Arbeiten über den Ernährungsprozeß der Pflanzen. Landw. Versuchsstat. 3, 295 (1861).
[12] SCHLOESING, TH.: Utilisation par les plantes, de l'acide phosphorique dissous dans les eaux du sol. C. r. 127, 820 (1898).
[13] RAMANN, E.: Landw. Versuchsstat. 88, 379 (1916). — RAMANN, E., S. MÄRZ u. H. BAUER: Über Boden-Preßsäfte. Internat. Mitt. Bodenkde. 6, 1 (1916).

auf die aufschließende Wirkung der Kohlensäure hinzuweisen. Allein die ausreichende Verdunstung von Wasser durch die Pflanze könne genügen, um den Transport genügender Nährstoffmengen zur Pflanzenwurzel zu erklären. M. v. WRANGELL[1] vertritt ebenfalls die Anschauung, daß die Pflanze die für sie notwendigen Salze nur in gelöster Form aufzunehmen vermag, und zwar aus sehr verdünnten Lösungen. Der Zustand der Bodenlösung ist daher überaus maßgebend für die Versorgung der Pflanzen.

Selbstverständlich ist es aber auf Grund der eben geschilderten Vorstellungen bedeutungsvoll, wie die Löslichkeit der adsorptiv gebundenen Basen des Bodens durch die Gegenwart verschiedener Kationen und Anionen beeinflußt wird, und dieser Aufgabe hat man sich in bedeutsamem Umfange gewidmet. Dies ist vor allem zunächst deswegen geschehen, weil, wie auf Grund der geschilderten Gesetzmäßigkeiten des Basenaustausches mit aller Deutlichkeit hervorgeht, dem Boden kein wichtiger Pflanzennährstoff in mineralischer Form einverleibt werden kann, ohne daß nicht zu gleicher Zeit die Löslichkeitsverhältnisse der übrigen Nährstoffe wie Kali, Phosphorsäure, Kalk, Magnesia usw. beeinflußt werden. Zunächst haben diese Vorstellungen bei der Beurteilung der düngenden Wirkung des Kochsalzes eine große Rolle gespielt. J. v. LIEBIG[2] behandelt bereits den Einfluß des Kochsalzes auf den Pflanzenertrag an der Hand von Felddüngungsversuchen. Auf Grund der gegenüber den anderen Basen geringer angenommenen Absorbierbarkeit des Natriums erklärt er die günstige Wirkung des Kochsalzes durch Löslichmachung der sonst an Erdalkalien gebundenen Phosphorsäure.

A. FRANK[3] weist darauf hin, daß durch Zusatz von Kochsalz zu der Lösung eines Kalisalzes die Absorption des Kalis geringer wird, und daß auf diese Weise das Kali in tiefere Bodenschichten zu dringen vermag. Ebenso wirkt eine Düngung mit Gips. Die Düngung mit Kochsalz scheint gleichzeitig noch auf die Löslichkeit der im Boden enthaltenen Phosphorsäure einen Einfluß auszuüben. Die verschiedenartigen und sich widersprechenden Erfahrungen mit Kochsalzdüngung in der landwirtschaftlichen Praxis werden so erklärt, daß dort, wo ein kalireicher Boden vorliegt, die Düngung mit Kochsalz günstig wirken wird, weil eine bessere Verteilung des Kalis in tiefere Bodenschichten erreicht wird. Auf kaliärmeren Böden wird dagegen das für die Ackerkrume wichtige Kali dem Untergrund nach entzogen, so daß auf diese Weise Ertragsdepressionen eintreten werden. Zu ähnlichen Auffassungen gelangt E. HEIDEN[4] sowohl für das Kochsalz als auch für den Gips. P. WAGNER[5] beobachtet, daß sich das in Form von Kainit in den Boden gebrachte Kali gleichmäßiger und auf weitere Strecken im Boden verteilt als die reinen Kalisalze, und zwar infolge der Gegenwart der übrigen Salzbestandteile. Jedoch ist die Absorption des Kalis auch aus Kainit so stark, daß eine Auswaschung des Chlors ohne Verluste an Kali angenommen werden kann, wenn der Kainit im Herbst auf nicht zu adsorptionsschwachen Böden gegeben wird. G. REINDERS[6] bemerkt bei Einwirkungen des Meerwassers, bei denen ja auch das Kochsalz eine wesentliche Rolle

---

[1] WRANGELL, M. VON: Die Bestimmung der pflanzenzugänglichen Nährstoffe des Bodens. Landw. Jb. **71**, 149 (1930).

[2] LIEBIG, J. V.: Ann. Pharm. **106**, 185 (1858).

[3] FRANK, A.: Landw. Versuchsstat. **8**, 45 (1866).

[4] HEIDEN, E.: Über die Umsetzungen, welche der Gips im Boden bewirkt. Ann. Landw. Preußen **50**, 29; n. Hoffm. Jber. **11**, 59 (1866); Beitrag zur Erklärung der Dünger-Wirkung der schwefelsauren Magnesia. Landw. Versuchsstat. **11**, 69 (1869); **11**, 300 (1869).

[5] WAGNER, P.: Über den Gebrauch der Kali-Düngesalze, speziell des Leopoldshaller Kainits. J. Landw. **9**, 353 (1874).

[6] REINDERS, G.: Landw. Versuchsstat. **19**, 190 (1876).

spielt, vor allem ein Freiwerden des Kalkes im Boden. F. ULLIK[1] stellt fest, daß die Begleitsalze eines Kali-Ammoniak-Superphosphates die Absorbierbarkeit des Kalis herabmindern, während die der Phosphorsäure erhöht wird, da die Phosphorsäurefestlegung erst das Resultat eines sekundären Prozesses ist. Denn bei der Einwirkung eines Kaliumphosphates setzt das Kali zunächst Kalk in Freiheit, und dieses Kalzium verbindet sich dann mit der Phosphorsäure und fällt sie aus. Hingewiesen sei in diesem Zusammenhange auch auf die früher bereits angeführten Versuche von FIEDLER[2] sowie auf die Erfahrungen von C. F. A. TUXEN[3].

Es würde zu weit führen, alle diese Feststellungen über die Einwirkung des Kochsalzes hier noch weiter zu erörtern, da sie z. T. bereits in früheren Darlegungen genügend erwähnt sind, z. T. aber auch mit rein physiologischen Fragen im Laufe der Zeit verknüpft wurden. Z. B. gibt K. BAMBERG[4] an, daß die Erscheinung, nach der kleine Natriummengen nach TH. PFEIFFERS und E. A. MITSCHERLICHS Untersuchungen den physiologischen Wirkungswert des Kaliums erhöhen, größtenteils in physiologischen Vorgängen gesucht werden muß. Hingewiesen sei daher nur auf die zusammenfassenden Darstellungen von E. BLANCK[5] und von H. JACOB[6], welche den Zusammenhang mit der Kaliversorgung behandeln, und desgleichen auf die zahlreichen früher erwähnten Arbeiten, welche den Zusammenhang mit der Löslichkeit der Phosphorsäure dartun. Auf Grund der voraufgegangenen ausführlichen Erörterungen wird es auch unnötig sein, noch einmal die gegenseitigen Beziehungen der einzelnen Basen unter sich im einzelnen zu behandeln, da sie ja durch die zusammenfassenden Untersuchungen von G. WIEGNER und seiner Schule, von K. K. GEDROIZ und anderen Autoren genügend erfaßt worden sind. Diese Erörterungen würden auch zu weit eingreifen in die Wirkungsverhältnisse der einzelnen Düngemittel und ähnliche Fragen, während hier ja nur die Fruchtbarkeitsverhältnisse des Bodens in allgemeiner Betrachtung erörtert werden sollen.

Zur weiteren Klärung hinsichtlich der Bedeutung der Bodenlösung und damit der Bodenabsorptions- und Basenaustausch-Erscheinungen für den Fruchtbarkeitszustand des Bodens wandte man sich dann auch der Frage zu, ob außer den absorptiv gebundenen Nährstoffen auch noch die für die Pflanze benötigten Ionen in anderer Bindungsform im Boden in Betracht kommen.

Hierauf ist zu antworten, daß wohl heute durchweg die adsorptiv gebundenen Nährstoffe als diejenigen betrachtet werden, die für die Pflanze in ganz besonderem Umfange zur Verfügung stehen. Nachdem schon STOHMANN es wahrscheinlich gemacht hatte, daß die Pflanzen die adsorptiv gebundenen Basen des Bodens auszunützen vermögen, nahm wohl O. KELLNER[7] als erster zu dieser Frage präzise Stellung, indem er für das Kali wie den Kalk als erwiesen betrachtet, daß dieselben nur in gelöstem oder adsorptiv gebundenem Zustande zur Ernährung herangezogen, jedoch aus schwerlöslichen Verbindungen nicht aufgenommen werden. A. v. NOSTITZ[8], zeigt, daß die Pflanzen in ihrer Nähr-

---

[1] ULLIK, F.: Beiträge zur Kenntnis der Absorptionserscheinungen. Landw. Versuchsstat. **23**, 347 (1879).

[2] FIEDLER: Landw. Versuchsstat. **26**, 135 (1881).

[3] TUXEN, C. F. A.: Landw. Versuchsstat. **27**, 107 (1882).

[4] BAMBERG, K.: Z. Pflanzenern., Düng. u. Bodenk. A, **14**, 177 (1928).

[5] BLANCK, E.: Die Bedeutung des Natriums für die Pflanzen und die sogenannte Kochsalzdüngung. Fühlings Landw. Ztg. **65**, 441 (1916).

[6] JACOB, H.: Über die Wirkung des Natrons neben dem Kali als Nährstoff der Pflanzen. Z. Pflanzenern., Düng. u. Bodenk. A, **17**, 355 (1930).

[7] KELLNER, O.: Landw. Versuchsstat. **33**, 349 (1887).

[8] NOSTITZ, A. VON: Über die Bedeutung des austauschbaren Bodenkaliums für die Pflanzenernährung. J. Landw. **70**, 45 (1922).

stoffaufnahme neben den wasserlöslichen Nährstoffen praktisch nur auf das gegen Ammoniumnitrat austauschbare Kalium angewiesen sind. Trotz ausreichendem Gehalt an in HCl löslichem Kali war bei den an adsorptiv gebundenem Kali erschöpften Böden keine Pflanzenvegetation zu erreichen. E. W. BOBKO und D. L. ASKINASI[1] weisen jedoch darauf hin, daß GEDROIZ und PRJANISCHNIKOW darauf aufmerksam gemacht haben, daß außer den adsorbierten Basen auch sonstige Verbindungen des Bodens für die Pflanze aufnehmbar sind. Z. B. entwickelten sich Pflanzen, die auf normalem Boden und andererseits auf Boden, der vom adsorbierten Kali befreit war, wachsen, gleich. J. KÖNIG und E. HASELHOFF[2] beobachten in dieser Hinsicht, daß die Gramineen nur wesentlich die im absorbierten Zustande vorhandenen Nährstoffe aufzunehmen vermögen, während die Leguminosen sich anders verhalten können. J. C. MARTIN[3] vertritt die Anschauung, daß das austauschbare K_2O für die Ernte von größter Bedeutung ist. Ähnliche Anschauungen finden sich auch bei G. S. FRAPS[4] für das wasserlösliche Kali des Bodens.

Immerhin darf wohl trotz der gegenteiligen Angaben von K. K. GEDROIZ und PRJANISCHNIKOW angenommen werden, daß in der landwirtschaftlichen Praxis die adsorptiv gebundenen Nährstoffe von größter und ausschlaggebender Bedeutung sein werden.

Über die Ausnutzbarkeit dieser in der Bodenlösung und in adsorptiver Bindung befindlichen Nährstoffe bestanden jedoch trotz der ungeheuren Literatur über die Absorptionsvorgänge und Basenaustauscherscheinungen des Bodens noch Gegensätzlichkeiten, die eine weitere Erforschung dieser Vorgänge notwendig erscheinen ließ, wenn durch die theoretische Erkenntnis grundlegende Klarheit geschaffen werden sollte. Denn es ist doch z. B. verständlich, daß der in Wasser gelöste Anteil der adsorptiv gebundenen Nährstoffe von der Pflanze sehr bald aufgebraucht sein kann, und daß dann wichtig ist, zu erfahren, in welchem Umfange aus den noch in Bindung befindlichen Mengen eine Nachlieferung erfolgt. So weist TH. PFEIFFER[5] darauf hin, daß das in Permutiten festgelegte Ammoniak sich in seinen Versuchen so fest gebunden zeigt, daß es wenigstens z. T. über die Dauer einer Vegetationsperiode hinaus für die Pflanzenwurzel unzugänglich bleibt. Dahingegen ist nach D. J. HISSINK[6] der im Ammoniumpermutit enthaltene Stickstoff ebenso gut für die Pflanze zugänglich wie der Stickstoff des Ammonsulfates, wenn nur eine ausreichende Feuchtigkeit vorhanden ist. Desgleichen sei auf die gleichlautenden Erfahrungen von W. SCHNEIDEWIND und Mitarbeitern[7] und auf die Beobachtungen von G. WIEGNER[8] verwiesen. J. F. BREAZEALE[9] stellt sodann fest, daß das Kali der „Zeolithe" leicht aufnehmbar für die Pflanze ist.

---

[1] BOBKO, E. W. u. D. L. ASKINASI: Z. Pflanzenern., Düng. u. Bodenk. A, **6**, 99 (1926).

[2] KÖNIG, J. u. E. HASELHOFF: Landw. Jb. **23**, 1009 (1894).

[3] MARTIN, J. C.: Die Wirkung des Pflanzenwachstums auf die austauschbaren Basen in einigen Böden von Californien. Soil Sci. **27**, 123 (1929); n. Z. Pflanzenern., Düng. u. Bodenk. A, **15**, 379 (1930).

[4] FRAPS, G. S.: Relation of the water-soluble potash, the replaceable, and acid-soluble potash to the potash removed by crops in pot experiments. Texas Stat. Bull. **391**, 18 (1929); n. Exp. Stat. Rec. **60**, 804 (1929).

[5] PFEIFFER, TH. u. A. EINECKE: Die Festlegung des Ammoniakstickstoffs durch die Zeolithe im Boden. Nach Biederm. Zbl. **35**, 510 (1906); **37**, 722 (1908).

[6] HISSINK, D. J.: Landw. Versuchsstat. **81**, 377 (1913).

[7] SCHNEIDEWIND, W. u. Mitarbeiter: Landw. Jb. **39**, Suppl.-Bd. **3**, 227 (1910).

[8] WIEGNER, G.: J. Landw. **61**, 11 (1913).

[9] BREAZEALE, J. F.: Soil zeolithes and plant growth. Arizona Stat. Tech. Bull. **21**, 499 (1928); n. Exp. Stat. Rec. **60**, 515 (1929).

Diesen widersprechenden Beobachtungen gegenüber weist A. v. NOSTITZ[1] darauf hin, daß ohne die Möglichkeit eines Basenaustausches die basisch gebundenen Nährstoffe den Wurzeln im wesentlichen nur durch den Angriff auf die Absorptionsträger und damit auf Kosten der Absorptionskraft des Bodens zugänglich werden. Durch einen entsprechenden Gehalt an $CaCO_3$ im Boden wird (abgesehen davon, daß dann durch Basenaustausch die adsorptiv gebundenen Nährstoffe wieder frei und den Wurzeln leichter zugänglich werden) der Zersetzung der zeolithähnlichen wasserhaltigen Aluminatsilikate entgegengewirkt und damit die nachhaltige Absorptionskraft des Bodens besser gewahrt. Ebenso zeigt D. PRJANISCHNIKOW[2], daß das Kali im „Zeolith" fast unzugänglich ist, sobald eine Berührung mit anderweitigen Nährsalzen ausgeschlossen wird. Dahingegen wirkt dieses Kali sehr günstig, wenn sich der „Zeolith" in Berührung mit sonstigen Salzen, wie z. B. $CaCO_3$ befindet. Sehr bemerkenswert sind in dieser Hinsicht auch einige Angaben von F. G. MERKLE[3], welcher in einem 46jährigen Düngungsversuch beobachtete, daß unter geeigneten Bedingungen (Düngung mit $[NH_4]_2SO_4$) bis zu 52% der gesamtaustauschfähigen Basen in Form von Ammoniak vorhanden war. Ferner sei auf die schon erwähnte Angabe von R. W. RUPRECHT und F. W. MORSE verwiesen[4], die feststellen, daß 33jährige Anwendung von $(NH_4)_2SO_4$ so lange kein K_2O und Na_2O des Bodens zu lösen scheint, als Kalk im Boden vorhanden ist.

Neben dieser offensichtlichen Bedeutung der Gegenwart von Basen, die zum Austausch befähigt sind und die der Bindung der Basen im Boden deutlich ein ganz charakteristisches Gepräge geben, ist doch nicht zu verkennen, daß diese Vorgänge im Boden nicht derartig einfach geartet sind wie hier angenommen wird. Es sei auf die die schon erwähnten Erfahrungen hingewiesen, durch welche festgestellt werden konnte, daß einerseits Kalk mit aller Deutlichkeit Kali frei macht. So berichten I. G. LIPMAN, A. W. BLAIR und A. L. PRINCE[5], daß nach 15jähriger Bewirtschaftung und Kalkung der Boden kaliärmer war als dort, wo nicht gekalkt worden war. Demgegenüber stellen T. L. LYON und J. A. BIZZELL[6] fest, daß die Kalkung den Gehalt der Bodenlösung an Kali und in der Pflanze nur ganz unwesentlich erhöht, dagegen wird der Gehalt an Magnesia erhöht. Ferner muß darauf hingewiesen werden, daß eine Düngung mit NaCl Kali frei macht, aber trotzdem kann B. SCHULZE[7] durch sorgfältige Untersuchungen erhärten, daß in seinen Versuchen das Kali durch Kochsalz in seiner Löslichkeit und Aufnehmbarkeit nicht beeinflußt worden war. RUSSELL[8] findet ferner, daß Ammoniak, welches vom Boden aus $(NH_4)_2SO_4$ absorbiert worden war, nicht vollständig durch Destillation mit Magnesia wieder ausgetrieben werden konnte.

---

[1] NOSTITZ, A. v.: Zur Bedeutung der basisch austauschbaren Bodennährstoffe für die Pflanzen und über Einwirkung des Kalkes auf die absorbierenden Bodenkörper. Landw. Versuchsstat. **103**, 159 (1925).

[2] PRJANISCHNIKOW, D.: Landw. Versuchsstat. **79/80**, 667 (1913).

[3] MERKLE, F. G.: The influence of fertilizer treatments on the content of exangeable cations in Hagertown silt loam. Soil Sci. **26**, 377 (1928); n. Exp. Stat. Rec. **60**, 422 (1929).

[4] Vgl. S. 247.

[5] LIPMAN, I. G., A. W. BLAIR u. A. L. PRINCE: Die Wirkung von Kalk und Düngemitteln auf den Kaligehalt von Boden und Pflanzen. Mitt. Internat. Bodenkdl. Ges., N. F., **2**, 209 (1926).

[6] LYON, T. L. u. J. A. BIZZELL: Kalzium, Magnesium, Kalium und Natrium im Sickerwasser von gekalkten und ungekalkten Böden. Amer. Soc. Agr. J. **1916**, 81; n. Hoffm. Jber. **60**, 45 (1917).

[7] SCHULZE, B.: Beitrag zur Frage der Düngung mit Natronsalzen. Landw. Versuchsstat. **79/80**, 431 (1913); Die Düngewirkung des Chlornatriums. Ebenda **86**, 323 (1915).

[8] RUSSELL, E. J.: J. agricult. Sci. **3**, 233 (1910).

Der erste, welcher in ganz präziser Form diesen Beobachtungen nachging, war E. RAMANN. In Gemeinschaft mit A. SPENGEL[1] wurde die Frage an Permutiten geprüft. Dabei wurde bei der Untersuchung von Endkörpern, die bei längerer Einwirkung von 10proz. Lösungen der einzelnen Salze auf Permutite entstanden waren, festgestellt, daß ein vollständiger Austausch zwischen Kalium und Ammonium anzunehmen ist. Dahingegen vermochte z. B. eine $CaCl_2$- oder NaCl-Lösung nicht die gesamten Mengen an K_2O, Na_2O und NH_3 aus den entsprechenden Permutiten restlos zu verdrängen. E. RAMANN und A. SPENGEL ziehen hieraus für die landwirtschaftliche Praxis den Schluß, daß im Boden ein Teil des Kaliums durch Kalziumsalze nicht austauschbar zu sein scheint. „Es ist zu vermuten, daß dieser Teil des Kaliumgehaltes der Pflanzenwurzel unzugänglich bleibt.“ Ferner folgern sie: „In geringer Menge vorhandene Basen werden stärker gebunden, als ihrem Anteil an der gesamten Salzmenge der Lösung entspricht“. Dies ist eine Auffassung, die auch bereits J. M. VAN BEMMELEN[2] andeutet. E. RAMANN[3] weist sodann noch darauf hin, daß z. B. die Wirkung einer Kalidüngung je nach dem Zustand des Bodens sehr verschieden sein muß. „In sorptionskräftigen Böden wird Kalium stark gebunden und ist den Pflanzen nur in einem gewissen Grade zugänglich, der je nach den herrschenden Verhältnissen hoch oder niedrig sein kann. Die Wirkung einer Kalidüngung wird daher stark von dem bereits im Boden vorhandenen Kalium beeinflußt, da hiervon das Gleichgewicht zwischen Bodenlösung und festen Bodenteilchen abhängt. Es können Böden vorkommen, auf denen eine Kalidüngung nur ‚schwach‘ wirkt, nicht weil der Boden genügend Kalium enthält, sondern, weil er sehr kaliarm ist.“ Ferner weist E. RAMANN noch darauf hin, daß man bei sorptionsschwachen Böden gewissermaßen fast nur die Bodenlösung düngt, während in sorptionskräftigen fast nur die festen Bodenteile „gedüngt“ werden.

In diesem Zusammenhange muß noch darauf verwiesen werden, daß die Höhe der Absorption im Boden natürlich von Bedeutung für die in ihm aufgespeicherten Nährstoffvorräte ist. Es ist daher verständlich, daß diese Tatsachen für die Fruchtbarkeit von ganz besonderer Bedeutung sind, wenn naturgemäß der Reichtum an Kolloiden auch hinsichtlich des Wasserhaushaltes usw. bedeutungsvoll ist. Sehr deutlich lassen sich diese Unterschiede an den Vorräten eines armen Sandes und denen eines reichen Marschbodens erkennen, und die stark differierenden Ertragsunterschiede dieser beiden Bodenarten lassen sich auf diese Weise nur zu gut erklären. So weist u. a. A. ORTH[4] darauf hin, daß die Bestimmung der Absorption von Ammoniak aus NH_4Cl ein sehr bequemes Mittel ist, um die für die Fruchtbarkeit des Bodens wichtigen Veränderungen in einfacher und rascher Weise zu erfassen, und auch W. KNOP[5] gibt an, daß Erden von großer Fruchtbarkeit eine sehr hohe Absorption aufweisen, d. i. eine Erfahrung, die R. BIEDERMANN[6] bestätigt. Sie ist nach ihm für die Bodenuntersuchung von ganz besonderer Bedeutung. In neuerer Zeit wurden diese Fragen eingehend und zusammenfassend von A. GEHRING gemeinsam mit seinen Mitarbeitern O. WEHRMANN und A. WOLTER[7] behandelt, und wenn auch diese

---

[1] RAMANN, E. u. A. SPENGEL: Landw. Versuchsstat. **92**, 127 (1919).
[2] BEMMELEN, J. M. VAN: Landw. Versuchsstat. **35**, 69 (1888).
[3] RAMANN, E.: Landw. Versuchsstat. **88**, 379 (1916).
[4] ORTH, A.: Über das Bodenprofil in seinen Beziehungen zur Absorption von Ammoniak-Stickstoff. Landw. Versuchsstat. **23**, 49 (1879).
[5] KNOP, W.: Die Bonitierung der Ackererde. Leipzig 1871; n. Hoffm. Jber. **13/15**, 49 (1874).
[6] BIEDERMANN, R.: Landw. Versuchsstat. **15**, 21 (1872).
[7] GEHRING, A., O. WEHRMANN u. A. WOLTER: Z. Pflanzenern., Düng. u. Bodenk. A. **19**, 77 (1931).

Untersuchungen noch nicht abgeschlossen sind, so ist doch für die Pflanzennährstoffe Kali, Ammonium und Magnesium schon zu erkennen, daß ihre Wasserlöslichkeit von der Höhe des Sättigungsgrades, mit dem sie in den einzelnen Bodenarten auftreten, abhängig ist. Je höher z. B. der Kalisättigungsgrad eines Bodens ist, um so mehr wasserlösliches Kali enthält der Boden. Während die früheren Forscher durchweg mit Neutralsalzen arbeiteten, gehen die Genannten bei ihren Untersuchungen von Hydroxyden, Karbonaten und Bikarbonaten als den Verbindungsformen aus, die auf Grund der Auswaschungsvorgänge und der biologischen Tätigkeit im Boden vor allem vorhanden sein werden. Sie stellen dann ferner fest, daß die Löslichkeit des Bodenkalis in ganz charakteristischer Weise von dem Kalksättigungsgrad und dem Ammoniumsättigungsgrad des Bodens beeinflußt wird. Da jedoch im allgemeinen das Ammoniak sehr bald in Nitrat verwandelt wird, spielt der Kalksättigungsgrad praktisch die entscheidende Rolle[1]. Dabei ist zu beobachten, daß bis zu einem bestimmten Kalisättigungsgrad auch noch so hohe Kalksättigungsgrade nicht die geringsten Kalimengen löslich zu machen vermögen. Erst wenn der Kalisättigungsgrad eine bestimmte Grenze überschreitet, werden mit steigenden Kali- und Kalksättigungsgraden steigende Mengen von Kali löslich. P. VAGELER[2] bestätigt ebenfalls diese Beobachtung. Ganz ähnlich verhält es sich nach Anschauung von A. GEHRING[3] mit der adsorptiv gebundenen Magnesia. Infolge der wesentlich geringeren Löslichkeit der adsorptiv gebundenen Magnesia tritt aber etwa beim Kalksättigungsgrad 25 der Fall ein, daß trotz des überaus großen Wirkungswertes der Magnesia nicht mehr genügende Mengen davon für das Pflanzenwachstum vorhanden sind, so daß auf derartigen Böden deutliche Magnesiabedürftigkeit in zahlreichen Fällen bei Pflanzen zu beobachten war, die unter diesen Kalk- und Reaktionsverhältnissen noch zu wachsen vermögen. Eine Steigerung des Kali-, Natrium- und Ammoniumsättigungsgrades hatte keinerlei Wirkung auf das Löslichwerden der im Boden enthaltenen Magnesia zur Folge.

Für die Aufnehmbarkeit dieser Basen durch die Pflanze spielt aber neben dem Kalk scheinbar die Kohlensäure und damit das Eintauschvermögen des Wasserstoffions eine ganz ungemein wichtige Rolle, wie A. GEHRING[4] und Mitarbeiter kürzlich wahrscheinlich machen konnten. Auch diese Vorstellungen stehen prinzipiell in Übereinstimmung mit denjenigen P. VAGELERS. Böden, die auf dem Felde eine deutliche Kalibedürftigkeit zeigten, waren im Vegetationsversuch nicht mehr kalibedürftig, weil nunmehr der Pflanze infolge der besseren Durchwurzelung, der besseren Durchlüftung und ähnlicher Vorgänge genügend Kali zur Verfügung stand. Damit wurden Erfahrungen von A. SCHURIG[5] und von M. VON WRANGELL[6] bestätigt, die beobachten konnten, daß infolge der Gareverbesserung des Bodens trotz ständiger Nährstoff-Entnahme durch die Pflanze die Bedürftigkeit des Bodens sinkt. Es ist also zu erkennen, daß es sich

---

[1] Vgl. jedoch die oben erwähnten Angaben von R. W. RUPRECHT und F. W. MORSE.

[2] VAGELER, P.: vgl. S. 253.

[3] GEHRING, A.: Neuere Anschauungen über die düngende Wirkung von magnesiahaltigen Düngemitteln. Z. Pflanzenern., Düng. u. Bodenk. A, **15**, 300 (1930).

[4] GEHRING, A., U. CREUZBURG, E. POMMER, O. WEHRMANN, A. WOLTER und H. v. STOCKHAUSEN: Über die Löslichkeit der adsorptiv gebundenen Basen des Bodens in Abhängigkeit vom Kalk- und Basensättigungsgrad II. Z. Pflanzenern., Düng. u. Bodenk. A, **20**, 183 (1931).

[5] SCHURIG, A.: Düngung und Bodenbearbeitung. Z. Pflanzenern., Düng. u. Bodenk. B, **6**, 219 (1927).

[6] WRANGELL, M. v.: Über Bodenphosphate und Phosphorsäurebedürftigkeit. Landw. Jb. **63**, 661 (1926).

bei der Aufnahme der Nährstoffe durch die Pflanze um sehr komplizierte gegenseitige Beeinflussungen auf der Grundlage des Basenaustausches handelt, deren Feststellung und klare Verfolgung für die eingehende Erkenntnis dieser Vorgänge von höchstem Wert ist. Diese für die Mineralbestandteile des Bodens geschilderten Verhältnisse der Löslichkeit der adsorptiv gebundenen Basen des Bodens werden nun noch kompliziert, wenn auch nicht prinzipiell geändert, durch den Gehalt der Böden an Humus. Es wurde schon gezeigt[1], in welcher Weise eine Löslichkeitsbeeinflussung der adsorptiv gebundenen Basen durch den Humus anzunehmen ist.

Abschließend sei ferner noch darauf hingewiesen, daß nach E. RAMANN und A. SPENGEL[2] die bisherigen Erfahrungen den Schluß gestatten, daß im Preßsaft ausgeglichener Böden trotz schwankender Niederschlagsverhältnisse das Verhältnis der Kationen zueinander konstant ist.

Eine wesentliche Bedeutung für den Fruchtbarkeitszustand des Bodens kommt ferner dem Umstand zu, daß die Bindung der Kationen verschieden stark erfolgt, und daß die Anionen wie Cl, SO_4, NO_3 leicht ausgewaschen werden. Bekannt ist, daß das Kali und das Ammoniak vom Boden[3] sehr festgehalten werden, während der Kalk infolge seiner wesentlich größeren Menge viel leichter löslich ist. Nach D. J. HISSINK[4] ist CaO in den holländischen Böden als Hauptmenge der adsorptiv gebundenen Basen, die sich immer wieder aus dem vorhandenen Vorrat an $CaCO_3$ ergänzt, anzunehmen. R. W. RUPRECHT und F. W. MORSE[5] konnten, wie bereits mehrfach erwähnt wurde, bei 33jähriger Anwendung von schwefelsaurem Ammoniak die bemerkenswerte Beobachtung sammeln, daß hierdurch trotzdem so lange kein K_2O und Na_2O des Bodens gelöst wurde, solange noch Kalk im Boden vorhanden war. Fehlte dieser, so wurde alsbald Kali gelöst. Die wichtigen Pflanzennährstoffe Kali und indirekt auch die Phosphorsäure, werden also auf diese Weise für die Pflanze weitgehend erhalten.

Allerdings weist E. RAMANN[6] mehrfach darauf hin, daß nach seinen Befunden im Gegensatz zu den herrschenden Anschauungen über Bodenadsorption eine leichte Beweglichkeit des Kalis im Boden bei Preßsäften festgestellt werden konnte, aber auch ein ständiger, z. B. durch Klima usw. bedingter Wechsel. Es verhält sich das Kali dem Kalk außerordentlich ähnlich. Bei einer Düngung mit Kali stellte er ferner fest, daß es leicht ausgewaschen wird, denn schon nach wenigen Monaten entsprach der Kaligehalt der Bodenlösung dem eines ungedüngten Bodens. Es ist jedoch anzunehmen, daß diese Erfahrungen, die durchaus im Einklang mit den Beobachtungen von A. GEHRING stehen, bei dem großen Unterschiede in den Mengenverhältnissen zwischen Kali und Kalk den geschilderten Verhältnissen nicht widersprechen. Ganz anders liegt es beim Ammoniak, welches zwar als solches ebenfalls der Auswaschung verhältnismäßig lange widersteht, dadurch aber, daß es sehr bald durch mikrobielle Vorgänge

[1] Vgl. S. 253 und 267.

[2] RAMANN, E. u. A. SPENGEL: Landw. Versuchsstat. **92**, 127 (1919).

[3] Vgl. H. RITTHAUSEN: Über hohe Gehalte an Stickstoff in Torf-Böden und humusreichen Mergeln und über die Bedeutung einiger Huminsäuresalze für die Ammoniakabsorption. Nach Biederm. Zbl. **13**, 95 (1878). Er führt z. B. die Anhäufung von Stickstoff in einigen Torfarten auf die Absorption des Ammoniaks zurück, bei der unlösliche Doppelsalze entstehen, die dann weiterhin das Ammoniak vor Auswaschung schützen.

[4] HISSINK, D. J.: Beitrag zur Kenntnis der Bodenadsorption. Chem. Weekbl. **15**, 517 (1918); n. Hoffm. Jber. **61**, 48 (1918).

[5] RUPRECHT, R. W. u. F. W. MORSE: Mass. Stat. Bull. **1915**, 73; n. Hoffm. Jber. **60**, 44 (1917).

[6] RAMANN, E.: Internat. Mitt. Bodenkde. **6**, 1 (1916); Der Verbleib des Kaliums im Boden nach einer Kalidüngung. Mitt. Dtsch. Landw. Ges. **33**, 504 (1918).

in Salpetersäure verwandelt wird, ist der Stickstoff nicht mehr adsorptiv gebunden. Stickstoffverluste sind dann durch stärkere Regenmengen unvermeidlich. Man erkennt, von welcher fundamentalen, praktischen Bedeutung diese Vorgänge sind. Diese verschiedene Haftfähigkeit ist daher für die Anwendung und Rentabilität der künstlichen Düngemittel von ausschlaggebender Bedeutung.

Auf eine weitere Bedeutung des Basenaustausches weist PH. ZÖLLER[1] hin. Er ist der Ansicht, daß die Pflanze z. B. ihren Ammoniakbedarf — und das gleiche gilt ebenso hinsichtlich ihrer Bedürfnisse an Kali, Kalk usw. — nicht aus den schwefelsauren oder salzsauren Verbindungen dieser Basen decken kann. Diese Salze sind imstande, Ammoniak und Kali zu liefern, solange die Schwefelsäure oder das Chlor selbst in der Pflanze Verwendung finden. Hört diese Aufnahme auf, so ist auch das Chlorammonium oder das schwefelsaure Kali keine Ammoniak- oder Kaliquelle mehr. Es hat zwar die interessante Beobachtung von KÜHN ergeben, daß im Pflanzeninnern eine Zersetzung von Chlorverbindungen stattfinden kann, indem z. B. die in wässerigen Lösungen vegetierenden Maispflanzen, welchen die Basen vorzugsweise in schwefelsauren und salzsauren Verbindungen dargeboten wurden, Salzsäure ausscheiden; allein diese Zersetzung findet schon deshalb nur in sehr bescheidenem Maße statt, weil die von der Base geschiedene Säure eine äußerst ungünstige, die Pflanzenentwicklung hemmende Wirksamkeit äußert. Der Schluß ist daher gerechtfertigt, daß das Chlorammonium, Chlorkalium usw. sich vor allem unter Mitwirkung der Adsorptionskraft des Bodens als Ammon- und Kaliquelle für die Pflanzen erweisen. Auch die weitere Behandlung dieser Frage würde zu weit führen, da z. B. die Angaben von M. GORSKI[2] erkennen lassen, daß in starkem Umfange physiologische Fragen, deren Behandlung außerhalb der hier zu besprechenden Probleme liegt, eine Rolle dabei spielen.

Hiermit im Zusammenhang sei noch einer Beobachtung von W. KNOP[3] gedacht, die ebenfalls von großer Bedeutung ist. Bei seinen Versuchen, Pflanzen in Nährlösungen zu ziehen, kam er zu der Auffassung, daß der Boden auch insofern für das Pflanzenwachstum eine wichtige Rolle spielt, als bei der Tätigkeit der Wurzeln (z. B. bei der Aufnahme von Salpeterstickstoff) eine alkalische Reaktion auftritt. Es ist nun wichtig, daß diese frei werdenden Kationen im Boden absorbiert werden, während sie sich in der wä serigen Nährlösung so anhäufen, daß bei den Pflanzen Chlorose entsteht. Zu der gleichen Auffassung gelangt auch F. STOHMANN[4]. In dieser Weise haben also die älteren Forscher bereits in der Adsorption des Bodens eine bedeutungsvolle Wirkung gesehen. Gerade aber die zahlreichen Arbeiten der neueren Zeit, welche sich mit dem Problem der Pufferung des Bodens beschäftigen, haben nun durch die Klärung der H- und OH-Ionen-Adsorption diesen Vorgängen zu einer weitgehenden Klarheit verholfen. Ohne auf die speziellen Verhältnisse der Pufferung des Bodens näher eingehen zu wollen, die z. B. H. KAPPEN[5] eingehender behandelt, muß doch darauf hingewiesen werden, daß die ausführlichen Untersuchungen, die im letzten Jahrzehnt vor allem über das Wasserstoffion durchgeführt worden sind, es verständlich erscheinen lassen, daß zunächst ganz erhebliche Mengen

[1] ZÖLLER, PH.: Vegetationsversuche und agrikulturchemische Untersuchungen. J. Landw. 1, 471 1866.

[2] GORSKI, M.: Über die physiologische Reaktion der Salze nach Ref. Z. Pflanzenern., Düng. u. Bodenk. A, 15, 311 (1930).

[3] KNOP, W.: Landw. Versuchsstat. 3, 295 (1861).

[4] STOHMANN, F.: Über Vegetationsversuche in wäßrigen Lösungen. Landw. Versuchsstat. 4, 65 (1862).

[5] KAPPEN, H.: Über den Begriff und die Bestimmung des Pufferungsvermögens bei sauren Böden. Z. Pflanzenern., Düng. u. Bodenk. A, 8, 277 (1926/27).

desselben nötig sind, um eine nennenswerte Beeinflussung des Pflanzenwachstums zu bewirken, da das Wasserstoffion ja so fest eingetauscht wird, daß Veränderungen nur durch die empfindliche p_H-Bestimmung zu verfolgen sind. Entsprechend verhält es sich naturgemäß mit den OH-Ionen. Es ist damit für das Pflanzenwachstum infolge der Einwirkung des Bodens ein wesentlich größerer Spielraum ungestörter Entwicklung vorhanden, die für die Fruchtbarkeitsverhältnisse nicht hoch genug eingeschätzt werden kann. Speziell für das H-Ion ist es daher von geringer Bedeutung, ob es als adsorbiert betrachtet wird, oder ob es als chemisch an einer schwer löslichen Säure gebunden angesehen wird. E. RAMANN[1] faßt z. B. die entbasten Permutite als Permutitsäure auf und gibt dabei an, daß die Entstehung der Permutitsäure als solche nicht von sehr großer Bedeutung für das Pflanzenwachstum ist. Entscheidend ist vielmehr nach seiner Auffassung der als Folge der Entbasung auftretende Mangel an chemischer Aktivität des Bodens, da der dauernde Austausch zwischen Bodenlösung und fester Bodensubstanz dadurch stark vermindert wird. Wenn auch M. TRÉNEL[2] den Anschauungen von E. RAMANN über die Permutitsäure nicht folgen kann, so sieht auch er die Schädigung der Pflanzen durch saure Böden lediglich in der Unmöglichkeit, Pflanzennährstoffe aufzunehmen, gegeben, da diese von den entbasten Permutiten sofort festgelegt werden. Ganz ähnlich verhält sich hinsichtlich des H-Ions die Humussäure[3]. Erst durch Zugabe von Neutralsalzen, die Neutralsalzzersetzung hervorrufen oder Austauschazidität aktivieren, wird dann die schädigende Wirkung dieser H-Ionen in besonderem Umfange ersichtlich, wobei unerörtert bleiben soll, wie weit hier auch die Vergiftung durch Aluminium eine Rolle spielen kann. Lediglich hydrolytisch gespaltene Salze oder Karbonate vermögen diese Gefahren abzuwenden, weil ihre Absorption entweder unter Bildung von $Al(OH)_3$ oder H_2O oder ohne Austausch erfolgt, wie verschiedentlich angenommen wurde. Bei dieser Gelegenheit sei auch auf die das Aluminium festlegende Wirkung der Phosphate aufmerksam gemacht, auf die z. T. McLEAN und B. E. GILBERT[4] hinweisen.

Wenn auch nicht daran gezweifelt werden kann, daß je nach Pflanzenart und infolge des Austausches der Stärke der Wasserstoffionenkonzentration direkte Schädigungen des H-Ions auf die Pflanze aufzutreten vermögen, die bei Zusatz von CaO des H-Ions unter Wasserbildung beseitigt werden können, so muß doch gerade unter den soeben erwähnten Gesichtspunkten darauf hingewiesen werden, daß durch die Kalkdüngung das schwer austauschbare H-Ion durch Ca'' ersetzt wird, welches in weit größerem Umfange durch die Kationen von Neutralsalzen ausgetauscht werden kann. Diese Verschiebungen in der Absorptionsfähigkeit des Bodens, sowie jene Vorgänge, die früher unter der Bezeichnung Regenerierung der „Zeolithe“ geschildert wurden, werden nun noch ergänzt durch die Beobachtungen, welche vielfach über die Einwirkungen von Salzlösungen, namentlich aber von CaO, auf verschiedene Gesteine gesammelt wurden[5]. Es sei an dieser Stelle nur auf eine Angabe von EICHHORN[6] verwiesen, der angibt: „Wir haben hiermit in dem Kalke ein Mittel, um in solchen Bodenarten, welche eine geringe Absorptionskraft zeigen, diese für den Ackerbau so wichtige Eigenschaft der Erden (nämlich ihre Absorptionsfähigkeit) zu er-

---

[1] RAMANN, E.: Z. Pflanzenern., Düng. u. Bodenk. A, **4**, 217 (1925).
[2] TRÉNEL, M.: Z. Pflanzenern., Düng. u. Bodenk. A, **9**, 121 (1927).
[3] ODÉN, S.: Die Huminsäuren, S. 172. Dresden u. Leipzig: Th. Steinkopff 1919.
[4] McLEAN, F. T. u. B. E. GILBERT: Aluminium toxidity. Plant Physiol. **3**, 293 (1928); n. Exp. Stat. Rec. **60**, 318 (1929).
[5] Vgl. TH. DIETRICH: Nach Hoffm. Jber. **5**, 12 (1864).
[6] EICHHORN, H.: Landw. Jb. **4**, 1 (1875).

höhen, falls nur noch Gesteinsbrocken feldspatartiger Natur, welche durch Kalk in wasserhaltige Silikate umgewandelt werden können, in denselben enthalten sind."

Sodann ist für humusreiche Böden ferner noch von besonderer Bedeutung, daß das Kalziumhumat eine ziemlich schwer lösliche Verbindung ist, die somit der Zersetzung verhältnismäßig lange widersteht. Gerade in den Schwarzerdeböden, deren Fruchtbarkeit in der letzten Zeit so oft besprochen wird, sind typische Vertreter solcher Böden zu sehen, die durch einen großen Vorrat an Kalziumhumat ausgezeichnet sind. Andererseits muß auch darauf hingewiesen werden, daß nach E. RAMANN[1] bei alkalisch reagierenden Böden beachtet werden muß, daß die Absorption von $Ca(OH)_2$ wesentlich größer als die von NaOH und KOH ist. Wenn daher auch ein Boden imstande ist, eine bestimmte Menge von $Ca(OH)_2$ zu binden, so können doch eventuell Schäden dadurch auftreten, daß bei einem gewissen Übermaß an Alkalien diese infolge ihrer geringeren Absorbierbarkeit zu stark in Lösung gehen.

Es muß ferner darauf hingewiesen werden, daß die Bedeutung dieser Absorptions- und Basenaustauscherscheinungen je nach dem Klima, unter dem sich der Boden befindet, ganz verschiedenartig bewertet werden muß. Die adsorptive Festlegung spielt dort keine Rolle, ja beschwört Gefahren herauf, wo mangelnder Regen zur Anhäufung von Salzen führt, die dann den Typus von Salz- und Alkaliböden entstehen lassen. Es wird später zu schildern sein, in welcher Weise sich diese Schäden äußern, wenn es auch als selbstverständlich zu gelten hat, daß eine zu große Anhäufung von Salzen schon allein aus osmotischen Ursachen zu Ertragsdepressionen und zur Verminderung der Bodenfruchtbarkeit führen wird.

In diesem Zusammenhang sei noch auf die früher vielfach vertretene Anschauung hingewiesen, daß die Absorptionsvorgänge des Bodens regulierend auf die Konzentration der Bodenlösung wirken werden, „indem sie in Zeiten der Nässe an die Bodenlösung Basen abgeben, in Zeiten der Trockenheit dagegen solche aus der konzentrierter werdenden Bodenlösung sorbieren". Z. B. vertreten H. E. PATTEN und W. H. WAGGAMAN[2] diese Auffassung.

Demgegenüber macht E. RAMANN[3] darauf aufmerksam, daß die Bodenabsorption zu hohen Salzkonzentrationen in der Bodenlösung nicht entgegenwirkt. Vielmehr sind von wesentlich größerer Bedeutung die Beeinflussungen durch den Basenaustausch. P. VAGELER[4] bestreitet ebenfalls die Stichhaltigkeit dieser früheren Anschauungen.

Betont sei schließlich noch, daß in dieser Zusammenstellung die Beeinflussungen und Veränderungen der Phosphorsäure nicht mehr eingehender erörtert werden sollen, weil sie bereits früher genügend gewürdigt worden sind.

Auf eine Tatsache sei jedoch noch kurz hingewiesen, die allerdings nur für spezielle Verhältnisse Bedeutung hat, nämlich die Festlegung der Metallkationen giftiger Natur, wie sie durch Metallhüttenwerke und ähnliche Betriebe durch die Abgase und den Staub in den Boden gelangen. Zahlreiche Forscher haben in der Nähe von Hüttenwerken je nach ihrer Betriebsart Blei, Zink, Kupfer, Arsen usw. im Boden feststellen können. Es hat aber nach den Angaben von E. HASELHOFF und G. LINDAU[5] „bisher noch nicht nachgewiesen werden können,

---

[1] RAMANN, E.: Z Pflanzenern., Düng. u. Bodenk. A, **3**, 257 (1924).
[2] PATTEN, H. E. u. W. H. WAGGAMAN: U. S. Dept. Agricult. Bur. Soils Bull. **1908**, Nr 562.
[3] RAMANN, E.: Bodenfragen. Dtsch. landw. Presse **45**, 182 (1918).
[4] VAGELER, P.: s. S. 253.
[5] HASELHOFF, E. u. G. LINDAU: Die Beschädigung der Vegetation durch Rauch, S. 329. Berlin: Gebr. Bornträger 1903.

daß diese Substanzen für das Wachstum schädlich gewesen sind". Z. B. untersuchte J. VON SCHROEDER[1] Bodenproben aus der Nähe der Zinkhütte bei Dortmund teils an Stellen mit normalem Wachstum, teils an solchen, welche als Fehlstellen deutlich zu erkennen waren. Dabei fand er in dem Boden:

1. Gerstenfeld mit guter Vegetation	0,037 %	Zinkoxyd
Gerstenfeld mit schlechter Vegetation	0,022 %	,,
2. Roggenfeld mit guter Vegetation	0,043 %	,,
Roggenfeld mit schlechter Vegetation	0,019 %	,,

Derartige Beobachtungen wurden wiederholt gesammelt. Schon J. VON SCHROEDER und C. REUSS[2] geben hierfür als Erklärung an, daß die unlöslichen Verbindungen des Bleies, Kupfers und Zinks als mechanische Beimengungen des Bodens im allgemeinen nicht zu fürchten sind, sofern ihr Gehalt nicht sehr hoch steigt. Die löslichen Verbindungen dieser Metalle gehen im Boden aber sofort durch Absorption in unlösliche Formen über. „Eine direkt schädliche Wirkung solcher Lösungen auf die Pflanzenwurzel ist daher meist ganz ausgeschlossen ... Solche Wirkungen, wie sie Abflußwässer hervorbringen können, sind bei Hütten in irgend größerer Entfernung von den Rauchquellen nicht denkbar." Zeigen die Böden jedoch zu geringes Absorptionsvermögen für diese Metalle, dann hat man es mit den ungünstigsten Bedingungen zu tun, unter denen selbst minimale Mengen als vegetationsfeindlich gelten müssen. Am meisten ist ein Arsenikgehalt des Bodens zu fürchten, weil die Bedingungen für die Absorption des Arsens am ungünstigsten liegen.

Ohne auf die sehr umfangreiche Literatur über diese Fragen näher einzugehen, ist doch aus diesen wenigen Angaben bereits mit Deutlichkeit zu erkennen, daß auch für diese Vorgänge die Absorptionserscheinungen von größter Bedeutung sind, und zwar sind diese Erscheinungen auf Grund der früher mitgeteilten Gesetzmäßigkeiten des Basenaustausches und der Absorption ohne weiteres verständlich.

Die Bedeutung der Bodenabsorption und des Basenaustausches für den Fruchtbarkeitszustand des Bodens in physikalischer Hinsicht.

Nach den früher geschilderten Zusammenhängen zwischen dem Gehalt des Bodens an adsorptiv gebundenen Basen und den in ihm sich vollziehenden Koagulationsvorgängen ist es verständlich, daß diese Erscheinungen für den Fruchtbarkeitszustand des Bodens ebenfalls von allergrößter Bedeutung sind. Denn wie die zahlreichen Lehrbücher und Arbeiten über die Bodenkolloide erkennen lassen, ist der kolloide Zustand und die davon im Boden enthaltene Menge für alle jene Eigenschaften des Bodens verantwortlich, die seine physikalischen Verhältnisse darstellen. Angefangen von seiner mechanischen Zusammensetzung, seiner Struktur, seinem Porenvolumen über Wasserhaushalt, Wärmeverhältnisse bis zum Gasaustausch sind alle Eigenschaften des Bodens in Abhängigkeit von diesen Vorgängen. Es ist natürlich unmöglich, hier näher auf die Grundlagen dieser Prozesse und auf ihre allgemeine Bedeutung für die Fruchtbarkeit des Bodens einzugehen. Vielmehr kann der Zweck dieser Ausführungen nur der sein, diese Verhältnisse soweit zu beleuchten, soweit Adsorptions- und Basenaustauschvorgänge dabei eine Rolle spielen, und soweit diese Erscheinungen nicht schon durch die früheren Besprechungen genügend erörtert worden sind.

---

[1] SCHROEDER, J. VON: Gutachten über Rauchschäden im Umkreis der Zinkhütte bei Dortmund. 1886.

[2] SCHROEDER, J. VON u. C. REUSS: Die Beschädigung der Vegetation durch Rauch und die Oberharzer Hüttenrauchschäden, S. 43. Berlin 1883.

Da ja auf Grund der Auswaschungsverhältnisse im gewöhnlichen humiden Klima die Anionen bis auf PO_4''', SiO_3'' und CO_3'' weitgehend ausgewaschen werden, spielen für die Koagulationserscheinungen im Boden praktisch vor allem nur Hydroxyde, Bikarbonate und Karbonate eine Rolle.

Die Phosphate werden infolge der im Boden durchschnittlich vorhandenen Kationenkonzentration durchweg als so unlöslich angesehen, daß man sie bei den Erörterungen meistens vernachlässigt hat, während die Silikate auf Grund ihrer kolloiden Eigenschaften mehr als beeinflußte denn als beeinflussende Bestandteile angesehen werden müssen. Die infolge der Wertigkeitsverhältnisse bevorzugten Kationen Al und Fe kommen ebenfalls nur in solchen Gebieten in Frage, wo sie auf Grund der Reaktionsverhältnisse existenzfähig sind, d. h. also auf austauschsauren Böden.

Hier tritt aber das Wasserstoffion bereits stark auf, und viele Pflanzenarten werden daher auf derartigen Böden schon kein optimales Pflanzenwachstum mehr zeigen. Daher ist die praktische Bedeutung der ausflockenden Wirkung des Al und Fe für den Ackerbau stark vermindert. Aus diesem Grunde werden für die praktischen Verhältnisse des Bodens die ein- und zweiwertigen Kationen von ganz besonderer Bedeutung sein. Und zwar wirken sie einmal infolge ihrer flockenden oder peptisierenden Wirkung, andererseits durch ihre die Natur der Bodenkolloide in lyophiler oder lyophober Hinsicht verändernden Eigenschaften.

Wenn nun zur Besprechung der vorliegenden Literatur geschritten werden soll, dann muß allerdings darauf aufmerksam gemacht werden, daß, worauf auch schon P. EHRENBERG[1] hinweist, die Folgen der Düngemittelanwendung in physikalischer Hinsicht nur sehr spärlich erwähnt worden sind.

Zunächst ist zu erkennen, in welchem besonderen Umfange die zweiwertigen Kationen, die ja praktisch wohl in der Hauptsache in der Form des Kalkes für die Behandlung des Bodens in Frage kommen, von Bedeutung für eine optimale Gestaltung der physikalischen Eigenschaften des Bodens[2] sind. Verständlicherweise beeinflussen sie alle jene Eigenschaften des Bodens, die durch Veränderungen der Oberfläche berührt werden. Daß sie bei einer Düngung des Bodens in verschiedener Weise wirken, je nachdem ob sie als Oxyde, Karbonate oder Neutralsalze zugeführt werden, braucht auf Grund der früheren Ausführungen nicht näher erörtert zu werden.

So stellt auch E. WOLLNY[3] fest, daß die Beständigkeit der Bodenkrümel durch Kalk vermehrt wird. F. SCHUCHT[4] teilt ferner mit, daß ein gewisser Kalkgehalt Marschboden lockerer erscheinen läßt, während andererseits mit zunehmender Entkalkung auch eine dichtere Lagerung des Bodens beobachtet worden ist. E. WOLLNY verfolgt ferner den Einfluß der verschiedenen Ionen auf die Volumänderungen des Bodens und stellt fest, daß die Kontraktion beim Austrocknen am stärksten bei Zusatz von Alkalikarbonat, geringer bei Chloriden und Nitraten und am geringsten beim Zusatz von Kalkhydrat ist. Ganz ähnliche Erfahrungen sammelt auch W. THAER[5]. In diesem Zusammenhang sei auch auf die Auffassungen von R. ALBERT[6] und E. RAMANN[7] hingewiesen, desgleichen

[1] EHRENBERG, P.: Die Bodenkolloide, 3. Aufl., S. 533. 1922.

[2] Vgl. W. THAER: Der Einfluß von Kalk und Humus auf die mechanische und physikalische Beschaffenheit von Ton-, Lehm- und Sandboden. J. Landw. **59**, 9 (1911); Kolloidchemische Studien am Humus aus gekalktem und ungekalktem Boden. Ebenda **60**, 1 (1912).

[3] WOLLNY, E.: Untersuchungen über die Volumveränderungen der Bodenarten. Forschgn. Geb. Agrikult.-Phys. **20**, 1 (1897); n. Hoffm. Jber. **40**, 55 (1897).

[4] SCHUCHT, F.: Die Bodenarten der Marschen. J. Landw. **53**, 310 (1905).

[5] THAER, W.: Preisschrift der philosophischen Fakultät Göttingen, S. 54. 1910.

[6] ALBERT, R.: Z. Forst- u. Jagdwes. **37**, 143 (1905).

[7] RAMANN, E.: Bodenkunde, 3. Aufl., S. 299. Berlin 1911.

auch auf eine Untersuchung von A. MAUSBERG[1], die an Parzellen, die lange Zeit hindurch gleichartig behandelt worden waren, und nach EHRENBERG[2] wie folgt durchgeführt wurde:

Brockengröße der Erde bei	Krümel in % Durchmesser kleiner als 20 mm	Brocken in % Durchmesser 20—40 mm	Klumpen in % Durchmesser größer als 40 mm
ungedüngtem Boden	64,1	14,7	21,2
mit Kalk gedüngtem Boden	78,4	15,4	6,3

Absatzgeschwindigkeit der Erde bei	Ackerkrume	Der Kultivator brauchte Zugkraft in kg
ungedüngtem Boden	langsam	115
mit Kalk gedüngtem Boden	mittel bis schnell	85

Verhalten der Erde bei der Bestellung	
ungedüngter Boden	mäßig dicht und weniger abbindend
mit Kalk gedüngter Boden	vorzüglich gekrümelt

Brockengröße der Erde bei	Krümel in %	Brocken in %	Klumpen in %
Volldüngung	75,2	20,6	4,2
Volldüngung ohne Kalk	65,9	19,5	11,1

Absatzgeschwindigkeit der Erde bei	Ackerkrume	Der Kultivator brauchte Zugkraft in kg
Volldüngung	mittel bis langsam	100
Volldüngung ohne Kalk	langsam	110

Verhalten der Erde bei der Bestellung	
Volldüngung	vorzüglich gekrümelt
Volldüngung ohne Kalk	leidlich gut gekrümelt

Ferner weist H. PUCHNER[3] darauf hin, daß ein Zusatz von Ätzkalk die Plastizität des Tones bei allen Feuchtigkeitsgehalten vermindert, während die Zufuhr von KOH und K_2CO_3 die Festigkeit des Tones im lufttrockenen Zustande erhöht. C. MARQUIS[4] beobachtet allerdings durch Zusatz von $CaCO_3$ eine Zunahme der Kohärenz, während bereits A. D. THAER[5] eine Verminderung der Kohäsion schwerer Böden feststellt. Auch E. W. HILGARD zeigt, daß ein mit Kalk versetzter Boden locker und mürbe wird. E. BLANCK[6] verfolgt die Wirkung des Kalkes auf die Wasserbewegung des Bodens und findet: CaO vermindert die kapillare Steigkraft des Wassers, erhöht das Wasserfassungsvermögen, verbessert die Durchlässigkeit, läßt Wasser langsamer verdunsten und verringert die Hygroskopizität. S. KRAWKOW[7] weist darauf hin, daß die Wasserbewegung

[1] MAUSBERG, A.: Wie beeinflußt die Düngung die Beschaffenheit des Bodens und seine Eignung für bestimmte Kulturgewächse? Landw. Jb. **45**, 51 (1913).
[2] EHRENBERG, P.: Die Bodenkolloide, 2. Aufl., S. 602. 1918.
[3] PUCHNER, H.: Forschgn. Geb. Agrikult.-Phys. **12**, 195 (1889).
[4] MARQUIS, C.: Vergleichende Untersuchungen über die Methoden der Kohärenzbestimmung mit besonderer Berücksichtigung der Kohärenzverhältnisse der Marschböden. Internat. Mitt. Bodenkde. **5**, 381 (1915).
[5] THAER, A.: Die Grundsätze rationeller Landwirtschaft **2**, 136. Berlin 1810.
[6] BLANCK, E.: Über den Einfluß des Kalkes auf die Wasserbewegung im Boden. Landw. Jb. **38**, 715 (1909).
[7] KRAWKOW, S.: Über die Prozesse der Bewegung der Wasser- und der Salzlösungen im Boden. J. Landw. **48**, 209 (1900).

im Boden abhängig von der Konzentration und der Adsorbierbarkeit der darin enthaltenen Salze ist. Es beeinflussen z. B. $CaSO_4$ und $CaCO_3$ deutlich die kapillare Bewegung des Wassers im Boden. Dahingegen beobachten K. ESER[1] und E. WOLLNY[2] als Folge der verschiedenartigen Verhältnisse nicht die allgemein nützliche Wirkung dieser Salze auf den Wasserhaushalt. A. N. PEARSON[3] sowie J. B. REYNOLDS[4] zeigen wiederum sehr überzeugend die Einwirkung des Kalkes auf die Wasserkapazität und Durchlässigkeit eines Bodens für Wasser, während O. ENGELS[5] ebenfalls feststellt, daß durch Kalkung die Wasserkapazität erhöht wird, und zwar ist die Zunahme um so größer, je mehr abschlämmbare Bestandteile die betreffenden Böden enthalten. Ebenso wird die Durchlässigkeit des Bodens, und zwar bei schweren mehr als bei leichten Böden erhöht. Dagegen wird die kapillare Steigkraft durch eine Kalkdüngung verringert, ebenso die Hygroskopizität und der Schwund. Schließlich wird die Bearbeitbarkeit wesentlich erleichtert. R. ULRICH[6] gibt ferner an, daß sich die Wasserkapazität eines Bodens unter dem Einfluß von Hydroxyden und Karbonaten der Alkalien und von Phosphaten vermindert. Unbeeinflußt bleibt sie dagegen z. B. durch Sulfate, während sie durch Nitrate, Chloride und Kalkhydrat erhöht wird. Nach E. GROSS[7] verlangsamt gebrannter Kalk die Steighöhe des Wassers, während sie durch K_2SO_4 und Superphosphat erhöht wird. L. SMOLIK[8] beobachtet sodann, daß sich die Hygroskopizität eines Bodens durch Auslaugen um 10% erhöht, während W. CZERMAK[9] feststellt, daß die Beigabe von $n/10$ Lösungen von $CaCl_2$ und $Al_2(SO_4)_3$ eine ganz bedeutsame Verminderung der Hygroskopizität zur Folge hat.

Auch das Verhalten des Bodens gegen Wärme wird durch diese Vorgänge beeinflußt, denn alle die Maßnahmen, welche die Regulierung des Wasserhaushaltes bezwecken, beeinflussen auf diese Weise auch die Temperaturverhältnisse des Bodens. Nach A. HECKER[10] beeinflussen die Düngemittel die Temperaturverhältnisse des Bodens in der Weise, daß Kalk und Magnesia den Boden lockern und daher schlechter für Wärme leitend machen, während Kainit und Chilesalpeter verkrustend wirken und daher günstige Wärmeleitungsverhältnisse schaffen. Die ersteren führen daher zu einer stärkeren Erwärmung bei Tage und zu einer stärkeren Abkühlung bei Nacht. Auch der Gasaustausch des Bodens findet deutliche Beeinflussung durch die Art der adsorbierten Basen. Zudem werden diese Vorgänge noch dadurch kompliziert, daß auch die Gase direkt an den Bodenteilchen adsorbiert werden können. K. KVAPIL[11] und A. NĚMEC beobachten ferner, daß die absolute Luftkapazität von Böden, welche mit immer-

[1] ESER, K.: Einfluß der chemischen und physikalischen Eigenschaften des Bodens auf das Verdunstungsvermögen. Ann. agron. **10**, 1; n. Hoffm. Jber. **27**, 33 (1884).

[2] WOLLNY, E.: Untersuchungen über den Einfluß der Salze auf die Bodenfeuchtigkeit. Biederm. Zbl. **30**, 508 (1901).

[3] PEARSON, A. N.: Chem. News **67**, 53 (1892).

[4] REYNOLDS, J. B.: Über den Einfluß, welchen der Kalk auf die physikalischen Eigenschaften des Bodens auszuüben vermag. Ontario Agr. Col. a. Exp. Farm. Rep. **1897**, 2; n. Hoffm. Jber. **41**, 57 (1898).

[5] ENGELS, O.: Landw. Versuchsstat. **83**, 409 (1914).

[6] ULRICH, R.: Forschgn. Geb. Agrikult.-Phys. **19**, 37 (1896); n. Hoffm. Jber. **39**, 77 (1896).

[7] GROSS, E.: Z. Landw. Versuchswes. Österr. **4**, 80 (1903).

[8] SMOLIK, L.: Einfluß der Elektrolyte auf die Gesamtoberfläche der Bodenelemente. C. r. **179**, 211 (1924); n. Z. Pflanzenern., Düng. u. Bodenk. A, **6**, 380 (1925).

[9] CZERMAK, W.: Ein Beitrag zur Erkenntnis der Veränderungen der sogenannten physikalischen Bodeneigenschaften durch Frost, Hitze und die Beigabe einiger Salze. Landw. Versuchsstat. **76**, 75 (1912).

[10] HECKER, A.: Bodentemperaturuntersuchungen. Fühlings Landw. Ztg. **57**, 458 (1908).

[11] KVAPIL, K. u. A. NĚMEC: Beziehung der absoluten Luftkapazität zu dem Säuregrad der Waldböden. C. r. **179**, 1283 (1924); n. Z. Pflanzenern., Düng. u. Bodenk. A, **5**, 343 (1925).

grünen Beständen bewachsen sind, mit zunehmendem Säuregehalt des Bodens abnimmt.

Schon dieser kurze Überblick zeigt, daß alle wichtigen Eigenschaften des Bodens physikalischer Natur von den Absorptions- und Basenaustauschvorgängen desselben in bemerkenswerter Weise beeinflußt werden, so daß ihre Bedeutung in chemischer Hinsicht in keiner Weise von der physikalischer Natur zu trennen ist.

Bei der Anwendung von Düngemitteln mit zweiwertigen Kationen in der landwirtschaftlichen Praxis, wie z. B. vom Kalk, hängt nun allerdings die Wirkung auf den physikalischen Zustand von zahlreichen Faktoren ab, die im Rahmen dieser Zusammenstellung nicht zu besprechen sind. Hingewiesen sei nur darauf, daß die Menge des angewendeten Kalkes naturgemäß in einem bestimmten Verhältnis zu den Eigenschaften des Bodens, der damit behandelt wird, stehen muß. Namentlich können zu große Gaben von Branntkalk leicht Schädigungen herbeiführen, die auch auf dem Gebiete der Beeinflussung der Bodenkolloide gesucht werden müssen, wie dies schon folgende Angabe von J. N. VON SCHWERZ[1] erkennen läßt: „Auf einem, von allem vegetabilischen Rückstande (Humus) entblößten Boden bringt zumal der ätzende Kalk eine entgegengesetzte, höchst nachteilige Wirkung hervor." „Ich machte", sagt ARTHUR YOUNG, „hierüber eine sehr auffallende Erfahrung. Ein unfruchtbarer Tonboden, der etwas zu stark gekalkt worden war, befand sich mehrere Jahre hintereinander außerstande, eine Getreideernte hervorzubringen. Der Boden wurde nach dem Kalken zäher, als mir je einer vorgekommen ist." Ähnliche Erfahrungen teilt G. GIVEN[2] mit. Daß jedoch im allgemeinen die Wirkungen des Ätzkalkes auf die physikalischen Eigenschaften des Bodens durchaus günstige sind, führt P. EHRENBERG[3] auf das gleichzeitige Auftreten von CO_2 zurück, wobei durch das Auftreten von $Ca(HCO_3)_2$ schnelles Ausflocken erfolgt. Diese Kohlensäurebildung ist für den Vergleich der Wirkungen von Branntkalk und kohlensaurem Kalk von besonderer Bedeutung. So konnte A. GEHRING[4] nachweisen, daß die Wirkung dieser beiden Düngemittel in Mengen, die den Verhältnissen des Bodens angepaßt sind, durchaus gleichwertige Wirkungen auf den Ertrag und auf die physikalischen Verhältnisse hervorzubringen vermögen, wenn es sich um biologisch tätige Böden handelt. Dahingegen[5] ist eine langsamere Wirkung des kohlensauren Kalkes zu beobachten, wenn stark entkalkte und damit biologisch untätige Böden vorliegen. Hier treten dann die Löslichkeitsverhältnisse dieser beiden Kalkformen deutlich hervor. Diese Erfahrungen werden durch die Beobachtungen von A. VON ROSENBERG-LIPINSKY[6] erhärtet, der feststellt, daß der Mergel dann besonders günstig wirkt, wenn seine Auflösung durch Stallmistbeigabe gefördert wird. Zu ähnlicher Auffassung gelangt auch A. D. HALL[7].

Die wesentlich weniger günstigen Wirkungen der einwertigen Alkalisalze auf die kolloiden Eigenschaften des Bodens sind vor allem bei Besprechung der Aufklärung der Schäden durch Meerwasserüberschwemmungen und durch Chilesalpeter eingehend erörtert worden, so daß sich eine Wiederholung dieser Beobachtungen erübrigt. Immerhin soll noch kurz auf die Gefahren der koch-

[1] SCHWERZ, J. N. VON: Ackerbau **1**, 236 (1823).
[2] GIVEN, G.: Dissert., S. 12/13, Göttingen 1915.
[3] EHRENBERG, P.: Die Bodenkolloide, 3. Aufl., S. 374 (1922).
[4] GEHRING, A.: Über die Veränderungen einiger physikalischer Eigenschaften des Bodens unter dem Einfluß von Kalk. Z. Pflanzenern., Düng. u. Bodenk. B, **8**, 239 (1929).
[5] GEHRING, A. und Mitarbeiter: Über die Löslichkeit der adsorptiv gebundenen Basen des Bodens usw. Z. Pflanzenern., Düng. u. Bodenk. A. **20**, 183 (1931).
[6] ROSENBERG-LIPINSKY, A. v.: Praktischer Ackerbau, 7. Aufl., 2, 1890.
[7] HALL, A. D.: The Soil, S. 254. London 1908.

salzreichen Fäkaldünger aufmerksam gemacht werden, auf die M. HOFFMANN[1] hinweist.

Neben den dadurch bedingten rein kolloidchemischen Veränderungen ist aber auch der Hinweis von A. D. HALL[2] bemerkenswert, daß solche Böden, die häufig mit Chilesalpeter gedüngt werden, in der Regel eine außerordentlich geringe Menge an abschlämmbaren Teilchen enthalten, da ein Auswaschen der feineren Teilchen in den Untergrund durch $NaNO_3$ begünstigt wird.

Jedenfalls zeigen die Versuche von H. NIKLAS, A. STROBEL und K. SCHARRER[3], bei denen keine ungünstige kolloidchemische Veränderung des Bodens durch 12jährige Anwendung von Kalidüngung beobachtet wurde, daß die Schnelligkeit dieser Wirkung der Alkalisalze sehr von der Art des Bodens beeinflußt wird. Das gleiche darf man auch von den Natriumsalzen annehmen, wenn auch zwischen Kali- und Natriumsalzen die früher geschilderten Unterschiede bestehen. Dahingegen beobachtet M. D. THOMAS[4], daß die Dampfdruckkurve eines Bodens sehr stark durch die Art der austauschbaren Basen im Mineralkomplex beeinflußt wird. In trockenen Böden hat das mit Kali behandelte Material die geringste und das mit Ca versehene die größte wasserabsorbierende Kraft. Na schneidet die anderen Kurvenlinien, so daß es schließlich bei höheren Feuchtigkeitswerten die höchste überhaupt feststellbare, wasserabsorbierende Kraft aufweist. Kurz sei auch noch auf Erfahrungen mit Ammoniumkarbonat verwiesen, das bekanntlich bei Anwendung von Jauche auf das Land kommt. Es hebt sich ja durch seine hydrolytische Spaltung hervor, und es ist verständlich, daß dadurch eine günstige kolloidchemische Beeinflussung unter dem Einfluß des humiden Klimas nicht erwartet werden kann, und es warnt in der Tat E. J. RUSSELL[5] vor der Anwendung der Jauche auf Tonböden. Immerhin muß beachtet werden, daß das in den Boden gelangende Ammoniak sehr bald in Nitrat verwandelt wird, wodurch seine kolloidchemische Beeinflussung völlig geändert wird.

Eine überaus bedeutungsvolle Auswirkung der Absorptions- und Basenaustauscherscheinungen des Bodens ist ferner in der Ausbildung der verschiedenen Bodentypen unter den verschiedenen Klimaverhältnissen zu sehen, deren Erforschung ja gerade in den letzten Jahrzehnten bemerkenswerte Fortschritte gemacht hat. Es ist nicht möglich, an dieser Stelle auf die darüber vorhandene umfangreiche Literatur im einzelnen einzugehen. Es soll nur versucht werden zu zeigen, ein wie weites Anwendungsgebiet der Adsorptions- und Basenaustauschvorgang in dieser Hinsicht für die Fruchtbarkeit des Bodens erlangt hat.

Es hat sich nämlich mit immer größerer Deutlichkeit herausgestellt, daß sich unter den verschiedenen klimatischen Bedingungen 3 mit typischen Basen angereicherte Bodenadsorptionskomplexe herausbilden können, die mit ihren kennzeichnenden Eigenschaften ganz bestimmte Grundlagen für die Fruchtbarkeit des Bodens bilden; es sind dies der kalkreiche, der wasserstoffreiche und der natriumreiche Bodenkomplex. Daß es dazwischen alle möglichen Übergänge gibt, ist wohl selbstverständlich.

---

[1] HOFFMANN, M.: Kochsalz bzw. Viehsalz als Düngemittel. Mitt. Dtsch. Landw. Ges. 31, 181 (1916).

[2] HALL, A. D.: Der Einfluß einer häufigen Düngung mit Chilesalpeter auf die Strukturverhältnisse des Bodens. Trans. chem. Soc. 85, 962 (1904); n. Biederm. Zbl. 34, 66 (1905).

[3] NIKLAS, H., A. STROBEL u. K. SCHARRER: Der Einfluß einer zwölfjährigen Kalidüngung auf die Ernteerträge sowie die Physik, Chemie und Mykologie des Bodens. Landw. Versuchsstat. 105, 105 (1927).

[4] THOMAS, M. D.: Der Dampfdruck der Böden. IV. Der Einfluß der austauschbaren Basen. Soil Sci. 25, 485 (1928); n. Z. Pflanzenern., Düng. u. Bodenk. A, 15, 59 (1929).

[5] RUSSELL, E. J.: Boden und Pflanze, S. 169. Dresden 1914.

Wichtige Versuche sind hierüber von K. K. GEDROIZ angestellt worden, über die nach Angaben von A. STEBUTT[1] berichtet werden soll. K. K. GEDROIZ benutzt einen Boden, welcher 0,757% CaO, 0,221% MgO, aber weder Na_2O noch K_2O als zeolithisch adsorbierte Basen enthielt. Durch Auswaschen mit 0,05 n HCl und Ausschütteln mit n NaCl-Lösung wurde ein Teil des Bodens in einen solchen mit angereichertem H-Ion, ein anderer mit angereichertem Na-Ion umgewandelt. Dabei wurde folgende Zunahme der Dispersion des Tons beobachtet:

Kalkton	$1^1/_2$ % Teilchen unter 0,22 μ
Wasserstoffton	10 % Teilchen unter 0,22 μ
Natriumton	45 % Teilchen unter 0,22 μ

Nach 1 jähriger Aufschwemmung und Absetzenlassen hatten je 20 g ursprünglicher Boden

als Kalkton ein Volumen von	29 cm^3
als Natriumton von	185 cm^3

Die Wasserkapazität des Kalkbodens betrug dabei 60%, die des Natriumtons 900%. Der letztere war fast undurchlässig geworden. A. STEBUTT fährt fort: „Diese ersten klassischen Versuche von GEDROIZ stellen fest, daß die Sättigung der Azidoide mit H- und noch mehr mit Na-Ionen eine hohe Dispersion des Tones bewirken. Besonders stark war die Dispersion der Humuszeolithe. Sie war so groß, daß die Lösung auch die dichtesten Papierfilter unverändert passierte. Man kann nach GEDROIZ dieses Verfahren benutzen, um den ganzen Humus aus dem Boden mit Wasser auszuspülen und dabei die Humusstoffe in einem fast unveränderten Zustande zu bekommen.“

Zahlreiche Forscher, namentlich G. WIEGNER, haben diese Vorstellungen wie schon geschildert wurde, weiter entwickelt. Hier sei nur noch darauf verwiesen, daß ein typischer Vertreter des Ca-Mg-reichen Bodentypus die Schwarzerde ist, während der H-reiche in extremer Ausbildung als Podsoltypus des humiden Gebietes bekannt ist; der Na-reiche Typus wird als Salz- und Alkaliboden in den ariden Gebieten beobachtet. Auf die zahlreichen Unterteilungen dieser Bodentypen, wie sie K. K. GEDROIZ[2] allmählich entwickelt hat, braucht nicht näher eingegangen zu werden. Jedoch sollen die wichtigsten Eigenschaften und die Ursachen ihrer Entstehung noch etwas näher geschildert werden.

K. K. GEDROIZ[3] bezeichnet als Grundeigenschaft der Böden des Tschernosemtypus, der in einem Gebiete mit mittleren Regenmengen entsteht, daß ihr adsorbierender Komplex stark mit Kalzium und Magnesium angereichert ist. Es ist z. B. die prozentuale Zusammensetzung der adsorbierten Kationen in Milligramm-Äquivalenten eines Tschernosems für Ca 82,1%, Mg 15,1%, K 2,7% und Na 0,0%. Dieser hervortretende Gehalt an Ca und Mg ist die Ursache für eine ganze Reihe von Besonderheiten, die diese Böden von den übrigen unterscheiden. Zunächst zeichnet sich der absorbierende Komplex dieser Böden durch eine sehr große Widerstandsfähigkeit gegen die dispergierende Wirkung des Wassers aus, und aus diesem Grunde bilden sich keine dichten Alluvialhorizonte. Daher gibt z. B. A. TH. TIULIN[4] an, daß die mit Ca und Mg gesättigten Kolloide als positive Faktoren der Strukturstabilität zu bezeichnen sind. Ferner zeigt die

[1] STEBUTT, A.: Lehrbuch der allgemeinen Bodenkunde, S. 230. Berlin: Gebr. Bornträger 1930.

[2] GEDROIZ, K. K.: Der adsorbierende Bodenkomplex. Dresden u. Leipzig: Th. Steinkopff 1929.

[3] GEDROIZ, K. K.: Der adsorbierende Bodenkomplex, S. 65. Dresden u. Leipzig: Th. Steinkopff 1929.

[4] TIULIN, A. TH.: Über die Abhängigkeit der Stabilität der Bodenstruktur von seinem Kolloid- und Sandgehalt. Results of investigations. Perm 1928; Dep. agricult. chem. **2**, 22; Biederm. Zbl. **58**, 7 (1929).

mechanische Zusammensetzung der Tonfraktion keine oder nahezu keine einzelnen freien Kolloidteilchen, vielmehr sind diese fest zu Aggregaten verbunden. „Diese Eigentümlichkeit verleiht dem Boden sowohl im trockenen wie im feuchten Zustande eine sehr dauerhafte und dabei ziemlich feinkörnige Struktur.“ Es handelt sich hier sowohl aus chemischen als auch physikalischen Gründen um Böden höchster Fruchtbarkeit, die infolge der ein gewisses Maß nicht überschreitenden Regenmenge durch einen bedeutsamen Gehalt an einem milden und überaus wertvollen Humus ausgezeichnet sind.

Im humiden Gebiete wird ein im übrigen unbeeinflußter Boden durch die ständige Auslaugung in Verbindung mit den durch biologisches Leben entstehenden mineralischen und organischen Säuren in mehr oder weniger großem Umfange eine ständige Abnahme an Ca-, Mg-, K- und Na-Ionen erleiden. Die Höhe des Gehalts an adsorbierenden Bodenbestandteilen wird in dieser Hinsicht eine große Bedeutung haben. Zunächst werden die Erdalkalikarbonate immer tiefer gewaschen und können schließlich überhaupt nicht mehr in die oberen Schichten aufsteigen. Das stark eintauschende H-Ion tritt dann in Wettbewerb mit den immer geringer werdenden Ca-Mg-Kationen. Durch das Eintauschen des H-Ions werden sich die Dispersitätsverhältnisse in der Weise ändern, wie dies z. B. von K. K. GEDROIZ geschildert worden ist.

Der Humatanteil wird löslicher, der Alumosilikatanteil wird leichter durch Wasser in die freien Sesquioxyde zerlegt. Eine Ansammlung von amorpher Kieselsäure ist jedoch dabei nicht festzustellen. Von einer bestimmten p_H-Zahl ab, die je nach den im Boden vorhandenen Anionen schwanken kann, werden Aluminium und Eisen löslich und besitzen zunächst noch einen günstigen Einfluß auf die physikalischen Verhältnisse des Bodens. Allmählich werden aber auch diese Kationen in immer stärkerem Umfange aus der Oberkrume fortgeführt. Von großer Bedeutung ist hierbei das Auftreten von Rohhumus, der dadurch entsteht, daß bei p_H-Graden dieses Ausmaßes biologisches Leben, welches diese organische Substanzen zersetzt, und Durchlüftung, welche diese Zersetzung fördert, nicht mehr in genügendem Umfange möglich ist. Dieser saure, weitgehend dispergierte Humus, der sowohl als Säure wie als Schutzkolloid wirkt, veranlaßt, daß die Oberkrume gänzlich frei von Eisen werden kann, so daß lediglich eine grauweißliche Bleich- oder Bleisandschicht als typisches Zeichen des Podsoltypus zurückbleibt. Das ausgewaschene Eisen und Aluminium wird dagegen in tieferen Schichten als Ortstein niedergeschlagen. Der Ortstein ist bekanntlich eine verdichtete, vielfach steinähnliche Schicht des Bodens, die reich an Humus, Eisen, Aluminium, Phosphorsäure und Kieselsäure ist. Ein großer Teil der Bestandteile der Oberkrume, die ausgewaschen werden, werden in dieser Schicht niedergeschlagen.

Auch die Entstehung des Ortsseins ist ein z. T. hierher gehörender Vorgang, auf den aber nicht näher eingegangen werden kann[1].

Abgesehen davon, daß es sich um die Bildung eines weitgehend entbasten Bodens handelt, verhindert diese wasserundurchlässige Schicht das Absinken des Winterwassers in den Untergrund und das Aufsteigen des Grundwassers im Sommer. Beide Vorgänge führen zu erheblichen Ertragsdepressionen. Ganz

---

[1] Vgl. Handb. d. Bodenlehre 3, 124 und 4; ferner: A. MAYER: Bleisand und Ortstein. Landw. Versuchsstat. 58, 161 (1903). — B. AARNIO: Experimentelle Untersuchungen zur Frage der Ausfällung des Eisens in Podsolböden. Internat. Mitt. Bodenkde. 3, 131 (1913). — P. EHRENBERG: Die Bodenkolloide, 2. Aufl., S. 387. Dresden u. Leipzig 1918. — D. J. HISSINK: Adsorptiv ungesättigte Bodenarten; n. Biederm. Zbl. 50, 81 (1921). — G. ROTHER: Über die Bewegung des Kalkes, des Eisens, der Tonerde und der Phosphorsäure und die Bildung des Tonortsteins im Sandboden, S. 69. Dissert. Berlin 1912; n. Internat. Mitt. Bodenkde. 4, 243 (1914).

ähnliche Vorgänge liegen bei Bildung von Knick, Darg und ähnlichen Verdichtungen des Bodens vor.

Noch deutlicher vollziehen sich die Prozesse, welche ungesättigte adsorbierende Bodenkomplexe schaffen, in den Tropen, wo infolge der hohen Temperatur und noch höherer Niederschlagsverhältnisse die Auswaschung noch stärker verläuft. Hier bilden sich bekanntlich die Laterite, Roterden und Gelberden aus, die sich durch einen besonderen Gehalt an Tonerde im Vergleich zur Kieselsäure auszeichnen. Dahingegen ist der Gehalt an organischen Bestandteilen infolge der schnelleren Zersetzung geringer. Schnelle Auswaschung, hohe Temperatur und schnelle Mineralisierung der organischen Bestandteile sind wohl die Faktoren, welche die anders gearteten Vorgänge des Niederschlags der Tonerde- und Eisenkolloide in den oberen Schichten gegenüber dem Podsoltypus bedingen.

Neben diesem Verwitterungstypus des humiden Klimas sei auch noch auf typische Erscheinungen des ariden Klimas eingegangen. K. K. GEDROIZ[1] erklärt diese als „Solonetztypus" bezeichnete Bodenbildung in der Weise, daß die Auswaschung der löslichen Salze und Erdalkalikarbonate infolge der geringen Niederschläge vermindert wird, und daß nun trotz der großen Adsorptionsenergie des Kalziums die viel stärker löslichen Alkalisalze „mit den Kalzium- und Magnesiumionen um ihren Platz im adsorbierenden Komplex in Wettbewerb treten können". Die Böden dieser Gebiete enthalten daher in ihrem adsorbierenden Komplex außer Kalzium und Magnesium auch Alkaliionen. G. WIEGNER[2] macht darüber folgende Angaben: „Natriumsulfat und Magnesiumsulfat treten am verbreitetsten auf. Chlornatrium tritt demgegenüber zurück, Natriumkarbonat ist in geringer bis mäßiger Menge vorhanden. Während die Elektrolyte aus stark positivem Kation und stark negativem Anion neutral reagieren und gemäß ihrem Kationgehalt stark koagulierend auf die negative Dispersion wirken, reagiert Natriumkarbonat infolge Hydrolyse alkalisch. Wir haben negative OH-Ionen in der Lösung, von denen wir wissen, daß sie auf eine Dispersion dispersitätssteigernd wirken. Die physikalischen Eigenschaften der sodaarmen und sodahaltigen Salzböden werden also verschieden sein. Die Böden mit Natrium- und Magnesiumsulfat und Kochsalz, die Weißalkaliböden, sind körnig, die mit Soda, die Schwarzalkaliböden, dicht und schleimig." In Übereinstimmung damit ist mit F. T. SHUTT und E. A. SMITH[3] darauf hinzuweisen, daß das Wachstum der Pflanzen bei einem Gehalt des Bodens von 0,9% Na_2SO_4 und 0,273% $MgSO_4$ aufhört. Bei Anwesenheit von Na_2CO_3 kommt jedoch das Wachstum bereits zum Stillstand, wenn der Gehalt daran 0,272% beträgt. Dabei ist zu beobachten, daß der Boden stark verkrustet.

Über das Entstehen dieser Verkrustung oder Verschlämmung, für die man zunächst die Gegenwart von Na_2CO_3 verantwortlich machte, sind folgende Anschauungen veröffentlicht worden: K. K. GEDROIZ[4] beobachtet, daß das Natrium des NaCl und Na_2SO_4 aus Humaten und Silikaten des Bodens andere Basen verdrängt, und daß alsdann aus der Reaktion dieses Natriumzeoliths mit $CaCO_3$ ein Kalziumzeolith und Na_2CO_3 entstehen. DOMINICIS glaubt, daß sich die

[1] GEDROIZ, K. K.: Der adsorbierende Bodenkomplex, S. 71. Dresden u. Leipzig: Th. Steinkopff 1929.

[2] WIEGNER, G.: Boden und Bodenbildung, 5. Aufl., S. 50. Dresden u. Leipzig: Th. Steinkopff 1929.

[3] SHUTT, F. T. u. E. A. SMITH: Der Alkaligehalt des Bodens in Beziehung zur Ernte. Roy. soc. Canada Proc. a. Trans. 13, 233 (1919); n. Biederm. Zbl. 52, 172 (1923).

[4] GEDROIZ, K. K.: Die Kolloidchemie in Fragen der Bodenkunde. Nach Biederm. Zbl. 42, 225 (1913).

Hydrogele, welche durch einen Substitutionsprozeß in Silikat- und Humusverbindungen gebildet werden, in Hydrosole verwandeln. Dabei entsteht NaOH, welches sich mit CO_2 verbindet. Nach HILGARD vollziehen sich die Reaktionen zwischen Na- und Ca-Verbindungen in der Bodenlösung. S. TANATAR[1] versucht, aus den Beobachtungen an Salzseen einen Einblick in diese Vorgänge zu gewinnen und hält es für notwendig, daß sich Alkalikarbonate und $CaSO_4$ getrennt ausscheiden müssen, weil sonst Rückbildungen zu $CaCO_3$ und Alkalisulfat eintreten werden. H. VATER[2] bestätigt diese Auffassung, desgleichen D. J. HISSINK[3], der angibt, daß Böden, die mit K oder Na gesättigt sind, nicht imstande sind, den Humus festzuhalten. Die Bodenwasser fließen vielmehr dunkel gefärbt ab. F. MÜNTER[4] nimmt an, daß die Schädlichkeit größerer Gaben von $CaCO_3$ z. T. auf Entstehung kohlensaurer Alkalien beruhen soll. Jedoch macht J. ZINK[5] darauf aufmerksam, daß nach seinen Versuchsergebnissen „der Sodabildung durch Umsetzung des doppelkohlensauren Kalkes mit den Alkalisalzen in humiden Gebieten bedeutende Hindernisse im Wege stehen und daher das Auftreten von Soda in unseren Böden keineswegs so häufig zu erwarten ist, wie in dem landwirtschaftlichen Schrifttum angenommen wird". So bleibt z. B. beim Verdunsten einer Gips und Alkalikarbonat enthaltenden Lösung nur diejenige Alkalikarbonatmenge erhalten, die gegenüber dem Gips im Überschuß vorhanden ist. VILENSKY[6] gibt daher in Weiterentwicklung dieser Vorstellungen an, daß sich die Salzböden dort gebildet haben, „wo das Grundwasser durch kapillare Anziehung gehoben die Bodenoberfläche erreichte und dann verdunstete. Alkaliböden sind aus den Salzböden entstanden, wenn das Grundwasser wieder zurückging und die Salze durch Regenwasser ausgewaschen wurden. Sie bewirkten dann die Verkittung des Untergrundes". Auch K. K. GEDROIZ[7] ist dieser Auffassung. Nach ihm ist die Quelle „für die Soda das im Bodenkomplex adsorbierte Natrium ... und die Hauptquelle für das adsorbierte Natrium wieder sind Natriumchlorid und Natriumsulfat". Ähnliche Auffassungen vertreten P. KELLEY und S. M. BROWN[8] sowie C. D. GLINKA[9]. Zu ähnlichen Schlußfolgerungen gelangen noch J. S. JOFFE und H. C. MCLEAN[10], die auch vor allem die Wege zur Heilung dieser Böden besprechen. Ferner weist K. K. GEDROIZ darauf hin, daß es von sehr verschiedener Wirkung ist, ob im Boden das Na dem Ca als Karbonat oder als Sulfat gegenübersteht, da das letztere infolge seiner größeren Löslichkeit die Adsorption des Na verringert. Anderer-

---

[1] TANATAR, S.: Über die Bildungsweise der Soda in der Natur. Berl. Ber. **29**, 1034 (1896); n. Hoffm. Jber. **39**, 49 (1896).

[2] VATER, H.: Beitrag zur Kenntnis der Umsetzungen zwischen Calciumbikarbonat und Alkalisulfat sowie über die Bildung der Alkalikarbonate in der Natur. Z. Krist. **30**, 373 (1898); n. Hoffm. Jber. **42**, 39 (1899).

[3] HISSINK, D. J.: Nach Biederm. Zbl. **50**, 81 (1921).

[4] MÜNTER, F.: Über den Einfluß alkalischer Bodenreaktion auf die Pflanzenproduktion. Z. Pflanzenern., Düng. u. Bodenk. B, **2**, 289 (1923).

[5] ZINK, J.: Über die Sodabildung im Boden. Z. Pflanzenern., Düng. u. Bodenk. A, **6**, 229 (1926).

[6] VILENSKY: Die Entstehung der Alkaliböden. Pedologie **1924**, 36; n. Biederm. Zbl. **56**, 331 (1927).

[7] GEDROIZ, K. K.: Der adsorbierende Bodenkomplex, S. 81. Dresden u. Leipzig: Th. Steinkopff 1929.

[8] KELLEY, W. P. u. S. M. BROWN: Basenaustausch und seine Beziehungen zu alkalischen Böden. Soil Sci. **20**, 477 (1925); n. Z. Pflanzenern., Düng. u. Bodenk. A, **10**, 250 (1927/28).

[9] GLINKA, C. D.: Die verschiedenen Typen, denen entsprechend sich die Böden bilden, und deren Einteilung. Nach Z. Pflanzenern., Düng. u. Bodenk. A, **10**, 377 (1927/28).

[10] JOFFE, J. S. u. H. C. MCLEAN: Alkaliboden-Untersuchungen. I. Betrachtung einiger kolloiden Erscheinungen. Soil Sci. **17**, 395 (1923); **18**, 14 (1924); n. Z. Pflanzenern., Düng. u. Bodenk. A, **4**, 377 (1925).

seits kann der Salzgehalt so hoch werden, daß er die ungünstigen Wirkungen des Na verdeckt.

Die ungünstige Wirkung des Na besteht nun darin, daß der Boden „mehr kolloid" ist als ein solcher, der nur Ca oder Mg enthält. Der Boden zeigt ein starkes Klebevermögen und ist daher im trockenen Zustande stark schollig. Jedoch ist dieser Vorgang umkehrbar. Damit sind eine starke wasserhaltende Kraft, starke Quellbarkeit, geringe Wasserdurchlässigkeit, langsamer Wasseraufstieg usw. verbunden. Die Wirkung des Na ist abhängig: 1. von der Größe des absorbierenden Komplexes im Boden, 2. von dem Verhältnis zwischen den Mengen an adsorbiertem Natrium einerseits und Kalzium plus Magnesium andererseits, die in ihm enthalten sind, 3. von der Konzentration (und Art) der Salze in der Bodenlösung. Jedenfalls ist es nach K. K. GEDROIZ dann, wenn das Na als NaCl oder Na_2SO_4 dem Boden zugeführt wurde, nötig, den Boden zu entsalzen, um die ungünstige Wirkung des Solontschak-Bodens zu zeigen. „Das Stadium des Solontschakbodens geht hier notwendig dem des Solonetzbodens voraus. Dient Soda als Quelle für das adsorbierte Natrium, so ist für die Entstehung eines Solonetzbodens natürlich das vorhergehende Solontschakstadium nicht notwendig[1]." Jedoch ist der letztere Vorgang nur von untergeordneter Bedeutung.

Jedenfalls ist aus diesen letzten, kurzen und nur wenig erschöpfenden Ausführungen zu entnehmen, wie außerordentlich bedeutsam die unter dem Einfluß des Klimas sich vollziehenden Adsorptions- und Basenaustauschvorgänge für die Fruchtbarkeit des Bodens sind. Von fruchtbarer Schwarzerde bis zum vegetationslosen Alkaliboden einerseits und bis zum mit Heide bewachsenen ärmsten Sandboden andererseits schwanken die Auswirkungen dieser Vorgänge und lassen wahrnehmen, wie wesentlich die Möglichkeit der landwirtschaftlichen Nutzung von diesen Prozessen abhängig ist.

Andererseits ist nun darauf hinzuweisen, daß man selbstverständlich unter Benutzung der Erkenntnisse von den Absorptions- und Basenaustauschvorgängen bemüht gewesen ist, diese Böden zu heilen und in Kultur zu bringen.

Bei den Podsoltypen, bei denen es vor allem auf die Beseitigung der Wasserstoffionen sowohl in chemischem wie in physikalischem Sinne ankommt, ist es selbstverständlich zweckmäßig, sowohl aus geldlichen als aber auch aus kolloidchemischen Rücksichten den Kalk in Form des Karbonats oder des Oxyds zu verwenden, denn auf Grund der früher geschilderten Verhältnisse ist es praktisch nur mit diesem möglich, das eingetauschte Wasserstoffion in genügendem Umfange zu entfernen und durch den Eintausch des Kalziums ein leicht flockendes Kolloid zu erhalten. Auf stark sauren Böden wird daher die kolloidchemische Wirkung von $CaSO_4$ und $CaCl_2$ als Neutralsalze praktisch nur gering sein, während auf schwach sauren und daher schon kalkreicheren Böden selbstverständlich auch diese Salze gewisse Wirkungen zu zeitigen vermögen[2].

Dahingegen sind die Verhältnisse auf den durch das Vorherrschen von Natrium geschädigten Böden ganz anders geartet. Hier werden gegenüber dem leicht verdrängbaren Natrium gerade diejenigen Kalksalze, die sich durch ihre Verbreitung und eine verhältnismäßig große Löslichkeit auszeichnen, wie z. B. Gips in Verbindung mit einer Bewässerung, ganz besonders hervortreten, wie solches E. W. HILGARD[3] schon sehr rechtzeitig erkannt hat, denn man vermag nach ihm durch bloße Behandlung mit Gips und Wasser die vertieften, Pocken-

---

[1] GEDROIZ, K. K.: a. a. O. S. 79.
[2] Vgl. P. EHRENBERG: Die Bodenkolloide, 3. Aufl., S. 587, 593. Dresden u. Leipzig 1918.
[3] HILGARD, E. W.: Forschgn. Geb. Agrikult.-Phys. 16, 165 (1893).

narben ähnlichen Alkaliflecken oft nach und nach wieder zu der Höhe des nicht alkalischen Geländes aufschwellen zu lassen.

Ohne Übertreibung darf dazu rückblickend wohl gesagt werden, daß die Absorptions- und Basenaustauschvorgänge von grundlegender Bedeutung für die Erkenntnis der chemischen und physikalischen Prozesse, die sich im Boden vollziehen, sind. Nur ihre ständige Beachtung und Weiterentwicklung werden imstande sein zu Erkenntnissen zu führen, die endlich gestatten werden, die Land- und Forstwirtschaft in diesen Fragen in ausreichendem Umfange zu beraten.

e) Die Bodenazidität in ihrer Bedeutung für den Bodenfruchtbarkeitszustand sowie die Methoden ihrer Erkennung und der Bestimmung des Kalkbedarfes der sauren Böden.

Von H. KAPPEN, Bonn.

Mit 13 Abbildungen.

Die Reaktion des Bodens hat in früheren Zeiten in der Bodenkunde keine sonderliche Beachtung gefunden. Man hat zwar schon öfters die gelegentliche Feststellung gemacht, daß ein Boden nicht nur neutral, sondern auch sauer oder auch alkalisch reagierte, aber man ist den Ursachen dieser Verschiedenheit nicht näher nachgegangen. Die saure Reaktion schrieb man zumeist ohne weitere Überlegung einseitig dem Vorhandensein saurer Humusstoffe zu. Von den Humusstoffen wußte man ja längst, daß sie Stoffe von deutlich saurem Charakter waren, die Bezeichnungen Humussäuren und Humate kennzeichnen diese Auffassung zur Genüge. Die Gegenwart saurer Humusstoffe konnte also zur Deutung der sauren Reaktion der Böden leicht herangezogen werden. Ohne Schwierigkeit war auch eine Erklärung dafür abzugeben, wenn man bei einem Boden eine alkalische Reaktion feststellte. Hand in Hand pflegte diese Art der Reaktion zumeist mit einem mehr oder weniger hohen Gehalt des Bodens an Kalziumkarbonat zu gehen, und da man die alkalische Reaktion dieses Stoffes kannte, so betrachtete man den kohlensauren Kalk auch als Verursacher der alkalischen Reaktion der Böden. Daß in Wirklichkeit die Verhältnisse gar nicht so einfach lagen, wie man damit annahm, wurde erst in neuerer Zeit aufgedeckt, als man erkannte, daß auch von organischen Bestandteilen ganz freie Böden eine deutlich saure Reaktion besitzen konnten. Es konnten also auch Stoffe von rein mineralischer, anorganischer Natur im Boden als die Träger seiner sauren Beschaffenheit vorhanden sein. Die Namen amerikanischer und japanischer Forscher, wie VEITCH, HOPKINS, KOZAI und DAIKUHARA, sind mit dieser Entdeckung verbunden; man behauptet nicht zu viel, wenn man sagt, daß von ihr die neuzeitliche Entwicklung der Anschauungen von der Bodenreaktion und im besonderen von der Bodenazidität sich herleitet.

Diese neuzeitlichen Untersuchungen über die Bodenazidität erhielten einen sehr starken Impuls durch die Erkenntnis von der landwirtschaftlichen Bedeutung der Bodenreaktion und von der weiten Verbreitung, die die vielen Kulturpflanzen ungünstige saure Reaktion auf landwirtschaftlich benutzten Böden besaß. Dieser praktischen Bedeutung der Reaktionsfrage darf es wohl zugeschrieben werden, daß wir heute im Besitz einer schon sehr großen Anzahl von Arbeiten sind, die das Problem der Bodenreaktion, vornehmlich allerdings das der sauren Bodenreaktion, die Frage der Bodenazidität, behandeln und auch im großen und ganzen wenigstens einer weitgehenden Aufklärung entgegengeführt haben. Das Wichtigste aus diesen Untersuchungen soll in den folgenden Ausführungen näher dargelegt werden.

Die Entstehung der Bodenazidität.

Aus dem Kapitel dieses Handbuches[1], das die Verwitterung der Gesteine und die Bodenbildung behandelt, kann entnommen werden, daß der sog. absorbierende Bodenkomplex als Neubildung, die für die Eigenschaften des Bodens allergrößte Bedeutung besitzt, bei der Verwitterung hervorgeht. Man versteht darunter das Gemisch von kolloidalen Silikaten und Humaten, die sich in einem sehr feinen Zustand der Zerteilung befinden. Um die Abtrennung dieses Kolloidanteiles des Bodens und um die Feststellung seiner chemischen Zusammensetzung hat man sich schon vielfach bemüht[2]. Als restlos gelöst kann diese schwierige Aufgabe zur Zeit aber noch keineswegs bezeichnet werden. Immerhin scheint es so, als ob in den normalen Böden der humiden Klimazone eine gewisse Konstanz in der Zusammensetzung dieses kolloiden Bodenkomplexes sich bemerkbar macht, wenigstens was den rein anorganischen Teil des Komplexes angeht. Folgen wir hier den Angaben, die auf Grund zahlreicher analytischer Untersuchungen von GANSSEN über die Zusammensetzung des Bodenkomplexes gemacht worden sind, so ergibt sich, daß in ihm auf ein Molekül Tonerde wenigstens 3 Moleküle Siliziumdioxyd und 1 Molekül Basen kommen. Man kann also nach GANSSEN dem anorganischen Kolloidkomplex die folgende Formel zuschreiben:

$$3\,SiO_2\ 1\,Al_2O_3 \text{ und } 1 \cdot \text{Mol. Basen } (CaO,\ MgO,\ Na_2O,\ K_2O).$$

Es ist das ein Molekularverhältnis, das auch in vielen kristallisierten Mineralien, den Zeolithen, gefunden wird, und das auch einem kolloiden künstlichen Silikat, dem Permutit, zugrunde liegt[3]. Bei einer derartigen chemischen Zusammensetzung befindet sich der Absorptionskomplex in einem mit Basen gesättigten Zustande, und seine Reaktion ist infolge seiner hydrolytischen Aufspaltbarkeit deutlich alkalisch. Böden, die diesen Komplex in intakter Form enthalten, können daher auch nur alkalisch reagieren.

Die Zusammensetzung des Absorptionskomplexes ändert sich aber verhältnismäßig leicht. Beim künstlichen Permutit gelingt es schon durch eine ausgiebige Wasserbehandlung, Basen aus ihm herauszulösen, und in der Natur vollzieht sich unter dem Einfluß der dauernd fortwirkenden Verwitterungsfaktoren, des Wassers und der Kohlensäure, auch an dem wesentlich beständigeren Absorptionskomplex des Bodens eine mehr und mehr fortschreitende Entbasung, wenn nicht durch künstliche Maßnahmen — Basenzufuhr zum Boden in der Düngung — für die Aufrechterhaltung des Basengehaltes des Komplexes gesorgt wird. Bei diesem Basenverlust aus den zeolithartigen Silikaten des Bodens, wie man den absorbierenden Bodenkomplex von anorganischer Natur auch bezeichnen kann, nimmt der Boden mehr und mehr die Eigenschaften an, die man als Anzeichen saurer Beschaffenheit anspricht, nämlich die Befähigung zur Rotfärbung von blauem Lackmuspapier oder die entsprechende Umfärbung anderer Indikatoren, ferner die Befähigung zur Bindung von Basen, und natürlich auch die Veränderung seiner Wasserstoffionenkonzentration usw.

Untersuchungen von GANSSEN und seinen Mitarbeitern liefern für diesen Zusammenhang zwischen Basengehalt des Verwitterungssilikates und der Bodenreaktion zahlreiche gute Belege[4]. Eine Zusammenstellung dieser Untersuchungsergebnisse, die hier mitgeteilt werden mag, brachte M. TRÉNEL[5] 1927:

[1] Vgl. die Ausführungen E. BLANCKS: **2**, 158, 200ff.; **7**, 1ff.

[2] GEDROIZ, K. K.: Der absorbierende Bodenkomplex. Dresden u. Leipzig: Th. Steinkopff 1929.

[3] Vgl. hierzu dieses Handbuch **7**, 8—23. Vgl. auch R. GANSSEN: Molekularverhältnis, Bodenreaktion und Düngerbedürftigkeit. Internat. Mitt. Bodenk. **14**, 163 (1924).

[4] GANSSEN, R. u. Mitarbeiter: Die Bestimmung der Bodenreaktion. Z. Pflanzenern., Düng. u. Bodenk. A, **8**, 332 (1926/27).

[5] TRÉNEL, M.: Die wissenschaftlichen Grundlagen der Bodensäurefrage, S. 19. Berlin 1927.

Anzahl der Böden	Moleküle Basen auf 1 Mol. Tonerde	Verhältnis von $Al_2O_3 : CaO$	Bodenreaktion p_H-Wert	Austauschazidität cm^3 0,1 n-Lauge
19	0,96	1 : 0,31	6,8	0—0,1
20	0,87	1 : 0,33	6,6	0,2
7	0,79	1 : 0,29	6,1	0,4—0,6
7 (5)	0,62 (0,71)	1 : 0,21 (0,24)	5,3 (5,2)	1,4—2,8
4 (2)	0,62 (0,67)	1 : 0,22 (0,21)	5,0 (4,9)	4,6—6,4
3 (1)	0,48 (0,45)	1 : 0,10 (0,12)	4,7 (4,6)	9,0—11,2
4 (3)	0,37 (0,46)	1 : 0,09 (0,10)	4,3 (4,0)	17,2—22,0

Es ist also nicht daran zu zweifeln, daß die eigentliche Ursache des Sauerwerdens bei den Mineralböden in der Verarmung der Verwitterungssilikate an Basen zu suchen ist. Von diesem Basenverlust werden natürlich gleichzeitig mit den Verwitterungssilikaten auch die organischen Bestandteile des Verwitterungskomplexes betroffen. Bei diesen Stoffen hat man aber noch keine näheren Untersuchungen über die Folgen des Basenabbaues angestellt. Hier sind solche Untersuchungen aber auch vielleicht nicht so notwendig wie bei dem anorganischen Anteil des Verwitterungskomplexes, denn von den Humusstoffen weiß man heute mit aller Sicherheit, daß sie chemisch betrachtet in den mit Basen gesättigten Böden Salze der Humussäuren sind; es ist daher klar, daß die Entbasung dieser Stoffe unter dem Einfluß der Verwitterungsfaktoren zu sauren Salzen der Humussäuren oder aber bei weitgehender Entbasung zu freien Humussäuren führen muß.

Eine vorzügliche Stütze der von GANSSEN entwickelten Ansicht, daß die Veränderung des Molekularverhältnisses des absorbierenden Bodenkomplexes im innigsten kausalen Zusammenhang mit der Versauerung der Böden steht, konnte im übrigen durch Untersuchungen an dem auch sonst in der Bodenkunde vielfach mit großem Erfolge benutzten künstlichen zeolithartigen Material, dem Permutit, beigebracht werden. Schon GANSSEN hatte dem Permutit zu diesem Zwecke mit Kohlensäure enthaltendem Wasser seine Basen entzogen, ohne eine andere Veränderung der Zusammensetzung dabei festzustellen, als den Verlust der Basen. Von KAPPEN und RUNG[1] wurden ähnliche Untersuchungen an Permutit unter Verwendung von verdünnter Essigsäure durchgeführt, und es wurden die nach verschiedentlich oft wiederholter Essigsäurebehandlung erhaltenen Permutite sowohl auf ihre chemische Zusammensetzung als auch auf ihre Säureeigenschaften untersucht. Die folgende Tabelle unterrichtet über die Veränderung des Molekularverhältnisses des Permutits bei diesen Versuchen:

Art der Behandlung	Molekularverhältni s der Permutite		
	SiO_2	Al_2O_3	Basen
Unbehandelt	3,23	1	1
1 mal mit Säure	3,24	1	0,86
3 mal mit Säure	3,22	1	0,56
6 mal mit Säure	3,10	1	0,30
9 mal mit Säure	3,28	1	0,18
12 mal mit Säure	3,65	1	0,00

Die Zahlen der Tabelle zeigen, daß mit der Wiederholung der Essigsäurebehandlung die Basen mehr und mehr aus dem Permutit verschwinden, ohne daß sich das Verhältnis von Kieselsäure zu Tonerde dabei wesentlich ändert. Mit dem ansteigenden Basenverlust stellten sich bei den erhaltenen Permutitpräpa-

[1] KAPPEN, H. u. F. RUNG: Über den Ionenaustausch der zeolithischen Silikate bei Beteiligung hydrolytisch gespaltener Salze. 1. Mitt. Versuche mit Permutit. Z. Pflanzenern., Düng. u. Bodenk. A, **8**, 345 (1926/27).

raten dann auch steigende Säureerscheinungen ein. Das geht aus den Werten hervor, die an den Präparaten für die Austauschazidität festgestellt wurden. Beim Schütteln von je 3 g der verschiedenen Permutite mit 50 cm³ n-Kaliumchloridlösung ergaben sich folgende Titrationswerte in cm³ 0,1 n-Natronlauge:

	Unbehandelt	Behandelt				
		1 mal	3 mal	6 mal	9 mal	12 mal
cm³ NaOH/10	0,0	0,2	0,6	1,65	4,4	8,5

Je weiter also die Basen aus dem Permutit entfernt waren, um so stärker wurde die für die Versauerung der zeolithischen Silikate so charakteristische Befähigung, mit Neutralsalzen unter Säurebildung in Reaktion zu treten, d. h. die Austauschazidität.

Wenn nun bei diesem ziemlich leicht zersetzlichen Material, dem Permutit, die Behandlung mit Säure ohne wesentlich tiefer greifende Zersetzung des Silikates nur eine Entbasung herbeiführt, so wird man das gleiche auch von den widerstandsfähigeren zeolithartigen Verwitterungssilikaten des Bodens erwarten dürfen. Tatsächlich verhält sich das auch so, wie Untersuchungen von HILLKOWITZ[1] dargetan haben, bei denen ein natürlicher Boden mit Salzsäure steigender Konzentration behandelt wurde. Die Bestimmung der aus dem Boden in Lösung gegangenen Bestandteile ergab, daß nur bei Verwendung einer Säurekonzentration von *n*/10 eine stärkere Zerstörung des Bodensilikates stattfand, daß aber bei niedrigeren Konzentrationen so gut wie ausschließlich die Basen aus dem Boden gelöst wurden. Je mehr Basen nun aus dem Boden verschwanden, um so stärker war die Azidität des Bodens nach seiner Auswaschung und Trocknung; das weist die folgende Zusammenstellung der entfernten Basen, ausgedrückt in Milligrammäquivalenten auf 100 g Boden, und der an den Böden vorgefundenen Aziditätswerte deutlich nach:

	Boden 1	Boden 2	Boden 3	Boden 4	Boden 5
Ausgelaugte Basen in mg-Äquivalenten	0,0	1,8	2,6	3,7	10,2
Hydrolytische Azidität	3,5	6,8	7,5	17,5	20,1
Austauschazidität	0,0	0,0	0,5	5,5	9,1
p_H-Werte	6,6	6,6	6,0	5,3	4,3
Konzentration der angew. Salzsäure .	0,0	*n*/100	*n*/50	*n*/25	*n*/10

Unterliegt es somit keinem Zweifel, daß die Entbasung der zeolithischen Silikate und Humate des Bodens die Grundursache für das Auftreten der Bodenazidität ist, so erscheint mit dieser Feststellung die Frage nach der Entstehung der Bodenazidität doch noch nicht restlos geklärt. Denn es drängt sich hier die Frage danach auf, was nun eigentlich bei der Entbasung aus dem absorbierenden Komplex des Bodens geworden ist. Für den organischen Anteil des Absorptionskomplexes darauf die Antwort zu geben ist nicht schwer, denn bei der anerkannten Säurenatur der Humussäuren muß man schließen, daß bei der Entbasung der Humate die freien Humussäuren übrigbleiben müssen. In diesen muß dann aber auch an die Stelle der ursprünglich vorhandenen Basen beim Entbasungsvorgange selbst der Wasserstoff der einwirkenden Säure getreten sein. Dieselbe Erklärung für das Ergebnis der Einwirkung der Säuren auf den anorganischen Teil des absorbierenden Komplexes, auf die zeolithischen Silikate abzugeben, liegt natürlich unter solchen Umständen sehr nahe, wenn man sich auf den

[1] HILLKOWITZ, W.: Absorptionserscheinungen bei sauren Böden. Z. Pflanzenern., Düng. u. Bodenk. A, 11, 229 (1928). — Vgl. ferner E. v. OLDERSHAUSEN: Der Einfluß künstlicher Bodensäuerung auf Boden und Pflanzenwachstum. J. Landw. **78**, 241 (1930).

Standpunkt der chemischen Auffassung dieses anorganischen Teiles des Absorptionskomplexes stellt, wonach wir es in ihm mit richtigen chemischen Verbindungen, nämlich den Aluminatsilikaten von GANSSEN oder den Alumosilikaten von GEDROIZ zu tun haben. Diese rein chemische Auffassung der Natur des Verwitterungssilikates, die natürlich keinerlei Gegensatz zu dem kolloiden Zustande in sich trägt, in dem sich diese Silikate befinden, scheint heute mehr und mehr die Überhand über die rein kolloidchemische ältere Anschauung zu gewinnen. RAMANN[1] sprach schon von den bei der Entbasung der zeolithischen Bodensilikate verbleibenden Resten als von Permutitsäuren; HISSINK[2] nannte sie Tonsäuren, und auch von GEDROIZ[3] wird bestimmt die Auffassung vertreten, daß der mineralische Anteil des absorbierenden Bodenkomplexes, eben das zeolithische Verwitterungssilikat, kein einfaches mechanisches Gelgemisch sei, sondern daß man es dabei mit echten chemischen Verbindungen zu tun habe, die nur in kolloidem Zustande vorlägen. Macht man sich diese offenbar sehr berechtigte Anschauung von der Natur der Verwitterungssilikate zu eigen, so müßte man, wenn man die Folgen der Entbasung der Humate in Betracht zieht, folgern, daß geradeso wie dort die freien Humussäuren hier bei der Entbasung die freien Alumokieselsäuren entstünden. Diese Annahme ist heute tatsächlich auch die allgemein gültige. Der Vorgang der Entbasung und Versauerung der Bodensilikate und der Humate stellt sich dann als ein einfacher Ionenaustausch zwischen den einwirkenden Säuren und dem absorbierenden Komplex des Bodens dar. Dieser Ionenaustausch ist ja, wie bekannt, die am meisten hervortretende Eigenschaft, durch die sich der kolloide Bodenkomplex auszeichnet. Andererseits sind die von den Säuren gelieferten Wasserstoffionen nach den Untersuchungen von GEDROIZ und denen von WIEGNER gerade diejenigen unter den Kationen, die von allen am stärksten zum Eintausch in die zum Ionenumtausch geeigneten Stoffe befähigt sind. Es werden daher schon kleinste im Boden auftretende Wasserstoffionenkonzentrationen dazu ausreichen, diesen Kationenaustausch, der zur Versauerung der Böden führt, in die Wege zu leiten. Es genügt tatsächlich bereits, worauf von GEDROIZ schon hingewiesen wurde, und was durch elektrodialytische Versuche von KAPPEN und WOLL[4] experimentell bewiesen wurde, die geringe Wasserstoffionenkonzentration des Wassers selbst, um die Entbasung, d.h. also den Austausch von Metallkationen gegen Wasserstoffionen, in Gang zu setzen. Mit welcher Energie dieser Eintausch der Wasserstoffionen erfolgt, geht sehr klar aus einer Untersuchung von H. JENNY[5] mit Ammoniumpermutit und verschiedenen Kationen hervor, deren Ergebnis in der obigen Abb. 3 wiedergegeben ist.

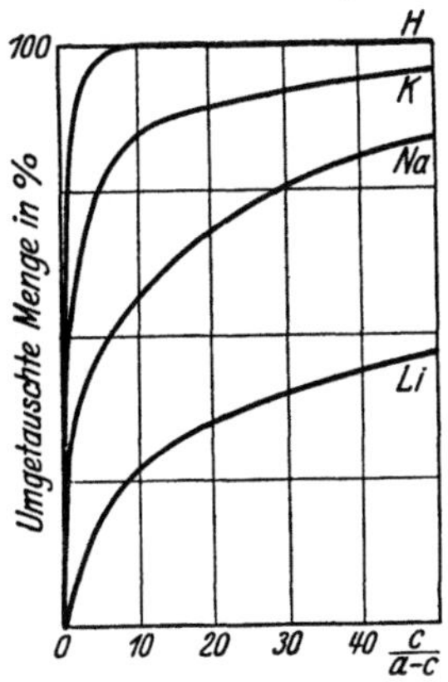

Abb. 3. Umtausch von Ammoniumpermutit mit einwertigen Ionen.

Man erkennt an dem Verlauf der Kurve, daß das Wasserstoffion tatsächlich mit ganz außergewöhnlicher Stärke in den Permutit eintauscht. Auch den Bodensilikaten und Humaten gegenüber ist sein Verhalten kein anderes.

[1] RAMANN, E.: Das Wesen, die Bedeutung und die Bestimmungsmethoden der Bodenazidität. Z. Pflanzenern., Düng. u. Bodenk. A, **4**, 217 (1925).

[2] HISSINK, D. J.: Der Sättigungszustand des Bodens. Z. Pflanzenern., Düng. u. Bodenk. A, **4**, 137 (1925).

[3] GEDROIZ, K. K.: Der absorbierende Bodenkomplex. Dresden u. Leipzig: Th. Steinkopff 1929.

[4] KAPPEN, H.: Die Bodenazidität, S. 131. Berlin: Julius Springer 1929.

[5] JENNY, H.: Kationen- und Anionenumtausch an Permutitgrenzflächen. Kolloidchem. Beih. **23**, 455 (1927).

Bildlich kann man sich den Vorgang der Bodenversauerung vorstellen, wenn man sich der von den Kolloidchemikern gebrauchten schematischen Darstellungsweise für Austauschreaktionen kolloider Stoffe bedient. Bei kolloiden Lösungen und bei Suspensionen muß man aus ihrem Verhalten im elektrischen Stromgefälle schließen, daß die kleinsten Teilchen mit einer elektrischen Doppelschicht umgeben sind (HELMHOLTZ). Bei ihrer anodischen Wanderung sind die Teilchen des absorbierenden Bodenkomplexes elektrisch negativ geladen, sei es infolge einer stärkeren Absorption von OH-Ionen aus dem umgebenden Wasser, sei es infolge einer, wenn auch nur spurenhaften Lösung und Dissoziation der an der Oberfläche des Teilchens liegenden Moleküle. In dem äußeren Teil der elektrischen Doppelschicht befinden sich die Kationen, die der negativen elektrischen Ladung des Teilchens die Waage halten. Ein mit Basen vollkommen gesättigtes Teilchen des absorbierenden Bodenkomplexes kann man sich etwa als eine mit negativen Ladungen belegte Kugel vorstellen, die von dem positive Ladungen tragenden Kationenschwarm umgeben ist. Erfolgt nun die Einwirkung einer Säure auf ein solches Teilchen, so werden durch die Wasserstoffionen der Säure Metallkationen aus dem Außenschwarm verdrängt, und die Wasserstoffionen nehmen ihre Stelle ein. Diese Verdrängung kann so weit gehen, daß alle Metallkationen durch Wasserstoffionen ersetzt sind, womit dann das Teilchen den Zustand der freien Säure, der Zeolith- oder der Humussäure, erreicht hat. Die nebenstehenden Bilder in Abb. 4 geben von dieser Veränderung des Teilchens eine Vorstellung.

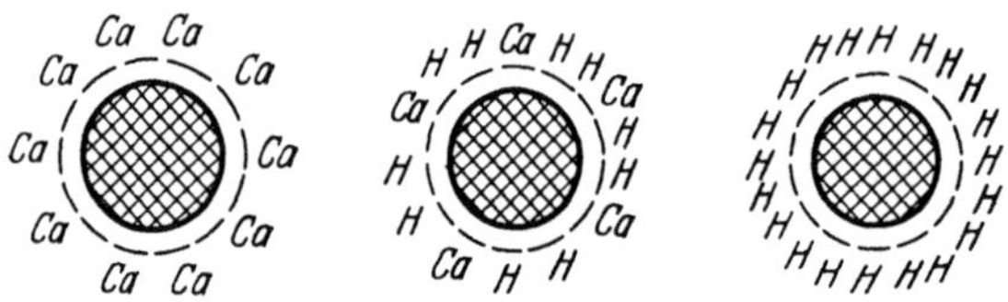

Abb. 4. Schema des Wasserstoffumtausches in ein Calciumultramikron.

Man kann aber auch auf diese bildliche Darstellung verzichten, die — wie wir gleich noch sehen werden — doch nicht in allen Punkten brauchbar ist, und kann, wie es PAGE[1] macht, unter Hervorhebung des chemischen Charakters des absorbierenden Bodenkomplexes als Azidoid im Sinne von MICHAELIS den mehr oder weniger mit Basen gesättigten Zustand des absorbierenden Komplexes in der folgenden Weise kennzeichnen:

$$(\mathrm{Ac})\ 100\ \mathrm{R}^{\cdot} \rightleftarrows (\mathrm{Ac}) \begin{matrix}(100 - x)\ \mathrm{R}^{\cdot} \\ x\mathrm{H}^{\cdot}\end{matrix} \rightleftarrows (\mathrm{Ac})\ 100\ \mathrm{H}^{\cdot}$$

Der erste Ausdruck bedeutet den mit Basen zu 100% gesättigten, kolloiden Bodenkomplex, der zweite den schon versauerten, und der dritte den schon ganz in die freien, unlöslichen Säuren übergegangenen absorbierenden Komplex.

Ganz so einfach, wie es nach diesen Darstellungen der Fall sein soll, scheint der Austausch der Metallkationen gegen die Wasserstoffionen aber doch nicht vor sich zu gehen. Werden nämlich die Metallkationen gegen Wasserstoffionen ersetzt, so nimmt, je weiter dieser Vorgang voranschreitet, um so mehr die Leitfähigkeit des Bodens oder des sonstigen austauschenden Materials ab, wie aus Untersuchungen von GÜNTHER-SCHULZE[2] und von v. OERTZEN[3] hervorgeht. Das müßte sich aber gerade umgekehrt verhalten, wenn die leichtbeweglichen Wasserstoffionen bei der Bodenversauerung einfach an die Stelle der Kalzium- und

---

[1] PAGE, H. J.: The nature of soil acidity. Verh. 2. Komm. Internat. bodenkundl. Ges. Groningen, A, **1926**, 232.

[2] GÜNTHER-SCHULZE, A.: Zum Verhalten elektrolytischer Ionen in festen Körpern. I, II u. III. Z. Elektrochem. **25**, 331; **26**, 472; **27**, 292.

[3] OERTZEN, A. v.: Untersuchungen zur hydrolytischen Azidität der Mineralböden, S. 27. Dissert. Bonn 1927.

Magnesiumionen des absorbierenden Komplexes träten. In den Säuren des Bodenkomplexes, den Zeolithsäuren und den Humussäuren haben wir es, worauf auch PAGE und andere hingewiesen haben, mit sehr schwachen Säuren, d. h. sehr wenig zur Dissoziation neigenden Säuren zu tun. Die Salze solcher schwachen Säuren sind aber stets sehr stark dissoziiert. Man muß daher auch bei dem mit Basen mehr oder weniger gesättigten kolloiden Bodenkomplex annehmen, daß er trotz seiner Schwerlöslichkeit ein starkes Dissoziationsbestreben, ähnlich dem elektrolytischen Lösungsdruck der Metalle, besitzt. Infolgedessen befinden sich bei solchen Teilchen stets zahlreiche Metallkationen im Außenschwarm. Werden diese Kationen aber durch Wasserstoffionen ersetzt, so verbleiben diese nicht im Schwarm, sondern infolge der geringen Dissoziationstendenz der freien Säuren wandern sie aus dem Schwarm in das feste Teilchen. Dabei ist es durchaus möglich, daß infolge der sehr geringen Stärke der festen Säure schließlich eine starke Verarmung des Schwarmes an Kationen eintritt, ganz entsprechend der Abnahme der Leitfähigkeit, die in Wirklichkeit bei der Versauerung des festen Teilchens für den elektrischen Strom eintritt. In den Darstellungen des Ionenumtausches zwischen Säurelösungen und Boden oder Permutiten werden diese Verhältnisse noch nicht gebührend berücksichtigt; sie sind aber sicherlich sowohl für den Verlauf des Eintausches von Wasserstoffionen in den absorbierenden Komplex als auch für den Wiederaustausch der Wasserstoffionen durch andere Kationen von wesentlicher Bedeutung. Der Übergang der Wasserstoffionen in den Zustand der wenig löslichen und bei ihrer schwachen Säurenatur sehr wenig zur Dissoziation neigenden, vielleicht sogar überhaupt apolar gebauten festen Permutit-, Zeolith- und Humussäuren, bedeutet eine fortgesetzte Störung des Umtauschgleichgewichtes und umschließt wohl die zutreffendste Erklärung für den außergewöhnlich starken Eintausch der Wasserstoffionen in den absorbierenden Bodenkomplex wie auch für die Erschwerung des Austausches aus dem Komplex unter dem Einfluß von Salzlösungen. Die beiden wichtigsten Erscheinungen des Wasserstoffumtausches erscheinen somit gerade mit der besonderen Art der Bindung des Wasserstoffs in den beim Versauerungsvorgang entstehenden Stoffen auf das innigste verknüpft.

Die im vorstehenden dargelegte Deutung des Versauerungsvorganges des Bodens als Austausch zwischen den Kationen des absorbierenden Komplexes und den Wasserstoffionen der Bodenlösung entspricht fraglos dem heutigen Stande unseres Wissens am besten. Sie war aber doch keineswegs so selbstverständlich, daß sie von vornherein als die einzig mögliche hätte angesprochen werden müssen. So wurden von DAIKUHARA[1] und im Anschluß an ihn von KAPPEN[2] aus Gründen, die bei der Besprechung der Austauschazidität näher auseinandergesetzt werden sollen, die Ionen des Aluminiums mit der Erscheinung der Bodenazidität in Zusammenhang gebracht. Auf Grund seiner mit Permutit ausgeführten Versuche hält heute noch M. TRÉNEL[3] an der Auffassung fest, daß es einen Wasserstoffionenumtausch nicht gäbe. Aber es scheint so, als ob bei den Versuchen von TRÉNEL das Erhitzen des mit Säure seiner Basen entkleideten Permutits zum Zwecke der Trocknung auf 150° das sehr labile Material weitgehend zersetzt hat. Wenigstens ist bei zahlreichen von KAPPEN und seinen Mitarbeitern

[1] DAIKUHARA, G.: Über saure Mineralböden. Bull. Imp. Centr. Agr. Exp. Stat. Japan **2**, 18 (1914).

[2] KAPPEN, H.: Studien an sauren Mineralböden aus der Nähe von Jena. Landw. Versuchsstat. **88**, 96 (1916).

[3] TRÉNEL, M.: Elektrodialyse und das Problem der mineralischen Bodenazidität. Ergb. Agrikulturchem. I, **1929**, 221. — Ferner M. TRÉNEL u. J. WUNSCHIK: Über den Chemismus der mineralischen Bodenazidität. Über den Chemismus der Austauschazidität des Bodens. Z. Pflanzenern., Düng. u. Bodenk. A, **17**, 257, 296 (1930).

ausgeführten Versuchen stets eine deutliche Austauschazidität beim Permutit hervorgebracht worden; Eintausch und Wiederaustausch von Wasserstoffionen müssen daher bei diesem Material doch als völlig gesichert angesprochen werden. Im übrigen gelingt es keineswegs bei allen Silikaten, durch Behandlung mit Säuren austauschfähige Wasserstoffionen in sie einzulagern. Gerade die einfachen Silikate, wie Kalziumsilikat, bilden von dieser Möglichkeit eine Ausnahme, und zwar offenbar deswegen, weil die eigentliche Kieselsäure H_2SiO_3, die bei diesem Abbau mit Säuren entstehen sollte, äußerst unbeständig ist und schnell unter Wasserabspaltung in ihr Anhydrid übergeht. Man hätte eine solche Anhydrisierung auch wohl bei den zeolithischen Silikaten des Bodens und beim Permutit erwarten können, aber sie tritt hier in Wirklichkeit nicht ein; offenbar ist die freie Aluminokieselsäure, die sich bei der Entbasung dieser Silikate bilden muß, gegen die Anhydrisierung widerstandsfähiger als die einfache Kieselsäure; erst beim Erhitzen tritt bei ihr die Anhydrisierung ein und damit dann auch der Verlust der Befähigung zum Ionenumtausch.

Die Folgen der Bodenversauerung.

Wenn in den kolloiden Bodenkomplex, in dem für gewöhnlich in normalen Böden die Ionen von Kalzium und Magnesium die vorherrschenden sind, die nach manchen Richtungen hin besondersartigen Wasserstoffionen Eingang gefunden haben, so kann mit Recht erwartet werden, daß sich die Eigenschaften des Bodens erheblich verändern. Tatsächlich erweist sich die Bodenversauerung denn auch als ein Vorgang, der starke Auswirkungen auf verschiedene Bodeneigenschaften ausübt. Nicht nur die chemischen Eigenschaften des Bodens, sondern auch seine physikalischen Eigenschaften und weiterhin auch sein biologisches Verhalten erscheinen weitgehend durch den Eintritt der Wasserstoffionen in den Bodenkomplex beeinflußt. Diese Veränderungen mögen im folgenden geschildert und in ihrer Bedeutung gekennzeichnet werden.

Änderung der Bodenreaktion. Die Reaktion der Böden, sowohl der in der Natur unberührt von Menschenhand vorkommenden als auch der forstlich oder landwirtschaftlich bearbeiteten Böden kann alkalisch, neutral oder sauer sein. Alkalische Reaktion wird man stets dann erwarten können, wenn der Boden noch einen Gehalt an feinverteiltem Kalziumkarbonat besitzt. Trotz seiner geringen Löslichkeit von nur 13 mg im Liter besitzen die Lösungen des kohlensauren Kalkes in Wasser infolge der hydrolytischen Spaltung, die das Salz erleidet, eine hohe alkalische Reaktion ($p_H = 10{,}3$). So stark alkalisch wird aber trotz hohen Kalkgehaltes die Reaktion eines Bodens nie befunden. Der Höchstwert, der in der Natur angetroffen wird, liegt — wenn man hier die besondere Bodenbildung der Alkaliböden ausnimmt — bei einem p_H-Wert von etwa 8,4. Das hängt damit zusammen, daß im Boden unter natürlichen Bedingungen nie eine einfache Lösung von Kalziumkarbonat vorliegt, sondern infolge der Gegenwart von Kohlendioxyd in der Bodenluft und Bodenlösung stets eine Lösung von Kalziumbikarbonat, in das ja normales Kalziumkarbonat sehr leicht nach der folgenden Gleichung übergeht:

$$CaCO_3 + CO_2 + H_2O = Ca(HCO_3)_2 .$$

Dieses Kalziumkarbonat ist in kohlensäurehaltigem Wasser leicht löslich, zu jeder Menge von gelöstem Karbonat gehört aber eine ganz bestimmte Menge an Kohlensäure, um sie in Lösung zu halten. TILLMANS[1] hat diese Kohlensäure

[1] TILLMANS, J.: Über die Bestimmung der Kohlensäure im Trinkwasser. Z. Unters. Nahrgsmitt. usw. **33**, 289; **38**, 1; **42**, 98.

als die „zugehörige" Kohlensäure bezeichnet. Die Wasserstoffionenkonzentrationen solcher Lösungsgemische von Kalziumbikarbonat und Kohlensäure stehen nach dem Massenwirkungsgesetz in ganz bestimmter Abhängigkeit von den Konzentrationen an Bikarbonat und Kohlensäure. BJERRUM und GJALDBOEK[1], ferner KOLTHOFF[2], TILLMANS und WIEGNER[3] haben sich mit Studien hierüber beschäftigt. Man kann danach die Wasserstoffionenkonzentration in solchen Lösungsgemischen nach der Formel:

$$[H^{\cdot}] = k \cdot \frac{[CO_2]}{[\text{Bikarbonat}]}$$

errechnen, worin *k* die Dissoziationskonstante der Kohlensäure ($3 \cdot 10^{-7}$) bedeutet. Von TILLMANS und von WIEGNER sind auch Tabellen ausgearbeitet worden, aus denen man die Wasserstoffionenkonzentrationen von Lösungen mit verschiedenen Gehalten an Bikarbonat und Kohlendioxyd direkt entnehmen kann. Die einfachere Tabelle nach WIEGNER sei hier zur Orientierung mitgeteilt:

CO_2-Gehalt der Luft in Vol.-Proz.	Gramm $CaCO_3$ im Liter gelöst		p_H	Bemerkungen
	nach SCHLOESING	nach WIEGNER		
0,00	0,0131	0,0131	10,23	In reinem Wasser gelöst
0,03	0,0634	0,0627	8,48	In Wasser bei mittlerem CO_2-Gehalt der Luft
0,30	0,1334	0,1380	7,81	In Wasser bei mittlerem Gehalt der Bodenluft an CO_2
1,00	0,2029	0,2106	7,47	In Wasser bei hohem CO_2-Gehalt der Bodenluft
10,00	0,4700	0,4689	6,80	—
100,00	1,0986	1,0577	6,13	Bei Atmosphärendruck mit CO_2 gesättigte Lösung

Wie BOBKO und DRUSCHININ[4] nachgewiesen haben, läßt sich oft auch die Wasserstoffionenkonzentration von wässerigen Bodenauszügen nach der oben angegebenen Formel aus dem Bikarbonat- und Kohlendioxydgehalt errechnen, die Rechnung versagt aber sofort, wenn in den Extrakten größere Mengen von organischen Substanzen enthalten sind.

Nach WIEGNER soll nun die Wasserstoffionenkonzentration der Kalziumkarbonat enthaltenden Böden unter natürlichen Verhältnissen etwa zwischen den p_H-Werten 7,2—7,8 schwanken. Das dürfte im großen und ganzen wohl zutreffend sein, aber es ist nicht daran zu zweifeln, daß unter Umständen die Schwankungen auch noch größer sein werden. Der Kohlensäuregehalt der Bodenluft ist ja keine konstante Größe, er ist weitgehend abhängig von der Temperatur, der Jahreszeit, dem Gehalt der Böden an organischen, Kohlendioxyd liefernden Stoffen, von Düngung und Bodenbearbeitung. Es ist daher wohl möglich, daß gelegentlich die Kohlendioxydbildung so groß wird, daß die Reaktion des Bodens über den Neutralpunkt nach der sauren Seite hin verschoben wird, sie kann aber auch so klein werden, daß die p_H-Werte über 8 hinaus erhöht werden. Schon BJERRUM und GJALDBOEK haben auf Grund ihrer Untersuchungen über das Kohlendioxyd-Bikarbonat-Gleichgewicht dargelegt, daß ganz gut der Fall Verwirklichung finden könne, daß ein Boden trotz seines Gehaltes an kohlensaurem Kalk sauer reagiere. Aus diesen Verhältnissen ergibt

[1] BJERRUM, N. u. U. J. GJALDBOEK: Undersögelser over de Faktoren, som bestemmen Jordbundens Reaktion. Kgl. Veterinaer og Landbohoiskole, Aarsskrift **1919**.

[2] KOLTHOFF, I. M.: Über die quantitative Bestimmung der Reaktion in natürlichen Wässern. Über die aggressive Kohlensäure und die Wasserstoffionenkonzentration bei den Wasseruntersuchungen. Z. Unters. Nahrgsmitt. usw. **41**, 97; **43**, 184.

[3] WIEGNER, G.: Anleitung zum quantitativen agrikulturchemischen Praktikum, S. 152. Berlin 1926.

[4] BOBKO, E. W. u. B. DRUSCHININ: Einfluß einzelner Faktoren auf die Reaktion der Bodenlösung. Z. Pflanzenern., Düng. u. Bodenk. A, **5**, 345 (1925).

sich auch, daß die Bodenreaktion, die man im Laboratorium an Böden mit Gehalten an Kalziumkarbonat feststellt, nicht mit der Reaktion im natürlich gelagerten Boden übereinstimmt. SHARP und HOAGLAND[1] haben schon hervorgehoben, daß die Maßnahmen, die man mit dem zu untersuchenden Boden vornimmt, zu Änderungen seiner natürlichen Reaktion führen müssen, weil man dadurch das im Boden herrschende Gleichgewicht, das seine Reaktion bedingt, völlig zerstöre. Die Zahlen, die wir bei der Untersuchung alkalischer, Kalziumkarbonat enthaltender Böden feststellen, können deshalb nicht vollkommen mit den Reaktionen übereinstimmen, die man im natürlichen Boden anzunehmen hat; die im Laboratorium erhaltenen Werte werden immer ein wenig zu alkalisch sein, weil der Anteil des Kohlendioxyds an ihrer Einstellung unter künstlichen Bedingungen geringer als unter natürlichen ist. Jedoch auch im Boden in natürlicher Lagerung wird die Reaktion gewissen, von den oben schon genannten Faktoren, die die Kohlendioxydproduktion beeinflussen, abhängigen Schwankungen unterliegen.

Die alkalische Bodenreaktion setzt nun aber nicht unbedingt die Gegenwart von Kalziumkarbonat im Boden voraus. Es besteht die Möglichkeit, daß auch Böden ohne Kalziumkarbonat eine alkalische Reaktion aufweisen. Wenn nämlich das Kalziumkarbonat auch im Laufe der Entbasung des Bodens restlos ausgewaschen ist, so befinden sich zunächst doch noch die zeolithischen Silikate und die Humate in einem an basischen Stoffen reichen Zustande. Als Salze starker Basen mit schwachen Säuren gehören diese Silikate zu den hydrolytisch aufspaltbaren und dadurch alkalisch reagierenden Stoffen, sie werden daher, wenn keine zu starke Gegenwirkung durch die in der Bodenlösung vorhandene Kohlensäure einsetzt, dem Boden eine wenigstens schwach alkalische Reaktion erteilen können. Diese Reaktion wird man natürlich bei der Messung im Laboratorium, wo die Mitwirkung der Kohlensäure stark beschränkt ist, deutlicher alkalisch antreffen als im Boden selbst. Hier ist es durchaus möglich, daß trotz des Vorhandenseins der an sich alkalisch reagierenden Austauschsilikate doch die Gesamtreaktion infolge des Hineinspielens der Kohlensäure auf der sauren Seite liegt. Leider gibt es bisher noch kein Mittel, um die im Boden selbst wirklich herrschende Reaktion mit Sicherheit zu erfassen. Die Messungen, die wir nach irgendeiner Methode im Laboratorium anstellen, geben uns nur Kenntnis von der Reaktion des Bodens, die er im Gleichgewicht mit einer an Kohlendioxyd sehr armen Bodenlösung aufweisen würde. Verglichen mit den im Boden wirklich vorhandenen Reaktionen dürften uns unsere Bestimmungen daher wohl stets etwas zu alkalische Reaktionswerte liefern.

Findet man bei der Bestimmung der Bodenreaktion, daß sie neutral ist, so muß man infolge der stärkeren Beteiligung der Kohlensäure am natürlichen Gleichgewicht im Boden nun auch nach dem eben Gesagten annehmen, daß die wirkliche Bodenreaktion bereits mehr oder weniger stark auf der sauren Seite liegt. Es ist in der Natur der Sache begründet, daß ein stationärer neutraler Zustand im Boden kaum längere Zeit aufrecht erhalten bleiben kann. Geradeso wie bei der alkalischen Reaktion ist auch noch bei der neutralen Reaktion das Gleichgewicht zwischen Bikarbonat und Kohlendioxyd der ausschlaggebende Faktor für die Reaktion, es können sicherlich aber auch bereits die Verwitterungssilikate und die Humate mitbestimmend in den Reaktionszustand des Bodens eingreifen. Bei neutraler Bodenreaktion sind diese Stoffe schon wesentlich an Basen verarmt, Säurewasserstoff ist an Stelle der Kationen in diese Stoffe ein-

---

[1] SHARP, L. T. u. D. R. HOAGLAND: Acidity and absorption in soils as measured by the H-electrode. J. agricult. Res. 7, 123.

getreten. Mit der Bodenlösung müssen auch diese Stoffe in einem zur Zeit aber noch nicht näher erklärbaren Gleichgewicht sich befinden, das von mancherlei Faktoren, wie von der Wasserverdunstung und der damit veränderlichen Konzentration der Bodenlösung, von der Kohlensäureproduktion und von anderen Umständen abhängig ist. Sowohl nach der alkalischen Seite als auch nach der sauren Seite hin können die Veränderungen dieser Faktoren einen Umschlag der vorhandenen neutralen Reaktion so leicht bewirken, daß wir den neutralen Reaktionszustand des Bodens unbedingt als den labilsten der drei möglichen ansprechen müssen.

Wächst die Menge des schon im neutralen Reaktionszustande im Boden enthaltenen Säurewasserstoffs weiter an, so tritt der Boden in den sauren Reaktionszustand über. Bei schwacher Versauerung kann dabei noch sehr gut das Gemisch von Bikarbonat und Kohlendioxyd die Reaktion des Bodens beherrschen, denn das bei der Aufnahme von Wasserstoffionen aus den zeolithischen Silikaten und den Humaten verdrängte Kalzium und Magnesium werden in der Bodenlösung in die Bikarbonate umgewandelt werden. Die Beteiligung des freien Kohlendioxyds an diesem Gleichgewicht wird aber wesentlich bedeutungsvoller sein, als bei neutraler und alkalischer Reaktion, weil die versauerten Silikate und Humate das Bestreben haben, aus den Bikarbonaten wieder im Austausch gegen Wasserstoffionen die Basen zu binden. Das Kohlendioxyd wird in der Bodenlösung aber auch deshalb mehr und mehr bestimmend für die Bodenreaktion werden müssen, weil infolge der Basenverarmung der Silikate und Humate der Gehalt der Bodenlösung an basischen Stoffen fortgesetzt ärmer wird. Je mehr die Bildung von Bikarbonat im Boden infolge dieses Basenmangels beschränkt wird, um so stärker muß sich die saure Beschaffenheit der Lösungen des Kohlendioxyds bemerkbar machen. Die saure Reaktion, die gelöstes Kohlendioxyd reinem Wasser erteilen kann, ist keineswegs unbedeutend. Eine Vorstellung davon liefert die folgende, den Untersuchungen WIEGNERS[1] entnommene Tabelle:

CO_2-Gehalt der Luft in Vol.-Prozenten bei 18° C	CO_2-Gehalt der Luft in Atmosphären bei 18° C	CO_2-Gehalt in g in 1000 cm³ Wasser bei 18° C	Reaktion p_H
0,03	0,0003	0,00054	5,72
0,30	0,003	0,0054	5,22
1,00	0,01	0,0179	4,95
10,00	0,10	0,1787	4,45
100,00	1,00	1,7870	3,95

Bei Gehalten des Wassers an Kohlendioxyd von 0,3—1,0 Vol.-%, Gehalte, die nach WIEGNER auch in der Bodenlösung auftreten können, schwanken die Reaktionszahlen zwischen den Werten 5,22 und 4,95. Im Boden werden natürlich gleiche Gehalte an Kohlendioxyd in der Bodenlösung nicht die gleichen Reaktionswerte im Gefolge haben können, denn — wie oben schon gesagt — die Bildung von Bikarbonaten wirkt stets auf eine starke Herabsetzung des Säuregrades der Bodenlösung auch dann hin, wenn kein freies Kalziumkarbonat mehr im Boden vorhanden ist. Diese Pufferung durch Bikarbonatbildung ist sogar so groß, daß von manchen Seiten die Möglichkeit der Beeinflussung der Bodenreaktion durch selbst große Mengen von Kohlendioxyd bestritten worden ist. So fand bei seinen Versuchen O. ARRHENIUS[2] keinen Einfluß der Kohlensäure auf die Bodenreaktion, wenn er sie in wässerige Bodenextrakte einleitete, HOAGLAND und SHARP[3] indessen stellten bei alkalischen und schwach sauren Böden einen deutlichen Einfluß von Kohlensäure fest, dagegen dann nicht mehr, wenn der Boden eine Reaktionszahl von 4,5—4,0 erreicht hatte. Das erscheint durchaus

[1] WIEGNER, G.: a. a. O., S. 152.
[2] ARRHENIUS, O.: Kalkfrage und Bodenreaktion, S. 96. Leipzig 1926.
[3] HOAGLAND, D. R. u. L. T. SHARP: a. a. O., S. 123.

klar und richtig, wenn man die Reaktionszahlen betrachtet, die die Kohlensäure in reiner wässeriger Lösung besitzt. In Übereinstimmung mit ARRHENIUS fand dann wieder PIERRE[1] keinen Einfluß der Kohlensäure auf die Bodenreaktion, während die Untersuchungen von KAPPEN und BELING[2], die der Erhaltung des durch die Kohlensäurebehandlung erzeugten Gleichgewichts in der Bodenlösung durch die besondere Art ihrer Versuchsanstellung Rechnung trugen, wieder einen deutlichen Einfluß der Kohlensäure erwiesen. Die Reaktionszahlen, die von den Genannten an Bodenlösungen gemessen wurden, die nach PARKER durch Verdrängung aus den mit Kohlendioxyd behandelten Bodenproben gewonnen waren, sind in der folgenden Tabelle zusammengestellt:

Bodenart	Reaktionszahl der Perkolate			
	ohne CO_2	1% CO_2	10% CO_2	100% CO_2
1. Lehmboden	6,99	6,81	6,48	6,01
2. Sandiger Lehm	6,12	—	5,73	5,43
3. Sandiger Lehm	6,53	6,46	6,18	5,64
4. Humoser Sand	6,23	5,76	5,44	5,10
5. Lehmiger Sand	6,03	6,01	5,88	5,45
6. Humoser Sand	4,65	4,62	4,52	4,38
7. Lehmboden	5,24	5,00	4,68	4,26

Es dürfte hiernach doch wohl als sicher betrachtet werden können, daß die Kohlensäure dazu imstande ist, die Reaktion des Bodens nach der sauren Seite hin zu verschieben. Immerhin ist aber auch zuzugeben, daß die Neutralisations- oder Pufferkraft, die von manchen Böden dem Einfluß der Kohlensäure entgegengesetzt werden kann, sehr groß ist. Bei einer Reaktionszahl von 4,6 fanden übrigens auch KAPPEN und BELING in Übereinstimmung mit HOAGLAND und SHARP, daß der Einfluß der Kohlensäure auf die Reaktion verschwand, und diese Tatsache zeigt recht deutlich an, daß außer der Kohlensäure auch noch andere saure Stoffe für die saure Bodenreaktion Bedeutung besitzen müssen.

Die Stoffe, die neben der Kohlensäure die Reaktion eines sauren Bodens bestimmen, sind nun von verschiedener Art, sie sind zum Teil in der Bodenlösung enthalten, also wasserlöslich und aus dem Boden auswaschbar, andererseits sind es feste Stoffe, die mit Wasser nicht aus dem Boden entfernt werden können. Die Berechtigung zu dieser Unterscheidung geht einmal schon aus der von KAPPEN[3] festgestellten und seitdem vielfach bestätigten Tatsache hervor, daß, worauf später noch einmal zurückzukommen ist, die Bodensuspensionen stärker sauer sind als die Filtrate, weiter auch aus den Ergebnissen der von KAPPEN und BELING[4] ausgeführten Versuche, wonach beim Auswaschen saurer Böden mit Wasser die Reaktion in den Waschwässern allmählich neutral wird, während die Reaktion des ausgewaschenen Bodens deutlich sauer bleibt. Die wasserlöslichen sauren Stoffe dürften nun außer aus der Kohlensäure oder den Gemischen von Kohlensäure und Bikarbonaten auch aus Säuren oder sauren Salzen bestehen, die sich durch Ionenaustausch zwischen den versauerten Silikaten und Humaten des Bodens und zwischen Salzen irgendwelcher Art, die in den Boden hinein gelangen, bilden. Bei stärkeren Versauerungsgraden des Bodens kommen als

[1] PIERRE, W. H.: The H-ion-concentration of soils as affected by carbonic acid and the soil-water ratio. Soil Sci. **20**, 285.

[2] KAPPEN, H.: Die Bodenazidität, S. 36. Berlin 1929.

[3] KAPPEN, H.: Studien an sauren Mineralböden aus der Nähe von Jena. Landw. Versuchsstat. **88**, 77.

[4] KAPPEN, H. u. R. W. BELING: Über die Chinhydronmethode und über die Beziehungen ihrer Resultate zu den Aziditätsformen der Böden. Z. Pflanzenern., Düng. u. Bodenk. A, **6**, 1.

sauer reagierende Salze vornehmlich Aluminiumsalze in Frage, besteht doch die Azidität stark saurer Bodenlösungen nach Untersuchungen von MAGISTAD[1] unter Umständen sogar ausschließlich in ihrem Gehalt an hydrolytisch aufgespaltenem Aluminiumsalz, wie Aluminiumnitrat. In den humosen Böden können unter diesen wasserlöslichen sauren Stoffen sicherlich auch Humussäuren und ihre sauren Salze zugegen sein.

Von nicht geringerer Bedeutung für die Bodenreaktion als diese wasserlöslichen sauren Bestandteile sind dann aber sicherlich die festen sauren Stoffe, wie die sauren zeolithischen Silikate und die Humate. Daß tatsächlich mit diesen kolloiden Verwitterungsprodukten die Azidität der Böden auf das innigste verknüpft ist, haben eigentlich schon die Untersuchungen von DAIKUHARA[2] bewiesen, der fand, daß die Austauschaziditäten der sauren Böden um so größer wurden, je feiner die aus dem Boden separierten Körnungen waren. Auch von LUDORFF[3] wurde festgestellt, daß die Austauschaziditäten mit der Feinheit der aus dem Boden gewonnenen Teilchen ansteigen. Ganz ohne Frage ist in allen sauren Böden stets die Hauptmenge des vorhandenen Säurewasserstoffs in den festen Bodenteilchen des absorbierenden Komplexes enthalten, es ist der sog. potentielle Säurewasserstoff, der in diesen Teilchen steckt. Durch Ionenaustausch mit den Salzen der Bodenlösung wird bei der großen Verdünnung der Bodenlösung stets nur ein sehr kleiner Teil dieses potentiellen Wasserstoffs aktiviert und gelangt als Wasserstoffion in die Bodenlösung hinein, er kann sich aber immer wieder aus dem großen Reservoir im absorbierenden Komplex ergänzen. Nicht nur beim Basenaustausch oder bei der Neutralisation des sauren Bodens mit Basen macht sich nun dieser potentielle Säurewasserstoff bemerkbar, sondern auch bei der elektrometrischen Messung der Wasserstoffionenkonzentration. Wie man sich seine Mitwirkung hierbei vorzustellen hat, wird später noch näher erörtert werden. Sicher ist, daß diesem potentiellen Säurewasserstoff keine geringere Bedeutung für die Folgen der Bodenazidität zugeschrieben werden muß als dem aktuellen, in Ionenform in der Bodenlösung vorhandenen; seine Mitbestimmung bei der Ermittlung der Bodenreaktion bedeutet daher eine Selbstverständlichkeit, die nie außer acht gelassen werden sollte.

Die Bodenreaktion erweist sich nach dem Gesagten somit von einer ganzen Reihe verschiedener Faktoren abhängig. Bei alkalischer Reaktion ist es in unserem humiden Klima vornehmlich das Kalziumbikarbonat, das in Gemeinschaft mit der Kohlensäure der Bodenlösung die Reaktion bestimmt. In ariden Klimagebieten verhält sich das natürlich anders. Dort überwiegen ja bei den Verwitterungsvorgängen oder allgemeiner gesagt bei den Bodenbildungsprozessen nicht die Niederschläge die Verdunstung, sondern es überwiegt die Verdunstung die Niederschläge. Die Böden werden daher nicht wie in humiden Gebieten ausgelaugt, sondern es sammeln sich die unter dem Einfluß des Wassers in Lösung gehenden Salze — vornehmlich die Natriumsalze — im Boden an. Dadurch wird bewirkt, daß in der Zusammensetzung des absorbierenden Bodenkomplexes auch das Natrium eine hervorragende Rolle spielt, und zwar nach der chemischen wie auch nach der physikalischen Seite hin. Chemisch sind die Natriumzeolithe und die Natriumhumate durch stärkere hydrolytische Aufspaltung und physikalisch durch größere Zerteilungsfähigkeit ausgezeichnet. Die

[1] MAGISTAD, O. C.: The aluminum content of the soil solution and its relation to the soil reaction and plant growth. Soil Sci. **20**, 281.

[2] DAIKUHARA, G.: Über saure Mineralböden, a. a. O., S. 18.

[3] LUDORFF, W.: Die Gemengteile des Bodens als Träger des Nährstoff- und Säuregehalts und die Beziehungen zwischen den leichtlöslichen Bodennährstoffen und deren Aufnahme durch die Pflanzen. Landw. Jb. **65**, 779.

Böden der ariden Verwitterungsgebiete reagieren infolgedessen alkalisch und haben die physikalischen Nachteile tonreicher, schwerer Böden in ausgeprägtem Ausmaße an sich. Auch in humiden Gebieten können, wie oben auseinandergesetzt, Böden ohne Gehalt an kohlensaurem Kalk noch gelegentlich infolge ihrer noch vorhandenen Sättigung mit Basen — worunter natürlich immer die praktisch mögliche Höchstbeladung mit Basen, nicht die wirkliche chemische Sättigung bis zur vollständigen Verdrängung des Säurewasserstoffs aus dem Molekül der zeolithischen Silikate und Humate verstanden sein soll — eine alkalische Reaktion des Bodens bedingen; in diesem Falle sind aber immer noch Kalzium und Magnesium die Hauptvertreter unter den Kationen des Absorptionskomplexes, Natrium ist nur in ganz untergeordnetem Grade darin vertreten. An der neutralen Reaktion der Böden kann dann auch noch wie bei den alkalisch reagierenden Böden das Bikarbonat-Kohlensäure-Gleichgewicht bestimmend für die Reaktion sein, aber es machen sich dabei auch bereits Einflüsse, die von den entbasten zeolithischen Silikaten und Humaten ausgehen, bemerkbar. Diese Einflüsse überwiegen mehr und mehr, wenn die Entbasung des Bodens bis zur sauren Reaktion vorgeschritten ist, und zu ihnen gesellen sich dann Wirkungen, die von der im entbasten Boden nur noch wenig gepufferten Kohlensäure ausgehen, und die in der Bildung von Aluminium- oder sogar von Eisensalzen bei stärkerer Versauerung bestehen. Da überdies in den humosen Böden die löslichen Humussäuren und ihre sauren Salze an der sauren Reaktion Anteil haben können, vielleicht auch noch andere organische Säuren, so kann man wohl aussagen, daß es letzten Endes eine ganze Anzahl verschiedener Faktoren gibt, die als ausschlaggebend für die Reaktion, die bei einem Boden angetroffen wird, bezeichnet werden müssen. Obendrein muß aber auch hervorgehoben werden, daß das Zusammenspiel der verschiedenen Faktoren noch im einzelnen wenig bekannt ist, daß man genaueres eigentlich nur über die Bedeutung des Bikarbonat-Kohlensäure-Gleichgewichts für die Bodenreaktion weiß. Es harren somit auf diesem Gebiete noch viele Fragen einer eingehenderen Bearbeitung.

Die Bestimmung der Bodenreaktion (der aktuellen Azidität).

Die qualitative Bestimmung der Bodenreaktion.

Die älteste und einfachste Methode, die Reaktion eines Bodens festzustellen, besteht in der Prüfung mit Hilfe von Lackmuspapier. Nach den Angaben von WICKE[1] drückt man bei dieser Prüfung zweckmäßig ein Stückchen empfindliches Lackmuspapier an den mit Wasser durchfeuchteten Boden so an, daß die Oberfläche des Papiers nicht von Bodenteilchen bedeckt wird, und beobachtet die Veränderungen des Farbtons. Eine alkalische Reaktion gibt sich bei dieser Prüfung sehr bald durch das Blauwerden des roten Lackmuspapiers, saure Reaktion durch das Rotwerden des blauen Papiers zu erkennen. Man kann sogar mit Hilfe dieser einfachen Methode auch Verschiedenheiten in der Stärke der Bodenazidität erkennen, wenn man nämlich die Geschwindigkeit und den Grad der Verfärbung des blauen Lackmuspapiers berücksichtigt. Als schwach sauer kann man einen Boden dann bezeichnen, wenn die Veränderung des Lackmuspapiers erst nach einiger Zeit hervortritt und nur zu einer schwachen, im Vergleich zum unveränderten Lackmuspapier aber deutlich erkennbaren rötlichen Verfärbung führt. Als sauer reagierend darf man den Boden ansprechen, wenn die Verfärbung des blauen Lackmuspapiers zwar auch erst allmählich eintritt, aber

[1] WICKE, W.: Untersuchung von Bodenarten aus der Oldenburger Marsch. J. Landw. 7, 389 (1862).

dann eine auch ohne Vergleich mit unverändertem Papier deutlich zu erkennende Rotfärbung bewirkt, und als stark sauer schließlich kann man den Boden bezeichnen, wenn schnell nach dem Andrücken des Lackmuspapiers die Verfärbung beginnt und in wenigen Sekunden zu einer deutlichen Rotfärbung führt. Will man nur auf eine schon stärkere Versauerung des Bodens eine schnelle Prüfung ausführen, so kann man bei der Lackmusprobe das Wasser durch eine normale Kaliumchloridlösung ersetzen. Stärker versauerte Böden, die austauschsauren Böden, von denen später noch eingehender die Rede sein wird, machen sich dabei durch eine sehr schnell auftretende und intensive Rotfärbung des Lackmuspapiers deutlich bemerkbar. Man kann das Lackmuspapier, wie CHRISTENSEN[1] und auch LIECHTI[2] getan haben, auch durch eine Lackmuslösung ersetzen. CHRISTENSEN verfährt dabei so, daß er den Boden in Wasser, LIECHTI dagegen so, daß er 5 g Boden in 10 cm³ einer 10proz. Kaliumchloridlösung aufschwemmt und dann 1 cm³ einer 1proz. Azolithminlösung hinzufügt. Nach Umrühren mit einem Glasstabe und nach Absitzenlassen des Bodens wird die Farbe der über dem Boden stehenden klaren Flüssigkeit beurteilt. Je nachdem die Farbe der Lösung blau, violett oder rot ist, ist der Boden als alkalisch, neutral oder als sauer anzusprechen. Diese Methode besitzt zwar gewisse Fehlermöglichkeiten, aber sie läßt sich zur qualitativen Prüfung auf das Vorhandensein von einer Bodenazidität recht gut gebrauchen.

Zu einer schon etwas genaueren Unterscheidung verschiedener Aziditätsgrade läßt sich die von O. LOEW[3] vorgeschlagene Methode benutzen. Diese Methode beruht auf der Fähigkeit saurer Böden, aus einer Lösung von Kaliumnitrit in Wasser die salpetrige Säure in Freiheit zu setzen, die ihrerseits wiederum aus dem der Lösung zugesetzten Kaliumjodid Jod entbindet, das sich leicht durch seine Reaktion mit Stärkekleister nachweisen läßt. Der Grad der auftretenden Blaufärbung hängt von der Menge der frei gewordenen salpetrigen Säure ab, und diese wiederum steht in Zusammenhang mit der Menge der im Boden enthaltenen sauren Stoffe. Diese Methode unterscheidet sich von der gewöhnlichen Lackmusprobe ganz wesentlich dadurch, daß bei ihr bereits die potentielle Bodenazidität zum Teil miterfaßt wird, denn die Einwirkung des Kaliumnitrits führt ja zur Bildung der freien salpetrigen Säure durch den teilweise erfolgten Austausch der Kaliumionen gegen die im absorbierenden Komplex steckenden Wasserstoffionen, während bei der Lackmusprobe hauptsächlich nur die saure Wirkung der in Lösung vorhandenen sauren Bestandteile des Bodens zur Auswirkung gelangen kann.

Vielleicht gehört auch die von COMBER[4] ausgearbeitete Bestimmungsmethode für die Bodenreaktion zu denen, die schon einen Teil des potentiellen Säurewasserstoffs neben dem in aktueller Form befindlichen erfassen. Nach COMBER verfährt man derartig, daß man 2—3 g lufttrockenen Boden in einem Reagenzglase mit 5 cm³ einer farblosen Lösung von 40 g Sulfocyankalium, KCNS, in 1000 cm³ 95proz. Alkohol versetzt. Nach mehrmaligem, kräftigem Umschütteln läßt man die Probe in Ruhe stehen und beurteilt nach dem Absetzen nach 12 Stunden den in der überstehenden Flüssigkeit vorhandenen Farbton. Rotfärbung zeigt eine saure Reaktion an, und nach den Untersuchungen von

---

[1] CHRISTENSEN, H. R.: Untersuchungen über einige neuere Methoden zur Bestimmung der Reaktion und des Kalkbedürfnisses des Erdbodens. Internat. Mitt. Bodenkde. **13**, 116.

[2] LIECHTI, P.: Landw. Jb. Schweiz **30**, 487.

[3] LOEW, O.: Studies of acid soils of Porto Rico. Porto Rico Agr. Exp. Stat., Bull. **13** (1913).

[4] COMBER, N. M.: A qualitative test for sour soils. J. agricult. Sci. **10**, 420; Mitt. Dtsch. Landw. Ges. **37**, 461.

WIEGNER[1] mit dieser Methode kann man aus der Stärke der Rotfärbung die folgende Abschätzung der Bodenreaktion vornehmen:

Farbe	Bodenreaktion	p_H-Wert
Dunkelrot	Stark sauer	4—5
Rot	Sauer	etwa 5
Hellrot bis rot	Schwach sauer	5—6
—	Sehr schwach sauer	6—7
Farblos	Neutral	7
—	Alkalisch	Größer als 7

Bei alkalischer Reaktion erweist sich, da hier stets Farblosigkeit vorhanden ist, eine weitere Abschätzung des Reaktionsgrades nicht mehr möglich, bei saurer Reaktion kann man aber ziemlich weitgehende Abschätzungen des Reaktionsgrades vornehmen.

Der Chemismus dieser Reaktion nach COMBER ist wohl bisher noch nicht vollständig aufgeklärt, wenigstens weiß man nicht, wie das Eisen, das mit dem Sulfocyankalium die Rotfärbung liefert, aus dem Boden in das Lösungsmittel übergeht. Man möchte daran denken, daß es sich hier um einen Ionenaustausch handelt, denn es können kleine Mengen von Eisenionen in austauschbarer Form wohl in sauren Böden enthalten sein. Aber diese Deutung ist nicht sicher. Es wäre auch denkbar, daß das Eisen nicht direkt durch Ionenaustausch, sondern indirekt in die Lösung gelangt. Das Sulfocyankalium ist nämlich wieder ein Salz aus einer starken Base und einer schwachen Säure und als solches, wie wir später bei den Acetaten noch genauer begründen werden, zum Austausch von Wasserstoffionen gegen seine Kaliumionen besonders geeignet. Es entsteht also bei der Behandlung des sauren Bodens mit Sulfocyankalium immer, je nach dem Aziditätsgrade, mehr oder weniger an freier Sulfocyanwasserstoffsäure, und diese löst aus dem Boden dann das Eisenhydroxyd auf, das zum Zustandekommen der Rotfärbung nach der Gleichung

$$3\,HCNS + Fe(OH)_3 = 3\,H_2O + Fe(CNS)_3$$

notwendig ist.

Zu einer qualitativen Abschätzung der Reaktion läßt sich nun auch noch eine ganze Reihe anderer Methoden benutzen, die mit Hilfe von verschiedenen Farbstoffen arbeiten. Darunter wäre z. B. auch die von HASENBÄUMER[2] zu nennen, bei welcher als Indikator der Reaktion Methylrot gebraucht wird. An Stelle von Wasser wird hierbei zur Herstellung der Bodenlösung eine normale Kaliumchloridlösung (74,6 g KCl im Liter) benutzt. 30 g Erde werden mit 100 cm³ dieser Lösung 1 Stunde lang geschüttelt. Vom Filtrat gibt man etwa 10 cm³ in ein Reagenzglas, setzt 4—5 Tropfen einer Methylrotlösung zu, die durch Auflösung von 0,5 g in 100 cm³ 90% Alkohol hergestellt wird. Je nach dem Versauerungsgrade des Bodens stellen sich verschiedene Färbungen im Filtrat ein, die zu den nachstehenden Schlußfolgerungen berechtigen sollen:

Farbe	Bodenreaktion
Lila	Sehr stark sauer
Karmin	Stark sauer
Zinnoberrot	Sauer
Orange	Schwach sauer
Gelb	Neutral bis alkalisch

Gewiß gestattet auch diese Methode, einen Einblick in die Reaktion des Bodens zu tun, die schwächeren Aziditätsgrade werden sogar nach den Erfahrungen des Verfassers recht gut von ihr zum Ausdruck gebracht, aber zur Charakterisierung reicht sie nicht mehr aus, wenn die Reaktion „sehr stark sauer" und der Farbton Lila erreicht ist. In diesem stark sauren Gebiet gibt es noch sehr große Unterschiede, die aber von dem Methylrot nicht mehr erfaßt

[1] WIEGNER, G.: Anleitung zum quantitativen agrikulturchemischen Praktikum usw., S. 161. Berlin 1926.

[2] HASENBÄUMER, J.: Die kolorimetrische Bestimmung der Bodensäure. Landw. Versuchsstat. **95**, 106.

werden. Um das ganze in Betracht kommende Reaktionsgebiet der Böden zu umspannen, reicht ein einziger Farbstoff eben nicht aus. Man ist vielmehr gezwungen, mehrere Farbstoffe in Anwendung zu bringen; damit ist dann aber auch die Möglichkeit geboten, die Reaktionszahlen der Böden mit großer Genauigkeit festzustellen, also quantitative Messungen der Reaktionszahlen durchzuführen.

Quantitative Bestimmung der Bodenreaktion.

Kolorimetrische Methoden. Die kolorimetrische Methode wurde zur quantitativen Ermittlung der Wasserstoffionenkonzentrationen zuerst von FRIEDENTHAL[1] (1904) benutzt, später von FELS[2] und von SALESSKY[3] weiter ausgearbeitet, aber erst von SÖRENSEN[4] (1909) auf den Höhepunkt ihrer Brauchbarkeit geführt. Diese Methode beruht, wie die qualitativen kolorimetrischen Methoden, darauf, daß es viele Farbstoffe gibt, deren Farbton von der Wasserstoffionenkonzentration der Lösung abhängig ist. Worauf diese Abhängigkeit zurückzuführen ist, läßt sich wohl nicht einheitlich beantworten. Nach WILHELM OSTWALD[5] liegt dem Verhalten der Farbstoffe die Tatsache zugrunde, daß die Moleküle und die Ionen der Farbstoffe verschiedene Färbung aufweisen. Die Indikatorfarbstoffe sind also Stoffe, die der elektrolytischen Dissoziation unterliegen, sie sind entweder schwache Säuren oder schwache Basen und vermögen als solche mit Basen oder mit Säuren Salze zu bilden. Die Dissoziationsverhältnisse in den Lösungen dieser Farbstoffe sind dem Gesetz der Massenwirkung unterworfen. Es gilt deshalb für einen sauren Farbstoff die Formel:

$$\frac{(\text{Farbstoffanion}) \cdot (\text{H}^{\cdot})}{(\text{Farbstoffmoleküle})} = k\,.$$

Mit zu- oder mit abnehmender Wasserstoffionenkonzentration muß sich also das Verhältnis der Farbstoffanionen zu dem der Moleküle ändern, bei zunehmender Wasserstoffzahl muß, weil k unverändert bleibt, die Dissoziation des Farbstoffes zurückgedrängt werden, die Zahl der Farbstoffmoleküle ansteigen, im anderen Falle muß die Dissoziation zunehmen, d. h. die Zahl der Moleküle geringer, die der Ionen größer werden. Haben Moleküle und Ionen eines Farbstoffes verschiedene Farben, so ist es klar, daß nun in Abhängigkeit von der Wasserstoffionenkonzentration sich der Farbton der Lösung ändern muß. Gleiche Überlegungen gelten natürlich auch für den Fall, daß der Farbstoff eine schwache Base ist. Weiterhin läßt sich auch aus der Dissoziationsgleichung die Wasserstoffionenkonzentration berechnen, wenn die Dissoziationskonstante des Farbstoffs und die Konzentration an Farbstoffionen und an -molekülen bekannt sind.

Dieser OSTWALDschen Theorie von dem Farbumschlag der Indikatoren entstand eine Gegnerschaft dadurch, daß HANTZSCH[6] in den Indikatoren Stoffe erkannte, die einer tautomeren Umlagerung fähig sind, d. h. ihrer Konstitution nach nicht eigentliche Säuren bzw. Basen darstellen, sich aber innerhalb des Moleküls in solche umlagern können. Solche Stoffe bezeichnet er als Pseudosäuren bzw. -basen. Die HANTZSCHsche Erklärung des Farbumschlages eines

---

[1] FRIEDENTHAL, H.: Bestimmung der Reaktion einer Flüssigkeit mit Hilfe von Indikatoren. Z. f. Elektrochemie **10**, 113.

[2] FELS, B.: Indikatoren der Acidi- u. Alkalimetrie. Z. Elektrochem. **10**, 208.

[3] SALESSKY, W.: Indikatoren der Acidimetrie u. Alkalimetrie. Z. Elektrochem. **10**, 204.

[4] SÖRENSEN, S. P. L.: Enzymstudien. Biochem. Z. **21**, 131.

[5] OSTWALD, W.: Die wissenschaftlichen Grundlagen der analytischen Chemie. Leipzig 1917.

[6] HANTZSCH, A.: Zur Konstitutionsbestimmung von Körpern mit labilen Atomgruppen. Ber. Dtsch. chem. Ges. **32**, 575.

solchen Indikators mag an dem Beispiel des Paranitrophenols näher erörtert werden. In saurer Lösung ist dieser Stoff ungefärbt, erst in alkalischer Lösung macht sich seine Farbstoffnatur durch Eintreten einer Gelbfärbung kenntlich. Nach Hantzsch befindet sich nun in der farblosen Lösung das Paranitrophenol nur zum Teil in Form der Pseudoverbindung $C_6H_4{<}^{OH}_{NO_2}$, zum Teil ist aus ihm unter Konstitutionsänderung die Aci-Verbindung $O = C_6H_4 = N{<}^{=O}_{OH}$ hervorgegangen. Diese Aci-Verbindung ist eine starke Säure und als solche in das H-Ion und das Anion $O = C_6H_4 = N{<}^{=O}_{O-}$ gespalten. Die Anionen nun sind es, die die Gelbfärbung bedingen, und da ihre Zahl mit Zusatz von Lauge infolge der zunehmenden Dissoziation des gebildeten Aci-Salzes steigt — bei gleichzeitig weitergehender Verschiebung des Gleichgewichts zwischen Pseudo- und Aci-Form zugunsten der letzteren —, so muß sich auf Laugezusatz der gelbe Farbton verstärken, auf Säurezusatz aber muß infolge Zurückbildung der freien Aci-Verbindung und ihrer Wiederumlagerung in die Pseudoform die Gelbfärbung verschwinden. Der Grad nun der Gelbfärbung, die das Paranitrophenol in einer Lösung annimmt, hängt in der geschilderten Weise von deren Wasserstoffionenkonzentration ab; da aber bei den Indikatoren die beiden Vorgänge der tautomeren Umlagerung und der Ionisierung der einen Komponente miteinander verknüpft sind, so bildet diese Theorie von Hantzsch nur eine erweiterte Erklärungsgrundlage für den Mechanismus des Farbwechsels gegenüber der Ostwaldschen Formulierung, die ihrerseits lediglich auf den ionogenen Anteil des tautomeren Gleichgewichts beschränkt wird, ohne damit ihre Gültigkeit zu verlieren.

In ähnlicher Weise führen auch bei anderen Farbstoffen Konstitutionsänderungen erst die Möglichkeit des Farbumschlages herbei. So ist es in dem Falle des gerade auch viel bei Bodenaziditätsfragen verwendeten Indikators Phenolphthalein der Übergang dieses Stoffes aus der farblosen Laktonform in die rote Chinonform, der die Benutzung dieses Stoffes als Indikator ermöglicht. Bei Zusatz von Lauge wird nun, da sich die Chinonform, geradeso wie die Aci-Form beim Paranitrophenol, wie eine starke Säure verhält, das stark in Ionen zerfallene chinoide Salz gebildet, und als Folge davon stellt sich die tiefrote Färbung der alkalischen Phenolphthaleinlösung ein.

Im Laufe der Jahre sind für die Bestimmung der Wasserstoffionenkonzentration auf kolorimetrischem Wege eine große Anzahl von verschiedenen Indikatoren in Vorschlag und Anwendung gebracht worden. Nicht alle Indikatoren aber, die z. B. bei der Untersuchung von physiologischen Flüssigkeiten sich als brauchbar erwiesen haben, können auch bei der Prüfung der Bodenreaktion in gleich erfolgreicher Weise benutzt werden. Bei der Bestimmung der Wasserstoffzahlen in Bodenextrakten müssen die Bedingungen erfüllt sein, daß der Indikator weder mit den übrigen Bestandteilen des Auszuges in chemische Reaktion tritt, noch daß er durch Absorptionswirkungen von Extraktbestandteilen verändert wird. Indikatoren, die diesen Anforderungen genügen, sind nach den Untersuchungen von Gillespie[1] diejenigen, die von Clark und Lubs[2] in die Wissenschaft eingeführt wurden. Mit Hilfe dieser Indikatoren läßt sich ein Gebiet der Reaktionszahlen von 1,2—9,6 umfassen, wie das auch aus der folgenden Zusammenstellung hervorgeht:

---

[1] Gillespie, L. J.: Colorimetric determination of H-concentration without buffer mixtures, with especial reference to soils. Soil. Sci. 9, 115.

[2] Clark, W. M. u. H. A. Lubs: On some new indicators for the colorimetric determination of hydrogen-ion concentration. J. Wash. Acad. Sci., 5, 609.

Quantitative Bestimmung der Bodenreaktion.

Chemischer Name des Indikators	Handelsname	Konzentration %	p_H-Gebiet	Säurefärbung	alkalische Färbung
Thymolsulfonphthalein	Thymolblau	0,04	1,2—2,8	rot	gelb
Tetrabromphenolsulfonphthalein	Bromphenolblau	0,04	3,0—4,6	gelb	blau
Dibromorthokresolsulfonphthalein	Bromkresolpurpur	0,02	5,2—6,8	gelb	purpur
Dibromthymolsulfonphthalein	Bromthymolblau	0,04	6,0—7,6	gelb	blau
Phenolsulfonphthalein	Phenolrot	0,02	6,8—8,4	gelb	rot
Orthokresolsulfonphthalein	Kresolrot	0,02	7,2—8,8	gelb	rot
Thymolsulfonphthalein	Thymolblau	0,04	8,0—9,6	gelb	blau

Die Lösungen der Indikatoren von CLARK und LUBS werden so hergestellt, daß man die in der Tabelle angegebenen Mengen davon, 0,04 oder 0,02 g, in 100 cm^3 93proz. Alkohols zur Auflösung bringt.

Diese Indikatoren sind dann von WHERRY[1] mit Erfolg bei der Reaktionsermittlung der Böden benutzt worden. Von ihm rührt auch die folgende sehr brauchbare Zusammenstellung[2] her, in der die bei Verwendung der verschiedenen Indikatoren erzielten Farbtöne mit den ihnen entsprechenden Reaktionszahlen zusammengestellt sind. Zu den Indikatoren von CLARK und LUBS ist hier noch das Methylrot hinzugenommen worden.

Gehandhabt wird nun die kolorimetrische Methode der Reaktionsbestimmung bei den Böden so, daß man die lufttrockene Feinerde im Verhältnis von 1:2,5 mit reinem destilliertem Wasser 1 Stunde lang ausschüttelt und durch ein Filter aus reinstem Filtrierpapier (quantitatives Filter) filtriert. Die ersten Anteile des Filtrates verwirft man. An Stelle des Filtrierens kann man den Bodenauszug durch Absetzenlassen der festen Bestandteile, gegebenenfalls auch durch Zentrifugieren gewinnen. 10 cm^3 des Auszuges bringt man dann in saubere Reagenzröhren von möglichst gleicher Form, setzt dazu jedesmal die gleiche Anzahl (10) Tropfen der Indikatorlösung und beobachtet nach ihrer gleichmäßigen Verteilung durch die Flüssigkeit den sich einstellenden Farbton. An Hand der WHERRYschen Tabelle gelingt es zumeist leicht, den Farbton richtig einzuschätzen. Solange man aber mit den Farbtönen noch nicht richtig vertraut ist, empfiehlt sich natürlich ein Vergleich der Farbtöne mit denen, die man bei der Prüfung von Lösungen mit ganz bestimmter und bekannter Wasserstoffzahl erhält. Solche Lösungen werden als Standard- oder als Testlösungen bezeichnet. Von SÖRENSEN[3] ist eine Reihe solcher Testlösungen angegeben worden. Sie bestehen zumeist aus Gemischen von Lösungen schwacher Säuren oder Basen mit den entsprechenden Neutralsalzen. In solchen Gemischen ist die Wasserstoffzahl sehr beständig, sie sind, wie der wissenschaftliche Ausdruck dafür lautet, gut gepuffert und setzen infolgedessen einer Verschiebung ihrer Wasserstoffzahlen durch Zusatz von Säuren oder Basen großen Widerstand entgegen. Es ist das eine Erscheinung, die uns an einer späteren Stelle dieses Beitrages[4] noch einmal näher beschäftigen wird. Außer von SÖRENSEN sind solche Standardlösungen auch von CLARK und LUBS geprüft und empfohlen worden. KOLTHOFF[5] empfiehlt besonders die Puffergemische von CLARK und LUBS, weil ihre Ausgangsstoffe leichter in reiner Form zu erhalten sind als die von SÖRENSEN

---

[1] WHERRY, E. T.: Soil acidity and a field method for its measurement. Ecology 1, 160 (1920).

[2] Nach G. TORSTENSSON u. K. RATHSACK: Bodenreaktionsuntersuchungen. Z. Pflanzenern., Düng. u. Bodenk. B, 3, 216, siehe Seite 336.

[3] SÖRENSEN, S. P. L.: Enzymstudien II. Biochem. Z. **21**, 131—394 (1909).

[4] Vgl. S. 357 u. f.

[5] KOLTHOFF, J. M.: Der Gebrauch von Farbenindikatoren. Berlin 1921.

p_H Indikator:	1,5	2	2,5	3	3,5	4	4,5	5	5,5	6	6,5	7	7,5	8	8,5	9	9,5
Thymolblau	rot	orange	gelb	—	—	—	—	—	—	—	—	—	—	—	—	—	—
Bromphenolblau . .	—	—	—	gelb	schmutz-grün	braun-violett	violett		—	—	—	—	—	—	—	—	—
Methylrot	—	—	—	—	—	—	anilin-rot	orange	gelb	—	—	—	—	—	—	—	—
Bromkresolpurpur .	—	—	—	—	—	—	—	gelb	schmutz-gelb	violett-braun	tiefviolett		—	—	—	—	—
Bromthymolblau .	—	—	—	—	—	—	—	—	—	gelb	grün-gelb	grün	grün-blau	blau	tief-blau	—	—
Phenolrot	—	—	—	—	—	—	—	—	—	—	—	blaß-gelb	rosa	anilin-rot	—	—	—
Thymolblau	—	—	—	—	—	—	—	—	—	—	—	—	gelb	schmutz-gelb	violett-grün	blau-violett	tiefblau violett-

verwendeten. Ist man irgendwie im Zweifel über die Reinheit der zur Herstellung der Standardlösungen benutzten Stoffe, so ist man natürlich zu einer Kontrolle der Wasserstoffzahlen der Standardlösungen mit Hilfe der nachher noch genauer zu erläuternden elektrometrischen Methode gezwungen, die ja überhaupt die Grundlage für die Feststellung der Wasserstoffzahlen der Standardlösungen abgegeben hat. Die für Bodenuntersuchungen in Betracht kommenden Standardlösungen, die das Reaktionsgebiet von 2,2—9,8 p_H umfassen, sind nach CLARK und LUBS in den folgenden Tabellen (S. 337) zusammengestellt.

Diese Lösungen werden so hergestellt, daß die angegebenen Substanzmengen stets mit reinem Wasser auf 200 cm³ verdünnt werden, sie weisen dann die in folgendem verzeichneten p_H-Werte auf.

Wendet man diese Vergleichslösungen an, so kann man natürlich die Genauigkeit der Bestimmungen über die in der WHERRYschen Tabelle angegebene hinaus steigern. Während dort die p_H-Werte in Intervallen von 0,5 Einheiten angegeben sind, kann man mit Hilfe der Vergleichslösungen nach CLARK und LUBS die Bestimmung leicht bis auf 0,1 p_H genau gestalten. Die kleinsten Unterschiede, die sich mit den kolorimetrischen Methoden bei Benutzung von Standardlösungen überhaupt erfassen lassen, dürften etwa Beträge von 0,05 p_H-Einheiten ausmachen. Im übrigen ist auch zu beachten, daß die Bestimmung dann am genauesten ausfällt, wenn der zu ermittelnde p_H-Wert in die Mitte des Umschlaggebietes des verwendeten Indikators fällt, eine Forderung, der man nach Möglichkeit durch die richtige Auswahl des Indikators Rechnung tragen soll. Eine Genauigkeit der Bestimmung bis auf 0,1 p_H dürfte im übrigen bei Bodenuntersuchungen allen gerechten Ansprüchen genügen. Das Anstreben größerer Genauigkeit erscheint sogar auf Grund der Tatsache, daß der gemessene p_H-Wert doch zumeist nicht genau den wirklich im Boden herrschenden darstellt, ganz überflüssig zu sein.

Da aber die Notwendigkeit des Gebrauches von Standardlösungen eine gewisse Umständlichkeit in die Untersuchung

	p_H	Indikator
1. $^1/_5$ Mol. Kaliumbiphthalat mit $^1/_5$ Mol. Salzsäure:		
46,70 cm^3 Salzsäure 50 cm^3 Biphthalat	2,2	—
39,60 cm^3 ,, 50 cm^3 ,,	2,4	—
32,95 cm^3 ,, 50 cm^3 ,,	2,6	Bromphenolblau
26,42 cm^3 ,, 50 cm^3 ,,	2,8	—
20,32 cm^3 ,, 50 cm^3 ,,	3,0	—
14,70 cm^3 ,, 50 cm^3 ,,	3,2	—
9,90 cm^3 ,, 50 cm^3 ,,	3,4	Methylorange
5,97 cm^3 ,, 50 cm^3 ,,	3,6	—
2,63 cm^3 ,, 50 cm^3 ,,	3,8	—
2. $^1/_5$ Mol. Kaliumbiphthalat mit $^1/_5$ Mol. Natronlauge:		
0,40 cm^3 Natronlauge 50 cm^3 Biphthalat	4,0	—
3,70 cm^3 ,, 50 cm^3 ,,	4,2	Methylorange
7,50 cm^3 ,, 50 cm^3 ,,	4,4	—
12,14 cm^3 ,, 50 cm^3 ,,	4,6	—
17,70 cm^3 ,, 50 cm^3 ,,	4,8	—
23,58 cm^3 ,, 50 cm^3 ,,	5,0	Methylrot
29,95 cm^3 ,, 50 cm^3 ,,	5,2	—
35,45 cm^3 ,, 50 cm^3 ,,	5,4	—
39,85 cm^3 ,, 50 cm^3 ,,	5,6	Bromkresolpurpur
43,00 cm^3 ,, 50 cm^3 ,,	5,8	—
45,45 cm^3 ,, 50 cm^3 ,,	6,0	—
47,00 cm^3 ,, 50 cm^3 ,,	6,2	—
3. $^1/_5$ Mol. Kaliumbiphosphat mit $^1/_5$ Mol. Natronlauge:		
3,72 cm^3 Natronlauge 50 cm^3 Biphosphat	5,8	Methylrot
5,70 cm^3 ,, 50 cm^3 ,,	6,0	Bromkresolpurpur
8,60 cm^3 ,, 50 cm^3 ,,	6,2	—
12,60 cm^3 ,, 50 cm^3 ,,	6,4	—
17,80 cm^3 ,, 50 cm^3 ,,	6,6	—
23,65 cm^3 ,, 50 cm^3 ,,	6,8	Neutralrot
29,63 cm^3 ,, 50 cm^3 ,,	7,0	—
35,00 cm^3 ,, 50 cm^3 ,,	7,2	Phenolrot
39,50 cm^3 ,, 50 cm^3 ,,	7,4	—
42,80 cm^3 ,, 50 cm^3 ,,	7,6	—
45,20 cm^3 ,, 50 cm^3 ,,	7,8	—
46,80 cm^3 ,, 50 cm^3 ,,	8,0	—
4. $^1/_5$ Mol. Borsäure in $^1/_5$ Mol. Kaliumchlorid mit $^1/_5$ Mol. Natronlauge:		
2,61 cm^3 Natronlauge 50 cm^3 Borsäure	7,8	—
3,97 cm^3 ,, 50 cm^3 ,,	8,0	—
5,90 cm^3 ,, 50 cm^3 ,,	8,2	—
8,50 cm^3 ,, 50 cm^3 ,,	8,4	Phenolphthalein
12,00 cm^3 ,, 50 cm^3 ,,	8,6	—
16,30 cm^3 ,, 50 cm^3 ,,	8,8	—
21,30 cm^3 ,, 50 cm^3 ,,	9,0	Thymolblau
26,70 cm^3 ,, 50 cm^3 ,,	9,2	—
32,00 cm^3 ,, 50 cm^3 ,,	9,4	—
36,85 cm^3 ,, 50 cm^3 ,,	9,6	—
40,80 cm^3 ,, 50 cm^3 ,,	9,8	—
43,90 cm^3 ,, 50 cm^3 ,,	10,0	Thymolphthalein

hineinträgt, ist es nicht ohne Bedeutung, daß es auch Methoden zur Ermittlung der Reaktionszahlen gibt, die ohne solche Vergleichslösungen arbeiten. Eine solche ist z. B. die Doppelkeilmethode von BJERRUM[1], von der weiter unten noch die Rede sein wird.

Eine sehr geeignete Methode zur Bestimmung der Reaktionszahlen der Böden durch Vergleich mit Testlösungen von bekanntem p_H ist auch die, die

[1] BJERRUM, N.: Die Theorie der alkalimetrischen und azidimetrischen Titrierungen. Stuttgart 1914, vgl. G. WIEGNER: a. a. O. S. 167.

unter Benutzung der einfarbigen Indikatoren nach L. MICHAELIS[1] durchgeführt wird. Die Hilfsmittel zur Ausführung dieser Methode werden in einer brauchbaren Form neuerdings in den Handel gebracht. Diese Zusammenstellung wird als Ionoskop bezeichnet und ist nach den damit von uns ausgeführten Messungen tatsächlich für Bodenuntersuchungen sehr geeignet.

Messung der Reaktionszahl mit dem Ionoskop. Das Prinzip dieser Verwendung einfarbiger Indikatoren mag im wörtlichen Anschluß an WIEGNERS[2] Angaben hier in etwas gekürzter Form dargelegt werden.

„Die Methode beruht darauf, daß zur Bodenlösung eine bestimmte Menge Indikatorsäure (Nitrophenolindikatoren) zugesetzt wird, deren Moleküle farblos, deren Anionen gelb gefärbt sind. Im Apparat befinden sich Vergleichsröhrchen, sog. Teströhrchen, die bestimmte Mengen Indikatoranionen enthalten. Die Meßmethodik besteht darin, daß man aus der Reihe der Teströhrchen dasjenige Röhrchen heraussucht, dessen Farbe mit der Farbe der durch Indikatorzusatz gelb gefärbten Bodenlösung übereinstimmt. Beide Lösungen, Testlösung und Bodenlösung, enthalten bei Farbengleichheit gleiche Indikatoranionenkonzentrationen", denn diese sind es ja allein, auf die die Färbung zurückzuführen ist. Die p_H-Werte sind auf den einzelnen Teströhrchen angeschrieben; sie gelten aber nur bei genauer Einhaltung bestimmter Konzentrationsverhältnisse, die auf dem Apparat verzeichnet sind.

„Das Ionoskop umfaßt einen Bereich von 2,8—8,4 p_H. Man verwendet folgende Indikatoren:

Indikator	Dissoziations-konstante bei 18°	Konzentration der Stammlösung %	Meßbereich
Alphadinitrophenol	$8{,}71 \cdot 10^{-5}$	0,05	2,8—4,5
Gammadinitrophenol	$7{,}08 \cdot 10^{-6}$	0,025	4,0—5,5
Paranitrophenol	$6{,}61 \cdot 10^{-8}$	0,10	5,2—7,0
Metanitrophenol	$4{,}68 \cdot 10^{-9}$	0,30	6,8—8,4

„Das Ionoskop besteht aus einem lichtdicht verschließbaren Kasten mit vier übereinander angeordneten Reihen von zugeschmolzenen Teströhrchen, die die Natriumsalze der Indikatoren in abgestuften Mengen enthalten. Jedes Röhrchen trägt die p_H-Bezeichnung, die einer Bodenlösung von gleicher Farbe entspricht, wenn 6 cm³ Bodenlösung mit 1 cm³ Indikatorstammlösung, deren Konzentration in obiger Tabelle angegeben ist, gemischt werden.

„Die Teströhrchen sind — und das bedeutet einen wesentlichen Vorzug vor anderen kolorimetrischen Methoden mit Vergleichslösungen — lange Zeit haltbar, da alkalische Verunreinigungen aus dem Glase die völlige Dissoziation der Indikatorsalze nicht stören. Sie sind nur etwas lichtempfindlich und sollen daher nicht länger als unbedingt nötig dem Lichte ausgesetzt werden. Auch die Indikatorstammlösung wird am besten in paraffinierten braunen Flaschen an einem dunklen Orte aufbewahrt, da sich in 1—2 Monaten so viel Alkali aus dem Glase löst, daß der Indikator durch Bildung von Natriumsalz und damit verbundene Dissoziation dunkel wird und Pufferung eintritt. Derartige Lösungen liefern unbrauchbare Zahlen. Für genaue Messungen empfiehlt es sich, die Stammlösungen frisch herzustellen.

„Für Bodenlösungen mit Eigenfarbe — Humusstoffe — oder trübe Lösungen verwendet man zum Ausschalten der Trübung den sog. WALPOLEschen Kom-

[1] MICHAELIS, L.: Praktikum der physikalischen Chemie. S. 43; Berlin 1922. ABDERHALDENS Handb. d. biochem. Arbeitsmethoden Abt. III Teil A, S. 487—506 (1923).

[2] WIEGNER, G.: Anleitung zum quantitativen agrikulturchemischen Praktikum, S. 161. Berlin 1926.

parator. Er besteht aus einem Holzblock, in den vier zylindrische Löcher — in Quadratform angeordnet — zur Aufnahme von vier Reagenzgläsern gebohrt sind. Senkrecht zu diesen Löchern gehen zwei Schaulöcher durch den ganzen Block. Auf der Rückseite trägt das Kästchen eine Mattscheibe und eine Blauscheibe vor den Schaulöchern. Steht eine gelbgefärbte Lösung vor der blauen Mattscheibe, so ist die Farbe des durchfallenden Lichtes gelbgrün bis blaugrün. Eine Vergleichslösung läßt sich dann schärfer auf den gleichen Farbton einstellen als ohne Benutzung der blauen Mattscheibe, wobei man nur verschiedene Helligkeitsunterschiede im Gelb wahrnehmen würde.

„Zur Apparatur gehören dünne Reagenzgläser aus Jenenserglas von genau dem gleichen Durchmesser, wie ihn die Teströhrchen haben. Da 7 cm^3 Lösung im Teströhrchen vorhanden sind, braucht man eine Pipette von genau 6 cm^3 Inhalt zum Abmessen der Bodenlösung und eine Pipette, die 1 cm^3 faßt, zum Abmessen der Indikatorstammlösung."

Die Ausführung der p_H-Messung gestaltet sich nun folgendermaßen: 20 g lufttrockene Feinerde (durch ein 2-mm-Sieb getrieben) werden mit 50 cm^3 destilliertem, kohlensäurefreiem Wasser geschüttelt und gut verschlossen wenigstens 24 Stunden stehen gelassen. Bei sauren Böden klärt sich die Bodenlösung leicht. Sie kann vorsichtig abpipettiert und ohne weiteres zur Bestimmung verwendet werden. Sind die Lösungen getrübt, so muß die Suspension zentrifugiert werden (eine Viertelstunde, mit 3000—4000 Umdrehungen in der Minute). Ist sie durch Humus dunkelbraun gefärbt, so kann man sie mit destilliertem Wasser noch 2—3mal verdünnen, ohne daß der p_H-Wert wesentlich geändert wird.

„Aus der Bodenlösung werden 6 cm^3 mit der Pipette in ein sauberes Reagenzglas eingemessen, das Reagenzglas wird damit ausgespült und der Inhalt in ein zweites Reagenzglas gegossen. Man setzt noch 1 cm^3 Wasser zu und stellt das Reagenzglas mit der Spülflüssigkeit in das rechte, hintere Loch Nr. 3 des Komparators. Es dient zum Ausgleich der Trübung. Auf diese Weise sind zugleich Pipette und Reagenzglas mit der zu untersuchenden Flüssigkeit gereinigt worden, und so können viele Bestimmungen hintereinander ausgeführt werden, ohne jedesmal Pipette und Reagenzglas zu trocknen.

„Nun werden wiederum 6 cm^3 Bodenlösung in das vorgereinigte Reagenzglas abgefüllt, und 1 cm^3 der geeigneten Indikatorstammlösung wird mit der Pipette zugegeben, so daß man 7 cm^3 Gemisch bekommt wie im Teströhrchen, das ebenfalls 7 cm^3 Lösung enthält.

„Die Wahl des zuzusetzenden Indikators kann nach dem Ausfall der COMBER-Reaktion getroffen werden. Blieb nach COMBER die Lösung farblos, so braucht man entweder Meta- oder Paranitrophenol. War die Lösung hellrot bis rosa, so verwendet man entweder Paranitro- oder Gammadinitrophenol; war die Lösung rot bis dunkelrot, so wird mit Gamma- oder Alphadinitrophenol gearbeitet. Man trachtet danach, daß man eine Indikatorlösung wählt, die in die Bodenlösung einen Farbton liefert, der einem Teströhrchen aus der Mitte der Reihe entspricht. An den beiden Enden der Horizontalreihe der Teströhrchen werden die Messungen unsicher, da die Testlösungen an diesen Stellen zu verdünnt oder zu konzentriert sind.

„Das Reagenzglas mit der Bodenlösung und Indikator wird in das linke, vordere Loch Nr. 1 des Komparators gesteckt. Dahinter in das linke, hintere Loch Nr. 4 wird ein Reagenzglas mit destilliertem Wasser gebracht. Das rechte, vordere Loch Nr. 2 dient zur Aufnahme desjenigen Teströhrchens, das die gleiche Farbe bei der Durchsicht durch die Schaulöcher gegen das Licht hat wie die Bodenlösung mit Indikator. Die Anordnung im Grundriß des Komparators ist in der Abb. 5 gezeichnet.

„Man steckt nacheinander, an einem Ende der geeigneten Reihe beginnend, jedes Teströhrchen in das Loch Nr. 2, bis man Farbengleichheit mit einem Teströhrchen erreicht hat. Beim Durchsehen durch die Schaulöcher halte man den Komparator gegen einen weißen Hintergrund (weiße Wolken, weißes Papier). Ein grüner oder blauer Hintergrund (Wald, Himmel) wirken störend.

„Wie aus dem Grundriß ersichtlich, ist die Anordnung so, daß man in beiden Beobachtungsrichtungen von vorn nach hinten gleiche Schichtdicken und gleichen Trübungsgrad hat. Hinter der linksstehenden Bodenlösung stellt das Wasser die gleiche Schichtdicke her wie in der rechten Anordnung. Hinter dem rechts befindlichen Teströhrchen wird durch die auf 7 cm³ verdünnte Bodenlösung der gleiche Trübungsgrad wie in der linken Anordnung erzeugt.

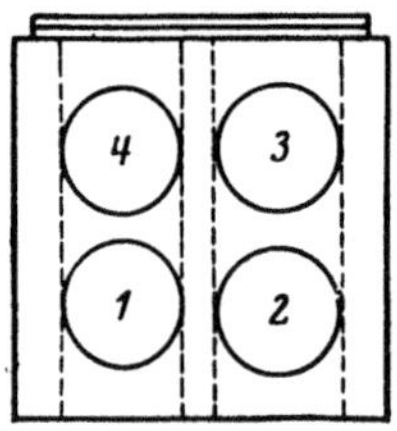

Abb. 5. Komparator (Grundriß).

„Der an dem Röhrchen verzeichnete p_H-Wert gibt den p_H-Wert der Bodenlösung an. Liegt die Farbe zwischen zwei Teströhrchen, so nimmt man das Mittel der darauf bezeichneten p_H-Werte.

„Mit dem Ionoskop kann man die Resultate in p_H auf $\pm 0{,}1$ genau ermitteln. Damit die Resultate zuverlässig werden, darf man die Ablesungen erst 2—3 Minuten nach dem Zusatz des Indikators vornehmen. Salzfehler beim Schütteln mit Kaliumchloridlösung an Stelle von Wasser für die Bereitung der Bodenlösung können größere Abweichungen, als angegeben sind, verursachen."

Bestimmung der Reaktionszahl nach der Doppelkeilmethode von BJERRUM[1]. Bedeutet die Herstellungsmöglichkeit haltbarer Vergleichslösungen für die Verwendung des Ionoskops nun auch eine wesentliche Erleichterung bei der kolorimetrischen Bestimmung der Reaktionszahlen, und ist die mit dieser Methode erzielbare Genauigkeit auch für alle bodenkundlichen Zwecke sicher voll ausreichend, so ist es doch wichtig, daß man noch über eine andere Methode verfügt, die vielleicht noch etwas einfacher in ihrer Anwendung und dabei von einer größeren Genauigkeit ist. Das ist die von BARNETT-BJERRUM ausgearbeitete, von ARRHENIUS und ferner von HILTNER[2] verbesserte oder modifizierte Doppelkeilmethode. Man verzichtet bei dieser Methode ganz auf die Herstellung von Vergleichslösungen in einer größeren Anzahl von Reagenzröhren, verwendet vielmehr zum Vergleich der mit den Indikatoren in der Bodenlösung erhaltenen Färbungen einen sog. Doppelkeil, in dem durch Hintereinanderschichten der sauren und der alkalischen Indikatorfarben die ganze Reihe von Farbabstufungen erzeugt wird, die der Indikator bei allen Reaktionen innerhalb seines Umschlagsgebietes aufweisen kann. Bei Einhaltung bestimmter Indikatorkonzentrationen in den Lösungen, mit denen der Doppelkeil gefüllt wird, lassen sich aus den Farbtönen die ihnen entsprechenden Wasserstoffzahlen der Lösung nach Verschiebung des Doppelkeils bis zur Farbgleichheit mit der untersuchten Bodenlösung auf einer am Apparat angebrachten Skala direkt ablesen. Das Prinzip der Methode läßt sich an Hand der Abb. 6 leicht klarlegen.

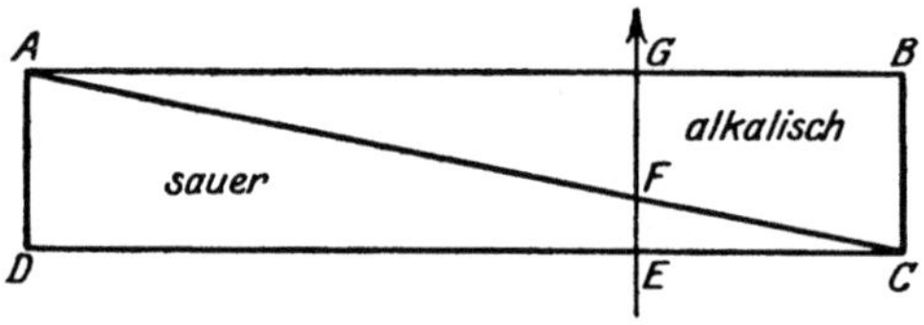

Abb. 6. Doppelkeil (Grundriß).

Die Zeichnung stelle den Durchschnitt durch ein parallelepipedisches Glasgefäß von 20 cm Länge und 4 cm Breite dar, den sog. Doppelkeil, das durch

[1] Vgl. O. ARRHENIUS: Kalkfrage und Bodenreaktion, S. 89. Berlin 1926.
[2] Vgl. WIEGNER, G.: a. a. O. S. 167.

eine Glasdiagonalwand in zwei keilförmige Teile ADC und ABC zerlegt ist. Von diesen ist der vordere Teil, ADC, mit Farbstofflösung unter Säurezusatz gefüllt, weist also die Farbe der Indikatormoleküle auf, während in der anderen Hälfte, ABC, die Indikatorlösung durch Laugezusatz die Farbe der Indikatoranionen erhält. Der Mischfarbe nun, die sich bei Durchsicht durch den Doppelkeil an einer beliebigen Stelle, aber senkrecht zu seiner Längswand etwa in Richtung des Pfeils EG ergibt, entspricht einer Wasserstoffionenkonzentration, die sich einerseits aus der Dissoziationsgleichung des Indikators zu

$$(\mathrm{H}^{\cdot}) = k \cdot \frac{(\text{Indikatormoleküle})}{(\text{Indikatoranionen})}$$

berechnet.

Andererseits ist sie aber durch das Verhältnis der im Keil zu durchschauenden Schichtdicken, also EF zu FG, gegeben, das gleich dem Verhältnis (Indikatormoleküle) : (Indikatoranionen) ist, woraus sich $(\mathrm{H}^{\cdot}) = k \cdot \frac{EF}{FG}$ ergibt. Wegen der Ähnlichkeit der Dreiecke AFG und CFE ist aber $EF : FG = CE : AG$ und weiter $EC : ED$, also $(\mathrm{H}^{\cdot}) = k \cdot \frac{EC}{ED}$. Damit ist nun bei bekanntem k die Möglichkeit gegeben, für jeden Punkt E der Keillänge die zugehörige Wasserstoffionenkonzentration zu berechnen, also die Apparatur zu eichen, was naturgemäß konstante Konzentrationsverhältnisse voraussetzt und für jeden benutzten Indikator gesondert zu erfolgen hat. Da weiter in der Praxis in der Regel nicht die Wasserstoffionenkonzentration selbst, sondern ihre negativen Logarithmen benutzt werden, ergibt sich die Möglichkeit zur Errechnung dieser, der p_{H}-Werte, durch Logarithmieren der letzten Gleichung:

$$p_{\mathrm{H}} = -\log (\mathrm{H}^{\cdot}) = -\log k - \log EC + \log ED.$$

Diese Zahlen lassen sich natürlich ebensogut in einer Skala jedem Punkt E der Keillänge zuordnen.

Die Benutzung des Apparates gestaltet sich nun folgendermaßen: In jeden Teil des Keils werden 150 cm³ Wasser und 3 cm³ derjenigen Indikatorstammlösung gefüllt, in deren Farbskala der Reaktionsgrad der zu untersuchenden Bodenlösung fällt. Der vordere Teil wird zur Herstellung der sauren Indikatorfarbe mit einigen Tropfen verdünnter Schwefelsäure angesäuert, der anderen Hälfte wird mittels einigen Tropfen Natronlauge alkalische Reaktion und Farbstufe verliehen. Zur Aufnahme der Bodenlösung — hergestellt durch Schütteln von 20 g Boden mit 50 cm³ Wasser und Filtrieren — dienen kleinere parallelepipedische Glaströge von genau derselben Dicke (4 cm) wie der Doppelkeil, aber nur von 1 cm Breite. Diese werden nach Füllung mit 15 cm³ der Bodenlösung und 0,3 cm³ Indikatorlösung — so daß also in ihnen die gleiche Indikatorkonzentration wie im Doppelkeil herrscht — in einer schlittenartigen Führung oberhalb des Keilgefäßes so lange verschoben, bis sie in der Durchsicht, möglichst gegen einen weißen Hintergrund, den gleichen Farbton wie die gerade darunterliegende Stelle des Doppelkeils aufweisen. Zum bequemeren Vergleich trägt der Schlitten vor beiden Gefäßen eine Prismenkombination, die die beiden Durchsichtsbilder einander anlagert, so daß genaueste Einstellung möglich ist. Ein am Schlitten angebrachter Zeiger gibt dann zu seiner jeweiligen Stellung auf den am Apparat fest angebrachten Skalen für jeden verwandten Indikator den zugehörigen p_{H}-Wert an. Besitzt die Bodenlösung Eigenfarbe oder Trübung, so werden diese dadurch kompensiert, daß in solchen Fällen in den dafür eingerichteten Schlitten hinter den Doppelkeil ein zweiter kleiner Trog mit der gleichen Menge Bodenlösung, aber ohne Indikator, geschaltet und dafür hinter dem ersten Untersuchungsgefäß noch ein weiteres gleiches, nur mit Wasser gefüllt, zur Herstellung einer gleich dicken Flüssigkeitsschicht aufgestellt wird, also ein ähnliches Verfahren, wie es beim Komparator zur Anwendung gelangt. Die Genauigkeit der Messung läßt sich bei der Kontinuierlichkeit des Farbüberganges weitgehend auf der Skala zum Ausdruck bringen und dürfte mit der Angabe der Zehnteleinheiten der p_H-Werte für den in Frage stehenden Zweck ausreichen.

Man sieht aus dem Vorhergehenden, daß es eine ganze Reihe von kolorimetrischen Methoden gibt, mit deren Hilfe es möglich ist, unter Aufwand von wenig Zeit und geringen Unkosten die Reaktionszahlen der Böden zum Teil mit großer Genauigkeit zu ermitteln. Die Zahl der geschilderten Methoden ließe sich leicht noch vermehren, ohne daß wir dabei aber prinzipiell Neues kennen lernen würden. Nur auf eine Bemühung zur Vereinfachung der kolorimetrischen Messungen sei noch hingewiesen, nämlich auf das Bestreben, die Zahl der zur Bestimmung nötigen Indikatoren herabzusetzen und mit einer einzigen Indikatorlösung ein möglichst weitreichendes Gebiet der p_H-Werte zu umfassen. Das läßt sich aber nur erreichen, wenn man ein Gemisch verschiedener Indikatoren zur Anwendung bringt, denn bei einem einzigen Indikator ist eben das p_H-Gebiet seines Umschlages zumeist eng begrenzt. Brauchbare Gemische verschiedener Indikatoren sind nun von ARRHENIUS[1] und von NIKLAS[2] in Vorschlag gebracht worden. ARRHENIUS stellt seinen Universalindikator durch Mischen von Methylrot-, Bromthymolblau- und Phenolrotlösung in Verhältnissen von 2 : 2 : 1 her und beherrscht mit diesem Gemisch ein p_H-Gebiet von 7,8—4,8. NIKLAS setzt seinen Universalindikator zusammen aus Lösungen von Bromphenolblau, Bromkresolpurpur, Methylrot und Bromthymolblau. Die Konzentration der Lösungen der Komponenten ist die nach CLARK und LUBS übliche, also 0,04 % für Phenolblau, Bromkresolpurpur und Bromthymolblau, 0,02 % für Methylrot, das Lösungsmittel ist wie immer Alkohol. Das Mischungsverhältnis für diese Lösungen ist: 4 Teile Bromphenolblau, 1 Teil Bromkresolpurpur, 6 Teile Methylrot und 4 Teile Bromthymolblau. Nach NIKLAS und HOCK umspannt dieses Indikatorgemisch ein gut meßbares p_H-Gebiet von 3,5—7,6. Die Farbtonskala führt von Rot über Rötlichbraun, Grün zu Bläulich und Intensivblau, und zwar stellen sich bei den verschiedenen p_H-Werten die folgenden Farbtöne ein:

p_H 3,5—4,9 rote Farbtöne,
p_H 5,0—5,4 rosa Farbtöne,
p_H 5,5—5,7 bräunliche Farbtöne,
p_H 5,8—6,0 graugrünliche Farbtöne,
p_H 6,0—6,5 grünliche Farbtöne,
p_H 6,6—6,8 grünlichblaue Farbtöne,
p_H 6,9—7,6 blaue Farbtöne.

Bei Herstellung von Vergleichslösungen, als welche man im Gebiet von 3,5—5,0 das Zitratgemisch von SÖRENSEN, für das Gebiet von 5,0—7,6 das Phosphatgemisch benutzen kann, erhält man, wie aus den vergleichenden Messungen von NIKLAS und HOCK hervorgeht, Ergebnisse, die mit denjenigen bestens übereinstimmen, die mit den CLARKschen Indikatoren und denen von MICHAELIS erhalten werden. Gute Dienste soll dieser Universalindikator leisten — und das kann durchaus bestätigt werden —, wenn es sich um eine rasche und dabei doch ausreichend genaue Reaktionsbestimmung in der Bodenlösung handelt. Für diesen Fall ist der Universalindikator sicher sehr zu empfehlen. Allerdings ist, darauf muß noch hingewiesen werden, die Doppelkeilmethode bei Gebrauch eines Universalindikators nicht anwendbar.

Die elektrometrischen Methoden zur Bestimmung der Bodenreaktion. Während die kolorimetrischen Methoden zur Erfassung der Bodenreaktion

[1] ARRHENIUS, O.: a. a. O., S. 100.

[2] NIKLAS, H.: Ein Universalindikator zur kolorimetrischen p_H-Bestimmung bei der Bodenuntersuchung. Z. Pflanzenern., Düng. u. Bodenk. A, 3, 402 (1924).

bzw. der Reaktion flüssiger Phasen überhaupt auf der Tatsache beruhen, daß gewisse Farbstoffe — Indikatoren — ihren Farbton in Abhängigkeit von der Reaktion des Lösungsmittels ändern, nutzen die elektrometrischen Reaktionsmessungen die Wasserstoffionenkonzentration der zu untersuchenden Lösung als Quelle von Potentialdifferenzen aus. Zum Verständnis dieser Methode sei zunächst an die Tatsache erinnert, daß sich beim Eintauchen eines Metallstückes in eine Lösung von Elektrolyten im allgemeinen auf ihm ein Potential herausbildet, dessen Größe von verschiedenen Faktoren abhängt, vor allem von der Natur des Metalles und von der Zusammensetzung der Lösung, und zwar insbesondere von dem Gehalt der Lösung an denjenigen Ionen, die das Metall selbst zu bilden vermag. Nun ist man im allgemeinen nicht imstande, das Einzelpotential einer solchen Elektrode, eines sog. Halbelementes, zu messen, wohl aber kann man den Potentialunterschied zwischen zwei derartigen Elektroden, die zu einem galvanischen Element zusammengestellt sind, erfassen. Von den verschiedenen Möglichkeiten zur Bildung eines solchen Elements mit meßbarer Potentialdifferenz wählt man nun bei den elektrometrischen Messungsmethoden solche, die aus zwei Elektroden mit gleichem Metall, aber in Lösungen von verschiedener Konzentration bestehen, die sog. Konzentrationsketten. Die Potentialdifferenz — oder elektromotorische Kraft — einer solchen Konzentrationskette errechnet sich nach NERNST aus der Formel: π (in Millivolt) $= \vartheta \cdot \log \frac{c_1}{c_2}$, wo $\vartheta = 0{,}1984 \cdot T$ und T die absolute Temperatur $= 273 + t^0$, c_1 und c_2 die Konzentrationen der stromliefernden Ionenarten in den beiden Halbelementen sind. Weiterhin macht man sich die Tatsache zunutze, daß bei Wahl einer Metallegierung aus einem edlen und einem unedlen Metall das Potential der Elektrode praktisch nur von dem unedleren Teil bedingt wird, und man realisiert diesen Fall dadurch, daß man metallisches Platin in fein verteilter Form mit Wasserstoff durch Okklusion belädt. Eine solche Elektrode verhält sich so, als ob sie aus metallischem Wasserstoff bestände. Sie nimmt insbesondere in Lösungen, die Wasserstoffionen enthalten, ein deren Konzentration entsprechendes Potential an, dessen Differenz dann gegen das einer bekannten anderen Elektrode von konstantem Potential gemessen wird. Als solche Vergleichs- oder Ableitungselektroden haben sich diejenigen bewährt, die metallisches Quecksilber in mit Kalomel gesättigten Elektrodenflüssigkeiten enthalten, wobei diese aus wässerigen Kaliumchloridlösungen (entweder gesättigt oder normal oder $^1/_{10}$-normal) bestehen. Eine solche Kalomelelektrode stellt man also zur Messung mit einer Wasserstoffelektrode, in der sich die auf ihre Reaktion zu prüfende Lösung befindet, zu einer Konzentrationskette zusammen.

Als Gefäße für die Wasserstoffelektrode bevorzugt man U-förmige Glasrohre mit an einem Ende aufgesetztem Stöpsel, der den mit Platinschwarz überzogenen und mit Wasserstoff gesättigten Platindraht trägt. Nach Füllung des U-Rohres mit der zu messenden Flüssigkeit läßt man von der offenen Seite her sorgfältig gereinigten Wasserstoff in kleinen Blasen bis an die Platinelektrode aufsteigen, so daß diese noch eben in den Flüssigkeitsmeniskus eintaucht. Die Verbindung zwischen den beiden Elementteilen wird durch ein Gefäß mit gesättigter Kaliumchloridlösung bewirkt, in die beide, sowohl die Kalomel- als auch die Wasserstoffelektrode, leitend eintauchen, und die deswegen gewählt wird, weil sie das Auftreten von Diffusionspotentialen so gut wie ganz verhindert.

Die nun zwischen der als Kathode fungierenden Wasserstoffelektrode und der stärker positiven Kalomelelektrode herrschende Potentialdifferenz wird nach der bekannten POGGENDORFschen Kompensationsmethode (Schaltungsschema siehe Abb. 7) zur Vergleichung elektromotorischer Kräfte gemessen an dem vorher durch Eichung mittels eines Weston- oder Kadmiumnormalelements festgestellten Potential eines Akkumulators. Dabei dient als Null- oder Anzeigeinstrument ein Kapillarelektrometer oder auch ein genügend empfindliches Präzisionsgalvanometer.

In diesem Zusammenhang interessiert natürlich nur die Frage, inwieweit sich die Methodik dieser Messung auf die Feststellung der Bodenreaktion anwenden läßt, pflegt man doch allgemein die elektrometrische Messung als die zuverlässigste und genaueste anzusehen und an ihren Ergebnissen die aller anderen Methoden, also auch der kolorimetrischen, auf ihre Brauchbarkeit zu prüfen. Da ist von vornherein als Tatsache zu verzeichnen, daß die elektrometrische Methode einer weit allgemeineren Anwendung fähig ist als jede andere. Ohne hier auf die Frage einzugehen, ob das, was nach den üblichen Verfahren als Reaktion des Bodens gemessen und bezeichnet wird, dieser Größe auch vollständig entspricht, muß doch vor allem betont werden, daß der größte Vorzug der elektrometrischen Methode darin besteht, daß es mit ihr allein möglich ist, Bodenaufschwemmungen zu untersuchen und dadurch den natürlichen Verhältnissen etwas näher zu kommen, im Gegensatz zu den kolorimetrischen Verfahren, deren Anwendung auf Bodenfiltrate beschränkt ist. Allerdings soll nicht verschwiegen werden, das ein Umstand besonders der allgemeinen Anwendung der elektrometrischen Messung mit der Wasserstoffelektrode hindernd im Wege steht, und das ist die lange Zeitdauer (bis zu mehreren Stunden), die bis zur Einstellung ihres endgültigen Potentials oft erforderlich ist und natürlich zur Messung abgewartet werden muß. Als weitere, geringfügigere Nachteile der Methode müssen bezeichnet werden die Möglichkeit einer Beeinflussung des richtigen Meßresultats einmal dadurch, daß der die zu untersuchende Flüssigkeit durchsteigende Wasserstoff aus ihr CO_2 oder auch andere gelöste Gase verdrängt und dadurch ihre Wasserstoffionenkonzentration ändert, zum anderen auch durch die Fähigkeit des Wasserstoffs, auf in der Lösung vorhandene Nitrate und ähnliche Stoffe reduzierend einzuwirken.

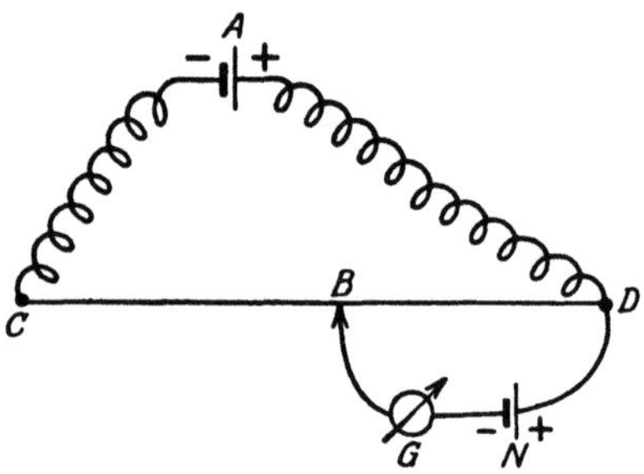

Abb. 7.
POGGENDORFsche Kompensationsschaltung.

Vor allem aber durch die zeitraubende Art der Messung blieb die elektrometrische Methode fast ausschließlich auf wissenschaftliche Untersuchungen beschränkt und wurde für Massenprüfungen, wie sie für landwirtschaftliche Zwecke vorwiegend in Frage kommen, mehr und mehr von den kolorimetrischen Methoden verdrängt, bis sich durch die Untersuchungen BIILMANNS[1] eine neue Elektrodenart, die Chinhydronelektrode, die die Vorzüge der Wasserstoffelektrode ohne deren größten Nachteil besaß, Eingang in die Laboratorien verschaffte. Fußend auf den Untersuchungen von HABER und RUSS[2] über die Möglichkeit, den metallischen Wasserstoff der Wasserstoffelektrode durch Chinhydronlösung zu ersetzen, benutzte BIILMANN die Tatsache, daß eine gesättigte Lösung von Chinhydron — einer Molekülverbindung von Chinon mit Hydrochinon im Verhältnis 1 : 1 — einem eingetauchten blanken Platinblech ein Potential erteilt, das lediglich von der in der Lösung herrschenden Wasserstoffionenkonzentration abhängt, indem nämlich ein Teil der Chinonkomponente des Chinhydrons von

[1] BIILMANN, E.: Sur l'hydrogénisation des quinhydrones. Ann. Chim. 9, série XV, 109 (1921); Sur l'électrode à quinhydrone. Ebenda 9, série XVII, 321 (1921); On the measurement of hydrogen ion concentrations in soils. J. agricult. Sci. Cambridge, 16 II, 232.
[2] HABER, F. u. R. RUSS: Über die elektrische Reduktion. Z. physikal. Chemie 47, 257.

den Wasserstoffionen zu Hydrochinon reduziert wird und dabei die positive Ladung der Wasserstoffionen auf die eintauchende Elektrode übergeht. Die Differenz dieses Potentials gegen eine bekannte Vergleichselektrode wird dann in gleicher Weise gemessen wie bei dem älteren Verfahren mit der Wasserstoffelektrode. Auch hier kann als Ableitungselektrode eine Kalomelelektrode Verwendung finden, vielfach benutzt man allerdings zum Vergleich eine von VEIBEL[1] angegebene Ableitungselektrode, die aus einem blanken Platinblech in einer mit Chinhydron gesättigten Lösung von 0,01 *n* HCl und 0,09 *n* KCl in Wasser besteht. Bei der Zusammenstellung der Apparatur ist zu beachten, wie aus der Natur der angewandten Elektrodenflüssigkeiten hervorgeht, daß die Kalomelelektrode als negativer Pol, die VEIBELsche Elektrode hingegen als positiver Pol geschaltet werden muß, entsprechend natürlich die zu messende Elektrode.

Die Berechnung der Wasserstoffionenkonzentration bzw. der p_H-Werte nach dem Chinhydronverfahren mit der VEIBELschen Ableitungselektrode gründet sich wieder auf die oben erwähnte NERNSTsche Formel:

$$\pi \text{ (in Millivolt)} = \vartheta \log \frac{c_v}{c_x},$$

wo π die gemessene Potentialdifferenz, ϑ wiederum der Temperaturfaktor $0{,}1984 \cdot T$ (für 18° C ist z. B. $\vartheta = 57{,}7$), c_v die Wasserstoffionenkonzentration der VEIBELschen Elektrode und c_x die zu messende ist. Daraus berechnet sich $\log c_v = \log c_x + \frac{\pi}{\vartheta}$, oder nach Umrechnung in p_H: $p_{H_x} = p_{H_v} + \frac{\pi}{\vartheta}$. Nun ist $p_{H_v} = 2{,}03$, so daß sich jetzt die Berechnung der mit der Chinhydronelektrode gemessenen p_H-Werte auf die einfache Formel $p_H = 2{,}03 + \frac{\pi}{\vartheta}$ zurückführen läßt. Zur Mechanisierung der zu jeder Messung erforderlichen Rechnung kann man entweder selbst die zu erwartenden Resultate in Tabellenform bringen oder sich z. B. der von HOCK[2] angegebenen p_H-Skala bedienen, während die zur Messung erforderliche Apparatur sowohl fertig zusammengestellt zu haben ist, als auch aus Einzelteilen aufgebaut werden kann.

Aus der Natur der Chinhydronelektrode bzw. der Formel, die zur Errechnung der mit ihr gemessenen p_H-Werte dient, sind nun zunächst auch die Grenzen ihrer Anwendungsmöglichkeit abzuleiten. Nach der sauren Reaktionsseite hin ist ihre Benutzung unbeschränkt bei Gebrauch einer Kalomelableitungselektrode, bei Verwendung einer VEIBELschen Elektrode dagegen muß bei Messung von Reaktionen unterhalb $p_H = 2{,}03$ beachtet werden, daß in diesem Gebiet die Pole der Konzentrationskette vertauscht werden müssen, was aber für natürliche Bodenreaktionen kaum in Frage kommt. Im alkalischen Gebiet hingegen ist der Chinhydronelektrode dadurch eine Grenze gesetzt, daß bei alkalischer Reaktion leicht Oxydation des Hydrochinons, der einen Chinhydronkomponente, und damit eine Änderung in der molekularen Zusammensetzung des Chinhydrons eintritt, deren unberechenbares Ausmaß eine Reaktionsmessung unmöglich macht. Diese Grenze liegt erfahrungsgemäß bei ungefähr $p_H = 8{,}5$, entsprechend etwa dem Umschlagspunkt des Phenolphthaleins.

Innerhalb der Brauchbarkeitsgrenze der Chinhydronmethode liegen aber, und das hat nicht wenig zu ihrer raschen Einführung beigetragen, fast alle die Reaktionswerte, deren Messung für die Bodenkunde unseres humiden Klimas in Betracht kommt.

---

[1] VEIBEL, S.: The quinhydrone electrode as a comparison electrode. Journ. Chem. Soc. London 123, 2203.

[2] HOCK, A.: Eine neue Skala zur direkten p_H-Ablesung. Z. angew. Chem. **39**, 646.

Die praktische Durchführung einer Reaktionsmessung mit der Chinhydronelektrode gestaltet sich nun außerordentlich einfach gegenüber der älteren Wasserstoffelektrode. Das zu messende Substrat, sei es nun eine Bodenaufschwemmung oder ein -filtrat, wird mit so viel Chinhydron versetzt und durchgeschüttelt, daß es eine damit gesättigte Lösung gibt. Sodann wird ein blankes Platinblech so tief hineingetaucht, daß es von den Bodenteilchen bzw. der Flüssigkeit ganz bedeckt wird, und außerdem ein mit Kaliumchloridagar gefülltes Glasröhrchen, das zur Herstellung der Konzentrationskette andererseits in ein Gefäß mit 3,5 *n*-Kaliumchloridlösung eintaucht, zusammen mit der Vergleichselektrode, und damit kann die eigentliche Messung erfolgen. Zur Kontrolle der Apparatur kann irgendeine Lösung von bekannter Wasserstoffionenkonzentration, z. B. die Standardacetatlösung (50 cm^3 *n*-Natronlauge + 100 cm^3 *n*-Essigsäure + 350 cm^3 Wasser) oder ein Phosphatpuffergemisch Verwendung finden. Sie soll möglichst oft, zum mindesten aber jedesmal nach längerem Stehen oder nach Erneuerung der wechselnden Einflüssen unterliegenden Zwischenlösungen erfolgen.

Was nun die Feststellung der Bodenreaktion mit der Chinhydronelektrode anbelangt, so haben sich seit dem Bekanntwerden der Methode eine Reihe von Untersuchungen mit ihr beschäftigt und sie auf ihre Brauchbarkeit, insbesondere auf die bei ihrer Anwendung innezuhaltenden Bedingungen geprüft.

Die ersten eingehenden Feststellungen stammen von Christensen und Jensen[1] und beschäftigen sich mit dem zu Anfang wichtigsten Vergleich der Chinhydronmethode mit der Wasserstoffelektrode. Sie kommen zu dem Ergebnis, „daß die Chinhydronelektrode in bezug auf Genauigkeit mit der Wasserstoffelektrode wetteifern kann und sie in der Raschheit der Ausführung weit übertrifft". Ihre vergleichenden Untersuchungen zwischen Wasserstoff- und Chinhydronelektrode erhielten vor kurzem erneute Bestätigung durch Biilmann und Jensen[2], die bei etwa 200 Bodenproben in den meisten Fällen Übereinstimmung innerhalb 0,1 p_H-Einheiten fanden; wo sich größere Abweichungen ergaben, ließen sich diese durch Wiederholung leicht auf ungleichmäßige Probenahme zurückführen.

An die obengenannten schloß sich eine Reihe von Arbeiten an, aus denen das Wichtigste für diese Methodik hier herausgegriffen sei. Daß die genaue Kenntnis der gewählten Versuchsbedingungen tatsächlich von großer Bedeutung für die Beurteilung der Ergebnisse der Messungen ist, ging auch schon klar aus den Untersuchungen von Christensen und Jensen hervor. Sie verglichen z. B. die Messungen in Suspensionen und in Filtraten mit folgendem, in nachstehender Tabelle (S. 347) angegebenem Erfolge.

Die Zahlen weisen nach, daß die Reaktion in den Filtraten stets saurer ist als in den Suspensionen, so lange der Boden eine alkalische Reaktion besitzt, daß aber, sobald die neutrale Reaktion unterschritten wird, das Gegenteil der Fall ist. Der Grund für die mehr nach der sauren Seite liegende Reaktion der Filtrate ist sicherlich, wie die Genannten angeben, in der schwachen Neutralisationskraft oder Pufferung der Filtrate zu suchen. Bei der Filtration nehmen die Lösungen aus der Luft Kohlensäure und vielleicht auch andere gasförmige Säuren auf, die Reaktionszahl wird dadurch unter die der Suspensionen erniedrigt. Dort aber, wo die Filtrate alkalischer als die Suspensionen reagieren, dürfte die Erklärung in der sauren Beschaffenheit der festen suspendierten

---

[1] Christensen, H. R. u. S. T. Jensen: Untersuchungen bezüglich der zur Bestimmung der Bodenreaktion benützten elektrischen Methoden. Internat. Mitt. Bodenkde. **14**, 1 (1924).

[2] Biilmann, E. u. S. T. Jensen: On the determination of the reaction of soils by means of the quinhydrone electrode. Verh. II. Komm. Internat. bodenkdl. Ges. Groningen, B, **1927**, 236.

Boden Nr.	p_H in der Suspension	p_H im Filtrat	Befund im Filtrat	Boden Nr.	p_H in der Suspension	p_H im Filtrat	Befund im Filtrat
530	8,25	7,62	saurer	7441	6,63	6,71	alkalischer
15693	8,00	7,53	,,	6784	6,68	6,80	,,
7020	7,98	7,34	,,	6704	6,50	6,42	,,
6174	7,94	7,31	,,	6778	6,39	6,52	,,
8739	7,82	7,53	,,	7165	6,47	6,31	saurer
7151	7,48	7,24	,,	7222	6,33	6,32	—
7489	7,39	7,00	,,	6862	6,38	6,46	alkalischer
7018	7,26	6,82	,,	6693	6,13	6,18	,,
6697	7,24	7,16	,,	7164	6,10	6,10	—
7138	7,19	6,83	,,	7497	5,96	6,14	alkalischer
7162	7,14	6,60	,,	7219	5,85	5,96	,,
7071	7,04	6,58	,,	6757	5,77	5,80	,,
6688	7,04	6,92	,,	6994	5,75	5,54	saurer
7742	7,02	6,71	,,	7241	5,72	5,84	alkalischer
7150	6,94	6,62	,,	7170	5,68	5,77	,,
7153	6,92	6,52	,,	7214	5,59	5,70	,,
6829	6,76	6,76	—	7166	5,58	5,66	,,
6972	6,74	6,63	saurer	6795	5,58	5,60	—

Bodenteilchen zu suchen sein. Wie schon auf S. 328 auseinandergesetzt ist, kann man einen Boden durch Auswaschen mit Wasser so vollständig von seinen löslichen sauren Bestandteilen befreien, daß die Filtrate überhaupt nicht mehr sauer reagieren. Es bleibt aber trotzdem den ausgewaschenen Suspensionen eine deutlich saure Reaktion erhalten. Die feinsten Teilchen der sauren Bodensuspensionen wirken eben gewissermaßen wie aufs äußerste vergröberte Wasserstoffionen und gewinnen dadurch einen Einfluß auf das Potential der Elektroden. Man braucht nur an die schematische Darstellung nach WIEGNER zu denken[1], wo die feinsten suspendierten sauren Teilchen mit einer elektrischen Doppelschicht umgeben sind, in deren innerem, dem festen Stoffe zugekehrten Teile die negativ aufgeladenen OH-Ionen, und in deren äußerem Teil die die Reaktion bedingenden Wasserstoffionen stecken, um die Richtigkeit der Annahme einer Mitwirkung der fest haftenden Wasserstoffionen an der sauren Beschaffenheit des Bodens, an dem Potential, das der Elektrode erteilt wird, zu erkennen.

Der Verfasser hat übrigens bei seinen Messungen zumeist noch größere Abweichungen zwischen Reaktionszahlen in Suspensionen und in Filtraten gefunden, als sie aus der Tabelle nach CHRISTENSEN hervorgehen. So fand er z. B. bei vier verschiedenen Böden die nebenstehenden Werte. Sicherlich muß man zugeben, daß keine Berechtigung dazu vorliegt, die festhaftenden Wasserstoffionen als belanglos zu betrachten, man muß daher zur Bestimmung der Reaktion des Bodens auch ein Verfahren anwenden, bei dem diese Ionen miterfaßt werden, d. h. man muß die Reaktionsbestimmung in den Suspensionen und nicht in den Filtraten vornehmen. Ganz allgemein kann man von diesem Standpunkt aus alle Messungen in Filtraten und somit auch die kolorimetrischen Messungen nur als einen Notbehelf ansehen, der nicht viel mehr als eine qualitative Auskunft über die Bodenreaktion gibt und diese zuweilen nur in sehr zweifelhafter Weise zum Ausdruck bringt, denn es kann ja, wie CHRISTENSENS Zahlen belegen, leicht der Fall vorkommen, daß ein Boden, in Suspension untersucht, noch neutral reagiert, im Filtrat aber schon eine deutlich saure Reaktion aufweist.

Boden	p_H in Suspensionen	p_H im Filtrat
1	3,59	3,96
2	4,31	4,82
3	4,61	5,65
4	5,37	6,23

[1] JENNY, H.; a. a. O. 454.

Aus dem Versuchsmaterial von CHRISTENSEN und JENSEN ist dann aber auch noch zu entnehmen, daß es von sehr großer Bedeutung ist, ob man die Suspension des Bodens unter Benutzung von Wasser oder von Salzlösungen bereitet. Zur Benutzung von Salzlösungen ist man auf Grund des Gebrauches von Kaliumchloridlösung zur Bestimmung der nachher noch eingehend zu besprechenden Austauschazidität nach DAIKUHARA gelangt. CHRISTENSENS Zahlen zeigen nun, daß ganz allgemein die p_H-Zahlen in Suspensionen mit Kaliumchloridlösungen wesentlich tiefer als die in wässerigen Suspensionen liegen. Der Grad der Verschiebung, die in Kaliumchloridlösungen an den Reaktionszahlen eintreten kann, geht aus der folgenden gekürzten Zusammenstellung nach CHRISTENSEN hervor:

Boden Nr.	p_H der Bodenaufschlämmungen, 5 g Erde in 20 cm³ Flüssigkeit				
	Wasser	1/400 n KCl	1/100 n KCl	1/10 n KCl	1/5 n KCl
10106	8,11	8,00	7,84	7,58	7,44
10087	7,94	7,60	7,42	7,33	7,25
10080	7,43	6,92	7,04	6,73	6,65
9391	7,26	7,10	6,68	6,52	6,34
10091	7,06	7,08	6,78	6,62	6,58
6503	6,78	6,48	6,12	5,82	5,62
9401	6,60	6,51	6,40	6,15	5,88
6370	6,08	5,60	5,20	4,88	4,64
10081	5,97	6,05	5,96	5,36	6,02
10104	4,95	4,38	4,10	4,11	4,05

Stets wird also durch Salzzusatz — wie Kaliumchlorid wirken auch andere Neutralsalze — die Bodenreaktion mehr oder weniger stark in Abhängigkeit von der Konzentration der Neutralsalzlösung nach der sauren Seite hin verschoben. Die Ursache der Veränderung ist wohl nicht einheitlicher Art, es spielen vielleicht zwei verschiedene Vorgänge dabei eine Rolle, und zwar bei den alkalischen Böden die Zurückdrängung der hydrolytischen Aufspaltung, der diese Böden ihre alkalische Reaktion verdanken, bei den sauren Böden dagegen der Austausch von Wasserstoffionen gegen die Kationen der Neutralsalzlösungen. Hier handelt es sich aber nur darum, darüber klar zu werden, ob man die Bestimmung der Bodenreaktion bei dem stark verändernden Einfluß, den selbst geringe Konzentrationen von Neutralsalzen auf sie ausüben, in Wasser- oder in Neutralsalzsuspensionen vornehmen soll. Mit vielen anderen Autoren glaubt der Verfasser in diesem Punkt nun mit Recht den Standpunkt vertreten zu sollen, daß es unangebracht ist, Salzlösungen für die Herstellung der Bodensuspensionen zu verwenden, denn die Reaktionszahl, die wir damit bestimmen, verliert ihre wichtigste Bedeutung für uns. An allererster Stelle besitzt die Bodenreaktion eine physiologische Bedeutung, die Reaktion soll uns doch Auskunft darüber geben, ob der Boden sich bei seiner natürlichen Beschaffenheit für den Anbau bestimmter Kulturpflanzen eignet, oder ob seine Reaktion den Anbau einer bestimmten Pflanze unmöglich macht bzw. den Erfolg des Anbaues beeinträchtigen kann. Wir wollen doch bei der Reaktionsbestimmung somit auch den Reaktionswert erfahren, dem die Kulturpflanzen unter den Verhältnissen ihres Anbaues auf einem Boden ausgesetzt sind. Diesen Wert erfahren wir aber nur bei Bestimmung der Reaktion in einer wässerigen Bodenaufschlämmung und nicht bei Anwendung einer Salzlösung. Von diesem Gesichtspunkte aus sollte man eigentlich die Messung der Wasserstoffionenkonzentrationen in Salzlösungen gänzlich ablehnen. Andererseits vermittelt uns die Messung in Salzlösungen doch auch die Kenntnis eines Reaktionswertes, der nicht ohne praktische Bedeutung ist. Wir erfahren nämlich dabei, wie groß der höchste Aziditätswert des Bodens werden kann, wenn Salze auf ihn zur Einwirkung kommen. Bei der Düngung mit Salzen, wie mit Kalisalzen, ist ja wenigstens örtlich im Boden die Bildung einer starken Salzlösung möglich, da sich um jedes Salzkörnchen der Düngemittel immer zunächst bei der Auflösung im Boden eine sehr konzentrierte Lösung bilden muß. An solchen Stellen im Boden muß sich natürlich auch eine Verstärkung der Wasserstoffionenkonzentration einstellen, wie bei ihrer Bestimmung unter Verwendung von Salzlösungen. Von dieser Verstärkung der Wasserstoffionenkonzentration erhalten wir durch die Messung in Salzlösungen eine gewisse, niemals natürlich eine genaue Vorstellung. Aus diesem Grunde kann es vielleicht als nicht ganz zwecklos bezeichnet werden, wenn man die Bestimmung der Wasserstoffionenkonzentration auch in Salzlösungen vornimmt. Die ausschließliche Bestimmung in dieser Weise muß man aber unter allen Umständen ablehnen, wenn es sich darum handelt, die Wasserstoffionenkonzentration als einen pflanzenphysiologisch wichtigen Wert zu ermitteln. In diesem Falle kann nur die Bestimmung in wässeriger Aufschwemmung empfohlen werden.

Was dann das anzuwendende Verhältnis zwischen Boden und Flüssigkeit betrifft, so herrscht darüber nichts weniger als Übereinstimmung. Daß dieses Verhältnis nicht ohne Einfluß auf den Reaktionswert ist, geht schon aus Untersuchungen hervor, die KAPPEN und BELING[1] bei anderer Gelegenheit angestellt haben und deren Ergebnis in nebenstehender Tabelle wiedergegeben sei. Ähnliche Ergebnisse sind auch von anderer Seite erhalten, so z. B. von BIILMANN und JENSEN. Sie tun die Abhängigkeit der Reaktionszahl von dem Verhältnis Boden : Wasser zur Genüge dar und stellen insbesondere fest, daß bei Böden mit einer Reaktion unter $p_H = 6{,}5$—$6{,}6$ die Suspension mit zunehmender Konzentration merklich stärker sauer wird. Es empfiehlt sich also, wegen der Vergleichsmöglichkeiten an einem bestimmten Verhältnis festzuhalten, und als solches wird von der Internationalen Bodenkundlichen Gesellschaft ein Verhältnis von Boden zu Wasser = 10 : 25 vorgeschlagen, wie es auch bei der Bestimmung der Hauptaziditätsformen innegehalten wird.

p_H-Werte bei wechselndem Verhältnis von Boden zu Wasser.

Boden zu Wasser	Boden 1	Boden 2
1 : 10	4,93	4,16
2 : 10	4,85	3,96
3 : 10	4,79	3,92
4 : 10	4,74	3,90
8 : 10	4,57	3,80
20 : 10	4,41	3,79

Genauer geht der Einfluß der Bodenmenge in den Suspensionen auf die Reaktionszahl aus den Untersuchungen hervor, die von R. BRADFIELD[2] zu dieser Frage ausgeführt wurden. BRADFIELD gewann durch Abschlämmen aus einem sauren Tonboden den eigentlichen tonigen, kolloiden Anteil, der, wie schon oben angegeben, der Hauptträger des Säurewasserstoffs der sauren Böden ist. Von diesem kolloiden Anteil des Bodens stellte sich BRADFIELD dann durch Zusatz entsprechender Wassermengen Suspensionen von verschiedenem Gehalt an Tontrockensubstanz her und bestimmte mit Hilfe der Wasserstoffelektrode bei konstanter Temperatur von 15° C ihre Reaktionen. Die Suspensionen enthielten an Trockensubstanz 12,8, 6,4, 3,2, 1,6, 0,8, 0,4, 0,2, 0,1, 0,05 und 0,025 %. Da BRADFIELD die durchaus berechtigte Auffassung vertritt, daß wir es in den Ton- oder Zeolithsäuren mit schwachen Säuren zu tun haben, so verglich er die Messungen an den Tonsuspensionen mit solchen an Essigsäuren von verschiedener

---

[1] KAPPEN, H. u. R. W. BELING: Über die Chinhydronmethode und über die Beziehungen ihrer Resultate zu den Aziditätsformen der Böden. Z. Pflanzenern., Düng. u. Bodenk. A, **6**, 1 (1926).

[2] BRADFIELD, R.: The effect of the concentration of colloidal clay upon its hydrogen-ion concentration. J. physic. Chem. **28**, 170.

Konzentration. Es ergaben sich dabei die in der folgenden Tabelle zusammengestellten p_H-Werte, die übersichtlich in den Kurven in Abb. 8 dargestellt sind.

Der Einfluß der Konzentration auf die Wasserstoffionenkonzentration von kolloider Tonsäure und von Essigsäure.

Kolloide Tonsäure		Essigsäure	
Konzentration in Prozenten an Trockensubstanz	p_H-Werte	Konzentration in Normalitäten	p_H-Werte
12,8	4,02	0,1078	2,88
6,4	4,10	0,0539	3,03
3,2	4,15	0,0269	3,14
1,6	4,30	0,0134	3,30
0,8	4,50	0,0067	3,43
0,4	4,85	0,0033	3,61
0,2	6,26	0,0016	3,85
0,1	6,93	0,0008	3,91
0,05	7,15	0,0004	4,18
0,025	7,30	0,0002	4,40
Das gebrauchte Wasser allein	7,45	0,0001	4,73
		0,00005	5,40
		0,000025	5,86

BRADFIELD folgert aus seinen Versuchen, daß zwischen den Reaktionszahlen des sauren Tones und seinen Konzentrationen bei hohen Verdünnungen (0 bis 0,4 %) eine lineare, bei mittleren Verdünnungen (0,49—3,5 %) eine exponentiale und bei höheren Konzentrationen (3,5—12,8 %) eine praktisch konstante Beziehung besteht. Er folgert weiter aus der Übereinstimmung des Kurvenverlaufs bei dem sauren Ton und bei der Essigsäure, daß es sich auch beim sauren Ton um eine wirkliche, allerdings schwächere Säure handle, als es die Essigsäure ist.

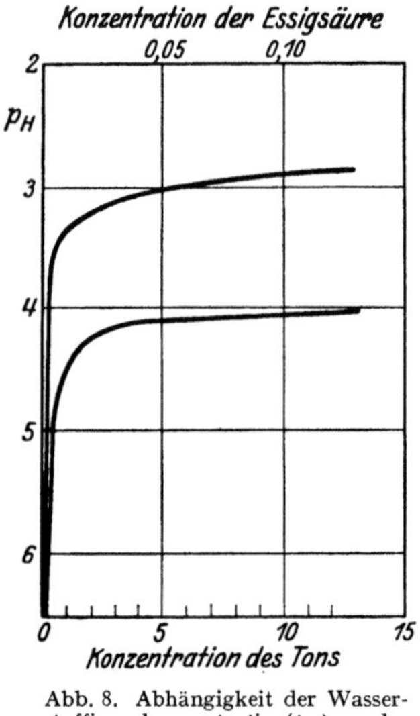

Abb. 8. Abhängigkeit der Wasserstoffionenkonzentration (p_H) von der Ton- bzw. Essigsäurekonzentration.

Was die uns hier interessierende Frage nach dem richtigen Boden-Wasser-Verhältnis für die Bestimmung der Reaktionszahlen in Bodensuspensionen angeht, so ergeben BRADFIELDS Versuche, daß es am zweckmäßigsten sein muß, möglichst hohe Konzentrationen an Boden zu wählen, weil ja, wie die Kurve deutlich zeigt, der Konzentrationseinfluß um so kleiner wird, je höher die Bodenkonzentration in der Aufschwemmung ist. Am zuverlässigsten würde man infolgedessen die Reaktionszahlen in einem dicken Bodenbrei messen, da das aber zu unhandlich ist, hat sich das Verhältnis von Boden zu Wasser wie 1 : 2,5 am meisten eingeführt.

Neuere Untersuchungen liegen zu dieser Frage von H. PALLMANN[1] aus dem Institut von G. WIEGNER vor. Es wurde dabei gefunden, daß bis zu mittelhohen Suspensionskonzentrationen zwischen der scheinbaren Wasserstoffionenkonzentration und der Konzentration an disperser Phase eine einfache lineare Beziehung besteht. Bei hohen Konzentrationen wirkt dagegen, wie ja auch BRADFIELD feststellte, die disperse Phase nicht mehr proportional ihrer Konzentration; ihre Wirksamkeit nimmt mit zunehmender Konzentration ab.

[1] PALLMANN, H.: Die Wasserstoffaktivität in Dispersionen und kolloiddispersen Systemen. Kolloidchem. Beih. 30, 334.

Eine nicht unerhebliche Rolle spielt auch die dem zu messenden Substrat zugesetzte Chinhydronmenge. Da die Theorie erfordert, daß die zu untersuchende Flüssigkeit mit Chinhydron gesättigt ist, und des weiteren wegen der nicht sehr großen Löslichkeit des Chinhydrons, namentlich beim Arbeiten in größerem Maßstabe, eine gewisse Zeit dazu unter Umständen erforderlich ist, so empfiehlt es sich, Chinhydron im Überschuß zuzusetzen. Als hinreichend zur Erzielung übereinstimmender Ergebnisse wurde für Bodenaufschlämmungen im Verhältnis 10 : 25 auf je 100 g Boden eine Menge von 500 mg Chinhydron, bei anderen Verhältnissen natürlich entsprechend mehr oder weniger, gefunden. Daß das zur Verwendung gelangende Chinhydron von reinster Beschaffenheit sein muß, ist ohne weiteres klar. Bei käuflichem Chinhydron war diese Forderung anfänglich nicht immer erfüllt. Man überzeugt sich am besten bei jeder neuen Chinhydronprobe von ihrer Reinheit dadurch, daß man reinstes Wasser mit steigenden Mengen Chinhydron versetzt und feststellt, ob die Reaktion unverändert bleibt. Ist das der Fall, so kann das Chinhydron unbedenklich verwendet werden, sonst muß man es erst durch eine mehrmalige Umkristallisation aus Wasser einer Reinigung unterwerfen.

Zur Erlangung richtiger Meßergebnisse ist weiterhin erforderlich, daß das zur Verwendung gelangende Wasser einwandfrei ist, d. h. es genügt zur Vermeidung von Fehlern nicht, gewöhnliches destilliertes Wasser zu gebrauchen sondern, wegen seines häufig ziemlich hohen CO_2-Gehaltes nur solches, das die CO_2-Tension der Außenluft hat, also durch Auskochen und Abkühlen unter Natronkalkverschluß oder durch lebhaftes Durchsaugen von atmosphärischer Luft möglichst vom CO_2-Überschuß befreit ist. Der Einfluß der CO_2 macht sich allerdings vorwiegend im neutralen und alkalischen Reaktionsgebiet geltend, weniger bei sauren Böden, und zwar um so weniger, je stärker sauer der Boden reagiert.

Was die Zeit der Messung nach Vorbereitung der Probe anbelangt, so empfiehlt Biilmann, die Messung unmittelbar nach dem Zusammenbringen von Boden, Flüssigkeit und Chinhydron durch Umschütteln vorzunehmen, da sich das gesuchte Potential sofort einstellt und spätere Potentialänderungen mehr oder minder große Abweichungen von der richtigen Reaktion ergeben, die auf sekundäre, nicht durch Wasserstoffionen hervorgerufene Einwirkung von Bodensubstanzen auf das Verhältnis der Chinhydronkomponenten zurückzuführen sind. Jedenfalls ist es auch nach den Erfahrungen anderer zweckmäßig, den Zusatz des Chinhydrons zu der Bodenaufschlämmung erst unmittelbar vor der Untersuchung vorzunehmen, während die Herstellung der Aufschlämmung selbst in normalen Fällen ohne Bedenken schon längere Zeit vorher erfolgen kann, was von einigen Seiten stets geschieht, um sicher Gleichgewicht zwischen Boden und Flüssigkeit bei der Messung zu haben.

Zu der Frage, ob die Messung der Bodenproben im naturfeuchten oder im lufttrockenen Zustand erfolgen soll, ist weiter durch Vereinbarung festgelegt worden, daß im allgemeinen die Messung am lufttrockenen Boden gewählt werden soll, da sich auf diese Art die Reaktionswerte der Böden einwandfreier auch nach längerer Lagerung reproduzieren lassen, als dies bei Aufbewahrung in feuchtem Zustand möglich ist.

Die Genauigkeit der Reaktionsmessung nach der elektrometrischen Methode ist natürlich gegenüber den kolorimetrischen Methoden eine weit größere, sie erstreckt sich bis auf die Hundertstel p_H-Einheiten. Wenn nun auch diese Genauigkeit im allgemeinen für praktische landwirtschaftliche Zwecke nicht unbedingt erforderlich ist, so gestattet doch gerade diese Eigenschaft der Methode, und zugleich mit ihr — wenigstens bei der Chinhydronelektrode — die rasche

Einstellung des Potentials ihre Anwendung zur Messung nicht nur des augenblicklich im Boden herrschenden Reaktionswertes, sondern auch, und das ist auf keinem anderen Wege möglich, der Reaktionsänderungen, die der Boden auf Zusatz irgendwelcher anderer Stoffe erleidet. Wir sind also mit dieser Methode imstande, das Verhalten eines Bodens gegenüber zugesetzten Säuren oder Basen momentan zu verfolgen, d. h. seine Pufferungsfähigkeit zu bestimmen oder auch zu ermitteln, welche Basenmengen etwa einem sauren Boden zugefügt werden müssen, um ihm neutrale Reaktion zu erteilen. Auch dafür ist bei der noch an anderer Stelle ausgeführten Bedeutung dieser Feststellung die elektrometrische Messung ein nicht zu unterschätzendes Hilfsmittel.

Eins soll nun aber am Schluß unserer Erörterungen über die zur Messung der Bodenreaktion dienenden Methoden nicht unerwähnt bleiben. Wie nämlich aus unseren Ausführungen wohl zur Genüge hervorgeht, bestehen bezüglich der Handhabung der einzelnen Methoden erhebliche Unterschiede, von der primitivsten bis zur kompliziertesten Methode finden wir fast alle Abarten vertreten. Insbesondere dürfte bei den elektrometrischen Methoden bezüglich der Schwierigkeit ihrer Handhabung Einhelligkeit darüber bestehen, daß ein gewisser Grad von Erfahrung nötig ist, um mit ihnen einwandfrei zu arbeiten. Es hat nun in letzter Zeit nicht an Versuchen gefehlt, die zur Reaktionsmessung mit der Chinhydronmethode erforderliche Apparatur zu vereinfachen, und zwar sie so zu gestalten, daß damit sogar der praktische Landwirt imstande sein sollte, die Reaktion seiner Böden zu messen. Eine solche tragbare Apparatur ist z. B. von TRÉNEL[1] angegeben worden. Bei ihr ist der Agarheber und das Verbindungsgefäß mit 3,5 n-Kaliumchloridlösung ersetzt durch ein mit Kaliumchlorid getränktes Diaphragma, in dessen Innerem sich die VEIBELsche Elektrode befindet, und das nun einfach in die zu untersuchende Bodenaufschlämmung eingetaucht wird. Abgesehen von dem immerhin hohen Anschaffungspreis einer solchen Apparatur bleibt doch noch die Frage offen, ob die auf diese Weise ermittelten Reaktionswerte für den Landwirt von großer Bedeutung sind. Sie lassen ihn zwar den Reaktionszustand seiner Äcker erkennen, aber sie geben ihm keine Auskunft darüber, in welchem Ausmaße er die Mittel zur Änderung dieser Reaktionen in seinem gewünschten Sinn anwenden muß, dazu bedarf es vielmehr andersartiger Untersuchungen, die an anderer Stelle geschildert sind, und um lediglich festzustellen, daß z. B. ein Boden versauert ist, dazu ist für den Praktiker kein so schweres Geschütz erforderlich, sondern dazu ist außer pflanzenphysiologischen Merkmalen die einfachste kolorimetrische Methode ausreichend. Was darüber hinaus zur Beurteilung der Reaktion eines Bodens und zur Feststellung der zu ihrer Verbesserung erforderlichen Maßnahmen nötig ist, das wird doch in den meisten Fällen den dafür zuständigen und eingerichteten Untersuchungsanstalten überlassen werden müssen.

Die Bestimmung der potentiellen Azidität des Bodens und seines Gehaltes an Gesamt-Säurewasserstoff.

Durch die im vorstehenden Kapitel beschriebenen Methoden der kolorimetrischen und elektrometrischen Reaktionsbestimmung erhalten wir nur Aufschluß über die aktuelle Azidität eines Bodens, also über seinen Gehalt an solchem Säurewasserstoff, der sich durch Behandlung des Bodens mit Wasser von den übrigen Bodenbestandteilen abtrennen läßt. Es spielt nun jedoch sowohl bodenkundlich als auch landwirtschaftlich der Teil des Säurewasserstoffs eine große

[1] TRÉNEL, M.: Über ein einfaches Gerät zur elektrometrischen Bestimmung der Wasserstoffionenkonzentration („Bodenazidität"). Z. Pflanzenern., Düng. u. Bodenk. A, 4, 239 (1925).

Rolle, der in wasserunlöslicher Form in den zeolithischen Silikaten und Humaten oder in den Zeolith- und Humussäuren steckt. Dieser Säurewasserstoff überwiegt an Menge stets den aktuellen ganz bedeutend, er stellt das Reservoir dar, aus dem sich der aktuelle Säurewasserstoff immer wieder durch den Vorgang des Ionenaustausches ergänzen kann. Man bezeichnet diesen Wasserstoff daher als den potentiellen oder die auf seiner Gegenwart beruhende Azidität als die potentielle Azidität des Bodens. Die Bestimmung dieser potentiellen Azidität erscheint nun nicht weniger wichtig, als die der aktuellen, aber es muß gleich von vornherein gesagt werden, daß eine ebenso zuverlässige Methode wie für die Bestimmung der aktuellen Azidität bisher für die Bestimmung der potentiellen Azidität noch nicht existiert.

Man könnte zwar glauben, daß man für die Bestimmung der potentiellen Azidität ebenso einfach verfahren könnte, wie es bei der Bestimmung der Gesamtazidität irgend einer in homogener Lösung befindlichen Säure möglich ist, nämlich so, daß man eine Titration einer Bodenaufschwemmung in Wasser unter Zusatz eines Indikators mit Lauge vornimmt. Aber abgesehen davon, daß der Indikatorumschlag in Gegenwart von Boden meist sehr schwer zu erkennen ist, stellen sich dieser einfachen Ausführung der Bestimmung der potentiellen Azidität auch noch andere Hindernisse in den Weg. Als Ersatz für eine kontinuierliche Titration hat man daher so verfahren müssen, daß man zu bestimmten abgewogenen Bodenmengen in getrennten Gefäßen steigende Mengen von Laugen zugab, dann nach ausreichender Zeit der Einwirkung der Lauge auf den Boden die Lösung vom festen Boden durch Absitzenlassen oder durch Filtrieren trennte und nun darin durch Titration mit Säure die noch übriggebliebene Lauge ermittelte. In dieser Weise sind besonders von HISSINK[1], ferner von TRUOG[2], BRADFIELD[3], von V. 'SIGMOND[4] und SAINT[5] solche Neutralisationsversuche an Böden ausgeführt worden, und es muß auch schon die von VEITCH[6] ausgearbeitete Kalkwassermethode in diese Gruppe von Untersuchungen gestellt werden. Aus diesen Untersuchungen geht nun hervor, daß kleine Mengen von Basen der verschiedenen Metalle, wie Natrium, Kalium, Kalzium, Barium und Strontium, von sauren Böden schnell und vollständig gebunden werden, und daß dann bei weiterem Zusatz von Basen ein immer größer werdender Anteil ungebunden bleibt. Leider gibt sich nun aber auf der ganzen Erstreckung der Kurve kein Punkt deutlich zu erkennen, bei dem man sagen könnte, daß bei ihm der gesamte Säurewasserstoff des Bodens neutralisiert sei. Die Kurven verlaufen vielmehr so, wie man es von ganz schwachen Säuren kennt, ohne deutlich hervortretenden Wendepunkt.

Die Einwirkung von Hydroxyden auf einen sauren Boden stellt offenbar überhaupt keinen einfachen chemischen Vorgang dar. Schon RAMANN hat darauf hingewiesen, daß die Hydroxyde einmal in Ionenaustausch mit dem Absorptionskomplex des Bodens treten, daß dann weiterhin aber auch eine Bindung des Hydroxyds durch Absorptionswirkungen stattfände oder durch Bildung basischer

[1] HISSINK, D. J. u. J. VAN DER SPEK: Über die Titrationskurven von Humus. Verh. II. Komm. Internat. bodenkdl. Ges. Groningen, A, **1926**. S. 72.

[2] TRUOG, E. J.: The cause and nature of soil acidity with special regards to colloids and adsorption. J. physic. Chem. **20**, 457 (1916).

[3] BRADFIELD, R.: The nature of the acidity of colloid clay of acid soils. Amer. Chem. Soc. **45**, 2669 (1923).

[4] 'SIGMOND, A. A. J. VON: Einige vergleichende Untersuchungen über die Bestimmung der austauschfähigen Kationen, Sättigungszustand und Aziditätsverhältnisse im Boden. Verh. II. Komm. Internat. bodenkdl. Ges. Groningen **1926**, 55—71.

[5] SAINT, S. J.: The reaction between soils and hydroxyde solutions. Verh. II. Komm. Internat. bodenkdl. Ges. Groningen **1926**, 134—148.

[6] VEITCH, J. P.: Comparison of methods for the estimation of soil acidity. J. amer. chem. Soc. **1904**, 637.

Salze mit den Zeolith- und Humussäuren, und daß schließlich — bei Permutit — auch eine chemische Zersetzung der Permutitsilikate eintritt. Diese Nebenreaktionen beeinflussen den Verlauf der Neutralisationskurve derart, daß es unmöglich wird, auf dem Wege der Titration oder des Zusatzes steigender Basenmengen zu kleinen Bodenproben das Ziel der Ermittlung des Sättigungs- oder Aequivalenzpunktes der Bodensäuren zu erfassen. HISSINK[1] gelang es aber doch auf dem Umwege über die konduktometrische Titration des Bodens schließlich, das erstrebte Ziel zu erreichen. Diese konduktometrische Titriermethode[2] besteht darin, daß während der Titration mit Lauge die Leitfähigkeiten gemessen und die dabei gefundenen Werte in einer graphischen Darstellung als Ordinate, die zugesetzten Mengen der Lauge als Abszisse aufgetragen werden. Man findet nach HISSINK bei Verbindung der verschiedenen Punkte in der graphischen Darstellung im allgemeinen zwei Geraden, die einander im Aequivalenzpunkt schneiden. Mit dieser Methode erhielt HISSINK bei verschiedenen Böden Kurven, die mit denen weitgehend übereinstimmten, die man bei der konduktometrischen Titration von sehr schwachen Säuren in homogenen Lösungen erhält. Wie bei diesen konnte er daher auch durch Ermittlung des Schnittpunktes der Salzgeraden mit der Laugengeraden den Aequivalenzpunkt ermitteln, in dem die volle Absättigung des Säurewasserstoffs anzunehmen war. VON 'SIGMOND[3] hat diese konduktometrische Titration des Bodens nach HISSINK mit Erfolg nachgeprüft, dennoch aber bedient man sich zur Bestimmung des Gesamtsäurewasserstoffs im Absorptionskomplex des Bodens nicht dieser Methode, sondern einer einfachen Titrationsmethode, die HISSINK aus der konduktometrischen Titration ableitete. HISSINK fand nämlich, daß die Leitfähigkeit der stärkeren Barytlösungen, die die Barytgerade bilden, der Barytmenge direkt proportional sind, die man bei der Titration der klaren Filtrate bekommt. Statt der Leitfähigkeit kann man daher auch einfach diese in Lösung gebliebenen Mengen Baryt auf der Ordinate auftragen, wobei man eine Kurve erhält, die der bei der konduktometrischen Titration erhaltenen ähnlich ist und die sich in gleicher Weise zur Ermittlung des Aequivalenzpunktes benutzen läßt. Man braucht nur den geraden Teil dieser Kurve, also die Barytgerade, bis zum Schnittpunkt mit der Abszisse zu verlängern, um den Aequivalenz- oder Sättigungspunkt des Bodens zu erhalten. Praktisch verfährt HISSINK nun so, daß er eine ungefähr 2,5 g Ton entsprechende Menge lufttrockener Feinerde in gut verschließbaren weiten Reagensröhren mit zunehmenden Mengen von 0,1 *n*-Barytwasser versetzt, mit Wasser auf 50 cm^3 auffüllt und unter zeitweiligem Umschütteln während 3 Tagen aufeinander einwirken läßt. Nach 4 Tagen wird die über dem abgesetzten Boden stehende klare Flüssigkeit mit Pipette und Saugpumpe aus den Röhren entnommen und mit Säure gegen Phenolphthalein als Indikator titriert. Die abgeheberten Lösungen aus den trüb gebliebenen Röhrchen brauchen dabei nicht mit titriert zu werden, da sie doch nur sehr kleine Mengen an Baryt enthalten und für die Konstruktion der Barytgeraden nicht in Frage kommen. Wie man aus den Titrationswerten nun den Aequivalenzpunkt ermittelt, geht am besten aus den folgenden, den Darlegungen HISSINKS entnommenen zwei Kurven hervor (s. Abb. 9).

Daß die bei dieser Methode zur Anwendung kommenden Bodenmengen dem Ton- und auch dem Humusgehalt des Bodens angepaßt werden müssen, beruht

---

[1] HISSINK, D. J.: Der Sättigungsgrad des Bodens. Z. Pflanzenern., Düng. u. Bodenk. A, 4, 137—158.

[2] KOLTHOFF, I. M.: Konduktometrische Titrationen. Dresden u. Leipzig: Th. Steinkopff 1923.

[3] 'SIGMOND, A. A. J. VON: a. a. O., S. 55.

darauf, daß sich bei wechselnden Mengen desselben Bodens, also bei verschiedenen Humus- und Tongehalten, etwas von einander abweichende Werte ergeben. Dieser Abweichung wird eben dadurch Rechnung getragen, daß der Bestimmung möglichst gleiche Mengen an Ton und Humus zugrunde gelegt werden. Bei Mineralböden nimmt man, wie oben gesagt, so viel, daß die Tongehalte darin etwa 2,5 g ausmachen, bei Humusböden schlägt HISSINK die Benutzung einer Bodenmenge vor, die 0,25 g Humus enthält. Daß im übrigen von HISSINK die Anwendung von Barytwasser an Stelle von anderen Basen wie Natrium-, Kalium- oder Kalziumhydroxyd bevorzugt wird, hängt damit zusammen, daß die beiden ersten Basen die Bodensuspension stark peptisieren und unfiltrierbar machen, die Kalziumhydroxydlösung aber nur sehr verdünnte Lösungen liefert. In wie weit bei Verwendung von Erdalkalien und Alkalien einzelne Faktoren, wie die Veränderung des Verhältnisses von Boden zur Lösung, die Zeitdauer der Berührung von Boden und Lösung sowie die Feinheit der Bodenprobe die Resultate dieser direkten Neutralisation des Bodens mit Basen beeinflussen, ist in der Arbeit von S. J. SAINT[1] näher dargelegt.

Ohne Frage ist die von HISSINK ausgearbeitete Methode zur Bestimmung des Gesamtsäurewasserstoffs im Boden als die zur Zeit gültige Standardmethode anzusehen, obgleich sie wohl noch nicht allen Anforderungen, die man an eine absolut zuverlässige Erfassung des gesamten potentiellen Säurewasserstoffs im Boden stellen muß, voll gerecht wird. HISSINK selbst ist sich aber durchaus bewußt, daß seine Methode zunächst nur als eine konventionelle anzusprechen und nur als der erste Schritt auf dem tatsächlich recht schwierigen Wege der Bestimmung des Gesamtsäurewasserstoffs des Bodens zu betrachten ist. Es mag daher berechtigt sein, hier noch auf andere Methoden einzugehen, die auch dazu dienen können, diese für die Beurteilung des Bodens so wichtige Größe zu erfassen.

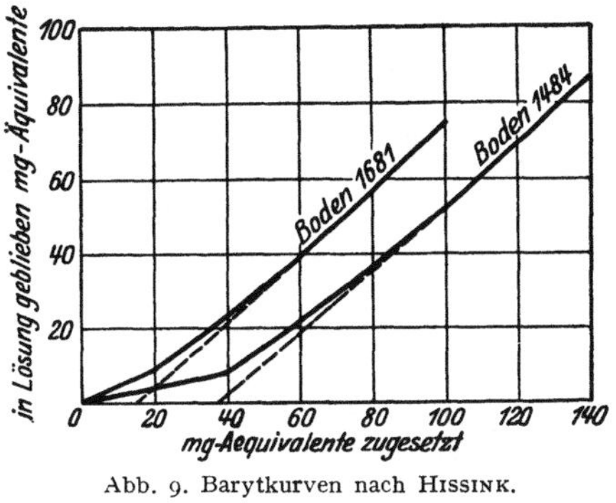

Abb. 9. Barytkurven nach HISSINK.

Am ehesten neben der von HISSINK ausgearbeiteten Methode der konduktometrischen und der direkten Neutralisation könnte nun wohl die elektrometrische Titration von Bodenaufschwemmungen als geeignete Methode zur Erfassung des Gesamtsäurewasserstoffs betrachtet werden. Vorweg bemerkt sei im übrigen noch, daß sich bei allen genannten und noch zu nennenden Methoden dieser Gesamtsäurewasserstoff nicht völlig mit dem potentiellen Säurewasserstoff deckt. Erst dann entspricht der nach HISSINK oder den noch folgenden Methoden ermittelte Wert dem potentiellen Wasserstoff, wenn die aktuelle Azidität davon in Abzug gebracht wird, was einmal durch Verwendung gut ausgewaschenen Bodens oder aber auch durch Abzug des aktuellen Wasserstoffs von dem Gesamtwasserstoff erzielt werden kann. Da aber in allen Fällen der Anteil des aktuellen Säurewasserstoffs an dem Gesamtsäurewasserstoff doch nur sehr gering ist, begeht man keinen großen Fehler, wenn man von der Bestimmung des potentiellen Wasserstoffs bei diesen Methoden spricht. Die elektrometrische Bestimmung des Gesamtsäurewasserstoffs kann man nun entweder so vornehmen, daß man zu ein und derselben suspendierten Bodenprobe in Wasser unter dauerndem Rühren steigende Mengen Lauge in einzelnen Portionen hinzufließen läßt

[1] SAINT, S. J.: a. a. O., S. 134.

und die dabei auftretende Veränderung der Wasserstoffionenkonzentration mißt, oder derartig, daß man zu einer Anzahl abgewogener, gleicher, in verschiedenen Gefäßen befindlicher Bodenmengen steigende Mengen der Lauge hinzufügt und die in jedem Gefäß nach einiger Zeit der Berührung vorhandene Wasserstoffzahl bestimmt. Im ersten Fall spricht man mit Recht von einer elektrometrischen Titration, im zweiten Falle aber, wo das charakteristische Zeichen einer Titration, das kontinuierliche Hinzufließenlassen einer Flüssigkeit zu ein und derselben zu untersuchenden Substanzmenge, fehlt, könnte man zum Zwecke einer klaren und einfachen Unterscheidung beider Verfahren richtiger von einer elektrometrischen Neutralisation reden. Beide Verfahren, die elektrometrische Titration und die Neutralisation, sind am Boden in Anwendung gebracht worden, und zwar die erste wohl am eingehendsten von HUDIG[1]. Von HUDIG ist auch eine geeignete Titrationselektrode, allerdings noch für die elektrometrische Messung mit der Wasserstoffelektrode, angegeben worden. Mit der Chinhydronelektrode arbeitet heute wiederum titrimetrisch GOY[2], während HUDIG die elektrometrische Titration bereits zugunsten der elektrometrischen Neutralisation im oben dargelegten Sinne verlassen hat. Der Hauptgrund dafür, daß HUDIG die elektrometrische Titration wieder aufgegeben hat, ist wohl darin zu erblicken, daß das Reaktionsgleichgewicht zwischen Boden und Laugen sich nicht schnell genug einstellt, geradeso wie das ja auch bei der konduktometrischen Titration der Fall ist, die HISSINK infolgedessen auch in der Form der konduktometrischen Neutralisation durchführen mußte. Das ist denn auch der Grund dafür, daß CHRISTENSEN und JENSEN[3] bei ihren Untersuchungen stets die elektrometrische Neutralisation und nicht die einfache elektrometrische Titration benutzen, und das gleiche gilt auch für die Untersuchungen, die von HISSINK und VAN DER SPEK[4] und von noch anderen ausgeführt wurden. Bei allen diesen Prüfungen hat es sich herausgestellt, daß sich das Gleichgewicht zwischen dem Boden und der Lauge stets erst nach längerer Zeit einstellte, so daß zumeist die elektrometrischen Bestimmungen erst nach 3 Tagen zuverlässige Endwerte für die Basenbindung lieferten. Aus allen in dieser Art durchgeführten Untersuchungen ergab sich nun, daß, wenn man die Ergebnisse graphisch so darstellt, daß auf der Abszisse die zur Einwirkung auf den Boden gebrachten Basenmengen und auf der Ordinate die dadurch erreichten p_H-Werte der Bodensuspension aufgetragen werden, man zunächst mehr oder weniger stark ansteigende Neutralisationskurven erhielt, die dann bei weiterem Basenzusatz sich mehr und mehr verflachten, das sind Kurven etwa von der Form, wie sie das vorstehende Bild 10 zu erkennen gibt.

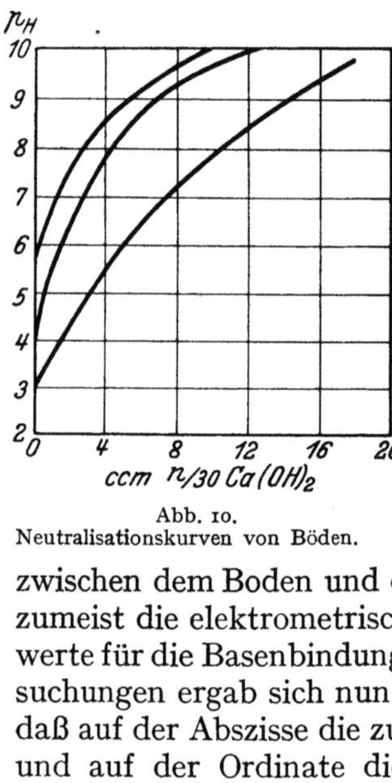

Abb. 10.
Neutralisationskurven von Böden.

Ohne Frage gewähren diese Kurven einen ausgezeichneten Einblick in den Verlauf des Neutralisationsvorganges des Bodens, aber zu dem Zwecke, der hier

[1] HUDIG, J. u. C. W. G. HETTERSCHY: Die Wasserstoff-Elektrode. Landw. Jb. 59, 687; ferner: Über die quantitative Bestimmung der Kalkbedürftigkeit der Humus-Sandböden. Verh. II. Komm. Internat. bodenkdl. Ges. Groningen, A, 1926, 116.

[2] GOY, S., P. MÜLLER u. O. ROOS: Über das Wesen der Bodenazidität von Mineralböden. Z. Pflanzenern., Düng. u. Bodenk. A, 13, 66 (1926).

[3] CHRISTENSEN, H. R. u. S. T. JENSEN: On the quantitative determination of the lime requirement of the soil. Verh. II. Komm. Internat. bodenkdl. Ges., Groningen, A, 1926, 94.

[4] HISSINK, D. J. u. J. VAN DER SPEK: Über Titrationskurven von Humusböden. Verh. II. Komm. Internat. bodenkdl. Ges., Groningen, A, 1926, 72.

zur Diskussion steht, nämlich zur Bestimmung der Gesamtmenge des im Boden enthaltenen Säurewasserstoffs oder zur Bestimmung seiner potentiellen Azidität, sind diese Kurven doch wiederum nicht brauchbar, weil sie den Sättigungs- oder Aequivalenzpunkt des absorbierenden Bodenkomplexes nicht erkennen lassen. Wohl kann man mit Hilfe dieser elektrometrischen Neutralisation die Basenmengen ermitteln, die unter idealen Verhältnissen der chemischen Umsetzung zwischen Böden und Basen bis zur Einstellung einer bestimmten Reaktion erforderlich sind, aber die Gesamtmenge des Säurewasserstoffs im Boden läßt sich mit dieser Art der Bestimmung nicht erfassen.

Dasselbe muß nun auch über alle anderen Methoden ausgesagt werden, die man in Richtung auf dieses Ziel angewandt hat. Die Bestimmung der Austauschazidität, die Bestimmung der hydrolytischen Azidität, das Auswaschen des Bodens mit irgendwelchen Salzen, wie Ammonchlorid nach GEDROIZ[1] und Bariumchlorid nach BOBKO und ASKINASI[2] oder mit Natriumchlorid, alle diese Methoden ermöglichen es wohl, einen mehr oder weniger großen Teil des potentiellen Säurewasserstoffs des Bodens zu erfassen, aber die Gesamtmenge daran wird von keiner dieser Methoden mit Zuverlässigkeit bestimmt. Es muß also bei dem heutigen Stande unseres Wissens und Könnens in der Frage der Ermittlung der Gesamtazidität eines Bodens oder auch seiner potentiellen Azidität gesagt werden, daß uns keine Methode zur Verfügung steht, die uns eine genaue Bestimmung dieser Größe erlaubt. Von allen bisher angewandten Methoden ist immer noch die von HISSINK ausgearbeitete Methode der konduktometrischen Neutralisation oder die darauf aufgebaute Methode der direkten Neutralisation mit Bariumhydroxyd die beste.

Das Verhalten des versauerten Bodens gegen Säuren, sein Pufferungsvermögen.

Bedingt, wie oben dargelegt, der Ersatz der Metallkationen durch Wasserstoffionen in den zeolithischen Silikaten und in den Humaten einerseits, daß das Basenbindungsvermögen des Bodens stark ansteigt, so hat es andererseits aber auch zur Folge, daß das Neutralisationsvermögen des Bodens gegen Säuren abnimmt. Die Neutralisation von Säuren, die auf den Boden zur Einwirkung gelangen, besteht ja, wenn die Karbonate aus dem Boden verschwunden sind, in nichts anderem als in dem Umtausch der Wasserstoffionen der Säuren gegen die Metallkationen des Silikat-Humat-Komplexes des Bodens, und solange sich dieser Umtausch vollziehen kann, ist dieser Komplex gegen weitergehende zerstörende Wirkungen von Säuren geschützt. Darauf beruht es ja eben auch, wenn wir in vielen versauerten Böden das GANSSENsche Molekularverhältnis noch weitgehend erhalten vorfinden. Erst wenn die zum Umtausch befähigten Kationen im absorbierenden Komplex fehlen, wird sich die Wirkung der Säuren auch auf andere Bestandteile des Komplexes erstrecken können, und als Folge davon kann dann eine Zerstörung des Komplexes, wenigstens soweit er von mineralischer Beschaffenheit ist, einsetzen. Bei diesem Angriff der Säuren auf den absorbierenden Komplex bilden sich dann zunächst Salze des Aluminiums, erst bei stärkerer Säureeinwirkung stellt sich auch die Auflösung von Eisenverbindungen des Bodens ein. Mit der Bildung dieser Aluminium- und Eisensalze ist aber eine eigentliche Neutralisation der Säure nicht mehr verbunden, weil ja die Salze dieser Metalle in wässeriger Lösung hydrolytisch aufgespalten sind.

[1] Vgl. VON 'SIGMOND: Über die verschiedenen Methoden zur Bestimmung von S und V. Verh. II. Komm. Internat. bodenkdl. Ges., Groningen, B, 1927, 130.

[2] BOBKO, E. W. u. ASKINASI, D. L.: Bestimmung der Absorptionskapazität und des Ungesättigtkeitsgrades der Böden. Z. Pflanzenern., Düng. u. Bodenk. A, 6, 99 (1927).

Infolgedessen kann man die Lösungen solcher Salze ähnlich wie freie Säuren mit Lauge austitrieren, da die hydrolytische Aufspaltung schließlich die gesamte Salzmenge erfaßt, und man kann somit auch an einer mit einem Boden in Berührung gewesenen Lösung verdünnter Säuren diejenige Säuremenge ermitteln, die durch Ionenaustausch mit den Kalzium- und Magnesiumionen des Bodenkomplexes eine wirkliche Neutralisation erfahren hat, d. h. man kann die absolute Neutralisationskraft[1] des Bodens ermitteln. Diese absolute Neutralisationskraft des Bodens muß nach allem in Beziehung zum Versauerungsgrade der Böden stehen. Das zeigen auch Versuche von H. KAPPEN und W. BERGEDER, bei denen verschiedene saure Böden mit verschiedenen Konzentrationen von Salzsäure — jedesmal 50 g Boden und 200 cm³ Salzsäure — behandelt und die Filtrate mit 0,1 *n* Natronlauge unter Benutzung von Phenolphthalein als Indikator titriert wurden (s. nachstehende Tabelle).

Konzentration der Salzsäure	Verbrauchte Säuremengen in Prozenten					
	Boden 1	Boden 2	Boden 3	Boden 4	Boden 5	Boden 6
n/5	18	16	15	14	10	6
n/25	73	66	61	58	39	17
n/50	96	94	89	81	64	33
n/100	97	97	96	92	85	52
n/500	98	98	97	96	95	90
p_H-Werte	7,75	7,54	6,81	6,03	4,91	4,25

In Übereinstimmung mit dem aus den Reaktionszahlen hervorgehenden Aziditätsgrade der Böden stellten sich hier für die absolute Neutralisationskraft der Böden immer kleiner werdende Werte bei allen angewandten Säurekonzentrationen ein. Der Zusammenhang zwischen Versauerung und absoluter Neutralisationskraft ist aber nur dort eindeutig gegeben, wo es sich, wie im vorliegenden Versuch, um ein und denselben Boden in verschiedenen Entbasungszuständen handelt. Sonst lassen sich aus der Höhe der absoluten Neutralisationskraft keine Schlußfolgerungen auf den Aziditätszustand der Böden ziehen, denn auch bei neutraler und sogar alkalischer Reaktion können bei verschiedenen Bodenarten die größten Verschiedenheiten zwischen den Werten für die absolute Neutralisationskraft vorhanden sein. Neben dem Abbaugrade der zeolithischen Silikate und der Humate in den Böden ist es eben auch die Menge dieser Stoffe, von der die Höhe der absoluten Neutralisationskraft abhängig sein muß. Immerhin wird man bei den besseren Böden aus einer kleinen absoluten Neutralisationskraft doch auf eine bereits eingetretene Versauerung folgern dürfen. Eingehendere Versuche über die Wechselwirkung zwischen Böden und verschiedenen Säuren sind auch noch von A. NATH PURI[2] ausgeführt worden. Es stellte sich dabei heraus, daß sich die Umsetzungsreaktion in großer Annäherung durch die FREUNDLICHsche Adsorptionsisotherme umschreiben ließ. Dieses Ergebnis durfte wohl erwartet werden, wenn man die Umsetzung zwischen Boden und Säure, wie man es heute tun muß, als einen Ionenumtausch auffaßt. Die FREUNDLICHsche Formel besitzt ja auch für den Ionenaustausch der Metallkationen weitgehende Anwendbarkeit. Aus dieser Gültigkeit der Adsorptionsisotherme auf eine physikalische Beschaffenheit des Umsetzungsvorganges zu schließen, ist aber heute nicht mehr

[1] KAPPEN, H. u. W. BERGEDER: Über die Beziehungen zwischen der physiologischen Azidität der Düngesalze und zwischen der Bodenazidität. Z. Pflanzenern., Düng. u. Bodenk. A, **7**, 310 (1926).

[2] NATH PURI, A.: Versuche über die Wechselbeziehungen zwischen Boden und verdünnten Säuren. J. agricult. Sci. **15**, 334 (1925); nach Ref. in Z. Pflanzenern., Düng. u. Bodenk. A, **10**, 255 (1927/28).

angängig, da, wie MICHAELIS und auch WIEGNER mit Recht hervorgehoben haben, physikalische und chemische Erscheinungen letzten Endes sich auf die gleichen Grundursachen zurückführen lassen.

Das Pufferungsvermögen des Bodens. Mißt man den Erfolg der Einwirkung einer Säure oder einer Lauge auf den Boden nicht durch die Menge der nicht neutralisierten Säure, sondern durch die Veränderung der Reaktionszahl, die die mit Säure versetzte Suspension eines Bodens in Wasser durch den Säurezusatz erleidet, so kommt man zu dem Begriff der Pufferung. Man versteht nämlich unter dem Pufferungsvermögen eines Bodens oder unter seiner Regulationskraft den Widerstand, den er der Veränderung seines Reaktionszustandes beim Zusatz von Säuren oder auch von Basen entgegensetzen kann. Ein Boden ist dann gut gepuffert, wenn seine Reaktionszahl unter dem Einfluß kleiner Säuren- oder Laugenzusätze eine nur geringe Veränderung erleidet; schlecht gepuffert nennt man ihn, wenn dadurch stärkere Verschiebungen seiner Reaktionszahl ausgelöst werden. Dieser Begriff der Pufferung ist aus der Physiologie in die Bodenkunde übernommen worden. Bei der großen Reaktionsempfindlichkeit enzymatischer Vorgänge spielt die Fähigkeit der Gewebe- und Organflüssigkeiten im Tier- und Pflanzenkörper, einer Reaktionsänderung Widerstand zu leisten, eine sehr große Rolle. Auch für die Bodenbiologie und das Wachstum der Pflanzen auf den Böden ist dieses Puffervermögen der Böden gewiß nicht ohne Bedeutung; entstehen doch unter natürlichen Verhältnissen in jedem Boden mancherlei freie Säuren, wie organische Säuren, Salpetersäure durch Nitrifikation, Schwefelsäure durch Schwefeloxydation,

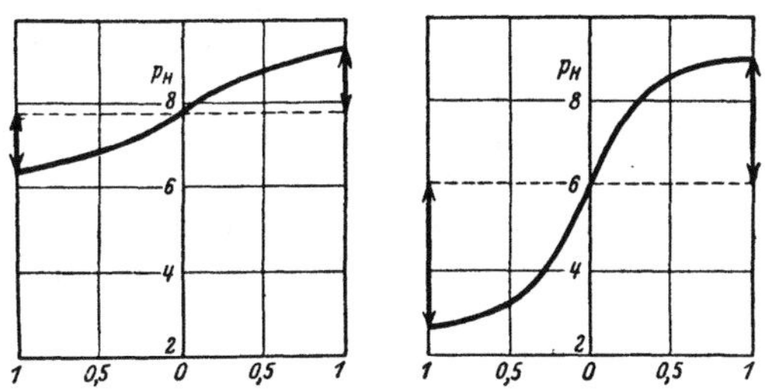

Alkalischer Boden. cm³ 0,1 n-Säure ← cm³ 0,1 n-Lauge → pro g Boden

Saurer Boden. cm³ 0,1 n-Säure ← cm³ 0,1 n-Lauge → pro g Boden.

Abb. 11. Pufferung nach O. ARRHENIUS.

und kommen doch unter den Verhältnissen der Düngung infolge der verschiedenen physiologischen Reaktion sowohl manche Säuren als auch Basen auf ihn zur Einwirkung. Die Bestimmung des Pufferungsvermögens des Bodens kann daher außer ihrem theoretischen Interesse auch zuweilen praktisches Interesse erregen, und es soll also das Nötige darüber auch hier mitgeteilt werden. Die Ausführung der Bestimmung an sich ist sehr einfach, denn sie besteht nur darin, daß man kleine abgewogene Bodenmengen in wässeriger Suspension mit bekannten kleinen Säure- und Basenmengen versetzt und die dadurch herbeigeführte Veränderung ihrer Reaktionszahl mißt. O. ARRHENIUS[1] verfährt z. B. so, daß er je 9 Gefäße mit je 10 g Boden beschickt, bei Sandboden wählt ARRHENIUS 20 g und bei Torfböden nur 5 g. Den Gefäßen werden dann 10, 5, 2 und 1 cm³ 0,1 n-Schwefelsäure zugesetzt, anderen vier Gefäßen 1, 2, 5 und 10 cm³ 0,1 n-Lauge. Das Volumen der Flüssigkeit wird in allen Gefäßen durch Zusatz von Wasser auf 20 cm³ gebracht. Das neunte Gefäß erhält nur diese 20 cm³ Wasser. Die Gefäße werden geschüttelt, und nach Ablauf der Umsetzung zwischen Boden und Säure oder Base werden in den Filtraten die Reaktionszahlen bestimmt. Durch Eintragung der gemessenen Werte in ein Koordinatensystem erhält man dann die Pufferungskurve des Bodens. Die beiden Bilder (Abb. 11) zeigen bei einem alkalischen und einem sauren Boden den Verlauf der Kurven.

---

[1] ARRHENIUS, O.: Kalkfrage und Bodenreaktion. Leipzig 1926.

Zum Ausdruck kann man nach ARRHENIUS das Pufferungsvermögen der Böden nun auch so bringen, daß man entweder die Menge der Säure in Kubikzentimetern angibt, die zur Verschiebung der Reaktionszahl des Bodens um eine Einheit erforderlich ist, oder daß man die Änderung der Reaktionszahl angibt, die durch die Einheit (1 cm^3) der zugesetzten Säure bewirkt worden ist. Einig ist man sich über den besten Ausdruck für das Pufferungsvermögen jedoch noch nicht. So sagt z. B. BRENNER[1], daß das wahre Pufferungsvermögen des Bodens nicht durch die in p_H-Werten ausgedrückten Differenzen der Reaktionszahlen, sondern nur durch die Verschiebung der wirklichen Wasserstoffionenkonzentrationen gemessen werden könnte. Auch von KAPPEN[2] ist auf die zweckmäßige Verwendung dieser Werte für die Kennzeichnung des Pufferungsvermögens aufmerksam gemacht worden. BRENNER hat weiter ein von der Methode von ARRHENIUS abweichendes Verfahren zur Bestimmung der Pufferung ausgearbeitet, bei dem er die durch die Einheit des Säure- und Laugezusatzes bewirkten Ausschläge der Reaktion in ihrer Gesamtheit als die Reaktionsamplitude bezeichnet. Besonders eingehende Untersuchungen über das Pufferungsvermögen nach einer grundsätzlich abweichenden Art rühren aber von S. T. JENSEN[3] her. Die eigentliche Methodik der Bestimmung ist zwar die gleiche wie bei ARRHENIUS und bei BRENNER, aber die Auswertung der Ergebnisse zur Kennzeichnung des Pufferungsvermögens ist bei dieser Methode eine andere. Kurz geschildert vollzieht sich die Ausführung dieser Methode wie folgt: In eine Reihe von Schüttelkolben werden je 10 g Boden eingewogen und darin mit steigenden Mengen 0,1 *n* Salzsäure einerseits und 0,1 *n* Kalziumhydroxydlösung andererseits versetzt, die mit kohlensäurefreiem Wasser auf 100 cm^3 verdünnt werden. Die Salzsäure und die Kalziumhydroxydlösung werden zweckmäßig vorher in 100 cm^3-Kölbchen vorbereitet, indem man in diese aus einer Bürette die gewünschte Anzahl von Kubikzentimetern davon einfließen läßt und darauf mit Wasser bis zur Marke verdünnt. Diese Lösungen gießt man dann auf den in die Kölbchen eingewogenen Boden. Unter gelegentlichem Umschütteln läßt man die Schüttelkolben 24 Stunden lang stehen und bestimmt dann die Reaktionszahlen in den Suspensionen, jedoch nicht wie bei ARRHENIUS in den Filtraten. Bei der Bestimmung des Pufferungsvermögens gegen Basen muß man nun noch etwas anders verfahren, entweder läßt man hier mit Kalziumhydroxydlösung die beschickten Kölbchen zwei oder drei Tage lang unverschlossen an der Luft stehen, damit sich zwischen den Suspensionen und dem Kohlensäuregehalt der Luft das Gleichgewicht einstellen kann, oder man beschleunigt die Einstellung dieses Gleichgewichtes dadurch, daß man durch Durchleiten von Luft oder von Kohlensäure die Umwandlung des überschüssig zugesetzten Kalziumhydroxyds in Kalziumkarbonat und die Einstellung des Gleichgewichtes mit der Luft herbeiführt. Die bei der Säure- und Laugeeinwirkung erhaltenen p_H-Werte werden dann in ein Koordinatensystem eingetragen, die p_H-Werte auf der Ordinate und die zugesetzten Kubikzentimeter Säure und Lauge auf der Abszisse. Man erhält so die Neutralisationskurve des Bodens, ausgedrückt in Reaktionszahlen. Um mit Hilfe dieser Kurven zu einem möglichst klaren Bilde von der Pufferwirkung des Bodens zu gelangen, verfährt JENSEN nun so, daß er die Neutralisationskurven mit einer als Grundkurve bezeichneten zweiten Kurve in dasselbe Diagramm stellt. Diese Grundkurve wird so erhalten, daß man einen vollkommen pufferfreien, von neu-

---

[1] BRENNER, W.: Untersuchungen über die Bodenreaktion in Finnland. Verh. II. Komm. Internat. bodenkdl. Ges., Groningen A, **1926**, 48.

[2] KAPPEN, H.: Die Bodenazidität usw., S. 80. Berlin 1929.

[3] JENSEN, S. T.: Über die Bestimmung der Pufferwirkung des Bodens. Internat. Mitt. Bodenkde. **14**, 112 (1924).

tralisierend wirkenden Bestandteilen restlos befreiten Seesand mit denselben Säure- und Basemengen wie den Boden behandelt und die dabei erhaltenen Reaktionszahlen in das Diagramm einträgt. Diese Grundkurven müssen sich natürlich sehr weitgehend den Kurven nähern, die man auch ohne den Seesand in den Lösungen der Säure und der Base erhalten würde. Da nun natürliche Böden niemals gänzlich frei von neutralisierend wirkenden Bestandteilen sind, wie der mit Säure extrahierte Seesand, so muß der Säurezweig der Bodenkurve immer über dem Säurezweig der Grundkurve, der Basenzweig dagegen stets unter dem Basenzweig der Grundkurve liegen, so daß je nach dem Pufferungsvermögen des Bodens eine mehr oder weniger große Fläche von den beiden Kurven umschlossen wird. Die Größe dieser Flächen dient JENSEN als Maß für das Pufferungsvermögen. Das folgende Bild 12 gibt von der Methode JENSENS eine deutliche Vorstellung.

Außer der Pufferfläche liefern die Kurven nach JENSEN aber auch noch eine andere zur Charakterisierung brauchbare Größe, nämlich die Pufferzahlen. Darunter sind nach JENSEN die Längen der Linien zu verstehen, die man erhält, wenn man durch den Schnittpunkt der Bodenkurve auf der Ordinate nach Zusatz von 10 cm³ Säure die Parallele zur Abszisse zieht. Diese Parallele schneidet die Grundkurve an einer bestimmten Stelle, und ihre Länge bis zu diesem Schnittpunkte, die man durch Projektion der Linien auf die Abszisse leicht ablesen kann, stellt das zweite Maß des Pufferungsvermögens dar. Bei zahlreichen von JENSEN selbst ausgeführten Untersuchungen, aber auch bei Versuchen anderer, wie z. B. von KAPPEN und BERGEDER[1], zeigte sich, daß die Methode der Bestimmung des Pufferungsvermögens nach JENSEN zu recht brauchbaren Ergebnissen führte. Bei gleichartigen Böden ergab sich auch stets, daß die Pufferungswerte mit den übrigen Werten für den Reaktionszustand der Böden in bestem Einklang standen. Das ist auch durchaus zu erwarten, weil ja doch die wichtigsten puffernd wirkenden Stoffe in karbonatfreien Böden die zeolithischen Silikate und die Humate sind; je stärker diese aber von basischen Stoffen bei der Versauerung befreit sind, um so mehr muß sich ihr Vermögen, Widerstand gegen Reaktionsverschiebungen zu äußern oder auf einwirkende Säuren und Basen neutralisierend zu wirken, verringern. Dennoch aber besteht zwischen den Pufferflächen und Pufferzahlen einerseits und dem Reaktionszustande verschiedener Böden andererseits keinerlei Beziehung. Das ist ganz selbstverständlich, wenn man wieder daran denkt, daß Abbaugrad und Menge der absorbierenden Bestandteile des Bodens die Bodenazidität bedingen. Ein Quarzsand weist, selbst wenn er keine saure Reaktion besitzt, immer nur ein sehr kleines Pufferungsvermögen auf, ein Tonboden dagegen oder ein Humusboden kann trotz weitgehenden Ersatzes seiner Basen durch Säurewasserstoff, also trotz starker Versauerung, dennoch eine viel größere Pufferfläche aufweisen als der Sandboden. Nur bei physikalisch und chemisch gleichartigen Böden kann auf ein Parallelgehen von Pufferung und Versauerung gerechnet werden. Weniger brauchbar zur Kennzeichnung des Pufferungsvermögens der Böden als die Pufferflächen scheinen die Pufferzahlen zu sein, worauf KAPPEN und BERGEDER bei der Untersuchung stärker versauerter

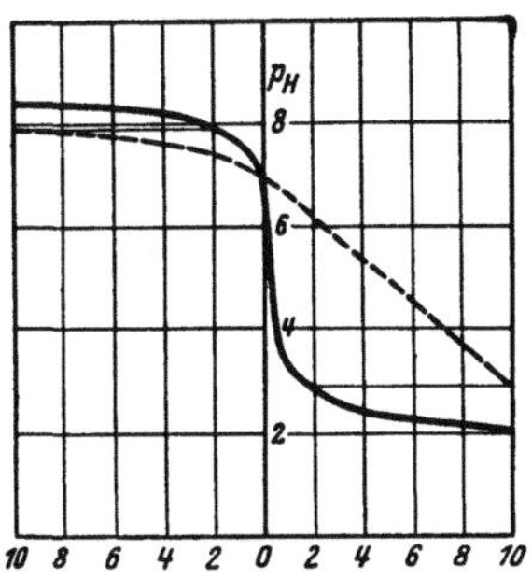

Durchgezogene Kurve = Grundkurve. Gestrichelte Kurve = Bodenkurve.

cm³ $\frac{n}{10}$ — Ca(OH)₂ ⟵ cm³ $\frac{n}{10}$ HCl ⟶

Abb. 12. Pufferkurven nach JENSEN.

[1] KAPPEN, H. u. W. BERGEDER: a. a. O., S. 311.

Böden hingewiesen haben. Sie bringen dieses Versagen mit der Bildung stark hydrolytisch aufgespaltener Eisensalze unter dem Einfluß höherer Säurezusätze auf solche Böden in Zusammenhang. Neuerdings haben TACKE und ARND[1] die JENSENsche Methode zur Bestimmung des Pufferungsvermögens auch auf Moorböden in Anwendung gebracht.

Den Ausdruck des Pufferungsvermögens des Bodens, den die Methoden von ARRHENIUS, von BRENNER und von JENSEN mehr empirisch darstellen, hat man auch wissenschaftlich strenger zu formulieren versucht. Die Pufferung im eigentlichen Sinne, d. h. der Widerstand gegen die Reaktionsveränderung durch Zusatz von Säure oder von Lauge oder die Nachgiebigkeit gegen diese Einflüsse, wie man auch unter Benutzung des reziproken Begriffes sich ausdrücken kann, läßt sich durch den Differentialquotienten $\frac{dx}{dy}$ darstellen, der das Verhältnis der kleinsten Reaktionsverschiebung zu der dazu nötigen kleinsten Säure- oder Basenmenge bedeutet. Eine schärfere mathematische Formulierung des Pufferungsvermögens erscheint daher durchaus möglich. Bemüht haben sich auf dem Gebiete der Bodenkunde darum in neuester Zeit W. U. BEHRENS[2] und besonders K. MAIWALD[3]. Was von diesen neueren Vorschlägen zur Bestimmung der Pufferung in den festen Besitzstand der Wissenschaft übergehen wird, läßt sich zur Zeit noch nicht aussagen. Praktischen Bedürfnissen genügen jedenfalls schon die einfachen Ausdrücke für das Pufferungsvermögen der Böden, wie sie von ARRHENIUS, BRENNER und von JENSEN gegeben sind.

Verhalten des versauerten Bodens gegen Salzlösungen

Die Veränderungen, die ein Boden bei der Versauerung erleidet, äußern sich nicht nur in der Änderung seiner Reaktion und in seinem Verhalten gegenüber Säuren und Basen, sondern auch in seinem Verhalten gegenüber den Lösungen von Salzen. Das veränderte Verhalten gegen Salzlösungen ist sogar für den versauerten Boden so sehr von seinem Verhalten in neutralem und schwach alkalischem Zustande abweichend, daß es sich mit bestem Erfolge zur Kennzeichnung und Erkennung der eingetretenen Versauerung ausnutzen läßt. Dabei ist allerdings noch zwischen Salzen verschiedener Art zu unterscheiden, nämlich zwischen hydrolytisch spaltbaren und zwischen Neutralsalzen. Zu den hydrolytisch spaltbaren Salzen gehören bekanntlich die Salze aus einer starken Base und einer schwachen Säure sowie die aus einer schwachen Base und einer starken Säure. Diese Salze werden durch Wasser zum Teil in ihre Bestandteile aufgespalten, entsprechend den Gleichungen:

$$CH_3COONa + H \cdot OH \rightleftarrows CH_3COOH + NaOH$$
$$AlCl_3 + 3H_2O \rightleftarrows Al(OH)_3 + 3\,HCl\,.$$

Das Verhalten dieser Salze zum versauerten Boden unterscheidet sich wesentlich von dem der eigentlichen Neutralsalze, die bekanntlich aus einer starken Säure und einer starken Base zusammengesetzt sind und der hydrolytischen Aufspaltung durch das Wasser nicht unterliegen. Die Einwirkung der Lösungen dieser beiden verschiedenen Salzklassen auf den Boden soll daher auch getrennt behandelt werden; zuerst soll das Verhalten der hydrolytisch spaltbaren Salze besprochen werden.

---

[1] TACKE, B. u. TH. ARND: Zur Bestimmung des Puffervermögens von Böden. Z. Pflanzenernährung, Düng. u. Bodenk. A, **15**, 44.

[2] BEHRENS, W. U.: Zur graphischen Darstellung des Pufferungsvermögens des Bodens. Fortschr. Landw. **3**, 299.

[3] MAIWALD, K.: Untersuchungen zur Bestimmung und Deutung des Puffervermögens karbonatarmer Böden. Kolloidchem. Beih. **27**, 251.

Die hydrolytische Azidität.

Werden hydrolytisch spaltbare Salze mit saurem Boden oder allgemein mit sauren Kolloiden zusammengebracht, so erfolgt eine Bindung der Basen aus dem Salz, und es entsteht dabei eine aequivalente Menge der Säure des Salzes in freiem Zustande[1]. Diese Reaktion wurde zuerst in systematischer Weise von BAUMANN und GULLY[2] zu bodenkundlichen Untersuchungen herangezogen. Die beim Schütteln von Moorböden mit Kalziumacetat oder Natriumacetat auftretende freie Essigsäure verwandten diese Forscher zur Kennzeichnung der sauren Eigenschaften der Moorböden; auf saure Mineralböden wurde diese Untersuchungsweise wohl zuerst von KAPPEN[3] in Anwendung gebracht. Seitdem ist die Anwendung von Acetaten auf saure Böden in ausgedehntem Maße erfolgt, und es steht zu erwarten, daß sich diese Verwendung für die Untersuchung saurer Böden mehr und mehr einbürgern wird. Es muß daher an dieser Stelle näher auf diese Reaktion eingegangen werden.

Vorausgeschickt sei dabei, daß die Säurebildung aus Acetaten durch saure Böden von KAPPEN mit dem Namen der hydrolytischen Azidität belegt wurde, eine Benennung, mit der eben die Fähigkeit saurer Böden, hydrolytisch gespaltene Salze zu zerlegen, gekennzeichnet werden sollte. Diese kurze Bezeichnung für die in Frage stehende Erscheinung mag auch im folgenden beibehalten werden. Über das eigentliche Wesen dieser hydrolytischen Azidität sind nun im Laufe der Zeit verschiedene Auffassungen geäußert worden. BAUMANN und GULLY, die bekanntlich den Humussäuren der Moorböden keinen eigentlichen Säurecharakter zuerkennen wollten, vertraten die Ansicht, daß die Zersetzung der Acetate durch den sauren Boden nichts anderes sei als die Adsorption der darin enthaltenen Basen; sie hielten die Erscheinung für rein kolloidchemisch und bei dem damaligen Stande der kolloidchemischen Auffassungen für einen physikalischen Vorgang. TACKE und seine Mitarbeiter, die gegen BAUMANN und GULLY die echte Säurenatur der Humussäuren vertraten, sahen in der Zersetzung der Acetate — wie auch anderer hydrolytisch spaltbarer Salze, wie etwa Kalziumkarbonat — einen rein chemischen Vorgang. KAPPEN glaubte annehmen zu sollen, daß zwar bei der Bindung der Basen durch die sauren Stoffe zuerst eine Absorption im Spiele sei, daß die Basen dann aber schließlich doch rein chemisch von dem absorbierenden Stoff gebunden würden. Im einzelnen stellte sich KAPPEN den Vorgang bei der Zersetzung der Acetate so vor, daß die in den Lösungen dieser Salze enthaltenen stark absorbierbaren OH-Ionen von den absorbierenden sauren Stoffen gebunden, und daß damit zugleich wegen der Unmöglichkeit ihrer Trennung aus elektrostatischen Gründen die aequivalenten Mengen an Metallkationen gebunden würden, daß also letzten Endes infolge der hydrolytischen Spaltung der Azetate eine einfache Basenbindung aus ihnen stattfinde. In der Feststellung von MICHAELIS, daß die Bindung der OH-Ionen durch die Gegenwart von Metallkationen befördert wurde, glaubte KAPPEN auch eine ausreichende Erklärung für die oft weitgehende Zersetzung der Acetatlösung durch saure Böden zu erkennen. Heute hat sich diesen älteren Anschauungen gegenüber die Auffassung ziemlich allgemein durchgesetzt, daß die Säurebildung in den Acetatlösungen eine Folge des Ionenumtausches zwischen den Acetaten und den sauren zeolithischen Silikaten und Humaten ist. Von diesem Gesichtspunkte aus müssen wir daher den Vorgang noch etwas näher ins Auge fassen.

---

[1] BEMMELEN, J. M. VAN: Die Adsorptionsverbindungen und das Adsorptionsvermögen der Ackererde. Landw. Versuchsstat. 35, 76.

[2] BAUMANN, A. u. E. GULLY: Untersuchungen über die Humussäuren. Mitt. bayr. Moorkulturanst. 1910, H. 4.

[3] KAPPEN, H.: Über die Aziditätsformen des Bodens und ihre pflanzenphysiologische Bedeutung. Landw. Versuchsstat. 96, 277.

Zum erstenmal wurde diese Auffassung des Vorganges zwischen den Acetatlösungen und dem Boden allem Anschein nach von OSUGI[1] vertreten. VAN DER SPEK und HISSINK, RAMANN, WIEGNER u. a. äußerten dieselbe Auffassung. Wie also der Vorgang der Bodenversauerung als Eintausch von Wasserstoffionen gegen Metallkationen zu betrachten ist, so muß man die Äußerung der Azidität des Bodens gegen Salze als die Umkehrung dieses Vorganges, als Wiederaustausch der Wasserstoffionen gegen Metallkationen auffassen. Schematisch läßt sich somit der der hydrolytischen Azidität des Bodens zugrunde liegende Vorgang in der folgenden Weise darstellen:

$$\left.\begin{array}{c|c} - & + \\ \mathrm{OH} & \mathrm{H} \\ \mathrm{OH} & \mathrm{H} \\ \mathrm{OH} & \mathrm{H} \\ \mathrm{OH} & \mathrm{H} \end{array}\right. + 4\,\mathrm{CH_3COONa} \rightleftarrows \left.\begin{array}{c|c} \mathrm{OH} & \mathrm{Na} \\ \mathrm{OH} & \mathrm{Na} \\ \mathrm{OH} & \mathrm{Na} \\ \mathrm{OH} & \mathrm{Na} \end{array}\right. + 4\,\mathrm{CH_3COOH}.$$

Die austauschbaren Wasserstoffionen des Zeolith-Humat-Komplexes werden also in die Form der als schwache Säure sehr wenig dissoziierten Essigsäure übergeführt, und bei überschüssigem Vorhandensein von Acetat wird durch dessen Gegenwart die Dissoziation der Essigsäure noch nach der bekannten Gleichung

$$[\mathrm{H}^{\cdot}] = \mathrm{k} \cdot \frac{[\text{Essigsäure}]}{[\text{Azetat}]}$$

zurückgedrängt. Die Wasserstoffionenkonzentration bleibt also in der Acetatlösung nach Behandlung mit einem sauren Boden stets sehr niedrig, und das ist für den Ablauf des Ionenaustausches von sehr großer Bedeutung. Bei dem starken Eintauschbestreben, das den Wasserstoffionen zukommt, würde es nämlich bei nur wenig entbasten Böden, also beim Vorhandensein eines nur geringen Versauerungsgrades, gar nicht zum Austausch von Wasserstoffionen kommen, wenn nicht diese Möglichkeit ihres Abgefangenwerdens durch Aufnahme in das wenig elektrolytisch dissoziierte Essigsäuremolekül vorhanden wäre. Dank der besonderen Dissoziationsverhältnisse der schwachen Säuren ist es nun aber mit Hilfe der Acetatlösungen möglich, selbst geringe Säuregrade des Bodens zu erkennen.

Im übrigen geht der Ionenaustausch zwischen dem versauerten Boden und den Acetatlösungen im allgemeinen entsprechend den bei anderen Austauschvorgängen vorgefundenen Gesetzmäßigkeiten vor sich. Genauere Untersuchungen über die einzelnen in Betracht kommenden Faktoren, die den Ablauf der Reaktion beeinflussen, finden sich schon in den Arbeiten von BAUMANN und GULLY, ferner bei A. VON OERTZEN[2]. Es geht aus diesen Untersuchungen hervor, daß nach gewissen Richtungen auch Abweichungen bei dem Austausch der Wasserstoffionen gegen die Kationen der Acetatlösungen vorhanden sind. So verläuft der Austausch zwar wie immer in der Hauptsache sehr schnell, aber es finden noch nach Stunden erkennbare Einwirkungen der Acetatlösungen auf die sauren Stoffe statt. In einem Punkte ist auch eine sehr wesentliche, bisher noch nicht aufgeklärte Abweichung vom gewöhnlichen Kationenumtausch vorhanden, nämlich bezüglich der Temperaturbeeinflussung des Vorganges. Während beim Kationenumtausch zwischen Metallkationen nach den Untersuchungen von WIEGNER die Erhöhung der Temperatur ohne Einfluß auf den Umsatz ist, bringt, wie aus den folgenden Zahlen und der Abb. 13 hervorgeht, die Temperatursteigerung bei der hydrolytischen Azidität eine deutliche Steigerung des Wasser-

---

[1] OSUGI, S. u. T. UETSUKI: Untersuchungen über die Azidität des sauren Mineralbodens. Ber. Ohara-Inst. Japan 1, 27.

[2] OERTZEN, A. VON: Untersuchungen zur hydrolytischen Azidität der Mineralböden. Dissert. Bonn 1926.

stoffionenaustausches zustande; die Menge des ausgetauschten Wasserstoffs steigt proportional der Temperatur an. Der Wasserstoffionenumtausch hat also trotz aller sonstigen Übereinstimmung mit dem Austausch von Metallkationen seine Besonderheiten, die noch einer genaueren Erklärung bedürfen.

Temperatur	Na-Acetat	Ca-Acetat
16°	11,80	13,65
32—33°	14,10	16,20
40—41°	15,40	18,05
50—51°	17,15	20,05
60—61°	18,60	22,05
70—71°	19,95	24,15

In allen Fällen, das mag hier noch betont werden, führt die Behandlung eines sauren Bodens mit Lösungen der Acetate oder anderer hydrolytisch gespaltener Salze stets nur zu einem Umtauschgleichgewicht, niemals geht bei einmaliger Behandlung die Reaktion bis zum völligen Austausch des vorhandenen Säurewasserstoffs. Erst bei wiederholter Behandlung mit frischen Acetatlösungen gelingt es, die Verdrängung des Wasserstoffs zu vervollständigen. Hält man an der Vorstellung fest, daß die Umsetzung zwischen den Acetatlösungen und dem Boden eine Verdrängung der Wasserstoffionen aus dem Außenschwarm der Teilchen ist, so muß man daher auch annehmen, daß die Wasserstoffionen in diesem Außenschwarm sich immer wieder aus dem Gehalt der Teilchen an potentiellem Säurewasserstoff ergänzen. Die Zahl der nötigen Behandlungen mit der Acetatlösung bis zur vollen Verdrängung des potentiellen Säurewasserstoffs ist aber so groß, daß sich eine Bestimmung des Gesamtsäurewasserstoffs des Bodens mit Hilfe der Bestimmung der hydrolytischen Azidität nicht durch Wiederholung der Behandlungen durchführen läßt. Nach zehnmaliger Behandlung wiesen bei den Untersuchungen von A. VON OERTZEN Böden, die anfänglich eine hydrolytische Azidität von 7 bis 16 cm³ 0,1 n Natronlauge besessen hatten (y_1) noch immer Aziditäten von 2 bis 3,5 cm³ auf. Eine rechnerische Erfassung der Gesamtazidität auf Grund der Abnahme der Aziditäten bei den einzelnen Ausschüttelungen führte ebenfalls nicht zum gewünschten Erfolge, dennoch aber ließ sich auf die Bestimmung der hydrolytischen Azidität eine für viele Böden recht brauchbare Methode zur Ermittlung ihres Kalkbedarfes aufbauen, worauf später noch näher einzugehen sein wird. Hier sei aber noch darauf hingewiesen, daß die Höhe der hydrolytischen Azidität, die verschiedene Böden bei Behandlung mit einer Acetatlösung aufweisen, nur dann ihren Versauerungszustand richtig widerspiegelt, wenn diese Böden von gleicher physikalischer Beschaffenheit sind, also gleiche Gesamtmengen an kolloiden Verwitterungssilikaten und Humaten besitzen. Die Höhe der hydrolytischen Azidität muß dann dem Versauerungszustande solcher Böden direkt entsprechen, und die übrigen Aziditätswerte müssen sich parallel zur hydrolytischen Azidität ändern. Das ist z. B.[1] der Fall bei der folgenden künstlich hergestellten Serie saurer Böden, denen ein und derselbe Ausgangsboden zugrunde liegt.

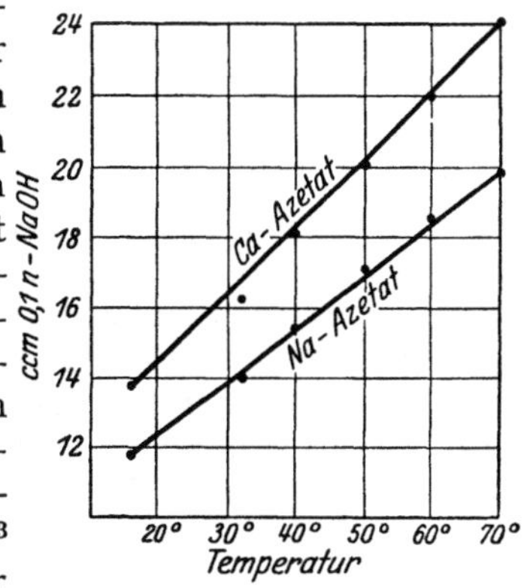

Abb. 13. Temperaturabhängigkeit der hydrolytischen Azidität.

Mit Salzsäure gesäuerte Böden nach gründlichem Auswaschen.

	Unbehandelt	Säurekonzentration			
		n/100	n/50	n/25	n/10
Hydrolytische Azidität	3,7	6,8	7,5	17,5	20,0
p_H-Wert	6,6	6,6	6,0	5,3	4,3

[1] KAPPEN, H.: Die Bodenazidität S. 96. Berlin 1929.

Bei Böden verschiedener Herkunft und physikalischer Beschaffenheit findet sich diese Übereinstimmung zwischen hydrolytischer Azidität und anderen Aziditätswerten aber nicht, vielmehr können hier große Unterschiede zwischen den Angaben der hydrolytischen Azidität und etwa den Reaktionszahlen des Bodens bestehen. Ebensowenig wie die Reaktionszahlen brauchen sich auch die Pufferungswerte den hydrolytischen Aziditäten direkt anzuschließen. Die aktuelle Azidität und das in den hydrolytischen Aziditäten — wenn auch nicht vollständig — erfaßte Basenbindungsvermögen des Bodens oder seine potentielle Azidität brauchen eben nicht bei verschiedenartigen Böden Hand in Hand zu gehen. Die Bedeutung beider Aziditätswerte liegt in ganz verschiedenen Richtungen.

Eingehende Untersuchungen über die hydrolytische Azidität sind in der letzten Zeit von verschiedenen Forschern vorgenommen worden, so von HISSINK[1], CZIKY[2] und von TACKE und ARND[3]. Der letzte schlägt vor, die reine hydrolytische Azidität von der allgemeinen hydrolytischen Azidität zu unterscheiden. Unter der reinen hydrolytischen Azidität versteht er den Zustand der Azidität, bei dem der Boden ausschließlich zur Zersetzung der hydrolytisch spaltbaren Salze, aber noch nicht zur Zersetzung von Neutralsalzen befähigt ist. Der Klarheit halber ist es empfehlenswert, diesem Vorschlage zu folgen. Die reine hydrolytische Azidität stellt nach allem das Anfangsstadium der Bodenversauerung dar, bei dem nur niedrige Wasserstoffionenkonzentration in der Bodenlösung mit dem wenig entbasten Verwitterungskomplex im Gleichgewicht stehen können, mit Zunahme des Gehaltes an Säurewasserstoff im Komplex gesellt sich dann zu der Fähigkeit der sauren Böden, hydrolytisch gespaltene Salze zu zerlegen bzw. damit in Wechselwirkung zu treten, die Fähigkeit, auch mit Neutralsalzlösungen unter Ionenaustausch zu reagieren. Der Boden gewinnt damit die Eigenschaft, die von KAPPEN als Austauschazidität bezeichnet worden ist; von ihr soll zunächst weiter die Rede sein.

Die Austauschazidität.

Bei Humusböden ist die Befähigung, mit Lösungen von Neutralsalzen unter Bildung von freier Säure zu reagieren, schon seit langer Zeit bekannt. Bei Mineralböden wurde sie dagegen erst in neuerer Zeit vorgefunden. Im Jahre 1902 wies HOPKINS[4] auf diese Fähigkeit bei Mineralböden hin und gab bereits eine Methode an, mit der man die Gesamtmenge der Säure, die bei Neutralsalzbehandlung des Bodens entstand, bestimmen zu können glaubt. Allerdings glaubte HOPKINS noch, die Ursache für die neutralsalzzersetzende Wirkung der Mineralböden auf die in ihnen enthaltenen Humusstoffe zurückführen zu sollen. Zwei Jahre später fand aber VEITCH[5], daß einmal die Säure, die sich in den Neutralsalzlösungen nach der Behandlung mit sauren Böden befand, gar nicht in freier Form, sondern hauptsächlich als Aluminiumsalz vorhanden war, das ja bekanntlich durch Hydrolyse sauer reagiert, und er fand weiter, daß diese sauer reagierenden Salze durch Umsetzung der Neutralsalzlösung mit den anorganischen Bodenbestand-

---

[1] HISSINK, D. J.: Beiträge zur Frage der Bodenadsorption. Bodenkdl. Forschgn. 1, 22.

[2] CZIKY, J. VON: Über die Bestimmung der Ungesättigtkeit und des Kalkbedürfnisses der Böden auf Grund der hydrolytischen Azidität. Z. Pflanzenern., Düng. u. Bodenk. A, 14, 281.

[3] TACKE, BR. u. TH. ARND: Die schädliche Bodenazidität und ihre Bestimmung. Z. Pflanzenern., Düng. u. Bodenk. A, 12, 362. — ARND, TH.: Zur Kenntnis des Wesens der hydrolytischen Bodenazidität. Ebenda A, 16, 65.

[4] HOPKINS, C. G., W. H. KNOX u. J. H. PETTIT: A quantitative method for determining the acidity of soils. U. S. A. Dep. Agricult. Bur. of Chem. Bull. 73 (1903).

[5] VEITCH, J. P.: Comparison of methods for the estimation of soil acidity. J. amer. chem. Soc. 1904, 637.

teilen Entstehung nahmen. Eindeutig als Basen- oder Ionenaustausch wurde diese Reaktion aber von VEITCH damals noch nicht bezeichnet, wenn auch wohl aus manchen seiner Äußerungen zu schließen ist, daß er diese Möglichkeit mit in Erwägung gezogen hat. Ein näheres Eingehen auf die besondere Natur dieses wichtigen Vorganges zwischen den sauren Mineralböden und den Neutralsalzlösungen findet man erst einige Jahre später bei DAIKUHARA[1]. Von diesem Autor wurde zum erstenmal klar und bestimmt ausgesprochen, daß man es bei der Zersetzung der Neutralsalzlösungen durch sauren Boden mit einer Absorptionswirkung der Bodenkolloide zu tun hat. In Anlehnung an eine von VAN BEMMELEN[2] geäußerte Auffassung glaubte DAIKUHARA annehmen zu sollen, daß durch die Säuren, die auf den Boden bei seiner Verwitterung zur Einwirkung gelangten, Aluminiumsalze und in geringerem Ausmaße auch Eisensalze in Lösung gebracht würden, die an den kolloiden Teilchen des Bodens absorbiert, und deren Kationen dann unter dem Einfluß von Neutralsalzkationen wieder in die Lösung gedrängt würden und dort dann die saure Reaktion verursachten. Diese Vorstellungen wurden dann von KAPPEN[3] dahin modifiziert, daß nicht Aluminium- und Eisensalze vom Boden absorbiert würden, sondern daß Aluminium- und Eisenionen bei der Versauerung des Bodens im Absorptionskomplex in eine austauschfähige Bindungsform gerieten, und daß diese Ionen es seien, die dann bei der Neutralsalzbehandlung des Bodens wieder in die Lösung gedrängt würden. Der Versauerungsvorgang des Bodens sollte nach KAPPEN nichts anderes als ein Spezialfall des allgemeinen Ionenaustausches beim Boden sein, wobei sich aber neben den gewöhnlich vorherrschenden Ionen von Kalzium und Magnesium auch die Ionen des Aluminiums und des Eisens beteiligten. Heute muß man aber sagen, daß die von KAPPEN im Anschluß an DAIKUHARA vertretene Auffassung von der Befähigung saurer Böden zum Ionenaustausch mit Neutralsalzlösungen sich höchstens noch in einem sehr beschränkten Umfange für die sehr stark versauerten Böden aufrecht erhalten läßt. Auch heute noch gilt als Erklärung für die von KAPPEN als Austauschazidität bezeichnete Erscheinung die Annahme eines Ionenaustausches zwischen dem absorbierenden Komplex des Bodens und den Neutralsalzlösungen, aber es sind nicht Aluminium- und Eisenionen, die diesem Austausch unterliegen, sondern geradeso wie bei der hydrolytischen Azidität sind es die beim Versauerungsvorgange aufgenommenen Wasserstoffionen, die unter dem Einfluß der Neutralsalzkationen aus dem Bodenkomplex verdrängt werden. Die Austauschazidität ist also wie die hydrolytische Azidität Wasserstoffionenaustausch; die Aluminiumionen, die in der Neutralsalzlösung nach erfolgtem Austausch mit dem Boden vorhanden sind, sind nicht durch direkten Aluminiumaustausch entstanden, sondern dadurch, daß die bei dem Wasserstoffionenaustausch entstandene starke Säure, wie Salz-, Schwefel- oder Salpetersäure, auf den absorbierenden Komplex zersetzend einwirkt und daraus die Sesquioxyde zur Auflösung bringt. Dieser letzte Vorgang besitzt für das Zustandekommen der ganzen Erscheinung eine ähnliche Bedeutung wie das Abgefangenwerden der Wasserstoffionen bei der hydrolytischen Azidität durch den Übergang in die undissoziierten Essigsäuremoleküle.

Wird nun die Austauschazidität auch als Wasserstoffionenaustausch anerkannt, so soll damit keineswegs gesagt sein, daß es keinen Austausch von

---

[1] DAIKUHARA, G.: Über saure Mineralböden. Bull. Imp. Centr. Agr. Exper. Stat. Japan **2**, 18.

[2] BEMMELEN, J. M. VAN: Das Absorptionsvermögen der Ackererde. Landw. Versuchsstat. **21**, 160.

[3] KAPPEN, H.: Studien an sauren Mineralböden aus der Nähe von Jena. Landw. Versuchsstat. **88**, 96.

Aluminiumionen gebe. Durch zahlreiche Untersuchungen von DAIKUHARA[1] und von KAPPEN[2] und seinen Mitarbeitern ist die Möglichkeit, daß Aluminium- und auch Eisenionen in austauschbarer Form in zeolithische Silikate und Humate eingelagert und durch Neutralsalzbehandlung wieder daraus verdrängt werden können, über jeden Zweifel erhoben. Durch Behandlung von Boden und von anderen Stoffen, wie Permutit, mit konzentrierten Lösungen von Aluminiumsalzen gelingt der Aluminiumeintausch sehr leicht und weitgehend, ebenso führt die Behandlung so vorbehandelter Stoffe mit Salzlösungen zu echtem Aluminiumaustausch. Die Erscheinungen des echten Aluminiumaustausches bei Mineralböden und Permutit und anderen zeolithischen Materialien decken sich aber so vollkommen mit den Erscheinungen des Wasserstoffionenaustausches, daß die irrtümliche Auffassung von DAIKUHARA und KAPPEN als wohl verständlich gelten kann. Im übrigen erscheint das Material, das über die Erscheinung der Austauschazidität von DAIKUHARA zusammengetragen wurde, trotz der irrtümlichen Auffassung von der Ursächlichkeit der Erscheinung das wertvollste, was überhaupt darüber zur Verfügung steht. Hier kann natürlich nur auf einige Hauptfragen kurz hingewiesen werden, die von DAIKUHARA behandelt wurden. So wurde von ihm an einer ganzen Reihe von Böden bei Verwendung verschiedener Kalisalzlösungen der Nachweis dafür erbracht, daß tatsächlich in den mit den sauren Böden in Berührung gewesenen Neutralsalzlösungen die saure Beschaffenheit auf die Gegenwart eines Aluminiumsalzes zurückzuführen war. Es wurde weiter die Konzentrationsabhängigkeit der Austauschazidität ermittelt und gefunden, daß sie sich wie der Austausch anderer Ionen der FREUNDLICHschen Isotherme unterordnete. Auch das Verhalten der Austauschazidität bei ihrer Aktivierung durch verschiedene Salze wurde schon von DAIKUHARA studiert, wobei sich herausstellte, daß die Verwendung von Kaliumchlorid zum stärksten Umsatz mit den sauren Böden führte. Wurde die mit Kaliumchloridlösung erzeugte Austauschazidität gleich 100 gesetzt, so ergaben sich für die anderen angewendeten Salze die folgenden Verhältniszahlen:

KCl	NH_4Cl	NaCl	$MgCl_2$	$CaCl_2$
100	99	51	46	45

Wie eine Reihe von Versuchen mit verschiedenen Kalisalzen zeigte, erweist sich auch die Art des Anions als bedeutungsvoll für den Grad des Wasserstoffionenaustausches bei der Austauschazidität. So stellten sich vergleichsweise die Austauschaziditäten bei Verwendung der Kalisalze verschiedener Säuren folgendermaßen heraus:

KCl	KNO_3	$KClO_3$	K_2SO_4	KJ
100	99	90	80	76

Das Kaliumchlorid bringt danach unter den Kalisalzen den stärksten Austausch von Wasserstoffionen zustande. Das Kaliumchlorid wird infolgedessen auch für die Bestimmung der Austauschazidität mit Recht vor anderen Salzen, besonders auch vor dem von HOPKINS benutzten Natriumchlorid bevorzugt, und diese Bevorzugung rechtfertigt sich auch, wenn wir an die starke Anwendung von Kaliumchlorid in der landwirtschaftlichen Praxis als Düngemittel denken.

[1] DAIKUHARA G.: a.a. O., S. 18.

[2] KAPPEN, H. u. F. RUNG: Über den Ionenaustausch der zeolithischen Silikate bei Beteiligung hydrolytisch gespaltener Salze. I. Mitt. Versuche mit Permutit. Z. Pflanzenern., Düng. u. Bodenk. A, **8**, 345. — KAPPEN, H. u. B. FISCHER: Über den Ionenaustausch der zeolithischen Silikate bei Beteiligung hydrolytisch gespaltener Salze. II. Mitt. Versuche mit natürlichen Silikaten. Ebenda **12**, 8.

Geradeso wie bei der Ermittlung der Austauschazidität mit Kaliumchloridlösung muß auch bei der Verwendung von Kaliumchlorid als Düngesalz eine Aktivierung der Austauschazidität, eine Verdrängung von Wasserstoffionen aus dem Bodenkomplex und damit eine Versauerung der Bodenlösung stattfinden.

DAIKUHARA studierte auch den Einfluß, den das Erhitzen des sauren Bodens auf die Austauschazidität ausübt, ferner den Zusammenhang der Austauschazidität mit den Teilchen verschiedener Größe. Wir verdanken DAIKUHARA auch wichtige Untersuchungen über die Entstehung und schließlich auch über die Beseitigung der Austauschazidität, wovon aber eingehender erst bei der Besprechung der Methoden zur Bestimmung des Kalkbedarfes der Böden zu sprechen sein wird. Bei jeglicher Behandlung des Wasserstoffionenaustausches durch Neutralsalze wird man somit auf die grundlegenden Arbeiten von DAIKUHARA zurückgreifen müssen, wenn auch das eigentliche Wesen der Erscheinung bei ihm nicht die richtige Deutung gefunden hat.

Was nun dieses Wesen der Austauschazidität angeht, so muß, wie schon oben gesagt, zugegeben werden, daß es nicht im Aluminiumaustausch, sondern im Wasserstoffaustausch besteht. Es erhebt sich natürlich mit dieser Feststellung die Frage, was dann die Austauschazidität von der hydrolytischen Azidität unterscheidet, von der oben auch bereits angegeben worden ist, daß sie Wasserstoffionenaustausch darstelle. Darauf kann im Anschluß an die eingehenden Ausführungen von PAGE[1] zu diesem Gegenstande erklärt werden, daß ein Unterschied zwischen beiden Erscheinungen nur in quantitativer, nicht in qualitativer Richtung besteht. Beide Erscheinungen sind Wasserstoffionenaustausch, aber bei der Anwendung von Lösungen hydrolytisch gespaltener Salze macht er sich viel leichter und vollständiger bemerkbar als bei den Neutralsalzen. Bei den hydrolytisch gespaltenen Salzen bewirkt die Bildung einer freien schwachen Säure und die Zurückdrängung ihrer Dissoziation durch die Gegenwart überschüssig vorhandenen Salzes, daß die Wasserstoffionenkonzentration in der Lösung stets sehr klein ist und ihre Gegenwirkung im Umtauschgleichgewicht daher immer nur stark beschränkt auftritt. Der Boden kann daher schon bei geringen Versauerungsgraden, sogar dann schon, wenn seine Reaktion noch auf der alkalischen Seite liegt, mit hydrolytisch gespaltenen Salzen Wasserstoffionen zum Austausch bringen. Bei den Neutralsalzen ist die Wasserstoffionenkonzentration der frei werdenden Säure infolge ihrer Stärke im Gegensatz dazu immer schon in schwächsten Konzentrationen groß, und eine Zurückdrängung ihrer Dissoziation durch gegenwärtiges Neutralsalz findet nicht statt. Die Gegenwirkung der Wasserstoffionen im Umtauschgleichgewicht des Bodens mit Neutralsalzen ist daher sehr stark, erst dann können die Wasserstoffionen sich in der Bodenlösung im Gleichgewicht mit dem absorbierenden Komplex halten, wenn seine Beladung mit Säurewasserstoff eine gewisse Höhe erreicht hat. Wahrscheinlich würden bei dem starken Eintauschbestreben der Wasserstoffionen überhaupt keine Wasserstoffionen in der Salzlösung erscheinen, zum mindesten würde sich ihre Menge in noch bescheideneren Grenzen halten, wenn nicht ein ähnlicher Vorgang doch Platz griffe, wie er bei der Behandlung des Bodens mit hydrolytisch gespaltenen Salzen stattfindet, nämlich eine Zurückdrängung der Wasserstoffionenkonzentration der entstandenen starken Säure durch Einwirkung auf den absorbierenden Komplex unter Auflösung von Aluminiumoxyd. Dadurch wird die freie Säure in ein Aluminiumsalz überführt, und da dieses infolge seiner verhältnismäßig schwachen hydrolytischen Aufspaltung nur eine geringe Wasser-

[1] PAGE, H. J.: The nature of soil acidity. Verh. II. Komm. Internat. bodenkdl. Ges. Groningen, A, 1926, 232.

stoffionenkonzentration besitzt, wird es ermöglicht, daß sich die beim Ionenaustausch entstandene Säure wenigstens zum Teil in der Form von Aluminiumsalz in der Neutralsalzlösung halten kann. Unter solchen Umständen ist es leicht verständlich, daß das Auftreten der hydrolytischen Azidität allein, also der reinen hydrolytischen Azidität im Sinne von ARND, stets das Anzeichen für eine erst im Anfangsstadium befindliche Bodenversauerung ist, und daß das Auftreten der Austauschazidität bereits eine stärkere Versauerung des Bodens anzeigt. Das ist natürlich klar, und es mag hier, weil es von manchen Seiten wohl früher mißverstanden ist, noch einmal besonders hervorgehoben werden, daß nämlich mit dem Eintreten und dem Anwachsen der Austauschazidität auch die hydrolytische Azidität des Bodens ansteigen muß, denn sie ist, wenn sie auch nicht bei einmaliger Behandlung des Bodens mit der Lösung des hydrolytisch gespaltenen Salzes den gesamten Säurewasserstoff des Bodens zu erfassen erlaubt, doch in jedem Falle der umfassendere Ausdruck für den Versauerungszustand des Bodens. Man könnte daher auch vielleicht bei der Untersuchung der Böden mit der Bestimmung ihrer hydrolytischen Azidität auskommen; man wird aber wegen der aus dem obigen hervorgehenden besonderen diagnostischen Bedeutung beider Aziditätsformen doch zweckmäßig an ihrer Unterscheidung festhalten. Ob man demgegenüber aber an der Abtrennung der von KAPPEN früher von den bis jetzt genannten Formen unterschiedenen Neutralsalzzersetzung als einer besonderen Erscheinungsform festhalten will, mag dahingestellt bleiben. Neutralsalzzersetzung ist ja eine Bezeichnung für die schon frühzeitig bei sauren Moorböden erkannte Eigenschaft, Lösungen von Neutralsalzen unter Säurebildung zu zersetzen. Die wirksamen Bestandteile in den Moorböden sind in diesem Falle natürlich die Humussäuren, was auch schon mit Sicherheit seit langem erkannt und auch näher untersucht ist. Auch gewisse anorganische Stoffe, wie z. B. das Mangansuperoxyd sind zu derselben Einwirkung auf Lösungen von Neutralsalzen befähigt. Von KAPPEN und seinen Mitarbeitern wurde die Neutralsalzzersetzung, ähnlich wie es früher schon von seiten VAN BEMMELENS und anderer geschah, als Absorption der OH-Ionen unter Mitschleppung aequivalenter Mengen an Kationen, also letzten Endes geradeso wie die hydrolytische Azidität, gedeutet. Wenn man daran denkt, daß bei der Zerlegung der physiologisch-sauren Salze durch die Wurzeln der höheren Pflanzen ein vollkommen analoger Prozeß als einzige Erklärung in Frage kommt, so möchte man auch heute noch wohl der von KAPPEN gegebenen Erklärung der Neutralsalzzersetzung die Zustimmung nicht versagen. Bei den Säureerscheinungen im Boden erhält man aber, worauf PAGE und andere Forscher hingewiesen haben, ein viel einheitlicheres Bild von ihrem Wesen, wenn man die Neutralsalzzersetzung in gleicher Weise wie die hydrolytische Azidität und die Austauschazidität als Austausch von Wasserstoffionen auffaßt. Daß die Neutralsalzzersetzung als eine besondere Erscheinungsform der Bodenazidität aufgefaßt werden konnte, hängt mit den hohen Wasserstoffionenkonzentrationen zusammen, die bei ihrer Aktivierung durch Salzlösungen auftreten können. Die sauren Hochmoorböden, natürlich auch die reinen Humussäuren oder andere zur Neutralsalzzersetzung befähigte Kolloide, sind immer sehr arm an anderen zum Austausch befähigten Kationen. Sie stellen zumeist eben die reinen Säuren dar, wie die Humussäure oder die manganige Säure. Gelegenheit zur Rückwirkung der ausgetauschten Wasserstoffionen mit dem Kolloid unter Herabsetzung ihrer Konzentration ist daher wie bei der hydrolytischen und der Austauschazidität nicht möglich, und so erscheinen dann bei neutralsalzzersetzenden Stoffen in den Salzlösungen auch viel höhere Wasserstoffionenkonzentrationen als bei den anderen Aziditätsformen. Im Wesen jedoch besteht zwischen allen drei Formen der Bodenazidität völlige Übereinstimmung; es handelt sich bei allen dreien um Wasserstoffionenaustausch, der nur durch die Basenarmut oder die schwerere Angreifbarkeit des austauschenden Kolloids modifiziert wird. Ist im übrigen bei einem Boden Austauschazidität oder Neutralsalzzersetzung vorhanden, so kann durch in den Boden hineingebrachte Salze, wie das bei der Düngung verwirklicht ist, auch ein mehr oder weniger großer Teil der Austauschazidität oder der Befähigung der Neutralsalzzersetzung aktiviert werden. Die Bodenlösung enthält dann auch einen wasserlöslichen Säureanteil, der von Kappen im Anschluß an Veitch als aktive Azidität des Bodens bezeichnet worden ist. Bestimmen wir bei einem Boden die aktuelle Azidität in der Bodenlösung oder in einer wässerigen Ausschüttelung des Bodens, so haben wir in den darin gemessenen Wasserstoffzahlen infolge der unvollständigen Dissoziation der wasserlöslichen sauren Bestandteile stets nur einen Teil dieser aktiven Azidität erfaßt. Aktive Azidität und aktuelle Azidität decken sich also keineswegs, denn in der aktiven Azidität ist auch stets der nur durch Filtration erfaßbare potentielle Anteil der Gesamtmenge der wasserlöslichen sauren Stoffe enthalten. In der folgenden nach Arnd wiedergegebenen schematischen Einteilung der verschiedenen Aziditätsformen des Bodens muß dieser Unterschied zwischen der aktiven und der aktuellen Azidität des Bodens wohl beachtet werden.

Gesamtazidität

↙ ↘

aktive Azidität (wasserlöslicher Säureanteil) | potentielle Azidität (oder gesamte hydrolytische Azidität)

↙ ↘

reine hydrolytische Azidität | Austauschazidität und Neutralsalzzersetzung

Daß bei der Behandlung eines Bodens mit hydrolytisch gespaltenen Salzen alle vier Erscheinungsformen der Azidität zugleich erfaßt werden — wenn auch nicht bei einmaliger Salzbehandlung restlos —, daß weiter bei der Behandlung mit Neutralsalzen auch die aktive Azidität mit erfaßt wird, ist ohne weiteres nach dem oben Dargelegten klar. Getrennt voneinander kann man die genannten vier Aziditätsformen nur erhalten, wenn man zuerst durch Wasserbehandlung für die Beseitigung der aktiven Azidität sorgt, dann durch fortgesetzte Behandlung mit Neutralsalzen die Austauschazidität und die neutralsalzzersetzende Fähigkeit ermittelt und darauf an dem so vorbehandelten Material die Behandlung mit der Lösung des hydrolytisch gespaltenen Salzes vornimmt.

Die Absorptionskraft des sauren Bodens für Pflanzennährstoffe.

Das Verhalten des sauren Bodens gegenüber den Lösungen von Salzen darf nicht allein vom Standpunkte des Austausches von Wasserstoffionen aus dem versauerten Bodenkomplex betrachtet werden, wie es bei der Besprechung der hydrolytischen Azidität und der Austauschazidität geschah, sondern es muß auch der Eintausch der Kationen in den sauren Bodenkomplex dabei ins Auge gefaßt werden. Von besonderer Wichtigkeit erscheint hierbei der Eintausch derjenigen Kationen, die wie die Kalium-, Magnesium- und Ammoniumionen als Nährstoffe der Pflanzen in Frage kommen, es ist also, um es mit einem älteren Ausdruck zu bezeichnen, die Absorptionskraft des Bodens für Pflanzennährstoffe in ihrer Abhängigkeit vom Versauerungszustande des Bodens noch kurz zu erörtern. Wenn nämlich bei der Bodenversauerung die ursprünglich im absorbierenden Bodenkomplex enthaltenen Kationen durch die Wasserstoffionen ersetzt werden, so liegt es von vornherein nahe, anzunehmen, daß durch diese Veränderung auch die absorbierenden Wirkungen des Komplexes gegenüber den Pflanzennährstoffen verändert werden. Das ist um so eher zu erwarten, weil sich, wie aus früheren Darlegungen schon hervorgegangen ist, das Wasserstoffion doch in manchen Punkten anders als die Metallkationen verhält. Diesem verschiedenen Verhalten ist es ja zu danken, daß wir überhaupt von hydrolytischer und von Austauschazidität und der Befähigung zur Neutralsalzzersetzung sprechen können. Ein Teil der bei der Versauerung in den Verwitterungskomplex eingetretenen Wasserstoffionen ist ja erst bei der Einwirkung hydrolytisch gespaltener Salze oder der von freien Basen wieder aus dem Boden zu entfernen, nicht aber bei der Einwirkung von Neutralsalzlösungen. Dieser Anteil wird also auch für die Absorption von Nährstoffen, wie Kalium, Magnesium und Ammonium, aus Neutralsalzen sehr weitgehend ausgeschaltet sein. Es muß also die Absorption solcher Nährstoffkationen aus Neutralsalzen in sauren Böden um so mehr behindert sein, je stärker sie mit dem wenig zum Austausch neigenden Säurewasserstoff beladen sind. Bei Untersuchungen, die W. HILLKOWITZ[1] dem Absorptionsvermögen saurer Böden gegenüber den Pflanzennährstoffen widmete, trat denn auch diese Behinderung der Absorptionskraft durch den Eintritt von Wasserstoffionen in den Bodenkomplex sehr deutlich zutage. Je stärker der Boden versauert war — benutzt wurde eine Reihe von Böden, die durch Behandlung mit Säure künstlich entbast waren — um so geringer wurde die Absorption von Ammonium und Kalium. Beim Kalzium allerdings verhielt es sich umgekehrt. In allen Fällen war hier die Absorption aus einer 0,1 *n* Kalziumchloridlösung recht gering, sie nahm aber mit steigender Versauerung des Bodens nicht ab, sondern stieg damit etwas an. Das ist auch ganz klar, wenn man daran denkt, daß in dem nicht versauerten Boden die austauschbaren Kationen zu 84% aus Kalzium bestanden. Diesem Gehalt gegenüber konnte sich natürlich bei der Behandlung mit der 0,1 *n* Kalziumchloridlösung kein wesentlicher Eintausch bemerkbar machen, es mußte aber, je mehr fremde Kationen — Wasserstoffionen — bei der Versauerung eintraten, die Möglichkeit des Ionenaustausches mit der Salzlösung günstiger werden. Praktisch spielt dieses besondere Verhalten der versauerten Böden zum Kalziumion natürlich keine Rolle, weil nur alkalisch reagierende Kalkdüngemittel auf den sauren Böden zur Einwirkung gelangen, diese aber zu einem weitgehenden Ersatz des Wasserstoffs durch Kalzium Veranlassung geben, da das Austauschprodukt nicht Wasserstoff, sondern Wasser ist, dessen Rückwirkung bei seiner geringen elektrolytischen Dissoziation sehr unbedeutend bleibt. Für die anderen Nährstoffe, wie das Ammonium und das Kalium, auch vielleicht für das Magnesium, — wenn hier auch bei seiner schweren Auswaschbarkeit in geringerem Grade — wird aber doch der Verminderung der Absorptionskraft des Bodens für Pflanzennährstoffe eine gewisse Bedeutung nicht abzusprechen sein. Das ist auch der Fall für die Absorption der Phosphorsäure aus Monokalziumphosphat und damit aus Superphosphat. Hier findet man mit steigendem Versauerungsgrad des Bodens ein deutliches Ansteigen der Absorption, und das hängt wohl mit der Tatsache zusammen, daß das Aluminium in sauren Böden eine höhere Reaktionsfähigkeit annimmt, wie das aus den Untersuchungen über aktives Aluminium hervorgeht. Dieser mit steigendem Säuregrad zunehmende Gehalt an aktivem Aluminium[2] ist es sicherlich, den wir für die verstärkte Bindung der

[1] HILLKOWITZ, W.: Absorptionserscheinungen bei sauren Böden. Z. Pflanzenern., Düng. u. Bodenk. A, 11, 229.

[2] BURGESS, P. S.: Determination of active aluminum in acid soils. Soil Sci. 15, 131.

Phosphorsäure durch saure Böden verantwortlich machen müssen. Vielleicht ist aber auch das Aluminium daran beteiligt, das neben dem Wasserstoff in ionogener Form in den sauren Böden vorhanden ist. Wenn auch nicht viel, so muß in stärker versauerten Böden solches austauschbare Aluminium vorhanden sein, weil es sich in der Bodenlösung in Ionenform vorfindet und mit dem absorbierenden Bodenkomplex im Austauschgleichgewicht stehen muß.

Von HILLKOWITZ[1] wurden übrigens auch Untersuchungen zur Beantwortung der praktisch wichtigen Frage ausgeführt, ob sich die ursprüngliche Absorptionskraft eines versauerten Bodens durch Beseitigung der Versauerung mit Hilfe der Kalkdüngung wiederherstellen ließ. Die Versuche führten zu dem Ergebnis, daß solches bis zu einem ziemlich hohen Grade möglich sei, sie zeigten aber auch, daß dann, wenn die Versauerung bis zu einer Zerstörung des Anionenrestes im absorbierenden Komplex geführt hatte, der vollständige Wiederaufbau des Komplexes zu seiner alten Absorptionskraft nicht mehr möglich war. Es erscheint somit nicht ganz ausgeschlossen, daß Böden, die rücksichtslos der Versauerung überlassen bleiben, auch einen dauernden Schaden an der so wichtigen Eigenschaft der Nährstoffabsorption nehmen können.

Der Sättigungsgrad der Böden mit austauschfähigen Basen als Maß für ihren Versauerungsgrad.

Die volle Erfassung des bei der Versauerung von einem Boden aufgenommenen Wasserstoffs ist, wie oben schon dargelegt wurde, wohl bei der Behandlung mit Lösungen von hydrolytisch gespaltenen Salzen, wie den Acetaten und den Karbonaten, nicht aber durch Behandlung mit Lösungen von Neutralsalzen möglich. Dennoch läßt sich mit Hilfe der Neutralsalzbehandlung in ausgezeichneter Weise der Versauerungsgrad eines Bodens auf indirektem Wege feststellen, nämlich dadurch, daß man die bei der Versauerung aus dem Boden verschwundene Menge der austauschfähigen Basen ermittelt. Nach dem Vorschlage von HISSINK[2], der sich am eingehendsten mit der Charakterisierung des Sättigungsgrades der Böden auf diesem Wege beschäftigt hat, verfährt man dabei so, daß man zunächst die in dem Boden noch vorhandene Menge der austauschfähigen Kationen, vornehmlich Kalzium und Magnesium, ermittelt und diese Menge in Vergleich zu derjenigen setzt, die der Boden bei voller Sättigung mit Basen aufnehmen kann. Den ersten Wert bezeichnet HISSINK mit dem Buchstaben S und den zweiten Wert mit dem Buchstaben T. Der Wert $T—S$ bedeutet dann nichts anderes als die Menge an Säurewasserstoff, die in dem versauerten Boden enthalten ist. Unter dem Sättigungsgrad V nach HISSINK ist das in Prozenten angegebene Verhältnis von S zu T zu verstehen, also $V = 100 \cdot \frac{S}{T}$.

Der Wert S ist nun für jeden Boden ziemlich einfach zu ermitteln, indem man ihn mit ausreichenden Mengen einer Neutralsalzlösung behandelt. Bei wiederholter Behandlung mit einem dem Boden fremden Kation werden ja schließlich alle austauschbaren Kationen aus ihm verdrängt. HISSINK verfährt nun zur Bestimmung von S derartig, daß er 25 g oder bei humusreichen Böden 10 g der Feinerde in einem Becherglase mit 100 cm³ einer 80—90° heißen normalen Kochsalzlösung übergießt und diese Mischung nach einigem Umschütteln über Nacht stehen läßt. Die Flüssigkeit wird am nächsten Tage durch ein Filter in einen Meßkolben von 1 Liter Inhalt abgegossen, der Boden wird aus dem

[1] HILLKOWITZ, W.: a. a. O., S. 242. — Vgl. ferner A. LAMBIN: Russ. J. landw. Wissensch. **6**, 313 (1929) (russ. mit deutscher Zusammenfassung).

[2] HISSINK, D. J.: Der Sättigungszustand des Bodens. A. Mineralböden (Tonböden). Z. Pflanzenern., Düng. u. Bodenk. A, **4**, 137; ferner Trans. Faraday Soc. **20**, Nr. 60 III.

Becherglase quantitativ auf das Filter gebracht und mit *n*-Natriumchloridlösung ausgewaschen. Ist 1 Liter Lösung hindurchfiltriert, so wird der Trichter mit dem Boden auf einen zweiten Meßkolben von 1 Liter Inhalt gesetzt, das Auswaschen mit Natriumchloridlösung wird darauf so lange fortgesetzt, bis ein zweites Liter durch den Boden hindurchgelaufen ist. In beiden Litern der Waschflüssigkeit wird dann getrennt der Gehalt an Kalzium analytisch bestimmt. Zieht man den Gehalt des zweiten Liters der Waschflüssigkeit an Kalzium von dem Gehalt des ersten Liters ab, so erhält man den Kalk, der in austauschfähigem Zustande im untersuchten Boden enthalten war.

Die Gesamtmenge des austauschfähigen Kalkes befindet sich nach HISSINK bereits im ersten Liter der Waschflüssigkeit, daneben aber auch immer die Menge an Kalk, die aus etwa vorhandenem kohlensauren Kalk in Lösung geht. Um diese Menge zu erfassen, wird eben die Auswaschung mit dem zweiten Liter durchgeführt. Ist, wie bei deutlich sauren Böden, kein kohlensaurer Kalk vorhanden, so kann die Auswaschung mit dem zweiten Liter Kochsalzlösung wohl unbedenklich unterbleiben.

Daß HISSINK sich auf die Bestimmung des austauschbaren Kalziums beschränkt, wird von anderer Seite beanstandet, so von A. J. VON 'SIGMOND[1]. Vielleicht ist es richtiger, auch die anderen austauschbaren Kationen, wie das Magnesium, das Kalium und Natrium mit zu bestimmen. Da aber die Menge der austauschbaren Kalziumionen die der anderen stets ganz bedeutend übersteigt — auf 100 Teile austauschbarer Basen kommen nach HISSINK im allgemeinen 79 Teile Kalzium, aber nur etwa 13 Teile Magnesium, 6 Teile Natrium und 2 Teile Kalium — so ermöglicht doch schon die ausschließliche Ermittlung der austauschbaren Kalziumionen, den Sättigungsgrad eines Bodens mit praktisch genügender Zuverlässigkeit zu bestimmen. Die Ermittlung aller vorhandenen austauschbaren Kationen würde jedenfalls die Bestimmung auch recht erheblich erschweren. Das ist z. B. bei der von GEDROIZ vorgeschlagenen Methode der Fall, bei der eine Behandlung des Bodens mit Ammoniumchloridlösung bis zum Verschwinden der Kalziumionen aus dem Boden vorgenommen und dann der Gehalt der Lösung an ausgetauschtem Ca, Mg, K und Na bestimmt wird.

Weniger soll nach den Angaben von A. VON 'SIGMOND die Verbindung der Methoden von HISSINK mit der von GEDROIZ, wie sie KELLEY[2] ausführt, unter dieser Umständlichkeit leiden. Daß außer Natrium- und Ammoniumchloridlösungen — KELLEY und DI GLERIA[3] — auch die Lösungen anderer Salze zur Verdrängung der austauschfähigen Kationen aus dem Boden brauchbar sind, ist klar. So wird von BOBKO und ASKINASI[4] Bariumchlorid zur Verdrängung benutzt, und dann nach Auswaschung des überschüssigen Bariumchlorids das vom Boden im Austausch aufgenommene Barium analytisch bestimmt. Von GEDROIZ ist auch schon zur Verdrängung der Kationen das Wasserstoffion von Säuren benutzt worden. Aber da diese Methode doch wieder die analytische Bestimmung der gegen Wasserstoff ausgetauschten Kationen erforderlich macht, so ist sie auch noch für die Ausführung praktischer Untersuchungen zu umständlich. KAPPEN und HILLKOWITZ[5] haben daher vorgeschlagen, auf die

---

[1] 'SIGMOND, A. J. VON: Verh. II. Komm. Internat. bodenkdl. Ges. Groningen, B, **1927**, 130.

[2] KELLEY, W. P. u. S. M. BROWN: Replaceable bases in soils. Univ. Calif. Publ. Techn. Paper Nr. **15**.

[3] GLERIA, J. DI: Die Bestimmung der austauschfähigen Basen der Böden. Verh. II. Komm. Internat. bodenkdl. Ges., Budapest A, **1929**, 64.

[4] BOBKO, E. W. u. D. L. ASKINASI: Bestimmung der Absorptionskapazität und des Ungesättigtkeitsgrades der Böden. Z. Pflanzenern., Düng. u. Bodenk. A, **6**, 99.

[5] HILLKOWITZ, W.: Absorptionserscheinungen bei sauren Böden. Z. Pflanzenern., Düng. u. Bodenk. A, **11**, 229.

Bestimmung der einzelnen ausgetauschten Kationen zu verzichten und durch die Bestimmung der Aziditätsabnahme, die eine Salzsäurelösung bei der Behandlung mit einem Boden erfährt, die Gesamtmenge der austauschbaren Kationen zu ermitteln. Tatsächlich ergaben die Versuche der Genannten, daß diese Methode mit ausreichender Genauigkeit die Menge der austauschbaren Basen zu ermitteln erlaubt. Die Genannten schlugen vor, 50 g Boden mit 250 cm^3 einer $n/10$ Salzsäure nach einstündigem Schütteln über Nacht stehen zu lassen, dann die Lösung abzufiltrieren und sie unter Verwendung von Phenolphtalein als Indikator zu titrieren. Aus der vom Boden neutralisierten Säuremenge kann man dann auf die Menge der austauschfähigen Basen zurückrechnen und sie in Milligrammaequivalenten auf 100 g Boden angeben. Mit dieser von KAPPEN vorgeschlagenen Methode haben sich P. VAGELER und J. WOLTERSDORF[1] beschäftigt und dargelegt, daß wenigstens beim Permutit eine Überschußanlagerung von Chlorwasserstoffsäure an die Mizellen von Aluminiumhydroxyd stattfinden kann, so daß die Menge der bei der Säurebehandlung verschwundenen Säure nicht vollständig der Summe der verdrängten Basen entspricht. Die Methode der absoluten Neutralisation nach KAPPEN wird von den Genannten aber dennoch als brauchbar für den beabsichtigten Zweck der schnellen Ermittlung der Menge der austauschbaren Basen bezeichnet. Erst wenn ein größeres Prüfungsmaterial über diese Methode vorliegt, wird man ihren Wert endgültig bemessen können.

Um das Sättigungsverhältnis des Bodens nach HISSINK zu bestimmen, ist nun noch die Kenntnis des Wertes T erforderlich. Diese Größe erhält man aus der Bestimmung von S nach einer der oben angegebenen Methoden und der Bestimmung von $T—S$. Dieser letzte Wert bedeutet bei den Böden nichts anderes als ihren Gehalt an Säurewasserstoff, aber seine Ermittlung ist, wie bereits bei der Besprechung des Verhaltens der sauren Böden gegen Basen auseinandergesetzt wurde, nicht ganz leicht. HISSINK verwandte zuerst bei seinen Untersuchungen zur Ermittlung dieses Wertes — der potentiellen Azidität des Bodens — die Leitfähigkeitstitration, ging dann später aber zu einer einfachen Titrationsmethode unter Benutzung von Bariumhydroxyd über. Diese Methode von HISSINK ist schon näher dargelegt worden (S. 354), so daß hier nur darauf zu verweisen ist. Aus $(T—S) + S$ erhält man dann T und kann nun nach HISSINK das Sättigungsverhältnis des Bodens $V = 100 \cdot \frac{S}{T}$ errechnen.

Ohne Frage stellt der HISSINKsche Wert V ein ausgezeichnetes Charakteristikum für den Versauerungsgrad eines Bodens dar, nur besteht eine gewisse Unsicherheit noch bezüglich des Wertes T. Dieser Wert wird erst bei einer Reaktionszahl der Boden-Barytwasser-Mischung erreicht, der bereits sehr stark auf der alkalischen Seite der Reaktionsskala liegt, nämlich bei etwa p_H 11. Das ist ein Reaktionswert, bei dem wohl sicher kein Säurewasserstoff mehr in dem Zeolith- und Humatkomplex des Bodens vorhanden ist, vielleicht ist aber auch bei diesem Reaktionswert bereits ein Teil des Baryts in anderer Weise als durch Neutralisation, nämlich durch Adsorption aus der Lösung verschwunden. Es ist daher fraglich, ob man mit der Methode tatsächlich den Säurewasserstoff völlig richtig erfaßt. Außer HISSINK haben sich dann noch besonders GEHRING und WEHRMANN[2] mit der Bestimmung des Sättigungsgrades der

[1] VAGELER, P. u. J. WOLTERSDORF: Beiträge zur Frage des Basenaustausches und der Aziditäten, II. Z. Pflanzenern., Düng. u. Bodenk. A, **16**, 184.

[2] GEHRING, A. u. O. WEHRMANN: Über die Methode zur Bestimmung des Kalkbedürfnisses des Bodens unter Benutzung des Sättigungszustandes an Kalk. Z. Pflanzenern., Düng. u. Bodenk. A, **8**, 321.

Böden mit Basen beschäftigt. Die Methode, die sie dabei anwandten, stimmt für die Ermittlung des Wertes S in der Hauptsache mit der von HISSINK benutzten Methode überein, nur der Sättigungswert T wird von GEHRING und WEHRMANN abweichend von HISSINK bestimmt. Im einzelnen verfährt GEHRING[1] zur Bestimmung des Sättigungswertes wie folgt: 25 g lufttrockener Boden werden mit 100 cm³ gesättigter Kalziumhydroxydlösung versetzt und unter genauer Beobachtung der Temperatur vorsichtig auf 60° erwärmt. Nach Erreichung dieser Temperatur wird das Thermometer mit 5 cm³ Wasser abgespült, so daß jetzt eine Flüssigkeitsmenge von 105 cm³ dem Boden zugefügt worden ist. Nach etwa 24stündiger Einwirkung des Kalkwassers wird nach Zusatz von Phenolphtalein vorsichtig Kohlendioxyd bis zur Entfärbung des Phenolphthaleins eingeleitet. Dann wird zur Zersetzung von etwa vorhandenem Kalziumkarbonat gründlich zum Kochen erhitzt, und es wird der Flüssigkeit so viel Kochsalz zugesetzt wie nötig ist, um die Flüssigkeitsmenge von 105 cm³ daran normal zu machen. Die Lösung wird nach etwa 12stündiger Einwirkung auf den Boden abfiltriert, und der Boden auf dem Filter weiter mit Natriumchloridlösung behandelt, entsprechend den HISSINKschen Angaben über die Bestimmung von S. Den Sättigungsgrad berechnet GEHRING einfach in der Weise, daß er den Quotienten aus dem nach HISSINK bestimmten Gehalt an austauschbarem Kalk (S-Wert von HISSINK) und dem nach seiner Methode bestimmten Höchstgehalt an austauschbarem Kalk bildet.

Vergleichende Untersuchungen über diese beiden Methoden zur Bestimmung des Sättigungsgrades der Böden mit Basen liegen nur wenige vor. GERICKE[2] fand bei solchen Vergleichen, daß, wie nach der ganzen Ausführung der Bestimmung von $T—S$ nach HISSINK und nach GEHRING nicht anders zu erwarten war, die Methode von HISSINK stets zu einem höheren Wert für T und damit natürlich zu einem kleineren für den Sättigungszustand führt, als es bei der Methode von GEHRING der Fall ist. Auch von KUTSCHINSKY[3] wurden einige vergleichende Versuche nach beiden Methoden ausgeführt, wobei auch noch eine von KAPPEN[4] vorgeschlagene Methode zur Bestimmung des Sättigungsgrades mit Hilfe der Bestimmung der hydrolytischen Azidität der Prüfung unterworfen wurde. Die Ergebnisse dieses Vergleiches sind in der unten stehenden Tabelle zusammengefaßt:

V nach der Methode von	Boden 1	Boden 2	Boden 3	Boden 4
HISSINK . . .	18,7	30,5	19,3	4,2
GEHRING . .	28,2	38,5	28,6	5,6
KAPPEN . . .	22,1	41,3	36,6	5,7

Sie belegen für die HISSINKsche und GEHRINGsche Methode das bereits oben angegebene. Ob der von KAPPEN vorgeschlagenen Methode allgemeinere Brauchbarkeit zukommt, erscheint zweifelhaft, da bei der Ermittlung von $T—S$ mit Hilfe von Kalziumacetat ein Faktor zur Errechnung der Gesamtmenge des Säurewasserstoffs benutzt wird, der voraussichtlich zu großen Schwankungen unterliegen dürfte. Vergleichende Untersuchungen über die Methoden von

[1] Siehe Fußnote 2 S. 375.

[2] GERICKE, S.: Vergleichende Untersuchungen über Bestimmungsmethoden des Sättigungszustandes des Bodens. Z. Pflanzenern., Düng. u. Bodenk. A, **9**, 32.

[3] KUTSCHINSKY, P.: Vergleichende Untersuchungen über die Methoden zur Bestimmung des Sättigungsgrades der Böden. Z. Pflanzenern., Düng. u. Bodenk. A, **12**, 392.

[4] KAPPEN, H.: Über die Bestimmung des Sättigungszustandes des Bodens nach neueren Methoden. Erg. Agrik. Chem. **1** (1929).

HISSINK, GEHRING und BOBKO sind auch noch von HASENBÄUMER[1] und seinen Mitarbeitern ausgeführt worden. Sie führten zu demselben Ergebnis wie die oben genannten Nachprüfungen.

Eine restlos befriedigende Methode zur Bestimmung des Sättigungsgrades des Bodens gibt es zur Zeit überhaupt noch nicht, und das hängt damit zusammen, daß es auf größte Schwierigkeiten stößt, den Sättigungspunkt des Bodens, bei dem aller Säurewasserstoff aus ihm verdrängt und durch Basen ersetzt ist, mit Genauigkeit zu erfassen. Theoretisch — hierauf weist J. WOLTERSDORF[2] hin — kann ein Boden absolut frei von Säurewasserstoff nur werden bei Anwendung unendlich großer Basenmengen. Wäre bei den Kurven, die man bei der Basensättigung des Bodens erhält, die Erfassung eines Punktes möglich, in dem die Abweichung so klein zu werden beginnt, daß sie praktisch belanglos wird, so würde das zwar allen Anforderungen entsprechen. Aber, wie WOLTERSDORF sagt, erfolgt die Annäherung der Kurve an die Asymptote nur ganz allmählich, es handelt sich um einen so großen Reagenzbereich, daß damit der Willkür Tor und Tür offen steht. WOLTERSDORF beanstandet aus diesem Grunde auch die neuerdings von VON CSIKY[3] ausgearbeitete Methode, durch Zusatz von Kalziumhydroxyd bis zum Verschwinden der hydrolytischen Azidität den Gehalt des Bodens an Säurewasserstoff, also den HISSINKschen Wert $T—S$ zu bestimmen. In etwas anderer Weise als VON CSIKY versuchen übrigens auch TACKE und ARND[4] bei Humusböden und GEHRING[5] bei Mineralböden die gesamte hydrolytische Azidität, also den Wert $T—S$, den Säurewasserstoff des Bodens zu bestimmen. Sie stören durch Zusatz von Kalziumkarbonat das Umtauschgleichgewicht zwischen Boden und Acetatlösung und vervollständigen auf diese Weise die Umsetzung zwischen Boden und Acetat. Ob hierbei der Gesamt-Säurewasserstoff des Bodens wirklich erfaßt wird, bleibt zweifelhaft. Es wird daher vorläufig wohl bei einer konventionellen Methode zur Bestimmung dieses Wertes bleiben müssen, und da wäre es sehr wünschenswert, wenn im Interesse einer besseren Vergleichbarkeit alsbald eine Einigung auf eine einzige Methode zustande käme.

Die physikalischen Veränderungen des Bodens bei der Versauerung.

Allgemein verbreitet ist die Auffassung, daß ein Boden bei der Versauerung eine Verschlechterung seiner physikalischen Eigenschaften erleidet, sucht man aber in der Literatur nach Versuchen, die diese Annahme stützen, so muß man feststellen, daß es überhaupt keine gibt, die eine bündige Schlußfolgerung zuließen. Es sind zwar schon vor längerer Zeit Untersuchungen darüber ausgeführt worden, die eigentlich dazu geeignet sein sollten, Schlußfolgerungen auf das Verhalten der physikalischen Bodeneigenschaften bei der Versauerung des Bodens zu ziehen. Das sind die Untersuchungen über den Einfluß von Säuren auf Suspensionen von Ton, Kaolin, wie sie von BODLÄNDER und auch von

[1] HASENBÄUMER, J., R. BALKS u. M. BACH: Säuregehalt und Kalkbedarf unserer Kulturböden. Z. Pflanzenern., Düng. u. Bodenk. A, **13**, 93.

[2] WOLTERSDORF, J.: Zu VON CSIKY: Methode der Bestimmung der Kalkbedürftigkeit. Z. Pflanzenern., Düng. u. Bodenk. A, **16**, 294.

[3] CSIKY, J. VON: Über die Bestimmung der Ungesättigtkeit und des Kalkbedürfnisses der Böden auf Grund der hydrolytischen Azidität. Z. Pflanzenern., Düng. u. Bodenk. A, **14**, 281.

[4] TACKE B. und TH. ARND: Die schädliche Bodenazidität und ihre Bestimmung. Z. Pflanzenern. Düng. u. Bodenk. A, **12**, 362.

[5] GEHRING, A.: Die Methoden zur Bestimmung des Reaktionszustandes und des Kalkbedürfnisses des Bodens. Z. Pflanzenern., Düng. u. Bodenk. A, **15**, 204.

A. D. HALL und C. G. T. MORISON ausgeführt wurden[1]. Auch die neueren Untersuchungen über die Einwirkung von Säuren auf Quarzsuspensionen, Paraffin-, Quarz-, Ton- und Permutitsuspensionen, die von TUORILA[2] ausgeführt wurden, sollten eigentlich Schlußfolgerungen auf die Wirkung der Versauerung auf das physikalische Verhalten der Böden ermöglichen. Aus den Untersuchungen der Genannten geht nämlich übereinstimmend hervor, daß die Wasserstoffionen der Säuren stark ausflockend auf die Suspensionen von Kaolin und Quarz einwirken. Dasselbe Verhalten wurde auch an Suspensionen von Mangandioxyd von H. KAPPEN[3] festgestellt. Nach allen derartigen Untersuchungen sollte man also auch annehmen, daß die Säuren bei ihrer Einwirkung auf den Boden zu einer günstigen Veränderung der physikalischen Bodeneigenschaften führen würden, denn die Ausflockung der Suspensionen ist ja gleichbedeutend mit einer Krümelung der Teilchen, und die Krümelung gilt als eine günstige Veränderung der Bodenkolloide. Bei der Einwirkung auf Bodensuspensionen verhalten sich die Säuren aber nicht in derselben Weise, wie das für Kaolin, Quarz und Mangandioxyd festgestellt wurde. O. ARRHENIUS[4] fand schon bei Tonsuspensionen, daß die zugesetzte Säure keine Koagulation der Teilchen bewirkte, sondern daß geradeso wie auf Zusatz von Laugen eine Suspendierung erfolgte. Schon vom Neutralpunkt ab nahm bei den Versuchen von ARRHENIUS die Geschwindigkeit des Absatzes seiner Tonsuspension mehr und mehr ab, die Höhe der Sedimente mit steigenden Säurezusätzen mehr und mehr zu, und in Übereinstimmung damit veränderte sich mit steigendem Säurezusatz auch die Viskosität einer 10proz. Tonsuspension. Einen eher suspendierenden als fällenden Einfluß übten auch bei Untersuchungen von KAPPEN[5] an Suspensionen von natürlichen Böden die Säurezusätze aus. Es stehen also die Erfahrungen, die man bei Bodensuspensionen machte, in keiner Übereinstimmung mit denen, die bei Kaolin, Quarz und Mangandioxyd gemacht wurden. Eine Erklärung dafür ist nach H. KAPPEN vielleicht darin zu suchen, daß es sich in den verschiedenen, bisher der Untersuchung unterworfenen Systemen um chemisch sehr voneinander verschiedene Stoffe handelt. Während Kaolin, Quarz und Mangandioxyd Stoffe von großer chemischer Widerstandsfähigkeit gegen die Einwirkung der zugesetzten Säuren sind und infolgedessen bei diesen Stoffen tatsächlich die wahre Wirkung der Wasserstoffionen der zugesetzten Säuren rein zum Ausdruck kommen konnte, handelt es sich bei Bodensuspensionen um ein System, das bei Säurezusatz vielerlei chemischen Veränderungen zugänglich ist. Die Wasserstoffionen der zugesetzten Säure treten einmal mit den Kationen der suspendierten Bodenteilchen in viel höherem Maße in Austausch, als es bei den inerten Stoffen, wie Kaolin und Quarz, möglich ist. Es erscheinen infolgedessen in der Außenlösung Kationen von Kalzium und Magnesium, ferner aber auch solche von Aluminium und von Eisen, und daneben können dann auch die aus den letzten Ionen entstehenden Hydroxyde von Aluminium und von Eisen weitgehenden Einfluß auf die Koagulationserscheinungen gewinnen. Es ist infolgedessen schwer oder sogar unmöglich, eine Aussage darüber zu machen, was eigentlich beim Säurezusatz zu einer Bodensuspension das entscheidend Wirksame gewesen ist, die Wasserstoffionen oder die anderen Stoffe. Unter solchen Umständen ist es fraglos richtiger, die Stu-

[1] Vgl. P. EHRENBERG: Die Bodenkolloide, S. 135. Dresden u. Leipzig 1922.
[2] TUORILA, P.: Über orthokinetische und perikinetische Koagulation. Kolloidchem. Beih. **24**, 1.
[3] KAPPEN, H.: Die Bodenazidität, S. 184. Berlin 1929.
[4] ARRHENIUS, O.: Ref. Internat. Mitt. Bodenkde. **13**, 217 (1923).
[5] KAPPEN, H.: Die Bodenazidität, S. 186. Berlin 1929.

dien über die Einwirkung von Säuren oder des Versauerungsvorganges auf die physikalischen Bodeneigenschaften an den versauerten, nicht mit unnötigen Elektrolytgehalten belasteten Bodenproben vorzunehmen. Leider liegen Untersuchungen an solchem Material zur Zeit nur in sehr bescheidenen Anfängen vor. So sind von H. KAPPEN[1] mit einem sauren Lehmboden, der nach ATTERBERG 20% Ton enthielt, Sedimentierungsversuche ausgeführt worden, nachdem dieser Boden durch steigende Kalkzusätze in der aus der folgenden Tabelle erkennbaren Weise in seinem Aziditätsgrade abgestuft war.

	A. A. y_1	H. A. y_1	p_H
Unbehandelter Boden	12,00 cm³	24,75 cm³	4,56
Gekalkter Boden 1	0,65 cm³	13,10 cm³	5,37
Gekalkter Boden 2	0,10 cm³	7,70 cm³	6,12
Gekalkter Boden 3	0,30 cm³	2,75 cm³	7,67

Bei diesen Versuchen gab sich nun aber zu erkennen, daß es für die Sedimentation ganz ohne Einfluß war, ob dieser Boden versauert war oder nicht. Bei allen Aziditätsgraden erfolgte das Absetzen der suspendierten Teilchen so gleichmäßig, daß der Aziditätsgrad für den Zerteilungszustand dieses Bodens gar keine Rolle zu spielen scheint. Auch bei einem anderen Versuch, zu dem ein von einem Düngungsversuch stammender Boden verwendet wurde, zeigte es sich, daß für die Sedimentationsgeschwindigkeit der Aziditätsgrad des Bodens keinerlei Bedeutung besaß. Der Ersatz des Säurewasserstoffs in den Bodenkolloiden durch Kalzium hat somit keinen erkennbaren Einfluß auf die physikalische Beschaffenheit des Bodens ausgeübt, wenn man als Kennzeichnung dafür das Verhalten des Bodens bei der Sedimentation benutzt. Nach den Untersuchungen von HASENBÄUMER[2] und Mitarbeitern ließ sich auch bei der mechanischen Analyse nach ATTERBERG keine Abhängigkeit der Ergebnisse vom Aziditätszustande des Bodens nachweisen. Etwas anders gestalteten sich die Ergebnisse bei Untersuchungen von H. KAPPEN aber dann, wenn die Durchflußgeschwindigkeit des Wassers als Maß für die physikalische Beschaffenheit gewählt wurde. Diese von H. KAPPEN selbst nur als Vorversuche bewerteten Untersuchungen im einzelnen hier aufzuführen, lohnt jedoch nicht. Es mag daher nur gesagt werden, daß sich in einem Versuche zwar eine recht deutliche Wirkung der Beseitigung der Bodenazidität durch die Kalkdüngung in dem Sinne herausstellte, daß Kalziumkarbonat die Durchlässigkeit des Bodens erhöhte, die Verwendung von Branntkalk als Neutralisationsmittel dagegen die Durchlässigkeit im Vergleich zum sauren Boden verringerte. Bei anderen Versuchen trat dann ganz deutlich eine Verringerung des Wasserdurchlaufes durch die Kalkdüngung in Erscheinung, und bei Versuchen über die Zugfestigkeit von Bodenkörpern zeigte sich in Übereinstimmung hiermit, daß die Neutralisation des sauren Bodens durch kohlensauren Kalk eher zu einer Erhöhung der Festigkeit als zu einer Verringerung geführt hatte. Die Gesamtheit der von H. KAPPEN angestellten Untersuchungen weist also darauf hin, daß der Ersatz des Wasserstoffs in den Bodensilikaten durch Kalzium keineswegs zu einer Krümelung und damit zu einer physikalischen Verbesserung des Bodens Veranlassung gegeben hatte, und es muß deshalb auch geschlossen werden, daß die Versauerung eines Bodens seine physikalischen Eigenschaften nicht oder doch nicht in nennenswerter und leicht nachweisbarer Weise zu verschlechtern vermag. Aus diesen Versuchsergebnissen kann jedenfalls trotz ihrer Unvollkommen-

[1] KAPPEN, H.: Die Bodenazidität, S. 187. Berlin 1929.
[2] HASENBÄUMER, J., R. BALKS u. M. BACH: a. a. O., S. 96.

heit der Schluß gezogen werden, daß die alte Auffassung, nach der die Bodenversauerung zu einer schweren Schädigung der physikalischen Bodeneigenschaften führt, nicht zu Recht besteht. Diese Auffassung wird noch wesentlich bestärkt, wenn man die Untersuchungen aus neuerer Zeit mustert, die sich mit der Abhängigkeit der physikalischen Bodeneigenschaften von der Art der austauschbaren Kationen im absorbierenden Bodenkomplex beschäftigt haben. Mancherlei Widersprüche sind zwar noch in diesen Versuchsergebnissen vorhanden, in ihrer Gesamtheit stellen sie aber doch recht brauchbare Belege für die eben genannte Anschauung dar, daß die Bedeutung der Versauerung für die physikalischen Eigenschaften der Böden teilweise zum mindesten überschätzt worden ist.

So fand nach L. D. BAVER[1], dem in diesen Angaben gefolgt sei, schon GEDROIZ[2] bei Versuchen über die Dispergierbarkeit der Böden in ihrer Abhängigkeit vom austauschbaren Kation die folgende Ionenreihe:

$$Na > NH_4 > K > Mg > H > Ca > Ba.$$

Das Wasserstoffion fand hiernach seine Stellung zwischen dem zweiwertigen Magnesium und Kalzium, die bekanntlich bereits zu den stark fällenden Kationen gehören. Weiter fanden SOKOLOWSKI und LUKASCHEWITSCH[3], die den Druckwiderstand von Böden, die mit verschiedenen Kationen gesättigt waren, untersuchten, daß sich diese Eigenschaft im Sinne der folgenden Reihe änderte:

$$Na > NH_4 > Mg > Ca > H$$

Der Wasserstoff enthaltende, ungesättigte Boden trat hiernach in seiner Druckfestigkeit hinter dem mit Kalzium gesättigten Boden noch zurück, ein Verhalten, das mit dem oben genannten Befunde von H. KAPPEN an einer Bodenserie mit verschiedenen Reaktionen, bei der die gekalkten Böden eher noch eine etwas größere Druckfestigkeit aufwiesen, als die ungekalkten, bestens übereinstimmt. Aus Arbeiten von S. MATTSON[4] geht dann hervor, daß die Quellbarkeit des kolloiden Anteils des Sharkey-Tons mit Natrium als austauschbarem Kation am stärksten, mit Wasserstoff dagegen am geringsten war. Der Kalziumton nahm wieder eine mittlere Stellung ein, auch ein Befund, der mit dem Verhalten der Böden bei KAPPENS Durchlaufs- und Festigkeitsversuchen bestens in Einklang steht. Wenn MATTSON dabei für die elektrische Ladung und die Wanderungsgeschwindigkeit der Tonteilchen die Reihenfolge $Na > H > Ca$ fand, so ist das wohl nicht notwendig als Widerspruch zu betrachten, da Ladung und Wanderung nicht unbedingt mit Quellung, Wasserdurchlässigkeit und Druckfestigkeit stets in Übereinstimmung stehen müssen. Von anderer Seite wurde aber auch für die Wanderungsgeschwindigkeit der Teilchen eine Reihenfolge

---

[1] BAVER, L. D.: The effect of the amount and nature of exchangeable cations on the structure of a colloidal clay. Univ. Missouri Agricult. Exper. Stat. Res. Bull. **129** (Oktober 1929).

[2] GEDROIZ, K. K.: Beziehungen der Kolloidchemie zur Bodenkunde. I. Kolloide Stoffe in der Bodenlösung. Bildung von Natriumkarbonat im Boden. Alkaliböden und Salzböden. J. exp. Landw. **13**, 363 (russ.); Beziehungen der Kolloidchemie zur Bodenkunde II. Geschwindigkeit der Austauschreaktion im Boden. Das kolloide Verhalten des Bodens bei Sättigung mit verschiedenen Basen, und die Indikatormethode zur Bestimmung des Kolloidgehaltes des Bodens. Ebenda **15**, 181 (russ.); Die ultramechanische Zusammensetzung des Bodens in Abhängigkeit von der Art der Kationen, die in absorbiertem Zustande im Boden enthalten sind. Der Kalkweg als Mittel, um die ultramechanische Zusammensetzung des Bodens zu beeinflussen. Ebenda **22**, 29 (russ.).

[3] SOKOLOWSKI, A. N. u. E. S. LUKASCHEWITSCH: Contribution to the knowledge of the physical properties of soils. Ref. Int. Rev. Sci. and Prac. Agr., N. S. **4**, 338 (1926).

[4] MATTSON, S.: Anionic and cationic adsorption by soil colloidal materials of varying $SiO_2/Al_2O_3 + Fe_2O_3$-ratio. Proc. First internat. Cong. Soil Sci. Washington **2**, 199 (1928).

gefunden, in der wieder der Wasserstoffton an letzter Stelle steht, nämlich von ANDERSON[1], der hierfür die folgende Ionenreihe angibt, die auch für die Quellung gültig ist:

$$Na > K > Ca > Mg > H .$$

Das Wasserstoffion steht hier wieder an letzter Stelle, und in Übereinstimmung hiermit fand auch TUORILA[2], daß die Wanderungsgeschwindigkeit suspendierter Quarzteilchen unter dem Einfluß zweiwertiger Kationen geradeso plötzlich abnahm wie unter dem Einfluß von Salzsäure, also dem des Wasserstoffions. Bei Studien über den Zusammenhang zwischen austauschbaren Kationen und Dispergierung von Böden konnte THOMAS[3] wieder die Reihenfolge $Na > K > NH_4 > Ca > H$ nachweisen.

BAVERS eigene Untersuchungen, die sich auf die Ermittlung der Reaktion, der Leitfähigkeit, der Flockung, der Kataphorese, der Größe der Teilchen und ihrer Viskosität erstreckten, führten zu den folgenden, etwas ausführlicher zu schildernden Ergebnissen. Gearbeitet wurde von BAVER mit dem nach der Methode von BRADFIELD gewonnenen kolloiden Anteil eines Putnam Silt loam. Der durch Elektrodialyse von seinen austauschbaren Kationen restlos befreite Ton wurde durch Zusatz der entsprechenden Basen wieder in mehreren Abstufungen mit Kationen beladen und dann auf die verschiedenen Eigenschaften hin untersucht. Die Reaktionen verhielten sich entsprechend der folgenden Ionenreihe:

$$Li > Na > K > Mg > Ca > H.$$

Beim Sättigungspunkt nach BRADFIELD mit den verschiedenen Kationen, bei dem jedesmal 57 Milliaequivalente von jedem Kation in 100 g Ton enthalten waren, ergaben sich z. B. die folgenden p_H-Werte:

1. Lithiumton	6,95	4. Magnesiumton	6,19
2. Natriumton	6,75	5. Kalziumton	5,95
3. Kaliumton	6,50	6. Wasserstoffton	3,61

Für die Leitfähigkeit bei demselben Sättigungspunkt von 57 Milliaequivalenten ergab sich die Reihenfolge:

$$Na > K > Li > Mg > Ca > H .$$

Der Wasserstoffton zeigte also die niedrigste Leitfähigkeit, was in bester Übereinstimmung mit den Befunden steht, die schon von A. GÜNTHER-SCHULZE[4] bei Permutit und von A. v. OERTZEN[5] bei Permutit und bei Boden erhalten wurden. Allerdings verhielt sich bei niedrigerer Sättigung mit Basen die Leitfähigkeit beim Kalzium- und Magnesium-Ton etwas abweichend insofern, als hier eine kleine Verminderung der Leitfähigkeit gegenüber dem voll mit Wasserstoff bis auf 57 Milligrammaequivalente abgesättigten Wasserstoffton festgestellt wurde. Genau dasselbe wurde bei noch nicht veröffentlichten Versuchen des Verfassers mit ALBAREDA beobachtet. Sowohl bei Verwendung von Kieselsäure als auch von Zinnsäure und Permutit trat auf Laugezusatz erst eine kleine Abnahme der Leitfähigkeit ein, wenn mit Kalzium- und mit Bariumhydroxyd ab-

---

[1] ANDERSON, M. S.: The influence of substituted cations on the properties of soil colloids. J. Agr. Res. **38**, 565 (1929).

[2] TUORILA, P.: Über Beziehungen zwischen Koagulation, elektrokinetischer Wanderungsgeschwindigkeit, Ionenhydratation und chemischer Beeinflussung. Experimentelle Untersuchungen an Ton-, Quarz- und Permutitsuspensionen. Kolloidchem. Beih. **27**, 44 (1928).

[3] THOMAS, M. D.: Replaceable bases and the dispersion of soils in mechanical analysis. Soil Sci. **25**, 419 (1928).

[4] GÜNTHER-SCHULZE, A.: Zum Verhalten elektrolytischer Ionen in festen Körpern. Z. Elektrochem. **15**, 331; **26**, 472; **27**, 292.

[5] OERTZEN, A. VON: a. a. O., S. 27; Dissertation, Bonn.

gesättigt wurde. Vielleicht hängt das mit der gleich noch zu erörternden dispersionserhöhenden Wirkung der Basenbeladung bei sauren Stoffen zusammen.

Von Wichtigkeit sind auch die Versuche, die BAVER über die Flockung seines Wasserstofftons ausgeführt hat. Sie wurden so angestellt, daß zu dem Wasserstoffton steigende Mengen verschiedener Basen bei gleichbleibender Tonkonzentration von 2,3543% hinzugefügt wurden. Die folgende Tabelle gibt Aufschluß über die dabei erzielten Resultate.

Zur Flockung nötige kleinste Elektrolytmenge auf 100 g Ton in Milliaequivalenten				
Li	Na	K	Ca	Mg
536	536	217	67	67

Man erkennt die außerordentlich große Überlegenheit der flockenden Wirkung der zweiwertigen Kationen über die einwertigen und weiterhin die Überlegenheit, die das Kaliumion über die anderen einwertigen Kationen besitzt. Wichtig sind aber auch die absoluten Mengen, die zum Eintritt der Flockung erforderlich waren. Sie waren stets wesentlich größer als die Wasserstoffmengen, die durch die Basenzusätze zu verdrängen waren. Diese Menge betrug ja nur 57 Milliaequivalente, während bei den zweiwertigen Kationen 17,5% und bei den einwertigen Kationen 282 und 840% darüber hinaus erforderlich waren, um die Ausflockung zu bewirken. Daß die Flockung saurer Tonsuspensionen erst bei starker Absättigung des Säurewasserstoffs eintritt, ist auch schon früher erkannt worden, so von HISSINK[1], der fand, daß wenigstens eine 95proz. Absättigung eintreten müsse, ferner auch von GALLAY[2] und von v. 'SIGMOND[3], die ebenfalls feststellten, daß die Flockung erst bei der Sättigung mit Basen oder wenig darüber eintrat. Im Anschluß an entsprechende Befunde von BRADFIELD[4] an Tonsuspensionen und von RABINOWITSCH und DORFMANN[5] an Suspensionen von Arsentrisulfid-Sol erklärt BAVER seine Befunde in der Weise, daß zwar zur Verdrängung von Wasserstoffionen des sauren Tons von den verschiedenen Basen stets aequivalente Mengen erforderlich seien, daß aber zur Flockung ein Überschuß von Kationen in der intermizellaren Flüssigkeit nötig sei, und daß die Mengen daran in ihrer flockenden Wirkung durch die Wertigkeit und den Grad der Hydratation der Ionen bestimmt werden. Die Bedeutung der Hydratation ist ja schon in zahlreichen Arbeiten von WIEGNER[6] und seinen Schülern für die Koagulationserscheinungen von Tonsuspensionen bewiesen worden. Sie macht sich sowohl bei den einwertigen als auch den zweiwertigen Kationen bemerkbar. Zwischen Lithium und Natrium sind allerdings bei BAVERS Versuchen am Wasserstoffton keine Unterschiede bei der Flockung zu erkennen, obwohl die Hydratation des Lithiumions fast doppelt so groß wie die des Natriumions ist. Die Abnahme der zur Flockung nötigen Menge an Kaliumionen geht dann aber mit der Abnahme der Hydratation dieser Ionen Hand in Hand, ebenso die weitere Abnahme bei Kalzium und Magnesium, ohne daß hier allerdings Unter-

[1] HISSINK, D. J.: Base exchange in soils. Trans. Faraday Soc. **20**, 29 (1924).

[2] GALLAY, R.: Beitrag zur Kenntnis der Tonkoagulation. Kolloidchem. Beih. **21**, 431 (1926).

[3] 'SIGMOND, A. A. J. VON: Hungarian alkali soils and methods for their reclamation. Cal. Agr. Exp. Stat. Spec. Publ. **1927**.

[4] BRADFIELD, R.: Factors affecting the coagulation of colloidal clay. J. physic. Chem. **32**, 202 (1928).

[5] RABINOWITSCH, A. J. u. W. A. DORFMANN: Über die Elektrokoagulation der Kolloide II. Konduktometrische Verfolgung des Koagulationsprozesses von Arsentrisulfidsolen. Z. physik. Chem. **131**, 313 (1927).

[6] GALLAY, R.: Beitrag zur Kenntnis der Tonkoagulation. Kolloidchem. Beih. **21**, 431.

schiede zwischen diesen beiden zweiwertigen Kationen trotz verschiedener Hydratation in die Erscheinung treten. Vielleicht spielen in diese Erscheinung, wie WIEGNER[1] schon dargelegt hat, Löslichkeitsverschiedenheiten der Verbindungen zwischen dem kolloiden Anion und dem austauschbaren Kation hinein und verschleiern die sonst deutlichen Zusammenhänge zwischen Austausch und Hydratation. BAVER stellte dann den verändernden Einfluß, den die Beladung mit anderen Kationen bei seinem Wasserstoffton hervorrief, auch bezüglich der Wanderungsgeschwindigkeit im elektrischen Stromgefälle und mit der elektrokinetischen Ladung fest. Die Absättigung mit einwertigen und mit zweiwertigen Kationen wirkte sich danach recht verschieden aus. Die einwertigen Kationen erhöhten die Wanderungsgeschwindigkeit und die Ladung des Wasserstofftons steigend bis zum Sättigungspunkt mit Basen (57 Milliaequivalente auf 100 g Ton), darauf folgte ein plötzlicher starker Abfall der Geschwindigkeit. Die zweiwertigen Kationen bewirkten im Gegensatz zu den einwertigen eine Verminderung der Geschwindigkeit mit steigender Absättigung, und zwar wirkten die Kalziumionen stärker in dieser Richtung als die Magnesiumionen. Das kritische Potential, d. i. jenes, bei dem eine Steigerung des Elektrolytzusatzes, hier eine Steigerung der Absättigung mit Basen, zur Koagulation führt, ergab sich für die verschiedenen Tonarten in Millivolt wie folgt:

H-Ton	Li-Ton	Na-Ton	K-Ton	Ca-Ton	Mg-Ton
34,3	38,2	36,6	34,0	26,5	29,4

Die Steigerung durch die einwertigen Kationen und die Herabsetzung durch die zweiwertigen sind hier sehr scharf ausgeprägt zu erkennen, was aber offenbar nicht immer der Fall ist, denn wie BAVER anführt, ergaben TUORILAS Messungen an einer anderen Tonsubstanz wesentlich geringere Unterschiede, nämlich für einwertige Kationen 48 und für zweiwertige 45—46 Millivolt. BAVER nimmt an, daß das kritische Potential mit der chemischen Zusammensetzung des Tons Veränderungen unterliege, und daß für jeden einzelnen Ton der kritische Wert auch von der Natur des Flockungsmittels abhängen werde.

Auch der Veränderung der Viskosität des Wasserstofftons durch Ersatz seiner Wasserstoffionen durch Metallkationen wandte BAVER seine Aufmerksamkeit zu. Nach WIEGNERS und seiner Schüler Arbeiten gibt ja die Viskosität ein Maß für das von den koagulierten Bodenteilchen eingenommene Volumen und zugleich ein Maß für ihre Hydratation ab. Nach GALLAY schließt sich die Wirkung der verschiedenen Kationen auf die Viskosität vollkommen der Reihenfolge Li $>$ Na $>$ K $>$ NH_4 $>$ Rb $>$ Cs, also ihrer Anordnung nach dem Grade ihrer Hydratation, oder, wie man sagt, der lyotropen Reihe der Kationen, an. Auch BAVER fand, daß im Sinne dieser Reihenfolge die Viskosität des Wasserstofftons durch Absättigung mit Lithiumhydroxyd am größten und abnehmend mit Natrium-, Kalium-, Kalzium- und Magnesiumhydroxyd kleiner wurde. Er fand aber auch etwas, was bisher noch nicht bekannt war, daß nämlich der Ersatz der Wasserstoffionen durch alle einwertigen und zweiwertigen Kationen zunächst bis zur Beladung des Tons mit 15 Milliaequivalenten Kationen die Viskosität herabsetzte. Während dann aber bei den einwertigen Kationen von hier ab bei weiterer Beladung mit ihnen die Viskositätskurve steil anstieg, um erst bei Beladung mit 40—50 Milliaequivalenten wieder abzufallen, ging bis zu eben derselben Beladung mit Kalzium und Magnesium die Viskosität weiter hinab und stieg dann bei Beladung bis über diesen Sättigungspunkt hinaus bis

[1] WIEGNER, G. u. H. JENNY: Über Basenaustausch an Permutiten (Kationenumtausch an Eugelen). Kolloid-Z. 42, 271 (1927).

auf ca. 65 Milliaequivalente wieder an. Die BAVERschen Kurven sind so interessant, daß sie hier abgebildet sein mögen (Abb. 14).

Das Zustandekommen dieser Kurven erklärt BAVER als Folge des Mitwirkens zweier entgegengesetzt wirkender Kräfte bei der Änderung der Viskosität. Der Wasserstoffton ist nach ihm kein monodisperses, aus gleich großen Einzelteilchen bestehendes System, sondern er bildet locker miteinander verbundene, hydratisierte Aggregate. Beim Zusatz kleiner Elektrolytmengen oder beim unvollständigen Ersatz des Säurewasserstoffs durch einwertige Kationen tritt zunächst eine Dispergierung ein, die auf eine Verringerung des Totalvolumens der dispersen Phase und damit auf eine Verringerung der Viskosität abzielt, wogegen die Hydratation der dispersen Teilchen ein Anwachsen des Volumens und der Viskosität bewirkt. Durch das anfängliche Überwiegen des ersten Einflusses kommt es bei kleinen Mengen der einwertigen Kationen daher zu einem Abfall der Viskositätskurve, dem dann bei stärkerem Ersatz des Säurewasserstoffs im Ton durch einwertige Kationen das durch die nun überwiegende Hydratation der Teilchen bedingte Ansteigen der Viskositätskurve folgt. Sowohl in dem Grade des anfänglichen Abfallens der Kurven wie auch in dem sich daran anschließenden Ansteigen kommt deutlich bei den einwertigen Kationen ihr lyotroper Effekt zum Ausdruck. Daß dann bei diesen Kationen auf das Maximum der Viskosität wieder eine Abnahme folgt, hängt mit der eintretenden Verringerung der Ladung und der Wanderungsgeschwindigkeit der Teilchen zusammen, die selbst wieder durch die Zunahme der Kationen in der Lösung um diese Teilchen herum bedingt ist.

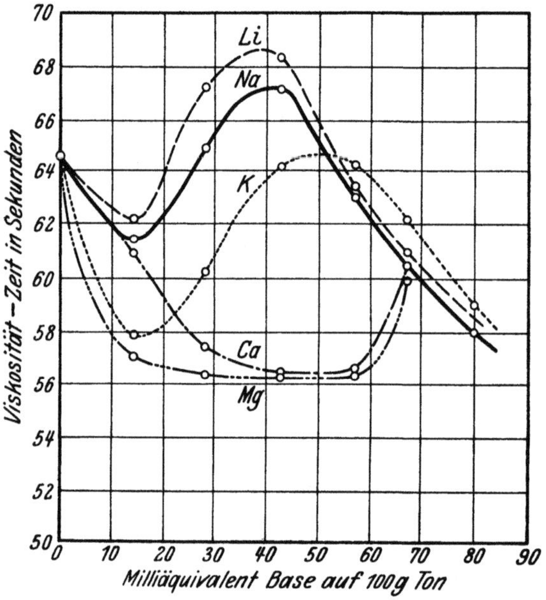

Abb. 14. Viskosität von Suspensionen verschieden gesättigter Tone nach L. D. BAVER.

Was dann die Wirkung der zweiwertigen Kationen auf die Viskosität des Wasserstofftons angeht, so ergeben BAVERS Versuche, daß sie zunächst mit der der einwertigen Kationen dem Sinne nach völlig übereinstimmt. Die Viskosität, also auch das Volumen der Aggregate des Wasserstofftons, wird auch durch Ca- und Mg-Ionen verringert. Das Kalziumion wirkt hierbei nicht wesentlich stärker als das Natriumion, das Magnesiumion nur um weniges stärker als das Kaliumion. Was einwertige und zweiwertige Kationen aber hier unterscheidet, ist die Tatsache, daß bei weiterer Verdrängung des Säurewasserstoffs durch die zweiwertigen Kationen nun keine Umkehr des Kurvenlaufes wie durch die steigenden Zusätze der einwertigen Kationen eintritt, sondern daß bis über den Sättigungspunkt hinaus die Abnahme der Viskosität sich weiter fortsetzt. Dieser weitere Verlauf der Kurve beruht nun eben darauf, daß die Kalzium- und Magnesiumionen als wenig hydratisierte Ionen keine Wasserhüllen mit an die dispersen Teilchen schleppen; die Hydratation dieser Teilchen, wie sie bei den stark hydratisierten einwertigen Ionen stattfindet, unterbleibt daher, es tritt nur der dispergierende Effekt des Ersatzes der Wasserstoffionen durch die Kalziumionen ein, und im Gegensatz zum Lithium-, Natrium- und Kaliumton erfolgt eine kontinuierliche Abnahme von Ladung, Hydratation und Viskosität. Daß der Ersatz der Wasserstoffionen durch die Kalziumionen die ursprünglichen Aggregate des Wasserstofftons zerteilte, konnte durch ultramikroskopische Messungen sicher gestellt werden. Der Radius der Aggregate des Wasserstofftons betrug 136 $\mu\mu$, er nahm durch Ersatz des Wasserstoffs durch Kalzium bis auf 121 $\mu\mu$ ab. Erst mit voranschreitender Flockung bei Beladung mit mehr als 60 Milliaequivalenten an Kalzium stellte sich eine Wiederzunahme der Viskosität ein, die aber auch bei 67 Milliaequivalenten die des ursprünglichen Wasserstofftons noch nicht erreicht hatte. Die Flocken, die dann entstanden, waren allerdings größer als die Aggregate des Wasserstofftons, sie hatten einen Halbmesser von 148 $\mu\mu$, aber ihre Bildung begann erst. Das ist das praktisch Wichtige, bei einer sehr weitgehenden Beladung des Tons mit Kalziumionen.

Aus BAVERS und der anderen Autoren Befunden, die im vorstehenden kurz dargestellt wurden, ergibt sich somit bezüglich des Punktes, der uns hier bevorzugt interessiert, daß die Wasserstoffionen in allen untersuchten Richtungen sich nahe in ihren Wirkungen an die zweiwertigen Kationen anschließen. Zum Teil finden wir in den aufgeführten Ionenreihen das Wasserstoffion direkt vor dem Kalziumion stehen, zum Teil folgt es aber auch erst auf dieses Ion, was besagt, daß seine Wirkung sogar die dieses Ions übertreffen kann. Dieses nahe Beieinanderstehen von H- und Ca-Ion in allen Wirkungen auf die Tonkolloide erklärt es uns nun auch, daß es so schwer oder fast unmöglich ist, an den sauren Böden, wie H. KAPPEN es versuchte, mit Hilfe von einfachen Prüfungen der Wasserdurchlässigkeit oder der Druckfestigkeit weitergehende Verschiedenheiten des physikalischen Verhaltens aufzudecken. Von allen Ionen, die praktisch auf einen Boden zur Einwirkung gelangen können, sind die Wasserstoffionen und die Kalziumionen die am wenigsten hydratisierten Ionen, und ihre Wirkungen müssen einander sehr ähnlich sein. Das war schon bei dem aus älteren Arbeiten hervorgehenden starken Flockungsvermögen der Wasserstoffionen auch vorauszusehen. Am wichtigsten erscheint aber der Befund BAVERS, daß sogar unter dem Einfluß der Kalziumionen eine Zerteilung der Aggregate des Wasserstofftons erfolgen kann. Diese Tatsache gibt eine ausgezeichnete Erklärung für die von KAPPEN bei seinen Sickerversuchen beobachtete Erscheinung, daß als Folge der Verdrängung der Wasserstoffionen aus den sauren Böden durch Kalziumionen keine Verbesserung, sondern eine Verschlechterung des Wasserdurchlaufes erreicht wurde. Für diese Erscheinung hat KAPPEN schon die Erklärung abgegeben, daß der Ersatz der Wasserstoffionen durch die Kalziumionen eben zu einer Zerteilung der Aggregate führen müsse, eine Erklärung, die jetzt durch die Untersuchungen BAVERS eine vorzügliche Stütze erhalten hat. Restlos geklärt sind die Ergebnisse dieser Versuche durch diese Feststellung zwar noch nicht, denn es ist nicht mit den Ergebnissen von BAVERS Versuchen in Einklang zu bringen, daß auch die höchste Kalkgabe in dem einen von KAPPENS Sickerversuchen noch keine Besserung des Wasserdurchlaufes im Gefolge gehabt hat, trotzdem der p_H-Wert des Bodens dadurch über 8,0 erhöht war und somit eine Absättigung weit über den Sättigungspunkt von BAVER stattgefunden hatte. Ebenso bleibt auch noch die in einem anderen Versuch von KAPPEN festgestellte Tatsache unerklärt, daß wohl die Zugabe von kohlensaurem Kalk die Durchlässigkeit erhöhte, die Zugabe von Branntkalk sie aber deutlich erniedrigt hatte. Es steht aber wenigstens jetzt nach den erfolgreichen Untersuchungen von BAVER zu erwarten, daß die Anwendung der von ihm benutzten Methoden bei Fortsetzung der Arbeiten auch noch über diese Widersprüche

Klarheit bringen wird. Nach allem dürfte aber wohl die von KAPPEN geäußerte Auffassung von der Kalkwirkung auf sauren Böden zu Recht bestehen, daß nämlich die Kalkung die physikalischen Eigenschaften der Mineralböden nicht in besonders erheblicher Weise zu verbessern vermag, daß also auch die Versauerung der Böden nicht ohne weiteres als eine wesentliche physikalische Verschlechterung der Böden aufzufassen ist.

Anders als bei den Mineralböden mag die Sache allerdings wohl bei den humusreicheren Böden liegen. Daß die Humusstoffe an sich bei ihrer stark ausgeprägten Kolloidnatur große Bedeutung für die physikalischen Eigenschaften der Humusböden, und zwar im besonderen für ihr praktisch so wichtiges Verhalten zum Wasser besitzen, kann wohl als allgemein anerkannt gelten. Man weiß längst von den Humusstoffen, daß sie durch Säuren leicht koaguliert werden und daß alkalische Stoffe sie peptisieren. Je stärker versauert die Humusstoffe sind, um so besser werden sie also zu Krümeln vereinigt sein und die Wasserdurchlässigkeit des Bodens begünstigen, je mehr sie aber mit Basen beladen sind, besonders natürlich auch hier wieder mit einwertigen, desto stärker werden sie infolge eintretender Zerteilung und vermehrter Hydratation den Wasserdurchlauf verringern. Von diesem Gesichtspunkte aus betrachtet, wird daher die Versauerung der Humusböden zu einer Verschlechterung in landwirtschaftlichem Sinne führen müssen und eine Absättigung mit Basen zu einer Verbesserung, denn durchweg sind die Humusböden leichte Böden, auf denen die Erhaltung einer ausreichenden wasserhaltenden Kraft das erste Ziel der mechanischen Bodenpflege sein muß.

Sind somit manche Einzelheiten auch in der Frage der Bedeutung der Bodenversauerung für die physikalischen Eigenschaften der Böden noch einer weiteren Klärung dringend bedürftig, so kann doch wohl ausgesagt werden, daß die Bodenversauerung nicht unter allen Umständen als ein besonderer Nachteil für die physikalischen Bodeneigenschaften aufgefaßt werden darf, daß vielmehr die Art des Bodens von ausschlaggebender Bedeutung dafür ist, ob sie als nachteilig betrachtet werden muß. Jedenfalls ist für die schweren Böden nach dem oben Mitgeteilten die Schädlichkeit der Bodenversauerung für die physikalischen Eigenschaften nicht nur nicht bewiesen, sondern hier muß sie als zum mindesten sehr fraglich bezeichnet werden. Wenn dennoch auch von diesen Böden von praktischer Seite behauptet wird, daß unter der Bodenversauerung ihre physikalischen Eigenschaften Schaden litten, so muß man hier wohl noch nach anderen Zusammenhängen forschen, und da liegt es nahe, die Herabsetzung des mikrobiellen Lebens durch die Versauerung mit in den Kreis der Betrachtung zu ziehen. Der Begriff der Bodengare umschließt ja gewiß nicht allein die Folgen eines günstigen physikalischen Zustandes der anorganischen und organischen Bodenkolloide, sondern darin liegt auch noch etwas anderes, mehr Biologisches, eingeschlossen, wenn wir es auch heute noch nicht in vollem Umfange ausdeuten können. Die eigentliche Bodengare, das mag zugegeben werden, lassen tatsächlich wohl viele stark versauerte, schwere Böden vermissen, und wenn man diesen aus dem Zusammenwirken kolloidchemischer und biologischer Faktoren sich ergebenden günstigsten Bodenzustand im Auge hat, mag man vielleicht auch wohl von einer allgemeinen nachteiligen Einwirkung der Bodenversauerung auf die Bodenstruktur sprechen können.

Der Einfluß der Reaktion auf das Mikroorganismenleben im Boden.

Bei dem bekannten starken Einfluß, den die Reaktion des Substrates auf die darauf wachsenden Mikroorganismen ausübt, kann es von vornherein als selbstverständlich erwartet werden, daß auch die Reaktion des Bodens großen

Einfluß auf das Mikroorganismenleben in ihm gewinnt. Sowohl die Bakterien als die Pilze des Bodens reagieren tatsächlich auch auf einen Wechsel seiner Reaktion in ganz ausgeprägter Weise, die ersten in dem Sinne, daß sich mit steigender Versauerung des Bodens ihre Zahl vermindert, die zweite Gruppe von Bodenmikroorganismen dagegen in dem Sinne, daß ihre Zahl mit steigender Versauerung zunimmt. Untersuchungen von S. A. WAKSMAN[1] lassen diese Zusammenhänge recht klar erkennen, wie die nebenstehende Zusammenstellung nachweist.

p_H-Wert	Bakterien in 1 g Boden	p_H-Wert	Pilze in 1 g Boden
6,2	13600000	6,6	26200
5,6	12600000	6,2	39100
5,1	4800000	5,8	73000
4,8	4000000	4,0	110000

Wichtiger noch als dieser Einfluß der Bodenreaktion auf die Zahl und die Art der Bodenmikroorganismen ist aber der, der von der Bodenversauerung auf die Leistungsfähigkeit der wichtigsten Bodenmikroorganismen ausgeht. Auf diesem Gebiete bewegen sich auch die meisten Untersuchungen, und ganz vornehmlich sind sie der Bedeutung der Bodenreaktion für die beim Kreislauf des Stickstoffs in der Natur mitspielenden mikrobiellen Prozesse gewidmet. Was hier zunächst den wichtigen Vorgang der Nitrifikation angeht, so war zwar schon aus älteren Untersuchungen bekannt, daß bei saurer Beschaffenheit des Substrates, wie in sauren Humusböden, dieser Vorgang stark behindert war. Desgleichen wußte man, daß man in der Kalkzufuhr zum sauren Boden ein Mittel besaß, um die Nitrifikationskraft des Bodens wieder zu heben. Eine Zusammenstellung aus Versuchen, die von F. E. BEAR[2] ausgeführt wurden, gibt diesen starken Einfluß des Kalkes auf die Nitrifikation in saurem Boden gut zu erkennen.

Kalziumkarbonat auf 2000000 Pounds Boden	Gefunden Salpeterstickstoff in 100 g Boden in mg			
	Stickstoffquelle $(NH_4)_2SO_4$		Stickstoffquelle $(NH_4)_2CO_3$	
	Boden 1	Boden 2	Boden 1	Boden 2
—	4,06	6,07	7,22	7,50
1000 Pounds	5,24	6,75	9,52	8,55
3000 ,,	9,34	10,48	15,30	12,50
5000 ,,	13,86	15,00	18,00	18,75
10000 ,,	19,35	15,98	20,00	16,16
40000 ,,	22,55	15,00	23,30	15,00

Man erkannte auch bei weiteren Untersuchungen, daß die Nitrifikation in sauren Böden abhängig war von der Art der zu nitrifizierenden stickstoffhaltigen Substanz. TEMPLE[3], ferner FRED und GRAUL[4] wiesen nach, daß anorganische Ammoniumsalze in saurem Boden schwieriger als organische stickstoffhaltige Stoffe zu nitrifizieren waren. Bei allen diesen älteren Versuchen wurde aber die saure Reaktion der verwendeten Böden noch nicht genau durch Angabe der Reaktionszahlen gekennzeichnet, so daß sie, wenn sie auch den engen Zusammenhang von Bodenreaktion und Nitrifikationskraft durchaus sicherstellten, doch noch nicht die Bedeutung der Wasserstoffionenkonzentration für diesen Vorgang klar zur Darstellung brachten. Erst S. A. WAKSMAN[5] begleitete seine eingehenden

[1] WAKSMAN, S. A.: The influence of soil reaction upon the growth of actinomycetes causing potato scab. Soil Sci. 14, 74; ferner The growth of fungi in the soils. Ebenda 14, 157.

[2] BEAR, F. E.: A correlation between bacterial activity and lime requirement of soils. Soil Sci. 4, 442.

[3] TEMPLE, J. C.: Nitrifikation in acid or non-basic soils. Ga. Agr. Exp. Stat. Bull. 103, 14.

[4] FRED, E. B. u. E. J. GRAUL: Some factors that influence nitrate formation in acid soils. Soil Sci. 1, 317.

[5] WAKSMAN, S. A.: Methods for the study of nitrification. Soil Sci. 15, 248.

Untersuchungen mit Bestimmungen der Reaktionszahlen der Böden. Eine Reihe von Untersuchungen, die mit Böden von einem Dauerdüngungsversuch so ausgeführt wurden, daß jedesmal 100 g Boden mit Zusätzen von Ammonsulfat, Ammonsulfat und Branntkalk, ferner mit getrocknetem Blut und mit Blut und Branntkalk versehen wurden, sind in der folgenden Tabelle zusammengestellt.

Boden	Boden ohne Zusatz		50 mg N als Ammonsulfat		50 mg N als Ammonsulfat + CaO		1 % getrocknetes Blut			1 % getrocknetes Blut + CaO		
Nr.	p_H	NO_3-N mg	p_H	NO_3-N mg	p_H	NO_3-N mg	p_H	NH_3-N mg	NO_3-N mg	p_H	NH_3-N mg	NO_3-N mg
4 A	5,6	2,5	4,8	2,5	4,9	34,2	5,4	38,1	21,6	7,9	56,7	0,8
5 A	54,	5,5	4,7	5,2	5,1	56,8	5,0	29,7	39,5	6,4	3,2	54,2
7 A	4,8	1,3	4,8	0,8	7,4	0,6	7,0	47,7	0,5	8,2	42,2	0,0
9 A	5,8	2,2	5,0	8,5	6,1	27,2	6,0	32,9	16,8	8,5	44,6	0,0
11 A	4,6	0,8	4,6	0,2	6,2	19,2	6,9	64,1	0,8	7,8	48,3	0,0
18 A	5,5	2,4	4,9	11,2	5,0	52,6	5,0	28,3	45,4	6,2	4,6	40,4
19 A	5,4	1,1	4,9	2,2	6,1	12,4	6,6	47,8	12,8	8,2	39,2	0,0
5 B	6,5	2,8	4,8	37,3	5,0	41,8	5,7	13,4	16,6	6,2	2,7	30,8
7 B	6,0	1,5	4,9	9,6	5,1	33,1	7,2	37,9	2,4	7,9	35,6	0,0
11 B	5,6	3,7	4,8	7,3	4,9	37,7	5,3	10,2	21,2	6,2	10,9	29,4
19 B	6,2	3,2	4,9	20,2	5,0	29,2	7,0	35,8	0,8	7,8	35,2	0,4

Wenn hier auch noch einzelne Widersprüche bestehen, die wohl mit der Verwendung des Branntkalkes als Zusatz zu den Böden in Zusammenhang zu bringen sind, so kann doch aus den Versuchen abgeleitet werden, daß die Höhe der Wasserstoffionenkonzentration für den Grad der Nitrifikationskraft von einschneidender Bedeutung ist. Bakteriologische Untersuchungen an Reinkulturen der am Nitrifikationsprozeß beteiligten Bakterien zeigten ebenfalls, allerdings bei bedeutenden Abweichungen in den Befunden der verschiedenen Autoren, daß die Wirksamkeit dieser Bakterien sehr stark von der Reaktion des Substrates abhängig ist. So fanden GAARDER und HAGEM[1] als optimale Reaktion für die Wirkung des Nitritbildners p_H 7,8 und als Minimum p_H 7,0, für den Nitratbildner die Werte p_H 7,1 für das Optimum seiner Wirksamkeit und 6,5 für das Minimum. Von anderen Untersuchern wurden aber auch wesentlich hiervon abweichende Werte erhalten. So stellte MEYERHOF[2] bei Respirationsstudien an den Nitrifikationsbakterien fest, daß die Nitratbakterien in Lösungskulturen bei den p_H-Werten 5,3—10,3 zu leben vermochten, und daß sie ihr Optimum bei den p_H-Werten 8,4—9,3 besaßen. Das Optimum für die Nitritbildner wurde bei den p_H-Werten 8,4—8,8 gefunden. Wesentlich abweichende Werte fand GERRETSEN[3]; der Grenzwert für die Nitrifikation nach der sauren Seite hin lag nach seinen Untersuchungen bei 3,9—4,5, der Grenzwert nach der alkalischen Seite bei 8,9—9,0. Worauf diese Verschiedenheiten in den Untersuchungsbefunden der verschiedenen Forscher beruhen, ist mit Sicherheit nicht klar zu stellen. Es ist nicht als ausgeschlossen zu betrachten, daß eine verschiedene Art der Versuchsanstellung Einfluß auf die Ergebnisse gewonnen hat. Es muß aber auch als sehr wohl möglich bezeichnet werden, daß in verschiedenen Böden Nitrifikationsbakterien von verschiedener Reaktionsempfindlichkeit leben. Mit den Verhältnissen des Nitrifikationsvorgangs

[1] GAARDER, T. u. O. HAGEM: Versuche über Nitrifikation und Wasserstoffionenkonzentration. Bergens Mus. Aarbok **1919/20**, Nr. 6, 25.

[2] MEYERHOF, O.: Untersuchungen über den Atmungsvorgang nitrifizierender Bakterien I, II und III. Pflügers Arch. **164**, 353; **165**, 229; **166**, 240.

[3] GERRETSEN, F. C.: En onderzoek naar de nitrificatie en denitrificatie in tropische gronden. Arch. Suikerind. Nederl. Ind. **29**, 1397.

in der Natur werden sich wohl die Werte von GERRETSEN in besserer Übereinstimmung als die Werte der anderen Autoren befinden. Weitere Untersuchungen dürften zur Sicherstellung unserer Kenntnis in dieser Frage aber sehr angebracht sein. Auch über den der Nitrifikation entgegengesetzten bakteriellen Vorgang, die Denitrifikation, sind Studien mit Bezug auf seine Abhängigkeit von der Reaktion ausgeführt worden. An Reinkulturen sind von T. M. SACHAROWA[1] Untersuchungen angestellt unter Benutzung der VAN ITERSONschen Bakterien und von Bact. Stutzeri. Die Denitrifikation durch die ersten Bakterien wurde bei p_H-Werten von 5,5—6,1 schon erheblich gehemmt, bei p_H 6,4 verlief die Denitrifikation schon schneller, und bei p_H 7,0—8,2 lag ihr Optimum. Ähnliche Werte ergaben sich auch für das Bact. Stutzeri. Stärker alkalische Reaktionen — p_H 9,6—9,8 — brachten die Denitrifikation durch beide Bakterienarten völlig zum Stillstand. Bei Bodenkulturen, die von STEINBERG[2] vorgenommen wurden, trat im Gegensatz zu diesen Versuchen mit Reinkulturen die starke Abhängigkeit von der Reaktion bei den Denitrifikanten nicht zutage.

STEINBERGS Versuche zeigten, daß die Denitrifikation im Boden selbst durch seine Versauerung nicht gehemmt wurde, eher schien sie sogar dadurch begünstigt zu werden. Auch dieser Widerspruch bedarf wohl noch einer näheren Aufklärung. Da aber die Versuchsanstellung STEINBERGS doch wohl als diejenige betrachtet werden darf, die den natürlichen Lebensbedingungen der Denitrifikationsbakterien am besten entsprach, so muß man für die Verhältnisse in der Natur den Schluß ziehen, daß tatsächlich die Denitrifikation weitgehend unabhängig von der Bodenreaktion ist; Bodenversauerung wird also die Gefahr der Denitrifikation im Boden nicht erhöhen.

Wichtig für den Kreislauf des Stickstoffs in der Natur und im Ackerboden ist natürlich auch der normale Ablauf des Fäulnisprozesses der stickstoffhaltigen Stoffe. Ohne diesen Vorgang könnten die stickstoffhaltigen Verbindungen der abgestorbenen Tiere und Pflanzen ja überhaupt nicht wieder in den Kreislauf einbezogen werden. Aus Versuchen von STEINBERG, die auch für diese Frage die einzigen zu sein scheinen, die bisher ausgeführt wurden, geht nun hervor, daß bei stickstoffhaltigen Stoffen, die nicht leicht dem Angriff der Fäulnisbakterien unterliegen, eine schwache Abhängigkeit des Fäulnisvorganges von der Bodenreaktion zu verzeichnen ist. Bei leicht angreifbaren Stoffen war aber eine Reaktionsabhängigkeit von ihrer Zersetzung nicht festzustellen. Für die Verhältnisse in der Natur scheint dieser Einfluß der Reaktion auf die Fäulnisbakterien indessen keine Bedeutung zu besitzen, denn eine Anhäufung stickstoffhaltiger organischer Stoffe, die sonst eintreten müßte, beobachtet man nirgends in der Natur, wenn man nicht den Stickstoffgehalt von sauren Humusbildungen, vielleicht auch noch den in den Kohlen enthaltenen organischen Stickstoff, als solchen durch Fäulnisverhinderung festgelegten Stickstoff betrachten will.

Von wissenschaftlich wie praktisch gleich großem Interesse sind von den in den Stickstoffkreislauf eingreifenden Bakterien ohne Frage die stickstoffsammelnden Bakterien. Beiden hier vornehmlich in Frage kommenden Bakteriengruppen, den freilebenden stickstoffsammelnden Azotobakterarten wie auch den Knöllchenbakterien ist eine starke Reaktionsabhängigkeit eigen. Für die erste Gruppe geht diese Tatsache schon aus den Versuchen von H. FISCHER[3]

[1] SACHAROWA, T. M.: Die Abhängigkeit der Denitrifikationsgeschwindigkeit von der Reaktion des Mediums. Cbl. Bakter. II **65**, 15.

[2] STEINBERG, J.: Untersuchungen über die Einwirkungen zunehmenden Kalkgehaltes auf die Lebensäußerungen einiger bodenbewohnender Mikroorganismen. Dissert. Bonn-Poppelsdorf 1926.

[3] FISCHER, H.: Ein Beitrag zur Kenntnis der Lebensbedingungen von stickstoffsammelnden Bakterien. Cbl. Bakter. II **14**, 33.

hervor, der bei der Untersuchung der Dauerdüngungsversuche in Bonn-Poppelsdorf die Tatsache feststellte, daß das Azotobakter ausschließlich auf den Parzellen des Versuches angetroffen wurde, auf denen eine ausreichende Versorgung mit Kalk stattgefunden hatte. Unter Verwendung von Lackmusfarbstoff als Indikator für die Bodenreaktion konnte weiterhin H. R. CHRISTENSEN[1] bei ausgedehnten Arbeiten feststellen, daß kein gegen Lackmus deutlich saurer Boden eine Entwicklung von Azotobakter in den Nährlösungen zustande kommen ließ. Schon bei einem p_H-Wert von 6,5 erscheint das Wachstum des Azotobakters behindert. Genauere kolorimetrische Untersuchungen führten CHRISTENSEN dann zu der Feststellung, daß Böden mit einem p_H-Wert über 6,8 stets Azotobakter enthielten, daß aber unter dem p_H-Wert 6,1 das Azotobakter regelmäßig fehlte. Ohne Frage belegt dieser Befund, daß das Azotobakter eine recht große Empfindlichkeit gegen Wasserstoffionen besitzt. P. L. GAINEY[2] untersuchte dann die Reaktionsempfindlichkeit des Azotobakters auch unter Verwendung von Reinkulturen. Unterhalb einer Reaktion von $p_H = 5{,}9$—6,1 trat dabei in den Nährlösungen keine Entwicklung ein, erst oberhalb von p_H 6,0 kam es zu einem kräftigen Wachstum und zu starker Stickstoffsammlung, d. s. Ergebnisse, die mit den von CHRISTENSEN an Bodenrohkulturen erhaltenen recht befriedigend übereinstimmen. Bei Untersuchungen von zahlreichen Erdproben verschiedener Reaktion fand GAINEY die folgende Verteilung des Azotobaktervorkommens auf die verschiedenen Reaktionszustände.

Reaktionszahl des Wasserauszuges	Zahl der Böden	Azotobakter vorhanden %	Azotobakter nicht vorhanden %
über 7,50	57	100	—
7,00—7,49	49	92	8
6,50—6,99	33	82	18
6,00—6,49	38	80	20
5,50—5,99	64	34	66
5,00—5,49	75	9	91
4,50—4,99	42	12	88
unter 4,50	16	—	100
Total	374	193	181

Man erkennt, daß tatsächlich eine weitgehende Abhängigkeit des Wachstums des Azotobakters von der Bodenreaktion besteht, es ist aber eine scharfe Grenze nicht zu erkennen. Auch CHRISTENSEN hatte schon eine Unsicherheit des Azotobakterwachstums innerhalb der p_H-Werte 6,1—6,8 vorgefunden, GAINEY fand aber auch noch bei sonst als sehr günstig geltenden p_H-Werten von 7,0—7,49 zuweilen kein Wachstum. Hier müssen besondere, außergewöhnliche Verhältnisse als Ursache für das Fehlen des Azotobakters vorgelegen haben. Dennoch kann aber auch noch nach den Untersuchungen von GAINEY ausgesagt werden, daß im allgemeinen die untere Grenze für das Wachstum des Azotobakters in der Nähe des p_H-Wertes 6,0 liegt. Auch bei Impfversuchen von GAINEY stellte sich dieser Wert als Grenzwert heraus; man mußte bei den sauren Böden, die keine Azotobaktervegetation aufkommen ließen, durch Kalkzusatz den p_H-Wert auf wenigstens 6,00 erhöhen, wenn man die eingeimpften Azotobakterorganismen darin am Leben erhalten wollte. Im übrigen decken

[1] CHRISTENSEN, H. R.: Studien über den Einfluß von Bodenbeschaffenheit auf das Bakterienleben und den Stoffumsatz im Erdboden. Cbl. Bakter. II 43, 1.

[2] GAINEY, P. L.: Influence of the H-ionconcentration on the growth and fixation of nitrogen by cultures of Azotobacter. J. agricult. Res. 24, 765.

sich Azotobakterwachstum und Stickstoffsammlung natürlich nicht. Außer den Azotobakterorganismen sind in den Kulturen stets noch andere stickstoffsammelnde Bakterien an der Arbeit, deren Leistung zwar hinter der des Azotobakters zurücksteht, die aber im Gegensatz zu ihr durch eine saure Reaktion nicht so wesentlich beeinflußt wird. Das sind die Clostridiumarten, die selbst Säure bilden, und vielleicht auch noch andere Bakterien. Genauere Angaben über die Reaktionsempfindlichkeit dieser Stickstoffsammler liegen zur Zeit wohl noch nicht vor. Im normalen, gut bearbeiteten Ackerboden ist die Wirksamkeit dieser anaeroben Mikroorganismen sicher nur von untergeordneter Bedeutung, für die Stickstoffsammlung in den sauren Böden mögen sie aber doch wohl eine größere Wichtigkeit besitzen.

Was dann die zweite Gruppe der stickstoffsammelnden Bakterien angeht, die Knöllchenbakterien, so ist schon in der älteren Literatur einiges über die Reaktionsansprüche dieser Mikroorganismen mitgeteilt worden. Schon BEIJERINCK[1] hat auf die Reaktionsansprüche der Leguminosenbakterien hingewiesen, auch die Arbeiten von MAZÉ[2], SÜCHTING[3], MOORE[4] und ZIPFEL[5] enthalten Hinweise hierauf. Genauer wurde aber doch erst in den Arbeiten von E. B. FRED und A. DAVENPORT[6] dem Einfluß der Wasserstoffionenkonzentration auf diese Bakterien Rechnung getragen. Diese an Reinkulturen der verschiedenen Leguminosebakterien ausgeführten Untersuchungen lieferten Ergebnisse, die in der folgenden Tabelle zusammengestellt sind.

	p_H-Werte		Kritischer p_H-Wert
	Wachstum	kein Wachstum	
Rhizobium leguminosarum, Luzerne	5,0	4,8	4,9
,, ,, Süßklee	5,0	4,8	4,9
,, ,, Gartenerbse	4,8	4,6	4,7
,, ,, Felderbse	4,8	4,6	4,7
,, ,, Wicke	4,8	4,6	4,7
,, ,, Rotklee	4,3	4,1	4,2
,, ,, Bohne	4,3	4,1	4,2
,, ,, Sojabohne	3,4	3,2	3,3
,, ,, Sammetbohne	3,4	3,2	3,3
,, ,, Lupine	3,2	3,1	3,15

In Übereinstimmung mit den Reaktionsansprüchen der zugehörigen Kulturpflanzen weisen die Luzernebakterien die größte Empfindlichkeit gegen Säure und die Lupinenbakterien die geringste Empfindlichkeit dagegen auf. Auch O. C. BRYAN[7] konnte bei seinen Versuchen eine große Verschiedenheit in der Widerstandsfähigkeit der Leguminosebakterien gegen saure Reaktion feststellen; Luzernebakterien, die von ihm in verschiedene saure Böden eingeimpft wurden,

---

[1] BEIJERINCK, M. W.: Die Bakterien der Papilionaceenknöllchen. Bot. Ztg. **46**, 741.
[2] MAZÉ, P.: Über die Knöllchenbakterien der Leguminosen. Ann. agron. **25**, 557.
[3] SÜCHTING, H.: Kritische Studien über die Knöllchenbakterien. Cbl. Bakter. II **11**, 496.
[4] MOORE, G. T.: Soil inoculation for legumes. U. S. Dept. Agr. Bur. Plant. Ind. Bull. **71** (1905).
[5] ZIPFEL, H.: Beiträge zur Morphologie und Biologie der Knöllchenbakterien der Leguminosen. Cbl. Bakter. II **32**, 97.
[6] FRED, E. B. u. A. DAVENPORT: Influence of reaction on nitrogen-assimilating bacteria. J. agricult. Res. **14**, 317.
[7] BRYAN, O. C.: Effect of different reactions on the growth and calcium content of alfalfa, alsike clover and red clover. Soil Sc. **15**, 23;. Effect of acid soils on nodule-forming bacteria. Ebenda **15**, 37; ferner Effect of different reactions on the growth and nodule formation of soybeans. Ebenda **13**, 271.

starben unterhalb eines p_H-Wertes von 5,0 ab, die Rotkleebakterien und die der Sojabohne bei p_H 4,5—4,7 bzw. bei 3,5—3,9. Ungefähr die gleichen Werte fand BRYAN auch bei Versuchen mit Reinkulturen. Noch größer als bei den Untersuchungen der genannten Forscher stellte sich die Reaktionsempfindlichkeit bei Beobachtungen von O. ARRHENIUS[1] heraus. Die beste Knöllchenentwicklung fand er im allgemeinen bei p_H 5—6, bei p_H 5 versagten schon die widerstandsfähigen Bakterien der Lupine, und bei p_H 4 kam es bei diesen Bakterien überhaupt nicht mehr zur Knöllchenbildung. Zu Ergebnissen, die mit denen von BRYAN weitgehend übereinstimmen, kam dann ST. SNIESZKO[2]. Man erkennt aus dem Gesagten, daß auch für die symbiotischen Stickstoffsammler die Bodenreaktion von nicht geringer Bedeutung ist, und man versteht, daß sich gerade auf sauren Böden die Impfung des Bodens mit Kulturen dieser Bakterien als wirkungsvoll erweist.

Ohne gerade für den Kreislauf des Stickstoffs in der Natur besonders bedeutungsvoll zu sein, besitzt doch von landwirtschaftlichen Gesichtspunkten aus betrachtet auch die Frage Interesse, wie es mit der Umwandlung des Kalkstickstoffs auf sauren Böden bestellt ist. Der erste Teil der Umwandlungen, die dieser Stoff erfahren muß, bis er den Pflanzen als Stickstoffnahrung dienen kann, ist allerdings rein chemischer Art, er besteht in der katalytischen Umwandlung des Cyanamids in Harnstoff durch die Bodenkolloide, die dann folgende Umwandlung des Harnstoffs in Ammoniumkarbonat aber ist rein mikrobieller Natur. Durch vergleichende Umsetzungsversuche mit Kalkstickstoff und mit Harnstoff in Böden von verschiedener Azidität wurde die Frage nach der Abhängigkeit der Kalkstickstoffumwandlung in sauren Böden durch M. BLÖMER[3] nun dahin beantwortet, daß sowohl die chemische als auch die mikrobielle Umwandlung des Kalkstickstoffs im Boden bis zur Bildung von Ammoniumkarbonat völlig unabhängig von der Reaktion verläuft. Es kann daraus der Schluß gezogen werden, daß die harnstoffzersetzenden Bakterien des Bodens unabhängig von der Bodenreaktion ihr Werk verrichten.

Leiden nun auch Denitrifikation, Fäulnis und Harnstoffzersetzung nicht unter der Versauerung des Bodens Schaden, so muß man doch in Anbetracht der Schädigung der beiden anderen für den Stickstoffkreislauf in der Natur besonders wichtigen Vorgänge, der Nitrifikation und der Stickstoffsammlung, aussagen, daß die Bodenversauerung, im ganzen betrachtet, doch für den Stickstoffkreislauf in der Natur von nachteiligem Einfluß ist.

Auch noch auf andere mikrobielle Vorgänge im Boden wirkt sich die Bodenversauerung ungünstig aus. Die Erhaltung großer Mengen von Zellulose in den sauren Moorbildungen weist deutlich darauf hin, daß die zellulosezersetzenden Mikroorganismen durch saure Reaktion beeinträchtigt werden. Auch die Anhäufung saurer Humusstoffe an anderen Orten kann als ein Zeichen dafür gelten. Der Kohlenstoff in solchen Ablagerungen ist infolge der sauren Reaktion aus dem Kreislauf ausgeschaltet, erst dann wird er wieder in ihn hineingezogen, wenn durch Zufuhr von basischen Stoffen eine der Bakterienentwicklung günstige Reaktion geschaffen ist. Diese Tatsache geht deutlich aus der CO_2-Entwicklung hervor, die in sauren Böden nach erfolgter Kalkdüngung eintritt.

---

[1] ARRHENIUS, O.: Der Kalkbedarf des Bodens. Z. Pflanzenern., Düng. u. Bodenk. A, **4**, 348.

[2] SNIESZKO, ST.: Der Einfluß der Wasserstoffionenkonzentration des Nährbodens auf die Entwicklung der Knöllchenbakterien bei Bohne, Rotklee, der Saaterbse und der Vicia villosa. Bull. Acad. Pol. Sci. B, **55** (1928); ref. Z. Pflanzenern., Düng. u. Bodenk. A, **16**, 241.

[3] BLÖMER, M.: Zum Verhalten des Kalkstickstoffs auf sauren Böden. Dissert. Bonn-Poppelsdorf 1929.

Ein Versuch von KAPPEN[1] mit Böden von verschiedenen Aziditätsgraden mag den Einfluß des Kalkes in dieser Richtung belegen.

CO_2-Entwicklung aus einem humosen Sandboden (300 g).

	Ungekalkt	Kalkgabe 1	Kalkgabe 2	Kalkgabe 3
Austauschazidität y_1	11,6 cm^3	0,3 cm^3	0,0 cm^3	0,0 cm^3
Hydrolytische Azidität y_1 . . .	41,5 cm^3	19,9 cm^3	10,6 cm^3	7,0 cm^3
p_H-Wert	3,97	6,11	6,80	7,18
CO_2 in mg (in 17 Tagen)	116,6	146,2	257,6	341,4

Hiernach leidet doch ganz offenbar bei der Versauerung das gesamte bakterielle Leben im Boden Schaden; erst nach Beseitigung der Versauerung kann wieder ein normaler bakterieller Zustand und damit die dem Landwirt so erwünschte Gare des Bodens eintreten.

Die Arbeit des Landwirts ist nun aber nicht allein von einem normalen mikrobiellen Zustand seines Bodens in ihrem Erfolge abhängig, es bestehen vielmehr auch weitgehende Abhängigkeiten von den Mikroorganismen, die zur Erregung von Pflanzenkrankheiten befähigt sind. Auch über die Reaktionsempfindlichkeit dieser Mikroorganismen sind Untersuchungen angestellt worden und im besonderen ist der Frage dabei nachgegangen, ob zwischen ihrem Auftreten und der Bodenreaktion Beziehungen bestehen. Es stellte sich dabei heraus, daß tatsächlich in gewissen Fällen Zusammenhänge vorhanden sind. So deckten GILLESPIE und HURST[2] nähere Beziehungen zwischen dem Auftreten des gemeinen Kartoffelschorfes und der Bodenreaktion auf. Den Erreger des Kartoffelschorfes haben dann in künstlichen Kulturen WAKSMAN und JOFFÉ[3] auf seine Reaktionsansprüche näher untersucht. MATSUMOTO[4] beschäftigte sich mit einem anderen Kartoffelschädling, mit Rhizoctonia Solani, dem auch MEYER-HERMANN[5] Untersuchungen widmete. Den für die Kartoffelernten oft sehr gefährlich werdenden Kartoffelkrebs, Synchytrium endobioticum, untersuchte ESMARCH auf seine Beziehungen zur Bodenreaktion, ohne allerdings eine Abhängigkeit dazu feststellen zu können. Der Wurzelbranderreger der Rübe wurde von O. ARRHENIUS[6] als stark reaktionsbedingt in seiner Wirkung erkannt, was durch die Untersuchungen von MEYER-HERMANN bestätigt wurde. Wird das Wachstum dieses Pilzes deutlich durch saure Reaktion begünstigt, so verhält sich das bei einem anderen Rübenschädling, dem Erreger der Herzfäule, gerade umgekehrt. Nach GÄUMANN[7] soll bei einer Reaktion unter p_H 6,7 überhaupt keine Herzfäule bei Zucker- und Runkelrüben auftreten.

Auch andere pathogene Mikroorganismen — Näheres vergleiche man bei MEVIUS[8] — sind einer Prüfung auf ihre Abhängigkeit von der Bodenreaktion

[1] KAPPEN, H.: Die Bodenazidität, S. 217. Berlin 1929.

[2] GILLESPIE, L. J. u. L. A. HURST: Hydrogen-ion concentration — soil type — common potato scab. Soil Sci. **6**, 219.

[3] WAKSMAN, S. A. u. J. S. JOFFÉ: The influence of soil reaction upon the growth of Actinomycetes causing potato scab. Soil Sci. **14**, 61.

[4] MATSUMOTO, T.: Physiological specialisation in Rhizoctonia Solani KÜHN. Ann. Missouri Bot. Gard. **8**, 1 (1921).

[5] MEYER-HERMANN, K.: Über den Einfluß der Bodenreaktion auf die Entwicklung von Pilzparasiten und das Verhalten ihrer Wirtspflanzen. Dissert. Bonn-Poppelsdorf 1929.

[6] ARRHENIUS, O.: Försök till bekämpande av betrotbrand. Centralanst. försöksväs. på jordbrocksområdet. Medd. 240, 266 u. 277.

[7] GÄUMANN, E.: Untersuchungen über die Herzkrankheit der Runkel- und Zuckerrübe. Vjschr. Naturforsch. Ges. Zürich, Beibl. 7 (1925).

[8] MEVIUS, W.: Reaktion des Bodens und Pflanzenwachstum. Freising-München 1927.

unterworfen worden, so verschiedene Ustilagoarten durch FARIS und REED[1], ferner Fusariumarten und Helmintosporium durch MEYER-HERMANN. Daß man auch bei den im Boden lebenden Tieren Einflüsse der Bodenreaktion wird erwarten müssen, darf als sicher gelten, nachdem O. ARRHENIUS[2] einen solchen Einfluß auf das Vorkommen von Regenwürmern im Boden nachgewiesen hat, und nachdem ATKINS und LABOUR[3] für eine Reihe von Schnecken Reaktionsabhängigkeiten ihres Auftretens erkannt haben. Die Fortsetzung dieser Forschungen wird das zur Zeit allerdings noch ziemlich dürftige Material zu dieser Frage wohl alsbald vervollständigen.

Die Bedeutung der Bodenreaktion für die höheren Pflanzen.

Die in der älteren Pflanzenphysiologie gebräuchliche Bezeichnung der Pflanzen als kalkliebende und kalkfeindliche oder als kalkholde und kalkfliehende ist wohl in der Hauptsache schon als ein Ausdruck für die Reaktionsabhängigkeit der Pflanzen aufzufassen. Erst durch die modernen Mittel der kolorimetrischen und elektrometrischen Reaktionsmessung ist es in neuester Zeit gelungen, diese Abhängigkeit bestimmter zu umschreiben. Umfangreiche Arbeiten, die einzelnen Pflanzenarten gewidmet waren, wurden über den Einfluß der Bodenreaktion auf die Verbreitung der Pflanzen von WHERRY[4] ausgeführt. Auch O. ARRHENIUS[5], ferner ATKINS[6], SALISBURY[7] und KELLEY[8] haben sich mit eingehenden Studien über diese Frage beschäftigt, besonders exakte Untersuchungen liegen auch von C. OLSEN[9] vor. Aus allen diesen Arbeiten geht mit Gewißheit hervor, daß zwischen der Bodenreaktion und der Verteilung der Pflanzen in der freien Natur enge Beziehungen bestehen. Diese Abhängigkeit geht nach OLSEN sogar so weit, daß man aus dem Auftreten bestimmter Pflanzen an einem gegebenen Orte auf die Reaktion des Bodens Rückschlüsse ziehen kann. So zeigt das Vorkommen von Cirsium oleraceum, von Angelica silvestris, von Agrostis alba und von Tussilago farfara eine zwischen 8,0 und 6,5 schwankende Reaktionszahl des Bodens an, das Vorkommen von Deschampsia caespitosa läßt auf eine Reaktion von etwa 6,5—5,5 schließen, und Molinia coerulea ist für eine Bodenreaktion zwischen den p_H-Werten 4,5—3,0 charakteristisch. Kommen diese Pflanzen auf einem Boden nicht vereinzelt, sondern mit einer genügenden Häufigkeit vor, so können sie nach OLSEN direkt als Leitpflanzen für eine bestimmte Reaktion oder wenigstens Reaktionsbreite des

[1] FARIS, J. A. u. G. U. REED: Influence of environal factors on the infection of sorghum and oats by smut. Am. Journ. Bot. **11**, 189 u. 518.

[2] ARRHENIUS, O.: The growth of earth worms influenced by p_H. Ecology **2**, 255 (1922).

[3] ATKINS, W. R. G. u. M. v. LABOUR: The hydrogenionconcentration of the soil and of natural waters to the distribution of snails. Sci. Proc. R. Soc. Dublin **1923**, 233.

[4] WHERRY, E. T.: The habitat of the walking fern. J. Wash. Ac. Sci. **1916**, 672. — The reactions of the soils supporting the growth of some native orchids. Ebenda **1918**, 393. — The statement of acidity and alkalinity with special reference to soils. Ebenda **1918**, 305. — Plant distribution around salt marshes in relation to soil acidity. Ecol. **1920**, 42. — Correlation between vegetation and soil acidity. Proc. Ac. Nat. Sci. Philadelphia **72**, 113 (1920). — Recent work on soil acidity and plant distribution. Sci. **1922**, 55.

[5] ARRHENIUS, O.: Kalkfrage, Bodenreaktion und Pflanzenwachstum. Leipzig 1926.

[6] ATKINS, W. R. G.: Relation of the hydrogenionconcentration of the soil to plant distribution. Nature 108, 80.

[7] SALISBURY, E. J.: A study of soil reaction and succession in relation to the plant covering. Ann. Bot. **36**, 391.—The incidence of species in relation to soil reaction. J. Ecol. **13**, 149.

[8] KELLEY, W. P.: Plant indicators of toil types. Soil Sci. 13, 411. — Soil acidity, an ecological factor. Soil Sci. **16**, 41.

[9] OLSEN, C.: Studies on the H-concentration of the soil and its significance to the vegetation, especially to the natural distributions of plants. C. r. Labor. Carlsberg **15**, Nr. 1 (1923); Studies on the growth of some danish agricultural plants in soils with different H-concentrations. a. a. O. **16**, Nr. 2 (1925).

Bodens in Anspruch genommen werden. Die Beachtung der Häufigkeit des Vorkommens ist aber bei der Benutzung der genannten Pflanzen als Leitpflanzen für die Bodenreaktion von ausschlaggebender Bedeutung, ein vereinzeltes Vorkommen dieser Pflanzen berechtigt noch nicht zu bestimmten Schlußfolgerungen. Darauf weisen besonders O. ARRHENIUS und H. LUNDEGÅRDH[1] mit vollem Recht hin. Die Wasserstoffionenkonzentration ist eben keineswegs der einzige Faktor, der die Verteilung der Pflanzen in der Natur bedingt, sondern nur ein, allerdings recht wichtiger Faktor; er darf aber nicht in seiner Bedeutung überschätzt werden[2]. Es ist daher klar, daß auch auf den Ackerböden das Auftreten bestimmter Unkräuter nur in ziemlich weiten Grenzen als Beweis für das Bestehen einer bestimmten Bodenreaktion angesprochen werden kann. Immerhin haben die Untersuchungen von N. C. NIELSEN[3], von A. EICHINGER[4] und von anderen Forschern[5] ergeben, daß auch die Verbreitung gewisser Unkräuter auf den Feldern dazu benutzt werden kann, um auf die Reaktion des Bodens Rückschlüsse zu ziehen. Die Befunde von NIELSEN sind nach EICHINGER in der folgenden Tabelle zusammengestellt.

Häufigkeit des Auftretens von Ackerunkräutern auf Böden verschiedener Reaktionszahl in Prozenten.

	Reaktion des Bodens						
	sauer			neutral		alkalisch	schlechtweg sauer
	Reaktionszahl p_H						
	unter 5,6	5,6—6,0	6,1—6,3	6,6—7,0	7,1—7,5	über 7,5	unter 6,6
Sandstiefmütterchen	55	28	17	—	—	—	100
Waldruhekraut	31	46	23	—	—	—	100
Hederich	—	20	80	—	—	—	100
Kleiner Sauerampfer	42	38	18	2	—	—	98
Ackermaul	54	23	17	6	—	—	94
Ackerspörgel	50	22	22	6	—	—	94
Hasenlattich	—	59	25	16	—	—	84
Ackerhundskamille	45	18	17	5	9	6	80
Spitzwegerich	12	33	27	14	—	14	72
Ackerstiefmütterchen	15	8	6	11	35	25	29
Ackersenf	—	—	18	16	30	36	18
Geruchlose Kamille	5	1	9	21	23	41	15
Ackerwinde	3	6	2	15	30	44	11
Huflattich	6	1	3	22	41	27	10
Gelbklee, Hopfenluzerne	—	1	—	5	63	31	1

Ohne Frage steigt nach diesen Untersuchungsbefunden von NIELSEN die Häufigkeit des Auftretens bestimmter Unkräuter in deutlichem Zusammenhange mit der Bodenreaktion, man kann daher auch eine Beurteilung der Bodenreaktion nach dem Unkrautbestande des Bodens wohl versuchen. Wie EICHINGER jedoch mit Recht hervorhebt, muß man bei dieser Beurteilung doch größte Vorsicht

[1] LUNDEGÅRDH, H.: Klima und Boden, S. 310. Jena 1925.

[2] Siehe auch A. ÅSLANDER: Die Konzentration der Nährmedien in bezug auf die Wasserstoffkonzentration, wie sie sich beim Pflanzenwachstum zeigt. Sv. bot. Tidskr **23**, 96 (1929); zitiert nach Z. Pflanzenern., Düng. u. Bodenk. A, **17**, 310.

[3] NIELSEN, N. C.: Unkrutsvegetationen som Vejledning ved Undersögelser over Mineraljorders Kalktrang (zitiert nach EICHINGER).

[4] EICHINGER, A.: Die Unkrautpflanzen des kalkarmen Bodens. Berlin 1927.

[5] STEYER, K. u. G. EBERLE: Die Unkrautflora der Äcker und ihre Bedeutung als biologisches Reagens auf den Reaktionszustand ihrer Böden. Arb. Reichsanst. Land- u. Forstw. Berlin-Dahlem **16**, H. 2, 325.

walten lassen und muß besonders, wie schon gesagt, der Häufigkeit des Vorkommens einer bestimmten Unkrautpflanze die größte Aufmerksamkeit schenken. Tut man das, so kann man gewiß aus der Beobachtung des Unkrautbestandes für die Reaktionsbeurteilung eines Feldes Vorteil ziehen, das letzte Wort muß aber doch in allen Fällen der chemischen Untersuchung des Bodens überlassen bleiben.

Daß auch die Kulturpflanzen in ihrem Wachstum und in ihren Erträgen von der Reaktion abhängig sind, und zwar nicht weniger als die wildwachsenden Pflanzen und die Unkräuter, kann von vornherein als sicher angenommen werden und ist auch schon seit langer Zeit bekannt. Nachdem RAUTENBERG und KÜHN[1] und andere ältere Agrikulturchemiker bereits Beobachtungen über den Einfluß von Säuren und Basen in flüssigen Kulturmedien auf darin wachsende Pflanzen gemacht hatten, bemühten sich später KAHLENBERG und TRUE[2], HEALD[3], MAXWELL[4], STIEHR[5] und andere Forscher um eine genauere Erfassung des Einflusses, der von den Säuren und Basen auf die höheren Pflanzen ausging. Die Ergebnisse aller dieser älteren Arbeiten sind aber nicht frei von Widersprüchen gegeneinander, was in der Hauptsache der verschiedenen Arbeitsweise und der Nichtbeachtung des Dissoziationsgrades der verwendeten Säuren und Basen zuzuschreiben ist. Auch die von HARTWELL und PEMBER[6], ferner die von CROWTHER und RUSTON[7] ausgeführten Versuche wurden noch ohne Berücksichtigung der Wasserstoffionenkonzentration der Nährlösungen ausgeführt und können somit heute nicht mehr recht befriedigen. Erst in den Untersuchungen von J. S. JOFFÉ[8], von C. OLSEN[9], von O. C. BRYAN[10] und von O. ARRHENIUS[11] fand die Wasserstoffzahl der Kulturmedien ihre Berücksichtigung, und erst diese Untersuchungen bieten uns daher ein Material, auf Grund dessen eine Beurteilung der Reaktionsabhängigkeit der höheren Pflanzen und im besonderen der Kulturpflanzen möglich ist. Die Befunde der Genannten hier vollständig aufzuführen, ist natürlich unmöglich, aber einige Einzelheiten daraus mögen doch hier mitgeteilt werden. So fand JOFFÉ bei seinen Versuchen mit der Luzerne, daß ihr Wachstumsoptimum bei den p_H-Werten 6,5—7,1 lag, BRYAN fand aber, daß auch noch über p_H 7,1 hinaus bis zum p_H-Wert von 8,0 eine weitere Begünstigung des Wachstums der Luzerne sich einstellte. In Übereinstimmung mit der Luzerne zeigte sich das beste Wachstum für zwei Kleearten, Trifolium hybridum und Trifolium pratense, in BRYANS

[1] RAUTENBERG, F. u. G. KÜHN: Vegetationsversuche in wässerigen Lösungen. Landw. Versuchsstat. **6**, 355.

[2] KAHLENBERG, L. u. R. H. TRUE: On the toxic action of dissolved salts and their electrolytic dissociation. Bot. Gaz. **23**, 81.

[3] HEALD, F. D.: On the toxic effect of diluted solutions of acids and salts upon plants. Bot. Gaz. **23**, 125.

[4] MAXWELL, W.: Die relative Empfindlichkeit von Pflanzen gegenüber dem Säuregehalt in Böden. Landw. Versuchsstat. **50**, 325.

[5] STIEHR, G.: Über das Verhalten der Wurzelhärchen gegen Lösungen. Diss. Kiel 1903.

[6] HARTWELL, B. L. u. F. R. PEMBER: The relation between the effect of liming and of nutrient solutions containing different amounts of acids upon the growth of certain cereals. Rhode Island Agr. Exp. Stat. Ann. Rep. **20**, 358.

[7] CROWTHER, Ch. u. A. G. RUSTON: Über die Natur, Verteilung und Wirkungen atmosphärischer Verunreinigungen auf die Vegetation. J. agr. Sci. **4**, 25.

[8] JOFFÉ, J. S.: The influence of soil reaction on the growth of alfalfa. Soil. Sci. **10**, 301.

[9] OLSEN, C.: C. r. Labor. Carlsberg **15**, Nr. 1 (1923); **16**, Nr. 2 (1925).

[10] BRYAN, O. C.: Effect of reaction on growth, nodule formation and calcium content of alfalfa, alsike clover and red clover. Soil Sci. **15**, 23; Effect of different reactions on the growth and calcium content of oats and wheat. Ebenda S. 375.

[11] ARRHENIUS, O.: Hydrogen-ion concentration, soil properties and growth of higher plants. Ark. Bot. **18**, Nr. 1 (1922); ferner Bodenreaktion und Pflanzenleben. Leipzig 1922; ferner W. L. POWERS: The effect of hydrogen-ion concentration on the growth of certain plants. Soil Sci. **24**, 1 (1927).

Versuchen bei p_H 8,0. Bei Versuchen mit Hafer und Weizen stellte sich bei BRYAN das beste Wachstum bei den p_H-Werten 6—7 heraus, bei ungefähr p_H 8 trat schon ein starker Abfall ein, ebenso beim p_H 5,0. Für Gerste fand dann C. OLSEN die günstigste Reaktion in Nährlösungen bei dem p_H 6,5, bei Kulturen in natürlichem Boden beobachtete er das Optimum der Reaktion aber bei 7,63 bzw. bei 7,78. Der Roggen hatte nach OLSENs Untersuchungen sein Wachstumsoptimum schon bei p_H 6,25, der Buchweizen bei 7,08, bei der Luzerne und bei Medicago lupulina lag das Optimum bei p_H 6,65 und bei 6,88. Aus den zahlreichen Untersuchungen von O. ARRHENIUS ergab sich im übrigen, daß bei manchen Pflanzen nicht ein Wachstumsmaximum, sondern zwei bestanden, wie das aus der folgenden Zusammenstellung nach MEVIUS[1] hervorgeht.

Pflanze	I. Maximum bei p_H	II. Maximum	Pflanze	I. Maximum bei p_H	II. Maximum
Dalahafer	5,4—5,7	8,4—9,0	Bangholenkohlrübe .	6,1—6,3	8,5—8,8
Goldregenhafer . . .	5,4—5,7	8,0—8,4	Rotklee	ca. 6,0	8,0
Klockhafer	4,9—5,4	8,4—9,0	Zuckerrübe	ca. 6,0	8,3—9,0
Gelbgerste	7,2	8,5	Erbse	6,5	8,5—9,0
Bortfelder Wasserrübe	5,3	9,0			

Auch von anderer Seite sind ähnlich wie von O. ARRHENIUS doppelte Maxima gefunden worden, so u. a. von OSVALD[2]. OSVALD ist aber in einer anderen Arbeit zu der Überzeugung gelangt, daß diese doppelten Maxima nur Kunstprodukte seien, die durch die besondere Art der Versuchsanstellung zustande gekommen waren. Auch von T. DEMIDENKO[3] sind bei eingehenden Untersuchungen an einer ganzen Anzahl von Pflanzen stets nur eingipflige Reaktions- und Wachstumskurven angetroffen worden. Die Verschiedenartigkeit der Versuchsanstellung dürfte überhaupt für die Ergebnisse der Forschungen über die Reaktionsempfindlichkeit der Kulturpflanzen große Bedeutung besitzen. Es ist nicht gleichgültig, ob man die Studien mit Nährlösungen anstellt oder mit natürlichen Böden, es sind die Versuchsergebnisse in ihrem Werte aber auch nicht ohne weiteres gleichzusetzen, wenn der Boden künstlich durch Zusatz von Säuren oder Basen auf eine Reihenfolge von Reaktionsstufen gebracht, oder wenn diese Reihenfolge unter Benutzung von Kalk als Neutralisationsmittel aus einem von Natur aus sauren Boden hergestellt war. Diesen Besonderheiten in der Versuchsanstellung sind sicherlich die Differenzen zuzuschreiben, die sich in den Angaben über die für die Kulturpflanzen günstigsten Reaktionsgrade vorfinden. Unter solchen Umständen gewinnen die Ergebnisse solcher Versuche an Bedeutung, die auf einfachem, statistischem Wege durch Wachstumsbeobachtungen und Erntefeststellungen auf sauren Böden gewonnen und z. B. durch E. HILTNER[4] und M. TRÉNEL[5] sowie E. VON OLDERSHAUSEN[6] bekanntgegeben wurden. Eine Zusammenfassung dessen, was man auf Grund der bisherigen Versuche über die

[1] MEVIUS, W.: Reaktion des Bodens und Pflanzenwachstum, S. 62. Freising-München 1927.

[2] OSVALD, H.: Sveriges Allmänna Landtbrukssällskaps Schriften **1926**, Nr. 29.

[3] DEMIDENKO, T.: Der Einfluß der Wasserstoffionenkonzentration auf das Wachstum, die Ernte und den sogenannten isoelektrischen Punkt der Proteine von Kulturpflanzen. J. Landw. Wissensch. **6**, 643 (1929) (russ.); zitiert nach Z. Pflanzenern., Düng. u. Bodenk. A, **17**, 305.

[4] HILTNER, E.: Zur Frage der Bodenreaktion und der Kalkbedürftigkeit landwirtschaftlicher Böden. Prakt. Bl. bayer. Landesanst. **1924**.

[5] TRÉNEL, M.: Die wissenschaftlichen Grundlagen der Bodensäurefrage. Berlin 1927.

[6] OLDERSHAUSEN, E. v.: Der Einfluß künstlicher Bodensäuerung auf Boden und Pflanzenwachstum. Diss. Göttingen 1930.

Reaktionsansprüche der Kulturpflanzen aussagen kann, ist in der folgenden Tabelle versucht worden.

Pflanze	Reaktionsbreiten in p_H für Erzielung guter Ernten				
	ARRHENIUS	HILTNER	TRÉNEL	OLSEN	OSVALD
Winterweizen . . .	6,3 —7,6	6,8—8	6—7	—	—
Zuckerrüben	7,0 —7,5	6—8	6—7	—	—
Sommerweizen . . .	6,6 —7,3	—	6—7	—	—
Gerste	7,0 —7,8	6—7	7—8	6,5—8,0	7—8
Luzerne	7,3 —8,1	6,8—8	7—8	6,5—7,0	über 7
Wasserrüben . . .	5,7 —6,6	—	—	—	—
Rotklee	5,8 —6,5	6—8	6—7	—	über 7
Buchweizen	—	—	—	6,0—7,0	—
Wiesenfuchsschwanz	5,5 —6,3	—	—	—	—
Serradella	5,4 —6,5	—	—	—	—
Erbse	5,5 —6,4	6—7	6—7	—	—
Roggen	5,0 —6,0	5—7	4—7	6,0—6,5	—
Swedes	4,9 —5,5	—	—	—	—
Kartoffeln	4,85—5,6	—	5—6	—	—
Lupinen	4,0 —6,0	—	4—5	—	—
Hafer	—	5—8	5—6	—	5—6
Fyris Hafer	7,1 —8,0	—	—	—	—
Dala Hafer	5,5 —6,0	—	—	—	—
Goldregen Hafer . .	5,0 —6,0	—	—	—	—
Klock III Hafer . .	4,85—5,4	—	—	—	—
Timothee	4,9 —5,5	—	—	—	—

Ganz gewiß geht aus den hier aufgeführten Zahlen, wenn sie auch untereinander keine genaue Übereinstimmung aufweisen, hervor, daß für die Erzielung guter Ernten die Bodenreaktion einen bedeutsamen Faktor darstellt. Tiefer in diese Zusammenhänge einzudringen und die Reaktionsansprüche noch bestimmter, als es bisher möglich war, zu erfassen, muß daher auch als eine wichtige, praktische Aufgabe für die Landwirtschaftswissenschaft bezeichnet werden.

Man muß weiterhin aber auch darum bemüht sein, eine Aufklärung der Ursache der nachteiligen Wirkung ungünstiger Wasserstoffionenkonzentrationen auf die Kulturpflanzen wie überhaupt auf die Organismen beizubringen. Was man bisher über diesen Gegenstand weiß, ist noch recht unsicher. Ein direkter Eintritt von Säure aus dem sauren Boden in die Zellen der Pflanzenwurzeln scheint als Ursache nicht in Frage zu kommen, denn die Reaktion des Zellsaftes wird wenig oder gar nicht von der Reaktion des Außenmediums beeinflußt, wie schon Reaktionsmessungen an Wurzelpreßsäften von H. KAPPEN[1] ergaben und wie auch aus neueren Untersuchungen hervorzugehen scheint. Es werden daher heute mehr sekundäre Wirkungen der Wasserstoffionen als Ursache ihrer schädlichen Wirkungen auf die Pflanzen angesprochen. So soll nach O. ARRHENIUS und in ähnlicher Weise auch nach W. MEVIUS die Permeabilität der Zellen unter dem Einfluß der Wasserstoffionen eine nachteilige Veränderung erleiden. Es muß aber auch damit gerechnet werden, daß andere Ernährungsfaktoren unter dem Einfluß der Wasserstoffionen Änderungen erfahren und ungünstige Wirkungen damit im Gefolge haben können. So kann auch die Veränderung der Löslichkeit von Eisenverbindungen und von Phosphorsäure in die Erscheinungen der Bodenazidität hineinspielen, es kann auch an die Bildung giftiger Kationen in der Bodenlösung gedacht werden, wie z. B. an die Bildung von Aluminiumionen. Schließlich muß auch die Frage des Antagonismus der Nährstoffe bedacht werden, und bei Berücksichtigung aller dieser Deutungsmöglichkeiten nimmt die Frage nach den Ursachen der Pflanzenschädigung auf sauren Böden ein so kom-

[1] KAPPEN, H.: Untersuchungen an Wurzelsäften. Landw. Versuchsstat. 91, 1.

pliziertes Aussehen an, daß wohl nicht in absehbarer Zeit mit einer endgültigen Lösung gerechnet werden kann. So sicher es ist, daß die Wasserstoffionen großen Einfluß auf das Gedeihen der Pflanzen ausüben können, so wenig gesichert ist alles, was zur Zeit als Erklärung für die Wirkung angeführt werden kann.

Vorkommen und Verbreitung der Bodenversauerung.

Die Untersuchungen, die im Laufe der letzten Jahre über die Verbreitung der Bodenversauerung angestellt wurden, haben ergeben, daß es sich hier um eine sehr verbreitete Bodeneigenschaft handelt. Die zur Zeit vorliegenden Untersuchungen erstrecken sich natürlich zumeist auf die landwirtschaftlich benutzten Böden, für die ja die Versauerung von viel größerer Bedeutung ist als für die forstwirtschaftlich benutzten oder ohne jede Kultur brach liegenden Böden. Für diese landwirtschaftlich benutzten Böden ist nun für deutsche Verhältnisse ein sehr brauchbares Material durch die vom Reiche unterstützten Untersuchungen der landwirtschaftlichen Versuchsstationen zusammengetragen. Diese Untersuchungen liefern von der Verbreitung der Bodenversauerung in den einzelnen deutschen Ländern das folgende Bild[1]:

Länder	Zahl der untersuchten Proben	Reaktion der Böden		
		basisch bis neutral %	neutral bis schwach sauer %	mittel bis stark sauer %
Preußen	28157	22,6	53,1	24,3
Bayern	12886	33,5	43,3	23,2
Sachsen	357	59,4	22,7	17,9
Württemberg	885	68,7	25,5	5,8
Baden	1748	60,9	24,1	15,0
Hessen	326	4,0	71,5	24,5
Thüringen	2463	22,5	68,4	9,1
Mecklenburg-Schwerin	484	53,5	32,6	13,9
Mecklenburg-Strelitz	382	42,4	39,0	18,6
Oldenburg	345	28,1	20,6	51,3
Braunschweig	486	35,2	43,8	21,0
Anhalt	49	91,8	6,1	2,1
Lippe-Detmold	4	—	25,0	75,0
Hamburg	171	35,1	36,8	28,1
Lübeck	351	4,0	57,0	39,0
Deutsches Reich	49094	28,4	49,4	22,2

Fast die Hälfte aller untersuchten Böden müßte hiernach als versauert angesprochen werden, und man müßte danach die Bodenversauerung als eine sehr große Gefahr für die Höhe unserer Ernten bezeichnen. In Wirklichkeit ist diese Gefahr, wenn auch zweifellos vorhanden, doch nicht so groß, wie sie nach den Untersuchungsergebnissen scheint, denn Pflanzenschädigungen treten doch erst in bemerkenswertem Ausmaße bei den starken Versauerungsgraden ein, und diese stark versauerten Böden sind doch, wie die rechte Zahlenreihe der Tabelle zeigt, schon in viel geringerem Maße vorhanden als die neutralen bis schwach sauren Böden. Im übrigen können die von den landwirtschaftlichen Versuchsstationen ausgeführten Untersuchungen natürlich keineswegs Anspruch darauf erheben, ein völlig wahrheitsgetreues Abbild des Umfanges der Versauerung der Kulturböden in Deutschland zu geben. Dafür ist die Methode, durch die die Sammlung der Untersuchungsergebnisse zustande gekommen ist, viel zu wenig exakt. Genaue Angaben könnten nur über unseren Gegenstand gemacht werden,

[1] Liehr, O.: Bisherige Ergebnisse der Verbilligungsaktion des Reiches für Bodenuntersuchungen. Z. Pflanzenern., Düng. u. Bodenk. B, **7**, 201 u. 382; ferner a. a. O., B, **9**, 217.

wenn eine regelrechte Kartierung in der Art der geologischen Landesaufnahme vorgenommen werden könnte. Für eine solche Aufgabe stehen aber in absehbarer Zeit in Deutschland die erforderlichen großen Mittel nicht zur Verfügung. Es muß daher der Initiative des einzelnen Land- und Forstwirtes überlassen bleiben, sich auf eigene Kosten eine möglichst genaue Kenntnis des Reaktionszustandes seines Bodens zu verschaffen. Dabei kann zweckmäßig in der zuerst von O. Arrhenius[1], später von Wolf[2] und von Niklas[3] vorgeschlagenen Art vorgegangen werden, wobei die bei der Untersuchung erhaltenen Befunde unter Benutzung von verschiedenen Farbtönen in Karten von größerem Maßstabe eingezeichnet werden. Wenn einheitliche Bezeichnungen und, was Vorbedingung dafür ist, auch einheitliche Untersuchungsmethoden bei der Herstellung solcher Reaktionskarten benutzt werden könnten, so würde das allerdings in jedem Falle den aus leicht verständlichen Gründen an und für sich schnell vergänglichen Wert dieser Karten stark heben können.

Die Ausführung solcher Reaktionskarten in größerem Umfange, besonders von solchen Böden, die der menschlichen Einwirkung durch die Düngungsmaßnahmen nicht ausgesetzt sind, würde uns auch ein willkommenes Material für die Beurteilung der wissenschaftlich sehr interessanten Frage liefern, welche Zusammenhänge zwischen der Bodenreaktion und der Herkunft und Beschaffenheit der sauer gewordenen Böden bestehen. So ist man bei der Erörterung dieser Frage auf gelegentliche Untersuchungen beschränkt, die zwar mancherlei Aufschluß geben, aber doch nur ein unvollkommenes Bild zu liefern vermögen.

Die Abhängigkeit der Bodenversauerung von der chemischen Beschaffenheit des bodenbildenden Gesteines hat schon Daikuhara[4] in den Kreis seiner Untersuchungen gezogen. Bei Böden, die aus Japan und Korea stammten, fand er die folgenden Verhältnisse:

Art des Muttergesteins	Zahl der Bodenprüfungen		Prozentzahl der sauren Böden	
	Japan	Korea	Japan	Korea
Saure Gesteine	96	41	68	93
Basische Gesteine	72	11	50	73
Lava und Aschen	55	—	22	—

Wie von vornherein zu erwarten stand, befanden sich unter den aus sauren Gesteinen hervorgegangenen Böden auch mehr versauerte Böden als unter den aus basischen Gesteinen und aus Lava und Aschen entstandenen Böden. Auch die geologische Formation, in der sich die untersuchten Böden befanden, wurde schon von Daikuhara berücksichtigt; er fand die aus der folgenden Zusammenstellung hervorgehende Verteilung der sauren Böden auf die einzelnen Formationen.

Geologische Formation	Zahl der Bodenprüfungen	Saure Böden: Gegen Lackmuspapier		Saure Böden: Bei Behandlung mit Kalisalzlösung	
		Zahl	Prozente	Zahl	Prozente
Paläozoische Formation	31	27	87	17	55
Mesozoische Formation	27	26	96	21	78
Neozoische Formation: Tertiär	129	107	83	94	73
Neozoische Formation: Quartär: Diluvium	170	147	86	82	48
Neozoische Formation: Quartär: Alluvium	307	224	78	120	39

[1] Arrhenius, O.: Bodenreaktion und Pflanzenleben. Leipzig 1922.
[2] Wolf, A. C.: Ergebnisse von Bodenkartierungen, Bodenuntersuchungen Württembergs. Z. Pflanzenern., Düng. u. Bodenk. B, 7, 483.
[3] Niklas, H. u. A. Hock: Die Reaktions- und Nährstoffkarten des agrikulturchemischen Instituts der Hochschule Weihenstephan. Weihenstephan 1927.
[4] Daikuhara, G.: a. a. O., S. 6.

Die Prüfung auf Versauerung fand hier einerseits mit Hilfe von Lackmuspapier und andererseits durch Behandlung mit Kaliumchloridlösung statt. Bei beiden Prüfungsmethoden zeichnen sich die aus der mesozoischen Formation stammenden Böden durch den größten Prozentsatz saurer Böden aus. Am geringsten war das Vorkommen saurer Böden im Alluvium.

An deutschen Böden stellte J. SCHWÖRER[1] zuerst Untersuchungen über die Abhängigkeit ihres Vorkommens von der Art des Muttergesteines und von der geologischen Formation an, und zwar bei Böden des südlichen Schwarzwaldes und des Oberrheintales. Er fand dabei die in der folgenden Tabelle wiedergegebenen Beziehungen.

Reaktion	Granit %	Gneis %	Rheinschotter %	Muschelkalk %	Schwarzwaldschotter %	Buntsandstein %
Sauer	86,4	75,0	14,0	2,7	50,0	63,3
Neutral	19,4	25,0	44,0	8,3	25,0	36,6
Alkalisch	—	—	42,0	88,8	25,0	—
Zahl der Böden	29	36	57	36	12	30

Die sauren Urgesteinsböden und der Buntsandstein weisen nach SCHWÖRERS Untersuchungen die höchsten Prozentzahlen an sauren Böden auf, der Muschelkalk, wie nicht anders zu erwarten, die niedrigsten; eine Mittelstellung nehmen die Schotterböden ein. Die Beurteilung der Böden geschah nach ihrer Austauschazidität, es wurden also nur die schon stärker versauerten Böden bei SCHWÖRERS Erhebung erfaßt.

Württembergische Böden wurden von A. C. WOLF[2] näher untersucht und auch dabei ähnlich wie bei SCHWÖRERS Untersuchungen Zusammenhänge zwischen der Versauerung und der Art des Muttergesteins aufgedeckt. An forstwirtschaftlich genutzten Böden stellt E. FRANK[3] eingehende Studien in derselben Richtung an, bei ihm finden sich viele Erörterungen und Untersuchungen zu anderen die Bodenversauerung betreffenden Fragen, wie die nach ihren Veränderungen mit der Tiefe des Bodens und nach der Bedeutung anderer Faktoren, die die Versauerung des Bodens beeinflussen. Eine Profiluntersuchung von E. FRANK an einem versauerten Buntsandsteinboden mag hier etwas genauer angegeben werden.

Tiefe der Schicht cm	Art der Probe	p_H-Wert	Austauschazidität cm^3
10	humoser Sand	4,1	6,0
30	Bleichsand	4,6	2,0
70	schwarze Orterde	3,9	22,0
100	brauner Ortstein	5,1	28,0
140	ortähnliche Verdichtung .	6,1	4,0
180	ortähnliche Verdichtung .	5,9	2,0
230	Untergrund	5,5	2,0

In den p_H-Werten kommt der Versauerungsgrad der verschiedenen Schichten dieses Profils nicht so deutlich zum Ausdruck wie in den Austauschaziditäten. Man erkennt an diesen Zahlen leicht, daß der Bleichsand nicht saurer als der Untergrundboden war, und daß die stärkste Versauerung im Ortstein vorhanden war. Von H. KAPPEN[4] schon früher ausgeführte Untersuchungen an dem Profil eines Heidebodens zeigen dasselbe. Offenbar spielen der saure Humus und die unter seinem Einfluß in die tieferen Schichten herabgedrückten tonigen Bestandteile

[1] SCHWÖRER, J.: Reaktion, Kalkzustand und Bewirtschaftung der Böden des Oberrheintales und des südlichen Schwarzwaldes. Dissert. Hohenheim 1924.
[2] WOLF, A. C.: a. a. O., S. 483.
[3] FRANK, E.: Über Bodenazidität im Walde. Freiburg 1927.
[4] KAPPEN, H.: Zu den Ursachen der Azidität der durch Ionenaustausch sauren Böden. Landw. Versuchsstat. 89, 45.

des Ortsteins die Hauptrolle bei seinem hohen Säuregrade. Im übrigen nimmt, da ja die Versauerung ein Vorgang ist, der fraglos zumeist von der Oberfläche des Bodens ausgeht, normalerweise der Versauerungsgrad mit der Tiefe ab, nur wo Störungen der Lagerung stattgefunden haben, oder wie in dem oben angegebenen Profil, Infiltrationen und Ansammlung von sauren Stoffen von oben her stattgefunden haben, da wird man gelegentlich auf Ausnahmen von dieser Regel stoßen. Daß die besondere Beschaffenheit des sich bildenden Humus für die Versauerung des darunter liegenden Mineralbodens weitreichende Bedeutung besitzt, ist von vornherein als sicher anzunehmen und auch durch Untersuchungen von NĚMEC und KVAPIL[1], ferner von KRAUSS[2] und von E. FRANK[3] belegt. Nadelwaldböden weisen bei der höheren Azidität der sich dort bildenden Humusablagerungen auch immer einen höheren Versauerungsgrad als Laubwaldböden auf, in denen der Humus sich durch schwächere Versauerung auszeichnet. Auch die den Boden bewohnenden Pflanzen werden mit an dem Fortgang seiner Versauerung beteiligt sein können. Das liegt sehr nahe anzunehmen, wenn man an einen Befund von H. KAPPEN[4] denkt, nach dem ein Sphagnummoos (Sphagnum acutifolium) in dem ihm anhaftenden Wasser einen p_H-Wert von 3,58 aufwies, und ein aus einem norddeutschen Hochmoor stammendes Sphagnummoos darin sogar einen p_H-Wert von 3,37 besaß. Daß solchen sauer reagierenden Moosen überall, wo sie in größeren Mengen auftreten, auch eine starke Einwirkung auf den unter ihnen liegenden Böden zugesprochen werden muß, ist klar. E. FRANK konnte denn auch zeigen, daß sogar auf einem Kalkgestein die Moosdecke einen stark versauernden Einfluß ausgeübt hatte, im Gegensatz zu dem Gras, das dicht daneben auf demselben Gestein gewachsen war. Die Zahlen, die FRANK hier vorfand, waren die nebenstehenden:

	Nackter Boden	Boden unter Hypnum cupressiforme	Boden unter Gras Festuca
0— 5 cm tief	7,1	5,1	6,7
5—15 „ „	6,8	5,2	7,0

Sie zeigen deutlich, daß, wie FRANK mit Recht hervorhebt, die Bodenazidität auf kleinstem Raume starke Schwankungen aufweisen kann, und sie erklären auch die Tatsache, daß man als Folge früherer verschiedenartiger Pflanzenbedeckung heute noch auf längst kultivierten Ackerflächen oft stark voneinander abweichende Reaktionen antrifft. Außer der Beschaffenheit des Muttergesteins und der Art der Humusbildung auf dem Boden gibt es natürlich noch andere Faktoren, die das Vorkommen der Bodenazidität zu beeinflussen vermögen. In seiner Abhandlung über die Bodenazidität im Walde behandelt E. FRANK auch noch den Einfluß der Höhenlage der Böden, ihrer Exposition, der Bodenausformung, weiter die Auswirkungen des Bestandes und die von Lichtungen und von anderen Faktoren. In der Hauptsache sind es aber doch immer wieder nur indirekte Wirkungen des Humus, des Wassers und der Wärme, die in diesen besonderen Abhängigkeiten zum Ausdruck gelangen. Daß dem Wasser letzten Endes bei der ganzen Bodenversauerung die Hauptrolle zufallen muß, ist ohne weiteres erkennbar, wenn man daran denkt, daß nur in Lösung die Abfuhr der basischen Stoffe beim Versauerungsvorgang des Bodens erfolgen kann. Dieser Abfuhr muß

[1] NĚMEC, A. K. u. K. KVAPIL: Biochem. Studien über die Azidität der Waldböden. Z. Forst- u. Jagdwes. **1924**, 324.
[2] KRAUS, G.: Zur Aziditätsbestimmung in Waldböden. Forstw. Zbl. **1924**, 85.
[3] FRANK, E.: Über Bodenazidität im Walde. Freiburg 1927.
[4] KAPPEN, H.: Über die Wasserstoffionenkonzentration in Auszügen von Moorböden und von moor- und rohhumusbildenden Pflanzen. Landw. Versuchsstat. **90**, 361.

natürlich die spaltende Wirkung des Wassers voraus gehen, die, unterstützt durch die im Boden wirksamen sauren Stoffe, wie die Humusstoffe, die Kohlensäure und andere im Kreislauf der Stoffumwandlungen entstehenden Säuren, die Herauslösung der Basen aus den Silikaten und den Humaten herbeiführt. Überall dort, wo bei starken Niederschlägen auch große Durchlässigkeit des Bodens vorhanden ist, wird infolgedessen auch unter dem Einfluß des Wassers eine schnelle Entbasung des Bodens Platz greifen können. In regenreichen Jahren werden daher zumeist stärkere Pflanzenschädigungen aus der landwirtschaftlichen Praxis infolge der Bodenversauerung als in trockenen Jahren gemeldet. Hierbei ist auch wohl zu berücksichtigen, daß in trockenen Jahren ein Wiederaufsteigen von neutralisierend wirkenden, bikarbonathaltigen Lösungen aus tieferen Bodenschichten in Frage kommen kann, das zu einer Milderung der Schäden durch Bodenazidität führt. Hoher Wassergehalt eines Bodens allein scheint nach den Untersuchungen von H. KAPPEN für den Grad der Bodenversauerung nebensächlich zu sein, auch die weit verbreitete Anschauung, daß stagnierendes Wasser die Bodenversauerung begünstige, ist danach nicht ohne weiteres als richtig anzusehen. Wenn tatsächlich Böden unter stagnierendem Wasser besonders oft sauer befunden werden, so muß das noch im Zusammenhang mit anderen Dingen stehen. Daß fließendes Wasser, wie E. FRANK fand, die Versauerung des Bodens mindert, hängt gewiß mit seinem Gehalt an Bikarbonat zusammen. In einer neueren Arbeit beschäftigte sich noch J. F. RADU[1] mit den Faktoren, die die Reaktion jungfräulichen Bodens zu beeinflussen vermögen. Auch nach diesen Untersuchungen sind es vornehmlich die Art des Muttergesteins, die Verwitterungs- und Bodenbildungsprozesse, das Klima, die Richtung der Bewegung der Bodenlösung, die Vegetation usw., die Einfluß auf das Vorkommen der sauren Böden gewinnen. Zu diesen, das Vorkommen der sauren Böden in der Natur bestimmenden Faktoren, treten nun unter den Verhältnissen der landwirtschaftlichen Praxis auf den zur Kultur landwirtschaftlicher Nutzpflanzen gebrauchten Böden noch andere Faktoren hinzu, die die Versauerung wirksam beschleunigen müssen. Da ist zunächst die Entnahme der Ernten von den Böden und damit die Wegnahme der von den Pflanzen aus dem Boden aufgenommenen basischen Stoffe zu nennen. Ganz besonders ist es aber auch die Verwendung der künstlichen Düngemittel, die auf die Versauerung des Bodens Einfluß gewinnen kann. Vor allem die Verwendung der physiologisch-sauren Dünger muß auf eine Entbasung des Bodens in verstärktem Ausmaße hinwirken, und tatsächlich ist auch längst bekannt und bewiesen, daß diese versauernde Wirkung physiologisch-saurer Kunstdünger besteht. Was heute über den Einfluß der verschiedenen Düngemittel auf den Reaktionszustand der landwirtschaftlich benutzten Böden ausgesagt werden kann, soll in Anbetracht seiner großen praktischen Bedeutung im folgenden Kapitel eine gesonderte Darstellung erfahren.

Einwirkung der Dünger auf die Bodenreaktion.

Nach den Untersuchungen von KAPPEN und seinen Mitarbeitern LUKACS[2], KLOPSCH[3] und WICHMANN[4] läßt sich nach ihrer physiologischen Reaktion die folgende Einteilung der Kunstdünger aufstellen.

[1] RADU, J. F.: Das Vorkommen der natürlichen Aziditätsformen in jungfräulichen Hauptbodentypen Groß-Rumäniens. Beil. Bul. Agricult. 1—2 (1930).

[2] KAPPEN, H. u. M. LUKACS: Zur physiologischen Reaktion der Düngesalze. Z. Pflanzenern., Düng. u. Bodenk. A, 5, 249 (1925).

[3] KLOPSCH, S.: Zur physiologischen Reaktion der Düngesalze in Nährlösungen. Dissert. Bonn-Poppelsdorf 1927.

[4] WICHMANN, W.: Über die Auswirkung der physiologischen Reaktion der Düngemittel auf den Reaktionszustand des Bodens. Dissert. Bonn-Poppelsdorf 1927.

Zu den physiologisch-sauer reagierenden Düngemitteln, von denen also das Kation von der Pflanze schneller aufgenommen wird als das Anion, das als freie Säure im Boden zurückbleibt, gehören:

1. Ammonsulfat, 2. Ammonchlorid, 3. Ammonsulfatsalpeter, 4. schwefelsaure Kalimagnesia, 5. Kaliumsulfat, 6. Kainit, 7. Monoammoniumphosphat, 8. Monokaliumphosphat, 9. Diammoniumphosphat, 10. Dikaliumphosphat, 11. Leunaphosphat, 12. Kaliammonsalpeter, 13. 40proz. Kalisalz, 14. Kaliumchlorid, 15. Magnesiumchlorid, 16. Kalziumsulfat, 17. Kalziumchlorid, 18. Ammoniumnitrat. Zu den physiologisch-alkalisch reagierenden Düngemitteln gehören nur wenige, nämlich eigentlich nur die Nitrate von Natrium, Kalium und Kalzium, während das Ammoniumnitrat aus später noch mehr zu erörternden Gründen unbedingt zu den physiologisch-sauren Düngern zu stellen ist. Als physiologisch-alkalisch mußte auch das im Superphosphat enthaltene Monokalziumphosphat angesprochen werden.

Die Salze der ersten Gruppe werden unter dem Einfluß der wachsenden Pflanzen so zerlegt, daß aus ihnen eine größere oder geringere Menge an freier Säure entsteht. Geordnet sind in der vorstehenden Aufzählung die Salze nach der Stärke der Säuerung, die sie bei den Untersuchungen der oben Genannten, wenn die Salze in Nährlösungen verwendet werden, hervorzurufen vermochten. Man sollte nun meinen, daß alle diese Salze dazu imstande wären, den Boden, auf dem sie verwendet werden, bei fortgesetzter ausgiebiger Anwendung in den sauren Zustand zu überführen. Aber in Wirklichkeit verhalten sich die physiologisch-sauren Salze in diesem Punkte doch so voneinander verschieden, daß für die einzelnen Gruppen eine getrennte Behandlung erforderlich ist.

Wirkung der Stickstoffdünger auf die Bodenreaktion.

Zur Erfassung der Wirkung der Stickstoffdünger auf die Bodenreaktion verfuhren BERGEDER und KAPPEN[1] so, daß sie in Glasschalen auf 500 g Erde, die mit den verschiedenen Stickstoffdüngern versetzt war, 100 Roggenpflanzen 3—4 Wochen lang wachsen ließen. Nach dieser Zeit wurden die Pflanzen von dem Boden entfernt und die Aziditätsveränderungen bestimmt, die an dem Boden vor sich gegangen waren. Der Boden wurde dann ein zweites und darauf ein drittes, viertes und fünftes Mal in derselben Weise behandelt und der Fortschritt der Reaktionsänderung festgestellt. Mit den verschiedenen Ammoniumsalzen ergaben sich nun die folgenden Veränderungen:

Art der Düngung	1. Bepflanzung			3. Bepflanzung			5. Bepflanzung		
	H. A.	A. A.	p_H	H. A.	A. A.	p_H	H. A.	A. A.	p_H
Ohne Düngung	8,6	0,2	6,4	9,4	0,2	5,7	9,8	0,2	6,0
Ammonsulfat	9,2	0,2	6,2	13,3	0,2	5,4	18,3	3,4	4,9
Ammonchlorid	8,6	0,2	6,6	10,2	0,6	5,8	13,3	1,2	5,3
Ammonnitrat	8,5	0,2	6,4	9,9	0,5	5,9	12,5	0,6	5,5
Monoammonphosphat	9,1	0,2	6,3	14,0	0,7	5,6	19,8	2,0	4,7
Diammonphosphat	9,4	0,2	6,3	13,1	0,5	5,8	17,5	0,8	5,6
Ammoniaksuperphosphat	9,0	0,3	6,3	14,0	1,2	5,2	20,1	4,0	4,8

Schon nach der ersten Bepflanzung sind gewisse Änderungen in den Aziditätswerten des Bodens unverkennbar, sie steigern sich aber mit der Wiederholung der Düngung und Bepflanzung noch ganz wesentlich bis zur fünften Bepflanzung. Das Endergebnis des Versuches zeigt, daß alle Ammoniumver-

[1] KAPPEN, H. u. W. BERGEDER: Über die Beziehungen zwischen der physiologischen Azidität der Düngesalze und zwischen der Bodenazidität. Z. Pflanzenern., Düng. u. Bodenk. A, 7, 391 (1926).

bindungen eine deutliche Versauerung des Bodens zuwege gebracht haben; das Ammoniaksuperphosphat hat am stärksten versauert, dann folgt das Monoammonphosphat, dann das Ammonsulfat und das Diammonphosphat, und in deutlich erkennbarem Abstande schließen sich das Ammonchlorid und das Ammonnitrat an. Diese starke versauernde Wirkung allein dem Einfluß der Pflanzen auf die Ammoniumverbindungen zuzuschreiben, geht aber nicht an, denn wie ein anderer Versuch, bei dem in derselben Weise gearbeitet wurde, zeigte, ohne daß jedoch Pflanzen auf den Gefäßen wuchsen, trat auch in Abwesenheit der Pflanzen eine nicht unbeträchtliche Versauerung durch die Ammoniumverbindungen ein. Erst durch eine Sterilisation des Bodens konnte die versauernde Wirkung der Ammoniumverbindungen aufgehoben werden, woraus hervorgeht, daß neben den höheren Pflanzen auch die im Boden lebenden Pilze und Bakterien an der Wirkung der Ammoniumsalze beteiligt sind. Diese Beteiligung kann man sich so vorstellen, daß einmal durch ammoniakfestlegende Mikroorganismen gerade so, wie das sonst durch die höheren Pflanzen geschieht, die Säure aus den Ammoniumsalzen in Freiheit gesetzt wird. Es kann aber auch die Nitrifikation des Ammoniakstickstoffs durch die Bodenbakterien die Säurebildung und damit die Versauerung des Bodens bewirken. Tatsächlich ist schon früher von STEPHENSON[1] und von CONNER[2] diese versauernde Wirkung der Nitrifikation erkannt worden, und von BRIOUX[3] ist zuerst durch Verwendung von Harnstoff als Stickstoffquelle der Beweis erbracht worden, daß tatsächlich allein durch die Nitrifikation, auch ohne daß die Abspaltung einer Säure überhaupt in Betracht kommt, Bodenversauerung eintritt. Auf Zusatz von Harnstoff stieg bei BRIOUX infolge der Ammoniakbildung zunächst die Reaktionszahl des benutzten Bodens von 6,45 auf 7,6 an, sank dann aber alsbald entsprechend der dann einsetzenden Nitrifikation auf 5,35 hinab. Von WICHMANN[4] konnte dann der Zusammenhang zwischen der Versauerung durch Harnstoff und der Nitrifikation weiter analytisch belegt werden, so daß kein Zweifel daran besteht, daß tatsächlich ein guter Teil der versauernden Wirkung der Ammoniumsalze gar nicht auf ihre physiologische Zerlegung durch die wachsenden Pflanzen oder die Ammoniak bindenden Bodenmikroorganismen zurückzuführen, sondern der Salpetersäurebildung durch die Nitrifikation zuzuschreiben ist. Durch Untersuchungen von KAPPEN und BELING[5], bei denen durch Zusatz von Dicyandiamid, das ein spezifisches Gift für die Nitrifikationsbakterien darstellt, die Nitrifikation ganz unterdrückt werden konnte, ohne daß das Pflanzenwachstum und die übrige Mikroorganismentätigkeit behindert wurden, konnte die Bedeutung des Nitrifikationsvorganges für die Bodenversauerung vollkommen sichergestellt werden. Den Begriff der physiologischen Azidität muß man daher bei den Ammoniumsalzen erweitern und nicht nur die Tätigkeit der Ammoniak bindenden Bakterien darunter einbegreifen, sondern auch die Wirkung der Nitrifikationsbakterien. Alle Ammoniakstickstoff enthaltenden Verbindungen und auch diejenigen, die bei ihrer Zersetzung, wie der Harnstoff, im Boden Ammoniak entstehen lassen, ohne daß sie, wie der nachher noch zu erwähnende Kalkstickstoff, ausreichende Mengen von basischen Stoffen

---

[1] STEPHENSON, R. E.: The effect of the organic matter on soil reaction. Soil Sci. **12**, 143.

[2] CONNER, S. D.: Soil acidity, nitrification and the toxicity of soluble salts of aluminium. Purdue Univ. Agr. Exp. Stat. Bull. **176**, 1913.

[3] BRIOUX, C.: Einfluß des als Düngemittel verwendeten Harnstoffs auf die Bodenreaktion. C. r. **179**, 915.

[4] WICHMANN, W.: a. a. O., S. 36.

[5] KAPPEN, H.: Zur Düngung der sauren Böden. Ergebnisse der Agrikulturchemie II, 77. BELING, R. W.: Zur Bodenversauerung durch Ammonsalze. Landw. Jb. **73**, 491.

zur Bindung der bei ihrer Nitrifikation entstehenden Salpetersäure mitbringen, müssen daher als physiologisch-sauer bezeichnet werden.

Wesentlich schwächer als die versauernde Wirkung der Ammoniumverbindungen erwies sich im übrigen bei den Versuchen der Genannten die alkalisierende Wirkung der physiologisch-alkalischen Nitrate. Nach fünfmaliger Wiederholung des Versuches mit den Nitraten in der oben angegebenen Weise war nur eine Verschiebung der Reaktion durch das am stärksten wirkende Natriumnitrat von 6,3 auf 7,0 eingetreten, und die hydrolytische Azidität war von 9,0 auf 6,8 gefallen. War die erwartete Wirkung hier auch fraglos eingetreten, so erscheint, absolut betrachtet, die Veränderung im Vergleich zu der durch die Ammoniumsalze hervorgerufenen doch nur klein, und das erklärt sich ungezwungen aus der Tatsache, daß hier bei den Nitraten ja nur die physiologische Zersetzung durch die höheren Pflanzen eine Rolle spielt, mikrobielle Vorgänge, die die physiologische Wirkung der Ammoniumsalze verstärken, hier bei den Nitraten aber keine Bedeutung haben. Es muß also die versauernde Wirkung der Ammoniumverbindungen in stärkerem Ausmaße sich geltend machen als die neutralisierende Wirkung der Nitrate. Daß außer dem Harnstoff zu den physiologisch-sauren Düngemitteln auch die neuen Dünger wie Nitrophoska zu rechnen sind, wurde durch Untersuchungen von R. W. BELING[1] noch besonders sicher gestellt. In Nährlösung erwies sich dieser Düngestoff zwar im wesentlichen als physiologisch-neutral, in Bodenkulturen machte sich aber auch auf Grund der Nitrifikation des in ihm enthaltenen Ammoniakstickstoffs eine, wenn auch nur schwächere Versauerung deutlich bemerkbar. Nur der Kalkstickstoff nimmt unter den Stickstoffdüngern, die im Boden Ammoniak bilden, eine Sonderstellung ein, weil er eine so große Menge an basisch wirkendem Kalk besitzt, daß die aus seinem Cyanamidstickstoff schließlich entstehende Menge an Salpetersäure schon allein hierdurch neutralisiert werden kann, also keine Basen des Bodens dafür in Anspruch genommen zu werden brauchen. Andererseits darf man diesen Gehalt an basischem Kalk im Kalkstickstoff in seiner Bedeutung für die Düngung saurer Böden aber auch nicht überschätzen. Versuche von M. BLÖMER[2] haben jedenfalls bewiesen, daß mit normalen Düngergaben an Kalkstickstoff sich eine wesentliche Beeinflussung der Bodenreaktion in sauren Böden nicht erreichen läßt; erst bei wiederholter Anwendung größerer Düngergaben vermag der Kalkstickstoff eine erkennbare Erniedrigung der vorhandenen Bodenazidität zu bewirken. Bei Versuchen von K. NEHRING[3] mit verschiedenen Ammoniumsalzen und Salpetersorten und mit Kalkstickstoff wurden die vorstehend geschilderten Versuchsergebnisse KAPPENS bestens bestätigt. Gegenüber dem versauernden Einfluß, der von den Ammoniumsalzen auf den Boden ausgeht, tritt die versauernde Wirkung aller anderen als physiologisch-sauer erkannten Düngesalze weit zurück. Von den Kalisalzen, die in Lösungskulturen keine wesentlich geringere Azidität zu entfalten vermögen als die Ammoniumsalze, geht nach den Untersuchungen von KAPPEN und seinen Mitarbeitern so gut wie keine Bodenversauerung aus. Das hängt sicherlich damit zusammen, daß einmal die Ausnutzung dieser Salze durch die Pflanzen viel geringer ist als die Ausnutzung der Ammoniumsalze. Es muß daher auch

---

[1] BELING, R. W.: Die physiologische Reaktion des Nitrophoska. Z. Pflanzenern., Düng. u. Bodenk. B, **6**, 562.

[2] BLÖMER, M.: Zum Verhalten des Kalkstickstoffs auf sauren Böden. Dissert. Bonn-Poppelsdorf 1929.

[3] NEHRING, K.: Der Einfluß der Bodenreaktion auf die Umsetzungen der verschiedenen Stickstoffverbindungen im Boden und auf ihre Ausnutzung durch die Pflanzen. Landw. Jb. **69**, 105 (1929).

die physiologische Zersetzung, da sie nur den aufgenommenen Salzanteil betreffen kann, bei diesen Salzen viel geringer sein, als bei den Ammoniumsalzen. Es spielt weiterhin aber für das Fehlen einer praktisch in Betracht kommenden versauernden Wirkung dieser Salze die Tatsache eine Rolle, daß die Pflanzen das Anion dieser Salze, besonders wenn es das Chlorion ist, in erheblichem Umfange mit dem Kation zusammen in sich aufnehmen. Diese mit den verschiedenen Kalisalzen erhaltenen Versuchsergebnisse von KAPPEN wurden zwar von O. LOEW[1] bezweifelt, die Ergebnisse langjähriger Düngungsversuche in Rothamsted, in Weihenstephan und in Gembloux bestätigen aber die Ergebnisse der Versuche von KAPPEN und seinen Mitarbeitern so vollständig, daß man heute nicht mehr von einer versauernden Wirkung der Kalisalze auf den Boden sprechen kann. Auch ZIELSTORFF und NEHRING[2] kamen bei Vegetations- und Feldversuchen zu dem Ergebnis, daß 40proz. Kalisalz und Kainit keine Versauerung des Bodens bewirkten, daß aber schwefelsaure Kalimagnesia Veranlassung zu einer schwachen Säuerung gab. Mit Ausnahme dieses Salzes erklären die Genannten daher die übrigen Kalisalze für physiologisch-neutral. Daß sich Chloride und Sulfate in physiologischer Beziehung verschieden verhalten, in dem Sinne, daß die Sulfate mehr Säure zurücklassen als die Chloride, wurde übrigens schon von KAPPEN und KLOPSCH bei den Ammonium- und Kalisalzen gefunden. Es hängt diese Verschiedenheit nach HAGER und STOLLENWERK[3] mit dem verschiedenen Grade der Hydratation der Anionen zusammen. Von KAPPEN[4] wurde übrigens auch noch darauf hingewiesen, daß die irrtümlicherweise oft mit der Versauerung zusammengeworfene Entkalkung des Bodens durch Kalisalze zu keiner Reaktionsänderung nach der sauren Seite, vielmehr infolge der stärkeren hydrolytischen Aufspaltung der Kalisilikate und der Kalihumate zu einer Verschiebung der Reaktion nach der alkalischen Seite hin führt.

Ein ähnlicher Gegensatz zwischen der theoretischen Voraussage und der Wirklichkeit wie bei den Kalisalzen wurde auch unter den Phosphorsäuredüngern bei dem Superphosphat angetroffen. Bei der stark sauren Reaktion des Superphosphates — wässerige Lösungen mit einem Gehalt von 2% Superphosphat besitzen nach Angaben von KAPPEN Reaktionszahlen, die zwischen 2,65 und 2,99 bei verschiedenen Proben schwankten — hätte man erwarten sollen, daß seine Zugabe zum Ackerboden die Reaktion nach der sauren Seite hin verschieben müsse. In Wirklichkeit zeigten darauf gerichtete Untersuchungen von KAPPEN[5] aber, daß das nicht der Fall war, daß vielmehr das Superphosphat auch in größeren Gaben keinen versauernden Einfluß auf den Boden zu erkennen gab. In Versuchen zahlreicher amerikanischer Forscher findet diese Feststellung ihre Bestätigung. So fand nach den Angaben von ERDMAN[6] in fünfjährigen Düngungsversuchen VEITCH[7] keinen versauernden Einfluß des Superphosphates, es trat vielmehr eine leichte Herabsetzung der Bodenazidität daraufhin ein. Bei zwanzigjährigen Düngungsversuchen fand nach derselben

---

[1] LOEW, O.: Zur physiologisch-sauren Natur der Kalisalze. Dtsch. landw. Presse 1928, 272.

[2] ZIELSTORFF, W. u. K. NEHRING: Zur Frage der physiologischen Reaktion der Kalisalze. Z. Pflanzenern., Düng. u. Bodenk. A, 17, 67.

[3] HAGER, G. u. W. STOLLENWERK: In welchem Ausmaß können die Ammoniaksalze den Boden durch bevorzugte Aufnahme des Ammoniumkations im Vergleich zum Anion versauern? — Ein Beitrag zur Erkenntnis der Nährstoffaufnahme durch die Pflanzen. Z. Pflanzenern., Düng. u. Bodenk. A, 17, 129.

[4] KAPPEN, H.: Die Bodenazidität, S. 296. Berlin 1929.

[5] KAPPEN, H.: a. a. O., 298.

[6] ERDMAN, L. W.: The effect of gypsum on soil reaction. Soil Sci. 12, 433.

[7] VEITCH, F. P.: The effect of fertilizers on the reaction of soils. Science 23, 710.

Quelle CONNER[1] das gleiche. AMES und SCHOLLENBERGER[2] fanden bei ihren Versuchen, daß das Superphosphat keinen wesentlichen Einfluß auf das Kalkbedürfnis des Bodens ausübte, PLUMMER[3] stellte keinen Einfluß auf die Bodenreaktion und BROOKS[4] sogar wieder eine Herabsetzung der Versauerung fest. L. W. ERDMAN konnte die nicht versauernde Wirkung des Superphosphates auf den Boden in seinen eigenen Versuchen nur bestätigen, er konnte auch feststellen, daß das im Superphosphat reichlich enthaltene Kalziumsulfat ebenfalls keine versauernde Wirkung entfaltete. Aus allen diesen Versuchen, die eine weitere Stütze auch noch in den in Rothamsted durchgeführten Dauerdüngungsversuchen finden, kann wohl der endgültige Schluß gezogen werden, daß das Superphosphat die Bodenreaktion nicht nachteilig verändert. Allerdings kann das nur mit einer bestimmten Einschränkung ausgesprochen werden, nämlich mit der, daß der Boden, auf dem das Superphosphat verwendet wird, auch ausreichende Mengen an solchen Bestandteilen enthält, die die Beseitigung der dem Superphosphat selbst von Haus aus eigenen Azidität bewirken. Denn nur den chemischen Umsetzungen, die das Superphosphat mit den basischen Bestandteilen des Bodens, mit Kalzium-, Magnesium-, Eisen- und Aluminiumoxyden eingeht, ist ja seine Einflußlosigkeit auf die Bodenreaktion zu verdanken. Fehlen diese Bestandteile in einem Boden, wie das bei sauren Hochmoorböden und diesen in ihren Eigenschaften nahestehenden Böden, wie humusreichen Heideböden, wohl der Fall ist, so wird doch vom Superphosphat eine versauernde Wirkung ausgehen müssen, und zwar infolge der sauren Reaktion des in ihm enthaltenen Monokalziumphosphates und der freien Phosphorsäure, die es stets in geringen Mengen enthält. Da aber normalerweise die Verwendung des Superphosphates auf solchen Böden nicht in Frage kommt, so braucht dieser Ausnahme von der Regel keine besondere Bedeutung beigelegt zu werden; denn auf den Böden, wo es seine hauptsächlichste Verwendung findet, den besseren Mineralböden und den neutralen Humusböden, kann es infolge seiner chemischen Umsetzungen mit den basischen Bodenbestandteilen seine sauren Eigenschaften nicht entfalten und wird auch nicht durch die Einwirkung der wachsenden Pflanzen dazu veranlaßt, physiologisch-sauer zu reagieren.

Anders als mit dem Superphosphat steht es um den Einfluß der alkalisch reagierenden Phosphate, des Thomasmehls und des Rhenaniaphosphates, auf die Reaktion des Bodens. Umsetzungen, die zu einer Aufhebung der alkalischen Reaktion dieser Phosphate führen könnten, ohne daß die Träger der Bodenazidität, die zeolithischen Silikate und die Humate, davon in Mitleidenschaft gezogen würden, gibt es im Boden nicht, und so geht von diesen Stoffen denn auch eine erkennbare neutralisierende Wirkung auf den Boden aus. Jedoch darf sie nicht zu hoch eingeschätzt werden, wie Versuche von KAPPEN[5] dartun, die in der folgenden Tabelle (s. S. 409) zusammengestellt sind.

Man erkennt, daß zwar eine schwache Reaktionsverschiebung nach der alkalischen Seite hin durch Thomasmehl wie auch durch Rhenaniaphosphat zu erreichen ist, sie ist aber auch noch bei den größeren, praktisch bei einmaliger Gabe kaum noch in Frage kommenden Mengen von 9 dz/ha so klein, daß

---

[1] CONNER, S. D.: Acid soils and effect of acid phosphate and other fertilizers upon them. J. Ind. Eng. Chem. **8**, 35.

[2] AMES, J. W. u. C. J. SCHOLLENBERGER: Liming and lime requirement of soils. Ohio Agr. Exp. Stat. Bull. **306**, 376.

[3] PLUMMER, J. K.: Studies on soil reaction as indicated by the hydrogen electrode. J. agr. Research **12**, 19.

[4] BROOKS, W. P.: Phosphates in Massachusetts agriculture. Mass. Agr. Exp. Stat. Bull. **162**, 131.

[5] KAPPEN, H.: Die Bodenazidität. S. 301. Berlin 1929.

	Thomasmehlreihe			Rhenaniaphosphatreihe		
	Boden 1	Boden 2	Boden 3	Boden 1	Boden 2	Boden 3
Ungedüngt	5,07	4,91	4,52	5,07	4,93	4,52
3 dz/ha	5,17	5,03	4,59	5,22	4,96	4,61
6 dz/ha	5,20	5,06	4,57	5,18	5,04	4,69
9 dz/ha	5,19	5,12	4,57	5,32	5,02	4,69

beide Dünger kein Mittel abgeben können, um einen Boden zu neutralisieren. Die regelmäßige Verwendung dieser alkalisch reagierenden Phosphorsäuredünger wird aber doch eine gewisse Gegenwirkung gegen versauernde Einflüsse ausüben können. Noch weniger als von diesen durch ihren Gehalt an freien basischen Stoffen stark alkalischen Phosphorsäuredüngern wird man natürlich von der Benutzung von Rohphosphaten für die Reaktion eines sauren Bodens erwarten müssen. Wie Versuche von H. KAPPEN[1] denn auch dargetan haben, trat bei Vegetationsversuchen auf sauren Böden nur bei der Verwendung von weicherdigem Algierphosphat eine eben erkennbare Reaktionsverschiebung ein, das harterdige Floridaphosphat dagegen ließ die Bodenreaktion völlig unbeeinflußt. Was schließlich die in der Wirtschaft anfallenden organischen Dünger und ihren Einfluß auf die Bodenreaktion angeht, so zeigten Untersuchungen von TH. AYMANS[2], daß Stallmist, Schafmist und Jauche in Mengen, wie sie in der landwirtschaftlichen Praxis gegeben werden, eine Milderung der Bodenazidität bewirken. Diese Milderung ist aber so gering, daß ihr keine wesentliche Bedeutung für den Aziditätszustand des Bodens beigelegt werden kann. Worauf die Verminderung der Azidität, die durch diese Stoffe herbeigeführt wird, beruht, ist wohl leicht zu sagen; es ist der in diesen Stoffen enthaltene Ammoniakstickstoff, den man dafür verantwortlich machen muß. Neuere Versuche zu dieser Frage liegen bezüglich des Stallmistes von BORESCH und KREYZI[3] vor; auch diese Versuche zeigen, daß eine Verschiebung der Bodenazidität durch Stallmist nach der alkalischen Seite hin erfolgt. Es zeigen diese Versuche aber auch, daß die alkalisierende Stallmistwirkung bereits nach einem Jahre wieder fast restlos verschwunden ist. Auch diese Tatsache ist leicht zu erklären, denn, wenn die anfängliche Neutralisation durch das im Stallmist enthaltene Ammoniak bewirkt wird, so muß natürlich mit eintretender Kohlensäurebildung und Nitrifikation seine Wirkung wieder mehr und mehr aufgehoben werden. Letzten Endes läßt dann die Stallmistdüngung doch die Bodenreaktion in der Hauptsache unverändert, und dasselbe muß auch von der Jauche gesagt werden. Geradeso wie der Stallmist scheint sich auch nach den Untersuchungen, die von R. E. STEPHENSON[4] darüber angestellt wurden, die Gründüngung gegenüber der Bodenreaktion zu verhalten. Im Anfang führen die Gründüngerstoffe zu einer Verschiebung der Bodenreaktion nach der alkalischen Seite hin, alsbald geht die Veränderung aber wieder rückwärts, und schließlich bleibt nach der Zersetzung der organischen Stoffe der Gründüngung der Boden eher in einem schlechteren als einem verbesserten Reaktionszustande zurück. Ein nachhaltiger und stärkerer Einfluß auf die Bodenreaktion geht somit eigentlich nur von den Ammoniumverbindungen aus. An der Spitze stehen hier — um die Hauptergebnisse noch einmal kurz zusammenzufassen — die Ammoniumsalze der starken Säuren,

[1] KAPPEN, H.: Die Bodenazidität. S. 301. Berlin 1929.

[2] AYMANS, TH.: Zur Bestimmung und Beseitigung der Austauschazidität. Dissert. Bonn-Poppelsdorf 1924.

[3] BORESCH, K. u. R. KREYZI: Ein Beitrag zur Frage nach der Abhängigkeit der Bodenreaktion von Düngung und Jahreszeit. Fortschr. Landw. **3**, 963.

[4] STEPHENSON, R. E.: The effect of organic matter on soil reaction I. Soil Sci. **6**, 413; II: Ebenda **12**, 145; Soil acidity and bacterial activity. Ebenda **12**, 133.

wie Schwefelsäure und Salzsäure, ihnen folgen die übrigen Ammoniumverbindungen und die Stoffe, die ihren Stickstoff in einer im Boden schnell in Ammoniak übergehenden Form enthalten. Nur der Kalkstickstoff unter diesen Stoffen verhält sich infolge seines hohen Kalkgehaltes abweichend. Alle diese Düngerstoffe sind in die Gruppe der physiologisch-sauren zu stellen, wenn der Begriff der physiologischen Azidität auf die Mitwirkung der niederen Pflanzen erweitert wird. Die physiologisch-alkalischen Düngemittel, zu denen im Grunde genommen nur die eigentlichen Salpeterarten, nicht dagegen der Ammoniaksalpeter zu rechnen sind, weisen eine viel schwächere Wirkung auf den Reaktionszustand des Bodens auf als die physiologisch-sauren Düngemittel, was damit im Zusammenhang steht, daß bei ihnen nur die physiologische Zerlegung durch die höheren Pflanzen ihren reaktionsändernden Einfluß auf den Boden bedingt. Von den Kalisalzen ist trotz ihrer in Nährlösungen deutlich physiologisch-sauren Reaktion keine nachteilige Änderung der Bodenreaktion zu erwarten, von den Phosphorsäuredüngern läßt das Superphosphat bei seiner Verwendung auf bindigeren Böden keine versauernde Wirkung erkennen trotz seiner von Haus aus sehr stark sauren Reaktion, weil die chemischen Umsetzungen mit den Oxyden des Bodens zu seiner Entsäuerung führen. Thomasmehl und Rhenaniaphosphat, sicherlich auch das bisher noch wenig gebräuchliche Dikalziumphosphat und Dimagnesiumphosphat üben dagegen einen, wenn auch nur schwach neutralisierenden Einfluß auf den Boden aus. Die organischen Dünger ändern die Bodenreaktion nur vorübergehend und sind letzten Endes für den Reaktionszustand des Bodens ohne wesentliche Bedeutung. Welche Schlußfolgerungen man aus diesem verschiedenen Verhalten der Dünger auf die Maßnahmen der Düngung der sauren Böden ableiten soll, gehört in die Agrikulturchemie und braucht an dieser Stelle nicht näher dargelegt zu werden; einer eingehenden Besprechung bedarf aber noch die Frage der Beseitigung der Bodenazidität durch die Maßnahme der Kalkdüngung.

Die Kalkdüngung und die Methoden zur Bestimmung des Kalkbedarfes der sauren Böden.

Da die Bodenazidität eine Erscheinung ist, die vom landwirtschaftlichen Standpunkte aus betrachtet eine sehr nachteilige Veränderung des Bodens darstellt — und auch von forstwirtschaftlichen Gesichtspunkten aus ist sie das, wie sich mehr und mehr zu erkennen gibt, — so ist es klar, daß ihre Beseitigung eine Frage ist, die allgemein als sehr wichtig angesehen wird. Das Hauptmittel zur Beseitigung und Bekämpfung der Bodenversauerung auf den land- und forstwirtschaftlich genutzten Böden ist nun, da, wie oben auseinandergesetzt, die übrigen Düngemittel nicht dafür in Betracht kommen können, der Kalk, und zwar in seinen verschiedenen Formen als kohlensaurer Kalk, als Branntkalk und als gelöschter Kalk oder Ätzkalk. Man könnte nun meinen, daß das erstrebenswerte Ziel der Kalkung der Böden nur die vollständige Beseitigung der Bodenazidität sein müsse. Mit einer solchen Zielsetzung würde man aber doch viel zu weit gehen, denn eine vollständige Beseitigung der Bodenazidität bedeutet stets eine Verschiebung der Bodenreaktion in ein Gebiet von so hoher alkalischer Beschaffenheit, daß dabei überhaupt keine Pflanze mehr gedeihen könnte. Selbst ein Vorschlag, den Säurewasserstoff so weit aus dem Boden zu verdrängen, daß der unter natürlichen Verhältnissen auftretende Höchstwert der Bodenreaktion von p_H 8,3—8,5 erreicht würde, müßte als weit über das Ziel hinausschießend bezeichnet werden. Die Reaktionsansprüche der Kulturpflanzen liegen nämlich zumeist noch wesentlich unterhalb dieses Wertes, ja bei manchen unter ihnen liegen sie sogar, wie oben schon dargetan ist, noch ganz erheblich unterhalb des Neutralpunktes. Man könnte daher zu der Auffassung gelangen, daß die Anpassung der Bodenreaktion an das Bedürfnis der anzubauenden

Pflanzen die richtigste Maßnahme bei der Kalkung der Böden sein müsse. Und tatsächlich ist auch von O. ARRHENIUS ein dahin gehender Vorschlag schon gemacht worden. Wer aber mit der Kalkdüngung in der Praxis Bescheid weiß, der weiß auch, daß es ein unerreichbares Ideal bleiben wird, die Bodenreaktion an das Bedürfnis der anzubauenden Pflanzen genauer anzupassen. Der Effekt der Kalkdüngung ist nämlich in einem ganz außerordentlich hohen Maße abhängig von der Vermischung des Kalkes mit dem Boden. In der Praxis kann die Vermischung niemals eine so vollkommene sein, daß man es in der Hand hätte, eine gewünschte Reaktion mit auch nur einiger Sicherheit durch eine berechnete Kalkmenge zu erreichen[1]. Abgesehen jedoch davon, daß es auf unüberwindliche Schwierigkeiten stößt, eine bestimmte Reaktion auf einem Boden einzustellen, ist die Erfüllung dieser Forderung aber auch gar nicht notwendig. Man kann praktisch mit einer wesentlich bescheideneren Forderung auskommen, und zwar kann man das deshalb, weil die Gesamtheit der landwirtschaftlichen Kulturpflanzen sich in zwei große Gruppen mit ziemlich übereinstimmenden Reaktionsansprüchen einteilen läßt. Man kann nämlich einmal die nur wenig gegen die Bodenazidität empfindlichen Kulturpflanzen unterscheiden, und zu diesen gehören in der Hauptsache der Mais, der Hafer, der Roggen, der Buchweizen, der Rübsen, der Spörgel, die Kartoffel und die Lupine. Davon kann man andererseits die Gruppe der empfindlichen Pflanzen abgrenzen, zu denen der Raps, die Luzerne, die Zucker- und die Futterrübe, der Senf, die Gerste, der Rotklee, die Bohne, die Erbse und der Weizen zu rechnen sind. Für die erste Gruppe genügt es zumeist, dem sauren Boden eine Reaktion zu erteilen, die nahe bei dem p_H-Wert 6,0 liegt, für die zweite, empfindliche Pflanzengruppe genügt es dann, den p_H-Wert des Bodens bis auf 7,0 zu heben. Sind diese Reaktionswerte durch die Kalkdüngung erreicht, so sind bei den genannten Pflanzen, besonders wenn man noch die übrige Düngung ihren besonderen Bedürfnissen anpaßt, also bei den empfindlichen Pflanzen als Stickstoffdünger physiologisch-alkalische Düngemittel verwendet, bei den wenig empfindlichen Pflanzen, wie bei der Kartoffel, dagegen physiologisch-saure Stickstoffdünger gebraucht, durchaus befriedigende Ernten zu erzielen. Dieser Vereinfachung der Kalkdüngung der sauren Böden kommt auch der Umstand entgegen, daß die Vertreter der beiden Gruppen zumeist auch verschiedene Böden für ihre Kultur beanspruchen; die wenig empfindlichen Pflanzen sind vornehmlich die Kulturpflanzen der leichteren Böden, die gegen die Bodenazidität empfindlichen dagegen die Hauptkulturpflanzen der besseren, schweren Böden. Man wird also im allgemeinen das richtige treffen, wenn man die leichteren sauren Böden auf einen p_H-Wert von 6 und die schwereren auf einen p_H-Wert von 7—7,5 zu bringen sich bemüht. Die Kalkdüngung, nach diesem Plane ausgeführt, wird dadurch zu einer wesentlich einfacheren Maßnahme, und sie genügt dabei durchaus den Ansprüchen, die sowohl von den Kulturpflanzen als auch von den Bodenmikroorganismen an die Reaktion gestellt werden. Alle wichtigen mikrobiellen Umsetzungen werden innerhalb dieser Reaktionsbreite mit ausreichender Intensität vonstatten gehen.

Ist damit das Ziel, das erreicht werden kann und das allerdings auch erreicht werden muß, im Interesse unserer Ernten genügend festgelegt, so handelt es sich nun noch um die Methoden der Bodenuntersuchung, die es uns ermöglichen, die zur Erreichung dieses Zieles erforderlichen Kalkmengen zu bestimmen.

Da mag nun zunächst vorangestellt werden, daß mit der Bestimmung der Bodenreaktion nach irgendeiner Methode, sei es kolorimetrisch oder elektro-

[1] HISSINK, D. J. u. J. VAN DER SPEK: Über Titrationskurven von Humusböden. Verh. II. Kom. Internat. bodenkdl. Ges., Groningen A, 1926, 72.

metrisch, in Wasser oder in Salzlösung, niemals das Ziel der Bestimmung des Kalkbedarfes eines Bodens erreicht werden kann, denn Reaktionszahlen und Kalkbedarf sind in keiner Weise gesetzmäßig miteinander verknüpft. Böden von gleicher Reaktionszahl können durchaus verschiedene Kalkmengen zu ihrer Neutralisation oder zur Einstellung einer anderen Reaktion verlangen. Nur als Methoden zum Nachweis vorhandener Versauerung und zur Bestimmung ihres Grades sind die Bestimmungen der Bodenreaktion brauchbar. Zur Ermittlung des Kalkbedarfes können nur solche Methoden in Frage kommen, die nicht bloß den aktuellen Säurewasserstoff des Bodens, sondern auch den potentiellen zu erfassen erlauben, wenn sie auch nicht immer diesen Teil des Säurewasserstoffs restlos zu erfassen brauchen.

Die Ablehnung der Reaktionsermittlung für die Ermittlung des Kalkbedarfes soll im übrigen keineswegs die Bedeutung, die der Reaktionsermittlung nach anderer Richtung hin zukommt, herabsetzen. Wir brauchen ja nur daran zu denken, daß das Wachstum der Pflanzen und Mikroorganismen, wie oben auseinandergesetzt, sehr weitgehend von der Reaktion abhängig ist, um auch die Wichtigkeit der Bestimmung der Reaktion zu erkennen. Die Reaktionszahl eines Bodens stellt aber damit eben vornehmlich ein physiologisch wichtiges Kennzeichen des Bodens dar, sie ist jedoch kein analytisches, für die Kalkbedarfermittlung ausnutzbares Kennzeichen des Bodens. Bei dieser besonderen Bedeutung der Reaktionszahlen muß es eigentlich auch leicht einleuchten, wenn gefordert wird, daß diese Größe nur unter möglichst natürlichen Bedingungen am Boden festgestellt wird, also in möglichst dichten Aufschwemmungen in Wasser und nicht etwa in einer Salzlösung. Im letzten Falle geht die wichtigste Bedeutung der Reaktionszahl verloren, ohne daß dafür eine entsprechende anderweitige Ausnutzbarkeit eine Entschädigung einbrächte.

Die ersten Methoden zur Bestimmung des Kalkbedarfes der sauren Böden wurden von den Agrikulturchemikern der Vereinigten Staaten ausgearbeitet, wo man überhaupt die ersten eingehenden Beobachtungen und Untersuchungen über die Bodenazidität ausführte, wenn man von der Azidität der Hochmoorböden, die auch bei uns schon eine frühzeitige Bearbeitung fand, absieht. Die beiden ältesten Methoden, die Beachtung verdienen, sind die von HOPKINS, PETTIT und KNOX[1] ausgearbeitete Natriumchloridmethode und die von T.B.VEITCH[2] ausgearbeitete Kalkwassermethode. Die erste Methode stimmt in ihrer Ausführung und in der Auswertbarkeit ihrer Ergebnisse weitgehend mit der von DAIKUHARA[3] angegebenen Methode der Behandlung der sauren Böden mit Kaliumchloridlösung überein. Die zweite Methode, die in einer ziemlich umständlichen und langwierigen Behandlung des Bodens mit einer Lösung Kalziumhydroxyd besteht, ist heute kaum noch in Benutzung, so daß sich nähere Angaben über sie nicht mehr lohnen. Die Methoden, die heute in umfangreicherem Gebrauche sind, sind einmal die elektrometrischen Methoden der Neutralisation und der Titration, ferner die Bestimmung der Austauschazidität nach DAIKUHARA, sowie die Bestimmung der hydrolytischen Azidität nach KAPPEN, weiterhin die Methoden von HISSINK[4] und von GEHRING[5]. Diese Methoden bedürfen einer kurz gefaßten Schilderung und einer Kritik ihrer Ergebnisse, und dabei soll mit derjenigen Methode begonnen werden, die als die

[1] HOPKINS, C. C., W. H. KNOX u. J. H. PETTIT: A quantitative method for determining the acidity of soils. N. S. A. Dep. Agricult. Bur. Chem. Bull. **73** (1903).

[2] VEITCH, T. B.: Comparison of methods for the estimation of soil acidity. J. amer. chem. Soc. **1904**, 637.

[3] DAIKUHARA, G.: Über saure Mineralböden. Bull. Imp. Centr. Argr. Exp. Stat. Japan **2**, 31.

[4] HISSINK, D. J.: Vgl. S. 354 des vorliegenden Bandes.

[5] GEHRING, A.: Vgl. S. 376 des vorliegenden Bandes.

Standardmethode angesehen werden muß, an der der Wert aller anderen Methoden gemessen werden kann; das ist die Methode der elektrometrischen Neutralisation.

Die elektrometrische Neutralisation. Von dieser Methode ist früher schon die Rede gewesen, als die Bestimmung des Gesamtsäurewasserstoffs im Boden behandelt wurde[1]. Eine genaue Erfassung dieser Größe läßt sich mit Hilfe der elektrometrischen Neutralisation, wie dort dargelegt wurde, nicht durchführen, weil die Bestimmung der Wasserstoffionenkonzentration uns kein Mittel an die Hand gibt, um die Sättigung des Bodens mit Basen, also seinen Äquivalenzpunkt, zu erfassen. Zu dem hier in Frage stehenden Zwecke der Bestimmung des Kalkbedarfes eines Bodens ist dagegen die Methode besser als jede andere brauchbar, denn sie liefert uns eine durchaus sichere Auskunft darüber, wieviel Kalk einem Boden zugesetzt werden muß, damit er eine bestimmte Reaktion annimmt. Das ist aber gerade das, was wir für die Feststellung des Kalkbedarfes erfahren müssen.

Ausgeführt wird nun diese Methode der elektrometrischen Neutralisation am besten so, wie es von JENSEN[2] bei seiner Bestimmung der Pufferfläche der Böden geschieht, d. h. es werden in größerer Anzahl (5—10) kleine Glaskölbchen mit je 10 g des lufttrockenen Bodens beschickt und dazu 100 cm³ Wasser bzw. 100 cm³ von Kalziumhydroxydlösungen gegeben, die 1—10 cm³ 0,1 *n* Kalziumhydroxydlösung enthalten. Nach 3 tägiger Einwirkung der Lösungen auf den Boden wird die Reaktionszahl der Aufschwemmungen elektrometrisch bestimmt, die Ergebnisse dieser Bestimmung werden in ein Koordinatensystem eingetragen. Man erhält dabei die Neutralisationskurve des Bodens und kann aus dieser jede für die Einstellung einer bestimmten Reaktion erforderlichen Menge von Kalziumhydroxyd ablesen. Aus dieser Kalkmenge kann man leicht die auf 1 ha des Bodens nötige Kalkmenge berechnen. Aus dem in Abb. 15 aufgeführten Beispiel geht z. B. hervor, daß zur Einstellung der neutralen Reaktion gerade 3,0 cm³ 0,1 *n* Kalziumhydroxydlösung erforderlich waren. 1 cm³ einer solchen Lösung entspricht nun 2,8 mg Kalziumoxyd, die angewandten 10 g Boden erfordern somit zur Neutralisation $3 \times 2{,}8\text{ mg} = 8{,}4\text{ mg}$ Kalziumoxyd. Auf 100 g Boden würden sich also 84 mg als erforderlich erweisen, und unter Annahme eines Bodengewichtes von 3000000 kg je ha würden auf 1 ha des Bodens 25,2 dz reines Kalziumoxyd oder 45,0 dz reiner kohlensaurer Kalk zur Neutralisation erforderlich sein.

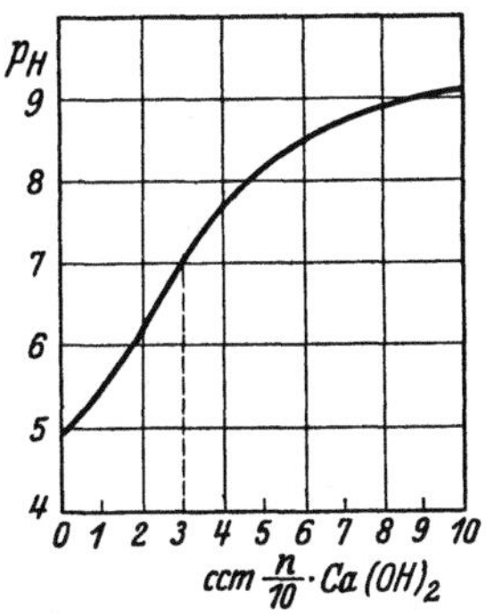

Abb. 15. Neutralisationskurve nach JENSEN.

Bei kleinen Bodenmengen, wo eine gleichmäßige Mischung des Kalkes etwa in der Form von Kalkwasser mit dem Boden möglich ist, läßt sich nun auch mit den aus der elektrometrischen Neutralisationskurve ermittelten Kalkmengen die gewünschte Reaktion tatsächlich recht genau einstellen, wie das die folgenden Versuche mit 4 Böden deutlich zeigen.

	Boden 1	Boden 2	Boden 3	Boden 4
p_H zu Anfang	4,65	5,04	5,07	4,38
Berechneter Zusatz an 0,1 *n*-$Ca(OH)_2$ auf 100 g Boden	86,8 cm³	36,2 cm³	28,3 cm³	102,1 cm³
p_H nach diesem Kalkzusatz	7,04	7,01	7,04	7,00

[1] Vgl. S. 356.

[2] JENSEN, S. T.: Über die Bestimmung der Pufferwirkung des Bodens. Internat. Mitt. Bodenkde. **14**, 112.

Bei großen Bodenmengen merkt man aber, daß die berechneten Kalkmengen nicht dazu in der Lage sind, die verlangte Reaktion herbeizuführen. Das hat nun mit der Methode der Ermittlung des Kalkbedarfes als solcher nichts zu tun, sondern einzig und allein mit der Unvollkommenheit der Vermischung größerer Bodenmengen mit Kalk. In der Praxis wird man daher stets gut tun, die nach der Methode der elektrometrischen Neutralisation ermittelten Kalkmengen nicht unwesentlich größer zu wählen, eine Maßnahme, die aus dem angegebenen Grunde natürlich bei allen mit irgendeiner anderen Methode ermittelten Kalkmengen erforderlich ist. Nur bleibt dabei immer eine große Unsicherheit insofern bestehen, als man nicht weiß, wie groß man diesen Zuschlag wählen soll. Nach den Erfahrungen des Verfassers kann man aber unbedenklich die berechnete Kalkmenge um die Hälfte erhöhen, ohne befürchten zu müssen, daß man die Reaktion zu stark nach der alkalischen Seite hin verschiebt. Unter solchen Umständen verliert die Genauigkeit der Ermittlung des Kalkbedarfes, die mit dieser Methode möglich ist, natürlich wieder sehr an Bedeutung, und so kommt es denn, daß Methoden für die Kalkbedarfsermittlung im Gebrauch sind und sich auch praktisch bewähren, die bezüglich der Genauigkeit der mit ihnen erzielbaren Resultate weit hinter der Methode der elektrometrischen Neutralisation zurückbleiben. Dazu gehört auch die nun folgende Methode der elektrometrischen Titration.

Die elektrometrische Titration. Die elektrometrische Titration weicht in ihrer Handhabung insoweit von der elektrometrischen Neutralisation ab, als nicht mehrere Bodenproben abgewogen und mit Kalziumhydroxydlösung versetzt werden, sondern nur eine Probe abgewogen und in der Rührelektrode mit steigenden Mengen der Lauge versetzt wird. Diese Methode der elektrometrischen Titration, die zuerst von T. L. SHARP und D. R. HOAGLAND[1] bei Bodenuntersuchungen benutzt wurde, ist, wie oben schon einmal angegeben wurde, von J. HUDIG[2] eingehend studiert und ausgiebig angewandt worden. HUDIG hat auch eine besondere Rührelektrode für die Ausführung der Titration gebaut und beschrieben, auch S. T. JENSEN[3] hat sich mit dieser Methode beschäftigt und ebenso H. KAPPEN und R. W. BELING[4]. In neuester Zeit ist diese Methode besonders wieder von S. GOY[5] in Anwendung gebracht worden. Von der Methode der elektrometrischen Neutralisation unterscheidet sich die Methode der Titration hauptsächlich dadurch, daß sie in kürzerer Zeit zu Ergebnissen führt, denn bei der elektrometrischen Neutralisation kann erst nach 3tägiger Einwirkung der Kalkwasserlösung mit einem endgültigen Ablauf der Reaktion zwischen Kalkwasser und Boden gerechnet werden. Bei der elektrometrischen Titration dagegen ist man in höchstens 30 Minuten mit der Untersuchung zu Ende. Diese Verschiedenheit zwischen beiden Methoden bedeutet aber für die elektrometrische Titration keineswegs einen absoluten Vorzug, denn es ist klar, daß, wenn auch in der Hauptsache die Basenbindung als Ionenreaktion oder Ionenaustausch durch den Boden in ziemlich kurzer Zeit vonstatten geht, doch niemals zuverlässige Endwerte bei dieser Methode erreicht werden. Schon

---

[1] SHARP, T. L. u. D. R. HOAGLAND: Acidity and absorption in soils as measured by the hydrogen-electrode. J. agricult. Res. 7, 123.

[2] HUDIG, J. u. C. W. G. HETTERSCHY: Die Wasserstoffelektrode. Landw. Jb. 51, 6.

[3] JENSEN, S. T.: Über die Bestimmung der Pufferwirkung des Bodens. Internat. Mit Bodenkde. 14, 112.

[4] KAPPEN, H. u. R. W. BELING: Über die Chinhydronmethode und über die Beziehungen ihrer Resultate zu den Aziditätsformen der Böden. Z. Pflanzenern., Düng. u. Bodenk. A, 6, 1 (1926).

[5] GOY, S., P. MÜLLER u. O. ROOS: Über das Wesen der Bodenazidität von Mineralböden. Z. Pflanzenern., Düng. u. Bodenk. A, 13, 66 (1929).

JENSEN, aber auch KAPPEN und BELING haben auf diesen Mangel der Methode hingewiesen, und HUDIG hat die Benutzung der Methode offenbar gerade wegen dieses Mangels wieder aufgegeben und ist zur elektrometrischen Neutralisation als Untersuchungsmethode übergegangen. Wenn daher heute von GOY diese Methode der elektrometrischen Titration des Bodens wieder erneut propagiert wird, so besteht darin keineswegs ein methodologischer Fortschritt. Immerhin kann man aber auch mit dieser Methode zu beachtenswerten Ergebnissen in der Bemessung des Kalkbedarfes der Böden gelangen, aber doch hauptsächlich nur deshalb, weil eben, wie oben schon gesagt, immer ein großer Zuschlag zu den auch nach der genauesten Methode ermittelten Kalkmengen gegeben werden muß und deshalb eine große Genauigkeit der Bestimmungsmethode eigentlich gar nicht erforderlich ist. Nur muß man sich bei der Verwendung der elektrometrischen Titration, wenn man vergleichbare Ergebnisse erhalten will, auf bestimmte Laugezusätze einigen. Man muß natürlich auch stets und überall die gleiche Lauge anwenden, weil infolge der verschieden starken Hydrolyse der Alkali- und Erdalkalizeolithe und -humate die Reaktionszahlen bei Verwendung verschiedener Laugen ziemlich voneinander abweichen können. Auf diese Weise ausgebaut und genau festgelegt wird man auch die elektrometrische Titration zur Bestimmung des Kalkbedarfes der Böden mit Erfolg anwenden können. Im einzelnen verfährt GOY bei seiner Methode derartig, daß er 20 g Boden in 20 cm^3 n-KCl-Lösung in der Rührelektrode suspendiert und mit 0,1 n-NaOH kubikzentimeterweise titriert. Nach jedem Laugezusatz wird 1 Minute gewartet, bevor die Ablesung auf der Brücke vorgenommen wird. Entweder wird nun noch solange titriert, bis die Suspension einen p_H-Wert von 5,3 angenommen hat, oder aber bis der p_H-Wert 7,7 erreicht ist. Im ersten Falle wird in der Hauptsache die Neutralisation nur soweit gehen, daß die Austauschazidität zum Verschwinden gelangt, denn nur bis p_H 5,5 sind ja die Aluminiumionen, die sich nach dem Austausch der Wasserstoffionen gegen Neutralsalzkationen bilden, in Lösung existenzfähig. Die Neutralisation eines Bodens bis zum p_H-Wert 5,5 wird daher dem Bedürfnis vieler zu den wenig gegen Säure empfindlichen gehörender Pflanzen genügen. Der höhere p_H-Wert von 7,7 dürfte den Anforderungen entsprechen, die von den empfindlichen Pflanzen an die Bodenreaktion gestellt werden.

Ein Mangel der Methode ist es wohl, daß sie zur Neutralisation Natronlauge benutzt und die damit erhaltenen Ergebnisse auf Kalziumoxyd umrechnet. Kalziumoxyd in der verbrauchten Natronlauge aequivalenten Mengen dem Boden zugegeben, erzeugt stets niedrigere Reaktionszahlen als Natronlauge[1]. Man sollte bei einer auf praktische Auswertung rechnenden Methode doch eigentlich immer zur Neutralisation auch das in der Praxis einzig und allein in Frage kommende Neutralisationsmittel anwenden, nämlich das Kalziumoxyd. Ob der Verwendung der Kaliumchloridlösung an Stelle von Wasser bei GOYS Methode ein Vorzug zukommt, läßt sich zur Zeit nicht sagen. Handelt es sich um eine pflanzenphysiologische Auswertung der Reaktionszahlen, so ist natürlich die Verwendung dieser Salzlösung, wie oben schon dargelegt, stets grundsätzlich zu verwerfen, da es aber im vorliegenden Falle darauf nicht ankommt, mag die Verwendung des Kaliumchlorids vielleicht ohne besondere Bedeutung sein.

Im wesentlichen kann dasselbe, was sich mit der elektrometrischen Titration erreichen läßt, auch schon in vielen Fällen durch die älteren Methoden

---

[1] Vgl. hierzu auch D. J. HISSINK u. J. VAN DER SPEK: Über Titrationskurven von Humusböden. Verh. II. Komm. Internat. bodenkdl. Ges., Groningen A, **1926**, 72.

der Kalkbedarfsbestimmung erreicht werden, nämlich durch die Methode der Bestimmung der Austauschazidität nach DAIKUHARA[1] und durch die Bestimmung der hydrolytischen Azidität nach KAPPEN[2]. Bei der Bestimmung der Austauschazidität erfaßt man bekanntlich die Menge des im Boden enthaltenen Säurewasserstoffs, der gegen die Kationen von Neutralsalzen austauschbar ist. Die Austauschazidität ist daher schon deshalb eine für die praktische Landwirtschaft wichtige Größe, weil bei der Düngung mit Salzen, wie Kalisalzen, Ammoniumsalzen u. a. auf austauschbaren Böden die Gelegenheit zu einer Aktivierung der Austauschazidität gegeben ist. Die Bodenlösung nimmt dabei eine verstärkte Azidität an, die stellenweise, nämlich in der Umgebung der sich auflösenden Salzkörner, sowie in der Nähe der Wurzeloberfläche, wohin die Salze durch den Verdunstungsstrom ihren Weg nehmen, wohl recht bedeutende Werte erreichen kann. Tatsächlich erweist sich denn auch, daß die austauschsauren Böden diejenigen sind, die für das Wachstum der Kulturpflanzen mit höherer Empfindlichkeit gegen saure Reaktion am gefährlichsten sind. Die erste Aufgabe bei der Bekämpfung der Bodenversauerung muß daher stets auf die Beseitigung dieser schädlichsten Form der Bodenazidität gerichtet sein. Den Weg zur Beseitigung der Austauschazidität hat nun schon DAIKUHARA in seiner oft erwähnten Arbeit gewiesen. Es gelang ihm, eine Gleichung aufzustellen, die es erlaubt, aus zwei nacheinander an derselben Bodenprobe ausgeführten Bestimmungen der Austauschazidität die gesamte gegen eine normale Kaliumchloridlösung austauschbare Menge der Wasserstoffionen zu ermitteln und daraus dann die Kalkmenge zu berechnen, die die Wasserstoffionenkonzentration des Bodens soweit herabsetzt, daß mit der angewandten Salzlösung kein weiterer Austausch von Wasserstoffionen mehr eintritt. Die Bedeutung der Bestimmung dieser Kalkmenge leuchtet ohne weiteres ein, denn sie ist es, die, einem austauschsauren Boden zugesetzt, dafür sorgt, daß die in den Boden hineingelangenden Düngersalze zu keiner Steigerung der Azidität der Bodenlösung durch Ionenaustausch mit dem versauerten Bodenkomplex mehr Veranlassung geben können. Die Gefahr der schwersten Schädigung der Kulturpflanzen läßt sich also mit einer Kalkgabe nach dieser Methode beseitigen. Daß DAIKUHARA Kaliumchlorid benutzt und nicht, wie vor ihm HOPKINS[3], eine Lösung von Natriumchlorid, ist als eine wesentliche Verbesserung der Methode zu bezeichnen, denn das Kaliumion tauscht ja infolge seiner geringeren Hydratation wesentlich stärker in den kolloiden Bodenkomplex im Austausch gegen Wasserstoffionen ein, stärker auch als Ammoniumionen und auch als Magnesium- und Kalziumionen, wie schon DAIKUHARAS Untersuchungen belegt haben. Bestimmt man den Kalkbedarf nach DAIKUHARA, so erhält man also eine Kalkmenge, die es vollständig verhindert, daß irgendeins der praktisch überhaupt als Düngemittel in Frage kommenden Salze nach seiner Auflösung im Bodenwasser nennenswerte Säuremengen durch Ionenaustausch mit dem versauerten Boden zur Entstehung kommen läßt. Mit dieser Kalkgabe nach der Austauschazidität ist, wie die Untersuchungen von KAPPEN[4] und seinen Mitarbeitern ergeben haben, auch durchweg die Einstellung einer Reaktion im Boden verbunden, die wesentliche Pflanzenschädigungen nicht mehr aufkommen lassen kann, nämlich einer Reaktion von ungefähr p_H 6. Alle gegen die Bodenversauerung weniger emp-

---

[1] DAIKUHARA, G.: Über saure Mineralböden. Bull. Imp.Centr. Agr. Exp. Stat. Jap. 2, 31.

[2] KAPPEN, H.: Der Sättigungszustand des Bodens und seine Bestimmung. Fortschr. Landw. 3, 1009 (1928).

[3] HOPKINS, C. G., W. H. KNOX u. J. H. PETTIT: A quantitative method for determining the acidity of soils. U. S. A. Dep. Agricult. Bur. Chem. Bull. 73.

[4] KAPPEN, H.: Die Bodenazidität. S. 322. Berlin 1929.

findlichen Pflanzen gedeihen bei dieser Reaktion völlig unbehindert, es wird daher auch überall dort, wo es sich nur um den Anbau solcher Pflanzen handelt, völlig genügend sein, die Austauschazidität zu beseitigen.

Die Formel von DAIKUHARA, mit der es gelingt, die Gesamtmenge des gegen normale Kaliumchloridlösung austauschbaren Wasserstoffs zu ermitteln, lautet:

$$S = 2\left(y_1 + \frac{a_1}{1-k}\right).$$

In dieser Gleichung bedeutet S die gesuchte Gesamtazidität, y_1 den ersten Titrationswert und a_1 die Differenz aus dem zweiten Titrationswert und der Hälfte des ersten, also $y_2 - \frac{1}{2} y_1$. Die Titrationswerte selbst werden so bestimmt, daß 100 g lufttrockener Boden mit 250 cm^3 normaler Kaliumchloridlösung 1 Stunde lang geschüttelt oder unter gelegentlichem Umschütteln 24 Stunden lang in Berührung gelassen werden. Es werden dann nach dem Absetzen des Bodens 125 cm^3 der klaren Flüssigkeit abpipettiert und mit 0,1 n-Natronlauge unter Verwendung von Phenolphthalein als Indikator titriert. Die der Schüttelflasche entnommenen 125 cm^3 Flüssigkeit werden dann wieder in der Form der normalen Kaliumchloridlösung ersetzt, und es wird nochmals der Boden mit der Lösung wie vorher behandelt und filtriert; abermals 125 cm^3 des Filtrates werden zur Bestimmung des Wertes y_2 titriert. Durch Wiederholung des Verfahrens können dann die Werte y_3, y_4 usw. bis zum Aufhören des Ionenaustausches ermittelt werden. Aus diesen y-Werten kann man dann a_2, a_3 usw. bilden; die Quotienten $a_2 : a_1$, $a_3 : a_2$, $a_4 : a_3$ usw. liefern eine konstante Zahl, die nach DAIKUHARA den durchschnittlichen Wert von 0,85 aufweist. Das Zutreffen dieser Gleichung für die Berechnung der Gesamtazidität wurde von DAIKUHARA durch eine Prüfung an 6 verschiedenen Böden belegt.

Geologische Formation	Bodenart	Gesamtazidität		
		gefunden	berechnet	Wert von k
Granit	Sand	21,52	20,52	0,90
Alluvium	Lehm	37,07	37,80	0,85
Alluvium	Lehm	28,15	27,40	0,85
Paläozoisch	lehmiger Ton	86,42	96,20	0,80
Paläozoisch	lehmiger Ton	99,28	99,17	0,80
Mezozoisch	Ton	72,82	72,36	0,85

Man sieht, daß, unabhängig von der geologischen Abstammung, der physikalischen Beschaffenheit, bei allen 6 Böden der Wert für k ziemlich konstant ist, und daß eine gute Übereinstimmung zwischen der berechneten und der durch wiederholte Schüttelung mit normaler Kaliumchloridlösung bis zu ihrem praktischen Verschwinden ermittelten Austauschazidität besteht.

Bei der Prüfung von 32 weiteren Böden fand DAIKUHARA aber auch noch, daß sich eine Beschränkung der Methode auf eine einzige Ausschüttelung ermöglichen läßt, denn zwischen der Gesamtazidität und dem Ergebnis der ersten Titration stellte sich nämlich ein ziemlich konstantes Verhältnis heraus:

$$\frac{\text{Gesamtazidität}}{y_1 \text{ nach 1 Tage}} = 3{,}49 \text{ oder rund } 3{,}5.$$

Man braucht also nach DAIKUHARA nur den ersten Titrationswert mit 3,5 zu multiplizieren, um die Gesamtazidität, d. h. die Gesamtmenge der durch die normale Kaliumchloridlösung verdrängbaren Wasserstoffionen zu erfassen. Die Bestimmung der zur Beseitigung dieser Azidität nötigen Menge an basischen Stoffen ist nun nichts anderes als eine einfache stöchiometrische Rechnung.

Je 1 cm³ der Gesamtazidität entspricht 4,0 mg NaOH, folglich 5,0 mg $CaCO_3$ oder 2,8 mg CaO. Des weiteren läßt sich leicht berechnen, daß man bei einem durchschnittlichen Gewicht des Bodens von 3000000 kg je ha bei einer Krumentiefe von 20 cm die Gesamtaustauschazidität nur mit dem Faktor 1,5 für $CaCO_3$ und mit 0,84 für CaO zu multiplizieren hat, um die zur Beseitigung der Austauschazidität auf 1 ha anzuwendende Kalkmenge in Doppelzentnern zu erhalten.

Ein Mangel dieser vereinfachten DAIKUHARA-Methode ist leider in der unbestreitbaren Tatsache zu erblicken, daß der Faktor für die Berechnung der Gesamtazidität bei verschiedenen Böden erheblichen Schwankungen unterliegt. Der Wert von 3,5 gilt am ehesten noch für die humusarmen Mineralböden, mit steigendem Humusgehalt werden die mit diesem Faktor errechneten Werte aber immer weniger zuverlässig. Hier machen sich wesentlich höhere Faktoren erforderlich, die bis 5,5 und noch höher hinaufgehen können. Um zu zuverlässigeren Gesamtaziditäten zu gelangen, als sie mit Hilfe der Faktoren erreichbar sind, ist eben die Bestimmung von wenigstens zwei Titrationswerten unter Anwendung der DAIKUHARAschen Gleichung erforderlich. Das macht die Methode natürlich umständlicher, für die meisten Mineralböden genügt aber praktisch die Genauigkeit der Kalkbemessung, die mit der einfachen Bestimmung von y_1 und dem Faktor 3,5 zu erreichen ist, vollkommen, und so stellt die Bestimmung der Austauschazidität nach DAIKUHARA doch ein sehr oft brauchbares Hilfsmittel dar, um schnell und billig die Ermittlung des Kalkbedarfes durchzuführen.

Daß die DAIKUHARAsche Gleichung keine wissenschaftlich voll ausreichende mathematische Lösung des Problems des Austausches der Wasserstoffionen gegen Neutralsalzkationen darstellt, mag dabei ruhig gegenüber den Einwendungen von P. VAGELER und J. WOLTERSDORF[1] zugegeben werden. Wie weit sich die neue, von VAGELER selbst vorgeschlagene Sorptionsgleichung für die Ermittlung des austauschbaren Säurewasserstoffs im Boden eignen wird, läßt sich aber auch zur Zeit noch nicht übersehen, und so wird man sich noch zunächst mit anderen Methoden zufrieden geben müssen, wenn sie auch nur Annäherungswerte an den Grenzwert der Sorptionskapazität zu liefern imstande sind.

Unter solchen Umständen braucht auch noch nicht darauf verzichtet zu werden, die Bestimmung der hydrolytischen Azidität unter Verwendung von Faktoren, so gut es geht, zur Bestimmung der Kalkbedürftigkeit der Böden zu verwenden. Die hydrolytische Azidität stellt ja, wenn sie in ihrer Gesamtheit erfaßt wird, nichts anderes als den Gesamtgehalt des Bodens am Säurewasserstoff dar. Für die praktische Bekämpfung der Bodenversauerung hat aber die Bestimmung dieses Gesamtwertes doch nur geringere Bedeutung, denn wenn man auch weiß, wieviel Säurewasserstoff ein Boden insgesamt enthält, und wenn man daraus auch die Basenmenge errechnen kann, die zur Beseitigung dieser Gesamtsäuremenge nötig ist, so läßt sich praktisch diese Menge doch nicht anwenden, weil man damit den Boden in ein Reaktionsgebiet von so hoher Alkalität verschieben würde, daß er zur Pflanzenkultur gar nicht mehr benutzt werden könnte. Die Bestimmung des Gesamtsäurewasserstoffs hat natürlich immer eine große theoretische Bedeutung und ist auch ein vorzügliches Mittel, um den Sättigungsgrad des Bodens mit ihrer Hilfe zu kennzeichnen, wie das schon bei der Besprechung der Methode von HISSINK hervorgehoben worden ist. Für die praktische Kalkbemessung spielt aber die Kenntnis des

[1] VAGELER, P. u. J. WOLTERSDORF: Beiträge zur Frage des Basenaustausches und der Aziditäten II. Z. Pflanzenern., Düng. u. Bodenk. A, 16, 184.

Gesamtsäurewasserstoffs doch nur eine untergeordnete Rolle, viel wichtiger ist es hierfür zu wissen, wieviel Kalk man dem Boden zuführen muß, um eine für den Anbau der Pflanzen geeignete Bodenreaktion herzustellen. Da läßt sich nun wenigstens wieder für viele Mineralböden nach den Untersuchungen von KAPPEN[1] die hydrolytische Azidität des Bodens mit einem gewissen Erfolge ausnutzen, um diejenige Kalkmenge zu erfassen, die dazu ausreicht, dem Boden eine neutrale Reaktion zu erteilen. KAPPEN leitete nämlich aus den Neutralisationskurven einer Reihe von Böden nach JENSEN ab, daß die zur Neutralisation des Bodens erforderliche Kalkmenge ziemlich nahe mit derjenigen zusammenfiel, die man aus der hydrolytischen Azidität durch Multiplikation mit dem Faktor 3 erhielt. Die hydrolytische Azidität bestimmt man hierbei so, daß 100 g lufttrockener Boden mit 250 cm^3 normaler Kalziumazetatlösung übergossen und 1 Stunde lang im Rotierapparat geschüttelt werden. Vom Filtrat werden 125 cm^3 mit 0,1 n-Natronlauge unter Verwendung von Phenolphthalein als Indikator titriert. Dieser Titrationswert wird mit 3 multipliziert und liefert, in Kalziumhydroxyd umgerechnet, die Basenmenge, die man dem Boden zusetzen muß, um seinen p_H-Wert auf annähernd 7 zu bringen. Bei den folgenden, in der nachstehenden Tabelle zusammengestellten Versuchen wurde die so berechnete Basenmenge als Kalziumhydroxydlösung auf 100 g Boden zugesetzt; nach 14tägigem Stehen wurden dann die Reaktionswerte elektrometrisch nach der Chinhydronmethode ermittelt.

	Boden									
	3	4	5	6	7	8	9	10	13	15
p_H zu Anfang	4,53	4,76	5,70	5,52	4,41	6,56	4,03	6,12	5,29	6,55
p_H nach Kalkung	6,99	7,00	7,09	7,03	6,85	7,47	6,86	7,00	7,17	7,30

Man erkennt, daß bei diesen Böden die aus der hydrolytischen Azidität errechneten Kalkmengen in recht befriedigender Weise die Böden trotz sehr verschiedener Anfangsreaktion dem Neutralpunkt sehr nahe gebracht haben. Leider scheint aber der Faktor 3 nicht für alle Böden in gleicher Weise Geltung zu besitzen. Wie bei der Austauschazidität sind es auch hier wiederum die humusreicheren Böden, die sich mit der aus der hydrolytischen Azidität berechneten Kalkmenge nicht zum Neutralpunkt führen lassen. Hier müßte der Faktor wohl wesentlich größer gewählt werden. Trotzdem wird aber auch für diese Böden die Kalkmenge nach der hydrolytischen Azidität mit dem Faktor 3 sehr oft pflanzenphysiologisch gerade das richtige treffen, denn auf diesen Böden ist die Einstellung der neutralen Reaktion zumeist ganz und gar nicht erwünscht; rückt doch bei dieser Reaktion auf den humosen Böden bereits die Gefahr der Dörrfleckenkrankheit beim Hafer, der Netzschaligkeit und der Schorfkrankheit bei den Kartoffeln in bedrohliche Nähe.

Von anderen Methoden zur Bestimmung des Kalkbedarfes ist wohl die von GEHRING und WEHRMANN ausgearbeitete Methode zur Bestimmung des Sättigungsgrades der Böden diejenige, die durch praktische Erfahrungen und Versuche am besten gestützt ist. Die Beschreibung dieser Methode ist bereits oben geliefert worden[2]. Die Zahlenwerte, die mit ihr erhalten werden, stellen den Sättigungszustand des Bodens mit Basen im Vergleich zu seiner vollen Sätti-

[1] KAPPEN, H.: Der Sättigungszustand des Bodens und seine Bestimmung. Fortschr. Landw. 3, 1009 (1928).

[2] GEHRING, A. u. WEHRMANN: Über die Methode zur Bestimmung des Kalkbedürfnisses des Bodens unter Benutzung des Sättigungszustandes an Kalk. Z. Pflanzenern., Düng. u. Bodenkde. A, **8**, 321 vgl. ferner S. 376 vorliegenden Bandes.

gung dar. Der Sättigungsgrad 40 nach der Methode von Gehring und Wehrmann bedeutet also, daß die Basensättigung des Bodens 40% der vollen Sättigung ausmacht. Eine direkte pflanzenphysiologische Bedeutung ist diesem Werte natürlich ohne weiteres ebenso wenig zuzuschreiben wie etwa der Austauschazidität oder der hydrolytischen Azidität. Pflanzenphysiologische Bedeutung besitzt nur die Wasserstoffionenkonzentration der Böden. Wenn auch nicht ausschließlich von ihr allein, so ist doch das Wachstum der Pflanzen auf den sauren Böden vornehmlich von ihr abhängig. Geradeso aber wie die aus der Austauschazidität oder die aus der hydrolytischen Azidität berechnete Kalkmenge ist nun auch die nach der Methode Gehrings für bestimmte Sättigungsgrade des Bodens mit Basen berechnete Kalkmenge offenbar dazu in der Lage, bestimmte Reaktionen im Boden herbeizuführen. So dürfte die von Gehring für die Düngung der leichteren, humusarmen Böden empfohlene Absättigung bis 40% des Sättigungsgrades dazu genügen, um dem Boden geradeso wie die Kalkgabe nach der Austauschazidität eine Reaktionszahl von etwa 5,5—6 zu erteilen. Die höhere Absättigung bis auf 70%, die für die schwereren Böden empfohlen wird, wird voraussichtlich den Boden auf eine um 7,5 liegende Reaktion bringen. In diesem Sinne, also über die dadurch erreichbaren Reaktionszahlen, besitzt dann die Methode von Gehring auch pflanzenphysiologische Beziehungen. Genauere Untersuchungen über die Zusammenhänge der von Gehring empfohlenen Sättigungsgrade mit der Bodenreaktion scheinen allerdings zur Zeit noch nicht vorzuliegen, aber aus Gehrings vergleichenden Untersuchungen über die aus der Austauschazidität und der hydrolytischen Azidität einerseits und über die nach seiner Methode für den Sättigungsgrad 40 und 70 berechneten Kalkmengen scheinen sich doch die geschilderten Zusammenhänge deutlich zu ergeben. Bestimmtere Auskünfte über die Brauchbarkeit der verschiedenen Methoden zur Ermittlung des Kalkbedarfes werden wohl erst erreicht werden, wenn die Ergebnisse der zur Zeit von zahlreichen Stellen durchgeführten Prüfungen der verschiedenen Methoden vorliegen werden. Augenblicklich kann man sich aber schon mit einigem Erfolge bei der Kalkbemessung für die sauren Böden an die Richtlinien halten, die in ziemlicher Übereinstimmung von Kappen und von Gehring gegeben worden sind:

1. Düngung der Mineralböden beim Anbau der wenig gegen die Bodenversauerung empfindlichen Pflanzen:

a) Kalkbemessung nach der Austauschazidität unter Benutzung des Faktors 3,5; b) nach der elektrometrischen Titration nach Goy bis zur Reaktionszahl 5,3; c) nach der Methode von Gehring und Wehrmann bis zum Sättigungsgrad 40.

2. Düngung der Mineralböden beim Anbau der gegen die Bodenversauerung empfindlichen Pflanzen:

a) Kalkbemessung nach der hydrolytischen Azidität unter Benutzung des Faktors 3; b) nach der elektrometrischen Titration nach Goy bis zur Reaktionszahl 7,7; c) nach der Methode von Gehring und Wehrmann bis zum Sättigungsgrad 70.

Daß man mit größerer Zuverlässigkeit an Stelle aller angegebenen Methoden die elektrometrische Neutralisation nach Jensen benutzen kann, wobei man für die wenig empfindlichen Pflanzen die Kalkmenge zur Einstellung der Reaktionszahl 5,5—6,0 und für die empfindlicheren die Kalkmenge zur Einstellung der Reaktionszahl auf den Wert 7,0—7,5 aus der Neutralisationskurve entnimmt, ist selbstverständlich. Die elektrometrische Neutralisation wird immer, wie schon hervorgehoben, die Standardmethode für alle Kalkdüngungsmaßnahmen auf sauren Böden bleiben. Daß man im übrigen unter Umständen, nämlich bei sehr schweren Böden, die Kalkmengen noch größer nehmen müssen wird, als sich aus den obigen Richtlinien ergibt, ist sehr wohl möglich. Man erstrebt aber damit keine weitere Besserung der Bodenreaktion, sondern eine Verbesserung der physikalischen Bodeneigenschaften. Das ist aber ein Gegenstand, der mit der Kalkdüngung der sauren Böden nicht zusammengeworfen werden darf. Beide Maßnahmen, Bodenneutralisation und Verbesserung physikalischer Eigenschaften, überschneiden sich unter Umständen bei den schweren Böden in ihren Wirkungen, aber man muß doch bestrebt sein, sie nicht miteinander zu verquicken, damit die bisher in den Fragen der Bodenazidität und ihrer Bekämpfung erzielte Klarheit nicht unnötigerweise wieder getrübt werde.

Zum Schluß darf der Hinweis darauf nicht unterbleiben, daß die angegebenen Methoden stets nur die Kalkmengen zu ermitteln erlauben, die bei ihrer Anwendung in kleinem Maßstabe, also bei der Vermischung mit kleinen Bodenmengen, das erstrebte Ergebnis verbürgen. Bei Versuchen im großen oder bei der Anwendung in der landwirtschaftlichen Praxis erreicht man mit den mit Hilfe der angegebenen Methoden ermittelten Kalkmengen nie mit einem Schlage die Einstellung der erwünschten Bodenreaktion. Das hat seinen Grund in der Unvollkommenheit der Mischung des Kalkes mit dem Boden, wenn dazu nur die praktischen Hilfsmittel, wie Pflug und Egge, benutzt werden. Man ist daher darauf angewiesen, Nachuntersuchungen des mit Kalk gedüngten Bodens vorzunehmen und danach entsprechende Nachdüngungen auszuführen. Man kann aber auch unbedenklich von vornherein einen Zuschlag zu den analytisch ermittelten Kalkmengen geben, um dem erstrebten Ziel schneller näher zu kommen. Über die zweckmäßige Höhe dieses Zuschlages liegen allerdings nur wenige Erfahrungen vor, doch wird man das erlaubte Maß noch nicht überschreiten, wenn man von Anfang an die berechnete Kalkmenge um ein Viertel oder um ein Drittel erhöht. Nachteile für die Pflanzenentwicklung durch Überkalkung des Bodens werden dabei noch kaum zu fürchten sein.

f) Das Stickstoffkapital des Bodens und seine Bestimmung.

Von **F. GIESECKE**, Göttingen.

Die im Boden vorkommenden Stickstofformen in ihrer Bedeutung für den Fruchtbarkeitszustand.

Der Stickstoff ist wohl von allen für den Pflanzenaufbau unbedingt notwendigen Stoffen dasjenige Element, das den größten Schwankungen in bezug auf den Gehalt im Boden unterworfen ist[1]. Der Kreislauf des Stickstoffs ist vielfach in zusammenhängender Form beschrieben worden[2], wie es auch nicht an schematischen Darstellungen der diesbezüglichen Vorgänge fehlt[3]. Die im Boden

[1] Vgl. z. B. TH. PFEIFFER und E. BLANCK: Die Bedeutung des Analysenfehlers bei der Entscheidung von Fragen über den Stickstoffhaushalt des Bodens. Landw. Vers. Stat. **78**, 367 (1912).

[2] Vgl. z. B. E. RAMANN: Bodenkunde, 3. Aufl., S. 259f. Berlin 1911. (Manualdruck 1920.) — A. MAYER: Lehrbuch der Agrikulturchemie 1, 7. Aufl., S. 169f. Heidelberg 1920. — E. J. RUSSELL: Boden und Pflanze. übersetzt von H. BREHM, S. 103f. Dresden und Leipzig 1914. — F. LÖHNIS: Handbuch der landwirtschaftlichen Bakteriologie, S. 572f. Berlin 1910. — D. N. PRJANISCHNIKOW: Die Düngerlehre, S. 91f. Berlin 1923. — S. KOSTYTSCHEW: Lehrbuch der Pflanzenphysiologie, S. 200. Berlin 1926. — S. A. WAKSMAN: Der gegenwärtige Stand der Mikrobiologie. Übersetzt von H. NELLMANN: Fortschr. naturwiss. Forschg. H. 10, S. 70f. (1930). — H. LUNDEGÅRDH: Klima und Boden in ihrer Wirkung auf das Pflanzenleben, S. 348. Jena 1925. — E. BLANCK: Pflanzenernährungslehre, S. 170f. Berlin: Gebr. Bornträger 1927.

[3] Vgl. z. B. H. LUNDEGÅRDH: a. a. O., S. 349 u. A. RIPPEL: dieser Band des Handbuches, S. 599f.

vorkommenden Stickstofformen können organischer wie anorganischer Art sein, die sich nicht gleichmäßig in bezug auf ihre Löslichkeit verhalten und die damit in recht verschiedener Weise den Pflanzen zugänglich sind.

Der Gesamtstickstoffgehalt des Bodens ist nicht nur bei verschiedenen Bodenarten recht verschieden, sondern der gleiche Boden kann auch in kurzer Zeit sehr schwankende Stickstoffwerte aufweisen. Eine Vermehrung des Gesamtstickstoffs kann — abgesehen von der Düngung — eintreten durch Zuführung organischer Substanz (Stoppeln, Blätter, Wurzeln usw.), durch direkte Absorption von Ammoniak aus der Luft, durch die in den Niederschlägen enthaltenen Stickstoffverbindungen und durch die Tätigkeit der stickstoffsammelnden Mikroorganismen. Eine Verminderung des Stickstoffgehalts im Boden kann hervorgerufen werden durch Entzug durch die Pflanzenernten, durch Auswaschung in tiefere Bodenschichten und Fortfuhr mit dem Grundwasser und durch Stickstoffentbindung in Form von elementarem Stickstoff oder evtl. durch Entweichen von flüchtigen, leicht dissoziierbaren stickstoffhaltigen Verbindungen aus dem Boden. Aus dem Zusammenwirken aller dieser Faktoren ergibt sich eine dauernde Veränderung des Stickstoffgehaltes im Boden. In humiden Gebieten liegt bei vegetationslosen Böden, d. h. solchen Böden, die keine neue Zufuhr von organischer Substanz (Blätter, Wurzeln, Düngung usw.) erhalten, die Tendenz zur allmählichen, auf Auswaschung beruhenden Verminderung des Stickstoffvorrats vor[1]. Leider sind dem Verfasser aus ariden Gebieten keine diesbezüglichen Untersuchungen bekannt geworden.

Im allgemeinen reicht, wenigstens in humiden Klimagebieten, der natürliche Stickstoffvorrat für die Ernährung der Kulturpflanzen und zur Erreichung von Höchsternten nicht aus. Es sind in erster Linie wohl nur die Niederungsmoorböden, die den Pflanzen ausreichende Mengen an diesem Nährstoff zur Verfügung stellen können. Bezüglich tropischer und subtropischer Böden weist VAGELER darauf hin, daß die unter Monsunwald, Savannen und Hochgrassteppe befindlichen Roterden den besten Urwaldböden als Kulturobjekte nicht nachstehen. ,,Niedriger ist allerdings stets auch bei den jüngeren Bildungen der Stickstoff- und Humusgehalt, der nur unter Monsunwäldern in den obersten Lagen auf wenige Prozente der Trockensubstanz steigt[2]." Auf den Böden der wechselfeuchten Tropen und Subtropen ist daher auch fast stets der Stickstoff im Minimum, ,,entsprechend dem bei den meisten Typen relativ geringen Humusgehalt, von typischem Regur natürlich abgesehen[3]".

Für die Frage nach der Bedeutung des Stickstoffs für die Fruchtbarkeit des Bodens ist es nötig, den Bedarf der Pflanzen an diesem Nährstoff kennen zu lernen. Hierüber liegen zahlreiche Untersuchungen vor, auf die hier lediglich verwiesen sei[4].

---

[1] RUSSELL, E. J.: a. a. O., S. 106, gibt die Ergebnisse einer 35jährigen, planmäßigen Untersuchung von N. H. J. MÜLLER: J. agricult. Sci. **1**, 377—399 (1906), an.

[2] VAGELER, P.: Grundriß der tropischen und subtropischen Bodenkunde, S. 159/160. Berlin 1930.

[3] VAGELER, P.: a. a. O., S. 167. — Vgl. F. GIESECKE: Über den Nährstoffgehalt türkischer Böden. J. Landw. **77**, 223 (1929).

[4] Vgl. die Zusammenstellung von R. HEINRICH: Dünger und Düngen, 8. Aufl., bearb. von O. NOLTE und M. HEINRICH, S. 130. Berlin 1922. — P. VAGELER: Grundriß der tropischen und subtropischen Bodenkunde, S. 203. Berlin 1930. — J. SCHRÖDER: Über den Stickstoffgehalt des Holzes und der Streumaterialien. Tharandter Forstl. Jb. **28** nach Biederm. Zbl. **8**, 634 (1879). — Vgl. L. PIERRE u. P. THÉNARD: C. r. **81**, 110 (1875). — G. E. COLBY u. DYER: California Stat. Bull. **97** nach Ref. Biederm. Zbl. **23**, 416 (1894) berichten über den Stickstoffgehalt der Früchte. — Vgl. ferner W. SCHMITZ-DUMONT: Über den Nährstoffbedarf der jungen ein- und zweijährigen Kiefern. Tharandter Forstl. Jb. **44** nach Chem. Zbl. **1894**, 478. — Vgl. auch C. BOSCHI: Der Nährstoffbedarf der Citronenbäume. Stat. Sper. Agrar. Ital. **28**, 708 nach Biederm. Zbl. **25**, 565 (1896). — J. BEHRENS:

Allgemein betrachtet ist aber der Bedarf der einzelnen Pflanzen recht verschieden. Ferner muß kurz der Tatsache Erwähnung getan werden, daß der in großem Übermaß vorhandene atmosphärische Stickstoff den Pflanzen nicht direkt zugänglich ist[1]. Im allgemeinen nimmt die Pflanze den Stickstoff nur in gebundener Form auf[2]. In erster Linie kommen für die Aufnehmbarkeit Nitrate in Frage[3]. Ammoniakverbindungen und organische Stickstoffverbindungen werden meist erst nach durch Bakterien bewirkter Oxydation von den Kulturpflanzen verwertet. Nitrite scheinen für die Pflanze ebenfalls erst nach erfolgter Oxydation zu Nitraten für die Pflanzen aufnehmbar zu sein[4]. Die Frage nach der direkten Verwertbarkeit der Ammoniaksalze — also ohne vorherige Überführung in Nitrate — ist lange Zeit Gegenstand wissenschaftlicher Forschung gewesen. Während früher[5] ausschließlich der Standpunkt vertreten wurde, daß die Aufnahme des Stickstoffs in erster Linie in Ammoniakform geschehe, ist heute die Ansicht der Verwertung des Stickstoffs in Nitratform allgemein vorherrschend. Es gibt allerdings Untersuchungen,

---

Ansprüche der Ölrosen an den Boden. 5. Ber. großherzogl. bad. landw.-bot. Vers.Anst. Karlsruhe, S. 124 (1896). — Vgl. auch H. IMMENDORFF: Feststellung der durch Abmähen der Heide und Plaggenhieb dem Moor- und Sandboden entzogenen Mengen an Pflanzennährstoffen. Landw. Jb. **27**, Erg.-Bd. **4**, 503 (1898). — Infolge der großen Bedeutung für Tierernährungsfragen sind außerordentlich viele Untersuchungen über die Zusammensetzung, mithin auch über den Stickstoffgehalt der Gräser und des Heues vorgenommen worden. Es sei hier nur auf einige Veröffentlichungen verwiesen: A. EMMERLING, C. A. WEBER, F. BACHER u. H. HILBERT: Untersuchungen über die Zusammensetzung der von verschiedenen Wiesen geernteten Grasarten. Jber. Versuchsstat. Kiel **1898**, 26f. — N. PASSERINI: Über die Zusammensetzung der beim regulären Beschneiden des Birnbaums fortgenommenen Äste. Ric. Experience **1896/97**, 96 (ital.) nach Ref. Biederm. Zbl. **28**, 780 (1899), ermittelte, daß ein Birnbaum jährlich 7 g Stickstoff auf die bezeichnete Art und Weise verliert. — Ferner vgl. E. HOTTER: Über den Gehalt von Pflanzennährstoffen in Äpfeln und Birnen. Z. landw. Versuchswes. Österr. **3**, 583 (1900). — HORECKY: Nährstoffentzug der Hopfenpflanze durch den Schnitt. Dtsch. landw. Presse **1904**, 500. — B. TOMAI: Analysen der frischen Kastanien, ihr Nährwert und ihre Düngung. Staz. sperim. agrar. ital. **37**, 185 (1904) nach Biederm. Zbl. **34**, 47 (1905). — A. MENOZZI u. E. GALLI: Über die Zusammensetzung des Reis. nach Ref. Biederm. Zbl. **34**, 856 (1905). — Vgl. C. VAN ROSSEM: Untersuchung über die Mengen der Pflanzennährstoffe, welche durch eine Reisernte entzogen werden usw. Med. Agr. Chem. Lab. Buitzenborg Nr. 17 nach Ref. Z. Pflanzenern. u. Düngung A, **1**, 172 (1922). — H. SÜCHTING: Der Abbau der organischen Stickstoffverbindungen des Waldhumus durch biologische Vorgänge. Z. Pflanzenern. u. Düng. A, **1**, 115 (1922) beziffert die Höhe der in der Streu enthaltenen Nährstoffe auf 70—80 % des Jahresbedarfs an Nährstoffen, wobei er jedoch (S. 116) darauf hinweist, daß diese Menge nur je nach der Zersetzungsintensität für die Pflanze aufnehmbar ist. — H. LIESEGANG: Untersuchungen über den Nährstoffverbrauch und den Verlauf der Nahrungsaufnahme verschiedener Gemüsearten. Landw. Jb. **67**, 663 (1928). — J. VALMARI u. T. BUCKOSALMI: Der Nährstoffbedarf der Zuckerrübe, Kohlrübe und Wasserrübe (finn.), nach Ref. Fortschr. Landw. **4**, 53 (1929). — F. HONCAMP u. E. BLANCK: Landw. Versuchsstat. **91**, 291 (1918).

[1] Nach A. MAYER: a. a. O., S. 25 u. E. BLANCK: a. a. O., S. 172 war es BOUSSINGAULT, der als erster in den Jahren 1851—54 exakt nachwies, daß der elementare Luftstickstoff nicht direkt von den Pflanzen zur Ernährung verwendet werden kann.

[2] Die historische Entwicklung dieses Problems findet sich z. B. bei E. BLANCK: Pflanzenernährungslehre, S. 170f. Berlin 1927. — A. MAYER: Lehrbuch der Agrikulturchemie **1**, Die Ernährung der grünen Gewächse, 7. Aufl., S. 175f. Heidelberg 1920. — D. N. PRJANISCHNIKOW: Die Düngerlehre, S. 25f. Berlin 1923.

[3] Vgl. E. BLANCK: a. a. O., S. 173. — S. KOSTYTSCHEW: Lehrbuch der Pflanzenphysiologie **1**, Chemische Physiologie, S. 181. Berlin 1926.

[4] Vgl. z. B. H. MOLISCH: Über einige Beziehungen zwischen anorganischen Stickstoffsalzen und der Pflanze. Naturwiss. Rundschau **3**, 256 (1888).

[5] Vgl. A. MÜNTZ: Über die Rolle des Ammoniaks bei der Ernährung der Pflanze. J. agricult. Pract. **2**, 671 (1889). — O. PITSCH u. VAN LOCKEREN-CAMPAGNE: Über Versuche zur Entscheidung der Frage, ob salpetersaure Salze für die Entwicklung unserer landwirtschaftlichen Kulturgewächse unentbehrlich sind oder nicht. Landw. Versuchsstat. **34**, 217 (1887).

deren Ergebnisse zeigen, daß unter Umständen auch eine direkte Ausnutzung des Ammoniaks durch die Pflanzen möglich ist[1]. In neuester Zeit berichtet LUNDEGÅRDH[2] folgendes: „Das Ammoniak, als Karbonat, Sulfat oder Phosphat, wird direkt von den grünen Pflanzen aufgenommen und in Protein verwandelt," während E. BLANCK[3] seine Erörterungen dahingehend zusammenfaßt, „daß vornehmlich, an erster Stelle, nur der Salpeterstickstoff für die höheren Pflanzen in Frage kommt, daneben, man möchte sagen, gelegentlich, Ammoniakstickstoff, und in noch viel selteneren Fällen organischer Stickstoff."

Nunmehr bleibt die Frage zu beantworten, welche Stickstofformen in erster Linie im Boden vorhanden sind, die insonderheit auch in Hinblick auf die erwähnte Feststellung, daß der Stickstoff im allgemeinen nicht in einem für die Pflanzenernährung ausreichenden Maße im Boden vorhanden ist, von Bedeutung ist. BOUSSINGAULT[4] untersuchte drei Böden auf die Anteilnahme der drei hauptsächlichsten Stickstofformen und erhielt in 1 kg Boden:

	Boden 1	Boden 2	Boden 3
Organischer Stickstoff	2,594 g	5,130 g	1,397 g
Ammoniakstickstoff	0,020 g	0,060 g	0,009 g
Nitratstickstoff	0,175 g	0,046 g	0,015 g

Der in organischer Form vorliegende Stickstoff macht wohl immer den größten Teil des Bodenstickstoffs aus, denn auch die Untersuchungen WOLFS[5] zeigen dies. Die Versuche ergaben auf 1 ha und 20 cm Tiefe in Kilogramm berechnet:

---

[1] KOCH, L. u. A. MAYER: Über die Aufnahme von Ammoniak durch oberirdische Pflanzentheile (Originalarbeit). Biederm. Zbl. **4**, 183 (1873). — Vgl. ferner A. MAYER: Über die Aufnahme von Ammoniak durch oberirdische Pflanzentheile. Landw. Versuchsstat. **17**, 329 (1874). — TH. SCHLOESING: Über die Aufnahme von Ammoniak aus der Luft durch die Pflanze. C. r. **78**, 1700 (1874).

[2] LUNDEGÅRDH, H.: a. a. O., S. 350. — GRIFFITHS, A. B.: Über die unmittelbare Aufnahme von Ammonsalzen durch gewisse Pflanzen. Chem. News **64**, 147 (1891). — PAGNOUL: Die Assimilierbarkeit des Ammoniak- und Nitratstickstoffs. Ann. agron. **22**, 485 (1896). — Neuerdings behauptet D. N. PRJANISCHNIKOW: Assimilation des Ammoniaks durch die höheren Pflanzen. C. r. **177**, 603 (1923) nach Ref. Z. Pflanzenern. u. Düng. A, **3**, 274 (1924) ebenfalls die direkte Aufnahme des Ammoniaks und hält das Ammoniak für eine bessere Stickstoffquelle als die Nitrate, da diese erst von den Pflanzen reduziert werden müßten. — Vgl. auch D. N. PRJANISCHNIKOW: Ammoniak, Nitrate und Nitrite als Stickstoffquellen für höhere Pflanzen. Erg. Biol. **1**, 407 (1926).

[3] BLANCK, E.: a. a. O., S. 176. — PITSCH, O.: Sind salpetersaure Salze für die Entwicklung der landwirtschaftlichen Kulturgewächse unentbehrlich? Landw. Versuchsstat. **42** (1893). — PITSCH, O. u. J. VAN HAARST: Versuche zur Entscheidung der Frage, ob salpetersaure Salze für die Entwicklung der landwirtschaftlichen Kulturgewächse unentbehrlich sind. Landw. Versuchsstat. **46**, 357 (1896). — LUTZ, L.: Über die Stickstoffernährung phanerogamischer Pflanzen durch Amine, Salze der Ammoniumbasen und durch Alkaloide. C. r. **126**, 1227 (1898). — Nach Ref. Biederm. Zbl. **31**, 324 (1902) hat K. SHIBATA (J. Coll. Sci. Imp. Univ. Tokio **8** [1900]) für Bambusgewächse nachgewiesen, daß Tyrosin direkt aufnehmbar ist. — SCHULZE, E.: Können Leucin und Tyrosin den Pflanzen als Nährstoffe dienen? Landw. Versuchsstat. **1901**, 97. — DIKUSSAR, J. G.: Einfluß der Nitrite auf das Pflanzenwachstum im Dunkeln und bei natürlicher Beleuchtung. J. Landw. Wiss. **2**, 457 (Moskau 1925) nach Z. Pflanzenern. u. Düng. A, **1927**, 249. — FEHÉR, D. u. J. VÁGI. Untersuchungen über Einwirkung von Nitriten auf das Wachstum der Pflanzen. Biochem. Z. **153**, 156 (1924). Vgl. besonders dieses Handb. S. 631.

[4] BOUSSINGAULT, J. B.: Agronomie, Chimie, agric. et physiol. **2**, 1 (1861), zit. nach S. KOSTYTSCHEW: a. a. O., S. 146.

[5] WOLF, W.: Die Stickstoff-Ammoniak- und Salpetersäure-Gehalte und das Verhalten dieser Stickstoffverbindungen in einigen Ackererden Sachsens. Amtsbl. Landw. Ver. Kgr. Sachsen 20. Jan. 1872. Ref. nach Biederm. Zbl. **1**, 22 (1872).

Bodenart auf	organischer	Ammoniak-	Nitrat-
	Stickstoff		
Tonschiefer	5601,9	26,19	271,5
Grauwacke	4234,7	19,15	435,2
Gneis	5754,6	27,30	467,8
Gneis	7425,6	6,30	82,1
Grünstein	6263,5	89,40	521,6
Rotliegendem	4508,6	27,90	552,6

Auch neuere Untersuchungen zeigen ähnliche Verhältnisse an[1]:

% N	Gesamt-	Ammoniak-	Nitrat-
	Stickstoff		
Gemisch von Sand- und Lehmboden	0,054	0,0005	0,0011
Kalkiger Lehmboden	0,055	0,0015	nicht best.
Leinetalboden	0,118	0,023	nicht best.
Untergrundlehm	0,062	0,0013	0,0076
Lehmboden	0,118	0,0011	0,0135

Aus diesen Ergebnissen gehen einerseits die bedeutenden Schwankungen im Gehalt des Gesamtstickstoffs wie aber auch der einzelnen Stickstofformen in den verschiedenen Böden hervor, ferner ist aus den Werten ersichtlich, daß der für die Pflanzenernährung so wichtige Nitratstickstoff, wie aber auch der hauptsächlich nach der Oxydation verwertbare Ammoniakstickstoff — absolut genommen — in außerordentlich geringer Menge im Boden enthalten sind.

In weiterem Verfolg dieses Verhaltens ergibt sich beim Vergleich des Stickstoffvorrats des Bodens mit dem an organischer Substanz der Befund, daß beide in gewissen Grenzen meist in einem gleichen Verhältnis zueinander stehen. RAMANN[2] war daher auch berechtigt, den Satz aufzustellen: „Die Erfahrung lehrt, daß bei gleichartigen Böden der Gehalt an Stickstoff der Humusmenge parallel geht. Die Chemie der Stickstoffverbindungen des Bodens fällt daher zum großen Teil mit der Chemie der Humusstoffe zusammen.“ Das heißt aber auch nichts anderes, als daß der größte Teil des Stickstoffs in organischer Form im Boden vorliegt. S. A. WAKSMAN[3] hält denn auch den Stickstoff als für echte Humusstoffe kennzeichnend[4]. Trotz der erwähnten Schwankungen im Gesamtstickstoffgehalt des Bodens lassen sich also zwischen Humusmenge des Bodens und dem in ihr enthaltenen Stickstoff gewisse konstante Verhältnisse nachweisen, denn im Mittel haben die Bestimmungen zwischen 2,0—6,0% Stickstoff im Humus ergeben[5], wobei betont sein möge, daß es auch stickstoffreie Humusverbindungen

[1] Die Werte sind folgenden Arbeiten entnommen: E. BLANCK u. F. GIESECKE: Mono- und Dimethylolharnstoff in ihrer Wirkung usw. Z. Pflanzenern. u. Düng. A, **2**, H. 6, Sonderabdr. S. 22 (1923); Untersuchung über das Ausstreuen des Kalkstickstoffs mit Erde. J. Landw. **1925**, 309/310. — E. BLANCK: Feldversuche mit Zeotokol. Ebenda **76**. 322 (1928). — F. GIESECKE u. F. KLANDER: Über einen neuen Stickstoffdünger usw. Ebenda **79**, 83, 84 (1931).

[2] RAMANN, E.: Bodenkunde, a. a. O., S. 259.

[3] WAKSMAN, S. A.: Soil Sci. **22**, 123, 323 (1926).

[4] Vgl. K. MAIWALD: Organische Bestandteile des Bodens. Dieses Handbuch **7**, 134. 1931.

[5] MAIWALD, K.: dieses Handbuch **7**, 155, 163, 165, 177, zit. Arbeiten von C. B. LIPMAN: Soil Sci. **1**, 285 (1916); F. J. ALWAY, u. E. S. BISHOP: J. agricult. Res. **5**, 909 (1916); H. JENNY: Soil Sci. **27**, 169 (1929); vgl. ferner A. G. DOJARENKO, Der Stickstoff des Humus. Landw. Versuchsstat. **56**, 317 (1902). — HERRMANN, R.: Untersuchungen über den Moder. J. prakt. Chem. **22**, 65 (1841); **23**, 375 (1841); **25**, 189 (1842) u. E. W. HILGARD: Die

gibt, und zwar werden diese aus Lignin, pflanzlichen und tierischen Ölen, Fetten, Wachsen, Harzen, Sterinen usw. bestehenden Substanzen als Ligninhumus zusammengefaßt[1]. Der Stickstoffgehalt des Humus in den Tropen ist sehr schwankend, denn VAGELER[2] berichtet: „Das Verhältnis von Kohlenstoff zu Stickstoff (‚C/N-ratio') im Humus schwankt in den humiden Tropen etwa zwischen 8—12 im Obergrunde, sinkt namentlich auf sehr sauren Böden im Untergrunde zuweilen aber auf 4, um an der Oberfläche auf 15—16 zu steigen. Im Durchschnitt ergibt sich nach allem vorliegenden Material ein Mittel von 10." Das sind bei der Annahme von 58 % C im Humus Grenzwerte von 2,3—9,2 % und ein Mittelwert von 5,8 % N im Humus der tropischen Gebiete.

Auch in anderer Richtung ist die organische Substanz für den Stickstoffhaushalt von besonderer Bedeutung für die Ernährung der Pflanzen. Aus zahlreichen Versuchen mit den dem Boden zugeführten organischen Düngern, wie Stroh, Laub, schlechtem Stalldünger usw. geht hervor, daß sich diese Zufuhr in vielen Fällen pflanzenschädlich auswirkte. Diese Befunde sind einerseits auf die Festlegung des Stickstoffs zu Mikroorganismen-Eiweiß, andererseits vielfach auf Stickstoffentbindung durch Denitrifikation zurückzuführen. Um Wiederholungen in diesem Handbuche zu vermeiden, sei auf die diesbezüglichen Ausführungen K. MAIWALDS[3] und auf die Feststellung O. LEMMERMANNS[4] hingewiesen, daß ein Verhältnis C : N größer als 20 : 1 in der erwähnten Weise schädlich auf die Pflanzenproduktion einwirkt. Der natürliche Gehalt des Bodens an organischer Substanz ist — besonders auch in verschiedenen Klimagebieten — sehr verschieden. HILGARD[5] betont bei der Beurteilung des Gesamtstickstoffvorrats aber wohl mit Recht, daß beim Vergleich zwischen humiden und ariden Böden die Tatsache beachtet werden muß, daß der Humusgehalt in ariden Böden bis zu Tiefen von 1,5 m kaum abnimmt. Das bedeutet also einen größeren Gesamtvorrat an Stickstoff in ariden Gebieten, denn in humiden Böden nimmt der Gehalt an Humus und Stickstoff nach der Tiefe zu schnell ab, wie die folgenden Untersuchungsergebnisse EMMERLINGS[6] zeigen:

	In 100 g Boden sind mgr enthalten:					
	Lehmboden		Sandboden		Marschboden	
	Glühverlust	Stickstoff	Glühverlust	Stickstoff	Glühverlust	Stickstoff
Oberkrume	4090	135	3460	102	4140	113
Unterkrume	2830	63	2200	86	3110	67
Untergrund	—	—	1090	73	—	—

Böden arider und humider Länder. Internat. Mitt. Bodenkde 1, 424 (1911). Die untersuchten Proben arider Gebiete enthielten bis zu 15—16 % N im Humus. HILGARD stellte den hohen Stickstoffgehalt des Humus arider Böden als Unterscheidungsmerkmal humider von ariden Bodenbildungen auf, doch erscheinen diese Ergebnisse nach K. MAIWALD: dieses Handbuch 7, 165, als unrichtig.

[1] MAIWALD, K.: Organische Bestandteile des Bodens in E. BLANCK: Handbuch der Bodenlehre 7, 138 (Tabelle). 1931. — Vgl. auch K. LIESCHE: Studien über Bildung und Zersetzung von Humusstoffen. Landw. Jb. 68, 435 (1928).

[2] VAGELER, P.: Grundriß der tropischen und subtropischen Bodenkunde, S. 130. Berlin 1930.

[3] MAIWALD, K.: a. a. O., S. 182.

[4] LEMMERMANN, O., W. JESSEN, H. ENGEL unter Mitwirkung von H. BORTELS, VON SCHMELING, W. LESCH: Die Bedeutung des Kohlenstoff-Stickstoff-Verhältnisses und anderer chemischen Eigenschaften der organischen Stoffe für ihre Wirkung. Z. Pflanzenern., Düngung u. Bodenk. A, 17, 321—355 (1930).

[5] HILGARD, E. W.: a. a. O. S. 424.

[6] EMMERLING, A.: Agrikulturchemische Untersuchungen, S. 224. Kiel 1895.

Die stickstoffhaltigen Humusstoffe sind aber zum größten Teil schwer löslich[1], und der Stickstoff ist daher den Pflanzen je nach der Art der Zersetzung des Humus mehr oder minder leicht zugänglich. Die Mobilisierung des Stickstoffs dieser organischen Bodenbestandteile hängt mit der durch enzymatische Wirkungen der Bakterien hervorgerufenen, meist sehr langsam verlaufenden Hydrolyse[2] in einfachere Bestandteile[3] zusammen, die ihrerseits eine ebenfalls durch Mikroorganismen bewirkte Mineralisierung zu Ammoniak- bzw. Nitratstickstoff erfahren[4]. Da natürlich die Tätigkeit der Mikroflora von einer Reihe von äußeren Bedingungen abhängt, so steht auch die Intensität der Humuszersetzung und damit die Schnelligkeit der Bildung des den Pflanzen zugänglichen Stickstoffs im engsten Zusammenhange mit den bodenklimatischen, chemischen und physikalischen Bodeneigenschaften. Die Mobilisierung des Stickstoffs, die zugleich auf eine Löslichmachung dieses Nährstoffes hinausläuft, kann mithin durch Maßnahmen zur Schaffung guter Lebensbedingungen der Mikroorganismen beschleunigt werden. Neben geeigneten Meliorationsmaßnahmen, insbesondere Bodenbearbeitung, kann die Düngung zur Hebung der Bakterientätigkeit beitragen[5].

K. Maiwald[6] hat in zusammenhängender Form über die Umwandlung der organischen Substanz, über die Bildung von Humusstoffen, sowie über die Bindungsformen des Humusstickstoffs[7] berichtet, so daß hier nur darauf verwiesen sei. Für die Frage über die Anteilnahme des Humusstickstoffs an der Ernährung der Pflanzen kommt in erster Linie die Intensität der Mobilisierung und die Löslichkeit in Betracht. Über die Ausnutzung des Humusstickstoffs liegen daher eine Reihe von Untersuchungen vor. Nach den Versuchen Ehrenbergs[8] über den Einfluß der Waldhumusarten auf landwirtschaftliche Kulturpflanzen ist selbst bei Zugabe von Kalk die Stickstoffwirkung äußerst gering, ja es treten sogar bedeutende Schädigungen auf. Süchting[9] hält von allen Nährstoffen den Stickstoff am meisten von der Festlegung im Humus betroffen und kommt bei seinen Vegetationsversuchen zu dem Schluß: „Es müssen im Humus große Mengen biologisch nicht abbaufähiger organischer Stickstoffverbindungen vorhanden

---

[1] Vgl. E. Wollny: Die Zersetzung der organischen Stoffe und die Humusbildungen, S. 217. Heidelberg 1897.

[2] Vgl. S. Kostytschew: Untersuchungen über die Bildung und Eigenschaften des Humus. Ann. Agron. **17**, 17 (1891).

[3] Bei der Einwirkung chemischer Agentien, insonderheit auch bei Bodenauszügen, kann natürlich ebenfalls ein Abbau stattfinden, der je nach Stärke und Dauer des Auszuges verschiedenartig verläuft, vgl. G. Loges: Über stickstoffhaltige organische Verbindungen in der Ackererde. Landw. Versuchsstat. **32**, 201 (1886).

[4] Vgl. hierzu u. a. J. Valmari: Über die Einwirkung der Düngung und des Wassergehalts auf die Stickstoffumsetzungen im Moorboden. Abh. Agr. Wiss. Ges. Finnland H. 10, 1f. (1921).

[5] Valmari, J.: a. a. O. S. 13, 20, 73.

[6] Maiwald, K.: Dieses Handbuch **7**, 134—139.

[7] Vgl. die Literaturangaben bei K. Maiwald: a. a. O. S. 165/166, ferner F. Sestini: Der die Humussäure im Erdreiche und Torfe begleitende Stickstoffgehalt. Landw. Versuchsstat. **51**, 153 (1889). — A. G. Dojarenko: Der Stickstoff des Humus. Ebenda **56**, 311 (1902). — Berthelot u. G. André: C. r. **103**, 1101 u. R. Warington: Chem. News **55**, 27 (beide ref. Biederm. Zbl. **16**, 363 [1887]). — J. Stoklasa: Der jetzige Stand des Problems der Bestimmung der Fruchtbarkeit. Fortschr. Landw. **2**, 55 (1927).

[8] Ehrenberg, P. u. F. Bahr: Zur Verwendung von Waldhumus in der Landwirtschaft. J. Landw. **61**, 325f. (1913).

[9] Süchting, H., A. Römer u. M. Kühne: Der Abbau der organischen Stickstoffverbindungen des Waldhumus durch biologische Vorgänge. Z. Pflanzenernährg usw. A, **1**, 154 (1922). — Nach C. B. Lipman u. M. E. Wank: Die Aufnehmbarkeit des Torfstickstoffs. Soil Sci. **18**, 311 (1924) ist auch der Torf keine Quelle für assimilierbaren Stickstoff.

sein". So erhielt der genannte Autor bei Anwendung von 52,6 g Stickstoff in Form von Kiefernhumus:

1,19 g	Stickstoff	in	der	ersten	Ernte
0,25 g	,,	,,	,,	zweiten	,,
0,21—0,27 g	,,	,,	,,	dritten	,,
—	,,	,,	,,	vierten	,,
0,025 g	,,	,,	,,	fünften	,,

Bezüglich der Ausnutzung des Stickstoffs im Humus durch die Pflanze weist SÜCHTING[1] darauf hin, daß nur der Teil der Stickstoffverbindungen einem schnellen Abbau unterliege, der eine andere chemische Zusammensetzung ,,als die Hauptmasse der Stickstoffsubstanzen" habe. ,,Sind diese, wohl eiweißähnlichen Stoffe zersetzt, dann ist von weiterem Abbau des großen Restes der Stickstoffsubstanzen — wohl heterozyklischer Struktur — so gut wie gar nicht mehr die Rede", während WILEY[2] aus seinen vergleichenden Untersuchungen mit auf Mineral- bzw. Moorboden gezogenen Haferpflanzen den Schluß zieht, daß diesen direkt ein Teil der in Amidform vorliegenden Humussubstanz des Moorbodens zugänglich ist. Im übrigen scheinen sich die Holzarten den Humusstickstoff etwas besser zunutze machen zu können als die landwirtschaftlichen Gewächse, denn sie zeigen nach SÜCHTING[3] ein normales ,,Wachstum und dic normale Stickstoffernährung im Waldhumus oder in einem mit stärkerer Waldhumusdecke versehenen Boden, entweder weil sie mit Mykorrhiza zusammen den Stickstoff des Humus aufschließen, oder, weil sie, auch mit Mykorrhiza zusammen den Stickstoff der Luft assimilieren". Inzwischen ist erkannt worden, daß die organische Substanz auch das Nitrifikationsvermögen eines Bodens stark beeinflußt. Nach den Untersuchungen von PICHARD[4] über den Einfluß der Menge des organischen Stickstoffs auf die Nitrifikation besteht zwar eine gewisse Abhängigkeit, aber keine Parallelität zwischen beiden, doch weist der genannte Autor auch darauf hin, daß größere Mengen organischen Materials sich hemmend auf die Umsetzung zu Nitrat bemerkbar machen. Schon DUMONT[5] sieht den Grund für die schwere Zersetzbarkeit des Stickstoffs (bei Torfböden) in der Herabsetzung der Intensität bzw. Entwicklung der nitrifizierenden Bakterien. Auf die Bedeutung des C : N-Verhältnisses für die Pflanzenernährung im allgemeinen wurde schon hingewiesen[6], doch muß an dieser Stelle noch auf die Zusammenhänge zwischen diesem Verhältnis und der Nitrifikation hingewiesen werden. ENGEL[7] stellte eine um so größere Nitrifikation fest, je enger das C : N-Verhältnis ist, doch weist der genannte Autor nachdrücklichst darauf hin, daß dasselbe trotzdem ,,keinen ausreichenden Maßstab für die zu erwartende günstige N-Wirkung einer organischen Substanz im Boden" darstellt. Da es sich ferner nach den Versuchen ENGELS herausgestellt hat, daß ,,Substanzen mit gleichem C : N-Verhältnis völlig ungleiche Wirkung[8]" haben, so wer-

[1] SÜCHTING, H.: a. a. O., S. 147. Vgl. auch dieses Handbuch **6**, 186.

[2] WILEY, H. W.: Über den Einfluß des Humus auf den Stickstoffgehalt des Hafers. Landw. Versuchsstat. **49**, 193 (1889). — Vgl. ferner J. B. LAWES u. J. H. GILBERT: Über den gegenwärtigen Stand der Frage nach den Quellen des Stickstoffs der Pflanzen; nach Ref. Chem. Zbl. **1888**, 634.

[3] SÜCHTING, H.: a. a. O., S. 154. — MÖLLER u. R. ALBERT: Über Stickstoffdüngung junger Holzpflanzen. Z. Forst- u. Jagdw. **1916**, 463.

[4] PICHARD, P.: Die Salpetersäurebildung im Boden usw. C. r. **114**, 490 (1892). — Vgl. auch P. PICHARD: Über den Einfluß des Verhältnisses von Ton zu Stickstoff im unbestandenen Ackerboden auf die Fixierung von Stickstoff aus der Luft, die Konservierung und Nitrifizierung des Stickstoffs. Ann. Agron. **18**, 108 (1892).

[5] DUMONT, J.: Die Ursachen der Unfruchtbarkeit der Torfböden. C. r. **133**, 1243 (1901).

[6] Vgl. S. 426.

[7] ENGEL, H.: Über die Zersetzung und Wirkung von Strohdünger im Boden. Z. Pflanzenernährg. usw. A, **20**, 43 (1931).

[8] ENGEL, H.: Ebenda S. 68/69.

den noch andere Faktoren für diesen Befund maßgebend sein, die vielleicht auf einer Wechselwirkung zwischen chemischer Bodenbeschaffenheit und bakterieller Umsetzungsintensität beruhen. So stehen die Nitrifikationsvorgänge auch in chemischer Beziehung zur Menge und Art der organischen Substanz, denn nach den allerneusten Untersuchungen von NĚMEC[1] mit Waldhumus bildet „ein Gehalt von 5 % Benzol-Alkohol-Auszug in der aschefreien Trockensubstanz die Toxizitätsgrenze für das Nitratbildungsvermögen". Es sei erwähnt, daß der 5proz. Benzol-Alkohol-Auszug einen annähernden Maßstab für den Gehalt an schwer humifizierbaren Stoffen (Harze, Gerbstoffe und Terpene) bildet[2], so daß der Befund von NĚMEC eine Bestätigung der von KOCH und OELSNER[3] erhaltenen Ergebnisse bezüglich der das Nitrifikationsvermögen hemmenden Wirkung der Harz- und Tanninverbindungen darstellt.

Weitere Untersuchungen über die Frage, ob nicht die chemische Beschaffenheit der Humussubstanzen die Umsetzung des Humusstickstoffs stark beeinflußt, sind anzustreben, wobei bemerkt sein möge, daß EHRENBERG[4] eine schädliche Einwirkung der ätherischen Öle, wie KOCH[5] dies glaubte feststellen zu können, nicht ermittelt hat. In diesem Zusammenhange sind die Feststellungen von LOGWINOWA[6] interessant, daß bei der Umwandlung des Stickstoffs im Torf nur derjenige Teil in Nitrat umgewandelt wurde, der in Ammoniakform vorgelegen hatte, während der ganze organische Stickstoff — abgesehen von einem geringen Anteil im Niedermoortorf — nicht ausgenutzt wurde.

Daß diese Mengen aber äußerst gering sind, ergibt sich auch aus der Wasserlöslichkeit des Stickstoffs. EMMERLING[7] erhielt, berechnet auf mineralsubstanzfreie Trockensubstanz folgende Werte:

Stickstoff	Haidetorf %	Haidetorf %	Buchenhumus %
Gesamt	1,330	1,390	3,570
Wasserlöslich	0,005	0,005	0,027

Die Umwandlung des Humusstickstoffs kann, wie schon erwähnt, bis zu gewissen Grenzen künstlich beeinflußt werden. Aus den Untersuchungen von W. HESS[8] geht der Einfluß gewisser Salze auf die Zersetzungsgeschwindigkeit bzw. die Mobilisierung der Pflanzennährstoffe der organischen Substanz hervor. Der nach 1½jähriger Behandlung erhaltene Wasserextrakt enthielt folgende Mengen Stickstoff:

(Ohne Zusatz = 100)	Ohne Zusatz	Mit CaO	Mit $CaCO_3$	Mit $CaSO_4$	Mit K_2SO_4	Mit KCl	Mit Kainit
Heideerde . . .	100	103	75	321	701	805	700
Moostorf	100	111	73	—	90	124	214

[1] NĚMEC, A.: Untersuchungen über die chemischen Veränderungen der organischen Substanzen bei der natürlichen Zersetzung der Humusauflagen in Wäldern. Z. Pflanzenernährg. usw. **18**, 65f. (1930).

[2] NĚMEC, A.: a. a. O., S. 103.

[3] KOCH, A. u. A. OELSNER: Cbl. Bakter. I **45**, 107 (1916).

[4] EHRENBERG, P. u. F. BAHR: a. a. O. J. Landw. **1913**.

[5] Zit. nach P. EHRENBERG u. F. BAHR ebenda.

[6] LOGWINOWA, S.: Torf als Stickstoffquelle. Trans. Inst. Fertil. russ. **56**, 5 (1929); nach Ref. Z. Pflanzenernährg. usw. A, **15**, 375 (1930). — Vgl. hierzu R. REINCKE: Betrachtungen über die Ausnutzung der natürlichen Stickstoffquellen der Wiesen. Fortschr. Landw. **5**, 507, bes. 511 (1930).

[7] EMMERLING, A., G. LOGES u. EMEIS: Über den Dungwert frisch abgefallenen Baumlaubes. Ver. Bl. Haidekultur Ver. Schlesw.-Holst. **12**, 181, nach Biederm. Zbl. **14**, 90 (1885).

[8] HESS, W.: Die Einwirkung gewisser als Meliorations- und Düngemittel verwendeter Stoffe auf die Zersetzungsvorgänge im Hochmoorboden. Arb. Moor-Versuchsstat. Bremen 3. Ber. Landw. J. **1891**, 890.

Aus diesen eigentümlichen Resultaten — denn an und für sich haben sowohl CaO als auch $CaCO_3$ bekanntermaßen einen günstigen Einfluß auf die Zersetzung der organischen Substanzen — zieht der genannte Autor den Schluß, daß infolge der langen Versuchsdauer Stickstoffverluste eingetreten sind, was mit den praktischen Erfahrungen von Moorböden auch im Einklang steht. Zusammenfassend sieht der Versuchsansteller aber hierin einen durch den Zusatz von CaO und $CaCO_3$ beschleunigten Zersetzungsvorgang, während von ihm die erhöhte Löslichmachung durch Kalisalze auf die Bildung von Humaten und freien Mineralsäuren zurückgeführt wird. Diese Mineralsäuren sollen nach ihm eine sehr stark lösende Wirkung ausüben. Auch DUMONT[1] kam bei seinen Umsetzungsversuchen zur Erhöhung der Zersetzung der organischen Substanzen (Moorboden) zu dem Ergebnis, daß besonders alkalisch wirkende Stoffe die Nitrat- und Ammoniakbildung heben.

Wie gering hier die Mineralisation aber durch Zuführung von Kalk ist, geht aus der Bestimmung der Wasserlöslichkeit des Stickstoffs hervor, erhielt doch EUGLING[2] mit und ohne Zusatz von kohlensaurem Kalk zu Moorboden, der noch häufig sehr reich an Stickstoff ist[3], bei der Behandlung mit warmem Wasser folgende Mengen an Stickstoff in %:

Moorboden	Moorboden mit 1%	desgl. mit 3%	desgl. mit 5% $CaCO_3$
0,011	0,025	0,027	0,018

In Niederungsmooren scheint dagegen nach den Untersuchungen von REINCKE[4] — wenigstens bei wachsenden Wiesenbeständen — ein Gleichgewicht zwischen Bakterien und Pflanzen zu herrschen. Der meist in organischer Form vorliegende Stickstoff wird ammonifiziert, nitrifiziert und von den Pflanzen sofort aufgenommen.

Bakteriologisch wirkt sich nach WAKSMAN[5] „die Frage nach der Einwirkung der organischen Substanz dahingehend aus, daß diejenigen Pilze und Bakterien, welche Zellulosen und Hemizellulosen zersetzen, ziemliche Mengen von Stickstoff zum Aufbau ihrer Zellsubstanz brauchen". Die Festlegung in Mikrobeneiweiß[6]

[1] DUMONT, J.: J. d'agric. pract. **1897**, 560.

[2] EUGLING, W.: Versuche mit stickstoffhaltigem Moorboden. Jber. landw.-chem Versuchsstat. Voralberg, S. 21. Bregenz 1883.

[3] Auch die älteren Untersuchungen ließen erkennen, daß die Moorböden meist stickstoffreicher als die Mineralböden sind. Vgl. z. B. R. ALBERTI: J. Landw. **24**, Tabellen auf S. 69—76 (1876). — G. THOMS,: Beiträge zur Kenntnis baltischer Torfarten. Landw. Versuchsstat. **19**, 423 (1876). — A. RITTER v. SCHWARZ: Beiträge zur Kenntnis des Moorbodens. Landw. Versuchsstat. Wien **1878**, 51. — J. NESSLER: Zusammensetzung und physikalische Eigenschaften der verschiedenen Schichten eines Torflagers. Ref. Biederm. Zbl. **11**, 467 (1877). — H. RITTHAUSEN: Über hohe Gehalte an Stickstoff in Torfböden und humusreichen Mergeln und über die Bedeutung einiger Huminsäuresalze für die Ammoniakabsorption, Ref. Biederm. Zbl. **7**, 95 (1878). — H. KRAUSE: Die Untersuchung livländischer Moorerden. Balt. Wschr. f. Landw. **9**, 73 (1885). — C. G. EGGERTZ u. L. F. NILSON: Chemische Untersuchung von Moor- und Torfböden. Medd.. Landsbrouks Akad. Exp. Fältet **7**, 1—44. Stockholm 1889, nach Biederm. Zbl. **18**, 668 (1889). — FARSKY, F.: Über die Zusammensetzung und Eigenschaften südböhmischen Torfes. 6. Ber. landw.-chem. Versuchsstat. Tabor **1888**, 3—8. Vgl. ferner die Beiträge von B. TACKE u. F. GIESECKE: dieses Handbuch Bd. 4, S. 124 bzw. S. 184.

[4] REINCKE, R.: Untersuchungen über die Mineralisation des Humusstickstoffs unter wachsenden Wiesenbeständen auf Niederungsmoorboden. Zbl. Bakter. II **81**, 210 (1930).

[5] WAKSMAN, S. A.: a. a. O., S. 24.

[6] Vgl. z. B. TH. PFEIFFER u. O. LEMMERMANN: Denitrifikation und Stallmistwirkung. Landw. Versuchsstat. **54**, 386f. (1900). — W. KRÜGER u. W. SCHNEIDEWIND: Zersetzungen und Umsetzungen von Stickstoffverbindungen durch niedere Organismen und ihr Einfluß auf das Wachstum der Pflanzen. Landw. Jb. **30**, 633 (1901).

soll es nach VAGELER[1] aber allein nicht sein, die die schwere Zugänglichkeit des Stickstoffs[2] bedingt, sondern die im Tier- und Pflanzenreich weit verbreiteten Chitinsubstanzen mit ihrem hohen Stickstoffgehalt besitzen nach ihm ebenfalls eine große Widerstandsfähigkeit gegen die Zersetzung.

Wie ungeheuer groß aber die Bedeutung dieser Festlegung des Stickstoffs für die Pflanzenernährung ist, erhellt aus vielen Untersuchungen, welche die außerordentlich geringe Verwertbarkeit des Gesamtvorrats an Stickstoff zeigen. P. WAGNER[3] berechnet z. B. aus seinen umfangreichen Untersuchungen, daß im Mittel unter Hinzuziehung der verschiedensten Kulturpflanzen nur ca. 1,6% des Bodenvorrats an Stickstoff entzogen werden, wobei aber darauf hingewiesen wird, daß beim Fehlen einer Stallmist- oder Gründüngung erheblich mehr Stickstoff durch die Pflanzen entnommen wird. KÖNIG erhielt ebenfalls sehr kleine, wenn auch wechselnde Mengen der durch die Kulturpflanzen aufgenommenen Stickstoffmengen aus dem Boden. Es wurden folgende Mengen in Prozenten des Bodenstickstoffs aufgenommen:

	Gerste[4]	Hafer[5]	Kartoffeln[5]	Roggen[5]
bei Sandboden	1,43	1,85	1,86	1,07
bei lehmigem Sandboden .	1,96	4,52	4,27	2,70
bei Lehmboden	1,35	1,98	2,46	1,26
bei Kalkboden	1,38	1,92	2,36	0,97
bei Tonboden	1,90	2,34	2,82	1,22
bei Schieferboden	0,93	2,15	2,73	1,11

Wird dieser außerordentlich geringen Ausnutzung des Bodenstickstoffs eine Übersicht über den Bedarf der Kulturpflanzen gegenüber gestellt, so ergibt sich daraus, daß der größte Teil des Stickstoffs in einer für die Pflanzen nicht verwendungsfähigen Form festgelegt sein muß. Es zeigt sich also auch bei Mineralböden eine außerordentlich schlechte Verwertbarkeit des Stickstoffs. Dieser Befund hängt engstens mit den schon dargelegten Beziehungen zwischen organischer Substanz und Mikroorganismentätigkeit zusammen. Wenngleich durch Stoppeln, Wurzelrückstände, Streu usw. beträchtliche Mengen von diesem Nährstoff dem Boden verbleiben oder zurückgegeben werden[6], so bedürfen die die organischen Bestandteile zersetzenden Mikroorganismen doch eines recht beträchtlichen An-

---

[1] VAGELER, P.: a. a. O. Tropische Bodenkunde, S. 126.

[2] Wie schwer selbst der Eiweißstickstoff unter Umständen den Pflanzen zugänglich ist, ergibt sich aus den Untersuchungen von E. BLANCK: Beiträge zum bakteriologisch-chemischen Umsatz der Milcheiweißstoffe, insbesondere Galalith, im Boden. Landw. Versuchsstat. **90**, 17 (1917).

[3] WAGNER, P. in Gemeinschaft mit G. HAMANN u. A. MÜNZINGER: Versuche über die Stickstoffdüngung der Kulturpflanzen. Arb. dtsch. Landw. Ges. H. **129**, 285 (1907).

[4] KÖNIG, J., J. HASENBÄUMER u. H. GROSSMANN: Das Verhalten der organischen Substanz des Bodens. Landw. Versuchsstat. **69**, 43 (1908).

[5] KÖNIG, J. in Gemeinschaft mit J. HASENBÄUMER u. E. COPPENRATH: Beziehungen zwischen den Eigenschaften des Bodens und der Nährstoffaufnahme durch die Pflanzen. Landw. Versuchsstat. **66**, 444 (1907).

[6] WEISKE, H. u. O. KELLNER: Über die Zusammensetzung und Menge der dem Boden nach der Ernte verbleibenden Stoppel- und Wurzelrückstände des ägyptischen Klees. Der Landwirth **12**, 89 (1876), nach Ref. Biederm. Zbl. **10**, 126 (1876). — WEISKE, H.: Über die Zusammensetzung und Menge der dem Acker nach der Ernte verbleibenden Stoppel- und Wurzelrückstände. Landw. Versuchsstat. **14**, 168 (1871). — EMMERLING, A., G. LOGES u. EMEIS: Über den Dungwert frisch abgefallenen Baumlaubes. Ver. Bl. Haidekultur. Ver. Schlesw.-Holst. **12**, 181, nach Biederm. Zbl. **14**, 89 (1885). — EMEIS: Ebenda **14**, 102, nach Biederm. Zbl. **16**, 135 (1887). — Vgl. R. HORNBERGER: Über den Mineralstoffgehalt und Düngerwert der Becherhülle (Lupula) der Buche von verschiedenen Böden. Landw. Versuchsstat. **36**, 329 (1889). — Vgl. hierzu auch J. W. TAYLOR u. J. C. MARTIN: Height of stubble and straw yields of small grains. J. amer. soc. Agron. **22**, 963 (1930).

teils an Stickstoff[1], der dann als Mikrobeneiweiß der Pflanze nicht mehr zur Verfügung steht, wie auch die Art der Humifizierung (Bildung von schwer zugänglichen heterozyklischen Verbindungen) und evtl. die chemische Beeinflussung der Mikroorganismentätigkeit für die schlechte Aufnehmbarkeit mit verantwortlich gemacht werden können. Nach allen diesen Untersuchungen ist daher der größte Teil des Bodenstickstoffs organischer Natur und in einem für die Aufnahme durch die Pflanzen höchst ungünstigen Zustand, so daß EGGERTZ[2] auch mit gewissem Recht den Satz aufstellte: „Die pflanzennährenden Elemente, welche sich in organischer Verbindung im Boden befinden, sind eine ‚potentielle' Pflanzennahrung". Schon REDER und TROSCHKE[3] weisen deshalb darauf hin, daß es erforderlich wäre, „Mittel und Wege zu finden, mittels deren eine schnellere Mobilisierung des höchst resistenten Stickstoffs in organischer Bindung ermöglicht würde, um so das gewaltige, in unseren Moorlagern aufgespeicherte Stickstoffkapital für die Zwecke der Pflanzenernährung heranzuziehen". Auch der im Stalldünger und Stroh vorhandene Stickstoff ist nur schwer angreifbar und bildet nach WAGNER[4] lediglich ein „zinsentragendes Anlagekapital". Trotzdem ist aber für viele Böden und Pflanzen eine Anreicherung an organischer Substanz erforderlich, denn sie gibt dem Boden bei richtiger Anwendung eine für die Pflanzen und Mikroorganismen günstige physikalische Beschaffenheit, die in erster Linie die Luft- und Wasserverhältnisse beeinflußt. Stoppeln, Wurzelrückstände, Streu und Laub genügen meistens nicht, um diesen als Gare bezeichneten Zustand des Bodens zu erreichen, so daß die künstliche Zufuhr von organischen Stoffen nötig ist. Mit den Untersuchungen über die Anwendung der sog. „natürlichen" Dünger steht die Frage nach der Wirkung des organischen Stickstoffs im Zusammenhang. Die Düngewirkung des Stallmistes[5], der Jauche[6] und der Fäkal-

[1] BLAIR, A. W. u. A. L. PRINCE: Der Einfluß von hohen Gaben trockener organischer Substanz auf den Ernteertrag und den Nitratgehalt des Bodens. Soil Sci. **25**, 281 (1928). — Vgl. F. E. ALLISON: Nitrate assimilation by soil microorganisms in relation to available energy supply. Ebenda **24**, 79 (1927).

[2] EGGERTZ, C. G.: Studien und Untersuchungen über die Humuskörper der Acker- und Moorerde. Medd. Kgl. Landsbruks Akad. Exp. Fält., Stockholm **3**, 1, zit. nach Biederm. Zbl. **18**, 75 (1889).

[3] REDER, P. u. TROSCHKE: Über die Veränderungen, welche der Stickstoff des Moorbodens unter dem Einfluß verschiedener als Düngungs- und Meliorationsmittel gebräuchlichen Substanzen erfährt. Wschr. pomm. ökonom. Ges. **17**, 114 (1884).

[4] WAGNER, P.: Die Stickstoffdüngung der landw. Kulturpflanzen. Berlin 1892. — Vgl. auch H. ENGEL: Über die Zersetzung und Wirkung von Strohdünger im Boden. Z. Pflanzenernährg. usw. A **20**, 67 (1931).

[5] Vgl. F. LÖHNIS: Handbuch der landw. Bakteriologie, S. 426f. Berlin 1910 (mit zusammenfassenden Literaturangaben). — Ferner TH. PFEIFFER, O. LEMMERMANN, R. RIECKE u. C. BLOCH: Der Wirkungswert des Stallmiststickstoffs und seine analytische Bestimmung. Mitt. landw. Inst. Breslau **1**, H. 5, 189 (1901). — TH. PFEIFFER u. O. LEMMERMANN: Denitrifikation und Stallmistwirkung. Landw. Versuchsstat. **54**, 386 (1900). — Vgl. ferner C. v. SEELHORST u. W. FRECKMANN: Der Einfluß der Strohdüngung auf die Ernten bei verschieden tiefer Unterbringung des Strohs. J. Landw. **52**, 163 (1904). — P. WAGNER: Die Wirkung von Stallmist und Handelsdüngern. Arb. Dtsch. Landw. Ges. **1915**, H. 279. — F. HONCAMP u. E. BLANCK: Arb. Dtsch. Landw. Ges. H. 282. Berlin 1916. — K. ANDRÄ u. J. VOGEL: Ill. landw. Ztg. **37**, 192 (1917). — TH. PFEIFFER: Einfluß der Brache bzw. der Stallmistdüngung auf die Gestaltung der Ernteerträge an Stickstoff. Landw. Versuchsstat. **89**, 241 (1917). — R. HEINRICH: Dünger und Düngen, 8. Aufl., herausgeg. von O. NOLTE u. M. HEINRICH, S. 5ff. Berlin 1922. — E. HASELHOFF u. O. LIEHR: Untersuchungen über die biochemische Beschaffenheit eines Bodens bei verschiedener organischer Düngung. Landw. Versuchsstat. **102**, 43 (1924). — E. HASELHOFF: Versuche über die Wirkung der Brache, Stallmist und Gründüngung. Ebenda S. 104. — H. ENGEL: a. a. O. S. 43. 1930.

[6] Vgl. u. a. P. NIELSEN: Düngungsversuche mit Jauche nach Ref. Biederm. Zbl. **19**, 737 (1890). — N. A. HANSEN: Untersuchungen über Kuh-Harn und Jauche. Tidskr. f. Landsökon. **12**, 425 (1893), nach Biederm. Zbl. **23**, 161 (1894). — E. BÖHME: Versuche

stoffe[1] steht in Verbindung mit Ammoniakverlusten und Denitrifikationserscheinungen[2], die an anderer Stelle dieses Handbuches eingehend behandelt sind. Die Verluste an Ammoniak, die ein Teil der genannten Dünger erleidet, haben dazu geführt, Versuche über die Erhaltung des Stickstoffs und über die Wirkung dieser „konservierten" Düngemittel[3] anzustellen, wie auch die Unterbindung der Denitrifikation, die im Boden aber meist nur unbedeutend ist, durch geeignete Maßnahmen angestrebt worden ist[4]. Neben diesen Fragen steht aber noch eine andere in Beziehung zu dem in organischer Form vorliegenden Stickstoff, nämlich die der Bindung des elementaren Stickstoffs durch frei lebende[5] und in Symbiose mit höheren Pflanzen[6] lebende Mikroorganismen. Besonders die Aufnahme des atmosphärischen Stickstoffs durch die Pflanzen hat die wissenschaftliche Forschung lange beschäftigt[7], bis durch die Untersuchungen HELLRIEGELS[8] erwiesen wurde, daß die Pa-

---

über Konservierung und Wirkung des Harnstickstoffs. Ill. Landw. Ztg. **24**, Nr. 87—89 (1904). — E. BLANCK: Studien über den Stickstoffhaushalt der Jauche. Landw. Versuchsstat. **91**, 173—221, 253—269, 271—290, 309—346 (1918) (mit zahlreichen Literaturangaben). — E. BLANCK, W. GEILMANN, F. GIESECKE u. F. ALTEN: Versuche mit Jauchedrill usw. J. Landw. **1922**, 215. — E. BLANCK u. F. ALTEN: Ebenda **1924**, 129. — J. C. FICK: Untersuchungen über den Einfluß der Jauche auf den Boden usw. **75**, 215 (1927). — F. HONCAMP: Z. Pflanzenernährg. usw. A **1**, 299f. (1922).

[1] Vgl. z. B. L. KETJEN: Beseitigung und Verwertung der Fäkalstoffe. Z. angew. Chem. **1891**, 294. — TANCRÉ: Über Düngungsversuche mit Torffäkaldünger und Stallmist. Fühlings landw. Ztg. **1897**. — B. TACKE: Über die Wirkung von Bremer Poudrette auf Sandboden. Mitt. Ver. Förd. Moorkult. **1897**, 369. — Vgl. hierzu auch E. SCHREIBER: Düngungsversuche mit Damaraguano und Peruguano, ref. Biederm. Zbl. **31**, 798 (1902). — A. ARNSTADT: Zweijährige Düngungsversuche mit Guano usw. Dtsch. landw. Presse **32**, 17 (1905). — E. HASELHOFF: Versuche über Düngewirkung der sog. „Frankfurter Poudrette". Jber. Landw. Versuchsstat. Marburg 1902/1903, nach Biederm. Zbl. **32**, 666 (1903). — E. BLANCK u. F. ALTEN: Über „Surophosphat" oder Dasagdünger. J. Landw. **74**, 39 (1927).

[2] Vgl. dieses Handbuch S. 640. Ferner F. LÖHNIS: a. a. O., S. 476f. — O. LEMMERMANN: Kritische Studien über Denitrifikationsvorgänge. Habilitationsschrift Jena 1900. — TH. PFEIFFER u. O. LEMMERMANN: Denitrifikation und Stallmistwirkung. Landw. Versuchsstat. **54**, 386f. (1900). — GERLACH, M.: Der Einfluß verschiedener organischer Verbindungen usw. Jber. Landw. Versuchsstat. Posen **1899/1900**, 10. — E. GIUSTINIANI: Wassergehalt und Denitrifikation. Ann. Agron. **1901**, 262. — F. HONCAMP u. E. BLANCK: Arb. Dtsch. Landw. Ges., H. 282. Berlin 1916. — A. M. BUSWELL u. S. L. NEAVE: Eine Zusammenfassung der Frage des Stickstoffverlustes durch Denitrifikation. Soil Sci. **24**, 285 (1927).

[3] HOLDEFLEISS, F.: Untersuchungen über den Stallmist, S. 59. Breslau 1889. — HONCAMP, F. u. E. BLANCK: Arb. Dtsch Landw. Ges. **1916**, H. 282. — RIPPERT: Mitt. Dtsch. Landw. Ges. **1916**, Stück 49, S. 794. — BLANCK, E.: Der Einfluß des Formalins und der Schwefelsäure auf die Konservierung und Düngewirkung der Jauche. Landw. Versuchsstat. **91**, 309 (1918). — BLANCK, E. u. F. PREISS: Über die Stickstoffwirkung der sich bei der Konservierung der Jauche mit Formalin bildenden Stoffe auf die Pflanzenproduktion. J. Landw. **69**, 33 (1921). — BLANCK, E., W. GEILMANN u. F. GIESECKE: Die Stickstoffwirkung des Hexamethylentetramins auf die Pflanzenproduktion. Ebenda **70**, 221 (1922). — BLANCK, E. u. F. GIESECKE: Mono- und Dimethylolharnstoff in ihrer Wirkung auf die Pflanzenproduktion usw. Z. Pflanzenernährg. usw. A **2**, 393 (1923).

[4] Vgl. F. LÖHNIS: a. a. O., S. 480f., 637f.

[5] Vgl. F. LÖHNIS: a. a. O., S. 671f. [6] Vgl. F. LÖHNIS: a. a. O., S. 646f.

[7] Von den Arbeiten vor dem Erscheinen der bahnbrechenden Arbeiten HELLRIEGELS seien genannt: O. ATWATER: Über die Aufnahme von atmosphärischem Stickstoff durch die Pflanzen. Amer. chem. J. **6**, 365 (1885). — E. GATELLIER: Absorption des Stickstoffs der Luft durch Leguminosen. J. d'agric. **2**, 342 (1878). — J. B. LAWES: Über die Stickstoffquellen der Pflanzen. Ann. chim. phys. Ser. 6, S. 511. — W. STRECKER: Über die Bereicherung des Bodens durch den Anbau „bereichernder" Pflanzen. J. Landw. **34**, 1 (1886).

[8] HELLRIEGEL, H.: Über die Beziehungen der Bakterien zu der Stickstoffernährung der Leguminosen. Z. Ver. Rübenzuck.-Ind. **1886**, 863—877. — HELLRIEGEL, H. u. H. WILFARTH: Über die Stickstoffaufnahme der Pflanzen. Tagebl. 60. Vers. Dtsch. Naturforsch. u. Ärzte Wiesbaden S. 362. — Untersuchungen über die Stickstoffnahrung der Gramineen und Leguminosen. Z. Ver. Rübenzuck.-Ind. Beilageheft **1888**, 1—234. — BEIJERINCK,

pilionaceen befähigt sind, sich durch die Vermittlung der sog. Knöllchenbakterien den Luftstickstoff zunutze zu machen. Die Tätigkeit der stickstoffsammelnden, frei lebenden Bakterien ist ebenfalls häufig auf ihre Bedeutung für die Anreicherung des Bodens an Stickstoff und dessen Ausnutzung durch die Pflanzen geprüft worden[1]. Da diese Fragen ebenfalls gesondert in diesem Handbuche an anderer Stelle[2] besprochen werden, sei hier nur der Vollständigkeit halber darauf hingewiesen, daß die Impfung der Böden mit Bakterienpräparaten bzw. mit Bodenextrakten (Impferde) in ihrer Wirkung auf die Pflanzenproduktion oft Gegenstand wissenschaftlicher Nachprüfung gewesen ist[3]. Auch sei hier kurz auf die mit diesen Fragen in Verbindung stehenden Versuche über die Zweckmäßigkeit der Brache[4] und Gründüngung[5] verwiesen.

M. W.: Bot. Ztg. **46**, 725f. (1888). — MAERCKER, M. (nach Versuchen von F. SCHIRMER): Über den Wert verschiedener Leguminosen. Ausf. Ref. Biederm. Zbl. **18**, 480 (1889). — NOBBE, F., E. SCHMID, L. HILTNER u. E. HOTTER: Die Verbreitungsfähigkeit der Leguminosen. Landw. Versuchsstat. **41**, 137. — Ferner seien von neueren Arbeiten genannt: THORNTON, H. G. u. N. GANGULEE: Der Lebenskreislauf der Knöllchenbakterien im Boden und seine Beziehung zur Infektion der Wirtspflanzen. Proc. roy. Soc. Lond. **99**, 427 (1926). — CHRISTIANSEN-WENIGER, F.: Der Energiebedarf der Stickstoffbindung usw. Cbl. Bakter. II Abt. **58**, 41 (1922). — Vgl. auch P. EHRENBERG: Neue Feststellungen über die sog. Virulenzsteigerung der Knöllchenbakterien unserer Leguminosen. Z. Pflanzenernährg. usw. A **4**, 104 (1925). — A. STORCK u. A. RIPPEL: Bestimmung der Stickstoffbindung usw. Ebenda **13**, 158 (1929). — F. ALLAM; Vom Energieverbrauch der Knöllchenbakterien usw. Ebenda **20**, 270 (1931).

[1] Vgl. z. B. das Sammelreferat über ältere Arbeiten von TH. SCHLOESING, M. BERTHELOT, A. GAUTIER u. R. DROUIN in Biederm. Zbl. **17**, 578 (1888). — J. KÜHN: Die Assimilation des freien Stickstoffs ohne Symbiose mit Leguminosen. Fühlings landw. Ztg. **1901**, 2. — P. NEUMANN: Untersuchungen über das Vorkommen von Stickstoff assimilierenden Bakterien. Landw. Versuchsstat. **1901**, 203. — M. GERLACH u. J. VOGEL: Weitere Versuche mit stickstoffbindenden Bakterien. Cbl. Bakter. II **10**, 636 (1903). — H. FISCHER: Ein Beitrag zur Kenntnis der Lebensbedingungen von stickstoffsammelnden Bakterien. J. Landw. **53**, 61 (1905). — F. LÖHNIS: a. a. O., S. 671f. — H. NIKLAS: Über die Verbreitung des Azotobacters im Boden usw. STOKLASA-Festschr. S. 279. Berlin 1928. — H. POSCHENRIEDER: Über die Verbreitung des Azotobacters im Wurzelbereiche der Pflanzen. Cbl. Bakter. II **80**, 369 (1930). — W. GOETERS: Der gegenwärtige Stand der Bodenbakteriologie. Bindung des molekularen Stickstoffs durch frei lebende Organismen. Fortschr. Landw. **5**, 763 (1930). — L. A. BRADLEY u. J. E. FULLER: Nitrogen fixation in field soil under different conditions of cropping and soil treatment. Soil Sci. **30**, 49 (1930).

[2] Vgl. diesen Band des Handbuches S. 551.

[3] Vgl. z. B. C. FRUWIRTH: Dreijährige Impfversuche mit Lupinen. Dtsch. Landw. Presse **19**, 6 (1892). — A. SCHMITTER: Die Impfung des Lehmbodens zu Lupinen mit bakterienreicher Erde. Inaug.-Dissert. Erlangen 1893. — M. MAERCKER u. H. STEFFECK: Über die Wirkung der Impfung mit dem NOBBEschen Nitragin auf das Wachstum verschiedener Leguminosen. Jber. Agr. Chem. Versuchsstat. Halle **2**, 138 (1896). — A. STUTZER u. R. HARTLEB: Untersuchungen über das im Alinit enthaltene Bakterium. Cbl. Bakter. **4**, 31, 73 (1898). — H. v. FEILITZEN: Versuch mit Nitragin. Ref. Biederm. Zbl. **26**, 129 (1897). — F. NOBBE u. L. HILTNER: Über die Anpassungsfähigkeit der Knöllchenbakterien an verschiedene Leguminosengattungen. Landw. Versuchsstat. **46**, 257 (1896). — W. EDLER: Versuche über die Wirkung von Nitragin und Impferde auf Lupinen. Dtsch. Landw. Presse **1899**, 1. — B. TACKE: Über Alinit. Mitt. Ver. Förd. Moorkult. **1900**, 37. — TH. REMY: Über die Steigerung des Stickstoffsammlungsvermögens der Hülsenfrüchte durch bakterielle Hilfsmittel. Dtsch. Landw. Presse **1902**, 31. — E. J. GRAUL u. E. B. FRED: Wert des Kalkes und der Impfung bei Luzerne und Klee in sauren Böden. Wisconsin Stat. Res. Bull. **54** (1922). — H. WUNSCHICK: Erhöhung der Knöllchenerreger unserer Schmetterlingsblütler durch Passieren der Wirtspflanze. Cbl. Bakter. II **64**, 395 (1925). — O. NOLTE u. H. MÜNZBERG: Die Impfung der Schmetterlingsblütler. Mitt. Dtsch. Landw. Ges. S. 150. Berlin 1930. — CH. BARTHEL u. G. BJÄLFVE: Leguminosenbau mit Hilfe von Bakterienkulturen. Tidskr. Kgl. Land. Akad. **2**, 225, nach Fortschr. Landw. **5**, 597 (1930).

[4] Vgl. TH. PFEIFFER: Stickstoffsammelnde Bakterien, Brache und Raubbau. Berlin 1904. — J. PULMAN: Der Einfluß der Brache usw. Russ. J. exp. Landw. **10**, 71 (1909). — K. F. MANJKOWSKY: Der Einfluß der oberflächlichen Lockerung der Brachfelder usw. Ebenda **9**, 255 (1908). — E. GUTZEIT: Ein Beitrag zur Brachefrage. Fühlings Landw. Ztg.

Die Wirkung aller dieser organischen Stickstoffdünger hängt von der Schnelligkeit und Art der Umsetzung in für die Pflanzen aufnehmbare Form ab. Bei normalen Bedingungen wird die Umwandlung in erster Linie über das Ammoniak führen[1]. Auch der mikrobielle Abbau anderer als der angeführten organischen Stickstoffverbindungen führt über Ammoniak[2]. Der Gehalt an diesem Pflanzennährstoff ist, wie schon erwähnt, außerordentlich gering[3], trotzdem dem Boden nicht nur durch mikrobielle Umsetzungen, sondern auch durch Zuführung seitens der meteorologischen Wasser[4] ziemlich bedeutende Mengen zur Verfügung gestellt werden. Dieser Befund hängt mit der meist sehr schnellen Nitrifizierung des Ammoniaks zusammen. Für die Aufnehmbarkeit des organisch gebundenen Stickstoffs spielt die Mineralisierung eine große Rolle, und sie steht in Abhängigkeit von der Bodenart, dem Bodenzustand und den klimatischen Faktoren. Besonders hervorzuheben ist das Adsorptionsvermögen für Ammoniak[5], wie auch das Basenaustauschvermögen des Bodens[6] eine Rolle für die Ausnutzung durch die Pflanzen spielt[7].

55, 677 (1906). — A. KOCH: Ergebnisse zehnjähriger vergleichender Feldversuche über die Wirkung von Brache, Stalldünger und Klee. J. Landw. **1913**, 245. — TH. PFEIFFER: Einfluß der Brache usw. auf die Ernteerträge und den Stickstoffhaushalt im Boden. Landw. Versuchsstat. **98**, 187 (1921). — A. GEHRING: Beitrag zur Klärung der Düngerwirkung organischer Substanzen. Cbl. Bakter. II **57**, 241 (1922). — A. RIPPEL: Versuche aus dem Nachlaß von A. KOCH. Als Beitrag zur Kenntnis der Stickstoffwirkung des Ackerbodens. J. Landw. **72**, 17 (1924).

[5] (zu S. 434) Vgl. A. MÜNTZ: Die Rolle der Gründüngung als Stickstoffdüngung. C. r. **110**, 972 (1890). — P. DOERSTLING: Praktische Folgerungen aus Bodenanalysen. Fühlings Landw. Ztg. **1899**, 184. — A. A. J. VON 'SIGMOND: Beiträge zur Frage des Düngerwertes verschiedener Stickstoffdünger, mit besonderer Berücksichtigung des Gründüngers und des Stallmistes. Landw. Versuchsstat. **59**, 179 (1903). — P. BAESSLER: Die Ergebnisse von Gründüngungsversuchen zur Feststellung der Ausnutzung des Gründüngungsstickstoffs durch die Nachfrüchte. Mitt. Dtsch. Landw. Ges. Stück **18**, 263 (1910). — O. LEMMERMANN u. A. TAZENKO: Untersuchungen über die Umsetzung des Stickstoffs verschiedener Gründüngungspflanzen im Boden. Landw. Jb. **38**, Erg.-Bd. 5, 101 (1905). — J. G. LIPMAN u. A. W. BLAIR: Die fortlaufende Anpflanzung von Mais mit einer leguminosenhaltigen und einer leguminosenfreien Gründüngung. New Jersey Exp. Stat. Rep. **1920**, 376.

[1] Vgl. z. B. A. MÜNTZ und H. COUDON: Die Ammoniakbildung im Boden. C. r. **116**, 395 (1893). — E. MARCHAL: Zur Ammoniakbildung im Boden. Ann. Agron. **19** (1893) und Agr. Sci. **8**, Nr. 12 (1894). — E. BRÉAL: Bildung von Ammoniak auf Kosten der organischen Substanz. Ann. Sci. Agron. **1**, 161 (1898). — C. LÜDERS: Bakteriologische Bodenuntersuchungen. Jber. Landw. Versuchsstat. Jersitz-Posen **1898/99**, 53. — F. WOHLTMANN, H. FISCHER u. PH. SCHNEIDER: Bodenbakteriologische und bodenchemische Studien. J. Landw. **52**, 97 (1904). — F. LÖNHIS: a. a. O., S. 572ff.

[2] Vgl. z. B. TH. REMY: Zbl. Bakter. II **8**, 660 (1902). (Mit zahlr. Literaturangaben.) — H. IMMENDORFF u. THIELEBEIN: Fühlings Landw. Ztg. **54**, 791 (1905). — H. KAPPEN: Ebenda **57**, 279 (1908). — Von neueren Untersuchungen vgl. F. LITTAUER: Zersetzung des Harnstoffs. Z. Pflanzenernährg. usw. A **3**, 165 (1924). — E. BLANCK u. F. GIESECKE: Mono- und Dimethylolharnstoff in ihrer Wirkung auf die Pflanzenproduktion und ihr Stickstoffumsatz im Boden. Ebenda **2**, 393 (1923). — E. BLANCK, W. GEILMANN u. F. GIESECKE: Die Stickstoffwirkung des Hexamethylentetramins auf die Pflanzenproduktion. J. Landw. **1922**, 220.

[3] Vgl. diesen Band des Handbuches S. 424.

[4] Vgl. hierzu Anm. 3 S. 264 Bd. 6 dieses Handbuches. — H. IMMENDORFF stellt eine Reihe von diesbezüglichen Veröffentlichungen über diesen Gegenstand zusammen in Biedermanns Zbl. **21**, 293 (1892). — E. BLANCK: Lehrbuch der Agrikulturchemie, 1. Teil. Pflanzenernährungslehre, S. 176, 177. Berlin 1927. — F. GIESECKE: Die hydrochemischen Verhältnisse in Angora usw. Wasser und Gas **21**, 958. **1931**.

[5] Vgl. dieses Handbuch Bd. 6, S. 326f.

[6] Vgl. diesen Band des Handbuches S. 251f.

[7] WAGNER, P., G. HAMANN u. A. MÜNZINGER: Versuche über die Stickstoffdüngung der Kulturpflanzen. Arb. Dtsch. Landw. Ges., H. 129. Berlin 1907. — PFEIFFER, TH. u. A. EINECKE: Die Festlegung des Ammoniakstickstoffs durch die Zeolithe des Bodens. Mitt. Landw. Inst. Breslau 3, 299 (1906) u. PFEIFFER, TH., H. HEPPNER u. L. FRANK: Ebenda **4**, 321 (1909) kamen zu dem Resultat, daß ein Teil des absorbierten NH_3 erst im

WAGNER[1] nimmt an, daß es den Kulturpflanzen nicht leicht sein wird, das absorbierte Ammoniak dem Boden zu entziehen, ja, der genannte Autor geht so weit, daß er die Verarbeitung der letzten Reste des absorbierten Ammoniaks durch nitrifizierende Bakterien als recht schwierig bezeichnet, während HISSINK[2] bei Vorhandensein genügender Mengen Feuchtigkeit dieselbe Wirkung des Ammoniumpermutits wie Ammoniumsulfat in bezug auf die Pflanzenproduktion feststellte und aus den Gesamtbeobachtungen folgerte: „daß also das vom Permutit absorbierte Ammoniak nicht so fest gebunden wird, daß dieses zum Teil erst im Laufe einer zweiten Vegetationsperiode für die Pflanzenwurzeln zugänglich wird".

Das Endprodukt der Mineralisation, das NO_3-Ion, ist, abgesehen von einigen ganz wenigen Ausnahmen, äußerst wenig im Boden enthalten, wenn auch meistens der Nitratgehalt des Bodens den an Ammoniak etwas überragt[3]. Die mikrobielle Bildung des Nitrats — um eine solche handelt es sich fast immer im Boden — verläuft nicht direkt vom Ammoniak zum Nitrat[4], sondern über die Zwischenstufe der Nitrite[5]. Auch die Intensität der Nitratbildung im Boden ist von einer Reihe von Faktoren abhängig, so z. B. von der Bodenart, Bodenbearbeitung, Durchlüftung, Reaktion u. a. m.[6]. Auf die Beeinflussung der Nitrifikationskraft durch chemische Stoffe (Düngung) sei hier

---

Laufe einer zweiten Vegetationsperiode zugänglich war. — WIEGNER, G.: Die Festlegung des Stickstoffs durch sog. Zeolithe. J. f. Landw. **61**, 11 (1913), berichtet zusammenfassend: „Der Kernpunkt der Frage scheint mir darin zu liegen, daß man von einer Festlegung in dem Sinne, daß dauernd ein ganz bestimmter konstanter Anteil an Stickstoff der Lösung entzogen wird, nicht reden kann, sondern, daß die ‚Festlegung' auf alle Änderungen der Lösungskonzentrationen im einen oder anderen Sinne reagiert und sich verschiebt, wobei die Verschiebungen die Vegetation im günstigen oder ungünstigen Sinne beeinflussen können." — HISSINK, D. J.: Die Festlegung des Ammoniakstickstoffs durch Permutit und Tonboden und die Zugänglichkeit des Permutitstickstoffs für die Pflanze. Landw. Versuchsstat. **81**, 377 (1913). — MÜNTER, F.: Über Sorption und Nitrifikation von Ammonverbindungen bei Gegenwart von Zeolithen im Boden sowie über Ammoniakbestimmungen im Boden und über zeolithartige Substanzen. Ebenda **90**, 147 (1917).

[1] WAGNER, P.: a. a. O., S. 240.

[2] HISSINK, D. J.: a. a. O., S. 419.

[3] Vgl. diesen Band des Handbuches S. 424, 425.

[4] Vgl. diesen Band des Handbuches S. 622 f.

[5] WINOGRADSKY, S.: Über die Bildung und die Oxydation von Nitriten während der Nitrifikation. C. r. **113**, 89 (1891). — Vgl. ferner C. LÜDERS: Bakteriologische Bodenuntersuchungen. Jahresber. Landw. Versuchsstat. Jersitz-Posen **1898/99**, 53. — F. SESTINI, Bildung von salpetriger Säure und Nitrifikation als chemischer Prozeß im Kulturboden. Landw. Versuchsstat. **60**, 103 (1904). — F. LÖHNIS: a. a. O., S. 601 f. (mit zahlreichen Literaturangaben). — E. W. RUNOW: Die Nitritbildung in organischen Medien auf biologischem Wege. Cbl. Bakt. II. Abt. **77**, 193 (1929).

[6] Vgl. F. LÖHNIS: a. a. O., S. 601 f. Von neueren Arbeiten seien genannt: GAARDER, T. u. O. HAGEM: Versuche über Nitrifikation und Wasserstoffionenkonzentration. Bergens Mus. Aarbok 1919/20 nach Biederm. Zbl. **53**, 77 (1924). — A. W. BLAIR u. A. L. PRINCE: Veränderung der Nitrat- und p_H-Werte der Böden usw. Soil Sci. **14**, 9 (1922). — H. N. BATHAM: Nitrifikation in Böden. Ebenda **20**, 337 (1925). — W. V. HALVERSEN: Nitrifikationsstudien. Int. Agr. Wiss. Rundsch., N. F. **2**, 862. Rom 1926. — E. BLANCK u. F. GIESECKE: Über den Einfluß der Regenwürmer usw. Z. Pflanzenernährg. usw. B **3**, Sonderabdr. S. 3f. (1924). — G. R. CLARKE: Beziehungen der Bodenazidität zur Nitrat- und Ammoniakproduktion in Waldböden. Oxford Forestry Mem. **2** (1924) nach Z. Pflanzenernährg. usw. A **8**, 181 (1927). — F. ZUCKER: Über den Verlauf der Nitrifikation in den ungarischen Szik- (Alkali-) Böden. Ebenda A **12**, 102 (1928). — F. HANSEN: Untersuchung über den Stickstoffumsatz im Boden. Ref. Fortschr. Landw. **4**, 401 (1929). — SABASCHNIKOFF, A. W.: Einfluß verschiedener Kulturmaßnahmen auf die Salpeterbildung im Boden. Ebenda **4**, 625 (1929). — O. H. SEARS: Factors contributing to the unproductiveness of „alkali" soils in Illinois. Soil Sci. **30**, 325 (1930). — H. G. THORNTON u. P. H. H. GRAY: The fluctuations of bacterial numbers and nitrate content of field soils. Proc. roy. soc. London B **106**, 399 (1930). — E. HASELHOFF u. F. HAUN: Landw. Versuchsstat. **102**, 90 (1924).

nur verwiesen[1]. Da auch die Niederschläge Nitrate enthalten[2], so wird die Frage nach der Salpeterarmut der Böden im Zusammenhange mit dem schon erwähnten, hohen Bedarf der Pflanzen und gewisser Bakterien an Stickstoff[3] stehen. Andererseits wird bei der Geeignetheit des Stickstoffpentoxyds zur Ernährung der Pflanzen auch mit einem sehr schnellen Verbrauch zu rechnen sein, und so werden die einzelnen Phasen der Umwandlung von organischem Stickstoff bis zur Aufnahme durch die Pflanzen nur durch subtile Untersuchungen klarzulegen sein. Der Anreicherung an Nitratstickstoff wie aber auch an Ammoniakstickstoff im Boden wirkt aber auch noch der Auswaschungsprozeß entgegen. Die bevorzugte Aufnahme der löslichen Stoffe durch die Pflanzen bedingt, besonders im humiden Gebiet, zugleich die Gefahr der Verarmung an Nährstoffen. Aus diesem Grunde hat es auch nicht an Untersuchungen gefehlt, die Höhe des Verlustes durch Auswaschung festzustellen, insonderheit durch Drainwasseranalysen oder Lysimeterversuche[4]. Der Auswaschung entgegen könnten Adsorptionsvorgänge wirken, die für das Ammoniak je nach Bodenart als sehr bedeutend festgestellt wurden[5], während bisher angenommen wurde, daß die Nitrate, d. h. das NO_3-Ion, nicht wesentlich durch den Boden adsorbiert wird. Nun hat aber neuerdings FLEROW[6] bei seinen Untersuchungen festgestellt, daß dieses doch der Fall sei, worauf bei Nitratbestimmungen besonders in wässerigen Auszügen Rücksicht zu nehmen ist[7]. Es wäre daher wünschenswert, zu ermitteln, in welchem Grade dieser Vorgang an der Nichtausnutzung des Bodenstickstoffs durch die Pflanzen beteiligt ist. Wie diese Versuche aber auch ausfallen werden, so läßt sich heute doch schon sagen, daß der Gehalt an löslichen Stickstoffverbindungen im allgemeinen äußerst minimal ist und auf kleinstem Raum bei ein und demselben Boden schon hohen Schwankungen unterworfen ist[8]. In gewissen Teilen arider Gebiete der Tropen und Subtropen gibt es allerdings Böden, deren Nitratgehalt verhältnismäßig hohe Werte erreicht, doch haben diese Vorkommen nur lokales Interesse[9],

[1] Vgl. J. FITTBOGEN: Über die Veränderungen, welche der in organischer Verbindung enthaltene Stickstoff des Moorbodens unter dem Einflusse verschiedener als Düngungs- und Meliorationsmittel gebräuchlicher Substanzen erfährt. Landw. Jb. **3**, 109 (1874), — P. WAGNER in Gemeinschaft mit R. DORSCH, F. ASCHOFF, H. RUTHS und G. HAMANN: Arb. D. L. G. **1903**, H. 80, 67f.

[2] Vgl. Anm. 4 S. 435. [3] Vgl. diesen Beitrag S. 423, 424.

[4] Vgl. u. v. a. M. BERTHELOT: Untersuchungen über die Drainwässer. C. r. **105**, 640 (1887). — B. TACKE, H. IMMENDORFF u. H. MINSSEN: Untersuchungen über die Zusammensetzung der Sickerwässer aus nicht gedüngtem und gedüngtem Moorboden usw. Landw. Jb. Erg.-Bd. **4**, 349 (1898). — J. HANAMANN: Lysimeterverusche. Z. landw. Versuchswes. **4**, 34 (1901). — N. H. J. MILLER: Über die im Drainagewasser von unbebauten und ungedüngten Feldern enthaltene Menge an Chlor und Stickstoff. Proc. chem. Soc. **18**, 89 (1904). — W. GEILMANN: Die Auswaschung von Nitrat- und Ammoniakstickstoff auf Sand- und Lehmboden. J. Landw. **70**, 259 (1922). — H. NIKLAS u. W. SCHROPP: Die Lysimeteranlage des agrikulturchemischen Instituts Weihenstephan. Fortschr. Landw. **3**, 1017 (1928). — R. BUS: Die Auswaschung und Umsetzung usw. Ebenda **4**, 1 (1929). — F. PERITURIN: Nitrate in Drainagewässern. Trans. Inst. Fertil. (russ.) **45**, 65 (1927) nach Z. Pflanzenernährg. usw. A **15**, 374 (1930).

[5] Vgl. diesen Beitrag S. 435, Anm. 5 und 6.

[6] FLEROW, K.: Zur Frage der Sorption der Nitrate im Boden. Kolloid-Z. **43**, 81 (1927), vgl. hierzu auch diesen Band des Handbuches S. 229.

[7] Vgl. J. BLOM und C. TRESCHOW: Z. Pflanzenern. u. Düng. A. **13**, 181, 182 (1929).

[8] PRINCE, A. L.: Schwankungen von Nitraten und Gesamtstickstoff in Böden. Soil Sci. **15**, 395 (1923). — KARRAKER, P. E.: Das wechselnde Vorkommen von Nitraten im Boden. Ebenda **24**, 259 (1927).

[9] Vgl. z. B. A. MÜNTZ u. V. MARCANO: Über die Bildung der Salpetererden in den Tropen. C. r. **101**, 65 (1885). — L. DARAPSKY: Das Departement Taltal. Seine Bodenbildung und -schätze, S. 92f. Berlin: D. Reimer 1900. — W. P. HEADDEN: Der außergewöhnlich hohe Nitratgehalt gewisser Coloradoböden. J. Ing. Engin. Chem. **6**, 586 (1914). — F. GIESECKE: Bodenkundliche Beobachtungen in Anatolien usw. Chem. Erde **4**, 571, 573 (1930).

wie auch darauf hingewiesen werden muß, daß dieser Salpeter in bezug auf die Bodenfruchtbarkeit meist nicht zur Auswirkung gelangen kann, da es in diesen Gebieten an dem Wachstumsfaktor Wasser fehlt und daher dort nur nitrophile Pflanzen wachsen, aber keine Kulturgewächse gebaut werden können. Von den übrigen Stickoxyden sind im Boden ausnahmsweise, und zwar bei schlechter Durchlüftung, mäßig saurer Reaktion und hohem Wassergehalt Nitrite zu finden[1]. Infolge der sehr schnellen Umsetzung bei genügender Luftzufuhr werden die Nitrite so schnell zu Nitraten verarbeitet, daß das NO_2-Ion als Übergangsprodukt so gut wie nie nachzuweisen ist[2], es sei denn in Alkaliböden, welche häufig etwas höhere Werte an Nitriten aufzuweisen haben[3]. Stickstoffoxydul sowie Stickoxyd dagegen kommen im Boden wohl in quantitativ zu geringen Mengen vor, als daß man sie nachweisen könnte. STOKLASA[4] gibt zwar das Stickstoffmonoxyd als eine der im Boden bestehenden Stickstofformen an, doch scheint die Entstehung sonst bisher nur bei bakteriellen Versuchen der Salpeterzersetzung nachgewiesen zu sein[5]. In diesem Falle liegen aber ganz andere Bedingungen als im Ackerboden vor, so daß die Bildung der letztgenannten Stickstoffverbindungen praktisch in bezug auf die Bodenfruchtbarkeit wohl ohne Bedeutung ist.

Gemeinsam lassen sich die Erkenntnisse über die verschiedenen Formen des Bodenstickstoffs dahingehend zusammenfassen, daß der organische Stickstoff meist den Pflanzen nur schwer zugänglich ist, und daß die löslichen Stickstoffformen in so geringer Menge vorhanden sind, daß zur Erzielung von Höchsternten eine Zufuhr an diesem Nährstoff bei der überwiegenden Mehrzahl der Böden notwendig ist. Diese Armut der Böden an den Pflanzen zugänglichen Stickstoffverbindungen führte dazu, den Bedarf durch Düngung zu decken. Außer den genannten „natürlichen" Düngemitteln sind eine Reihe synthetisch hergestellter organischer Stickstoffdünger auf ihre Wirksamkeit geprüft[6], wie es auch nicht daran gefehlt hat, den in anorganischer Form vorliegenden Stickstoff künstlicher Düngemittel auf die produktionssteigernde Wirkung hin zu untersuchen[7]. Die

---

[1] LIPMANN, J. G. u. P. E. BROWN: Ann. Rep. New Jersey Agr. Exp. Stat. **1907**, 195; **1908**, 117. — LÖHNIS, F.: a. a. O., S. 610f. — FEHÉR, D. u. J. VÁGI: Untersuchungen über Einwirkung von Nitriten auf das Wachstum der Pflanzen. Biochem. Z. **153**, 156 (1924).

[2] UFFELMANN, J.: Über die Oxydation des Ammoniaks in Wasser und Boden (Arch. f. Hyg. **4**, 82 [1886]), glaubt aus seinen Untersuchungen den Schluß ziehen zu können, daß der Boden, hauptsächlich nach Anfeuchtung, salpetrige Säure aus der Luft absorbiert.

[3] Vgl. z. B. D. FEHÉR und R. BOKOR: Untersuchungen über wichtige biologische Eigenschaften der solonecartigen Alkaliböden (Szikböden) usw. Wiss. Arch. Landw. Abt. A. **3**, 561 (1930).

[4] STOKLASA, J.: Der jetzige Stand des Problems der Bestimmung der Fruchtbarkeit des Bodens. Fortschr. Landw. **2**, 54 (1927).

[5] LÖHNIS, F.: a. a. O., S. 478, 497.

[6] Von der überaus großen Literatur seien an dieser Stelle nur einige Arbeiten angegeben; so gehören die Arbeiten von H. IMMENDORFF: Fühlings Landw. Ztg. **54**, 791 (1905); H. KAPPEN: Landw. Versuchsstat. **68**, 307 (1908); F. LÖHNIS: a. a. O., S. 590; TH. PFEIFFER u. W. SIMMERMACHER: Fühlings Landw. Ztg. **65**, 207 (1916); R. W. BELING: Landw. Versuchsstat. **102**, 1 (1924); E. BLANCK u. F. GIESECKE: J. Landw. **1925**, 305 u. v. a. über Kalkstickstoff hierher. Ferner sei auf die zahlreichen Arbeiten über die Wirkung des Harnstoffes verwiesen: vgl. z. B. E. M. CROWTHER: Notiz über die Ausnutzung der organischen Stickstoffverbindungen in Topfversuchen. J. agricult. Sci. **15**, 300 (1925). — J. C. RUIJTER DE WILDT: Über die Düngewirkung von Harnsäure und Harnstoff. Landbouw. Tijdskr. **38**, 436 (1926), nach Ref. Z. Pflanzenernährg. usw. A **12**, 205 (1928).

[7] Auch hier seien nur einige neuere Arbeiten genannt: E. HASELHOFF: Die Wirkung der Stickstoffdünger. Z. Pflanzenernährg. usw. B **8**, 136 (1929). — E. BLANCK u. F. KLANDER: Vegetationsversuche mit Kalkammonsalpeter. J. Landw. **77**, 337 (1930). — F. GIESECKE u. F. KLANDER: Über einen neuen nach dem Verfahren von F. MUHLERT hergestellten Stickstoffdünger. Ebenda **1931**. — N. ZAMFIRESCU: Untersuchungen über Kalkammonsalpeter. Fortschr. Landw. **6**, 9 (1931).

verschiedene Ausnutzbarkeit dieser Dünger[1] führte dazu, daß die Wirkung der einzelnen Düngemittel durch Wert- oder Verhältniszahlen ausgedrückt wurde[2]. Bei der auf diese Art erfolgenden Beurteilung sind aber eine Reihe von Faktoren zu berücksichtigen, die eine derartige schematisierende Wertschätzung in ihrer Genauigkeit sehr herabsetzen. Es seien nur genannt: Bevorzugung einer bestimmten Stickstofform[3] durch gewisse Pflanzen, gegenseitige Beeinflussung der einzelnen Nährstoffe zueinander in der Aufnehmbarkeit[4], physiologische Reaktion[5], Änderung der Bodenstruktur durch die verschiedenen Stickstofformen[6] und die Nebenwirkung der nicht stickstoffhaltigen Anionen oder Kationen auf die Ausbildung der Pflanzen[7]. PRJANISCHNIKOW[8] zieht daher auch den Schluß bei

[1] WAGNER, P., R. DORSCH, F. ASCHOFF, H. RUTHS u. G. HAMANN: Die Düngung mit schwefelsaurem Ammoniak und organischen Stickstoffdüngern. Arb. Dtsch. Landw. Ges. **1903**, H. 80. — POPP, M.: Die Wirkung der organischen Stickstoffdüngemittel im Vergleich zu Salpeter, S. 68, 253. 1908. — SEBELIEN, J.: Einige Düngungsversuche mit neuen Stickstoffdüngemitteln. J. Landw. **1906**, 159. — BLANCK, E., F. GIESECKE u. F. SCHEFFER: Vegetationsversuche und Untersuchungen mit neuen und alten Düngemitteln usw. Z. Pflanzenernährg. usw. B **6**, 49 (1927). — SIBBE, F.: Untersuchungen über die Wirkung von Nitrophoska usw. Landw. Jb. **68**, 755 (1929). — SCHULZE, W. u. H. WIESSMANN: Vergleichende Versuche mit verschiedenen Stickstoffdüngemitteln. Zuckerrübenbau **12**, 58 (1930).

[2] Vgl. z. B. HEINRICH, R.: Dünger und Düngen, a. a. O., S. 67. Berlin 1922.

[3] Nach den Untersuchungen von M. NAGAOKA: Das Verhalten der Reispflanze zu Nitraten und Ammoniumsalzen. Bull. Coll. Agric. Tokio **6**, 285 (1904) nach Ref. Biederm. Zbl. **34**, 148f. (1905) verwertet der Reis den Nitratstickstoff nicht so gut wie den Ammoniakstickstoff.

[4] Von neueren Untersuchungen seien genannt: R. C. BURELL: Wirkung bestimmter Mangelvorkommnisse auf den Stickstoffumsatz der Pflanzen. Bot. Gat. **82**, 320 (1926). — A. KALUSHKY: Einfluß des Schwefels auf die Stickstoff- und Phosphorsäureernährung der Pflanzen. J. Landw. Wiss. **4**, 643. Moskau 1927 nach Ref. Z. Pflanzenernährg. usw. A 12, 261 (1928). — J. SOUCEK: Versuch über die Wirkung des Kalks auf die Freimachung der Bodennährstoffe. Z. Zuckerind. Tschechoslow. **53**, 101 (1928) nach Ref. Fortschr. Landw. **4**, 112 (1929). — T. EDEN u. R. A. FISHER: Versuche über die Wirkung von Kali und Stickstoff auf die Kartoffeln. J. agricult. Sci. **19**, 201 (1929). — M. GRǍCANIN: Über den Einfluß des Natriumnitrats und Ammoniumsulfats auf die Kali- und Phosphorsäureaufnahme aus dem Boden. Z. Pflanzenernährg. usw. **9**, 300 (1930). — D. MEYER u. P. OBST: Der Einfluß der Düngung auf die Phosphorsäure- und Kalkaufnahme verschiedener Pflanzen. Ebenda B **9**, 488 (1930).

[5] U. v. a. E. BLANCK u. F. GIESECKE: Ein Beitrag zum Wirkungsbereich der physiologischen Reaktion. Fühlings landw. Ztg. **71**, 463 (1922). — D. N. PRJANISCHNIKOW: Zur physiologischen Charakteristik von Ammoniumnitrat. Z. Pflanzenernährg. usw. A **3**, 242 (1924). — H. KAPPEN u. M. LUKACS: Zur physiologischen Reaktion der Düngesalze. Ebenda A **4**, 249 (1925). — D. N. PRJANISCHNIKOW: Über physiologische Azidität von Ammoniumnitrat. Biochem. Z. **182**, 204 (1927). — W. MEVIUS: Bedeutung der Reaktion für die Wirkung der Ammoniumsalze auf das Wachstum usw. Z. Pflanzenernährg. usw. A 10, 208 (1927/28). — Bedeutung der Reaktion der Nährlösung für die Wirkung der Kalzium- und Ammoniumsalze. Landw. Versuchsstat. **107**, 302 (1928). — K. NEHRING: Der Einfluß der Bodenreaktion auf die Umsetzungen der verschiedenen Stickstoffverbindungen im Boden und auf ihre Ausnutzung durch die Pflanzen. Landw. Jb. **59**, 105 (1929). — A. MAKSIMOW: Studien über die physiologische Reaktion von Ammonsalzen und Nitraten. Nauk Rolnicz. **22**, 33 (1929) nach Ref. Z. Pflanzenernährg. usw. **15**, 311 (1930). — G. HAGER u. W. STOLLENBERG: Ebenda A **17**, 129 (1930). — D. MEYER, u. P. OBST: Ebenda B **9**, 18 (1930).

[6] Unter den neueren Arbeiten vgl. H. LUTHER: Der Einfluß verschiedener Stickstoffdüngemittel auf die Struktur des Bodens. Z. Pflanzenernährg. usw. A **12**, 227 (1928). — G. HAGER: Die Änderung des Bodengefüges durch natürliche und künstliche Düngemittel. Mitt. dtsch. landw. Ges., S. 143. 1929.

[7] Vgl. z. B. A. MAYER: Über die Verglimmbarkeit des Tabaks. Landw. Versuchsstat. **38**, 126 (1890). — A. STEVEN: Über den Einfluß der Stickstoffdüngung auf den Eiweißgehalt der Braugerste. Z. Pflanzenernährg. usw. B, **9**, 35 (1930). — F. WEISKE: Untersuchungen über den Einfluß einiger Chilesalpeternebenbestandteile auf die Pflanzen. Wiss. Arch. Landw. Abt. A. **4**, 366 (1930).

[8] PRJANISCHNIKOW, D. N.: Zur Frage der Ammoniakernährung höherer Pflanzen. Biochem. Z. **207**, 341 (1929).

der Beurteilung des Ammoniak- gegenüber dem Salpeterstickstoff: „Es gibt keinen beständigen Koeffizienten, durch den die Wirkung des Ammoniakstickstoffs auf die Pflanze im Vergleich zu einer solchen des Salpeterstickstoffs ausgedrückt werden kann". Diese Schwierigkeiten ergeben sich naturgemäß auch bei der Ermittlung des Stickstoffs in seiner Eigenschaft als Fruchtbarkeitsfaktor, so daß die verschiedensten Wege eingeschlagen sind, um den Gehalt an Bodenstickstoff und seinen Wert als Pflanzennährstoff zu bestimmen.

Chemische Bestimmung des Bodenstickstoffs und Bedeutung ihrer Ergebnisse für die Ermittlung des Stickstoffdüngebedürfnisses.

Es würde zu weit führen, das ganze ältere Schrifttum über die Bestimmungen des Bodenstickstoffs zu behandeln. Naturgemäß hat es früher nicht an Untersuchungen gefehlt, die einzelnen Stickstofformen getrennt nebeneinander zu bestimmen. Insonderheit erstreckten sich die Versuche auf die Feststellung des Gesamt-, Ammoniak-[1] und Nitratstickstoffs[2]. Neuerdings wird der Gesamtstickstoff wohl in erster Linie nach dem KJELDAHL-Verfahren[3] bestimmt, wobei allerdings auf das Vorkommen der Nitrate Rücksicht zu nehmen ist. Das genannte Verfahren[4] beruht im wesentlichen darauf, daß der organische Stickstoff durch Behandlung mit konzentrierter Schwefelsäure zu Ammonstickstoff umgewandelt wird, und dieser wird mit dem schon evtl. im Boden vorhandenen Ammoniak mit Natronlauge in eine bestimmte Menge einer meist n/5 oder n/10 Schwefelsäure überdestilliert, die sodann mit NaOH zurücktitriert wird. Da die zum Aufschluß verwandte konzentrierte Schwefelsäure die Nitrate aber unter Freiwerden gasförmiger Stickoxyde zersetzt, hat sich die Methode von JODLBAUR[5] auch für den Boden gut bewährt[6], bei der nicht reine konzentrierte Schwefelsäure, sondern Phenolschwefelsäure (40 g Phenol auf 1 l H_2SO_4) verwandt wird, wodurch eine Nitrierung des Phenols eintritt. Die Nitrogruppe wird aber in die Amidogruppe und schließlich in Ammoniumsulfat überführt. MITSCHERLICH[7] hat eine genauere Methode ausgearbeitet[8], um auf alle Fälle dem besagten Verlust an Stickstoff

---

[1] BERTHELOT, M. P. E. u. G. ANDRÉ: Bemerkungen zur Bestimmung des Ammoniaks im Boden. C. r. **102**, 954 (1886). — BAUMANN, A.: Über die Bestimmung des im Boden enthaltenen Ammoniak-Stickstoffes und über die Menge des assimilierbaren Stickstoffes im unbearbeiteten Boden. Landw. Versuchsssat. **1887**, 247.

[2] BRÉAL, E.: Über den Nachweis von Salpetersäure in Wässern und Bodenarten. Ann. Agronom. **13**, 322 (1887), gibt einen qualitativen Nachweis der Nitrate in Boden und Wässern an. — GIUNTI, M.: Staz. Sperim. Agrar. Ital. **15**, 5—15 nach Biederm. Zbl. **18**, 282 (1889) weist auf die Möglichkeit der Denitrifikation in wäßrigen Bodenlösungen hin, die je nach Länge der Zeit zwischen Bodenauszug und Nitratbestimmung auf die Ergebnisse der letzteren einwirkt.

[3] KJELDAHL, J.: Z. anal. Chem. **22**, 366 (1883).

[4] KÖNIG, J.: Untersuchung landwirtschaftlich wichtiger Stoffe, 5. Aufl., S. 51. Berlin 1923. — Für Moorboden vgl. B. TACKE, in KÖNIG, J.: a. a. O., S. 159.

[5] JODLBAUR, M.: Z. anal. Chem. **26**, 92 (1887) u. Chem. Zbl., 3. Folge, **17**, 433. — Vgl. auch A. STUTZER: Bestimmung des Gesamtstickstoffs in salpeterhaltigen Düngemitteln. Verh. Verb. landw. Versuchsstat. Bonn 1888 in Landw. Versuchsstat. **35**, 445 (1888).

[6] Nach J. H. AEBY: Landw. Versuchsstat. **46**, 421 (1896) sind selbst bei Zugabe größerer Mengen Nitratstickstoff die N-Verluste außerordentlich gering.

[7] MITSCHERLICH, E. A. u. P. HERZ: Eine quantitative Stickstoffanalyse für sehr geringe Mengen. Landw. Jb. **38**, 279 (1909). — MITSCHERLICH, E. A., P. HERZ u. E. MERRES: J. Landw. **70**, 405 (1909). — Vgl. auch E. A. MITSCHERLICH: Bodenkunde, 3. Aufl., S. 192 bis 194. Berlin 1920.

[8] MITSCHERLICH, E. A.: Eine chemische Bodenanalyse für pflanzenphysiologische Forschungen. Landw. Jb. **36**, 320 (1907) hatte bei der gewöhnlichen Methode der Stickstoffbestimmung verschiedene Fehlerquellen aufgedeckt. — Vgl. F. HANSEN: Ref. Z. Pflanzenernährg. usw. A, **10**, 125 (1927/28).

vorzubeugen, und zwar liegt der grundsätzliche Unterschied gegenüber dem Verfahren von JODLBAUR darin, daß zuerst die Nitrate quantitativ in Ammoniak überführt und dann erst die Zerstörung der organischen Substanz vorgenommen wird. Da im übrigen die Methode der Gesamtstickstoffbestimmung mit ihren Modifikationen[1] schon in diesem Handbuche[2] Gegenstand der Erörterung gewesen ist, so sei darauf verwiesen. Auch die gebräuchlichen Bestimmungen des Ammoniaks[3] und Nitrats[4] im Boden sind in diesem Handbuche schon beschrieben worden, so daß lediglich darauf hinzuweisen ist[5]. Bemerkt sei noch, daß ENGEL[6] zur Ermittlung des Gesamt-, Ammoniak- und Nitratstickstoffgehalts eine mikrochemische Methode ausarbeitete, die im wesentlichen darauf beruht, daß das Ammoniak aus 3—5 g Boden mit MgO 5 Minuten lang mit Dampf abdestilliert, in n/70 HCl aufgefangen und mit n/70 NaOH zurücktitriert wird. Eine zweite Probe von 2—5 g wird „mit 1 cm³ 20proz. $MgCl_2$-Lösung versetzt, 1 g fein pulverisierte ARNDsche Legierung, ferner noch 5 cm³ MgO-Suspension hinzugefügt und die Mischung ebenfalls im strömenden Dampf in einer zweiten Apparatur 5 Minuten lang destilliert. Aus der Differenz der ersten und zweiten Bestimmung resultiert der Nitrat-N". Der Gesamtstickstoff wurde nach Aufschluß mit Salicylschwefelsäure mit NaOH destilliert. Nach DI GLERIA[7] kann der NO_3- und NO_2-Gehalt auch durch Elektrodialyse bestimmt werden. Das nur seltene Vorkommen von Nitriten in Kulturböden hat dazu geführt, diese meist nicht zu bestimmen. Quantitative Methoden sind aber gerade in der Neuzeit ausgearbeitet[8], wie auch die Bestimmung der wässerigen Bodenauszüge auf Nitrate oft Gegenstand der Untersuchung gewesen ist[9]. BLOM und TRESCHOW[10] stellen die bisher mit den quantitativen Methoden gemachten Erfahrungen anderer Autoren zusammen, weisen auf die nicht immer vollständige Gewinnung des im Boden vorhandenen Nitratstickstoffs durch den Wasserauszug hin[11] und beschreiben ihre mit einer 1 proz. Kaliumaluminiumsulfatlösung zum Niederschlagen der kolloiden Bodenbestandteile auszuführende, kolorimetrische Methode. KÖNIG[12] schlägt das Ausziehen mit einer 5 proz. Kaliumchloridlösung vor, damit die absorbierten Nitrate nicht der Bestimmung entzogen werden.

---

[1] RUDOLPH, W.: Über den Ersatz von metallischem Quecksilber durch Quecksilbersulfat beim Aufschluß nach KJELDAHL. Landw. Versuchsstat. **109**, 133 (1929) empfiehlt zum Aufschluß aus Gesundheitsrücksichten statt Quecksilber Quecksilbersulfat zu nehmen. — Vgl. hierzu F. MACH u. W. LEPPER: Über die Verwendung von Kupfersulfat statt Quecksilber beim Aufschluß nach KJELDAHL. Ebenda, S. 363.

[2] Vgl. dieses Handbuch **7**, 233—235.

[3] Dieses Handbuch **7**, 238. [4] Dieses Handbuch **7**, 237.

[5] Vgl. ferner KÖNIG, J.: a. a. O., S. 81, 82. — W. J. BARAGIOLA u. O. SCHUPPLI: Die Bestimmung des Ammoniums im Boden und in der Gülle. Landw. Versuchsstat. **90**, 123 (1917).

[6] ENGEL, H.: Z. Pflanzenernährg. usw,, A, **20**, 45—50 (1931). Das Verfahren ist hier nur in den wesentlichen Punkten wiedergegeben.

[7] GLERIA, J. DI: Die Bestimmung des Nährstoffgehalts der Böden durch Elektrodialyse (ung.) nach Ref. Z. Pflanzenernährg. usw., A, **19**, 128 (1931).

[8] Vgl. z. B. BARTHOLOMEW, R. P.: Die quantitative Nitritbestimmung im Boden. Soil Sci. **25**, 393 (1928).

[9] Neuere Untersuchungen vgl. H. RIEHM: Bestimmung der Nitrate im Ackerboden mittels der Diphenylreaktion. Z. Pflanzenernährg. usw. A, **7**, 22 (1926). — Vgl. ferner die Literaturangaben bei J. BLOM u. C. TRESCHOW: Eine neue Methode zur quantitativen Bestimmung kleinster Mengen von Nitraten in Böden und Pflanzen. Ebenda A, **13**, 181 (1929).

[10] BLOM, J. und C. TRESCHOW: a. a. O. S. 182—184.

[11] Vgl. hierzu diesen Band des Handbuches S. 129. Hier sind ebenfalls die Erfahrungen betr. Genauigkeit der Nitratbestimmung im wässerigen Auszug zusammengestellt.

[12] KÖNIG, J., Untersuchung landw. und landw.-gewerbl. Stoffe, 5. Aufl. **1**, 82. Berlin 1923.

Bei exakten Untersuchungen, besonders aber bei Stickstoffbilanzversuchen, ist der Probenahme[1] und Aufbewahrung der zu untersuchenden Bodenproben[2] besondere Beachtung zu schenken. Schon BERTHELOT und ANDRÉ[3] weisen auf die Notwendigkeit der Aufbewahrung in gut und luftdicht verschließbaren Gefäßen hin, damit durch evtl. Stickstoffbindung keine Differenzen in den Ergebnissen von zeitlich verschieden ausgeführten Bestimmungen auftreten. GIUNTI[4] dagegen hält die möglichst schnelle Verarbeitung wässeriger Bodenauszüge auf Nitratstickstoff für erforderlich, da bei längerem Stehen Denitrifikationsprozesse den wahren Sachverhalt verdecken können. Bezüglich der Entnahme des Bodens vom Felde macht PRINCE[5] darauf aufmerksam, daß zur Untersuchung des Stickstoffgehalts, besonders von Salpetersäure von größeren Bodenflächen stets eine größere Anzahl von Proben genommen werden muß. PFEIFFER[6] stellte fest, daß beim Lufttrockenwerden des Bodens Stickstoffverluste eintreten, während R. WAGNER[7] Veränderungen in bezug auf die Stickstofformen bei der Trocknung nachweisen konnte.

Aus den Ergebnissen der chemischen Bestimmung hauptsächlich des Gesamtstickstoffs wird vielfach auf die Düngebedürftigkeit des Bodens geschlossen. B. SCHULZE[8] hält 0,1 % Stickstoff im Minimum im Boden für notwendig, um als ausreichend für die Pflanzenernährung betrachtet werden zu können. Auch nach A. MAYER[9] soll dieser Wert das Düngebedürfnis des Bodens für Stickstoff anzeigen. KÖNIG[10] führt an, daß COLOMB-PRADEL eine Stickstoffgabe vorschlägt von:

Bei einem Gehalt von %		Je Hektar kg	
0,1	Bodenstickstoff	31—46 Stickstoff	für eine Weizenernte
0,05—0,1	Bodenstickstoff	46—92 Stickstoff	für eine Weizenernte
weniger als 0,05	Bodenstickstoff	Anbau von Feldfrüchten nicht mehr lohnend	

Die tropischen Böden können nach F. WOHLTMANN[11] in bezug auf Stickstoffgehalt wie folgt bezeichnet werden:

Bei einem Gehalt von	0,2% N	0,1% N	0,05% N
Als	sehr reich	gut	ungenügend

THOMS[12] glaubt auch, daß u.a. die einfache Stickstoffbestimmung auf die Qualität des Bodens in bezug auf das Vorhandensein genügender Mengen an diesem

[1] THIELE, R.: Über die Schwierigkeit vermittels der KJELDAHLschen Methode eine gewisse Stickstoffschwankung im Ackerboden festzustellen. Mitt. landw. Inst. Breslau **3**, 157 (1906).

[2] Dieses Handbuch **5**, 190.

[3] BERTHELOT, M. u. G. ANDRÉ: Versuche über die Bestimmung des Stickstoffs im Ackerboden. C. r. **107**, 852, nach Biederm. Zbl. **18**, 217 (1889).

[4] GIUNTI, M.: Vgl. diesen Beitrag Anm. 2 S. 440.

[5] PRINCE, A. L.: Schwankungen von Nitraten und Gesamtstickstoff in Böden. Soil Sci. **15**, 395 (1923). — Vgl. P. E. KARRAKER: Das wechselnde Vorkommen von Nitraten im Boden. Soil Sci. **24**, 259 (1927).

[6] PFEIFFER, TH.: Zit. nach E. A. MITSCHERLICH: Landw. Jb. **36**, 350 (1907).

[7] WAGNER, R.: a. a. O. Arch. Landw. Abt. A. **5**, 198 (1930/31).

[8] SCHULZE, B.: Über Bodenanalysen und Analysen schlesischer Böden. Der Landwirt **50**, 81 (1894).

[9] Zit. nach J. KÖNIG: a. a. O., S. 120 und 123.

[10] Ebenda S. 123.

[11] WOHLTMANN, F.: Die Bedeutung der chemischen Bodenanalyse für die Anlage von Pflanzungen und die Kamerunböden. Mitt. Landw. Akad. Poppelsdorf **9**, nach Ref. Biederm. Zbl. **27**, 8 (1898).

[12] THOMS, G.: Zur Wertschätzung der Ackererde auf naturw.-statist. Grundlage, S. 105. Dorpat 1892.

Nährstoff für den Bedarf der Pflanze direkte Rückschlüsse zuließe. Doch ist diese Feststellung vereinzelt, so daß die chemische Bestimmung des Bodenstickstoffs in ihrer Geeignetheit zur Ermittlung des Düngerbedürfnisses der Pflanzen aber aus folgenden Gründen als fragwürdig erscheinen muß. Die angegebenen Grenzwerte beziehen sich auf den Gesamtstickstoff, in ihm sind also organischer, wie anorganischer Stickstoff enthalten. Die Löslichkeit, Umsetzungsfähigkeit und Aufnehmbarkeit des organisch gebundenen Stickstoffs ist, wie schon ausgeführt[1], recht verschieden, wobei besonders das Verhältnis von Kohlenstoff und Stickstoff von Bedeutung ist. Aus dieser Überlegung legt auch E. W. HILGARD[2] den Stickstoffgehalt des Humus bei der Beurteilung des Düngungsbedürfnisses zugrunde: „bei einem Gehalt des Bodens an Humusstickstoff (d. h. Stickstoff in Prozenten des Humus), nämlich von:

2 % hat der Boden stets Stickstoffbedürfnis,
3 % ist Stickstoffbedürfnis bei genügendem Kalkgehalt nicht mehr vorhanden,
5 % lohnt sich Stickstoffdüngung nicht mehr."

In wie weit die mehr oder minder große Zersetzlichkeit der Humusstoffe diese Grenzen aber verschieben kann, ist bisher noch nicht zum Gegenstand vergleichender Untersuchungen gemacht worden. Die Nitrifikationsintensität, physikalische und sonstige Bodeneigenschaften finden bei der Festsetzung solcher Grenzzahlen keine Berücksichtigung. Wenngleich ein solches Wertmaß auch nicht völlig für die Praxis wertlos ist, so ist für exakte wissenschaftliche Untersuchungen nach einer feineren Differenzierung der Versuchsergebnisse zu suchen. R. HEINRICH[3] gibt z. B. an, daß eine Natriumnitratgabe von 5 dz je Hektar den Bodenstickstoffvorrat um 0,003 % vermehren würde, eine Menge, die zweifelsohne durch die Ermittlung mit der besagten Methode nicht mit Sicherheit festzustellen ist. Der genannte Autor gibt daher auch folgendes Urteil ab: „Die Unzulänglichkeit der Bodenanalyse wird besonders grell durch die Tatsache beleuchtet, daß man mit ihrer Hilfe noch nicht einmal imstande ist, zwischen dem natürlichen Nährstoffvorrat und den durch die Kunstdüngung zugeführten Nährstoffen zu unterscheiden, obwohl doch diese wegen ihrer leichteren Löslichkeit erhöhte Bedeutung für das Pflanzenwachstum besitzen, eine Tatsache, die grundlegend für die ganze künstliche Düngung ist." Etwas anderes kommt noch bei der Angabe der prozentischen Stickstoffzahlen bei Moorböden hinzu, denn M. FLEISCHER[4] weist bei der Gegenüberstellung der geringen Stickstoffwerte der Mineralböden gegenüber den hohen Werten in Moorböden darauf hin, daß die prozentischen Angaben nicht von allzu großem Werte seien, denn es käme bei der Beurteilung für die Ernährung auf das Volumengewicht an. Nach FLEISCHER errechnet sich auf Grund eines von ihm gewählten Beispiels für eine Bodenschicht von 20 cm Tiefe und 1 ha Größe ein Gehalt von

beim Marschboden . . .	4800 kg	Stickstoff
„ Moostorfboden . .	1080 „	„

so daß hieraus also der absolute Stickstoffgehalt in einer bestimmten Bodenmenge im Mineralboden bedeutend höher als im Moorboden ist. Ähnlich liegen die Verhältnisse bei Betrachtung der verschiedenen Moorböden untereinander[5]. Aber auch die absolute Menge an Bodenstickstoff scheint nicht maßgebend zu sein, denn sie

---

[1] Vgl. diesen Beitrag S. 435.
[2] Zit. nach J. KÖNIG: a. a. O., S. 123.
[3] HEINRICH, R.: Dünger und Düngen, a. a. O., S. 139.
[4] FLEISCHER, M.: Untersuchungen über den Moorboden als landw. Kulturmedium. Mitt. Ver. Förd. Moorkultur 1879, 205—223.
[5] Vgl. das von B. TACKE in J. KÖNIG: a. a. O., S. 156, gegebene Beispiel.

sagt durchaus nichts über die Form aus[1]. Doch selbst die Bestimmung der löslichen Stickstoffverbindungen ist für die Ermittlung der Stickstoffbedürftigkeit wohl kaum von großer Bedeutung, da die im Boden vorkommenden Mengen nicht nur sehr klein, sondern auch sehr schwankend infolge der immerwährenden Umsetzungen sind. BOGDANOW[2] schlägt zur Bestimmung des aufnehmbaren Stickstoffs vor, „den wasserhaltigen Boden in einem Thermostaten 48 Stunden lang auf 30° zu erwärmen und alsdann den Ammoniak- und Salpetergehalt des Bodens zu bestimmen"[3], d. i. ein Verfahren, das also die mehr oder minder schnelle Zersetzbarkeit unter bestimmten konstant gehaltenen Verhältnissen zugrunde legt. MITSCHERLICH[4] dagegen ermittelte neben den anderen Nährstoffen[5] den in dem mit CO_2-gesättigten Wasser löslichen Stickstoff und kam zu dem Resultat dieser von ihm als Tastversuche bezeichneten Untersuchungen, daß sich die Stickstoffdüngung gegenüber dem nicht gedüngten Boden bei 5 Böden „quantitativ innerhalb der Fehlergrenzen der Methode im Boden nachweisen" ließ[6], nur bei einem Moorboden geht der Unterschied aus den Analysenergebnissen nicht klar hervor. Nach den Untersuchungen von KÖNIG[7] kommen die durch fünfstündiges Dämpfen und 5 Atm. gelösten Bodennährstoffe den durch die Pflanzen aufgenommenen Mengen näher als die durch gewisse schwach saure chemische Lösungsmittel aus dem Boden entnommenen Nährstoffe, wobei betont sein möge, daß KÖNIG bezüglich des Stickstoffs nur den Gesamtstickstoff und den durch Dämpfen gelösten Stickstoff verglichen hat. Schon aus früheren Untersuchungen war hervorgegangen, daß z. B. 2proz. Zitronensäure nicht als ein Lösungsmittel angesehen werden kann, „welches allgemein die aufnehmbaren Nährstoffe eines Bodens anzuzeigen vermag"[8]. Aus diesem Grunde verwandten KÖNIG und HASENBÄUMER[9] zur Bestimmung des leicht löslichen Stickstoffs die 1proz. Zitronensäure bzw., da die Zerstörung der überschüssigen Zitronensäure unangenehm ist, 1proz. Kaliumsulfatlösung[10]. Nach den genannten Autoren lösen diese beiden Lösungsmittel fast gleiche Mengen Bodenstickstoff, und können beide anscheinend gleichmäßig gut angewandt werden. Das Ergebnis dieser Versuche wurde dahingehend zusammengefaßt, „daß ein Boden, der 140—150 mg in 1proz. Zitronensäure löslichen Stickstoff für 1 kg Boden enthält, einer weiteren Stickstoffdüngung für alle Fruchtarten nicht mehr bedarf"[11], wobei auch noch die Möglichkeit der Anwendung der sog. „Ausnutzungskoeffizienten" zur Ermittlung der dem Boden zuzuführenden Nährstoffe, um Höchsternten zu erzielen, besteht. Diese Ergebnisse bedeuten zweifelsohne einen großen Fortschritt, doch müssen gewisse Voraussetzungen des Verfahrens (Grundwerte für den Nährstoffbedarf der verschiedenen Kulturpflanzen, die Ausnutzungskoeffizienten derselben auf verschiedenen Bodenarten) erst noch genauer geprüft und ermittelt

---

[1] Vgl. J. KÖNIG: Bestimmung der Fruchtbarkeit und des Nährstoffbedürfnisses der Böden. Landw. Versuchsstat. **61**, 376 (1905).

[2] BOGDANOW: Exp. Stat. Rec. **12**, 325 (1901), nach J. KÖNIG: a. a. O., S. 122.

[3] Zit. nach J. KÖNIG: a. a. O., S. 122.

[4] MITSCHERLICH, E. A.: Eine chemische Bodenanalyse für pflanzenphysiologische Forschungen. Landw. Jb. **36**, 309 (1907).

[5] Die genaue Methodenvorschrift vgl. ebenda S. 314.

[6] Ebenda S. 359.

[7] KÖNIG, J., J. HASENBÄUMER u. E. COPPENRATH: Beziehungen zwischen den Eigenschaften des Bodens und der Nährstoffaufnahme durch die Pflanzen. Landw. Versuchsstat. **66**, 401 (1907).

[8] KÖNIG, J.: Bestimmung der Fruchtbarkeit und des Nährstoffbedürfnisses des Ackerbodens. Landw. Versuchsstat. **61**, 393 (1905).

[9] KÖNIG, J. u. J. HASENBÄUMER: Die Ermittlung des Düngungsbedürfnisses. Z. Pflanzenernährg. usw. B **3**, 497 (1924).

[10] Vgl. die Ausführungsbestimmungen, ebenda S. 500. [11] Ebenda S. 517.

werden[1]. Es sind einige Arbeiten über die Brauchbarkeit der Methode von KÖNIG und HASENBÄUMER bekannt. Während GOY[2] bei Versuchen mit Kartoffeln zu guten Ergebnissen kam — denn in 90% der Fälle zeigte das Verfahren die Stickstoffdüngebedürftigkeit richtig an —, kann R. WAGNER[3] der Ermittelung der Stickstoffbedürftigkeit auf diesem Wege nicht die Möglichkeit zusprechen, einen Grenzwert für die Bedürftigkeit bzw. Nichtbedürftigkeit anzugeben. Nach DIRKS und SCHEFFER[4] gibt die Methode wohl an, ob ein Boden arm an Stickstoff ist, nicht aber vermag sie nach diesen Autoren über den Reichtum etwas Bestimmtes zu sagen. Es erscheinen daher weitere Untersuchungen erforderlich. PÁZLER[5] arbeitete in Anlehnung an die Kaliumsulfatmethode von KÖNIG-HASENBÄUMER ein Verfahren zur Ermittelung der Düngebedürftigkeit aus, das aber auch nicht völlig befriedigende Resultate zeitigt. Ein Verfahren zur Bestimmung des Düngerbedürfnisses eines Bodens auf chemischem Wege kann aber immer nur an Hand von Vegetationsversuchen geprüft werden.

Biologische und biologisch-chemische Verfahren zur Untersuchung des Stickstoffdüngebedürfnisses des Bodens.

Über die gebräuchlichsten Methoden zur Ermittlung des Düngebedürfnisses ist in diesem Bande schon berichtet worden[6] und so gelten im wesentlichen alle Mängel und Vorteile der Gefäß- und Feldversuche auch in bezug auf den Stickstoff. Jedoch kommt hierzu noch etwas, was bei der Ermittlung der übrigen Nährstoffe nicht so von Belang ist, hinzu, nämlich: Die Auswahl der Versuchspflanzen. Die Pflanzen haben zwar alle für diesen oder jenen Nährstoff einen verschiedenen Bedarf, doch gerade beim Stickstoff liegen besondere Verhältnisse vor, denn man spricht ja geradezu von Stickstoffzehrern, Stickstofferhaltern und Stickstoffmehrern, wobei unter der zweitgenannten Gruppe hauptsächlich diejenigen Pflanzen verstanden werden, die ein großes Aufschlußvermögen und eine schnelle Assimilierfähigkeit des im Boden vorhandenen Stickstoffs haben[7], wobei natürlich trotz allem ein — wenn vielleicht auch nicht bedeutender — Stickstoffverlust im Boden einhergeht. Man wird daher zu Untersuchungen über das Fehlen oder genügende Vorhandensein von Bodenstickstoff nicht etwa Pflanzen wählen dürfen, die ja ohnehin nicht nur keinen Stickstoff in gebundener Form nötig haben, sondern darüber hinaus durch die Fähigkeit der Bindung des elementaren Stickstoffs sogar den Boden an diesem Nährstoff anreichern können. Für derartige Versuche fallen also alle Leguminosen als Versuchspflanze fort.

Da die MITSCHERLICHsche Methode ebenfalls in diesem Bande[8] schon behandelt worden ist, sei lediglich kurz auf die Geeignetheit dieses Verfahrens zur Ermittlung des Stickstoffdüngebedürfnisses hingewiesen. Da der Wirkungsfaktor des Stickstoffs sehr klein ist, gehören ziemlich große Mengen von Stick-

---

[1] Vgl. Ztschr. Pflanzenernährg. usw. B **3**, 531, 532.

[2] GOY, S.: Über die schnelle Bestimmung des Stickstoffbedarfs in Böden. Georgine **1928**, Nr. 18.

[3] WAGNER, R.: a. a. O. Wiss. Arch. Landw. Abt. A **5**, 192 (1930/31).

[4] DIRKS, B. und F. SCHEFFER: Vergleichende Untersuchungen über das Nährstoffbedürfnis der Kulturböden. Landw. Jb. **67**, 779 (1928).

[5] PÁZLER, J.: Ein Beitrag zur schnellen Bestimmung des Stickstoffdüngebedürfnisses der Böden. Z. Zuckerind. Tschechoslow. **55**, 87 (1930) nach Ref. z. Pflanzenernährg usw. A **20**, 382 (1931).

[6] Vgl. diesen Band S. 519f., 567f.

[7] Vgl. z. B. TH. PFEIFFER u. E. FRANKE: Beitrag zur Frage der Verwertung elementaren Stickstoffs durch den Senf. Landw. Versuchsstat. **46**, 117 (1896). — Vgl. auch J. H. AEBY: Beitrag zur Frage der Stickstoffernährung der Pflanzen. Ebenda **46**, 409 (1896).

[8] Vgl. diesen Band S. 505f., 572f.

stoffdüngung dazu, „um entsprechende Ertragssteigerungen zu erzielen“[1]. H. WIESSMANN[2] schlägt vor, die Stickstoffdüngebedürftigkeit nicht durch den Gefäßversuch nach MITSCHERLICH zu ermitteln, da die Mineralböden durchweg stickstoffbedürftig sind, und weil die Zugabe von Stickstoff in der landwirtschaftlichen Praxis ohnehin infolge Lagergefahr beschränkt ist. EICHLER[3] weist im Zusammenhang mit dem kleinen Wirkungsfaktor noch auf die sich hieraus ergebenden „großen Nährsalzmassen“ und deren ertragserniedrigenden Wirkungen hin. Auch MITSCHERLICH[4] selbst gibt das Versagen seiner Methode bei der Stickstoffbestimmung zu und glaubt dies u. a. auf die Auswaschung zurückführen zu müssen, wodurch der Stickstoff bei der Probenahme des Versuchsbodens nicht mit erfaßt wird, während dieser Nährstoff im Felde durch die Wurzeln noch erreicht werden kann. Der Fehler beruht also auf der Probeentnahme. MITSCHERLICH versucht diesen Mangel durch die Einbeziehung der Hygroskopizitätswerte in den Umrechnungsfaktor von Gefäß auf Feld beheben zu können. An anderer Stelle führt der letztgenannte Autor folgendes aus[5]: „Eine zu starke Düngung führt leicht zu Lagerfrucht oder sonstwie hervorgerufenen Ertragsdepressionen, die um so eher eintreten werden, je leichter ein Boden und je trockner das Klima ist. Wieviel an Stickstoff darum im Höchstfalle ein Landwirt zu geben vermag, kann wohl durch jahrelange Feldversuche, aber nicht durch Gefäßversuche ermittelt werden.“ Andererseits hebt MITSCHERLICH[6] aber hervor, daß der Stickstoffgehalt des Bodens nicht mit Sicherheit durch den Feldversuch festgestellt werden kann. Die Schwierigkeit der genauen Kontrolle des Stickstoffhaushaltes im Boden ist zweifelsohne auf die schon mehrfach erwähnte starke Veränderlichkeit im Stickstoffgehalt und in den Stickstofformen des Bodens zurückzuführen.

In Verbindung mit der Durchführung von Vegetationsversuchen ist die Analyse der Pflanzen häufig einhergegangen, um zu ermitteln, ob aus der Zusammensetzung der Pflanzen oder Pflanzenteile Rückschlüsse auf den Nährstoffgehalt des Bodens bzw. auf die mehr oder minder notwendige Ergänzung durch Zufuhr von Nährstoffen zu ziehen sind. Nachdem schon HELLRIEGEL[7] auf die Bedeutung der Pflanzenanalyse als Ersatz für die von ihm als unvollkommen bezeichnete Bodenanalyse zum Zwecke der Ermittlung der Bodennährstoffe hingewiesen hatte, beschäftigte sich dann HEINRICH[8] eingehend mit diesem Problem. Das Stickstoffminimum[9] der Haferwurzeln beträgt nach seinen Untersuchungen 0,5—0,6% N in der Trockensubstanz, wohingegen der Gehalt bei Zugabe von Stickstoff 1,72% war. A. v. DICKOW[10] erhielt bei der Analyse der Gerstenwurzeln 0,63% N im Minimum und im Maximum 1,03% N. Der letztgenannte Autor folgert, daß die Wurzeln der Pflanzen zwar das Düngebedürfnis derselben an-

---

[1] MITSCHERLICH, E. A.: Die Bestimmung des Düngerbedürfnisses des Bodens, 3. Aufl., S. 89. Berlin 1930.

[2] WIESSMANN, H.: Untersuchungen über das Wirkungsgesetz der Wachstumsfaktoren in seiner Anwendung auf den Stickstoff. Pflanzenbau 5, 61 (1928).

[3] EICHLER, H.: Versuche über den Einfluß steigender Stickstoffgaben auf den Pflanzenertrag. Wiss. Arch. Landw. Abt. A 3, 497 (1930).

[4] MITSCHERLICH, E. A.: Gefäß- und Feldversuch als Grundlage für die zweckmäßige Düngung. Das Superphosphat 5, 17 (1929).

[5] MITSCHERLICH, E. A.: Die Bestimmung des Düngerbedürfnisses usw., a. a. O., S. 93.

[6] MITSCHERLICH, E. A.: Über die Anwendung der Methode der Gefäßversuche für die Stickstoffbestimmung im Boden. Pflanzenbau 5, 144 (1928/29).

[7] HELLRIEGEL, H.: Bedeutung der chemischen Untersuchung der Ernteprodukte namentlich der Aschenanalysen usw. Landw. Versuchsstat. 11, 136 (1869) (zugleich Vortrag Verh. 5. Wandervers. Dtsch. Agrikulturchemiker usw. Hohenheim 1868).

[8] HEINRICH, R.: Beurteilung der Ackerkrume, S. 73. Wismar 1882.

[9] Ebenda S. 63.

[10] DIKOW, A. v.: Beurteilung des Bodens nach den Wurzeln der Gerstenpflanze. J. Landw. 39, 134 (1891).

zeigen, jedoch der in ihnen enthaltene Gehalt an Nährstoffen nicht als Maßstab für die Menge der assimilierbaren Bestandteile des Bodens dienen kann. Obgleich HELMKAMPF[1] in mancher Beziehung die HEINRICHschen Ansichten bestätigt, setzt er sich doch für die Analysen der ganzen Pflanzen ein und beweist die Existenz eines Maximalgehalts der Pflanze an Nährstoffen[2]. STAHL-SCHRÖDER[3] sowie HANAMANN[4] setzen sich auch für die Analyse der oberirdischen Pflanzenteile im Verfolg dieses Problemes ein. Der Zeitpunkt der Analyse wird von den verschiedenen Forschern verschieden angegeben[5]. ATTERBERG[6] stellte z. B. Normalzahlen zur Beurteilung des Nährstoffvorrates durch die Analyse des reifen Hafers bzw. der Haferfrühernte auf. Der genannte Autor knüpft verschiedene Schlußfolgerungen an sein Untersuchungsergebnis an, so z. B. die, daß die im Boden zur Verfügung stehende Menge eines Nährstoffes in den Prozentzahlen des Korns zum Ausdruck kommt. Doch weist andererseits ATTERBERG selbst schon darauf hin, daß klimatische Verhältnisse, die Wasserzufuhr u. a. m. die Aufnahme der im Boden vorhandenen Nährstoffe beeinflussen und die Nitrifikationsintensität verändern, wie er auch hervorhebt, daß ein Teil der Nährstoffe bei der Reife wieder zurückwandert[7], so daß die Ermittlung des Nährstoffvorrats bzw. der Düngebedürftigkeit des Bodens auf Grund der Pflanzenanalyse zwar Wahrscheinlichkeitsschlüsse, aber keine sicheren Voraussagen zulasse. Auch andere Autoren[8] weisen auf die Schwierigkeiten hin, aus der Analyse der Pflanzen auf den Nährstoffvorrat im Boden zu schließen. Gerade für den Nährstoff Stickstoff macht STAHL-SCHRÖDER[9] darauf aufmerksam, ,,wie sehr vorsichtig man bei den Schlüssen sein muß, die man aus der Analyse der Pflanzen ziehen kann, und von wie großer Wichtigkeit es ist, sich nicht allein auf die Analyse eines Pflanzenteils, und zwar, wie es häufig geschieht, allein der Körner zu beschränken". Wie groß die gegenseitige Beeinflussung der verschiedenen Nährstoffe und die Gefahr der Luxuskonsumtion[10] ist, geht aus den zahlreichen Unter-

[1] HELMKAMPF, A.: Untersuchungen über die Feststellung des Düngungsbedürfnisses der Ackerböden durch die Pflanzenanalysen. J. Landw. **40**, 101 (1892).

[2] Ebenda S. 149.

[3] STAHL-SCHRÖDER, M.: Kann die Pflanzenanalyse uns Aufschluß über den Gehalt an assimilierbaren Nährstoffen im Boden geben? J. Landw. **52**, 254 (1904).

[4] HANAMANN, J.: Z. Landw. Versuchswes. Österreich **7**, 812 (1904).

[5] HELMKAMPF, A.: Über eine neue Methode der Bestimmung des Düngerbedürfnisses unserer Ackerböden. Hann. land- u. forstw. Ztg. **1891**, 683. — Auf nicht wesentlich anderer Grundlage baute H. JOULIN (J. d'agric. **1**, 1058 (1889) eine Methode auf. Vgl. ausführliches Referat Jber. Landw. **4**, 5 (1890).

[6] ATTERBERG, A.: Die Variationen der Nährstoffgehalte bei dem Hafer. J. Landw. **49**, 97 (1901). — Vgl. ferner A. ATTERBERG: Die Beurteilung der Bodenkraft nach der Analyse von Haferpflanzen. Landw. Jb. **16**, 757 (1887) und Analytische Untersuchungen einer Reihe von Bodenarten. Ref. Biederm. Zbl. **24**, 77 (1895).

[7] Nach TH. PFEIFFER, A. RIPPEL u. CH. PFOTENHAUER: Über den Verlauf der Nährstoffaufnahme und Stofferzeugung bei der Gersten- bzw. Bohnenpflanze. J. Landw. **69**, 161 (1921) tritt keine Abwanderung der Nährstoffe durch die Wurzeln in den Boden ein, sondern die Abnahme ist auf die Lösung durch die Niederschläge zurückzuführen.

[8] 'SIGMOND, A. A. J. v.: Über die Stickstoffaufnahme zweier Kulturpflanzen. J. Landw. **48**, 258 (1900).

[9] STAHL-SCHRÖDER, M.: a. a. O., S. 245.

[10] LIEBSCHER, G.: Der Verlauf der Nährstoffaufnahme und seine Bedeutung für die Düngerlehre. J. Landw. **35**, 345 (1887). — JANUSZEWSKI, Z.: Über die Pflanzen- und die Bodenanalyse in ihrer Bedeutung für die Bestimmung der Bodenqualität. Inaug.-Dissert. Leipzig 1895. — Vgl. z. B. R. ULBRICHT: Über den Einfluß des Kalkens und Mergelns aufden Kartoffelertrag und seinen Gehalt an Stickstoff und Mineralstoffen. Landw. Versuchsstat. **59**, 1 (1904). — P. KOSSOWITSCH: Über die gegenseitige Einwirkung (Wechselwirkung) der Nährsalze bei der Aufnahme mineralischer Nahrung durch die Pflanzen. J. exper. Landw. **5**, 598 (1904 [russ.]) nach Biederm. Zbl. **34**, 378 (1905). — C. VON SEELHORST u. J. WILMS: Beitrag zur Lösung der Frage, ob der Wassergehalt des Bodens die

suchungen[1] hervor, die sich damit beschäftigen, aus dem Verhältnis der einzelnen Nährstoffe zueinander in der Pflanze auf den Nährstoffvorrat des Bodens zu schließen[2]. Die Ergebnisse derartiger Versuche lassen auch erkennen, daß klimatische Faktoren bei diesen Verhältniszahlen von Bedeutung sind, so daß eine allgemeine Anwendung wahrscheinlich nicht in Frage kommen kann. Ferner stehen diese Untersuchungen im engsten Zusammenhang mit Fragen des sog. Ertragsgesetzes, das noch im Mittelpunkt der wissenschaftlichen Diskussion steht und als noch nicht abgeschlossen gelten kann[3]. Hierher gehören auch die viel versprechenden Versuche von TH. PFEIFFER und seinen Mitarbeitern[4], die sich auf die Ermittlung der Frage erstrecken, ob zwischen Ertragssteigerung und Nährstoffgehalt ein Zusammenhang besteht. Für alle diese Untersuchungen aber ist es erforderlich, Feld- oder Gefäßversuche zur Kontrolle anzusetzen. Gewisse Mängel dieser letztgenannten Methoden, die in diesem Bande schon des näheren charakterisiert sind, haben dazu geführt, Methoden auszubauen, mit denen es möglich ist, sich schnell über den Nährstoffvorrat des Bodens zu informieren. Nachdem schon GREISENEGGER und VORBUCHNER[5] darauf hingewiesen hatten, daß Düngungsversuche mit Versuchspflanzen, die in sehr jugendlichem Stadium geerntet werden, dazu geeignet sind, sich „leicht und schnell und dabei mit ziemlicher Sicherheit über den Vorrat eines Bodens an aufnehmbaren Nährstoffen zu orientieren[6]", gaben NEUBAUER und SCHNEIDER[7] die Grundlagen ihrer „Keimpflanzenmethode" bekannt. Während GREISENEGGER und VORBUCHNER[8] darauf hinweisen, daß der Stickstoffmangel sich ganz besonders stark bei ihrer Versuchsanordnung bemerkbar machte, ist die Keimpflanzenmethode im wesentlichen auf das Kali- und Phosphorsäurebedürfnis beschränkt geblieben. Die wenigen Ausnahmen an Arbeiten, die sich auf die Anwendbarkeit des NEUBAUER-Verfahrens für den Nährstoff Stickstoff erstrecken, sind bisher in ihren Ergebnissen verschieden ausgefallen. E. BLANCK und F. SCHEFFER[9] kamen auf Grund ihrer

---

Zusammensetzung der Pflanzentrockensubstanz an Stickstoff und Asche beeinflußt. J. Landw. **46**, 413 (1898). — SEELHORST, C. VON u. L. FRESENIUS: Der Einfluß der Bodenfeuchtigkeit auf den Gehalt des Haferstrohs an Gesamt- und an Eiweißstickstoff. Ebenda **53**, 27 (1905). — H. A. NOYES: Die Zusammensetzung und der Wasserbedarf der Pflanzen. Ref. Z. Pflanzenernährg usw. A, **1**, 258 (1922).

[1] Vgl. z. B. J. HANAMANN: Beiträge zur Ausbildung einer Methode behufs Feststellung des Düngungsbedürfnisses des Ackerbodens durch die Pflanzenanalyse. Z. Landw. Versuchswes. Österreich **7**, 805 (1904). — E. GODLEWSKI: Über das Nährstoffbedürfnis einiger Kulturpflanzen. Ebenda **4**, 479 (1901). — Weitere Untersuchungen über das Verhältnis von N zu P_2O_5 bei A. MAYER: Ann. Chem. u. Pharm. **101**, 126. — N. LASKOWSKY u. S. BUBNOFF: Landw. Versuchsstat. **21**, 407 (1878). — F. MÜNTER: Pflanzenanalyse und Düngerbedürfnis des Bodens. J. Landw. **67**, 266 (1919).

[2] Vgl. A. ATTERBERG: a. a. O. Landw. Jb. **16**, 757 (1887). — E. GODLEWSKI: a. a. O. S. 479.

[3] Vgl. z. B. R. MEYER unter Mitwirkung von A. STORCK: Über den Pflanzenertrag als Funktion der Stickstoffgabe und der Wachstumszeit bei Hafer. Z. Pflanzenernährg. usw. A, **10**, 329 (1927/28).

[4] PFEIFFER, TH., E. BLANCK, W. SIMMERMACHER u. W. RATHMANN: Pflanzenanalyse und Bodenanalyse zur Bestimmung des Nährstoffgehaltes der Ackerböden. Landw. Versuchsstat. **86**, 340 (1915). — PFEIFFER, TH., W. SIMMERMACHER u. A. RIPPEL: Der Gehalt der Haferpflanzen an Stickstoff. J. Landw. **67**, 55 (1919).

[5] GREISENEGGER, I. K. u. K. VORBUCHNER: Feststellung des Düngerbedürfnisses durch Bodenerschöpfung. Österr.-ung. Z. Zuckerind. u. Landw. **47**, 281 (1918).

[6] Ebenda, S. 289.

[7] NEUBAUER, H. u. W. SCHNEIDER: Die Nährstoffaufnahme der Keimpflanzen und ihre Anwendung auf die Bestimmung des Nährstoffgehalts der Böden. Z. Pflanzenernährg. usw. A, **2**, 329 (1923).

[8] GREISENEGGER, I. K. u. K. VORBUCHNER: a. a. O., S. 285.

[9] BLANCK, E. u. F. SCHEFFER: Die NEUBAUERmethode und die Bestimmung des Stickstoffdüngebedürfnisses der Böden. Z. Pflanzenährg. usw. B, **4**, 556 (1925).

vergleichenden Untersuchungen mit Gefäßversuchen zu dem Schluß: „Unter diesen Verhältnissen scheint uns der NEUBAUER-Versuch in seiner jetzigen Form kein Mittel zu bieten, das Düngebedürfnis des Bodens für Stickstoff feststellen zu können." ROSSBACH[1] erhielt beim Vergleich mit Feldversuchen ähnliche Ergebnisse, denn er berichtet: „Bei Stickstoff dürfte die Methode, sofern sie nach dieser Richtung noch weiter ausgebaut würde, brauchbare Ergebnisse liefern." Lediglich R. WAGNER[2], der das negative Resultat auf den hohen Stickstoffgehalt der Getreidekörner und auf die dadurch erfolgende Beeinflussung des Blindwertes zurückführt, fand, „daß die Keimpflanzenmethode NEUBAUERS unter Anwendung von Westerwoldischem Raygras als Keimpflanze geeignet ist, auch den Gehalt des Bodens an pflanzenaufnehmbarem Stickstoff zu ermitteln". Doch genaueren Einblick läßt diese Methode noch nicht zu, besonders gestattet sie nicht, etwas über die Höhe der Stickstoffdüngung auszusagen, noch ist es bisher möglich, durch sie Grenzwerte für „stickstoffbedürftig" bzw. „nichtstickstoffbedürftig" zu erhalten. Eine ganz andere Methode als die bisher benutzten haben H. NIKLAS und F. VOGEL[3] angewandt, um auf dem Wege der Pflanzenanalyse auf den Stickstoffgehalt des Bodens schließen zu können, sie suchen nämlich mittels der Diphenylaminreaktion[4] die Nitrate in der Pflanze zu bestimmen und kommen zu dem Resultat, daß abgesehen von immer sehr nitratreichen Pflanzen, wie Senf[5] und einigen Gramineen[6], und bei Einhaltung einer gewissen Versuchsanordnung die Stärke der Nitratreaktion Rückschlüsse auf den Stickstoffgehalt im Boden zuläßt[7]. Die Diphenylaminreaktion auf Nitrate kann zwar durch die Anwesenheit von Nitriten gestört werden, doch soll nach den Untersuchungen von NIKLAS das NO_2-Ion nur selten in den Pflanzen vorkommen[8]. Auf Grund eingehender Untersuchungen konnten NIKLAS und GRANDEL[9] feststellen, daß enge „Beziehungen zwischen den Nitraten im Boden und in der Pflanze" bestehen und „durch die Diphenylreaktion der Pflanze über den zur Zeit im Boden befindlichen pflanzenlöslichen Salpeterstickstoff Aufschluß gewonnen werden" kann[10]. Doch ist die Methode nur qualitativer Natur. Zur quantitativen Bestimmung des Nitratstickstoffs[11] verwandten die genannten

[1] ROSSBACH, F.: Zur Kenntnis der Düngebedürftigkeit von Kulturböden an Phosphorsäure, Kali und Stickstoff. Fortschr. Landw. **2**, 454 (1927).

[2] WAGNER, R.: Über die Bestimmung des aufnehmbaren Stickstoffs im Boden durch Gräserkeimpflanzen. Wiss. Arch. Landw. Abt. A, **5**, 166f. (1930/31).

[3] NIKLAS, H., u. F. VOGEL: Die Brauchbarkeit der Diphenylreaktion im Pflanzenbau, in der Düngerlehre und Bodenkunde. Z. Pflanzenernährg. usw. A, **3**, 323 (1924).

[4] MOLISCH, H.: Über den mikrochemischen Nachweis von Nitraten und Nitriten in der Pflanze mittels Diphenylamin oder Brucin. Ber. dtsch. bot. Ges. **1** (1883). — KLEIN, R.: Über Nachweis und Vorkommen von Nitraten und Nitriten in Pflanzen. Beih. bot. Zbl. Abt. 1, **30**, 141 (1913). — MÖLLER-ARNOLD, E.: Ergebnisse einer Prüfung der Diphenylamin-Methode zur Bestimmung des Stickstoffzustandes eines Bodens. Pflanzenbau **1**, 409 (1924/25). — FEICHTINGER, E. u. E. MÖLLER-ARNOLD: Weitere Prüfung usw. Ebenda **3**, 373 (1926/27).

[5] LEMMERMANN, O. u. E. BLANCK: Landw. Versuchsstat. **69**, 150 (1908).

[6] Vgl. H. NIKLAS u. F. VOGEL: a. a. O., S. 326.

[7] Vgl. ferner C. v. WAHL: Prüfung des Verfahrens von NIKLAS usw. Ber. landw. Versuchsanst. Augustenberg. Karlsruhe 1926.

[8] NIKLAS, H. u. F. GRANDEL: Über die Beziehungen zwischen Pflanzen- und Bodennitraten und der qualitativen und quantitativen Bestimmung nach zumeist eigenen Methoden. Naturwiss. u. Landw. **12**, 11, 18, 19 (1927).

[9] Ebenda, S. 120.

[10] Ebenda, S. 121. — Vgl. auch R. THUN: Untersuchungen über die NEUBAUER-Methode sowie bezüglich des leicht aufnehmbaren Stickstoffs. Z. Pflanzenernährg. usw. A, **16**, 277 (1930).

[11] LITZENDORFF, J.: Über die Verwendung des Nitrons zur Bestimmung der Salpetersäure im Boden und in Pflanzen. Z. angew. Chem. **20**, 2209 (1907).

Autoren[1] die Nitronreaktion[2] „mit dem Ziel, den Nitratstickstoff des Bodens, und zwar den unmittelbar von der Pflanze löslichen Anteil quantitativ festzuhalten". Dieses Ziel ist durch die Anwendung einer geeigneten Versuchsmethodik (Boden- und Pflanzenpreßsäfte) mit dem Endergebnis erreicht, daß die Methode „erlaubt, die für unsere Pflanzen tatsächlich zur Verfügung stehenden Mengen an Salpeter auf diesem Wege zu bestimmen"[3]. Diese Untersuchungen stehen in unmittelbarem Zusammenhang mit den sich im Boden vollziehenden Stickstoffumsetzungen. Ehe auf diese eingegangen wird, sei zum Schluß dieses Abschnittes lediglich noch darauf verwiesen, daß die Pflanzen während der Trocknung bei höheren Temperaturen Stickstoffverluste erleiden können, die nach IWANO und LISCHKEWITSCH[4] zwar bei eiweißhaltigen Pflanzenteilen unmerklich sind, jedoch bei Vorhandensein von Stickstoff in labiler Form ziemlich beträchtlich werden können. Aus diesem Grunde schlagen die genannten Autoren eine Trocknung bei 75° im Vakuum vor. WAGNER[5] gibt überdies an, daß auch der Bodenstickstoff durch Trocknung starke Veränderungen erleidet.

Mikrobielle Stickstoffumsetzungen als Maßstab der Fruchtbarkeit und des Stickstoffdüngebedürfnisses der Böden[6].

Die Intensität der im Boden verlaufenden Umsetzungen der Stickstoffverbindungen ist maßgebend für die Ausnutzung derselben durch die Pflanzen und somit auch für die dem Boden zugesetzten stickstoffhaltigen Düngemittel[7]. Ferner bildet sie zugleich in gewisser Weise einen Maßstab für eine Reihe von Faktoren, die den Boden im Sinne des Wortes Fruchtbarkeit wesentlich beeinflussen. Aus diesem Grunde sind die verschiedensten Methoden zur Bestimmung der Art und des Verlaufs der Stickstoffumsetzungen vorgeschlagen worden. Das Ammonifikationsvermögen (Fäulniskraft nach REMY[8]) und das Nitrifikationsvermögen sind besonders häufig zu Untersuchungen genannter Natur herangezogen worden. Auf die Methodik[9] kann hier im einzelnen nicht eingegangen werden, doch sei darauf hingewiesen, daß wohl in erster Linie nur Umsetzungsversuche zur Entscheidung der hier interessierenden Fragen dienen können. „Zur Durchführung von Umsetzungsversuchen können sowohl entsprechend präparierte Erdproben wie auch mit Erde geimpfte Nährlösungen Verwendung finden. Im zweiten Falle handelt es sich um die quantitative Verwertung von Anhäufungsversuchen[10]." Mit dem erstgenannten Verfahren ist es möglich, u. a. neben der Ammonifikation und Nitrifikation durch gleichzeitige Prüfung des Gesamtstickstoffgehalts auch Ammoniakverluste und evtl. Denitrifikations-

[1] NIKLAS, H. u. F. GRANDEL: a. a. O., S. 80.

[2] Inzwischen ist eine Methode zur quantitativen Bestimmung von Nitraten in Böden und Pflanzen erschienen, und zwar von J. BLOM u. C. TRESCHOW: Eine neue Methode zur quantitativen Bestimmung kleinster Mengen von Nitraten in Böden und Pflanzen. Z. Pflanzenernährg. usw. A, **13**, 159 (1929). Dieses Verfahren beruht im wesentlichen auf der Nitrierung von Xylenol, Destillation des gebildeten o-Nitroxylenols mit Wasserdampf und kolorimetrischer Bestimmung des Nitroxylenols im Destillat nach Zugabe von Natriumhydroxyd. Es sollen sich noch Mengen von ca. 0,05 mg NO_3 nachweisen lassen.

[3] NIKLAS, H. u. F. GRANDEL; a. a. O., S. 124.

[4] IWANO, N. N. u. M. J. LISCHKEWITSCH: Über den Stickstoffverlust beim Trocknen der Pflanzen. Biochem. Z. **205**, 329 (1929).

[5] WAGNER, R.: a. a. O., Wiss. Arch. Landw. Abt. A. **5**, 198 (1930/31).

[6] Es seien hier nur einige kurze Andeutungen über dieses Problem gemacht, da in diesem Handbuch die Methodik und Grundlagen schon behandelt sind; vgl. dieses Handbuch **7**, 239f.; diesen Band, S. 599f., bes. 662—671.

[7] Vgl. F. LÖHNIS: a. a. O., S. 573.

[8] REMY, TH.: Cbl. Bakter. II **8**, 660 (1902).

[9] Vgl. F. LÖHNIS: a. a. O., S. 573, 714f.

[10] Zit. nach F. LÖHNIS: a. a. O., S. 715.

erscheinungen zu prüfen. Es ist hier nicht angängig, die hierher gehörige Literatur aufzuzählen, zumal immer wieder Variationen in der Versuchstechnik bekannt werden[1]. Es sei jedoch erwähnt, daß auf diese Weise Einflüsse der Bodenbearbeitung[2], der niederen Tierwelt[3], der klimatischen Faktoren u. a.[4] geprüft sind, wobei hervorzuheben ist, daß naturgemäß alle derartigen Untersuchungen nur richtungsweisend sein können, aber infolge der Zerstörung der natürlichen Lagerung keine genauen, absolut sicheren, direkt auf die natürlichen Bodenverhältnisse übertragbaren Ergebnisse zu liefern vermögen[5]. Die Verfolgung der mikrobiellen Umsetzungen in der skizzierten Art kann besonders als vergleichende Maßnahme bei Versuchen über die Wirkung der organischen, stickstoffhaltigen Düngemittel[6] herangezogen werden, wie auch der Stickstoffhaushalt des Bodens bei Zugabe von ammoniakhaltigen Düngern[7] durch Nitrifikationsversuche einer Prüfung unterzogen werden sollte. Solche Untersuchungen lassen dann aber nicht nur erkennen, in welcher Richtung die Umsetzung verläuft, sondern sie können auch häufig bei richtiger Versuchsanstellung (gleichmäßige Behandlung) die mehr oder minder schnelle Umsetzungsfähigkeit verschiedener Böden[8] erkennen lassen, wodurch der Ausfall der mit diesen Böden durchgeführten Vegetationsversuche eine weitere Klärung erfahren kann. Gerade in neuerer Zeit ist die Methodik weiter ausgebaut worden. So haben BENECKE und SÖDING[9] Stellung zu der Frage genommen: „Lassen sich aus dem Ausfall von Kulturen von Mikroorganismen in unvollständigen Nährlösungen, welche statt des oder der fehlenden Nährstoffe eine bestimmte Menge Boden enthalten, Rückschlüsse machen auf den Gehalt dieses Bodens an denjenigen Nährstoffen, welche der Nährlösung nicht zugesetzt waren?“ Die genannten Autoren erhielten beim Vergleich mit der MITSCHERLICH-Methode zwar keine vollkommene Übereinstimmung mit ihrer „Pilzmethode“ (Stichococcus variabilis und Cladosporium herbarium), jedoch liefert sie richtige Anhaltspunkte über den Nährstoffbedarf des Bodens, so daß sie bei methodischer Verbesserung (vielleicht Auswahl anderer Mikroorganismen, quantitative Ermittlung des Frisch- und Trockengewichtes der Myzelien)[10] eine nutzbringende Anwendung in bezug auf die Ermittlung des Nährstoffgehaltes erfahren kann. Auf ganz anderer Grundlage baut sich ein neues Verfahren zur Feststellung des Stickstoffbedürfnisses von NĚMEC[11] auf. Nachdem schon eine Reihe von Forschern, wie C. B. LIPMAN, G. P. GIVEN,

---

[1] Vgl. z. B. W. V. HALVERSEN: Der Wert von Nitrifikationsbestimmungen in Böden, die in physikalischer und chemischer Hinsicht stärkste Unterschiede zeigen. Soil Sci. **26**, 221 (1928).

[2] Vgl. z. B. F. GIESECKE: Über den Einfluß äußerer Faktoren auf die Bodenstruktur. Z. Pflanzenernährg. usw. A **8**, 233f. (1927).

[3] Vgl. z. B. E. BLANCK u. F. GIESECKE: Über den Einfluß der Regenwürmer auf die physikalischen und biologischen Eigenschaften des Bodens. Z. Pflanzenernährg. usw. B **3** (1924).

[4] PEROTTI, R. u. G. GRANDIS: Messung der Nitrifikationskraft des Ackerbodens. Atti real. Accad. Lincei **33**, 408 (1924), nach Ref. Z. Pflanzenernährg. usw. A **5**, 403 (1925).

[5] Vgl. F. LÖHNIS: a. a. O., S. 715.

[6] Vgl. u. a. E. BLANCK, W. GEILMANN u. F. GIESECKE: Die Stickstoffwirkung des Hexamethylentetramins auf die Pflanzenproduktion. J. Landw. **1922**, 243f. — E. BLANCK u. F. GIESECKE: Mono- und Dimethylolharnstoff in ihrer Wirkung auf die Pflanzenproduktion und ihr Stickstoffumsatz im Boden. Z. Pflanzenernährg. usw. A **2** (1923).

[7] Vgl. z. B. F. GIESECKE u. F. KLANDER: Über einen neuen nach dem Verfahren von F. MUHLERT hergestellten Stickstoffdünger. J. Landw. **1931**.

[8] Ebenda **1931**.

[9] BENECKE, W. u. H. SÖDING: Beiträge zum Ausbau der mikrobiologischen Bodenanalyse. Z. Pflanzenernährg. usw. A **10**, 129 (1927/28).

[10] BENECKE, W. und H. SÖDING: Z. Pflanzenernährg. usw. A **10**, 159 (1927/28).

[11] NĚMEC, A.: Über ein neues Verfahren zur Feststellung des Stickstoffbedürfnisses von Ackerböden durch mikrochemische Analyse. Dtsch. landw. Presse **53**, 629—631, 642, 643 (1926).

P. BROWN, P. S. BURGESS u. a. m.[1] darauf hingewiesen hatten, daß das Nitrifikationsvermögen in einem gewissen Zusammenhang mit der Pflanzenentwicklung steht, hat NĚMEC auf Grund der Annahme, daß der augenblickliche Nitratgehalt eines Bodens keinen Anhaltspunkt für die Fruchtbarkeit darstellt, andererseits aber die Intensität der Nitrifikation „uns ein sicheres Bild über Stickstoffversorgung des Bodens liefern kann", eine diesbezügliche Methode ausgearbeitet. Sie besteht im wesentlichen darin[2], daß 30 g Boden bei 30% Wassergehalt 14 Tage lang bei einer konstanten Temperatur von 18° aufbewahrt werden. Der Kolbeninhalt wird dann mit Wasser ausgelaugt, filtriert und der Nitratgehalt in diesem Bodenauszug mittels Phenoldisulfonsäure kolorimetrisch bestimmt. Das Wesentliche dieser Methode beruht darauf, daß NĚMEC auf Grund vergleichender Feldversuche zu dem Schluß berechtigt zu sein glaubt[3]: „daß das Nitrifikationsvermögen der Böden die Stickstoffbedürftigkeit für verschiedene Kulturpflanzen bestimmen kann. Nach dieser neuen, raschen Düngerbedürftigkeit-Bestimmungsmethode ist es möglich, in kurzer Zeit zu sehen, ob stickstoffhaltige Düngemittel dringend anzuwenden sind oder nicht. Für oben angegebene Versuchsbedingungen ist Düngerbedürftigkeit für Stickstoffdüngemittel vorhanden, wenn 1 kg weniger Nitratstickstoff enthält als

bei Zuckerrüben	35 mg	bei Wiesen	20 mg
bei Kartoffeln	32 mg	bei Gerste	25 mg
bei Hafer	19 mg		

Die oben angeführten Grenzzahlen für Stickstoffbedürfnis dürfen nicht als endgültig betrachtet werden." Es erscheint wünschenswert, daß durch weitere Untersuchungen festgestellt wird, ob für alle Verhältnisse auf diese Art und Weise das Stickstoffbedürfnis der Böden festgestellt werden kann.

Zum Schluß sei noch kurz darauf hingewiesen, daß auch das Stickstoffbindungsvermögen[4] durch Laboratoriumsuntersuchungen ermittelt werden kann, wie auch die Möglichkeit der quantitativen Bestimmung der Phosphorsäurebedürftigkeit durch die Bestimmung des von Azotobacter gebundenen Stickstoffs besteht. Es würde zu weit führen, diese Verhältnisse hier näher zu betrachten, doch erscheint nach allem die mikrobiologische Analyse eine große Bedeutung für das Problem der Ermittlung des Nährstoffgehalts und so auch des Stickstoffgehalts zu haben.

g) Die im Boden vorhandenen schädlichen Stoffe.

Von **F. GIESECKE**, Göttingen.

Eine Schädigung des Pflanzenwachstums kann hervorgerufen werden sowohl durch chemische und physikalische Bodeneigenschaften als aber auch durch einen dem normalen Gedeihen der Pflanzen ungünstigen Verlauf der mikrobiellen Umsetzungen im Boden, wobei betont sein mag, daß sich diese einzelnen Eigenschaften gegenseitig beeinflussen und sich somit eine Wechselwirkung ergibt. Es kann nicht Aufgabe dieses Beitrages sein, die Frage zu untersuchen, wie und warum Schädigungen eintreten, ob es sich um toxische Wirkungen auf einzelne Organe der Pflanzen, oder aber ob es sich um antiseptische Wirkungen auf gewisse Mikroorganismen handelt. Die physiologische Wirkungsweise der che-

[1] Zit. nach A. NĚMEC: a. a. O., S. 630.
[2] NĚMEC, A.: a. a. O., S. 630, 631.
[3] NĚMEC, A.: a. a. O., S. 642.
[4] Vgl. z. B. S. A. WAKSMAN u. P. D. KARUNAKAR: Die mikrobiologische Analyse des Bodens als Anhalt für die Bodenfruchtbarkeit. Stickstoffbindung und Mannitzersetzung. Soil Sci. 17, 379 (1924).

mischen Pflanzengifte hat LOEW[1] anhand einer systematischen Einteilung behandelt, so daß hier nicht des näheren darauf einzugehen ist, zumal es sich um pflanzenphysiologische Probleme dabei handelt. Auch die mit mangelnder Bodendurchlüftung, fehlender oder schlechter Bodenbearbeitung und reichlichem Wassergehalt des Bodens zusammenhängenden Fragen des Sauerstoffdefizits und Kohlensäureüberschusses und der durch sie hervorgerufenen Schädigungen sollen hier nur erwähnt werden[2]. Besonders nach amerikanischen Untersuchungen[3] kommen eine Reihe von schädlichen organischen Verbindungen als Folge schlechter Durchlüftungsverhältnisse oder aber als pflanzliche Residuen im Boden vor, von denen Vanillin, Benzoesäure, Metaoxytoluylsäure, Salicylaldehyd, ferner Acrylsäure und Dihydrostearinsäure genannt seien. Die Auswirkung der Abweichung der Bodenreaktion vom Neutralpunkt auf die Pflanzenproduktion ist in diesem Bande[4] schon behandelt worden, so daß sich eine Besprechung der schädigenden Wirkung von Säuren und Basen[5], sowie der Humussäurefrage ebenfalls erübrigt. Der Vollständigkeit halber sei nur noch darauf hingewiesen, daß bei zu hoher Salzkonzentration in der Bodenlösung bekanntermaßen ebenfalls eine Schädigung bzw. ein Aufhören des Pflanzenwachstums eintritt[6], wobei noch auf die Unfruchtbarkeit der Salzböden hingewiesen sei[7]. Wenngleich die Pflanze immer als Indikator für die Fruchtbarkeit bzw. Unfruchtbarkeit eines Bodens herangezogen werden muß, so ist es doch nicht immer möglich, ein und dieselbe Pflanze zur Bewertung der verschiedenen Fruchtbarkeitszustände zu verwenden. Es würde jedoch zu weit führen, an dieser Stelle, die Fragen über Aneignungsvermögen, Ausnutzungsfähigkeit usw. einzelner Bodenbestandteile durch die Pflanzen zu behandeln. Aus diesem Grunde muß hier auch davon abgesehen werden, Probleme, wie die Kalkempfindlichkeit gewisser Pflanzen[8] und Vorliebe derselben für Böden

---

[1] LOEW, O.: Natürliches System der Giftwirkungen. München: E. Wolff & H. Lüneburg 1893. — Vgl. hierzu A. BECKER: Über den Einfluß der Samenbehandlung mit Reizchemikalien usw. Landw. Jb. **63**, 501 (1926).

[2] Vgl. z. B. E. A. MITSCHERLICH: Bodenkunde, 3. Aufl., S. 168. Berlin 1920. — Vgl. ferner dieses Handbuch **6**, 278f.

[3] SCHREINER, O. u. E. C. LATHROP: Dihydroxystearic acid in good and poor soils. J. amer. chem. Soc. **33**, 1412 (1911). — SULLIVAN, M. X.: Die Herkunft des Vanillins im Boden. J. Ind. Engin. Chem. **6**, 660 (1914). — SHOREY, E. C.: Das Vorhandensein von Benzolderivaten. Ebenda S. 919. — SCHREINER, O. u. J. J. SKINNER: U. S. Dep. Agr. Bur. Soils Bull. **108** (1914). — WALTERS, E. H. u. L. E. WISE: Crotonsäure, ein Bodenbestandteil. J. agricult. Res. **6**, 1043 (1916), nach Jber. Agr. Chem. **59**, 48 (1918).

[4] Vgl. diesen Band des Handbuches, S. 317ff. — Vgl. ferner H. KAPPEN: Die Bodenazidität, S. 220f. Berlin: Julius Springer 1929.

[5] Vgl. K. K. GEDROIZ: Die Wirkung von Säuren, Alkalien usw. J. exper. Landw. **11**, 544 (1910), nach Jber. Agr. Chem. **54**, 263 (1912).

[6] Vgl. W. KNOP: Lehrbuch der Agrikulturchemie **1**, 606. Leipzig 1868. — G. STIEHR: Inaug.-Dissert., S. 74. Kiel 1903. — E. A. MITSCHERLICH: a. a. O., S. 234f.

[7] Vgl. dieses Handbuch **3**, 314—340. — Ferner vgl. A. A. J. v. 'SIGMOND: Internat. Mitt. Bodenkde. **1**, 44 (1911). — E. W. HILGARD: Die Böden arider und humider Länder. Ebenda **1**, 416, 426 (1911). — W. P. HEADDEN: Der außergewöhnliche hohe Nitratgehalt gewisser Coloradoböden. J. Ind. Engin. Chem. **6**, 586 (1914). — F. S. HARRIS, M. D. THOMAS u. D. W. PITTMAN: Die Giftigkeit und gegenseitige Einwirkung von verschiedenen Alkalisalzen im Boden. J. agricult. Res. **24**, 317 (1923). — F. GIESECKE: Bodenkundliche Beobachtungen in Anatolien. Chem. Erde **4**, 556f. (1930). — D. FEHÉR u. R. BOKOR: Untersuchungen über wichtige biologische Eigenschaften der solonecartigen Alkaliböden (Szikböden) usw. Wiss. Arch. Landw. A **3**, 561 (1930).

[8] Vgl. u. a. H. PAUL: Die Kalkfeindlichkeit der Sphagna usw. Mitt. kgl. bayer. Moorkulturanst. **1908**, H. 2, 63. — TH. PFEIFFER u. E. BLANCK: Die Kalkfeindlichkeit der Lupine, sowie Bemerkungen über das Verhalten auch einiger anderer Pflanzen alkalisch bzw. sauer reagierenden Nährflüssigkeiten gegenüber. Mitt. landw. Inst. Breslau **6**, 273 (1911). — TH. PFEIFFER u. E. BLANCK: Die Kalkfeindlichkeit der Lupine. 2. Mitt. Mitt. landw. Inst. Breslau **7**, 202 (1914). — B. CREYDT: Untersuchungen über die Kalkempfindlichkeit der Lupine und ihre Bekämpfung. J. Landw. **63**, 125 (1915). — A. CAUDA: Internat.

von ganz bestimmter physikalischer Zusammensetzung in diesem Beitrage zu erörtern. Ferner erübrigt es sich von den Schädigungen, welche die Pflanzen durch gewisse organische Verbindungen, wie Alkohole, Chloroform, Aether, Schwefelkohlenstoff, Formalin[1] usw. erleiden, zu sprechen, da es sich in erster Linie um Stoffe handelt, die im natürlichen Boden kaum oder gar nicht vorkommen. Außer diesen genannten Schädigungen treten aber solche durch Einwirkung gewisser, meist nur in geringer Menge vorhandener anorganischer Körper ein.

Dieser letztgenannte Fragenkomplex ist eng verbunden mit dem Problem der sog. katalytischen Dünger oder Reizdüngemittel und Stimulationserscheinungen, auf das hier nur hingewiesen sei. Gewisse Salze, wie u. a. Blei-, Mangan-, Kupfer- und Aluminiumsalze, wie auch eine Reihe anderer chemischer Verbindungen können unter Umständen in der Höhe des Pflanzenertrages zum Ausdruck kommende Reizwirkungen auf die Pflanzen ausüben, die hier aber nicht des Näheren behandelt werden können[2]. Im folgenden sei lediglich auf die Wirkung derjenigen anorganischen Verbindungen eingegangen, die evtl. in unseren Böden häufiger vorzufinden sind, sei es durch die Düngung, durch die Abwässer u. ä.

Besonders häufig ist die Frage der Wirkung des Kochsalzes Gegenstand der wissenschaftlichen Untersuchung gewesen. Bei einigen Pflanzen ist eine ertragssteigernde Wirkung festgestellt worden[3], während andere Pflanzen die Kochsalz-

---

agrartechn. Rdsch. **6**, 63 (1915). — TH. PFEIFFER u. W. SIMMERMACHER: Landw. Versuchsstat. **93**, 1f. (1919). — R. REINCKE: Die Kalkempfindlichkeit der gelben Lupine und der Anteil der Knöllchenbakterien an der Erkrankung. Z. Pflanzenernährg. usw. A **17**, 79 (1930).

[1] Vgl. z. B. E. WOLLNY: Untersuchungen über die Beeinflussung der Fruchtbarkeit der Ackererde durch Schwefelkohlenstoff. Vjschr. bayer. Landwirtschaftsrat **1898**, H. 3. — H. COUPIN: Über den Einfluß verschiedener flüchtiger Substanzen auf die höheren Pflanzen. C. r. **151**, 1066 (1910). — TH. BOKORNY: Über die Einwirkung von Methylalkohol usw. Cbl. Bakter. II **30**, 53 (1911). — A. C. WOLF: Physikalisch-chemische Studien über den Einfluß oberflächenaktiver Stoffe auf Samenzellen usw. Biochem. Z. **188**, 117 (1927). — A. KOCH: Über die Wirkung von Äther und Schwefelkohlenstoff auf die höheren und niederen Pflanzen. Ebenda II **31**, 175 (1911). — TH. BOKORNY: Über die quantitative Giftwirkung der Karbolsäure, verglichen mit der anderer Gifte. Chem.-Ztg. **45**, 554 (1906). — E. VERSCHAFFELT: Über die Wirkung gasförmiger Gifte auf Pflanzen. Pharm. Weekbl. **1920**, 1163, nach Ref. Biederm. Zbl. **52**, 107 (1923).

[2] Vgl. z. B. O. LOEW: Über Reizmittel des Pflanzenwachstums und deren praktische Anwendung. Landw. Jb. **32**, 437 (1903). — Y. YAMANO: Können Aluminiumsalze das Pflanzenwachstum fördern? Bull. Coll. Agr. Tokio **6**, 433 (1905), nach Ref. Jber. Agrikult.-Chem. **48**, 206 (1906). — M. RANDA: Studien über die Reizwirkung einiger Metallsalze auf das Wachstum höherer Pflanzen. J. Coll. Soc. Univ. Tokio **19**, 1, nach Jber. Agrikult.-Chem. **48**, 203 (1906). — M. ROXAS: Die Wirkung einiger Reizmittel auf Reis. Philippine Agricult. a. Forest. **1**, 89 (1911), nach Jber. Agrikult.-Chem. **54**, 264 (1912). — L. MARTINI: Die Reizwirkung von Mangansulfat und Kupfersulfat auf die Pflanzen. Staz. sper. agrar. Ital. **44**, 564 (1911), nach Ref. Biederm. Zbl. **41**, 536 (1912). — TH. PFEIFFER u. E. BLANCK: Beitrag zur Frage über die Wirkung des Mangans bzw. Aluminiums. Landw. Versuchsstat. **82**, 257 (1913). — B. SCHULZE: Beitrag zur Frage der Wirkung von Reizstoffen auf die Pflanzenentwicklung. Ebenda **87**, 1 (1915). — A. STUTZER: Reizstoffe (katalytische Dünger). Dtsch. landw. Presse **42**, 429 (1915). — O. FALLADA u. I. K. GREISENEGGER: Gefäßversuche mit Mangandünger zu Zuckerrüben. Österr.-ungar. Z. Zuckerind. u. Landw. **44**, 379 (1915). — Vgl. hierzu W. FRECKMANN: Über den Einfluß von Kupfersulfat auf das Gedeihen der Pflanzen auf Niederungsmoor. Mitt. Ver. Fördg. Moorkultur **34**, 245, 261 (1916). — P. EHRENBERG u. O. NOLTE: Der Einfluß von der Pflanze aufgenommener Manganmengen auf ihre Zusammensetzung. Landw. Versuchsstat. **90**, 139 (1917). — R. HEINRICH: Dünger und Düngen, 8. Aufl., hrsg. von O. NOLTE u. M. HEINRICH, S. 126. Berlin 1922. — C. HASELHOFF, K. FLUHRER und F. HAUN: Versuche mit Reizstoffen. Landw. Versuchsstat. **100**, 59f. (1923). — J. LOHMANN: Reizwirkungen chemischer Verbindungen usw. Landw. Jb. **61**, 1 (1925). — A. BECKER: Über den Einfluß der Samenbehandlung mit Reizchemikalien auf die Keimung und Weiterentwicklung. Landw. Jb. **63**, 501 (1926). — A. NIETHAMMER: Die Grundlagen chemischer Reizwirkungen an höheren Pflanzen. Z. Pflanzenernährg. usw. A **19**, 342 (1931).

[3] Vgl. z. B. FLECK: Günstige Wirkung des Kochsalzes. Ann. Landw. **1859**, 459. — B. SCHULZE: Die Düngewirkung des Chlornatriums. Landw. Versuchsstat. **86**, 323 (1915). —

zufuhr mit Mindererträgen beantwortet haben[1]. Bei den Feststellungen über den günstigen Einfluß dieses Salzes handelt es sich zweifelsohne um eine Wirkung des Natriumions, nicht um eine solche des Chlors. Ganz abgesehen von der Tatsache, daß schon äußerst geringe Mengen des Chlors für gewisse Pflanzen nicht verträglich sind, muß darauf hingewiesen werden, daß das Chlor für andere nicht schädlich, sondern sogar notwendig ist[2]. Höhere Kochsalzkonzentrationen führen naturgemäß, wie dies für alle löslichen Stoffe des Bodens gilt, zu bedeutenden Ertragsdepressionen bzw. zur völligen Einstellung des Pflanzenwachstums[3]. Da die Chloride meistens wasserlöslich sind, so gelten die Ergebnisse größtenteils auch für andere Metallchloride als das Natriumchlorid. Es sei noch erwähnt, daß die für manche Pflanzen günstige Ausnutzung des Natriumchlorids auf die Vertretbarkeit des Kaliums durch Natrium zurückgeführt wird[4]. Eine weitere Wirkung des Kochsalzes liegt in der Verschlechterung der physikalischen Bodeneigenschaften. Nach WOHLTMANN[5] war z. B. der Boden durch eine Gabe von 500 kg NaCl auf $^1/_4$ ha so dicht geworden, daß selbst bei geringen Niederschlägen das Wasser nicht oder nur ganz wenig in den Boden eindrang. Diese Auswirkung des NaCl überträgt sich natürlich auf den Pflanzenbestand, insofern als Keimung und Entwicklung sehr leiden. ARRHENIUS[6] legt in erster Linie der Chlorionen-

B. L. HARTWELL u. P. H. WESSELS: Die Wirkung von Natrondünger usw. Nach Jber. Agrikult.-Chem. **58**, 128 (1917). — P. BOLIN: Zur Frage der Anwendbarkeit und Wirkung des Kochsalzes als Düngemittel. Medd. Nr. 131, Centralanst. jordrbruksförsök Stockholm **1916**, nach Biederm. Zbl. **45**, 462 (1916).

[1] Vgl. z. B. A. STÖCKHARDT: Einfluß einer Kochsalzdüngung. Chem. Ackersm. **1871**, 54. — H. SÜCHTING: Über die schädigende Wirkung der Kalirohsalze auf die Kartoffel. Landw. Versuchsstat. **61**, 397 (1905). — N. PASSERINI u. P. GALLI: Versuche über die Wirkung des Natriumchlorids. Nach Ref. Z. Pflanzenernährg. usw. A **17**, 394 (1930).

[2] Vgl. F. NOBBE u. TH. SIEGERT: Landw. Versuchsstat. **4** (1862); **5**, 116 (1863); **7**, 371 (1865). — F. NOBBE, J. SCHRÖDER u. R. ERDMANN: Ebenda **13**, 321 (1871). — C. ASCHOFF: Landw. Jb. **19**, 113 (1890). — TH. PFEIFFER u. W. SIMMERMACHER: Über die Grenzen des Chlorbedürfnisses der Buchweizenpflanzen. Landw. Versuchsstat. **88**, 105 (1916). — F. FARSKY: Z. landw. Versuchswes. Österr. **21**, 161 (1918).

[3] Vgl. z. B. C. KRAUCH: Über die Wirkung von zinksulfat- und kochsalzhaltigem Wasser auf Boden und Pflanzen. Landw. Versuchsstat. **28**, 468 (1883). — Ferner macht A. STOOD: Nachweisung der Einwirkung von kochsalzhaltigem Wasser auf Boden und Pflanzen (Landw. Versuchsstat. **36**, 113 [1898]) darauf aufmerksam, daß für die Größe der Schädigungen in erster Linie die Höhe der Kochsalzkonzentration verantwortlich ist. — Vgl. hierzu z. B. F. GIESECKE: a. a. O. Chem. Erde **4**, 570 (1930).

[4] Es sei hier auf E. BLANCK: Pflanzenernährungslehre, S. 124f. Berlin 1927, verwiesen, der des näheren unter Angabe der einschlägigen Literatur diesen Gegenstand ausführlich behandelt. — Vgl. ferner E. BLANCK: Die Bedeutung des Natriums für die Pflanze und die sogenannte Kochsalzdüngung. Fühlings landw. Ztg. **65**, 441—463, 508—535 (1916). — P. MARKWORT: Der Einfluß des Kochsalzes auf das Wachstum, die Beschaffenheit der Zuckerrübe usw. Z. Ver. dtsch. Zuckerind. **71**, 167 (1921). — H. HEINRICH: Über die Wirkung des Nations neben dem Kali als Nährstoff der Pflanzen. Teil V, „Die Erbse". Z. Pflanzenerng. usw. A, **10**, 299 (1927/28). — H. JACOB: Der Einfluß des Kochsalzes usw. Teil VI, „Versuche mit Raps, Rüben, Kohlrübe und Pferdebohne". Ebenda A, **17**, 355 (1930).

[5] WOHLTMANN, F.: Die Wirkung der Kochsalzdüngung auf unsere Feldfrüchte. Rhein. landw. Z. **5**, 587 (1904) nach Ref. Jber. Agric.-Chem. **47**, 193 (1905).

[6] ARRHENIUS, O.: Die Chlorfrage. Z. Pflanzenerng. usw. A, **16**, 310 (1930). — Es sei darauf hingewiesen, daß über die Schädlichkeit des Chlors verschiedene Meinungen bestehen. Während z. B. H. SÜCHTING: Über die schädigende Wirkung der Kalirohsalze auf die Kartoffel (Landw. Versuchsstat. **61**, 448 [1905]) bei der Kochsalzwirkung den günstigen Einfluß dem Natriumion zuschreibt, glaubt H. G. SÖDERBAUM (Über die Düngerwirkung des Kochsalzes, Medd. No. 51, Centralanstalten Försöksväs, Stockholm 1911, nach Ref. Biederm. Zbl. **41**, 385 [1912] und ebenda No. 103, Stockholm 1914, nach Biederm. Zbl. **45**, 253) auf Grund seiner Untersuchungen zu dem Schluß berechtigt zu sein, daß die durch die Kochsalzzugabe erhaltene Ertragssteigerung auf eine direkte, und zwar in erster Linie dem Chlorgehalt zuzuschreibende Düngewirkung des Chlornatriums zurückzuführen ist. — P. BOLIN: (Bericht über fortgesetzte vergleichende Versuche mit Kochsalz und Kali-

konzentration bei der Beurteilung der Natriumchloridwirkung für das Pflanzenwachstum Bedeutung bei, doch spielen noch Austauschvorgänge und Auswaschungsprozesse[1] bei der Bewertung des NaCl als Düngemittel eine Rolle. Nach KÖNIG[2] wirken größere Mengen von Chloriden schädlich und ein Gehalt von 0,1 % Kochsalz macht den Boden unfruchtbar, doch muß hierzu bemerkt werden, daß das Klima, insbesondere die Feuchtigkeit, und die Resistenz gewisser Pflanzen gegenüber dem Salzgehalt diesen von KÖNIG angegebenen Grenzwert als nicht für alle Verhältnisse zu Recht bestehen lassen[3]. Der letztgenannte Autor[4] gibt eine Reihe von Pflanzen an (Kohl, Raps, Gerste), denen es möglich ist, auf durch Kochsalz verdorbenen Böden infolge ihrer Flachwurzelung noch zu gedeihen, und die auch sonst verhältnismäßig viel Salz vertragen. Andererseits muß darauf hingewiesen werden, daß schon durch äußerst geringe Mengen von Chlor, auch wenn keine Ertragsverminderung Hand in Hand mit dieser Aufnahme einhergeht, die Pflanzen doch eine Wertverminderung erfahren[5]. Der Wirkungsweise des Natriumchlorids ähnlich ist der Einfluß anderer Chloride wie z. B. des Chlorkalziums und Chlormagnesiums[6], doch ist der Grad der Schädigung beim Vergleich dieser Salze naturgemäß abhängig von den sonstigen Bodeneigenschaften. Es sei in diesem Zusammenhange auch noch an die bei zu großen Gaben des sog. „Endlaugenkalkes"[7] unter Umständen eintretende Schädigung des Pflanzenwachstums erinnert. Für Chlorkalzium wird angegeben, daß dieses offenbar im Boden einen Teil der dort befindlichen, sonst für die Pflanzenwurzeln schwieriger zugänglichen Pflanzennährstoffe löst[8]. Auf den wachstumsstörenden Einfluß der Schwermetallchloride wird an anderer Stelle zurückzukommen sein[9].

---

salz. Medd. No. 94. Centralanstalten f. jord Bruksförsök., S. 1. Stockholm 1914 u. Zur Frage der Anwendbarkeit und Wirkung des Kochsalzes als Düngemittel. Ebenda, S. 11. 1916 ref. Biederm. Zbl. **44**, 141 (1915) bzw. **45**, 462 (1916) vertritt dagegen den Standpunkt, daß das Kochsalz in Gesamtheit für die Ertragssteigerung verantwortlich zu machen ist.

[1] STORP, F.: Über den Einfluß von kochsalz- und zinksulfathaltigem Wasser auf Boden und Pflanzen. Landw. Jb. **12**, 793 (1883).

[2] KÖNIG, J.: Die Untersuchung landwirtschaftlich wichtiger Stoffe, 5. Aufl., **1**, 83. Berlin 1923.

[3] So macht z. B. F. GIESECKE darauf aufmerksam, daß noch ein Boden mit 0,247 % Natriumchloridgehalt bei einem Gesamtwert von 0,308 % wasserlöslichen Salzen fähig ist, Kulturpflanzen als Standort zu dienen. Chemie der Erde **4**, 570—571 (1930).

[4] KÖNIG, J.: a. a. O., S. 83.

[5] Vgl. z. B. J. NESSLER: Düngungsversuche zu Tabak. Landw. Versuchsstat. **29**, 309 (1883). — A. CSERHÁTI: Versuche über die Brennbarkeit des Tabaks. J. Landw. **43**, 382 (1895). — Vgl. ferner E. BLANCK: Pflanzenernährungslehre, in: E. HASELHOFF u. E. BLANCK: Lehrbuch der Agrikulturchemie **1**, 120. Berlin 1927.

[6] Vgl. J. KÖNIG: a. a. O., S. 83. — A. STUTZER u. W. HAUPT: Dreijährige Versuche über die Wirkung von Chlormagnesium enthaltender Endlauge von Chlorkaliumfabriken auf die Ernteerträge. Berlin: P. Parey 1915. — O. DAFERT u. O. MEHL: Weitere Beiträge zur Kenntnis des Chlorkalziums als Düngemittel. Z. landw. Versuchswes. Dtsch.-Österr. **27**, 15 (1924). — S. V. BARTON u. S. F. TRELEASE: Stimulation, Giftwirkung und Antagonismus des Kalziumnitrats und Magnesiumchlorids usw. Bull. Torrey bot. Club **54**, 559 (1927), nach Z. Pflanzenerng. usw. A, **14**, 301 (1929). — O. DAFERT u. F. G. ERDÖDY: Untersuchungen über den Einfluß einer Düngung mit Chlorkalzium auf einige Kulturpflanzen. Fortschr. Landw. **1**, 69 (1926). — Es muß darauf hingewiesen werden, daß das Chlorcalcium sich bis zu einem gewissen Grade als Reizdünger erwiesen hat, wofür in den letztgenannten Literaturangaben Belege beigebracht werden.

[7] Vgl. z. B. P. EHRENBERG u. O. NOLTE: Zur Kenntnis des sogenannten „Endlaugenkalkes" (früher „Kalikalk"). J. Landw. **62**, 235f., 284 (sub. 2) (1914). — D. MEYER: Versuche über die Wirkung verschiedener Kalkformen mit besonderer Berücksichtigung des Endlaugenkalkes. Ill. landw. Ztg. **34**, 571 (1914).

[8] DAFERT, O. u. O. MEHL: a. a. O.; Z. landw. Versuchswes. Dtsch.-Österr. **27**, 15 (1924).

[9] Vgl. diesen Band S. 458f.

Der Nachweis des Chlors im Boden geschieht am besten im wässerigen Auszuge durch Fällung mit Silbernitrat und Wägung als Silberchlorid[1].

Von anderen chlorhaltigen Verbindungen, die noch pflanzenschädigend auftreten, sei das Perchlorat genannt, das in dem Düngemittel Chilesalpeter[2] in Form des Natriumperchlorats vorliegen kann. Das Kaliumchlorat scheint sich nach den Untersuchungen von STROBEL und SCHARRER[3] nicht so außerordentlich schädigend wie das Natriumperchlorat zu erweisen, dessen Wirkung bekanntlich bei verschiedenen Pflanzen auch recht verschieden ist. Wenngleich die Untersuchungen von STROBEL und SCHARRER mit Kaliumchlorat bisher nur in bezug auf die Keimung gewisser Gramineen durchgeführt wurden, so läßt sich doch erkennen, daß der Hafer verhältnismäßig wenig empfindlich gegen die genannte Chlorverbindung ist, wie auch durch die Versuche dargetan wurde, daß die verschiedenen Pflanzen verschieden auf die Zugabe des Kaliumchlorates reagierten. In diesem Zusammenhange ist noch ganz kurz auf die Bedeutung des Jods hinzuweisen. SCHARRER[4] hat die wichtigsten Forschungsergebnisse über die Jodfrage in seinem Werk „Chemie und Biochemie des Jods" zusammengestellt[5]. Die Wirkung der Jodverbindungen auf die Pflanzen ist im allgemeinen nicht schädlich, da der Gehalt an diesem Element im natürlichen Boden verhältnismäßig gering ist. Eine Jodzufuhr zum Boden kann sowohl durch meteorologische Niederschläge als auch u. U. durch die Düngung mit gewisse Spuren von Jodsalzen enthaltenden Düngemitteln, wie Phosphorite, Chilesalpeter erfolgen. Nach neueren Untersuchungen „sind es hauptsächlich die Ton- und Humusbestandteile, an die das Jod im Boden gebunden ist"[6]. Interessant ist auch die Feststellung, daß verschiedene klimatische Bodentypen sich durch den Jodgehalt unterscheiden. Nach den Versuchen von BECK und SCHLACHT[7] sind die steppenartigen Böden gegenüber braunen Waldböden und Podsolböden die jodreichsten, wobei auch bei diesen Bodentypen die Verteilung des Jods im Profil voneinander verschieden ist.

Außer den vorerwähnten Chlorionen vermögen auch andere Anionen schädigend auf das Pflanzenwachstum einzuwirken, so z. B. die schwefelhaltigen. Diese

[1] Die nähere Ausführung der Chlorbestimmung s. J. KÖNIG: a. a. O. S. 82. — Dieses Handbuch **7**, 231 und **8**, 129, 130.

[2] Vgl. z. B. R. HEINRICH: Dünger und Düngen, 8. Aufl., hrsg. v. O. NOLTE u. M. HEINRICH, S. 72. Berlin 1922. — B. SJOLLEMA: Perchlorat als Ursache der schädlichen Wirkung des Chilesalpeters auf Roggen. Chem. Ztg. **1896**, 1002. — A. STUTZER: Beobachtungen über eine schädliche Wirkung des Chilesalpeters. Dtsch. landw. Presse **1896**, 592. — F. KRÜGER u. G. BERJU: Ein Beitrag zur Giftwirkung des Chilesalpeters. Cbl. Bakter. **4**, 674 (1898). — Vgl. ferner die Gegenüberstellung der Wirkungsweise des Natriumchlorids, Natriumcarbonats und Natriumchlorats in der Tabelle 23 von E. J. RUSSELL: Boden und Pflanze, übers. v. H. BREHM, S. 63. Dresden u. Leipzig 1914. Die angeführte Tabelle ist einer Arbeit von F. B. GUTHRIE u. R. HELMS: Gefäßversuche zur Bestimmung der Widerstandsfähigkeit von verschiedenen Feldfrüchten gegen gewisse schädigende Substanzen (Agric. Gazette, New South Wales **16**, 853—860 [1905]) entnommen. — F. WEISKE: Untersuchungen über den Einfluß einiger Chilesalpeternebenbestandteile auf die Pflanzen. Wiss. Arch. Landw. A. **4**, 382 (1930).

[3] STROBEL, A. u. K. SCHARRER: Der Einfluß des Kaliumchlorats auf die Keimung von Roggen, Weizen, Gerste und Hafer. Fortschr. Landw. **1**, 62 (1926).

[4] SCHARRER, K.: Chemie und Biochemie des Jods. Stuttgart: Ferd. Enke 1928. (Hier werden Eigenschaften, Vorkommen, Bestimmungsmethoden des Jods und seine Bedeutung für die Pflanzen- und Tierernährung an Hand umfassender Literaturangaben behandelt.) — Vgl. ferner TH. v. FELLENBERG: Das Vorkommen, der Kreislauf und der Stoffwechsel des Jods. 1928. — H. CAUER: Über das Vorkommen von Jod in Gesteinen, Erden und Wässern. J. Landw. **77**, 251 (1929).

[5] Vgl. auch die eingehenden Ausführungen von W. GAUS u. R. GRIESSBACH: Jodfrage und Landwirtschaft. Z. Pflanzenernährg. usw. A **13**, 321—425 (1929).

[6] BECK, J. u. K. SCHLACHT: Über die Verteilung des Jods in einigen klimatischen Bodentypen. Z. Pflanzenernährg. usw. A **18**, 274 (1930). — Ferner J. BECK: Ebenda A **16**, 57 (1930).

[7] BECK, J. u. K. SCHLACHT: Ebenda A **18**, 280/281 (1930).

Frage steht im Zusammenhang mit der des Einflusses der Rauchgase[1] auf die Vegetation, weil diese Gase schwefelhaltige Verbindungen enthalten, die durch den Boden adsorbiert werden und auf diese Weise das Wurzelsystem und somit auch die ganze Pflanzenentwicklung beeinflussen können. Doch können Sulfate, Sulfite und Sulfide auch sonst im Boden vorkommen; besonders in schlecht durchlüfteten, sehr wasserreichen Böden bilden sich die beiden letztgenannten Verbindungen, wie auch die wachstumstörenden Verbindungen, Schwefelsäure und Ferrosulfat, unter gewissen ungünstigen Bedingungen im Boden vorkommen. In normalen Böden ist die Entstehung solcher Körper nicht zu erwarten, wie auch durch Düngeversuche mit den die genannten Anionen enthaltenden Mitteln die schnelle Umwandlung in SO_4-Ionen und Bindung derselben zu nicht mehr pflanzenschädigend wirkenden Sulfaten, deren Nachweis in diesem Handbuch schon behandelt worden ist[2], gezeigt werden konnte[3]. Andererseits muß noch auf die Tatsache hingewiesen werden, daß die atmosphärischen Niederschläge eine nicht ganz unbedeutende Menge an Schwefelverbindungen in den Boden hineinbringen[4]. Besonders in der Nähe von Industriezentren wird sich eine Schädigung der Vegetation ergeben, und zwar nicht nur durch den Rauch selbst, als vielmehr durch die infolge der Niederschläge gelösten bzw. niedergeschlagenen Stoffe der Rauchgase. Eine weitere Beeinflussung der Vegetation erfolgt durch die in den Abwässern der Fabriken usw. befindlichen Verbindungen. Es handelt sich hierbei wohl in erster Linie um Salze der Schwermetalle. Gewisse Metalloxyde, wie z. B. Blei, Zink, Kupfer und Arsen werden zwar durch die Wurzeln der Pflanzen in geringer Menge aufgenommen, doch verursachen diese Körper eine mehr oder minder große Hemmung des Pflanzenwachstums. So soll nach PHILLIPS[5] in der Pflanze durch das aufgenommene Zink und Blei keine allzu große Schädigung hervorgerufen werden, wohl aber durch Kupfer- und Arsenoxyde. Über diese Frage liegen auch zahlreiche Wasserkulturversuche vor, um zu ermitteln, bei welchen Grenzwerten die einzelnen Pflanzen absterben können bzw. welche Konzentration an verschiedenen Salzen von der Vegetation vertragen wird[6]. Ergänzend sei erwähnt, daß eine Reihe von Schwermetallen als steter

[1] Vgl. z. B. A. WIELER: Biederm. Zbl. **37**, 572 (1908). — J. SCHRÖDER: Über die Beschädigung der Vegetation durch saure Gase. Landw. Versuchsstat. **24**, 392 (1880). — M. FREYTAG: Die schädlichen Bestandteile des Hüttenrauchs der Kupfer-, Blei und Zinkhütten und ihre Beseitigung. Landw. Jb. **9**, 315f. — L. JUST u. H. HEINE: Zur Beurteilung von Vegetationsschäden durch saure Gase. Landw. Versuchsstat. **36**, 135 (1889). — H. WISLICENUS: Resistenz der Fichte gegen saure Rauchgase usw. Tharandter forstl. Jb. **48**, 152 (1898). — E. HASELHOFF u. G. LINDAU: Die Beschädigung der Vegetation durch Rauch. Berlin: Gebr. Bornträger 1903. — CH. CROWTHER u. A. G. RUSTON: J. agric. Sci. **4**, 25 (1911). — W. CL. EBAUGH: Eine Untersuchung der schädigenden Bestandteile des Schmelzhüttenrauches. J. amer. chem. Soc. **29**, 951 (1907). — J. K. HAYWOOD: Schädigung des Pflanzenlebens durch Hüttenrauch. Ebenda S. 998.

[2] Vgl. dieses Handbuch **7**, 230.

[3] Vgl. A. STUTZER: Düngungsversuche mit eingetrockneter Ablauge von Sulfit-Cellulose-Fabriken. Fühlings landw. Ztg. **62**, 139 (1913). — H. KAPPEN u. E. QUENSELL: Über die Umwandlung von Schwefel und Schwefelverbindungen im Ackerboden, ein Beitrag zur Kenntnis des Schwefelkreislaufes. Landw. Versuchsstat. **86**, 1 (1915). — W. THALAU: Die Einwirkung von im Boden befindlichen Sulfiten, von Thiosulfat und Schwefel auf das Wachstum der Pflanzen. Ebenda **82**, 161 (1913). — P. E. BROWN u. E. H. KELLOG: Schwefelbindung im Boden. Cbl. Bakter., II. Abt., **43**, 552 (1915). — E. BLANCK, W. GEILMANN u. F. ALTEN: Über die Wirkung des aus Sulfitablauge und Kalk erhaltenen Neutralisationsschlammes auf die Pflanzenproduktion. Z. Pflanzenerng. usw. B, **2**, 433 (1923). — I. D. HAYNES: Soil Sci. **25**, 447 (1928).

[4] Vgl. dieses Handbuch **6**, 266. — J. E. GREAVES u. W. GARDNER: Soil Sci. **27**, 445 (1929).

[5] PHILLIPS, F. B.: Chem. News **1882**, No. 119, nach Ref. Jber. Agr. Chem. **26**, 130 (1884).

[6] Vgl. z. B. H. COUPIN: Über die Empfindlichkeit der höheren Pflanzen gegen sehr schwache Dosen giftiger Substanzen. C. r. **132**, 645 (1901).

Bestandteil der Pflanzenasche bezeichnet werden muß[1]. Neben der schädlichen Wirkung gewisser Verbindungen der Abgase von Hüttenbetrieben scheinen nach FREYTAG[2] die in ihnen enthaltenen „Vitriole von Zink, Kupfer, Eisen" und die arsenige Säure insofern besonders schädlich zu sein, als sie auf die Verwesung bzw. Humifizierung der Waldstreudecke verlangsamend bzw. hindernd einwirken. Nach Überführung in schwerlösliche Salze sollen sie aber nach dem genannten Autor die besagte Wirkung verlieren.

Besonderes Interesse hat die Frage des Einflusses von Zinksalzen im Boden auf das Wachstum der Pflanzen hervorgerufen. KRAUCH[3] kam in dieser Frage zu entgegengesetzten Ergebnissen wie FREYTAG[4], der aus seinen Versuchen schloß: „das Zinksulfat wirkt direct nicht nachtheilig auf den Boden, da es sich im Boden umsetzt und die Metalloxyde Zink, Kupfer, Eisen zumeist von den Pflanzen ohne nachtheilige Folgen in namhaften Mengen aufgenommen und in den Geweben abgelagert werden". In Bestätigung der Ergebnisse KRAUCHs berichten[5] auch andere Autoren über die Giftigkeit kleiner Mengen löslicher Zinksalze. Doch gilt dieser Befund der Giftigkeit des Zinks für die Pflanzen nicht generell, denn es gibt verschiedene, wie z. B. das Zink- oder Galmeiveilchen, Zinkcruzifere oder Erzblume, die das besagte Metall nicht nur zu ihrem Aufbau verwerten, sondern sogar als Nährstoff benötigen. BAUMANN[6] hat die diesbezügliche ältere Literatur kritisch beleuchtet und auf die Beziehungen des Zinks zum Chlorophyll hingewiesen. Von den Kulturpflanzen scheinen auch nach neueren Untersuchungen[7] die chlorophyllreichen Pflanzen den höchsten Zinkgehalt aufzuweisen. Ferner sind auch gewisse chlorophyllfreie Bodenorganismen sehr widerstandsfähig[8] gegen Zinksalzlösungen. BAUMANN[9] weist ferner darauf hin, daß unlösliche Zinksalze unschädlich für die Vegetation sind, und aus diesem Grunde tritt er für die Zufuhr von Humus, Kalk oder Mergel zu solchen Böden ein, die lösliche Zinkverbindungen enthalten. Lösliche Zinksalze können nach NOBBE[10] selbst dann noch nachteilig wirken, „wenn sie in so geringen Gaben angewendet werden, daß die Pflanzen äußerlich gesund erscheinen. Die schädliche Wirkung macht sich auch dann noch in der Herabsetzung der Massenproduktion bemerklich". Da die Zinkschädigungen unter Umständen besonders in Hinblick auf die Durchführung exakter Vegetationsversuche von Bedeutung sein können[11], so wird das Innere der Vegetationstöpfe mit einem Überzug von Eisenlack zur Vermeidung der Be-

---

[1] Vgl. z. B. M. JAVILLIER: Über das Vorkommen und die Rolle des Zinks bei den Pflanzen. Bull. Sci. pharmacol. **15**, 559 (1908), nach Ref. Jber. Agricult. Chem. **51**, 255 (1909).

[2] FREYTAG, M.: Die schädlichen Bestandteile des Hüttenrauchs der Kupfer-, Blei- und Zinkhütten und ihre Beseitigung. Landw. Jb. **9**, 315.

[3] KRAUCH, C.: Über die Wirkung von zinksulfat- und kochsalzhaltigem Wasser auf Boden und Pflanzen. Landw. Versuchsstat. **28**, 471 (1883) und: Über Pflanzenvergiftungen. J. Landw. **30**, 282 (1882).

[4] FREYTAG, M.: a. a. O. Landw. Jb. **2**, 315.

[5] Vgl. F. STORP: Über den Einfluß von kochsalz- und zinksulfathaltigem Wasser auf Boden und Pflanzen. Landw. Jb. **12**, 793f. (1883).

[6] BAUMANN, A.: Das Verhalten von Zinksalzen gegen Pflanzen und im Boden. Landw. Versuchsstat. **31**, 1f. (1885).

[7] Vgl. z. B. G. BERTRAND u. B. BENZON: Über den Zinkgehalt der hauptsächlichsten Nahrungsmittel pflanzlichen Ursprungs. Ann. Inst. Pasteur **43**, 386 (1929), nach Ref. Z. Pflanzenernährg. usw. A, **16**, 122 (1930).

[8] Vgl. z. B. F. STORP: a. a. O. Landw. Versuchsstat. **12**, 793 (1883). — J. RAULIN: Preuß. Ann. Landw. **13**, Nr. 12 (1873).

[9] BAUMANN, A.: a. a. O. Landw. Versuchsstat. **31**, 51 (1885).

[10] NOBBE, F., P. BAESSLER u. H. WILL: Untersuchung über die Giftwirkung des Arsen, Blei und Zink im pflanzlichen Organismus. Landw. Versuchsstat. **30**, 419 (1884).

[11] Vgl. z. B. K. K. GEDROIZ: Der Einfluß der Zinkgefäße auf die Ergebnisse der Vegetationsversuche. Internat. Agrartechn. Rdsch. **6**, 60 (1915).

einflussung des Wachstums durch Zink versehen. Neben der pflanzenschädlichen Wirkung stellte EHRENBERG[1] auch eine Beeinflussung der physikalischen Eigenschaften des Bodens durch Zinksalze fest, wie auch andererseits eine indirekte Förderung des Pflanzenwachstums durch Zinkverbindungen eintreten kann[2]. Die Ermittlung[3] des Zinkgehalts der Böden beruht auf der Abscheidung dieses Metalls durch Natriumacetat, Fällung als Zinksulfid und Wägung als Zinkoxyd. KÖNIG[4] weist im übrigen darauf hin, daß schon eine Menge von 5—10 mg für 1 l Nährlösung genügt, um die Pflanzen zum Absterben zu bringen und bestätigt die Angaben BAUMANNS, daß eine Behandlung mit kohlensaurem Kalzium und Magnesium (evtl. auch Humus) das Zink im Boden festlegt und dadurch pflanzenunschädlich macht. Nach dem zuletzt genannten Autor bringt diese Umsetzung aber eine Verarmung an anderen Pflanzennährstoffen durch Löslichmachung und Auswaschung mit sich.

Auch ein anderes Metall aus derselben analytischen Gruppe wie das Zink kann unter Umständen in Abwässern in größerer Menge vorkommen. Es handelt sich um Nickel, das nach Versuchen von HASELHOFF[5] mit Mais und Pferdebohnen als starkes Pflanzengift bezeichnet werden kann, denn 2,5 mg Nickeloxydul im Liter Nährlösung genügen schon, um die Weiterentwicklung der Pflanzen zu hemmen und diese sogar zum Absterben zu bringen. Auch A. NIETHAMMER[6] kommt bei Untersuchungen des Einflußes verschiedener Nickelsalze auf die Keimung zu dem Ergebnis, daß diese sehr giftig sind. Ferner liegen eine Reihe von Untersuchungen vor, die die Wirkung der Mangansalze auf das Pflanzenwachstum, insonderheit in bezug auf die Stimulationserscheinungen[7], prüfen sollten. Mangansalze erhöhen in geringen Mengen die Nitrifikation, deren Intensität aber bei höheren Mangangaben sinkt, ohne jedoch nach den Angaben von NELSON[8] ganz aufzuhören. Wenngleich die Mangansalze in geringer Konzentration auch keine Schädigungen mit sich bringen, so erfährt die Ernte durch höhere Gaben löslicher Mangansalze doch eine wesentliche Erniedrigung. Bei der Ermittlung des Mangans im Boden kann man sich mehrerer Methoden bedienen,

[1] EHRENBERG, P.: Wirkungen des Zinks bei Vegetationsversuchen. Landw. Versuchsstat. **72**, 15f. (1910). — Vgl. auch TH. PFEIFFER: Der Vegetationsversuch, S. 25f. Berlin 1918. — B. TACKE: Landw. Jb. **27**, Erg.-Bd. **4**, 259 (1898). — Vgl. außerdem folgende Literatur über Zink: A. BAUMANN: Das Verhalten von Zinksalzen gegen Pflanzen und im Boden. Landw. Versuchsstat. **31**, 1—53 (1885). — E. HASELHOFF: Versuche über die Einwirkung schwefliger Säure, Zinkoxyd und Zinksulfat auf Boden und Pflanze. Ber. Vers.-Stat. Marburg **1903/04**, nach Ref. Jber. Agr. Chem. **47**, 261 (1905).

[2] Vgl. A. L. SOMMER: Ein weiterer Beweis für die spezifische Natur des Zinks für das Wachstum der höheren grünen Pflanzen. Plant Phys. **3**, 217 (1928), nach Ref. Z. Pflanzenernährg. usw. A, **14**, 380 (1929).

[3] Vgl. J. KÖNIG: a. a. O., S. 87.

[4] KÖNIG, J.: a. a. O., S. 87.

[5] HASELHOFF, E.: Versuche über die schädliche Wirkung von nickelhaltigem Wasser auf Pflanzen. Landw. Jb. **22**, 862 (1893).

[6] NIETHAMMER, A.: Landwirtschaftlich-biologische Studien mit Nickel- und Cyanverbindungen. Wiss. Arch. Landw. Abt. A **4**, 607f. (1930).

[7] Vgl. z. B. T. TAKEUCHI: Über Unterschiede in der Empfindlichkeit der Pflanzen für Reizwirkungen. J. Coll. Agric. Tokio **1**, 207 (1909), nach Ref. Jber. Agr. Chem. **52**, 203 (1910). — TH. PFEIFFER u. E. BLANCK: Beitrag zur Frage der Wirkung des Mangans auf das Pflanzenwachstum. Landw. Versuchsstat. **77**, 33f. (1912). — F. MACH: Topfversuch zum Studium des Einflusses einer Zugabe von Mangansulfat usw. Ber. Großherzogl. bad. landw. Versuchs-Anst. Augustenberg **1911**, 69. — H. VAGELER: Ein Beitrag zur Frage der Wirkung von Mangan, Eisen und Kupfer auf den Pflanzenwuchs. Landw. Versuchsstat. **88**, 159 (1916) (mit einer äußerst umfassenden Literaturangabe von 240 Veröffentlichungen). — P. EHRENBERG u. K. SCHULTZE: Beiträge zur Klärung der „Manganfrage". J. Landw. **64**, 37—129 (1916).

[8] NELSON, A. H.: J. amer. soc. Agron. **21**, 547 (1929).

die in diesem Handbuche schon beschrieben sind[1]. Auch die Chromverbindungen wirken nach den umfassenden Untersuchungen PAUL KOENIGS[2] schon in kleinen Gaben wachstumshemmend, trotzdem in außerordentlich großen Verdünnungen eine Begünstigung der Nährstoffaufnahme festgestellt wurde. Die Giftwirkung kommt in erster Linie den chromhaltigen Anionen zu, die je nach Art des Anions und der Konzentration verschieden ist. Am giftigsten ist die Chromsäure und deren Salze. Die Anwesenheit von $CaCO_3$ mildert die schädliche Wirkung bei kalkliebenden, verschärft sie jedoch bei kalkfeindlichen Pflanzen.

Das Eisen, das ja wohl in jedem Boden vorkommt, kann in Verbindungen in ihm enthalten sein, die für das Pflanzenwachstum durchaus unerwünscht sind. So finden sich unter Umständen in Moorböden oder auch in schlecht durchlüfteten, wasserreichen Mineralböden größere Mengen von Ferrosulfat[3]. Die Wirkung dieses letztgenannten Salzes, wie überhaupt der Eisenoxydulsalze ist je nach Pflanzenart und Konzentration verschieden[4]. In verdünnten Lösungen üben sie dieselbe, d. h. nicht schädigende Wirkung, wie die Eisenoxydsalze auf die Pflanze aus[5]. In höheren Konzentrationen müssen jedoch alle Oxydulsalze als pflanzenschädlich bezeichnet werden[6]. Ferner sei darauf hingewiesen, daß das Ferrocyankalium, welches manchmal zur Obstbaumdüngung verwendet wird, nach den Versuchen von E. HASELHOFF[7] eine nachteilige Beeinflussung des Ernteertrages bei Kulturpflanzen erkennen läßt. Im Zusammenhang mit der Bedeutung des Eisens im Boden für die Vegetation soll der merkwürdige, physiologisch noch nicht geklärte Eisen-Kali-Antagonismus in den Pflanzen hier Erwähnung finden, weil auf ihm eine Methode zur Ermittlung des Kalibedürfnisses aufgebaut ist[8]. Diese Erscheinung zeigt jedoch, daß der Nährstoffgehalt der Pflanzen von einer Reihe von Faktoren abhängig ist, worauf in diesem Bande[9] schon verschiedentlich hingewiesen wurde. Das dem Eisen chemisch sehr nahestehende Aluminium kommt vielleicht in noch größeren Mengen im Boden vor, und zwar in Formen, die den Pflanzen nur schwer zugänglich sind. Leichtlösliche Aluminiumsalze sind in größeren Mengen als für die Pflanzen giftig erkannt, und zwar scheint die Schädigung auf eine Art Plasmolyse

[1] Vgl. dieses Handbuch **7**, 221, 222.

[2] KOENIG, PAUL: Studien über die stimulierenden und toxischen Wirkungen der verschiedenartigen Chromverbindungen auf die Pflanzen, insbesondere auf landwirtschaftliche Nutzpflanzen. Landw. Jb. **39**, 775f. (1910).

[3] Vgl. W. THÖRNER: Beitrag zur Aufklärung der Natur des für Pflanzenwuchs usw. schädlichen Schwefels der Moorböden. Z. angew. Chem. **29**, 233 (1916).

[4] Vgl. A. THOMSON: Über die Wirkung von schwefelsaurem Eisenoxydul auf die Pflanzen. Sitzgsber. Naturf. Ges. Dorpat **1893**, 93. — O. KELLNER: Untersuchung über die Wirkungen des Eisenoxyduls auf die Vegetation. Landw. Versuchsstat. **32**, 365 (1886). — TH. PFEIFFER u. E. BLANCK: Mitt. Landw. Inst. Breslau **7**, 201 (1914). — H. WIESSMANN: Düngungsversuche mit Eisensulfat. Landw. Jb. **55**, 281 (1921).

[5] MAYER, A.: Lehrbuch der Agrikulturchemie, 1. Bd., 7. Aufl., S. 299. Heidelberg 1920.

[6] Vgl. z. B. C. KRAUCH: a. a. O. J. Landw. **30**, 286 (1882). — B. L. HARTWELL u. F. R. PEMBER: 21. Rep. Agric. Exp. Stat. Kingston, 2. T., S. 286 (1908), nach Jber. Agr. Chem. **52**, 203 (1910). — Nach H. VAGELER: a. a. O.; Landw. Versuchsstat. **88**, 159f. (1916) hatte bei vergleichenden Untersuchungen zwischen Mangansulfat, Ferrosulfat und Kupfersulfat mit Hafer-Gefäßversuchen das Eisen und Kupfer den Ertrag herabgesetzt, wohingegen das Mangansulfat ohne Wirkung geblieben ist.

[7] HASELHOFF, E.: Versuche über den Einfluß von Ferrocyankalium auf das Pflanzenwachstum. Landw. Jb. **47**, 345 (1914).

[8] HOFFER, G. N.: Purdue Univ. Bull. **298** (1926). — ECKSTEIN, O. u. A. JACOB: Der Kali-Eisenantagonismus in der Pflanze als Grundlage einer Methode zur Feststellung des Kalibedürfnisses der Böden. Z. Pflanzenernährg. usw. A, **14**, 205f. (1929).

[9] Vgl. diesen Band S. 447, 474f., 535f.

zurückzuführen sein[1]. Die Giftigkeit z. B. des Aluminium- wie auch des Eisensulfates kann durch Zugabe von $CaCO_3$ bis zu einem gewissen Grade behoben werden[2]. Auch BLAIR und PRINCE[3] wiesen auf die pflanzenschädigende Wirkung des Aluminiums hin. Starke Zugabe von Phosphorsäure ließ aber normales Wachstum erkennen. Auch nach ihren Untersuchungen können aber basische Stoffe die Giftwirkungen aufheben. Die quantitative Bestimmung des zwei- und dreiwertigen Eisens und des Aluminiums sind in diesem Handbuche schon Gegenstand der Behandlung gewesen[4], so daß hier nicht darauf eingegangen zu werden braucht.

Kupferverbindungen finden sich ebenfalls in den Abwässern gewisser Industriezweige. HASELHOFF[5] ermittelte, daß durch die kupfersalzhaltigen Wässer die Pflanzennährstoffe, insonderheit Kalk, Kali, Magnesium und Natrium gelöst und ausgewaschen werden. Durch Zugabe von $CaCO_3$ zum Boden wird — wenigstens durch Kupfersulfat und Kupfernitrat — die schädigende Wirkung solange behoben, wie der Boden noch unzersetztes Kalziumkarbonat enthält. Durch weitere Versuche ermittelte der genannte Autor[6] die Wechselwirkung von schwefeldioxydhaltigen Gasen auf kupferhaltige Böden und das Pflanzenwachstum. Die wasserlöslichen Kupfersalze, die ohnehin pflanzenschädigend wirken, werden in ihrer Menge durch die Einwirkung schwefliger Säure auf kupferhaltige Böden wesentlich erhöht. Auch hierbei konnte nachgewiesen werden, daß $CaCO_3$ die lösende Wirkung des SO_2 auf die Kupferverbindungen des Bodens bis zu einem gewissen Grade verhindert. Bei diesen Versuchen konnte außerdem qualitativ das Vorhandensein des Kupfers in den Versuchspflanzen (Bohnen) nachgewiesen werden. VAGELERS[7] eingehende Untersuchungen lassen erkennen, daß das Kupfersulfat verhältnismäßig viel giftiger als das Mangan und Eisensulfat ist, trotzdem auch hier wiederum die Verschiedenheit in der Aufnahme durch verschiedene Pflanzen festgestellt werden konnte. OTTO[8], der die Untersuchungen HASELHOFFS im wesentlichen bestätigen konnte, stellte fest, daß die Pflanzen selbst aus konzentrierteren Kupfersulfatlösungen nur äußerst geringe Mengen an dem Metall aufnahmen. Die bei der Verhütung gewisser Pflanzenkrankheiten verwendeten Kupferbeizen erweisen sich nach dem Hineingelangen in den Boden meistens als unschädlich[9], weil die Mengen wahrscheinlich verhältnismäßig gering sind und das Kupfer eine Festlegung in für Pflanzen nicht aufnehmbare Formen

---

[1] Vgl. M. FLURI: Der Einfluß von Aluminiumsalzen auf das Protoplasma. Flora **99**, 81 (1908). — Insbesondere vgl. JUL. STOKLASA: Über die Verbreitung des Aluminiums in der Natur. Jena: G. Fischer 1922.

[2] Vgl. R. W. RUPRECHT: Die giftige Wirkung von Eisen- und Aluminiumsalzen auf Klee. Massachusetts Stat. Bull. **161**, 125 (1915).

[3] BLAIR, A. W. u. A. L. PRINCE: Untersuchungen über die Gifteigenschaften der Böden. Soil Sci. **2**, 109 (1923). — Vgl. auch A. L. WHITING: Anorganische Substanzen besonders Aluminium usw. J. amer. soc. Agron. **15**, 277 (1923).

[4] Vgl. dieses Handbuch **7**, 210f.

[5] HASELHOFF, E.: Über die schädigende Wirkung von kupfersulfat- und kupfernitrathaltigem Wasser auf Boden und Pflanzen. Landw. Jb. **21**, 263 (1892).

[6] HASELHOFF, E.: Versuche über die Einwirkung schwefliger Säure auf kupferhaltige Böden. Internat. phytopatholog. Dienst **3**, 80 (1908).

[7] VAGELER, H.: a. a. O.; Landw. Versuchsstat. **88**, 231 (sub. 2) (1916).

[8] OTTO, R.: Untersuchungen über das Verhalten der Pflanzenwurzeln gegen Kupfersalzlösungen. Württ. landw. Wochenbl. **29**, 374 (1893), nach Ref. Jber. Agr. Chem. **36**, 289 (1894).

[9] Vgl. z. B. V. STREBEL: Kupferkalklösung und Bodenvergiftung. Z. Pflanzenkrankh. **3**, 322 (1893). — A. GIRARD: C. r. **120**, 1147 (1895). — R. THIELE: Einwirkung verschiedener Kupferpräparate auf Kartoffelpflanzen. Z. Pflanzenkrankh. **8**, 70 (1898).

erfährt. So konnte SIMON[1] feststellen, daß Hafer und Senf sich sehr verschieden empfindlich gegenüber Kupfersulfatlösungen verhielten, und daß die Empfindlichkeit mit der Absorptionsfähigkeit des Bodenmaterials in Beziehung steht. Es ist also nicht lediglich die Natur und Menge eines Pflanzengiftes, sondern auch die mehr oder minder große Fähigkeit eines Bodens, das Gift zu absorbieren und damit in seiner Wirkung zu schwächen, bei der Beurteilung mit in Rücksicht zu ziehen. Dieses gilt auch für das Blei, das jedoch naturgemäß in löslicher Salzform auch schon in äußerst geringen Mengen schädlich auf die Pflanzenentwicklung einwirkt[2]. Die Bedeutung[3] des Bleies für physiologische Vorgänge innerhalb der Pflanze kann hier nicht behandelt werden, doch sei erwähnt, daß das Bleinitrat als Reizstoff Beachtung verdienen soll. Nach der Angabe von A. STUTZER[4] geht das Bleinitrat im Boden in schwerlösliches Sulfat bzw. Karbonat über, doch scheint es dem genannten Autor, als ob durch diese Festlegung die Bleiwirkung nicht abgeschwächt würde, weil die Verbindungen in sehr fein verteiltem Zustande im Boden vorhanden wären. Die Bestimmung des Bleies erfolgt nach Behandlung des Bodens mit Königswasser durch Fällung als Bleisulfid und Umfällung zu Bleisulfat, in welcher Form das Blei auch gewogen wird[5]. In dem Filtrate des schwefelsauren Bleies wird das Kupfer mit Kalilauge als Kupferoxydhydrat gefällt, geglüht und als Kupferoxyd gewogen.

Als ein weiteres Pflanzengift kommt das Arsen in Frage. NOBBE[6] wies nach, daß schon eine Gabe — er verwandte arsenigsaures Kalium — von 1 Millionstel g zur Nährlösung meßbare Wachstumstörungen hervorbrachte. Nach ihm geht die Wirkung des Arsens von den Wurzeln aus, „deren Protoplasma desorganisiert und in seinen osmotischen Aktionen gehindert wird, die Wurzel stirbt schließlich ohne Zuwachs ab". Neuere Untersuchungen lassen aus den Ergebnissen von Wasserkulturversuchen erkennen, daß geringe Mengen arseniger Säure (0,001 g As_2O_3 in 1 l) ohne besonderen Nachteil waren, doch rief die zehnfache Menge schon starke Schädigungen des Wachstums bzw. ein Absterben der Pflanzen hervor[7]. Im allgemeinen ist die arsenige Säure stärker giftig wirkend als die Arsensäure[8], doch lassen sich allgemeingültige Grenzzahlen über die Toxizität nicht geben, da die Böden je nach ihrer physikalisch-chemischen Zusammensetzung ein verschieden starkes Bindungsvermögen[9] für die Arsenverbindungen aufweisen. Nachdem schon DAVY[10] nachgewiesen hatte, daß das in der Form von Arsensäure vorliegende Arsen durch gewisse Pflanzen aufgenommen werden kann, haben auch später angestellte Untersuchungen über diese Frage die Richtigkeit dieser An-

---

[1] SIMON, J.: Über die Einwirkung eines verschiedenen Kupfergehaltes im Boden auf das Wachstum der Pflanze. Landw. Versuchsstat. **71**, 417 (1909).

[2] NOBBE, F., P. BAESSLER u. H. WILL: a. a. O.; Landw. Versuchsstat. **30**, 410f. (1884). — PRANDI, O.: Über den Kupfergehalt in dem mit Wein bebauten Boden. Staz. experim. agrar. ital. **40**, 531 (1907), nach Biederm. Zbl. **38**, 138 (1909).

[3] Vgl. F. S. HAMMET u. E. S. JUSTICE: Studien über die Biologie der Metalle. Protoplasma **5**, 535, 543, 547 (1929), nach Ref. Z. Pflanzenernährg. usw. A, **16**, 124 (1930) und Protoplasma **4**, 183 (1928), nach Ref. ebenda A, **14**, 376 (1929).

[4] STUTZER, A.: Die Wirkung vom Blei als Reizstoff für Pflanzen. J. Landw. **64**, 1 (1916).

[5] Vgl. J. KÖNIG: a. a. O., S. 86.

[6] NOBBE, F., P. BAESSLER u. H. WILL: Untersuchung über die Giftwirkung des Arsen, Blei und Zink im pflanzlichen Organismus. Landw. Versuchsstat. **30**, 381 (1884).

[7] Vgl. A. WÖBER: Über die Giftwirkung von Arsen-, Antimon und Fluorverbindungen auf einige Kulturpflanzen. Angew. Bot. **2**, 161 (1920).

[8] Vgl. J. STOKLASA: Über die Bedeutung des Arsens in der Pflanzenproduktion, nach Ref. Jber. Agr. Chem. **39**, 246 (1897).

[9] Vgl. W. T. MCGEORGE: Die Wirkung der arsenigen Säure als Spritzmittel auf Unkräuter und ihr weiteres Verhalten im Boden. J. agricult. Res. **5**, 459 (1915), nach Biederm. Zbl. **45**, 502 (1916).

[10] DAVY, E. W.: Philosophic. Mag, **18**, 108, nach Ref. Jber. Agr. Chem. **3**, 83 (1860/61).

schauung erwiesen[1]. Die Böden können auch im natürlichen Zustande[2] arsenhaltig sein, wie auch durch Rauchgase und durch die Behandlung der Pflanzen mit arsenhaltigen Mitteln Arsen in den Boden gelangen kann. C. ANTIONIANI[3] konnte dartun, daß das AsO_4-Ion teilweise vom Boden festgehalten wird, wie er auch die Austauschmöglichkeit der absorbierten Arsensäure und der im Boden vorhandenen Phosphorsäure experimentell nachweisen konnte. Abschließend läßt sich über das Vorkommen des Arsens im Boden sagen, daß äußerst geringe Mengen zwar stimulierend wirken, größere jedoch auf das Wachstum der Pflanzen schädigenden Einfluß haben, und im besonderen ist es die arsenige Säure, die als starkes Pflanzengift bezeichnet werden muß[4]. Was die Bestimmung des Arsens anbetrifft, so muß auf die neuerdings von ZINZADZE[5] veröffentlichte kolorimetrische Bestimmung der Arsensäure mittels einer Schwefelsäurelösung von chemisch reinem Molybdänblau ohne Reduktionsmittel hingewiesen werden. Die auch bei Böden unter Innehaltung gewisser Bedingungen, die dem Original zu entnehmen sind, anwendbare Methode ist in kürzester Zeit durchzuführen.

Im Anschluß an die genannten Untersuchungen über Pflanzengifte sei erwähnt, daß gewisse Schwermetallverbindungen auch in bezug auf die Durchführung von Gefäßversuchen insofern eine Rolle spielen, als das destillierte Wasser[6] aus dem Metall der Destillationsapparate gewisse Mengen aufnehmen kann, die sich evtl. störend auf den Verlauf der Untersuchungen bemerkbar machen können. PFEIFFER[7] weist darauf hin, daß diesem Befunde zwar eine gewisse Bedeutung zukommt, daß jedoch solche Fälle nur als Ausnahme bezeichnet werden können.

Borsäure bzw. deren Salze sind ebenfalls Pflanzengifte[8], doch können sie in starker Verdünnung eine in der Höhe des Pflanzenertrags zum Ausdruck kommende Reizwirkung ausüben[9], wie andererseits auch festgestellt wurde, daß sich verschiedene Pflanzen verschieden gegenüber den genannten Verbindungen verhalten. Im allgemeinen ist aber das Bor ziemlich verbreitet im Pflanzenreich[10].

---

[1] Vgl. z. B. F. JADIN u. A. ASTRUC: Der Arsenik- und Mangangehalt einiger Futterpflanzen und pflanzlichen Produkte. C. r. **159**, 268 (1914). — E. TRUNINGER: Arsen als natürliches Bodengift in einem schweizerischen Kulturboden. Landw. Jb. Schweiz. **36**, 1015 (1922). — H. REMMLER: Chemiker-Ztg. **1911**, 977.

[2] Vgl. H. GRUNER: Die arsenhaltigen Böden von Reichenstein in Schlesien. Landw. Jb. **40**, 517 (1911). — TRUNINGER, E.: a. a. O., S. 1015.

[3] ANTIONIANI, C.: Versuche über den Austausch der Phosphorsäure im Boden gegen Arsensäure. Rend. R. Acc. Lincei **1929**, 9 (ital.), nach Autoref. Z. Pflanzenerng. usw. A, **17**, 398 (1930).

[4] Vgl. R. COBET: (Biochem. Z. **98**, 294 (1919) hält selbst bei einer Konzentration von 1 : 200000 die arsenige Säure noch als giftig.

[5] ZINZADZE, SCH. R.: Neue Methoden zur kolorimetrischen Bestimmung der Phosphor- und Arsensäure. Z. Pflanzenerng. usw. A, **16**, 129 (1930).

[6] LOEW, O.: Bemerkung über die Giftwirkung des destillierten Wassers. Landw. Jb. **20**, 235 (1891).

[7] PFEIFFER, TH.: Der Vegetationsversuch, a. a. O., S. 189.

[8] Vgl. M. NAKAMURA: Kann Borsäure eine Reizwirkung auf Pflanzen äußern. Bull. Coll. Agric. Tokio **5**, 509 (1903) nach Ref. Jber. Agrikulturchem. **46**, 161 (1904). — E. PELIGOT: C. r. **83**, 490 (1876). — E. HOTTER: Über das Vorkommen von Bor im Pflanzenreich und dessen physiologische Bedeutung. Landw. Versuchsstat. **37**, 437 (1890). — E. HASELHOFF: Über die Einwirkung von Borverbindungen auf das Pflanzenwachstum. Ebenda **79/80**, 399f. (1913).

[9] Vgl. M. NAKAMURA: a. a. O., Ref. Jber. Agr. Chem. **46**, 161 (1904). — H. AGULHON: C. r. **150**, 288 (1910).

[10] Vgl. G. BAUMERT: Zur Frage des normalen Vorkommens der Borsäure im Weine. Ber. dtsch. chem. Ges. **21**, 3290 (1888). — E. O. VON LIPPMANN: Über einige seltenere Bestandtheile der Rübenasche. Ebenda S. 3492. — C. A. CRAMPTON: Borsäure als Bestandteil der Pflanzen. Ebenda **22**, 1072 (1889). — E. HOTTER: a. a. O., S. 441.

Auch im Boden kommt dies Element vor. Nach RÉNARD[1] ist dies auf die Verwitterung turmalinhaltiger Gesteine zurückzuführen. Trotzdem die Borbestimmung infolge der außerordentlich geringen Mengen im Boden sehr schwierig ist, konnte das Bor nachgewiesen werden; so stellte z. B. HILGARD[2] in amerikanischen Alkaliböden das ziemlich verbreitete Vorkommen fest. HASELHOFF[3] gibt an, daß zum Eintreten einer Reizwirkung durch Borsäure bzw. Borate weniger als 0,00001 % Bor im Boden vorhanden sein muß, da bei höheren Werten Schädigungen des Wachstums zu erwarten sind.

Neben den genannten Vorkommen von pflanzengiftigen chemischen Verbindungen liegen noch zahlreiche Untersuchungen über Pflanzengifte[4] vor, die wohl für die Pflanzenphysiologie von Wert sind, hier jedoch weniger Interesse beanspruchen, da sie kaum oder gar nicht in natürlichen Böden vorkommen. Etwas anders liegt es mit den Düngemitteln, die entweder von vornherein giftige Stoffe enthalten, oder aber die bei der Umwandlung im Boden Veränderungen erleiden, welche die Entstehung von schädlich wirkenden Zwischenprodukten bedingen. So soll die hinlänglich bekannte pflanzenschädigende Wirkung des Kalkstickstoffs bzw. Stickstoffkalks bzw. der bei seiner im Boden stattfindenden Umsetzung auftretenden Zwischenprodukte[5] erwähnt werden. Die Rhodanverbindungen, die unter Umständen im Gaskalk und in dem bei der Gasfabrikation hergestellten Ammoniumsulfat enthalten sind, können bekanntlich sehr stark pflanzenschädigend wirken[6]. Diese Schädigung richtet sich nach BÖHMER[7] nicht nur nach dem absoluten Gehalt an Rhodanverbindungen in den Düngemitteln, sondern auch nach der Länge der Zersetzungszeit im Boden. Neuerdings überprüfte A. NIETHAMMER[8] den Einfluß des Rhodankaliums und Rhodannatriums

[1] Zit. nach E. HASELHOFF: a. a. O., Landw. Versuchsstat. **79/80**, 399 (1913).

[2] Zit. nach C. A. CRAMPTON: a. a. O., S. 1076. [3] HASELHOFF, E.: a. a. O., S. 428.

[4] Vgl. S. SUZUKI: Über die Wirkung von Vanadinsulfat auf Pflanzen. Bull. Coll. Agric. Tokio **5**, 513 (1903) nach Jber. Agr. Chem. **46**, 141 (1904). — O. LOEW: Über die Giftwirkung von Fluornatrium auf Pflanzen. Flora **94**, 330 (1905). — J. J. SKINNER: Feldversuche mit einem giftigen Bodenbestandteil: Vanillin. U. S. Dep. Agric. Bur. Soils Bull. **1915**, 164. — F. W. UPSON u. A. R. POWELL: Wirkungen einiger organischen Bodenbestandteile auf Weizen. J. Ind. a. Eng. Chem. **7**, 420 (1915). — TH. BOKORNY: Speicherung von gewissen Schwermetallsalzen in den Zellen. Pharm. Zbl. **46**, 605 (1905).

[5] IMMENDORFF, H. u. E. KEMPSKI: Calciumcyanamid als Düngemittel. Stuttgart: E. Ulmer 1907. — HASELHOFF, E.: Untersuchung über die bei der Zersetzung des Kalkstickstoffs entstehenden gasförmigen Verbindungen und ihre Einwirkung auf das Pflanzenwachstum. Landw. Versuchsstat. **68**, 189 (1908). — WAGNER, P., R. DORSCH, S. HALS u. M. POPP: Die Verwendbarkeit des Kalkstickstoffs zur Düngung der Kulturpflanzen. Ebenda **66**, 285 (1907). — PFEIFFER, TH. u. W. SIMMERMACHER: Über die Wirkung des Dicyandiamids auf das Pflanzenwachstum. Ebenda **90**, 415 (1917). — KAPPEN, H.: Über die Absorption des Kalkstickstoffes im Ackerboden. Ebenda **68**, 301 (1908). — BELING, R. W.: Die Giftwirkung des Kalkstickstoffs und seiner Bestandteile. Ebenda **102**, 1 (1924). — KAPPEN, H.: Düngungsversuch mit Umwandlungsprodukten des Kalkstickstoffs. Ebenda **86**, 115 (1915). — REMY, TH.: Untersuchungen über die Wirkung des Kalkstickstoffs auf verschiedenen Bodenarten. Landw. Jb. **35**, Erg.-Bd. 4, 123f. — HÖVERMANN: Über die Wertverminderung des Kalkstickstoffs durch einen Gehalt an Dicyanamid. J. Landw. **68**, 317 (1916). — BLANCK, E. u. F. GIESECKE: Untersuchungen über das Ausstreuen des Kalkstickstoffs mit Erde. Ebenda **73**, 305 (1925).

[6] Vgl. P. WAGNER: Über die giftige Wirkung eines aus England bezogenen Ammoniumsulfates. J. Landw. **21**, 432 (1873). — C. KRAUCH: Über Pflanzenvergiftungen. Ebenda **30**, 271 (1882). — O. KOHLRAUSCH: Erfahrungen über den Einfluß des rhodanhaltigen schwefelsauren Ammoniaks auf das Pflanzenwachstum. Organ Österr.-ung. Ver. Rübenzuckerind. **12**, 1 (1874). — E. HASELHOFF u. F. GÖSSEL: Versuche über die Schädlichkeit von Rhodanammonium. Z. Pflanzenkrkh. **14**, 1 (1904). — A. STUTZER u. S. GOY: Vegetationsversuche mit rhodanhaltigem Ammoniak. J. Landw. **62**, 149 (1914).

[7] BÖHMER, C.: Über die Giftigkeit des Rhodanammoniums. Ref. Jber. Agr. Chem. **27**, 244 (1885).

[8] NIETHAMMER, A.: a. a. O. Wiss. Arch. Landw. Abt. A **4**, 633 (1930).

auf die Keimung der Getreidekörner. 0,1 proz. Lösungen stimulieren deutlich, höhere schwächen die Keimfähigkeit und 2 proz. Lösungen bringen eine ausgesprochene Schädigung mit sich.

Im großen und ganzen liegen aber die Verhältnisse in bezug auf den Einfluß der im Boden etwa vorhandenen Schwermetallverbindungen auf die Pflanzen derartig, daß sie infolge ihrer Schwer- oder Unlöslichkeit kaum eine besondere Einwirkung auszuüben imstande sind.

3. Die Bestimmung des Fruchtbarkeitszustandes des Bodens mit Hilfe biologischer Methoden.

a) Pflanzenanalyse, Keimpflanzenmethode und MITSCHERLICH-Verfahren zur Bestimmung des Bodenfruchtbarkeitszustandes.

Von E. HASELHOFF, Kassel.

Die Beziehungen zwischen Bodenzusammensetzung und Bodenbeschaffenheit einerseits und Pflanzenwachstum im Boden andererseits sind schon lange und in verschiedener Weise verfolgt worden. Wir wissen, daß das Gedeihen gewisser Pflanzen von dem Vorhandensein bestimmter Stoffe im Boden abhängig ist oder auf diese Bestandteile im Boden hinweist. Man spricht von Kalkpflanzen, deren Wachstum im Boden einen größeren Kalkvorrat voraussetzt, von Salzpflanzen, die in einem natriumchloridreicheren Boden wachsen, von Zinkpflanzen in einem zinkhaltigen Boden usw. Bei dieser Erkenntnis des Zusammenhanges zwischen Bodenzusammensetzung und Pflanzenwachstum hat es nahegelegen, aus dem letzteren auch Rückschlüsse auf das Vorhandensein bestimmter Nährstoffe im Boden, welche für die Entwicklung der Pflanzen nötig sind, zu ziehen, dann aber auch aus der Zusammensetzung der Pflanzen den Nährstoffvorrat des Bodens zu ermitteln.

In ersterer Hinsicht, also mehr für die qualitative Feststellung bestimmter Nährstoffe aus dem Pflanzenbestand, mußten vor allem die in dem betreffenden Boden wildwachsenden Pflanzen, insbesondere die Unkrautpflanzen Aufschluß geben. Diese Pflanzen sind hierfür auch vielfach benutzt worden und werden heute noch oft mit gutem Erfolge zur Feststellung der Bodenreaktion und des Kalkgehaltes des Bodens herangezogen. Ob es dem Praktiker möglich ist, die floristische Unkrautdiagnose mit Erfolg für die Beurteilung der Reaktion des Bodens zu verwenden, wird immer von besonderer Erfahrung abhängen. Dieser Hinweis auf die Bedeutung der Unkrautpflanzen für die Beurteilung des Kalkgehaltes bzw. des Reaktionszustandes des Bodens möge an dieser Stelle genügen, weil die Bestimmung des Fruchtbarkeitszustandes des Bodens nach dem natürlichen Pflanzenbestande des Bodens schon besonders erörtert worden ist[1]; eine kurze Erwähnung erschien aber mit Rücksicht darauf, daß die Zusammensetzung der Unkrautpflanzen für die Beurteilung des Düngungsbedürfnisses eines Bodens verwertet worden ist, geboten.

Ein anderes qualitatives Verfahren zur Feststellung eines Nährstoffmangels im Boden ist das Aussehen der Pflanzen. Bei der Färbung der Pflanzen ist der Einfluß eines Nährstoffmangels auf die Entwicklung der Pflanzen oft groß. Allerdings wird man dabei meistens nur bei einem starken Mangel des betreffenden Nährstoffes zu einem sicheren Schluß kommen können. Dieses Verfahren ist vor allem bei der Zuckerrübe durch Versuche der Versuchsstation in Bern-

[1] Vgl. vorliegenden Band des Handbuches, S. 49—106.

burg von H. RÖMER und G. WIMMER[1] und neuerdings von W. KRÜGER und G. WIMMER[2] geprüft worden. Die hierbei gemachten Beobachtungen über den Einfluß des Nährstoffmangels kehren bei anderen Pflanzen in mehr oder weniger übereinstimmendem Grade wieder; deshalb sollen sie hier nach den neuesten Feststellungen von KRÜGER und WIMMER angeführt werden. Hiernach verläuft das Wachstum der Zuckerrübe bei Stickstoffmangel zunächst wie bei Volldüngung; die Reife tritt aber früher ein. Sobald sich der Stickstoffmangel im Wachstum der Pflanzen bemerkbar macht, nehmen die Blätter eine hellere Färbung an, verwelken mit gelber und vertrocknen mit hellbrauner Färbung. Sie bleiben kleiner als bei ausreichender Stickstoffnahrung. Der Zuckergehalt der Rübe wird durch Stickstoffmangel nicht herabgedrückt, eher ist das Gegenteil der Fall. Das Verhältnis von Rübe zu Kraut bleibt im allgemeinen wie bei der Volldüngung; es verschiebt sich nur bei sehr großem Stickstoffmangel zu Ungunsten der Rübe. Die Gesamtzahl der Blätter nimmt mit dem Ansteigen des Stickstoffmangels ab.

Bei einem Mangel an Phosphorsäure zeigen bei gleichzeitigem Stickstoffüberschuß, der ein starkes Ergrünen der Pflanzen bewirkt, die Blätter als erstes Anzeichen eine dunkelgrüne Farbe, die bei andauerndem Phosphorsäuremangel bis zur Ernte bestehen bleiben kann; meistens tritt aber eine gelbrötliche Verfärbung der Blätter mit grünem Grundton ein. M. v. WRANGELL[3] fand bei neutraler bzw. alkalischer Reaktion des Bodens als Anzeichen des Phosphorsäuremangels eine Bräunung der Blattspitzen und Adern. Dieser Feststellung kommen die Beobachtungen KRÜGERS bei starkem Phosphorsäuremangel näher, wonach sich an den Blättern tiefdunkelbraune, meist sogar schwarze Flecke an den Blättern zeigen, die unregelmäßig geformt, zuerst meistens an den Blatträndern oder in der Nähe derselben, zuweilen aber auch mitten in der Blattfläche auftreten. Von diesen Flecken aus beginnt das Absterben der Blätter ohne Übergang in Gelb mit tiefdunkelbrauner bis schwarzer Farbe. Bei derartig starker Einwirkung des Phosphorsäuremangels leidet das Wachstum der Rüben; der Zuckergehalt geht etwas zurück. Die Zahl der Blätter nimmt mit der Zunahme des Phosphorsäuremangels ab.

Kalimangel ist zunächst an der Größe der Pflanze nicht festzustellen. Er äußert sich auch nicht in der Färbung der Blätter, verursacht aber nach J. KÖNIG bei einigen Pflanzen eine stark wellige Beschaffenheit der Blätter. Mit dem Fehlen des Kalis in der Nahrung verfällt die Pflanze immer mehr. Die Blätter sterben aber nicht wie bei Stickstoff- und Phosphorsäuremangel eines nach dem anderen ab, sondern das Absterben und Abfallen vieler älterer Blätter erfolgt gleichzeitig und schnell; es verbleiben nur einige grüne Herzblättchen, welche schließlich auch absterben. An den Blattstielen zeigen sich braune Flecke. Schon bei geringerem Kalimangel ändert sich das Verhältnis von Rübe zu Kraut zu Ungunsten der Rübe; es kann sich bei starkem Kalimangel umkehren, so daß das Kraut überwiegt. Der Zuckergehalt der Rübe nimmt mit der Zunahme des Kalimangels ab.

Wenn zwei der angegebenen Nährstoffe oder alle drei Nährstoffe nicht in genügender Menge vorhanden sind, so ist das Erkennen des Nährstoffmangels

---

[1] RÖMER, H. u. G. WIMMER: Die Bedeutung der an der Rübenpflanze durch verschiedene Düngung hervorgerufenen äußeren Erscheinungen für die Beurteilung der Rüben und die Düngebedürftigkeit des Bodens. Z. Ver. Zuckerind. 1907, Sonderh., 1.

[2] KRÜGER, W. u. G. WIMMER: Durch Nährstoffmangel an der Zuckerrübe hervorgerufene Krankheiten. Z. Ver. Zuckerind. 1927, Sonderh., 197.

[3] WRANGELL, M. v.: Phosphorsäureaufnahme und Bodenreaktion. Landw. Versuchsstat. 96, 209 (1920).

schwierig. Äußerlich wahrnehmbare Anzeichen treten auf, wenn die Nährstoffe nicht in dem richtigen Verhältnis vorhanden sind. Wenn das Nährstoffverhältnis dem Bedürfnis der Pflanzen entspricht, so zeigen sich die äußeren Merkmale des Nährstoffmangels an den Pflanzen selbst dann nicht, wenn die Nährstoffe in nicht genügender Menge vorhanden sind.

Kalkmangel hat bei der Zuckerrübe auffallend helles Grün der Blätter, einen hohen Kopf und eine tiefe, oft bis nahezu an den Kopf hinaufreichende Wurzelrinne zur Folge. Bei Magnesiamangel sind die Blätter normal grün, aber mehr oder weniger hell gesprenkelt; sie färben sich häufig an den Rändern rot. Die Veränderung der Blattfärbung dürfte mit dem Einfluß der Magnesia auf die Bildung des Chlorophylls zusammenhängen. Eisenmangel in der Nahrung der Pflanze führt zur Chlorose.

Weitere Feststellungen wurden noch bei Kartoffeln, Hafer, Rotklee und Tabak gemacht; es erübrigt sich hierauf noch einzugehen, da die Erscheinungen mehr oder weniger dieselben wie bei der Zuckerrübe sind.

Diese Ausführungen zeigen, daß es auch da, wo zu dem veränderten Aussehen der Pflanzen noch die Beeinflussung der Zusammensetzung bzw. des Gehaltes an den hauptsächlich wertbestimmenden Bestandteilen (wie z. B. Zucker in der Rübe) durch den Nährstoffmangel hinzukommt, nur in beschränktem Grade möglich ist, aus den angegebenen Feststellungen auf den Vorrat des Bodens an aufnehmbaren Bestandteilen zu schließen, daß, wie schon gesagt wurde, diese Merkmale nicht mehr als einen qualitativen Wert für die Beurteilung des Düngungsbedürfnisses des Bodens haben; aber auch hierbei wird sehr oft die Sicherheit des Urteils durch das subjektive Empfinden des Beurteilers beeinflußt werden.

Pflanzenanalyse. Schon frühzeitig hat man versucht, eine bessere und sicherere Grundlage für die Beurteilung des Fruchtbarkeitszustandes bzw. Düngerbedürfnisses des Bodens durch die Feststellung der Zusammensetzung der Pflanzen zu schaffen, weil man erwartete, daß die Menge der von den Pflanzen aufgenommenen Nährstoffe dem Vorrat an assimilierbaren Nährstoffen im Boden entsprechen würde. Wir wissen, daß die Nährstoffaufnahme durch die Pflanzen aus dem Boden nicht allein durch den Nährstoffvorrat des Bodens bestimmt wird, sondern daß auch noch andere Wachstumsfaktoren darauf einwirken, daß der Nährstoffbedarf und der Nährstoffgehalt der Pflanzen in den einzelnen Wachstumsperioden verschieden ist usw., dabei also verschiedene Verhältnisse mitwirken, so daß der Weg, durch die Untersuchung und Feststellung der Zusammensetzung der Pflanzen zur sicheren Erkenntnis des Nährstoffvorrates im Boden und damit des Düngungsbedürfnisses des Bodens zu gelangen, nicht leicht zum Erfolge führen wird. Es wird auf den Einfluß einzelner dieser Faktoren im Zusammenhang mit den betreffenden Untersuchungen über die Zusammensetzung der Pflanzen kurz einzugehen sein. Die Besprechung der einzelnen Versuche soll, soweit es sich nicht um gleichartige Versuche handelt, möglichst nach der Zeit, zu welcher sie ausgeführt wurden, erfolgen, einmal, weil dadurch die Untersuchung selbst beeinflußt wird, dann aber vor allem, weil sich die Beurteilung der Untersuchungsergebnisse aus dem Stande der derzeitigen Ansicht über die Pflanzenernährung erklärt. Zu den Untersuchungen haben teils Unkrautpflanzen, teils Kulturpflanzen gedient; für die Brauchbarkeit der ersteren für diesen Zweck spricht, daß ihnen die betreffende Bodenbeschaffenheit zusagt, allerdings ist auch dagegen eingewendet worden, daß durch diese Anpassung der Pflanzen an den Boden die Aufnahme der Nährstoffe beeinflußt werden kann, woraus folgen würde, daß eine Verallgemeinerung der Untersuchungsergebnisse nicht tunlich ist.

Die pflanzenphysiologischen Arbeiten über die Nährstoffaufnahme der Pflanzen, welch' letztere die Grundlage für die Beurteilung des Düngungsbedürfnisses des Bodens auf Grund der Zusammensetzung der Pflanzen ist, gehen bis zum Beginn des 18. Jahrhunderts auf ST. HALES[1] zurück. Nach ihm haben SENNEBIER, INGENHOUSS, SAUSSURE u. a. m. durch ihre Untersuchungen den Weg gezeigt, auf dem man durch die Untersuchung der Pflanzen zur Erkenntnis der Ernährungsvorgänge kommen kann, wahrscheinlich ohne hierbei daran zu denken, in dieser Weise das Düngerbedürfnis bzw. den Fruchtbarkeitszustand eines Bodens festzustellen. Es ist wohl zuerst A. STÖCKHARDT[2] gewesen, welcher das Ziel, aus der Zusammensetzung der Pflanzen Schlußfolgerungen auf die Ernährung der Pflanzen zu ziehen, klarer erkannt hat. Ausführlichere Untersuchungen in dieser Richtung hat dann zuerst R. ULBRICHT[3] ausgeführt, indem er die „Verteilung der Mineralstoffe und des Stickstoffs über die Organe des Rotklees in den verschiedenen Perioden seines Wachstums" feststellte. H. HELLRIEGEL[4] hat diese Versuche dahin erweitert, daß er die einzelnen Bestandteile im Safte der Rotkleepflanzen ermittelte, um Aufschluß darüber zu erhalten: „welche von den in der ganzen Pflanze gefundenen Stoffen als in Wanderung begriffen, also noch eigentlich lebensthätig waren und welche aus dem Kreislauf abgeschieden und somit unthätig anzusehen wären". Diese Versuche haben zu keinem für die in Rede stehenden Untersuchungen und Feststellungen brauchbaren Ergebnis geführt.

A. WEINHOLD[5] glaubt die Beziehungen zwischen Nährstoffaufnahme und Pflanzenwachstum durch die Untersuchung der auf dem betreffenden Boden wachsenden Unkräuter aufklären zu können; er nimmt an, daß das Gedeihen dieser Pflanzen für das Vorhandensein der Mineralstoffe im Boden in dem geeignetsten Verhältnis spricht und die Zusammensetzung der Pflanzenasche dieses Nährstoffverhältnis wiedergibt. Die Untersuchungsergebnisse zeigen aber keine solchen Beziehungen zwischen Pflanzen- und Bodenzusammensetzung, daß aus der ersteren Rückschlüsse auf die letztere gezogen werden können. Wahrscheinlich sind die physikalische Beschaffenheit des Bodens und andere Faktoren für das Pflanzenwachstum wichtiger als die chemische Zusammensetzung des Bodens gewesen. Bei der Fortsetzung der Versuche hat WEINHOLD[6] nur die oberirdischen Teile der Pflanzen, und zwar zur Zeit der Blüte, untersucht. Die Pflanzen waren auf Waldboden gesammelt, um für den Boden und die Pflanzen ursprüngliche, durch die Bodenkultur nicht veränderte Verhältnisse zu haben. Bei diesen Untersuchungen zeigten die Pflanzenaschen eine bessere Übereinstimmung, indem alle Aschen durch einen hohen Kaligehalt und die meisten Aschen durch einen verhältnismäßig hohen Phosphorgehalt ausgezeichnet waren, woraus auf einen ausreichenden Gehalt des Bodens an Kali und Phosphorsäure in assimilierbarer Form geschlossen werden konnte.

---

[1] HALES, ST.: Vegetable Statics. 1727; zit. nach R. ULBRICHT: Die Verteilung der Mineralstoffe und des Stickstoffs über die Organe des Rotklees in den verschiedenen Perioden seines Wachstums. Landw. Versuchsstat. 3, 241 (1861).

[2] STÖCKHARDT, A. nach Angabe von R. ULBRICHT: a. a. O., S. 243.

[3] ULBRICHT, R.: Über die Vertheilung der Mineralstoffe und des Stickstoffs über die Organe des Rothklees. Landw. Versuchsstat. 3, 241 (1861); Über die Blutungssäfte einjähriger Pflanzen. Ebenda 4, 1 (1862).

[4] HELLRIEGEL, H.: Untersuchungen über die Mineralstoffe im Saft der Rothkleepflanzen usw. Landw. Versuchsstat. 4, 31 (1862).

[5] WEINHOLD, A.: Übereinstimmung der Zusammensetzung von Pflanzenaschen mit derjenigen des Erdbodens. Landw. Versuchsstat. 4, 188 (1862).

[6] WEINHOLD, A.: Untersuchung des Futterkrautes in verschiedenen Wachstumsperioden. Landw. Versuchsstat. 6, 50 (1864).

In anderer Weise ist H. HELLRIEGEL[1], welcher auf diesem Gebiete besonders tätig gewesen ist, bei seinen späteren Untersuchungen vorgegangen, um den Zusammenhang zwischen dem Nährstoffgehalt des Bodens und der Zusammensetzung der Gerste zu klären. Er verwendete als Bodenmaterial nicht natürlichen Boden, sondern kalifreien Quarzsand, und zwar je Gefäß 4 kg Sand, welchem ausreichende Nährstoffmengen in wässeriger Lösung mit Ausnahme des zu prüfenden Kalis zugesetzt waren; Kali wurde in steigenden Mengen angewendet. Die Versuche haben ergeben, daß der Ertrag bis zu einer bestimmten Grenze mit dem Kaligehalt der Düngung steigt, eine weitere Kalizufuhr aber ohne Einfluß auf den Ertrag ist. Die Düngung hat auf die Zusammensetzung der Ernteerzeugnisse, besonders des Strohes, insofern eingewirkt, als der Gehalt an Asche beim Stroh sowohl bei Kaliüberschuß wie bei Kalimangel im Boden gestiegen ist, im ersteren Falle „offenbar infolge des aufgenommenen, aber untätig verbliebenen Kaliüberschusses", im letzteren Falle, „weil nun die übrigen Nährstoffe im relativen Überschuß aufgenommen wurden, ohne infolge des Kalimangels zur Verwertung gelangen zu können". Auch in der Zusammensetzung der Asche des Strohes, sowie in dem Gehalt der Trockensubstanz an den einzelnen Bestandteilen tritt der Einfluß der Kaliwirkung hervor. Der Kaligehalt des Gerstenstrohes einschließlich der Spreu ist bis auf 6,4% gestiegen, „ließ sich aber selbst bei dem äußersten Mangel an aufnehmbarem Kali im Boden nicht unter ca. 0,4% in der Trockensubstanz herabdrücken". HELLRIEGEL folgert aus seinen Versuchsergebnissen, daß man aus der Zusammensetzung der Ernteerzeugnisse auf die im Boden vorhanden gewesenen, aufnehmbaren Pflanzennährstoffe zurückschließen darf. Als Voraussetzung dafür fordert er, daß „durch Kulturversuche das relative und absolute Nährstoffbedürfnis der betreffenden Kulturpflanzen festgestellt ist oder mit anderen Worten, daß für dieselben erstens die Zusammensetzung einer Nährstoffmischung bekannt ist, in welcher kein einzelner Nährstoff sich relativ im Überschuß befindet, und daß man zweitens wisse, wieviel in dieser Mischung von Minimo zur Erzeugung einer gewissen Menge an Trockensubstanz nötig ist". HELLRIEGEL glaubt, daß, wenn durch Kulturversuche die nötigen Unterlagen geschaffen sind, die Untersuchung der Ernteerzeugnisse „gültige Anhaltspunkte gewähren wird zur Beurteilung nicht nur der relativen, sondern auch der absoluten Verhältnisse der im Boden vorhandenen aufnehmbaren Pflanzennährstoffe, und daß dieselbe geeignet ist, die notwendige Ergänzung zur Verwertung der Ergebnisse der Bodenanalyse zu bieten".

Diese Versuchsergebnisse HELLRIEGELS wurden nicht überall in gleicher Weise gedeutet. Die Einwände, welche dagegen erhoben worden sind, hat E. v. WOLFF[2] dahin zusammengefaßt, daß die Untersuchung der Asche einer Pflanze zwar über die Zusammensetzung eines Bodens Aufschluß geben kann, daß aber bei der Aufnahme der mineralischen Bodenbestandteile durch die Pflanze noch andere Faktoren mitwirken, durch welche ein Rückschluß auf den Vorrat des Bodens an assimilierbaren Nährstoffen gestört wird.

Besonders eingehend hat sich R. HEINRICH[3] mit der Pflanzenanalyse zwecks Feststellung des Fruchtbarkeitszustandes bzw. Düngerbedürfnisses eines Bodens beschäftigt. Er teilt die Ansicht, daß die Zusammensetzung der Pflanzen von dem Nährstoffvorrat des Bodens abhängig ist, daß aber der Nährstoffgehalt

---

[1] HELLRIEGEL, H.: Über Gerstenkultur in reinem Sand. Landw. Versuchsstat. 11, 136 (1869).

[2] WOLFF, E. v.: In Verh. 5. Wandervers. Dtsch. Agrikulturchem., Physiol. u. Vorst. der Versuchsstat. Landw. Versuchsstat. 11, 144 (1869).

[3] HEINRICH, R.: Grundlagen zur Beurteilung der Ackerkrume, S. 49. Wismar 1882.

der Pflanzen nicht unter eine gewisse Grenze, den Minimalgehalt, sinken kann, wenn die Pflanzen sich entwickeln sollen. Ist die verfügbare Nährstoffmenge größer, als zur Erreichung des Minimalgehaltes an Nährstoffen nötig ist, so ist die Nährstoffaufnahme größer; sie nimmt auch noch zu, wenn dabei eine Ertragssteigerung nicht mehr eintritt. Im Gegensatz zu HELLRIEGEL will HEINRICH aber nicht die ganze Pflanze untersuchen, sondern nur die Wurzeln. Er geht dabei von der Ansicht aus, daß der Mineralstoffgehalt einer Pflanze nicht nur von dem Mineralstoffgehalt des Bodens abhängig ist, sondern daß noch andere Wachstumsfaktoren mitwirken, welche die Wurzeln weniger, mehr dagegen die oberirdischen Pflanzenteile beeinflussen. Auf Grund seiner Feststellungen glaubt HEINRICH auch annehmen zu dürfen, daß in den älteren Pflanzenteilen, besonders in den Wurzeln, die Unterschiede im Nährstoffgehalt am stärksten hervortreten. Er geht deshalb bei seinen Untersuchungen von der Zusammensetzung der Wurzeln reifer Pflanzen aus und hat als Versuchspflanze zunächst Hafer benutzt, weil diese Pflanze unter den verschiedensten Verhältnissen angebaut wird. Die Grundlage dieses Verfahrens bildet der Minimalgehalt an Nährstoffen in den Pflanzenwurzeln, welcher zum Wachstum der Pflanzen nötig ist. HEINRICH findet diesen Gehalt an Stickstoff, indem er Haferpflanzen aus sehr stickstoffarmem und stickstoffreichem Boden und teils auch in Nährlösungen gewachsene Haferpflanzen untersucht, welch' letztere aber etwas höhere Zahlen geben, was HEINRICH auf die zartere Beschaffenheit der Wurzeln dieser Pflanzen zurückführt; doch werden diese letzteren Werte nicht berücksichtigt. Den Zahlen, welche für das Kali- und Phosphorsäureminimum angegeben werden, haftet insofern eine gewisse Unsicherheit an, als kali- und phosphorsäurearme Böden für ihre Feststellung gefehlt haben; es ist daher versucht worden, durch einseitige Düngung mit Stickstoff und Phosphorsäure bzw. mit Stickstoff und Kali zum Ziele zu kommen. Beim Kali wurden außerdem noch in Torfboden und Nährlösung gewachsene Haferpflanzen, bei der Phosphorsäure Haferpflanzen aus einem Boden, der noch nicht mit Phosphorsäure gedüngt worden war, untersucht. Aus diesen Untersuchungen gibt R. HEINRICH als Minimalgehaltszahlen für Haferwurzel auf Trockensubstanz berechnet an für: Stickstoff = 0,50—0,60%, Kali = 0,08—0,10%, Phosphorsäure = 0,08 bis 0,10%, Kalk = 0,37%, Magnesia = 0,01%, Schwefelsäure = 0,03%; die Zahlen für Kalk, Magnesia und Schwefelsäure hält HEINRICH nicht für hinreichend sichergestellt. Je mehr sich der Gehalt dieser Nährstoffe in der Haferwurzel diesen Minimalwerten nähert, desto mehr fehlt der betreffende Nährstoff im Boden und umgekehrt. Wenn die Pflanzenwurzeln ausreichende Mengen dieser Nährstoffe enthalten und ihre absoluten Mengen hoch sind, so soll durch den normalen Verlauf der Verwitterung die Nährstoffversorgung der Pflanzen aus dem Bodenvorrat so weit gesichert sein, daß die Zufuhr von Nährstoffen beschränkt werden kann; wenn aber bei hoher absoluter Nährstoffmenge im Boden der Gehalt der Pflanzenwurzeln an dem betreffenden Bestandteil gering ist, so sind Düngungs- oder andere Maßnahmen zur Aufschließung der Bodennährstoffe notwendig. Aus dem Vorhandensein von Salpetersäure und Schwefelsäure in der reifen Pflanze will HEINRICH folgern, ob diese Bestandteile in ausreichender Menge für die Pflanzen verfügbar gewesen sind; er nimmt als Grenzwerte 0,01% Salpetersäure und 0,03% Schwefelsäure auf Trockensubstanz berechnet an.

Dieses Verfahren HEINRICHS wird von HÄSSNER[1] auf Grund eigener Versuche abgelehnt. Diese letzteren waren Feldversuche mit Gerste, welche ursprüng-

[1] HÄSSNER: Untersuchungen über den Nährstoffgehalt in den Wurzeln und Körnern der Gerste und Verhalten derselben zu den im Boden vorhandenen assimilierbaren Pflanzennährstoffen. 1887; ref. in J. KÖNIG: Untersuchung landw. wichtiger Stoffe S. 131. Berlin 1923.

lich nicht zur Nachprüfung des Verfahrens von HEINRICH dienen sollten und nach der Beurteilung von HELMKAMPF[1] für diesen Zweck auch nicht geeignet gewesen sind. Nach den über diese Versuche im einzelnen gemachten Angaben erübrigt es sich, hier darauf näher einzugehen. Anders ist es mit der Nachprüfung des HEINRICHschen Verfahrens durch A. v. DIKOW[2]. Dieser geht dabei von den Versuchsergebnissen FITTBOGENS[3] aus, welcher die Wurzeln nach der Blüte der Pflanzen als erschöpft annimmt und sie als Vorratskammer für die oberirdischen Pflanzen sowohl an organischen als auch an mineralischen Nährstoffen ansieht, aus der die Pflanzen zur Zeit des größten Nährstoffverbrauches ihren Nährstoffbedarf zu decken suchen. Deshalb muß der Nährstoffgehalt der Wurzeln zur Zeit des größten Nährstoffverbrauches bedeutend vermindert sein und kann sogar bis auf ein Minimum sinken, welches nach R. HEINRICH konstant bleibt. In diesem konstanten Minimum sieht A. v. DIKOW den Beweis dafür, daß sich die Pflanzen im Hungerzustande befunden haben müssen. Die ausgeführten Versuche waren Freilandversuche auf nährstoffarmem Sandboden, welcher mit Stickstoff, Phosphorsäure und Kali in verschiedener Kombination dieser Nährstoffe und in einfacher und doppelter Menge gedüngt wurde. Versuchspflanze war Gerste. Die Untersuchung der Gerstenwurzeln ergab auf 100 g organischer Substanz berechnet in Gramm:

	Stickstoff	Phosphorsäure	Kali
Minimum . . .	0,63	0,13	—
Maximum . . .	1,03	0,31	1,20

A. v. DIKOW hält es für richtiger, bei der Beurteilung des Nährstoffgehaltes des Bodens auf Grund der Zusammensetzung der Pflanzenwurzeln von den Maximalwerten auszugehen. Er folgert aus seinen Versuchen: „Das Gesetz des Minimums von HEINRICH ist als richtig anzusehen; doch ist die Existenz eines Gesetzes des Maximums wahrscheinlich. Die Wurzeln der Pflanzen zeigen das Düngerbedürfnis derselben an. Der Gehalt an Nährstoffen in den Wurzeln kann jedoch nicht als Maßstab für die Menge der assimilierbaren Nährstoffe im Boden dienen. Der Zweck einer gegebenen Düngung zur Produktion der größtmöglichen Menge organischer Substanz ist nur dann als erreicht anzusehen, wenn der Nährstoffgehalt der Wurzeln das Maximum erreicht."

In eingehender Weise hat sich ATTERBERG[4] mit der Ausnutzung der Pflanzenanalyse zur Feststellung des Vorrats an assimilierbaren Nährstoffen im Boden beschäftigt. Er geht dabei von der Zusammensetzung der Haferpflanze aus, welche unter verschiedenen Wachstumsverhältnissen, teils bei normaler, teils bei Mangelernährung, teils in Gefäßversuchen oder auf Freilandparzellen erhalten worden ist. Diese Untersuchungen führten ATTERBERG zu folgendem Schluß: „Wenn die für die Pflanze verfügbare Menge Nährstoff abnimmt, so wird derselbe auch in abnehmbarer Menge aufgenommen und assimiliert, und der Gehalt daran in der Pflanze sinkt gleichfalls. Ist damit eine schwächere Entwicklung der Pflanze, also ein niedrigeres Erntegewicht verbunden, so befinden sich die anderen Nährstoffe gegenüber dem im Minimum vorhandenen Nährstoff in

[1] HELMKAMPF, A.: Untersuchungen über die Feststellung des Düngerbedürfnisses der Ackerböden durch die Pflanzenanalyse. J. Landw. **40**, 94 (1892).

[2] DIKOW, A. v.: Beurteilung des Bodens nach den Wurzeln der Gerstenpflanze. J. Landw. **39**, 134 (1891).

[3] FITTBOGEN, J.: Die Aschenbestandteile der Haferwurzeln. Landw. Versuchsstat. **6**, 481 (1864).

[4] ATTERBERG, A.: Die Beurtheilung der Bodenkraft nach der Analyse der Haferpflanze. Landw. Jb. **15**, 415 (1886); **16**, 757 (1887).

einem relativen Überschuß und werden sonach von der Pflanze in steigender Menge aufgenommen und assimiliert.“ Durch weitere Versuche, durch welche der Einfluß der Düngung auf die Zusammensetzung der Haferpflanze festgestellt werden sollte, wurde gefunden, daß in der grünen Haferpflanze und in den Haferkörnern dasselbe Verhältnis zwischen Stickstoff und Phosphorsäure besteht wie in der Pflanzennahrung. Beim Kali wird die Wirkung durch das Vorhandensein von Natron beeinflußt; im übrigen eignet sich für diese Untersuchungen das kalireichere Stroh besser als die kaliärmeren Körner. Die Verhältniszahlen sind für Stickstoff = 100, in Haferkörnern für Phosphorsäure = 55, in Haferstroh für Kali = 100. ATTERBERG prüft diese Ergebnisse durch Versuche in Böden verschiedener Art und findet in den Verhältniszahlen Schwankungen, wie sie nach dem bekannten verschiedenen Düngerbedürfnis der Böden zu erwarten waren. Wenn ähnlich wie hier für die Haferpflanze auch die Zusammensetzung der übrigen Kulturpflanzen festgestellt wird, glaubt ATTERBERG durch die Pflanzenanalyse einen besseren Aufschluß über das Düngungsbedürfnis und damit über den Fruchtbarkeitszustand des Bodens zu erhalten als durch die Bodenuntersuchung.

Auch A. D. HALL[1] benutzte das Verhältnis der Nährstoffe in der Pflanzenasche zur Bestimmung des Düngerbedürfnisses der Böden und prüfte dabei auch die sonstigen hierfür angegebenen Verfahren. Er folgert aus seinen Versuchen: „Das Verhältnis von Phosphorsäure und Kali in der Asche einer Pflanze verändert sich mit der Menge, welche von diesen Bestandteilen im Boden zur Verfügung steht und gilt als Maß für eine entsprechende Phosphorsäure- oder Kalidüngung. Diese Schwankungen sind beschränkt und häufig nicht größer als die Schwankungen, die durch die Witterung oder durch andere unwesentliche Aschenbestandteile hervorgerufen werden. Die Zusammensetzung der Asche der Zerealien ist weniger durch den Gehalt des Bodens an löslichen Mineralstoffen beeinflußt als die Asche der Wurzelgewächse, z. B. der schwedischen Rüben und der Mangoldwurzeln. Die Zusammensetzung der Asche der Mangoldwurzeln (Runkelrüben), welche ohne Düngung in einem bestimmten Boden gewachsen sind, gibt einen wertvollen Fingerzeig für die Bedürfnisse des Bodens in bezug auf die Kalidüngung. Ähnlich wird das Bedürfnis nach Phosphorsäure durch die Zusammensetzung der Asche von ungedüngten schwedischen Rüben sehr gut angegeben; in diesem Falle erhält man jedoch durch die Bestimmung der in Zitronensäure löslichen Phosphorsäure noch entscheidendere Ergebnisse. Das Verfahren, aus der Analyse der Asche bestimmter Pflanzen, für welche man die Normalkonstanten an Phosphorsäure- und Kaligehalt bestimmt hat, auf das Düngerbedürfnis eines ungedüngten und mit diesen Pflanzen bebauten Bodens zu schließen, ist nicht zweckmäßig und kann die chemische Bodenanalyse nicht ersetzen.“

E. GODLEWSKY[2] kommt unter Benutzung der von CZARNOWSKI[3] eingeleiteten Versuche in seinen Untersuchungen auch nicht zu einer uneingeschränkten Anerkennung der Pflanzenanalyse zur Feststellung des aufnehmbaren Nährstoffvorrats im Boden, wenn sie auch Anhaltspunkte hierfür gewähren kann. GODLEWSKY bezeichnet ebenfalls das Verhältnis, in welchem die Mengen der einzelnen Nährstoffe in der geernteten Pflanzenmasse zu einander stehen, als

[1] HALL, A. D.: J. Agricult. Sci. Cambridge Univ. Press 1905; ref. n. J. KÖNIG: Untersuchung landwirtschaftlich wichtiger Stoffe, S. 132. Berlin: P. Parey 1923.

[2] GODLEWSKY, E.: Über das Nährstoffbedürfnis einiger Kulturpflanzen und über die Abhängigkeit der Zusammensetzung der geernteten Pflanzensubstanz von der chemischen Beschaffenheit des Bodens. Z. landw. Versuchsw. Österreich 4, 479 (1901).

[3] CZARNOWSKI: wie unter 2.

für die Beurteilung der Bodenbeschaffenheit wertvoll. Er findet für die Kartoffelknolle als Anzeichen der Kaliarmut des Bodens eine Verengung der Verhältnisse von Kali zur Phosphorsäure und von Kali zu Stickstoff, wobei das letzte Verhältnis sogar kleiner als 1 werden kann. Beim Stickstoffmangel im Boden wird in den Kartoffelknollen das Verhältnis von Kali zu Stickstoff erweitert, das Verhältnis von Stickstoff zu nahezu allen anderen Aschenbestandteilen, wie Phosphorsäure, Kalk, Magnesia, Schwefelsäure verengt. Ein engeres Verhältnis von Stickstoff zu Phosphorsäure als 100 : 50 weist auf Stickstoffmangel im Boden hin. Das Verhältnis von Kali zu Stickstoff in der Kartoffelknolle scheint mehr als die übrigen Verhältnisse außer durch die chemische Bodenbeschaffenheit noch durch andere Faktoren (Kartoffelsorte, Witterung) bedingt zu werden. Das Verhältnis von Kali zu Magnesia scheint von dem Kaligehalt des Bodens wie überhaupt von der chemischen Bodenbeschaffenheit nur wenig abzuhängen.

GODLEWSKI hält bei der Gerste die Zusammensetzung des Strohes für die Beurteilung der chemischen Bodenbeschaffenheit für geeigneter als die der Körner. Wenn das Gerstenstroh einen hohen Stickstoffgehalt zeigt, so liegt darin noch kein Beweis für einen hohen Gehalt des Bodens an assimilierbarem Stickstoff. Eine Verengung des Verhältnisses von Stickstoff zu Phosphorsäure zeigt Stickstoffmangel im Boden an; dagegen ändert sich das Verhältnis des Stickstoffs zu den anderen Nährstoffen nicht. Für Kaliarmut des Bodens spricht es, wenn Gerstenstroh in der Trockensubstanz 1. weniger als 1% Kali enthält, 2. darin der Gehalt an Stickstoff, Kalk und Magnesia steigt, 3. das Verhältnis von Kali zu Stickstoff, zu Phosphorsäure, zu Magnesia mehr oder weniger stark verengt wird, und wenn dieses besonders beim Verhältnis von Kali zu Kalk eintritt, 4. das Verhältnis von Phosphorsäure zu Magnesia verengt und dasjenige von Phosphorsäure zu Kalk kleiner wird. Als normal kann im Gerstenstroh das Verhältnis von Kali : Stickstoff : Phosphorsäure : Kalk : Magnesia = 100 : 50 : 30 : 40 : 10 gelten. Bei Phosphorsäuremangel im Boden erweitert sich beim Gerstenstroh das Verhältnis von Stickstoff zu Phosphorsäure; ein weiteres Verhältnis als 100 : 20 weist auf Phosphorsäuremangel im Boden hin.

Das Gesamtergebnis seiner Untersuchungen faßt GODLEWSKI, wie folgt, zusammen: „Die chemische Analyse der geernteten Pflanzensubstanz wird kaum einmal imstande sein, uns über die ganze chemische Bodenbeschaffenheit zu unterrichten; sie kann aber dazu benutzt werden, uns über die praktisch hochwichtige Frage, welcher Nährstoff unter den gegebenen Verhältnissen im Minimum steht, eine sichere Auskunft zu geben. Eine sichere Entscheidung nach dem Ergebnisse der Ernteanalyse über die im Boden im Minimum sich befindenden Nährstoffe wird erst dann möglich werden, wenn die Abhängigkeit zwischen der Zusammensetzung der Ernten und der chemisch-physiologischen Beschaffenheit des Bodens besser, als dies heute der Fall ist, erforscht sein wird".

Auf Grund früherer Pflanzenanalysen ist J. HANAMANN[1] zu der Ansicht gelangt, daß es nicht möglich ist, die „Wurzeln allein zur Bestimmung des Düngerbedürfnisses eines Bodens heranzuziehen, da sich der Unterschied an Pflanzennährstoffen nicht nur in diesen Organen, sondern in gleicher Weise in der ganzen Pflanze geltend macht"; allgemein wird das Stroh für diese Untersuchung bevorzugt. Das Verhältnis von Stickstoff zu Phosphorsäure zu Kali in den Pflanzen kann erst dann bei der Bestimmung des Nährstoffvorrates im Boden eine prak-

[1] HANAMANN, J.: Beiträge zur Ausbildung einer Methode behufs Feststellung des Düngungsbedürfnisses des Ackerbodens durch die Pflanzenanalyse. Z. landw. Versuchsw. Österreich 7, 805 (1904).

tische Ausnutzung erfahren, wenn durch mehrjährige Versuche und bei Berücksichtigung der klimatischen Einwirkungen das Verhältnis der Nährstoffe annähernd richtig ermittelt worden ist. Bei den ausgeführten Versuchen war das Verhältnis zwischen Stickstoff und Phosphorsäure in den ungedüngten Gefäßen wie 100 : 50, in den mit Stickstoff und Kaliphosphat gedüngten Gefäßen wie 100 : 30. Wenn dieses Verhältnis enger ist, so liegt Stickstoffmangel vor, ist es weiter, so kann man auf Stickstoffüberschuß oder Phosphorsäuremangel schließen.

F. MÜNTER[1] findet bei seinen Versuchen mit Weizen auf dem Lauchstädter Lößlehmboden, daß eine Kali- und Phosphorsäuredüngung den Kieselsäuregehalt des Weizenstrohes erhöht, eine Stickstoffdüngung ihn erniedrigt, daß erstere Düngung den Stickstoff-, Kalk- und Magnesiagehalt des Strohes herabdrückt, eine Stickstoffdüngung hierauf steigernd wirkt. Die Witterung beeinflußt die Nährstoffaufnahme der Pflanzen so stark, daß die bei einseitiger Düngung gefundenen prozentischen Gehaltszahlen der Nährstoffe für die Beurteilung des Düngerbedürfnisses unbrauchbar sind. Nach seinen vierjährigen Versuchen ist ein ausreichender Gehalt an Stickstoff im Boden anzunehmen, wenn die Summe von Stickstoff, Kalk und Magnesia für 1 ha bei Körnern und Stroh mehr als 90 kg oder bei Körnern mehr als 60 kg oder bei Stroh mehr als 30 kg beträgt. Wenn nach Abzug der prozentischen Gehaltszahlen für Stickstoff + Kalk + Magnesia von den Kaliprozentzahlen die Restzahl positiv ist, so genügte der Kalivorrat im Boden, ist sie negativ, so hat Kali für die Pflanzenernährung gefehlt.

Für die Feststellung des Nährstoffvorrates bzw. Düngerbedürfnisses eines Bodens genügt ein Vergleich der Zusammensetzung der auf ungedüngten und der auf mit Volldüngung versehenen Parzellen gewachsenen Pflanzen nicht; das Düngerbedürfnis läßt sich aber feststellen, wenn die Pflanzen von zwei einseitig gedüngten Parzellen untersucht werden, z. B. solchen mit Stickstoffdüngung und mit Phosphorsäure- + Kalidüngung. Ist dabei das Verhältnis von Stickstoff zu Kali enger als 100 : 200, so hat Kali gefehlt, ist es weiter, so war genügend Kali vorhanden. Ist das Verhältnis von Stickstoff zu Phosphorsäure auf der Stickstoffparzelle weiter als 100 : 35, so fehlt es an Phosphorsäure; ist es enger, so liegt kein Phosphorsäuremangel vor. Ist das Verhältnis von Stickstoff zu Phosphorsäure auf der Kaliphosphorparzelle enger als 100 : 60, so hat es an Stickstoff gefehlt. Ist das Verhältnis von Kieselsäure zu Stickstoff weiter als 100 : 60, so ist genügend Stickstoff vorhanden; ist es enger, so reicht die Stickstoffmenge im Boden für die Weizenpflanze nicht aus. Wenn der Stickstoffgehalt des nach Stickstoffdüngung geernteten Strohes gleich 100 gesetzt wird, so ist genügend Stickstoff im Boden der Kaliphosphatparzelle vorhanden, wenn das Verhältnis der beiden Prozentzahlen enger als 100 : 60 ist.

Hieran anschließend sei auch noch kurz auf bestimmte Verhältniszahlen für einzelne Nährstoffe im Boden hingewiesen, welche in der Entwicklung und mehr oder weniger auch in der Zusammensetzung der Pflanzen wieder zum Ausdruck kommen, ohne daß sich aber besonders in letzterer Hinsicht Gesetzmäßigkeiten hätten nachweisen lassen. O. LOEW[2] und seine Schüler haben eingehende Unter-

[1] MÜNTER, F.: Pflanzenanalyse und Düngerbedürfnis des Bodens. J. Landw. **67**, 229 (1919).

[2] LOEW, O.: Landw. Versuchsstat. **41**, 474 (1892); Über Abhängigkeit des Maximalertrags von einem bestimmten quantitativen Verhältnisse zwischen Kalk und Magnesia im Boden. Landw. Jb. **31**, 561 (1902); Über angebliche Widerlegung der Lehre vom Kalkfaktor. III. Ebenda **42**, 181 (1912); Ist die Lehre vom Kalkfaktor eine Hypothese oder eine bewiesene Theorie? Ebenda **46**, 733 (1914).

suchungen darüber ausgeführt, in welchem Verhältnis Kalk und Magnesia im Boden vorhanden sein müssen, um ein gutes Wachstum der Pflanzen sicher zu stellen; danach soll das Verhältnis von Kalk zu Magnesia am günstigsten für Gramineen 1 : 1, für Leguminosen 3 : 1 sein. Diese Lehre LOEWS vom Kalkfaktor hat starken Widerspruch erfahren von F. GÖSSEL[1], W. BENECKE[2], E. HASELHOFF[3], D. MEYER[4], TH. PFEIFFER[5], O. LEMMERMANN[6] u. a. m. und kann deshalb hier von einer eingehenden Erörterung um so eher abgesehen werden, als die Untersuchung der Pflanzenasche uns keine sichere Unterlage für die Beurteilung der im Boden vorhandenen Menge dieser Bestandteile gibt, wie die Versuche von J. SEISSL[7] u. a. m. ergeben haben.

Zwischen der Aufnahme von Kalk und Kali durch die Pflanzen bestehen bestimmte Beziehungen. P. EHRENBERG[8] glaubt, daß die Wechselwirkung beider Stoffe einen gesetzmäßigen Verlauf nimmt und faßt sie in seinem Kalikalkgesetz wie folgt zusammen: „Wird für eine schwächer mit Kali versorgte Pflanze die Kalkzufuhr erheblich gesteigert, so tritt hierdurch eine Zurückdrängung der Kaliaufnahme ein, welche erhebliche Schädigung im Gefolge haben kann; durch einseitige Verstärkung der Kalidüngung kann aber wieder die Pflanze vor Kalküberschwemmung bewahrt und zu günstigerer, gegebenenfalls normaler Entwicklung gebracht werden.“ Diese Beziehungen zwischen der Kalk- und Kaliaufnahme konnten von TH. PFEIFFER und RIPPEL[9], von J. KÖNIG[10] u. a. m. zunächst nicht bestätigt werden, so daß wir durch das Kalk-Kali-Gesetz EHRENBERGS keinen Anhalt für die Ausnutzung der Pflanzenanalyse zur Feststellung des Gehaltes des Bodens an aufnehmbarem Kali- und Kalkverbindungen erhalten. PFEIFFER und RIPPEL haben bei steigender Kalk- und gleichbleibender Kalidüngung eine Erhöhung des Kalkgehaltes und des Kaligehaltes in den Pflanzen festgestellt. KÖNIG findet keine Beziehungen zwischen dem Gehalt des Bodens an Kalk und Kali, der geernteten Pflanzentrockensubstanz und dem Gehalt der letzteren an Kalk und Kali.

M. v. WRANGELL[11] kommt durch ihre Untersuchungen über das verschiedene Verhalten der Pflanzen gegenüber Phosphaten zu dem Kalk-Phosphorsäure-Faktor, dem Verhältnis von Molekülen Kalk zu Molekülen Phosphorsäure,

---

[1] GÖSSEL, F.: Die Bedeutung der Kalk- und Magnesiasalze für die Pflanzenernährung. Verh. Ges. dtsch. Naturforsch. 75. Vers. Kassel 1903. **2 I**, 101.

[2] BENECKE, W.: Bot. Z. **1903**, 88.

[3] HASELHOFF, E.: Über die Wirkung von Kalk und Magnesia bei der Ernährung der Pflanzen. Landw. Jb. **45**, 609 (1913).

[4] MEYER, D.: Über die Wirkung verschiedener Kalk- und Magnesiaverbindungen. Landw. Jb. **30**, 619 (1901); Über die Wirkung verschiedener Kalk- und Magnesiaformen. Ebenda **33**, 371 (1904); Über die Abhängigkeit des Maximalertrages von einem bestimmten Verhältnisse von Kalk zu Magnesia im Boden. Ebenda **40**, 339 (1911).

[5] PFEIFFER, TH. u. A. RIPPEL: Der Einfluß von Kalk und Magnesia auf das Wachstum der Pflanzen. J. Landw. **68**, 5 (1920); Über den Einfluß des Kalk- und Magnesia-Verhältnisses auf das Wachstum der Pflanzen. Ebenda **69**, 1 (1921).

[6] LEMMERMANN, O., A. EINECKE u. H. FISCHER: Untersuchungen über die Wirkung eines verschiedenen Verhältnisses von Kalk und Magnesia in einigen Böden auf höhere Pflanzen und Mikroorganismen. Landw. Jb. **40**, 173 (1911).

[7] SEISSL, J.: Über die Relation Magnesiumoxyd zu Calciumoxyd in den Blättern verschiedener einheimischer Pflanzen während einer oder mehrerer Vegetationsperioden. Z. landw. Versuchsw. Österreich **10**, 88 (1907).

[8] EHRENBERG, P.: Das Kalk-Kali-Gesetz. Landw. Jb. **54**, 1 (1919).

[9] PFEIFFER, TH. u. A. RIPPEL: Der Einfluß von Kalk und Magnesia auf das Wachstum der Pflanzen. J. Landw. **68**, 5 (1920).

[10] KÖNIG, J. u. J. HASENBÄUMER: Die Bedeutung neuer Bodenforschungen für die Landwirtschaft. Landw. Jb. **55**, 187 (1921).

[11] WRANGELL, M. v.: Phosphorsäureaufnahme und Bodenreaktion. Landw. Versuchsstat. **96**, 1 (1921) u. J. KÖNIG: Untersuchung landw. wichtiger Stoffe S. 128. Berlin 1923.

welches von der Reaktion des Bodens beeinflußt wird. Hiernach gestattet dieser Kalk-Phosphorsäure-Faktor einen Rückschluß auf die Fähigkeit der Pflanzen, die Bodenphosphorsäure auszunutzen. Als Beispiele für die Verschiedenheit dieses Faktors sei angegeben, daß er für Buchweizen = 17,0, Senf = 15,0, Mais = 3,5, Hafer = 1,6 berechnet wurde. Ein hoher Faktor läßt auf eine gute Verwertung schwerlöslicher Phosphorsäure durch die Pflanzen schließen, während ein niedriger Kalk-Phosphorsäure-Faktor eine schlechtere Ausnutzung dieser Phosphorsäure erwarten läßt. Die Gesetzmäßigkeit bei der Phosphorsäureaufnahme in der angegebenen Weise wird von verschiedenen Seiten bestritten und die Annahme eines konstanten molekularen Verhältnisses von Kalk zu Phosphorsäure abgelehnt. Da hierüber noch weitere Aufklärung nötig ist, beschränkt sich der Verfasser auf die Wiedergabe der Schlußfolgerung, welche E. HOLZAPFEL[1] aus seinen Untersuchungen zieht und folgendermaßen lautet: „Der Kalk-Phosphorsäure-Faktor nach WRANGELL kann nicht als sicheres Maß für den Phosphorsäurebedarf einer Pflanze angesehen werden, da derselbe durch die je nach dem Kalkgehalt des Bodens stark schwankende Kalkaufnahme bedingt ist, während die Aufnahme an Phosphorsäure ziemlich gleich bleibt."

Wenn auch diese Beziehungen zwischen Kalk und Magnesia, Kalk und Kali, Kalk und Phosphorsäure im Boden bzw. in der Pflanze noch weiterer Klärung bedürfen, so können wir schon jetzt sagen, daß sie für die Beurteilung der Nährstoffaufnahme durch die Pflanzen nicht unwesentlich sind und insbesondere dann beachtlich bleiben, wenn die Pflanzenanalyse für die Bestimmung des Nährstoffvorrates im Boden bzw. des Fruchtbarkeitszustandes des Bodens Bedeutung gewinnt.

H. JOULIN[2] geht einen anderen Weg. Er stellt durch die Untersuchung einer großen Anzahl Böden fest, welche Nährstoffmengen eine fruchtbare Ackerkrume enthalten muß und vergleicht damit den Nährstoffgehalt des zu prüfenden Bodens. Der sich daraus ergebende fehlende Nährstoff wird letzterem Boden zugesetzt und der Boden bestellt. Aus der Entwicklung der Pflanzen zur Blüte- und Reifezeit will JOULIN erkennen, ob die Düngung dem Nährstoffmangel entsprochen hat; ist dieses nicht der Fall gewesen, so soll durch die Untersuchung der geernteten Pflanzen und durch einen Vergleich des Ergebnisses derselben mit der typischen Zusammensetzung vollkommen ausgewachsener Versuchspflanzen Aufklärung darüber geschaffen werden, worauf das mangelhafte Wachstum der Pflanzen zurückzuführen ist. Untersuchungen von Weizenpflanzen haben JOULIN gezeigt, daß die Schwankungen im Gehalt um so geringer sind, je höher der Ertrag und je günstiger die Entwicklung ist; sie führen ihn zu dem Schluß, daß beim Fehlen eines Nährstoffes während des Wachstums der Pflanzen sich die anderen Stoffe in den Geweben um so mehr ansammeln, je mehr ersterer fehlt. JOULIN glaubt, daß aus der Zusammensetzung einer Weizenpflanze zur Zeit der Blüte zu ersehen ist, ob und welche Stoffe für die Ernährung gefehlt haben.

Auch M. MAERCKER[3] will den Boden durch die Pflanze analysieren und zunächst feststellen, welche Phosphorsäuremengen durch verschiedene Pflanzen demselben Boden entzogen werden, ob dieselben Pflanzen verschiedenen Böden

---

[1] HOLZAPFEL, E.: Einfluß der Bodenreaktion auf das Wachstum der Pflanzen sowie auf Menge und Beschaffenheit der Ernteerträge. Landw. Jb. 65, 745 (1927).

[2] JOULIN, H.: Sur la transformation des terres de la ferme d'Arcy. J. d'agricult. 1889, I, Nr. 1058.

[3] MAERCKER, M.: Über das Ergebnis von Vegetationsversuchen zur Feststellung des Nährstoffbedürfnisses von Ackererde. 2. Jb. agrik.-chem. Versuchsstat. Halle 1896, S. 169. Paul Parey 1897.

mit gleichem Phosphorsäuregehalt verschiedene Mengen Phosphorsäure entnehmen und sich ein verschiedener Löslichkeitsgrad der Phosphorsäure durch ein Lösungsmittel ermitteln läßt und schließlich, bei welchem Phosphorsäuregehalt des Bodens eine Düngung mit Phosphorsäure erfolglos ist. Als Versuchspflanzen haben sich als geeignet erwiesen: Sommerweizen, Hafer und einige Leguminosen mit Ausnahme von Bohnen. Die Versuche haben ergeben, daß der Phosphorsäuregehalt des Sommerweizens der Löslichkeit der Bodenphosphorsäure in Ammonzitratlösung parallel geht, daß ferner der Phosphorsäuregehalt der Pflanzen mit dem Phosphorsäuregehalt des Bodens steigt und fällt. Hinsichtlich der letzteren Beziehungen ist aber zu beachten, daß der Stickstoffgehalt des Bodens den Phosphorsäuregehalt der Pflanzen beeinflussen kann; MAERCKER sagt hierüber: „Die Ernteprodukte können sowohl bei niedrigen Erträgen, hervorgerufen durch Phosphorsäurearmut des Bodens, wie auch bei hohen, durch eine Stickstoffdüngung hervorgebrachten Erträgen phosphorsäurearm sein, und es wird einer Berücksichtigung dieses beiderseitigen Verhaltens bedürfen, wenn man aus einer etwaigen Phosphorsäurearmut der Ernteprodukte auf einen Phosphorsäuremangel im Boden schließen will." Damit weist MAERCKER auf einen sehr wesentlichen Faktor für die Ausnutzung der Pflanzenanalyse zur Erkennung des Düngerbedürfnisses oder Fruchtbarkeitszustandes des Bodens hin. Aber nicht nur der Stickstoffgehalt des Bodens, sondern auch die sonstigen Wachstumsverhältnisse der Pflanzen können auf die Zusammensetzung der Pflanzen derartig verändernd einwirken, daß letztere keinen Anhalt mehr für den durch die Pflanzen ausnutzbaren Nährstoffvorrat des Bodens, welcher für die Fruchtbarkeit des Bodens bestimmend ist, geben kann.

Unter eingehender Würdigung der bisher vorliegenden Untersuchungen kommt A. HELMKAMPF[1] auf Grund seiner Versuche zu einer Kombination der Pflanzenanalyse mit dem Düngungsversuch. Er hat zu seinen Versuchen einen Boden benutzt, welcher an Stickstoff und Kali in aufnahmefähiger Form arm war, dagegen Phosphorsäure so reichlich enthielt, daß eine Zufuhr an Phosphorsäure wirkungslos blieb. Die Untersuchung der geernteten Pflanzen ergab eine Zunahme des Nährstoffgehaltes der Pflanzen infolge der Düngung bis zur Dekkung des Bedarfes; danach bleibt der Nährstoffgehalt konstant. Bei einfacher Düngung wird der Gehalt der Pflanzen an Stickstoff und Kali erhöht, bei vermehrter Düngerzufuhr nicht mehr beeinflußt; die Beigabe von Phosphorsäure verändert die Zusammensetzung der Pflanzen nicht. Diese Versuchsergebnisse haben HELMKAMPF zu folgendem Verfahren zur Feststellung des Düngerbedürfnisses eines Ackerbodens geführt: „Soll der Nährstoffzustand eines Ackers geprüft werden, so ist zunächst die Anstellung eines Düngungsversuches (mit Halmfrucht) erforderlich. Sodann wird zur Zeit der Blüte einer jeden Parzelle ein Durchschnittsmuster der auf ihr gewachsenen Pflanzenmasse entnommen und analysiert. Zeigt sich nun, daß der Gehalt der Pflanzen infolge der Düngung mit einem Nährstoff an diesem eine Steigerung erfährt, so folgt daraus die Düngungsbedürftigkeit für diesen Stoff; bleibt andererseits aber trotz Düngung der Gehalt überall der gleiche, so ist auf genügenden Vorrat im Acker zu schließen." Als geeignete Halmfrucht für diese Versuche sieht HELMKAMPF Sommerweizen an, den auch MAERCKER für solche Versuche empfohlen hat. Der zu prüfende Acker soll kurz vorher nicht mit Stallmist oder künstlichem Dünger gedüngt worden sein, weil sonst nicht gefunden wird, was die Pflanze dem natürlichen Nährstoffvorrat des Bodens entnehmen kann. Zur Untersuchung ist die gesamte

---

[1] HELMKAMPF, A.: Untersuchungen über die Feststellung des Düngungsbedürfnisses der Ackerböden durch die Pflanzenanalyse. J. Landw. **40**, 85 (1892).

oberirdische Pflanzenmasse zur Zeit der Blüte heranzuziehen, da die Zusammensetzung der Pflanzen in diesem Wachstumsstadium den sichersten Aufschluß gibt. Wenn man den Reifezustand der Pflanzen abwartet, sind nur die Körner noch zur Untersuchung zu gebrauchen; beim Stroh sind Verluste nicht zu vermeiden, dieses ist dazu auch nur für die Kalibestimmung zu verwenden. Die Wurzeln hält HELMKAMPF nicht für diese Untersuchungen geeignet, obwohl seine Versuche zum Teil die Richtigkeit der von HEINRICH vertretenen Ansicht bestätigen.

M. STAHL-SCHRÖDER[1] folgert aus seinen Versuchen, daß zwar mit der Steigerung eines Pflanzennährstoffes in der Düngung der Gehalt der Wurzeln daran steigt, und daß auch die Wurzelanalyse in extremen Fällen einen Anhalt für die Beurteilung des Düngerbedürfnisses geben kann, daß sie dafür aber eine sichere Unterlage nicht bietet. Das von A. v. DIKOW und auch von HELMKAMPF angenommene Gesetz des Maximums konnte jedoch nicht bestätigt werden, vielmehr wurde gefunden, daß die Kulturpflanzen unter geeigneten Verhältnissen eine Luxuskonsumtion mit Stickstoff, Kali und Phosphorsäure treiben. Die Brauchbarkeit der Wurzelanalyse für die Bestimmung des Nährstoffgehaltes des Bodens wird auch dadurch beeinflußt, daß die gröberen Wurzelteile anders als die feineren Wurzelteile zusammengesetzt sind, und daß beim Auswaschen der Wurzeln Auslaugungen stattfinden können, wodurch die Entnahme einer Durchschnittsprobe erschwert wird. Die Versuche bestätigen die von ATTERBERG für Haferkörner aufgestellte Verhältniszahl von Stickstoff zu Phosphorsäure wie 100 : 55 nicht; dieselbe hat keinen allgemeinen Wert, sondern ändert sich nach den klimatischen Verhältnissen. STAHL-SCHRÖDER gibt das Verhältnis von 100 : 35 bis 40 an; ist es enger, dann liegt Stickstoffmangel oder Phosphorsäureüberschuß vor; ist es weiter, so liegt Stickstoffüberschuß oder Phosphorsäuremangel vor. Diese Verhältniszahl kann nur als Anhalt für die Beurteilung des Fruchtbarkeitszustandes des Bodens gewertet werden. Die von ATTERBERG zur Bestimmung der Kalibedürftigkeit angegebene Verhältniszahl von Stickstoff zu Kali wie 100 : 100 im Stroh kann zu irrigen Schlußfolgerungen führen. Ein hoher Kaligehalt im Haferstroh läßt auf einen hohen Gehalt des Bodens an aufnehmbarem Kali schließen, nicht aber gibt ein niedriger Kaligehalt im Stroh einen niedrigen Kaligehalt des Bodens an. Wenn Haferstroh neben geringen Mengen Kali verhältnismäßig viel Natron, Kalk oder Magnesia enthält, so kann angenommen werden, daß diese Stoffe in größeren Mengen vorhanden waren, oder aber daß es dem Boden an assimilierbarem Kali gefehlt hat.

Besonders eingehende Untersuchungen über die Nährstoffaufnahme der Pflanzen und über die Beziehungen zwischen den Bodennährstoffen und der Zusammensetzung der Erntetrockensubstanz hat G. LIEBSCHER[2] ausgeführt. Er faßt das Ergebnis seiner ersten Untersuchungen wie folgt zusammen: „Das Düngerbedürfnis der Kulturpflanzen ist abhängig nicht nur von dem Verhältnis zwischen dem Stoffgehalte des Bodens und der Ernte, sondern außerdem von dem zeitlichen Verlaufe der Stoffaufnahme und der quantitativen Ausbildung des Wurzelsystems während derselben." Bei den weiteren Versuchen geht er von dem Gedanken aus, daß der Nährstoffgehalt der Erntetrockensubstanz, der nicht unter ein bestimmtes Minimum sinken, aber auch bei reichster Ernährung der Pflanzen nicht ein bestimmtes Maximum überschreiten kann, im wesentlichen vom Nährstoffgehalt des Bodens bzw. von der Düngung und

---

[1] STAHL-SCHRÖDER, M.: Kann die Pflanzenanalyse uns Aufschluß über den Gehalt an assimilierbaren Nährstoffen im Boden geben? J. Landw. **52**, 31, 193 (1904).

[2] LIEBSCHER, G.: Der Verlauf der Nährstoffaufnahme und seine Bedeutung für die Düngerlehre. J. Landw. **35**, 403 (1887).

Erntehöhe abhängig ist. Deshalb muß das Düngungsbedürfnis des Bodens aus der Erntemenge und aus der Zusammensetzung der Erntetrockensubstanz, die zu einer Zeit geerntet ist, in der die Stoffaufnahme im wesentlichen abgeschlossen, aber ein Verlust durch Blattabfall noch nicht eingetreten ist, zu erkennen sein. Die weiteren Versuche LIEBSCHERS, welche er selbst nicht mehr mitgeteilt hat, sind teils Freiland-, teils Gefäßversuche gewesen.

Über die Freilandversuche berichtet W. EDLER[1]. Als Versuchspflanzen dienten Kartoffeln als sehr kalibedürftige und Hafer als sehr phosphorsäurebedürftige Pflanzen. Nach der Versuchsanordnung wurden keine Parallelparzellen mit gleicher Düngung zur Kontrolle angelegt, sondern eine Sicherstellung der Versuchsergebnisse dadurch zu erreichen versucht, daß „die Art der Düngung der vorgesehenen acht Parzellen die vierfache Feststellung der Wirkung jedes Nährstoffes zuläßt, indem z. B. Kali ohne weitere Beidüngung, neben Stickstoff, neben Phosphorsäure und neben Stickstoff + Phosphorsäure geprüft wird, die Kontrolle der Ergebnisse nicht durch Parallelparzellen, sondern durch Parallelwirkungen erfolgt". EDLER bezweifelt, daß diese Parallelwirkung, worauf LIEBSCHER sein Versuchsverfahren gründet, vorhanden ist und glaubt nicht, daß durch die beobachtete Versuchsanordnung die Ergebnisse sichergestellt sind. Er kann deshalb in diesen Versuchen keine Grundlage für die Beurteilung des Düngerbedürfnisses eines Bodens finden.

Aus den Ergebnissen der neben diesen Feldversuchen mit denselben Böden ausgeführten Gefäßversuche folgert C. v. SEELHORST[2]: „Die Pflanzenanalyse ist unter der Voraussetzung gleichartiger Kulturbedingungen, Wärme, Feuchtigkeit und gleicher Erntezeit wohl brauchbar zur Beurteilung der Düngerbedürftigkeit eines Bodens. Die Bodenanalyse ist weniger geeignet über die Düngerbedürftigkeit Auskunft zu geben als die Pflanzenanalyse." Allerdings weist v. SEELHORST auch auf einige Bedenken hin, welche gegen die Ausnutzung der in Gefäßversuchen erhaltenen Ergebnisse für diesen Zweck sprechen und glaubt deshalb nicht, daß die von LIEBSCHER erzielten Erfolge eine besondere praktische Bedeutung haben werden. Insbesondere ist es die Wasserversorgung der Pflanzen, welche hier zu beachten ist, da bei den Gefäßversuchen die Pflanzen immer ausreichend Wasser haben, im Felde die Verhältnisse aber ganz anders liegen. Die ermittelten Grenzwerte gelten für den betreffenden Nährstoff nur, sofern die übrigen Nährstoffe in genügender Menge vorhanden sind; sie sind bei Versuchen mit Hafer und auf Trockensubstanz berechnet für Stickstoff 1,10%, für Kali 1,38—1,53%, für Phosphorsäure 0,44%; diese Gehaltszahlen können als Anzeichen für eine ausreichende Menge des betreffenden Nährstoffes im Boden angesehen werden. C. v. SEELHORST glaubt deshalb, daß die durch Gefäßversuche erhaltenen Zahlen immer nur Anhaltspunkte geben können.

Im weiteren Verfolg dieser Arbeiten LIEBSCHERS prüfte v. SEELHORST[3] den Einfluß des Wassers auf die Nährstoffaufnahme der Pflanzen; er findet, daß die verschiedene Feuchtigkeit des Bodens große Unterschiede in der Zusammensetzung der Erntetrockensubstanz verursacht, daß daher die Verschiedenheit der Niederschlagsmenge in verschiedenen Jahren auch eine Verschiedenheit in der Zusammensetzung der Erntetrockensubstanz der Pflanzen in den einzelnen Jahren und selbst in den einzelnen Monaten herbeiführen muß. Damit verliert

[1] EDLER, W.: Versuche zur Ermittlung des Düngerbedürfnisses des Ackerbodens. J. Landw. **46**, 349 (1898).

[2] SEELHORST, C. v.: Die Ermittelung der Düngerbedürftigkeit des Bodens aus der Zusammensetzung der Erntetrockensubstanz. J. Landw. **46**, 367 (1898).

[3] SEELHORST, C. v.: Weiterer Beitrag zu der Frage: Ist die Pflanzenanalyse imstande, die Düngerbedürftigkeit des Bodens festzustellen? J. Landw. **50**, 303 (1902).

die Pflanzenanalyse an Sicherheit für die Feststellung des Nährstoffgehaltes im Boden. C. v. SEELHORST hat gefunden, daß dieser Einfluß des Wassers um so mehr hervortritt, je fruchtbarer der Boden ist. Eine Vermehrung des Wassergehaltes im Boden setzt den Stickstoffgehalt des Korns und des Strohes in gleicher Weise herab; der Kaligehalt des Korns nimmt zuerst stärker, dann in geringerem Grade zu, beim Stroh ist der Unterschied nicht so deutlich; die Phosphorsäure schwankt im Korn und Stroh nicht so stark wie das Kali. Im allgemeinen führen die Untersuchungen C. v. SEELHORSTS zu folgendem Schluß: „Da aber die Höhe des Stickstoffgehaltes der wichtigste Faktor der Zusammensetzung der Erntetrockensubstanz ist und ferner weil das Verhältnis von Stickstoff zu den Aschen für die Beurteilung des Bodenreichtums an den einzelnen Nährstoffen, soweit diese überhaupt möglich ist, von größter Bedeutung ist, so erhellt, daß für die Verhältnisse der Praxis die Bestimmung der Düngerbedürftigkeit aus der Pflanzentrockensubstanz unbrauchbar ist."

Ähnliche Ergebnisse zeitigen die Versuche von LANGER[1], von A. v. DASZEWSKI[2] und andere unter Leitung von C. v. SEELHORST ausgeführte Versuche. Der Einfluß des Entwicklungsgrades der Pflanzen auf ihre Zusammensetzung und damit auf die Bestimmung des Düngerbedürfnisses eines Bodens auf Grund des Ergebnisses der Pflanzenanalyse ergibt sich aus den Untersuchungen von J. ADORJÁN[3], von MAX WAGNER[4] und ferner aus den Versuchen von E. HASELHOFF[5] über die Beziehungen zwischen Bodenfeuchtigkeit, Pflanzenentwicklung und Nährstoffaufnahme u. a. m. Sie zeigen, wie sehr die verschiedenen Wachstumsfaktoren auf die Zusammensetzung der Trockensubstanz der Ernteerzeugnisse einwirken und lassen erkennen, wie sehr dadurch die Ermittlung des Düngungsbedürfnisses des Bodens mit Hilfe der Pflanzenanalyse erschwert wird, da der Boden nur einer dieser Faktoren für das Gedeihen und die Zusammensetzung der Pflanzen ist. Auch B. TOLLENS[6] kommt auf Grund der vorliegenden Untersuchungen und Versuche zu dem Schluß, daß „diese Methode, durch die Analyse der Aschenbestandteile der Pflanze beim Boden anzufragen, ob er die erforderlichen Nährstoffe besitzt, noch viele Bedenken liefert, da die Prozente an Kali, Phosphorsäure (Stickstoff) in der Pflanzenasche, sowie die Mengen derselben in der Trockensubstanz nicht nur durch den Nährstoffreichtum des Bodens, sondern auch durch manche andere Beziehungen" beeinflußt werden.

In eingehender Weise hat sich auch TH. PFEIFFER mit der Prüfung der Brauchbarkeit der Pflanzenanalyse zur Bestimmung der Düngerbedürftigkeit eines Bodens beschäftigt und dabei besonders den Einfluß des Wassers im Boden auf die Zusammensetzung der Pflanzen untersucht, weil, wie er in seinem zusammen mit E. BLANCK und K. FRISKE[7] veröffentlichten Bericht sagt, „die Zu-

[1] LANGER, L.: Untersuchungen über die Nährstoffaufnahme der Haferpflanze bei verschiedenem Wassergehalt des Bodens und bei verschiedener Düngung. J. Landw. **49**, 203 (1901).

[2] DASZEWSKI, A. v.: Der Einfluß des Wassers und der Düngung auf die Zusammensetzung der Asche der Kartoffelpflanze. J. Landw. **48**, 223 (1900).

[3] ADORJÁN, J.: Die Nährstoffaufnahme des Weizens. J. Landw. **50**, 193 (1902).

[4] WAGNER, MAX: Versuche über den Einfluß verschiedener Ernährungsverhältnisse auf den Verlauf der Nährstoffaufnahme und den morphologischen Bau der Pflanze. Landw. Versuchsstat. **69**, 161 (1908).

[5] HASELHOFF, E.: Versuche über die Beziehungen zwischen Bodenfeuchtigkeit, Pflanzenentwicklung und Nährstoffaufnahme. Landw. Versuchsstat. **89**, 1 (1916).

[6] TOLLENS, B.: Über Pflanzenaschen, ihre Bereitung und ihre Analyse. J. Landw. **50**, 231 (1902); Nachtrag zu der Abhandlung über die Aschenbestandteile der Pflanzen, ihre Bestimmung und ihre Bedeutung für die Agrikulturchemie und die Landwirtschaft. Ebenda **50**, 375 (1902).

[7] PFEIFFER, TH., E. BLANCK u. K. FRISKE: Der Einfluß verschiedener Vegetationsfaktoren, namentlich des Wassers, auf die Erzielung von Maximalerträgen in Vegetationsgefäßen. Landw. Versuchsstat. **82**, 237 (1913).

sammensetzung der Pflanzen nicht nur von der Menge der vorhandenen Nährstoffe, sondern auch von demjenigen des verfügbaren Wassers abhängt". Unter Bezugnahme auf die Untersuchungen MITSCHERLICHS kommt PFEIFFER zu dem Schluß, daß, wenn man gleichmäßige Verhältnisse hinsichtlich der Wasserversorgung der Pflanzen bei den Versuchen schaffen will, man von der Hygroskopizität des Bodens ausgehen muß. Deshalb ist auch bei den von TH. PFEIFFER, E. BLANCK, W. SIMMERMACHER und W. RATHMANN[1] ausgeführten Versuchen der Wassergehalt der Versuchsböden nach der Hygroskopizität ausgeglichen. Sie finden, daß die auf verschiedenen Böden geernteten Pflanzen einen nur wenig von einander abweichenden Gehalt an dem im Minimum vorhandenen Nährstoff aufweisen, so daß die erhaltenen Zahlen als Normalgehaltszahlen bezeichnet werden können. Aber auch diese Normalgehaltszahlen geben ihnen kein ausreichendes Vergleichsmaterial, „um die Pflanzenanalyse zu einem allgemein brauchbaren Hilfsmittel für die Beurteilung des Düngerbedürfnisses eines Bodens auszugestalten".

Hinsichtlich der Aufnahme der Nährstoffe ergaben die Versuche, daß der Stickstoffgehalt eines Bodens in dem Stickstoffgehalt der auf dem ungedüngten Boden geernteten Pflanzen einen ausreichend genauen Ausdruck findet und eine Überschußdüngung mit Phosphorsäure und Kali ihn nur wenig erhöht. Auf die Aufnahme der Phosphorsäure durch die Pflanzen wirkt die Düngung mit Stickstoff und Kali beträchtlich ein, indem durch die Beigabe der fehlenden Nährstoffe nicht nur eine verstärkte Wurzeltätigkeit der Pflanzen verursacht, sondern auch die Löslichkeit der Bodenphosphorsäure beeinflußt wird. PFEIFFER sieht in dem abweichenden Verhalten der verschiedenen Böden in dieser Hinsicht einen der hauptsächlichsten Gründe dafür, daß die Pflanzenanalyse kein zutreffendes Bild von dem Phosphorsäurebedürfnis des Bodens geben kann. Für Kali gelten die gleichen Schlußfolgerungen wie für Phosphorsäure.

Weitere Versuche, welche PFEIFFER, SIMMERMACHER und RIPPEL[2] ausführten, beseitigen die Bedenken gegen die allgemeine Brauchbarkeit der Pflanzenanalyse zur Ermittlung des Düngerbedürfnisses des Bodens nicht. Sie glauben, daß die Pflanzenanalyse in extremen Fällen Anhaltspunkte für das Düngerbedürfnis des Ackerbodens geben kann, daß die Möglichkeit für die Erweiterung einer derartigen Voraussage auf die besonders zahlreichen Zwischenglieder besteht, und es gelungen ist, die theoretische Grundlage für den Stickstoff, die Phosphorsäure und wahrscheinlich auch für das Kali klarzustellen; „dieselbe gipfelt in dem Satze, daß für diejenigen Punkte von Ertragskurven, bei denen die Steigerung dividiert durch den jeweils erzielten Ertrag (die Subtangente) zu denselben Werten führt, die in Frage kommenden Erträge den gleichen prozentischen Nährstoffgehalt aufweisen".

Die bisherigen Ausführungen lassen die Schwierigkeiten, welche der Ausnutzung der Pflanzenanalyse zur Ermittlung des Nährstoffgehaltes bzw. des durch den Nährstoffvorrat begründeten Fruchtbarkeitszustandes des Bodens gewidmet sind, zur Genüge hervortreten; sie zeigen uns, daß die Nährstoffaufnahme und die Zusammensetzung der Pflanzen oft von anderen Faktoren, insbesondere von dem Verlaufe der Witterung, mehr als durch den Nährstoffgehalt des Bodens bestimmt wird und geben die Erklärung dafür,

---

[1] PFEIFFER, TH., E. BLANCK, W. SIMMERMACHER u. W. RATHMANN: Pflanzenanalyse und Bodenanalyse zur Bestimmung des Nährstoffgehaltes der Ackerböden. Landw. Versuchsstat. **86**, 339 (1915).

[2] PFEIFFER, TH., W. SIMMERMACHER u. A. RIPPEL: Der Gehalt der Haferpflanzen an Stickstoff, Phosphorsäure und Kali unter verschiedenen Bedingungen, und seine Beziehungen zu der durch eine Nährstoffzufuhr bedingten Ertragserhöhung. J. Landw. **67**, 1 (1919).

daß viele Untersuchungen in der angegebenen Richtung ohne Erfolg geblieben sind. Hier sollen einige dieser Versuche angeführt sein, um ihre Verschiedenheit zu zeigen. KREUSLER und KERN[1] haben in Versuchen mit Gerste und Weizen bei der Düngung mit Stickstoff und Phosphorsäure den Einfluß dieser Düngung auf den Stickstoff-Phosphorsäuregehalt der Pflanzen festgestellt. Dabei zeigte sich ein deutliches Stickstoffbedürfnis des Bodens. Der Phosphorsäuregehalt der Pflanzen ist durch die Düngung mit Phosphorsäure nicht verändert worden, sondern konstant geblieben, woraus auf reichlichen Phosphorsäurevorrat im Boden geschlossen wird. EMMERLING[2] wollte aus der Zusammensetzung des Heues auf den Nährstoffgehalt des Bodens schließen und hat zu diesem Zwecke die Zusammensetzung des Heues von Moorboden und von gutem Marschboden festgestellt. Die hierdurch gegebenen Unterlagen reichen aber zu einwandfreien Schlußfolgerungen über den Wert der Pflanzenanalyse für die Feststellung eines Nährstoffmangels im Boden nicht aus. P. WAGNER und H. PRINZ[3] haben untersucht, wieviel Mineralstoffe einem Weinberg durch die Gipfeltriebe, die Trauben und das Holz entnommen werden, um einen Anhalt für das jährliche Bedürfnis der Rebstöcke an mineralischen Nährstoffen zu gewinnen und Aufschluß darüber zu erhalten, in welchem gegenseitigen Mengenverhältnis die dem Boden durch die Pflanzen entnommenen Nährstoffe zu der üblichen Düngung stehen. C. COUNCLER[4] stellte durch die Untersuchung von Wurzeln, Stengeln, Blättern und Blüten der Bergaster fest, daß diese Pflanze neben reichlichem Kali vor allem viel Kalk enthält. F. WOHLTMANN[5] hat mehrjährige Versuche mit Gramineen und Leguminosen bei verschiedener Düngung in Kulturkästen ausgeführt. Die Zusammensetzung der geernteten Pflanzen entspricht dem Nährstoffgehalt des Bodens; sie zeigt den Stickstoffbedarf an, während Kali und Phosphorsäure gleich bleiben, also konstant sind, so daß anzunehmen ist, daß eine Düngung des Bodens mit diesen beiden Nährstoffen unnötig erscheint. O. KELLNER[6] prüfte durch Versuche das Nährstoffbedürfnis und die Düngerausnutzung des Sumpfreises. Die Versuche wurden in natürlichem Boden mit steigenden Nährstoffmengen ausgeführt. Die Untersuchung der Pflanze hat, soweit sie hier in Betracht kommt, ergeben, daß mit der Zunahme der Nährstoffe in der Düngung der betreffende Nährstoff in der Pflanze zunimmt. LAGATU hat nach dem Berichte von A. JACOB[7] versucht, aus dem zeitlichen Verlauf der Nährstoffaufnahme des Weinstockes bei verschiedenem Ernährungszustand einen Anhalt für den Düngerbedarf des Weinstockes zu gewinnen. Nach seinen Feststellungen überwiegt in den Blättern in der ersten Entwicklungszeit das Kali den Kalk; bei Beginn der Fruchtbildung tritt in den Blättern das Kali gegenüber dem Kalk zurück; zur Zeit der Reife ist der Kaligehalt der Blätter relativ gering, während Kalk und Magnesia überwiegen. In

---

[1] KREUSLER, U. u. E. KERN: Einfluß stickstoff- und phosphorsäurehaltiger Düngemittel auf die Zusammensetzung der Getreidekörner. J. Landw. **24**, 1 (1876).

[2] EMMERLING, A.: Untersuchungen über den Einfluß der Bodenbeschaffenheit auf die Beschaffenheit des Heues. Landw. Wochenbl. Schlesw.-Holst. **1875**, 265, 271.

[3] WAGNER, P. u. H. PRINZ: Forschungen auf dem Gebiete der Weinbergdüngung. Landw. Versuchsstat. **25**, 247 (1880).

[4] COUNCLER, C.: Aschenanalyse der einzelnen Teile von Aster Amellus. Landw. Versuchsstat. **27**, 375 (1882).

[5] WOHLTMANN, F.: Ein Beitrag zur Prüfung und Vervollkommnung der exakten Versuchsmethode zur Lösung schwebender Pflanzen- und Bodenkulturfragen. Ber. physiol. Labor. landw. Inst. Univ. Halle **1887**, H. 7, 1; **1891**, H. 8, 21, 48, 121.

[6] KELLNER, O.: Düngungsversuche mit Reis. Landw. Versuchsstat. **40**, 361 (1891).

[7] JACOB, A.: Die chemische Untersuchung des Blattes als diagnostisches Mittel zur Bestimmung des Nährstoffbedarfes des Weinstocks. Z. angew. Chem. **42**, 257 (1929).

den Trauben tritt das Kali um so mehr hervor, je näher die Reife kommt; Kalk und Magnesia treten völlig zurück. Zwar glaubt LAGATU, daß die chemische Untersuchung des Blattes die Ernährungsverhältnisse zuverlässig wiedergibt, jedoch zeigen uns die Veränderungen der Zusammensetzung in den verschiedenen Wachstumszeiten die Schwierigkeiten, hieraus Schlußfolgerungen auf die vorhandenen aufnehmbaren Nährstoffmengen im Boden zu ziehen.

Bei der Prüfung der Frage, ob ein Wiesenboden reich oder arm an Kali oder Phosphorsäure ist, geht P. WAGNER[1] nicht wie EMMERLING von allgemeinen Durchschnittswerten für die Zusammensetzung des Heues aus, sondern von Zahlen, welche er in langjährigen Versuchen ermittelt hat. Er läßt sich dabei von folgenden Erwägungen leiten. Wenn ein Boden arm an Kali ist und die Pflanzen nach Kali hungern, werden die Pflanzen mit wenig Kali auszukommen suchen und unter Verwendung geringstmöglicher Kalimengen die höchstmögliche Menge von Erntesubstanz erzeugen, welche in je 100 Teilen wenig Kali enthält. Wenn der Boden sehr reich an aufnehmbarem Kali oder stark mit Kali gedüngt ist, so nehmen die Pflanzen viel Kali auf. Die Untersuchungen haben ergeben, daß der Kaligehalt des Heues von kalihungrigen Wiesen bis auf 0,8% zurückgegangen, nach starker Kalidüngung bis auf 3% gestiegen ist. WAGNER glaubt aus seinen Versuchen folgern zu können, daß man aus dem Ergebnis der Heuuntersuchung „ein ungefähres Urteil über den Kalibedarf der Wiese bzw. über die Frage, ob der Ertrag durch Kalidüngung gesteigert werden kann oder nicht, zu gewinnen" vermag. Hinsichtlich der aufgestellten Grenzzahlen sagt WAGNER: 1. „Enthält das Wiesenheu 2% Kali, so ist es mit Kali gesättigt. Der Kalivorrat des Bodens bzw. der Düngung hat ausgereicht, den unter den vorhandenen Verhältnissen erzielbaren Höchstertrag zu erzeugen. 2. Enthält das Wiesenheu mehr als 2% Kali, so ist es übersättigt. Boden und Düngung haben den Pflanzen mehr Kali gegeben, als zur Erzeugung des unter den gegebenen Verhältnissen erzielbaren Ertrages notwendig war. 3. Sinkt der Kaligehalt auf 1,8%, so ist die Möglichkeit vorhanden, daß man durch stärkere Kalidüngung den Ertrag steigern kann, falls Bodenbeschaffenheit, Bodenlage, Klima, Witterung günstig sind und an Phosphorsäure und Kalk kein Mangel ist. 4. Sinkt der Gehalt auf 1,6% Kali, so ist die Wahrscheinlichkeit da, daß durch stärkere Kalidüngung Ertragssteigerungen zu erzielen sind. 5. Beträgt der Kaligehalt des Heues nur 1,4%, so ist die Wahrscheinlichkeit der Ertragssteigerung durch Kalidüngung sehr groß. 6. Sinkt endlich der Kaligehalt auf 1,2% oder noch weiter herab, so ist mit Bestimmtheit anzunehmen, daß die Wiesenpflanzen zu wenig Kali im Boden gefunden haben, um den unter den gegebenen Verhältnissen erzielbaren Höchstertrag zu erzeugen. Kalidüngung wird den Ertrag mit Bestimmtheit steigern. Die Ausführung eines Düngungsversuches ist nicht erst erforderlich."

Der Phosphorsäuregehalt des Heues hat bei den Versuchen WAGNERS zwischen 0,28—0,80% geschwankt. Er muß gegen 0,7% betragen, wenn das Heu mit Phosphorsäure gesättigt sein soll; je weiter er unter 0,7% sinkt, um so größer ist die Wahrscheinlichkeit bzw. die Gewißheit, daß der Ertrag durch eine Phosphorsäuredüngung gesteigert werden kann.

Der Gehalt der Getreidekörner an Kali und Phosphorsäure ist sehr konstant und wird durch Düngung nur wenig beeinflußt. Dagegen weist der Gehalt des Getreidestrohes, der Kartoffeln, Zucker- und Futterrüben so große Unterschiede

---

[1] WAGNER, P., G. HAMANN u. A. MÜNZINGER: Durch welche Mittel kann man erfahren, ob der Nährboden reich oder arm an Kali oder Phosphorsäure ist? Versuche über Wiesendüngung. Arb. Dtsch. Landw. Ges. H. 162, 102 (Berlin 1909).

auf, daß WAGNER[1] glaubt, Grenzwerte angeben zu können, „die einen wenn auch nur ganz ungefähren Anhalt zur Beurteilung des Düngebedürfnisses des betreffenden Bodens bieten". Dabei weist WAGNER besonders darauf hin, daß die ermittelten Zahlen weiter nachgeprüft werden müssen. Die Grenzwerte sind für:

Pflanzensubstanz	Phosphorsäure		Kali	
	Maximum %	Minimum %	Maximum %	Minimum %
Winterroggenstroh	0,27	0,12	1,11	0,70
Winterweizenstroh	0,21	0,14	0,98	0,68
Haferstroh	0,44	0,17	1,72	—
Gerstenstroh	0,20	0,18	1,11	—
Kartoffeltrockensubstanz	0,60	0,40	2,53	1,80
Zuckerrübentrockensubstanz . .	0,37	0,30	1,10	0,80
Futterrübentrockensubstanz . . .	0,64	0,35	4,04	—

Bei dem Maximalgehalt der beiden Nährstoffe ist die verfügbare Menge zur Erzeugung des an sich erreichbaren Ertrages ausreichend gewesen; je mehr dieser Gehalt sinkt, desto größer ist der Nährstoffmangel im Boden.

Diese Untersuchungsergebnisse WAGNERS haben vielfach Zustimmung gefunden, wobei die Mahnung WAGNERS, daß der Wert und die Zuverlässigkeit dieser Ausnutzung der Pflanzenanalyse zur Feststellung der Düngerbedürftigkeit eines Bodens nicht überschätzt werden dürfe, nicht immer die nötige Beachtung gefunden hat. M. HOFFMANN[2] bestätigt die Ergebnisse WAGNERS. Er glaubt, daß Haferstroh sich für die Untersuchung am besten eignet. Als Grenzzahl gibt er für Kali in Halmfrüchten 1% an. Nach Mitteilungen von HOFFMANN[3] hält JAKOUCHKINE eine Phosphorsäuredüngung nicht für nötig, wenn das geerntete Stroh 0,15% Phosphorsäure enthält. F. MÜNTER[4] weist durch seine Versuche nach, daß diese Gehaltszahl für Weizen nicht zutrifft. TH. REMY[5] kann die Ergebnisse WAGNERS teils bestätigen, muß aber teils auch häufig Abweichungen feststellen, so daß er die Bestimmung des Nährstoffbedarfes der Wiesen durch die Heuuntersuchung nur als Notbehelf gelten lassen will. E. HASELHOFF[6] kann durch seine Versuchsergebnisse die von WAGNER angegebenen Grenzwerte auch nicht bestätigen. F. AHR[7] hält die Beurteilung des Düngungsbedürfnisses eines Wiesenbodens für Phosphorsäure und Kali auf Grund der chemischen Untersuchung des Heues nur für möglich, wenn zugleich die botanische Zusammensetzung des Bestandes nach Art (Gräser, Kleearten und andere Leguminosen, Kräuter) und Menge der einzelnen Pflanzen beachtet werden. Die Untersuchungsproben müssen unmittelbar nach dem Mähen entnommen werden. Bei der Beurteilung der Untersuchungsergebnisse sind die

[1] WAGNER, P.: Kann man aus dem prozentischen Gehalt der Erntesubstanz an Phosphorsäure und Kali Anhaltspunkte zur Beurteilung des Düngebedürfnisses des Bodens gewinnen? Arb. Dtsch. Landw. Ges., H. 279, 536 (Berlin 1915).

[2] HOFFMANN, M.: Der Einfluß der Düngung auf die Wiese. Mitt. Dtsch. Landw. Ges. 28, 650 (1913).

[3] HOFFMANN, M.: Zur Frage der Ermittlung des Düngerbedürfnisses einer Wiese bzw. eines Ackers, insonderheit bezüglich des Kaligehaltes. Mitt. Dtsch. Landw. Ges. 32, 679 (1917).

[4] MÜNTER, F.: Pflanzenanalyse und Düngerbedürfnis des Bodens. J. Landw. 67, 229 (1919).

[5] REMY, TH.: Zur Düngung der Wiesen. Mitt. Dtsch. Landw. Ges. 26, 615 (1911).

[6] HASELHOFF, E.: Neuzeitliche Untersuchungen über das Düngebedürfnis eines Bodens. Jb. Dtsch. Landw. Ges. 1913, 131; Über die Ermittlung des Düngebedürfnisses des Bodens. Fühl. Landw. Z. 67, 193 (1918).

[7] AHR, F.: Die Ermittlung der Düngebedürftigkeit der Wiesen. Grundlagen der Wiesendüngung, S. 108. Freising 1919.

Standortsverhältnisse nach Klima (Jahreswitterung), Bodenart, Wasserstand, Art und Stärke der bisherigen Düngung und bisherigen Erträge zu beachten. Die von P. WAGNER angegebenen Grenzwerte von 2% Kali und 0,65% Phosphorsäure, deren Überschreitung eine Ertragssteigerung nicht mehr erwarten läßt, sind in der Regel zutreffend; es ist aber doch vor einer Verallgemeinerung dieser Werte zu warnen.

Entsprechend den von P. WAGNER festgestellten Grenzwerten, welche auf Grund der Untersuchungen von P. LIECHTI und E. RITTER den schweizerischen Verhältnissen angepaßt wurden, erfolgt nach den Angaben von B. SCHMITZ[1] in der Schweiz die Beurteilung des Düngebedürfnisses eines Bodens in folgender Weise: „Enthält die Heugrastrockensubstanz 0,6% und weniger Phosphorsäure, so ist der Boden als phosphorsäurebedürftig zu taxieren. Bei 0,6—0,8% Phosphorsäuregehalt ist die durch die Ernte entzogene Phosphorsäuremenge zu ersetzen. Ein Gehalt von 0,8% Phosphorsäure weist auf einen ausgesprochenen Vorrat im Boden hin, und es ist daher in diesem Falle eine einseitige Phosphorsäuredüngung nicht vorzunehmen. Enthält die Heugrastrockensubstanz 2% Kali und weniger, so wird der Boden als kalibedürftig angesehen. Bei 2,1—2,5% ist eine Kalidüngung vorzunehmen, sofern der Phosphorsäuregehalt über 0,7% beträgt. Ein Gehalt über 2,5% Kali weist auf einen Kalivorrat im Boden hin und soll daher in diesem Falle eine einseitige Kalidüngung unterbleiben. Eine bestimmte Grenzzahl für Kalk wird vorläufig nicht festgesetzt. Es wird jedoch angenommen, daß 1% der Trockensubstanz für ein gutes Dürrfutter genügt."

Aus seinen Versuchen über den Nährstoffbedarf der Zuckerrübe folgert W. KRÜGER[2], daß die Möglichkeit nicht ausgeschlossen ist, aus der Zusammensetzung der Pflanzen einen Rückschluß auf die Düngebedürftigkeit des Bodens zu ziehen, wenn der Ernteertrag und der Nährstoffbedarf der Pflanzen feststeht. Wenn die Ernten als Vollernten anzusprechen sind und im Nährstoffgehalt einer Vollernte entsprechen, so ist mit einem ausreichenden Nährstoffvorrat im Boden zu rechnen. Sind die Ernten ungenügend, enthalten die Pflanzen dabei aber von den Nährstoffen solche Mengen, wie sie zur Erzeugung einer Vollernte nach Feststellung des Nährstoffbedarfes ausgereicht hätte, so ist als Ursache der unbefriedigenden Ernte nicht Nährstoffmangel anzunehmen, vielmehr müssen hierbei andere Ursachen (Witterung, Bodenbeschaffenheit) mitgespielt haben. Wenn schließlich die Ernten ungenügend sind und der Nährstoffgehalt geringer ist als dem Bedarf einer Vollernte entspricht, so ist mit einem unzureichenden Nährstoffvorrat im Boden zu rechnen. Es bleibt noch zu prüfen, ob die Ergebnisse der Untersuchung der Ernten einen Schluß darauf zulassen, ob nur der eine oder zwei oder alle drei Nährstoffe (Stickstoff, Phosphorsäure, Kali) fehlen. Aus den mit Zuckerrüben erzielten Ergebnissen folgt, „daß bei den verschiedensten Stickstoffgaben die beiden Nährstoffe Kali und Phosphorsäure, wenn sie in ausreichender Menge in aufnehmbarer Form im Boden vorhanden waren, in mindestens der Menge aufgenommen wurden, wie sie zur Deckung des Bedarfes der Zuckerrübe erforderlich sind. Die Aufnahme des Stickstoffs dagegen scheint bei Kali- und Phosphorsäuremangel herabgedrückt zu werden, dahingegen ist die Aufnahme der Phosphorsäure bei Kalimangel normal". Es bedarf noch weiterer Untersuchungen, ob die hier vorliegenden, in Sandtorfkulturversuchen getroffenen Feststellungen auch für den natürlichen Boden gelten.

---

[1] SCHMITZ, B.: Wiesendüngungsversuche im Tessin. Landw. Jb. Schweiz **1928**, Sonderabdruck.

[2] KRÜGER, W. u. G. WIMMER: Der Nährstoffbedarf der Zuckerrübe. Z. Ver. dtsch. Zuckerind. **1927**, Sonderh., 1.

Abschließend sei das Verfahren von H. WILFARTH[1] angegeben, durch das nicht nur der relative Nährstoffgehalt des Bodens, sondern die absolute Menge Nährstoffe in einer bestimmten Fläche und Tiefe ermittelt werden soll. Zu diesem Zwecke werden die Versuchsbodenproben aus einer genau begrenzten Fläche und Tiefe ausgehoben. Der Boden wird in ein Versuchsgefäß gebracht und mit allen Nährstoffen mit Ausnahme desjenigen, der geprüft werden soll, gedüngt, so daß der fehlende Nährstoff ins Minimum kommt. Nach Zusatz der erforderlichen Menge Wasser wird der Boden besät. Später wird in den Pflanzen der geprüfte Nährstoff bestimmt. Aus der Menge der aufgenommenen Nährstoffe kann der Nährstoffvorrat im Boden berechnet werden. Versuche von M. STAHL-SCHRÖDER[2] führen zu Ergebnissen, welche für die Brauchbarkeit des Verfahrens von WILFARTH zur Bestimmung der Mineralstoffe des Bodens günstig lauten, dagegen versagt nach diesen Versuchen das Verfahren bei der Ermittlung des Stickstoffs. Allgemein schließt M. STAHL-SCHRÖDER, daß auch dieses Verfahren nicht die Menge der Nährstoffe im Boden erkennen läßt, welche im Laufe der Vegetationszeit für die Pflanzen aufnehmbar werden.

Keimpflanzenmethode. Bei den bisher besprochenen Verfahren handelte es sich um ausgewachsene oder doch schon mehr entwickelte Pflanzen. Bei dem folgenden Verfahren werden die Keimpflanzen zur Feststellung des Düngungsbedürfnisses der Pflanzen benutzt. Schon G. WUNDER[3] hat nachgewiesen, daß Keimpflanzen, welche Mineralstoffe aus dem Boden aufnehmen konnten, schon in den ersten Tagen der Keimung in ihrer Zusammensetzung von derjenigen mineralstoffreier Kulturen sehr abweichen; dabei zeigt er auch, daß dies Verhalten zu den einzelnen Nährstoffen sehr verschieden ist, und daß vor allem die Aufnahme von Kali und Phosphorsäure in den Keimpflanzen zurückgetreten ist. Unter Hinweis auf die Aufnahme der Mineralstoffe aus dem Nährgewebe bei der Samenkeimung sagt F. CZAPEK[4]: „Da das Würzelchen des Keimlings sehr bald seine Funktion antritt, Aschenstoffe aus den äußeren Substraten aufzunehmen, beginnt ein Wettstreit dieser Art von Mineralstoffgewinnung mit der Resorption von Mineralstoffen aus dem Nährgewebe." Damit wird ebenfalls wie von WUNDER die Aufnahme von Mineralstoffen aus dem Boden durch die Keimpflanzen angezeigt. Untersuchungen von O. KELLNER[5], G. ANDRÉ[6], G. TAMMANN[7] deuten mehr oder weniger gleiches an. Aber zur Feststellung des Düngebedürfnisses des Bodens ist diese Erkenntnis der Einwirkung der Keimpflanzen auf den Mineralstoffgehalt des Bodens zuerst von K. GREISENEGGER und K. VORBUCHNER[8] benutzt worden. In derselben Richtung liegen Versuche von H. NEUBAUER und W. SCHNEIDER[9] vor, welche

---

[1] WILFARTH, H.: Die Anwendung des Vegetationsversuches zur Bodenanalyse. Chem. Z. **21**, 819 (1897); ref. nach Biederm. Zbl. **27**, 223 (1898).

[2] STAHL-SCHRÖDER, M.: Kann die Pflanzenanalyse uns Aufschluß über den Gehalt an assimilierbaren Nährstoffen im Boden geben? J. Landw. **52**, 31, 193 (1904).

[3] WUNDER, G.: Über die Mineralbestandteile in Plumula und Radicula der keimenden Turnipssamen. Landw. Versuchsstatt. **3**, 159 (1861).

[4] CZAPEK, F.: Biochemie der Pflanze **2**, 749. Jena: Gustav Fischer 1905.

[5] KELLNER, O.: Über einige chemische Vorgänge bei der Keimung von Pisum sativum. Landw. Versuchsstat. **17**, 408 (1874).

[6] ANDRÉ, G.: C. r. **132**, 1577 (1901).

[7] TAMMANN, G.: Z. physiol. Chem. **9**, 416 (1885).

[8] GREISENEGGER, I. K. u. K. VORBUCHNER: Feststellung des Düngerbedürfnisses durch Bodenerschöpfung. Österr.-Ungar. Z. Zuckerind. u. Landw. **47**, 281 (1918); ref. nach Biederm. Zbl. **50**, 83 (1921).

[9] NEUBAUER, H. u. W. SCHNEIDER: Die Nährstoffaufnahme der Keimpflanzen und ihre Anwendung auf die Bestimmung des Nährstoffgehalts der Böden. Z. Pflanzenern., Düng. u. Bodenk. A, **2**, 329 (1923).

unabhängig von den Versuchen von GREISENEGGER und VORBUCHNER eingeleitet waren.

GREISENEGGER und VORBUCHNER gehen von der Ansicht aus, daß eine große Anzahl Pflanzen die in einer geringeren Bodenmenge vorhandenen Nährstoffe verbrauchen wird, so daß das Wachstum aufhört, wenn der im Minimum vorhandene aufnehmbare Nährstoff erschöpft ist, daß dagegen die Entwicklung der Pflanzen anhalten wird, wenn der betreffende Nährstoff dem Boden zugesetzt wird. Wenn letzteres von vornherein geschieht, so wird man aus der Wachstumsdauer oder dem Erntegewicht gegenüber dem ursprünglichen Boden erkennen können, ob der Nährstoff dem Boden fehlt. Das Untersuchungsverfahren wird in der Weise durchgeführt, daß in Gläschen von 20 cm lichtem Durchmesser und 3,5 cm Höhe je 100 g des durch ein 2 mm-Sieb gegangenen Bodens gefüllt werden. Der Boden eines jeden Gläschens wird mit 50 Gerstenkörnern bestellt. Anfangs wird der Boden mit destilliertem Wasser, später mit Nährlösungen begossen, in denen die für die betreffende Versuchsreihe in Aussicht genommenen Nährstoffmengen enthalten sind; Stickstoff wird als Natriumnitrat, Phosphorsäure in Form von Dimagnesiumphosphat und Kali als Chlorkalium gegeben. In einer Reihe wird der ursprüngliche Boden geprüft; in einer anderen Reihe werden dem Boden die sämtlichen Nährstoffe und in den weiteren Versuchsreihen je 2 Nährstoffe beigefügt, so daß in den letzteren Versuchsreihen immer ein Nährstoff fehlt, über dessen Vorrat im Boden der Versuch Auskunft geben soll. Der Wassergehalt des Bodens ist in allen Versuchsreihen gleich. Nach etwa 4 Wochen beginnen die Pflanzen in dem ungedüngten und in dem ohne Stickstoff gebliebenen, also nur mit Phosphorsäure und Kali gedüngtem Boden zu vergilben. Nach 36 Tagen werden die Halme dicht über den Boden abgeschnitten; sie werden getrocknet und verascht. Die Wurzeln werden für sich in gleicher Weise behandelt. In einem Versuch wurde für die oberirdische Substanz gefunden:

Düngung	Geerntete Pflanzen			Trockensubstanzernte in 4 Gefäßen		
	Gesamtzahl	Von den Pflanzen waren bei der Ernte				
		grün %	halb verdorrt bis verdorrt %	im ganzen g	gegenüber ungedüngt mehr g	mehr durch Volldüngung = 100
O	165	40	60	1,494	—	—
K + P	187	52	48	1,973	0,479	42
P + N	189	87	13	2,333	0,839	73
K + N	184	72	28	2,540	1,046	92
K + P + N . .	191	93	7	2,635	1,141	100

GREISENEGGER und VORBUCHNER nehmen an, daß für die Beurteilung des Nährstoffbedarfes der Zeitpunkt des Verdorrens bzw. das Verhältnis der frischen Pflanzen zu der verdorrenden oder verdorrten Pflanze geeignet sei. In dieser Hinsicht zeigen die obigen Zahlen ein Bedürfnis für Stickstoff, weniger für Phosphorsäure und am geringsten für Kali an. In dem Erntegewicht tritt zwar auch der starke Stickstoffmangel des Bodens hervor; aber hiernach ist das Kalibedürfnis größer als das Phosphorsäurebedürfnis. Wenn es gelingen sollte, aus der Lebensdauer oder der geernteten Trockensubstanzmenge der Pflanzen auf den Nährstoffvorrat des Bodens zu schließen, ohne die Zusammensetzung der Erntesubstanz durch eine Untersuchung festzustellen, so würde darin ein wesentlicher Vorteil dieses Verfahrens liegen. Die vorliegenden Untersuchungen genügen aber noch nicht für ein abschließendes Urteil über dieses Verfahren.

NEUBAUER und SCHNEIDER[1] machen bereits darauf aufmerksam, daß die Annahme von GREISENEGGER und VORBUCHNER, nach welcher „der relative Mangel eines Nährstoffes schon nach kurzem Wachstum der Pflanzen in deren Aussehen und vorzeitigem Absterben in sinnfällige Erscheinung treten muß“, nicht uneingeschränkt richtig ist, sondern vielmehr bekannt sei, daß die Pflanzen nicht an Stickstoff- und Phosphorsäuremangel zugrunde gehen, solches aber wohl infolge Kalimangels der Fall sein kann, wie die Versuche von G. WIMMER[2] und H. WIESSMANN[3] schließen lassen.

Entgegen diesem Verfahren setzen H. NEUBAUER und W. SCHNEIDER bei ihrer Methode, der sog. Keimpflanzenmethode, dem Boden keine Nährstoffe zu, sondern sie verwenden den ursprünglichen Boden zur Durchführung ihres Verfahrens. Sie wollen nicht den auf dem zu untersuchenden Boden möglichen Ertrag messen, sondern ihnen ist die Pflanze nur das Mittel, aus dem Boden die wurzellöslichen Pflanzennährstoffe herauszuholen, welche nachher in der geernteten Pflanze bestimmt werden. Bei der Bedeutung, welche dieser Keimpflanzenmethode von H. NEUBAUER und W. SCHNEIDER vielfach für die Ermittlung des Düngebedürfnisses des Bodens zugeschrieben wird, soll die Beschreibung möglichst im Wortlaut wiedergegeben werden; dieses erscheint auch deshalb nötig, weil die genaue Beachtung der Vorschrift für die Durchführung der Untersuchung nötig ist, um vergleichbare Ergebnisse zu erhalten. Die Vorschrift lautet: „Als Versuchsgefäße dienen kreiszylindrische Glasnäpfe mit flachem Boden von 11—11,5 cm Durchmesser, also von etwa 100 cm^2 Bodenfläche und etwa 7 cm Höhe. Den zu prüfenden Boden, der bei der Aufbewahrung vor völligem Austrocknen geschützt worden ist, siebt man unter Zerdrückung der Zusammenballungen durch ein 2 mm-Sieb, mischt ihn, breitet ihn in flacher Schicht aus und entnimmt durch Ausheben kleiner über die ganze Fläche verteilter Mengen die nötigen Proben von je 100 g. Es genügen meist zwei Parallelbestimmungen wie bei der chemischen Analyse. Die genau gewogene Bodenmenge vermischt man mit der Hälfte ihres Gewichtes Sand und bringt die Mischung quantitativ als gleichmäßig hohe Schicht auf den Boden des tarierten Gefäßes. Die Deckschicht, bestehend aus 250 g Sand bei Anwendung von 100 g Boden oder bei abgeänderten Bodenmengen soviel mehr oder weniger, daß die Menge von Boden und Sand zusammen 400 g beträgt, wird mit Wasser durchfeuchtet und auf die Bodenschicht gleichmäßig aufgetragen bis auf einen Rest, der gerade ausreicht, um die einzusteckenden Körner 0,5 cm hoch zu bedecken. Beim Einbringen des Sandes wird in die Mitte des Gefäßes ein bis auf den Grund reichendes Glasröhrchen eingesteckt, das zur Durchlüftung und Wasserzufuhr dient.“ Der verwendete Sand ist reiner, nicht zu feiner Quarzsand; er wird zuerst mit Leitungswasser, dann mit destilliertem Wasser gewaschen, um alle leichter aufschwemmbaren Teile möglichst zu entfernen.

Als Versuchspflanze dient Roggen. Die zur Aussaat verwendeten Roggenkörner müssen sorgfältig ausgelesen, unbeschädigt und von hoher Triebkraft sein; das Tausendkorngewicht soll etwa 40 g betragen. Das Saatgut wird mit einer 0,1proz. Lösung von Chlorphenolquecksilber, dem Hauptbestandteil des Uspuluns, gebeizt, welche auf 1 g des Quecksilberpräparates etwa 0,3 g Natrium-

---

[1] NEUBAUER, H. u. W. SCHNEIDER: Die Nährstoffaufnahme der Keimpflanzen und ihre Anwendung auf die Bestimmung des Nährstoffgehaltes der Böden. Z. Pflanzenern. u. Düng. A, **2**, 329 (1923).

[2] WIMMER, G.: Die Kalimangelerscheinungen der Pflanzen. Jb. Dtsch. Landw. Ges. **26**, 970 (1912).

[3] WIESSMANN, H.: Über den Einfluß des Kaliums auf die Entwicklung der Pflanzen usw. Z. Pflanzenern. u. Düng. A, **2**, 1 (1923).

hydroxyd enthält. Die Beizdauer soll 1,5 Stunden betragen. Nach dem Abtrocknen mit Fließpapier bleiben die Körner etwa eine Woche lang in dünner Schicht an der Luft liegen, ehe man die letzte Reinigung von nicht ganz einwandfreien Körnern und das Abzählen und Wägen der Körner vornimmt. Im Versuchsgefäß werden 100 Körner verwendet, welche mit einer Pinzette gefaßt und mit der Basis (dem Keimling) nach unten leicht in den Sand eingedrückt werden. „Die so beschickten Glasnäpfe werden gewogen; die Wassermenge wird auf 80 g ergänzt und das sich ergebende Gesamtgewicht aufgeschrieben. Die Gefäße werden mit einer Glasplatte bedeckt und in einem Raume mit Zimmertemperatur am Fenster aufgestellt. Sind die Pflänzchen so weit entwickelt, daß sie anfangen, gekrümmt am Deckel entlang zu wachsen, wird dieser entfernt, und nun muß das verdunstete Wasser täglich wenigstens einmal ergänzt werden, entweder mit einer Spritzflasche durch das Röhrchen oder mit einer kleinen Brause auf die Oberfläche oder bei sehr starkem Wasserverlust auf beiderlei Weise."

Die Ernte erfolgt am 18. Tage nach der Einsaat. Die Pflanzenmasse wird möglichst auf einmal aus dem Gefäß herausgehoben, auf ein Sieb gebracht und mit Wasser abgespült, bis die Körner und ein Teil der Wurzelmasse frei gelegt sind. Nach dem Abtropfen des Wassers schneidet man die Sprosse unmittelbar über den Fruchthülsen ab und spült sie wiederholt mit destilliertem Wasser ab, um etwa noch anhaftenden Sand zu entfernen. Durch Zählen der Sprosse stellt man die Zahl der aufgegangenen Pflanzen fest; 94—100 Pflanzen sind unter normalen Verhältnissen zu erwarten und diese Schwankungen ohne störenden Einfluß auf das Ergebnis. Die Wurzeln werden auf dem Sieb durch fließendes Wasser von der anhaftenden Erde befreit. Verluste der feinen Wurzelteilchen sind dabei zu vermeiden.

Nebenher gehen in gleicher Weise durchgeführte blinde Versuche in 400 g Sand, der mit 80 g Wasser angefeuchtet und feucht erhalten wird, um die von den Pflanzen aus dem Sande aufgenommenen Nährstoffe zu ermitteln. NEUBAUER und SCHNEIDER empfehlen diese blinden Versuche mindestens vierfach auszuführen und von Zeit zu Zeit zu wiederholen. Es erscheint dem Verfasser jedoch zweckdienlicher zu sein, solche blinden Versuche in jeder Versuchsreihe durchzuführen, um eine vollständige Gleichmäßigkeit in der Durchführung der Versuche sicherzustellen.

Die Erntesubstanz wird vorsichtig verascht, die Asche in Salzsäure gelöst und in der Lösung Phosphorsäure und Kali bestimmt. Auf die Ermittlung dieser beiden Nährstoffe ist das Verfahren zunächst beschränkt worden. Für die analytische Bestimmung von Phosphorsäure wird die Molybdänmethode von LORENZ, für die Bestimmung von Kali die Platinmethode vorgeschrieben. Wahrscheinlich wird sich letzteres Verfahren durch die einfachere und billigere Überchlorsäuremethode ersetzen lassen und dabei die Modifikation dieses Verfahrens von A. STEIN[1] zu sicheren Ergebnissen führen.

Die von den Roggenpflänzchen aus dem Boden aufgenommenen, als wurzellöslich bezeichneten Nährstoffe werden auf 100 g Bodentrockensubstanz in Milligramm angegeben. Hierbei handelt es sich um den durch ein 2-mm-Sieb gegebenen Feinboden, also um den von Steinen und Kies befreiten Boden. Letztere Bodenbestandteile, welche den Pflanzen keine Nährstoffe liefern, wirken, wie NEUBAUER sagt, als Verdünnungsmittel der im Feinboden gefundenen Pflanzennährstoffe und müssen bei der Berechnung berücksichtigt werden.

Die in dieser Weise erhaltenen Zahlen für die Menge Phosphorsäure und Kali, die im Boden in wurzellöslicher Form vorhanden sind, müssen zu den

---

[1] STEIN, A.: Kalibestimmung in Mischdüngern. Z. angew. Chem. A, **42**, 179 (1929).

Verhältnissen des praktischen landwirtschaftlichen Betriebes in Beziehung gebracht werden, wenn sie ihren Zweck, einen Anhalt für die notwendige Düngung des Bodens zur Erzielung normaler Erträge zu geben, erfüllen sollen. Für eine solche Übertragung der Ergebnisse des Keimpflanzenversuches nimmt NEUBAUER[1] die Ackerkrumentiefe mit 20 cm und das Volumgewicht des Bodens mit 1,5 an. Dabei entspricht 1 mg Nährstoff in 100 g Boden 30 kg Nährstoffen je Hektar. Bemerkenswert ist hierbei einmal, daß nur die Ackerkrume bei der Ermittelung der wurzellöslichen Nährstoffe berücksichtigt und dabei weiter mit einer Krumentiefe von 20 cm gerechnet wird; letztere wird in vielen Fällen diese Tiefe nicht erreichen. Deshalb schließt diese Umrechnung Ungenauigkeiten ein, welche die praktische Ausnutzung des Verfahrens einschränken müssen.

Um feststellen zu können, in wie weit diese wurzellöslichen Nährstoffe ausreichen, um eine Höchsternte zu erzielen, muß man wissen, welche Nährstoffmengen hierzu unter Berücksichtigung der Wachstumsverhältnisse, also besonders der klimatischen und Bodenverhältnisse, erforderlich sind. NEUBAUER stellte für diesen Zweck fest, welche Mengen an Phosphorsäure und Kali, also derjenigen Nährstoffe, die nach der Keimpflanzenmethode ermittelt werden, in bestimmten Erträgen vorhanden sind. Da es sich hier um Durchschnittserträge handelt, so folgt ohne weiteres daraus, daß die aus diesen Erträgen errechneten Zahlen für den Nährstoffentzug durch die Ernten nicht allgemeine Gültigkeit haben können, sondern daß sie, da sie sich mit dem Ertrage und mit der Zusammensetzung der Ernteerzeugnisse ändern müssen, nur als Anhaltswerte für die Beurteilung des Nährstoffentzuges durch die Ernte gelten können. Darin liegt eine Einschränkung des Wertes des Verfahrens, die auch NEUBAUER erkannt hat, was aber vielfach übersehen ist und zu einer Überschätzung des Verfahrens in seiner praktischen Ausnutzung geführt hat.

Bei dem Vergleiche der Ergebnisse der Keimpflanzenmethode mit den durch die Ernte entzogenen Nährstoffmengen ist zu beachten, daß die Pflanzenwurzeln bei dem Keimpflanzenversuch viel stärker im Boden verteilt sind und deshalb auch die Nährstoffe im Boden besser ausnutzen können, als dieses unter den natürlichen Verhältnissen des Pflanzenbaues der Fall ist. In welchem Grade hier ein Unterschied in der Ausnutzung der Bodennährstoffe besteht, bedarf noch der näheren Feststellung. NEUBAUER sagt hierüber: „Es ist eine besonders wichtige Aufgabe des weiteren Ausbaues der Methode, durch Versuche festzustellen, wieviel Einheiten eines wurzellöslichen Pflanzennährstoffes im Boden vorhanden sein müssen, damit sich die Pflanzen in einer Vegetationszeit eine Einheit aneignen können. Dieser Faktor wird für die verschiedenen Verhältnisse, namentlich die verschiedenen Pflanzen, nicht ganz gleich sein. Doch kann auf Grund der bisherigen Beobachtungen als vorläufiger Anhalt angenommen werden, daß, um die Aufnahme einer bestimmten Menge Phosphorsäure oder Kali im freien Felde sicher zu stellen, die fünffache Menge in wurzellöslicher Form im Boden vorrätig sein muß.“ In dieser Umrechnung der festgestellten wurzellöslichen Nährstoffe auf den Nährstoffbedarf des Bodens liegt eine große Unsicherheit. Wenn man danach verfahren will, so ist zunächst durch Multiplikation der Menge der festgestellten wurzellöslichen Nährstoffe mit 30 die je Hektar vorhandene Menge löslicher Nährstoffe zu berechnen und aus dieser Zahl durch Division mit 5 die Nährstoffmenge zu ermitteln, welche die Pflanze im freien Felde aufnehmen kann, mit der also die durch die Ernte entzogene Menge

---

[1] NEUBAUER, H.: Bodenuntersuchung nach der Keimpflanzenmethode und Düngungsregeln. Ill. landw. Ztg. **45**, 182 (1925).

verglichen werden muß, um festzustellen, ob der Nährstoffgehalt des Bodens zur Erreichung dieser Ernte ausreichen würde.

Um diese Umrechnung zu erübrigen, hat NEUBAUER auf Grund derselben Erwägungen Grenzzahlen berechnet, welche die Menge wurzellöslicher Nährstoffe in 100 g Boden angeben, die für die Erzielung der betreffenden Ernte nötig sind. Diesen Grenzzahlen haften aber dieselben Mängel an wie der vorhergehenden Berechnung; sie sind für Phosphorsäure und Kali bei den angenommenen Ernten und bei dem angenommenen Nährstoffentzug durch diese Ernten nach NEUBAUER folgende:

Pflanze	Ernte je ha in dz	Nährstoffentzug in kg je ha		Grenzzahl in mg je 100 g Boden	
		Phosphorsäure	Kali	Phosphorsäure	Kali
Gerstenkörner mit Stroh . .	35	35	85	6	14
Haferkörner mit Stroh . . .	40	35	100	6	17
Weizenkörner mit Stroh . . .	40	50	90	8	15
Roggenkörner mit Stroh . .	35	50	100	8	17
Rapskörner mit Stroh	35	90	110	15	18
Kartoffel mit Kraut	320	55	220	9	37
Zuckerrüben mit Kraut . . .	400	60	200	10	33
Futterrüben mit Kraut . . .	800	70	280	12	47
Rotkleeheu	80	50	150	8	25
Luzerneheu	140	90	210	15	35

TH. ROEMER[1] kommt auf Grund der bei den Feldversuchen erhaltenen Ernten im Vergleich mit dem nach der Keimpflanzenmethode festgestellten Gehalt des Bodens an wurzellöslichen Nährstoffen zu abweichenden Grenzzahlen; sie sind für:

Hafer, Roggen . . .	4 mg	Phosphorsäure	und 20 mg	Kali
Gerste, Weizen . . .	6 mg	,,	und 30 mg	,,
Kartoffel	6 mg	,,	und 40 mg	,,
Zuckerrüben	8 mg	,,	und 30 mg	,,

Es mag zunächst dahingestellt bleiben, ob es zulässig ist, in dieser Weise die Ergebnisse eines Versuches einer Methode anzupassen; LEMMERMANN[2] beanstandet es und wird dabei vielfach Zustimmung finden. Es erscheint aber auch nicht zutreffend, aus der so geschaffenen Übereinstimmung mit dem Feldversuch ein Urteil über den Wert und die Brauchbarbeit des Verfahrens herzuleiten.

Dieses Keimpflanzenverfahren von NEUBAUER und SCHNEIDER bedarf noch in mancher Hinsicht der Nachprüfung, bevor seine Ergebnisse für die Feststellung des Düngungsbedürfnisses des Bodens sichere Unterlagen geben können. NEUBAUER und SCHNEIDER haben bei der ersten Mitteilung über ihr Verfahren selbst darauf hingewiesen. Bevor auf Einzelheiten in dieser Hinsicht eingegangen wird, sollen einige allgemeine Mitteilungen über die Nährstoffaufnahme der Pflanzen gemacht werden, soweit sie für die Beurteilung der Keimpflanzenmethode als Mittel zur Feststellung des Düngungsbedürfnisses des Bodens beachtenswert erscheinen. Über die in den ersten Jahren bei der Durchführung der Keimpflanzenmethode gemachten Beobachtungen hat S. GERICKE[3] eine ausführliche Zusammenstellung veröffentlicht, auf die verwiesen sei, soweit die einzelnen Versuche hier nicht erörtert sind.

[1] ROEMER, TH., B. DIRKS u. E. GÜNTHER: NEUBAUER-Analysen im Vergleich zu Felddüngungsversuchen. Ill. landw. Ztg. **44**, 17 (1924).

[2] LEMMERMANN, O.: Untersuchungen über das Phosphorsäurebedürfnis der deutschen Kulturböden. Z. Pflanzenern. u. Düng. B, **4**, 1 (1925).

[3] GERICKE, S.: Die NEUBAUERsche Keimpflanzen-Methode zur Erkennung des Nährstoffbedarfs des Bodens. Landw. Jb. **64**, 735 (1926).

Bei der Nährstoffaufnahme der Pflanzen aus dem Boden spielen sich nicht nur physiologische Vorgänge ab, sondern es wirken dabei auch chemische und physikalische Vorgänge mit. Die ersteren werden bei der Einwirkung chemischer Lösungsmittel auf Boden nicht erfaßt, vielleicht etwas besser durch die Keimpflanzenmethode, aber auch hierdurch nicht vollständig. Letzteres gilt bei der Keimpflanzenmethode noch mehr für die chemischen und physikalischen sowie bakteriologischen Vorgänge im Boden, weil die geprüfte Bodenprobe sich hierbei anders als der natürlich gelagerte Boden verhalten wird. Hier ist nicht der Ort zu prüfen, in wie weit dadurch auch die Wirkung der Lösungsmittel beeinflußt wird; es sei nur darauf hingewiesen, daß selbst nach NEUBAUER diese Lösungsmittel weder stofflich noch in der Art ihrer Einwirkung mit dem Lösungsmittel der Pflanzenwurzeln übereinstimmen. Es ist zweifellos, daß dieser Unterschied beider Lösungen, wenn man in seinem Urteil nicht fehlgehen will, zu beachten ist.

E. A. MITSCHERLICH[1] sagt hinsichtlich der Berücksichtigung der physiologischen Reaktionen bei der Keimpflanzenmethode, daß diese im wesentlichen erst zur Zeit des hauptsächlichsten Nährstoffbedarfes während des Schossens in die Erscheinung zu treten pflegen; er hält es noch nicht für bewiesen, daß sie dadurch, daß die Zahl der Pflanzen auf der Einheit Boden ins Extrem gesetzt wird, hervorgerufen werden. Auch der Hinweis von A. W. TROFIMOW[2], daß die Konzentration der Bodenlösung bis zur Mitte der Vegetationsperiode anwächst und dann wieder abnimmt, spricht dafür, daß die Nährstoffaufnahme durch die Keimpflanzen kein Bild von dem Nährstoffverbrauch der Pflanzen während der ganzen Vegetationszeit gibt oder einen Rückschluß darauf zuläßt.

Es ist wiederholt erkannt worden, daß die lösende Wirkung der sauren Wurzelausscheidungen nicht die alleinige Ursache der bodenaufschließenden Wirkung der Wurzeln ist, sondern auch die verschiedene Menge derselben bei verschiedenen Pflanzen, was nicht außer acht gelassen werden darf, nicht vollständig die unterschiedliche Wirkung der Wurzeln erklären kann. Auf die hierbei sich abspielenden physikalisch-chemischen Vorgänge, auf die Gleichgewichtserscheinungen im Bereich der Pflanzenwurzeln und im Innern der Pflanzen, die bei der Assimilation der Nährstoffe mitsprechen, soll nur kurz hingewiesen werden. F. W. TSCHIRIKOW[3] sagt darüber: „Die Pflanzenwurzeln sind von einer Lösung umgeben, die sich in gewissem Gleichgewicht befindet und deren Zusammensetzung nicht von der Menge der festen Phase, sondern nur von der Zusammensetzung der flüssigen Phase abhängt. Die Wurzeln der verschiedenen Pflanzen stören dieses Gleichgewicht ungleich, die einen absorbieren vorwiegend Kalk, andere Phosphorsäure.“ Auf diese gegenseitige Beeinflussung der Nährstoffe bei der Aufnahme durch die Pflanzenwurzeln ist bei der Beurteilung der Keimpflanzenmethode verschiedentlich hingewiesen worden. S. GERICKE[4] findet, daß Kalk die Aufnahme von Phosphorsäure und Kali begünstigt, weil vielleicht durch Kalk die Reaktion der Nährlösung günstiger geworden ist; Kali hinderte die Aufnahme der Phosphorsäure nicht, umgekehrt setzte aber Phosphorsäure die Aufnahme von Kali herab. Nach den Untersuchungen von

[1] MITSCHERLICH, E. A.: Bemerkungen zu der Methode NEUBAUER. Z. Pflanzenern., Düng. u. Bodenk. B, 5, 132 (1926).

[2] TROFIMOW, A. W.: Zum Studium über die Änderungen der Bodenlösung während der Vegetationsperiode auf verschieden bearbeiteten Brachfeldern. J. Landw.-Wissensch. 1, 587 (1924); ref. in Z. Pflanzenern., Düng. u. Bodenk. A, 6, 318 (1926).

[3] TSCHIRIKOW, F. W.: Zur Frage der aufschließenden Fähigkeit der Wurzeln. Russ. J. exp. Landw. 15 (1914); ref. in Z. Pflanzenern., Düng. u. Bodenk. B, 2, 583 (1924).

[4] GERICKE, S.: Die Aufnahme und Ausnutzung von Phosphorsäure und Kali durch die Keimpflanzen. Z. Pflanzenern., Düng. u. Bodenk. B, 5, 550 (1926).

W. KROSS[1] beeinflussen sich Kali und Phosphorsäure bei der Aufnahme durch die Pflanzen sehr; Stickstoff hat auf die Aufnahme der Phosphorsäure einen geringen Einfluß ausgeübt. Auch GREISENEGGER und VORBUCHNER[2] weisen darauf hin, daß durch das Vorhandensein und die Menge eines anderen Nährstoffes im Boden, die Aufnahme eines Nährstoffes durch die Pflanzen gehemmt oder gesteigert werden kann. Diese Vorgänge, welche die Nährstoffaufnahme der Keimpflanzen ebenfalls beeinflussen werden, bedürfen für die Beurteilung der Keimpflanzenmethode noch besonderer Prüfung. Gleiches gilt für den Einfluß der Rückwanderung der von den Pflanzen aufgenommenen Nährstoffe in den erschöpften Boden. Die Beobachtungen von RATHSACK[3] in dieser Richtung sprechen gleichfalls hierfür. Die richtige Erkennung dieser Einwirkungen der verschiedenen Boden- und Pflanzenbestandteile aufeinander, erschweren ihre Berücksichtigung bei der Prüfung der Düngebedürftigkeit der Böden und die Übertragung der Versuchsergebnisse auf den natürlich gelagerten Boden. Wenn auch die Bedenken in dieser Hinsicht, wie NEUBAUER meint, nicht groß sind, weil die Vegetationszeit zu kurz ist, um diese Vorgänge zur Auswirkung kommen zu lassen, so dürfen sie doch nicht als abwegig und unbeachtenswert angenommen werden.

In dieser kurzen Dauer des Keimpflanzenversuches liegt ein sehr wesentlicher Unterschied zwischen diesem Verfahren und dem Feldversuch und zugleich ein erheblicher Grund für die Beschränkung des Wertes der Keimpflanzenmethode. NEUBAUER[4] weist selbst auf diesen Einwand, „daß einer der größten Vorzüge des Verfahrens, seine rasche Ausführbarkeit, auch einer seiner größten Fehler sei", hin; er glaubt aber nicht, daß durch die geringen Nährstoffmengen, die im Laufe der Vegetationszeit im Boden gelöst werden, das Ergebnis der Keimpflanzenmethode im allgemeinen wesentlich beeinflußt werde, wenn er auch nicht verkennt, daß auch in einem Jahre im Boden unter besonderen Umständen verfügbare Nährstoffe gelöst werden können. Jedenfalls bestehen in dieser Hinsicht in den verschiedenen Böden Unterschiede, welche geklärt werden müssen. Dieses folgt deutlich aus den von E. HASELHOFF[5] ausgeführten Versuchen über die Zersetzung der bodenbildenden Gesteine: Buntsandstein, Muschelkalk, Basalt, Grauwacke. Auch ist dieses indirekt den Angaben von DENSCH[6] zu entnehmen, wonach auf leichteren Böden mit niedrigen Werten nach dem Keimpflanzenverfahren dennoch hohe Ernteerträge erzielt worden sind, was für einen ausreichenden Nährstoffgehalt im Boden sprechen würde. Offenbar sind diese Nährstoffe in den Böden in festerer Bindung, so daß die jungen Keimpflanzen sie nicht lösen konnten, dieses aber durch die sich später entwickelnden kräftigen Pflanzen möglich ist. Auch die Untersuchungen von M. v. WRANGELL[7] deuten auf die Lösung der Nährstoffe im Laufe der Vegetation hin. Danach kommt es

---

[1] KROSS, W.: Untersuchungen über die NEUBAUERsche Keimpflanzenmethode. Landw. Jb. **65**, 277 (1927).

[2] GREISENEGGER, I. K. u. K. VORBUCHNER: a. a. O., Österr.-Ung. Z. Zuckerind. u. Landw. **47**, 281 (1918).

[3] RATHSACK, K.: Inaug. Dissert. Jena 1924; ref. nach S. GERICKE: Die NEUBAUERsche Keimpflanzenmethode zur Erkennung des Nährstoffbedarfes des Bodens. Landw. Jb. **64**, 735 (1926).

[4] NEUBAUER, H.: Intensive Düngung auf rationeller Grundlage. Ernährg. d. Pflanze **24**, 273 (1928).

[5] HASELHOFF, E.: Untersuchungen über die Zersetzung bodenbildender Gesteine. Landw. Versuchsstat. **70**, 53 (1909).

[6] DENSCH, A.: Die Bestimmung des Düngebedürfnisses des Bodens durch Laboratoriumsversuche nach NEUBAUER. Z. Pflanzenern., Düng. u. Bodenk. B, **5**, 130 (1926).

[7] WRANGELL, M. v.: Die Löslichkeit und Verwertbarkeit der Phosphorsäure im Boden. Mitt. Dtsch. Landw. Ges. **44**, 762, 776 (1927).

bei der Versorgung der Pflanzen mit Phosphorsäure nicht nur auf die Gesamtmenge der löslichen Phosphorsäure und die Konzentration der Phosphorsäurelösung im Boden an, sondern auch auf die Geschwindigkeit, „mit welcher das wasserlösliche Phosphorsäurekapital nach Entnahme von PO_4-Ionen durch die Pflanze diese Ionen wieder ersetzt". Bei den Versuchen über diese Nachlieferungsgeschwindigkeit im Ersatz der Phosphorsäure wurde die Beobachtung gemacht, „daß absorptionskräftige Böden, wie Lehmböden und Humusböden, je nach ihrer Absorptionsfähigkeit verhältnismäßig lange Zeit brauchen, ehe das Gleichgewicht zwischen Boden und Bodenlösung wiederhergestellt ist, bis also die entnommene Phosphorsäure wieder nachgeliefert werden kann. In leichten Sandböden dagegen erfolgt diese Nachlieferung ungleich schneller". Daraus erklärt sich auch, „warum Sandböden, die viel weniger Gesamtphosphorsäure enthalten, oft weniger phosphorsäurebedürftig sind als Lehmböden mit einem hohen Gehalt an Gesamtphosphorsäure".

O. LEMMERMANN[1] zeigt, daß die Löslichkeit der Phosphorsäure im Boden nicht konstant ist, daß sie sich in der Vegetationszeit ändert und zunimmt. Deshalb können auch die Ergebnisse der Untersuchung eines Bodens nach der Keimpflanzenmethode zu verschiedenen Zeiten verschieden sein. Weiter hat LEMMERMANN[2] durch Versuche nachgewiesen, daß die Keimpflanzen die in wurzellöslicher Form vorhandene Phosphorsäure nicht vollständig aufnehmen, was er an sich schon aus physiologischen Gründen selbst bei starker Bewurzelung der Pflanzen nicht für wahrscheinlich hält. Er hat bei seinen Versuchen dem Sande steigende Mengen Phosphorsäure in Dikalziumphosphat beigemischt und gefunden:

Zusatz in mg P_2O_5	5,0	7,5	10,0	15,0
Ausnutzung der P_2O_5 durch Keimpflanzen in Prozenten	93,0	87,0	88,5	70,7.

Im anderen Falle wurden Bodenproben in der üblichen Weise nach der Keimpflanzenmethode untersucht; nach der Entfernung der Pflanzen wurde die Untersuchung des Bodens in derselben Weise wiederholt. Es wurde an Phosphorsäure aufgenommen durch die:

	Boden 1	Boden 2	Boden 3
a) Ersten Pflanzen . . .	7,73 mg	6,00 mg	2,21 mg
b) Zweiten Pflanzen . . .	6,88 mg	6,81 mg	3,85 mg

Diese beiden Versuche zeigen einmal, daß die Keimpflanzen nicht die gesamten wurzellöslichen Nährstoffe aufnehmen, ferner daß die Aufnahme der Phosphorsäure mit der Zunahme an diesem Nährstoff abnimmt. Auch H. WIESSMANN[3] hat diese Beobachtung gemacht. Sie ist für die Beurteilung der Keimpflanzenmethode jedenfalls auch dann beachtenswert, wenn die Zunahme der wurzellöslichen Nährstoffe in der Vegetationszeit nur gering ist. Wenn NEUBAUER in dieser Hinsicht hervorhebt, daß die Wurzeln bei dem Keimpflanzenversuch den Boden völlig durchsetzen und dadurch die Bodennährstoffe stärker löslich machen, so ist damit nicht die völlige Ausnutzung der wurzellöslichen Nährstoffe bewiesen. Die Versuche, welche NEUBAUER, W. BONEWITZ und A. SCHOTT-

[1] LEMMERMANN, O.: Die Bestimmung des Düngungsbedürfnisses der Böden durch Laboratoriumsversuche. Z. Pflanzenernährg. usw. B 5, 105 (1926).

[2] LEMMERMANN, O.: Die Bestimmung des Düngungsbedürfnisses des Bodens durch Laboratoriumsversuche. Z. Pflanzenern., Düng. u. Bodenk. B, 5, 133 (1926).

[3] WIESSMANN, H.: Untersuchungen über die Feststellung des Nährstoffbedürfnisses der Böden. Z. Pflanzenern., Düng. u. Bodenk. B, 6, 68 (1927).

MÜLLER[1] ausgeführt haben, ergeben dasselbe; Kali wurde nur zu rund 90%, Phosphorsäure noch erheblich weniger ausgenutzt. F. HONCAMP und H. WIESSMANN[2] bestätigen dieses, sie sagen: „Innerhalb 18 Tagen wurden von den Keimpflanzen keineswegs die gesamten in einem Boden vorhandenen Kalk- und Phosphorsäuremengen aufgenommen. Infolge wiederholter Bepflanzung wurden bei den von uns untersuchten Böden noch weitere 19,5—102,7 mg Kali und 44,4—92,4 mg Phosphorsäure aufgenommen. Auf Grund der nach 18 Tagen in den Keimpflanzen gefundenen Kali- und Phosphorsäuremengen kann man also keinen Rückschluß ziehen auf die im Boden insgesamt vorhandenen aufnehmbaren Kali- und Phosphorsäuremengen."

DEPARDON[3] lehnt das Keimpflanzenverfahren für die Ermittelung der assimilierbaren Phosphorsäure als unbrauchbar ab, glaubt aber, daß es über das aufnehmbare Kali im Boden wertvollen Aufschluß gibt.

Bei der Durchführung des Keimpflanzenversuches wird dem Boden Sand beigemischt. NEUBAUER und SCHNEIDER geben an, daß aus dem Sande höchstens kleine Mengen Kali aufgenommen werden. Dieses erscheint unwesentlich, da dieses Kali durch den blinden Versuch Berücksichtigung findet. Anders ist es aber mit der Veränderung der physikalischen Eigenschaften des Sandbodengemisches gegenüber dem natürlich gelagerten Boden; sie wird nicht ohne Einfluß auf die Löslichkeit der Nährstoffe im Boden sein. Es muß K. MAIWALD[4] darin zugestimmt werden, daß Versuche notwendig sind, durch welche der Einfluß der Beimischung von Sand zu Boden auf die Ergebnisse der Keimpflanzenmethode klargelegt wird.

Auch durch das Austrocknen oder Erhitzen des Bodens kann eine Änderung der Bodenbeschaffenheit herbeigeführt werden, welche für die Aufnehmbarkeit der Bodennährstoffe durch die Pflanzen nicht ohne Bedeutung sein kann. NEUBAUER und SCHNEIDER heben dieses in der ersten Mitteilung über die Keimpflanzenmethode besonders hervor. Später sagt NEUBAUER[5] darüber: „Schwaches Erhitzen, ja schon Austrocknen des Bodens kann die kolloidale Bindung der Nährstoffe so weit lockern, daß sie den Wurzeln — auch bei dem Versuche nach der Keimpflanzenmethode — in wesentlich höherem Grade zugänglich werden." Dieser Erklärung der Wirkung des Austrocknens der Böden auf die Löslichkeit der Bodennährstoffe stimmen B. DIRKS und F. SCHEFFER[6] nicht vollkommen zu, weil fast alle kolloidreichen Böden diese auch von ihnen bestätigte Erscheinung in stärkerem Maße als kolloidarme Sandböden zeigen müßten. Bei den ausgeführten Untersuchungen ist oft das Umgekehrte der Fall gewesen. DIRKS und SCHEFFER sehen die Ursache der Wirkung des Austrocknens der Böden auf die Löslichkeit der Bodenbestandteile in den in den Bodenlösungen vorhandenen Kalkverbindungen, insbesondere dem Kalziumkarbonat, welches störend auf die Wachstumsvorgänge einwirken kann, auch wenn es nur in geringer Menge vorhanden ist. Sie stellten fest, daß da, wo es

---

[1] NEUBAUER, H., W. BONEWITZ u. A. SCHOTTMÜLLER: Ändert sich während der Vegetationszeit der Vorrat des ungedüngten und gedüngten Bodens an wurzellöslichen Pflanzennährstoffen? Z. Pflanzenern., Düng. u. Bodenk. A, **12**, 108 (1928).

[2] HONCAMP, F. u. H. WIESSMANN: Fortschr. Landw. **3**, 931 (1928).

[3] DEPARDON: Observations sur la méthode NEUBAUER. C. r. 834 (1927); refer. in Internat. landw. Rdsch. **19**, 829 (1928).

[4] MAIWALD, K.: Beitrag zu WIESSMANNS neuem Verfahren zur Bestimmung des Nährstoffgehaltes der Böden durch den Gefäßversuch. Z. Pflanzern., Düng. u. Bodenk. B, **7**, 370 (1928).

[5] NEUBAUER, H.: Keimpflanzenmethode oder Zitratmethode zur Bodenuntersuchung? Ill. landw. Ztg. **46**, 653 (1926).

[6] DIRKS, B. u. F. SCHEFFER: Vergleichende Untersuchungen über das Nährstoffbedürfnis der Kulturböden. Landw. Jb. **67**, 779 (1928).

gelang, Kalziumkarbonat aus der Bodenlösung zu entfernen, eine größere Phosphorsäureaufnahme durch die Keimpflanzen erreicht wurde. Allgemein wurde nachgewiesen, daß naturfrische Böden einen niedrigen Gehalt an wurzellöslicher Phosphorsäure und hohe Karbonatzahlen ergeben, lufttrockene und stärker getrocknete Böden aber höhere Phosphorsäurewerte und niedrigere Karbonatzahlen. DIRKS und SCHEFFER lehnen deshalb für die Keimpflanzenmethode die Verwendung des naturfrischen Bodens ab, weil hierbei unrichtige Ergebnisse gewonnen werden, vielmehr trocknen sie den Boden vor, „um das Karbonat der Bodenlösung auf ein Minimum zurückzudrängen und damit den schädlichen Einfluß auszuschalten". Auch P. HAUSCHILD[1] bestätigt den Einfluß des Vortrocknens der Böden auf die Löslichkeit der Bodennährstoffe; wurde das Trocknen über Lufttemperatur vorgenommen, so wurde eine Steigerung der Menge der wurzellöslichen Nährstoffe herbeigeführt, welche bei Phosphorsäure als erheblich, bei Kali als deutlich bezeichnet wird. M. v. WRANGELL[2] weist ebenfalls auf die Steigerung der Löslichkeit der Bodennährstoffe durch das Austrocknen des Bodens hin. Nach diesen Beobachtungen ist die Wirkung des Austrocknens des Bodens als zutreffend anzusehen. Damit ist von selbst gegeben, daß eine sorgfältige Aufbewahrung und Vorbehandlung der Böden für die Erzielung richtiger Ergebnisse unerläßlich ist.

Hier muß auf die Untersuchungen von K. DREWES[3] über den „Einfluß der Phosphatlösung durch Mikroorganismen auf die Ergebnisse der Keimpflanzenmethode von NEUBAUER" hingewiesen werden, welche ihn zu folgenden Schlußfolgerungen geführt haben: „Unter den zur Phosphatlösung befähigten Mikroorganismen wurden sowohl Hefen- wie Schimmelpilze gefunden. Die Bakterien überwiegen bei weitem an Zahl und Arten und unter diesen sind wieder Vertreter der Coli-Aerogenes-Gruppe und der Buttersäurebazillen am häufigsten. Sämtliche phosphatlösende Stämme waren auch zur Säurebildung aus Traubenzucker befähigt. Die Menge der in Lösung gebrachten Phosphate geht parallel mit der Menge der von den Mikroorganismen gebildeten Säure bzw. der Höhe der Titrations-Azidität in den Kulturen. In keinem Falle wurde Phosphatlösung ohne gleichzeitige Säurebildung beobachtet. Die für Lösungen gefundenen Gesetzmäßigkeiten über die Mitwirkung der Mikroorganismen an der Aufschließung der Phosphate gelten auch für Sandkulturen nach Art der Keimpflanzenkulturenvon NEUBAUER. Bei Gegenwart von leichtzersetzbaren Kohlehydraten (0,5—1% Traubenzucker) wurde dabei von den Roggenpflanzen 1,5- bis 2mal soviel Phosphorsäure aufgenommen als aus den Kontrollgefäßen." Daraus dürfte sich die ungünstige Erfahrung WIESSMANNS[4] mit der Erhitzung der Böden nach DIRKS erklären.

Die Reaktion des Bodens hat für den Verlauf der Nährstoffaufnahme durch die Pflanzen bei der Keimpflanzenmethode nicht die Bedeutung, welche man anfangs erwartet hatte. Nach WACKER[5] liegen die Grenzen für die Wasserstoffionenkonzentration, bei deren Überschreitung die Ergebnisse dieses Verfahrens durch die Bodenreaktion beeinflußt werden können, bei 3—5 p_H nach der einen Seite und 6—8 p_H nach der anderen Seite.

---

[1] HAUSCHILD, P.: Der Einfluß der Behandlung der Bodenproben auf die Aufnehmbarkeit der Nährstoffe usw. Z. Pflanzenern., Düng. u. Bodenk. A, **10**, 37 (1927).

[2] WRANGELL, M. v.: a. a. O., S. 777.

[3] DREWES, K.: Über die Beteiligung von Mikroorganismen an der Aufschließung unlöslicher Phosphate. Cbl. Bakter. II **76**, 102 (1928/29).

[4] WIESSMANN H. u. E. SCHRAMM: Vergleichende Untersuchungen über das Nährstoffbedürfnis der Böden nach MITSCHERLICH u. NEUBAUER. Z. Pflanzenern., Düng. u. Bodenk. B, **8**, 105 (1929).

[5] WACKER, F. W.: Der Einfluß der Azidität und des Sättigungszustandes der Böden bei Phosphorsäure- und Kaliaufnahme. Landw. Jb. **67**, 589 (1928).

Da die Pflanzen ihren Nährstoffbedarf nicht nur aus dem Nährstoffvorrat der Ackerkrume decken, sondern sich auch Nährstoffe aus dem Untergrunde holen, so ist auch geprüft worden, inwieweit die Beurteilung der Ergebnisse der Keimpflanzenmethode durch den Nährstoffvorrat des Untergrundes beeinflußt werden kann, denn die Prüfung des Bodens nach dem Keimpflanzenverfahren erstreckt sich in der Regel nur auf die Ackerkrume. NEUBAUER[1] hat zahlreiche Untergrunduntersuchungen mit dem Ergebnis ausgeführt, daß der Untergrund meistens erheblich weniger Nährstoffe, insbesondere Phosphorsäure, als die Ackerkrume enthält. Dabei fehlen nach NEUBAUER noch genaue Kenntnisse darüber, in wie weit die Pflanzenwurzeln die Nährstoffe des Untergrundes aufnehmen. Aus seinen Untersuchungen folgert er, daß aus den Düngungen mit Phosphorsäure und Kali fast nichts in den Untergrund dringt, vielmehr alles in der Ackerkrume verbleibt. Selbst da, wo die Wurzeln zum Teil in den Untergrund dringen, breiten sie sich doch in der Hauptmenge in der Ackerkrume aus, wenn es sich um die einjährigen Nutzpflanzen handelt, so daß die Nährstoffe des Untergrundes kaum in Anspruch genommen werden. Bei mehrjährigen Pflanzen, bei Sträuchern und Bäumen kann es anders sein. Aus den bisherigen Versuchen und Erfahrungen folgert NEUBAUER, daß, von den letzteren Fällen abgesehen, im allgemeinen die „Nichtberücksichtigung des Untergrundes keine wesentlichen Fehler verursacht". Diese Auffassung NEUBAUERS über die Nährstoffversorgung der Pflanzen aus dem Untergrund findet kaum allgemeine Zustimmung. O. LEMMERMANN[2] sagt das genaue Gegenteil. Er sieht darin, daß bei der Keimpflanzenmethode nur die Ackerkrume, nicht auch der Untergrund geprüft wird, die Ursache für manche Unstimmigkeiten zwischen dem Befunde nach diesem Verfahren und den Ergebnissen der Feldversuche. F. HONCAMP und F. STEINFATT[3] bestätigen den geringeren Nährstoffgehalt des Untergrundes gegenüber der Ackerkrume. Sie finden ähnlich wie KLING und ENGELS[4] das Verhältnis der aufnehmbaren Mengen von Phosphorsäure und Kali in der Ackerkrume und im Untergrund als sehr verschieden und kommen zu dem Schluß, daß auf Grund der Feststellung des Nährstoffvorrates in der Ackerkrume nichts über die Nährstoffmenge des Untergrundes gesagt werden kann. Bevor man mit NEUBAUER der Berücksichtigung des Untergrundes bei der Ermittelung des Nährstoffbedürfnisses des Kulturbodens keine große Bedeutung beilegt, dürften noch eingehende Untersuchungen über die Nährstoffaufnahme der Pflanzen aus dem Nährstoffvorrat des Untergrundes erforderlich sein.

Als Versuchspflanze dient beim Keimpflanzenverfahren Roggen. Es begegnet Bedenken, die von Roggenpflanzen aufgenommenen Nährstoffmengen auch für andere Pflanzen anzunehmen. Feststellungen darüber, in wie weit dieses geschehen kann, fehlen im größeren Umfange. Das verschiedene Aufschließungsvermögen der Pflanzen für die Bodennährstoffe ist wiederholt festgestellt; dabei ist auch der Einfluß der verschiedenen Bodenarten in dieser Beziehung ermittelt. E. HASELHOFF[5] fand dieses verschiedene Verhalten der Pflanzen bei

[1] NEUBAUER, H.: Phosphorsäurevorrat der Böden und Düngerbedürfnis. Superphosphat 5, 19 (1929).

[2] LEMMERMANN, O.: Die Bestimmung des Düngungsbedürfnisses des Bodens durch Laboratoriumsversuche. Z. Pflanzenern., Düng. u. Bodenk. B, 5, 133 (1926).

[3] HONCAMP, F. u. F. STEINFATT: Über den Nährstoffgehalt von Ackerkrume und Untergrund und seine Bedeutung für die Untersuchung der Böden. Z. Pflanzenern., Düng. u. Bodenk. B, 6, 21 (1927).

[4] KLING, M. u. O. ENGELS: Vergleichende Untersuchungen über den Gehalt verschiedener Bodenarten an wurzellöslichen Nährstoffen (P_2O_5 u. K_2O) in Ackerkrume und Untergrund. Z. Pflanzenern., Düng. u. Bodenk. B, 7, 127 (1928).

[5] HASELHOFF, E.: Untersuchungen über die Zersetzung bodenbildender Gesteine. Landw. Versuchsstat. 70, 53 (1909).

seinen Versuchen im unverwitterten Gestein für alle Nährstoffe bestätigt. J. KÖNIG und E. HASELHOFF[1] konnten in einem künstlichen Bodengemisch, in welchem die Nährstoffe teils in wasserlöslicher, teils in wasserunlöslicher Form vorhanden waren, im Gesamtnährstoffgehalt aber übereinstimmten, die verschiedenen Ansprüche der Gramineen und Leguminosen an die Löslichkeit der Bodennährstoffe nachweisen; die Gramineen eigneten sich in der Hauptsache nur die im absorbierten, d. h. in leicht löslichem Zustande vorhandenen Nährstoffe an, während die Leguminosen auch die wasserunlöslichen Nährstoffe aufnahmen. TH. PFEIFFER und A. RIPPEL[2] zeigen das verschiedene Aufschließungsvermögen der Gramineen und Leguminosen für Phosphorsäure in gleicher Weise. Die Richtigkeit dieser Feststellungen steht nach diesen und anderen Versuchen außer Zweifel. Es ist aber auch eine allgemein anerkannte Tatsache, daß die verschiedenen Pflanzen sehr wechselnde Ansprüche an das Nährstoffkapital des Bodens stellen. Deshalb dürfte eine Prüfung des Keimpflanzenverfahrens mit andern Pflanzen wohl angebracht sein; sie hat bisher nur vereinzelt stattgefunden, und es ist über den Ausgang dieser Versuche nur wenig bekannt geworden. Die Versuche von F. MAJEWSKI[3] zeigen, daß sich Weizen besser als Roggen für die Durchführung der Keimpflanzenmethode eignet. RATHSACK[4] zieht Gerste vor, „da sie ein geringeres Aufschließungsvermögen wie Roggen mit großer Aufnahmefähigkeit vereinigt". TH. ROEMER, DIRKS und NOACK[5] halten die mit Roggen erzielten Ergebnisse für eine brauchbare Unterlage zur Erkennung des Nährstoffkapitals im Boden, welches auch für andere Pflanzen wurzellöslich ist.

Die bisherigen Versuche über die für das Keimpflanzenverfahren brauchbaren Versuchspflanzen haben in der Hauptsache die Sorte und die Schwere des Roggenkornes betroffen. NEUBAUER[6] hält nach den Untersuchungen von OPITZ den Einfluß der Sorte für unerheblich; er hat Petkuser Roggen verwendet, welcher die weiteste Verbreitung hat. DENSCH[7] findet, daß leichterer Pirnaer Roggen mit 30,3 g Tausendkorngewicht mehr Phosphorsäure und Kali dem Boden entnommen hat als Petkuser Roggen mit 34,8 g Tausendkorngewicht; er fand in wurzellöslicher Form in 100 g Boden durch:

	Pirnaer Roggen	Petkuser Roggen
Phosphorsäure . . .	9,9 mg	7,9 mg
Kali	38,5 mg	33,9 mg

Dieses Ergebnis dürfte aber weniger durch die Sorte als durch das verschiedene Gewicht der verwendeten Roggenkörner verursacht worden sein. Allerdings stehen diese Ergebnisse mit den Angaben von NEUBAUER[8] insofern nicht im Einklang, als

[1] KÖNIG, J. u. E. HASELHOFF: Die Aufnahme der Nährstoffe aus dem Boden durch die Pflanzen. Landw. Jb. **23**, 1009 (1894). — Vgl. auch E. BLANCK: Die Veränderung eines sterilen Sandes durch Pflanzenkultur. J. Landw. **62**, 129 (1914).

[2] PFEIFFER, TH. u. A. RIPPEL: Das Verhalten verschiedener Pflanzen schwerlöslichen Phosphaten gegenüber. J. Landw. **69**, 165 (1921).

[3] MAJEWSKI, F.: Studien über das NEUBAUER-Verfahren. Roczn. Nauk Rolnikzych **17**, 35 (1927); ref. nach Z. Pflanzenern., Düng. u. Bodenk. A, **11**, 180 (1928).

[4] RATHSACK, K.: Ungedruckte Dissert. Jena 1924; vgl. H. HÄHNE: Die NEUBAUERsche Methode zur Bestimmung der wurzellöslichen Nährstoffe Phosphorsäure und Kali. Z. Pflanzenern., Düng. u. Bodenk. A, **6**, 247 (1926).

[5] ROEMER, TH., B. DIRKS u. M. NOACK: Dreijährige Ergebnisse von NEUBAUER-Analysen im Vergleich zu Feldversuchen. Z. Pflanzenern., Düng. u. Bodenk. B **6**, 529 (1927).

[6] NEUBAUER, H.: Keimpflanzenmethode oder Zitratmethode zur Bodenuntersuchung. a. a. O., S. 653.

[7] DENSCH, A.: Erfahrungen mit der Methode NEUBAUER. Z. Pflanzenern. u. Düng. B, **5**, 97, 130 (1926).

[8] NEUBAUER, H.: Die Bestimmungsmethoden des Düngebedürfnisses des Bodens. Z. Pflanzenern., Düng. u. Bodenk. B **4**, 32 (1925): Die Bestimmung des Düngungsbedürfnisses des Bodens durch Laboratoriumsversuche. Z. Pflanzenern. u. Düng. B **5**, 126 (1926).

dieser gefunden hat, daß die schwereren Körner den leichteren Körnern in der Aufnahme von Phosphorsäure und Kali überlegen sind; man soll aber auch mit leichteren Körnern richtige Werte erhalten, wenn man die Vegetationszeit etwas verlängert. Diese letztere Beobachtung muß aber bei der Durchführung der Keimpflanzenmethode unberücksichtigt bleiben, da die Gleichmäßigkeit der Durchführung — und dazu gehört auch die Einhaltung einer bestimmten Vegetationszeit — eine der Grundbedingungen für die Sicherheit des Verfahrens ist. Auch H. HÄHNE[1] stellte den Einfluß der Schwere des Saatgutes auf die Aufnahmefähigkeit der Nährstoffe fest. H. ZANDER[2] hat dieses besonders für die Kaliaufnahme durch junge Roggenpflanzen geprüft und für die absolute Kaliaufnahmefähigkeit dieser Pflanzen bestätigt gefunden; er stellte aber weiter fest, daß diese Pflanzen prozentual ohne Rücksicht auf das Korngewicht von einer verabfolgten Düngung im Sandkulturversuch im Durchschnitt 66 % aufgenommen haben. NEUBAUER empfiehlt für den Versuch Roggenkörner mit einem Tausendkorngewicht von 40 g, glaubt aber, daß Fehler erst zu erwarten sind, wenn das Tausendkorngewicht unter 36 g fällt. In jedem Falle ist darauf zu achten, daß immer Saatgut von gleichem Gewicht verwendet wird, da sonst mit Unstimmigkeiten der Ergebnisse gerechnet werden muß.

Für den Wassergehalt des Versuchsbodens werden genaue Vorschriften gegeben. Dabei wird ohne Rücksicht auf die Bodenart in allen Fällen dieselbe Wassermenge vorgeschrieben. Wir wissen aus den Untersuchungen von E. HASELHOFF[3], welche die Versuche von HELLRIEGEL[4], v. SEELHORST[5], MITSCHERLICH[6], TH. PFEIFFER[7], LEMMERMANN[8] u. a. m. bestätigten, daß der höhere Wassergehalt im Boden eine stärkere Nährstoffaufnahme durch die Pflanzen zur Folge hat. Bei der großen Bedeutung des Wasserhaushaltes im Boden in dieser Hinsicht und bei der verschiedenen Wasserkapazität der Böden lag es nahe, den Einfluß des Wassergehaltes des Bodens auf das Ergebnis des Keimpflanzenverfahrens zu prüfen. NEUBAUER und SCHNEIDER sagen, daß die in der Versuchsvorschrift angegebene Wassermenge von 80 g fast an der Grenze der Wasseraufsaugungsfähigkeit des Sandes steht, daß auch bei der Hälfte dieser Wassermenge die Pflanzen noch gut gedeihen, daß ferner die Böden auf die Herabsetzung der Wassermenge verschieden reagieren, indem dadurch die Wurzellöslichkeit der Nährstoffe nicht oder in anderen Fällen (und zwar besonders die Phosphorsäure) deutlich beeinflußt wird. Diese Feststellung läßt vermuten, daß man die Wassermenge je nach der Wasserkapazität des Bodens verschieden bemessen, nicht überall denselben Wassergehalt des Bodens, sondern den gleichen Sättigungsgrad der Wasserkapazität der Böden einhalten muß.

---

[1] HÄHNE, H.: Die NEUBAUERsche Methode zur Bestimmung der wurzellöslichen Nährstoffe Phosphorsäure und Kali. Z. Pflanzenern., Düng. u. Bodenk. A, **6**, 238 (1926).

[2] ZANDER, H.: Bot. Arch. **1928**, 243.

[3] HASELHOFF, E.: Versuche über die Beziehungen zwischen Bodenfeuchtigkeit, Pflanzenentwicklung und Nährstoffaufnahme. Landw. Versuchsstat. **89**, 1 (1917).

[4] HELLRIEGEL, H.: Beiträge zu den naturwissenschaftlichen Grundlagen des Ackerbaues, S. 452. Braunschweig: Fr. Vieweg 1883.

[5] SEELHORST, C. v.: Die Bedeutung des Wassers im Leben der Kulturpflanzen. J. Landw. **59**, 259 (1911); **63**, 345 (1915).

[6] MITSCHERLICH, E. A.: Das Wasser als Vegetationsfaktor. Landw. Jb. **42**, 701 (1912); Der Vegetationsfaktor Wasser. Ebenda **43**, 661 (1913).

[7] PFEIFFER, TH.: Landw. Versuchsstat. **81**, 169 (1912); **82**, 261 (1913); **84**, 93 (1914).

[8] LEMMERMANN, O.: Untersuchungen über einige Ernährungsunterschiede der Leguminosen und Gramineen und ihre wahrscheinliche Ursache. Landw. Versuchsstat. **67**, 207 (1907).

Die Wärme beeinflußt, wie durch Versuche wiederholt erwiesen worden ist, die Nährstoffaufnahme der Pflanzen sehr. Daß dieses auch bei den Keimpflanzen bereits der Fall ist, zeigen Versuche von O. LEMMERMANN[1]; es war bei:

Temperatur	Die Phosphorsäure-Aufnahme in den Böden		
	1	2	3
16,3°	7,73 mg	6,00 mg	2,21 mg
19,9°	9,05 mg	7,81 mg	2,32 mg

Diese Zahlen beweisen die Notwendigkeit der Einhaltung einer bestimmten Temperatur während des Versuches. H. HÄHNE fand bei niedrigerer Temperatur eine wesentlich geringere Phosphorsäure- und Kaliaufnahme als bei höherer Temperatur. NEUBAUER und SCHNEIDER geben in ihrer Vorschrift 20° als Versuchstemperatur an.

Ferner soll auf die Nährstoffaufnahme der Pflanzen auch das Licht einwirken. NEUBAUER und SCHNEIDER weisen auf die Notwendigkeit, hierüber Versuche auszuführen, hin. GREISENEGGER und VORBUCHNER halten einen mehr oder weniger großen Einfluß des Lichtes auf die Nährstoffaufnahme der Pflanzen für wahrscheinlich. DENSCH[2] weist dieses für die Aufnahme des Kalis nach, findet aber bei der Phosphorsäureaufnahme eine solche Einwirkung nicht bestätigt. H. HÄHNE[3] nimmt eine geringe Wirkung des Lichtes auf die Kaliaufnahme ebenfalls an, spricht aber im übrigen der Beleuchtung keine große Bedeutung für die Nährstoffaufnahme zu. MITSCHERLICH[4] findet in seinen Versuchen den Einfluß der Lichtstärke auf den Pflanzenertrag bestätigt, zeigt aber, daß bei normalem Tageslicht annähernd der Höchstertrag erreicht ist und kommt zu dem Schluß, daß der Wachstumsfaktor Licht unseren Kulturpflanzen im Freien in für die Erzielung von Höchsterträgen ausreichender Menge zur Verfügung steht. H. WIESSMANN[5] zeigt durch seine Versuche, daß „die Stärke der Belichtung einen großen Einfluß auf das Wachstum und die Nährstoffaufnahme der Pflanzen im Jugendstadium ausübt"; er will aber daraus nicht ohne weiteres schließen, daß bei der Keimpflanzenmethode, welche auf die Nährstoffaufnahme der Pflanzen im Jugendstadium gegründet ist, je nach der stärkeren oder schwächeren Beleuchtung die Ergebnisse anders ausfallen werden, vielmehr hält er es für möglich, daß durch die große Anzahl Pflanzen und die geringe Bodenmenge bei diesem Verfahren Verhältnisse entstehen, unter denen gewissermaßen ein Ausgleich des Lichteinflusses stattfindet. TH. PFEIFFER[6] äußert sich über den Einfluß der Selbstbeschattung der Pflanzen auf das Wachstum, worauf WIESSMANN hinweist, dahin, daß der dadurch bewirkte Lichtmangel sich in einem erhöhten Längenwachstum bemerkbar macht. Auch nach den Angaben PFEIFFERS, der sich dabei auf eigene Versuche und anderwärts ausgeführte Untersuchungen, welche näher angegeben sind, stützt, ist der Einfluß des Lichtes auf die Nährstoffaufnahme der Pflanzen offenbar. Bei dem Keimpflanzenversuch dürfte sich aber dieser Einfluß nicht geltend machen, wenn man bei der Auf-

[1] LEMMERMANN, O.: Die Bestimmung des Düngungsbedürfnisses des Bodens durch Laboratoriumsversuche. Z. Pflanzenern., Düng. u. Bodenk. B, 5, 133 (1926).
[2] DENSCH, A.: Erfahrungen mit der Methode NEUBAUER. Z. Pflanzenern., Düng. u. Bodenk. B, 5, 97 (1926).
[3] HÄHNE, H.: a. a. O., S. 238.
[4] MITSCHERLICH, E. A. u. G. LAMBERG: Über das Licht als Wachstumsfaktor. Z. Pflanzenern., Düng. u. Bodenk. A, 1, 291 (1922).
[5] WIESSMANN, H.: Über den Einfluß des Lichtes auf die Nährstoffaufnahme der Pflanzen im Jugendstadium. Z. Pflanzenern., Düng. u. Bodenk. B, 4, 153 (1925).
[6] PFEIFFER, TH.: Der Vegetationsversuch, S. 144. Berlin: P. Parey 1918. — PFEIFFER, TH., E. BLANCK u. M. FLÜGEL: Wasser und Licht als Vegetationsfaktoren usw. Landw. Versuchsstat. 76, 203 (1912).

stellung der Versuchsgefäße einigermaßen gleiche Beleuchtungsverhältnisse beachtet. Immerhin erscheint es geboten, weitere Versuche zur Klärung der Frage, in wie weit das Licht insbesondere die Ergebnisse des Keimpflanzenversuches beeinflußt, zu unternehmen.

Für die Auswertung der Ergebnisse des Keimpflanzenversuches und ihre Übertragung auf den praktischen Betrieb hat NEUBAUER in der früher angegebenen Weise Grenzwerte für die Menge der wurzellöslichen Nährstoffe, welche zur Erzielung der angegebenen Ernten im Boden vorhanden sein müssen, berechnet. Diese Grenzwerte haben nur einen bedingten Wert. Auch NEUBAUER hat darüber keinen Zweifel aufkommen gelassen, daß er sie nicht allgemein für zutreffend hält. LEMMERMANN[1] hält die von NEUBAUER für seine Berechnung angenommenen Zahlen für mehr oder weniger willkürlich. Die Werte für den Nährstoffentzug sind Durchschnittszahlen, welche nicht immer zutreffen müssen. Die Umrechnungszahl 30 ist unsicher, weil die Pflanzen einen verschiedenen Bodenraum für die Nährstoffversorgung in Anspruch nehmen. H. WIESSMANN[2] sieht in der Unsicherheit der Grenzzahlen den größten Mangel des Keimpflanzenverfahrens in seiner Ausnutzung zur Feststellung des Düngebedürfnisses eines Bodens; diese Zahlen ändern sich mit dem möglichen Höchstertrage, einer Größe, die man nicht kennt, und die je nach dem Boden verschieden ist. Als Beispiel seien Ergebnisse von J. HASENBÄUMER und R. BALKS[3] mitgeteilt, welche sie bei Untersuchungen von Bodenproben von dem Versuchsgute Dreisborn erhalten haben; in dem einen Falle enthielt der Boden in 100 g in wurzellöslicher Form 5,2 mg Phosphorsäure und 21,0 mg Kali, in dem anderen Falle 7,8 mg Phosphorsäure und 45,8 mg Kali. Bei mit den Böden ausgeführten Vegetationsversuchen zeigte der erstere Boden mit dem geringeren Vorrat an Phosphorsäure und Kali in wurzellöslicher Form keinen Mangel an diesen Nährstoffen; der zweite Boden aber hatte sowohl an Phosphorsäure wie an Kali ein geringes Bedürfnis.

TH. ROEMER, B. DIRKS und M. NOACK[4] finden, daß die Grenzzahl NEUBAUERS für wurzellösliche Phosphorsäure mit 8 mg für 100 g Boden für die meisten Fruchtarten zu hoch, die Grenzzahl für Kali zu niedrig ist und ändern sie in der früher angegebenen Weise ab. DENSCH[5] ist der Ansicht, daß bei der Erreichung oder Überschreitung einer bestimmten Grenzzahl für Phosphorsäure oder Kali damit gerechnet werden kann, daß der Boden für diese Nährstoffe kein Bedürfnis mehr hat, daß man aber keinerlei Schluß auf das Nährstoffbedürfnis des Bodens ziehen kann, wenn der wurzellösliche Nährstoffvorrat des Bodens unter diesen Grenzwerten bleibt. Man kann danach aus dem Gehalt an wurzellöslichen Nährstoffen nicht den Grad des Bedürfnisses des Bodens für diese Nährstoffe herleiten[6]. Dieses erklärt sich daraus, daß die Nährstoffaufnahme durch die Pflanzen aus dem Boden von Faktoren abhängig ist, welche durch die Keimpflanzenmethode nicht erfaßt werden. DENSCH glaubt deshalb nicht, daß wir durch dieses Keimpflanzenverfahren zu einer quantitativen Bestimmung des Dünge-

---

[1] LEMMERMANN, O.: a. a. O., Z. Pflanzenern., Düng. u. Bodenk. B, **5**, 105 (1926).

[2] WIESSMANN, H.: Untersuchungen über die Feststellung des Nährstoffbedürfnisses des Bodens. Z. Pflanzenern., Düng. u. Bodenk. B, **6**, 68 (1927).

[3] HASENBÄUMER, J. u. R. BALKS: Die Beziehungen zwischen den zitronensäurelöslichen und wurzellöslichen Nährstoffen des Bodens. Z. Pflanzenern., Düng. u. Bodenk. B, **6**, 116 (1927).

[4] ROEMER, TH., B. DIRKS u. M. NOACK: Dreijährige Ergebnisse von NEUBAUER-Analysen im Vergleich zu Feldversuchen. Z. Pflanzenern., Düng. u. Bodenk. B, **6**, 529 (1927).

[5] DENSCH, A.: Erfahrungen mit der Methode NEUBAUER. Z. Pflanzenern., Düng. u. Bodenk. B, **5**, 97 (1926).

[6] Vgl. hierzu E. BLANCK: Beiträge zur Beurteilung des Bodendüngebedürfnisses an Phosphorsäure usw. J. Landw. **1928**, 343.

bedürfnisses des Bodens kommen werden, eine Auffassung, welche sich mit derjenigen GERICKES[1] deckt, wonach die Keimpflanzenmethode zunächst nur einen qualitativen Nachweis der Düngebedürftigkeit eines Bodens erbringt. Wenn man beachtet, daß es sich bei den Ergebnissen des Keimpflanzenverfahrens nicht um genau zutreffende Werte für die Düngebedürftigkeit der Böden handelt, sondern daß dadurch für die Beurteilung der letzteren nur Anhaltspunkte gewonnen werden sollen, so kann man der Auffassung von DENSCH wohl zustimmen, ohne dadurch den Wert des Keimpflanzenverfahrens im allgemeinen herabzumindern. Bei dieser Voraussetzung hat auch die Frage, durch welches Verfahren zur Feststellung des Düngebedürfnisses der Böden den praktischen Verhältnissen am meisten Rechnung getragen wird, nicht die große Bedeutung, welche ihr von verschiedenen Seiten beigelegt wird.

Eine andere Bedeutung gewinnt die Frage, wenn geprüft werden soll, welches Verfahren zur Feststellung der Düngebedürftigkeit der Böden als Grundlage für die Beurteilung der Brauchbarkeit der verschiedenen Verfahren für diesen Zweck dienen kann. Die Schwierigkeit in dem Vergleich der Verfahren liegt in der ungleichen Grundlage dieser Verfahren und in der Unmöglichkeit, die für die Beurteilung der Verfahren entscheidenden Faktoren genau gegeneinander abzuwägen. Man wird von demjenigen Verfahren ausgehen müssen, welches in seiner ganzen Durchführung sich den praktischen Verhältnissen am meisten nähert. Dieses ist zweifellos der Feldversuch, da er unter den im freien Felde gegebenen Verhältnissen durchgeführt wird. NEUBAUER[2] beurteilt die Verfahren, soweit sie hier zu berücksichtigen sind, in folgender Weise; er sagt, „daß der Feldversuch die Einwirkung des Untergrundes, der Witterung und der Bodenumgebung, sowie die Begleiterscheinungen der Düngerwirkung am besten erfaßt, die MITSCHERLICHsche Gefäßuntersuchung die beste quantitative Auswertung der Ergebnisse, besonders in bezug auf Kali und Phosphorsäure, ermöglicht, die NEUBAUER-Untersuchung am schnellsten Anhaltspunkte über Kali- und Phosphorsäuregehalt der Krume vermittelt.“ An anderer Stelle sagt NEUBAUER[3]: „Die Keimpflanzenmethode liefert zahlenmäßige Angaben über die Menge an Nährstoffen, die der Boden zur Ausnutzung durch die Pflanzen bereit hält. Diese Menge kann in Beziehung gesetzt werden zu derjenigen, die die Pflanzen zur Erzielung bestimmter Ernten brauchen. Der Feldversuch soll dagegen zeigen, ob die Düngung mit einem bestimmten Nährstoff den Pflanzenertrag erhöht, ob der Boden also düngebedürftig ist.“ Hier hebt NEUBAUER einmal die Faktoren, welche für die Brauchbarkeit des Feldversuchs in dem angegebenen Sinne sprechen, deutlich hervor und läßt in den späteren Ausführungen erkennen, daß eine Ausnutzung der Ergebnisse des Keimpflanzenversuches nur auf Grund der im Feldversuch erzielten Ernten möglich ist. Der Feldversuch ist also ein wesentliches Mittel für die Übertragung der Ergebnisse des Keimpflanzenversuches auf die praktischen Verhältnisse, welcher Zweck mit dem Verfahren überhaupt verfolgt wird. Wenn man den Feldversuch als Teil dieses Verfahrens als unbrauchbar ausschalten will, verzichtet man zugleich auf die Ausnutzung des Keimpflanzenverfahrens für den praktischen Betrieb.

Der Erfolg des Feldversuches ist von verschiedenen Wachstumsfaktoren abhängig, welche an anderer Stelle erörtert werden[4]. Es ist eine besondere Aufgabe

[1] GERICKE, S.: Die NEUBAUERsche Keimpflanzenmethode. Landw. Jb. **64**, 735 (1926).

[2] NEUBAUER, H.: Ergebnisse von Bodenuntersuchungen. Mitt. Dtsch. Landw. Ges. **42**, 189 (1925); Über die Bestimmung der leichtlöslichen Bodenphosphorsäure. Ebenda **43**, 368, 589 (1926).

[3] NEUBAUER, H.: Über die Bestimmung der leichtlöslichen Bodenphosphorsäure. Mitt. Dtsch. Landw. Ges. **43**, 208 (1926).

[4] Vgl. S. 567ff.

bei der Durchführung des Feldversuches, den nachteiligen Einfluß dieser Wachstumsfaktoren auf die Ergebnisse möglichst aufzuheben. Dieses hat aber mit der Beurteilung des Wertes des Feldversuches für die Ermittelung der Düngebedürftigkeit des Bodens an sich nichts zu tun. Im allgemeinen wird man der Ansicht von M. GERLACH und O. NOLTE[1] folgen müssen, daß der Feldversuch zur Zeit noch die sicherste Antwort auf die Frage gibt, ob eine Düngung nötig ist oder nicht. Wir erhalten dadurch Aufschluß über den Nährstoffvorrat des Bodens, der in der ganzen Vegetationsperiode vorhanden ist, nicht nur über den kleinen Teil in der anfänglichen Wachstumszeit, wie es beim Keimpflanzenversuch der Fall ist. Außerdem aber erübrigt sich beim Feldversuch für die Auswertung seiner Ergebnisse jede Umrechnung, wie sie beim Keimpflanzenversuch unter Voraussetzungen nötig ist, welche eine Unsicherheit des Ergebnisses in sich schließen. Daß auch NEUBAUER trotz der Bedenken, welche er gegen die Brauchbarkeit des Feldversuches zur Feststellung des Düngebedürfnisses hat, die Ergebnisse des Feldversuches für die Wertung der Ergebnisses des Keimpflanzenversuches für verwendbar hält, zeigt sein wiederholter Hinweis auf die gute Übereinstimmung der Ergebnisse des Feldversuches und des Keimpflanzenversuches, welche TH. ROEMER bei seinen Versuchen erzielt hat.

LEMMERMANN glaubt, daß der Gefäßversuch sich noch besser als der Feldversuch zur Feststellung des Düngebedürfnisses eines Bodens eignet, weil sich hierbei die verschiedenen Wachstumsfaktoren besser berücksichtigen und kontrollieren lassen. Letzteres ist gewiß richtig[2]. Auch OPITZ und RATHSACK[3] halten den Gefäßversuch für sicherer. Ebenso urteilt DENSCH[4] und, wie die späteren Ausführungen noch zeigen werden, MITSCHERLICH. Es wird über den Wert beider Versuchsarten in besonderen Kapiteln eingehend berichtet[5]. Hier handelt es sich zunächst nur um die Einwände gegen die Übertragung der Ergebnisse des Gefäßversuches auf das freie Feld, die man nicht ohne weiteres zurückweisen kann. Wenn wir auch die besonderen Verhältnisse des Gefäßversuches hierbei berücksichtigen können, so wird ein voller Ausgleich doch schwierig sein. Deshalb wird man auch gegenüber dem Gefäßversuch dem Feldversuch in diesem Falle hinsichtlich der Feststellung der Düngebedürftigkeit des Bodens den Vorrang lassen müssen. Dieses ist hier zwecks Beurteilung der Ergebnisse der Keimpflanzenmethode um so mehr geboten, als NEUBAUER bei den von ihm aufgestellten Grenzzahlen von dem Pflanzenwachstum im freien Felde bzw. den dabei erzielten Ernteergebnissen ausgegangen ist.

Es ist auch die Übereinstimmung der Ergebnisse des Keimpflanzenverfahrens mit denjenigen anderer Verfahren zur Bestimmung des Düngebedürfnisses der Böden geprüft worden. Nach den vorhergehenden Ausführungen erübrigt es sich, auf diese Untersuchungen im einzelnen einzugehen; sie haben teils eine günstige, teils eine weniger günstige Übereinstimmung ergeben. Der Verfasser beschränkt sich auf den Hinweis auf die Untersuchungen von B. DIRKS und F. SCHEFFER[6] in dieser Hinsicht. Jedoch wird noch später darauf zurückzukommen sein.

[1] GERLACH, M. u. O. NOLTE: Über die Bestimmung der leichtlöslichen Phosphorsäure. Mitt. dtsch. Landw. Ges. **41**, 208 (1926).

[2] Insbesondere gilt dieses, wenn es sich um den Vergleich mit den Befunden der Keimpflanzenmethode handelt (vgl. E. BLANCK, S. 502 Anm. 6).

[3] OPITZ, K. u. K. RATHSACK: Beitrag zur Untersuchung des Nährstoffgehaltes von Ackerböden nach dem Verfahren MITSCHERLICHS. Landw. Jb. **68**, 321 (1928).

[4] DENSCH, A. u. PFAFF: Versuche zur Bestimmung des Nährstoffbedürfnisses der Böden durch Gefäßversuche nach MITSCHERLICH nebst einigen Bemerkungen zur Methode NEUBAUER. Z. Pflanzenern., Düng. u. Bodenk. B, **4**, 321 (1925).

[5] Siehe S. 552f. u. 567f.

[6] DIRKS, B. u. F. SCHEFFER: Vergleichende Untersuchungen über das Nährstoffbedürfnis der Kulturböden. Landw. Jb. **67**, 779 (1928).

Durch das Keimpflanzenverfahren von H. NEUBAUER und W. SCHNEIDER soll der Gehalt eines Bodens an Phosphorsäure und Kali in wurzellöslicher Form festgestellt werden. E. BLANCK und F. SCHEFFER[1] haben auch versucht, das Verfahren zur Ermittelung des Stickstoffbedürfnisses des Bodens zu verwenden. Sie weisen darauf hin, daß beim Stickstoff „die Verhältnisse wesentlich anders liegen als für Kali und Phosphorsäure, insofern als wir es hier mit einem im Boden zumeist ganz andersartig gebundenen Stoff zu tun haben, dessen Löslichmachung wesentlich anderen Momenten biologischer Art zugeschrieben werden muß, und auch der Stickstoff in den Samen meist reichlich zugegen ist, da die jungen Pflänzchen ihn für ihre Ernährung nur schwer beschaffen können". Nach den ausgeführten Versuchen hat das Keimpflanzenverfahren beim Nachweis des Stickstoffbedürfnisses des Bodens versagt.

Von D. E. HALEY und F. J. HOLTEN[2] ist zur Bestimmung des assimilierbaren Kalis im Boden ein Verfahren vorgeschlagen, welches als Abänderung des Keimpflanzenverfahrens von NEUBAUER und SCHNEIDER bezeichnet und deshalb hier angefügt sein mag, obwohl sie dem letzteren Verfahren nicht entspricht. Die Versuche sind Gefäßversuche. Versuchspflanze war Buchweizen, Versuchsboden Quarzsand; es wurden je Gefäß 2750 g gut gewaschener Sand mit verschiedenen Mengen (0—12,5—25—37,5—50 g) des zu prüfenden Bodens versetzt. Der Boden wurde mit einer Nährlösung begossen, die teils Kali, teils kein Kali enthielt, und zwar zum ersten Male eine Woche nach der Aussaat des Buchweizens, später ein- bis zweimal je Woche während des Wachstums. Aus dem Mehrgehalt an Kali in den mit Kali gedüngten Pflanzen gegenüber den nicht mit Kali gedüngten Pflanzen wird auf den Gehalt des Bodens an assimilierbarem Kali im Boden geschlossen. Die erhaltenen Kaliwerte sind dieselben, welche FREAR und ERB[3] durch Einwirkung von 0,2 n-Salzsäure im Boden festgestellt haben. Das Verfahren bedarf noch weiterer Prüfung.

Verfahren von MITSCHERLICH. Neben dem Keimpflanzenverfahren von NEUBAUER und SCHNEIDER ist, von den Verfahren, durch chemische Lösungsmittel Aufschluß über die durch die Pflanzen aufnehmbaren Nährstoffe im Boden zu erhalten, abgesehen, das Verfahren von E. A. MITSCHERLICH[4] zur Feststellung des Düngungsbedürfnisses eines Bodens besonders geprüft und kritisch bewertet worden. Die Grundlagen dieses Verfahrens von E. A. MITSCHERLICH sind das Wirkungsgesetz der Wachstumsfaktoren und das Gesetz vom Wirkungsfaktor der Wachstumsfaktoren. In dem Gesetz der physiologischen Beziehungen, welches B. BAULE[5] später Wirkungsgesetz der Wachstumsfaktoren benannt hat, sagt MITSCHERLICH, daß der Pflanzenertrag nicht, wie es J. VON LIEBIG in seinem Gesetz vom Minimum fordert, von demjenigen Wachstumsfaktor abhängt, welcher verhältnismäßig am meisten im Minimum ist, sondern von sämtlichen Wachstumsfaktoren bestimmt wird, daß ferner der Pflanzenertrag (y) proportional dem an einem Höchstertrage (A) fehlenden Ertrage ($A—y$) mit der Zufuhr eines Wachstumsfaktors (x) steigt. MITSCHERLICH[6] hebt

---

[1] BLANCK, E. u. F. SCHEFFER: Die NEUBAUER-Methode und die Bestimmung des Stickstoffdüngebedürfnisses der Böden. Z. Pflanzenern., Düng. u. Bodenk. B, **4**, 553 (1925).

[2] HALEY, D. E. u. F. J. HOLTEN: Biologische Messung des assimilierbaren Kalis im Boden. Soil. Sci. Baltimore **24**, 345 (1927); ref. nach Internat. landw. Rdsch. **19**, 1010 (1928).

[3] FREAR u. ERB: nach HALEY u. HOLTEN, s. Anm. 2.

[4] MITSCHERLICH, E. A.: Die Bestimmung des Düngerbedürfnisses des Bodens, S. 29. Berlin: P. Parey 1924; daselbst eine Zusammenstellung der Einzelveröffentlichungen, S. 95; Bodenkunde für Land- und Forstwirte, 4. Aufl., S. 5, 202. Berlin: P. Parey 1923.

[5] BAULE, B.: Landw. Jb. **54**, 403 (1920).

[6] MITSCHERLICH, E. A.: Das Wirkungsgesetz der Wachstumsfaktoren. Landw. Jb. **56**, 71 (1921).

hervor, daß hiernach der Ertrag mit jedem einzelnen Wachstumsfaktor steigt, auch wenn dieser nicht verhältnismäßig am meisten im Minimum ist. Dabei kann bis zu einer gewissen Grenze jeder Wachstumsfaktor einen anderen in seiner Wirkung auf die Steigerung des Ertrages vertreten. Daß nur diese letztere Wirkung, nicht auch eine Vertretung der Wachstumsfaktoren in ernährungsphysiologischer Hinsicht gemeint ist, hebt Mitscherlich ausdrücklich hervor, indem er sagt, daß der eine Wachstumsfaktor „dabei in der Pflanze nicht die Funktionen des anderen übernehmen kann, ist selbstverständlich, wird auch keineswegs verlangt, denn das Gesetz besagt ja nur etwas über die Höhe des Pflanzenertrages".

Mitscherlich findet auf Grund seiner Berechnung für das Wirkungsgesetz der Wachstumsfaktoren einen Ausdruck in der Gleichung: $\log (A - y) = \log A - c \cdot x$, in welcher A der erreichbare Höchstertrag, y der Pflanzenertrag, x die Menge des Wachstumsfaktors, c der Proportionalitätsfaktor oder Wirkungsfaktor des Wachstumsfaktors sind. Die Erwägung, daß in einem Boden gewisse Mengen des zu prüfenden Wachstumsfaktors b, also eines Nährstoffes, vorhanden sind, welche einen Ertrag liefern, führte Mitscherlich zu der erweiterten Gleichung: $\log (A - y) = \log A - c\,(x + b)$. Er sagt weiter, daß, wenn derartig ein bestimmter Nährstoff gesteigert wird, alle anderen Wachstumsfaktoren aber konstant gehalten werden, dann aus dem Versuche, bei dem kein Nährstoff zugegeben wurde, diejenige Nährstoffmenge b folgt, welche bereits vor Zuführung weiterer Nährstoffgaben im Boden vorhanden war. „Ist nun aber ferner die Steigerung der Erträge durch einen Nährstoff oder durch ein Düngemittel bekannt, d. h. kennen wir den Wirkungsfaktor c desselben, der ja in allen Fällen konstant sein soll, so genügt es, wenn wir neben dem Versuche, den wir ohne Zufuhr des betreffenden Nährstoffes ausführen, nur noch einen einzigen Versuch mit diesem Düngemittel durchführen, um den Höchstertrag A und die Mengen, die in dem ungedüngten Boden (b) sind, zu ermitteln." Bezeichnet man mit y^0 den Ertrag der mit b-Nährstoffen, also ohne besondere Nährstoffzufuhr zum Boden erzielt wird, während x g Nährstoffe den Ertrag y geben, so stellt Mitscherlich die Gleichung auf: $b = \frac{\log A - \log (A - y_0)}{c}$, welche „uns der Mühe überhebt, für die Bestimmung des Nährstoffgehaltes eines Bodens Versuche mit steigenden Gaben eines Nährstoffes bzw. eines Düngemittels anzusetzen".

Weitere theoretische Berechnungen und experimentelle Erfahrungen haben Mitscherlich zu der Auffassung geführt, daß der Wirkungsfaktor c eines Wachstumsfaktors konstant ist. Dabei setzt er voraus[1], daß „der betreffende Wachstumsfaktor nicht, bevor er als solcher in Tätigkeit tritt, eine physikalische oder chemische Veränderung erleidet. Derartige Erscheinungen müssen sich bei einer Veränderung der anderen hierfür in Betracht kommenden Wachstumsfaktoren in einer Veränderung des Wirkungsfaktors c bemerkbar machen". Bezüglich dieser Veränderung des Wirkungsfaktors c weist Mitscherlich[2] im einzelnen noch auf die Bodenreaktion, das Licht, das Wasser und die Beidüngung gewisser Stoffe zu Nährstoffen, wie Natrium zu Kali, Kieselsäure zu Phosphorsäure hin. Hiernach begrenzt Mitscherlich selbst die Konstanz des Wirkungsfaktors c, was an einzelnen Stellen bei der Beurteilung dieser Feststellung von Mitscherlich, worauf noch einzugehen sein wird, übersehen sein dürfte. Mitscherlich[3] geht in der Einschränkung der Konstanz des Wirkungsfaktors c so

---

[1] Mitscherlich, E. A.: Bodenkunde, 4. Aufl., S. 8.

[2] Mitscherlich, E. A.: Die pflanzenphysiologische Lösung der chemischen Bodenanalyse. Landw. Jb. 58, 603 (1923).

[3] Mitscherlich, E. A.: Die zweite Annäherung des Wirkungsgesetzes der Wachstumsfaktoren. Z. Pflanzenern., Düng. u. Bodenk. A, 12, 273 (1928).

weit, daß er nicht so großen Wert darauf legt, daß der Wirkungsfaktor genau derselbe ist, sondern daß dieser Faktor derartig sicher gestellt ist, daß er ein brauchbares Ergebnis ermöglicht. Im übrigen ist der Wirkungsfaktor eines Nährstoffes unabhängig von der Veränderung eines anderen Wachstumsfaktors, des Klimas, der Bodenbeschaffenheit oder der Bodenmenge; er bleibt derselbe, einerlei, ob Kartoffeln oder Hafer angebaut werden, ob der Versuch in Gefäßen oder im freien Lande ausgeführt wird. MITSCHERLICH hat für verschiedene Nährstoffe und Düngemittel den Wirkungsfaktor c bestimmt; er hält die für Stickstoff, Phosphorsäure und Kali ermittelten Faktoren für recht genau; sie sind für: Stickstoff = 0,122, Phosphorsäure = 0,6, Kali ohne (Natrium) = 0,33, Kali (mit Natrium) = 0,93.

Mit Hilfe der konstanten und in ihrer Höhe bekannten Wirkungsfaktoren berechnet MITSCHERLICH seine Ertragstafeln[1], „welche angeben, wie die Steigerung der Erträge mit der Zugabe eines Nährstoffes oder eines Düngemittels, d. h. wie die Erträge mit dem Gehalte des Bodens an dem betreffenden Nährstoffe steigen. Wir drücken diese Ertragssteigerungen in Prozenten aus und berechnen danach unsere Ertragszahlen aus der Gleichung $\log (A - y) = \log A - c \cdot x$, indem wir für den Höchstertrag die Zahl 100 einsetzen, für c den betreffenden Wirkungsfaktor nehmen und sodann die Werte für y bei allmählicher Steigerung von x berechnen". Die für die hauptsächlichsten Pflanzennährstoffe von MITSCHERLICH errechneten Ertragstafeln erleichtern die Berechnung des aus dem Gefäßversuch folgenden Nährstoffbedarfes, wie später noch bei der praktischen Auswertung des Verfahrens gezeigt werden soll.

Für die Bodenprüfungen geht MITSCHERLICH von den Ergebnissen des Gefäßversuches aus, weil hierbei einmal sich die übrigen Wachstumsfaktoren (Wasser, Wärme, Licht und auch die Nährstoffe) wesentlich günstiger und einheitlicher gestalten lassen als im Freilandversuch, sodann aber auch die Erträge um ein Mehrfaches höher als beim Feldversuche werden und darum die Unterschiede um so sicherer hervortreten. Ein Nachteil der Gefäßversuche besteht darin, daß es sich dabei nur um die obere Schicht des zu prüfenden Bodens handelt, die Nährstoffe des Untergrundes daher nicht berücksichtigt werden. Hierauf wird im Anschluß an die Auswertung des Verfahrens für die Landwirtschaft noch kurz einzugehen sein.

Dieses Verfahren MITSCHERLICHS zur Feststellung des Düngerbedürfnisses eines Bodens hat manchen Widerspruch hervorgerufen, der sich in der Hauptsache gegen die Richtigkeit der Grundlagen des Verfahrens, also des Wirkungsgesetzes der Wachstumsfaktoren und dabei insbesondere gegen die Konstanz der Wirkungsfaktoren gerichtet hat. Mit diesen Einwänden müssen wir uns nunmehr befassen.

Gegen die Konstanz des Wirkungsfaktors c haben sich besonders M. GERLACH, O. NOLTE, A. RIPPEL, O. LEMMERMANN u. a. m. gewandt. M. GERLACH und O. NOLTE[2] bestreiten die allgemeine Gültigkeit des Gesetzes über den Wirkungswert der Wachstumsfaktoren. Sie erkennen den verschiedenen Einfluß der inneren und äußeren Wachstumsfaktoren in der Hinsicht an, daß, wie MITSCHERLICH[3] sagt, die inneren Wachstumsfaktoren „in verschiedenen Mengen nicht nur bei verschiedenen Kulturpflanzen, sondern ebenso bei den verschiedenen Züchtungen

---

[1] MITSCHERLICH, E. A.: Bestimmung des Düngerbedürfnisses, S. 38. Berlin: P. Parey. 1. Aufl. 1924.

[2] GERLACH, M. u. O. NOLTE: Zur Bestimmung des Nährstoffgehaltes der Böden. Landw. Jb. **65**, 101 (1927).

[3] MITSCHERLICH, E. A.: Zur Bestimmung des Nährstoffgehaltes des Bodens. Landw. Jb. **64**, 191 (1926).

der gleichen Kulturpflanzen vorhanden sind." Nach den Angaben von MITSCHERLICH[1] bedingen die inneren Wachstumsfaktoren der Pflanze „die Art der Kulturpflanze und sind nur gleich zu setzen, wenn wir nicht nur die gleiche Art der Kulturpflanze zu den Versuchen benutzen, sondern auch die gleiche Züchtung wählen, wenn wir gleichwertiges Aussaatmaterial und schließlich je eine gleiche Anzahl aus diesem erzielter Pflanzen zu einem Versuche heranziehen". Zu den äußeren Wachstumsfaktoren rechnet MITSCHERLICH die klimatischen Faktoren, vor allem Licht, Wärme, Wasser und die bodenkundlichen Faktoren, wie Wasser- und Nährstoffgehalt des Bodens. GERLACH und NOLTE halten es „für sehr wahrscheinlich, daß der Wirkungswert c der äußeren Wachstumsfaktoren stark durch die inneren Wachstumsfaktoren beeinflußt wird, dergestalt, daß höchstwahrscheinlich jede Pflanzenart ihr besonderes c für jeden Wachstumsfaktor besitzt." Im einzelnen begründet M. GERLACH[2] diese Ansicht auf Grund eigener und anderweitig ausgeführter Versuche, insbesondere durch Ergebnisse aus Versuchen über den verschiedenen Wasserbedarf von Kartoffelsorten, Gräserarten usw. Er fordert dabei, daß nur die von den Pflanzen aufgenommenen Mengen eines Nährstoffes in die von MITSCHERLICH aufgestellte Gleichung eingesetzt werden, nicht dagegen, wie es von MITSCHERLICH geschieht, die Menge der im Boden vorhandenen aufnehmbaren und in der Düngung gegebenen wirksamen Nährstoffe. M. GERLACH hält letzteres nicht für richtig, weil die Pflanzen nur einen Teil dieser Nährstoffe aufnehmen. Er lehnt es auch ab, die gefundenen und berechneten Gesamterträge gegenüber zu stellen, sondern geht von den erzielten Mehrerträgen aus. M. GERLACH beanstandet, daß MITSCHERLICH die mit Hafer erzielten Ergebnisse auf andere Pflanzen überträgt, weil dieser der Meinung sei, daß die Ertragssteigerung bei allen Pflanzen ebenso verläuft; diese Ansicht teilt jedoch GERLACH nicht, weil der Faktor c nicht konstant ist und damit alle auf Grund dieser Annahme gemachten Feststellungen nicht begründet sind. Damit wird die Berechnung der in den oben angegebenen Gleichungen angeführten Faktoren A und b unsicher und auch die Richtigkeit der Ertragstafeln unwahrscheinlich. Im ganzen laufen GERLACHS Untersuchungen darauf hinaus, daß die Ablehnung der Konstanz des Wirkungsfaktors c zu einer Ablehnung des MITSCHERLICHschen Wirkungsgesetzes der Wachstumsfaktoren in der jetzigen Form führen muß. Der Wirkungsfaktor c ist nicht unabhängig von der Nebendüngung, der Höhe der Niederschläge, der Pflanzenart usw.[3] Eine Übereinstimmung der im Versuch und durch Rechnung gefundenen Erträge besteht nicht. Dieselben Schlußfolgerungen ergeben sich aus den von M. GERLACH, E. GÜNTHER und K. SEIDEL[4] durchgeführten Untersuchungen, nach denen das MITSCHERLICHsche Verfahren zur Bestimmung der Düngerbedürftigkeit des Bodens nicht mehr als jeder gut durchgeführte Vegetationsversuch leisten soll.

Für die ablehnende Stellungnahme GERLACHS sprechen auch die Untersuchungsergebnisse von A. RIPPEL, welcher sich schon früher zusammen mit

---

[1] MITSCHERLICH, E. A.: Bestimmung des Düngerbedürfnisses, S. 11.

[2] GERLACH, M.: Die Bestimmungsmethoden des Düngungsbedürfnisses des Bodens. Z. Pflanzenern., Düng. u. Bodenk. B, **4**, 25 (1925); Das MITSCHERLICHsche Verfahren zur Bestimmung des Düngerbedürfnisses der Böden. Ebenda B, **4**, 273 (1925); B, **5**, 218 (1926); Nochmals das Verfahren von MITSCHERLICH zur Bestimmung der Düngerbedürftigkeit der Böden. Ebenda B, **5**, 489 (1926); Die Bestimmung des Düngerbedürfnisses der Böden. Landw. Jb. **63**, 339 (1925); Das Verfahren MITSCHERLICHS zur Bestimmung des Düngerbedürfnisses der Böden. Mitt. Dtsch. Landw. Ges. **41**, 985 (1926).

[3] GERLACH, M.: Versuche über die ertragssteigernde Wirkung des Stickstoffs. Tätigkeitsber. Inst. Getreidelag. u. Futterverwert. **1928**, 7.

[4] GERLACH, M., E. GÜNTHER u. K. SEIDEL: Über die Prüfung des Verfahrens von MITSCHERLICH zur Bestimmung des Düngerbedürfnisses der Böden. Z. Pflanzenern., Düng. u. Bodenk. A, **11**, 1 (1928).

TH. PFEIFFER gegen die Konstanz des Wirkungsfaktors ausgesprochen hat und diese Feststellungen in seinen Untersuchungen mit W. ESTOR und R. MEYER[1] bestätigt findet. Die Beeinflussung des Wirkungsfaktors des Kaliums durch die Beidüngung zeigen für die Beigabe von Stickstoffdünger die Versuche RIPPELS; der Wirkungsfaktor des Kaliums ist bei geringer Stickstoffversorgung der Pflanzen etwa doppelt so hoch wie bei reichlicher Stickstoffzufuhr.

O. LEMMERMANN, P. HASSE und W. JESSEN[2] führen aus, daß die Wirkungswerte der einzelnen Nährstoffe nicht unabhängig von den übrigen Wachstumsfaktoren sind, sondern dadurch mehr oder weniger verändert werden können. Ähnlich wie RIPPEL solches für Kali getan hat, stellen sie für Stickstoff und Phosphorsäure die Wirkungsfaktoren als um so kleiner fest, je günstiger die übrigen Wachstumsfaktoren und je höher die Ernten sind. In gleicher Weise wie die Nährstoffe werden auch die sonstigen Wachstumsfaktoren, wie Bodenart, Klima usw., auf den Wirkungswert der Wachstumsfaktoren einwirken. Diese Veränderlichkeit der Wirkungswerte muß berücksichtigt werden; den von MITSCHERLICH angegebenen Wirkungswerten für Stickstoff, Phosphorsäure und Kali kann deshalb keine allgemeine Gültigkeit zugesprochen werden.

H. WIESSMANN[3] findet in ähnlicher Weise wie RIPPEL, daß höhere Stickstoffgaben ertragsvermindernd wirken; er sieht die Ursache hierfür nicht, wie MITSCHERLICH, allein in der Plasmolyse und in Reaktionsbeeinflussungen, sondern auch in Stoffwechselstörungen in der Pflanze als Folge einer einseitigen Überernährung mit Stickstoff. Im allgemeinen zeigt die Ertragskurve einen aufsteigenden und einen absteigenden Ast und keinen Verlauf im Sinne der Gleichung MITSCHERLICHS. Der Wirkungsfaktor für den Gesamtertrag ist kleiner als der von MITSCHERLICH ermittelte Faktor. Wenn man vom Strohertrag ausgeht, erhält man einen ganz abweichenden Wirkungsfaktor. Die Untersuchungsergebnisse lassen es bei Berücksichtigung der sonstigen Feststellungen zweifelhaft erscheinen, „ob die MITSCHERLICH-Methode, wie sie jetzt ausgeführt wird, uns einen richtigen Aufschluß über den Stickstoffgehalt eines Bodens gibt".

Aus ihren Versuchen mit Schimmelpilzen und Sproßpilzen folgern E. GÜNTHER und K. SEIDEL[4], daß das Wirkungsgesetz MITSCHERLICHS in der jetzigen Form auch für niedere Pflanzenarten nicht aufrecht zu halten ist. „Der Wirkungsfaktor c für einen Nährstoff ist bei den verschiedenen Versuchen nicht konstant. Innerhalb eines und desselben Versuches verändert sich der Wirkungswert c in anscheinend gesetzmäßiger Weise, indem er bei kleinen Nährstoffmengen groß ist, mit steigender Düngung fällt, sich dann eine Strecke in gleicher Höhe hält, um dann bei sehr hohen Düngergaben wieder anzusteigen. Der Nährstoffgehalt steigt fast parallel mit dem Ertrage. Die Nährstoffkurve bleibt bei niedrigen Düngungen hinter der Ertragskurve zurück, um sie dann bei hohen Düngungen zu überholen." Diese Versuchsergebnisse beseitigen nicht die Bedenken gegen die praktische quantitative Auswertung des Wirkungsgesetzes mit Gefäßversuchen. Die Bedeutung des Gefäßversuches nach MITSCHERLICH zur

---

[1] RIPPEL, A., W. ESTOR u. R. MEYER: Zur experimentellen Widerlegung des MITSCHERLICH-BAULEschen Wirkungsgesetzes der Wachstumsfaktoren. Z. Pflanzenern., Düng. u. Bodenk. A, **8**, 65 (1928).

[2] LEMMERMANN, O., P. HASSE u. W. JESSEN: Die Beziehungen zwischen Pflanzenernährung und Pflanzenwachstum und die Methode MITSCHERLICH zur Bestimmung des Düngerbedürfnisses des Bodens. Z. Pflanzenern., Düng. u. Bodenk. B, **7**, 49 (1928); Für oder wider das Wirkungsgesetz der Wachstumsfaktoren. Ebenda B, **7**, 352 (1928).

[3] WIESSMANN, H.: Untersuchungen über das Wirkungsgesetz der Wachstumsfaktoren in seiner Anwendung auf den Stickstoff. Pflanzenbau **5**, 61 (1928).

[4] GÜNTHER, E. u. K. SEIDEL: Düngungsversuche nach MITSCHERLICH an Schimmelpilzen und Sproßpilzen. Landw. Jb. **65**, 109 (1927).

Bestimmung des Nährstoffgehaltes des Bodens ist aber anzuerkennen, nur ist von einer zu weitgehenden Ausbeutung der durch den Gefäßversuch gewonnenen Ergebnisse auf Grund der von MITSCHERLICH aufgestellten mathematischen Formulierung abzuraten.

Auch R. MEYER[1] findet bei Versuchen mit Aspergillus niger das Wirkungsgesetz MITSCHERLICHS nicht bestätigt, während A. NIETHAMMER[2] zum gegenteiligen Ergebnis kommt.

Bevor andere Versuchsergebnisse, welche zu einer günstigen Beurteilung der MITSCHERLICH-Methode geführt haben, mitgeteilt werden, soll die Stellungnahme MITSCHERLICHS zu den hauptsächlichsten der vorstehenden Einwände dargelegt werden, insbesondere zu der Anzweifelung der Konstanz des Wirkungsfaktors der Wachstumsfaktoren. MITSCHERLICH[3] sagt, das Wirkungsgesetz kann in der vorliegenden Form „nur in erster Annäherung richtig sein; nehmen wir so z. B. einen Nährstoff wie den Stickstoff als Wachstumsfaktor, so wird man bei gesteigerten Gaben naturgemäß überhaupt nicht den ideellen Höchstertrag erzielen können, da viel eher Ertragsdepressionen infolge plasmolytischer Erscheinungen oder a. m. eintreten werden. Diese Ertragsminderung muß aber naturgemäß von vornherein in dem Gesetz gegeben sein". Ihre Nichtberücksichtigung hat mit der wissenschaftlichen Auswertung des Gesetzes nichts zu tun; sie ist mehr auf praktisch-landwirtschaftliche Erwägungen zurückzuführen, insbesondere auch darauf, daß den Landwirt der Anstieg der Gesetzeskurve in erster Linie interessiert. Die Konstanz des Faktors c kann „nur solange zu Recht bestehen, wie keine weiteren Ertragsdepressionen, sei es durch schädliche Reaktionserscheinungen oder a. m. eintreten und auch nur solange, wie der zugeführte Nährstoff auch in der zugeführten Form als Wirkungsfaktor zur Wirkung gelangt", eine Erläuterung MITSCHERLICHS, auf welche schon früher hingewiesen wurde. Versuche, welche auf Böden verschiedener Art und mit verschiedenen Phosphorsäuredüngern ausgeführt wurden, zeigen den Einfluß der Bodenart und der Bodenreaktion auf den Wirkungsfaktor; bei reinen Sanden, welche die Phosphorsäure nicht festzulegen vermögen, ist dieser Faktor höher, bei Böden mit mehr basischen Substanzen bleibt der Wirkungsfaktor bei allen Düngungen annähernd konstant. Mit gewissen Schwankungen ist in der landwirtschaftlichen Praxis, wie auch DENSCH[4] festgestellt hat, im allgemeinen immer noch zu rechnen. MITSCHERLICH berechnet aus seinen Versuchen für Phosphorsäure die Grenzwerte 0,46 und 0,68 je Doppelzentner und Hektar; der früher angenommene Mittelwert betrug 0,6 und Berechnungen zeigen, daß „eine derartige Differenz des Wirkungsfaktors der Phosphorsäure, welche auf den Einfluß des betreffenden Bodens und auf die Düngung zurückzuführen ist, praktisch gar nicht ins Gewicht fällt". MITSCHERLICH findet, daß, wenn 95% des Höchstertrages bei einem Wirkungswert von 0,6 erzielt werden, diese Zahlen für die Wirkungswerte 0,46 und 0,68 sich zu 92,9% bzw. 96,1% berechnen.

Der Wirkungsfaktor für Kali ist nach den Untersuchungen MITSCHERLICHS bei Gegenwart von Natrium fast dreimal so hoch als ohne Natrium, das ist aber eine Feststellung, die durch andere Versuche, z. B. solche von DENSCH, nicht bestätigt wird und deshalb weiterer Klärung bedarf. RIPPEL findet in ähn-

[1] MEYER, R.: Die Abhängigkeit der Wachstumsgröße von der Quantität der Ernährungsfaktoren bei Pilzen. Z. Pflanzenern. u. Düng. A **8**, 121 (1926).

[2] NIETHAMMER, A.: Über das Gesetz vom Minimum bei Pilzkulturen. Biochem. Z. **165**, 168 (1925).

[3] MITSCHERLICH, E. A. u. M. DÜHRING: Über die Konstanten im Wirkungsgesetze der Wachstumsfaktoren. Schriften Königsb. Gel. Ges. **5**, 17 (1928).

[4] DENSCH, A. u. PFAFF: Versuche mit der Methode MITSCHERLICH. Z. Pflanzenern., Düng. u. Bodenk. B, **6**, 385 (1927).

licher Weise wie WIESSMANN die schon hervorgehobene Einwirkung der Stickstoffdüngung auf den Wirkungsfaktor des Kalis, worüber nach Ansicht von MITSCHERLICH weitere Versuche Aufklärung geben müssen, wenn auch die Unterschiede in praktischer Hinsicht nicht von großer Bedeutung sind. MITSCHERLICH bestätigt zwar durch spätere Versuche die Ergebnisse RIPPELS, jedoch zeigen ihm die die weitere Differenzierung der Stickstoffgaben ergänzenden Versuche, „daß nicht der Wirkungsfaktor als solcher verändert und damit das Wirkungsgesetz hinfällig wird, sondern daß wir hier Ertragsdepressionen haben, welche eine Verringerung des Wirkungsfaktors vortäuschen. Diese Ertragsdepressionen sind nicht auf plasmolytische Erscheinungen zurückzuführen, da diese bei gleichzeitig noch höheren Kaligaben erst recht auftreten müßten; sie dürften vielmehr auf Einflüsse der physiologischen Reaktion oder a. m. zurückzuführen sein, wofür der Umstand spricht, daß diese Ertragsdepressionen bei den verschiedenen Stickstoffdüngemitteln sehr verschieden hoch sind. Sie sind am geringsten beim Natronsalpeter, von mittelmäßiger Höhe beim Ammonsalpeter und am größten beim Ammonsulfat"[1]. Allgemein folgert MITSCHERLICH aus seinen Darlegungen, daß der Wirkungsfaktor beim Kali innerhalb weiter Grenzen schwanken kann, ohne daß hierdurch die Grundlagen der praktischen Nutzanwendung erschüttert werden.

Gegenüber RIPPEL bemerkt MITSCHERLICH[2] noch, daß das Wirkungsgesetz der Wachstumsfaktoren nur die Höhe der Erträge, nicht, wie RIPPEL annimmt, die aufgenommenen Nährstoffe behandelt. Letztere sind bei verschiedenen Kulturpflanzen zur Bildung eines gleich hohen Ertrages verschieden und kann hierbei der Wirkungsfaktor nicht konstant sein. Für die Höhe der Erträge besteht nach MITSCHERLICH diese Konstanz, welche RIPPEL ablehnt.

Es ist nicht zu verkennen, daß in diesen Ausführungen MITSCHERLICHS eine gewisse Einschränkung der Konstanz des Wirkungsfaktors der Wachstumsfaktoren liegt, welche noch weitere Aufklärung nötig macht. Auch GÜNTHER und SEIDEL kommen zu einer solchen Annahme. Ähnlich lautet die Schlußfolgerung, welche E. TODTENHÖFER[3] aus seinen Versuchen dahin zusammenfaßt, daß „der Wirkungsfaktor *c* konstant ist, soweit seine Konstanz eben durch den Feldversuch erfaßt werden kann".

DENSCH und PFAFF[4] können durch ihre Versuchsergebnisse die Feststellungen MITSCHERLICHS am weitgehendsten bestätigen. Auf die Abweichung hinsichtlich des Wirkungsfaktors für Kali wurde bereits hingewiesen.

Ebenso ist auch die Beurteilung des MITSCHERLICHschen Verfahrens zur Bestimmung des Düngerbedürfnisses des Bodens durch M. NOACK[5] auf Grund eigener Versuche günstig. NOACK findet, daß die Wirkungsfaktoren für Stickstoff und Phosphorsäure innerhalb einer Versuchsreihe und bei verschiedenen Kulturpflanzen konstant sind. Die von MITSCHERLICH angegebenen Werte werden bestätigt. Dieses gilt auch für den Faktor für Kali bei Abwesenheit von Natrium. Dagegen ist der Einfluß des Natriums auf den Wirkungsfaktor für Kali nicht klar. Die Versuche zeigen weiter, daß es nicht gleichgültig ist, welche Pflanze zur Nährstoffbestimmung im Boden herangezogen wird. Die Wurzelausbildung und das der Pflanze eigentümliche

[1] MITSCHERLICH, E. A. u. M. DÜHRING: a. a. O. S. 34.

[2] MITSCHERLICH, E. A.: Zur Bestimmung des Düngerbedürfnisses des Bodens nach MITSCHERLICH. Z. Pflanzenern., Düng. u. Bodenk. B, **4**, 473 (1925).

[3] TODTENHÖFER, E.: Die Konstanz des Wirkungsfactors „c", nachgewiesen an 118 Düngungsversuchen der Versuchsringe Ostpreußens. Inaug.-Dissert. Königsberg 1927.

[4] DENSCH, A. u. PFAFF: Versuche mit der Methode MITSCHERLICH. Z. Pflanzenern., Düng. u. Bodenk. B, **4**, 321 (1925); B, **6**, 385 (1927).

[5] NOACK, M.: Untersuchungen über die Wirkungsfaktoren der drei Hauptnährstoffe unserer Kulturpflanzen und über die Bestimmung des Nährstoffgehalts des Bodens nach MITSCHERLICH. Kühn Arch. **19**, 412 (1928).

Aufschließungsvermögen für den betreffenden Nährstoff spielen in nährstoffarmen Böden eine große Rolle. Wenn daher auch mit verschiedenen Pflanzen nicht dieselben Nährstoffwerte erhalten werden und die mit Hafer erhaltenen Ergebnisse nicht ohne weiteres auf andere Pflanzen übertragen werden dürfen, so sind es doch gleichsinnige Zahlen für den Gehalt des Bodens an einem Nährstoff. Dadurch tritt allerdings der quantitative Wert des Verfahrens zurück und erhalten die Zahlen mehr einen relativen Wert. Dementsprechend faßt NOACK sein Urteil über dieses Verfahren wie folgt zusammen: „Die Methode gibt bei Beachtung des den einzelnen Kulturpflanzen spezifischen Aneignungsvermögens für die einzelnen Nährstoffe und bei Berücksichtigung aller, für exakte Düngungen erforderlichen Grundlagen gute Anhaltspunkte für die Bemessung zweckmäßiger und rentabler Düngergaben und ist daher ein wertvolles Mittel, den Landwirt folgerichtige und planmäßige Düngungsmaßnahmen durchführen zu lassen."

Eine besondere Schwierigkeit für die Ausnutzung der Ergebnisse des MITSCHERLICHschen Untersuchungsverfahrens bei der Düngung im freien Felde besteht in der Übertragung der Gefäßversuche auf das freie Feld. MITSCHERLICH hebt hervor, daß es sich dabei beim Gefäß- und Feldversuch um denselben Boden handeln muß und nur in diesem Falle eine Übertragung des Ergebnisses des ersten Versuches auf die Verhältnisse im Felde zulässig ist. Versuche in verschiedenen Jahren und auf verschiedenen Bodenarten haben ergeben, daß bei 15 cm Krumentiefe beim Gefäßversuche etwa halb so viel Phosphorsäure und Kali festgestellt wurden wie beim Feldversuche im gewachsenen Boden. Auf Grund dieser praktischen Erfahrungen nimmt MITSCHERLICH[1] für die Übertragung der Ergebnisse vom Gefäß auf das freie Land für Phosphorsäure und Kali den Umrechnungsfaktor mit 2 an. Beim Stickstoff hat sich nicht die gleiche günstige Übereinstimmung in den Ergebnissen der Gefäß- und Freilandversuche gezeigt; die Ursache dafür sieht MITSCHERLICH in der leichten Beweglichkeit des Stickstoffes, der daher in den Untergrund geht und durch die Entnahme der Probe aus der Ackerkrume nicht voll erfaßt wird. Der Stickstoffverlust ist um so geringer, je weniger durchlässig der Untergrund ist. Da nach früheren Untersuchungen die Hygroskopizität des Bodens einen Maßstab für die größere oder geringere Durchlässigkeit bzw. Adsorptionsfähigkeit des Bodens bildet, so gibt die Hygroskopizität des Untergrundes bzw. die dadurch gemessene Bodenoberfläche einen Anhalt für die Übertragung der Ergebnisse der Stickstoffdüngungsversuche vom Gefäß aufs Feld. Danach sind die Umrechnungsfaktoren für Stickstoff bei leicht durchlässigem Boden (Hygroskopizität unter 1,5) = 1,5, bei schwerer durchlässigem Boden (Hygroskopizität 1,5—2,2) = 2, bei ganz schwer durchlässigem Boden (Hygroskopizität über 2) = 4[2].

Als Versuchspflanze benutzt MITSCHERLICH den Hafer. Seine Auffassung, daß die mit Hafer erzielten Ergebnisse für andere Pflanzen entsprechend gelten, wird nicht allgemein geteilt. Auch darüber, ob die Erträge der ganzen Pflanzen oder nur der Körner oder des Strohes zu berücksichtigen sind, gehen die Ansichten heute noch auseinander. Bedenklich erscheint auch, daß im Gefäßversuch nur die obere Bodenschicht, nicht der Untergrund erfaßt wird. Wenn auch zutrifft, worauf MITSCHERLICH hinweist, daß diese Übertragung der im Gefäßversuch erzielten Ertragssteigerung auf das freie Land nicht in den absoluten Werten, sondern nur prozentisch geschieht, so sind damit die erhobenen Bedenken von GERLACH[3],

---

[1] MITSCHERLICH, E. A.: Gefäß- und Feldversuch usw. Das Superphosphat 5, 11 (1929).

[2] Obgleich die angegebenen Hygroskopizitätswerte mit denen des Originals übereinstimmen, erheben sich Zweifel über ihre Richtigkeit. Der Herausgeber.

[3] GERLACH, M.: Das MITSCHERLICHsche Verfahren zur Bestimmung des Düngerbedürfnisses der Böden. Z. Pflanzenern., Düng. u. Bodenk. B, 4, 273 (1925); Das Verfahren MITSCHERLICHS zur Bestimmung des Düngerbedürfnisses der Böden. Mitt. Dtsch. Landw. Ges. 41, 985 (1926); Tätigkeitsber. Inst. Getreidelag. u. Futterveredl. 1927, 12.

LEMMERMANN[1], DENSCH[2], OPITZ und RATHSACK[3] nicht beseitigt. GERLACH hebt besonders hervor, daß bei der Umrechnung des Ergebnisses des Gefäßversuches auf das freie Land der Einfluß der Schichthöhe in den Gefäßen, der Stärke der Ackerkrume und des Untergrundes nicht berücksichtigt ist. Er weist auch darauf hin, daß die Wachstumsverhältnisse insbesondere hinsichtlich der Wasserversorgung der Pflanzen im freien Felde andere als in den Gefäßen sind und folgert: „Das beim Vegetationsversuch gewonnene Ergebnis kann höchstens für die gleiche Pflanzenart auf dem Felde gelten und nur dann, wenn Wasser und sämtliche anderen Pflanzennährstoffe außer dem zu prüfenden in ausreichender Menge vorhanden sind." Im anderen Falle lehnt GERLACH die Übertragung der Ergebnisse der Gefäßversuche in der von MITSCHERLICH angegebenen Weise auf das freie Feld ab. LEMMERMANN sagt, die Veränderungen, welche der Boden in den Gefäßen erfährt, sind andere als diejenigen in freiem Felde; die Beimischung von Sand zum Boden in den Gefäßen kann zu einer stärkeren Einwirkung der Pflanzenwurzeln auf den Boden führen und eine größere Löslichkeit der Bodenbestandteile bewirken, also zu Unterschieden im Gefäß- und Feldversuch führen, welche gegen eine unmittelbare Übertragung der Ergebnisse der Gefäßversuche auf das freie Land sprechen. Auch DENSCH weist auf die Bedenken in dieser Hinsicht hin und meint, daß bei dieser Umrechnung der Gefäßversuchsergebnisse auf das freie Land mit einer gewissen Willkür vorgegangen werde und führt weiter aus: „Im Gefäß haben wir durchschnittlich 15 cm Bodenschicht bzw. wenn wir den Boden mit der gleichen Menge Glassand mischen, 7,5 cm. Multiplizieren wir also mit 2 bzw. mit 4, so nehmen wir als Volumen für den Nährstoffvorrat eine Bodenschicht von 30 cm an." MITSCHERLICH glaubt hierzu auf Grund seiner praktischen Erfahrungen berechtigt zu sein. DENSCH hat unter Zugrundelegung von Versuchsergebnissen Berechnungen in dieser Hinsicht ausgeführt, deren Ergebnis die Annahme MITSCHERLICHS bestätigen. Derartige Nachprüfungen dürften in größerem Umfange, bei denen den verschiedensten Verhältnissen Rechnung zu tragen ist, notwendig sein, damit für diese Umrechnung eine sichere Unterlage geschaffen wird.

Diese Ausführungen zeigen, daß zur Klarstellung der Grundlagen des besagten Verfahrens noch weitere Untersuchungen nötig sind. MITSCHERLICH fordert selbst solche Versuche zum Ausbau des Verfahrens. Deshalb mag es hier genügen, dieses Verfahren kurz in der Beschreibung von MITSCHERLICH[4] wiederzugeben; sie lautet: „Wir werden zunächst 8 Gefäße in gleicher Weise ganz mit Boden füllen, und zwar derart, daß der Boden nicht zu fest eingefüllt wird, und daß trotzdem noch 2 cm unter dem Gefäßrande frei bleiben. Das Gewicht des eingefüllten Bodens, das meist nur 6 kg betragen wird, wird festgestellt und die Trockensubstanzbestimmung des Bodens gemacht. Von diesen Gefäßen werden je 4 mit Volldüngung versehen, während je 4 Gefäße Volldüngung bis auf Stickstoff erhalten. Diese Versuche dienen also dazu, den Stickstoffvorrat des Bodens zu bestimmen. Für die anderen 12 Gefäße mengen wir je den sechsten Gewichtsteil Boden von der Menge, die wir soeben in die Gefäße geben, mit je 5 kg möglichst reinem Sande, dessen Gehalt an aufnehmbarem Kali und an auf-

[1] LEMMERMANN, O. u. P. HASSE: Für oder wider das Wirkungsgesetz der Wachstumsfaktoren. Z. Pflanzenern., Düng. u. Bodenk. B, **7**, 352 (1928).

[2] DENSCH, A. u. PFAFF: Versuche zur Bestimmung des Nährstoffbedürfnisses der Böden durch Gefäßversuche nach MITSCHERLICH nebst einigen Bemerkungen zur Methode NEUBAUER Z. Pflanzenern., Düng. u. Bodenk. B, **4**, 321 (1928).

[3] OPITZ K. u. K. RATHSACK: Beitrag zur Untersuchung des Nährstoffgehaltes von Ackerböden nach dem Verfahren MITSCHERLICHS. Landw. Jb. **68**, 321 (1928).

[4] MITSCHERLICH, E. A.: Bestimmung des Düngerbedürfnisses, a. a. O. S. 53.

nehmbarer Phosphorsäure bekannt ist oder gleichzeitig festgestellt werden muß. Wir geben diesen die folgende Düngung: In 4 Gefäße wiederum Volldüngung, je 4 Gefäße Volldüngung ohne Kali und je 4 Gefäße Volldüngung ohne Phosphorsäure. Diese 12 Gefäße dienen also dazu, den Kali- und den Phosphorsäurevorrat des Bodens festzustellen".

Durch den Zusatz von nährstoffarmem Sand zum Boden wird eine Verdünnung des Bodens erreicht oder auf das freie Land übertragen, die Tiefe der Ackerkrume verflacht. Bei dem angegebenen Verhältnis von 1 kg Boden und 5 kg Sand wird „das Ergebnis dieser Versuche für eine Tiefe der Ackerkrume Gültigkeit haben, die sechsmal so gering ist als die, welche wir sonst für unsere Gefäßversuche anwandten." Dementsprechend wird die Größe *b* mit 6 zu multiplizieren sein. Wenn durch den Gefäßversuch festgestellt ist, wie viele Prozente des jeweiligen Höchstertrages ohne den betreffenden Nährstoff festgestellt sind, so können wir mit Hilfe der Ertragstafeln ermitteln, welche Nährstoffmenge in Doppelzentnern je Hektar in dem Boden vorhanden sind. Zur Übertragung dieses Ergebnisses des Gefäßversuches auf das freie Land hat bei Kali und Phosphorsäure eine Multiplikation mit dem Umrechnungsfaktor zweimal den Verdünnungsfaktor 6, also mit 12 zu erfolgen, während bei Stickstoff, da hier eine Verdünnung des Versuchsbodens mit Sand nicht stattgefunden hat, nur eine Multiplikation mit den angegebenen Umrechnungsfaktoren 1,5, 2 und 4 je nach der Bodenbeschaffenheit zu erfolgen hat. Die in dieser Weise errechneten Zahlen zeigen in den Ertragstafeln an, um wieviel Prozente der jeweilige Ertrag durch den betreffenden Nährstoff gesteigert werden kann, und ob sich eine Zufuhr desselben durch einen entsprechend höheren Ertrag lohnt.

In Ergänzung der früheren Angaben über den Vergleich verschiedener Verfahren zur Feststellung des Düngebedürfnisses eines Bodens[1] seien hier noch folgende Versuche angegeben. H. WIESSMANN und E. SCHRAMM[2] folgern aus den Ergebnissen von 115 Bodenuntersuchungen, daß Kalimangel die Kornausbildung mehr als diejenige des Strohes beeinflußt, somit das Korn-Stroh-Verhältnis vom Kaligehalt des Bodens abhängig ist. Bei der Berechnung des Kalivorrats nach MITSCHERLICH kommt man bei Zugrundelegung der Kornerträge meistens zu niedrigeren Werten als bei Verwendung der Stroherträge, weil infolge der Verdünnung des Bodens mit Sand die Versuchsböden unter Kalimangel leiden. Bei sehr kalireichen Böden tritt dieses weniger hervor. Die Ermittelung des Kalivorrats nach MITSCHERLICH darf daher nicht einseitig nach den Korn- oder Stroherträgen erfolgen, sondern geschieht am besten nach den Gesamterträgen. Bei der Phosphorsäure sind die Unterschiede zwischen den nach den Korn- und Stroherträgen ermittelten Werten nicht so groß; die Werte aus den Kornerträgen liegen durchschnittlich 16—21 % höher als diejenigen aus den Stroherträgen. Die Untersuchungen geben keinen Anhalt dafür, ob die nach den Korn- oder die nach den Stroherträgen ermittelten Phosphorsäurewerte nach dem Verfahren MITSCHERLICHS den tatsächlichen Gehaltszahlen näher kommen. Bei der Berechnung nach den Kornerträgen sind die Unterschiede zwischen den Werten nach den Verfahren von MITSCHERLICH und NEUBAUER-SCHNEIDER größer. Zwischen den Ergebnissen beider Verfahren besteht zwar eine gewisse gleichlaufende Tendenz, aber in der Höhe der ermittelten Werte eine mangelhafte Übereinstimmung. Der Kaligehalt der Böden ist nach MITSCHERLICH nur halb

---

[1] Siehe S. 502f.

[2] WIESSMANN, H. u. E. SCHRAMM: Vergleichende Untersuchungen über das Nährstoffbedürfnis der Böden nach MITSCHERLICH und NEUBAUER. Z. Pflanzenern., Düng. u. Bodenk. B, **8**, 105 (1929).

so hoch, der Phosphorsäuregehalt aber 47—80% höher als nach NEUBAUER-SCHNEIDER. Die Ursache dafür kann beim Kali darin liegen, daß der Wirkungsfaktor für Kali zu hoch ist. Bei der Phosphorsäure sind die Unterschiede geringer, wenn sie auf die gleiche Krumentiefe bezogen werden. Bei phosphorsäurereichen Böden treten die NEUBAUERwerte zurück, vielleicht weil die Keimpflanzen die größeren Phosphorsäuremengen weniger quantitativ erfassen können als die kleinen. Die von DIRKS und SCHEFFER vorgeschlagene Erhitzung der Böden bei dem Verfahren von NEUBAUER hat eher eine schlechtere Übereinstimmung der Ergebnisse beider Verfahren gezeigt[1].

M. NOACK[2] kommt bei der Prüfung der Frage, ob neben MITSCHERLICH- oder NEUBAUER-Analyse noch Felddüngungsversuche ausgeführt werden müssen, zu dem Schluß, daß alle diese Verfahren Mängel haben, die eine volle Sicherheit der Ergebnisse nicht zulassen. Der einjährige Felddüngungsversuch ist kein zuverlässiger Wertmesser für die aufnehmbaren Nährstoffe des Bodens; er kann aber nicht neben den anderen Verfahren entbehrt werden.

Verfahren von H. WIESSMANN. Um den Schwierigkeiten in der Auswertung des Verfahrens von MITSCHERLICH zur Bestimmung des Düngerbedürfnisses eines Bodens aus dem Wege zugehen, welche durch die Anzweifelung der Richtigkeit des Wirkungsgesetzes der Wachstumsfaktoren bzw. der Konstanz der Wirkungsfaktoren gegeben sind, will H. WIESSMANN[3] „im Gefäß die Wirksamkeit der Nährstoffe jedesmal unter den jeweils herrschenden Wachstumsverhältnissen" bestimmen. Er versetzt Sand, wie er ihn auch zu seinen weiteren Versuchen verwendet, mit steigenden Mengen des zu prüfenden Nährstoffes, baut die gleiche Pflanze an und führt den Versuch gleich den übrigen Versuchen durch. In dieser Weise hofft WIESSMANN „sich unabhängig von dem Einfluß, welchen Klima, Zeit der Aussaat, Art der Pflanze auf die prozentuale Wirkung des Nährstoffes in bezug auf den Vollertrag haben", zu machen. Zur Beseitigung der Bedenken gegen die Übertragung der Ergebnisse des Gefäßversuches auf das freie Land vergleicht er die Erträge in den mit Boden-Sand gefüllten Gefäßen mit den Erträgen des reinen Sandes und schließt bei gleicher Ertragshöhe auf das Vorhandensein gleicher Mengen des zu prüfenden Nährstoffes. Die Nährstoffmengen des Sandes sind bekannt, so daß sich daraus der Nährstoffgehalt in der zu den Versuchen verwendeten Bodenmenge und durch entsprechende Umrechnung die je Hektar vorhandene Menge an aufnehmbaren Nährstoffen ergibt. Die Feststellung des zur Deckung des Düngerbedarfes notwendigen Nährstoffvorrates erfolgt nach der Höhe der Ernten, welche auf dem Boden unter den gegebenen klimatischen Verhältnissen im günstigsten Falle und nach der Ausnutzungsmöglichkeit der Nährstoffe im Boden zu erzielen sind. Letztere nimmt WIESSMANN für Phosphorsäure mit 20%, für Kali mit 60% an, so daß also der Vorrat an Phosphorsäure 5mal, an Kali $^5/_3$mal so groß sein muß, wie die Ernte an Phosphorsäure oder Kali benötigt. WIESSMANN berücksichtigt bei der Berechnung des Nährstoffbedarfs nur Körner, Knollen oder Wurzeln und geht dabei von ihrer mittleren Zusammensetzung aus.

Die Durchführung seines Verfahrens beschreibt WIESSMANN wie folgt: „Zur Prüfung eines Bodens auf seinen Phosphorsäuregehalt vermischte ich 5700 g

---

[1] Vgl. S. 497.

[2] NOACK, M.: Erübrigen sich Felddüngungsversuche, wenn MITSCHERLICH- und NEUBAUER-Analysen durchgeführt werden? Fortschr. Landw. **4**, 200 (1929).

[3] WIESSMANN, H.: Die Bestimmung des Nährstoffgehaltes der Böden durch den Gefäßversuch. Landw. Versuchsstat. **107**, 277 (1928); Z. Pflanzenern., Düng. u. Bodenk. A, **10**, 206 (1928); B, **8**, 76 (1929).

Hohenbockaer Glassand mit 1500 g Boden; außerdem gab ich als Grunddüngung je Gefäß 1,5 g Kali als Kaliumsulfat, 1,2 g Stickstoff als Ammoniumnitrat, 1,0 g Magnesiumsulfat, 0,25 g Kochsalz, 0,20 g Eisensulfat, 1,5 g kohlensauren Kalk. Während der Vegetation wurden die Gefäße auf voller Wasserkapazität gehalten. Es wurden also alle Nährstoffe mit Ausnahme der Phosphorsäure in optimaler Menge verabreicht, so daß die Höhe der Erträge vom Phosphorsäuregehalt der angewandten Bodenmenge abhängig war. Die 1500 g Boden spielen also gewissermaßen die Rolle des einen Phosphorsäuredüngers, allerdings mit dem Unterschiede, daß sie den Hohenbockaer Glassand auch in physikalischer Hinsicht verändern, was auf den Ertrag nicht ohne Einfluß ist. Als Versuchspflanze diente Hafer."

„Neben den mit Boden-Sandgemisch gefüllten Gefäßen setzte ich zum Vergleiche noch mit reinem Sande Gefäße an, welche die gleiche Grunddüngung wie die erstgenannten erhielten, außerdem aber mit steigenden Superphosphatgaben gedüngt wurden." Die verwendeten Superphosphatmengen enthielten je Gefäß 0,05 g Phosphorsäure von Reihe zu Reihe steigend bis 1,0 g Phosphorsäure. Die Erträge wurden insgesamt und nach Körnern und Stroh ermittelt. Wenn man die Erträge als Ordinaten und die verwendeten Phosphorsäuremengen als Abzissen aufträgt, so erhält man eine Kurve, welche gewissermaßen die Normal- oder Vergleichskurven darstellt, an welcher der Phosphorsäuregehalt des untersuchten Bodens durch Vergleich der Erträge gemessen werden soll."

Zur Prüfung des Einflusses, den der Zusatz von 1500 g Boden zum Sand in physikalischer Hinsicht, und der Einwirkung desselben auf den Ertrag ausübt, wird das Boden-Sandgemisch außer ohne Zusatz von Phosphorsäure auch noch unter Zusatz mit 1 g Phosphorsäure im Superphosphat geprüft. Ein Vergleich des Ertrages in der letzteren Versuchsreihe mit dem Ertrage in reinem Sande bei gleicher Düngung zeigt, ob der Boden in dem Boden-Sandgemisch den Ertrag irgendwie beeinflußt hat; ist es geschehen, so ist der Ertrag in dem ohne Phosphorsäure belassenen Boden-Sandgemisch entsprechend zu korrigieren, bevor er mit den Erträgen der Superphosphatreihe in reinem Sand verglichen wird. Aus diesem Vergleiche der Erträge folgt, welcher Phosphorsäuredüngung in der Sandreihe der Ertrag der Boden-Sandreihe entspricht oder weiter wieviel Phosphorsäure in Form von Superphosphat dem Phosphorsäurevorrat in 1500 g Boden entspricht. Unter Berücksichtigung der Stärke der Ackerkrume und des spezifischen Gewichts des Bodens ergibt sich hieraus der Phosphorsäurevorrat je Hektar.

Bei der Bestimmung des aufnehmbaren Kalis im Boden wird in der Grunddüngung 1,5 g Kali im Kaliumsulfat durch 1 g Phosphorsäure des Superphosphates ersetzt und in dem Sand die Wirkung des Kalis durch Zusatz von 0,05—1,5 g Kali je Gefäß geprüft, im übrigen aber wie bei der Prüfung der Phosphorsäure verfahren.

Das Verfahren WIESSMANNS steht demjenigen MITSCHERLICHS nahe; WIESSMANN sagt vom Unterschied beider Verfahren folgendes: „MITSCHERLICH schließt aus dem prozentigen Ertragsunterschied zwischen gedüngt und ungedüngt ohne weiteres auf den Nährstoffgehalt des betreffenden Bodens und verzichtet auf die von mir angestellten Vergleichsreihen, weil nach dem Wirkungsgesetz das Ertragsverhältnis zwischen den verschieden stark gedüngten Gefäßen konstant sein soll, unabhängig, ob die Vergleichsreihe in diesem oder nächstem Jahre ausgeführt wird, ob die Aussaat früh oder spät erfolgt. Da aber die strenge Gültigkeit des Wirkungsgesetzes von mancher Seite angezweifelt wird, so wird damit auch unsicher, ob das Ertragsverhältnis in den Sandgefäßreihen mit steigenden

Phosphorsäure- bzw. Kaligaben ein für allemal konstant ist. Deshalb versuchte ich mich davon unabhängig zu machen, indem ich gleichzeitig mit den Böden auch mit reinem Sand Vergleichsreihen ansetzte und zu gleicher Zeit mit derselben Frucht, nämlich Hafer, besäte und auch sonst gleichartig behandelte."

K. MAIWALD[1] befürchtet bei dem Verfahren WIESSMANNS einmal eine Beeinflussung der physikalischen Beschaffenheit des Versuchsbodens durch die Vermischung von Boden und Sand, mit welcher auch WIESSMANN rechnet und sie in der angegebenen Weise berücksichtigt. Ferner glaubt MAIWALD, daß eine chemische Beeinflussung möglich sei, welche sich als Nährstofflieferung aus dem Bodenvorrat wie als Nährstoffentzug durch Festlegungsvorgänge im Boden äußern könne. Diesen Einwand will WIESSMANN nicht gelten lassen, weil die Nährstoffmenge so groß ist, daß, selbst wenn Nährstoffe im Boden gebunden werden, der Rest noch für Höchsterträge ausreicht.

Eine Berücksichtigung der Nährstoffe des Untergrundes findet bei diesem Verfahren nicht statt. WIESSMANN ist der Ansicht, daß im Boden zwischen dem Nährstoffgehalt der Ackerkrume und des Untergrundes keine Beziehung besteht und deshalb von dem einen auch kein Rückschluß auf den anderen gezogen werden kann. Er bezeichnet einen Boden bereits als nährstoffbedürftig, wenn die in der Ackerkrume vorhandenen Nährstoffe nicht für die Ernte ausreichen. Damit will er nicht die Mitwirkung der Nährstoffe im Bodenuntergrunde bei der Ernährung der Pflanzen ablehnen, aber er will diese Nährstoffe als Reserve ansehen, auf deren Kosten der Nährstoffgehalt der Ackerkrume nicht abgebaut werden darf.

WIESSMANN ist sich bewußt, daß das Verfahren noch nicht ganz einwandfrei und deshalb eine weitere Prüfung desselben nötig ist. Dabei erwartet er nicht ein Ergebnis, welches die im Boden verfügbaren Nährstoffmengen genau angibt; das ist bisher noch bei keinem Verfahren erreicht worden und auch nicht erforderlich. Es genügt, durch die Untersuchung festzustellen, daß ein Boden arm, mittelmäßig oder reich an Nährstoffen ist; man kann dann prüfen, in wie weit die vorhandenen Nährstoffe den Nährstoffmengen entsprechen, welche unter den gegebenen klimatischen und Bodenverhältnissen zur Erzielung von Höchsternten nötig sind, und es kann danach die Düngung bemessen werden. Ob es überhaupt möglich sein wird, mehr zu erreichen, wird für alle diejenigen zweifelhaft bleiben, welche den Boden nicht als leblose Masse ansehen, sondern erkannt haben, daß in demselben ein reiches Leben herrscht, welches auf die Bestandteile des Bodens, die als Pflanzennährstoffe in Frage kommen, fördernd oder störend in diesem Sinne, und zwar nicht immer in derselben Richtung einwirkt.

Anschließend sei noch auf die Verfahren hingewiesen, bei denen nicht aus dem Wachstum von Kulturpflanzen, sondern aus der Entwicklung niederer pflanzlicher Organismen in Nährlösungen, denen Boden zugesetzt war, auf das mehr oder weniger starke Vorhandensein oder Nichtvorhandensein bestimmter Nährstoffe in diesem Boden geschlossen wird. Es genügt hier, diese Verfahren kurz zu erwähnen, da sie an anderer Stelle eine eingehende Darstellung erfahren werden. Dazu ist in erster Linie das Verfahren von H. R. CHRISTENSEN[2] zum Nachweis von Kalk im Boden durch das Wachstum von Azotobakter zu rechnen. Es ist be-

[1] MAIWALD, K.: Beitrag zu WIESSMANNS neuem Verfahren zur Bestimmung des Nährstoffgehalts der Böden durch den Gefäßversuch. Z. Pflanzern., Düng. u. Bodenk. B, **7**, 370 (1928).

[2] CHRISTENSEN, H. R.: Untersuchungen über das Kalkbedürfnis des Bodens. Z. Pflanzenern., Düng. u. Bodenk. A, **1**, 265 (1922).

sonders von H. NIKLAS, K. SCHARRER und A. STROBEL[1] ausgebaut und zum Nachweis des Phosphorsäurebedarfs des Bodens verwendet worden. Nach den letzten Untersuchungen scheinen deutliche Zusammenhänge zwischen der Löslichkeit der Bodenphosphorsäure und der physiologischen Ausnutzung durch Azotobakter zu bestehen. BUTKEWITSCH[2] hat Kulturen von Aspergillus niger zur Prüfung des Nährstoffgehaltes von Böden verwendet. Diese Versuche sind von W. BENECKE und H. SÖDING[3] fortgesetzt und unter Benutzung anderer Organismen erweitert worden, ohne aber bisher zu einem abschließenden Ergebnis gekommen zu sein. Im allgemeinen werden diese Verfahren mehr in qualitativer, weniger in quantitativer Hinsicht über den Nährstoffgehalt des Bodens aufklären.

Nach den Mitteilungen von A. JACOB[4] gibt G. N. HOFFER ein Verfahren an, welches nach der Untersuchung der Pflanzen auf dem Felde Aufschluß über die Nährstoffverhältnisse des Bodens geben soll und gewissermaßen eine verfeinerte Beobachtung von Nährstoffmangelerscheinungen mit Hilfe der chemischen Analyse darstellt. Die Versuche sind bisher nur mit der Maispflanze ausgeführt worden. Die Prüfung erfolgt durch den Nachweis von Eisenverbindungen in den Knotengeweben; frühere Untersuchungen von HOFFER und TROST[5] haben ergeben, daß zwischen der Anhäufung von Eisen in den Knotengeweben und dem Kalimangel im Boden bestimmte Beziehungen bestehen. Durch das Eisen werden in den Knotengeweben Veränderungen des Zellsaftes gewisser Zellen hervorgerufen, welche in den Saftbewegungen Stockungen herbeiführen. Kalk allein erhöht den Eisengehalt der Knotengewebe proportional den steigenden Kalkmengen; Superphosphat verringert den Eisengehalt, jedoch wird diese Wirkung durch gleichzeitige Zugabe von Kalk beeinträchtigt; Kainit verringert den Eisengehalt auch bei Zugabe von Kalk. Zum Nachweis des Eisens wird nach Abtrennen der Wurzel der Stamm der Pflanze mit einem Messer aus nicht rostendem Stahl aufgespalten. Auf das Knotengewebe werden einige Tropfen einer 10proz. wässerigen Lösung von Rhodankalium und einigen Tropfen verdünnter Salzsäure gegeben. Aus der größeren oder geringeren Rotfärbung im Gewebe ergibt sich der Eisengehalt, welcher kolorimetrisch genau ermittelt werden kann. Ein hoher Eisengehalt im Pflanzengewebe zeigt Kalimangel an. Ein hoher Überschuß an Kali im Boden ergibt einen hohen Kaligehalt im Markgewebe des Stengels, der in einem dünnen Querschnitt des Stengels durch Platinchlorid nachgewiesen wird. Auf Stickstoffmangel wird geprüft, indem man den Querschnitt des Stengels mit Diphenylamin betupft; durch die mehr oder weniger starke Blaufärbung wird der Nitratgehalt angezeigt. Das Verfahren bedarf noch weiterer Nachprüfung bei anderen Pflanzen.

---

[1] NIKLAS, H. u. W. HIRSCHBERGER: Eine neue Methode zur raschen Ermittlung der Phosphorsäurebedürftigkeit unserer Böden. Z. angew. Chem. **37**, 955 (1924). — NIKLAS, H.: Die moderne Bodenuntersuchung und insbesondere die biochemische zur Ermittlung des Nährstoffgehaltes der Böden und des Verhaltens der Böden bei der Impfung. Ill. landw. Ztg. **45**, 242 (1925). — NIKLAS, H., K. SCHARRER u. A. STROBEL: Phosphatlöslichkeit und Azotobakterwachstum. Landw. Jb. **63**, 387 (1926).

[2] BUTKEWITSCH: Die Kultur des Schimmelpilzes Aspergillus niger als Mittel zur Bodenuntersuchung. J. exp. Landw. **10**, 136 (1909); ref. im Cbl. Bakter. **25**, 314 (1910). Russ.

[3] BENECKE, W. u. H. SÖDING: Beiträge zum Ausbau der mikrobiologischen Bodenanalyse. Z. Pflanzenern., Düng. u. Bodenk. A, **10**, 129 (1927).

[4] JACOB, A.: Die Pflanzenanalyse als Mittel zur Bestimmung des Nährstoffgehaltes der Böden. Ernährg. d. Pflanze **22**, 300 (1926).

[5] HOFFER und TROST: nach A. JACOB, s. Anm. 4.

b) Die Bestimmung des Fruchtbarkeitszustandes des Bodens durch den Gefäßversuch.

Von **F. GIESECKE**, Göttingen.

Vorbemerkungen.

Der Gefäßversuch verdankt seine Entstehung der pflanzenphysiologischen Forschungsmethodik[1]. Das „Suchen nach dem Vegetationsprinzip"[2], welches in die Epoche von 1630—1750 fällt, charakterisiert auf dem Gebiete der Pflanzenernährung die Aufgabe der derzeitigen Naturwissenschaft, die sich von nun an der induktiven Forschung bediente[3]. Das Wesentliche dieser Richtung liegt demnach in der Erkenntnis, daß nur das Experiment als entscheidend betrachtet werden kann, denn wenngleich schon B. v. PALISSY Grundsätzliches über die Wechselbeziehungen von Bodenfruchtbarkeit und Pflanzenwachstum als richtig erkannte, so fehlte ihm die Bestätigung seiner Anschauungen durch das Experiment. Doch kurze Zeit darauf führte J. B. VAN HELMONT[4] einen Topfversuch aus, dessen Ausfall ihn zwar falsche Schlüsse ziehen ließ, dem aber doch in der Geschichte der Agrikulturchemie als erster Gefäßversuch eine gewisse Bedeutung zukommt. Die Problemstellung jener Zeiten war auf die Frage gerichtet, welche Faktoren für das Pflanzenwachstum verantwortlich gemacht werden können. Nach den Untersuchungen von VAN HELMONT[5] und R. BOYLE[6], die im Wasser das Vegetationsprinzip entdeckt zu haben glaubten, war ein anderer Zeitgenosse VAN HELMONTS, J. JUNGIUS, der Ansicht, „daß die Pflanzen überhaupt nur ihnen nützliche Nährstoffe aus der Unsumme der Bodenbestandteile aufnehmen, in sich chemisch verarbeiten und durch Blätter, Blüten und Früchte Ausscheidungen abgeben, seien es nun gasförmige, flüssige oder feste Stoffe (Harze)"[7]. Von dieser Zeit an bediente sich die pflanzenphysiologische Forschung zweier praktisch verschiedener Wege, um zum Ziele zu kommen: Der Gefäßversuch wurde in Form der Wasserkulturen und in der der Bodenkultur durchgeführt. Der für die ernährungsphysiologischen Fragen so bedeutungsvoll gewordene Gefäßversuch brachte die Erkenntnis von der Bedeutung gewisser Salze für das Gedeihen der Pflanze und schon 1755 zeichnete FRANCIS HOME den Weg zum Studium des genannten Fragenkomplexes, nämlich: Topfversuch und Pflanzenanalyse[8], vor. Das viel umstrittene Problem über den Ursprung der Aschenbestandteile der Pflanzen beschäftigte allerdings noch die Forscher zu einer Zeit, die 200 Jahre später — also im 19. Jahrhundert — wirkten[9].

---

[1] Bezüglich der Entwicklung der Methodik vgl. F. WOHLTMANN: Ein Beitrag zur Prüfung und Vervollkommnung der exakten Versuchsmethode zur Lösung schwebender Pflanzen- und Bodenkulturfragen. Ber. Landw. Inst. Halle **7**, 6f (1887). Dieser Autor gibt einen zusammenfassenden historischen Überblick über die Entwicklung der Versuchstechnik in der Zeit bis 1887.

[2] RUSSELL, E. J.: Boden und Pflanze. Übersetzt von H. BREHM, S. 2. Dresden und Leipzig: Th. Steinkopff 1914.

[3] Vgl. F. GIESECKE: Geschichtlicher Überblick der Bodenkunde bis zur Wende des 20. Jahrhunderts. Dieses Handbuch **1**, 43. 1929.

[4] RUSSELL, E. J. u. H. BREHM: a. a. O., S. 23.

[5] SCHARRER, K. u. A. STROBEL: Die Entwicklung der Agrikulturchemie. Fortschr. Landw. **1**, 24 (1926).

[6] Vgl. F. GIESECKE: a. a. O., S. 41.

[7] SCHARRER, K. u. A. STROBEL: a. a. O., S. 24.

[8] RUSSELL, E. J. u. H. BREHM: a. a. O., S. 6.

[9] Über die geschichtliche Entwicklung sei auf die diesen Fragenkomplex im Zusammenhang behandelnden genannten Abhandlungen von E. J. RUSSELL-H. BREHM, K. SCHARRER u. A. STROBEL, F. GIESECKE verwiesen.

TH. PFEIFFER[1] berichtet über die Methodik, die die Forschung bei ihrem Bestreben, das Vegetationsprinzip zu finden, angewandt hat, wie folgt: „Sofern man hierbei nicht zur Wasserkultur greifen wollte, war es natürlich nötig, von einem völlig indifferenten Bodenmaterial auszugehen, dem dann weiter die in den Pflanzen nachgewiesenen Aschenbestandteile zugesetzt wurden. Gereinigter Quarzsand, gepulverter Feldspat, Ziegelmehl, Zuckerkohle, Schwefelblume haben hierbei Verwendung gefunden, und endlich ist auch in einem entscheidenden Versuche von A. F. WIEGMANN und L. POLSTORFF[2] feinster Platindraht, mit dem ein Platintiegel gefüllt wurde, herangezogen worden."

Wenngleich diese Versuche mehr zur Ergründung pflanzenphysiologischer Zusammenhänge dienten, so kann man in ihnen doch schon die Vorläufer derjenigen Arbeiten sehen, die sich mit dem Problem des Fruchtbarkeitszustandes der Böden beschäftigen. Wenn z. B. 1761 J. G. WALLERIUS — allerdings an Hand von Pflanzenanalysen — zu dem Schlusse kommt, daß Humus die Quelle der Pflanzennahrung ist, und daß die übrigen Bodenbestandteile nur „instrumentalia seien und die geeignete Nährmischung durch Auflösung und Verdünnung derselben bereiteten, bis dieselbe in die Pflanzen eintreten könne"[3], so liegt hierin schon ein gewisser Hinweis für die Forschung späterer Zeiten. Den wirklichen Beziehungen zwischen Boden und Pflanze noch näher kam vielleicht H. BOERHAAVE, wenn er glaubte, daß es die Säfte der Erde seien, die nach Absorption durch die Pflanzen denselben als Nahrung dienen. Die Methodik der Vegetationsversuche weiter auszubauen, ist nach diesen Tastversuchen erst Forschern des 19. Jahrhunderts vorbehalten geblieben[4]. Mit den Fortschritten der Erkenntnisse auf allen Gebieten der Naturwissenschaften erfolgte auch eine Verfeinerung der Arbeitsweise[5] und gleichzeitig eine Differenzierung der Probleme. War es bis zur Mitte des vorigen Jahrhunderts hauptsächlich die Frage nach der Herkunft der Aschenbestandteile und nach der Entbehrlichkeit oder Unentbehrlichkeit dieses oder jenes Elements für das Wachstum der Pflanzen, so waren es später noch Probleme über die Zweckmäßigkeit der verschiedenen Düngemittel, der Wassergabe und vieles mehr, welche durch den Vegetationsversuch Beantwortung erfuhren. Für die vorliegende Frage über die Ermittlung des Fruchtbarkeitszustandes sind die Forschungen über die Aufnahme der Nährstoffe aus dem Boden zwar nicht unmittelbar, so aber doch in indirekter Weise von allergrößter Bedeutung, da die durch sie erhaltenen Ergebnisse dargetan haben, daß die Pflanzen ihre hauptsächlichsten Nährstoffe dem Boden entnehmen[6]. Nach

---

[1] PFEIFFER, TH.: Der Vegetationsversuch als Hilfsmittel zur Lösung von Fragen auf dem Gebiete der Pflanzenernährung, S. 3. Berlin: Paul Parey 1918.

[2] Über die anorganischen Bestandteile der Pflanzen oder Beantwortung der Frage: Sind die anorganischen Elemente, welche sich in der Asche der Pflanzen finden, so wesentliche Bestandteile des vegetabilischen Organismus, daß dieser sie zu seiner völligen Ausbildung bedarf, und werden sie den Gewächsen von außen dargeboten? Eine in Göttingen im Jahre 1842 gekrönte Preisschrift, S. 36. Braunschweig 1842.

[3] Nach E. J. RUSSELL-H. BREHM: a. a. O., S. 6.

[4] Es seien u. a. nur genannt: J. B. BOUSSINGAULT: Agronomie usw. 1860—78. — W. KNOP: Der Kreislauf des Stoffs. Leipzig 1868. — GEORGES VILLE: C. r. **47**, 438 (1858); **51**, 246, 437 (1861). — F. NOBBE: Landw. Versuchsstat. **10**, 2 (1868). — H. HELLRIEGEL: Arb. Dtsch. Landw. Ges. **1897**, 24.

[5] Von zahlreichen Einzelarbeiten abgesehen, sei nur auf einige wichtige zusammenfassende Abhandlungen hingewiesen: P. WAGNER: Beiträge zur Begründung und Ausbildung einer exakten Methode der Düngungsversuche. J. Landw. **28** (1880). — G. DRECHSLER: Ebenda **28**, 244 (1880). — H. HELLRIEGEL: Düngungsversuch und Vegetationsversuch. Arb. Dtsch. Landw. Ges., H. 24 (Berlin 1897); Die Methode der Sandkultur. Ebenda H. 34 (Berlin 1898). — TH. PFEIFFER: Der Vegetationsversuch. Berlin 1918.

[6] Vgl. E. A. MITSCHERLICH: Die Bestimmung des Düngebedürfnisses des Bodens, S. 7. Berlin: Paul Parey 1924.

all dem Für und Wider in der Streitfrage, woher stammen die Aschenbestandteile[1], hat W. HENNEBERG[2] die Kenntnisse und die Forschungsergebnisse jener Zeit wie folgt zusammengefaßt: „Wenn Luft Luft ist, so ist klar, daß die mineralischen Stoffe der Pflanze, ihre Aschenbestandteile, nun und nimmermehr aus der Luft, sondern unter allen Umständen aus dem Boden stammen. Der Kalk, das Kali, die Bittererde, die Phosphorsäure, die wir in der Pflanze finden, sind dem Boden entnommen; auf einem Boden von beschränktem Kali-, Kalkgehalt usw. kann eine Vegetation nur so lange stattfinden, als derselbe noch imstande ist, den Pflanzen ihren Bedarf an Kali usw. in löslicher Form zu liefern." J. VON LIEBIG ging sogar soweit, folgende These aufzustellen[3]: „Die Fruchtbarkeit der Felder steht im Verhältnis zur Summe der darin enthaltenen mineralischen Nahrungsmittel; die Höhe der Erträge dagegen im Verhältnis zur Schnelligkeit der Wirkung der Bodenbestandteile in der Zeit." LAWES und GILBERT wiesen jedoch diese strenge und einseitige Auffassung zurück[4]. Auch die Theorie GRANDEAUS[5], nach der die Fruchtbarkeit eines Bodens „von der Quantität der Pflanzennahrungsmittel" abhängt, „welche der durch Ammoniak extrahierbare Humus desselben enthält, da der letztere den mineralischen Bodenbestandteilen ihre Nährstoffe entzieht und sie den Pflanzenwurzeln überliefert"[6], hat in dieser Fassung keine Gültigkeit, wie dies schon O. PITSCH[7], C. F. A. TUXEN[8] u. a. m. dartun konnten.

Wenngleich der Nährstoff- oder der Humusgehalt eines Bodens auch nicht identisch mit der Fruchtbarkeit desselben ist, so sind sie beide doch wesentliche Bestandteile derselben. Diese Betrachtung läßt die Frage aufkommen: Was ist Fruchtbarkeit eines Bodens? Sie ist der Zustand des Bodens, der für das Gedeihen einer Pflanze die bestmögliche Konstellation aufweist, d. h. daß sowohl die chemischen als auch die physikalischen Eigenschaften des Bodens mit den biologischen so gegen einander abgestimmt sind, daß die Pflanze unter den sonstigen gegebenen Verhältnissen, wie Klima, Pflanzart usw. den für sie günstigsten Standort vorfindet. Schon KNOP[9] wies darauf hin, daß die Ergebnisse chemischer Bodenanalysen allein nicht geeignet wären, eine Einsicht in die Bedingungen der Fruchtbarkeit zu erhalten. Er schreibt dieses dem Umstande zu, daß die Analyse nur den Ausdruck für einen einzigen Punkt liefert, und daß neben klimatischen Einflüssen und physikalischen Eigenschaften besonders die Absorptionsverhältnisse eine Rolle für den Fruchtbarkeitszustand spielen. „Könnten wir dahin gelangen, jeden der einzelnen Faktoren der Fruchtbarkeit mit einem Zahlenwert, einer bestimmten Anzahl von Werteinheiten, zu belegen, so könnten wir durch Addition dieser Werteinheiten der einzelnen Fruchtbarkeitsfaktoren für jeden Boden eine bestimmte Zahl auswerfen ...", schreibt R. BIEDERMANN[10]. Wie

---

[1] Vgl. u. a. CARL ERDMANN: Die unorganischen Bestandteile in den Pflanzen. J. Landw. 3. I, 422 (1855).

[2] HENNEBERG, W.: Die agriculturchemischen Streitfragen der Gegenwart in ihren wesentlichsten Momenten. J. Landw. **6**, N. F. 1, 227 (1858).

[3] Zitiert nach W. HENNEBERG: J. Landw. **6**, N. F. 1, 239 (1858).

[4] LAWES, J. B. u. J. H. GILBERT: J. Avy. Soc. Engl. **8** (1847); **12** (1851).

[5] GRANDEAU, L.: Recherches sur le rôle des matières organiques dans les phénomènes de la nutrition des plantes. 1872.

[6] Zitiert nach O. PITSCH: Untersuchungen über die dem Boden durch Alkalien entziehbaren Humusstoffe. Landw. Versuchsstat. **26**, 2 (1881).

[7] Zitiert nach O. PITSCH: Landw. Versuchsstat. **26**, 1f. (1881).

[8] TUXEN, C. F. A.: Die Theorie GRANDEAUS über die Fruchtbarkeit des Erdbodens usw. Landw. Versuchsstat. **17**, 114 (1882).

[9] KNOP, W.: Über eine Bedingung der Fruchtbarkeit der Ackererde. Landw. Versuchsstat. **5**, 110 (1863).

[10] BIEDERMANN, R.: Über die Beziehungen zwischen Absorption, Verwitterung des Bodens und Fruchtbarkeit desselben. Landw. Versuchsstat. **15**, 44 (1872).

hieraus zu ersehen ist, hängt die Fruchtbarkeit von der Summe vieler Komponenten ab, deren Einzelbestimmung allein wahrscheinlich keine Schlüsse auf die Beurteilung zuläßt, so daß nur eine Kombination aller Einzelresultate eine Beantwortung herbeiführen wird, wie dies vom Verfasser[1] unlängst zum Ausdruck gebracht worden ist. Diese Gedankengänge kommen auch schon durch folgende Worte E. WOLFFS[2] vom Jahre 1864 zum Ausdruck: „Im Interesse der Bodenkunde, welche bisher bekanntlich noch auf ziemlich schwachen Füßen steht und in welche gleichwohl nach dem Urteil mancher Sachverständiger der Schwerpunkt der ganzen Agrikulturchemie zu legen ist, — möchte es sehr wünschenswert sein, daß man mit sorgfältigen und möglichst ausführlichen Bodenanalysen auch passende Vegetationsversuche in Verbindung bringt. Es scheint mir, daß auf solche Weise manche Frage bezüglich der Zweckmäßigkeit der einen oder anderen Methode der Bodenuntersuchung aufgeklärt, außerdem auch überhaupt der Zusammenhang zwischen der chemischen Zusammensetzung des Bodens, den physikalischen Eigenschaften und der wirklichen Ertragsfähigkeit desselben deutlicher nachgewiesen, sowie endlich über verschiedene praktisch oder wissenschaftlich wichtige Gegenstände im Gebiete der Düngerlehre ein helleres Licht verbreitet werden könnte. Wenigstens ist dies ein Weg, welcher möglicherweise zum Ziele führt und der daher auch betreten und nach allen Richtungen hin verfolgt werden muß."

Diese Häufung der zu bewertenden Beobachtungsmomente führte denn auch MITSCHERLICH[3] dazu, eine Unterteilung der „bodenkundlichen Wachstumsfaktoren" vorzunehmen, wobei hervorgehoben werden muß, daß für den Pflanzenertrag die Summe verschiedener Wachstumsfaktoren entscheidend ist, die ihrerseits von MITSCHERLICH in äußere und innere eingeteilt werden. Zu den äußeren Wachstumsfaktoren rechnet der genannte Autor bekanntlich die klimatischen, zu denen Licht, Wärme und Wasser gehören, und die bodenkundlichen, welche sich aus „Wassergehalt des Bodens und die in dem Boden enthaltenen Pflanzennährstoffe" zusammensetzen. Für die Kennzeichnung des Fruchtbarkeitszustandes eines Bodens kommen nun aber auch nach dem oben Gesagten noch andere Gesichtspunkte in Frage, so die physikalische und biologische Beschaffenheit des Bodens[4], doch führt die MITSCHERLICHsche Einteilung der „bodenkundlichen Wachstumsfaktoren" zu der Frage nach der Bedeutung der Pflanzennährstoffe im Boden über, die im Mittelpunkt bodenkundlicher Forschung der Jetztzeit steht. Die Problemstellung in diesem Fragenkomplex trennt sich an dieser Stelle, denn während der Pflanzenphysiologe nach dem „Nährstoffbedarf des Pflanzenbestandes eines Bodens"[5] fragt, ist die bodenkundliche Methodik in erster Linie darauf bedacht, überhaupt erst einmal den „Nährstoffgehalt" eines Bodens zu

---

[1] GIESECKE, F.: Bodenkunde, Sonderabdruck Handwörterbuch der Arbeitswissenschaft, S. 7. Halle: Carl Marhold 1927. — Schon R. ARENDT [Untersuchungen über einige Vorgänge bei der Vegetation der Haferpflanze. Landw. Versuchsstat. 1, 31 (1859)] sagt, daß die physikalische und chemische Natur des Bodens für das Pflanzenwachstum von Bedeutung sind. — SPUIJ, M. J. VAN DER: Z. Pflanzenern., Düng. u. Bodenk. A, **5**, 281 (1925).

[2] WOLFF, EMIL: Entwurf zur Bodenanalyse. VI: Vegetationsversuche in Verbindung mit ausführlichen Bodenanalysen. Landw. Versuchsstat. **6**, 170 (1864).

[3] MITSCHERLICH, E. A.: Die Bestimmung usw. a. a. O., S. 10 u. 11.

[4] So gab es auch schon in der Mitte des vorigen Jahrhunderts viele Stimmen, die z. B. nicht allein die Nährstoffe des Stalldüngers für wirksam ansahen, sondern darauf aufmerksam machten, daß demselben auch für die physikalische Beschaffenheit Bedeutung zukommt. Vgl. u. a. K. E. BROCK: Über die Verwendung und Behandlung des Stalldüngers. J. Landw. **4**, 251 (1856).

[5] Vgl. R. MEYER: Über den Begriff und die Bestimmung des Nährstoffes des Bodens. Z. Pflanzenern., Düng. u. Bodenk. A, **9**, 99 (1927). — F. W. WACKER: Der Einfluß der Azidität usw., S. 590. Inaug.-Dissert. Halle-Wittenberg 1928.

ermitteln. In recht eindringlicher Weise wies R. MEYER[1] auf die Verschiedenheit dieser beiden Begriffe hin, die auch durch einen dritten Ausdruck, nämlich „Düngerbedürfnis des Bodens"[2] nicht überbrückt werden kann. Nach dem Genannten enthält das Düngemittel nicht nur Nährstoffe für die Pflanzen, sondern auch Stoffe, die die physikalische Bodenbeschaffenheit beeinflussen. Auch PFEIFFER[3] wies neben anderen Autoren schon darauf hin, daß Düngerbedürfnis mit Nährstoffbedürfnis der Pflanzen durchaus nicht identisch ist, denn z. B. die Leguminosen können ihr Stickstoffbedürfnis decken, ohne daß der Boden mit Stickstoff gedüngt wird. Für die Ermittlung des Fruchtbarkeitszustandes kommt also in erster Linie die Bestimmung des Nährstoffgehalts in Frage, wobei auch die Löslichkeit, die Bindungsart, die Zustandsform des Nährstoffes und vieles andere mehr beachtet werden muß. Darüber hinaus spielen die Konzentrationen der Bodenlösungen, die Absorptionsverhältnisse und nicht zuletzt die bakteriellen Umsetzungen der im Boden vorhandenen Nährstoffe eine Rolle für die Ausnutzbarkeit als Pflanzennährstoff. Also allein bei diesem Faktor treten eine Unmenge von Einzelerscheinungen auf, die die Auswertung der Ergebnisse in bezug auf den Begriff „Fruchtbarkeit" bei Beobachtung der anderen Faktoren, wie physikalische und biologische Bodeneigenschaften, weiterhin erschweren. Und so kann es nicht wunder nehmen, daß die Forschung in gewisser Weise erst an das Problem herangetreten ist, das am dringendsten der Beantwortung bedurfte, nämlich an das der Ermittlung des Nährstoffgehalts[4]. Von all den Methoden, die diesem Zwecke dienen, sei hier der Gefäßversuch besprochen. In wie weit der Gefäßversuch geeignet ist, über den Fruchtbarkeitszustand eines Bodens in seiner Gesamtheit, wie aber auch in seinen Einzelheiten, deren Summe erst den genannten Zustand herbeiführt, zu unterrichten, soll später untersucht werden, nachdem vorerst klargelegt ist, was unter Gefäßversuch zu verstehen ist.

Die agrikulturchemische Forschung bediente sich seit langem — besonders unter der Förderung durch namhafte Forscher, wie DRECHSLER, MAERCKER, AD. MAYER, P. WAGNER, F. WOHLTMANN[5] und später hauptsächlich durch H. HELLRIEGEL und TH. PFEIFFER — der Vegetationsversuche als Haupthilfsmittel. Der Begriff Vegetationsversuch bedeutet nun nichts weiter, als daß die Versuche mit irgendwelchen Pflanzen durchgeführt werden, wobei die Frage zunächst offen bleibt, ob das Studium der Pflanze Zweck des Experiments ist oder aber, ob durch das Wachstum der Pflanze andere Fragen, wie z. B. bodenkundlicher, bakteriologischer Natur, geprüft werden sollen. Früher wurde der „Feldversuch" dem „Vegetationsversuch" gegenüber gestellt[6]. Es sollte hierdurch der Versuch, der auf dem Lande und auf größeren Arealen unter den gegebenen Bedingungen durchgeführt wurde, von demjenigen unterschieden werden, der mit Gefäßen und somit auf kleinen Flächen angesetzt wurde. Zu diesen letzteren sind auch diejenigen zu rechnen, die in ausgemauerten, ausbetonierten Parzellen

---

[1] Vgl. R. MEYER: a. a. O., S. 99, 100. [2] Vgl. R. MEYER: a. a. O., S. 99, Anm. 1.

[3] PFEIFFER, TH.: Der Vegetationsversuch, S. 121. Berlin 1918.

[4] Da es zu weit führen würde, an dieser Stelle die geschichtliche Folge in der Entwicklung des Problems wiederzugeben, und zumal dieser Band des Handbuchs an sich in erster Linie sich mit den verschiedenen Methoden beschäftigt, so sei hier nur auf die Arbeiten von A. RIPPEL: Wachstumsgesetze bei höheren und niederen Pflanzen. Sammlg. Naturwiss. u. Landw., H. 3 (1925); K. BORESCH: Über Ertragsgesetze bei Pflanzen. Erg. Biol 4, 130 (1928); E. A. MITSCHERLICH: Die Bestimmung des Düngerbedürfnisses des Bodens, Berlin 1924, und auf die zahlreichen Einzelarbeiten über den Feld- und Vegetationsversuch, die chemischen und biologischen Methoden verwiesen.

[5] Vgl. H. HELLRIEGEL: Düngungsversuch und Vegetationsversuch. Eine Plauderei über Forschungsmethoden. Arb. Dtsch. Landw. Ges., H. 24, 7 (1897).

[6] Vgl. TH. PFEIFFER: Der Vegetationsversuch. a. a. O., S. 1.

oder aber in großen, in die Erde gegrabenen abgeschlossenen Metall- oder Zementzylindern zur Durchführung gelangten.

HELLRIEGEL[1] und A. MAYER[2] unterscheiden nun zwischen „Vegetationsversuchen" und „Düngungsversuchen", und der erstere begründet diese Unterteilung mit folgenden Worten[3]: „Meines Erachtens liegt dieser Unterschied weder in dem Worte noch in der Ausdehnung, noch in der mehr oder minder großen Genauigkeit, sondern lediglich in dem Zwecke, zu welchem der Versuch ausgeführt wird." Der genannte Autor will durch diese Zweiteilung zum Ausdruck bringen, daß der „Düngungsversuch" über eine örtliche, den Praktiker im Augenblick interessierende Frage Antwort geben soll, während der „Vegetationsversuch" die Erfahrungen liefern soll, „deren Summe dereinst zum Aufbau der richtigen Theorie für eine rationelle Pflanzenernährungs- und Düngungslehre dienen soll[4]." WOHLTMANN[5] hingegen teilt die Versuchssysteme wie folgt ein:

„1. Laboratoriums- und Gewächshausversuche in Wasser, indifferenten Medien und Erdboden. Vegetationsversuche.

2. Versuche in Kulturgefäßen über der Erde im Freien.

3. Versuche in Kulturgefäßen in der Erde (resp. im abgeschlossenen Bodenraum).

4. Kulturversuche auf Acker, und zwar:

a) Beetversuche,

b) Parzellenversuche,

c) Feldversuche."

In der gleichen Abhandlung glaubt WOHLTMANN[6] auf Grund der historischen Verhältnisse die Methodik wie folgt gruppieren zu müssen: „1. Vegetationsversuche in Wasser und indifferenten Medien (Laboratoriumsversuche). 2. Exakte, streng wissenschaftliche Boden- resp. Pflanzenkulturversuche (im Freien und in abgeschlossenem Bodenraum). 3. Lokale- oder Einzelfeldkulturversuche[7]. 4. Summarische Feldkulturversuche[7]."

Es erschien also WOHLTMANN[8] richtiger, für den engen Begriff „Düngungsversuch" den weiteren „Kulturversuch" einzuführen.

Auch TH. PFEIFFER[9] hält an der Unterscheidung zwischen „Vegetationsversuchen" und „Feldversuchen" fest, doch bringt er gleichzeitig als Charakteristisches in die verschiedenen Auffassungen über die Benennung der Art der Methodik hinein, daß der Begriff „Vegetationsversuch" eine die beiden Gruppen zusammenfassende Bezeichnung ist. Die weitere Entwicklung — gerade in bezug auf die Ermittlung des Nährstoffgehalts der Böden — hat TH. PFEIFFER in dieser Auffassung recht gegeben, denn bei Betrachtung vieler Versuche zur Lösung jenes Problems fällt auf, daß eine Anzahl von Methoden, wie z. B. die NEU-

---

[1] HELLRIEGEL, H.: Düngungsversuch und Vegetationsversuch. a. a. O., S. 7.

[2] MAYER, A.: Landw. Versuchsstat. **28**, 309 (1881).

[3] HELLRIEGEL, H.: Düngungsversuch und Vegetationsversuch. a. a. O., S. 7. — Vgl. TH. PFEIFFER: a. a. O., S. 1.

[4] HELLRIEGEL, H.: a. a. O., S. 8. — Vgl. auch besonders E. BLANCK: Fühlings Landw. Ztg. **64**, 102, 103 (1915).

[5] WOHLTMANN, F.: Ein Beitrag zur Prüfung und Vervollkommnung der exakten Versuchsmethode usw. Ber. Landw. Inst. Halle **7**, 5 (1887).

[6] WOHLTMANN, F.: Ber. Landw. Inst. Halle **7**, 20 (1887).

[7] F. WOHLTMANN gibt dazu folgende Bemerkung: „Statt Feldkulturversuche könnte Ackerkulturversuche gesagt werden, um alsdann in Beet-Parzellenversuche zu theilen; es erschien uns jedoch rathsam, den bereits gebräuchlichen Terminus der Feldkultur beizubehalten, weil er speziell die Pflanzenproduktion einschließt."

[8] WOHLTMANN, F.: Ber. Landw. Inst. Halle **7**, 25 (1887).

[9] PFEIFFER, TH.: Der Vegetationsversuch. a. a. O., S. 2 u. 3.

BAUERsche Methode[1], auf der Bestimmung durch Pflanzen beruhen und ferner, daß z. B. die Ermittlungen sich nicht nur auf höhere, sondern auch auf niedere Pflanzen erstrecken[2]. Dieses führt aber dazu, alle diese Untersuchungen unter der Bezeichnung „Vegetationsversuche" zusammenzufassen.

Die sich späterhin immer stärker verfeinernde Versuchsmethodik läßt es daher auch angebracht erscheinen, die einzelnen Arten der Vegetationsversuche je nach der Art des Versuches an sich, wie aber auch je nach dem angewandten Medium, in dem die Versuche zur Durchführung gelangen, zu unterscheiden. Das Wort „Vegetationsversuch" soll als Oberbegriff beibehalten werden, der sich weiter unterteilen läßt[3]: Freiland-[4] oder Feldversuch[5] und Topf- oder Gefäßversuch[6]. Der erstere wird in diesem Handbuch besonders beschrieben[7], so daß auf seine

---

[1] NEUBAUER, H. u. W. SCHNEIDER: Z. Pflanzenern., Düng. u. Bodenk. A, **2**, 399 (1923).

[2] Vgl. R. MEYER: Die Abhängigkeit der Wachstumsgröße von der Quantität der Ernährungsfaktoren bei Pilzen. Z. Pflanzenern., Düng. u. Bodenk. A, **8**, 121 (1926/27). — A. NIETHAMMER: Biochem. Z. **165**, 168 (1925). — E. G. PRINGSHEIM: Über das Gesetz vom Minimum in Pilzkulturen. Z. f. Pflanzenern. u. Düng. A. **6**, 280 (1926).

[3] Die beigefügten folgenden Anmerkungen verweisen insonderheit auf die Abhandlungen, in denen die praktische Durchführung beschrieben ist, und auf einige ältere Veröffentlichungen, in denen Versuche mit den betreffenden Kulturen durchgeführt sind. Dies letztere geschah, um zu zeigen, wie schon zu jenen Zeiten die Grundlage zu unserer heutigen Methodik gegeben war.

[4] Vgl. E. BLANCK: Der exakte Vegetationsversuch und seine praktische Ausführung. Fühlings Landw. Ztg. **64**, 102 (1915).

[5] Über den Feldversuch vgl. besonders TH. ROEMER: Der Feldversuch. Eine kritische Studie auf naturwissenschaftlicher Grundlage. Arb. Dtsch. Landw. Ges., H. 302 (1920). — J. KÖNIG: Die Untersuchung landwirtschaftlich u. gewerbl. wichtiger Stoffe, S. 137. Berlin 1923. — Ferner die zahlreichen Bemerkungen in dem schon häufig zitierten Werk TH. PFEIFFERS. — Vgl. auch die Abhandlung TH. ROEMERS in diesem Bande des Handbuches, S. 567. — Ältere Untersuchungen: vgl. die Hinweise von A. VÖLCKER: J. Landw. **4**, 397 (1856). — A. J. MAIN: Düngungsversuche. Ebenda **1**, 435 (1853). — Zahlreiche Versuche, die man als Vorläufer des Feldversuches ansehen kann, sind von W. HENNEBERG u. C. KRAUT: Ebenda (Jahresbericht) **3** (1856) referiert. — TH. SIEGERT: Ein Düngungsversuch. Landw. Versuchsstat. **3**, 128 (1861). — TH. v. GOHREN: Ebenda **4**, 166 (1862). — W. KNOP: Vorschlag zu Feldversuchen. Ebenda **6**, 265 (1864). — F. STOHMANN: Bemerkungen und Vorschläge zu Düngungs- und Vegetationsversuchen. Ebenda **7**, 25 (1865). — PAUL BRETSCHNEIDER: Proposition zu Düngversuchen. Ebenda **7**, 26 (1865). — ED. PETERS: Zu dem von Herrn Prof. KNOP entworfenen Plane zu Düngungsversuchen. Ebenda **7**, 29 (1865). — H. GROUVEN: Bemerkungen zu den Versuchsentwürfen der Herren Prof. KNOP und ZÖLLER: Ebenda **7**, 31 (1865). — E. WOLFF: Ebenda **7**, 37 (1865). — F. HABERLANDT: Vorschläge zu gemeinschaftlichen, gleichzeitig mit demselben Saatgute an verschiedenen Orten durchzuführenden Vegetationsversuchen. Ebenda **8**, 439 (1866). In späteren Jahrgängen finden sich eine große Zahl von Feldversuchen. — G. DRECHSLER: Düngungsversuche [J. Landw. **28**, 243, 1880 (1881)], befaßt sich mit den Grundsätzen für die Anstellung exakter Felddüngungsversuche unter Verwendung kleinster Parzellen. — B. SCHULTZ: Ebenda **18**, 232 (1870).

[6] Hierzu vgl. TH. PFEIFFER: Der Vegetationsversuch. Berlin 1918. — J. KÖNIG: Die Untersuchung landwirtschaftlich wichtiger Stoffe, S. 135. Berlin 1923. — Ferner H. HELLRIEGEL: Arb. Dtsch. Landw. Ges., H. 24 (Berlin 1897). Ältere Literatur: vgl. A. STÖCKHARDT: Studien über den Boden. Landw. Versuchsstat. **1**, 21 (1859). — J. SACHS: Über den Einfluß der chemischen und physikalischen Beschaffenheit des Bodens auf die Transpiration der Pflanzen. Ebenda **1**, 203 (1859). — J. SACHS [Ebenda **2**, 3 (1860)] arbeitete absichtlich in porösen, durchlöcherten Blumentöpfen; Über die Hindernisse bei Vegetationsversuchen in geschlossenen Räumen. Ebenda **2**, 201 (1860). — B. J. LAWES, J. H. GILBERT u. E. PUGH: On the sources of the nitrogen of vegetation. Proc. Roy. Soc. London **1860**, 21. Juni. — F. STOHMANN: Über einige Bedingungen der Vegetation der Pflanzen. J. Landw. **1862**. — F. NOBBE: Über die feinere Verästelung der Pflanzenwurzel. Landw. Versuchsstat. **4**, 212 (1862). — PH. H. ZÖLLER: Vegetationsversuche, welche die pflanzlichen Nährstoffe in physikalischer Bindung (absorbiert) enthielten. Ebenda **5**, 40 (1863). — F. STOHMANN: Versuche mit absorbierten Nährstoffen. Ebenda **6**, 424 (1864). — A. SCHISCHKIN: Kulturversuche mit Lein. Ebenda **15**, 161 (1872), führte seine Versuche in einfachen Töpfen aus gebranntem Ton aus — eine Methode, die vielfach leider heute noch im Gebrauch ist.

[7] Vgl. dieses Handbuch S. 567.

praktische Durchführung[1], sowie auf die Bedeutung für die Ermittlung des Fruchtbarkeitszustandes hier nicht näher eingegangen wird.

Der Gefäßversuch kann sowohl was die Gefäße anbetrifft als auch in bezug auf das Kulturmedium in der verschiedensten Art und Weise durchgeführt werden. Die häufigste Methode ist, die Versuche in Gefäßen[2] aus Glas, Metall, Steingut oder ähnlichem Material[3], durchzuführen, doch werden sie auch in Gefäßen von größerem Format[4], die meist im Freiland eingegraben werden, ausgeführt. In gewisser Weise gehören auch die in zementierten, betonierten oder mit Holz ausgeschlagenen Parzellenversuche[5] zu den Gefäßversuchen. Diese Art der Parzellenversuche dem „Gefäßversuch" einzuordnen, erweist sich deshalb als notwendig, als bei ihrer Durchführung das Füllen mit einem Boden, der aus seiner natürlichen Lagerung herausgenommen ist[6], geschehen kann, wie auch das Füllmaterial aus irgendeinem beliebigen Substrat[7] bestehen kann. Das Wesentlichste des Feldversuches, nämlich die Ausführung im freien, den natürlichen Bedingungen überlassenen Boden, ist bei Versuchen genannter Natur nicht gegeben, weshalb diese Art der Versuchsmethodik mit unter den Begriff „Gefäßversuch" gefaßt werden soll. Auch J. KÖNIG[8] führt die Parzellenversuche unter dem Begriff „Gefäßversuch" auf, und zwar rechnet der genannte Autor, nicht nur die großen Versuchskästen mit 1,0 m² Fläche und 1,33 m Tiefe nach C. v. SEELHORST, sondern auch die im natürlichen Gelände durch Wände abgeteilten Parzellen hinzu. Das Füllmaterial

[1] Vgl. u. a. D. N. PRJANISCHNIKOW: Die Düngerlehre. Übersetzt von M. v. WRANGELL, S. 425, 431, 434. Berlin: Paul Parey 1923. — Es sei noch erwähnt, daß G. DRECHSLER nach F. WOHLTMANN: Ber. Landw. Inst. Halle, a. a. O., S. 16, alle Kulturversuche unter 1 Ar Parzellengröße nicht mehr als Feldversuche gewertet wissen will, weshalb der letztere den Namen „Beetversuche" einführt.

[2] Vgl. besonders E. BLANCK: Fühlings Landw. Ztg. a. a. O., S. 108f. — TH. PFEIFFER: Der Vegetationsversuch. a. a. O., S. 20f.

[3] Außer aus den genannten Materialien wurden aber die Gefäße noch aus anderen Stoffen hergestellt, so verwandte Fürst ZU SALM-HORSTMAR: J. prakt. Chem. **84**, 140, nach Jber. Agr. Chem. **4**, 118 (1861/62), filtriertes, weißes Wachs.

[4] KNOP, W.: Agrikulturchemische Versuche. Landw. Versuchsstat. **1**, 3 (1859), berichtet, daß auf Veranlassung von W. CRUSIUS vier hölzerne Rahmen in die Erde eingegraben wurden, „ihren Boden bildete der Kies, der den Untergrund des Gartens ausmacht". Diese Rahmen wurden mit verschiedenen Bodenarten gefüllt, so daß mithin diese Art eine heute nicht mehr übliche Zwischenart in der Versuchsmethodik bildete. — POLSTORFF, L.: Mitt. Ver. Land- u. Forstwirtsch. im Herzogt. Braunschweig **15**, 41. — HENNEBERG, W.: J. Landw. **4**, 78 (1856), führte seine Versuche in Holzkästen aus, die mit Ölfarbe angestrichenem Zinkblech ausgeschlagen waren. Ein Abflußrohr sorgte für Entfernung des überschüssigen Wassers. — PH. H. ZÖLLER [Vorschlag zu Vegetationsversuchen in Böden, welche die Nährstoffe absorbiert und verschieden lokalisiert enthalten. Landw. Versuchsstat. **6**, 261 (1864)] benutzt Holzkästen, in deren Boden sich einige Löcher zum Abziehen des überschüssigen Wassers befinden. — STOHMANN, F.: Ebenda **7**, 25 (1865). — Eine genaue Beschreibung der Anordnung und Ausführung von Versuchskästen gibt F. WOHLTMANN: Ein Beitrag zur Prüfung und Vervollkommnung der exakten Versuchsmethode usw. Ber. Landw. Inst. Halle **7**, 37f. (1887). — BEYER, ALB.: Landw. Versuchsstat. **14**, 307 (1871).

[5] HANAMANN, J.: Sechsjährige Vegetations- und Düngungsversuche usw. Prag 1873. — WAGNER, P., unter Mitwirkung von W. ROHN: Beiträge zur Begründung und Ausbildung einer exakten Methode der Düngungsversuche. J. Landw. **28**, 9f., besonders 24f. (1880/81). — WAGNER, P., unter Mitwirkung von W. ROHN, H. PRINZ, TH. WETZKE, CH. MEYER u. L. LAATSCH: Beiträge zur Ausbildung der Düngungslehre. Landw. Jb. **12**, 583f. (1883). — WOHLTMANN, F.: Ein Beitrag zur Prüfung und Vervollkommnung der exakten Versuchsmethode zur Lösung schwebender Pflanzen- und Bodenkulturfragen. Ber. Landw. Inst. Halle **7**, 1 (1887). — KÖNIG, J.: Die Untersuchung landwirtschaftlich wichtiger Stoffe, **1**, 5. Aufl., 137. Berlin: Paul Parey 1923.

[6] Vgl. P. WAGNER: Landw. Jb. **12**, 586 (1883); J. Landw. **28**, 30 (1881). — J. HANAMANN: Sechsjährige Vegetationsversuche usw. Prag 1873.

[7] Zur Füllung können Boden-Sandmischungen u. ä. verwandt werden.

[8] KÖNIG, J.: Die Untersuchung landwirtschaftlich wichtiger Stoffe, **1**, 137, 5. Aufl. Berlin: Paul Parey 1923.

zu den Gefäßversuchen besteht meistens aus Sand[1] oder Boden[2], doch dienen zu den Untersuchungen verschiedenster Natur auch häufig andere Substanzen[3], wie dieses schon von TH. PFEIFFER[4] in zusammenhängender Weise dargelegt worden ist. Außerdem diente auch der Gefäßversuch in erster Linie dazu, mittels der Wasserkultur[5] die Frage nach den Aschenbestandteilen der Pflanzen zu klären[6]. Da die vorliegenden Betrachtungen sich aber speziell auf die Frage nach der Ermittlung des Fruchtbarkeitszustandes des Bodens erstrecken sollen, so kommen hierfür nur die diesbezüglichen Untersuchungen in Frage, so daß hier von einer Besprechung des Wasserkulturversuches abgesehen werden kann, wie auch der Sandkulturversuch nur insoweit beachtet werden soll, als es sich um Fragen des Fruchtbarkeitszustandes von Sanden handelt oder aber insofern, als die Sandversuche zum Vergleich zu den hier interessierenden Arbeiten herangezogen worden sind.

Die Frage, in wie weit der Gefäßversuch zur Lösung des Problems der Ermittlung des Fruchtbarkeitszustandes eines Bodens beigetragen hat, soll hier ge-

[1] HELLRIEGEL, H.: Die Methode der Sandkultur. Arb. Dtsch. Landw. Ges., H. 34 (Berlin 1898). — Ältere Arbeiten vgl. G. VILLE: C. r. **51**, 246, 437; nach Jber. Agr. Chem. **3**, 73 (1860/61). — J. B. BOUSSINGAULT: J. d'agr. pract. **2**, 446 (1858); nach Jber. Agr. Chem. **1**, 90 (1858/59). — Fürst zu SALM-HORSTMAR: J. prakt. Chem. **84**, 140; nach Jber. Agr. Chem. **4**, 118 (1861/62). — H. HELLRIEGEL: Vegetationsversuche in gewaschenem Sande. Landw. Versuchsstat. **10**, 103, 114 (1868). — J. BIALOBLOCKI: Ebenda **13**, 424 (1871). — C. KOHLRAUSCH u. F. STOHMANN: Z. Ver. Rübenzucker-Ind. Dtsch. Reich **26**, 349. — R. HEINRICH: Landw. Ann. Mecklbg. Patriot. Ver. **15**, Nr. 7 (1876).

[2] Hierher gehören auch die nach GREISENEGGER u. VORBUCHNER, H. NEUBAUER u. W. SCHNEIDER durchgeführten Versuche der Ermittlung der wurzellöslichen Pflanzennährstoffe.

[3] Vgl. TH. PFEIFFER: Der Vegetationsversuch a. a. O., S. 3. — W. KNOP: Künstlicher Boden zu Vegetationsversuchen. Landw. Versuchsstat. **7**, 341 (1865). — W. HENNEBERG: Ann. Chem. u. Pharm. **81**, 355; J. Landw. **4**, 77 (1856). — PH. ZÖLLER: Vegetationsversuche und agrikulturchemische Untersuchungen. J. Landw. **14**, 80 (1866).

[4] PFEIFFER, TH.: Der Vegetationsversuch. a. a. O., S. 3.

[5] Vgl. F. NOBBE: Landw. Versuchsstat. **10**, 2 (1868). — W. KNOP: Der Kreislauf des Stoffs. Leipzig 1868. — S. KOSTYTSCHEW: Lehrbuch der Pflanzenphysiologie, Bd. **1**. Chem. Physiologie, S. 262f. Berlin: Julius Springer 1926. — Ältere Literatur vgl. W. KNOP: Ein Vegetationsversuch. Landw. Versuchsstat. **1**, 181 (1859), hier macht KNOP darauf aufmerksam, daß die Pflanzenwurzeln nur mit den untersten Enden im Wasser hängen dürfen; Über die Ernährung der Pflanzen durch wässerige Lösungen bei Ausschluß des Bodens. Ebenda **2**, 65, 270 (1860). — J. SACHS: Vegetationsversuche mit Ausschluß des Bodens. Ebenda **3**, 31 (1861). — WILH. SCHUMACHER: Die Aufnahme der gelösten Nahrungsstoffe in die Pflanze. Ebenda **3**, 197 (1861). — F. STOHMANN: Über Vegetationsversuche in wässerigen Lösungen. Ebenda **4**, 65 (1862). — F. NOBBE: Die Kartoffel als Wasserpflanze. Ebenda **6**, 57 (1864). — F. NOBBE u. TH. SIEGERT: Über die Concentration der Nährstofflösungen bei Culturversuchen in Lösungen. Ebenda **6**, 19 (1864). — W. WOLF: Die Saussureschen Gesetze der Aufsaugung von einfachen Salzlösungen durch die Wurzeln der Pflanzen. Ebenda **6**, 203 (1864). — W. KNOP: Untersuchungen über die Aufnahme der Mineralsalze durch das Pflanzengewebe. Ebenda **6**, 81 (1864). — F. RAUTENBERG u. G. KÜHN: Vegetationsversuche im Sommer 1863. Ebenda **6**, 355 (1864). — B. LUCANUS: Versuche über die Erziehung einiger Landpflanzen in wässeriger Lösung. Ebenda **7**, 363 (1865). — Hauptsächlich in den folgenden Jahrgängen der Landw. Versuchsstat. finden sich zahlreiche Untersuchungen mit Wasserkulturen, so aus dem Jahre 1866 von H. BIRNER u. B. LUCANUS, A. LEYDHECKER, E. WOLFF, W. HAMPE, F. NOBBE; aus dem Jahre 1867 von A. BEYER, W. HAMPE, G. KÜHN, F. NOBBE usw. — P. WAGNER: Wasserkulturversuche mit Mais. Ebenda **13**, 69, 72, 218 (1871). — E. Baron VON CAMPENHAUSEN: Ebenda **13**, 264 (1871). — E. WOLFF: Ebenda **20**, 395 (1877). — F. C. HENRICI: Über einige Vegetationsversuche. J. Landw. **11**, 279 (1863). — W. KNOP: Pharmaz. Zbl. **1851**, 609, 721. — F. STOHMANN: Über einige Bedingungen der Vegetation der Pflanzen. J. Landw. **10**, 32 (1862). — C. COUNCLER: Aschengehalt der Blätter in Wassercultur gewachsener Bäumchen, verglichen mit demjenigen auf festem Boden erwachsener. Landw. Versuchsstat. **29**, 241 (1883). — H. MOLISCH: Pflanzenphysiologie S. 3—5. Jena 1916. — J. KÖNIG: a. a. O., S. 136. — E. BOBKO: Eine neue Methode der sterilen Kultur höherer Pflanzen. Z. Pflanzenern., Düng. u. Bodenk. A, **3**, 41 (1924).

[6] An dieser Stelle seien noch der Vollständigkeit halber die Pilzkulturversuche erwähnt.

mäß der eingangs gepflogenen Erörterungen nach folgenden Punkten besprochen werden. 1. Nährstoffgehalt des Bodens, 2. chemisch-physikalische Eigenschaften des Bodens, 3. physikalische Beschaffenheit des Bodens, 4. biologisches Verhalten des Bodens. Vorweg muß betont werden, daß eine strenge Trennung nicht immer möglich ist, denn es ist natürlich, weil nicht nur Übergänge der Eigenschaften untereinander auftreten, sondern da auch eine Eigenschaft von der anderen abhängig ist, und eine von der anderen so beeinflußt werden kann, daß die einzelnen Wirkungen als nicht von einander unterscheidbar gemeinsam in Erscheinung treten. Da aber die Forschungsmethoden auch anderer Disziplinen sich bemühen, unter Konstanthaltung möglichst aller Faktoren nur einen einzigen — nämlich den zu prüfenden — zu variieren, so ist auch hier eine Besprechung der die Fruchtbarkeit zusammensetzenden Einzelfaktoren vorgenommen, wobei erwähnt sein mag, daß es im Rahmen dieses Beitrages nicht möglich ist, Einzelheiten zu bringen. Es handelt sich nur darum, festzustellen, in welchen Fragen der Gefäßversuch Auskunft geben kann, damit ein Überblick über das bisher Erreichte und auch Versuchte, wie andererseits auch über die Methodik, ihre Ausführung und ihren Wert, erhalten wird.

Fruchtbarkeitsermittlung durch den Gefäßversuch.

Nährstoffgehalt des Bodens. Unter „Nährstoffgehalt" ist diejenige Menge an Nährstoffen zu verstehen, die im Boden den Pflanzen zu sofortiger Ausnutzung zur Verfügung steht, er ist also nicht mit dem „Nährstoffkapital"[1] zu verwechseln, das die Gesamtmenge der für längere Zeit den Pflanzen disponiblen Nährstoffe umfaßt. Der Begriff „nachschaffende Kraft" des Bodens[2] aber besagt, daß durch Verwitterungsvorgänge des anstehenden Gesteins immer neues Material geliefert wird, das je nach der Zusammensetzung des Muttergesteins mehr oder weniger das „Nährstoffkapital" ergänzen oder anreichern kann, wie selbstverständlich auch das Wort „mineralische Kraft des Bodens"[3] nichts über die disponiblen Nährstoffmengen auszusagen vermag. Der in der landwirtschaftlichen Literatur häufig gebrauchte Ausdruck „alte Kraft des Bodens" besagt dagegen, daß eine nachhaltige Fruchtbarkeit des Bodens mit ihm und im besonderen der Garezustand gekennzeichnet werden soll, der nach PUCHNER[4] als empirischer Begriff des abschätzenden Praktikers naturwissenschaftlich nicht streng umschrieben werden kann. FRAPS[5] bezeichnet die Menge der zu Beginn der Vegetationsperiode vorhandenen, aufnehmbaren Nährstoffe eines Bodens als „chemische Ausnutzbarkeit" und das Ausnutzungsvermögen der verschiedenen Kulturpflanzen für diese als „physiologische Nutzbarkeit", wobei er natürlich bemerkt, daß noch andere Faktoren die Aufnahme der Nährstoffe aus dem Boden beeinflussen.

Die zahlreichen Versuche, die die Nützlichkeit, Anwendbarkeit und Ausnutzungsfähigkeit der Düngemittel im Laufe der Jahrzehnte durch Anstellung von Gefäßversuchen prüfen sollten oder sollen, dienen zwar anderen Problemen, wie der Ermittlung des Nährstoffbedürfnisses einer bestimmten Pflanze u. ä., doch

[1] Vgl. E. BLANCK: Lehrbuch der Agrikulturchemie. III. Bodenlehre, S. 164. Berlin 1928. — Mit dem von F. WOHLTMANN [Das Nährstoffkapital westdeutscher Böden, S. 5, 6. Bonn 1901] geprägten Ausdruck wird der mit kalter Salzsäure aus dem Boden ausgezogene Bodenanteil bezeichnet.

[2] Vgl. H. PUCHNER: Bodenkunde für Landwirte, 2. Aufl., S. 447. Stuttgart 1926. — L. MILCH: Die Zusammensetzung der festen Erdrinde als Grundlage der Bodenkunde, 2. Aufl., S. 218. Berlin u. Wien 1926. — F. STEINRIEDE: Dieses Handbuch **7**, 37.

[3] Vgl. L. MILCH: a. a. O., S. 217. — H. PUCHNER: a. a. O., S. 449.

[4] PUCHNER, H.: a. a. O., S. 448.

[5] FRAPS, G. S.: Amer. Chem. J. **32**, 1 (1904); nach Chem. Zbl. II, 786 (1904).

können ihre Ergebnisse, sofern die Untersuchungen richtig angestellt worden sind, auch zur Beurteilung der vorliegenden Fragen herangezogen werden. Der einfachste Weg, nämlich durch Ausführung von sog. „Mangelversuchen" das Fehlen oder Vorhandensein irgendwelcher Nährstoffe festzustellen, führt allerdings schon zu dem Schluß, daß die Pflanzen je nach Gattung und Art dem Boden verschiedene Mengen an Nährstoffen entziehen, also einen verschiedenen Nährstoffbedarf haben. Ein Blick in die Tabellen E. WOLFFS[1] gibt zur Genüge Einsicht in die besagten Verhältnisse, die durch folgenden Auszug aus einer von M. HEINRICH und O. NOLTE[2] angegebenen Tabelle über die Nährstoffaufnahme der verschiedenen Kulturpflanzen weiterhin erhärtet werden.

Kulturpflanze	Durch eine geringe bis große Ernte werden einem Hektar Land folgende Mengen entzogen in kg		
	Stickstoff	Phosphorsäure	Kali
Weizen	35—125	15—50	20— 65
Roggen	25—100	15—50	25— 85
Gerste	30— 90	15—40	30— 70
Hafer	35—100	15—40	45—105
Mais	35—165	15—75	45—195
Buchweizen	15— 70	10—45	5— 20
Erbse	75—175	20—45	35— 80
Pferdebohne	125—285	30—75	85—190
Lupine	65—175	15—45	45— 90
Sojabohne	150—330	30—70	40—100

Auch das Verhältnis der Hauptnährstoffe in verschiedenen Pflanzen ist sehr verschieden von einander. E. HASELHOFF macht folgende Angaben hierüber[3]:

Pflanzen	Stickstoff	Phosphorsäure	Kali
Getreide	1	0,50	1,01
Bohnen und Erbsen	1	0,26	0,39
Kartoffel	1	0,46	1,76
Rüben	1	0,37	1,51
Wiesenheu	1	0,38	0,56
Kleeheu	1	0,32	1,28

Diese Beispiele sind nur angeführt, um zu zeigen, daß bei Durchführung der Mangelversuche, wie überhaupt bei Untersuchungen hierher gehöriger Natur, jeweils der Vergleich immer nur bei ein und derselben Pflanze von gleicher Sorte und Beschaffenheit gezogen werden kann. Als weiteres ist zu beachten, daß die Anwendung verschiedener Düngemittel mit ein und demselben Nährstoff naturgemäß die Ergebnisse beeinflussen muß. Nicht nur die Bindungsart, die Löslichkeit, die Absorptionsfähigkeit u. a. m. spielen eine bedeutsame Rolle, sondern auch die im Boden durch die Pflanzen hervorgerufene Auswahl der Nährstoffe, die sog. physiologische Reaktion[4], beeinflussen den Vergleich zwischen den ver-

[1] WOLFF, E.: Aschen-Analysen von landw. Producten. Berlin 1871.

[2] HEINRICH, R.: Dünger und Düngen, 8. Aufl., S. 174, herausgegeb. von O. NOLTE u. M. HEINRICH. Berlin 1922. — Vgl. auch die Tabelle P. WAGNERS, zitiert von J. KÖNIG: a. a. O., S. 139. — TH. PFEIFFER: Der Vegetationsversuch, a. a. O., S. 121, 122.

[3] HASELHOFF, E.: Düngemittellehre, S. 111, in E. HASELHOFF u. E. BLANCK: Lehrbuch der Agrikulturchemie II. Berlin 1928.

[4] MAYER, A.: Landw. Versuchsstat. **26**, 77f. — EHRENBERG, P.: Ebenda **69**, 260. — MAYER, A.: Lehrbuch der Agrikulturchemie. Bd. 1. Die Ernährung der grünen Gewächse, 7. Aufl., S. 261, 314f. Heidelberg 1920. — BLANCK, E. u. F. GIESECKE: Ein Beitrag zum Wirkungsbereich der physiologischen Reaktion. Fühlings Landw. Ztg. **71**, 463 (1923). — KAPPEN, H. u. M. LUKACS: Zur physiologischen Reaktion der Düngesalze. Z. Pflanzenern., Düng. u. Bodenk. A, **5**, 249 (1925). — KAPPEN, H.: Die Bodenazidität, S. 271f. Berlin: Julius Springer 1929.

schiedenen Nährmitteln mit ein und demselben Nährstoff. Es ist allerdings noch darauf hinzuweisen, daß die Pflanzen unter Umständen ein gewisses Aneignungsvermögen für die Bodennahrung haben, worauf besonders REMY[1] aufmerksam macht, wenn er berichtet: „Das Düngebedürfnis, auf dessen Feststellung es ankommt, ergibt sich 1. aus dem Nahrungsbedarf der Pflanze, 2. aus dem Aneignungsvermögen derselben für die Bodennahrung." Aus einer unendlich großen Zahl von Versuchen ist man zur Aufstellung von Verhältniszahlen für den Nährstoff verschiedener Düngemittel gelangt, so hat, um nur ein Beispiel herauszugreifen, der Stickstoff[2] im Natron- und Kalksalpeter die Verhältniszahl 100, Ammoniaksalpeter 98, $(NH_4)_2SO_4$ und NH_4Cl 95, Hornmehl 60, Ledermehl roh 10.

Diese Erkenntnis führte dazu, daß für die Durchführung von Gefäßversuchen gewisse Normalgaben[3] an Nährstoffen dem Boden zugefügt werden, wie diese bei den Wasserkulturversuchen[4] schon früher in Anwendung gebracht wurden. Daß aber die Höhe und Art der Gaben nicht nur für die vorliegenden Fragen, sondern bei allen Vegetationsversuchen überhaupt von großer Bedeutung ist, wurde schon frühzeitig erkannt[5].

Ehe diese Verhältnisse hier des näheren besprochen werden, sei auf die Kennzeichnung der Mangelversuche eingegangen. Das Wesentliche dieser Art der Versuchsanordnung ist, daß in dem zu untersuchenden Boden durch verschiedene, vergleichsweise gegebene Nährstoffe mittels nachheriger Ertragsfeststellung auf das Vorhandensein oder Fehlen eines oder mehrerer Stoffe im Boden geprüft wird. In erster Linie wird es sich bei diesen Fragen um die Nährstoffe Stickstoff, Kali und Phosphorsäure handeln, weshalb die am häufigsten angewandte Anordnung hier wiedergegeben sei[6]:

---

[1] REMY, TH.: Der Vegetationsversuch als Hilfsmittel der Sortenprüfung. Jb. dtsch. Landw. Ges. **21**, 159 (1906).

[2] HEINRICH, R.: a. a. O., S. 67 (Auszug aus der Tabelle). — Vgl. auch H. VON LIEBIG: Sind die von WAGNER nach seiner wissenschaftlichen Methode der Topfversuche gefundenen Wertzahlen usw. J. Landw. **36**, 119 (1888). — Erwiderung von P. WAGNER: Ebenda **36**, 475 (1888). — P. WAGNER in Gemeinschaft mit G. HAMANN u. A. MÜNZINGER: Versuche über die Stickstoffdüngung der Kulturpflanzen. Arb. dtsch. Landw. Ges. Heft 129, S. 201. Berlin 1907.

[3] Vgl. H. HELLRIEGEL: Die Methode der Sandkultur. Arb. Dtsch. Landw. Ges. **34**, 21f. (1898). — D. N. PRJANISCHNIKOW: Die Düngerlehre a. a. O., S. 447, zitiert hier die Arbeiten von STOLHANE u. JAKUSCHKIN. — J. KÖNIG: a. a. O., S. 136. — H. HELLRIEGEL: Beiträge zur Stickstoffrage, S. 52. Berlin 1897.

[4] KÖNIG, J.: a. a. O., S. 134, führt die Nährlösung von B. TOLLENS an. — KNOP, W.: Kreislauf des Stoffes, a. a. O., S. 607. — MAYER, A.: Lehrbuch der Agrikulturchemie **1**, 312f. Heidelberg 1920. — BENECKE: Z. Bot. **1**, 46 (1909). — STIEHR: Über das Verhalten der Wurzelhaare gegen Lösungen. Inaug.-Dissert. Kiel 1903. — TH. PFEIFFER: Vegetationsversuch, a. a. O., S. 76f., gibt die Lösungen folgender Autoren wieder: W. KNOP: Kreislauf des Stoffes **1**, 605; Landw. Versuchsstat. **30**, 293 (1884); J. Landw. **26**, 129 (1878); F. NOBBE: Landw. Versuchsstat. **4**, 319 (1862), **6**, 21 (1864), **13**, 331 (1871); B. TOLLENS: J. Landw. **30**, 538 (1882); L. ASCHOFF: Landw. Jb. **19**, 114 (1890); P. BRUCH: Ebenda **30**, Erg.Bd. **3**, 128 (1902); W. DETMER: Pflanzenphysiologisches Praktikum, S. 2. Jena 1895; A. MAYER: J. Landw. **49**, 48 (1901). — Ferner vgl. BIRNER u. B. LUCANUS: Landw. Versuchsstat. **8**, 128 (1866). — W. HAMPE: Ebenda **10**, 175 (1868). — E. BLANCK: Lehrbuch der Agrikulturchemie, Bd. 1 Pflanzenernährungslehre, S. 100f. Berlin 1927. Hier werden Nährlösungen und Versuche von W. KNOP, R. SACHSSE, TH. SIEGERT und F. NOBBE angeführt. — Vgl. KONRAD MEYER: Studien über den Wasserhaushalt des Hafers. J. Landw. **78**, 181 (1930).

[5] Vgl. z. B. G. DRECHSLER: Düngungsversuche. J. Landw. **28**, 251 (1880/81).

[6] Vgl. P. WAGNER: Anwendung künstlicher Düngemittel, 7. Aufl., S. 32. Berlin: Paul Parey 1920. — Vgl. auch TH. ROEMER: Der Feldversuch, 2. Aufl. Arb. Dtsch. Landw. Ges. H. 302, 29 (1925). — G. LIEBSCHER: Untersuchungen über die Bestimmung des Düngerbedürfnisses. J. Landw. **43**, 52 (1895).

Versuchsreihe 1: Ohne Zusatz von Nährstoffen.
,, 2: Volldüngung (Stickstoff, Phosphorsäure, Kali, evtl. Kalk u. a. m.).
,, 3: Volldüngung ohne Stickstoff.
,, 4: Volldüngung ohne Phosphorsäure.
,, 5: Volldüngung ohne Kali.

Bei der weiteren Vervollkommnung der Vegetationsversuche und bei dem berechtigten Wunsche, den Nährstoffgehalt des Bodens nicht nur qualitativ, sondern auch möglichst quantitativ ermitteln zu können, entwickelte sich aus dem einfachen Mangelversuche die sog. Differenzmethode[1]. Das Prinzip dieser Arbeitsmethodik beruht darauf, daß neben einer Grunddüngung die Gaben des zu prüfenden Nährstoffes abgestuft werden. Ein derartiger Versuchsplan würde folgendes Aussehen haben, wenn z. B. die Prüfung auf Stickstoff erfolgen sollte:

	Grunddüngung	Differenzdüngung
Versuchsreihe 1	—	—
,, 2	Phosphorsäure, Kali (Kalk)	—
,, 3	,, ,, ,,	x Stickstoff
,, 4	,, ,, ,,	y ,,
,, 5	,, ,, ,,	z ,,

Die Frage nach der Zusammensetzung der Grunddüngung bzw. der Differenzdüngung führte zu einer Prüfung zahlreicher Nährlösungen, deren Verwendung von den verschiedensten Faktoren abhängig ist[2].

Es sind eine große Anzahl von Nährlösungen angegeben worden, deren wichtigste von Th. Pfeiffer[3] zusammengestellt worden sind. Wilfarth[4] faßt die Anforderungen, die für die Wahl von Nährlösungen wichtig sind, treffend zusammen: „drei Punkte sind es, die dabei besonders ins Auge zu fassen sind: zunächst muß die Grunddüngung der Pflanze von allen Elementen, die sie zu ihrer Ernährung braucht, eine für die beabsichtigten Versuchszwecke hinreichende Menge in leicht assimilierbarer Form bieten. Sodann müssen sowohl Grund- als Beidüngung in einer Form geboten werden, die möglichst chemisch neutral ist. Endlich dürfen beide durch ihre physiologische Reaktion[5] nicht schädlich auf die Versuchspflanze wirken". Es ist naturgemäß in diesem Satze auch inbegriffen, daß es nicht angängig ist, daß „in Lösung befindliche Salze, die, wenn zusammengegeben, sofort unlösliche Verbindungen erzeugen, nicht zur Düngung benutzt werden dürfen", wie E. Blanck[6] besonders hervorhob. Ferner weist der letztgenannte Autor darauf hin, daß die Nährstofflösungen nur in dem Maße dem Boden zugegeben werden dürfen, daß keine Plasmolyse eintreten kann. Besonders wichtig ist auch — namentlich in Hinsicht auf das Problem der Ermittlung des Fruchtbarkeitszustandes des Bodens —, daß die Bodenreaktion weder durch die Zugabe direkt, noch durch die Einwirkung der Pflanze infolge der selektiven Auswahl eines oder mehrerer Ionen unter Zurücklassung anderer im Boden auf die Wasserstoffionenkonzentration der Bodenlösung verändernd einwirkt. Es ist selbstverständlich, daß die Veränderung durch in wässeriger Lösung stark basischer

[1] Vgl. Th. Pfeiffer: Der Vegetationsversuch, a. a. O., S. 19, 20. — E. Blanck: Lehrbuch der Agrikulturchemie, a. a. O., S. 101.
[2] Vgl. E. Blanck: Fühlings Landw. Ztg., a. a. O., S. 106.
[3] Pfeiffer, Th.: Der Vegetationsversuch, a. a. O., S. 84—87, gibt 41 verschiedene Nährlösungen an, zitiert die Autoren und führt deren Veröffentlichungen auf.
[4] Wilfarth, H.: Bericht über Vegetationsversuche. Arb. Dtsch. Landw. Ges. **34**, 21 (1898).
[5] Vgl. A. Mayer: Beiträge zur Frage über die Düngung mit Kalisalzen. Landw. Versuchsstat. **26**, 94.
[6] Blanck, E.: Der exakte Vegetationsversuch in seiner praktischen Ausführung. Fühlings Landw. Ztg. **64**, 107 (1915).

oder saurer Nährstoffe eine solche der Bodenstruktur mit sich bringt, die sich ihrerseits nicht nur bei verschiedenen Böden und Bodenarten verschieden stark bemerkbar macht[1], sondern die auch im Hinblick auf die Pflanzen und ihre Entwicklung stark von einander differenzierte Einflüsse ausübt[2]. Sieht man aber bei vergleichenden Untersuchungen über den Nährstoffgehalt der Böden von vornherein von der Zugabe nicht neutraler Verbindungen ab, so ergibt sich dennoch in bezug auf die Nährlösung eine weitere Schwierigkeit, die auf der physiologischen Reaktion der Nährstoffe beruht. Die Pflanze bevorzugt aus der Nährstofflösung eine Reihe bestimmter Ionen unter Zurücklassung anderer Ionen, die unter Umständen alkalisch oder sauer sind und demgemäß eine Dispersitätsänderung des Bodengefüges hervorrufen, mit der sonstige physikalische, chemische sowohl als auch biologische Veränderungen Hand in Hand gehen. Ohne des Näheren auf die umfangreiche Literatur einzugehen[3], sei hervorgehoben, daß in neuerer Zeit eine Reihe von Nährlösungen mit stabiler Reaktion vorgeschlagen wurden[4]. Die von ZINZADZE[5] empfohlenen Nährlösungen mit während der Vegetationszeit konstantem p_H von 3,8 bzw. 5,5—6,6 und 7,3 sind bisher lediglich für Wasserkulturen ausgearbeitet. Die in Aussicht gestellten Untersuchungen für Sandkulturen stehen noch aus.

Es bestehen noch eine Reihe von Angaben in bezug auf die Höhe und Konzentration der Nährlösungen[6], der chemischen Reinheit der Nährstoffe[7], die Häufigkeit der Nährstoffzugabe u. a. m. An dieser Stelle muß auch darauf verwiesen werden, daß gewisse Nährstoffe nach Ansicht verschiedener Autoren in bestimmten Verhältnissen im Boden zur Erreichung von Höchsterntən enthalten sein müssen[8].

[1] Vgl. G. HAGER: Dieses Handbuch 7, S. 65f.

[2] Vgl. H. KAPPEN: Die Bodenazidität, S. 235f. Berlin: Julius Springer 1929.

[3] KNOP, W.: Quantitativ-analytische Arbeiten über den Ernährungsprozeß der Pflanzen. Landw. Versuchsstat. 3, 295, bes. 307f. (1861). — RAUTENBERG, F. u. G. KÜHN: Vegetationsversuche. Ebenda 6, 355 (1864). — MAYER, A.: Beiträge zur Frage über die Düngung mit Kalisalzen. Ebenda 26, 77 (1881). — LUCANUS, B.: Versuche über die Erziehung einiger Landpflanzen in wässeriger Lösung. Ebenda 7, 363 (1865). — EHRENBERG, P.: Ebenda 69, 260. — H. KAPPEN [Die Bodenazidität, a. a. O., S. 269f., u. Z. Pflanzenern., Düng. u. Bodenk. 5, 249 (1925)] zitiert noch Arbeiten von NATHANSON, RUHLAND, MEURER, E. PANTANELLI, F. STOHMANN, W. WOLF, R. BIEDERMANN, S. KLOPSCH, C. OLSEN u. a. m. — HELLRIEGEL, H., H. WILFARTH, H. RÖMER u. G. WIMMER: Vegetationsversuche über den Kalibedarf einiger Pflanzen. Arb. Dtsch. Landw. Ges. 34, 21f. (1898). — Vgl. ferner H. KAPPEN u. M. LUKACS: Z. Pflanzenern., Düng. u. Bodenk. A, 5, 249f. (1925). — E. BLANCK u. F. GIESECKE: Ein Beitrag zum Wirkungsbereich der phys. Reaktion. Fühlings Landw. Ztg. 71, 463 (1923). — D. N. PRJANISCHNIKOW: Die Düngerlehre, S. 288, 293. Berlin 1923. — TH. PFEIFFER: Vegetationsversuch, a. a. O., S. 75f., bes. 93f. — B. DIRKS: Wesen und Bedeutung der physiologischen Bodenreaktion. Z. Pflanzenern., Düng. u. Bodenk. A, 7, 318 (1926). — G. HAGER u. W. STOLLENWERK: In welchem Maße können die Ammoniaksalze des Bodens durch die bevorzugte Aufnahme des Ammoniakkations im Vergleich zum Anion versauern? Beitrag zur Erkenntnis der Nährstoffaufnahme durch die Pflanzen. Ebenda A, 17, 129 (1930). — D. N. PRJANISCHNIKOW: Zur physiologischen Charakteristik von Ammoniumnitrat. Ebenda A, 4, 202 (1925). — W. ZIELSTORFF u. K. NEHRING: Zur Frage physiologischer Reaktion der Kalisalze. Ebenda A, 17, 67 (1930).

[4] ZINZADZE, SCH. R: Neue normale Nährlösungen mit stabiler Reaktion während der Vegetationsperiode. Landw. Versuchsstat. 105, 267 (1927), führt eine geschichtliche Übersicht über das Problem sich nicht verändernder Nährlösungen auf und gibt eine reichhaltige Literatur an.

[5] ZINZADZE, SCH. R.: a. a. O., S. 327—329.

[6] Vgl. u. a. E. A. MITSCHERLICH: Landw. Jb. 43, 656 (1912); 49, 344 (1916). — TH. PFEIFFER: Der Vegetationsversuch, a. a. O., S. 79f. — E. BLANCK: Fühlings Landw. Ztg. a. a. O., S. 107.

[7] BLANCK, E.: a. a. O., S. 106.

[8] Vgl. u. a. O. LOEW: Über die Abhängigkeit des Maximalertrages von einem bestimmten quantitativen Verhältnisse zwischen Kalk und Magnesium. Landw. Jb. 31, 561 (1902). —

Sind die Vorbedingungen für die richtige Auswahl der Nährstoffe erfüllt, so ist aus dem Mangelversuch und dem Differenzdüngungsversuch auf den Nährstoffgehalt zu schließen. Die Auswertung in bezug auf die Nährstoffe kann erfolgen: 1. auf Grund der augenscheinlichen Beobachtung, 2. durch die Analyse der Pflanzen bzw. von Pflanzenteilen, 3. auf Grund der quantitativen Ertragsfeststellung.

Es findet mithin durch die Gefäßversuche nicht eine direkte, sondern nur eine indirekte Bestimmung des Nährstoffgehalts der Böden statt, und es kann nicht geleugnet werden, daß gewisse Mängel hiermit verbunden sind. Jede Pflanze hat, wie schon ausgeführt wurde, ihren eigenen Nährstoffbedarf; sie nutzt die gebotenen Nährstoffe aber am besten in gewissen Verhältnissen des einen Nährstoffs[1] zum anderen aus, und drittens ist die Pflanze unter Umständen geneigt, Luxuskonsumtion zu treiben, d. h. also, daß durch die Pflanze mehr Nährstoffe aufgenommen werden, ohne daß dadurch eine Mehrernte erzielt wird[2]. Die augenscheinliche Beobachtung kann unter Umständen durch den sichtbaren Unterschied der Ernteerträge und eventuell der Farbe der Pflanzen[3] gewisse Rückschlüsse auf den Mangel oder das genügende Vorhandensein eines Nährstoffs zwar zulassen, doch wird diese in keiner Richtung genügende Ermittelung wohl fast nie geübt, da u. a. diese Art der Auswertung eines exakten Vegetationsversuches die Sorgfalt des Ansetzens nicht lohnt. Man wird daher versuchen, entweder aus den Pflanzen, sei es durch die in ihnen bei der Reife enthaltenen oder während der Vegetationszeit aufgenommenen Nährstoffe, oder durch die Unterschiede im Ertrage die gewünschte Einsicht in den Nährstoffhaushalt eines Bodens zu erhalten.

Es gibt eine Reihe von Veröffentlichungen, die sich mit der Frage beschäftigen, ob der Gehalt an einem Nährstoff oder das Verhältnis mehrerer Nährstoffe in der Asche gewisser Pflanzen dazu dienen kann, auf das Fehlen im Boden zu schließen. Ohne auf diese Arbeiten des Näheren einzugehen, da sie in diesem Bande[4] gesondert und eingehend behandelt werden, sei nur kurz angedeutet, daß für den besagten Zweck nicht nur verschiedene ganze Pflanzen[5],

T. Nakamura: Ebenda **34**, 141 (1905). — G. Daikuhara: Über Korrektion eines Bodens behufs Kultur von Gerste. Ebenda **34**, 139 (1905). — O. Lemmermann, A. Einecke u. H. Fischer: Untersuchungen über die Wirkung eines verschiedenen Verhältnisses von Kalk und Magnesia usw. Ebenda **40**, 173 (1911). — E. Haselhoff: Über die Wirkung von Kalk und Magnesia bei der Ernährung der Pflanzen. Ebenda **45**, 609 (1913). — O. Lemmermann u. A. Einecke: Die Wirkung eines verschiedenen Verhältnisses von Kalk zu Magnesia auf das Pflanzenwachstum. Ebenda **50**, 617f. (1916). — Iwan Konowalow: Über den Kalkbedarf der Pflanzen und über die verschiedenen Verhältnisse von CaO zu MgO in der Nährlösung. Landw. Versuchsstat. **74**, 343 (1911). — P. Ehrenberg: Das Kalk-Kali-Gesetz. Berlin: Paul Parey 1919. — Th. Pfeiffer u. A. Rippel unter Mitwirkung von Ch. Pfotenhauer: Der Einfluß von Kalk und Magnesia auf das Wachstum der Pflanzen. J. Landw. **68**, 5f. (1920). — D. S. Smirnow: Über die Aufnahme von Ca und K durch die Pflanze (im Zusammenhang mit dem Kalk-Kali-Gesetz von Ehrenberg). J. Landw.-Wissensch. Moskau **3**, 208 (1926).

[1] Vgl. Th. Pfeiffer, E. Blanck, W. Simmermacher u. W. Rathmann: Landw. Versuchsstat. **86**, 339f. (1915). — M. Stahl-Schröder: Kann die Pflanzenanalyse uns Aufschlüsse über den Gehalt an assimilierbaren Nährstoffen im Boden geben? J. Landw. **52**, 31, 193 (1904).

[2] Vgl. J. König: a. a. O., S. 131. — W. Lange: Beiträge zur Bestimmung des Düngebedürfnisses eines Bodens vermittels Pflanzen- und Bodenanalyse. Z. Pflanzenern. u. Düng. A **6**, 211 (1926).

[3] Vgl. J. König: Beurteilung des Düngerbedürfnisses nach dem äußeren Aussehen der Pflanzen. In: Die Untersuchung der landwirtschaftlich wichtigen Stoffe, a. a. O. S. 129.

[4] Vgl. dieses Handbuch 8, 468—487.

[5] Vgl. A. Weinhold: Analyse von Unkräutern des Bodens. Landw. Versuchsstat **4**, 188 (1862); Über die Zusammensetzung von Pflanzenaschen und derjenigen des Bodens. Ebenda **6**, 50 (1864). — A. Emmerling: Einfluß der Bodenbeschaffenheit auf die Zusammen-

Samen[1] und Knollen[2], sondern auch die Pflanzenwurzeln[3] herangezogen wurden. Die Auswertung der Ergebnisse der Pflanzenanalyse in bezug auf den Nährstoffgehalt des Bodens fand ihren Ausdruck in der Schaffung der ,,Normalzahlen"[4], ,,Maximalzahlen"[5] oder ,,Verhältniszahlen"[6], auf Grund derer die Feststellung erfolgen soll, welcher Nährstoff dem Boden fehlt.

Es wurden auch gewisse Werte der einzelnen Nährstoffe in der Pflanze als ,,Niedrigstwerte" erkannt, die ihrerseits nicht unterschritten werden dürfen, um ein günstiges Wachstum erwarten zu können[7]. In diesem Zusammenhange muß erwähnt werden, daß es für die Aufnahme der Nährstoffe nicht gleichgültig ist, in welchem Maße Wasser zur Verfügung steht, wie dies aus nebenstehender Zusammenstellung hervorgeht[8], in der auch der prozentische Anteil von N, K_2O und P_2O_5 an der Summe dieser Nährstoffe, d. h. die ,,Verhältniszahlen" berechnet sind (vgl. Tabelle S. 535).

Da Wasser nicht nur als Lösungsmittel für die Nährstoffe, sondern auch als Nährstoff zu werten ist, hat E. A. MITSCHERLICH[9] dem Vegetationsfaktor ,,Was-

setzung von Heu. Landw. Wochenbl. Schleswig-Holstein **1875**, Nr. 24 u. 25. — H. HELLRIEGEL: Nährstoffbedürfnis der Cerealien. Ref. Jber. Agr. Chem. **10**, 117, 119 (1867). — Vgl. E. GODLEWSKI: Über das Nährstoffbedürfnis einiger Kulturpflanzen usw. Z. Landw. Versuchswes. **4**, 479 (1901). — H. JOULIE: zit. nach J. KÖNIG: a. a. O., S. 132. — Vgl. auch TH. PFEIFFER u. E. BLANCK: Die Säureausscheidung der Wurzeln und die Löslichkeit der Bodennährstoffe in kohlensäurehaltigem Wasser. Landw. Versuchsstat. **77**, 268 (1912). — F. MÜNTER: Pflanzenanalyse und Düngebedürfnis des Bodens. J. Landw. **67**, 229 (1919); Pflanzenanalyse und Düngung. Ebenda **68**, 207 (1920). — TH. PFEIFFER, W. SIMMERMACHER, A. RIPPEL, unter Mitwirkung von K. FRISKE u. CH. PFOTENHAUER: Der Gehalt der Haferpflanzen an Stickstoff, Phosphorsäure, Kali usw. Ebenda **67**, 1 (1919). — TH. PFEIFFER, E. BLANCK, W. SIMMERMACHER u. W. RATHMANN: Pflanzenanalyse und Bodenanalyse zur Bestimmung des Nährstoffgehalts der Ackerböden. Landw. Versuchsstat. **86**, 339f. (1915). — TH. PFEIFFER, E. BLANCK u. K. FRISKE: Der Einfluß verschiedener Vegetationsfaktoren usw. Ebenda **82**, 237f., bes. 290f. (1913). — Hierher gehören auch in gewisser Hinsicht die Methoden von I. K. GREISENEGGER u. K. VORBUCHNER: Österr.-Ungar. Z. Zuckerind. u. Landw. **47**, 281 (1918), sowie diejenigen von H. NEUBAUER u. W. SCHNEIDER: Die Nährstoffaufnahme der Keimpflanzen und ihre Anwendung auf die Bestimmung des Nährstoffgehalts der Böden. Z. Pflanzenern., Düng. u. Bodenk. A, **2**, 229 (1923).

[1] Vgl. A. ATTERBERG: Die Beurteilung der Bodenkraft nach der Analyse der Haferpflanze. Landw. Jb. **15**, 415 (1886); **16**, 757 (1887). — PH. SCHNEIDER: Die Pflanzenanalyse als Hilfsmittel zur Bestimmung des Nährstoffbedürfnisses. Wschr. Brauerei **1905**, 456.

[2] HALL, A. D.: Bodenanalyse durch Pflanzen. J. Agr. **1**, 65 (1905). — MÜNTER, F.: J. Landw., a. a. O., **68**, 207 (1920).

[3] HEINRICH, R.: Grundlagen zur Beurteilung der Ackerkrume, S. 49. Wismar 1882. — DIKOW, A. VON: Beurteilung des Bodens nach den Wurzeln der Gerstenpflanze. J. Landw. **39**, 134 (1891). — HELMKAMPF, A.: Untersuchungen über die Feststellung des Düngerbedürfnisses der Ackerböden durch die Pflanzenanalyse. Ebenda **40**, 85 (1892).

[4] Vgl. A. ATTERBERG: Die Variationen der Nährstoffgehalte bei dem Hafer. J. Landw. **49**, 97 (1901).

[5] Vgl. TH. PFEIFFER, E. BLANCK, W. SIMMERMACHER u. W. RATHMANN: Pflanzenanalyse und Bodenanalyse. Landw. Versuchsstat. **86**, 390 (1915).

[6] PFEIFFER, TH., E. BLANCK u. K. FRISKE: Der Einfluß verschiedener Vegetationsfaktoren usw. Landw. Versuchsstat. **82**, 290 (1913).

[7] KÖNIG, J.: Die Untersuchung landwirtschaftlich wichtiger Stoffe, a. a. O., S. 129f., gibt eine kurze Zusammenstellung.

[8] PFEIFFER, TH., E. BLANCK u. K. FRISKE: Landw. Versuchsstat., a. a. O., **82**, 291f. (1913). — An dieser Stelle sind auch die Versuchsergebnisse anderer Autoren, die sich mit dem Einfluß des Wassers auf das Nährstoffverhältnis beschäftigen, auf Verhältniszahlen umgerechnet, so z. B. C. v. SEELHORST mit J. WILNERS: Beitrag zur Lösung der Frage, ob der Wassergehalt die Zusammensetzung der Pflanzentrockensubstanz an N und Aschen beeinflußt. J. Landw. **46**, 413 (1898), sowie B. TOLLENS, C. v. SEELHORST u. L. LANGER: Untersuchungen über die Nährstoffaufnahme der Haferpflanzen bei verschiedenem Wassergehalt des Bodens und bei verschiedener Düngung. Ebenda **49**, 209 (1901).

[9] MITSCHERLICH, E. A.: Bodenkunde. Kapitel: Der Vegetationsfaktor Wasser, 3. Aufl., S. 125f. Berlin 1920.

Wassergehalt der Erde	Gehalt der Trockensubstanz an			Verhältniszahlen		
	N %	P_2O_5 %	K_2O %	N	P_2O_5	K_2O
	Düngung mit K_2O und P_2O_5					
Gering	1,408	0,644	1,116	44,4	20,3	35,2
Mittel	1,151	0,640	1,185	38,6	21,4	40,0
Groß	1,103	0,698	1,244	36,2	22,9	40,8
	Düngung mit K_2O, P_2O_5 und N					
Gering	1,801	0,504	1,326	49,6	13,9	36,5
Mittel	1,399	0,531	1,401	42,0	15,9	42,1
Groß	1,204	0,532	1,448	37,8	16,7	45,5

ser"[1] eine besondere Bedeutung beigemessen. Ohne auf die Einzelheiten einzugehen und ohne diese Fragen hier vollständig zu behandeln, sei nur darauf verwiesen, daß für die Ermittlung des Nährstoffgehalts der Böden durch den Gefäßversuch Rücksicht auf obige Befunde zu nehmen ist. Der Wassergehalt des Bodens beeinflußt die Ernteerträge dergestalt, daß mit seiner Erhöhung eine Erntesubstanzvermehrung eintritt[2], ferner, daß er die Aufnahme der einzelnen Nährstoffe[3] und das Verhältnis derselben in der Pflanze zueinander verschieden gestaltet[4], drittens, daß das Wasser als Lösungsmittel den Konzentrationsgrad und damit die Nährstoffaufnahme verändern kann[5] und zum Schluß, daß er nicht ohne Einfluß auf die physikalischen und biologischen Eigenschaften des Bodens ist[6].

Hieraus ist zu entnehmen, daß einerseits der Wassergabe bei den Gefäßversuchen Beachtung geschenkt werden muß, und daß andererseits die Analyse der auf den Gefäßen gezogenen Pflanzen vom Wassergehalt stark abhängige Werte ergibt.

Wie verschieden die Meinungen über den Wert der Pflanzenanalyse für die Ermittlung des Nährstoffgehalts des Bodens sind, ergibt sich aus den Worten C. von Seelhorsts: „Die Zahlen der Analysen von auf dem betreffenden Boden gewachsenen Pflanzen (Hafer) können zuweilen ebenso gut oder besser als die Zahlen der chemischen Bodenanalyse Aufschluß über den Gehalt des Bodens an Pflanzennährstoffen geben"[7], denen diejenigen Th. Pfeiffers diametral gegenüberstehen: „Nachdem wir uns davon überzeugt haben, daß weder die Pflanzenanalyse noch die Bodenanalyse, beide in der von uns gewählten Form, zur Feststellung des Nährstoffgehalts der Ackerböden geeignet sind . . .[8]"

Über die ebenfalls auf der Pflanzenanalyse beruhende Ermittlung des Nährstoffgehalts der Böden mittels der sog. Keimpflanzenmethoden von Greisen-

[1] Vgl. auch Th. Pfeiffer, E. Blanck u. M. Flügel: Wasser und Licht als Vegetationsfaktoren und ihre Beziehungen zum Gesetze vom Minimum. Landw. Versuchsstat. **76**, 169f. (1912).

[2] Tollens, B., C. v. Seelhorst u. L. Langer: a. a. O., S. 228. — C. v. Seelhorst u. J. Wilms: a. a. O., S. 425. — Mayer, A.: Über den Einfluß kleinerer oder größerer Mengen von Wasser auf die Entwicklung einiger Kulturpflanzen. J. Landw. **46**, 167f. (1898). — Vgl. ferner die zahlreichen Literaturangaben bei E. A. Mitscherlich: Bodenkunde, a. a. O., S. 173—186.

[3] Vgl. u. a. Th. Pfeiffer, E. Blanck u. K. Friske: a. a. O., S. 237f.

[4] Vgl. u. a. B. Tollens, C. von Seelhorst u. L. Langer: a. a. O., S. 209f. —Th. Pfeiffer, E. Blanck u. K. Friske: a. a. O., S. 291f.

[5] Vgl. u. a. E. Blanck: Fühlings Landw. Ztg. a. a. O. S. 107.

[6] Vgl. E. A. Mitscherlich: Bodenkunde a. a. O., S. 125f.

[7] Tollens, B., C. von Seelhorst u. L. Langer: a. a. O., S. 299.

[8] Pfeiffer, Th., E. Blanck, W. Simmermacher u. W. Rathmann: a. a. O., S. 390.

EGGER und VORBUCHNER[1] bzw. von NEUBAUER und SCHNEIDER[2] gehen die Ansichten bezüglich der Brauchbarkeit sehr auseinander, worauf hier nur verwiesen werden soll, da in diesem Bande des Handbuchs[3] im Zusammenhange hierüber berichtet wird.

Wenngleich also die Analyse der Pflanzen nicht immer über den Nährstoffgehalt der Böden Aufschluß geben kann, so findet die Auswertung des Gefäßversuchs doch immer durch die Pflanzen statt, und zwar durch Feststellung des Ertrags und des Unterschieds zwischen den verschieden behandelten Gefäßen. Die Pflanze muß demnach immer als Reagens herangezogen werden[4]. Es sei schon an dieser Stelle darauf verwiesen, daß der Versuch in mehreren Parallelen durchgeführt werden muß[5], „d. h. die Benutzung von mehreren Parallelgefäßen für ein und denselben Versuch, nicht nur zur Kontrolle des Einzelversuches, sondern vornehmlich zur Ausgleichung der jedem Gefäß anhaftenden natürlichen Schwankung im Ausfall seines Ergebnisses, hervorgerufen durch alle auf den Versuch während seiner Dauer einwirkenden Einflüsse und infolge der seinen inneren Bedingungen innewohnenden Verschiedenheit, trotzdem wir ständig bestrebt sind, die Einflüsse aller dieser Art durch eine möglichst gleiche Versuchsdurchführung gleich zu stellen"[6]. Das Ergebnis eines einzelnen Gefäßes kann sich in gewissen Grenzen von dem eines gleich behandelten und mit größter und gleicher Sorgfalt angesetzten Gefäßes unterscheiden; es handelt sich also nicht um Fehler im Sinne des allgemeinen Sprachgebrauches, sondern um Verschiedenheiten, die im Boden oder in der Versuchspflanze liegen, und darum weist auch E. BLANCK[7] mit folgenden Worten auf die unumgänglich notwendige Durchführung des exakten Gefäßversuchs in Parallelen hin: „Es ist daher leicht einzusehen, daß nur eine größere Anzahl von Parallelversuchen einen Wert liefern können, welcher der Wahrheit möglichst nahe kommt und dementsprechend Anspruch auf Glaubwürdigkeit machen darf, während der Ausfall eines einzelnen Gefäßes zu sehr von den zufälligen Einflüssen abhängig erscheinen muß." Die Frage, in welcher Weise die aus den Mittelwerten der Ergebnisse erhaltenen Zahlen der jeweils gleich behandelten Parallelgefäße gestatten, sichere Schlüsse über das Fehlen irgendeines Nährstoffes im Boden zu ziehen, wird unter Zuhilfenahme der Wahrscheinlichkeitslehre gelöst[8]. Es liegen eine große Anzahl von Veröffentlichungen über diesen Gegenstand vor, doch kann es nicht Aufgabe im Rahmen dieses Beitrages sein, näher hierauf einzugehen.

---

[1] GREISENEGGER, I. K. u. K. VORBUCHNER: Österr.-Ungar. Z. Zuckerindustrie **47**, 281 (1918).

[2] NEUBAUER, H. u. W. SCHNEIDER: Die Nährstoffaufnahme der Keimpflanzen, a. a. O., Z. Pflanzenern., Düng. u. Bodenk. A, **2**, 329 (1923).

[3] Vgl. diesen Band, S. 487—505.

[4] Vgl. auch E. A. MITSCHERLICH: Die Bestimmung des Düngerbedürfnisses des Bodens, 3. Aufl., Vorwort Berlin 1930.

[5] BLANCK, E.: Der exakte Vegetationsversuch in seiner praktischen Ausführung. Fühlings Landw. Ztg. **64**, 119 (1915).

[6] BLANCK, E.: a. a. O., S. 117.

[7] BLANCK, E.: a. a. O., S. 117.

[8] Ohne auf die theoretischen Grundlagen sowie auf die Arbeiten einzugehen, die sich mit der Übertragung der Wahrscheinlichkeitsrechnung auf das Gebiet der Agrikulturchemie beschäftigen, sei nur erwähnt, daß H. RODEWALD das Verdienst gebührt, die Anwendbarkeit der Ausgleichsrechnung zur Lösung von biologischen Fragen als erster herangezogen zu haben. — TH. PFEIFFER [Der Vegetationsversuch a. a. O., S. 218f.] gibt eine Übersicht über die Versuche zur Ermittlung der Fehlergrenzen, wie von ihm auch eine reichhaltige Literatur über die Anwendbarkeit der Wahrscheinlichkeitsrechnung auf landwirtschaftliche Fragen zusammengestellt wurde (a. a. O., S. 225—229), die durch viele neuere Arbeiten noch ergänzt werden könnte. — Vgl. auch den Beitrag von TH. ROEMER in diesem Handbuch S. 567 f.

Das Wesentliche der Parallelversuche sowie der nachfolgenden Ausgleichsrechnung besteht darin, daß durch ein derartiges Vorgehen versucht wird, „ein objektives Urteil über die Brauchbarkeit des Versuchsergebnisses“, sowie „über die Wahrscheinlichkeit der daraus abzuleitenden Schlußfolgerungen zu gewinnen“[1].

In der Agrikulturchemie ist es gebräuchlich, die wahrscheinliche Schwankung des arithmetischen Mittels R zu verwenden[2]. Nach PFEIFFER[3] beträgt R

für	2 Beobachtungen	$(v) \cdot 0{,}422$	für	7 Beobachtungen	$(v) \cdot 0{,}049$
„	3 „	$(v) \cdot 0{,}199$	„	8 „	$(v) \cdot 0{,}040$
„	4 „	$(v) \cdot 0{,}122$	„	10 „	$(v) \cdot 0{,}028$
„	5 „	$(v) \cdot 0{,}085$	„	12 „	$(v) \cdot 0{,}021$,
„	6 „	$(v) \cdot 0{,}063$			

worin (v) die Summe der Abweichungen vom arithmetischen Mittel bedeutet. Um ein Beispiel anzuführen, sei angenommen, daß in einem Versuche die bei 105° getrocknete oberirdische Masse folgende Erträge gebracht hat:

Grunddüngung und					
I.		II.		III.	
ohne Kalk ohne Stickstoff	Mittel	mit Kalk ohne Stickstoff	Mittel	mit Kalk mit Stickstoff	Mittel
24,63		22,33		102,47	
21,43	22,67	22,62	22,51	107,10	103,47
22,25		23,34		101,11	
22,37		21,75		103,19	

Die Abweichung der Einzelwerte vom Mittelwert beträgt im ersten Fall: + 1,96, — 1,24, — 0,42, — 0,30, die Summe der Abweichungen (ohne Rücksicht auf das Vorzeichen) ist 3,92. Diese Zahl also (v) mit 0,122 multipliziert, ergibt $R = 0{,}48$. Für den Fall II errechnet sich $22{,}51 \pm 0{,}23$ und für Fall III $103{,}47 \pm 0{,}89$. Die Wirkung des Kalkes ist also $22{,}67 \pm 0{,}48$ weniger $22{,}51 \pm 0{,}23$, d. h. ist also eine Minderernte von 0,16 g gegenüber der Topfreihe ohne Kalk. Doch müssen hierbei die wahrscheinlichen Schwankungen in den Kreis der Beobachtungen einbezogen werden.

Das Fehlerfortpflanzungsgesetz[4] bietet die Möglichkeit, daß auch die wahrscheinlichen Schwankungen der beiden Mittelwerte Berücksichtigung finden. „Dasselbe besagt, daß einer Differenz, ebenso wie einer Summe, eine wahrscheinliche Schwankung anhaftet, die der Wurzel aus der Quadratsumme der einzelnen wahrscheinlichen Schwankungen gleichkommt:

$$R = \sqrt{a^2 + b^2 \cdot \cdots \cdot + x^2}\,.\text{*“}$$

Die Wirkung des Kalkes beträgt also im vorliegenden Beispiel

$$-\,0{,}16 \pm \sqrt{0{,}48^2 + 0{,}23^2} = -\,0{,}16\,\text{g} \pm 0{,}53,$$

während die des Stickstoffs $+\,80{,}80\,\text{g} \pm \sqrt{0{,}48^2 + 0{,}89^2} = +\,80{,}80\,\text{g} \pm 1{,}01$ ist. Der Minderertrag durch den Kalk ist mit einer der Differenz gegenüber verhältnismäßig großen wahrscheinlichen Schwankung behaftet, wohingegen der Mehrertrag durch Stickstoff mit einer um das 80fache geringeren Schwankung ver-

[1] PFEIFFER, TH.: Der Vegetationsversuch, a. a. O., S. 234.
[2] Vgl. hierzu die ausführlichen Darlegungen TH. PFEIFFERS: a. a. O., S. 235f.
[3] PFEIFFER, TH.: a. a. O., S. 236. [4] Vgl. TH. PFEIFFER: a. a. O., S. 237.
* PFEIFFER, TH.: a. a. O., S. 237.

sehen ist. Diese Verhältnisse besagen, daß dem durch Kalk erzeugten Minderertrag keine Bedeutung zukommt, während durch den Stickstoff eine durchaus sichergestellte Mehrernte erzielt worden ist, denn nach TH. PFEIFFER[1] pflegt man bei der Behandlung landwirtschaftlicher Fragen „nach dem Vorgange von RODEWALD denjenigen Teil einer Differenz als genügend sicher gestellt zu bezeichnen, der die dreifache wahrscheinliche Schwankung übersteigt". Es ist also bei dem vorliegenden Beispiel nachgewiesen worden, daß der Stickstoffgehalt des Bodens in diesem Falle bei weitem nicht genügt, um Höchsternten zu erzielen. Die Veröffentlichungen über die Feststellung des Nährstoffgehalts der Böden nehmen einen breiten Raum in der Fachliteratur ein, wie auch besonders zahlreiche Arbeiten, die andere Methoden der Nährstoffgehaltsermittlung an Hand des Ausfalls der Gefäßversuche prüfen, bekannt sind[2], so daß Abstand von einer näheren Besprechung genommen werden kann.

---

[1] PFEIFFER, TH.: a. a. O., S. 239.

[2] Von den vielen Arbeiten seien hier nur genannt: H. J. WHEELER, B. E. BROWN u. J. C. HOGENSON: Ein Vergleich zwischen den Ergebnissen von Vegetationsversuchen mit Feldversuchen nach ausführlichem Ref. Zbl. Agr. Chem. **35**, 439 (1906). — C. SCHREIBER: Die Zusammensetzung unserer Böden, ermittelt durch den Vegetationsversuch. Brüxelles 1901; nach Ref. Zbl. Agr. Chem. **32**, 362 (1903). — K. OPITZ: Vergleichende Untersuchungen über die Ergebnisse von chemischen Bodenanalysen und Vegetationsversuchen. Landw. Jb. **36**, 909 (1907). — J. KÖNIG, E. COPPENRATH u. J. HASENBÄUMER: Beziehungen zwischen den Eigenschaften des Bodens und der Nährstoffaufnahme durch die Pflanzen. Landw. Versuchsstat. **66**, 401 (1907). — O. LEMMERMANN, A. EINECKE u. L. FRESENIUS: Untersuchungen über die Feststellung des Wirkungswertes der Bodennährstoffe Phosphorsäure und Kali durch den Vegetationsversuch und die Bestimmung ihrer relativen Löslichkeit durch Säuren. Ebenda **89**, 81f. (1917). — E. BLANCK u. F. SCHEFFER: Die NEUBAUER-Methode und die Bestimmung des Stickstoffdüngebedürfnisses der Böden. Z. Pflanzenern., Düng. u. Bodenk. B, **4**, 553 (1925). — E. BLANCK u. F. ALTEN: Untersuchungen über die physiologische Bedeutung der Nährstoffauszüge. J. Landw. **1925**, 319. — W. LANGE: Beitrag zur Bestimmung des Düngebedürfnisses eines Bodens vermittels Pflanzen- und Bodenanalyse. Inaug.-Dissert. Göttingen 1925. — M. J. VAN DER SPUIJ: Vergleichende Untersuchungen über die Feststellung der Düngebedürftigkeit der Böden an Phosphorsäure. Ebenda 1925. — E. BLANCK u. F. SCHEFFER: Weitere Untersuchungen über die physiologische Bedeutung der Nährstoffauszüge. Z. Pflanzenern., Düng. u. Bodenk. A, **8**, 298 (1926/27). — E. BLANCK: Beiträge zur Beurteilung des Bodendüngebedürfnisses an Phosphorsäure. J. Landw. **1928**, 342. — O. LEMMERMANN, L. FRESENIUS u. H. WIESSMANN: Untersuchungen über den Wirkungswert der Nährstoffe des Bodens usw. Landw. Versuchsstat. 98, 155 (1921). — Vgl. auch H. NEUBAUER, W. BONEWITZ u. A. SCHOTTMÜLLER: Vergleiche zwischen Bodenuntersuchungen nach der Keimpflanzenmethode und nach der Methode von MITSCHERLICH. Ebenda **107**, 131 (1928). — O. ENGELS u. W. HIRSCHBERGER: Beiträge zur Feststellung des Nährstoffgehalts respektive des Nährstoffbedürfnisses der Böden nach dem NEUBAUERschen Verfahren. Landw. Jb. **60**, 379 (1924). — J. KÖNIG, J. HASENBÄUMER u. K. KUPPE: Beziehungen zwischen den im Boden vorhandenen und den von Roggen und Futterrüben aufgenommenen leichtlöslichen Nährstoffen. Ebenda **59**, 65 (1924). — J. KÖNIG u. J. HASENBÄUMER: Die Ermittlung des Nährstoffbedarfs der Pflanzen und des aufnehmbaren (ausnutzungsfähigen) Nährstoffvorrats im Boden. Ebenda **59**, 97 (1924). — J. KÖNIG, J. HASENBÄUMER u. E. KRÖGER: Beziehungen zwischen dem Nährstoffgehalt des Bodens und der Nährstoffaufnahme durch den Hafer. Ebenda **58**, 87 (1923). — A. KAUFMANN: Beitrag zur Frage der Bestimmung des Kalkbedarfs saurer Böden auf Grund von Laboratoriums- und Vegetationsversuchen. Z. Pflanzenern. u. Düng. A **12**, 156f. (1928). — J. KÖNIG, J. HASENBÄUMER u. J. SCHÄFERS: Beziehungen zwischen dem Nährstoffgehalt des Bodens und der Nährstoffaufnahme durch die Kartoffel. Ebenda **58**, 55 (1923). — B. DIRKS u. F. SCHEFFER: Vergleichende Untersuchungen über das Nährstoffbedürfnis der Kulturböden. Z. Pflanzenern., Düng. u. Bodenk. B, **7**, 584 (1928). — H. WIESSMANN: Landw. Versuchsstat. **107**, 275 (1928). — A. DENSCH: Die Keimpflanzenmethode zur Bestimmung des Düngerbedürfnisses. Z. Pflanzenern., Düng. u. Bodenk. B, **5**, 97 (1926). — M. GERLACH u. O. NOLTE: Über die Bestimmung der leichtlöslichen Bodenphosphorsäure. Mitt. Dtsch. Landw. Ges. **1926**, Stück 10. — W. JESSEN u. W. LESCH: Vergleichende Untersuchungen über die Bestimmung der P_2O_5- und K_2O-Düngungsbedürftigkeit der Böden mit Hilfe der Zitronensäuremethode bzw. Salpetersäuremethode von 'SIGMOND. Z. Pflanzenern., Düng. u. Bodenk. A, **18**, 218 (1930).

Bei der Beurteilung des Fragenkomplexes der Ermittlung des Nährstoffgehalts der Böden darf nicht vergessen werden, daß die mit den verschiedenen Methoden erhaltenen Ergebnisse eine praktische Nutzanwendung finden sollten. Es gipfelt also ein großer Teil der besagten Untersuchungen in dem Wunsche, zu erfahren, wieviel und welche Nährstoffe müssen dem Boden zugeführt werden, um Höchsternten unter den sonst vorhandenen, natürlichen Bedingungen zu erhalten. Durch den einfachen Mangelversuch ist es natürlich möglich, zu ermitteln, welcher Nährstoff im Boden fehlt, wie auch die Staffelung der Nährstoffgaben im Gefäßversuch die Möglichkeit an die Hand gibt, zu entscheiden, ob dem Boden viel oder wenig eines oder mehrerer Nährstoffe gegeben werden muß[1]. Es wird aber im wesentlichen nichts über die quantitativen Mengen[2] der im Boden zur Erreichung der Höchsternten vorhandenen und somit auch nichts über die Höhe der zur Erzielung von Höchsternten fehlenden Nährstoffe ausgesagt. Ganz abgesehen von einigen Schwächen der Methode, die später noch behandelt werden, ist also der Mangelversuch nur in der Lage, ein Bild über die qualitative Natur des Nährstoffgehalts im Boden zu geben, wobei auch immer die schon gekennzeichneten Verhältnisse hinsichtlich verschiedenen Nährstoffbedarfes, der Höhe der Wassergabe usw. Berücksichtigung bei der Beurteilung finden müssen.

Eine quantitative Auswertung der Ergebnisse kann aber bei geeigneter Versuchsanordnung nach dem Verfahren von MITSCHERLICH[3] und neuerdings nach dem von WIESSMANN[4] erfolgen. Es handelt sich hierbei allerdings auch nicht um eine direkte Ermittlung des Nährstoffgehalts, sondern um eine indirekte Methode zur Feststellung des Düngebedürfnisses des Bodens. Die sich auf dem von E. A. MITSCHERLICH[5] aufgestellten Wirkungsgesetz der Wachstumsfaktoren begründende und von dem genannten Autor weiter ausgebaute Methode ermöglicht aus den mit den Gefäßversuchen erhaltenen Ergebnissen quantitative Rückschlüsse auf den natürlichen Boden zu ziehen. Da an anderer Stelle dieses Handbuches[6] auf die MITSCHERLICH-Methode des Näheren eingegangen wird, so sei hier nur erwähnt, daß es sich bei ihrer Durchführung für die Bestimmungen des Nährstoffgehalts des Bodens erübrigt, Versuche mit steigenden Gaben anzusetzen[7].

Die Richtigkeit dieser Nährstoffermittlung ist aber an die Konstanz der Wirkungsfaktoren gebunden[8], die jedoch von einigen Autoren als nicht bestehend hingestellt wird[9]. Auch liegen gewisse Schwierigkeiten bei der Ermittlung des

---

[1] Vgl. hierzu F. KLEMANN: Welchen Einfluß übt die verschiedene Zusammensetzung der Grunddüngung auf die Nährstoff-Feststellung im Vegetationsversuch aus? Fortschr. Landw. **6**, 263 (1931).

[2] Vgl. auch E. A. MITSCHERLICH: Die Bestimmung des Düngebedürfnisses des Bodens, 3. Aufl., S. 9. Berlin 1930.

[3] MITSCHERLICH, E. A.: Bodenkunde, 3. Aufl., S. 213. Berlin 1920; Die Bestimmung des Düngebedürfnisses des Bodens, 3. Aufl. Berlin 1930.

[4] WIESSMANN, H.: Die Bestimmung des Nährstoffgehalts der Böden durch den Gefäßversuch. Z. Pflanzenern., Düng. u. Bodenk. A, **10**, 206 (1927/28); Bestimmung des Nährstoffgehalts usw. Landw. Versuchsstat. **107**, 275 (1928).

[5] Vgl. u. a. E. A. MITSCHERLICH: Bodenkunde, a. a. O., S. 4.

[6] Vgl. diesen Band des Handbuches, S. 505—515.

[7] MITSCHERLICH: E. A.: Die Bestimmung des Düngebedürfnisses, a. a. O., S. 16.

[8] MITSCHERLICH: E. A.: Die Bestimmung des Düngebedürfnisses, a. a. O., S. 17. — WIESSMANN, H.: Landw. Versuchsstat., a. a. O., **107**, 281 (1928). — MITSCHERLICH, E. A.: Die zweite Annäherung des Wirkungsgesetzes der Wachstumsfaktoren. Z. Pflanzenern., Düng. u. Bodenk. A, **12**, 273 (1928).

[9] RIPPEL, A. u. R. MEYER: Ertragsgesetz gegen Wirkungsgesetz. Z. Pflanzenern., Düng. u. Bodenk. A, **14**, 1 (1929). — MEYER, R.: Die Abhängigkeit der Wachstumsgröße von der Quantität der Ernährungsfaktoren bei Pilzen. Ebenda A, **8**, 121 (1926/27). — NIETHAMMER, A.: Über das Gesetz vom Minimum bei Pilzkulturen. Biochem. Z. **165**, 168 (1925). —

Stickstoffs durch die MITSCHERLICH-Methode vor, die aber MITSCHERLICH[1] durch gewisse Umrechnungen zu beseitigen sieht. Ohne in den Streit der Meinungen hier eingreifen zu wollen, sei noch auf die Methode von H. WIESSMANN hingewiesen, die darauf hinausläuft, den Gefäßversuch quantitativ auszuwerten, auch in dem Falle, wenn das Wirkungsgesetz MITSCHERLICHS keine strenge Gültigkeit haben sollte. Das Wesentliche dieser Arbeitsrichtung ist, daß mit steigenden Gaben des zu prüfenden Nährstoffes zu einem Boden-Sandgemisch die Erträge festgestellt werden. Der zu der Mischung verwandte Boden ist derjenige, dessen Nährstoffgehalt auf diese indirekte Weise ermittelt werden soll. Die Beeinflussung in physikalischer Richtung wird durch vergleichende Untersuchungen festgestellt. WIESSMANN[2] gibt zwar an, daß seine Methode die aufnehmbaren Nährstoffe eines Bodens nicht genau angibt, glaubt jedoch, daß die geringen Fehler nicht ins Gewicht fallen, „selbst wenn die Proportionalität nicht genau zutreffen sollte".

Wenngleich beide Methoden, d. h. die MITSCHERLICHsche als auch die WIESSMANNsche, in mancher Beziehung noch angefochten werden, so zeigen sie doch, daß eine quantitative Auswertung des Gefäßversuches in bezug auf die Ermittlung des Düngebedürfnisses und somit indirekt auf den Nährstoffgehalt des Bodens stattfinden kann, und die Zukunft wird erweisen, wie die noch bestehenden Unsicherheiten dieser Methoden beseitigt und aufgeklärt werden können. Ehe auf die Vor- und Nachteile der Gefäßmethode eingegangen wird, seien die Untersuchungen, die sich mit der Ermittlung der physikalisch-chemischen Eigenschaften beschäftigen, besprochen. Zum Schluß dieses Abschnittes sei nur hervorgehoben, daß der Gefäßversuch nicht nur qualitativ, sondern auch bis zu einem gewissen Grade quantitativ erlaubt, Rückschlüsse auf den Nährstoffgehalt des Bodens zu ziehen, jedoch gibt, wie schon erwähnt, der Nährstoffgehalt nur einen Teil des Fruchtbarkeitszustandes eines Bodens wieder.

Physikalisch-chemische Eigenschaften des Bodens. Bei der Beurteilung des Fruchtbarkeitszustandes eines Bodens ist es naturgemäß wichtig, nicht nur den Nährstoffgehalt bzw. den durch die Pflanzen leicht aufnehmbaren Teil des Bodens zu kennen, sondern sich auch einen Überblick über die Natur des Bodensubstrates in Richtung der physikalisch-chemischen Eigenschaften zu verschaffen[3]. Es ist nicht immer möglich, die rein chemischen von den physi-

---

RIPPEL, A, W. ESTOR u. R. MEYER: Zur experimentellen Widerlegung des MITSCHERLICH-BAULEschen Wirkungsgesetzes der Wachstumsfaktoren. Z. Pflanzenern., Düng. u. Bodenk. A, **8**, 65 (1926/27). — LEMMERMANN, O. u. P. HASSE: Für und wider das Wirkungsgesetz der Wachstumsfaktoren. Ebenda B, **7**, 352 (1928). — DENSCH, A. u. PFAFF: Versuche zur Bestimmung des Nährstoffbedürfnisses usw. Ebenda B, **4**, 321 (1925). — GERLACH, M.: Die Bestimmungsmethoden des Düngungsbedürfnisses des Bodens. Ebenda B, **4**, 25 (1925); Das MITSCHERLICHsche Verfahren zur Bestimmung des Düngerbedürfnisses der Böden. Ebenda B, **4**, 273 (1925). — MITSCHERLICH, E. A.: Zur Bestimmung des Düngerbedürfnisses. Ebenda B, **4**, 193, 473 (1925). — Vgl. auch die Ausführungen von O. LEMMERMANN: Bemerkungen zu dem Vortrage von E. A. MITSCHERLICH. Ebenda A, **12**, 283 (1928). — R. MEYER: Ebenda A, **12**, 282 (1928).

[1] MITSCHERLICH, E. A.: Gefäß- und Feldversuch als Grundlage für die zweckmäßige Düngung. Das Superphosphat **5**, 11 (1929).

[2] WIESSMANN, H.: Antwort auf die Ausführungen von Herrn Dr. BEHRENS. Z. Pflanzenern., Düng. u. Bodenk. A, **12**, 292 (1928); Vergleich zwischen der Gefäßmethode nach MITSCHERLICH und WIESSMANN. Ebenda A, **13**, 205 (1929). — BEHRENS, W. U.: Ebenda A, **12**, 412 (1928). — MAIWALD, K.: Beitrag zu WIESSMANNS neuem Verfahren zur Bestimmung des Nährstoffgehalts der Böden durch den Gefäßversuch. Ebenda B, **7**, 370 (1928).

[3] Wie wir aus chemischen und physikalischen Untersuchungen her wissen, ist z. B. der Nährstoffgehalt der verschiedenen Korngrößen ein und desselben Bodens recht verschieden. [Vgl. die Veröffentlichungen von J. DUMONT: C. r. **138**, 215 (1904). — H. PUCHNER: Über die Verteilung von Nährstoffen in den verschieden feinen Bestandteilen des Bodens. Landw. Versuchsstat. **66**, 463 (1907). — D. MEYER: Landw. Jb. **1900**, 913. — O. KLEINE-MÖLLHOFF

kalischen Eigenschaften zu trennen, da die gegenseitige Wechselwirkung es meist nicht zuläßt, den Einfluß eines Einzelfaktors im Rahmen der Gesamtwirkung zu erkennen[1]. Auch mußte schon eingangs erwähnt werden, daß es nur wenige Arbeiten gibt, die sich mit einer Ermittlung in dieser Richtung durch den Gefäßversuch befaßt haben. Allein schon das durch seine große praktische Bedeutung wichtige Gebiet der Bodenstruktur und Bodenbearbeitung läßt sich durch Versuche in Gefäßen, selbst in großen, abgeschlossenen Parzellen kaum exakt und praktisch direkt übertragbar erforschen, da bei den Gefäßversuchen die Struktur des Bodens schon bei der Probenahme völlig zerstört wird, ferner ist die Verarbeitung des Materials nicht dazu angetan, weitere, für die Beurteilung der natürlichen Fruchtbarkeit unbedingt erforderlichen Zusammenhänge zu erkennen. Durch Auslesen der größeren Bodenbestandteile, durch das Sieben und eventuell auch durch das Einfüllen in die Gefäße kann die Frage nach der natürlichen Bodenstruktur durch den Gefäßversuch keine direkte Antwort erhalten. Dagegen ist es bei Innehaltung von geeigneten Maßnahmen unter Umständen wohl möglich, indirekte Aufschlüsse über diesen Fragenkomplex zu erhalten, wie dies auch bei ähnlichen Studien durch andere, meist nur auf Laboratoriumsversuchen beruhenden Methoden der Fall ist[2]. Die Pflanze ist in manchen Fällen vielleicht sogar noch besser in der Lage, Auskunft über viele Fragen zu geben als Laboratoriumsuntersuchungen, doch bringt natürlich die Verschiedenartigkeit und eine gewisse Anpassungsfähigkeit der Pflanzen Schwierigkeiten in die einzelnen Probleme. Besonders die Wasserfrage ist häufig Gegenstand der Untersuchung durch den Gefäßversuch gewesen. Das Wasser, das nicht allein als Lösungsmittel für die Nährstoffe dient, sondern auch als Nährstoff selbst eine große Rolle spielt, beeinflußt neben den chemischen Verhältnissen, wie Konzentration der Nährlösung oder Bodenlösung, und kolloidchemische Vorgänge, auch die physikalischen Eigenschaften, wie Durchlüftung, Veränderung der Struktur usw.

Es ist zur Genüge bekannt, und gerade durch Gefäßversuche, die die bestmögliche Kontrolle gewährleisten, erwiesen, daß der Wasserverbrauch der Pflanzen ein recht verschiedener ist[3], und daß die Produktionsfähigkeit in Beziehung

---

nach J. König: a. a. O., S. 12f. — E. J. Russell: a. a. O., S. 70. — F. Giesecke: Chem. Erde 3, 106f. (1928)]. — Vgl. J. J. Vaňha: Vegetationsversuche über den Einfluß verschiedener mechanischer Zusammensetzung desselben Bodens auf die Gerstenpflanze. Z. Landw. Versuchswes. Österr. **1901**, 99. Die dort angegebene und auf die mechanische Zusammensetzung vom Autor zurückgeführte Beeinflussung der Gerste kann nach Ansicht des Verfassers aber auf die Feuchtigkeit, verschiedene Durchlüftung und wechselnde Nährstoffverhältnisse zurückgeführt werden.

[1] Mitscherlich, E. A. u. R. Floess: [Ein Beitrag zur Bestimmung der Hygroskopizität usw. Int. Mitt. Bodenkde. **1**, 477—479 (1911)] geben ein Schulbeispiel an Hand eines Vegetationsversuches, wie schwer es ist, den ausschlaggebenden Vegetationsfaktor zu ermitteln.

[2] Vgl. neben den zahlreichen Arbeiten in E. Wollny, Forschgn. Geb. Agrikult.-Phys. niedergelegten Arbeiten u. a. F. Giesecke: Über den Einfluß äußerer Faktoren auf die Bodenstruktur. Z. Pflanzenern., Düng. u. Bodenk. A, **8**, 222 (1926/27).

[3] Hellriegel, H.: Einfluß kürzerer Durstperioden auf die Vegetation. Beiträge zu den natürlichen Grundlagen des Ackerbaus, S. 598. Braunschweig 1883. — Wollny, E.: Untersuchungen über den Einfluß der Wachstumsfaktoren auf das Produktionsvermögen der Kulturpflanzen. Forschgn. Geb. Agrikult.-Phys. **20**, 56 (1897/98). — Bezüglich der Versuche zum Studium der Wasserverdunstung, des Wasserverbrauches und der Sickerwassermengen sei auf die Versuchsanordnung von C. v. Seelhorst [Vegetationskästen zum Studium des Wasserhaushaltes im Boden. J. Landw. **50**, 277 (1902)] verwiesen. — Bünger, H.: Über den Einfluß verschieden hohen Wassergehalts des Bodens usw. Landw. Jb. **35**, 941 (1906). — Seelhorst, C. von: Untersuchungen über die Feuchtigkeitsverhältnisse eines Lehmbodens unter verschiedenen Früchten. J. Landw. **54**, 186 (1906). — Lemmermann, O.: Untersuchungen über einige Ernährungsursachen der Leguminosen und Gramineen und ihre wahrscheinliche Ursache. Landw. Versuchsstat. **67**, 235 (1907). — Seelhorst, C. von: Über den Wasserverbrauch von Rüben, Roggen und Gerste auf einem Lehmboden. J. Landw. **56**, 195

zum Wassergehalt des Bodens steht[1]. Ganz abgesehen hiervon spielt das Wasser aber auch noch in Hinsicht auf die Erkennung der Fruchtbarkeit eine Rolle, denn im allgemeinen hält nach MITSCHERLICH „der Boden das hygroskopisch gebundene Wasser zu fest, als daß es die Pflanze aufnehmen kann. Es hat demnach keinen Wert für die Pflanze"[2]. Die nebenstehende Tabelle veranschaulicht die diesbezüglich bei Gefäßversuchen erhaltenen Werte. MITSCHERLICH führt die wenigen Ausnahmen von der Richtigkeit des aufgestellten Satzes auf die Verdunstung durch einseitige Bestrahlung der Vegetationsgefäße und nachfolgende Kondensation sowie darauf erfolgende Aufnahme durch die Pflanze zurück.

Dieses Ergebnis ist nicht etwa nur pflanzenphysiologisch, sondern auch bodenkundlich insofern wichtig, als durch das Herabsinken des Wassergehalts eines Bodens auf den Hygroskopizitätswert trotz aller Nährstoffe und bester Zusammensetzung die Vegetation nicht fortkommen kann. Zieht man aber hierbei noch in Betracht, daß es sehr häufig — im landläufigen Sinne — bessere Böden, abgesehen von sehr stark humosen Böden, sind, die infolge einer großen Bodenoberfläche und der Anwesenheit absorptionsfähiger Verbindungen[3] eine hohe

---

1908. — SEELHORST, C. VON, W. FRECKMANN, R. KRZYMOWSKI, H. SÜCHTING u. H. BÜNGER: Der Wasserverbrauch verschiedener Hafer-Varietäten. Ebenda **56**, 321 (1908). — PFEIFFER, TH., E. BLANCK u. M. FLÜGEL: Wasser und Licht als Vegetationsfaktoren. Landw. Versuchsstat. **76**, 169 (1912). — PFEIFFER, TH.: Der Wasserbedarf der Gerste und des Hafers. Fühlings Landw. Ztg. **67**, 1 (1918). — PFEIFFER, TH. u. A. RIPPEL unter Mitwirkung von CH. PFOTENHAUER: Über den Einfluß von Durstperioden auf das Wachstum der Pflanzen. Landw. Versuchsstat. **96**, 353 (1920). — MITSCHERLICH, E. A.: Bodenkunde, a. a. O., S. 67. — Vgl. ferner KONRAD MEYER: Studien über den Wasserhaushalt des Hafers. Journ. f. Landw. **78**, 31 (1930) (mit zahlreichen Literaturangaben).

[1] Vgl. J. FITTBOGEN: Untersuchungen über das für eine normale Produktion der Haferpflanze notwendige Minimum von Bodenfeuchtigkeit usw. Landw. Jb. **2**, 353 (1873). — R. HEINRICH: Landw. Versuchsstat. **18**, 74 (1875). — F. HABERLANDT: Österr. Landw. Wchbl. **30**, 352 (1875). — A. MAYER: Fühlings Landw. Ztg. **1875**, 87. — A. VON LIEBENBERG: Landw. Zbl. Deutschl. **1876**, 419. — W. DETMER: Forschgn. Geb. Agrikult.-Phys. **1**, 166 (1878). — E. WOLLNY: Einfluß der Wachstumsfaktoren auf das Produktionsvermögen der Kulturpflanzen. Ebenda **20**, 56f. (1897/98). — C. VON SEELHORST u. M. TUCKER: J. Landw. **46**, 52 (1898). — A. VON DASZEWSKI: Der Einfluß des Wassers und der Düngung auf die Zusammensetzung der Kartoffel. Ebenda **48**, 223f. (1900). — C. VON SEELHORST, N. GEORGS u. F. FAHRENHOLTZ: Ebenda **48**, 265 (1900). — C. VON SEELHORST u. W. FRECKMANN: Der Einfluß des Wassergehaltes des Bodens auf die Ernten. Ebenda **51**, 253 (1903). — E. HASELHOFF: Versuche über die Beziehungen zwischen Bodenfeuchtigkeit, Pflanzenentwicklung und Nährstoffaufnahme. Landw. Versuchsstat. **89**, 1 (1917). — R. SEIDEN: Vergleichende Untersuchungen über den Einfluß verschiedener äußerer Faktoren usw. Ebenda **104**, 1 (1926). — M. GERLACH: Versuche über Ackerbewässerung. Arb. Dtsch. Landw. Ges., H. 141 (1908). — P. EHRENBERG: Der Einfluß des Wassers auf die Fruchtbarkeit des Bodens. Arb. Landw.-Kammer Hannover, H. 32, 28 (1912). — E. A. MITSCHERLICH: Bodenkunde, a. a. O., S. 173 bis 186. — A. DENSCH u. HUNNIUS: Der Einfluß des Wassergehalts des Bodens zu verschiedenen Zeiten der Wachstumsperiode usw. Landw. Versuchsstat. **103**, 91 (1925). — Vgl. hierzu auch TH. PFEIFFER, E. BLANCK u. K. FRISKE: a. a. O., Landw. Versuchsstat. **82**, 287 (1913). — Vgl. auch E. W. HILGARD: Über die Bedeutung der hygroskopischen Bodenfeuchtigkeit für die Vegetation. Forschgn. Geb. Agrikult.-Phys. **8**, 93 (1885). — M. CHIRITESCU-AROA: Der Einfluß des optimalen Wassergehaltes des Bodens auf die Pflanze während verschiedener Entwicklungsstadien. Fortschr. Landw. **24**, 89 (1927).

[2] MITSCHERLICH, E. A.: Bodenkunde, a. a. O., S. 129. — Vgl. hierzu die Ausführungen von TH. PFEIFFER, E. BLANCK u. K. FRISKE: a. a. O., Landw. Versuchsstat. **82**, 237 (1913). — R. HEINRICH: Über das Vermögen der Pflanzen, den Boden an Wasser zu erschöpfen. Ebenda **18**, 74, 75 (1875).

[3] Vgl. E. BLANCK: Kenntnis der chemischen und physikalischen Beschaffenheit der Roterden. J. Landw. **60**, 72, 73 (1912). — E. BLANCK u. J. M. DOBRESCU: Weitere Beiträge zur Beschaffenheit rotgefärbter Bodenarten. Landw. Versuchsstat. **84**, 439 (1914). — E. BLANCK u. F. ALTEN: Beiträge zur Kennzeichnung und Unterscheidung der Roterden. Ebenda **103**, 65 (1925). — F. GIESECKE: Die Hygroskopizität in ihrer Abhängigkeit von der chemischen Bodenbeschaffenheit. Chem. Erde **3**, 98f. (1927); Über die Beziehungen zwischen der mechanischen Zusammensetzung und der Hygroskopizität eines Bodens. J. Landw. **76**, 33 (1928).

Bodenart	Hygroskopizität in Proz.	Wassergehalt des Bodens in Proz. beim Absterben	
		des Hafers	des Senfs
Reiner Quarzsand	0,12 ± 0,01	0,06 ± 0,01	0,09 ± 0,01
Sandboden	1,03 ± 0,01	0,85 ± 0,02	0,87 ± 0,03
Sandboden	1,23 ± 0,02	1,15 ± 0,02	1,09 ± 0,03
Lehmiger Sandboden	1,71 ± 0,02	1,52 ± 0,04	1,63 ± 0,02
Sandiger Lehmboden	2,27 ± 0,26	1,99 ± 0,10	2,06 ± 0,05
Sandiger Lehmboden	2,46 ± 0,02	2,10 ± 0,05	2,40 ± 0,02
Sandiger Lehmboden	2,64 ± 0,06	2,18 ± 0,06	—
Lehmboden	3,07 ± 0,04	2,49 ± 0,31	2,59 ± 0,11
Lehmboden	3,09 ± 0,30	2,91 ± 0,04	3,87 ± 0,58
Strenger Lehmboden	4,12 ± 0,12	5,08 ± 0,19	4,80 ± 0,18
Tonboden	5,87 ± 0,12	4,97 ± 0,07	5,69 ± 0,30
Mischmoorboden	6,26 ± 0,14	6,44 ± 0,22	—
Komposterde	7,07 ± 0,08	7,13 ± 0,29	6,07 ± 0,11
Niederungsmoor + Gartenboden	8,75 ± 0,09	8,33 ± 0,23	8,33 ± 0,53
Hochmoor	21,7 ± 1,1	17,6 ± 1,8	21,2 ± 0,4

Hygroskopizität haben, so kommt dem Befunde in bezug auf die Bodenfruchtbarkeit eine große Bedeutung zu. RUSSELL[1] sieht den Grund für das Welken der Pflanzen auch in dem Gehalt an Ton und Kolloiden, doch glaubt er ihre Bedeutung in der Herabsetzung der Zirkulationsgeschwindigkeit des Bodenwassers erblicken zu müssen, da der Wasserbedarf der Pflanze ebenso rasch ersetzt werden muß, wie der Verlust durch Verdunstung sich vollzieht, andernfalls tritt eben das Absterben der Pflanze ein. Das Wasser spielt aber nach der entgegengesetzten Richtung besonders für den physikalischen Zustand des Bodens eine Rolle, der auch rein methodisch für den Gefäßversuch von Bedeutung werden kann. Die Höhe der Wasserkapazität bedingt nämlich die Höhe der Durchlüftung, ferner steht sie insofern in Beziehung zur Wasserdurchlässigkeit als bei hoher Durchlässigkeit des Bodens mit steigender Zunahme der Wasserkapazität die Nährstoffe ausgewaschen werden können und bei mangelnder Durchlässigkeit die Durchlüftung abnimmt, und damit durch die Stagnation des Wassers Pflanzenschädigungen eintreten können[2]. Beide extremen Möglichkeiten sind sowohl für die Durchführung des exakten Gefäßversuches methodisch wichtig als auch für die Erkenntnis der Bodenfruchtbarkeit von Bedeutung. Aus diesem Grunde seien auch die von MITSCHERLICH[3] zusammengestellten Werte hier wiedergegeben.

Erträge bei verschiedenem Wassergehalt des Bodens[4] (nach MITSCHERLICH).

Bodenart	Kulturpflanze	Anzahl der vorliegenden Beobachtungen	Wassergehalt des Bodens in Prozenten der Wasserkapazität				
			20	40	60	80	100
Diluvialsand + 4 % Humus + 2 % Kalk	Sommerroggen	8	30,7	71,4	92,8	77,6	19,7
	Erbse	3	14,1	50,3	87,4	100,0	9,3
	Pferdebohne	1	16,0	48,4	63,9	100,0	33,8
	Sommerraps	6	30,2	74,0	92,3	64,2	11,2
	Kartoffel	2	15,8	48,2	89,0	100,0	62,5
Quarzsand	Gerste	1	73,3	100,0	95,2	83,3	—
Torfboden	Heu	1	1,3	11,3	100,0	83,0	50,9

[1] RUSSELL, E. J.: Boden und Pflanze. Übersetzt von H. BREHM, S. 139. Dresden u. Leipzig 1914. Es werden in diesem Zusammenhange Arbeiten von R. HEINRICH, L. J. BRIGGS u. W. B. CRUMP zitiert.

[2] MITSCHERLICH, E. A.: a. a. O., S. 186. — Vgl. F. GIESECKE, dieses Handb. **6**, 302 f.

[3] MITSCHERLICH, E. A.: a. a. O., S. 186. — Vgl. auch H. HELLRIEGEL: Landw. Versuchsstat. **11**, 111 (1869).

[4] Vgl. H. HELLRIEGEL,: Amtl. Vereinsbl. Mark Brandenburg **1871**, 60 (Befund für Gerste). — Vgl. auch R. HEINRICH: Grundlagen zur Beurteilung der Ackerkrume, S. 29.

Aus als Vorversuche anzusehenden Untersuchungen MITSCHERLICHS geht hervor, daß auch die Höhe der Hygroskopizität zum mindesten stark auf den Pflanzenertrag einwirkt.

Die vorerwähnte Eigenschaft des Bodens, das hygroskopische Wasser den Pflanzen nicht zur Verfügung zu stellen, lenkt die Aufmerksamkeit auf Absorptions- und Basenaustauschfragen. Eine hohe Absorptionsfähigkeit des Bodens gilt im allgemeinen als gut im Sinne der Bodenfruchtbarkeit. Ein großer Teil der mineralischen Nährstoffe kann durch den absorbierenden Bodenkomplex festgehalten werden. Wenn nun auch die Mineralstoffe in dieser Form, wie VON NOSTITZ[1] es hervorhebt, zwar praktisch nicht mehr wasserlöslich sind, so können sie doch jederzeit „durch Austausch gegen ein gelöstes Salz in die Bodenflüssigkeit übergehen". Bei der Ermittlung dieser für die Gesamtbeurteilung des Fruchtbarkeitszustandes des Bodens so wichtigen Fragen kann gerade der Vegetationsversuch besondere Dienste leisten, und es hat auch nicht an Untersuchungen gefehlt, die Wirkung der Zufuhr solcher Stoffe zu prüfen, die den Mangel an absorbierenden Körpern im Boden beheben sollen[2], wie andererseits auch die Beeinflussung hochkolloidaler Böden durch Hitze, Frost u. a. m. durch dieses Hilfsmittel in ihrer Auswirkung geprüft ist[3].

Es ist naturgemäß nicht angängig, im Rahmen dieses Beitrages eine in das Einzelne gehende Darstellung über diesen Fragenkomplex zu geben, wie es auch unmöglich ist, die mit Hilfe des Vegetationsversuches erhaltenen Ergebnisse an dieser Stelle zu besprechen. Es muß vielmehr auf die Literatur[4] verwiesen und zugleich hervorgehoben werden, daß gerade der Gefäßversuch in diesem Forschungsgebiet geeignet ist, Aufschlüsse zu geben. In gewisser Beziehung zu dem Basenaustausch steht auch der Vorgang der Bodenversauerung, glaubt doch

---

Wismar (1882) (Befund für Heu). — Alle anderen Zahlen wurden berechnet aus der Abhandlung von E. WOLLNY: Forschgn. Geb. Agrikult.-Phys. **20**, 56f, 95f.

[1] NOSTITZ, A. VON: Zur Bedeutung der basisch austauschbaren Bodennährstoffe für die Pflanzen und über Einwirkung des Kalkes auf die absorbierenden Bodenkörper. Landw. Versuchsstat. **103**, 159 (1925).

[2] Vgl. unter vielen anderen TH. PFEIFFER u. E. BLANCK: Über die Wirkung eines Zusatzes von Tonerde- und Kieselsäuregel zum Boden usw. Mitt. Landw. Inst. Breslau **6**, 315 (1911). — G. WIEGNER: Die Festlegung des Stickstoffs durch sogenannte Zeolithe. J. Landw. **61**, 11f. (1913). — D. J. HISSINK: Die Festlegung des Ammoniakstickstoffs durch Permutit usw. Landw. Versuchsstat. **81**, 377 (1913). — E. BLANCK u. F. ALTEN: Ein Vegetationsversuch mit „Asahi-Promoloid". J. Landw. **72**, 139 (1924); Zur Wirkung des Zeotokols auf die Pflanzenproduktion. Ebenda **72**, 145 (1924); **73**, 213 (1925). — E. BLANCK u. F. SCHEFFER: Weitere Versuche mit Asahi-Promoloid. Z. Pflanzenern., Düng. u. Bodenk. B, **5**, 214 (1926). — O. LEMMERMANN u. H. WIESSMANN: Ebenda A, **4**, 345 (1925). — E. BLANCK, F. GIESECKE u. F. SCHEFFER: Ebenda B, **6**, 49 (1927). — F. HONCAMP u. H. WIESSMANN: Versuche über die Bindung von Jauche-Stickstoff durch Humus-Kohle und Torf. Ebenda A, **17**, 194 (1930).

[3] Vgl. W. CZERMAK: Ein Beitrag zur Erkenntnis der Veränderungen der sogenannten physikalischen Bodeneigenschaften durch Frost, Hitze und die Beigabe einiger Salze. Landw. Versuchsstat. **76**, 75f. (1912).

[4] Vgl. u. a. A. VON NOSTITZ: a. a. O., S. 159. — E. A. MITSCHERLICH: Bodenkunde, a. a. O., S. 223. — Schon PH. H. ZÖLLER bediente sich des Gefäßversuches zur Lösung von Absorptionsfragen. Landw. Versuchsstat. **5**, 40 (1863). — F. STOHMANN: Versuche mit absorbierten Nährstoffen. Ebenda **6**, 424 (1864). — PH. H. ZÖLLER: Vorschlag zu Vegetationsversuchen in Böden, welche die Nährstoffe absorbiert und verschieden lokalisiert enthalten. Ebenda **6**, 261 (1864). — O. KELLNER, S. ISHII, Y. KOZAI, M. OTA u. H. YOSHIDA: Quantitative Bestimmung einiger im Boden vorhandenen absorptiv gebundenen Basen und Versuche über die Frage, ob die Pflanze nur gelöste und absorbierte oder auch stärker gebundene unlösliche Nährstoffe aufnehmen kann. Ebenda **33**, 359 (1887). — R. FLOESS: Landw. Jb. **1912**, 255. — J. KÖNIG, J. HASENBÄUMER u. R. KRÖNIG: a. a. O. Landw. Jb. **46**, 223 (1914). — Vgl. hierzu auch F. MERKENSCHLAGER: Die Neigung des Senfes zu absorptionsfähigen Nährmedien. Dtsch. Landw. Presse **51**, 330 (1924).

H. KAPPEN[1] ihn als einen „Spezialfall des bei den Böden altbekannten Basen- und Ionenaustausches" auffassen zu können. Das Grundlegende in der Frage der natürlichen Bodenazidität ist, daß der Basenverlust des Verwitterungskomplexes als ihre Ursache anzusehen ist. Allein schon hieraus ergibt sich die große Bedeutung der Aziditätsfragen im Hinblick auf die Fruchtbarkeit, ein Umstand, der bei der Betrachtung der physiologischen Vorgänge innerhalb der Pflanzen eine weitere Erhöhung erfährt. Ohne auf die zahlreiche Literatur über diesen Gegenstand einzugehen[2], sei nur erwähnt, daß zur experimentellen Prüfung der Vorgänge ebenfalls der Gefäßversuch mit Erfolg herangezogen worden ist[3].

Die mehr oder weniger großen Abweichungen der Reaktion vom Neutralpunkt waren zwar schon lange als für die Vegetation schädlich erkannt[4], doch haben gerade in neuerer Zeit die Gefäßversuche die Zusammenhänge über die Gründe der Schädlichkeit aufdecken helfen. Die Bodenazidität, die Basenverarmung und die Absorptionsvorgänge stehen nun ihrerseits wiederum im allerengsten Konnex mit der Kalkdüngung. Die Bedeutung des Kalkes als Pflanzennährstoff steht zwar hinter der den physikalischen und chemischen Bodenzustand verbessernden Wirkung zurück, da es aber gerade die Pflanzen sind, die als Indikatoren in dieser Richtung am besten Auskunft geben können, wurde auch hier in vielen Fällen der Gefäßversuch bei der experimentellen Prüfung dieses Gegenstandes benutzt[5]. Der Einfluß des Kalkes wirkt sich überdies auf die bakteriellen Umsetzungen im Boden aus und steht ferner mit Bodenstrukturfragen in

---

[1] KAPPEN, H.: Die Bodenazidität, a.a.O., S. 112; ferner Landw. Versuchsstat. **88**, 96 (1916).

[2] Vgl. hierzu H. KAPPEN: Die Bodenazidität. Berlin 1930.

[3] Vgl. z. B. W. MAXWELL: Die relative Empfindlichkeit von Pflanzen gegenüber dem Säuregehalt der Böden. Landw. Versuchsstat. **50**, 325 (1898). — O. LEMMERMANN u. L. FRESENIUS: Untersuchungen über die Azidität der Böden und ihre Wirkung auf keimende Samen. Z. Pflanzenern., Düng. u. Bodenk. A, **1**, 12 (1922). — H. KAPPEN u. W. BERGEDER: Über die Beziehungen zwischen der physiologischen Azidität der Düngesalze und der Bodenazidität. Ebenda A, **7**, 291 (1926). — L. FRESENIUS: Über die Wirkung der nach der Austauschazidität bzw. der Titrationskurve errechneten Kalkmengen auf die Ernte und den Aziditätszustand der Böden. Ebenda A, **17**, 176 (1930). — E. VON OLDERSHAUSEN: Der Einfluß künstlicher Bodensäurung auf Boden und Pflanzenwachstum. J. Landw. **78**, 241 (1930). — D. MEYER, P. OBST u. K. WODARZ: Azidität, Sättigungsgrad und Kalkbedarf verschiedener Böden auf Grund von Gefäßversuchen. Z. Pflanzenern., Düng. u. Bodenk. A, **10**, 65 (1927/28). — Vgl. auch O. C. MAGISTAD: Der Aluminiumgehalt von Bodenlösungen und seine Beziehung zur Bodenreaktion und zum Pflanzenwachstum. Soil Sci. **20**, 181 (1925). — D. MEYER, P. OBST u. F. WILCZEWSKI: Azidität, Sättigungsgrad und Kalkbedarf verschiedener Böden auf Grund von Gefäßversuchen. Z. Pflanzenern., Düng. u. Bodenk. A, **15**, 279 (1930).

[4] Vgl. z. B. A. VÖLCKER: Über einige Ursachen der Unfruchtbarkeit des Ackerbodens. J. Roy. Agr. Soc. England **1**, 113; nach ausführlichem Ref. Jber. Agrikult.-Chem. **8**, 34f. (1865) Berlin 1867. — W. MAXWELL: a. a. O. Landw. Versuchsstat. **50**, 325 (1898). — F. MÜNTER: Über den Einfluß alkalischer Bodenreaktion auf die Pflanzenproduktion. Z. Pflanzenern., Düng. u. Bodenk. B, **2**, 289 (1923). — F. SCHULZ: Untersuchungen über den Einfluß der Bodenreaktion auf den Ertrag verschiedener Pflanzenarten. Gartenbauwiss. **3**, 331 (1930). — O. ARRHENIUS: Pflanzenwachstum und Bodenreaktion. Naturw. **15**, 263 (1927). — W. MEVIUS: Reaktion des Bodens und Pflanzenwachstum. Naturw. u. Landw. **11** (1927). — P. G. STRASS u. A. A. ABRAMOWITSCH: Aziditätsfragen und Ernteertrag. J. Landw. Wiss. **5**, 30. Moskau 1928 nach Ref. Z. Pflanzenern. u. Düng. **14**, 301 (1929).

[5] Vgl. z. B. M. FLEISCHER: Versuche über die Wirkung von kalkreichen Materialien auf Hochmoorboden. Landw. Jb. **20**, 554 (1891). — D. MEYER: Die Kalkverbindungen der Ackererden usw. Ebenda **29**, 913 (1900); Untersuchungen über die Wirkung verschiedener Kalk- und Magnesiaformen. Ebenda **31**, 371 (1902). — O. LEMMERMANN, O. FOERSTER u. A. EINECKE: Untersuchungen über das Kalkbedürfnis der Ackerböden auf Grund von Bodenuntersuchungen und Vegetationsversuchen. Ebenda **40**, 255f. (1911). — D. DRUSHININ: Durch Kalk bewirkte Änderungen und ihr Einfluß auf die Ernte. Arb. wiss. Inst. Düngemitt. Moskau **20**, 1 (1923); nach Jber. Agr. Chem. für 1924 **41** (1927). — V. METELSKIJ: Zur Frage über die Kalkung von Podsolböden bei verschiedenen Kulturen im Zusammenhange mit der Aziditätsform. Nach Ref. Fortschr. Landw. **6**, 175 (1931).

engstem Zusammenhang[1], wie auch nicht unerwähnt bleiben darf, daß die Bodenreaktion sich auf die Lösung der Nährstoffe verändernd bemerkbar machen kann[2].

Auch andere Fragen der physikalischen Bodenveränderung wurden durch den Vegetationsversuch geprüft. Um nur einige Beispiele zu nennen, seien die Zugabe von Sand zu Tonboden bzw. Moorboden[3], von Ton zu Sandboden[4] und Moorböden[5], die Wirkung der Kuhlerde auf Marschböden[6] und der Einfluß des Mergelns erwähnt. Während die Verbesserung des Bodens durch Zufuhr künstlicher Düngemittel bei verschiedenen Bodenarten und zu verschiedenen Früchten häufig durch den Gefäßversuch untersucht wurde, ist die Frage ihrer Wirkung auf den physikalischen Zustand des Bodens bei vergleichenden Untersuchungen oft außer acht gelassen. Es ist bei derartigen Untersuchungen also meistens mehr die Wirkung als Nährstoff Ausgangspunkt des Problems gewesen, als die Auswirkung auf die Veränderung der Bodenstruktur. Die zahlreichen Untersuchungen lehren, daß es nicht allein auf die Nährwirkung eines im Boden befindlichen Salzes allein ankommt, sondern daß seine sekundäre Wirkung auf die Bodenbestandteile in bezug auf Peptisation oder Koagulation und damit auf Luft- und Wasserführung sowie auf die Mikroorganismentätigkeit bei der Gesamtwirkung eine bedeutsame Rolle spielt. Es zeigt dieses die Schwierigkeit bei der Beurteilung einer die Bodenfruchtbarkeit verändernden Meliorationsmaßnahme. Nur durch möglichst weit ausholende, vergleichende Untersuchungen läßt sich ein Urteil über die Einzelheiten der sich im Boden abspielenden Gesamtvorgänge bilden. Die angeschnittene Frage der Veränderung der Bodenstruktur durch Zusatz gewisser Salze kommt an dem auch praktisch wichtigen Beispiel des Natronsalpeters ganz evident zur Veranschaulichung, denn die Pflanzen sind an und für sich geneigt, den Salpeterstickstoff zu ihrem Aufbau zu verwenden, jedoch bringt das durch die „physiologische Tätigkeit“ der Pflanzen im Boden

---

[1] Vgl. hierzu die mit Gefäßversuchen überprüften Ergebnisse von A. DENSCH: Zur Frage der schädlichen Wirkung zu starker Kalkgaben auf Hochmoor. Landw. Jb. **44**, 333 (1913). — H. HAASTERT: Über das Pflanzenwachstum auf sauren Böden. Z. Pflanzenern., Düng. u. Bodenk. A, **9**, 265 (1927).

[2] Vgl. z. B. P. EHRENBERG: Beiträge zur Reaktionsfrage bei der Phosphorsäuredüngung. Z. Pflanzenern., Düng. u. Bodenk. B, **2**, 129 (1923). — H. KAPPEN: Vegetationsversuche mit Phosphorsäuredüngern auf sauren Mineralböden. Superphosphat **5**, 199 (1929). — Vgl. auch D. MEYER u. P. OBST: Der Einfluß der Düngung auf die Phosphorsäure- und Kalkaufnahme verschiedener Pflanzen. Z. Pflanzenern., Düng. u. Bodenk. B, **9**, 488 (1930). — Vgl. ferner H. RÖSSLER: Feld- und Vegetationsversuche auf austauschsauren Böden. Landw. Versuchsstat. **107**, 307 (1928).

[3] Vgl. hierzu M. FLEISCHER: Landw. Jb. **20**, 771 (1891). — F. SEYFERT: Ebenda **20**, 854 (1891). — E. WOLLNY: Forschgn. Geb. Agrikult.-Phys. **17**, 229 (1894). — Vgl. auch E. NYSTRÖM: Moorboden als Bodenverbesserungsmittel auf humusarmem Sand. Svenska Mossför. Tidskr. **44**, 85 (1930) (mit dtsch. Zusammf.).

[4] KOCH, A.: Reiche Ernten auf magerem Sandboden. Mitt. Dtsch. Landw. Ges. **1915**, Stück 21, 311. — M. GERLACH: Die Wirkung einer Durchmischung des leichteren Bodens mit Moor, Mergel, Ton und Stroh. Landw. Versuchsstat. **79**—**80**, 681 (1913). — LEMMERMANN, O., A. EINECKE u. H. WIESSMANN: Versuche über die Ursache der ertragsteigernden Wirkung durch Zusatz von Ton zu Sandboden. Ebenda **50**, 649 (1917). — B. MENZEL: Untersuchungen über die Melioration leichter Böden durch Tonmehl. Landw. Jb. **65**, 829 (1927). — BLANCK, E. u. H. KEESE: Über den Einfluß von Ton auf das Pflanzenwachstum. J. Landw. **76**, 309 (1928). — BLANCK, E. u. E. VON OLDERSHAUSEN: Über den Einfluß eines Zusatzes von Ton verschiedener Zusammensetzung zu Sand auf das Pflanzenwachstum. Ebenda **77**, 331 (1929).

[5] Vgl. u. a. O. ARRHENIUS u. E. HENNING: Der Einfluß des Aufbringens von Ton und Sand auf Moorböden hinsichtlich des Gesundheitszustandes der Pflanzen. Mitt. Nr. 264 d. Zentralanst. f. Landbauforschg. Stockholm 1924.

[6] BLANCK, E. u. W. DÖRFELDT: Beiträge zur Kenntnis der Beschaffenheit der Kuhlerde sowie ihrer Wirkung auf den Marschboden. J. Landw. **78**, 9 (1930).

verbleibende Natriumion ein Verkrusten des Bodens, sein Verschlämmen und seine Undurchlässigkeit für Wasser und Luft mit sich.

Dieser Hinweis möge genügen, um zu zeigen, daß der Gefäßversuch auf dem indirekten Wege der Pflanzenertragsfeststellung in der Lage ist, auch über gewisse Bodenstrukturfragen, die in Verbindung mit der Nährstoffrage stehen, Auskunft zu geben, wobei hervorgehoben werden muß, daß sich die Nebenwirkungen der zugeführten Stoffe in der verschiedensten Weise geltend machen können[1]. Schon P. WAGNER[2] u. a. erkannten, daß nicht nur die Pflanzennährstoffe, sondern auch die physikalische Bodenbeschaffenheit als Fruchtbarkeitsträger zu gelten haben und somit Bedingung für die Produktionsfähigkeit des Bodens sind.

Ebenfalls in Verbindung mit der Nährstoff- und Wasserfrage stehen noch andere Bodeneigenschaften; so hat das Problem, ob das Bodenvolumen bzw. die Mächtigkeit der Bodenschicht einen Einfluß auf die Entwicklung und Erträge der Pflanzen hat, mehrfache Bearbeitung durch den Gefäßversuch gefunden. Während HELLRIEGEL[3] aus seinen Versuchsergebnissen schloß, daß die Ernten im umgekehrten Verhältnis zu der Größe des Bodenvolumens resp. zur Höhe der Ackerschicht stehen, glaubte E. WOLLNY[4] seinen Untersuchungsresultaten entnehmen zu können, daß im allgemeinen „die Fruchtbarkeit des Bodens mit zunehmendem Steingehalt eine Erhöhung erfährt bis zu einer bestimmten Grenze (ca. 10 bis 20 Vol.%), über welche hinaus sich bei weiterer Steigerung der Steinmenge die Erträge der Pflanze stetig vermindern". LEMMERMANN, der sich in mehreren Abhandlungen mit der Frage des Einflusses des Bodenvolumens auf die Entwicklung der Pflanzen beschäftigt hat, glaubte zuerst der Größe des Bodenraums eine gewisse Rolle zuschreiben zu müssen[5], um später aber auf Grund der Ergebnisse von Wasserkulturversuchen darzutun, daß es nicht der Raum an sich ist, sondern die durch den Raum bedingten Nährstoffverhältnisse es sind, die bei kleinerem gegenüber größerem Volumen eine geringere Ernte bewirken[6]. Dieses Ergebnis wurde von BURMESTER[7] insofern bestätigt, als nach ihm das Bodenvolumen auf die quantitative Ausbildung der Wurzeln ohne Einfluß bei seinen Untersuchungen mit Böden blieb. Bei der Veränderung des Bodenvolumens bei den WOLLNYschen Untersuchungen glaubt MITSCHERLICH[8] die Ergebnisse auf die gleichzeitige „Verminderung des Wassergehaltes resp. einer Vergrößerung des Energieverlustes" zurückführen zu müssen. An diese Auslegung der WOLLNYschen Ergebnisse knüpfen sich eine Reihe anderer Arbeiten an, die wohl dem Wasser die Bedeutung als Vegetationsfaktor zuerkennen, deren Versuchsergebnisse aber darauf schließen lassen, daß die Steine keinen Einfluß in bezug auf den Vegetationsfaktor „Energie" haben[9]. Für die Methodik der Gefäß-

---

[1] Vgl. hierzu A. MAUSBERG: Wie beeinflußt die Düngung die Beschaffenheit des Bodens und seine Eignung für bestimmte Kulturgewächse. Landw. Jb. **45**, 29 (1913).

[2] WAGNER, P.: Vortrag über die chemischen und physikalischen Grundlagen der Bodenbonitierung. J. Landw. **19**, 275 (1871).

[3] HELLRIEGEL, H.: Einfluß des Bodenvolumens und der Mächtigkeit der Bodenschicht auf die Entwicklung und die Erträge der Kulturpflanzen. Beiträge zu den naturwissenschaftlichen Grundlagen des Ackerbaus, S. 194—224. Braunschweig 1883.

[4] WOLLNY, E.: Einfluß der Steine auf die Fruchtbarkeit des Bodens. Forschgn. Geb. Agrikult.-Phys. **20**, 393 (1897/98).

[5] LEMMERMANN, O.: Untersuchungen über den Einfluß eines verschieden großen Bodenvolumens auf den Ertrag und die Zusammensetzung der Pflanze. J. Landw. **51**, 1, 279 (1903).

[6] LEMMERMANN, O.: J. Landw. **53**, 173 (1905). — Vgl. auch K. K. GEDROIZ: Russ. J. exp. Landw. **7**, 30 (1906).

[7] BURMESTER, HERM.: Einfluß des Bodenvolumens und des Nährstoffvorrates auf die relative Wurzelentwicklung und den Ertrag usw. J. Landw. **61**, 135 (1913).

[8] MITSCHERLICH, E. A.: Bodenkunde, 3. Aufl., S. 175. Berlin 1920.

[9] PFEIFFER, TH. u. W. SIMMERMACHER: Über den Einfluß der Steine im Boden auf das Wachstum der Pflanzen. Landw. Versuchsstat. **93**, 49 (1919). — PFEIFFER, TH. u.

versuche bedeuten diese Ergebnisse, daß in vergleichenden Untersuchungen bei gleichem Nährstoffgehalt und bei Berücksichtigung des Vegetationsfaktors Wasser sowie bei Innehaltung von den Pflanzen zusagenden Nährstoffkonzentrationen das Bodenvolumen für die Produktion nicht ausschlaggebend ist. Bei diesen Ergebnissen ist naturgemäß zu berücksichtigen, daß die Volumverhältnisse nicht extrem klein sein dürfen, denn für den Begriff Fruchtbarkeit hat das hierher gehörige Wort Pfeiffers[1] Geltung: „Das Bodenvolumen bildet als Träger des Wassers bzw. der Nährstofflösung einen Produktionsfaktor." Nicht zuletzt ist es daher als Vorteil der Gefäßversuchsmethode anzusehen, daß bei ihr das Wasser und der Raum Berücksichtigung finden können, wie dies schon Hellriegel hervorhob[2].

Es ist versucht worden, auch andere Fragen aus dem Gebiet der physikalischen Bodeneigenschaften durch den Gefäßversuch zu lösen. Die Einwirkung der Bodentemperatur[3], der Lagerung[4] des Bodens, der Durchlüftung[5] sind Gegenstand der Untersuchung durch den Gefäßversuch gewesen, doch gilt im allgemeinen für Versuche dieser Art, daß ihre Ergebnisse infolge gewisser methodischer Mängel nur richtungsweisend sein können und zur Übertragung auf praktische Verhältnisse nicht direkt geeignet sind, da der Boden vor dem Einfüllen in die Gefäße Veränderungen, gerade physikalischer Natur, erleidet. Durch Veränderungen dieser Art werden aber neben den physikalischen Eigenschaften, wie Durchlüftung, Wasserkapazität, Wasserleitung usw., die biologischen Eigenschaften des Bodens stark beeinflußt, so daß die eine Frage wohl kaum unter völligem Ausschluß anderer damit verbundener Folgerungen auf diesem Wege geprüft werden kann. Wie stark sich die einzelnen Faktoren gegenseitig beeinflussen, geht schon aus den Untersuchungsergebnissen, die von Seelhorst[6] bei seinen Untersuchungen über die durch Walzen erzeugte festere Bodenlagerung erhielt, hervor, denn die erfolgte Ertragsverminderung wird auf die verringerte Wurzelatmung und Stickstoffumsetzung zurückgeführt. Auch Ehrenberg[7] kommt zu dem Resultat, daß die Untersuchung irgendeines Fruchtbarkeitsfaktors meist durch das Dazwischentreten eines oder mehrerer anderer Faktoren erschwert wird, denn er führt wörtlich aus: „Aber, wie bereits erwähnt, der wichtigste Erfolg scheint mir der Nachweis zu sein, wie eng häufig die rein chemische, die physikalische sowie auch die bakterielle Tätigkeit im Ackerboden zusammenhängt, wie die eine kaum ohne Beachtung der anderen zu beobachten und zu ergründen ist" und so ist, wie dies Dafert[8] schon hervorhob, der Schluß unhaltbar, „daß die Gleichheit der Erträge die Gleichheit der Bodenbeschaffenheit gewährleistet". Diese Ergebnisse weisen aber auch mit allem Nachdruck darauf hin, daß bei

A. Rippel: Ebenda **93**, 277 (1919). — Blanck, E., unter Mitwirkung von H. Keese u. F. Klander: Über den Einfluß der Steine im Boden auf das Wachstum der Pflanzen. J. Landw. **78**, 1f. (1930).

[1] Pfeiffer, Th.: a. a. O. Landw. Versuchsstat. **93**, 63 (1919); vgl. auch Der Vegetationsversuch, a. a. O., S. 35.

[2] Hellriegel, H.: a. a. O. Landw. Versuchsstat. **11**, 111 (1869).

[3] Vgl. J. Bialoblocki: Einfluß verschiedener konstanter Bodentemperaturen auf die Entwicklung der Pflanzen in H. Hellriegel: Beiträge zu den naturwissenschaftlichen Grundlagen des Ackerbaus, S. 105. Braunschweig 1883. — H. Hellriegel: Ebenda, S. 334. — E. Peters: Landw. Versuchsstat. **4**, 117.

[4] Vgl. z. B. C. von Seelhorst u. R. Krzymowski: Der Einfluß der Bodenkompression. J. Landw. **53**, 269 (1905).

[5] Vgl. z. B. W. Krüger u. W. Schneidewind: Zersetzungen und Umsetzungen von Stickstoffverbindungen usw. Landw. Jb. **30**, 644 (1901).

[6] Seelhorst, C. von u. R. Krzymowski: a. a. O. J. Landw. **53**, 269 (1905).

[7] Ehrenberg, P.: a. a. O. Landw. Jb. **33**, 132 (1904).

[8] Dafert, F. W.: Einige Bemerkungen über den Zweck und die Durchführung von Felddüngungsversuchen. Landw. Jb. **32**, 156 (1903).

vergleichenden Untersuchungen über den im vorhergehenden Abschnitt behandelten Nährstoffgehalt nur dann sichere Schlüsse aus den Ergebnissen gezogen werden können, wenn auch die physikalischen Bodeneigenschaften gleich gesetzt sind. Diese Forderung ist, wie dies LEMMERMANN[1] als auch MITSCHERLICH[2] mit Recht hervorhoben, nicht immer leicht zu erfüllen. Betrachten wir aber nun noch die im engsten Zusammenhang mit diesen Faktoren stehenden biologischen Eigenschaften des Bodens, so muß die gesonderte Ermittlung eines einzelnen Fruchtbarkeitsfaktors als äußerst schwierig bezeichnet werden.

Biologische Eigenschaften des Bodens. Wie aus den vorhergehenden Abschnitten hervorgeht, stehen die biologischen Eigenschaften des Bodens in einer gewissen Abhängigkeit von der chemischen und physikalischen Beschaffenheit des Bodens. Es hat aber trotzdem nicht an Versuchen gefehlt, die biologischen Faktoren getrennt von den übrigen zu untersuchen. Wenngleich die Mehrzahl der Versuchsansteller sich der Methodik der Mikrobiologie, wie Umsetzungsmethode, Anreicherungskultur, Reinzüchtung usw.[3] bedient hat, so fehlt es doch nicht an Bestrebungen, durch den Gefäßversuch die Größe der Intensität biologischer Vorgänge zu ermitteln. Es wird also auch in diesem Falle wieder die Pflanze als Indikator benutzt, trotzdem sie selbst auf das Bodensubstrat verändernd einwirkt. Die lösende Kraft der Pflanzen auf die Bodenbestandteile, sowie auf die bodenbildenden Gesteine und Mineralien mobilisiert, wie ebenfalls aus Gefäßversuchen hervorgeht[4], die Nährstoffe. Außerdem trägt die Wurzel- und die nachfolgende Humusbildung zur Veränderung der Bodenstruktur bei, wodurch wiederum die chemischen sowohl als auch die physikalischen Eigenschaften beeinflußt werden. Es wird z. B. durch das Eindringen der Pflanzenwurzeln in den Boden eine Lockerung bis zu großen Tiefen erreicht[5], ferner können die Pflanzen eine Veränderung der Bodenreaktion herbeiführen und dadurch eine wesentliche Beeinflussung anderer biologischer Eigenschaften nach sich ziehen[6]. Die Zersetzungsvorgänge sowohl der Wurzelmasse als auch sonstiger in dem Boden befindlicher organischer Substanz stehen im Zusammenhang mit der Humusfrage und der Mikroorganismentätigkeit. Dem Humus bzw. der organischen Substanz, d. h. den kohlenstoffhaltigen Verbindungen des Bodens, ist von jeher ganz besondere Bedeutung als Fruchtbarkeitsfaktor zuerkannt worden. Die Humussubstanzen sind in ihrer Rolle als Fruchtbarkeitsfaktor durch die Gefäßversuche wohl meistens in der Weise geprüft, daß dem Boden die organische Substanz in Form von gehäckseltem Stroh, Stallmist, Kompost, Waldhumus u. ä. zugesetzt wurde[7]. Alle diese Untersuchungen lassen erkennen, daß

---

[1] LEMMERMANN, O.: Der Vegetationsversuch und die Bodenanalyse. Landw. Versuchsstat. **85**, 148 (1914).

[2] MITSCHERLICH, E. A.: a. a. O. Landw. Versuchsstat. **84**, 401 (1914).

[3] Vgl. A. RIPPEL: Niedere Pflanzen. Dieses Handbuch **7**, 239f.

[4] Vgl. E. HASELHOFF: Untersuchungen über die Zersetzung bodenbildender Gesteine. Landw. Versuchsstat. **70**, 53 (1909). — E. HASELHOFF u. F. ISERNHAGEN: Der Einfluß des Pflanzenwachstums auf die Zersetzung bodenbildender Gesteine. Landw. Jb. **50**, 115 (1916). — F. SESTINI: Die kaolinisierende Einwirkung der Wurzeln auf die Feldspate im Erdreich. Landw. Versuchsstat. **54**, 147 (1900). — E. BLANCK: J. Landw. **60**, 97 (1912); **61**, 1 (1913); Die Veränderung eines sterilen Sandes durch Pflanzenkultur. Ebenda **62**, 129 (1914); Gestein und Boden in ihrer Beziehung zur Pflanzenernährung. Landw. Versuchsstat. **77**, 129f. (1912); Vegetationsversuche mit Eruptivgesteinen und kristallinem Schiefer. Ebenda **84**, 399 (1914). — W. H. METZGER: Die Wirkung wachsender Pflanzen auf die Löslichkeit von Bodennährstoffen. Soil Sci. **25**, 273 (1928).

[5] Vgl. E. A. MITSCHERLICH: Bodenkunde, a. a. O., S. 110, 309.

[6] Vgl. u. a. E. A. MITSCHERLICH: Bodenkunde, S. 233. — D. R. HOAGLAND: Die Wirkung der Pflanze auf die Reaktion. Ref. Z. Pflanzenern., Düng. u. Bodenk. A, **6**, 308 (1926.)

[7] Vgl. u. a. H. H. WILEY: Über den Einfluß des Humus auf den Stickstoffgehalt des Hafers. Landw. Versuchsstat. **49**, 193 (1898). — TH. PFEIFFER u. O. LEMMERMANN: Deni-

die Einwirkung der organischen Stoffe in erster Linie eine Verbesserung der physikalischen Eigenschaften nach sich zieht. EHRENBERG[1] kommt bei seinen Untersuchungen über die Wirkung des Kompostes zu folgendem treffenden Ergebnis: „So bleibt uns die wesentlich bessere Gestaltung der physikalischen Bodeneigenschaften durch den Kompost als Ursache übrig, die ja eigentlich eine erhöhte Wasserversorgung bereits in sich einschließt, hier aber voraussichtlich durch Förderung der Wurzelatmung, durch besonders günstige Vereinigung der Darbietung von Wasser und Luft, durch Verhinderung stärkerer Kohlensäureansammlung und der damit unter Umständen zusammengehenden ungünstigen Umsetzungen mit den Bodensalzen — die wohl gerade bei Vegetationsversuchen mit ihren oft sehr erheblichen Salzdüngungen in Betracht kommen können —, eine Rolle spielt". Doch ist die Bedeutung der Zufuhr organischer Substanz nicht nur vom Standpunkt der physikalischen Bodenverbesserung durch den Gefäßversuch erkannt worden, sondern sie ist auch im Hinblick auf die bakteriellen Umsetzungen und ihre Auswirkungen auf den Boden durch ihn geprüft worden. Diese Fragen hängen aufs engste mit den Denitrifikationserscheinungen[2] und der Festlegung des Bodenstickstoffs im Mikrobeneiweiß[3] zusammen.

Ganz besonders wichtig erschien in diesem Zusammenhang auch die Prüfung der Nitrifikation im Boden und deren Einwirkung auf die Pflanzen[4]. Auf Grund sorgsamer bakteriologischer Untersuchungen sind die Umwandlungsprozesse des Ammoniaks zu Nitriten bzw. Nitraten erkannt worden. Die Abhängigkeit dieser Vorgänge von den physikalischen Bodeneigenschaften, insonderheit von der Durchlüftung und der Bodenreaktion, sind hinlänglich bekannt, so daß sich auch bei Betrachtung der rein bakteriologischen Umsetzungen im Boden wiederum das Ineinandergreifen einer großen Anzahl der verschiedensten Faktoren ergibt. Um ein vollständiges Urteil über die Wirksamkeit der einzelnen Faktoren zu erhalten, empfiehlt es sich, derartige Untersuchungen durch gleichzeitig angesetzte bakteriologische Umsetzungsversuche zu kontrollieren, wie dieses auch besonders bei der Prüfung der Umsetzungen von Düngemitteln[5] gebräuchlich

trifikation und Stallmistwirkung. Ebenda **54**, 387 (1900). — C. VON SEELHORST u. W. FRECKMANN: Der Einfluß von Strohdüngung auf die Ernten usw. J. Landw. **52**, 163 (1904). — C. VON SEELHORST: Ebenda **54**, 283 (1906). — P. EHRENBERG u. F. BAHR: Zur Verwendung von Waldhumus in der Landwirtschaft. Ebenda **61**, 325f. (1913). — Vgl. auch O. LEMMERMANN, W. JESSEN u. H. ENGEL, unter Mitwirkung von H. BORTELS, VON SCHMELING u. W. LESCH: Die Bedeutung des Kohlenstoff-Stickstoff-Verhältnisses und anderer chemischen Eigenschaften der organischen Stoffe für ihre Wirkung. Z. Pflanzenern., Düng. u. Bodenk. A, **17**, 321f. (1930). — P. EHRENBERG u. KARL SCHULTZE: Kleine Beobachtungen zur Gewinnung von Höchsternten bei Vegetationsversuchen. J. Landw. **64**, 133 (1916).

[1] EHRENBERG, P. u. KARL SCHULTZE: J. Landw. **64**, 137/38 (1916).

[2] Vgl. z. B. TH. PFEIFFER, E. FRANKE, G. GÖTZE u. H. THURMANN: Beiträge zur Frage über die bei der Fäulnis stickstoffhaltiger organischer Substanzen eintretenden Umsetzungen. Landw. Versuchsstat. **48**, 239 (1897). — TH. PFEIFFER u. O. LEMMERMANN: Über Denitrifikationsvorgänge. Ebenda **50**, 138 (1898); Denitrifikation und Stallmistwirkung. Ebenda **54**, 386 (1900). — A. BARTELS: Über den Einfluß der Gründüngung usw. J. Landw. **58**, 143f. (1910). — Vgl. auch O. LEMMERMANN: a. a. O. Z. Pflanzenern., Düng. u. Bodenk. A, **17**, 321f. (1930).

[3] KRÜGER, W. u. W. SCHNEIDEWIND: Zersetzungen und Umsetzungen von Stickstoffverbindungen im Boden durch niedere Organismen und ihr Einfluß auf das Wachstum der Pflanzen. Landw. Jb. **30**, 644f. (1901). — EHRENBERG, P.: Die bakterielle Bodenuntersuchung in ihrer Bedeutung für die Feststellung der Bodenfruchtbarkeit. Ebenda **33**, 1 (1904).

[4] Vgl. unter vielen anderen Arbeiten W. KRÜGER: Über die Bedeutung der Nitrifikation für die Kulturpflanzen. Landw. Jb. **34**, 761 (1905). — K. SCHEIBE: Untersuchungen über Abbau und Wirkung der im Stalldünger usw. Landw. Versuchsstat. **108**, 78 (1929).

[5] Vgl. u. a. E. BLANCK, W. GEILMANN u. F. GIESECKE: Die Stickstoffwirkung des Hexamethylentetramins auf die Pflanzenproduktion. J. Landw. **70**, 221 (1922). — E. BLANCK u. F. GIESECKE: Mono- und Dimethylolharnstoff in ihrer Wirkung auf die Pflanzenproduktion und ihr Stickstoffumsatz im Boden. Z. Pflanzenern., Düng. u. Bodenk. A, **2**, 393 (1923). — F. GIESECKE u. F. KLANDER: a. a. O. J. Landw. **79**, 69f. (1931).

ist. Die Frage nach der Wirkung der stickstoffsammelnden Bakterien[1] ist ebenfalls oft durch die indirekte Methode der Ertragsfeststellung durch den Vegetationsversuch zu beantworten gesucht.

In Beziehung zu den bakteriologischen Umsetzungen im Boden steht auch die Wirkungsweise der Impfpräparate, die dem Boden zur Erhöhung der Fruchtbarkeit zugesetzt werden sollen, und deren Auswirkung häufig durch den Gefäßversuch geprüft wurde[2]. Demgegenüber sind aber auch Untersuchungen über die Wirkung der Desinfektion[3] sowie über die der durch Sterilisation[4] hervorgerufenen Veränderungen bekannt. Es mag hier ein diesbezügliches wichtiges Ergebnis über den Nutzen von Bodenimpfungen mit Bakterien mit den Worten EHRENBERGS[5] wiedergegeben werden: „Meine Versuche erhärten wieder die bereits von REMY mehrfach vertretene Ansicht, daß durch die Impfungen allein — Knöllchenbakterienimpfungen sind hierbei natürlich ausgeschlossen — ein höherer Fruchtbarkeitszustand nicht zu erreichen ist.“ Rein methodisch dürfte für die Ausführung der Gefäßversuche noch von Interesse sein, daß das Umfüllen und das kürzere Verweilen von Ackerboden in Vegetationsgefäßen für die bakteriellen Eigenschaften nach den Untersuchungen EHRENBERGS nicht von wesentlichem Einfluß zu sein scheint.

---

[1] BERTHÉLOT: Chim. végét. et agric. **1**, 24f. (1886). — NOBBE, F.: Landw. Versuchsstat. **38**, 324 (1891). — NOBBE, F., E. SCHMID, L. HILTNER u. E. HOTTER: Versuche über die Stickstoffassimilation der Leguminosen. Ebenda **39**, 327 (1891). — LIEBSCHER, G.: Beitrag zur Stickstofffrage. J. Landw. **41**, 139 (1893). — HASELHOFF, E. u. G. BREDEMANN: Untersuchungen über anaerobe stickstoffsammelnde Bakterien. Landw. Jb. **35**, 409f. (1906). — Vgl. auch H. WARMBOLD: Untersuchungen über die Biologie stickstoffbindender Bakterien. Ebenda **35**, 1 (1906). — J. H. AEBY: Beitrag zur Stickstoffernährung der Pflanzen. Landw. Versuchsstat. **46**, 408 (1896). — F. WOHLTMANN u. BERGENÉ: Die Knöllchen-Bakterien in ihrer Abhängigkeit von Boden und Düngung. J. Landw. **50**, 377 (1902). — A. KOCH, J. LITZENDORFF, F. KRULL u. A. ALVES: Die Stickstoffanreicherung des Bodens durch frei lebende Bakterien und ihre Bedeutung für die Pflanzenernährung. Ebenda **55**, 355 (1907). — F. NOBBE u. L. RICHTER: Über den Einfluß des Nitratstickstoffs und der Humussubstanzen auf den Impfungserfolg bei Leguminosen. Landw. Versuchsstat. **56**, 441 (1902). — F. NOBBE, L. RICHTER u. J. SIMON: Versuche über die wechselseitige Impfung verschiedener Leguminosengattungen. Ebenda **68**, 229, 241 (1908). — O. LEMMERMANN u. E. BLANCK: Der weiße Senf in seiner Beziehung zur Stickstoffassimilation. Ebenda **69**, 146 (1908). — O. LEMMERMANN, E. BLANCK u. R. STAUB: Ebenda **73**, 425 (1910). — H. VON FEILITZEN u. E. NYSTRÖM: Neue Impfversuche auf jungfräulichem Hochmoorboden mit verschiedenen Leguminosenbakterienkulturen. J. Landw. **62**, 285 (1914). — Vgl. A. RIPPEL: Versuche aus dem Nachlaß von ALFRED KOCH: Als Beitrag zur Kenntnis der Stickstoffwirkung des Ackerbodens. Ebenda **72**, 17 (1924). — G. GIÖBEL: Das Verhältnis des Bodenstickstoffs zur Knöllchenentwicklung und Stickstoffbindung gewisser Leguminosen. New Jersey Agr. Exp. Stat. Bull. **436**, 125 (1926); ref. in Z. Pflanzenern., Düng. u. Bodenk. **13**, 318 (1929).

[2] Vgl. G. BREDEMANN: Untersuchungen über das Bakterien-Impfpräparat „Heyls concentrated Nitrogen Producer“. Landw. Jb. **43**, 669 (1912). — E. GRABNER: Bodenimpfversuche mit „Nitragin“ und „Nitrobacterine“. J. Landw. **57**, 217 (1909). — W. GEILMANN: Untersuchung des Bakteriennährpräparates der Superphosphatfabrik Nordenham. Ebenda **67**, 209 (1919). — Vgl. auch H. KORDES: Kritische Besprechung der Frage „Impfung der Nichtleguminosen“. Z. Pflanzenern., Düng. u. Bodenk. B, **4**, 382 (1925). — Einen interessanten Versuch über die Wirkung der nitrifizierenden Bakterien auf die Umwandlung des Ammonsulfats und die Schnelligkeit der Bereitstellung für das Pflanzenwachstum stellte E. B. FRED: (Soil Sci. **18**, 323 [1924]) an.

[3] Vgl. F. NOBBE u. L. RICHTER: Über die Behandlung des Bodens mit Äther usw. Landw. Versuchsstat. **60**, 433 (1904). — A. VON NOSTITZ: Desinfektionsversuche auf Moorboden. Landw. Jb. **48**, 587 (1915).

[4] Vgl. A. KOCH u. G. LÜKEN: Über die Veränderung eines leichten Sandbodens durch Sterilisation. J. Landw. **55**, 161 (1907). — C. SCHULZE: Einige Beobachtungen über die Einwirkung der Bodensterilisation auf die Entwicklung der Pflanzen. Landw. Versuchsstat. **65**, 137 (1907).

[5] EHRENBERG, P.: a. a. O. Landw. Jb. **33**, 102 (1904).

Neben den höheren und niederen Pflanzen sowohl als auch neben den Mikroorganismen spielen die im Boden lebenden Tiere eine gewisse Rolle für die Umwandlung des Bodens[1], wie aber auch für dessen Fruchtbarkeit. Allerdings sind experimentelle Untersuchungen über die Größe der Tätigkeit der Tiere in dieser Richtung bisher kaum angestellt, lediglich der günstige Einfluß der Regenwürmer ist an Hand von Vegetationsversuchen[2] wie auch durch physikalisch chemische Laboratoriumsuntersuchungen[3] bekannt geworden.

Ferner wurde auf die Löslichmachung der Nährstoffe im Boden durch Regenwürmer[4], wie auch auf die düngende Wirkung durch tote Würmer[5] hingewiesen. Bei dem Vergleich der Untersuchungen in bezug auf die Veränderung der biologischen und physikalischen Eigenschaften durch die Regenwürmer mit den durch die Vegetationsversuche erhaltenen Ergebnissen zeigt sich, daß es in erster Linie die Förderung der Durchlüftung und die Beeinflussung der Wasserverhältnisse im Boden sind, die die günstige Produktionsfähigkeit hervorgerufen haben müssen[6]. Auch hier ergibt sich, daß die einzelnen Faktoren der Bodenfruchtbarkeit voneinander abhängig sind und sich gegenseitig beeinflussen. Wenngleich aber die Fragen der biologischen Eigenschaften des Bodens auf dem Wege der Gefäßversuchsmethode infolge der immer auftretenden Wechselwirkungen zwischen den chemischen und physikalischen Eigenschaften einerseits und denjenigen zwischen der Pflanze und dem Boden andererseits nur schwierig zu bearbeiten sind, so muß doch immer wieder hervorgehoben werden, daß gerade diese Methodik bei wirklich sorgfältiger Durchführung und bei Anwendung einer zweckmäßigen Versuchsanordnung große Vorteile gegenüber anderen Methoden aufzuweisen hat[7]. Es soll jedoch nicht verkannt werden, daß in gewissen Fällen die letzteren vergleichend mit zur Aufklärung der Gesamtvorgänge im Boden herangezogen werden können bzw. müssen.

Beurteilung der Gefäßversuchsmethode[8]. Aus den vorhergegangenen Angaben läßt sich schon erkennen, daß die Methode nicht immer geeignet ist, einzelne Faktoren der den Bodenfruchtbarkeitszustand ausmachenden Gesamtvorgänge gesondert für sich zu prüfen. Bei der Ermittlung der Fruchtbarkeit ist das Wesentliche, Werte für den natürlichen Bodenzustand, also für praktische Verhältnisse, zu erhalten. Hier ergeben sich wiederum gewisse Schwierigkeiten. Vergleichen wir z. B. die Ergebnisse eines Gefäßversuchs mit denen eines gleichzeitig angestellten Feldversuchs, so zeigen sich gewisse Differenzen, die die Über-

---

[1] Vgl. dieses Handbuch 7, 381—437.

[2] WOLLNY, E.: Untersuchungen über die Beeinflussung der Fruchtbarkeit der Ackerkrume durch die Tätigkeit der Regenwürmer. Forschgn. Geb. Agrikult.-Phys. 13, 381f. — MEHMED DJEMIL: Untersuchungen über den Einfluß der Regenwürmer auf die Entwicklung der Pflanzen. Inaug.-Dissert. Halle 1896.

[3] BLANCK, E. u. F. GIESECKE: Über den Einfluß der Regenwürmer auf die physikalischen und biologischen Eigenschaften des Bodens. Z. Pflanzenern., Düng. u. Bodenk. B, 3, 198 (1924).

[4] RUSSELL, E. J.: J. Agr. Sci. 3, 246f. (1910); zitiert nach E. A. MITSCHERLICH: Bodenkunde, a. a. O., S. 111.

[5] RUSSELL, E. J.: J. Agr. Sci. 3, 246f. (1910); zitiert nach E. A. MITSCHERLICH: Bodenkunde, a. a. O., S. 229.

[6] ARCHANGELSKI, M.: Über den Einfluß der Tätigkeit der Regenwürmer auf die Ernte von Hafer und Gerste im Zusammenhang mit der Gabe verschiedener Düngemittel. J. Landw. Wiss. 6, 849 (1929) (russ.), nach Ref. Z. Pflanzenern. u. Düng. A 17, 229 (1930).

[7] Um nur ein Beispiel zu nennen, sei erwähnt, daß diese Methode zur Aufklärung der Fruchtbarkeit bzw. Unfruchtbarkeit viel beitragen kann, wie dies z. B. die Untersuchungen von J. HUDIG [Über eine eigentümliche Bodenkrankheit. Landw. Jb. 40, 625 (1911)] zeigen.

[8] Vgl. hierzu die Ausführungen in diesem Handbuche von E. HASELHOFF, S. 466f. und TH. ROEMER, S. 567f..

tragbarkeit der Resultate auf die Verhältnisse der landwirtschaftlichen Praxis auf den ersten Blick als nicht möglich erscheinen lassen[1]. Ja, selbst in verschieden großen Töpfen ist die Ernte verschieden, so daß schon HELLRIEGEL und WILFARTH[2] feststellten, „daß die Maximalernte eines Topfes abhängig ist von den Versuchsbedingungen". Wie H. WIESSMANN[3] neuerdings in Bestätigung vieler früherer Versuchsergebnisse[4] darauf hinweist, macht man bei vergleichenden Feld- und Gefäßversuchen die Erfahrung, „daß der Gefäßversuch zwar häufig das Düngebedürfnis eines Bodens richtig wiedergibt, daß aber auch oft Düngewirkungen fehlen, wo dieselben bei Feldversuchen vorhanden sind und umgekehrt, daß in den Gefäßen der Ertrag oft ums Mehrfache gesteigert wird, auf dem Felde hingegen überhaupt nicht oder nur um einen Bruchteil zunimmt". Der wohl am häufigsten eintretende Fall ist der letztere, für dessen Zustandekommen mehrere Gründe genannt worden sind. In erster Linie wird die bessere Ausnutzung der vorhandenen Nährstoffe im Gefäß auf die viel innigere Berührung der Wurzelmassen mit dem Boden, als es bei den Pflanzen im Feldversuch der Fall ist, zurückgeführt[5]. Ferner werden für dieses Verhalten die bedeutend günstiger zu gestaltenden Wasser-, Licht- und etwa auch Temperaturverhältnisse verantwortlich gemacht[6].

Alle diese die Vegetation günstig beeinflussenden Umstände sorgen also für eine stärkere Ausnutzung der Nährstoffe. So stellte KARPINSKI[7] fest, daß die auf dem Gefäß gezogenen Haferpflanzen ungefähr $1^1/_2$ mal so reich an Stickstoff wie die Feldpflanzen sind. Auch gibt dieser Autor an, daß sich die Gefäßpflanzen besser entwickelt haben und eine größere Nährstoffaufnahme als Feldpflanzen zeigen.

Dieses sind im wesentlichen die Hauptgründe für das Ergebnis, daß die Gefäßversuchswerte nicht mit denen der Feldversuche übereinstimmen, und daß die ersteren in bezug auf die Bodenbeurteilung nicht direkt auf das Freiland übertragen werden können. Es kommt aber bei dieser Sachlage noch etwas anderes hinzu. Die wirkliche Beurteilung verlangt eigentlich auch die Berücksichtigung des Untergrundes, wobei auch die Wurzelverbreitung je nach Nährstoff- und Wasserreichtum im freien Felde recht verschieden sein kann und somit die Möglichkeit, auch je nach Pflanzenart, besteht, daß nur die Nährstoffe aus den oberen, in anderen Fällen aber aus tieferen Bodenschichten geholt werden[8], was natürlich zu Differenzen führen kann. Die Gefäßversuche werden daher

---

[1] Vgl. hierzu G. KÜHN: Ber. Landw. Inst. Halle **13**, 198 (1898). — B. TACKE: Ber. Moorversuchsstat. Bremen **1900**, 3. — F. W. DAFERT: a. a. O., Landw. Jb. **32**, 150 (1903).

[2] HELLRIEGEL, H., H. WILFARTH, H. RÖMER u. G. WIMMER: Vegetationsversuche über den Kalibedarf einiger Pflanzen. Arb. Dtsch. Landw. Ges. H. 34, S. 56 (Berlin 1898).

[3] WIESSMANN, H.: Bestimmung des Nährstoffgehalts der Böden durch den Gefäßversuch. Landw. Versuchsstat. **107**, 277—279 (1928). — Vgl. auch E. A. MITSCHERLICH: Über die Anwendung der Methode der Gefäßversuche für die Stickstoffbestimmung im Boden. Pflanzenbau **5**, 142 (1928).

[4] LEMMERMANN, O.: Beiträge zur Lösung der Frage über das Kalibedürfnis eines Bodens. Landw. Versuchsstat. **49**, 331 (1898). — WAGNER, P.: Anwendung künstlicher Düngemittel, S. 28. Berlin 1920. — PFEIFFER, TH.: Der Vegetationsversuch, a. a. O., S. 118. — MITSCHERLICH, E. A.: Die Bestimmung des Düngerbedürfnisses des Bodens, 1. Aufl., S. 53. 1924; 3. Aufl., S. 66. 1930. — KÖNIG, J., J. HASENBÄUMER u. R. KRÖNIG: a. a. O. Landw. Jb. **46**, 247 (1914).

[5] LEMMERMANN, O.: a. a. O., S. 331. — WIESSMANN, H.: a. a. O., S. 278.

[6] LEMMERMANN, O.: a. a. O., S. 333. — WIESSMANN, H.: a. a. O., S. 278.

[7] KARPINSKI, A.: Der Verlauf der Stoffaufnahme bei Hafer auf dem Felde und in Vegetationsgefäßen. Z. Landw. Versuchswes. Österr. **1898**, 387.

[8] Vgl. hierzu P. EHRENBERG: Die Bedeutung des Untergrundes für die Nährstoffversorgung der Kulturpflanzen. Mitt. dtsch. Landw. Ges. S. 162. Berlin 1930.

nichts über die Verhältnisse der tieferen Bodenschichten aussagen können[1]. Es kommt aber MITSCHERLICH[2] bei der Besprechung der Frage der Geeignetheit der Gefäßversuchsmethode zu dem Schluß, „daß dieser Übelstand in noch weit höherem Maße jedweder Bodenanalyse anhaften muß, und daß wir darum vor jener durch die Gefäßkulturmethode den außerordentlich großen Vorteil haben, daß wir doch den Nährstoffgehalt einer bestimmten Krumentiefe bereits sehr genau festzustellen vermögen, und hiermit den natürlichen Verhältnissen ganz außerordentlich viel näher kommen als wenn wir z. B. nur aussagen, daß in 100 g Boden so und so viele Nährstoffe enthalten sind ...". Bei vergleichenden Untersuchungen über diese Frage kommt P. WAGNER[3] jedoch zu dem Schluß: „Nur in außergewöhnlichen Fällen, nur bei ausnehmend großer Nährstoffarmut oder ausnehmend großem Nährstoffreichtum des Bodens kann der Gefäßversuch uns zuverlässige Auskunft über das Düngebedürfnis eines Bodens geben." Dieser Autor glaubt nur den Versuch als geeignet zur Beantwortung der Nährstoffgehaltfrage bezeichnen zu können, „der unter denjenigen Verhältnissen angestellt ist, die der betreffende Acker bietet". Demgegenüber sind aber eine Reihe von Untersuchungsergebnissen bekannt, die die Unsicherheit des Feldversuches ergeben haben[4]. Um nur einige der Einwände gegen die Brauchbarkeit des Feldversuches gegenüber der des Gefäßversuches zu nennen, sei erwähnt, daß die physikalischen Bodeneigenschaften auf dem freien Felde von Meter zu Meter wechseln, wie auch die Untergrundverhältnisse auf kürzeste Entfernung hin andere sein können. Bei der Gefäßversuchsmethode sucht man alle Faktoren so günstig und so gleichmäßig wie nur irgend möglich zu stellen, und so weist EHRENBERG[5] auch darauf hin, daß es für den Agrikulturchemiker wichtig ist, bei seinen Vegetationsversuchen möglichst hohe Ernten zu erhalten. Als Gründe dafür gibt er an, daß z. B. Mangelerscheinungen dann deutlicher zum Vorschein kommen, ferner daß starke und üppig wachsende Pflanzen größere Sicherheit gegen irgend welche Schädigungen bieten, und drittens ermöglicht eine möglichst hohe Gefäßernte die analytische Verarbeitung der Erntemasse eines jeden einzelnen Gefäßes. Trotzdem bleibt aber die Frage der Übertragung der durch den Gefäßversuch erhaltenen Ergebnisse auf praktische Verhältnisse, d. h. auf das Freiland, offen[6]. Diese Frage ist besonders in Hinsicht auf die Nährstoffrage gestellt worden, und je nach dem Ausfall der Differenzmethode wurde ein Boden als für einen oder mehrere bestimmte Nährstoffe bedürftig oder nicht bedürftig angesehen. Zweifelsohne hat diese Auslegung der Resultate nur qualitativen Charakter, und es war daher der Wunsch berechtigt, eine Übertragung in quantitativer Hinsicht zu ermöglichen. Durch die MITSCHERLICHsche Methode[7], die an anderer Stelle dieses Handbuches behandelt wird, ist die Möglichkeit hierzu

---

[1] Es ist natürlich, daß sowohl im humiden als auch im ariden Klima Verschiedenheiten nach der Tiefe zu in der chemischen Beschaffenheit und im physikalischen Verhalten bestehen. Diese Differenzen können in bezug auf den Nährstoffgehalt recht bedeutsam sein, vgl. z. B. A. EMMERLING: Agrikulturchemische Untersuchungen S. 223. Kiel 1895.

[2] MITSCHERLICH, E. A.: Die Bestimmung des Düngerbedürfnisses des Bodens, 3. Aufl., S. 68. Berlin 1930.

[3] WAGNER, P.: Anwendung künstlicher Düngemittel, 7. Aufl., S. 29/30. Berlin 1920.

[4] Vgl. E. A. MITSCHERLICH: a. a. O., S. 68. — TH. PFEIFFER: Der Vegetationsversuch, a. a. O., S. 118.

[5] EHRENBERG, P. u. K. SCHULTZE: Kleine Beobachtungen zur Gewinnung von Höchsternten bei Vegetationsversuchen. J. Landw. **64**, 130 (1916).

[6] Vgl. hierzu H. J. WHEELER, B. E. BROWN und J. C. HOGENSON. Bull. 109. Exp. Stat. Kingston Rhode Island (1905) nach Ref. Biederm. Zbl. **35**, 439—451 (1906).

[7] Vgl. dieses Handbuch Bd. 8, 505—515 und Bd. 9.

gegeben[1]. Selbst wenn eine quantitative Auswertung der Gefäßversuchsergebnisse auf das Freiland in der Weise, wie es durch die genannte Methode möglich ist, nicht durchführbar wäre, so würde die relative Übertragung auf Grund der vielen Untersuchungen keinen Nachteil vor anderen Methoden, wie Säureauszüge usw., haben. Dieses kommt auch aus den Worten E. BLANCKS[2] klar zum Ausdruck, wenn er schreibt: „Hinsichtlich der Benutzung des Gefäßdüngungsversuches zur Feststellung des Düngebedürfnisses eines Bodens stehen wir trotz vielseitiger gegenteiliger Ansicht auf dem Standpunkt, daß die vergleichende Prüfung der genannten Methoden nur an Hand eines gleichwertigen Bodenmaterials durchgeführt werden kann, was aber durch die Heranziehung eines Ackerbodens in seinem natürlichen Vorkommen niemals erreicht wird. Hier kommt die Pflanze mit sehr verschiedenen Schichten des Ackerbodens und auch des Untergrundes in Berührung, so daß sie, ganz abgesehen von vielen anderen Umständen störender Art, ihre Nährstoffe keinem einheitlichen Substrat entnimmt."

Ein weiterer Nachteil liegt nach Angaben einiger Autoren[3] bei der Gefäßkulturmethode darin, daß die Werte erst nach Ablauf einer Vegetationsperiode erhalten werden. Besonders bei der Ergänzung des Nährstoffvorrats durch Zuführung von Düngemitteln wird diese Tatsache als Mangel der Methode empfunden, der natürlich nicht überwunden werden kann. Aus diesem Grunde sind einige Schnellmethoden vorgeschlagen, deren Eignung an anderer Stelle dieses Handbuches besprochen wird[4]. Der Vergleich zwischen den einzelnen Methoden kann aber immer nur erfolgen auf Grund exakter Gefäßversuche, wie dies BLANCK mit den obigen Worten zur Genüge hervorgehoben hat. Ein weiterer Einwand gegenüber dem besagten Nachteil ergibt sich aus der Überlegung, daß durch den Gefäßversuch gewisse physikalische wie biologische Eigenschaften, wenn auch nicht immer quantitativ, so doch richtungsweisend, miterfaßt werden, und auf diese Weise ist es möglich, nicht nur über den Nährstoffhaushalt, sondern auch in bezug auf die Gesamtfruchtbarkeit Schlüsse zu ziehen.

Ganz abgesehen von der historischen Bedeutung, die dem Gefäßversuch bei der Ermittlung der für die Pflanzen notwendigen Nährstoffe zugeschrieben werden muß, ist er infolge seiner großen Variationsmöglichkeit in der Versuchsanordnung dazu geeignet, auch in bezug auf die physikalischen und biologischen Eigenschaften des Bodens Aufklärung zu geben. Wenn auch hier einschränkend erwähnt werden muß, daß die durch ihn erhaltenen Ergebnisse nicht immer direkt auf die natürlichen Verhältnisse übertragbar sind[5], wie dies auch schon für die Nährstoffe hervorgehoben wurde, so liegt doch schon ein großer Vorteil darin, daß es eine Methode gibt, die wissenschaftlicher Behandlung und Auswertung fähig ist.

Der Kern der Meinungsverschiedenheiten in der Brauchbarkeit der genannten Methoden, Feld- oder Gefäßversuch, aber liegt zweifelsohne darin, daß der Praktiker seine Ergebnisse unter den jeweils gegebenen äußeren Faktoren, wie Klima, Untergrundverhältnisse usw. erhält, während für die exakte Gefäßmethode das Ziel, eine bestimmte Frage unter Ausschaltung aller anderen

---

[1] Es sei hierzu noch auf die Ausführungen E. A. MITSCHERLICHS: Gefäß- und Feldversuch als Grundlage für die zweckmäßige Düngung. Das Superphosphat **5**, 11 (1929), verwiesen.

[2] BLANCK, E.: Beiträge zur Beurteilung des Bodendüngebedürfnisses an Phosphorsäure. J. Landw. **75**, 344 (1927).

[3] Vgl. z. B. H. NIKLAS, R. PÜRKHAUER u. H. POSCHENRIEDER: Beziehungen zwischen pflanzenaufnehmbarer (wurzellöslicher) Phosphorsäure und geologischer Bildung des Bodens. Z. Pflanzenern., Düng. u. Bodenk. A, **9**, 136.

[4] Vgl. S. 487f.

[5] Vgl. auch E. MEISSL u. O. REITMAIR: Z. landw. Versuchswes. Österr. **1**, 6 (1898).

Faktoren zu prüfen, ist. Es wird also bei der Differenzmethode die Gleichartigkeit aller Vegetationsfaktoren, abgesehen von dem zu prüfenden, als Voraussetzung genommen[1]. Allein bei Betrachtung der klimatischen Faktoren ergibt sich beim Feldversuch insofern ein gewisser Nachteil, daß je nach den Niederschlägen verschiedene Erträge erhalten werden. Da wir nun aber bei der Gefäßmethode für einen genügenden Wasservorrat sorgen, so sind nach Ansicht von PFEIFFER[2] die Gefäß- und Feldversuchsmethode nicht immer auf die gleiche Stufe zu stellen[3].

Durchführung des Gefäßversuches.

Nachdem P. WAGNER[4] sowohl als auch H. HELLRIEGEL[5] die Grundlage für die Durchführung der Gefäßversuche gegeben hatten, faßte späterhin E. BLANCK[6] in einer ausführlichen Abhandlung die praktischen Maßnahmen zur Durchführung eines exakten Gefäßversuches zusammen. Da sich die Zahl der auf dem Gebiete der Pflanzenernährung, Düngung und Bodenkunde angestellten Vegetationsversuche zu Anfang dieses Jahrhunderts außerordentlich steigerte, andererseits aber die verschiedene Durchführung und Anstellung der Versuche häufig Vergleiche nicht zuließ, legte TH. PFEIFFER[7] in dem heute noch als Standardwerk zu bezeichnenden Buche „Der Vegetationsversuch als Hilfsmittel zur Lösung von Fragen auf dem Gebiete der Pflanzenernährung" unter Zusammenfassung der wichtigsten Ergebnisse und unter Hinzuziehung der einschlägigen Literatur seine Erfahrungen nieder. Durch das Erscheinen der Abhandlung „Die Bestimmung des Düngerbedürfnisses" von E. A. MITSCHERLICH[8] erfuhr die praktische Ausführung des Vegetationsversuches eine weitere, wesentliche Ergänzung. Im Rahmen dieses Beitrages kann es sich daher im folgenden nur darum handeln, auf Grund der genannten Arbeiten und des angeführten Werkes bei gleichzeitiger Berücksichtigung neuerer Ansichten und unter Hinweis auf inzwischen erfolgte Verbesserungsvorschläge einen kurzen Abriß über die praktische Durchführung eines Gefäßversuches zur Ermittlung des Bodenfruchtbarkeitszustandes zu geben[9]. Für derartige Untersuchungen kommen in erster Linie solche in Frage, die in Gefäßen durchgeführt werden, wohingegen solche von größeren Ausmaßen, wie z. B. seitlich und am Boden völlig abgedichtete, zementierte oder betonierte, den Parzellenversuchen entsprechende Versuche hier keine Berücksichtigung finden sollen.

Bei der Auswahl der zu den Versuchen heranzuziehenden Gefäße ist zu beachten, daß das Material weder vom Boden noch von den Wurzelausscheidungen und der beigegebenen Grund- und Differenzdüngung angegriffen werden darf. Es sind Gefäße von Glas, Steingut, Zinkblech[10] und emailliertem Eisenblech[11] heute im Gebrauch allgemein üblich, wobei noch besonders in Anlehnung an E. BLANCK[12]

---

[1] PFEIFFER, TH.: a. a. O., S. 118. [2] PFEIFFER, TH.: a. a. O., S. 118.

[3] Vgl. hierzu auch E. A. MITSCHERLICH: Gefäß- und Feldversuch als Grundlage für die zweckmäßige Düngung. Superphosphat. **5**, 11 (1929).

[4] WAGNER, P.: Beiträge zur Ausbildung der Düngungslehre. Landw. Jb. **12**, 643 (1883).

[5] HELLRIEGEL, H.: Die Methode der Sandkultur. Arb. Dtsch. Landw. Ges. H. 34, 7—19 (1898).

[6] BLANCK, E.: Der exakte Vegetationsversuch in seiner praktischen Ausführung. Fühlings landw. Ztg **64**, 102—120 (1915).

[7] PFEIFFER, TH.: Der Vegetationsversuch. Berlin 1918.

[8] MITSCHERLICH, E. A.: Die Bestimmung des Düngerbedürfnisses, 3. Aufl. 1930.

[9] Es sei auch noch auf die Veröffentlichung von F. VOGEL: Zur Technik von Gefäßvegetationsversuchen im Gartenbau. Gartenbauwiss. **2**, 351 (1929), verwiesen.

[10] Vgl. TH. PFEIFFER: a. a. O., S. 21—29.

[11] Vgl. E. A. MITSCHERLICH: Die Bestimmung des Düngerbedürfnisses, a. a. O., S. 52. — TH. PFEIFFER: a. a. O., S. 29.

[12] BLANCK, E.: a. a. O., S. 109.

darauf verwiesen sei, daß Blumentöpfe als Versuchsgefäße nicht dienen dürfen, da der Rauminhalt den Erfordernissen nicht genügt, und weil die Porosität solcher Töpfe u. a. auch eine volle Ausnutzung der gegebenen Nährstoffe und des Wassers nicht gewährleistet. Bei der Verwendung der Zinkgefäße ist es notwendig, daß vor dem Füllen der Töpfe das Innere mit einem Überzug von Eisenlack versehen wird, denn, wie besonders EHRENBERG[1] feststellte, übt das Zink auf die Pflanzen eine giftige Wirkung aus, ferner beeinflußt es die physikalischen Eigenschaften, wie andererseits auch eine indirekte Förderung des Pflanzenwachstums durch Zink stattfinden kann. Bei Innehaltung der erwähnten Vorsichtsmaßnahme erscheint das Zinkgefäß als das brauchbarste neben dem emaillierten Eisengefäß, denn das Ton-Steingutgefäß kann, selbst wenn es glasiert ist, Düngesalze in sich aufnehmen[2]. Neuerdings hat E. UNGERER[3] allerdings Tongefäße aus einer besonders dichten Masse (Sillimanitmasse) geprüft und kommt zu dem Ergebnis, „daß sich die Steinzeuggefäße sowohl Neutralsalzen gegenüber als auch bei alkalischer Reaktion als völlig undurchlässig erwiesen haben. Auch freie Kohlensäure greift die Wandungen nicht an". Bei Glasgefäßen ist es erforderlich als Schutz gegen die Temperatur- und Lichtwirkung[4], gegen die Algenbildung im Innern des Gefäßes sowie gegen die Überhitzung gewisse Schutzmaßnahmen, wie z. B. äußerer Anstrich, Umhüllung des Gefäßes usw. zu treffen, wobei es nach HELLRIEGEL[5] auch zweckmäßig erscheint, die Innenwände der Glasgefäße mit einem haltbaren Überzug von Kopal-Bernsteinlack zu versehen, um einer eventuellen Herauslösung von Nährstoffen aus dem Glase vorzubeugen.

Bezüglich des Bodenmaterials ist zu sagen, daß dieses je nach der Fragestellung dem freien Felde zu entnehmen ist. In vielen Fällen wird es sich um die Feststellung des Nährstoffgehalts des Bodens handeln. Es sei daher auf die eingehende Stellungnahme MITSCHERLICHS bezüglich der Probeentnahme verwiesen[6]. Die dem Boden entnommene Probe darf nicht zu feucht sein, damit sie sich absieben läßt und beim Einfüllen nicht klebt[7], andererseits darf sie aber nicht zu trocken werden, da dann der Boden staubt, sich schlecht mit der Nährlösung mischen läßt und ferner gewisse Änderungen in physikalisch-chemischer Richtung eintreten können[8]. MITSCHERLICH siebt den Boden durch ein „Maurer-

---

[1] EHRENBERG, P.: Wirkungen des Zinks bei Vegetationsversuchen. Landw. Versuchsstat. **72**, 15—142 (1910). — BLANCK, E.: a. a. O., S. 109. — TACKE, B.: Landw. Jb. **27**, Erg.-Bd. 4, 259 (1898). — PFEIFFER, TH.: a. a. O., S. 25f. — Vgl. hierzu A. BAUMANN: Das Verhalten von Zinksalzen gegen Pflanzen und im Boden. Landw. Versuchsstat. **31**, 1—53 (1885). — Vgl. ferner D. MEYER: Fühlings Landw. Ztg. **54**, 261 (1905) u. B. TACKE: Ebenda S. 331. Beide Autoren weisen darauf hin, daß die Verwendung von Zinkgefäßen nur unter Innehaltung aller Vorsichtsmaßnahmen (Anstrich) vorgenommen werden darf.

[2] Vgl. TH. PFEIFFER u. E. BLANCK: Landw. Versuchsstat. **83**, 258 (1913). — E. BLANCK: Der exakte Vegetationsversuch, a. a. O., S. 110. — TH. PFEIFFER: Der Vegetationsversuch, a. a. O., S. 23f.

[3] UNGERER, E.: Brauchbare Vegetationsgefäße aus Steinzeug. Z. Pflanzenern., Düng. u. Bodenk. A, **3**, 180 (1924).

[4] HELLRIEGEL, H.: Die Methode der Sandkultur. Arb. Dtsch. Landw. Ges., H. 34, 11 (1898). — TH. PFEIFFER: a. a. O., S. 21. — Vgl. auch E. BLANCK u. F. GIESECKE: Mono- und Dimethylolharnstoff usw. Z. Pflanzenern., Düng. u. Bodenk. A, **2**, 407 (1923).

[5] HELLRIEGEL, H.: a. a. O., S. 11.

[6] MITSCHERLICH, E. A.: a. a. O., S. 64. — Vgl. auch dieses Handbuch **5**, 190—227.

[7] Vgl. E. A. MITSCHERLICH: a. a. O., S. 55.

[8] Vgl. z. B. A. LEBEDIANTZEFF: Die Wirkung der Austrocknung usw. Nach Ref. Fortschr. Landw. **3**, 365 (1928). — A. ACHROMEIKO: Der Einfluß des Pulverisierens und Trocknens des Bodens auf dessen Fruchtbarkeit. II. Z. Pflanzenern., Düng. u. Bodenk A, **11**, 65 (1928). — V. KÁŠ: Beitrag zur Erklärung des physiologisch abweichenden Verhaltens von feuchten, lufttrockenen und mehrfach ausgetrockneten Böden. Ann. Tschechoslow. Akad. Landw. **1** (1926); nach Ref. Fortschr. Landw. **2**, 233 (1927). — L. D. BAVER: Faktoren, welche die Wasserstoffionenkonzentration in Böden beeinflussen. Soil Sci. **23**, 399 (1927). —

sieb" (1 cm)[1], während andere Versuchsansteller ein feineres Absieben des Bodens bis auf ca 2—3 mm bevorzugen[2]. Bezüglich des Einfüllens des Bodens in die Gefäße sind zwei voneinander durchaus verschiedene Arten gebräuchlich. Während MITSCHERLICH[3] und WIESSMANN[4] zur besseren Ausnutzung der im Boden vorhandenen Nährstoffe ein Mischen mit Sand vorschreiben, wird bei den meisten Gefäßversuchen der dem freien Felde entnommene und gesiebte Boden direkt zur Füllung der Gefäße herangezogen, nachdem vorher eine Trockensubstanzbestimmung des Bodens vorgenommen ist. Handelt es sich um die Nährstoffgehaltsermittlung, so ist einer Reihe von Töpfen die Grunddüngung bzw. Differenzdüngung zu verabreichen. Auch hier sind verschiedene Maßnahmen getroffen worden. Meistens wird das gesamte Bodenmaterial mit der betreffenden Nährstoffgabe gemischt[5], doch geben andere Autoren die Nährlösung nur der obersten Bodenschicht (9 cm[6] oder 20—25 cm[7]) zu. Aus Versuchen von NOBBE[8] geht hervor, daß eine gleichmäßige Vermischung der Nährstoffe mit dem gesamten Bodenmaterial am zweckmäßigsten erscheint, doch gibt es andererseits Versuchsergebnisse, die darauf hinweisen, daß durch die verteilte Zugabe höhere Ernten erzielt werden. PFEIFFER[9], der sich mit diesen Fragen eingehend beschäftigt hat, spricht sich für das Vermengen der gesamten Bodenmenge mit der Düngung aus. Für die Ermittlung des Nährstoffgehaltes kann man sich im allgemeinen auch bezüglich der Differenzdüngung an diese Weisung halten, wenngleich darauf hingewiesen werden muß, daß bei der Wirkung gewisser Kopfdünger, also eigentlich nicht hierher gehörig, die Zugabe des betreffenden Düngemittels auf die Art geschehen kann, daß derselbe nur der obersten Bodenschicht zugegeben wird. Da über die Nährlösung, sei es Grund- oder Differenzdüngung, schon kurz berichtet wurde, sei hier nur ergänzend erwähnt, daß alle diejenigen Nährstoffe, die im Wasser löslich sind, in Form der Lösung verabreicht werden, während schwerlösliche Stoffe am besten in möglichst fein verteilter Form mit dem Boden innigst vermischt werden[10]. Die Nährstoffe selbst sollen natürlich chemisch rein sein und

---

A. TH. SCHLOESING u. D. LEROUX: Der Einfluß der Erhitzung und Trocknung der Böden auf ihren Gehalt an wasserlöslicher Phosphorsäure. C. r. **184**, 649 (1927). — W. BRENNER: Das angebliche Sauerwerden der Bodenproben beim Trocknen. Z. Pflanzenern., Düng. u. Bodenk. **14**, 39 (1929). — A. LEBEDIANTZEFF: C. r. **178**, 960, 1091 (1924). — C. O. ROST u. E. A. FIEGER: Der Einfluß des Trocknens auf die Azidität von Bodenproben. Science **60**, 297 (1924). — V. KÁŠ: Über das physiologisch abweichende Verhalten feuchter, lufttrockener und mehrmals ausgetrockneter Böden. Ref. Z. Pflanzenern. u. Düng. A **8**, 318 (1927). — B. AARNIO: Ist die Reaktion des Bodens eine unveränderliche Größe? Maatoloust. Aikakauskirja. Helsinki (Mit deutscher Zusammenfassung) **1**, 18 (1929). — L. SMOLIK: Der Einfluß des Trocknens des Bodens auf die Menge der feinsten Teilchen. Ref. Fortschr. Landw. **4**, 111 (1929). — R. WAGNER: Über die Bestimmung des aufnehmbaren Stickstoffs im Boden durch Gräserkeimpflanzen. Wiss. Arch. Landw. A **5**, 198 (1930/31). — F. ZUNKER: Kulturtechniker **32**, 055 (1929); **33**, 185 (1930). — B. TACKE: Über den Einfluß des Trocknens auf den kolloiden Zustand des Bodens. Ebenda **33**, 184 (1930).

[1] MITSCHERLICH, E. A.: a. a. O., S. 54.

[2] Vgl. TH. PFEIFFER: a. a. O., S. 67. — P. WAGNER: Beiträge zur Ausbildung der Düngungslehre. Landw. Jb. **12**, 645 (1883).

[3] MITSCHERLICH, E. A.: a. a. O., S. 55.

[4] WIESSMANN, H.: Bestimmung des Nährstoffgehaltes der Böden durch den Gefäßversuch. Landw. Versuchsstat. **107**, 282.

[5] Vgl. TH. PFEIFFER: a. a. O., S. 106. — E. BLANCK: a. a. O., S. 113. — H. HELLRIEGEL: a. a. O., S. 12. — E. A. MITSCHERLICH: a. a. O., S. 55.

[6] WAGNER, P. Beiträge zur Ausbildung der Düngungslehre. Landw. Jb. **12**, 647 (1883).

[7] WAGNER, P.: Nach Angabe bei TH. PFEIFFER: a. a. O., S. 106.

[8] NOBBE, F.: Die Wirkung der Localisirung der Nährstoffe auf die Wurzelbildung und das Wachstum der oberirdischen Organe. Landw. Versuchsstat. **10**, 94 (1868).

[9] PFEIFFER, TH.: a. a. O., S. 106f.

[10] Vgl. E. BLANCK: a. a. O., S. 113. — TH. PFEIFFER: a. a. O., S. 109. — E. A. MITSCHERLICH: a. a. O., S. 55.

müssen nach Möglichkeit vor der Zugabe auf den betreffenden Nährstoff quantitativ geprüft werden[1]. Das Mischen des Bodens bzw. des Bodensandgemisches mit den Nährstoffen erfordert besondere Sorgfalt. Meistens geschieht das innige Vermengen auf manuellem Wege[2], doch ist der Versuch gemacht worden, diese Maßnahme durch maschinelle Vorrichtungen vornehmen zu lassen[3]. Bei der Mischung des Bodens mit der Hand, erweist es sich als sehr gut, eine Bodenprobe vor der Mischung mit der Düngung von der abgewogenen Menge abzunehmen, die nachher zum „Abspülen" der Hände des Mischers dienen soll[4]. Ein Abspülen mit einer vorher bestimmten Wassermenge erscheint deshalb nicht immer zweckmäßig, weil die oberste Bodenschicht leicht zu viel Wasser erhält oder aber es ist erforderlich, das „Waschwasser" durch einen Trichter in die Durchlüftungsröhren zu leiten. Um zu vermeiden, daß an den Händen Spuren des Bodens oder Düngers zurückbleiben, wird vielfach auch das Mischen des Bodens auf einer großen Zinkblechplatte mittels zweier handlich geschnittenen Bleche vorgenommen, die sich leicht von den anhängenden Teilchen befreien lassen. Bezüglich der Herstellung eines gleichmäßigen Bodengefüges sind auch verschiedene Wege beschritten worden. Es ist diese Frage natürlich ganz besonders wichtig für Versuche, die sich mit dem Einfluß der physikalischen Beschaffenheit des Bodens beschäftigen, für deren generelle Anordnung sich natürlich keine Angaben und Vorschriften machen lassen können. P. Wagner[5] versucht, den Fehler, der durch mehr oder weniger feste Schichtung des Bodenmaterials entsteht, auf folgende Weise auszuschalten: „Wir haben die Gleichstellung dadurch zu erreichen gesucht, daß wir überall das gleiche Bodenquantum auf eine Schicht von gleicher Höhe mittels eines Stampfers zusammenpreßten und die hierbei unvermeidlichen Unregelmäßigkeiten dadurch auszugleichen suchten, daß wir durch neunfache Schichtung die Füllung bewirkten. Die Plus- und Minusdifferenzen der einzelnen Schichtungen vom Mittel dürften sich dadurch ausgeglichen haben." von Seelhorst[6] verwendet dagegen einen Apparat zum Füllen der Vegetationsgefäße mit Boden, um die Unterschiede in der Festigkeit der Lagerung in den Töpfen zu beseitigen, während andere Versuchsansteller lediglich den in besonderen Schalen oder in solchen Gefäßen, die der Form nach den „chemischen Wägeschiffchen" ähneln, gemischten Boden direkt in das Gefäß einfüllen oder dabei einen trichterartigen Aufsatz verwenden, der so konstruiert ist, daß in die Durchlüftungsröhren kein Boden hineinfallen kann. Auch Th. Pfeiffer und E. A. Mitscherlich weisen darauf hin, daß das einfache Einfüllen mittels Trichter oder dergleichen in die Gefäße völlig genügt[7]. Es wird wahrscheinlich mehrfaches Rütteln — ohne Benutzung eines Stampfers — zur Herstellung einer von Topf zu Topf gleichmäßigen Lagerung genügen. Die Wanne, in der der Boden gemischt ist, muß natürlich peinlichst gesäubert werden. Nach Mitscherlich[8] wird der in der Wanne haftende Boden mit einem Pinsel entfernt, wohingegen bei den Versuchen Th. Pfeiffers und E. Blancks die in dem Mischgefäß haftenden Reste mit dem „Waschboden" oder „Waschsand" abgerieben werden und erst dann wird mit einer Bürste der Rest auf den Vegetationstopf gegeben.

---

[1] Vgl. E. Blanck: a. a. O., S. 106.
[2] Blanck, E.: a. a. O., S. 114. — Pfeiffer, Th.: a. a. O., S. 106. — Mitscherlich, E. A.: a. a. O., S. 55.
[3] Hudig, J.: Ein Apparat zur innigen Bodenmischung. Landw. Jb. **45**, 635 (1913). — Vgl. hierzu Th. Pfeiffer: a. a. O., S. 110.
[4] Vgl. E. Blanck: a. a. O., S. 113. [5] Wagner, P.: a. a. O.: S. 646.
[6] Seelhorst, C. von: Apparat zum Füllen von Vegetationsgefäßen mit Erde. J. Landw. **54**, 83 (1906).
[7] Pfeiffer, Th.: a. a. O., S. 110ff. — Mitscherlich, E. A.: a. a. O., S. 56.
[8] Mitscherlich, E. A.: a. a. O., S. 56.

Eine weitere Beachtung bei der Durchführung der Gefäßversuche verdient naturgemäß nach dem auf S. 529 Gesagten die Auswahl der Pflanzen[1]. Ohne auf die Literatur im einzelnen einzugehen, sei bemerkt, daß bei vergleichenden Untersuchungen immer dieselbe Pflanze herangezogen werden sollte. Für Vegetationsversuche, die sich mit der Ermittlung des Nährstoffgehalts der Böden beschäftigen, hat sich der Hafer gut bewährt[2], wobei jedoch betont sein möge, daß je nach Art der Problemstellung selbstverständlicherweise auch andere Pflanzen heranzuziehen sind[3]. Eine gewisse Bedeutung kommt auch der Frage des Standraumes der Pflanzen auf den einzelnen Gefäßen zu. Es spielen hierbei eine Reihe von Faktoren mit, die hier im einzelnen nicht genannt werden sollen[4]. Es sei nur bemerkt, daß bei Getreidearten ungefähr 15—25 Getreidepflanzen, ca 12 Stück Erbsen, Bohnen usw. auf eine Gefäßoberfläche von 625 cm^2 gelegt werden. Dieses entspricht auch den Angaben TH. PFEIFFERS[5], während MITSCHERLICH[6] bei seinen Gefäßen mit 20 cm Durchmesser 35 Haferpflanzen stehen läßt. Naturgemäß können von Kartoffeln und Rüben z. B. nur wenige Exemplare, meist nur 1—2, auf den Töpfen gezogen werden, es sei denn, daß Gefäße von größerer Oberfläche genommen werden. Zum Schluß dieses Hinweises bezüglich Standraum der Pflanze sei erwähnt, daß die Ansichten hierüber recht verschieden sind. Eine geringe Anzahl der Pflanzen hat den Vorteil, daß ihre Widerstandsfähigkeit gegen tierische und parasitäre Schädlinge größer ist, während bei einer größeren Anzahl[7] die Abweichung des einzelnen Individuums und ein eventuelles Absterben einzelner Pflanzen nicht so sehr ins Gewicht fällt.

Für das Gelingen des Vegetationsversuches ist auch die Güte des Saatgutes maßgebend. E. BLANCK[8] empfiehlt vor der Verwendung desselben eine Keimprüfung. TH. PFEIFFER[9] äußert sich hierüber wie folgt: „Je kleiner die Gefäße, je geringer die Pflanzenzahl und je größer das Einzelgewicht der Samen bzw. ihr Nährstoffvorrat ist, desto sorgfältiger muß verfahren werden." Um vor allen Zufällen geschützt zu sein, empfiehlt es sich, ein Vielfaches der Aussaat-

[1] Dieser Beitrag S. 529.

[2] Vgl. hierzu die ausführlichen Betrachtungen TH. PFEIFFERS: a. a. O., S. 121f. — E. A. MITSCHERLICH: a. a. O., S. 58, schreibt hierüber: „Die beste Pflanze ist die, welche einen geringen Standraum beansprucht und dabei in verhältnismäßig kurzer Vegetationszeit sichere und hohe Erträge liefert. Als solche hat sich bei den Gefäßversuchen immer mehr der Hafer eingebürgert, und ich glaube, daß dieser auch, zumal er wenig unter Pflanzenkrankheiten leidet, einer der besten Indikatoren für unsere Zwecke ist. Für tropische Stationen dürfte sich die Mohrhirse (Sorghum) oder der Reis (Oriza sativa) besonders für diese Versuche eignen."

[3] So schlägt K. MAIWALD [Kleine Beobachtungen zur Methodik des Gefäßversuches. Landw. Versuchsstat. **107**, 324 (1928)] noch Cinquantino-Mais, Raps, Rübsen, Kohlrübe, Tomate und evtl. auch Akazie vor.

[4] Vgl. hierzu E. WOLLNY: Untersuchungen über den Einfluß des Standraumes auf die Entwicklung und die Erträge der Kulturpflanzen. J. Landw. **29**, 25f. (1881). — C. VON SEELHORST u. PANAOTOVIC: Einfluß der Standweite auf die Ausbildung und die chemische Zusammensetzung der Pflanzen. Ebenda **47**, 379 (1899). — TH. PFEIFFER u. W. SIMMERMACHER [Über den Einfluß des Standraumes bzw. verschiedener Bodenarten auf die Wurzelmasse der Pflanzen. Landw. Versuchsstat. **90**, 291 (1917)] stellen auf den Seiten 302 und 303 alle einschlägigen Arbeiten über die Abhängigkeit der Erträge von der Oberfläche der Gefäße zusammen. — TH. PFEIFFER: Über den Einfluß des Kalk-Magnesia-Verhältnisses usw. J. Landw. **69**, 1 (1921). — O. LOEW: Bemerkungen zu PFEIFFERS Entgegnung in betreff der richtigen Anstellung von Topfversuchen. Ebenda **69**, 163 (1921).

[5] PFEIFFER, TH.: a. a. O., S. 128. — BLANCK, E.: a. a. O., S. 114.

[6] MITSCHERLICH, E. A.: a. a. O., S. 59. [7] MITSCHERLICH, E. A.: a. a. O., S. 58.

[8] BLANCK, E.: a. a. O., S. 108.

[9] PFEIFFER, TH.: a. a. O., S. 130. — HELLRIEGEL, H.: Die Methode der Sandkultur. Arb. Dtsch. Landw. Ges., H. 34, 14 (1898). — WAGNER, P.: Beiträge zur Ausbildung der Düngungslehre. Landw. Jb. **12**, 647 (1883).

menge zu Beginn des Versuches zu legen, als später an Pflanzen auf dem Gefäß bleiben sollen. Es erfolgt später, nachdem die Entwicklung der einzelnen Pflänzchen beobachtet werden kann, das Ausschneiden derjenigen, welche am schwächsten erscheinen, und zwar auf die Zahl, die man als geeignet betrachtet. Das Ausschneiden selbst kann in Intervallen geschehen[1], doch ist es ratsam, die Zeit des Stehenlassens der Überzahl an Pflanzen nicht allzu weit hinauszuschieben[2]. Ferner empfiehlt es sich, um in bezug auf den Nährstoffgehalt des Bodens möglichst sicher zu gehen, die ausgeschnittenen Pflänzchen zu zerschneiden und in die Oberfläche des Bodens einzubringen oder aber in die zur Aufbewahrung der betreffenden Töpfe vorgesehenen Beutel zu tun, um sie später mit der Topfernte zu verarbeiten. Eine weitere wichtige Frage für den einwandfreien Verlauf eines Gefäßversuches ist die Beizung des Saatgutes. Während vielfach zur Sicherung des Versuches eine solche durchgeführt wird[3], erscheint es anderen Versuchsanstellern nicht angebracht, eine solche Maßnahme vorzunehmen, da durch die Beizung zweifelsohne in gewisser Weise unkontrollierbare Faktoren, wie z. B. Reizwirkung, in den Versuch hineingebracht werden. Die Aussaatzeit erfolgt am besten zu dem Termin, der auch in der landwirtschaftlichen Praxis in dem Klima, in welchem der Versuch durchgeführt wird, zur Aussaat der betreffenden Versuchspflanze üblich ist[4].

Auch die Aussaattiefe spielt natürlich eine gewisse Rolle für den Verlauf des Versuches. TH. PFEIFFER[5] gibt an, daß bei Erbsen dieselbe mindestens 3 cm betragen soll, während bei Getreidearten 2—3 cm und bei Senf, Klee usw. 1 bis 2 cm Einsaattiefe genügen. Das Einlegen der Saat geschieht mit Hilfe von Schablonen und mit Holzstäbchen, die auf die Einsaattiefe zugeschnitten sind[6], oder mittels eines Säebrettes[7].

Nachdem somit die Gefäße an sich für den Versuch vorbereitet sind, ist es erforderlich, noch die Frage der Durchlüftung und Wassergabe zu besprechen. Auch hier ist wieder ein Unterschied zu machen, ob der Versuch nach MITSCHERLICH oder nach WAGNER-PFEIFFER angestellt werden soll. Während die letzteren mit Gefäßen arbeiten, die unten abgeschlossen sind[8], führt MITSCHERLICH seine Versuche in solchen Töpfen durch, die am Boden durchlöchert sind und auf diese Weise für eine genügende Durchlüftung sowie für die Abfuhr überschüssigen Wassers Sorge tragen[9]. Bei der erstgenannten Methode, bei der mit mangelnder Durchlüftung und der Stagnation des Wassers zu rechnen ist, ist es daher erforderlich, Durchlüftungsröhren in das Gefäß einzusetzen, wie auch durch Einbringen einer am Boden des Gefäßes befindlichen, indifferenten, locker lagernden Masse für eine genügende Luftzufuhr zu sorgen. Gewöhnlich bedient man sich hierzu einer der Höhe des Gefäßes entsprechenden Menge von gut gesäubertem, mit destilliertem Wasser nachgewaschenem Kies bzw. eines sehr dichten Gesteins

[1] BLANCK, E.: a. a. O., S. 115, empfiehlt ein zwei- oder dreimaliges Ausschneiden.
[2] MITSCHERLICH, E. A.: a. a. O., S. 59, gibt einen Zeitpunkt von ungefähr 14 Tagen nach der Saat an.
[3] Nach dem Vorgange bei der NEUBAUER-Methode wird heute von einigen Autoren die Beizung auch für die Vegetationsversuche vorgenommen. — Auch HELLRIEGEL: a. a. O., S. 14, beizte die Aussaat.
[4] Vgl. TH. PFEIFFER: a. a. O., S. 134.
[5] PFEIFFER, TH.: a. a. O., S. 133, 134. — BLANCK, E.: a. a. O., S. 114, weist darauf hin, daß die Einsaatlöcher alle gleichmäßig tief sein müssen. — WAGNER, P.: a. a. O., S. 647.
[6] Vgl. E. BLANCK: a. a. O., S. 114. — TH. PFEIFFER: a. a. O., S. 133.
[7] Vgl. E. A. MITSCHERLICH: a. a. O., S. 59.
[8] Hierzu muß bemerkt werden, daß P. WAGNER: a. a. O., S. 643, durch eine entsprechende Vorrichtung dafür sorgte, daß durch unterirdische Zuleitung von Wasser dem Boden solches gleichmäßig verteilt zugeführt wurde.
[9] MITSCHERLICH, E. A.: a. a. O., S. 52.

wie z. B. Basalt[1]. Bezüglich der Wassergabe ist ebenfalls ein Unterschied zwischen den beiden genannten Methoden zu machen, der darin beruht, daß MITSCHERLICH[2] von der Zeit des Schossens des Hafers ab die volle Wasserkapazitätsgabe vorschreibt, während bei der gewöhnlichen Gefäßmethode die Wassergaben allmählich bis zu 70% der Wasserkapazität des Versuchsbodens ansteigen. Über die Bedeutung des Wassers ist in diesem Beitrage schon berichtet worden, so daß an dieser Stelle lediglich erwähnt zu werden braucht, daß bei der PFEIFFERschen[3] Methode der Wasserverlust durch Gewichtsdifferenz festgestellt wird. Erst wieder in neuerer Zeit betont K. MEYER[4] die großen Schwierigkeiten der exakten täglichen Durchwägung der Gefäße, die nicht nur viel Zeit und Arbeit erfordert, sondern auch eine große Abnutzung der Waagen bei großen Versuchsserien zur Folge hat, was sich auf die Genauigkeit des Versuches auswirken kann. Besonders gilt dieses auch für Versuche, die sich mit der Wasserversorgung der Pflanze beschäftigen. Es hat daher nicht an Vorschlägen gefehlt, diese Arbeit durch apparative Verbesserungen zu erleichtern[5]. Neben den Konstruktionen von W. S. MYBURGH[6], K. MEYER[7], W. SCHROPP[8] und C. DREYSPRING[9] erscheint die allerdings etwas kostspielige Anlage der Kaliforschungsanstalt, die der bekannten PFEIFFERschen Anordnung ähnelt, besonders geeignet zu sein, den oft empfundenen Mangel einer leichten und doch genauen Wassergabe zu den Töpfen aufzuheben. Diese Vorrichtung gestattet in einfacher Art, die Wassergaben nach steigenden Prozenten der Wasserkapazität zu verabfolgen, während die Apparatur nach K. MEYER[10] erlaubt, das gleichbleibende und einmal eingestellte Gewicht für die ganze Versuchsreihe und in der ganzen Vegetationsperiode ohne große Mühe durch Zufluß des Wassers zu regeln. Überdies ist mit der genannten Einrichtung möglich, auch den Wasserverlust direkt abzulesen, so daß die Kontrolle über den absoluten Wasserverbrauch ohne Schwierigkeit möglich ist. Die erwähnten Verbesserungen der Wasserregulierung durch W. SCHROPP[11] und C. DREYSPRING[12] haben dasselbe Prinzip.

Bei der Besprechung der Wasserversorgung erscheint es notwendig, darauf hinzuweisen, daß bei den Vegetationsversuchen, die mit Durchlüftungsröhren versehen sind, am besten die Wassergabe durch diese dem Boden zugeführt wird. Trocknet der Boden bei niedriger Wasserzufuhr oberflächlich aus, so ist das Wasser möglichst fein verteilt, eventuell mit Pipette, auf die Oberfläche zu

---

[1] Nach E. BLANCK: a. a. O., S. 110, sollen die Steine reine Quarzkiesel sein, „nicht etwa aus porösem Material von unbekannter vielseitiger Zusammensetzung bestehen, wie etwa Ziegelscherben oder sonstiges Material“.

[2] MITSCHERLICH, E. A.: a. a. O., S. 59, 60.

[3] PFEIFFER, TH.: a. a. O., S. 166, Abb. 14.

[4] MEYER, KONRAD: Ein neuer Apparat zur praktischen Durchführung der Wasserversorgung von Gefäßversuchen und zur Ermittelung des absoluten Wasserverbrauchs. J. Landw. **77**, 328 (1929).

[5] PFEIFFER, TH.: a. a. O., S. 166, Abb. 14; Vorrichtung zur schnelleren und besseren Regulierung der Wasser- und Standortsverhältnisse bei Versuchen in Vegetationsgefäßen. Landw. Versuchsstat. **76**, 135f. (1912). — MAIWALD, K.: Fortschr. Landw. **2**, 360 (1927).

[6] MYBURGH, W. S.: Ein selbständiger Wasserzuführungsapparat für Topfversuche. Z. Pflanzenern., Düng. u. Bodenk A, **15**, 1 (1930).

[7] MEYER, K.: a. a. O., S. 329.

[8] SCHROPP, W.: Beiträge zur Regelung der Standorts- und Wasserverhältnisse bei Vegetationsversuchen in Gefäßen. Abgew. Bot., H. 5 (1929).

[9] DREYSPRING, C.: Über die Wasserversorgung bei Gefäßkulturen und einen zweckmäßigen Gießwagen. „Superphosphate“ **3**, 245 (1930).

[10] MEYER, K.: a. a. O., S. 330.

[11] SCHROPP, W.: Angew. Bot. H. 5 (1929).

[12] DREYSPRING, C.: a. a. O., „Superphosphate“ **3**, 245f. (1930).

geben[1]. Bei Arbeiten mit Gefäßen, die unten durchlöchert sind und die die volle Wasserkapazitätsgabe erhalten, ist es erforderlich, einer eventuell sich bildenden Bodenkruste durch Aufritzen des Bodens vorzubeugen[2]. Es ist häufig darüber diskutiert worden, ob destilliertes, Leitungs- oder Regenwasser zu den Versuchen benutzt werden soll. Bei Fragen über die Ermittlung des Nährstoffgehaltes erscheint es als unumgänglich notwendig, destilliertes Wasser zu verwenden, ja selbst bei gewissen Fragen physikalischer und biologischer Natur wird man keine Meteorwässer oder Leitungswässer verwenden dürfen, da die in ihnen enthaltenen gelösten Salze unkontrollierbare Veränderungen hervorrufen können, die den wahren Sachverhalt verdecken[3]. Wie bedeutsam die Rolle eines chemisch reinen Wassers für die Durchführung eines exakten Gefäßversuches ist, erhellt aus den Angaben von O. Loew[4], der darauf hinweist, daß in Metallapparaten destilliertes Wasser unter Umständen Spuren des Metalles, wie Kupfer, Blei, Zink, enthalten kann, die ihrerseits naturgemäß auf die Pflanzenproduktion verändernd einwirken können. Wenngleich nach Th. Pfeiffer[5] diesem Punkte nur in seltenen Ausnahmefällen Bedeutung zugeschrieben werden kann, so zeigt sich doch aus diesem Beispiel, wie sorgsam die Behandlung der Versuche durchzuführen ist.

Während der einfache Gefäßversuch wohl im allgemeinen heute immer in Vegetationshäusern durchgeführt wird, bleibt der Versuch nach Mitscherlich unter freiem Himmel stehen[6], nur bei anhaltendem Regen wird eine regengeschützte Aufstellung, wo angängig, empfohlen[7]. Das Vegetationshaus soll nach Möglichkeit aus drei Abteilungen bestehen, und zwar einer Glashalle, bei der durch geeignete Vorrichtungen für genügende Lufterneuerung gesorgt werden kann, ferner der sog. Drahthalle und einer dritten Abteilung, in der die Pflanzen den natürlichen äußeren Bedingungen ausgesetzt sind[8]. Über die spezielle Ausführung einer Vegetationshallenanlage unterrichtet die Beschreibung von Th. Pfeiffer[9], weshalb an dieser Stelle lediglich kurz die Dreiteilung der Halle skizziert zu werden braucht. Die auf Gleisen laufenden Vegetationswagen, auf denen die Gefäße stehen, werden nach Möglichkeit den ganzen Tag über, bei günstiger Witterung auch nachts, in die dritte Abteilung gefahren, d. h. die Gefäße bleiben möglichst immer draußen. Auf diese Weise ist der Versuch den natürlichen klimatischen Verhältnissen jedenfalls in bezug auf Sonnenscheindauer, Wind usw.[10] ausgesetzt. Da es aber bei den meisten Versuchen darauf ankommt, die Wassermenge und die Nährstoffe gewissermaßen in Kontrolle zu haben, so

---

[1] Mitscherlich, E. A. [Landw. Jb. **49**, 334 (1916)] benutzt eine feine Brause, doch erscheint eine Pipette besser zum Gießen zu sein, da es sich bei der Brause nicht vermeiden läßt, daß zu Anfang oder zu Ende des Gießens größere Tropfen auf den Boden kommen, die den Boden uneben machen, wie auch die Möglichkeit des Verspritzens besteht.

[2] Diese Maßnahme muß mit äußerster Vorsicht durchgeführt werden, damit die Pflanzen nicht beschädigt werden.

[3] Vgl. E. Blanck: a. a. O., S. 107. — Th. Pfeiffer: a. a. O., S. 189. — Auch E. A. Mitscherlich [Die Bestimmung des Düngerbedürfnisses, a. a. O., S. 57] sorgt bei ausgesprochenem Regenwetter dafür, daß kein Wasser in die Gefäße hineingelangt. Zu diesem Zwecke werden die Gefäße oder die Drahthalle mit einem wasserdichten Zelttuche überspannt.

[4] Loew, O.: Landw. Jb. **20**, 235 (1891). — Vgl. H. Hellriegel: a. a. O., S. 16; dieser Autor verfuhr wie folgt: „Zum Begießen diente in allen Fällen nur destilliertes Wasser, welches mit der Vorsicht gewonnen war, daß immer das zuerst überdestillierte entfernt und zu anderen Zwecken benutzt wurde."

[5] Pfeiffer, Th.: a. a. O., S. 189.

[6] Mitscherlich, E. A.: a. a. O., S. 48f.

[7] Mitscherlich, E. A.: a. a. O., S. 54.

[8] Vgl. E. Blanck: a. a. O., S. 111. — Th. Pfeiffer: a. a. O., S. 140.

[9] Pfeiffer, Th.: Anlage von Vegetationshäusern in „Der Vegetationsversuch", a. a. O., S. 139f.

[10] Vgl. E. Blanck: a. a. O., S. 111. — Th. Pfeiffer: a. a. O., S. 140.

müssen die Wagen bei Regen, aber auch bei zu großer Kälte, in die Glashalle[1] hineingeschoben werden. Die Anordnung der Drahthalle erfolgt aus dem Grunde, um die Folgen des Vogelfraßes zu verhindern[2]. E. BLANCK[3] faßt den Zweck der Dreiteilung treffend wie folgt zusammen: „Dementsprechend sind die Gefäße bei Regen, Sturm und großer Kälte, wie es leider im Anfang der Vegetationsperiode nachts häufig der Fall sein wird, im Glashaus aufzubewahren und während der Zeit des Auflaufens und der Reife im Drahthaus zu schützen, sonst wird jedoch für ihre Aufstellung die Freiheit in der Natur zu bevorzugen sein". Bezüglich der Anordnung und Aufstellung der Gefäße zur Durchführung des MITSCHERLICH-Versuches sei auf die Angaben MITSCHERLICHS verwiesen. Entsprechend dem Ziel dieses Versuches wird den Gefäßen das Wasser in der vollen Höhe der Kapazität gegeben, wie ja auch bei der Aufstellung im Freien der ganze Versuch den natürlichen klimatischen Verhältnissen ausgesetzt ist. Die mit dem zugegebenen Wasser durchlaufenden Nährstoffe dürfen natürlich nicht verloren gehen und müssen daher quantitativ in Untersätzen, die unter die Gefäße geschoben werden, aufgefangen und dem Boden zurückgegeben werden[4]. Bei der Durchführung des MITSCHERLICH-Versuches ist also keine eigentliche Vegetationshalle erforderlich, doch erweist es sich auch hier als sehr angebracht, die Pflanzen während der Vegetationszeit vor Vogelfraß geschützt aufzustellen[5]. Bei dem Aufstellen der Gefäße in der Drahthalle ist es natürlich möglich, daß durch das Drahtnetz ein Lichtentzug stattfindet, der zu Produktionsverminderungen führen kann[6]. Der Lichtentzug spielt auch in anderer Richtung noch eine Rolle, nämlich in bezug auf die Selbstbeschattung, die sowohl auf dem einzelnen Gefäß durch eine zu große Anzahl von Pflanzen[7] als auch beim zu dichten Aneinanderstehen der Gefäße eintreten kann[8]. Auch ist es notwendig, daß die Gefäße, die meistens in einer von Nord nach Süd angelegten Halle[9] aufgestellt sind, häufig in ihrer Stellung zur Himmelsrichtung gewechselt werden[10]. Da das Umsetzen der Töpfe und das dadurch bedingte Rütteln unzweckmäßig ist, hat TH. PFEIFFER eine sinnreiche Konstruktion vorgeschlagen, mit der es möglich ist, auf leichte Art und Weise die in einem Ringe hängenden Gefäße in die gewünschte Stellung zu bringen[11]. Es sind auch Konstruktionen bekannt, bei denen nicht die einzelnen Gefäße umgesetzt werden, sondern der ganze Wagen gedreht wird[12], wobei allerdings zu beachten ist, daß die jeweils auf einem Wagen endständig stehenden Ge-

---

[1] BLANCK, E.: ebenda.

[2] Vgl. E. BLANCK: a. a. O., S. 111. — TH. PFEIFFER: a. a. O., S. 142. — E. A. MITSCHERLICH: a. a. O., S. 48.

[3] BLANCK, E.: a. a. O., S. 111.

[4] MITSCHERLICH, E. A.: a. a. O., S. 53.

[5] MITSCHERLICH, E. A.: a. a. O., S. 48.

[6] Vgl. hierzu A. MAYER: Ein Vegetationshaus ohne directes Sonnenlicht. Landw. Versuchsstat. **23**, 249 (1879). — F. NOBBE: Über Licht und Wärme in den Vegetationshäusern. Ebenda **23**, 259 (1879). — E. BLANCK: a. a. O., S. 111. — Vgl. ferner die Literaturangaben bei TH. PFEIFFER: S. 144—170.

[7] Vgl. TH. PFEIFFER: a. a. O., S. 152.

[8] Aus diesem Grunde muß zwischen den einzelnen Gefäßen immer ein größerer Abstand gelassen werden.

[9] Vgl. TH. PFEIFFER: a. a. O., S. 141.

[10] Vgl. W. SCHROPP: Über die Methode des Vegetationsversuchs. Z. Pflanzenern., Düng. u. Bodenk. A, **12**, 329 (1928).

[11] PFEIFFER, TH.: Vorrichtung zur schnelleren und besseren Regulierung der Wasser- und Standortsverhältnisse bei Versuchen in Vegetationsgefäßen. Landw. Versuchsstat. **76**, 135 (1912). — Vgl. hierzu die Abb. 14, S. 166, und Abb. 15, S. 167, in TH. PFEIFFER: Der Vegetationsversuch. Berlin 1918. — Ferner K. MAIWALD: Fortschr. Landw. **2**, 359 (1927).

[12] Vgl. F. VOGEL: Regelung der Standorts- und Wasserverhältnisse bei Gefäßversuchen mit mehrjährigen Pflanzen. Landw. Versuchsstat. **110**, 199 (1930).

fäße häufig gegen solche in der Wagenmitte stehende ausgewechselt werden müssen[1].

Die beschriebene Art der Vegetationshallenanordnung kann natürlich in Einzelheiten geändert werden, so sind Vorschläge gemacht worden, Hallen mit fahrbarem Dach und beweglichen Seitenwänden zu bauen[2]. Auch muß darauf hingewiesen werden, daß zum Hinaus- und Hineinfahren in die Glashalle maschinelle Vorrichtungen[3] angewandt werden oder aber, daß durch mechanische Kräfte bei Eintritt von Regen bzw. stärkerem Wind die Wagen in die Schutzhalle hineingleiten[4]. Es würde sich zweifelsohne als sehr gut erweisen, wenn die Erschütterung, die die Wagen bei dem oft täglich mehrfach vorkommenden Hinausschieben und Zurückfahren erleiden, vermieden werden könnte. Selbst die leiseste Erschütterung kann hauptsächlich bei Sandböden eine Pflanzenschädigung mit sich bringen. Aus diesem Grunde hat die Aufstellung der Töpfe nach MITSCHERLICH einen Vorteil vor der Plazierung der Gefäße auf Wagen, welchem aber die Unmöglichkeit bzw. Schwierigkeit, die Standortsverhältnisse gleich zu setzen, gegenüber steht.

Bei der weiteren Entwicklung der Pflanzen erweist es sich notwendig, Vorkehrungen zu treffen, um das Umfallen oder Lagern derselben zu vermeiden. Zu diesem Zwecke werden Drahtgitter, deren Gewicht genau bekannt ist, auf die Gefäße aufgesetzt[5]. Als Zeitpunkt der Ernte wird normalerweise der des Reifezustandes der Pflanzen gewählt, eine Ausnahme hiervon kann unter Umständen dann gemacht werden, wenn befürchtet wird, daß eine Abwanderung der Nährstoffe eintritt[6]. Wie E. BLANCK[7] hervorhebt, wird 2—3 Tage vor der Ernte den Pflanzen kein Wasser mehr gegeben, um einerseits die Reife zu beschleunigen, andererseits aber, um zu erreichen, daß möglichst „alles in den Gefäßen noch vorhandene Wasser durch die Pflanzen verdunstet wird, und diese selber trocken werden“.

Die Frage nach dem Zeitpunkt der Ernte kann in dem Falle etwas schwierig werden, wenn die Pflanzen auf den verschieden behandelten Gefäßen zu verschiedenem Zeitpunkt reif werden. Es kann z. B. die Möglichkeit eintreten, daß aus einem sehr nährstoffarmen Boden die Pflanzen zu einem sehr frühen Zeitpunkt „notreif“ werden. Bei der Beurteilung des Fruchtbarkeitszustandes eines Bodens erscheint es immer angebracht, die Versuchspflanze dann zu ernten, wenn sie reif ist, also selbst dann, wenn zeitlich verhältnismäßig große Unterschiede in der Versuchsreihe in bezug auf den Reifezustand eintreten[8].

Bei der Ernte ist es wichtig zu wissen, ob nur die oberirdischen Pflanzenteile geerntet, oder aber auch die Wurzeln mit zur Versuchsauswertung herangezogen

---

[1] Vgl. E. BLANCK: a. a. O., S. 112. — TH. PFEIFFER: Landw. Versuchsstat. **76**, 135 (1912). — Vgl. hierzu F. VOGEL: Regelung der Standortsverhältnisse bei Gefäßversuchen mit mehrjährigen Pflanzen. Ebenda **110**, 198f. (1930).

[2] ULBRICHT, R.: Ein Glashaus mit fahrbarem Dach und beweglichen Seitenwänden. Landw. Versuchsstat. **55**, 435 (1901).

[3] Vgl. die Angaben von TH. PFEIFFER: Der Vegetationsversuch, a. a. O., S. 143.

[4] Ebenda.

[5] Vgl. E. BLANCK: a. a. O., S. 116. — E. A. MITSCHERLICH: a. a. O., S. 51 (Abb. 8), 53. — A. STROBEL u. K. SCHARRER [Die Vegetationsanlagen des Agrikultur-Chemischen Instituts Weihenstephan. Fortschr. Landw. **1**, 437 (1926)] schlagen eine andere Form der Einrichtung zum Halten der Pflanzen vor, doch weist K. MAIWALD [Regelung der Standorts- und Wasserverhältnisse in Vegetationsgefäßen. Ebenda **2**, 357 (1927)] darauf hin, daß bei der vorgeschlagenen Änderung die Standortsverhältnisse nicht gleich gestellt werden können.

[6] Vgl. hierzu die Angaben von TH. PFEIFFER: a. a. O., S. 204—206.

[7] BLANCK, E.: a. a. O., S. 117. — E. A. MITSCHRLICH [a. a. O., S. 61] gibt an, daß die Gefäße schon 8 Tage vor der Ernte vollkommen trocken gelassen werden können.

[8] Vgl. hierzu TH. PFEIFFER: a. a. O., S. 205.

werden sollen. Bei Getreide und Leguminosen wird man sich meistens nur mit der Ernte der oberirdischen Masse begnügen. Bei Getreide ist in der Erntemethode insofern ein Unterschied bei verschiedenen Versuchsanstellern hervorzuheben, als das eine Mal die ganze oberirdische Masse möglichst dicht am Boden und von Topf zu Topf betrachtet gleichmäßig tief abgeschnitten[1] und in vorher präparierte, d. h. mit Zetteln versehene, saubere Leinenbeutel[2] hineingetan wird, nachdem die Ernte entweder völlig zerschnitten oder ganz gelassen wird, wohingegen MITSCHERLICH[3] die Getreidekörner (Hafer) direkt von den noch stehenden Halmen abstreift und die Ernte getrennt nach Stroh und Korn in Trockenkästen bringt, das sind Behälter von 18×30 oder 10×30 cm Bodenfläche und 14 cm Höhe, die aus Drahtgaze bestehen. Werden die Körner nicht vom Halm abgestreift, sondern die Ähren bzw. Rispen abgeschnitten, so hat das Trennen von Korn und Spelzen nach der Vortrocknung an der Luft vor der eigentlichen Bestimmung der Trockensubstanz und vor der Vorbereitung hierfür zu geschehen[4]. Bezüglich der Trennung der Körner vom Stroh im lufttrockenen Zustande sind verschiedene Wege gangbar[5]. Nach dem Vortrocknen, das nach Möglichkeit nur kurze Zeit in Anspruch nehmen soll[6], wird die Erntesubstanz im kühlen Raum bei gleichbleibender Temperatur abgekühlt und dann mit dem Beutel zusammen gewogen, sodann gemahlen und die so zerkleinerte Masse in vorher bereitgestellte, luftdicht abschließende Glasgefäße hineingefüllt[7]. E. A. MITSCHERLICH[8] empfiehlt, daß die Ernten heiß aus dem Trockenschrank in Wägebüchsen aus Blech gebracht, schnell in diesen verschlossen und heiß gewogen werden. In Hinsicht auf die Gewinnung der Gesamternte eines jeden Gefäßes, also der oberirdischen Pflanzenmasse einschließlich der Wurzelmasse, liegen die Verhältnisse etwas schwieriger, weil es nicht ganz einfach ist, hauptsächlich die Wurzeln quantitativ zu gewinnen, wie andererseits in dem Anhaften von Bodenteilchen an den Wurzeln eine weitere Schwierigkeit liegt. Da bei den Untersuchungen auf die Ermittlung des Fruchtbarkeitszustandes in erster Linie wohl nur die Gewinnung der oberirdischen Pflanzenteile in Frage kommt, so sei hier nur auf die Literatur über den Erhalt der ganzen Pflanze verwiesen[9]. Zum Schluß dieser kurzen Betrachtung erscheint es notwendig, ausdrücklich darauf hinzuweisen, daß für die Auswertung eines exakten Gefäßversuches immer die Trockensubstanzbestimmung durchgeführt werden muß, und daß es somit nicht genügt, den Ertrag an „lufttrockener" Erntemasse festzustellen[10]. Das Mahlen der lufttrockenen Substanz bedarf auch

---

[1] Vgl. TH. PFEIFFER: a. a. O., S. 206. — E. BLANCK: a. a. O., S. 117.

[2] Vgl. TH. PFEIFFER: a. a. O., S. 209.

[3] MITSCHERLICH, E. A.: a. a. O., S. 61. — E. BLANCK: a. a. O., S. 117.

[4] Diese Maßnahme ist nicht immer leicht durchzuführen. Bei größeren Ernten läßt sich hierzu eine handbetriebene kleine Versuchs-Dreschmaschine benutzen oder aber die vorgetrocknete Substanz muß im Beutel zwischen den Händen gerieben werden und die geriebene Spreu wird abgesiebt. — P. WAGNER [a. a. O., Landw. Versuchsstat. **12**, 654 (1883)] klopfte die Beutel mit einem Holz, wodurch sich Stroh und Korn gut voneinander trennen ließen.

[5] Vgl. die vorhergehende Anmerkung.

[6] Vgl. hierzu F. GIESECKE: Ein Beitrag zur Frage: Hat der Atmungsprozeß abgeernteter Pflanzen Bedeutung für die exakte Durchführung eines Vegetationsversuches? Landw. Versuchsstat. **104**, 109 (1926).

[7] Vgl. E. BLANCK: a. a. O., S. 119.

[8] MITSCHERLICH, E. A.: a. a. O., S. 61.

[9] Hierzu sei auf die eingehende Behandlung dieser Frage durch TH. PFEIFFER: a. a. O., S. 206f, verwiesen.

[10] Vgl. E. BLANCK: a. a. O., S. 119. — TH. PFEIFFER: a. a. O., S. 209.

einer großen Sorgfalt, und zwar einmal in bezug auf Substanzverluste[1], ein andermal aber auch in Hinsicht auf die Stärke der Vortrocknung, da es sich herausgestellt hat, daß bei größerem Feuchtigkeitsgehalt der vorgetrockneten Ernte beim Mahlen Wasserverluste auftreten, die sich ihrerseits bei der Umrechnung der Trockensubstanzernte bemerkbar machen müssen[2]. Ferner sei darauf aufmerksam gemacht, daß u. U. Veränderungen in chemischer Beziehung durch das Trocknen der Pflanzen eintreten können[3]. Für die Durchführung der Vortrocknung genügt es im allgemeinen, die in den Beuteln befindliche Ernte in möglichst luftigen und warmen Räumen so aufzuhängen, daß die einzelnen Beutel nicht zu dicht nebeneinander angebracht sind. Die Trockensubstanzbestimmung erfolgt nicht immer mit der ganzen Erntemasse, sondern nur mit einem Teil der vorgetrockneten und gemahlenen Substanz. Im Hinblick auf die Feststellung, daß auch bei geringem Feuchtigkeitsgehalt der Atmungsprozeß[4] der Pflanzen noch nicht völlig unterbunden ist, erscheint es angebracht, sofern es die apparativen Einrichtungen gestatten, die ganze Ernte bei 100—105° zu trocknen und dann erst in die Aufbewahrungsgefäße, die überdies zur Sicherheit nach dem Einfüllen der Erntesubstanz noch einparaffiniert werden sollten, zu geben. Es sind eine Reihe von Trockenschränken beschrieben worden[5], darunter auch solche, die zur Vortrocknung der Ernten dienen sollen[6]. Wie verschiedentlich darauf hingewiesen ist, kann nur ein exakt durchgeführter Vegetationsversuch wissenschaftlich auswertbare Ergebnisse liefern[7], und aus diesem Grunde erschien es notwendig, einen kurzen Abriß über die Durchführung des Gefäßversuches an dieser Stelle zu geben.

c) Die Bestimmung des Fruchtbarkeitszustandes des Bodens durch den Feldversuch.

Von **TH. ROEMER**, Halle a. d. S.

Mit 1 Abbildung.

Das älteste und erste Hilfsmittel zur Bestimmung des Fruchtbarkeitszustandes eines Feldes ist der Feldversuch[8]. Der praktische Landwirt hat diesem stets den Vorzug vor allen anderen Methoden gegeben und wird es weiter tun, weil er die Bedingungen des Feldversuchs seiner jeweiligen Wirtschaftsweise anpassen kann und weil die Ergebnisse für ihn leichter verständlich sind und von ihm selbst in praktische Nutzanwendung übersetzt werden können. Dem Vertreter der wissenschaftlichen Erforschung der Fruchtbarkeitsfaktoren des Bodens wird und kann der Feldversuch allein nicht genügen, da er verschiedene

---

[1] Solche Verluste können eintreten, einmal durch Verstauben bei nicht zugedeckten Mühlen, ferner aber auch durch Reste, die im Getriebe der Mühle zurückbleiben. Bei jeder neuen Topfserie ist daher eine sorgfältige Reinigung mit dem Pinsel vorzunehmen.

[2] Vgl. F. GIESECKE: Trockensubstanzverluste bei der Werbung und Aufbewahrung der Ernte. J. Landw. **74**, 234 (1926). — H. NEUBAUER: Landw. Versuchsstat. **94**, 1 (1919).

[3] Vgl. K. P. LINK u. E. R. SCHULZ: Wirkung der Trocknungsart auf die stickstoffhaltigen Bestandteile von Pflanzen und Pflanzenproben. J. Amer. Soc. **46**, 2044 (1924). — N. N. IWANO u. M. J. LISCHKEWITZ [Über den Stickstoffverlust beim Trocknen der Pflanzen. Biochem. Z. **205**, 329 (1929)] schlagen eine Vakuumtrocknung der Pflanzen bei 75° C vor.

[4] Vgl. F. GIESECKE: a. a. O., Landw. Versuchsstat. **104**, 109f. 1926.

[5] Um bei der Verarbeitung von Vegetationsversuchsernten das Vortrocknen, Zerkleinern und die nochmalige Wasserbestimmung zu vermeiden, schlägt C. DREYSPRING [Bestimmung der wasserfreien Erträge von Versuchsernten mit einem neuen elektrischen Trockenschrank. „Superphosphate" **3**, 173, 198 (1930)] die absolute Trocknung der gesamten Gefäßernte vor.

[6] Vgl. hierzu E. BLANCK: a. a. O., S. 118.

[7] Vgl. E. BLANCK: a. a. O., S. 119, 120.

[8] ROEMER, TH.: Der Feldversuch, 3. Aufl., H. 302 Dtsch. Landw. Ges. Berlin 1930.

Mängel besitzt. Der Feldversuch allein kann uns keine Vorstellung darüber verschaffen, wie lange die vorhandene Menge an Nährstoffen ausreichen wird, um hohe oder mittlere Ernten zu erzielen. Vielmehr kann eine Berechnung und zahlenmäßige Feststellung des Fruchtbarkeitszustandes an Hand des Feldversuchs nur mit Hilfe irgend welcher Gesetzmäßigkeiten des Pflanzenertrages vorgenommen werden. Andererseits aber sind alle chemisch-analytischen und chemisch-physiologischen Untersuchungsmethoden auf den Feldversuch insofern angewiesen, als nur der Feldversuch entscheiden kann, ob diese Methoden richtig sind. Selbst wenn ein Vergleich verschiedener chemischer oder physiologischer Methoden zur Bestimmung des Fruchtbarkeitszustandes Übereinstimmung unter diesen Methoden erbringt, aber keine Übereinstimmung mit den Ergebnissen von Feldversuchen zeigt, müssen die ersteren als unrichtig oder doch nur als Annäherungsmethoden bezeichnet werden. Es besteht somit in doppeltem Sinn eine enge Verkopplung zwischen Feldversuch und allen anderen Methoden zur Bestimmung des Fruchtbarkeitszustandes.

Der Feldversuch steht den pflanzenphysiologischen Untersuchungsmethoden (Mitscherlich[1], Neubauer[2], Greisenegger[3], Christensen[4], Niklas[5]) insofern näher, als diese Methoden lebende Organismen (reife[1] — oder doch erwachsene[1] — Pflanzen, Keimpflanzen[2, 3], Bakterien[4], Pilze[5]) als Vermittler benutzen, während die chemisch-analytischen Methoden die Antwort ohne Mitarbeit lebender Pflanzenzellen suchen. Es ist sicher, daß durch die Einschaltung der lebenden Pflanzenzellen als Indikator alle Unsicherheiten biologischer Versuche in Kauf genommen werden müssen: die Pflanzenzellen antworten auf die kleinste Änderung der Versuchsbedingungen, somit auch auf solche Einflüsse, die für uns unkontrollierbar bleiben.

Allerdings würde eine derartige Einteilung in biologische und chemische Methoden nicht das Prinzip der Methoden treffen. Denn das ausschlaggebende Moment bei der Bestimmung der Fruchtbarkeitsfaktoren ist nicht die Pflanze oder das Lösungsmittel, sondern ist die Art, wie die Pflanze oder das Lösungsmittel die Fruchtbarkeitsfaktoren bestimmt. Teilt man die Methoden nach diesen Gesichtspunkten ein, so ergeben sich zwei typische Gruppen:

Die erste Gruppe, zu der die chemischen Methoden und einige biologische Verfahren (Neubauer, Christensen, Niklas — Azotobakter und Aspergillus) gehören, ermittelt den Gehalt eines Bodens auf direktem Wege. Diese Verfahren sind reine Bodenuntersuchungsmethoden.

Die zweite Gruppe umfaßt die Vegetationsversuche: den Feldversuch und den Gefäßversuch. Sie bestimmt den Nährstoffgehalt auf indirektem Wege

---

[1] Mitscherlich, E. A.: Die Bestimmung des Düngerbedürfnisses des Bodens, 2. Aufl. Berlin: P. Parey 1925.

[2] Neubauer, H. u. W. Schneider: Die Nährstoffaufnahme der Keimpflanzen und ihre Anwendung auf die Bestimmung des Nährstoffgehaltes der Böden. Z. Pflanzenern., Düng. u. Bodenk. A, **2**, 329 (1923).

[3] Greisenegger, I. K. u. K. Vorbuchner: Feststellung des Düngerbedürfnisses durch Bodenerschöpfung. Österr.-Ungar. Z. Zuckerind. u. Landw. **47**, 281 (1918).

[4] Christensen, H. R.: Untersuchungen über das Kalkbedürfnis des Bodens. Z. Pflanzenern., Düng. u. Bodenk. A, **1**, 265 (1922).

[5] Niklas, H. u. W. Hirschberger: Z. angew. Chem. **37**, 955 (1924). — Niklas, H., H. Poschenrieder u. J. Trischler: Die Kultur des Schimmelpilzes Aspergillus niger zur Bestimmung der Kali- und Phosphorsäuredüngebedürftigkeit der Böden. Ernährg der Pflanze **26**, 97 (1930), **26**, 339 (1930); Die Bestimmung des Kalidüngebedürfnisses der Böden mittels Aspergillus niger. Z. Pflanzenern., Düng. u. Bodenk. A, **18**, 129 (1930). — Niklas, H., H. Poschenrieder u. G. Vilsmeier: Wiss. Arch. Landw. A, **5**, 152 (1930). — Niklas, H., H. Poschenrieder u. J. Trischler: Eine neue mikrobiologische Methode zur Feststellung der Düngebedürftigkeit der Böden. Weitere Mitteilung: Bestimmung des Phosphorsäuredüngebedürfnisses der Böden mittels Aspergillus niger. Ebenda A, **5**, 451 (1931).

mittels des Ertrages und der Ertragswirkung. Die Bestimmung des Nährstoffgehaltes im Feld- und Gefäßversuch setzt die Kenntnis irgend einer Gesetzmäßigkeit zwischen Nährstoffwirkung und Ertragszuwachs voraus. Man hat daher mit Recht gesagt, daß die erste Gruppe Nährstoffmassen[1], die zweite Gruppe dagegen Nährstoffwirkungen, d. h. Kräfte ermittelt. Wenn wir aus der Physik das Gesetz der Kraft als Beispiel zitieren: Kraft = Masse × Beschleunigung, so sehen wir, daß es durchaus nicht ohne weiteres richtig zu sein braucht, aus einer gefundenen Masse auf die Kräfte, die dadurch im Boden ausgelöst werden können, zu schließen. Ein solcher Schluß ist jedoch erst möglich, wenn die Beschleunigung der Massen bekannt ist. In dieser prinzipiellen Verschiedenheit dürfte wohl der Grund für die vielen Unstimmigkeiten, die beim Vergleich der Untersuchungsergebnisse chemischer Methoden mit denen des Feld- oder Gefäßversuches gefunden werden, liegen.

Ein kurzer geschichtlicher Rückblick soll die Entwicklung[2] des Feldversuchs zeigen[3]. Vegetationsversuche konnten eine größere Ausdehnung erfahren, als die Grundlage der Pflanzenernährung durch die Chemie geschaffen worden war. Mit der Zeit von JUSTUS V. LIEBIG setzt eine zielbewußte Tätigkeit zur Erforschung des Fruchtbarkeitszustandes des Bodens ein. In dieser Zeit wurden die bekannten Versuche mit fortgesetztem Weizen- und fortgesetztem Gerstenbau ohne Fruchtwechsel unter Anwendung verschiedener Nährstoffarten und Nährstoffmengen in Rothamsted von LAWES und GILBERT angelegt. Erst viel später (1878) wurde ein solcher Versuch mit fortgesetztem Roggenbau bei verschiedener Düngung durch JULIUS KÜHN in Halle a. d. Saale angelegt, der — wie die ersteren — auch heute noch so fortgeführt wird, wie er angelegt worden ist. Diese Versuche leiden alle unter dem Mangel der damaligen Zeit d. h. der Anlage der Versuche auf großen Teilstücken (10—25 ar) ohne jede Wiederholung. In den sechziger Jahren des vorigen Jahrhunderts treten GROUVEN[4] und HANAMANN[5] für einen Ausbau der Versuchsanstellung ein. GROUVEN betont stark die eng begrenzte Gültigkeit eines jeden Feldversuchs für das betreffende Feld, auf dem der Versuch lag. Er verlangt „summarische Feldkulturversuche“, wobei ein und dieselbe Fragestellung in Feldversuchen mit gleicher Düngermenge und Düngerform auf möglichst vielen Wirtschaften („Parallelversuche“ damals genannt) behandelt wird. Dieser Gedanke lebt heute noch fort in den „Provinzversuchen“ der landwirtschaftlichen Versuchsstationen und der Düngersyndikate. Es wurde hierbei sehr viel Material zusammengetragen, aus welchem für die erste Zeit der künstlichen Düngung wertvolle Richtlinien gewonnen wurden, weil damals noch die allerersten Fragen zu klären waren. Heute weiß man, daß solches Verfahren sehr leicht zur Schematisierung führt, indem Mittelwerte von 10, 20 oder 100 Versuchen gezogen werden, denen als allgemein gültige Mittelwerte Geltung verschafft wird. Der Fehler liegt darin, daß dieser Mittelwert aus sehr ähnlichen, nahe zusammen oder aber auch aus sehr weit auseinander liegenden Werten gewonnen sein kann.

---

[1] MEYER, R.: Über den Begriff und die Bestimmung des Nährstoffbedürfnisses des Bodens. Z. Pflanzenern., Düng. u. Bodenk. A, **9**, 99 (1927). — SCHEFFER, F.: Feldversuch und NEUBAUER-Versuch. Z. Pflanzenern., Düng. u. Bodenk. B, **8**, 501 (1929).

[2] Vgl. CZAPEK, F.: Biochemie der Pflanzen 1, 2. Aufl., S. 1. Jena: Fischer 1920. — MAYER, A.: Lehrbuch der Agrikulturchemie, 7. Aufl., 1. Heidelberg: Winter 1920.

[3] Einzelheiten s. TH. ROEMER: Der Feldversuch.

[4] GROUVEN, H.: 3. Bericht über die Arbeiten der Versuchsstation Salzmünde. Halle 1868.

[5] HANAMANN, J.: Sechsjähriger Vegetations- und Düngungsversuch in Verbindung mit meteorologischen Beobachtungen und Bodenanalyse. Prag 1873; Vergleichende Anbauversuche mit verschiedenen Zuckerrübensorten. Landw. Versuchsstat. **17**, 261 (1874).

GROUVEN hat weiterhin auf den Einfluß der Fehlstellen auf die Erträge der einzelnen Teilstücke hingewiesen und hat schon 1868 als erster versucht, diesen ungünstigen Einfluß bei Rübenversuchen auszuschalten.

HANAMANN dagegen behandelte insbesondere die Ungleichmäßigkeit des Feldes: „Die zu Versuchen dienende Fläche müsse ganz gleich sein. Da absolut gleichmäßige Flächen auf keinem Feld anzutreffen sind, müssen sie geschaffen werden." HANAMANN war hiermit der Begründer der Methode von „Vegetationsversuchen in ummauerten Parzellen", wobei der Ackerboden gut durchmischt in $1^1/_2$—2 m Tiefe in 5—10 qm große, ummauerte Teilstücke eingefüllt wird. Diese Methode hat zur Klärung mancher Frage beigetragen, und die meisten Versuchsstationen verfügen über solche Parzellen. Der Mangel dieser Methode ist die künstliche Lagerung des Bodens, denn die Versuche werden nicht mehr auf „gewachsenem Boden" durchgeführt.

MAERCKER[1], DRECHSLER[2] und PAUL WAGNER[3] setzten die allgemeine Anwendung von Wiederholungsteilstücken durch und betonten immer wieder die Notwendigkeit, zu möglichst genauen Ergebnissen zu gelangen. „Wir müssen eine Methode der Düngungsversuche haben, welche nachweisbar ebenso genaue und zuverlässige Resultate liefert wie unsere wohl studierten chemisch-analytischen Bestimmungsmethoden, deren Fehler höchstens 1 % beträgt"[3]. DRECHSLER behandelte die Lage, Größe und Form der Teilstücke und die Zahl der erforderlichen Wiederholungen. Ein entscheidender Schritt wurde aber erst durch RODEWALD[4] getan, dem das erhebliche Verdienst zufällt, um die Wende dieses Jahrhunderts die Fehlerwahrscheinlichkeitsrechnung von GAUSS in das landwirtschaftliche Versuchswesen eingeführt zu haben. Erst hiermit war ein brauchbarer, wissenschaftlich begründeter Maßstab für die Genauigkeit und damit für die Zuverlässigkeit der Versuchsergebnisse eingeführt. Sämtliche späteren kritischen Untersuchungen mit dem Ziel der Vervollkommnung der Versuchstechnik fußen auf RODEWALDS Arbeit. Wie fruchtbar diese gewesen ist, zeigen die vielen Arbeiten auf diesem Gebiet von BAULE[5], CZUBER[6], EHRENBERG[7], FRÖHLICH[8], MITSCHERLICH[9], PFEIFFER[10], ROEMER[11] u. a. m. Die Berechnung der Fehlergröße gilt heute als unerläßlicher Teil eines gut durchgeführten Feld-

[1] MAERCKER, M.: Z. landw. Zentralver. Prov. Sachsen **33**, 139 (1876); **35**, 145, 177, 237 (1878).

[2] DRECHSLER, G.: Zur Kartoffelkultur. J. Landw. **22**, 524 (1874); Düngungsversuche auf dem Versuchsfelde des landwirtschaftlichen Instituts der Universität Göttingen. Ebenda **28**, 243 (1880); Düngungsversuche. Ebenda **32**, 247 (1884).

[3] WAGNER, P.: Beiträge zur Begründung und Ausbildung einer exakten Methode der Düngungsversuche. J. Landw. **28**, 9 (1880).

[4] RODEWALD, H.: Die Bedeutung der Fehlerausgleichung für die Lösung landwirtschaftlich wichtiger Fragen. Fühlg. landw. Ztg. **58**, 12 (1909); Die Anwendung der Ausgleichungsrechnung bei der Ausnutzung von feldmäßigen Anbauversuchen. Mitt. Dtsch. Landw. Ges. **22**, 353 (1907).

[5] BAULE, B.:Unter welchen Voraussetzungen ist die Wahrscheinlichkeitsrechnung auf die Versuche in der Land- und Forstwirtschaft anwendbar? Fühlg. landw. Ztg. **62**, 160 (1913).

[6] CZUBER, E.: Die Anwendung der Wahrscheinlichkeitsrechnung auf Fragen der Landwirtschaft. Z. landw. Versuchswes. Österr. **21**, 1 (1918).

[7] EHRENBERG, P.: Versuch eines Beweises für die Anwendbarkeit der Wahrscheinlichkeitsrechnung bei Feldversuchen. Landw. Versuchsstat. **95**, 157 (1920).

[8] FRÖHLICH, O.: Die Anwendbarkeit der Methode der kleinsten Quadrate in der Landwirtschaft. Mitt. landw. Inst. Breslau **6**, 683 (1910).

[9] MITSCHERLICH, E. A.: Über die Anwendung der Fehlerwahrscheinlichkeitsrechnung auf die Resultate von Düngungsversuchen. Fühlg. landw. Ztg. **61**, 504 (1912); Die Ausschaltung von Versuchen. Ebenda **61**, 731 (1912); Die Anwendung der Wahrscheinlichkeitsrechnung auf Fragen der Landwirtschaft. Ebenda **67**, 233 (1918).

[10] PFEIFFER, TH.: Der Vegetationsversuch, S. 225ff. Berlin: P. Parey 1918.

[11] ROEMER, TH.: Der Feldversuch, 3. Aufl., H. 302 Dtsch. Landw. Ges. Berlin 1930.

versuchs; sie ist heute allgemein in Anwendung. Ja es ist sogar Grund vorhanden, nun vor einer Überschätzung der Fehlerrechnung zu warnen, indem mancher Versuchsansteller bestrebt ist, in erster Linie Versuche mit recht kleinen Fehlerwerten, statt „richtige Werte" herauszuarbeiten; aber ein Versuchsergebnis mit sehr niedrigem Fehler bringt keinen Nutzen, wenn der Versuch falsch angelegt war.

All dies ermöglicht jedoch nur, durch den Feldversuch qualitativ zu bestimmen, welche Nährstoffe in ausreichendem oder unzureichendem Maße vorhanden sind. Quantitative Bestimmung des verwertbaren Nährstoffkapitals, also wirkliche Erfassung des Fruchtbarkeitszustandes des Bodens, wurde erst durch die Arbeiten von MITSCHERLICH[1] über „Das Wirkungsgesetz der Wachstumsfaktoren" möglich. Gilt dieses Gesetz von MITSCHERLICH, oder wird es infolge der weiteren Erkenntnis durch ein anderes Gesetz abgelöst, immer bleibt es Tatsache, daß MITSCHERLICH zum erstenmal die Möglichkeit zeigte, den Vorrat eines Bodens an verwertbaren Nährstoffen („*b*") zahlenmäßig zu erkennen und dadurch eine rationelle Nährstoffwirtschaft im Boden zu treiben. Aber kann man erwarten, daß die erste Methode, die solches überhaupt ermöglicht, sofort im ganzen Umfang sich als richtig erweist? Hierzu sind die Dinge doch wohl zu verwickelt!

Eine wesentliche Verbreitung erfuhr das Feldversuchswesen in der landwirtschaftlichen Praxis durch die Versuchsringe[2], deren erster 1921 in Halle durch den Verfasser in Gemeinschaft mit Herrn Rittergutsbesitzer REINHARDT-Burgwerben geschaffen wurde, deren Anzahl Ende 1928 für Deutschland 700 überschritt. Sie dienen nicht der Forschung, sondern der Übertragung der wissenschaftlichen Erkenntnis in die Praxis; sie sollen die Bestimmung des Fruchtbarkeitszustandes der Böden durch den Feldversuch in der Praxis ausführen.

„Auf die Kunst, Versuche anzustellen, gründet sich vorzüglich die Gewalt der Menschen über die materielle Welt, und er kann diese um so mehr ausdehnen, je mehr er jene Kunst vervollkommnet und in Ausübung bringt." (THAER.)

Die wissenschaftlichen Grundlagen zur Bestimmung des Fruchtbarkeitszustandes.

Wenn wir von der „Bestimmung des Fruchtbarkeitszustandes des Bodens durch den Feldversuch" sprechen, so verstehen wir gewöhnlich darunter die Bestimmung des Nährstoffkapitals des Bodens. Das Nährstoffkapital bestimmt jedoch nicht ausschließlich den Fruchtbarkeitszustand eines Bodens. Die Fruchtbarkeit eines Bodens ist bestimmt durch die Menge an verfügbaren, pflanzenaufnehmbaren Nährstoffen und durch andere chemische, physikalische und biologische Eigenschaften des Bodens, die wir zusammenfassend als „innere Bodeneigenschaften" bezeichnen. Sie bedingen die Reaktion, die Pufferung, die Wasserdurchlässigkeit, die kapillare Wasserbewegung, die Wasserverdunstung, kurz den gesamten „Wasserhaushalt", ferner die Wärmeverhältnisse des Bodens, die Durchlüftung, den Gasaustausch, die sog. „Bodenatmung" und vor allem das Leben im Boden (das Edaphon). Sie sind der Regulator für die Nährstoffversorgung der Pflanzen und je nach Bodenart sehr verschieden. Es ist offenkundig, daß alle diese Eigenschaften für die Fruchtbarkeit eines Bodens von großem Einfluß sind. Bei der Bestim-

---

[1] MITSCHERLICH, E. A.: Bodenkunde für Land- und Forstwirte, 4. Aufl. Berlin: P. Parey 1923.

[2] ROEMER, TH.: Dtsch. landw. Presse 43, 3 (1923). — BLOHM, G.: Nutzen der Versuchsringe. Halle: Thiele 1927. — DIX, W.: Versuchsringe. Ill. landw. Ztg. 45, 383, 395 (1925).

mung des Fruchtbarkeitszustandes durch den Feldversuch handelt es sich aber nicht um diese Dinge, sondern nur um die Nährstoffmengen, um das Nährstoffkapital des Bodens.

Weiterhin wird es sich dabei nicht um die Bestimmung all jener Nährstoffe im Boden handeln, die zum Normalwachstum der Feldbestände vorhanden sein müssen, sondern nur um jene Nährstoffe, welche erfahrungsgemäß häufig nicht in ausreichendem Maße vorhanden sind bzw. in größerer Menge als die anderen Nährstoffe benötigt werden, also um die Bestimmung von N, P, K, um die „3 Kernnährstoffe". Für die Bestimmung des Kalkvorrats stehen uns gute, einfachere Methoden als der Feldversuch zur Verfügung. Dagegen wird die Bestimmung des Bodenvorrats an Mg, Fe, S und Cl und anderen erforderlichen Nährstoffen nicht von Interesse sein. (Daß wir die aufnehmbare Menge an Mg, Fe und S nicht zu bestimmen brauchen, ist begründet in dem sehr viel höheren Wirkungsfaktor *c* für diese entbehrlichen Nährstoffe[1].) Der Faktor *c* für S ist 50—70mal so groß wie für N, 10mal so groß wie für K_2O. Es genügen daher geringste Mengen dieser Stoffe im Boden, um den Höchstertrag zu erzielen. Würde ihr Vorrat wirklich einmal erschöpft, so müßte umgekehrt die Ernte dadurch ganz rapide fallen. Ferner wird es verhältnismäßig von geringem Nutzen sein zu wissen, welche Gesamtmenge („*B*") an N, P und K im Boden vorhanden ist, vielmehr ist entscheidend, welche Mengen N, P, K für die wachsenden Feldbestände aufnehmbar, verwertbar, im Boden vorhanden sind („*b*"). Die Aufgabe des Feldversuchs ist also die Bestimmung des „*b*" an N, P_2O_5 und K_2O. Hiermit ist die Aufgabe stark eingeengt. Die Schwierigkeit der Aufgabe liegt in der Abtrennung des nutzbaren Nährstoffkapitals („*b*"), von dem zur Zeit nicht, jedoch in Zukunft vielleicht einmal durch Verwitterung nutzbar werdenden Nährstoffkapitals $(B - b)$.

Dem zur Zeit nutzbaren Nährstoffkapital sei, um die lange Bezeichnung nicht immer wiederholen zu müssen, nach MITSCHERLICH das Zeichen „*b*" gegeben, während andererseits das Gesamtnährstoffkapital im Boden mit „*B*" wiedergegeben sei.

Die gestellte Aufgabe: „*b*" im Boden zu bestimmen ist leicht, so lange es sich um ganz extreme Fälle handelt, sei es strotzender Reichtum oder krasse Armut an *b*, handelt es sich doch dann nicht darum, *b* quantitativ festzulegen. Solche Fälle sind nicht einmal ganz selten: in den Niederungsmooren ist Stickstoff „*b*" so groß, daß jahrzehntelange Nutzung ohne N-Düngung möglich ist. Gleiches gilt für Phosphorsäure- und Kali-„*b*" in neu eingedeichten Meeresböden. Andererseits weiß man, daß weite Flächen deutschen Ackerbodens ein solch' geringes Stickstoff-„*b*" besitzen, daß eine genaue Quantitätsbestimmung noch nicht interessiert, ehe nicht der Boden durch die Kultur für eine intensivere Bewirtschaftung vorbereitet ist. Die Bestimmung von „*b*" interessiert überall nicht, wo künstlicher Dünger nicht angewandt wird, also für sehr weite Gebiete des Weltackerbaues. Andere Böden sind entweder durch ihre Entstehung oder durch ihre jahrzehntelange einseitige Nutzung so arm an Phosphorsäure- und an Kali-*b*, daß eine genaue zahlenmäßige Bestimmung getrost unterbleiben kann. Einen solchen Fall zeigt Abb. 16. Die flachgründigen Böden des Alpenvorlandes in regenreichen Gebieten gelegen, seit vielen Jahrzehnten nur als Grünland genutzt, weisen in ausgedehnten Flächen Verhältnisse auf, wie sie die Abbildung zeigt. Ähnliches findet man in Betrieben, welche von Haus aus Böden mit großem Kali-*b* hatten, in denen das „*b*" durch einseitigen Anbau von Hack-

[1] BORESCH, K.: Über Ertragsgesetze bei Pflanzen. Erg. Biol. 4, 130 (1928). — MITSCHERLICH, E. A.: Bodenkunde für Land- und Forstwirte, 4. Aufl. Berlin: P. Parey 1923.

früchten rasch vermindert wurde. Im ersteren Fall ist das geringe Kali-*b* natürlich gegeben, im letzteren Fall ist es die Folge von Kartoffel-, Rüben- oder Gemüsebau.

Liegen die Verhältnisse so klar, so wäre es unnötige Arbeit, *b* genau zu berechnen, denn darüber darf kein Zweifel bestehen, daß die Bestimmung von „*b*" durch den Feldversuch nur Sinn hat, wenn die Maßnahmen der Düngung darauf aufgebaut werden können. Die Kenntnis von „*b*" darf nicht befriedigen, sondern sie hat nur Wert als exakte Unterlage für die Bemessung der Düngung. Hierfür ist sie aber auch die einzige exakte Unterlage. Darin liegt ihre große Bedeutung, daß die zahlenmäßige Bestimmung von *b* die Düngung überhaupt erst auf eine sichere Basis stellt, überhaupt erst eine nach menschlichem Ermessen „beste Düngung" ermöglicht. Daher hat MITSCHERLICH seine diesbezügliche Schrift nicht „Die Bestimmung des Nährstoffkapitals im

Abb. 16. Kali- und Phosphorsäurearmut flachgründiger Böden des Alpenvorlandes.

Boden", sondern „Die Bestimmung des Düngebedürfnisses des Bodens" genannt. Ohne Kenntnis von *b* ist jede Düngung Empirik, Erfahrungssache, gefühlsmäßige Taxe, die nur deshalb so lange Zeit erfolgreich betrieben werden konnte, weil die Verzinsung der Düngung eine so gute ist, daß auch bei nur einigermaßen richtig überlegter Düngung ein Erfolg erzielt wurde. Daraus, daß dieser Erfolg bisher vorhanden war, folgt jedoch nicht, daß er auch bleiben wird. Immer wird und muß jeder Landwirt zugreifen, wenn er die rentable Düngung noch rentabler gestalten kann.

Die Bestimmung des Nährstoffgehaltes oder des Vorrates *b* erhielt erst ihre theoretische Begründung, als man die Beziehungen zwischen Pflanzenernährung und Pflanzenertrag untersuchte und dabei entdeckte, daß der Pflanzenertrag keineswegs linear proportional der gegebenen Düngung ist (wie man zu LIEBIGS Zeiten zunächst anzunehmen schien), sondern, daß der Ertrag bei Erhöhung der Nährstoffmengen langsam einem Höchstwert zustrebt und nach weiterer Erhöhung der Nährstoffmenge wieder, jedoch schneller sinkt. Wäre die Ertragsfunktion eine gerade Linie, dann wäre die Bestimmung des Nährstoffvorrates einerseits nicht erforderlich, andererseits auch nicht möglich, da jeder Nährstofferhöhung ein gleich hoher Ertragszuwachs entspräche. Ganz anders liegen aber die Verhältnisse, wenn die Ertragskurve eine mit Erhöhung der Nährstoffmenge immer langsamer steigende Kurve darstellt, denn der Ertragszuwachs wird bei höheren Gaben kleiner und kleiner. Erst die Tatsache, daß derartige Beziehungen zwischen Pflanzenertrag und Nährstoffzuführung bestehen, gibt zugleich die Möglichkeit einer Bestimmung des Nährstoffvorrates im Feldversuch.

Dem praktischen Landwirt genügen sehr oft qualitative Angaben, die bereits aus den mit einer Düngung erzielten Mehrerträgen abgeleitet werden können. Hohe, durch eine Nährstoffmenge erzielte relative Mehrerträge gegenüber ungedüngt deuten auf starken Nährstoffmangel hin, niedrigere bzw. keine Mehrerträge zeigen fast ausreichenden bzw. völlig ausreichenden Nährstoffvorrat an.

Der Wissenschaft genügen solche qualitative Angaben nicht, und es ist das große Verdienst MITSCHERLICHS, als erster die Berechnung von b im Boden quantitativ durchgeführt zu haben. Die Frage der Richtigkeit einer solchen Berechnungsweise ist bis heute sehr umstritten und zweifellos haften ihr Fehler an. Trotzdem hält es der Verfasser für angebracht, so lange kein besserer Maßstab zur Beurteilung des Nährstoffvorrates zur Verfügung steht, die Feldversuchsergebnisse nicht allein qualitativ, sondern auch quantitativ nach MITSCHERLICH auszuwerten.

„Das Wirkungsgesetz der Wachstumsfaktoren", häufig kurz als das „MITSCHERLICH-Gesetz" bezeichnet, ermöglicht aus einem vierteiligen Düngungsversuch „b" für N, P und K zu errechnen. Das „Wirkungsgesetz" lautet: „Der Pflanzenertrag steigt mit der Steigerung eines jeden Wachstumsfaktors proportional zu dem am Höchstertrag fehlenden Ertrag mit einer jedem Wachstumsfaktor eigenen Intensität." Ist „A" der Höchstertrag, „y" der erzielte Ertrag, so ist $(A - y)$ der „am Höchstertrag fehlende Ertrag", auch kurz der „Fehlertrag" genannt. Die gegebene Düngermenge sei „x", der dem gegebenen Nährstoff innewohnende Wirkungsfaktor „c" (= der jedem Wachstumsfaktor eigenen Intensität), so kann das Wirkungsgesetz in folgender Formel wiedergegeben werden:

$$\log (A - y) = \log A - c \cdot x. \tag{1}$$

Der Meinungsstreit in der Literatur richtet sich vor allem gegen die Konstanz des Wirkungsfaktors „c". Nach MITSCHERLICH beträgt der Wirkungsfaktor im Feldversuch in dz/ha bei N 0,122, P_2O_5 0,600, K_2O (— Na) 0,330, K_2O (+ Na) 0,930. MITSCHERLICH nimmt an, daß die Konstanz dieser Wirkungsfaktoren (c) für jeden Teilabschnitt der Ertragskurve, für jeden Boden, für jedes Klima und für jede Kulturpflanze gegeben sei, kurz, daß diese Werte für c allgemein gültig seien. Es sind hiergegen vielfach Einwendungen erhoben worden, und in der Tat konnte in vielen Arbeiten die Inkonstanz des Wirkungsfaktors c bewiesen werden[1]. Wenn somit der theoretische Streit zu Ungunsten MITSCHERLICHS entschieden wurde, so konnten demgegenüber DENSCH[2] und MITSCHERLICH[3] zeigen, daß die praktische Auswertung der Versuchsergebnisse nicht so stark von der Größe des „c" abhängig ist, wie vielfach angenommen wird.

---

[1] RIPPEL, A.: Zur experimentellen Widerlegung des MITSCHERLICH-BAULEschen Wirkungsgesetzes der Wachstumsfaktoren. Z. Pflanzenern., Düng. u. Bodenk. A, **8**, 65 (1926). — NOACK, M.: Untersuchungen über die Wirkungsfaktoren der drei Hauptnährstoffe unserer Kulturpflanzen und über die Bestimmung des Nährstoffgehalts des Bodens nach MITSCHERLICH. Kühn-Arch. **19**, 412 (1929). — BORESCH, K.: Über Ertragsgesetze bei Pflanzen. Erg. Biol. **4**, 130 (1928).

[2] DENSCH, A. u. A. PFAFF: Versuche mit der Methode MITSCHERLICH. Z. Pflanzenern. Düng. u. Bodenk. B, **6**, 385 (1927).

[3] MITSCHERLICH, E. A. u. M. DÜHRING: Schriften Königsb. Gel. Ges. **5**, 17 (1928).

Die oben gegebene Gleichung bedarf noch einer näheren Betrachtung. Sie stellt das Wirkungsgesetz für den Fall der künstlichen Düngung dar, also Zufuhr eines Nährstoffs (N, P oder K). In dieser Gleichung ist „x“ die Menge des gegebenen Nährstoffs und „y“ der mit Hilfe dieser Nährstoffzufuhr (x) und der bereits im Boden vorhandenen Nährstoffmenge (b) erzielte Gesamtertrag; also nicht lediglich die Ertragsleistung der Düngung. Es ist also „y“ das Ergebnis von $(b + x)$; infolgedessen muß auch „y“ in zwei Teile zerlegbar sein: ein Teil, der durch b und ein Teil, der durch die zugeführte Menge des Nährstoffs, also durch x erzeugt worden ist. Nach MITSCHERLICH bezeichnen wir den durch b erzeugten Ertrag mit „a“; somit ist $y - a$ der durch x erzeugte Ertrag. Es muß daher die Gleichung 1 für den Fall der Düngung mit einem der drei Nährstoffe heißen:

$$\log (A - y) = \log A - c\,(x + b); \tag{2}$$

wird kein Nährstoff zugeführt, so wird nach dem Gesagten die Gleichung verwandelt in:

$$\log (A - a) = \log A - c b\,. \tag{3}$$

Aus dieser Gleichung läßt sich die Formel für die Errechnung von b ableiten

$$b = \frac{\log A - \log (A - a)}{c}\,. \tag{4}$$

Diese Formel gibt den Schlüssel für die Lösung der gestellten Aufgabe.

Es fehlt für unsere Betrachtung nun noch die Erfassung des theoretisch erzielbaren Höchstertrages A. Dieser ist für P_2O_5 und K_2O oft einfach zu bestimmen. Da beide Nährstoffe einen sehr hohen Wirkungsfaktor haben ($P_2O_5 = 0{,}60$ und $K_2O = 0{,}93$), wird der mögliche Höchstertrag (A) durch besonders starke P_2O_5- bzw. K_2O-Düngung in der Volldüngungsparzelle erreicht. Allerdings sind nach MITSCHERLICH[1] zur Erreichung des Höchstertrages in Feldversuchen ungewöhnlich große P_2O_5- und K_2O-Gaben, nämlich mindestens 240 kg P_2O_5 und 150 kg K_2O notwendig. Bei solch hohen Nährstoffgaben treten jedoch oft mancherlei Salzstörungen auf, die erhebliche Ertragsdepressionen bewirken können. Daher ist es angebracht, in ähnlicher Weise, wie es auch bei der Bestimmung des N-Vorrates geschehen muß, solche Nährstoffmengen zu geben, die auch in der Praxis als durchaus möglich angesehen werden. In zahlreichen Feldversuchen[2] haben sich folgende Düngermengen, die je nach Fruchtart verschieden hoch zu bemessen sind, als empfehlenswert erwiesen:

	Zu Getreideversuchen	Zu Hackfruchtversuchen
	(alle Nährstoffmengen in kg/ha)	
N	40	80—100
P_2O_5	60	80
K_2O	80	120—150

Gibt man derartige Düngermengen, so kann man die Berechnung des „b“ erst nach Ermittlung des theoretisch mit dem zu prüfenden Nährstoff möglichen Höchstertrages A durchführen. Darin liegt natürlich ein gewisser Nachteil. Denn nach den Gleichungen für Fehlerfortpflanzung ergibt sich für b bei dieser Berechnungsweise ein größerer Versuchsfehler, wodurch das Endergebnis unsicherer wird. Die Berechnung von A erfolgt am zweckmäßigsten nach folgender Gleichung:

$$A = \frac{k y - a}{k - 1}, \tag{5}$$

[1] MITSCHERLICH, E. A. u. M. DÜHRING: Über die Konstanten im Wirkungsgesetze der Wachstumsfaktoren. Schriften Königsb. Gel. Ges. 5, 40 (1928).

[2] HELLER, L.: Zur Versuchstechnik und Methodik in der Praxis der Versuchsringe. Pflanzenbau 3, 277 (1926/27).

wobei $k =$ der Antilogarithmus von $c \cdot x$ ist. Für N angewandt, ist in diese Formel für „y" der Ertrag der NPK-Parzelle und für „a" der Ertrag der PK-Parzelle einzusetzen. Muß man den Höchstertrag A für Phosphorsäure bestimmen, so ist in die Gleichung für „y" wiederum der Ertrag der Volldüngungsparzelle und für a der Ertrag der NK-Parzelle einzusetzen, und sinngemäß braucht man für Kali als „y" wiederum die Volldüngungsparzelle und für a den Ertrag der NP-Parzelle. Man kann also aus einem vierteiligen Düngungsversuch mit folgenden Teilstücken: PK, NK, NPK, und NP das „b" an N, an P_2O_5 und an K_2O errechnen. Man braucht dazu nicht einmal eine U-Parzelle (ungedüngt)! Da jede Parzelle mindestens 6mal wiederholt werden muß, sind im ganzen 24 Parzellen nötig. Diese werden bei Getreide 5—10 m^2 und bei Hackfrucht 20—25 m^2 groß bemessen. Es ist also insgesamt eine Versuchsfläche für jeden Getreideversuch von 240 m^2, für jeden Hackfruchtversuch von 600 m^2 nötig. Bei solchem Umfang jedes einzelnen Versuchs ist die Arbeit der Durchführung (besonders auch der Ernte) für die landwirtschaftliche Praxis durchaus möglich.

Wir wenden uns nun der Frage zu, mit welcher Fruchtart diese Feldversuche durchzuführen sind. Während die Gefäßversuche meist mit Hafer ausgeführt werden, da Wintergetreide, Hackfrüchte und Leguminosen ausscheiden, kommt für den Feldversuch eine solche Beschränkung nicht in Betracht. Vielmehr ist es ein Vorteil des Feldversuchs, daß dieser mit allen Fruchtarten ausgeführt werden kann. Nach MITSCHERLICH soll zwar die Bestimmung von b mit verschiedenen Fruchtarten einen gleichen b-Wert ergeben, natürlich innerhalb der Fehlergrenze, die, es sei daran erinnert, bei biologischen Versuchen immer erheblich größer als bei Laboratoriumsversuchen ist. MITSCHERLICH empfiehlt als Versuchsfrucht für Feldversuche zur Bestimmung von b Hafer, Kartoffeln und Rüben, gibt aber den Hackfrüchten den Vorzug.

Für diese Auswahl sind folgende Gesichtspunkte bestimmend: Die Versuche müssen einen möglichst geringen Fehler haben, dürfen also keinen vermeidbaren Störungen ausgesetzt sein, daher scheidet Wintergetreide, vom Sommergetreide die Gerste wegen der Gefahr des Lagerns, aus. So verbleibt als charakteristischste Getreidepflanze der Hafer, zumal dieser auch in den Gefäßversuchen benutzt wird. Die Versuche müssen ferner absolut frei von Unkraut gehalten werden; dieses ist bei Hackfrüchten leichter möglich und allgemein üblich. Ferner bieten die Hackfrüchte den Vorteil, daß man mit einer festen Pflanzenzahl je Teilstück rechnen kann, was bei Hafer nicht der Fall ist. Der Einfluß von Fehlstellen läßt sich bei Hackfrüchten aber sicherlich erkennen und ausschalten[1].

Die Verwendung von Hackfrüchten zur Bestimmung des b durch den Feldversuch empfiehlt sich noch aus einem anderen, rein technischen Grund. Die Ernte der Hackfrüchte ist von der Reifezeit wenig beeinflußt; man kann die Hackfrüchte zu sehr verschiedenen Zeiten ernten, während Getreide als Versuchsfrucht unbedingt rechtzeitig geschnitten werden muß, da Ausfallverluste eintreten und die Einbringung stark von der Witterung abhängig ist usw. Die Hackfruchternte verteilt sich über Wochen, besondere Einrichtungen wie die Kleindreschmaschinen für Getreide und Hülsenfrüchte sind nicht nötig, die Ertragsfeststellung muß nur an erdfreiem Material gewonnen werden, sie kann

[1] ROEMER, TH.: Der Feldversuch, 3. Aufl., H. 302, 104 Dtsch. Landw. Ges. Berlin 1930. — BIEDERBECK, A.: Der Einfluß der Fehlstellen auf die Genauigkeit von Feldversuchen mit Zuckerrüben. Dissert. Halle 1922. — KÜPPER, H.: Der Einfluß der Fehlstellen in Kartoffelversuchen. Kühn-Arch. 15, 197 (1927). — CAESAR, J.: Untersuchungen über den Einfluß der Triebkraft des Saatgutes und der Verteilung der Pflanzen auf Versuchsflächen auf den Ertrag und Versuchsfehler. Dissert. Halle 1927.

auf dem Felde geschehen. So wird man auf leichten Böden die Prüfung des Fruchtbarkeitszustandes am besten mit Kartoffeln, auf schwerem Boden mit Beta- (Futterrübe) oder Brassica-Rüben (Kohlrübe) durchführen. Auf den schweren Böden empfiehlt es sich, nicht Hackfrüchte zu wählen, die in der Erde wachsen. Auf milden Böden können Zuckerrüben und Kartoffeln gleich gute Verwendung finden.

Wird man nun bei Verwendung verschiedener Fruchtarten gleiche Mengen *b* bestimmen? Nach MITSCHERLICH ja, da er der Meinung ist, daß *c* für alle Fruchtarten gleich sei. Nimmt man zunächst an, daß dem so sei, so kommt man trotzdem zu der Auffassung, daß mit verschiedenen Früchten verschiedene *b* bestimmt werden. Wie schon DRECHSLER erkannte und MITSCHERLICH immer wieder betont, muß man, um die Wirkung der Änderung eines Wachstumsfaktors zu erkennen, alle anderen Wachstumsfaktoren soweit wie irgend möglich gleichstellen. Man variiert in den Feldversuchen zur Bestimmung von *b* die Nährstoffzufuhr in den vier verschiedenen Parzellen. Alle anderen Faktoren müssen gleichgestellt sein. Bei Verwendung verschiedener Früchte als Versuchspflanze ist dies aber nicht gegeben, denn man variiert hiermit die Wurzelgröße, die Wurzeloberfläche und die Wurzelaufnahme. Schon MITSCHERLICH macht darauf aufmerksam, daß neben den äußeren Wachstumsfaktoren auch die inneren gleich gestellt werden müssen, also stets die gleichen Sorten, der gleiche innere erbliche Wert, Verwendung finden müssen. Viel größer als die erblichen Sortenunterschiede ein und derselben Fruchtart sind aber die inneren Unterschiede zwischen verschiedenen Fruchtarten.

Es ist hierbei dreierlei zu beachten: zunächst unterscheiden sich die verschiedenen Fruchtarten stark in der Ausbildung des Wurzelsystems, sie durchdringen ganz verschieden große Teile, nutzen also verschieden große Bodenmengen als Nährstoffquellen. Wohl weiß man, daß die Flachwurzler einige, wenig starke Wurzeln in große Tiefen senden (Wasserwurzeln), daß sie aber die Hauptmasse von Nährstoffen aus einer verhältnismäßig flachen Bodenschicht aufnehmen, etwa 30 cm. Die Tiefwurzler dagegen durchwurzeln eine Schicht von zwei und mehr Metern und nehmen jedenfalls aus dem Untergrund erhebliche Nährstoffmengen auf.

Aus einem 25jährigen Gründüngungsversuch auf dem Versuchsfeld in Halle kann dies bestens belegt werden[1]. In vierjähriger Fruchtfolge: Zuckerrübe, Sommerweizen, Kartoffel, Wintergerste mit nachfolgender Stoppeleinsaat von Erbsen-Wicken-Bohnen-Gemenge ohne jede Stallmistgabe, alle Teilstücke stets mit gleicher künstlicher Düngung versorgt, ergaben die Bestimmung an Gesamt-P nach 25 Jahren mit sechsmaligem Anbau des Gründüngungsgemenges:

	a ohne Stoppel-Gründüngung	*b* Gründüngung abgefüttert	*c* Gründüngung untergepflügt
Oberkrume	0,140 % P_2O_5	0,151 % P_2O_5	0,170 % P_2O_5
Untergrund	0,102 % P_2O_5	0,078 % P_2O_5	0,070 % P_2O_5

Man findet in *c* 0,030% P_2O_5 (= $^1/_3$!) aus dem Untergrund in die Oberkrume umgelagert, da die Gründüngungsmasse in die Oberkrume eingepflügt wurde, bei *b* ist nur eine Anreicherung an P_2O_5 durch die Wurzel- und Stoppelmasse der Gründüngung erfolgt, aber der P_2O_5-Vorrat im Untergrund ist durch den sechsmaligen Anbau des Gemenges in 25 Jahren ebenfalls deutlich geringer

[1] ROEMER, TH.: Sinken die Rübenernten der Provinz Sachsen? Zuckerrübenbau **10**, 154 (1928).

geworden. Es sind doch hier 25% des P_2O_5-Vorrats durch nur sechsmaligen Anbau weggenommen worden.

Man bestimmt mit verschiedenen Fruchtarten das b ganz verschieden starker Bodenschichten. Daher kann b im Feldversuch bei Verwendung verschiedener Früchte nicht übereinstimmen. Da jede genauere Kenntnis fehlt, aus welcher Bodenmenge Hafer, Kartoffeln, Rübenarten und Luzerne ihre Nährstoffe entnehmen, sind die mit diesen erhaltenen Werte für b auch nicht untereinander vergleichbar. Es kommt aber weiter das sehr verschiedene Aneignungsvermögen der Wurzelsysteme hinzu. Die einzelnen Fruchtarten unterscheiden sich sehr deutlich in ihrem physiologischen Verhalten bezüglich der Verwertung des im Boden vorhandenen Gesamtnährstoffkapitals B. Für die eine Fruchtart sind Teile von B nicht mehr nutzbar, die für eine andere Fruchtart infolge stärkeren Aneignungsvermögens noch nutzbar sind, also zu b gehören. Es sei nur an die starke Aufnahmefähigkeit der Lupinen für Phosphorsäure gedacht! Von dem durch Lupinen bestimmten P_2O_5-b ist sicherlich ein erheblicher Teil für Getreide unverwertbar, also B, das $P_2O_5 = b$ für Getreide ist also wesentlich geringer als jenes für Lupinen.

Die verschiedenen Fruchtarten unterscheiden sich aber ferner ganz wesentlich in der Vegetationsdauer. Selbst wenn die Fruchtarten gleiche Bodenmengen durchwurzeln würden, gleiches Aneignungsvermögen besäßen, also das b des Bodens ganz gleichmäßig gut in der Zeiteinheit ausnutzen würden, so müßten sie verschiedene b-Werte ergeben, da sie den Boden sehr verschieden lange nutzen. Die Zucker- und Futterrüben nutzen das Nährstoffkapital des Bodens fast doppelt so lange wie der Hafer, die Vegetationszeit der Kartoffel ist im Vergleich zu jener von Hafer etwa wie 1,5 : 1. Bei der Kartoffel könnte man durch Wahl früher Sorten die Vegetationszeit etwa auf die gleiche Zeitdauer (110—120 Tage) mit den auszuwählenden Hafersorten bringen, bei Rüben ist solches nicht möglich. Man müßte die Rüben schon vorzeitig ernten, was wiederum das Bild in anderer Richtung trüben würde, da die Nährstoffaufnahme der Rübe nach 120 Tagen sicherlich nicht abgeschlossen ist. Der Anteil von b an B wird je nachdem, welche Fruchtart man zu dem Versuch benutzt, sehr verschieden sein[1]. Wenn in Gefäßversuchen mit verschiedenen Früchten gleiches b bestimmt wird, so sagt dies nichts gegen obige Ausführungen, weil in den Gefäßen die verschiedene Tiefenbewurzelung im Freiland nicht zur Geltung kommen kann.

Ein sehr gutes Beispiel für den großen Einfluß, den die Versuchsfrucht auf das Untersuchungsergebnis „b" des Bodens ausübt, bietet der Lauchstädter Fruchtfolgeversuch[2]. Dort zeigen selbst die zur Fruchtfolge gehörenden Hackfrüchte, Kartoffeln und Zuckerrüben in ihrem Vermögen, den Bodennährstoffvorrat an P_2O_5 und K_2O auszunutzen, ein sehr unterschiedliches Verhalten, wie nebenstehende Tabelle dartut.

Es wäre falsch zu sagen, daß infolgedessen die Bestimmung von b durch den Feldversuch wertlos sei. Wendet man immer die gleiche Versuchsfrucht an, so kann man die gewonnenen b-Werte untereinander sehr wohl vergleichen. Man kann nur nicht die b-Werte von Hafer mit jenen von Kartoffeln oder von Rüben vergleichen. In der gegenseitigen Abschätzung des Fruchtbarkeitszustandes verschiedener Böden, verschiedener Schläge eines Gutes oder verschie-

[1] Noack, M.: Untersuchungen über die Wirkungsfaktoren der drei Hauptnährstoffe unserer Kulturpflanzen und über die Bestimmung des Nährstoffgehalts des Bodens nach Mitscherlich. Kühn-Arch. 19, 412 (1928).

[2] Schneidewind, W.: 9. Bericht der Versuchswirtschaft Lauchstädt. Berlin: P. Parey 1925.

Mittlere Erträge an Rüben und Kartoffeln 1903—1925.

Düngung	Rüben dz/ha	P_2O_5- bzw. K_2O-Wirkung in %		Kartoffeln dz/ha	P_2O_5- bzw. K_2O-Wirkung in %	
Außerdem:	1. mit 200 dz Stallmist zu Rüben und zu Kartoffeln					
N P K	405,4	—	—	247,3	—	—
N K	392,4	3,3	—	227,4	8,8	—
N P	403,4	—	0,5	220,0	—	12,4
	2. Mit alleiniger Mineralstoffdüngung.					
N P K	382,4	—	—	200,5	—	—
N K	310,6	23,1	—	156,7	28,0	—
N P	369,2	—	3,6	116,4	—	72,3

dener Wirtschaften wird die obige Überlegung nicht stören. Anders ist dieses bei der Verwertung von *b* für die Düngung verschiedener Früchte. Das mit Hafer bestimmte *b* wird — vermutlich ohne große Fehler zu begehen — als Unterlage für die Düngung sämtlicher Getreidearten benutzt werden können, jedoch nicht für Hülsenfrüchte oder für Rüben oder andere Tiefwurzler. Für die Düngung der Rüben wird das durch Rüben bestimmte *b* eine wirklich wertvolle Richtlinie für die Düngung sein können. Bei der Einfachheit der Feldversuche zur Bestimmung von *b* bestehen keine ernstlichen Schwierigkeiten, in den Feldern „*b*" für Flachwurzler und für Tiefwurzler getrennt zu bestimmen. Es mag sein, daß die Zukunft — wenn erst mehr Erfahrung vorliegt — Anhaltspunkte dafür gibt, daß die *b*-Werte der Feldversuche von Hafer, Kartoffeln, Rüben in einem gewissen Verhältnis zueinander stehen, so daß später auf Grund umfangreichen Materials und weiterer Erfahrung von dem Hafer-*b*-Wert auf den Kartoffel-*b*-Wert zurückgeschlossen werden kann. Doch heute ist man sicherlich n i c h t so weit! Die Tatsache, daß der Untergrund sich sehr verschieden im Vergleich zur Ackerkrume verhält, daß der Untergrund unter reicher Ackerkrume arm (niedriges *b*) und der Untergrund unter armer Ackerkrume reich (hohes *b*) sein kann, wird dem Gesagten wohl stets im Wege stehen.

Neben der Fruchtart und vielleicht auch der Fruchtsorte sind im Feldversuch eine Reihe weiterer Faktoren zu berücksichtigen, die gleichfalls auf die Höhe des Nährstoffvorrats „*b*" von Einfluß sind. Vor allem muß auf zwei sehr wichtige Faktoren, die D ü n g e m i t t e l f o r m und die J a h r e s w i t t e r u n g hingewiesen werden. Die Frage der Düngemittelform gehört im Feldversuchswesen bis jetzt zu den ungelösten Fragen. Bei der Prüfung des Nährstoffgehaltes ist man leider nicht in der Lage, die Wirkung von Nährstoffen allein festzustellen. Stets ist man gezwungen, diese in Form irgendeiner chemischen Verbindung zu verabreichen. Aus vielen Untersuchungen insbesondere der letzteren Jahre kennt man den Einfluß der Dünger auf den Boden, auf seine chemisch-physikalische und auch biologische Zusammensetzung. Die sog. Nebenwirkung der Düngesalze kann unter Umständen so stark sein, daß eine Nährstoffwirkung völlig verdeckt wird. Die günstigere Wirkung z. B. von Thomasmehl auf sauren Böden ist bekannt. Die Wirkung des Thomasmehles ist in all diesen Fällen sicherlich zum größten Teile eine doppelte. Die Bodenreaktion und der P_2O_5-Zustand des Bodens werden zugleich günstiger gestaltet. In vergleichenden Feldversuchen zur Prüfung von Natronsalpeter und Kalksalpeter zu Zuckerrüben beobachtete man die dichtschlämmende Wirkung des Natronsalpeters und die für das Gedeihen der jungen Pflanzen äußerst wichtige Krümelbildung durch Kalksalpeter. Man weiß, daß auch diese Faktoren die Höhe des Ertrages mitbestimmen. Auch die biologischen Eigenschaften eines Bodens können durch die Differenzdüngungen sehr verschieden beeinflusst werden. Nimmt man einen P_2O_5-armen neutralen Boden an, der auf seinen „*b*"-P_2O_5-Vorrat zu untersuchen ist, so bietet man durch Zufuhr P_2O_5-haltiger Düngemittel jetzt auf der Volldüngungsparzelle den Kleinlebewesen derart günstige Lebensbedingungen, daß sie ihrerseits das Pflanzenwachstum stark beeinflussen können. Es ist bekannt, daß z. B. Azotobakter nennenswerte N-Mengen aus der Luft assimilieren kann, so daß der Ertrag der Volldüngungsparzelle gegenüber dem der ohne P_2O_5 gedüngten Parzelle nicht allein durch den Nährstoff P_2O_5 (wohl durch P_2O_5-Düngung), sondern auch durch den Azotobakter-N bewirkt sein kann. Alle diese Versuche zur Bestimmung des Nährstoffgehaltes sind daher mit erheblichen Fehlern behaftet, denn sie weichen alle mehr oder weniger vom obersten Grundsatz „Konstanz aller chemischen, physikalischen und biologischen Eigenschaften auf allen Versuchsparzellen bis auf die zu prüfende Eigenschaft", ab. Diese letztere Forderung läßt sich nur selten durchführen. Vor allem versagen durchweg die leichten Böden (Sandböden), die infolge ihres geringen Pufferungsvermögens eine Konstanthaltung ihrer Reaktion selten bewerkstelligen können.

In der Praxis, der es in erster Linie auf Düngerwirkung und nicht direkt auf die Bestimmung des Nährstoffgehaltes ankommt, kann man auf solchen Böden derart vorgehen, daß man auf sauren Sandböden physiologisch-alkalische und -neutrale Dünger, auf alkalischen Böden physiologisch saure Düngemittel verwendet. Die Bedeutung der Reaktion für das Feldversuchsergebnis weist fernerhin zugleich auch auf die Wahl der anzubauenden Kulturart hin, da die Arten unserer Kulturpflanzen zur günstigen Entwicklung verschiedenartige Ansprüche an die Reaktionsverhältnisse des Bodens stellen. Das b saurer Böden sollte daher in erster Linie mit Roggen, Hafer und Kartoffeln, das b neutraler und alkalischer Böden mit Weizen, Gerste, Rüben, Senf geprüft werden.

Der Einfluß der Jahreswitterung. Jedes Ergebnis eines Feldversuches ist in hohem Maße von der Jahreswitterung abhängig. Allgemein kann man sagen, daß günstige Jahreswitterung alle Düngungsparzellen im Versuchsertrag steigernd beeinflußt, mit anderen Worten, alle Parzellen werden in Jahren mit günstiger Witterung Erträge bringen, die höher als normal sind. Jedoch ist das Ausmaß dieser Beeinflussung bei den einzelnen Versuchsgliedern nicht nur absolut, sondern auch relativ verschieden. Durch die Jahreswitterung wird die PK-Parzelle z. B. anders beeinflußt als die mit N gedüngte Parzelle usw. Da man die Wirkung der Witterungsfaktoren nicht zahlenmäßig ausdrücken kann, steckt in unseren Nährstoffbestimmungen ein Fehler, über dessen Größe sich zunächst nichts aussagen läßt. Immmerhin kann der Fehler auf ein Minimum vermindert werden, wenn die Feldversuche mehrere Jahre (möglichst 10 bis 12 Jahre) durchgeführt werden. Allerdings würde eine derartige Durchführung eines Düngungsversuches nicht nur auf praktische Schwierigkeiten stoßen, er müßte auch vom theoretischen Standpunkte aus als nicht mehr exakt angesehen werden, denn der Boden, auf dem der Versuch angelegt ist, wird im Laufe der Versuchsjahre mehr oder weniger starken Veränderungen unterworfen sein, so daß die zu Anfang des Versuches vorgelegte Fragestellung in solchen Versuchen keine exakte Beantwortung mehr finden kann.

Die vieljährige Durchführung eines Nährstoffmangelversuches könnte man in folgender Weise noch am genauesten erreichen, wenn man die Mangelparzellen in vierfacher Größe von Anfang an festlegt, aber im ersten Jahr nur einen Teil düngt, um in den nächsten Jahren die übrigen Teile nach und nach zum Düngungsversuche verwenden zu können. Die Mittelwerte für b dieser Versuche werden, wenn auch immer noch nicht völlig befreit vom Jahresfehler, doch dem wirklichen Wert für b bedeutend näher kommen.

Wenn die Genauigkeit und Zuverlässigkeit der Bestimmung des Fruchtbarkeitszustandes heute auch noch nicht befriedigt, so muß wiederum daran erinnert werden, daß man am Anfang dieser Dinge steht, und daß weitere Forschung und Erkenntnis zu schärferer Präzisierung des Fruchtbarkeitszustandes des Bodens führen werden. Zunächst sind die vorhandenen Methoden auszunutzen, bis sie durch Besseres verdrängt werden. Es wurde schon betont, daß die Bestimmung von *b* nur Wert hat, wenn *b* als Grundlage für die Düngerwirtschaft benutzt wird. Ob *b* mit 10‰ m oder aber mit 3‰ m bestimmt wird, wirkt sich in der Düngung in 10—20 kg P_2O_5/ha oder in 25—40 kg K_2O/ha aus, d. h. 3—6 RM/ha für P_2O_5 und 3—4 RM/ha für K_2O, das sind aber Beträge, die bei 700—800—900 RM/ha Gesamtunkosten keine allzu große Rolle spielen. In diesem Sinn muß man vor einer Überschätzung einer möglichst genauen Bestimmung von *b* warnen. Hier trennen sich die Wege der exakten Wissenschaft von jenem der praktischen Landwirtschaft: Näherungswerte, welche die exakte Wissenschaft als unbefriedigend ablehnen muß, werden für die Landwirtschaft schon von solchem Nutzen sein, daß man sie mit Recht benutzt, bis exaktere Methoden erarbeitet sind, selbst wenn der Vertreter der exakten Naturwissenschaft infolge der anhaftenden Mängel einen ablehnenden Standpunkt einnimmt.

In dieser Richtung liegt auch die Schlußbetrachtung über die Bestimmung von *b*: Ist denn *b* überhaupt eine konstante Größe? Ist sie nicht wenige Wochen nach der möglichst genauen Bestimmung schon wieder verändert? Ändert sich *b* rasch oder nur langsam? Die Umsetzung im Boden steht nur während der „chemischen Kältestarre" still. Dieser Stillstand erstreckt sich aber nicht auf den unterhalb des gefrorenen Bodens liegenden ungefrorenen Teil des Ackers. Gleiches gilt für die Wasserbewegung. Die chemische Verwitterung sorgt dauernd dafür, daß *B*-Teile wurzellöslich werden ($B \rightarrow b$). Dieser Vorgang wird nicht während des ganzen Jahres gleich sein, er wird in den Wochen der höchsten Bodentemperatur am stärksten sein, in den Wochen mit niedrigster Bodentemperatur am geringsten. Der Teil von *b*, welcher absorbiert ist, bleibt an Ort und Stelle, bis er infolge Sinkens der Konzentration der Bodenlösung wiederum in die Bodenlösung eintritt; der in der Bodenlösung befindliche Teil *b* bewegt sich in dem Bodenwasser, abwärts als Sickerwasser, aufwärts als Kapillarwasser. Es können infolgedessen *b*-Teile aus dem Bereich der Wurzelzone weggetragen werden, es kann auch Untergrund-*b*-Masse durch kapillare Wasserbewegung in die Aufnahmezone hineingetragen werden. So ist denn *b* allein infolge der Wasserbewegung im Boden nicht konstant. Aber es kann auch *b* zurückverwandelt werden in *B* ($b \rightarrow B$) durch Umwandlung von leichtlöslichen in schwerlösliche und in unlösliche Verbindungen, wie es am charakteristischsten für P_2O_5 geschieht. Das N-*b* kann durch gasförmige Verluste vermindert (Denitrifikation), andererseits durch freie im Boden lebende N-Bakterien (Azotobakter) erhöht werden. Die Veränderung von *b* im Laufe der Monate und von Jahr zu Jahr wird gerade bei N am stärksten, in geringerem Maße bei P_2O_5 und K_2O zu beobachten sein. Wie stark diese Veränderungen im Einzelfall sind, bleibt wohl stets Geheimnis. Jedenfalls variiert *b*. Nützt dann eine sehr genaue Bestimmung von *b* etwas? Man wird sich also auch von dem wissenschaftlichen Standpunkt aus mit der annäherungsweisen Bestimmung und Kenntnis von *b* begnügen müssen bzw. können, während zuvor gleiches vom wirtschaftlichen Standpunkt begründet wurde.

Zusammenfassend muß gesagt werden, daß die Bestimmung des Nährstoffvorrates *b* im Feldversuch von vielen, zum Teil noch unbekannten Faktoren abhängig ist. Die Leistungsfähigkeit des Feldversuches ist in gleicher Weise wie die sämtlicher anderen Verfahren sehr begrenzt.

Unter der Gruppe der Vegetationsversuche hat der Feldversuch charakteristische Nachteile:

1. Er beantwortet erst nach Abschluß der Vegetation, also nach der Ernte, die gestellte Frage. Er sagt also, was in dem vergangenen Jahr richtig gewesen wäre, nicht was im nächsten Jahr bei anderer Frucht richtig sein wird. Der Feldversuch kann in einem einjährigen Ergebnis wohl Fingerzeige, aber keine festen Richtlinien geben. Eine genaue Bestimmung des Nährstoffvorrates „*b*" kann erst durch mehrjährige Versuche erfolgen.

2. Wenn ein mehrjähriger Feldversuch gezeigt hat, daß der betreffende Schlag nicht auf P_2O_5 oder K_2O reagiert, so kann man aus diesem Befund noch nicht erfahren, wie lange der P_2O_5- und K_2O-Vorrat ausreichen wird. Die Größe *b* kann durch den Feldversuch nur dann erkannt werden, wenn der Ertrag der N K- bzw. N P-Parzelle unter Beachtung der Fehlergrößen kleiner ist als der Ertrag der N P K-Parzelle.

3. Das Ergebnis des Feldversuchs ist streng genommen nur richtig für das Stück des Schlages oder Feldes, auf dem der Feldversuch steht. Bei ungleichen Bodenverhältnissen kann ein solches Ergebnis nicht für den ganzen Schlag völlig richtig sein. Der Gefäßversuch nach MITSCHERLICH verwendet Bodenproben des ganzen Schlages, die NEUBAUER-Analyse arbeitet ebenfalls mit einem Durchschnitt der von dem ganzen Feld gezogenen Proben. Entsprechen sie auch nicht dem echten Durchschnitt, so kommen sie doch dem Durchschnitt des Feldes erheblich näher als der Boden, auf dem der Feldversuch durchgeführt wird[1]. Der eben besprochene Nachteil des Feldversuches fällt allerdings auf gleichmäßigem Boden nicht in solchem Maße in die Wagschale.

4. Der Feldversuch ist allen Unbilden der Witterung (Auswinterung, Spätfrost, Hagel, Wildschaden, Dürre, Lagergefahr, Ernteverluste), ausgesetzt, erfährt nicht selten Störungen durch Wirtschaftsmaßnahmen, so daß man günstigenfalls mit 20%, ungünstigenfalls mit 50—60% mißlungener Versuche rechnen muß.

5. SAGAWE[2] macht geltend, daß Feldversuche aller Art günstigere Ergebnisse zeitigen, als in den Wirtschaften erzielt werden. Er sieht die Ursache in sorgfältigerer Saat, Pflege (Unkrautfreiheit!), Ernte (Ausfallvermeidung). STAUB[3] hat dies mit Material aus Versuchsringen in Anhalt und der Provinz Sachsen widerlegt.

Andererseits sind dem Feldversuch gegenüber den anderen Vegetationsversuchen Vorteile eigen:

1. Er wird auf „gewachsenem Boden" ausgeführt und erfaßt nicht nur die Ackerkrume, sondern auch den Untergrund. Bei allen anderen Methoden werden Proben gezogen, wodurch die Struktur des Bodens und die biologische Tätigkeit der Untersuchungserde stark geändert werden, so daß in erster Linie der Stickstoffgehalt beeinflußt wird.

2. Er kann mit allen Pflanzenarten (Flachwurzlern, Tiefwurzlern, mehrjährigen Pflanzen, wie Luzerne und Klee) durchgeführt werden, während dies bei anderen Methoden auf große Schwierigkeiten stößt. Bei Gefäßversuchen scheiden Tiefwurzler aus, Kartoffeln können wegen des großen Standraumes hierbei nicht verwendet werden, und selbst Wintergetreide macht Schwierigkeiten.

So haften denn allen Methoden Mängel an, andererseits bietet jede Methode bestimmte Vorteile. Man kann daher nicht die Frage stellen: Feldversuch oder

---

[1] MITSCHERLICH, E. A.: Die Bestimmung des Düngebedürfnisses des Bodens mittelst Feld- und Gefäßversuch. Landw. Jb. **71**, 466 (1930).

[2] SAGAWE, B.: Betriebsergebnisse. Mitt. Dtsch. Landw. Ges. **42**, 434 (1927).

[3] STAUB, H.: Inwieweit stimmen die Erträge und Ertragssteigerungen der Feldversuche mit den in der Wirtschaft erzielten Erträgen überein? Ill. landw. Ztg. **49**, 213 (1929).

Gefäßversuch oder chemische Untersuchungsmethode, sondern nur ein gutes Ineinanderschalten der verschiedenen Methoden führt zum Ziel der quantitativen Erkenntnis des für die anzubauenden Kulturpflanzen verwertbaren Nährstoffkapitals der Böden.

Trotzdem kommt man zu dem Schluß: „Der Felddüngungsversuch ist seinem Wesen nach heute immer die beste Methode, die uns darüber Aufschluß geben kann, wie es um das Düngungsbedürfnis eines Bodens unter den Verhältnissen der Praxis — und darauf kommt es in Wirklichkeit an — bestellt ist“ [1].

Die praktische Durchführung des Feldversuches.

Es soll hier nicht eine Generalbesprechung der Feldversuchstechnik vorgenommen, sondern es soll nur der Feldversuch zur Bestimmung der Fruchtbarkeit des Bodens behandelt werden. Vorweg sei betont, daß eine noch so sorgfältige technische Durchführung nicht genügt, sondern eine sehr sorgfältige Beobachtung dazu gehört. Der Versuchsansteller muß gute technische Sicherheit und Gewandtheit besitzen, aber er muß auch ein sehr guter Beobachter sein. Alles was er sieht, wenn es zur Zeit auch nebensächlich und unwichtig zu sein scheint, muß er schriftlich festhalten. Die Erfahrungen in den Versuchsringen und Versuchswirtschaften zeigen immer wieder, daß die Versuchsansteller sich zu oft und zu viel auf ihr Gedächtnis verlassen. Alles muß so schriftlich festgelegt sein, daß jederzeit ein Nachfolger sich ohne Rückfragen zurecht finden kann. Erster Grundsatz jeden Feldversuchs ist, daß die Fragestellung einfach sein muß, und daß nicht mehrere Fragen ineinander geschachtelt werden. Bei der hier zu besprechenden Frage handelt es sich um die Bestimmung des Vorrats an N, P und K. Kalkversuche und Fragen betreffend der Bodenreaktion damit zu verquicken ist nicht gut. Sollen diese Fragen behandelt werden, so sollte dies in einem gesonderten Versuch geschehen.

Die Auswahl des Landes ist das schwierigste in der gesamten Versuchsanstellung. Dabei ist die Hauptschwierigkeit nicht darin zu sehen, daß die verschiedenen Parzellen des Versuchs untereinander gleich sind, weil für Getreideversuche nur 3 ar, für Hackfruchtversuche nur 8 ar benötigt werden. Vielmehr ist die Hauptsorge, ein Stück zu finden, das dem Durchschnitt des ganzen Feldes entspricht. In den gleichmäßigen Böden (Marschen, Flußauen, äolischen Böden) macht dies nicht so große Schwierigkeiten, dagegen in den stark ungleichmäßigen Böden (glaziale Böden, primäre Böden, bei rasch wechselnden Gesteinsschichten, ferner in den Gebirgsgegenden) stößt man auf unüberwindliche Schwierigkeiten. Hier fällt es häufig schon schwer, 10 ar gleichmäßigen Boden zu finden. Aber ein Stück zu finden, welches dem Durchschnitt des Feldes entspricht, ist unmöglich. Wer glaubt, solches zu können, begeht Selbstbetrug. Für solche Fälle hat der Gefäßversuch den Vorzug, daß er auf Bodenproben aufgebaut ist, die über das ganze Feld hinweg gezogen worden sind. ZADE [2] hat aber gezeigt, daß man auch bei stark ungleichmäßigen Böden mit besonderer Feldversuchstechnik richtige Ergebnisse erhalten kann. Es kann nicht stark genug betont werden, daß die Schwäche des Feldversuchs darin liegt, daß die Ergebnisse in der Tat nur für die Stelle der Versuchsanlage gelten, und daß infolgedessen Rückschlüsse von dem Versuch auf das ganze Feld nur sehr vorsichtig gezogen werden können. Dessen muß man sich stets bewußt sein.

---

[1] LEMMERMANN, O.: Über die heutigen Laboratoriums-Methoden zur Bestimmung des Düngungsbedürfnisses der Böden. Z. Pflanzenern., Düng. u. Bodenk. B, 9, 1 (1930).

[2] ZADE, A.: Ein Beitrag zur Technik der Sortenprüfungen. Pflanzenbau 1, 261 (1924/25).

Die Auswahl des Versuchsstücks erfolgt am besten nach dem Stand der Feldfrucht, also im Jahr zuvor. Keine noch so genaue Bodenuntersuchung gibt uns über die Gleichmäßigkeit des ganzen Feldes und über den geeigneten Ort, um auf dem Schlag das Versuchsstück auszuwählen, so gute Auskunft wie die Pflanze selbst. Die Pflanze reagiert auf feinste Unterschiede, die durch irgend welche Untersuchungen nicht zu fassen sind, außerdem zeigt der Bestand auch die Gleich- oder Ungleichmäßigkeit des Untergrundes an. Allerdings wird dieses Bonitieren nicht in allen Jahren und mit allen Früchten zum gewünschten Erfolg führen. In feuchten Jahren treten Bodenunterschiede nicht sehr deutlich hervor, sondern Jahre mit trockenen Perioden lassen Bodenungleichmäßigkeiten an Krume und Untergrund besser erkennen. Stark gedüngte Feldbestände lassen die Unterschiede nicht so deutlich hervortreten, wie schwach oder gar nicht gedüngte Früchte, daher zeigen z. B. Kartoffeln die vorhandenen Unterschiede weit weniger als Getreide an. Besonders deutlich bonitieren die Lupinen. Man kann selbstverständlich in bezug auf Düngung und Wahl der Vorfrucht darauf keine Rücksicht nehmen, sondern muß die Auswahl des Feldstücks für den Versuch eben so gut, wie es geht nach dem Stand der Vorfrucht vornehmen. Will man sicher gehen, so erntet man von der Vorfrucht an verschiedenen Stellen vier gleich große Teilstücke und bestimmt den Ertrag (bei Getreide und Hülsenfrüchten ungedroschen, Stroh + Korn), wählt dann von den verschiedenen Stellen diejenige, welche die größte Gleichmäßigkeit im Ertrag der vier Teilstücke gebracht hat, als Versuchsstück für das nächste Jahr. Sie muß allerdings so genau bezeichnet werden, daß man sie auch wirklich wiederfindet. Bei Rotklee und Luzerne ist solch „blinder Versuch" zwecks Auswahl des Versuchsstücks besonders leicht; aber diese Früchte eignen sich im nächsten Jahr nicht zur Bestimmung des Stickstoff-*b*, dagegen gut für P-*b* und K-*b*.

Vielfach macht es Schwierigkeiten, die Grenze der Teilstücke wiederzufinden. Hierzu hat man ein sicheres und gutes Hilfsmittel in der Peilscheibe von W. REMY[1]. Es wird ein fester Punkt an der Grenze des Feldes (damit er in der Bearbeitung nicht stört und durch die Ackerarbeiten nicht verschoben wird) markiert (eingerammtes Eisenrohr). Hierauf setzt man das Stativ der Peilscheibe, stellt die Null-Linie auf die nächste Kirchturmspitze oder Hauskante ein, sichert diese Stellung der Peilscheibe dadurch, daß man die Gradzahl für einen zweiten Fernpunkt abliest und notiert, dazu wählt man entweder einen etwas entfernt stehenden Telegraphenmast oder Fernleitungsmast oder ähnliches. Man muß jedoch in den Aufzeichnungen festlegen, ob man die linke oder rechte Seite des Hilfspunktes benutzt, und welche Nummer der Telegraphenstangen benutzt worden ist, da diese gelegentlich infolge von Sturm brechen und ersetzt werden. Chausseebäume sollte man dazu nicht wählen, da häufig durch Sturm ein solcher entfernt und dann später der falsche Baum anvisiert wird. Bei dieser Einstellung der Peilscheibe visiert man die vier verschiedenen Ecken des Versuchsstücks an und trägt die Gradzahlen in den Lageplan genau ein. Nun wird die Entfernung von der Peilscheibe bis zu den vier Punkten in absolut gerader Richtung (Richtlatten benutzen!) gemessen und eingetragen. Wird genau gearbeitet, findet man nach Monaten wiederum sehr genau die vier Ecken des Versuchsstücks. Hat man diese, so ist es ein leichtes, die Unterteilung in die einzelnen Parzellen wieder zu finden. Zur Abmessung muß man allerdings nichtrostende Stahlmeßbänder benutzen, da alle anderen Metermaße sich dehnen und strecken. Will man die eigene Arbeit kontrollieren, so wiederholt man den ganzen Vorgang mit einem zweiten Festpunkt. Dieses Verfahren ist nicht nur für die Wiederauffindung des vorjährigen

[1] REMY, W.: Neue Wege bei der Durchführung von Feldversuchen. Landw. Presse **55**, 667 (1928).

Versuchs angebracht, sondern auch für die Anlage von Versuchen längere Zeit vor der Aussaat der Versuche, wie es z. B. bei der Anwendung von bestimmten Düngemitteln erforderlich ist, um Schädigungen infolge zu später Düngergaben zu vermeiden.

Diesem letzteren Umstand geht MITSCHERLICH aus dem Wege, indem er in dem Feldversuch zur Bestimmung von *b* Düngemittel verwendet, die nicht allgemein in der Praxis angewandt werden: Ammonnitrat oder Harnstoff, Dikalziumphosphat und schwefelsaures Kali. Die Auswahl dieser Düngerstoffe ist aber noch aus einem anderen Anlaß getroffen. Sie verändern die Bodenreaktion in geringstem Ausmaß von allen Düngemitteln. Man muß jedenfalls danach trachten, daß die Bestimmung von *b* nicht unter veränderter Bodenreaktion vor sich geht.

Wenn man Düngemittel wählt, welche beim oder nach dem Aufgang der Saat gegeben werden können, so erleichtert man sich die Versuchsanstellung sehr. Man kann dann auch etwa vorhandene Drillfehler vermeiden. Man steckt die Teilstücke nach dem Aufgang unter Beobachtung der Radspur der Drillmaschine ab, hackt schmale Trennungsreihen quer zu den Drillreihen heraus und gibt bei windstillem Wetter die Düngerstoffe. Diese werden zweckmäßigerweise mit nährstoffreiem Sand, oder mit trockener Erde von den Versuchsparzellen im Verhältnis 1 : 1 oder 1 : 3 gemischt, damit sie wirklich gleichmäßig ausgestreut werden. Nur feinkörnige Dünger dürfen unvermischt ausgestreut werden. Die Grenzen der einzelnen Parzellen müssen beim Ausstreuen des Düngers scharf gekennzeichnet sein.

Der Versuch wird mit Differenzdüngung angelegt: 1. P K, 2. N K, 3. N P K, 4. N P. Über die Höhe der zu düngenden Nährstoffmengen wurde früher (S. 576) berichtet. Diese vier Differenzdüngungen müssen sechsmal wiederholt werden. Das gilt heute für die Bestimmung von *b* als das Minimum der Wiederholungen. Kann man auf 8 oder 10 Wiederholungen gehen, um so besser und sicherer wird das Ergebnis. Da der Versuch nur aus vier Differenzdüngungen besteht, sind 6 Wiederholungen durchaus durchführbar. Die Bearbeitung vor der Saat muß selbstverständlich sorgsam und völlig gleichmäßig sein, Ackerfurchen oder Wendestellen dürfen in dem Versuch nicht liegen. Über die Größe der Teilstücke herrscht heute nur noch eine Ansicht: man wählt sie so klein wie möglich, für Getreide 5—10 m², für Hackfrüchte und Futterpflanzen 20—25 m². Alle Studien über den Einfluß der Teilstückgröße und der Zahl der Wiederholungen auf die Genauigkeit des Versuchsergebnisses haben ganz übereinstimmend gezeigt, daß es richtig ist, viele Wiederholungen kleiner Teilstücke zu wählen[1]. Die untere Grenze der Teilstücke ist dadurch bestimmt, daß die Zahl der Pflanzen so groß gewählt sein muß, daß der individuelle Einfluß sicher ausgeschaltet ist. Es empfiehlt sich, mehr Wiederholungen anzulegen, als geerntet werden sollen, damit Teilstücke mit offenkundigen Fehlern infolge von Wildfraß, Maulwurfschäden oder Fehlstellen ausgeschaltet werden können. Die Form der Versuchsfläche spielt auf gleichmäßigem Boden keine Rolle, daher können die 24 oder 32 Teilstücke in einer Geraden hintereinander oder zu einem großen Quadrat vereinigt nebeneinander mit schachbrettartiger Verteilung der einzelnen Wiederholungen mit ein und derselben Düngung angelegt werden. Bei schachbrettartiger Verteilung ist darauf zu achten, daß jedes Versuchsglied (Düngung in der Quer- wie auch in der Längsreihe) nur je einmal auftritt[2].

---

[1] S. alles Nähere bei TH. ROEMER: Der Feldversuch, 3. Aufl., H. 302 Dtsch. Landw. Ges. Berlin 1930.

[2] Vgl. R. A. FISCHER: Statistical Methods for Research Workers, 2. Aufl. London: Oliver & Boyd 1928.

1. Anordnung nach Mitscherlich:

1	2	3	4	5	1	2	3	4	5	. . . . .

2. Schachbrettanordnung:

1	2	3	4	5
4	5	1	2	3
2	3	4	5	1
5	1	2	3	4
3	4	5	1	2

Welche Anordnung gewählt wird, hängt davon ab, welche Methode der Fehlerausgleichsrechnung angewandt werden soll (s. S. 589ff.).

Auf ungleichmäßigen Böden kann man mit so kleinen Teilstücken nicht arbeiten, weil die Gesamtversuchsfläche von 3 bzw. 8 ar nicht in Übereinstimmung mit der durchschnittlichen Bodenqualität des Feldes zu bringen ist. Man muß daher die Methode Zade[1] anwenden, die zwar ursprünglich für Sortenversuche gedacht war, aber für Düngungsversuche mit einiger Änderung ebenso gut anwendbar ist. Man kann eben nicht auf die Anstellung von Düngungsversuchen auf sehr wechselndem Boden verzichten! Die Methode Zade ist eine „Lang-Parzellen-Methode". Man gibt die 4 verschiedenen Düngungen in 4 neben einander liegenden Längsstreifen von 3—4 m Breite, am zweckmäßigsten = 1 Drillmaschinenbreite, die Länge der Düngungsstreifen geht über die ganze Schlaglänge von Vorgewende bis Vorgewende. Hierbei kann man zweckmäßigerweise die Drillmaschine zur Aufbringung der Düngung nach dem Aufgang der Saat verwenden, indem man die Drillschare abnimmt, aber die Saatleitungsrohre darin läßt. Der Dünger wird, dann gut verteilt, und es werden Verwehungen auf den Nachbarstreifen während des Streuens sicher vermieden. Allerdings muß die Maschine sofort nach Gebrauch, nach Beendigung der Arbeit gereinigt werden. Die Methode Zade arbeitet bei Sortenversuchen mit häufiger Wiederholung der Standardparzelle. Diesem Umstand muß man in den Düngungsversuchen Rechnung tragen, indem die NPK-Düngung als fünfte Düngung nochmals wiederholt wird. Man erhält dann nebenstehendes Bild.

N	—	N	N	N
P	P	—	P	P
K	K	K	—	K
1	2	3	4	5

Die Wiederholungen kommen dadurch zustande, daß man während der Vegetationszeit nach dem Stand der Pflanzen auf der Länge jeden Streifens die augenscheinlich geringeren und augenscheinlich besseren Stellen ausschaltet. Bei der Gesamtlänge jeder Düngung werden 8 oder 10 Wiederholungsteilstücke von 10 bzw. 25 m² herausgeschnitten und an Hand dieser der Ertrag bestimmt. Ein Vergleich der Erntezahlen der 8—10 Teilstücke der Langparzelle 1 mit den entsprechenden der Langparzelle 5 gibt den Maßstab für die Bodenungleichmäßigkeit in der Richtung von 1—5 und damit die Möglichkeit, die Werte von 2, 3 und 4 von den vorliegenden systematischen Fehlern zu befreien: z. B. in der Wiederholung 2 soll die Langparzelle 5 einen um 20% geringeren Ertrag als das dazugehörige Teilstück der Langparzelle 1 bringen, so beweist dies, daß der Boden von links nach rechts schlechter wird, infolgedessen wird das Ergebnis von Wiederholung 1 der Langparzelle 2 um 5%, jenes der Parzelle 3 um 10%,

[1] Zade, A.: Ein Beitrag zur Technik der Sortenprüfung. Pflanzenbau 1, 261 (1924/25).

jenes von Parzelle 4 um 15% aufgewertet. Man erhält in den Wiederholungen sehr große Schwankungen, wenn der Boden sehr verschieden ist. Um die Ergebnisse einigermaßen zu sichern, wählt man statt 6, 8 Wiederholungen und gleicht dies durch die Ausgleichsrechnung aus. Gewiß ist damit der Fehler immer noch nicht so gering, wie es wünschenswert ist, aber man hat damit doch trotz der so schwierigen Ungleichmäßigkeiten ein brauchbares Ergebnis gewonnen.

Sollen diese Versuche richtige Ergebnisse bringen, so müssen sie ganz unkrautfrei gehalten werden. Dieses ist natürlich bei Hackfrüchten leichter und der Praxis entsprechender. Handelt es sich jedoch um sehr viele Versuche zur Bestimmung von *b*, wie es in den Versuchsringen der Fall ist, so wird man zweckmäßigerweise einen Teil der Versuche mit Hafer anlegen. Die Abhängigkeit des Erntetermins von der Reifezeit wurde schon als eine Schwierigkeit erwähnt; sie ist bei Hafer größer als bei anderen Früchten, da ein starker Wind oder gar Sturm 2—3 Tage vor dem Schnitt sehr große Kornverluste bringen kann.

Will man nicht Getreide verwenden, so wird der Versuch mit Kartoffeln oder anderen Hackfrüchten durchgeführt (s. v.). Die Aberntung muß allerdings auf die Zahl und Einwirkung der Fehlstellen Rücksicht nehmen. Die Individualität der wenigen Pflanzen je Teilstück muß unbedingt ausgeschaltet werden. Dies ist bei Kartoffeln bei 120 Stauden und bei Rüben bei 100 Pflanzen der Fall. Daher kann man bei Hackfrüchten nicht unter 25 m^2 je Teilstück gehen. Bei Rüben ist es am zweckmäßigsten, die „Lückennachbarn" (die Pflanzen, die neben Fehlstellen stehen) nicht zur Ertragsbestimmung zu benutzen. Die Fehlstellen werden bezeichnet (Weidenstöcke oder steifer Draht), die daneben befindlichen Pflanzen der gleichen Reihe werden gerodet und entfernt. Bei einer Teilstückgröße von 25 m^2 verbleiben auch bei 7% Fehlstellen noch genügend Rüben für eine einwandfreie Ertragsbestimmung. Bei erheblich mehr als 7% Fehlstellen gibt auch die Ausschaltung der Lückennachbarn keine richtigen Werte mehr. Solche Versuche müssen ausgeschaltet werden. Es wird nun natürlich nicht der Pflanzenertrag, sondern das Gewicht der einzelnen Pflanzen bestimmt und daraus der Flächenertrag bei lückenlosem Bestand errechnet. Bei Kartoffeln kann man den gleichen Weg, wie bei Rüben gehen oder auch nach KÜPPER[1] den Einfluß der Fehlstellen ausschalten. Jedenfalls muß aber bei allen Hackfrüchten die Zahl der Fehlstellen und die Zahl der zur Ertragsbestimmung benutzten Pflanzen bestimmt und notiert werden. Stärke- bzw. Zuckerbestimmungen müssen alsbald gemacht werden, da Wasserabgabe und Verbrauch organischer Substanz durch Atmung erheblich sind und meist unterschätzt werden. Zur Bestimmung von *b* sind sie an sich nicht erforderlich.

Die Auswertung der Versuchsergebnisse.

Zur Feststellung der Düngewirkung und somit des Nährstoffgehaltes des Bodens ist eine sorgfältige Gewinnung der Gesamternte erforderlich. Die Getreideparzellen werden mit der Hand gemäht. (Um systematische Fehler auszuschalten ist es angebracht, daß das Versuchsfeld von ein und demselben Mäher gemäht wird.) Die Garben werden sofort in große Säcke (Häckselsäcke) gesteckt, um jeden Kornverlust zu vermeiden und die Versuchsernte den Witterungseinflüssen zu entziehen. Am besten ist, die Ernte jeder Parzelle getrennt sofort auszudreschen und von der Korn- und Strohernte den Wassergehalt zu bestimmen.

---

[1] KÜPPER, H.: Der Einfluß der Fehlstellen und Beiträge zur Lösung der Fragen über die Nachbarwirkung und Teilstückgröße in Kartoffelversuchen. Kühn-Arch. 15, 197 (1927).

MITSCHERLICH[1] schlägt bei Getreideversuchen vor, die Erträge der gleichmäßig behandelten Parzellen auf dem Felde nach dem Mähen und Wiegen sofort zusammen zu werfen, so daß nur das Erdruschergebnis der verschiedenen Versuchsglieder festzustellen ist. Hierauf muß ebenfalls, wie oben, die Trockensubstanzbestimmung durchgeführt werden. Voraussetzung für die Durchführbarkeit dieses Verfahrens sind vor allem gutes Wetter und geeignete Dreschmaschinen. Der auf diese Weise für jedes Versuchsglied erhaltene Mittelwert A wird durch dieses Verfahren in seiner Größe nicht beeinflußt. Anders der mittlere Fehler, denn wir machen stillschweigend die Voraussetzung, daß auf den gleichgedüngten Parzellen das Korn-Stroh-Verhältnis gleich groß ist. Nur unter dieser Voraussetzung ist es möglich, den aus den Gesamterträgen ermittelten mittleren Fehler auf den Korn- bzw. Stroh-Ertrag zu übertragen.

Schwieriger gestaltet sich die Ernte der Hackfrüchte. Die anhaftende Erde macht die größte Schwierigkeit. Bei Kartoffeln wird es oft kaum möglich sein, mit der Knollenermittlung zugleich eine Bestimmung der Krautmenge durchzuführen. Ratsam ist dagegen, stets den Stärkegehalt der Kartoffeln festzustellen.

Bei der Ernte der Zuckerrüben muß besonders darauf geachtet werden, daß die Zuckerrüben gleichmäßig geköpft und gut gewaschen werden. Auf dem Versuchsfeld des Instituts für Pflanzenbau und -züchtung der Universität Halle wird wie folgt verfahren: Die Rüben werden auf dem Felde gerodet und ungeköpft zur Verarbeitungsstelle gebracht, dort geköpft, gewaschen, gewogen und gezählt. Auf diese Weise wird dann das Gewicht der Normalrüben bestimmt. Ungefähr 80—100 Rüben werden aus der mindestens 200 Rüben zählenden Gesamternte einer jeden Parzelle wahllos herausgenommen und sofort zur Untersuchung auf Trockensubstanz und Zuckergehalt verwandt, so daß damit die Forderung, innerhalb 24 Stunden sämtliche notwendigen Ertragsermittlungen durchzuführen, erfüllt werden kann, denn nur dadurch können genaue Ergebnisse erzielt werden. Von der gewogenen Blattmasse werden Proben von je 10 kg genommen, die nach dem Waschen in Köpfe und Blätter getrennt und dann in üblicher Weise auf Trockensubstanz untersucht werden.

Es genügt nicht, von den 6 oder 8 Wiederholungen die Erträge zu bestimmen, den Mittelwert (A) und an Hand der oben gegebenen Formeln „b" zu errechnen. Vielmehr muß berücksichtigt werden, daß jeder Versuch mit Fehlern behaftet ist. Jeder Versuch enthält zufällige Fehler, deren Größe durch die Fehlerwahrscheinlichkeitsrechnung nach GAUSS bestimmt werden muß, um ein Urteil über die Genauigkeit des Versuchs und des Ergebnisses „b" zu haben. Außerdem werden die Feldversuche meistens auch systematische Fehler aufweisen, die in erster Linie durch für uns nicht erkennbare Bodenungleichmäßigkeiten bedingt sind. Liegen sie vor, so müssen besondere Maßnahmen in der Verrechnung getroffen werden, um die Einwirkung dieser systematischen Fehler auszuschalten. Da man im voraus niemals wissen kann, ob und wie stark systematische Fehler in einem Feldversuch vorliegen, wird es sich empfehlen, diese Vorsichtsmaßnahme stets anzuwenden.

Die Wirkung der verabfolgten Düngung wird durch die Bildung der Differenz zwischen den Erträgen der vier verschiedenen Düngungen bestimmt. Dabei ist es nicht gleichgültig, wie diese Differenz gebildet wird; es sind zwei Möglichkeiten vorhanden: die indirekte und die direkte Differenzbildung. Die erstere ist die allgemein übliche, aber nicht so gute; sie besteht darin, daß aus den 6 Wie-

[1] MITSCHERLICH, E. A.: Vorschriften zur Anstellung von Feldversuchen in der landwirtschaftlichen Praxis, 2. Aufl. Berlin: P. Parey 1925.

derholungen der gleichen Düngung der Mittelwert A errechnet wird und z. B. durch Gegenüberstellung von A (N P K) dem A (P K) die Wirkung von N erfaßt wird. Die Sicherheit dieser N-Wirkung muß durch Berechnung des Fehlers bestimmt werden, sie wird meistens unbefriedigend sein, da der systematische Fehler nicht ausgeschaltet ist. Die direkte Differenzbildung stellt gegenüber:

die	Wiederholung	a	von	NPK	zur	Wiederholung	a	von	PK
,,	,,	b	,,	,,	,,	,,	b	,,	,,
,,	,,	c	,,	,,	,,	,,	c	,,	,,
,,	,,	d	,,	,,	,,	,,	d	,,	,,
,,	,,	e	,,	,,	,,	,,	e	,,	,,
,,	,,	f	,,	,,	,,	,,	f	,,	,,

und zieht aus den 6 Differenzen den Mittelwert der Wirkung von N. Diese direkte Differenzbildung ist vor allem dann angebracht, wenn systematische Fehler vorliegen. Dieses Ergebnis ist mit geringerem Fehler behaftet. Da die Mehrarbeit nicht größer ist, empfiehlt es sich, diese Methode der direkten Differenz stets anzuwenden[1]. (Man vergleiche ferner damit die Methode von HALF-DRILL-STRIPS nach BEAVEN[2].)

Zur Ausschaltung der erkannten oder nicht erkannten systematischen Fehler stehen weiterhin eine Reihe verschiedener Verfahren[3] zur Verfügung. Sämtliche Ausgleichsverfahren sind auf dem gleichen Grundgedanken aufgebaut, nämlich der Feststellung der wechselnden Fruchtbarkeit auf jeder Parzelle. Die Fragestellung eines jeden Versuches ist daher stets eine doppelte:

1. Feststellung der Schwankungen der Fruchtbarkeit auf den verschiedenen Parzellen.

2. Bestimmung des Nährstoffvorrates.

Die Größe der Fruchtbarkeit wird an besonders bestimmten Maßstäben gemessen, die allein das unterscheidende Merkmal der einzelnen Verfahren darstellen. Als Vergleichsmaßstab zur Feststellung der Schwankungen der Bodenfruchtbarkeit dienen:

1. eine oder mehrere feste Einzelparzellen (Standardmethode, Methode ZADE, Methode HALF-DRILL-STRIPS),

2. feste Abteilungen (Methode VIK),

3. verschiebbare Abteilungen (Methode MITSCHERLICH, LINDHARD und RICHEY),

4. bei schachbrettartiger Anordnung der Versuchsteilstücke zwei zueinander senkrecht stehende Abteilungen: (Methode SURFACE-PEARL, Methode R. K. KRISTENSEN).

Einige der wichtigsten Methoden, die im Düngungsversuch Anwendung finden, sollen hier besprochen werden:

1. Die „Standard"methode ist zuerst von HOLTSMARK und LARSEN[4] entwickelt worden. Sie ist besonders für Versuche mit vielen verschiedenen Sorten oder vielen verschiedenen Differenzdüngungen geeignet. Für den Zweck der

[1] MÖLLER-ARNOLD, E. u. E. FEICHTINGER: Direkte oder indirekte Differenzenbildung? Ein Beitrag zur Versuchstechnik des Feldversuchs. Landw. Jb. **67**, 287 (1928).

[2] BEAVEN, E. S.: Sortenversuche bei Getreide. J. Min. Agr. **29**, Nr. 4, 5 (1922).

[3] ROEMER, TH.: Der Feldversuch, 3. Aufl., H. 302 Dtsch. Landw. Ges. 1930. Daselbst eine ausführliche Beschreibung der Ausgleichsverfahren.

[4] HOLTSMARK, G. u. B. R. LARSEN: Über die Fehler, welche bei Feldversuchen durch die Ungleichartigkeit des Bodens bedingt werden. Landw. Versuchsstat. **65**, 1 (1907); Tidsskr. Landbrugets Planteavl **12**, 330 (1905).

Bestimmung von *b*, wozu ja nur 4 Differenzdüngungen nötig sind, ist diese Methode nicht erforderlich.

Die Standardmethode leistet uns besonders wertvolle Hilfe auf sehr ungleichmäßigem Boden. Hier wird man öfters nur zum Ziel kommen, wenn die Standardparzellen nicht als jede 5. Parzelle, sondern indem sie als jede 2. Parzelle eingeschaltet werden. Je ungleichmäßiger der Boden ist, desto häufiger muß die Standardparzelle wiederkehren. Es würde also ein solcher Feldversuch folgendermaßen aussehen:

NPK	PK	NPK	NK	NPK	NP	NPK
1	2	1	3	1	4	1

Er würde also insgesamt 7 Parzellen umfassen, jede in 8 Wiederholungen, die aus langen Parzellen herausgeschnitten werden („Langparzellenmethode"). Hiermit werden die systematischen Fehler am besten von allen Methoden erfaßt und die zufälligen Fehler bleiben unbeeinflußt, was wichtig ist[1]. Da die Zahl der Parzellen und die Gesamtversuchsfläche größer ist als in den anderen Versuchsanordnungen, so wachsen gleichzeitig mit der Ausschaltung der systematischen Fehler die zufälligen Fehler, allerdings ist diese Vermehrung der zufälligen Fehler weit geringer als die Minderung der systematischen Fehler.

In folgendem sollen die Bedeutung und der Wert dieser und der folgenden Ausgleichsmethoden an ein und demselben Beispiel gezeigt werden:

	Ertrag in kg		Ertrag in kg		Ertrag in kg
1	U 15,0	10	NP 18,5	19	NPK 23,0
2	PK 16,0	11	U 16,0	20	NP 19,5
3	NK 17,5	12	PK 17,0	21	U 17,0
4	NPK 20,0	13	NK 18,5	22	PK 18,0
5	NP 18,0	14	NPK 22,0	23	NK 19,5
6	U 15,5	15	NP 19,0	24	NPK 24,0
7	PK 16,5	16	U 16,5	25	NP 20,0
8	NK 18,0	17	PK 17,5	26	U 17,5
9	NPK 21,0	18	NK 19,0		

Die Erträge (Gesamtertrag Korn und Stroh) des Getreideversuches (fünfteiliger Feldversuch mit ungedüngten Parzellen) waren folgende: (Parzellengröße 25 m²)*:

Im Mittel nach der üblichen Rechnung mit mittleren Fehlern m bzw. m %	Mehrertrag gegen ungedüngt
ungedüngt in kg . . . 15,0; 15,5; 16,0; 16,5; 17,0: $A = 16{,}0 \pm 0{,}38$ m % = 2,38	—
P K in kg . . . 16,0; 16,5; 17,0; 17,5; 18,0: $A = 17{,}0 \pm 0{,}38$ m % = 2,24	$1{,}0 \pm 0{,}53$
N K in kg . . . 17,5; 18,0; 18,5; 19,0; 19,5: $A = 18{,}5 \pm 0{,}38$ m % = 2,05	$1{,}5 \pm 0{,}53$
N P K in kg . . . 20,0; 21,0; 22,0; 23,0; 24,0: $A = 22{,}0 \pm 0{,}75$ m % = 3,41	$6{,}0 \pm 0{,}88$
N P in kg . . . 18,0; 18,5; 19,0; 19,5; 20,0: $A = 19{,}0 \pm 0{,}38$ m % = 2,0	$3{,}0 \pm 0{,}53$

* MITSCHERLICH, E. A. u. E. MÖLLER-ARNOLD: Über die Verminderung der Größe der Versuchsfehler bei Feldversuchen in linearer Anordnung durch die verschiedenen Methoden der Ausschaltung des Standortsfehlers. Landw. Jb. **67**, 741 (1928).

Wenden wir zunächst dieses Beispiel auf Versuche nach der Langparzellenmethode mit nebenstehender Versuchsanordnung an.

Rechnet man diesen Versuch in üblicher Weise aus, so ergeben sich die obigen Erträge mit den mittleren Fehlern von rund 2 m%. Wie aber deutlich aus dem Beispiel hervorgeht, steigen die Erträge gleichmäßig von links nach rechts an. Die auf die übliche Weise gewonnenen Mittelerträge enthalten außer dem zufälligen auch noch einen starken systematischen Fehler.

Standardmethode.

	Standardparzellen	Interpolierte Werte J	Werte von II—V	II—J	Abweichungen vom Mittel	III—J	Abweichungen vom Mittel	IV—J	Abweichungen vom Mittel	V—J	Abweichungen vom Mittel
I	15,0	—	—	—	—	—	—	—	—	—	—
II	—	15,1	16,0	+ 0,9	± 0,0	—	—	—	—	—	—
III	—	15,2	17,5	—	—	+ 2,3	± 0,0	—	—	—	—
IV	—	15,3	20,0	—	—	—	—	+ 4,7	— 1,0	—	—
V	—	15,4	18,0	—	—	—	—	—	—	+ 2,6	± 0,0
I	15,5	—	—	—	—	—	—	—	—	—	—
II	—	15,6	16,5	+ 0,9	± 0,0	—	—	—	—	—	—
III	—	15,7	18,0	—	—	+ 2,3	± 0,0	—	—	—	—
IV	—	15,8	21,0	—	—	—	—	+ 5,2	— 0,5	—	—
V	—	15,9	18,5	—	—	—	—	—	—	+ 2,6	± 0,0
I	16,0	—	—	—	—	—	—	—	—	—	—
II	—	16,1	17,0	+ 0,9	± 0,0	—	—	—	—	—	—
III	—	16,2	18,5	—	—	+ 2,3	± 0,0	—	—	—	—
IV	—	16,3	22,0	—	—	—	—	+ 5,7	± 0,0	—	—
V	—	16,4	19,0	—	—	—	—	—	—	+ 2,6	± 0,0
I	16,5	—	—	—	—	—	—	—	—	—	—
II	—	16,6	17,5	+ 0,9	± 0,0	—	—	—	—	—	—
III	—	16,7	19,0	—	—	+ 2,3	± 0,0	—	—	—	—
IV	—	16,8	23,0	—	—	—	—	+ 6,2	+ 0,5	—	—
V	—	16,9	19,5	—	—	—	—	—	—	± 2,6	+ 0,0
I	17,0	—	—	—	—	—	—	—	—	—	—
II	—	17,1	18,0	+ 0,9	± 0,0	—	—	—	—	—	—
III	—	17,2	19,5	—	—	+ 2,3	± 0,0	—	—	—	—
IV	—	17,3	24,0	—	—	—	—	+ 6,7	+ 1,0	—	—
V	—	17,4	20,0	—	—	—	—	—	—	+ 2,6	+ 1,0
I	—	17,5	—	P	K	N	K	N	PK	N	P
Ergebnis: Mehrertrag gegen U				+ 0,9	± 0,0	+ 2,3	± 0,0	+ 5,7	± 0,38	+ 2,6	± 0,00
Gegenüber ohne Ausgleich				+ 1,0	± 0,53	+ 2,5	± 0,53	+ 6,0	± 0,88	+ 3,0	± 0,53

Bei obiger Versuchsanordnung empfiehlt es sich nicht, die Standardmethode in Anwendung zu bringen, da die als Maßparzellen zu verwendenden Parzellen (U) räumlich zu weit auseinander liegen. Richtiger wäre es, in den einzelnen Gruppen eine weitere Maßparzelle einzuschalten (z. B. zwischen 3 und 4 eine weitere U-Parzelle). Trotzdem möge auch dieses Beispiel zur Erläuterung der Standardmethode herangezogen sein. Als Standardparzellen dienen die U-Parzellen (ungedüngt). Die Werte sind aus direkten Differenzen gewonnen. Eine Durchrechnung nach Prozenten ergibt die gleichen Werte.

Diese Versuchsanordnung fordert also vermehrte Arbeit und vermehrte Versuchsfläche, aber sie ist auf rasch wechselndem Boden die einzige Möglichkeit, einigermaßen richtige Ergebnisse zu erhalten. Daher wird man auf gleichmäßigerem Boden einfachere Wege gehen, wie sie in den folgenden Methoden gegeben sind:

1. Das Ausgleichsverfahren nach MITSCHERLICH mit Prozentzahlen.

Lfde. Nr.			Erträge	Gruppenbildung aus den Teilstücken	M	Erträge in Prozent des Gruppenmittels									
						I	v	II	v	III	v	IV	v	V	v
1	U	I	15,0	—	—	—	—	—	—	—	—	—	—	—	—
2	PK	II	16,0	—	—	—	—	—	—	—	—	—	—	—	—
3	NK	III	17,5	1—5	17,3	86,70	— 0,98	92,48	— 0,09	**101,20**	**+ 1,01**	115,60	— 2,14	104,05	+ 2,23
4	NPK	IV	20,0	2—6	17,4	89,08	+ 1,40	91,95	— 0,62	100,60	+ 0,41	**114,95**	**— 2,79**	103,45	+ 1,63
5	NP	V	18,0	3—7	17,5	88,59	+ 0,69	94,28	+ 1,71	100,00	— 0,19	114,30	— 3,34	**102,85**	**+ 1,03**
6	U	I	15,5	4—8	17,6	**88,07**	**+ 0,39**	93,75	+ 1,18	102,27	+ 2,08	113,63	— 4,11	102,27	+ 0,45
7	PK	II	16,5	5—9	17,8	87,08	— 0,60	**92,69**	**+ 0,12**	101,13	+ 0,94	117,98	+ 0,24	101,13	— 0,69
8	NK	III	18,0	6—10	17,9	86,59	— 1,09	92,18	— 0,39	**100,55**	**+ 0,36**	117,30	— 0,44	103,35	+ 1,53
9	NPK	IV	21,0	7—11	18,0	88,88	+ 1,20	91,66	— 0,91	100,00	— 0,19	**116,65**	**— 1,09**	102,78	+ 0,96
10	NP	V	18,5	8—12	18,1	88,40	+ 0,72	93,92	+ 1,35	99,44	— 0,75	116,03	— 1,71	**102,20**	+ 0,38
11	U	I	16,0	9—13	18,2	**87,91**	**+ 0,23**	93,41	+ 0,84	101,64	+ 1,43	115,38	— 2,36	101,64	— 0,18
12	PK	II	17,0	10—14	18,4	86,95	+ 0,73	**92,39**	**— 0,18**	100,54	+ 0,35	119,57	+ 1,83	100,53	— 1,29
13	NK	III	18,5	11—15	18,5	86,49	— 1,19	91,89	— 0,68	**100,00**	**— 0,19**	118,93	+ 1,19	102,70	+ 0,88
14	NPK	IV	22,0	12—16	18,6	88,71	+ 1,03	91,40	— 1,17	99,46	— 0,73	**118,28**	**+ 0,54**	102,15	+ 0,33
15	NP	V	19,0	13—17	18,7	88,23	+ 0,55	93,58	+ 1,01	98,93	— 1,26	117,64	— 0,10	**101,60**	**— 0,78**
16	U	I	16,5	14—18	18,8	**87,77**	**+ 0,09**	93,08	+ 0,51	101,07	+ 0,88	117,03	— 0,71	101,07	— 0,75
17	PK	II	17,5	15—19	19,0	86,84	— 0,84	**92,10**	**— 0,47**	100,00	— 0,19	121,05	+ 3,31	100,00	— 1,82
18	NK	III	19,0	16—20	19,1	86,38	— 1,30	91,62	— 0,95	**99,48**	**— 0,71**	120,40	+ 2,66	102,10	+ 0,38
19	NPK	IV	23,0	17—21	19,2	88,54	+ 0,86	91,14	— 1,43	98,96	— 1,23	**119,80**	**+ 2,06**	101,55	— 0,27
20	NP	V	19,5	18—22	19,3	88,08	+ 0,40	93,26	+ 0,69	98,45	— 1,74	119,18	+ 1,34	**101,03**	**— 0,85**
21	U	I	17,0	19—23	19,4	**87,63**	**— 0,05**	92,78	+ 0,21	100,52	+ 0,33	118,55	+ 0,81	100,53	— 1,29
22	PK	II	18,0	20—24	19,6	86,73	— 0,95	**91,84**	**— 0,73**	99,49	— 0,70	122,45	+ 4,71	99,48	— 2,34
23	NK	III	19,5	—	—	—	—	—	—	—	—	—	—	—	—
24	NPK	IV	24,0	—	—	—	—	—	—	—	—	—	—	—	—
25	NP	V	20,0	—	—	—	—	—	—	—	—	—	—	—	—
						$\varepsilon \pm v$	15,49	—	15,24	—	15,69	—	37,68	—	19,34
Gesamt-Mittel M = 18,5 .						87,86	± 0,44	92,57	± 0,44	100,19	± 0,45	117,74	± 1,08	101,82	± 0,55
						U		PK		NK		NPK		NP	
Ergebnis						16,22	± 0,08	17,13	± 0,08	18,54	± 0,08	21,78	± 0,20	18,84	± 0,09
In Prozenten							± 0,49		± 0,48		± 0,44		± 0,90		± 0,42

Die fettgedruckten Werte allein genommen geben gleichzeitig die Ergebnisse der Gleitmethode LINDHARDS an. Danach ist (der mittlere Fehler ist mit dem Faktor $\sqrt{\frac{l}{l-1}}$ korrigiert worden):

	U		PK		NK		NPK		NP	
	16,25	± 0,03	17,07	± 0,05	18,56	± 0,09	21,72	± 0,26	18,86	± 0,09
In Prozenten		± 0,16		± 0,29		± 0,49		± 1,16		± 0,47

1. das Ausgleichsverfahren MITSCHERLICH[1],

2. das Ausgleichsverfahren LINDHARD[2],

---

[1] MITSCHERLICH, E. A.: Über die Verminderung der Größe der Versuchsfehler bei Feldversuchen und die Ausgleichsrechnung. Landw. Jb. **66**, 519 (1927); Die Ausschaltung von Versuchen. Fühlings Landw. Ztg. **61**, 731 (1912); Über zufällige und systematische Fehler bei Anbau- und Düngungsversuchen. Ebenda **65**, 360 (1916); Die MITSCHERLICHsche Ausgleichsrechnung zur Ausschaltung der Ungleichheit des Bodens auf den Versuchsfeldern. Ebenda **69**, 463 (1920); Über die Ausrechnung von Versuchsergebnissen. Ebenda **71**, 191 (1922); Zur Ausschaltung eines systematischen Fehlers bei Feldversuchen. Schriften Königsb. Gel. Ges. **6**, 263 (1929). — PFEIFFER, TH.: Die sogenannte statistische Methode der Felddüngungsversuche und die Ausgleichungsrechnung. Mitt. landw. Inst. Breslau **2**, 647 (1904).

[2] LINDHARD, E.: Untersuchung im Feldversuch. Nord. Jordbrugsforskning **3/4**, 228 (1922). — MÖLLER-ARNOLD, E.: Untersuchungen über Möglichkeiten der Verminderung der Fehler von Feldversuchen in der Praxis. Landw. Jb. **65**, 943 (1926). Gedanken zur Fehlerrechnung bei Feldversuchsergebnissen. Pflanzenbau **2**, 119 (1925).

3. die Methode RICHEY[1],
4. die Methode SURFACE-PEARL[2],
5. die Methode K. VIK[3],
6. Methode R. K. KRISTENSEN[4].

Von den drei Methoden mit verschiebbaren Abteilungen liegt den Methoden 1 und 2 der Gedanke zugrunde, die durch den Boden bedingten Ertragsunterschiede der Versuchsobjekte untereinander dadurch auszuschalten, daß sie zu Gruppen zusammengefaßt werden, welche alle Versuchsobjekte einmal enthalten. Nach MITSCHERLICH werden jedesmal alle Parzellen-

Gleitmethode nach LINDHARD mit direkten Differenzen.

			Erträge	Gruppenbildung aus den Teilstücken	M	I—M	v	II—M	v	III—M	v	IV—M	v	V—M	v
1	U	I	15,0	—	—	—	—	—	—	—	—	—	—	—	—
2	PK	II	16,0	—	—	—	—	—	—	—	—	—	—	—	—
3	NK	III	17,5	1—5	17,3	—	—	—	—	+ 0,2	+ 0,15	—	—	—	—
4	NPK	IV	20,0	2—6	17,4	—	—	—	—	—	—	+ 2,6	— 0,60	—	—
5	NP	V	18,0	3—7	17,5	—	—	—	—	—	—	—	—	+ 0,5	+ 0,15
6	U	I	15,5	4—8	17,6	— 2,1	+ 0,15	—	—	—	—	—	—	—	—
7	PK	II	16,5	5—9	17,8	—	—	— 1,3	+ 0,15	—	—	—	—	—	—
8	NK	III	18,0	6—10	17,9	—	—	—	—	+ 0,1	+ 0,05	—	—	—	—
9	NPK	IV	21,0	7—11	18,0	—	—	—	—	—	—	+ 3,0	— 0,20	—	—
10	NP	V	18,5	8—12	18,1	—	—	—	—	—	—	—	—	+ 0,4	+ 0,05
11	U	I	16,0	9—13	18,2	— 2,2	+ 0,05	—	—	—	—	—	—	—	—
12	PK	II	17,0	10—14	18,4	—	—	— 1,4	+ 0,05	—	—	—	—	—	—
13	NK	III	18,5	11—15	18,5	—	—	—	—	— 0,0	— 0,05	—	—	—	—
14	NPK	IV	22,0	12—16	18,6	—	—	—	—	—	—	+ 3,4	+ 0,20	—	—
15	NP	V	19,0	13—17	18,7	—	—	—	—	—	—	—	—	+ 0,3	— 0,05
16	U	I	16,5	14—18	18,8	— 2,3	— 0,05	—	—	—	—	—	—	—	—
17	PK	II	17,5	15—19	19,0	—	—	— 1,5	— 0,05	—	—	—	—	—	—
18	NK	III	19,0	16—20	19,1	—	—	—	—	— 0,1	— 0,15	—	—	—	—
19	NPK	IV	23,0	17—21	19,2	—	—	—	—	—	—	+ 3,8	+ 0,60	—	—
20	NP	V	19,5	18—22	19,3	—	—	—	—	—	—	—	—	+ 0,2	— 0,15
21	U	I	17,0	19—23	19,4	— 2,4	— 0,15	—	—	—	—	—	—	—	—
22	PK	II	18,0	20—24	19,6	—	—	— 1,6	+ 0,15	—	—	—	—	—	—
23	NK	III	19,5	—	—	—	—	—	—	—	—	—	—	—	—
24	NPK	IV	24,0	—	—	—	—	—	—	—	—	—	—	—	—
25	NP	V	20,0	—	—	—	—	—	—	—	—	—	—	—	—
Gesamt-Mittel 18,5 . . .						— 2,25	± 0,08	— 1,45	± 0,08	+ 0,05	± 0,08	+ 3,2	± 0,33	+ 0,35	±,0,08
Die absoluten Erträge der						U		PK		NK		NPK		NP	
Teilstücke lauten dann .						16,25	± 0,08	17,05	± 0,08	18,55	± 0,08	21,70	± 0,33	18,85	± 0,08
In Prozenten							± 0,49		± 0,47		± 0,43		± 1,50		± 0,41

[1] RICHEY, FR. D.: Adjusting yields to their regression on a moving average, as a means of correcting for soil heterogenecty. J. Agr. Res. **27**, 79 (1924).

[2] SURFACE, S. M. u. K. PEARL: A Method of Correcting for Soil Heterogeneity in Variety Tests. J. Agricult. Res. **5**, 16, 1039 (1915).

[3] VIK, K.: Fehlerberechnung auf Versuchsfeldern mit und ohne Maßparzellen. Dtsche Übersetzung K. WODARZ. Berlin: Schlegel 1926. — RUDORF, W.: Die Anwendung von rechnerischen Ausgleichsmethoden ohne Benutzung von Maßparzellen zur Ausschaltung des Einflusses von Bodenungleichmäßigkeiten bei Feldversuchen. Kühn-Arch. **15**, 261 (1927).

[4] KRISTENSEN, R. K.: Über Anwendung der Fehlertheorie auf Ergebnisse von Feldversuchen. Tidskr. Landbrugets Planteavl. **21**, 283 (1914); Über die Bestimmung des mittleren Fehlers bei Feldversuchen. Ebenda **22**, 349 (1915); Bestimmung des mittleren Fehlers in Verbindung mit einseitigen und zufälligen Abweichungen. Ebenda **29**, 119 (1922). Bestimmung des mittleren Fehlers in Feldversuchen bei verschiedener Parzellenanordnung. Ebenda **36**, 615 (1929).

erträge nacheinander auf ein Gruppenmittel bezogen. Nach LINDHARD wird jedoch nur der Ertrag jeder Parzelle zu dem Ertragsmittel der Parzellengruppe, in deren Mitte sie liegt, in Beziehung gesetzt. Die Durchrechnung kann nun entweder mit absoluten Differenzen oder Prozentzahlen ausgeführt werden. MITSCHERLICH hält allein die Prozentrechnung für richtig.

Die Berechnung des mittleren Fehlers m erfolgt in üblicher Weise. Doch bedarf es nach dänischen Untersuchungen der Vornahme einer weiteren Korrektur, die nach LINDHARD[1] mit dem Faktor $\sqrt{\frac{l}{l-1}}$ erreicht wird.

Die Methode RICHEY. Die Methode RICHEY nimmt als Maßstab für den Verlauf der Bodenvariation den Durchschnitt von 3, 4 oder 5 neben einander liegenden Abweichungen von Gruppenmitteln (gleitenden Mitteln, „moving average") und errechnet auf diese Weise für jede Parzelle einen Index. Mit diesem Index (Rohindex) führt er die Korrektur der gefundenen Werte durch. Liegt der Rohindex über 1, so erniedrigt sich der gefundene Wert, liegt er unter 1, so erhöht er sich. Für die meisten praktischen Ausrechnungen wird eine solche Korrektur genügen. Mathematisch richtiger und erforderlich ist es, den auf diese

Die Methode RICHEY.

1	2	3	4	5	6	7	8	9	10	11	12	13	14
Lfde Nr.		Geernteter Ertrag	Gruppenmittel absolut	Ertrag in Proz. des Gruppenmittels	Summe von 5 neben einander liegenden Einzelerträgen	Summe von 5 neben einander liegenden Gruppenmitteln	6 in Proz. von 7	Rohindex	Korrigierte Werte				
									I	II	III	IV	V
1	I	15,0	16,0	—	—	—	—	—	—	—	—	—	—
2	II	16,0	17,0	—	—	—	—	—	—	—	—	—	—
3	III	17,5	18,5	94,6	86,5	92,5	93,5	0,935	—	—	18,72	—	—
4	IV	20,0	22,0	90,9	87,0	92,5	94,1	0,941	—	—	—	21,25	—
5	V	18,0	19,0	94,7	87,5	92,5	94,6	0,946	—	—	—	—	19,03
6	I	15,5	16,0	96,9	88,0	92,5	95,1	0,951	16,30	—	—	—	—
7	II	16,5	17,0	97,1	89,0	92,5	96,2	0,962	—	17,15	—	—	—
8	III	18,0	18,5	97,3	89,5	92,5	96,8	0,968	—	—	18,59	—	—
9	IV	21,0	22,0	95,5	90,0	92,5	97,3	0,973	—	—	—	21,58	—
10	V	18,5	19,0	97,4	90,5	92,5	97,8	0,978	—	—	—	—	18,92
11	I	16,0	16,0	100,00	91,0	92,5	98,4	0,984	16,26	—	—	—	—
12	II	17,0	17,0	100,0	92,0	92,5	99,5	0,995	—	17,09	—	—	—
13	III	18,5	18,5	100,0	92,5	92,5	100,0	1,000	—	—	18,50	—	—
14	IV	22,0	22,0	100,0	93,0	92,5	100,5	1,005	—	—	—	21,89	—
15	V	19,0	19,0	100,0	93,5	92,5	101,1	1,011	—	—	—	—	18,79
16	I	16,5	16,0	103,1	94,0	92,5	101,6	1,016	16,24	—	—	—	—
17	II	17,5	17,0	102,9	95,0	92,5	102,7	1,027	—	17,04	—	—	—
18	III	19,0	18,5	102,7	95,5	92,5	103,2	1,032	—	—	18,41	—	—
19	IV	23,0	22,0	104,5	96,0	92,5	103,7	1,037	—	—	—	22,18	—
20	V	19,5	19,0	102,6	96,5	92,5	104,3	1,043	—	—	—	—	18,70
21	I	17,0	16,0	106,2	97,0	92,5	104,9	1,049	16,22	—	—	—	—
22	II	18,0	17,0	105,9	98,0	92,5	105,9	1,059	—	17,00	—	—	—
23	III	19,5	18,5	105,4	98,5	92,5	106,5	1,065	—	—	18,31	—	—
24	IV	24,0	22,0	—	—	—	—	—	—	—	—	—	—
25	V	20,0	19,0	—	—	—	—	—	—	—	—	—	—

	I		II		III		IV		V	
	U		PK		NK		NPK		NP	
Ergebnis . . .	16,25	± 0,02	17,07	± 0,04	18,51	± 0,07	21,73	± 0,22	18,86	± 0,09
In Prozenten .		± 0,12		± 0,23		± 0,38		± 1,12		± 0,47

[1] LINDHARD, E.: Nord. Jordbrugsforskning 3/4, 283 (1922).

Weise gefundenen Rohindex unter Anwendung der Regressionsgleichung[1]

$$\frac{R_x}{y} = r\frac{\sigma x}{\sigma y} \text{ zu korrigieren.}$$

In vorliegendem Beispiel ergibt sich für die Korrelationsgröße r nach der Formel

$$r = \sum x \cdot y : \sqrt{\sum x^2 \cdot \sum y^2}$$

der Wert 1,00, d. h. völlige Korrelation ist zwischen den „gleitenden Mitteln“, „moving average“, vorhanden.

$$\frac{R_x}{y} \text{ wird ebenfalls } 1{,}00\,,$$

d. h. der Rohindex ist gleich dem Endindex.

Die drei besprochenen Methoden, MITSCHERLICH, LINDHARD und RICHEY, können bei verschiedenartigster Anordnung der Versuchsparzellen Anwendung finden, wenn sie auch in erster Linie für Versuche mit Anordnung der Parzellen in Längsreihen gedacht sind. Die folgenden Methoden: SURFACE-PEARL, K. VIK und R. K. KRISTENSEN können dagegen ausschließlich bei schachbrettartiger Anordnung der Parzellen angewandt werden.

Die Methode SURFACE-PEARL.

1	2	3	4	5	Korrigierte Erträge									
Lfd. Nr.		Geernteter Ertrag	Errechneter Ertrag absol.	in Proz. des Gesamtmittels M	I	v	II	v	III	v	IV	v	V	v
1	I	15,0	17,2	92,27	16,26	+ 0,21	—	—	—	—	—	—	—	—
2	II	16,0	17,5	94,59	—	—	16,91	— 0,09	—	—	—	—	—	—
3	III	17,5	17,3	93,52	—	—	—	—	18,71	+ 0,21	—	—	—	—
4	IV	20,0	17,1	92,43	—	—	—	—	—	—	21,64	— 0,35	—	—
5	V	18,0	17,4	94,05	—	—	—	—	—	—	—	—	19,14	+ 0,14
6	I	15,5	17,9	96,76	16,02	— 0,05	—	—	—	—	—	—	—	—
7	II	16,5	17,7	95,68	—	—	17,24	+ 0,24	—	—	—	—	—	—
8	III	18,0	18,0	97,30	—	—	—	—	18,50	± 0,0	—	—	—	—
9	IV	21,0	17,8	96,22	—	—	—	—	—	—	21,82	— 0,17	—	—
10	V	18,5	18,1	97,84	—	—	—	—	—	—	—	—	18,91	— 0,09
11	I	16,0	18,6	100,54	15,91	— 0,16	—	—	—	—	—	—	—	—
12	II	17,0	18,4	99,46	—	—	17,09	+ 0,09	—	—	—	—	—	—
13	III	18,5	18,7	101,08	—	—	—	—	18,30	— 0,20	—	—	—	—
14	IV	22,0	18,5	100,00	—	—	—	—	—	—	22,00	+ 0,01	—	—
15	V	19,0	18,3	98,92	—	—	—	—	—	—	—	—	19,21	+ 0,21
16	I	16,5	19,3	102,70	16,07	± 0,0	—	—	—	—	—	—	—	—
17	II	17,5	19,1	103,24	—	—	16,95	— 0,05	—	—	—	—	—	—
18	III	19,0	18,9	102,15	—	—	—	—	18,60	+ 0,10	—	—	—	—
19	IV	23,0	19,2	103,78	—	—	—	—	—	—	22,16	+ 0,17	—	—
20	V	19,5	19,0	102,70	—	—	—	—	—	—	—	—	18,99	— 0,01
21	I	17,0	19,5	105,40	16,13	+ 0,06	—	—	—	—	—	—	—	—
22	II	18,0	19,8	107,03	—	—	16,82	— 0,18	—	—	—	—	—	—
23	III	19,5	19,6	105,95	—	—	—	—	18,41	— 0,09	—	—	—	—
24	IV	24,0	19,9	107,56	—	—	—	—	—	—	22,31	+ 0,32	—	—
25	V	20,0	19,7	106,48	—	—	—	—	—	—	—	—	18,78	— 0,22
Gesamtmittel M = 18,5					ε ±	v=0,48	—	0,65	—	0,60	—	1,02	—	0,67
					U		PK		NK		NPK		NP	
Ergebnis					16,07	± 0,06	17,00	± 0,08	18,50	± 0,08	21,99	± 0,13	19,00	± 0,08
In Prozenten						± 0,37		± 0,47		± 0,43		± 0,64		± 0,42

[1] Vgl. W. JOHANNSEN: Elemente der exakten Erblichkeitslehre, S. 367. 3. Aufl., Jena: G. Fischer 1926.

	a	b	c	d	e
f	I 15,0	II 16,0	III 17,5	IV 20,0	V 18,0
g	IV 21,0	V 18,5	I 15,5	II 16,5	III 18,0
h	II 17,0	III 18,5	IV 22,0	V 19,0	I 16,0
i	V 19,5	I 16,5	II 17,5	III 19,0	IV 23,0
k	III 19,5	IV 24,0	V 20,0	I 17,0	II 18,0

Die Methode Surface-Pearl. Das Wesentliche der Methode liegt darin, daß für jedes Teilstück ein ,,errechneter Ertrag" ermittelt wird, der als Fruchtbarkeitsanzeiger für das betreffende Teilstück dient. Ist z. B. der ,,errechnete Ertrag" größer als das Gesamtmittel, so ist der Boden an dieser Stelle über dem Durchschnitt fruchtbar. Der tatsächlich gefundene Wert muß entsprechend dem Verhältnis des ,,errechneten Ertrages" zum Gesamtdurchschnitt verringert werden.

Der ,,errechnete Ertrag" wird nach folgender Gleichung ermittelt:

z. B. für Parzelle $af = (af)'$

$$(af)' = \frac{(af + ag + ah + ai + ak) \cdot (af + bf + cf + df + ef) \ldots + ek)}{(af + ag + ah + ai + ak) + (bf + bg + bh + bi + bk)}.$$

Der Nenner ist gleich der Summe sämtlicher gefundenen Parzellenerträge.

I 15,0	II 16,0	III 17,5	IV 20,0	V 18,0
IV 21,0	V 18,5	I 15,5	II 16,5	III 18,0
II 17,0	III 18,5	IV 22,0	V 19,0	I 16,0
V 19,5	I 16,5	II 17,5	III 19,0	IV 23,0
III 19,5	IV 24,0	V 20,0	I 17,0	II 18,0

I a 93,8	II b 94,1	III c 94,6	IV d 30,9	V e 94,7
IV c 35,6	V d 97,4	I e 96,9	II a 97,1	III b 97,3
II e 100,0	III a 100,0	IV b 100,0	V c 100,0	I d 100,0
V b 102,6	I c 103,1	II d 102,9	III e 102,7	IV a 104,5
III d 105,4	IV e 109,1	V a 105,3	I b 106,2	II c 105,9

Die Methode Knut Vik. Nach K. Vik ist es zunächst erforderlich, sich ein Bild über den Fruchtbarkeitszustand des Feldes zu verschaffen. Wie die Abbildung zeigt, steigt die Fruchtbarkeit des Feldes gleichmäßig von oben nach unten. Wäre das Feld mit keinerlei systematischen Bodenfehlern behaftet, so müßte eine jede Gruppierung der 5 verschiedenen Objekte (I—V) zum gleichen Werte führen. Dasselbe ist in obigem Beispiel nur dann zu erreichen, wenn es uns gelingt, eine solche Gruppierung der 5 Objekte (I—V) vorzunehmen, in der jede Fruchtbarkeitszone vertreten ist. Der Unterschied, der dann noch bestehen bleibt, kann nur durch zufällige Fehler verursacht sein, sofern eine gleichmäßige Verteilung der Objekte in den verschiedenen Fruchtbarkeitszonen möglich war. Allerdings erhält man auf diese Weise nur einen Fehler für den ganzen Versuch.

	a	b	c	d	e
Berechnung . .	93,8 97,1 100,0 104,5 105,3	94,1 97,3 100,0 102,6 106,2	94,6 95,6 100,0 103,1 105,9	90,9 97,4 100,0 102,9 105,4	94,7 96,9 100,0 102,7 109,1
Mittel	100,14	100,04	99,80	99,97	100,85
v	+ 0,02	— 0,12	— 0,36	— 0,19	+ 0,69
v^2	0,0004	0,0144	0,1296	0,0361	0,4761

Nach K. VIK $m = \sqrt{\frac{\varepsilon v^2}{n}} = 0{,}36\,\%$; auf das Gesamtmittel umgerechnet:

$A = 18{,}5$

$m = 0{,}07.$

Die Methode KRISTENSEN. R. K. KRISTENSEN nimmt bei seinem Verfahren an, daß die Schwankungen der Bodenfruchtbarkeit in zwei zu einander senkrechten Richtungen verlaufen, und zwar in der Richtung der Rechteckseite. Ist die Verteilung der Versuchsglieder auf einem völlig gleichmäßigen Boden nach dem Latin-square-Schema erfolgt[1], d. h. Längsseite und jede Querseite enthält ein und dasselbe Versuchsglied nur einmal, so müssen streng genommen die Summen der Erträge der Längs- oder Querreihen gleich hoch, ihr Mittel gleich dem Gesamtdurchschnitt des Versuches sein. Systematische Bodenfehler lassen sich auf diese Weise leicht erkennen. KRISTENSEN schlägt nun vor, jede Ertragszahl in zweifacher Weise zu korrigieren, wenn der Mittelwert der Summen der Quer- und der Längsreihe, zu denen die betreffende Ertragszahl gehört, mit dem Gesamtdurchschnitt nicht übereinstimmt: Die absoluten Abweichungen des Mittelwertes einer Längsreihe vom Gesamtdurchschnitt werden zu jeder Ertragszahl dieser Reihe zugeschlagen, wenn der Mittelwert kleiner als der Gesamtdurchschnitt ist, dagegen von der Ertragszahl abgezogen, wenn der Mittelwert größer als der Gesamtdurchschnitt ist. Die Rechnung kann man nach der Prozentrechnung oder mit absoluten Differenzen durchführen.

						Mittel der Querreihen	Abweichungen vom Gesamtdurchschnitt
	I 15,0	II 16,0	III 17,5	IV 20,0	V 18,0	17,3	+ 1,2
	IV 21,0	V 18,5	I 15,5	II 16,5	III 18,0	17,9	+ 0,6
	II 17,0	III 18,5	IV 22,0	V 19,0	I 16,0	18,5	0,0
	V 19,5	I 16,5	II 17,5	III 19,0	IV 23,0	19,1	— 0,6
	III 19,5	IV 24,0	V 20,0	I 17,0	II 18,0	19,7	+ 1,2
Mittel der Längsreihen	18,4	18,7	18,5	18,3	18,6	= 18,5	Gesamtdurchschnitt
Abweichungen vom Gesamtdurchschnitt	+ 0,1	— 0,2	0,0	+ 0,2	— 0,1		

Nach Anbringung dieser Korrektur können die Mittelwerte der einzelnen Versuchsglieder gebildet und die dazu gehörigen mittleren Fehler berechnet werden. Allerdings bedarf die Gleichung für den mittleren Fehler m einer Korrektur durch einen nach KRISTENSEN mathematisch bewiesenen Faktor $\sqrt{\frac{l}{l-2}}$. „l" ist die Anzahl der Versuchsglieder.

$$m = \sqrt{\frac{\Sigma v^2}{n(n-1)}} \sqrt{\frac{l}{l-2}}.$$

Korrigierte Werte:

I 16,3	II 17,0	III 18,7	IV 21,4	V 19,1
IV 21,7	V 18,9	I 16,1	II 17,3	III 18,5
II 17,1	III 18,3	IV 22,0	V 19,2	I 15,9
V 19,0	I 15,7	II 16,9	III 18,6	IV 22,3
III 18,4	IV 22,6	V 18,8	I 16,0	II 16,7

[1] FISCHER, R. A.: Statistical Methods for Research Workers, 2. Aufl. London: Oliver and Boyd 1928.

Vergleich der angewandten Methoden der Ausgleichsrechnung bei einem Versuch.
Mittelwerte = A, mittlerer Fehler = m, in Prozent des Mittels in m %.

Düngung	Ungedüngt		$P_2O_5 + K_2O$		$N + K_2O$		$N + P_2O_5 + K_2O$		$N + P_2O_5$	
	$A \pm m$	m %	$A \pm m$	m %	$A \pm m$	m %	$A \pm m$	m %	$A \pm m$	m %
1. Ohne Ausgleich	16,00 ± 0,38	2,38	17,00 ± 0,38	2,24	18,50 ± 0,75	2,05	22,00 ± 0,75	3,41	19,00 ± 0,38	2,00
Ausgleich nach:										
2. Standardmethode	16,00 ± 0,00	0,00	16,90 ± 0,00	0,00	18,30 ± 0 00	0,00	21,70 ± 0,38	1,75	18,60 ± 0,00	0,00
3. Mitscherlich	16,22 ± 0,08	0,49	17,13 ± 0,08	0,48	18,54 ± 0,08	0,44	21,78 ± 0,20	0,90	18,84 ± 0,00	0,42
4. Möller-Arnold:										
a) Mit absoluter Differenz	16,25 ± 0,08	0,49	17,05 ± 0,08	0,47	18,55 ± 0,08	0,43	21,70 ± 0,33	1,50	18,85 ± 0,08	0,41
b) Mit Prozentrechnung	16,25 ± 0,03	0,16	17,07 ± 0,05	0,29	18,56 ± 0,09	0,49	21,72 ± 0,26	1,16	18,86 ± 0,09	0,47
5. Richey	16,25 ± 0,02	0,12	17,07 ± 0,04	0,23	18,51 ± 0,07	0,38	21,73 ± 0,22	1,12	18,86 ± 0,09	0,47
6. Surface-Pearl	16,07 ± 0,06	0,37	17,00 ± 0,08	0,47	18,50 ± 0,08	0,43	21,99 ± 0,13	0,64	19,00 ± 0,08	0,42
7. K. Vik	0,07	0,36	0,07	0,36	0,07	0,36	0,07	0,36	0,07	0,36
8. R. K. Kristensen	16,0 ± 0,13	0,81	17,0 ± 0,13	0,77	18,50 ± 0,91	0,49	22,00 ± 0,26	1,18	18,9 ± 0,13	0,68

Obiges Beispiel ergibt nach Kristensen folgende Werte:

I	16,0 ± 0,13
II	17,0 ± 0,13
III	18,5 ± 0,91
IV	22,0 ± 0,26
V	18,9 ± 0,13

Mit Hilfe dieser Methoden lassen sich die systematischen Fehler der Feldversuche, wenn auch noch nicht vollkommen ausschalten, so doch ganz erheblich vermindern. Das Feldversuchsergebnis ist jetzt nur noch mit dem zufälligen Fehler behaftet, dessen Berechnung nach der Wahrscheinlichkeitsrechnung erfolgt.

Nach den Beschlüssen der Kopenhagener Tagung über Feldversuchswesen im Januar 1930, auf der Dänemark, Deutschland, England, Finnland, Norwegen und Schweden vertreten waren, wird in Zukunft nur noch der mittlere Fehler m benutzt werden. Der wahrscheinliche Fehler (R) gilt streng genommen nur dann, wenn die Einzelbeobachtungen gemäß der Zufallskurve gleichmäßig um den Mittelwert A verteilt sind. Solches trifft nur bei großen Serien (80—100) und nicht bei den relativ wenigen Wiederholungen eines Düngungsversuches (bis 8) zu. Hinzu kommt ein technischer Nachteil, daß $R = 0{,}6745$ m ist, also zu der Rechenarbeit für m noch eine weitere Multiplikationsarbeit hinzutritt.

Die durch die Ausgleichsrechnung richtig gestellten Werte können nunmehr zur Berechnung des Nährstoffkapitals b des Bodens nach Mitscherlich herangezogen werden.

Die Größe der Erntefläche betrug 25 m². Die Düngung betrug je ha in kg reinem Nährstoff: 80 kg N, 60 kg P_2O_5, 80 kg K_2O. Die Gesamterntemengen (Korn und Stroh) in dz/ha betrugen danach (unter Zugrundelegung der nach der Ausgleichsrechnung von Mitscherlich erzielten Werte) für:

Ungedüngt	PK	NK	NPK	NP
32,44 ± 0,16	34,26 ± 0,16	37,08 ± 0,16	43,56 ± 0,40	37,68 ± 0,20

80 kg N erzielten einen Mehrertrag von 9,40 ± 0,43 dz/ha
60 kg P_2O_5 ,, ,, ,, ,, 6,48 ± 0,43 dz/ha
80 kg K_2O ,, ,, ,, ,, 5,88 ± 0,45 dz/ha

Der Mehrertrag gegen „ohne N" betrug in % 27,5 ± 1,31
,, ,, ,, „ohne P_2O_5" ,, ,, % 17,5 ± 1,19
,, ,, ,, „ohne K_2O" ,, ,, % 15,6 ± 1,23

Hierbei wurde die Gleichung für die Fehlerfortpflanzung bei Quotienten angewandt:

$$\frac{A_1 \pm m_1}{A_2 \pm m_2} \frac{A_1}{A_2} \pm \sqrt{\left(\frac{m_1}{A_2}\right)^2 + \left(\frac{A_1 \cdot m_2}{A_2^2}\right)^2}.$$

Zur Bestimmung von b ist nach MITSCHERLICH zunächst der Höchstertrag A für jeden Nährstoff zu berechnen:

$$A = \frac{k \cdot y - a}{k - 1} \quad k = \text{antilog}\ c \cdot x$$

$$m_A = \pm \sqrt{\frac{(k \cdot m_y)^2 + m_a^2}{k - 1}}$$

$$\text{Höchstertrag } A_N = 80{,}2 \pm 1{,}62 \text{ dz/ha}$$
$$\text{Analog } A_{P_2O_5} = 48{,}7 \pm 0{,}50 \text{ dz/ha}$$
$$A_{K_2O} = 44{,}8 \pm 0{,}27 \text{ dz/ha.}$$

Der mittlere Fehler von b ist nicht einfach auszurechnen. Man muß einmal zu A den zugehörigen mittleren Fehler addieren und von a den mittleren Fehler abziehen, also

$$b_1 = \frac{\log(A + m_A) - \log(A + m_A) - (a - m_a)}{c}$$

und zweitens muß man von A den zugehörigen Fehler m_A abziehen und zu a den zugehörigen mittleren Fehler addieren, also

$$b_2 = \frac{\log(A - m_A) - \log(A - m_A) - (a + m_a)}{c}.$$

Auf diese Weise erhält man in b_1 die oberen und in b_2 die unteren Grenzen innerhalb welcher b schwanken kann. Daraus ergibt sich für

b_N = **1,98 ± 0,06 dz/ha** = 42,7% des theoretisch-möglichen Höchstertrages
$b_{P_2O_5}$ = **1,04 ± 0,03 dz/ha** = 76,2% ,, ,, ,,
b_{K_2O} = **0,86 ± 0,02 dz/ha** = 84,1% ,, ,, ,,

Damit ist das pflanzennutzbare Nährstoffkapitel zahlenmäßig festgelegt.

4. Bakteriologisch-chemische Methoden zur Bestimmung des Fruchtbarkeitszustandes des Bodens und der Kreislauf der Stoffe.

Von A. RIPPEL, Göttingen.

Mit 5 Abbildungen.

Allgemeines über den Kreislauf der Stoffe.

Sowohl die allgemeine Bedeutung des Mikroorganismenlebens, soweit es sich um die Tätigkeit der an früherer Stelle[1] beschriebenen Bakterien, Actinomyceten,

[1] Dieses Handbuch 7, 239ff. Ebenso sei hinsichtlich der Literatur auf Anm. 1 dieser Seite verwiesen; in diesem Beitrag war Vollständigkeit der Literatur noch weniger zu erreichen, so daß die Auswahl manchmal etwas willkürlich erscheint. Es konnten nur einige besonders wesentliche Gesichtspunkte herausgearbeitet werden.

Pilze usw. handelt, für das Leben auf der Erde überhaupt, wie auch insbesondere für die Landwirtschaft, beruht darauf, daß diese Mikroorganismen die eine Seite des Kreislaufs der Stoffe in der Natur quantitativ beherrschen: Alle Elemente, welche irgendwie in den Kreislauf des Lebendigen einbezogen werden, müssen auch die Stufe des mikrobiologischen Abbaus durchlaufen. Der aufbauenden Tätigkeit der höheren Pflanze steht die abbauende der Mikroorganismen, die wir als Mineralisation bezeichnen wollen, gegenüber, wie wir das quantitativ später noch kennen lernen wollen. Es soll zunächst nur die qualitative Seite betrachtet werden, wie sie in dem Schema auf S. 601 wiedergegeben ist. Die Tätigkeit der höheren Tiere, die sich in quantitativ zu vernachlässigendem Maße dazwischen schiebt, ist hierbei nicht berücksichtigt. Es ist ferner nur die Bilanz eingetragen, d. h. die quantitativ überwiegende Seite des betreffenden Vorganges. Ebenso wie es nämlich autotrophe Kohlensäure verarbeitende Mikroorganismen gibt, deren quantitative Bedeutung S. 610 erörtert wird, geht auch bei der Tätigkeit der höheren Pflanzen eine bis zur Kohlensäure abbauende Tätigkeit in dem Atmungsvorgang einher, ferner gibt es auch unter ihnen chlorophyllose Saprophyten. Auch kann Stickstoff durch Mikroorganismen festgelegt werden[1]. Aber quantitativ überwiegt eben bei jenen die abbauende, bei diesen die aufbauende Seite.

In dem Schema ist nun die Tätigkeit der höheren Pflanzen gestrichelt, diejenige der Mikroorganismen mit ausgezogener Linie angedeutet, wobei jedoch nur besonders auffällige oder wichtige Zwischenstufen aufgenommen sind. In das eigentliche Schema sind ferner nur Kohlenstoff, Stickstoff und Schwefel eingetragen, die übrigen Nährstoffe sind seitlich rechts nur angedeutet; ihre Aufnahme hätte das Bild zu sehr belastet. Man sieht jedenfalls, wie alle von den höheren Pflanzen durchgeführten Vorgänge den von den Mikroorganismen ausgeführten entgegengerichtet sind. Man sieht auch, wie in der Gesamtwirkung alle Vorgänge des Stoffkreislaufes sich um die beiden bewegenden Pole des Lebens, Wasser und Sauerstoff, drehen.

In Hinblick auf die im Erdboden sich abspielenden und insbesondere in Hinsicht auf die für die Landwirtschaft wichtigen Vorgänge im Ackerboden sei nun noch auf verschiedene Punkte allgemeiner Natur aufmerksam gemacht. Die soeben erwähnte große Bedeutung des Sauerstoffs für den Stoffkreislauf tritt hier sehr stark in Erscheinung. Immer wieder wird es sich zeigen, daß nur im aeroben Boden alle Stoffumsetzungen „normal" verlaufen, wenn man unter diesem Ausdruck das versteht, was für das Gedeihen der Kulturpflanzen wichtig ist, wenn also landwirtschaftliche Gesichtspunkte in den Vordergrund gestellt werden. Anders liegen die Dinge, wenn man die Verhältnisse der unkultivierten Böden betrachtet, deren Eigenart eben in anderer Richtung liegt, auf denen aber auch der Kampf um die Nährstoffversorgung infolgedessen weitaus schärfer ist.

Man sieht weiterhin, daß bei dem Kreislauf des Kohlenstoffs ein Teil desselben dem Abbau vorübergehend entgeht und in Form von Humussubstanzen im Boden festgelegt wird, ein entscheidender Vorgang sowohl in Hinsicht auf die Entstehung guter Kulturböden wie auch von Naturböden. Hierbei scheinen alle Nährstoffe, nicht nur der Kohlenstoff, mitzuwirken, wie es in dem Schema für Stickstoff und Schwefel angedeutet ist. In diesen Substanzen liegt, wenigstens soweit der Stickstoff in Frage kommt, das Nährstoffkapital eines nicht künstlich gedüngten Bodens vor, und sie bedingen die sonstige günstige (biologische und physikalische) Beschaffenheit eines guten Kulturbodens, ferner die Eigenart ge-

[1] Vgl. S. 624, 641.

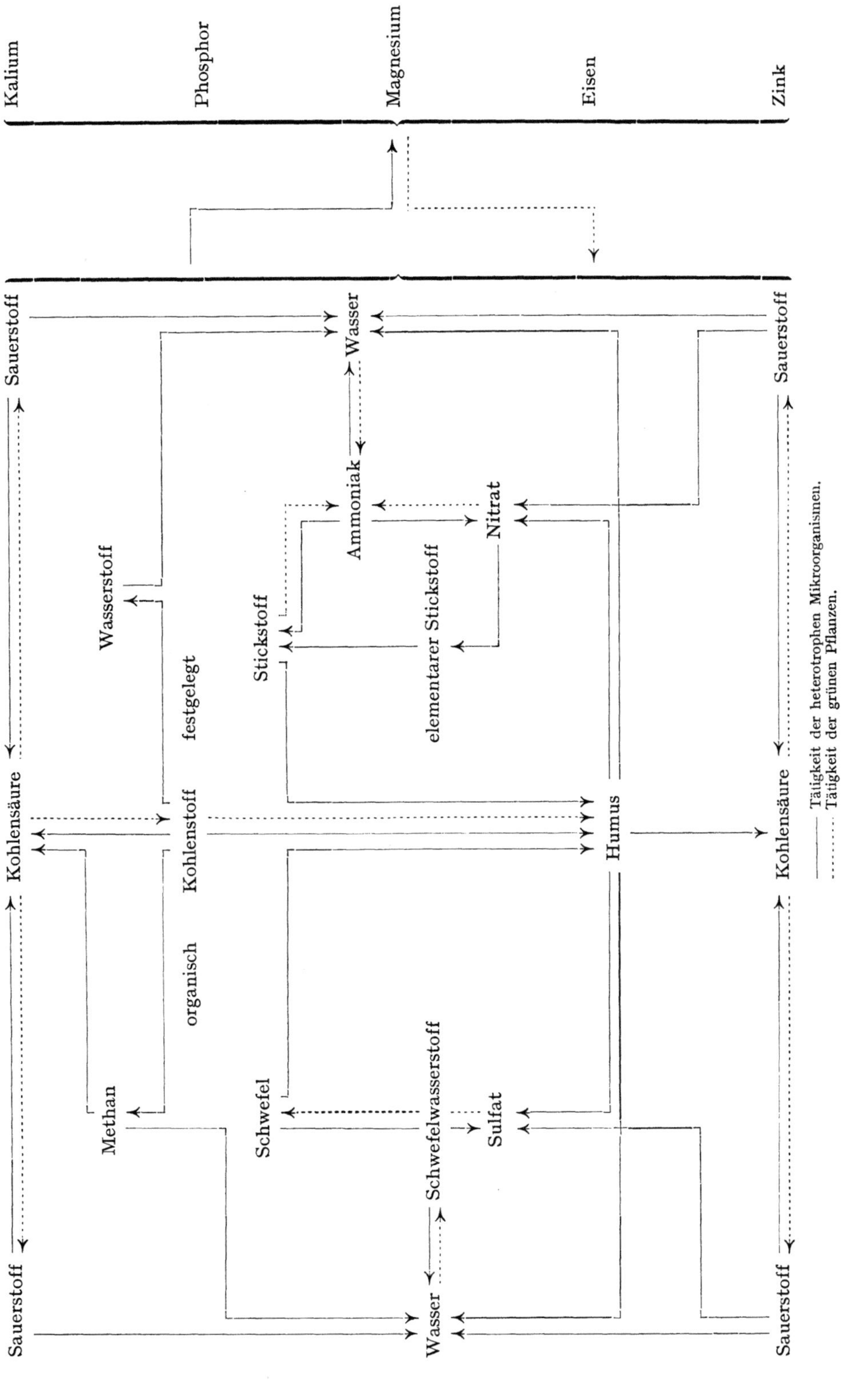
Kalium
Phosphor
Magnesium
Eisen
Zink
Sauerstoff
Wasser
Sauerstoff
Ammoniak
Nitrat
Wasserstoff
elementarer Stickstoff
Stickstoff
festgelegt
Kohlensäure
Kohlenstoff
Humus
Kohlensäure
organisch
Schwefelwasserstoff
Methan
Schwefel
Sulfat
Sauerstoff
Wasser
Sauerstoff
—— Tätigkeit der heterotrophen Mikroorganismen.
······ Tätigkeit der grünen Pflanzen.

wisser Naturböden (Wald-, Hochmoorböden), so daß man ihnen mit Recht eine besondere Stelle im Kreislauf der Stoffe anweisen muß.

Ein anderer Punkt ist folgender: Nicht bei allen lebenswichtigen Nährstoffen wirkt sich die mineralisierende Tätigkeit der Mikroorganismen unmittelbar praktisch auf die höhere Pflanze, also in praktischer Hinsicht auch auf die Kulturpflanze, aus. Das hängt davon ab, wieviel von diesen Stoffen durch den Stoffwechsel der höheren Pflanzen festgelegt wird und wieviel davon im Erdboden zur Verfügung steht. Während z. B. vom Eisen etwa 100mal soviel in aufnehmbarer Form den höheren Pflanzen zur Verfügung steht als Stickstoff, benötigen diese etwa 100mal soviel Stickstoff als Eisen. Während also die Menge des aufnehmbaren Stickstoffs ziemlich beschränkt ist, kann das beim Eisen nicht der Fall sein. Praktisch wird also, in Gegensatz zum Stickstoff, die mineralisierende Tätigkeit der Mikroorganismen beim Eisen keine Rolle spielen, wenn wir nicht mit geologischen Zeiträumen rechnen wollen.

Endlich ist noch folgendes zu beachten: Wenn man vornehmlich die mineralisierende Tätigkeit der Mikroorganismen betrachtet, so hebt man, wie oben schon gesagt wurde, nur die im allgemeinen quantitativ hervortretende Seite ihres Stoffwechsels hervor. Daneben assimilieren die Mikroorganismen natürlich auch organische Substanz. Grundsätzlich unterscheiden sich Bakterien und Pilze (wenn man von den Hefen absieht) in dieser Hinsicht in quantitativer Beziehung: Bei Pilzen (wie Aspergillus niger) werden rund $^1/_3$ des verarbeiteten organischen Materials zum Aufbau der Körpersubstanz des Organismus verbraucht, bei den Bakterien nur etwa 1%. Bakterien werden also schneller arbeiten bzw. mineralisieren, Pilze organische Substanz stärker und länger festlegen. Das kann die praktisch wichtige Folge haben, daß der Aufbau der Körpermasse aus organischen Kohlenstoffverbindungen auch entsprechende Mengen der übrigen Nährstoffe beansprucht. Es kann so vorkommen, daß insbesondere der ja, wie oben schon gesagt, in relativ geringen Mengen zur Verfügung stehende Stickstoff von den Mikroorganismen in erheblichen Mengen verbraucht wird, wenn durch reichliche Kohlenstoffernährung ein großer Bedarf daran geschaffen wird. Es wird dann Stickstoff, aber auch Phosphor, Schwefel usw., vorübergehend durch Mikroorganismen festgelegt[1]. Dieses Kohlenstoff-Stickstoff-Verhältnis spielt bei den Umsetzungen im Boden eine sehr wichtige Rolle[2]. Es können also so bisweilen Mikroorganismen und höhere Pflanzen, deren Tätigkeit sich sonst im allgemeinen ergänzt, als Konkurrenten im Kampf um die Nährsalze auftreten; in der Mycorrhiza[3] hat die höhere Pflanze ein Mittel gefunden, diese Konkurrenten sich dienstbar zu machen.

Aerobe Mineralisation, Bildung und Zersetzung der Humusstoffe und assimilierende Tätigkeit der Mikroorganismen sind also die wesentlichsten Momente, welche das Verhältnis der höheren Pflanzen zu den Mikroorganismen des Bodens kennzeichnen, die uns bei jedem Einzelvorgang in immer wieder anderer Form entgegentreten werden.

Über die Methodik der Untersuchung dieser Vorgänge seien noch folgende allgemeine Bemerkungen vorausgeschickt: Man kann deren 3 unterscheiden:

1. Flüssigkeitsmethode: Impfung einer Nährflüssigkeit mit einer relativ kleinen Menge Boden und Bestimmung der Umsetzungsprodukte nach einiger Zeit.

2. Bodenprobenmethode: Versetzen einer relativ kleinen Menge Erde unter Laboratoriumsbedingungen mit dem umzusetzenden Stoff und Bestimmung der Umsetzungsprodukte.

---

[1] Vgl. S. 624, 641. [2] Vgl. S. 624. [3] Dieses Handbuch 7 308.

3. Ökologische Methode: Untersuchung des Bodens im Freien bzw. des natürlich gelagerten Bodens auf die Menge der Umsetzungsprodukte.

Zweifellos ist die Methode 3 die natürlichste und für die Ökologie des Bodens wichtigste, sie ist der direkten mikroskopischen Untersuchung vergleichbar, wenn es sich um die Frage der Verteilung der Mikroorganismen handelt. Sie muß jedoch unter Verzicht auf konstante Bedingungen arbeiten, gibt also bei räumlich und stofflich getrennten Verhältnissen keine unmittelbar vergleichbaren Werte; das ist der Grund, weshalb man auf die beiden anderen Methoden nicht verzichten kann, sie vielmehr sogar vorzugsweise angewendet hat. Man muß aber immer berücksichtigen, daß diese den Nachteil aller reinen Laboratoriumsmethoden besitzen, nämlich einseitige, elektive Bedingungen schaffen, wodurch zwar ein gewisser Vergleichswert, aber kein für die natürlichen Verhältnisse unbedingt zutreffender Schluß zulässig wird, wie schon an anderer Stelle[1] ausgeführt wurde. Die Nitratbildung dürfte ein gutes Beispiel in diesem Zusammenhange sein[2], ebenso die Kohlensäurebildung. Es ist zu hoffen, daß sich die ökologische Methode (3) immer weiter durchsetzt, soweit ökologische Fragen behandelt werden, was namentlich auch für die Forderungen der praktischen Landwirtschaft gilt, die ja nichts anderes als ein besonderes ökologisches Problem[3] darstellen.

Hierzu muß noch ein weiteres bemerkt werden: Man muß sich unbedingt klarmachen, daß alle zu untersuchenden Vorgänge eben dynamischer Natur sind. Es genügt meist nicht, einfach einen zeitlichen Querschnitt statistisch zu betrachten, sondern es muß der ganze Verlauf des Vorganges verfolgt werden. Einmal weiß man heute[4], daß sich die Entwicklungskurven unter Umständen in sehr weitgehendem Maße überschneiden, so daß zu zwei verschiedenen Zeiten ein geradezu grundsätzliches Ergebnis herauskommen kann, wofür unten S. 611 die Kohlensäurebildung wenigstens ein Beispiel gibt.

Sodann aber muß beachtet werden, ob der beschleunigte Verlauf eines Vorganges auch mit einem höheren Endwert zusammenfällt, oder ob dieser in beiden Fällen gleich ist, im ersten Falle nur früher erreicht wird. LEMMERMANN und Mitarbeiter[5] sowie RAHN[6] haben schon vor längerer Zeit mit Nachdruck auf diesen bisher leider viel zu wenig beachteten Punkt hingewiesen.

Die erstgenannten fanden z. B. folgende NH_3-Mengen aus Knochenmehl abgespalten, ausgedrückt in Prozenten der damit gegebenen Menge:

	In nicht sterilisiertem Boden	In sterilisiertem Boden
Nach 5 Tagen . .	54,65	43,36
Nach 22 Tagen .	16,34	71,59

In dem nicht sterilisierten Boden verschwindet also die ursprüngliche Überlegenheit offenbar, weil hier später Assimilationsvorgänge eintreten und den Prozeß wieder rückwärts leiten.

Für die natürlichen Verhältnisse ist das von großer Wichtigkeit, weil unter Umständen eine im Laboratorium festgestellte Überlegenheit in der Natur gar nicht in Erscheinung treten könnte, da es denkbar wäre, daß die Schnelligkeit des Umsatzes keine Rolle spielt, wenn der umgesetzte Stoff doch nur in längerem

---

[1] Dieses Handbuch 7, 249. [2] Vgl. die Ausführungen S. 621.

[3] Bei S. A. WAKSMAN: Principles, S. 710, an welcher Stelle kurz das Prinzip der Methoden angeführt wird, werden nur die beiden Erstgenannten erwähnt, die ökologische Methode dagegen nicht.

[4] Vgl. A. RIPPEL: Das Ertragsgesetz. In F. HONCAMP: Handbuch der Pflanzenernährung 1, 602. Berlin: Julius Springer 1931.

[5] LEMMERMANN, O., H. FISCHER, H. KAPPEN u. E. BLANCK: Bakteriologisch-chemische Untersuchungen. Landw. Jb. 38, 319 (1909).

[6] RAHN, O.: Die Verwertbarkeit von Kurven zur Deutung biochemischer Vorgänge. Cbl. Bakter. 28, 111 (1910).

Zeitraum zur Wirkung kommt. Man könnte sich sogar denken, daß der zu schnelle Umsatz manchmal schädlich sein könnte, z. B. wenn die Pflanzen in der kurzen Zeit die umgesetzte Menge nicht verarbeiten können.

Alle diese Gesichtspunkte werden heute noch viel zu wenig beachtet oder wenigstens nicht bewußt beachtet. Auch sie zeigen aber deutlich die Notwendigkeit einer mehr ökologischen Betrachtungsweise an.

Der Kreislauf des Kohlenstoffs.

Unter den Elementen, welche dem organischen Stoffkreislauf in der Natur unterliegen, steht an erster Stelle der Kohlenstoff, der an Masse weitaus überwiegt, an unmittelbarer Bedeutung jedoch, wie weiter unten noch auszuführen sein wird, dem Stickstoff nachsteht. Der jährlichen Festlegung an Kohlensäure durch die Assimilationstätigkeit der grünen Pflanzen entspricht eine jährliche Regeneration im Erdboden (und Wasser) von gleicher Höhe bedingt durch die mineralisierende Tätigkeit der heterotrophen Mikroorganismen, wenn man von kleinen unten noch zu erwähnenden Gruppen der autotrophen Mikroorganismen hier absieht. Das ergibt sich schon daraus, daß der Kohlensäuregehalt der Atmosphäre, im Durchschnitt rund 0,03 Vol.%, seit etwa 150 Jahren, seitdem ALEXANDER VON HUMBOLDT die ersten diesbezüglichen Messungen machte, bis heute nicht nachweisbar abgenommen hat.

Dabei ist dieser Kohlensäurevorrat der Atmosphäre durchaus nicht sehr groß: SCHROEDER[1] veranschlagt bei etwa 70 Millionen Quadratkilometer Wald + Kulturland die jährlich produzierte organische Masse auf etwa entsprechend 60 Billionen Kilogramm Kohlensäure; hierin sind auch die relativ geringen Mengen für Steppen und Ödland mit 5 Billionen Kilogramm Kohlensäure enthalten. Da die gesamte Kohlensäuremenge der Atmosphäre etwa 2100 Billionen Kilogramm beträgt, so wäre also, bei gleichbleibender Assimilation, bereits in einigen 30 Jahren dieser Vorrat erschöpft. Nimmt man weiterhin an, daß der oben angegebenen Menge von assimilierter Kohlensäure eine ebenso große Menge von wieder mineralisierter Kohlensäure jährlich entspricht, so würden 8700 kg Kohlensäure je Jahr und Hektar oder 3 kg je Stunde und Hektar (das Jahr zu 120 Tagen gerechnet) vom Boden produziert werden müssen. Diese so errechnete Zahl stimmt denn auch mit experimentell ermittelten Werten befriedigend überein. Soweit sich solches also überhaupt zahlenmäßig erfassen läßt, kann man sagen, daß sich tatsächlich Festlegung der Kohlensäure durch die grünen Pflanzen und Mineralisation durch die Mikroorganismen jährlich gerade entsprechen.

So unbestritten nun dieser Zusammenhang ist, so unsicher ist es heute noch zu beantworten, wie weit die Kohlensäure auch als Standortsfaktor zu werten ist, d. h. wie weit sie unmittelbar bei dem Aufsteigen aus dem Boden von den höheren Pflanzen abgefangen wird, nicht erst auf dem Umwege über die Atmosphäre zu ihnen gelangt. Zutreffendenfalls wäre der Zusammenhang zwischen Mikroorganismentätigkeit und höheren Pflanzen noch enger und unmittelbarer, nnd es wäre ferner die Möglichkeit gegeben, durch Beeinflussung des Bakterienlebens erhöhte Kohlensäureproduktion zu erzielen und dadurch wieder den Pflanzenertrag zu erhöhen. Es kann indes in diesem Zusammenhang nicht diese ganze Frage besprochen werden; es möge nur kurz angedeutet sein, daß verstärkte Kohlensäurezufuhr für Gewächshäuser, in denen ein absolutes Defizit auftreten kann, sicher nützlich ist; auch mag der relativ hohe Kohlensäuregehalt der Wald-

---

[1] SCHROEDER, H.: Die jährliche Gesamtproduktion der grünen Pflanzendecke der Erde. Naturwiss. 7, 8 (1919). — Die Stellung der grünen Pflanze im irdischen Kosmos. Berlin: Bornträger 1920.

luft der Bodenflora gewissermaßen das fehlende Licht ersetzen; aber eine Wirkung verstärkter Kohlensäurezufuhr auf den feldmäßigen Anbau ist bisher noch nicht erwiesen worden[1].

Insbesondere sind verschiedene Angaben, welche diese Erhöhung der Kohlensäure durch bakterielle Tätigkeit zu erreichen suchen, mit großer Zurückhaltung zu betrachten. Zufuhr von organischer Substanz, die natürlich, wie gleich zu zeigen sein wird, die CO_2-Produktion des Bodens erhöht, könnte selbstverständlich nur dann Erfolg haben, wenn es sich um wirklich große Mengen handelt; solche von 6—10 dz Guanol je 1 ha, wie GEHRING[2] sie anwendete, können natürlich keine in Betracht kommenden Kohlenstoffmengen produzieren. Auch ist hierbei das unten über die Wirkung von Stalldünger Gesagte zu beachten, bei dessen Zufuhr man bisweilen überhaupt keine vermehrte Kohlensäurezufuhr feststellen konnte. Auch gegen die Anschauung von LUNDEGÅRDH, wonach die bekannte ertragerhöhende Wirkung der mineralischen Nährstoffe zu einem erheblichen Teil auf ihrer die Kohlensäureproduktion steigernden Wirkung[3] beruhen soll, kann man berechtigte Bedenken erheben.

Es erscheint nützlich, sich die mögliche direkte Kohlenstoffwirkung organischer Substanz unter landwirtschaftlich verwirklichten Verhältnissen klar zu machen[4]. Zugrunde gelegt soll eine Zuckerrübenernte von 400 dz je 1 ha mit einem Trockensubstanzgehalt von 23%[5] werden; die Ernte an Trockensubstanz würde also 92 dz für die Rüben betragen. Hierzu kommt noch die Ernte an Kraut (einschließlich der Rübenköpfe), die 40%[5] der Gesamttrockenmasse ausmacht. Die Gesamternte würde also 153 dz betragen. Weiterhin soll vorher eine Stalldüngergabe von 400 dz je 1 ha gegeben sein, was einer Trockensubstanzmenge von 100 dz entspricht, wenn 25% Trockensubstanz angenommen werden. Wir nehmen nun weiter, der Einfachheit halber, den Kohlenstoffgehalt der Pflanzenmasse und des Stalldüngers als gleich an. Wenn also die gesamte Kohlenstoffmasse des Stalldüngers in der Rübenernte erschiene, könnte diese gegenüber ungedüngt um rund $^2/_3$ erhöht werden. Nun wird der Stalldünger im ersten Jahre zu etwa 50% zersetzt; es verbleiben von obigen 100 dz also nur 50 dz. Weiterhin ist folgendes zu beachten. Man wird wohl kaum annehmen können, daß die Rübenblätter alle aus dem Boden aufsteigende Kohlensäure absorbieren. Hinzu kommt weiter, daß der Stalldünger vor der Bestellung, vielleicht schon im Herbst vorher, gegeben wird, und endlich noch, daß die Kohlensäureproduktion des Bodens im Frühjahr ein Maximum zeigt, wenn also die Rübenfläche noch keinen geschlossenen Blattbestand aufweist. Es erscheint berechtigt, aus diesen Gründen die obige Zahl von 50 dz noch durch 3 zu teilen, so daß also eine Trockenmasse von 16,3 dz resultiert. Dann würde also der Ertrag von 153 dz der Rübenernte durch den Stalldünger-Kohlenstoff nur um 10,7% gesteigert werden können.

Da eine Stalldüngergabe alle vier Jahre verabreicht wird, so würde sich in den folgenden drei Jahren diese Möglichkeit entsprechend, bis zur 0-Wirkung, verringern müssen, wie man sich leicht ausrechnen kann, da ja allein im ersten

---

[1] Literatur siehe bei F. GIESECKE: Dieses Handbuch **6**, 259. — Vgl. auch A. RIPPEL: Kohlensäure und Pflanzenertrag. Z. Pflanzenern., Düng. u. Bodenk. B, **5**, 49 (1926).

[2] GEHRING, A.: Beitrag zur Klärung der Düngerwirkung organischer Substanzen. Cbl. Bakter. II **57**, 241 (1922).

[3] Siehe unten S. 608.

[4] In veränderter Form nach A. RIPPEL: Vergleichende Feldversuche über die Wirkung von Brache, Stalldünger und Klee. Arb. Dtsch. Landw. Ges. **1928**, H. 364, 62ff.

[5] Bei diesen Zahlen sind Angaben (S. 106, 107) von W. KRÜGER u. G. WIMMER benutzt: Die Beziehungen zur Stoffbildung bei der Zuckerrübe. Aus Ernährungsverhältnisse, Anbau, Düngung und Krankheiten der Zuckerrübe, Sonderh. Z. Ver. dtsch. Zuckerind. **1927**, 59.

Jahre bereits 50% des Kohlenstoffs umgesetzt sind. Man kann danach weiter ermessen, daß eine Kohlensäurewirkung so geringer Mengen organischer Substanz, wie sie von GEHRING verwendet wurden, überhaupt nicht in Erscheinung treten kann. Eine andere Frage ist natürlich die, ob ein an organischer Substanz angereicherter Boden, der dauernd etwa die doppelte Kohlensäureproduktion im Vergleich zu dem daran ärmeren Boden hätte, eine entsprechend höhere Pflanzenproduktion als alleinige Folge der Kohlensäurewirkung ergäbe. Hierüber liegen aber, wie bereits erwähnt, noch keine gesicherten Erfahrungen vor. Wichtig wäre in diesem Zusammenhang auch, zu wissen, welche Mengen organischer Substanz ein Boden überhaupt zu verarbeiten vermag.

Zur Messung der Kohlensäureproduktion unter natürlichen Verhältnissen bedient man sich zur Zeit fast ausschließlich der LUNDEGÅRDHschen Glocke[1], welche ein Emporsaugen der Kohlensäure aus dem Boden während der Messung vermeidet, somit die tatsächlich jeweils auf dem betreffenden Boden ausströmende Kohlensäuremenge angibt, was bei früheren Methoden nicht der Fall war. Über die Höhe der Bodenatmung verschiedener Standorte gibt LUNDEGÅRDH[2] folgende Zahlen an:

kg Kohlensäure ausgeatmet je Stunde und Hektar auf

Sandboden, ungedüngt	2,0
Sandboden, ungedüngt, humusreich	3,99
Lehmboden, ungedüngt	3,97
Lehmboden, ungedüngt, humusreich	4,11
Waldboden (Buchenwald)	15,4—22,0
Waldboden (Erlenwald)	11,7—23,4
Wiesenboden (mager)	3,3.

Man sieht jedenfalls, wie die Kohlensäureproduktion des Bodens von dem Gehalt an organischer Substanz, dem Humusreichtum, abhängig ist; namentlich die Waldböden zeigen das sehr deutlich[3]. Wenn in ihnen die Bodenatmung nicht so hoch wäre, müßte ja, bei der großen Menge organischer Substanz, die sie alljährlich mit Laub- und Reisigabfall erhalten, im Laufe der Zeit eine ungeheure Anhäufung an organischer Substanz stattfinden.

Bei diesen Messungen wird natürlich, wenn sie im Bestande vorgenommen werden, auch die Atmung der Pflanzenwurzeln mit gemessen, die für Hafer nach LUNDEGÅRDH[4] 1,3 g je Quadratmeter und Stunde beträgt, somit etwa $^1/_3$ der gesamten Bodenatmung. In dieser Wurzelatmung ist aber noch diejenige Menge Kohlensäure einbegriffen, welche durch Mikroorganismen aus den absterbenden Wurzelhaaren usw. gebildet wird, und die nach LUNDEGÅRDH 45% der im ganzen durch die reine Wurzelatmung gebildeten Kohlensäure betragen soll.

---

[1] LUNDEGÅRDH, H.: Der Kreislauf der Kohlensäure. Jena: G. Fischer 1924; Klima und Boden. Ebenda 1925; 2. Aufl. 1930. — FEHÉR, D.: Untersuchungen über die Kohlenstoffernährung des Waldes. Flora, N. F. **21**, 316 (1927); Über die Verwendung des Glockenapparates von LUNDEGÅRDH usw. Biochem. Z. **193**, 350 (1928). — FEHÉR, D. u. G. SOMMER: Untersuchungen über die Kohlenstoffernährung des Waldes. II. Ebenda **199**, 253 (1928); Untersuchungen über den zeitlichen Verlauf der Bodenatmung und der Mikrobentätigkeit im Waldboden. Ebenda **206**, 416 (1929). — Ferner G. DÖNHOFF: S. 607, Anm. 2. — L. G. ROMELL: Anm. 3.

[2] LUNDEGÅRDH, H.: a. a. O. 1925, Tabelle S. 361.

[3] Über Kohlensäureproduktion im Waldboden vgl. ferner, außer Anm. 1, TH. MEINECKE: Die Kohlenstoffernährung des Waldes. Berlin: Julius Springer 1927. — L. G. ROMELL: Studien über den Kohlensäurehaushalt in moosreichem Kiefernwald (schwedisch mit deutscher Zusammenfassung). Medd. Stat. Skogsförsöksanst. Stockholm **24**, Nr. 1—3 (1928). — E. MELIN: Mikrobentätigkeit einiger Waldtypen an CO_2 gemessen. Skogsh. Festskr., S. 503. 1928.

[4] a. a. O.: Kreislauf, S. 201 ff.

Daß im übrigen verschiedene Pflanzenbestände verschiedene Werte der Bodenatmung ergeben, dürfte einleuchten; namentlich zeichnen sich die Leguminosenbestände durch eine hohe CO_2-Produktion aus, wie von REINAU[1] und DÖNHOFF[2] gezeigt wurde; der letztgenannte fand nebenstehende Werte: Die hohen Werte bei Leguminosen sind zweifellos auf die intensivere Atmung infolge der Massenanhäufung der Knöllchenbakterien zurückzuführen, welche das von der Pflanze zur Verfügung gestellte Kohlenstoffmaterial zur Energiegewinnung bei der Stickstoffbindung veratmen[4]. Auf die Verhältnisse der Brache wird an anderer Stelle[3] zurückzukommen sein.

	Bodenatmung g CO_2 je Stunde und m^2
Brache	6,36
Erbsen	4,87
Steinklee	4,60
Sommerroggen	3,65
Hafer	2,77

Im übrigen arbeitet man bei Laboratoriumsversuchen derartig, daß einfach durch eine Bodenprobe, der man unter Umständen organische Substanz zusetzt, kohlensäurefreie Luft hindurchsaugt, die in Kaliabsorptionsröhren aufgefangen wird[5]. Diese Methode kann selbstverständlich keine absoluten Werte für die natürlichen Verhältnisse geben, ist aber äußerst wertvoll für vergleichende Untersuchungen. Wenn z. B. WIESSMANN[6] in einem lehmigen Sandboden von 0,506% Kohlenstoffgehalt nach 995 Tagen bei Benutzung von 1 kg Boden eine Kohlensäureentwicklung von 3,79 g, entsprechend einem Abbau von 20,4% des ursprünglichen Kohlenstoffgehaltes fand, so würde das auf 1 ha und Stunde umgerechnet unter der Annahme von 30 cm Bodentiefe und 2,6 spezifisches Gewicht, 12,4 kg CO_2 ergeben. Legt man dagegen der Berechnung die ersten 15 Tage zugrunde, so erhält man sogar 32,8 kg CO_2 gegenüber einer Normalzahl nach LUNDEGÅRDH von 5,0 kg CO_2. Im übrigen gelten natürlich die von LUNDEGÅRDH angegebenen Zahlen auch nur für die eigentliche Vegetationsperiode. Unter Berücksichtigung dieses Umstandes müßten solche Unterschiede zwischen Laboratoriums- und Freilandmethoden noch weit erheblicher werden, wenn man bei letzteren das ganze Jahr zugrunde legen wollte.

Hier sei noch erwähnt, daß unter Umständen auch die Bestimmung der Kohlenstoffbilanz notwendig sein kann, wie LEMMERMANN und Mitarbeiter zeigten[7].

Die Kohlensäureproduktion verläuft unter den Versuchsbedingungen des Laboratoriums nicht gleichmäßig, sondern nimmt allmählich ab, weshalb sich auch bei kürzerer Versuchsdauer höhere Zahlen als bei längerer ergeben. Nach WIESSMANN kann man diese Regel durch die Gleichung $x = a \cdot k\, t^m$ ausdrücken, wobei x die zur Zeit t gebildete CO_2-Menge, a den anfänglichen Kohlenstoffgehalt des Bodens bedeuten, k und m Konstanten sind. m ist ein echter Bruch.

Unter den natürlichen Verhältnissen unterliegt die Kohlensäureproduktion selbstverständlich erheblichen Schwankungen, indem alle bestimmenden äußeren Faktoren auf sie einwirken. Im allgemeinen läßt sich sagen, daß sie im Winter

[1] REINAU, E. H.: I. Der Anteil der bodenbürtigen und der atmosphärischen Kohlensäure im Ackerbau. II. Woher stammen die deutschen Ernten? Die Technik in der Landwirtschaft, S. 95, 182. 1924.

[2] DÖNHOFF, G.: Untersuchungen über die Bedeutung der Bodenatmung auf landwirtschaftlich kultivierten Flächen. Kühn-Arch. 15, 457 (1927).

[3] Vgl. dieses Handbuch 7, 292. [4] Dieses Handbuch 9.

[5] Die Flüssigkeitsmethode (siehe S. 602) hat für die Kohlensäurebestimmung keinerlei Bedeutung.

[6] WIESSMANN, H.: Über den Verlauf der Kohlensäurebildung im Boden. Z. Pflanzenern., Düng. u. Bodenk. A, 3, 387 (1924).

[7] S. 603, Anm. 5.

ein Minimum besitzt und im Frühjahr ansteigt, im Sommer wieder ein Zurückgehen zeigt und ein zweites Maximum im Herbst aufweist, wie verschiedentlich festgestellt wurde. FEHÉR[1] fand allerdings im Waldboden das Maximum erst im Sommer. Es können natürlich die besonderen Verhältnisse des betreffenden Bodens von entscheidendem Einfluß sein, so daß sich noch nichts Endgültiges sagen läßt. LUNDEGÅRDH[2] fand die Amplitude der CO_2-Produktion während der Sommermonate überhaupt sehr gering[3].

Die Kohlensäureproduktion im Erdboden wird natürlich „im allgemeinen" der Zahl der Mikroorganismen parallel gehen[4]; jedoch trifft auch dieses nur für einigermaßen extreme Verhältnisse zu. Die folgende Übersicht nach CUTLER und CRUMP[5] zeigt, was physiologisch ohne weiteres verständlich ist[6], daß die Leistung der Mikroorganismen im Alter sinkt, indem bei steigender Zahl die je Einheit gebildete Menge Kohlensäure abnimmt.

	1000 Millionen bildeten mg CO_2 in 24 Stunden				
bei Zahl (in Millionen) je 1 g Boden	0—200	200—400	400—600	600—800	über 800
Boden mit Stalldünger	0,245	0,140	0,126	0,098	0,039
Boden, ungedüngt	0,149	0,053	0,055	0,049	0,049
Boden mit $NaNO_3$	0,365	0,058	0,062	0,029	—
Boden mit $(NH_4)_2SO_4$	0,190	0,091	—	—	0,041

Auch geht aus diesen Zahlen hervor, daß die Wirksamkeit je nach den Ernährungsverhältnissen sehr verschieden ist. Im Falle des Natriumnitrates ist die Wirksamkeit einer gleichen Bakterienzahl in Hinsicht auf die Kohlensäureproduktion mehr als doppelt so groß als bei ungedüngt. Es sei hier noch erwähnt, daß die genannten Autoren keinen Einfluß der Gegenwart von Protozoen auf die Kohlensäurebildung des Bodens feststellen konnten.

Die Kohlensäureproduktion im Boden bewirkt selbstverständlich einen höheren Gehalt der Bodenluft an Kohlensäure verglichen mit demjenigen der freien Atmosphäre; er beträgt das Vielfache. Im einzelnen ergaben Untersuchungen sehr große Schwankungen, da dieser Gehalt, außer von der Größe der Kohlensäureproduktion selbst, vor allem von den Diffusionsverhältnissen abhängt; man findet daher in der Tiefe, in nassen und schlecht durchlüfteten Böden die höchsten Zahlen. Bei 12 verschiedenen Böden, meist Ackerböden, und über 200 Messungen fand LUNDEGÅRDH[7] als Minimum 0,12, als Maximum 2,52% CO_2. RUSSELL und APPLEYARD[8] geben folgende Mittelwerte an:

Grasboden	0,5% CO_2	Weizenfeld, ungedüngt	0,3% CO_2
Festuca-Wiese	2,7% CO_2	Weizenfeld, gedüngt	0,5% CO_2
Aira caespitosa-Wiese	1,5% CO_2	Brache	0,1% CO_2

[1] FEHÉR, D.: S. 601, Anm. 1. [2] LUNDEGÅRDH, a. a. O.: Kreislauf, S. 179.

[3] Vgl. weiter S. 631.

[4] NELLER, J. R.: S. 612, Anm. 1; ferner Soil Sci. **10**, 29 (1920). — RUSSELL, E. J. u. A. APPLEYARD: unten Anm. 8. — FEHÉR, D.: S. 606, Anm. 1. — STEINBERG, J.: S. 619, Anm. 4. — HESSELINK VAN SUCHTELEN, F. H.: Über die Messung der Lebenstätigkeit der aerobiotischen Bakterien im Boden durch die Kohlensäureproduktion. Cbl. Bakter. II. **28**, 45 (1910). — STOKLASA, J.: Methoden zur biochemischen Untersuchung des Bodens. ABDERHALDENS Handbuch der biochemischen Arbeitsmethoden **5**, T. 2, 843. 1912.

[5] CUTLER, D. W. u. S. M. CRUMP: Carbon dioxide production in sands and soils in the presence and absence of Amoeba. Ann. appl. Biol. **16**, 472 (1929).

[6] Vgl. H. ENGEL: Die Oxydationsleistung der Einzelzelle von Nitrosomonas europaea Win. Arch. Mikrobiol. **1**, 445 (1930).

[7] LUNDEGÅRDH, a. a. O.: Kreislauf, S. 167, 168.

[8] RUSSELL, E. J. u. A. APPLEYARD: The atmosphere of the soil: its composition and the cause of variation. J. agricult. Sci. **7**, 1 (1915). — Für Waldböden insbesondere L. G. ROMELL: Medd. Stat. Skogsförsögsanst. **1922**.

Als Maximum fanden sie in der Festuca-Wiese 9,1 % CO_2. WOLLNY[1] fand sogar einmal 21,8 % CO_2 in der Bodenluft von Brachland. Als Beispiel für die Zunahme des Kohlensäuregehaltes der Bodenluft nach der Tiefe diene folgende Übersicht nach LAU[2]:

	% CO_2 bei verschiedener Tiefe in verschiedenen Böden		
	Sandboden	Lehmboden	Moorboden
15 cm Tiefe .	0,09—0,19	0,05—0,27	0,10—0,75
30 ,, ,, .	0,06—0,24	0,09—0,47	0,34—1,12
60 ,, ,, .	0,11—0,57	0,20—1,13	1,01—3,77

Dies ist natürlich nicht der intensiveren Tätigkeit der Mikroorganismen nach der Tiefe zuzuschreiben, sondern wie HESSELINK VAN SUCHTELEN[3] betonte, der erschwerten Diffusion und den anaeroben Verhältnissen. An sich produzieren tiefere Schichten weniger Kohlensäure infolge der anaeroben Verhältnisse und der schlechteren Versorgung mit organischen Stoffen, wie folgendes Beispiel des eben genannten Autors zeigt[4]: Bei Lüftung und Versorgung mit organischer Substanz erreicht der Unterboden schnell die Werte des Oberbodens:

6 kg Boden + 3 g Glykose produzierten mg CO_2 in 12 Stunden bei 10—12° C:

Nach Stunden	Boden von 0—25 cm Tiefe		Boden von 50—80 cm Tiefe	
	CO_2	Keimgehalt	CO_2	Keimgehalt
12	135	5 400 000	14	700 000
24	405		117	
36	222		291	
48	154		303	
60	126		145	
72	103	6 200 000	97	7 600 000

Auch der Kohlensäuregehalt der atmosphärischen Luft kann durch die Kohlensäureproduktion des Bodens lokal erhöht werden[5], namentlich, wenn die Diffusion erschwert und die Assimilation der Pflanzen sistiert ist. Dieser Umstand bildet einen wesentlichen Punkt in der Auffassung, daß die Kohlensäure ein Standortfaktor sei.

Der höhere Kohlensäuregehalt der Bodenluft dürfte von mikrobiologischen Gesichtspunkten aus noch von einem weiter gehenden Interesse sein. Von einer gewissen Konzentration ab wirkt sie zweifellos schädlich, wobei Versuche gezeigt haben, daß niedere Organismen resistenter sind als höhere Pflanzen. Noch wesentlicher ist jedoch der Umstand, daß nach älteren Untersuchungen die Kohlensäure in höheren Konzentrationen „stimulierend" auf Mikroorganismen wirkt, während neuere Untersuchungen, namentlich von RIPPEL[6], gezeigt haben, daß auch für die Heterotrophen die Kohlensäure zweifellos unentbehrlich ist. An zahlreichen Pilzen konnte festgestellt werden, daß bei dem Normalgehalt der Luft an Kohlensäure von 0,03 % bereits wenigstens 50 % dieser CO_2-Wirkung erreicht ist. Im übrigen wird es natürlich eine äußerst wichtige Frage sein, wie weit Unterschiede in der Anpassung an verschieden hohe Kohlensäurekonzentrationen bei den einzelnen Mikroorganismen bestehen. Daß dies der Fall sein wird, kann wohl vermutet werden. Jedenfalls dürfte sich hierdurch ein neuer wichtiger ökologischer Faktor für die Mikroflora des Bodens ergeben.

[1] WOLLNY, E.: Untersuchungen über den Einfluß der Pflanzendecke usw. auf den Kohlensäuregehalt der Bodenluft. Forschgn. Geb. Agrikult.-Phys. **3**, 1 (1880).

[2] LAU, E.: Beitrag zur Kenntnis der im Ackerboden befindlichen Luft. Dissert., Rostock 1906.

[3] HESSELINK VAN SUCHTELEN, F. H.: S. 608, Anm. 4.

[4] Zahlenmittel des Versuchs S. 37; vgl. auch das Beispiel S. 615 dieser Abhandlung.

[5] Literatur siehe dieses Handbuch **6**, 259.

[6] RIPPEL, A. u. H. BORTELS: Vorläufige Versuche über die allgemeine Bedeutung der Kohlensäure für die Pflanzenzelle. Biochem. Z. **184**, 237 (1927). — RIPPEL, A. u. F. HEILMANN: Quantitative Untersuchungen über die Wirkung der Kohlensäure. Arch. Mikrobiol **1**, 119 (1930). — Weitere Literatur bei G. VALLEY: The effect of carbon dioxide on bacteria. Quart. Rev. Biol. **3**, 209 (1928).

Im Anschluß daran sei noch die Frage erörtert, wie weit die durch autotrophe Mikroorganismen festgelegte Kohlensäure die Bilanz der Kohlensäureproduktion des Bodens berührt; je intensiver ihre Tätigkeit ist, um so mehr der gebildeten Kohlensäure muß ja wieder innerhalb des Bodens in organische Substanz zurückverwandelt werden. Eine einfache Überschlagsrechnung zeigt jedoch, daß es sich nur um verschwindend geringe Mengen handeln kann: Als Beispiel nehmen wir die autotrophen ammoniak- und nitritoxydierenden Bakterien und rechnen mit einem jährlichen Umsatz (Nitratbildung) von 100 kg Stickstoff (N_2) je Hektar. Da nach WINOGRADSKY und MEYERHOF bei den ammoniakoxydierenden Bakterien das Kohlenstoff-Stickstoff-Verhältnis $^1/_{35}$, bei den nitritoxydierenden $^1/_{135}$ ist, so würden bei diesem Vorgang also lediglich 3,6 kg (abgerundet) Kohlenstoff je Hektar dem Boden wieder als organische Substanz zurückgegeben bzw. 13,2 kg Kohlensäure würden jährlich im Boden dadurch „zu wenig" gebildet; es zeigt sich also, daß die Autotrophie bei der Kohlensäurebilanz quantitativ keine Rolle spielen kann[1].

Die Endprodukte der biologischen Verbrennung sind Kohlensäure, Wasser und Wärme. Die auf diesem Wege gebildeten Wassermengen können jedoch im Boden keine Rolle spielen. Einer jährlichen Kohlensäureproduktion von 8000 kg CO_2 je Hektar würden bei Annahme von Zuckerverbrennung (in Wirklichkeit sind die organischen Substanzen des Bodens ärmer an Wasserstoff, die gebildeten Wassermengen also noch geringer), 3280 kg Wasser, mithin einer jährlichen Niederschlagsmenge von 0,33 mm Regen entsprechen. Die biologische Wasserbildung scheidet somit als wesentlicher Faktor im Boden aus.

Ähnlich verhält es sich mit der Wärmebildung. Nimmt man als Grundlage eine Kohlensäureproduktion von 0,4 g je Stunde und Quadratmeter an, so würde sich, wieder mit der Verbrennung von Zucker gerechnet, ferner mit 40 cm Tiefe und einer spezifischen Wärme des Bodenvolumens, dessen Hohlraum zu 50% aus Wasser bestehen soll, von 0,5[2], die Temperatur durch diese biologische Verbrennung um nur 0,005° stündlich erhöhen. Wenn auch im Boden organische Stoffe von im Vergleich zum Zucker höherem Energiewert vorhanden sind, so würde diese Zahl sich nicht wesentlich ändern, schon deshalb nicht, weil zur Produktion einer gewissen Menge Kohlensäure geringere Mengen umgesetzt würden.

HESSELINK VAN SUCHTELEN[3] fand bei sehr genauen thermischen Messungen folgende Werte:

Bodenart	Wassergehalt	Humusgehalt	Grammkalorien je Stunde auf 1 l Boden bei 23,3° C
Gartenerde	21,4	9,3	5,94
Rasenerde	17,2	6,4	3,25
Lehmiger Boden	18,1	5,0	3,69
Lehmiger Forstboden	14,9	4,7	4,65

Rechnet man mit 4 Grammkalorien, so würde das, unter obigen Voraussetzungen, einer stündlichen Temperaturerhöhung von 0,008° C entsprechen, was mit der errechneten Zahl von 0,005° C völlig befriedigend übereinstimmt. Die Zahlen HESSELINK VAN SUCHTELENS zeigen ferner, daß auch diese Methode

[1] ENGEL beobachtete für den Nitritbildner allerdings einen doppelt so hohen Wert wie WINOGRADSKY, was aber grundsätzlich nichts ausmacht. ENGEL, H.: Die Kohlenstoffassimilation des Nitritbildners. Planta **8**, 423 (1929); **12**, 60 (1930).

[2] Nach E. A. MITSCHERLICH: Bodenkunde, 4. Aufl., S. 31. Berlin: P. Parey 1923.

[3] HESSELINK VAN SUCHTELEN, F. H.: Energetik und Mikrobiologie des Bodens. III. Cbl. Bakter. II **79**, 108 (1929); I. Ebenda **58**, 413 (1923); II. Ebenda **71**, 53 (1927).

einen ganz verschiedenen Angriff auf die Humussubstanzen erkennen läßt, indem der Forstboden relativ am intensivsten, die Rasenerde relativ am wenigsten intensiv gearbeitet hat.

Die erwähnten Zahlen müssen sich natürlich mit dem Wassergehalt usw. ändern; sie sollen nur als ungefähre Vorstellungswerte dienen. Jedenfalls geht ohne weiteres daraus hervor, daß nur die Zersetzung sehr großer organischer Massen eine wesentliche Temperaturerhöhung wird bringen können, wie es beim lagernden Stalldünger, Heu[1] usw. der Fall ist. Selbst die intensivere Verbrennung im Waldboden wird in dieser Hinsicht kaum merkbar werden können; möglicherweise spielt jedoch hier in der Wärmehaltung wie in Frühbeetkästen die infolge höheren Kohlensäuregehaltes verminderte Ausstrahlung eine gewisse Rolle. Es soll hier noch erwähnt werden, daß NORMAN die Zersetzung organischer Stoffe durch Mikroorganismen kalorimetrisch bestimmte[2].

Von den Bedingungen der Kohlensäurebildung ist in erster Linie das Vorhandensein organischer Substanz wichtig, wie die oben angeführten Zahlen aus Waldboden bereits zeigen. Doch ist sie nicht allein ausschlaggebend, sondern nur in Verbindung mit den übrigen die Mineralisation beherrschenden Faktoren, wie ohne weiteres aus der unvollkommenen Zersetzung des fast nur aus organischer Substanz bestehenden Hochmoorbodens hervorgeht. Es wird unten darauf zurückzukommen sein.

Die zur Kohlensäurebildung in Frage kommende organische Substanz setzt sich, wenn man von tierischen Substanzen absieht, zusammen:

1. Aus den natürlichen Humussubstanzen des Bodens.
2. Aus den im Boden verbleibenden unterirdischen Pflanzenteilen (einschließlich der Stoppeln auf kultiviertem Land).
3. Aus den absterbenden und abfallenden oberirdischen Pflanzenteilen.
4. Aus den künstlich im kultivierten Boden eingebrachten Massen.

Die hohe Kohlensäureproduktion des Waldes erklärt sich demnach ohne weiteres daraus, daß hier im Vergleich zur Feldkultur weitaus größere organische Massen mit dem Laubfall, dem Reisigfall, usw. in den Boden gelangen. Wie es sich im übrigen mit der Kohlensäurebildung aus zugeführter organischer Substanz verhält, möge die folgende Übersicht nach WIESSMANN[3] zeigen, welche die Kohlensäureproduktion in Gramm aus 1 kg Erde nach 15 bzw. 995 Tagen angibt, wobei dem Boden je 1,2 g Kohlenstoff in verschiedener Form zugesetzt waren (zu 5,06 g C des Bodens selbst):

	Stroh	Lupinensubstanz	Pferdemist	Ohne Zusatz
Nach 15 Tagen	0,724	1,278	0,283	0,152
Nach 995 Tagen	7,021	6,271	5,303	3,793
Zersetzte Kohlenstoffmenge in Prozenten nach 995 Tagen	73,4	56,3	34,3	20,4

Ohne Zusatz, wenn also die gebildete Kohlensäure allein aus den Humussubstanzen des Bodens erfolgt, ist natürlich deren Menge am geringsten. Im übrigen finden sich große Unterschiede nicht nur in dem Endwert, sondern auch innerhalb der einzelnen Zeitquerschnitte, wie sie wohl allgemein charakte-

[1] In diesem Falle sind die Verhältnisse weitgehend geklärt: H. MIEHE: Die Wärmebildung von Reinkulturen im Hinblick auf die Ätiologie der Selbsterhitzung pflanzlicher Stoffe. Arch. Mikrobiol. 1, 78 (1930). — Über die Selbsterhitzung des Heues. Arb. dtsch. Landw.-Ges., H. **196**, 2. Aufl. (1930).

[2] NORMAN, A. G.: The biological decomposition of plant materials. Part. III. Physiological studies on some cellulose decomposing fungi. Ann. appl. Biol. **17**, 575 (1930).

[3] WIESSMANN, H.: S. 607, Anm. 6.

ristisch sind für das Verhalten des verschiedenen Materials, aus dem die Kohlensäurebildung erfolgt. Die nächst geringste Kohlensäureproduktion ergab der Stallmist; das ist erklärlich, da ja bei diesem Material in der Düngerrotte bereits ein großer Teil der leichter abbaubaren Substanzen zerstört wird. Das ist beim Stroh noch nicht der Fall, weshalb hier die Kohlensäureproduktion diejenige des Stalldüngers übertrifft. Bei Lupinen, die als Grünsubstanz gegeben wurden, übertrifft anfänglich die Kohlensäureproduktion diejenige aus Stroh; der Grund kann nur darin liegen, daß eben diese junge Pflanzensubstanz vielleicht relativ verwertbare organische Stoffe (Stärke, Zucker, Hemizellulosen) enthält. Später drehen sich die Verhältnisse jedoch um. Zum Verständnis dieser Erscheinung muß man beachten, daß sich Lupinensubstanz und Stroh unterscheiden vornehmlich durch ihren Stickstoffgehalt im Vergleich zu ihrem Kohlenstoffgehalt. Es enthielten, auf absolute Trockensubstanz umgerechnet, in Prozenten:

	Kohlenstoff	Stickstoff
Lupinensubstanz . . .	40,39	4,77
Stroh	47,15	0,39

Bei dem Stroh trat der Stickstoff für die Entwicklung der Mikroorganismen als begrenzender Faktor (Minimumfaktor) auf; es werden sich also vornehmlich solche Mikroorganismen entwickeln, welche bei relativ geringem Stickstoffverbrauch einen relativ großen Kohlenstoffumsatz haben, nämlich Bakterien. Bei der Lupinensubstanz dagegen läßt der hohe Stickstoffgehalt eine reichliche Festlegung zu Mikroorganismensubstanz zu; es werden sich dort vor allem Pilze entwickeln, die mit ihrer großen Assimilationsleistung viel Kohlenstoff der Mineralisation entziehen.

Es widerspricht dieser Darstellung nicht, wenn z. B. NELLER[1] fand, daß Reinkulturen von Bacillus megatherium und subtilis aus Luzerne erheblich weniger Kohlensäure bildeten als Pilze (Trichoderma spec., Aspergillus niger). Denn es handelt sich hier nicht um zellulosezersetzende Bakterien, sondern um solche, welche das gebotene Material nur zum Teil anzugreifen vermögen und jedenfalls Zellwände und Zellulose nicht zerstören können. Eine Impfung mit Bodenaufguß ergab denn auch höhere CO_2-Zahlen als bei Impfung mit den Pilzkulturen.

Kohlensäure wird selbstverständlich aus allen der Zersetzung im Boden anheimfallenden organischen Substanzen gebildet; im besonderen kann jedoch in diesem Zusammenhang auf alle Einzelheiten, die zum Teil auch mehr von physiologischem Interesse sind, nicht eingegangen werden.

Eine Hauptquelle der Kohlensäurebildung im Boden sind die pflanzlichen Zellwandbestandteile, vornehmlich die Zellulose. Die zellulosezersetzende Kraft eines Bodens bestimmt man nach CHRISTENSEN[2] in einfacher Weise durch Auflegen von Filtrierpapierstreifen auf gesiebte und auf der Oberfläche geglättete Erde, die man in Petrischalen füllt und feucht hält. Dieser Autor stellte auf diese Weise fest, daß z. B. dem Hochmoor die Fähigkeit zur Zellulosezersetzung völlig fehlt, erst nach Impfung und Zufuhr von kohlensaurem Kalk vor sich geht und allgemein bei basischem Boden stärker als bei saurem ist (Abb. 17). Exakter ist die unmittelbare Bestimmung der Zellulose nach CHARPENTIER[3] mit Kupferoxydammoniak.

[1] NELLER, J. R.: Studies on the correlation between the production of carbon dioxide and the accumulation of ammonia by soil organisms. Soil Sci. 5, 225 (1918).

[2] CHRISTENSEN, H. R.: Studien über den Einfluß der Bodenbeschaffenheit auf das Bakterienleben und den Stoffumsatz im Erdboden. Cbl. Bakter. II 43, 1 (1915).

[3] CHARPENTIER, C. A. G.: Studien über den Einfluß des Rindvieh- und Pferdestallmistes auf die Zersetzung der Zellulose in der Ackererde. Thesis Univ. Helsingki 1921. — Vgl. weiter S. A. WAKSMAN: Principles, S. 431.

Im Boden handelt es sich natürlich stets um den Abbau von komplexem Pflanzenmaterial. Dieser verläuft nach WAKSMAN[1], der Untersuchungen über die diesbezügliche Wirkung von Reinkulturen veröffentlichte, derart, daß sich zunächst schnell wachsende Bakterien und Phycomyceten entwickeln infolge der darin vorhandenen wasserlöslichen Stoffe, deren Tätigkeit von Stärke, Hemicellulosen, Zellulose angreifenden Ascomyceten und Fungi imper-

Abb. 17. Leichter Hochmoortorf „ungeimpft", aber Zusatz von $CaCO_3$ und K_2HPO_4; keine Zellulosezersetzung nach 30 Tagen. Rechts ebenso, aber „geimpft". Fast abgeschlossene Zellulosezersetzung nach 20 Tagen; nur mehr geringe Reste erkennbar. (Aus H. R. Christensen, Cbl. Bakter. II. **43**. (1915).

fecti abgelöst wird, an die sich endlich gewisse Bakterien, Actinomyceten, Basidiomyceten anschließen, welche Lignin, die aufgebaute Mikroorganismensubstanz und andere resistente Komplexe angreifen.

Das auf S. 606 wiedergegebene Beispiel zeigt schon die höhere Kohlensäureproduktion bei Böden, die an organischer Substanz reicher sind; ferner zeigt das Beispiel auf S. 611 die erhöhte CO_2-Produktion bei künstlicher Zufuhr von organischer Substanz und endlich das auf S. 615 wiederzugebende Beispiel bei Zufuhr von Zellulose. Für die erhöhte CO_2-Produktion bei Zufuhr von Stalldünger unter natürlichen Verhältnissen diene folgendes Beispiel nach LUNDEGÅRDH[2]:

	g CO_2 je 1 m^2 und Stunde
Ungedüngt	0,32
+ 300 kg Stalldünger je 1 ar	0,50
+ 900 kg „ „ 1 ar	0,69
+ 3600 kg „ „ 1 ar	1,71

Es erschien einigermaßen befremdlich, daß dies nicht immer zu beobachten war. LEMMERMANN[3] hatte negativen, LUNDEGÅRDH[4] teilweise ebenfalls negativen Erfolg, namentlich bei kleineren Stalldüngermengen, wie folgende Zahlen zeigen:

[1] WAKSMAN, S. A.: Decomposition of the various chemical constituents of complex plant materials by pure cultures of fungi and bacteria. Arch. Mikrobiol. **2**, 136 (1931). Dort auch Literatur über die Bestimmung der einzelnen Komponenten. — Ferner: Chemische und mikrobiologische Vorgänge bei der Zersetzung pflanzlicher Rückstände im Boden. Z. Pflanzenern., Düng. u. Bodenk. A **19**, 1 (1930).

[2] LUNDEGÅRDH, H.: a. a. O., Kreislauf, S. 187.

[3] LEMMERMANN, O. u. H. KAIM: Untersuchungen über den Kohlensäuregehalt der Luft über mit Stalldünger gedüngtem und ungedüngtem Boden. Z. Pflanzenern., Düng. u. Bodenk. B, **3**, 1 (1924). — LEMMERMANN, O. u. ECKL: Über die Bedeutung des Stalldüngers und Gründüngers für die Kohlensäureernährung der Pflanzen. Ebenda B **3**, 47 (1924).

[4] LUNDEGÅRDH, H.: a. a. O., Kreislauf, S. 185.

	CO_2-Gehalt der Bodenluft %	Zahl der Analysen
Ungedüngt	0,375	2
100 kg Stalldünger je 1 ar	0,348	10
300 kg „ „ 1 ar	0,372	10
400 kg „ „ 1 ar	0,417	10

Die Lösung des anscheinenden Widerspruches zeigte RIPPEL[1]: Die physiologisch allgemein bekannte Tatsache, daß leichter zerstörbare organische Kohlenstoffquellen schwerer abbaubare vor dem Abbau schützen, macht sich offenbar hier geltend; geringere Stalldüngermengen drängen eben die Mineralisation der schwerer angreifbaren Humussubstanzen zurück, da sich der vorhandene Stamm der Bodenmikroben auf die bessere Kohlenstoffquelle des Stalldüngers wirft und so die Humus-Kohlensäure ausfällt. Erst bei größeren Stalldüngermengen wird die aus diesem gebildete Kohlensäure überwiegen. EHRENBERG[2] hat sich später, im Anschluß an Versuche von KEUHL[3] dieser Ansicht angeschlossen.

Von weiteren Faktoren, welche die Kohlensäureproduktion des Bodens bedingen, sind die übrigen Nährstoffe zu nennen. Wenn irgendein Nährstoff als begrenzender Faktor auftritt, so muß natürlich seine Zufuhr auch eine Steigerung des gesamten Stoffwechsels bzw. eine Vermehrung der Mikroorganismenzahl, somit auch einen erhöhten Stoffumsatz bedingen. Im Falle des Kohlenstoffs äußert sich dieser unter aeroben Verhältnissen in der vermehrten Bildung von Kohlensäure. Es wurde oben schon eine Folgerung von LUNDEGÅRDH erwähnt, die sich aus der unter erhöhter Nährstoffzufuhr vermehrten Kohlensäureproduktion des Bodens ergibt. Nebenstehende Zahlen nach HESSELINK VAN SUCHTELEN[4] mögen diese Wirkung im Laboratoriumsversuch zeigen.

	mg CO_2, produziert von 6 kg Boden in 5 Tagen
Ohne Zusatz	145
+ 6 g Superphosphat . . .	306
+ 90 g Magnesiumsulfat . .	408
+ 30 g Ammoniumsulfat .	864

Auch bei Feldversuchen fand LUNDEGARDH[5] ähnliches:

	CO_2-Produktion in g je Stunde und m^2		
	11. 7.—30. 8. 1922	19. 6.—13. 9. 1923	29. 6.—14. 8. 1923
Ungedüngt	0,28	0,411	0,228
Phosphor, Kalium, Stickstoff	0,83	0,468	0,330

Wenn man, wie im obigen Falle HESSELINK VAN SUCHTELENS, auch bei sonstigen Versuchen eine besonders intensive Wirkung des Stickstoffs feststellte, so liegt das daran, daß dieser Stoff am ehesten als begrenzender Faktor auftritt. Insbesondere hat man auch eine sehr fördernde Wirkung des Stickstoffs auf die Zersetzung der Zellulose gefunden, diese wieder gemessen an der Kohlensäureproduktion, wie folgendes Beispiel nach WAKSMAN und HEUKELEKIAN[6] zeigt:

[1] RIPPEL, A.: Kohlensäure und Pflanzenertrag. Z. Pflanzenern., Düng. u. Bodenk. B, 5, 49 (1926).

[2] EHRENBERG, P.: Bemerkungen zur Kohlensäurefrage. Z. Pflanzenern., Düng. u. Bodenk. B, 5, 85 (1926).

[3] KEUHL, H. J.: Messungen der Kohlensäurekonzentration der Luft in und über landwirtschaftlichen Pflanzenbeständen. Z. Pflanzenern., Düng. u. Bodenk. A, 6, 321 (1926.)

[4] S. 608, Anm. 4. — Vgl. ferner E. B. FRED u. E. B. HART: The comparative effect of phosphates and sulfates on soil bacteria. Wisc. Agr. Exp. Stat. Res. Bull. 35, 35 (1915).

[5] LUNDEGÅRDH, H.: a. a. O., Kreislauf, S. 194.

[6] WAKSMAN, S. A. u. O. HEUKELEKIAN: Microbiological analysis af soil usw. VIII. Decomposition of cellulose. Soil Sci. 18, 275 (1924); Tabelle S. 287.

	CO_2-Produktion von 100 g Boden in 14 Tagen	
	Boden 5 A	Boden 7 A
Ohne Stickstoff und Zellulose	75,5	88,6
Mit Zellulose ohne Stickstoff	544,5	364,1
Mit Zellulose + 25 mg Stickstoff	778,3	526,4
Mit Zellulose + 50 mg Stickstoff	817,3	684,2

Im Falle der fast stickstoffreien Zellulose wird die Wirkung des Stickstoffs natürlich besonders stark in Erscheinung treten.

Jedoch für eine ganz genaue Kenntnis der Bedingungen der Kohlensäurebildung im Boden genügt es nicht, nur ein gewisses Stadium zu erfassen, sondern es ist der Gesamtumsatz wichtig. Das wurde schon oben auf S. 603 betont. Die auf S. 611 erwähnten Versuche zeigten ferner, daß sich die Kohlensäurewerte bei Lupinensubstanz und Stroh nach einer gewissen Zeit umdrehen. Dieser Gesichtspunkt gilt insbesondere auch für die Beurteilung gewisser sog. „Reizwirkungen", wie sie z. B. auch in dem auf S. 614 erwähnten Beispiel mit Magnesiumsulfat zu beobachten sind. Es ist hier zu fragen, ob sich für eine längere Zeit tatsächlich eine vermehrte Kohlensäureproduktion ergibt oder ob es sich lediglich um eine anfängliche „Reizwirkung", wenn der unglückliche Ausdruck hier gebraucht werden soll, handelt, so daß also zunächst leichter zerstörbare Verbindungen stärker mineralisiert würden, später aber, nach deren Erschöpfung, wieder ein Rückgang der Kohlensäureproduktion erfolgen würde, während der Gesamtumsatz innerhalb dieser Zeit vielleicht gleich geblieben sein könnte. Dieser Gesichtspunkt ist leider noch gar nicht beachtet worden[1].

Sauerstoff- und Wassergehalt spielen natürlich ebenfalls eine erhebliche Rolle bei der Kohlensäureproduktion des Bodens. Beide Faktoren hängen eng zusammen, da steigender Wassergehalt stets eine Verdrängung der Luft und somit Sauerstoffmangel bedingt. Die verminderte Kohlensäurebildung zeigt sich in der Natur im Großen dort, wo infolge eines durch Wasserüberschuß bedingten Sauerstoffmangels eine unvollkommene Zersetzung der organischen Substanz stattfindet, wie das in besonders ausgeprägtem Maße im Hochmoor der Fall ist, wobei hier allerdings auch noch andere Momente, wie Reaktion, hinzutreten. Immerhin zeigen aber Versuche, daß auch in Torfböden eine Durchlüftung die Kohlensäurebildung ganz wesentlich steigert, wie dies das folgende Beispiel nach STOKLASA und ERNEST[2] zeigt:

	1 kg Boden atmete in 24 Stunden bei 20° C mg CO_2 aus									
	Lehmboden I		Lehmboden II		Lehmboden III	Kalkboden		Waldboden I	Waldboden II	Torfboden
	O	U	O	U	O	O	U	O	O	O
In Aerobiose	49,7	7,6	17,5	3,5	39,9	18,5	9,8	36,4	59,9	41
In Anaerobiose	33,1	13,2	5,4	14,2	20,5	—	—	35,5	0	7

O = Obergrund, U = Untergrund.

Bei anderen Böden sind die Verhältnisse jedoch sehr verschieden, indem bald große, bald keine nennenswerten Unterschiede, je nach sonstigen nicht erkennbaren Bedingungen vorhanden sind. Charakteristisch ist auch das Verhalten des Unterbodens, der anaerob stärker atmet als aerob, zweifellos infolge

[1] Das gilt natürlich auch für alle sonstigen mikrobiologischen Erscheinungen, wie Keimzahl, NH_3-Bildung usw.

[2] STOKLASA, J. u. A. ERNEST: Über den Ursprung, die Menge und die Bedeutung des Kohlendioxyds im Boden. Cbl. Bakter. II **14**, 723 (1905).

des Vorherrschens anaerober Mikroorganismen, die unter aeroben Verhältnissen gehemmt werden. Daß sich jedoch der anaerobe Boden unter günstigen Verhältnissen bald aerob umstellt, wurde schon dargelegt

Wenn DÖNHOFF[1] eine stärkere Bodenatmung tieferer Schichten vermittels der LUNDEGÅRDH-Methode fand, so liegt das, wie er selbst hervorhebt, daran, daß zum Zwecke dieser Feststellung die tieferen Schichten bloß gelegt wurden, so daß ihre kohlensäurereichere Luft in lebhaften Austausch mit der Atmosphäre treten konnte.

Obwohl auch unter anaeroben Verhältnissen Bakterien und Actinomyceten (Pilze kommen hier nicht in Frage) einen intensiven Stoffwechsel entfalten, so verläuft doch die Zertrümmerung der organischen Substanz nicht vollständig bis zur Kohlensäure, sondern bleibt teilweise auf organischen Zwischenprodukten des Kreislaufs stehen. Es braucht nur daran erinnert zu werden[2], daß bei der anaeroben Zellulosezersetzung 50% der zersetzten Zellulose in Form von organischen Säuren (Essig- und Buttersäure) erscheint. Erschwerend kommt noch hinzu, daß unter mehr oder weniger anaeroben Bedingungen selbstverständlich auch der Gasaustausch erschwert ist und die sich ansammelnde Kohlensäure ihre in höheren Konzentrationen hemmende Wirkung auf das Mikroorganismenleben[3] entfalten kann.

Unter praktischen Verhältnissen wird der Durcharbeitung des Bodens daher eine wichtige Rolle zukommen. DÖNHOFF[4] fand demgemäß:

	Bodenatmung g CO_2 je Stunde und m^2
Ungehackt	3,65
Einmal gehackt	4,30
Regelmäßig gehackt	4,97

Die Abhängigkeit der Kohlensäureproduktion des Bodens von der Sauerstoffversorgung zeigt folgendes Beispiel von SCHLOESING[5]:

	Kohlensäureproduktion in mg je 1 kg Erde und 24 Stunden				
	Sauerstoffgehalt in Prozenten				
	1,5	6	11	16	21
Versuch 1	10,4	16,6	16,1	15,1	19,0
Versuch 2	9,0	15,9	16,0	16,6	16,0

Es ist hierbei auffallend, daß die Kohlensäureproduktion noch bei 6% Sauerstoff, also $^1/_4$ der Konzentration der Luft daran, ungehindert vor sich geht. Das deutet einerseits darauf hin, daß im Boden streng anaerobe Verhältnisse in biologischem Sinne nicht so leicht eintreten können, wie das auch aus anderen Beobachtungen hervorgeht[6]; andererseits wäre jedoch darauf aufmerksam zu machen, daß unter natürlichen Verhältnissen und ungenügendem Gasaustausch selbstverständlich bald wirklicher Sauerstoffmangel eintreten

[1] DÖNHOFF, G.: Untersuchungen über die Größe und die Bedeutung der Bodenatmung auf landwirtschaftlich kultivierten Flächen. Kühn-Arch. **15**, 457 (1927).

[2] Dieses Handbuch **7**, 314. Diese Säuren werden allerdings leicht abgebaut; das Beispiel soll nur das Prinzipielle zeigen. Im übrigen werden sich sicher auch kompliziertere und sekundäre Reaktionen abspielen, die zu stabileren Produkten führen können, wie z. B. im Hochmoor usw.

[3] Siehe S. 609. [4] DÖNHOFF, G.: S. 607, Anm. 2.

[5] SCHLOESING, TH.: Etude de la nitrification dans les sols. C. r. Acad. Sci. Paris **77**, 203 (1873).

[6] S. 633, 641.

wird, so daß diese Beobachtungen wohl nicht ohne weiteres mit einem Laboratoriumsversuch zu vergleichen sind, bei dem ein kontinuierlicher Strom einer gewissen niedrigen Sauerstoffkonzentration durch die Versuchserde hindurchgeleitet wird, wie es bei dem genannten Versuche der Fall war.

Über den Einfluß des **Wassergehaltes** auf die Kohlensäureproduktion des Bodens, mit dem sich zahlreiche Autoren beschäftigt haben, unterrichten folgende Zahlen, wobei der jeweils erste Wert der senkrechten Reihen gleich 100 gesetzt ist, nach WESTHUES[1] für verschiedene Böden:

Humoser Sandboden (Wasserkapazität 26,98 %)		Lehmiger Sandboden (Wasserkapazität 30,53 %)		Lehmboden (Wasserkapazität 30,50 %)	
Wassergehalt %	CO_2-Bildung	Wassergehalt %	CO_2-Bildung	Wassergehalt %	CO_2-Bildung
2,43	100	2,53	100	2,59	100
5,43	207	5,35	260	5,75	397
7,90	329	10,16	409	8,49	554
12,68	254	15,00	423	13,75	767

Die Zahlen zeigen also, daß bei dem Sandboden mit geringem Wasserfassungsvermögen bei 12,68 % Wassergehalt das Optimum der Kohlensäurebildung bereits überschritten ist, während z. B. bei dem Lehmboden bei 13,75 % Wassergehalt noch ein erheblicher Anstieg der Kohlensäurebildung beobachtet wird. Das hängt wahrscheinlich mit dem etwas geringeren Wasserfassungsvermögen des humosen Sandbodens zusammen, wenn das auch diese Erscheinung nicht völlig erklären dürfte, denn die 12,68 % Bodenfeuchtigkeit betragen immerhin erst 47 % der wasserfassenden Kraft. HESSELINK VAN SUCHTELEN[2] nimmt, ohne Versuche, an, daß der optimale Wassergehalt der Kohlensäureproduktion für seinen Boden 75 % betrage, was auch dem Optimum der Kulturpflanzen entsprechen würde.

Bei künstlicher Beregnung ist ein sehr großer Einfluß des Wassers auf die Bodenatmung durch REINAU und DÖNHOFF[3] festgestellt, denn der letztgenannte Autor fand:

	g CO_2 je m^2 und Stunde (Mittel der Angaben S. 472).		g CO_2 je m^2 und Stunde (Mittel der Angaben S. 472).
Ungedüngt, unberegnet .	2,41	Vollgedüngt, unberegnet .	2,35
Ungedüngt, beregnet . .	5,56	Vollgedüngt, beregnet . .	7,38

Es scheint danach, als ob die Volldüngung erst bei genügender Wasserversorgung in Hinsicht auf verstärkte Bodenatmung zur Wirkung käme.

Von außerordentlich großem Einfluß auf die Kohlensäurebildung ist endlich die **Temperatur**, wofür folgendes Beispiel nach WOLLNY angegeben sei:

Wassergehalt	CO_2-Mengen in 1000 Volumen Bodenluft				
	10° C	20° C	30° C	40° C	50° C
6,8	2,03	3,22	6,86	14,69	25,17
26,8	18,38	54,24	63,50	80,06	81,52
46,8	35,07	61,49	82,12	91,86	97,48

In großen Zügen erweist sich auch hier die Richtigkeit der VAN 'T HOFFschen Regel, wonach Temperaturerhöhung um 10° C die Reaktionsgeschwindigkeit

[1] WESTHUES, J.: Die Kohlensäurebildung im Boden. Dissert., Münster i. W. 1905 — Diese Zahlen sind übernommen von J. KÖNIG u. J. HASENBÄUMER: Die Bedeutung neuer Bodenforschung für die Landwirtschaft. Landw. Jb. 55, 185 (1921).

[2] HESSELINK VAN SUCHTELEN, F. H.: S. 610, Anm. 3. [3] DÖNHOFF, G.: S. 607, Anm. 2.

etwa verdoppelt bis verdreifacht. Jedoch zeigt sich auch hier die spezifische biologische Erscheinung, nach der von einer gewissen höheren Temperatur an keine Steigerung mehr stattfindet, im Gegensatz zu einem rein chemischen Vorgang. Die Meinung von WESTHUES[1], wonach zwar die biologische Kohlensäurebildung vorherrschend sei, daneben aber auch noch eine recht merkbare rein chemische Oxydation im Erdboden verlaufe, dürfte wohl nicht in dem von diesem Autor angenommenen Umfange zutreffen und vielleicht auf eine nicht genügende Sterilisation zurückzuführen sein. Ältere Versuche[2] hatten jedenfalls nur eine sehr geringfügige rein chemische CO_2-Bildung ergeben, die erst bei 90° C merkbarer wurde[3]. Auch Zusatz von Chloroform z. B. erwies sich als fast völlig hemmend.

Temperatur und Feuchtigkeit werden auch die beiden Faktoren sein, welche den jahreszeitlichen Verlauf der Kohlensäurebildung im Boden regeln. Das im Winter beobachtete Minimum dürfte der tiefen Temperatur, das sommerliche Minimum dem sinkenden Wassergehalt zuzuschreiben sein, während das Sommermaximum der Kohlensäurebildung, das FEHÉR[4] im Waldboden beobachtete, möglicherweise allein der höheren Temperatur, bei den gleichmäßigeren Feuchtigkeitsverhältnissen des Waldbodens, zuzuschreiben ist, wie folgende Übersicht nach FEHÉR anzudeuten scheint (ungarischer Fichtenwaldboden). Jedoch läßt sich in dieser Richtung natürlich noch nichts endgültig Abgeschlossenes und Sicheres erkennen. Einen Zusammenhang zwischen Höhe der Bodenatmung und Temperatur stellte auch DÖNHOFF[5] fest.

Monat	1927			1928									
	X	XI	XII	I	II	III	IV	V	VI	VII	VIII	IX	X
Bodenatmung g CO_2 je 1 m^2 . .	0,597	0,518	0,372	0,066	0,229	0,472	0,495	0,613	0,884	1,256	0,924	0,590	0,516
Bodentemperatur in °C	9,5	6,2	0,4	−0,05	1,8	2,9	8,5	10,7	16,0	21,3	18,2	14,7	10,0

Azidität: Der letzte sehr wesentliche Faktor für die Höhe der Bodenatmung ist die Azidität. Im allgemeinen tritt die Bakterienflora um so mehr zurück, je saurer ein Boden wird; das Zurücktreten der stark mineralisierenden Bakterien wird sich natürlich auch in der Höhe der Bodenatmung äußern. Da die Bodenatmung jedoch ein Komplex aus der Wirkung vieler verschiedener Faktoren ist, so wird man nur in extremen Fällen einen genügend sicheren Zusammenhang zwischen Azidität und Bodenatmung erkennen können; bei kleineren Aziditätsintervallen werden andere Faktoren die Aziditätswirkung überlagern können, wie folgendes Beispiel einiger Waldböden nach FEHÉR[6] zeigt (s. S. 619).

Wie man sieht, kann man von einem wesentlichen Sinken der Bodenatmung erst sprechen, wenn die p_H-Zahl unter 5 gesunken ist, trotz des hohen Humus- und relativ hohen Bakteriengehaltes im Falle des Erlenwaldes von Hallands Väderö. Der Eichenwald von Kiskomárom bildet weitaus am meisten

[1] WESTHUES, J.: Die Kohlensäurebildung im Boden. Dissert. Münster i. W. 1905.
[2] LÖHNIS, F.: Handbuch der landwirtschaftlichen Bakteriologie, S. 533f.
[3] DÉHÉRAIN, P. P. u. E. DEMOUSSY: Sur l'oxydation de la matière organique du sol. Ann. Agron **22**, 305 (1896).
[4] FEHÉR, D.: Untersuchungen über den zeitlichen Verlauf der Bodenatmung und der Mikrobentätigkeit des Waldbodens. Biochem. Z. **206**, 416 (1929).
[5] DÖNHOFF, G.: S. 607, Anm. 2.
[6] Oben, Anm. 4. Die Zahlen der drei letzten Böden sind in einer früheren Arbeit (Biochem. Z. **199**, 253 [1928]) in der Tabelle S. 264 versehentlich falsch angegeben; richtig dagegen in der Arbeit, aus der sie übernommen sind: Flora, N. F. **21**, 316 (1927).

Versuchsfläche	Zahl der aeroben und anaeroben Bakterien	Bodenatmung je Stunde und 1 m²	Humusgehalt in Proz.	p_H
Ungarn;				
Kiskomárom, Eichenwald	44 800 000	1,057	0,73	5,2
Kiskomárom, Kiefernwald	11 000 000	0,878	0,81	5,4
Fichtenwald bei Ágfalva	6 171 660	0,562	2,81	6,1
Niederwald bei Ágfalva	6 654 375	0,555	2,86	5,7
Fichtenwald am Varis	5 400 000	0,583	1,00	6,8
Fichtenwald an der Hochschule . .	5 687 000	0,597	1,67	6,2
Schweden:				
Hallands Väderö, Buchenwald . .	14 500 000	0,870	4,2	5,2
Hallands Väderö, Kiefernwald . .	3 450 000	0,298	0,5	4,2
Hallands Väderö, Erlenwald . . .	10 700 000	0,237	8,6	4,1

Kohlensäure, obwohl die Azidität relativ hoch ist ($p_H = 5{,}2$) und trotz eines sehr niedrigen Humusgehaltes; die hohe Zahl der Bakterien entspricht allerdings der starken Kohlensäureproduktion. Auch an den anderen Böden kann man weitere derartige Beobachtungen machen.

Merkwürdigerweise liegen über den Zusammenhang zwischen Kalkzufuhr und Kohlensäurebildung im Boden kaum eingehende Untersuchungen vor, namentlich nicht aus neuerer Zeit mit genauer Bestimmung der Azidität. Folgender Versuch von WESTHUES[1] zeigt die Kalkwirkung bei einem Lehmboden und nach PETERSEN[2] bei einer stark sauren Laubholzerde, in welch' letzterem Falle die Wirkung sehr stark ist:

	4 kg Boden produzierten mg CO_2 in 24 Stunden mg
Ohne $CaCO_3$. . . .	181,3 mg
+ 0,04 % $CaCO_3$ . .	223,6 mg
+ 0,10 % $CaCO_3$ . .	308,4 mg
+ 0,20 % $CaCO_3$ . .	416,4 mg
+ 0,40 % $CaCO_3$ . .	455,4 mg

(Nach WESTHUES.)

	1 m³ Boden produzierte in 24 Stunden g CO_2 g
Unbehandelt . . .	55,6 g
+ 1 % $CaCO_3$ . . .	214,7 g
+ 3 % $CaCO_3$ . . .	334,3 g

(Nach PETERSEN.)

Auf Sand- und Lehmboden von p_H 6,4—6,7 fand LUNDEGÅRDH[3] keine sicher nachweisbare Wirkung einer Düngung mit kohlensaurem Kalk (30 kg $CaCO_3$ je 1 ar) auf die Kohlensäureproduktion. Es wäre dringend notwendig, daß diese Frage systematisch bearbeitet würde.

Es scheint nach Untersuchungen von STEINBERG[4], daß die Kohlensäurebildung nicht immer mit steigender Bodensäure abnimmt. Er fand nämlich in einem künstlich auf verschiedenen Reaktionszustand gebrachten Boden von ursprünglich schlechtem Pufferungszustand die in folgender Tabelle wiedergegebenen Werte; während ein guter Ackerboden „normal" steigende Kohlensäurebildung mit sinkender Azidität ergab, wurden höhere Kohlensäurewerte bei mehr saurer Reaktion festgestellt, was STEINBERG auf die Zunahme der

[1] WESTHUES, J.: S. 618, Anm. 1. — Eine günstige Wirkung von Kalk fand auch J. R. NELLER: The oxidizing power of soil from limed and unlimed plots and its relation to other factors. Soil Sci. **10**, 29 (1920). — S. A. WAKSMAN u. K. R. STEVENS: Contribution to the chemical composition of peat: V. The rôle of microorganisms in peat formation and decomposition. Ebenda **28**, 315 (1929).

[2] PETERSEN, P.: Über den Einfluß des Mergels auf die Bildung von Kohlensäure und Salpetersäure im Ackerboden. Landw. Versuchsstat. **13**, 155 (1870).

[3] LUNDEGARDH, H.: S. 606, Anm. 1; Kreislauf, S. 198.

[4] STEINBERG, J.: Die Einwirkung zunehmenden Kalkgehaltes auf die Lebensäußerungen der bodenbewohnenden Kleinlebewelt. Dissert. Bonn 1926.

Boden	Keimzählung auf saurem Kultursubstrat			
	Stark sauer	Schwach austauschsauer	Schwach alkalisch	Deutlich alkalisch
Bakterien je 1 g Boden	21000	53000	40300	78000
Schimmelpilze	6100	20500	3100	1200
CO_2-Produktion je 1 kg trockenen Boden in 24 Stunden in mg	8	12	6	5

Pilze, wie auch aus der Tabelle hervorgeht, zurückführt. Das widerspricht zwar den oben S. 618 gemachten Ausführungen. Es ist jedoch zu berücksichtigen, daß hier komplexe Erscheinungen vorliegen, die im einzelnen Fall kaum auf eine eindeutige Ursache zurückgeführt werden können. Durch gebrannten Kalk ergeben sich nach LEMMERMANN[1] öfters negative Werte, Verminderung der Kohlensäureproduktion, die aber nur durch Bindung der Kohlensäure zu erklären waren, wie die Aufstellung der Kohlenstoffbilanz zeigte. Danach stellte sich der Verlust an Gesamtkohlenstoff in Prozenten innerhalb von 2 Monaten folgendermaßen (Boden aus Dahlem):

Boden ohne Zusatz	1,24	Boden + Kalk	15,36
,, + Gründüngung	11,14	,, + Gründüngung + Kalk	21,07

Kalk allein hatte also eine noch stärkere Wirkung als die Zufuhr von organischer Substanz allein.

Ob gewisse schädliche Wirkungen hoher Kalkgaben, wie solches bei der Nitratbildung auf Hochmoor der Fall ist, sich auch auf die Kohlensäureproduktion erstrecken, ist noch ganz unbekannt.

Der Kreislauf des Stickstoffs.

Der Kreislauf des Stickstoffs ist unmittelbar und zwangsläufig mit dem Kreislauf des Kohlenstoffs durch die schon an anderer Stelle[2] hervorgehobene Tatsache verknüpft, daß bei stickstoffhaltigen Verbindungen die Zertrümmerung des Kohlenstoffskeletts gleichzeitig die Freimachung des Stickstoffs in Form von Ammoniak bedingt. Dabei wird auch der Stickstoffbedarf des betreffenden Organismus gedeckt, der aber gegenüber der Menge des in Freiheit gesetzten Ammoniaks verschwindend gering ist und der bei eiweißzersetzenden Bakterien nur etwa 1% des umgesetzten Stickstoffs beträgt. Anders werden dagegen die Verhältnisse, wenn daneben noch stickstoffreie Kohlenstoffverbindungen zugegen sind, wie weiter unten noch auszuführen sein wird.

Für die Verhältnisse im Boden, namentlich in den Kulturböden, ist nun charakteristisch, daß die Umwandlung der Stickstoffverbindungen nicht immer auf der Ammoniakstufe stehen bleibt, sondern oft weiter bis zum Nitrat führt. Das ist ein Zeichen aerober und neutraler Bodenverhältnisse, wie sie in dem Kulturboden herrschen oder herrschen sollen, wenigstens soweit mitteleuropäische Verhältnisse in Frage kommen[3], und von denen sich die Naturböden oft verschieden weit entfernen, je nach den Verhältnissen, die bei ihnen vorherrschen. Unter extremen Bedingungen verschiebt sich dieses Bild noch weiter in der Richtung, daß auch die Ammoniakbildung unterbleibt und die organische Sub-

[1] LEMMERMANN, O., K. ASO, H. FISCHER u. L. FRESENIUS: Untersuchungen über die Zersetzung der Kohlenstoffverbindungen verschiedener organischer Substanzen im Boden, speziell unter dem Einfluß von Kalk. Landw. Jb. 41, 217 (1911).

[2] Dieses Handbuch 7, 267.

[3] Diese Bemerkung bezieht sich auf die heutige Intensivkultur; sicher würde die alte Extensivkultur, wie Anbau von Buchweizen usw., von anderen Gesichtspunkten aus zu betrachten sein.

stanz sich anhäuft. Es ist also offensichtlich, daß für den mikrobiologischen Zustand des Bodens das Verhältnis des organischen, Ammoniak- und Nitrat-Stickstoffs und ihr Verhältnis zum Kohlenstoff das wertvollste Charakteristikum abgeben muß; solche Verhältniszahlen würden zweifellos ein besseres Kriterium abgeben als die bisher üblichen elektiven Verfahren zur Bestimmung der nitrifizierenden Kraft und der Fäulniskraft. In folgender Tabelle sind einige Zahlen zusammengestellt, wie sie dem Verfasser gerade zugänglich waren, die also auf Vollständigkeit keinen Anspruch erheben. Leider hat man gerade die beiden Bestimmungen des Ammoniaks und Nitrats neben einander kaum ausgeführt oder nicht in dem natürlichen Boden, sondern erst nach Zusatz von stickstoffhaltigen Stoffen, deren Umsatz untersucht werden sollte. Derartige systematisch gewonnene Zahlen würden, unter Berücksichtigung der Wasserstoffionenkonzentration, außerordentlich wertvollen Einblick in die fraglichen Verhältnisse des Bodens gewähren[1]. Erst NEHRING[2] hat ausdrücklich auf das Nitrat-Ammoniak-Verhältnis hingewiesen.

	Boden	mg Stickstoff je 100 g Boden als		
		Ammoniak	Nitrat	
LEMMERMANN[3]	Sandboden	1,25	4,46	
	Lehmboden	2,10	7,86	
LEMMERMANN[4]	Lehmiger Sand	6,22	10,12	
	Leichter Sandboden	5,96	8,24	
ARND[5]	Moostorf (sauer)	6,4	Spur	
	Heidehumus (sauer)	4,4	Spur	
	Niederungsmoor (neutral)	Spur	6,6	
BLANCK[6]	Lehm-Sand-Gemisch 2/1, Verwitterungs-, keine Kulturböden. Durchschnitt von 3 Proben	0,69	1,09	
HASELHOFF u. HAUN[7]	Ackerboden, unbewachsen:			
	0—25 cm Tiefe	1,01	1,70	
	25—50 „ „	0,83	1,04	
	<50 „ „	1,05	0,96	
	Ackerboden, bewachsen:			
	0—25 cm Tiefe	0,74	1,94	
	25—50 „ „	0,59	1,01	
	<50 „ „	0,82	1,00	
GIESECKE u. KLANDER[8]	Lehmboden	0,11	13,54	Fortsetzung der Tabelle auf S. 622.
	Untergrundlehm	0,12	7,70	

[1] Diesbezügliche Versuche sind vom Verfasser eingeleitet.

[2] NEHRING, N.: S. 622, Anm. 3.

[3] LEMMERMANN, O., H. FISCHER, H. KAPPEN u. E. BLANCK: Bakteriologisch-chemische Untersuchungen. Landw. Jb. **38**, 319 (1909). Zahlen von S. 241, 242.

[4] LEMMERMANN, O., H. FISCHER u. B. HEINITZ: Versuche über Stickstoffumsetzung. in verschiedenen Böden. Landw. Jb. **41**, 755 (1911). Aus der Arbeit geht nicht ganz klar hervor, ob sich die Zahlen auf 50 oder 100 g Boden beziehen. Es wurde 50 g angenommen und auf 100 g umgerechnet.

[5] ARND, TH.: Zur Kenntnis der Nitrifikation in Moorböden. Cbl. Bakter. **49**, 1 (1919). Die Zahlen des Autors sind von 70 g Boden auf 100 g umgerechnet.

[6] BLANCK, E., W. GEILMANN u. F. GIESECKE: Die Stickstoffwirkung des Hexamethylentetramins auf die Pflanzenproduktion. Z. f. Landw. **70**, 221 (1922); S. 248, 250. — BLANCK, E. u. F. GIESECKE: Mono- und Dimethylolharnstoff in ihrer Wirkung auf die Pflanzenproduktion und ihr Stickstoffumsatz im Boden. Z. Pflanzenern., Düng. u. Bodenk. A, **2**, 1 (1923); S. 22. In diesen Fällen handelt es sich um Verwitterungsprodukte, die noch keine Kulturböden sind.

[7] HASELHOFF, E. u. F. HAUN: Untersuchungen über den Gehalt des Bodens an Ammoniak und Salpetersäure. Landw. Versuchsstat. **102**, 90 (1924).

[8] GIESECKE, F. u. F. KLANDER: Über einen neuen Stickstoffdünger usw. J. Landw. **79**, 38, 84 (1931).

	Boden	mg Stickstoff je 100 g Boden als		
		Ammoniak	Nitrat	
Aaltonen[1] . .	Finnische Waldböden, lufttrocken	2,1	0,06	4,2
		3,6	0,06	4,6
		4,4	0,12	4,8
		4,0	0,20	5,0
		4,1	0,04	5,2 p_H
		3,0	0	3,6
		3,5	0,06	4,4
		4,3	0	4,6
		4,9	1,7	5,0
Fleming[2] . . .	Sassafras loamy sand; Mittel aus 2 Proben; mg Ammoniak bzw. Nitrat (?)	0,40	0,15	
Nehring[3] . . .	Boden Nantzen (Untergrund) .	0,42	0,21	4,7
	,, Nantzen	1,79	1,24	4,9 p_H
	,, Dollheim	0,98	2,52	5,8
	,, Seerappen	0,44	1,49	7,6
Shunk[4]	Upland bog soil, trocken (nach 62 Tagen)	0,8	0	5,2 p_H
Reincke[5] . . .	Wiesen auf Niederungsmoorboden	0,20	0,044	96
		0,091	0,617	169 Luftgehalt (cm^3/l)
		0,19	0,24	180
		0,123	0,434	302

Jedenfalls zeigen schon diese wenigen Zahlen, daß das Verhältnis von Ammoniak- zu Nitrat-Stickstoff auf neutralem Boden sich zugunsten des Nitrats, auf saurem zugunsten des Ammoniaks verschiebt. Namentlich die Zahlen von Nehring[6] zeigen das auch für weniger extreme Böden deutlich. Bemerkenswert sind auch die Zahlen von Reincke[6], wobei das Ammoniakübergewicht in dem einen Falle zweifellos mit der schlechten Durchlüftung dieser Bodenprobe zusammenhängen dürfte. Die Bestimmung der Wasserstoffionen fehlt hier leider.

Ferner zeigen die Zahlen von Haselhoff und Haun[7], daß das Verhältnis sich in tieferen Schichten zugunsten des Ammoniaks verschiebt. Allerdings waren die Schwankungen der Zahlen, die zu den obigen Mittelwerten führten, sehr groß, beim Ammoniak von 0—4,02, beim Nitrat von 0—8,62. Auch war zu verschiedenen Jahreszeiten das Bild nicht gleich; zu gewissen Zeiten fand sich erheblich mehr Ammoniak als Nitrat. Alle diese Fragen sind aber noch eingehend zu untersuchen, bevor man Abgeschlossenes darüber sagen kann.

Die soeben geschilderten Verhältnisse wird man bei Betrachtung der Einzelvorgänge, Ammoniak- und Nitratbildung, grundsätzlich wiederfinden.

Ammoniakbildung.

Die erste Stufe der Mineralisation der organischen Stickstoffverbindungen ist die Ammoniakbildung. Die Fähigkeit eines Bodens, aus organischen Stick-

[1] Aaltonen, V. T.: Über die Umsetzungen der Stickstoffverbindungen im Waldboden. Comm. inst. quaest. forestal. Finl. ed. **10** (Helsinki 1926).

[2] Fleming, W. E.: Effects of carbon disulfide treatment of soil usw. Soil Sci. **27**, 153 (1929)

[3] Nehring, N.: Der Einfluß der Bodenreaktion auf die Umsetzungen der verschiedenen Stickstoffverbindungen im Boden usw. Landw. Jb. **69**, 105 (1929).

[4] Shunk, J. V.: S. 632, Anm. 3.

[5] Reincke, R.: Untersuchungen über die Mineralisation des Humusstickstoffes unter wachsenden Wiesenbeständen auf Niederungsmoorboden. Cbl. Bakter. II **81**, 210 (1930). Umgerechnet; bei den Zahlen der ersten und dritten Reihe ist ein Durchschnittslitergewicht von 900 g angenommen.

[6] Siehe obenstehende Übersicht.

[7] E. Haselhoff und F. Haun: Siehe Übersicht auf vorhergehender Seite.

stoffverbindungen, vornehmlich Eiweiß, Ammoniak zu bilden, hat man nach REMY[1] als Fäulniskraft des Bodens bezeichnet und folgendermaßen bestimmt: Es wird die mit Magnesiumoxyd destillierbare Menge Ammoniak ermittelt, welche bei 20° C innerhalb 4 Tagen aus einer mit 10% Erde geimpften 1 proz. Peptonlösung abgespalten wird. Daß diese Methode manchmal ganz annehmbare Werte ergibt, zeigt folgendes Beispiel nach REMY[1], wobei die Fäulniskraft mit der durch Zugabe von Eiweißstickstoff zum Boden erzielten Pflanzenernte verglichen wurde; die Zahlen sind in relativen Werten angegeben:

Boden	Fäulniskraft (NH_3-Abspaltung)	Stickstoffwirkung (Ernte an Pflanzenmasse)
Falkenrehde	100	100
Berliner Versuchsfeld	144	138
Groß-Behnitz	156	163

Es gilt jedoch, ganz abgesehen davon, daß sich verschiedene Peptone verschieden verhalten[2], auch hier das an anderer Stelle[3] hinsichtlich der Beziehungen zwischen mikrobiologischen Laboratoriumsmethoden und Ertragsfähigkeit des Bodens Gesagte, daß kein durchgehender Zusammenhang bestehen kann, da die Methode die natürlichen Verhältnisse des Bodens vollkommen verändert. Auch würde sie z. B. niemals Geltung haben können für gewisse Naturböden, wie Waldböden usw., auf denen der Stickstoffbedarf der höheren Pflanzen sehr wahrscheinlich nicht auf dem im Ackerboden eingehaltenen Wege gedeckt wird. Bei Bestimmung der Fäulniskraft würde man hier die Tätigkeit der Mycorrhizapilze gar nicht erfassen. Es muß in dieser Hinsicht nachdrücklich davor gewarnt werden, aus solchen Methoden Schlüsse zu ziehen, die nicht gezogen werden können. Wenn z. B. MATTERN[4] 50 cm³ Pepton-Nährlösung mit 2 Ösen Buchenwalderde beimpft, und nach 4 Wochen qualitativ Ammoniak nachweist, und daraus den Schluß zieht, daß sich die Ammoniakbildung im Buchenwald ungehemmt vollziehe, so ist das zwar möglich, kann aber aus diesem Versuch nicht geschlossen werden, weil er in Hinsicht auf die dort herrschenden natürlichen Verhältnisse diesen Schluß gar nicht erlaubt. Im übrigen arbeitet man[5] mit Umsetzungsversuchen in dem Boden selbst, während das Schicksal des Ammoniaks unter natürlichen Verhältnissen, wie oben erwähnt wurde, noch kaum untersucht wurde.

Quellen der Ammoniakbildung sind: 1. die im Boden vorkommenden Humusstoffe, 2. die Rückstände von Wurzeln, Stoppeln, der Blatt- und Reisigabfall, ferner Gründüngung usw., 3. die in der Landwirtschaft künstlich zugesetzten organischen Düngemittel. Hinsichtlich der Verarbeitung aller dieser Stoffe sei auf die an anderer Stelle[6] gegebene Darstellung der daran beteiligten Mikroorganismen verwiesen, hinsichtlich der Humusbildung und -zersetzung auf S. 656 dieser Abhandlung, während hier einige leitende Gesichtspunkte herausgestellt werden sollen.

[1] REMY, TH.: Bodenbakteriologische Studien. Cbl. Bakter. II **8**, 657 (1902).

[2] PARR, J. E.: Über die Bildung von Ammoniak aus stickstoffhaltigen Düngemitteln organischen Ursprungs. Dissert. Leipzig 1906.

[3] S. 668. S. A. WAKSMAN stellte das übrigens für die Ammoniakbildung auch ausdrücklich fest.

[4] MATTERN, M.: Die Physiognomie eines Buchenwaldes. Bot. Arch. **22**, 1 (1928).

[5] WAKSMAN, S. A.: Methoden der mikrobiologischen Bodenforschung. In: ABDERHALDENS Handbuch der biologischen Arbeitsmethoden. Diese Ammoniakbestimmung ist stets mit einer Nitratbestimmung zu verbinden, da gebildeter Nitratstickstoff die Ammoniakzahlen als zu niedrig erscheinen läßt. Vgl. auch S. 629.

[6] Dieses Handbuch **7**, 239ff.

Für die Ammoniakbildung ist zunächst entscheidend das Verhältnis von Kohlenstoff und Stickstoff in der Substanz, die abgebaut wird, wobei hier jedoch auf die rein physiologische Seite der Frage nicht eingegangen sei. Großer Überschuß von Kohlenstoff führt, namentlich unter aeroben Verhältnissen, zu stärkerer Festlegung, Assimilation des Stickstoffs, entzieht diese Menge also wenigstens vorübergehend der Mineralisation; Beispiele dafür sind an anderer Stelle gegeben[1]. Noch auf andere Weise kann durch größere Kohlenstoffmenge die Ammoniakbildung unterdrückt werden: Wie schon auf S. 620 ausgeführt wurde, geht die Mineralisation des Stickstoffs zwangsmäßig vor sich als Folge der Zertrümmerung des Kohlenstoffskeletts. Je mehr stickstoffreie Kohlenstoffverbindungen vorhanden sind, um so mehr können also diese als Betriebsmaterial verwendet werden, wodurch wiederum organische Stickstoffverbindungen vor dem Abbau geschützt werden und somit die Ammoniakbildung herabgesetzt wird. Endlich können durch gewisse Mikroorganismen (Milchsäurebakterien usw.) organische Säuren gebildet werden, welche die Fäulniserreger, mithin die Ammoniakbildung, hemmen. Dieser letzte Vorgang, von dem man bei den Einsäurungsverfahren Gebrauch macht, dürfte im Boden die geringste Rolle spielen. Zur Erläuterung der Bedeutung des Kohlenstoff/Stickstoff-Verhältnisses dienen folgende Zahlen nach KELLEY[2]:

Stickstoffquelle	Stickstoffgehalt in Prozenten	Ammoniak gebildet in mg nach 9 Tagen bei Zugabe von			
		1 g organischer Substanz auf 100 g Boden	132,9 mg organischen Stickstoffs auf 100 g Boden		132,9 mg organischen Stickstoffs + Stärke bis zur Äquivalenz des Kohlenstoffs
			aerob	anaerob	
Kasein	12,40	50,2	56,9	53,2	31,4
Getrocknetes Blut	13,29	42,4	49,3	12,3	18,9
Sojabohnenkuchen	8,28	40,9	48,7	14,0	34,1
Baumwollsaatmehl	5,10	27,1	32,0	8,5	34,0
Leinsamenmehl	5,00	26,0	34,6	6,9	34,1

Es wird also um so weniger Ammoniak gebildet, je geringer der Stickstoffgehalt der verwendeten Substanz ist, auch wenn die Zugabe so bemessen wird,

[1] Siehe S. 641.

[2] KELLEY, W. P.: The biochemical decomposition of nitrogenous substances in soils. Hawai Agr. Exp. Stat. Bull. **39** (1915). — Einige weitere Literatur hierzu, soweit nicht später erwähnt: A. HIRSCHLER: Über den Einfluß der Kohlenhydrate und einiger anderer Körper der Fettsäurereihe auf die Eiweißfäulnis. Z. physiol. Chem. **10**, 306 (1886). Weitere Literatur bei LAFAR: Handbuch der Mykologie **3**, 98, 99. — K. E. BOEHNKE: Die Beziehungen zwischen Zuckergehalt des Nährbodens und Stickstoffumsatz bei Bakterien. Z. Hyg. **74**, 81 (1912). — H. W. CLARK u. G. O. ADAMS: The influence of carbon upon nitrification. J. Ind. Engin. Chem. **4**, 272 (1912). — M. GERLACH u. A. DENSCH: Über den Einfluß organischer Substanzen auf die Umsetzung und Wirkung stickstoffhaltiger Verbindungen. Mitt. Kais.-Wilh.-Inst. Landw. Bromberg **4**, 259 (1912); Cbl. Bakter. II **37**, 296 (1913). — S. L. JODIDI: Amino acids and acid amides as sources of ammonia in soils. Jowa Agr. Exp. Stat. Res. Bull. **9** (1912). — E. A. AUBEL u. H. COLIN: Influence des sucres sur la transformation bactérienne des substances organiques azotées en sels ammoniacaux. C. r. Soc. Biol. **76**, 835 (1914). — Influence de la nature de l'aliment carbone sur l'utilisation de l'azote par le B. subtilis. C. r. Acad. Sci. Paris **171**, 478 (1920). — E. C. LATHROP: Protein decomposition in soils. Soil Sci. **1**, 509 (1916). — A. I. KENDALL: The significance and quantitative measurement of the nitrogenous metabolism of bacteria. J. inf. Dis. **30**, 211 (1922); und frühere Arbeiten. — S. A. WAKSMAN u. F. G. TENNEY: The composition of natural organic materials usw. II. Influence of age of plant upon rapidity and nature of its decomposition. Soil Sci. **24**, 317 (1927). — III. The influence of nature of plant upon the rapidity of its decomposition. Ebenda **26**, 155 (1928). — A. F. HECK: A study of the nature of the nitrogenous compounds in fungous tissue and their decomposition in the soil. Ebenda **27**, 1 (1929). — W. A. LEUKEL, R. M. BARNETTE u. J. B. HESTER: Composition and nitrification studies on Crotolaria striata. Ebenda **28**, 347 (1929).

daß gleiche Stickstoffmengen gegeben werden; in diesem Falle änderte sich also das Verhältnis zum Kohlenstoff derartig, daß die stickstoffärmeren Materialien erheblich mehr Kohlenstoff enthielten. Wird endlich durch Zusatz von Stärke das Kohlenstoff-Stickstoffverhältnis in allen Fällen auf die gleiche Höhe gebracht, so werden auch die gebildeten Ammoniakmengen gleich, wobei allerdings ein Wert aus dem Rahmen herausfällt, ohne daß die Ursache dafür erkannt werden kann. Es kann bei solchen Versuchen natürlich nicht gesagt werden, welchem der drei oben genannten Umstände der wesentlichste Anteil bei der Herabsetzung der Ammoniakbildung zukommt.

Die folgenden drei Übersichten sollen weiter für die Verhältnisse im Boden und in Reinkulturen die hemmende Wirkung von Kohlenhydraten auf die Ammoniakbildung zeigen:

Stickstoffquelle	4 g Substanz + 100 g Boden ergaben in 7 Tagen mg Ammoniak[1]		
	absoluter Stickstoffgehalt in mg	Ammoniak gebildet in mg	
		ohne Kohlenhydrat	+ 2 g Stärke
Reismehl	46,4	1,26	0,87
Maismehl	51,2	1,18	0,69
Weizenmehl	94,8	5,14	1,56
Erbsenmehl	156,8	50,88	23,70
Leinsamenmehl	247,0	110,69	63,34
Sojabohnenmehl	245,6	129,64	54,36
Baumwollsamenmehl	246,1	123,63	54,54

Aspergillus niger Ammoniakbildung in 2proz. Peptonlösung bei verschiedenem Zuckergehalt[2]

Zucker in Prozenten	nach 5 Tagen		nach 15 Tagen	
	mg NH_3 in 100 cm³	Mycelgewicht in Gramm	mg NH_3 in 100 cm³	Mycelgewicht in Gramm
0	44,80	0,20	73,08	0,36
1	40,74	0,28	50,68	0,93
3	14,14	1,30	36,54	3,27
5	1,26	1,50	33,04	5,22
20	0	1,62	0	11,21

Ammoniakbildung durch verschiedene Bakterien in 400 cm³ Nährlösung nach 6 Tagen[1]

Bakterienart	Behandlung	mg NH_3 gebildet	Zahl der Bakterien in Millionen
Bac. subtilis	Kasein	43,0	28,8
	Kasein + Glucose	11,9	42,6
Bac. proteus	Kasein	13,6	62,4
	Kasein + Glucose	2,6	67,7
Bac. mycoides	Kasein	64,9	50,2
	Kasein + Glucose	14,3	61,0
Bac. megatherium	Kasein	20,8	57,8
	Kasein + Glucose	10,5	87,9
Bac. vulgatus	Kasein	32,0	91,4
	Kasein + Glucose	16,7	111,2
Sarcina lutea	Kasein	28,4	14,7
	Kasein + Glucose	9,2	15,6

[1] LIPMAN, J. G., A. W. BLAIR, J. L. OWEN u. H. C. MCLEAN: Experiments on ammonia formation usw. N. J. Agr. Exp. Stat. Bull. **247** (1912).

[2] WAKSMAN, S. A.: The influence of available carbohydrates upon ammonia accumulation by microorganisms. J. amer. chem. Soc. **39**, 1503 (1917).

Die Verhältnisse sind also bei Pilzen und Bakterien die gleichen; es sei noch darauf hingewiesen, daß im Falle der Bakterien und von Aspergillus durch Zucker eine Vermehrung der Pilz- bzw. Bakterienmasse stattgefunden hat trotz Sinkens der Ammoniakproduktion, so daß also sicherlich die Assimilation an der geringeren Ammoniakbildung beteiligt war. Wieweit dabei auch ein verminderter Angriff auf die organischen Kohlenstoff-Stickstoffverbindungen in Frage kommt, könnte durch Stickstoffbestimmungen in der Mikroorganismenmasse festgestellt werden. Daß es der Fall war, zeigen einige Zahlen von DORYLAND[1], wonach z. B. bei B. mycoides in Gegenwart von Glucose trotz höherer Bakterienzahl nur 1,0 g Kasein gegen 1,5 g bei Kasein als einziger Kohlenstoffquelle verzehrt waren. Weiter soll hier jedoch nicht auf diese Verhältnisse eingegangen werden.

Erwähnt sei jedoch noch, daß für die Verhältnisse im Ackerboden mit einer Mineralisation des Stickstoffs gerechnet wird, wenn das Kohlenstoff-Stickstoffverhältnis = 20/1 ist, das Material also 2% Stickstoff enthält[2]. Ferner sei noch darauf hingewiesen, daß bei der Behandlung bzw. Herstellung von natürlichem oder künstlichem Dünger das Prinzip der Verringerung des Kohlenstoff/Stickstoffverhältnisses eine wesentliche Rolle spielt.

Hinsichtlich der Festlegung des Stickstoffs auf dem Wege der Assimilation durch Pilze sei noch darauf aufmerksam gemacht, daß es sich dabei vor allem um die Wirkung der lebenden Pilzmasse handeln dürfte, da tote Pilzmasse leicht mineralisiert wird, ebenso leicht wie anderes Material von gleichem Stickstoffgehalt[3].

Wirkung des Sauerstoffs: Die Ammoniakbildung vollzieht sich unter aeroben Verhältnissen anscheinend besser bzw. schneller als unter anaeroben, vielleicht deshalb, weil die Verarbeitung der Fettsäuren, welche zusammen mit dem Ammoniak die Aminosäuren aufbauen, sich durch Oxydation schneller vollziehen kann. Außerdem spalten die typisch anaeroben Fäulniserreger nur bis zu den Zwischenstufen des Eiweißabbaus, während die aeroben Fäulnisbakterien von den Zwischenstufen bis zum Ammoniak bevorzugt spalten. Die erwähnten Versuche von KELLEY[4] zeigen jedenfalls überwiegend einen bedeutenden Einfluß der Sauerstoffzufuhr auf die Ammoniakbildung. Für die Verhältnisse im Boden ist außerdem zu beachten, daß unter aeroben Verhältnissen auch die Pilze in Tätigkeit treten können, die sich unter anaeroben Verhältnissen nicht entwickeln.

Andererseits ist in dieser Hinsicht zu beachten, daß natürlich die festlegende, assimilierende, Tätigkeit der Pilze auch in entgegengesetztem Sinne in Erscheinung treten kann. Möglicherweise zeigt sich die letztgenannte Erschei-

---

[1] DORYLAND, C. J. T.: The influence of energy material upon the relation of soil microorganisms to soluble plant food. N. D. Agr. Exp. Stat. Bull. **116** (1916).

[2] WAKSMAN, S. A.: Principles, S. 707. — JENSEN, H. L.: On the influence of the carbon: nitrogen ratio usw. J. agricult. Sci. **19**, 71 (1929). — LEMMERMANN, O., W. JESSEN u. H. ENGEL: Die Bedeutung des Kohlenstoff-Stickstoffverhältnisses und anderer chemischen Eigenschaften der organischen Stoffe für ihre Wirkung. Z. Pflanzenern., Düng. u. Bodenk. A, **17**, 321 (1930).

[3] HECK, A. F.: S. 624, Anm. 2. — Daß auch Chitin leicht zersetzt wird, ergibt sich daraus, daß es sogar, nach G. BEHR, von dem eigenen Organismus bei der Autolyse abgebaut werden kann. Vgl. dieses Handbuch **7**, 274. — Vgl. ferner C. BARTHEL u. N. BENGSTSSON: Availability of the nitrogen on fungi and bacterial cells for nitrification and cellulose decomposition in the soil. Proc. 1. Internat. Congr. Soil Sci. **2**, 204 (1927). — S. BIEREMA: Die Assimilation vom Ammon-, Nitrat- und Amidstickstoff durch Mikroorganismen. Cbl. Bakter. **23**, II 672 (1909) fand, daß sporenreiche Pilzmasse sehr schlecht mineralisiert wird, was mit obigen Ausführungen übereinstimmt.

[4] KELLEY: S. 624, Anm. 2.

nung in Versuchen von GIESECKE[1], der bei Bodenbearbeitung, also Lüftung, sogar eine Depression in der Ammoniakbildung fand, wie folgende Zahlen zeigen:

	mg NH_3-Stickstoff weniger gegenüber unbearbeitet bei Untersuchung der Fäulniskraft		
	Gepflügt	gefräst	getellert
Bodenschicht 0—15 cm	1,71 ± 0,12	2,54 ± 0,04	2,06 ± 0,08
Bodenschicht 15—30 cm	0,41 ± 0,04	0,68 ± 0,17	0,54 ± 0,08

Gerade die oberste Bodenschicht zeichnete sich also nach der Bearbeitung durch einen Rückgang in der Fäulniskraft aus, die eben mit verstärkter Assimilation erklärt werden könnte. Andere Untersuchungen ergaben wechselnde oder unsichere Ergebnisse[2]. Es ist dabei allerdings zu beachten, daß die intensive Förderung der Nitratbildung durch Bearbeitung auch eine solche der vorangehenden Ammoniakbildung zur Folge haben muß.

Es wird auch wohl der besseren Durchlüftung zuzuschreiben sein, wenn REMY[3] bei leichten tätigen Böden (3—24% abschlämmbare Teile) eine hohe Fäulniskraft fand (71—86% des Peptons zu Ammoniak umgewandelt), während andere Autoren[4] bei schweren Böden (40% abschlämmbare Teile) eine weitaus geringere Fäulniskraft fanden (40—50% des Peptons zu Ammoniak umgesetzt), vorausgesetzt allerdings, daß solche örtlich und zeitlich getrennten Versuche überhaupt vergleichbar sind.

Natürlich wird sich auch unter anaeroben Verhältnissen eine Ammoniakbildung vollziehen, wie zahlreiche Versuche zeigen und wie auch aus dem wiedergegebenen Beispiel nach SHUNK[5] hervorgeht; aber sie geht sicherlich langsamer vor sich als unter aeroben Verhältnissen. Jedenfalls ist diese Frage nicht so einfach zu lösen und erfordert ein sorgfältiges Abwägen aller unter den natürlichen Verhältnissen in Frage kommenden, mikrobiologischen Möglichkeiten, die nicht mit den üblichen rohen und schematischen Methoden ohne weiteres zu erfassen sind.

Der Einfluß des Wassergehaltes auf die Ammoniakbildung macht sich nach einigen Autoren in ähnlicher Weise geltend wie bei der Kohlensäurebildung, indem GREAVES und CARTER[6] ein Optimum bei 60% der Wasserkapazität fanden. Doch findet auch bei voller Wassersättigung eine starke Ammoniakbildung statt, weil eben dann die anaeroben Fäulnisbakterien in Tätigkeit treten können. In dem auf S. 633 mitgeteilten Beispiel ist die Ammoniakbildung bei überoptimalem Wassergehalt nicht einmal verlangsamt.

---

[1] GIESECKE, F.: Über den Einfluß äußerer Faktoren auf die Bodenstruktur. Z. Pflanzenern., Düng. u. Bodenk. A, **8**, 222 (1926/27). Zahlen von S. 239.

[2] Vgl. F. LÖHNIS: Handbuch der landwirtschaftlichen Bakteriologie, S. 734.

[3] REMY, TH.: S. 623, Anm. 1.

[4] LÖHNIS, F. u. A. E. PARR: Zur Methodik der bakteriologischen Bodenuntersuchung. Cbl. Bakter. II **17**, 527 (1907). — LIPMAN, J.: N. J. Agr. Exp. Stat. Rep. **26**, 228 (1905).

[5] SHUNK, J. V.: S. 632, Anm. 3.

[6] GREAVES, J. E. u. E. G. CARTER: Influence of moisture on the bacterial activities of the soil. Soil Sci. **10**, 361 (1920); **13**, 251 (1922). — Vgl. ferner: J. G. LIPMAN u. P. E. BROWN: Report of the soil chemist and bacteriologist. Ann. Rep. N. J. Agr. Exp. Stat. **29**, 105 (1908). — O. RAHN: Die Bakterientätigkeit im Boden als Funktion von Korngröße und Wassergehalt. Cbl. Bakter. II **35**, 429 (1912); **38**, 484 (1913). — F. MÜNTER u. W. P. ROBSON: Über den Einfluß der Böden und des Wassergehaltes auf die Stickstoffumsetzungen. Ebenda II **39**, 419 (1916). — T. J. MURRAY: The oxygen requirements of biological soil processes. J. Bacter. **1**, 547 (1916). — In ariden Böden hatte Bewässerung großen Erfolg hinsichtlich Erhöhung der Fäulniskraft, des Nitrifikationsvermögens und der Bakterienzahl: J. A. PRESCOTT: A note on the Sheragi soils of Egypt. J. agricult. Sci. **10**, 177 (1920).

Hinsichtlich der Temperatur sei nur erwähnt, daß sich die Ammoniakbildung nach PANGANIBAN[1] zwischen 15—60° C vollziehen kann, also auch unter thermophilen Bedingungen; SCHÖNBRUNN[2] stellte jedoch auch noch bei + 0° C eine mit der Zeit kräftig einsetzende Ammoniakbildung fest.

Wenn LÖHNIS[3] u. a. bei dem jahreszeitlichen Verlauf der Ammoniakbildung ein starkes Maximum im Frühjahr gefunden haben, so dürfte das in erster Linie der steigenden Temperatur zuzuschreiben sein, während das kleinere Maximum, das man im Herbst fand, ähnlich wie bei der Kohlensäurebildung[4] dem Wiederanstieg nach der sommerlichen Depression, hervorgerufen durch die Austrocknung des Bodens, zuzuschreiben wäre. Im übrigen dürften hierfür ähnliche Gesichtspunkte wie für den Verlauf der Nitratbildung gelten[5].

Auch bei der Ammoniakbildung ist die Reaktion von außerordentlicher Wichtigkeit. Wenn CHRISTENSEN[6] auf Hochmoorboden eine sehr geringe Fäulniskraft fand, so dürfte das in erster Linie auf die saure Reaktion zurückzuführen sein, wie dieser Autor denn auch auf alkalischen Mineralböden eine höhere Fäulniskraft als auf sauren fand. Das entspricht völlig dem physiologischen Bild der Zurückdrängung der Ammoniakbildung bei Gegenwart von Kohlenhydraten infolge der gebildeten organischen Säuren, wie bei dem Einsäuerungsverfahren.

DENSCH[7] kam zu dem Schluß, daß Säureschädigungen bei höheren Pflanzen auf sauren Böden auf Stickstoffmangel zurückzuführen seien; zu einem ähnlichen Schluß gelangte auch RIPPEL[8]. Wenn man auch nicht immer eine fördernde Wirkung des Kalkes beobachtet hat, so dürfte doch an der Bedeutung der Reaktion nicht zu zweifeln sein. Abnorm kalkarme Böden lieferten jedenfalls auch sehr niedrige Werte der Fäulniskraft[9].

Immerhin ist dabei zu beachten, daß, wie oben erwähnt wurde, die Ammoniakbildung nicht ganz so empfindlich der sauren Reaktion gegenüber ist wie die Nitratbildung, bei deren Besprechung noch einmal auf diesen Punkt zurückzukommen sein wird.

Folgende Zahlen nach AALTONEN[10] zeigen das noch etwas eingehender, wobei eine größere Anzahl von Bodenproben verschiedener finnischer Waldtypen untersucht wurde:

mg Ammoniak- bzw. Nitrat-Stickstoff in je 100 g lufttrockenem Boden									
	p_H								
	4,2	4,6	4,8	5,0	5,2	3,6	4,4	4,6	5,0
mg NH_3—N									
zu Beginn	2,1	3,6	4,4	4,0	4,1	3,0	3,5	4,3	4,9
nach 2 Monaten . .	10,3	12,8	21,6	19,0	27,7	3,3	7,9	15,3	11,6
mg N_2O_5—N									
zu Beginn	0,06	0,06	0,12	0,20	0,04	0	0,06	0	1,7
nach 2 Monaten . .	0,09	0,07	0,11	16,4	0,18	0	0,06	2,56	35,0

[1] PANGANIBAN, E. H.: Temperature as a factor in nitrogen changes in the soil. J. amer. Soc. Agronom. 17, 1 (1925).

[2] SCHÖNBRUNN, BR.: S. 631, Anm. 5.

[3] LÖHNIS, F.: Handbuch der landwirtschaftlichen Bakteriologie, S. 574.

[4] Siehe S. 608. [5] Siehe S. 631.

[6] CHRISTENSEN, H.: Mikrobiologische Untersuchung von Hoch- und Niederungsmoortorf. Cbl. Bakter. 37, 414 (1913).

[7] DENSCH, A.: Wesen und Bedeutung der Bodenazidität. Z. Pflanzenern., Düng. u. Bodenk. A, 3, 218 (1924).

[8] RIPPEL, A.: Die Bedeutung der Wasserstoffionenkonzentration für die Mikroorganismen und ihre Tätigkeit im Boden. Z. Pflanzenern., Düng. u. Bodenk. A, 3, 221 (1924).

[9] Literatur vgl. F. LÖHNIS: Handbuch der landwirtschaftlichen Bakteriologie, S. 751.

[10] AALTONEN, V. T.: Über die Umsetzungen der Stickstoffverbindungen im Waldboden. Comm. Inst. quaest. forestal. Finl. ed. 10 (Helsinki 1926).

Es zeigt sich also, daß sowohl bei Betrachtung des Ammoniak- bzw. Nitratgehaltes im Boden wie auch bei der nach zwei Monaten im Laboratorium erfolgten Bildung dieser mobilisierten Stickstoffverbindung, von einer kleinen Unregelmäßigkeit abgesehen, die Ammoniakbildung weniger von der Reaktion beeinflußt wird als die Nitratbildung. Wenn gelegentlich, wie z. B. in den beiden äußersten Spalten rechts die Ammoniakbildung mit höherem p_H wieder abzunehmen scheint, so liegt das ganz offenbar nur an der hier einsetzenden Nitratbildung, welche einen Teil des vorher gebildeten Ammoniaks wieder zum Verschwinden bringt.

Doch sind auch diese Fragen noch nicht systematisch untersucht. Werden keine Umsetzungsversuche in Flüssigkeiten durchgeführt, sondern Umsetzungsversuche in den Böden selbst, so kann die Frage der Ammoniakbildung natürlich nur im Gesamtrahmen der Stickstoffumwandlungen gelöst werden.

Hierbei ist zunächst die Nitratbildung mit zu berücksichtigen. Das unten von SHUNK[1] angeführte Beispiel zeigt, daß Zufuhr von Kalk anscheinend hemmend auf die Ammoniakbildung gewirkt hat. Die Nitratzahlen zeigen jedoch sofort, daß unter diesen Verhältnissen das Ammoniak zu Nitrat oxydiert worden ist, so daß die Hemmung also nur scheinbar ist.

Auch die Stickstoffassimilation ist in diesem Zusammenhang zu berücksichtigen; eine saure Reaktion kann das scheinbare Bild der Ammoniakbildung über die Wirkung der sauren Reaktion hinaus noch weiter verschlechtern insofern, als auf solchem Substrat noch genügend Entwicklungsmöglichkeit für Pilze gegeben ist, welche, vielleicht auch wegen des Zurücktretens der Kohlenstoffmineralisation seitens der Bakterien, genügend Entwicklungsmöglichkeit finden und so die Rückführung mineralisierten Stickstoffs in festgelegte organische Form begünstigen, wodurch natürlich wieder die Ammoniakbildung zurückgedrängt erscheinen muß[2].

Diese Deutung dürfte einigen Versuchen von WAKSMAN[3] zu geben sein, wenn er folgendes fand:

Behandlung des Bodens	p_H	mg Ammoniak — Stickstoff in Peptonlösung	in Kaseinlösung	im Boden
Ungedüngt	4,6	76,53	93,94	38,08
Nur Kalk	6,3	89,26	100,10	40,04
Mineral- + Stalldüngung	5,4	78,87	99,96	45,22
Mineral- + Stalldüngung + Kalk	6,4	83,02	99,54	42,00

In allen Fällen ist also durch Kalk die Ammoniakbildung im Boden gegenüber derjenigen bei ohne Kalk weniger gesteigert worden als bei den Umsetzungsversuchen in Lösungen oder sogar zurückgegangen. Ob hier nun der verstärkten Assimilation oder Nitratbildung der wesentlichste Anteil zukommt, kann nach diesen Versuchen nicht entschieden werden. Jedenfalls kann auch hier gesagt werden, daß die meisten vorliegenden Versuche nicht eingehend genug sind, um alle mitwirkenden Faktoren zu erfassen.

Bei der Ammoniakbildung im Boden ist endlich auch noch ein Punkt zu berücksichtigen, der bisher nicht mit der nötigen Schärfe herausgestellt wurde: Wenn man nämlich von Fäulniskraft eines Bodens spricht und diese mit einer Laboratoriumsmethode bestimmt, so handelt es sich ja um den Abbau von Eiweiß oder sonstigen Stickstoffverbindungen. In dem natürlichen Boden, der keinerlei

[1] SHUNK, J. V.: S. 632, Anm. 3.
[2] Vgl. hierzu auch O. LEMMERMANN: S. 621, Anm. 4.
[3] WAKSMAN, S. A.: Microbiological analysis of soil as an index of soil fertility. IV. Ammonia accumulation (Ammonification). Soil Sci. 15, 49, 61 (1923).

organische Düngemittel enthält, werden dagegen alljährlich ein gewisser Teil der Humussubstanzen mineralisiert. Es brauchen jedoch durchaus nicht die gleichen Mikroorganismen zu sein, die jeweils beteiligt sind, worüber man jedoch noch nichts Näheres weiß.

Nitratbildung.

Die Nitratbildung ist unter allen mikrobiologischen Vorgängen des Bodens derjenige, der sich am strengsten unter aeroben Bedingungen abspielt und daher gerade für die Verhältnisse im Ackerboden, also für landwirtschaftliche Verhältnisse, besonders charakteristisch ist, während für viele Naturböden wohl gerade das Zurücktreten des Nitratstickstoffs charakteristisch ist. Die Nitratbildung schließt sich unmittelbar an die Ammoniakbildung an; man hat bisher noch keinen Grund anzunehmen, daß eine Nitratbildung unmittelbar aus organischem Stickstoff erfolgt, worauf an anderer Stelle[1] hingewiesen ist. Es ist nun in dieser Hinsicht nicht unwesentlich, zu erwähnen, daß es OMELIANSKI[2] gelungen ist, durch nur drei Organismen die Nitratbildung aus organisch gebundenem Stickstoff durchzuführen. Er impfte Bouillon mit Bacillus ramosus + Nitrosomonas, dem Nitritbildner, + Nitrobacter, dem Nitratbildner. Zuerst trat Ammoniak auf, darauf Nitrit, endlich Nitrat. Die zeitliche Ablösung dieser drei Vorgänge ist physiologisch verständlich: Zunächst wird der Nitritbildner durch seine Empfindlichkeit gegen organische Stoffe[3] gehemmt werden, bis diese einigermaßen zerstört sind. Der Nitratbildner wiederum wird dann weiter gehemmt bleiben, bis der größte Teil des gebildeten Ammoniaks zerstört ist, gegen das er sehr empfindlich ist.

Unter natürlichen Verhältnissen verläuft der Vorgang dagegen nicht in dieser Auffälligkeit stufenweise; Ammoniak findet man allerdings auch hier, wie alle Untersuchungen der Nitratbildung gezeigt haben[4], Nitrit dagegen, dessen Übergang in Nitrat sofort erfolgt, fast nie. Das Auftreten von Nitrit zeigt stets anormale Verhältnisse an, z. B. eine zu intensive Ammoniakbildung, die eine genügende Verarbeitung unmöglich macht, wie das auf Rieselfeldern der Fall sein kann. Andererseits kann auftretendes Nitrit auf die Reduktion von Nitraten zurückzuführen sein, was bei schlechter Durchlüftung, in Abwässern z. B., eintreten kann. Auf diese Weise dürfte auch das Nitrit entstehen, das im Grundwasser hin und wieder gefunden wird.

Der Nitratgehalt „normaler" Böden schwankt von Bruchteilen Milligramm bis 10 mg, hängt aber von Auswaschung, Aufnahme durch die Pflanzendecke und dergleichen ab. Zahlenmäßige Angaben finden sich an verschiedenen Stellen dieses Beitrages.

Zur Untersuchung[5] der nitrifizierenden Kraft, Nitrifikationskraft, eines Bodens werden 50 cm^3 einer 0,1proz. Ammoniumsulfatlösung mit 5 g Erde geimpft und nach gewissen Zeiten das gebildete Nitrat bestimmt; oder es werden 100 g Erde mit 0,1—1,0 g Ammonsulfat oder mit entsprechenden Mengen von getrocknetem Blut oder anderen stickstoffhaltigen organischen Stoffen versetzt, feucht gehalten und ebenso verfahren. Wie oben erwähnt, wird es jedoch vielleicht am einfachsten und besten sein, das Ammoniak/Nitratverhältnis des natürlichen Bodens zu bestimmen.

---

[1] Dieses Handbuch 7, 274.

[2] OMELIANSKI, W. O.: Über die Nitrifikation des organischen Stickstoffs. Cbl. Bakter. II 5, 473 (1899).

[3] Dieses Handbuch 7, 277, 278. [4] Siehe S. 621.

[5] Vgl. S. A. WAKSMAN: S. 623, Anm. 5. — Microbiological analysis of soils as an index of soil fertility. V. Methods in the study of nitrification. Soil Sci. 15, 241 (1923).

Es sei noch darauf hingewiesen, daß die Nitratbildung biologisch nicht notwendig erscheint, da die Pflanzen ebenso gut Ammoniak unmittelbar aufnehmen und verarbeiten können, wie zahlreiche Untersuchungen gezeigt haben; das hängt nur von der Wasserstoffionenkonzentration ab[1]. Man könnte im Gegenteil die Nitratbildung vom Gesichtspunkte des gesamten Stickstoffumsatzes aus fast eher als schädlich bezeichnen, weil es viel leichter durch Auswaschung und Denitrifikation verloren gehen kann als das Ammoniak. In dieser Hinsicht könnte die menschliche Kultur teilweise den Kulturboden in einen ähnlichen anormalen Zustand versetzt haben wie sie das mit den nur mehr in künstlicher Kultur existenzfähigen Kulturpflanzen getan hat.

Es scheint ferner ein tieferer Zusammenhang darin zu liegen, daß von höheren Pflanzen Ammoniak bei schwach saurer, Nitrat bei alkalischer (oder stark saurer) Reaktion bevorzugt aufgenommen wird; hier spiegeln sich im Stoffwechsel der Organismen bis zu einem gewissen Grade die natürlichen Verhältnisse der bevorzugten Ammoniak- bzw. Nitratbildung wieder.

Wie alle mikrobiologischen Umsetzungen im Boden wird auch die Nitratbildung durch die äußeren Bedingungen beeinflußt, worauf gleich einzugehen sein wird. Darüber hinaus will man jedoch, wie auch bei den übrigen mikrobiologischen Umsetzungen[2], eine von diesen unabhängige jahreszeitliche Peridiodizität festgestellt haben; diese namentlich von Löhnis vertretene Anschauung wurde kürzlich wieder von Limbach[3] zu beweisen versucht, ergab jedoch eine Bestätigung der von Lemmermann und Wichers[4] sowie Schönbrunn[5] erhaltenen Ergebnisse, wonach ein solcher Einfluß nicht festzustellen war. Es kann zunächst als erwiesen gelten, daß unter natürlichen Verhältnissen im Frühjahr ein Maximum der Tätigkeit der nitrifizierenden Bakterien vorhanden ist, dem ein sommerliches Minimum folgt, an das sich wieder ein zweites schwächeres,

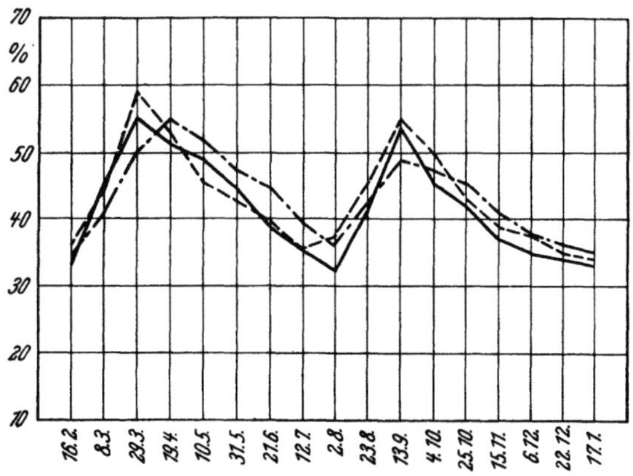

Abb. 18. Salpeterbildung in Lösung geimpft mit Sand (——), Lehm (— — —) bzw. Moor (— · — ·) vom Februar 1928 bis Januar 1929 (% vom Ammon-N nitrifiziert). (Nach Limbach.)

---

[1] Literatur bei K. Rippel: Quantitative Untersuchungen über die Abhängigkeit der Stickstoffassimilation von der Wasserstoffionenkonzentration bei einigen Pilzen. Arch. Mikrobiol. **2**, 72 (1931). — Für höhere Pflanzen vgl. W. Mevius: Die Wirkung der Ammonsalze in ihrer Abhängigkeit von der Wasserstoffionenkonzentration. Planta **6**, 379 (1928). — W. Mevius u. H. Engel: Ebenso II. Ebenda **9**, 1 (1929). — K. Pirschle: Nitrate und Ammonsalze als Stickstoffquelle für höhere Pflanzen bei konstanter Wasserstoffionenkonzentration. Ebenda **9**, 84 (1929). — Vgl. weiter: Ber. dtsch. bot. Ges. **47** (86), Generalvers.-Heft (1929).

[2] Vgl. S. 608, 628 und dieses Handbuch **7**, 262.

[3] Limbach, S.: Studien über die Nitratbildung im Boden. Cbl. Bakter. II **78**, 354 (1929). Hier weitere Literatur. Als dort nicht zitiert sei hier noch angefügt: J. W. Leather: Water requirements of crops in India. Mem. Dep. Agr. India Chem., ser. **1**, 133, 205 (1919); **2**, 63 (1912). — A. Lumière: Le rhytme saisonnier et le réveil de la terre. Rev. gén. Bot. **33**, 545 (1921). — Vgl. ferner A. W. Sabaschnikoff: S. 634, Anm. 4.

[4] Lemmermann, O. u. L. Wichers: Über den periodischen Einfluß der Jahreszeit auf den Verlauf der Nitrifikation. Cbl. Bakter. II **50**, 33 (1920).

[5] Schönbrunn, Br.: Über den zeitlichen Verlauf der Nitrifikation usw. Cbl. Bakter. II **56**, 545 (1922). — Vgl. dazu die Auseinandersetzung zwischen F. Löhnis und Br. Schönbrunn: Ebenda II **58**, 207 (1923).

Herbstmaximum anschließt (Abb. 18 u. 19); nach den verschiedenen Breiten fallen diese Maxima natürlich in verschiedene Monate des Jahres. Besondere äußere Verhältnisse werden hin und wieder dieses Bild modifizieren können[1].

Wäre dieser Rhythmus unabhängig von den äußeren Verhältnissen, so müßte er auch jederzeit im Laboratoriumsversuch hervortreten. Das ist jedoch, wie die Arbeiten der oben genannten Autoren gezeigt haben, nicht der Fall; die beiden Kurvenabbildungen nach LIMBACH erläutern dies. Die erste Kurve zeigt schön das Frühjahrs- und Herbstmaximum, die zweite Kurve qualitativ dasselbe Bild, aber so verschoben, daß nunmehr deren Maxima ungefähr mit den Minima der ersten Kurve zusammenfallen. Es läßt sich eine sehr wahrscheinliche Deutung dieser Erscheinung geben: Der zweite Versuch wurde angesetzt zur Zeit des nach Versuch 1 beginnenden Minimums. Die im Versuch geschaffenen günstigen Umweltbedingungen führen aber zunächst zu dem Maximum, wie jeder mikrobiologische Vorgang unter den günstigen Laboratoriumsbedingungen mit steilem Anstieg erfolgt. Der steile Abfall und das zweite Maximum finden sich ebenfalls bei jeder Kultur in vitro, wenn nach eingetretener, von einem Bakterienrückgang begleiteten, Autolyse ein zweiter Anstieg erfolgt, welches Spiel sich unter Umständen mehrmals wiederholen kann[2]. Möglicherweise ist mit etwas ähnlichem auch bei den Vorgängen in Erde zu rechnen oder auch vielleicht mit einem Ablösen eines Vorganges, der einige Zeit andauerte, durch einen anderen, bis die Verhältnisse wieder für jenen günstig werden.

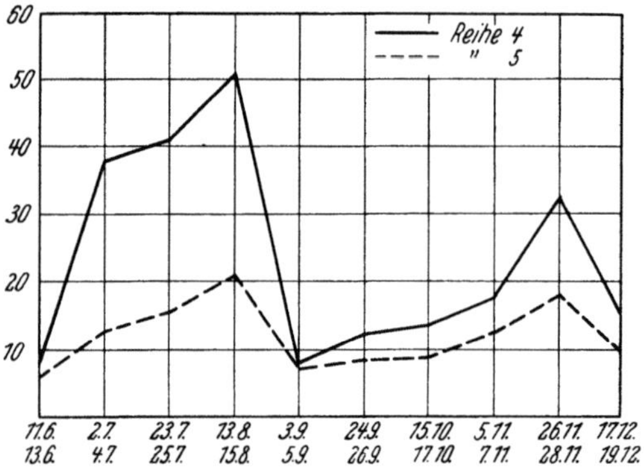

Abb. 19. Salpeterbildung (mg Nitrat-N pro kg Erde) in Erde gedüngt mit $NH_4\ Mg\ PO_4$ (Reihe 4) bzw. mit Stalldünger (Reihe 5). Mai bis Dezember 1928. (Nach LIMBACH.)

Danach würde also der Wechsel zwischen Maxima und Minima in dem Verlauf der Bakterienvermehrung zu erblicken sein. Wichtig aber ist, daß stets die äußeren Verhältnisse den Anstoß geben. — In der Natur wird also der Temperaturanstieg im Frühjahr, wenn wir gemäßigte Breiten betrachten, der zunächst auslösende Faktor sein, so daß das übrige zwangsmäßig ablaufen muß. Es kann also die Jahreszeit an sich gar nicht zur Wirkung kommen, sondern nur durch ihre klimatischen Bedingungen. Unter anomalen Verhältnissen werden diese sogar den erst induzierten Rhythmus unterbrechen können.

Was nun die Wirkung der äußeren Verhältnisse im allgemeinen betrifft, so ist der Ammoniakbildung gegenüber festzustellen, daß die Nitratbildung in allem „empfindlicher" zu sein scheint, wie folgende Zahlen von SHUNK[3] zeigen, wobei jene gegen Wasserstoffionenkonzentration, unteroptimale und überoptimale Feuchtigkeit offenbar unempfindlicher ist, wie das schon aus früheren Betrachtungen hervorging, denn Ammoniak findet sich noch in Böden, in denen die Nitratbildung fehlt bzw. ganz zurücktritt.

---

[1] Vgl. z. B. D. FEHÉR: Mikrobiologische Untersuchungen über den Stickstoffkreislauf im Waldboden. Arch. Mikrobiol. 1, 381 (1930), der im Waldboden ein stärkeres Herbstmaximum, im Schwarzkiefernwald ein sommerliches Maximum fand.

[2] Vgl. z. B. R. MELLER: Über den Verlauf des Wachstums bei Bac. vulgaris usw. Cbl. Bakter. II 64, 1 (1925).

[3] SHUNK, J. V.: Microbiological activities in the soil of an upland bog in eastern North Carolina. Soil Sci. 27, 283 (1929).

Behandlung	mg NH_3 bzw. N_2O_5-Stickstoff in 100 g trockenem Boden							
	Normal		+ Kalk		Feuchtigkeit			
					unteroptimal		überoptimal	
Tage	NH_3	NO_3	NH_3	NO_3	NH_3	NO_3	NH_3	NO_3
62	0,8	0	8,2	0	0,7	0	0,8	0
118	1,8	0	3,2	5,8	1,1	0	1,5	0
181	2,3	0	0,3	12,1	1,5	0	2,7	0
237	2,9	0	0,4	11,2	1,6	0	2,9	0
293	4,7	0	0,7	13,3	2,2	0	4,3	0
	p_H 5,2		p_H 7,35		p_H 4,8		p_H 5,7	

Die Wirkung des Sauerstoffs bzw. der Durchlüftung möge zunächst folgendes Beispiel nach SCHLOESING[1] zeigen:

Zeit	mg Salpetersäure in 1 kg Erde bei Sauerstoffdruck				
	0	6	11	16	21%
Beginn	64	64	64	64	64
Nach $7^1/_2$ Monaten	0	263	286	267	289
Zunahme an Salpetersäure:	—64	+199	222	203	225

Wir finden also ganz ähnliche Verhältnisse wie bei der Kohlensäurebildung; auch hier ist das Maximum der Sauerstoffwirkung bereits bei einer Sauerstoffspannung von nur 6% fast erreicht; man kann also wohl annehmen, daß unter natürlichen Verhältnissen die Nitratbildung nur unter sehr extremen und lang andauernden schlechten Durchlüftungsverhältnissen wirklich merkbar heruntergedrückt werden wird. Im übrigen gilt das für die Kohlensäureproduktion oben auf S. 616 Gesagte. Besonders charakteristisch für die Nitratbildung sind jedoch die Zahlen bei der Sauerstoffspannung 0. Gegenüber dem ursprünglichen Nitratgehalt der Erde ist hier ein Verlust eingetreten, verursacht durch Denitrifikation infolge des Sauerstoffmangels.

Mit der besseren Sauerstoffversorgung hängt es auch zusammen, daß die Nitratbildung in den oberen Bodenschichten intensiver als in den unteren ist, wie die folgenden Versuche von KOCH[2] zeigen, wobei noch zu bemerken ist,

Bodenschicht	mg Stickstoff in 100 g Boden			
	bei Versuchsbeginn		Zunahme an Nitrat-N in etwa	
	Gesamt-N	Nitrat-N	8 Monaten	20 Monaten
0—20	109,7	1,00	1,54	3,29
20—40	89,5	0,43	1,21	nicht
40—60	66,1	0,37	0,78	untersucht
60—80	58,1	0,13	0,64	1,47

daß in diesem Versuch die Auswaschung ausgeschaltet war, die unter natürlichen Verhältnissen dieses Bild trüben könnte. Berechnet man den prozentualen Abbau, bezogen auf die ursprünglich vorhandenen Stickstoffmengen, so ergibt sich für die tiefen Bodenschichten auch eine solche prozentuale, nicht nur absolute Abbnahme der gebildeten Nitratmenge:

[1] SCHLOESING, TH.: Etude de la nitrification dans les sols. C. r. Acad. Sci. Paris **77**, 203 (1873).

[2] KOCH, A.: Versuche über die Salpeterbildung im Ackerboden. J. Landw. **59**, 85, 93 (1911). — Vgl. auch A. RIPPEL: Versuche aus dem Nachlaß von ALFRED KOCH. Ebenda **72**, 17 (1924). — Ferner A. W. SABASCHNIKOFF: S. 634, Anm. 4.

Bodenschicht	Nitrat-Stickstoff in Proz. des ursprünglich vorhandenen Gesamt-N			
	0—20	20—40	40—60	60—80 cm
Nach 8 Monaten	1,40	1,35	1,18	1,10
Nach 20 Monaten	3,00	nicht untersucht		2,53

Die Ursache liegt wohl, wie KOCH betont, darin, daß in den oberen Bodenschichten sowohl mehr Mikroorganismen als auch leichter angreifbare Stickstoffverbindungen vorhanden sind.

Ein gleiches geht aus Versuchen von MACBETH und SMITH[1] hervor, die folgendes Nitrifikationsvermögen in mit Ammonsulfat versetzter Erde feststellten:

mg Nitrat-Stickstoff nach 10 Tagen bei Fuß Tiefe				
1	2	3	4	5
9,86	1,09	0,34	0,18	0,13

STEWART und GREAVES[2] fanden allerdings geringe Schwankungen des Nitratgehaltes mit der Tiefe, nämlich bei 1 Fuß Tiefe 16,7%, bei 10 Fuß Tiefe dagegen noch 9,7% des Nitratgehaltes, was jedoch wohl mit den besonderen Eigenschaften des untersuchten ariden Bodens zu erklären ist (Utah Boden), wo die Haupt-Mikroorganismentätigkeit offenbar nach tieferen Schichten verlegt ist[3].

Bei diesem starken Einfluß des Sauerstoffs ist es auch verständlich, daß die durch Bodenbearbeitung verursachte Bodenlüftung einen günstigen Einfluß auf die Salpeterbildung hat, wie namentlich folgendes Beispiel nach DEHÉRAIN[4] zeigt, wobei Erde in Vegetationsgefäßen mehrere Jahre aufbewahrt und die Erde eines Teiles der Gefäße unberührt gelassen, die anderer Gefäße dagegen von Zeit zu Zeit durchgelockert wurde.

Erde	mg Salpetersäure in 100 g Erde	
	nicht bearbeitet	bearbeitet
Grignon	2—3	39—44
Marmilhat	2	46—51
Palbost	2	57—71

Über den Einfluß der Temperatur läßt sich sagen, daß die Nitratbildung am besten bei Temperaturen um oder etwas unter 30° C verläuft; die Angaben schwanken etwas; es ist sehr wohl möglich, daß sie auch unter verschiedenen klimatischen Bedingungen ein etwas verschiedenes Optimum hat[5]; 40° scheint sie unbedingt schon erheblich herabzusetzen. Sie verläuft jedoch, wenn auch langsam, noch bei 0° C[6]. Die Erhöhung der Nitrifikationskraft in gefrorenem Boden, die man gelegentlich festgestellt hat, dürfte auf die Zerteilung der Kolonien infolge der Frosteinwirkung zurückzuführen sein[7]. Folgende Ergebnisse, welche als Typ der Temperaturabhängigkeit gelten können, erhielt VON BAZAREWSKI[8]:

[1] MAC BETH, J. G. u. N. R. SMITH: S. 635, Anm. 1; Mittel der Tabelle VII, S. 33.
[2] STEWART, R. u. J. E. GREAVES: S. 635, Anm. 2. [3] Vgl. dieses Handbuch 7, 258.
[4] DEHÉRAIN, P. P.: C. r. Acad. Sci. Paris 116, 1094 (1893). — Vgl. weiter: C. A. JENSEN: Seasonal nitrification as influenced by crops and tillage. U. S. Dep. Agr. Bur. Pl. Ind. Bull. 173 (1910). — T. L. LYON: Intertillage of crops and formation of nitrates in soils. J. amer. Soc. Agronom. 14, 97 (1922). — F. GIESECKE: S. 627, Anm. 1. — A. W. SABASCHNIKOFF: Einfluß verschiedener Kulturmaßnahmen auf die Salpeterbildung im Boden. Fortschr. Landw. 4, 625 (1929). Sammelbericht über russische Arbeiten.
[5] MISCHUSTIN, E.: Untersuchungen über die Temperaturbedingungen für die bakteriologischen Prozesse im Boden in Verbindung mit der Anpassungsfähigkeit der Bakterien an das Klima. Cbl. Bakter. II 66, 328 (1926). [6] SCHÖNBRUNN, BR.: S. 631, Anm. 5.
[7] LYON, P. L. u. J. A. BIZZELL: Some relations of certain higher plants to the formation of nitrates in soils. N. Y. (Cornell) Univ. Agr. Exp. Stat. Mem. 1913, 1. — Vgl. im übrigen dieses Handbuch 7, 261.
[8] BAZAREWSKI, ST. VON: Beiträge zur Kenntnis der Nitrifikation und Denitrifikation im Boden. Dissert. Göttingen 1906. — Vgl. auch A. E. TRAAEN: S. 635, Anm. 1. — Ältere

Temperatur °C	mg HNO_3 in 300 g Boden			Temperatur °C	mg HNO_3 in 300 g Boden		
	Nach Tagen				Nach Tagen		
	10	20	30		10	20	30
7—9	30,8	47,6	33,1	30—32	90,5	144,5	126,4
15—18	43,3	99,9	108,0	40—42	22,1	86,9	75,2
25—27	92,9	150,3	126,9	50	8,3	10,3	21,7

Wohl der wesentlichste Faktor, unter natürlichen Verhältnissen, für die Nitratbildung ist der Wassergehalt des Bodens. TRAAEN[1] teilt folgende Zahlen mit:

Wasser in Prozent der Erde bei 27,4% Wasserkapazität	mg Nitrat-Stickstoff in 100 g Erde bei 25° C			Wasser in Prozent der Erde bei 27,4% Wasserkapazität	mg Nitrat-Stickstoff in 100 g Erde bei 25° C		
	Nach Tagen				Nach Tagen		
%	26	66	100	%	26	66	100
3	1,0	1,0	0,6	17,5	36,3	40,1	41,6
5	0,6	0,9	0,9	20	29,2	40,5	40,4
10	13,6	19,1	32,9	25	7,3	20,3	24,2
15	30,1	41,9	40,7				

Wie auch sonstige Untersuchungen zeigten, bedarf die Nitratbildung eines gewissen, nicht allzu niedrigen Wassergehaltes; das Optimum liegt bei etwa $^2/_3$ der wasserfassenden Kraft. Sie vollzieht sich auch gut, wenn auch nicht stärker, in ariden Böden[2], in denen sich denn auch wegen der verhinderten Auswaschung eine starke Anhäufung von Nitraten vollzieht, wie ja auch das natürliche Vorkommen der Salpeterlager zeigt (auch wenn diese auf sekundärer Lagerstätte stehen). Bei einem Vergleich mit humiden Böden fanden LIPMAN und Mitarbeiter das Nitrifikationsvermögen arider Böden bei Ammonsulfat und Baumwollsaatmehl gesteigert, bei Bodenstickstoff und Blutmehl erniedrigt; es

---

Literatur bei LÖHNIS: Handbuch der landwirtschaftlichen Bakteriologie, S. 618. — Neuere Literatur bei E. H. PANGANIBAN: S. 628, Anm. 1.

[1] TRAAEN, A. E.: Über den Einfluß der Feuchtigkeit auf die Stickstoffumsetzungen im Erdboden. Cbl. Bakter. II **45**, 119 (1916). — Einige weitere Literatur: L. C. COLEMAN: Untersuchungen über Nitrifikation. Ebenda II **20**, 401, 484 (1908). — J. W. PATTERSON u. P. R. SCOTT: The influence of soil moisture upon nitrification. J. Dep. Agr. Victoria **10**, 275 (1912). — J. G. MAC BETH u. N. R. SMITH: The influence of irrigation and crop production on soil nitrification. Cbl. Bakter. II **40**, 24 (1914). — J. E. GREAVES u. E. G. CARTER: Influence of soil moisture on the bacterial activities of the soil. Soil Sci. **10**, 361 (1920); **13**, 251 (1922). — F. MÜNTER u. W. P. ROBSON: Über den Einfluß der Böden und des Wassergehaltes auf die Stickstoffumsetzungen. Cbl. Bakter. II **39**, 419 (1916). — F. MÜNTER: Untersuchungen über chemische und bakteriologische Umsetzungen im Boden. Landw. Jb. **55**, 62 (1920). — O. RAHN: Die Bakterientätigkeit im Boden als Funktion von Korngröße und Wassergehalt. Cbl. Bakter. II **35**, 429 (1912). — Die Bakterientätigkeit im Boden als Funktion der Nahrungskonzentration und der unlöslichen organischen Substanz. Ebenda **38**, 484 (1913).

[2] STEWART, R. u. J. E. GREAVES: The production and movement of nitric nitrogen in soil. Cbl. Bakter. II **34**, 115 (1912). — STEWART, R.: The intensity of nitrification in arid soils. Ebenda II **36**, 477 (1913). — HEADDEN, W. P.: The excessive quantities of nitrates in certain Colorado soils. J. Ind. Engin. Chem. **6**, 586 (1914); ferner Col. Agr. Exp. Stat. Bull. **155**, **160**, **178**, **179**, **183**, **184**, **186**, **193**. — SACKETT, W. G.: The nitrifying capacity of certain Colorado soils. Col. Agr. Exp. Stat. Bull. **193** (1914). — KELLEY, W. P.: Nitrification in semi-arid soils. J. agricult. Res. **7**, 417 (1916). — LIPMAN, C. B., P. S. BURGESS u. M. A. KLEIN: Comparison of nitrifying powers of some humid and some arid soils. Ebenda **7**, 47 (1916). — PRESCOTT, J. A.: A note on the Sheraqi soils of Egypt. Ebenda **10**, 177 (1920). — HALL, TH. D.: Nitrification in some South-African soils. Soil Sci. **12**, 301 (1921).

herrschen also ziemlich unklare Verhältnisse. Zu hoher Wassergehalt, noch vor voller Wassersättigung, setzt die Nitratbildung erheblich herab infolge Verdrängung der Luft und infolgedessen einsetzender Denitrifikation. Das mag folgendes Beispiel noch weiter veranschaulichen (nach COLEMAN)[1]:

Wassergehalt des Bodens %	mg Nitrat-Stickstoff in einem Lehmboden-Sandgemisch (2:1) je 1 kg trockener Erde — Nach 14 Tagen: Boden allein	Nach 14 Tagen: Boden + 0,5% Glucose	Nach 24 Tagen: Boden allein	Nach 24 Tagen: Boden + 0,5% Glucose
5,5—10	54,5	44,5	258,1	203,7
16,0—20	173,7	369,4	432,7	380,8
26,5—30 (hier die volle Wasserkapazität überschritten)	116,1	28,0	285,9	149,5

Man sieht hier, daß Zugabe von Glucose die Nitratbildung bei zu hoher Wassergabe besonders stark hemmt. Es kann Bildung organischer Säuren durch Milch- und Buttersäurebakterien der Grund sein oder am wahrscheinlichsten die Förderung der denitrifizierenden Bakterien durch die Kohlenstoffquelle, oder auch eine Stickstoffassimilation.

Als merkwürdige Beobachtung sei noch erwähnt, daß MAC BETH und SMITH[2] nach künstlicher Bewässerung Sinken der Nitrifikationskraft feststellten, STEWART und GREAVES[3] dagegen Erhöhung.

Von wesentlicher Bedeutung für die Nitratbildung ist natürlich auch die organische Substanz. Diese ist selbstverständlich, wegen der autotrophen Lebensweise der nitrifizierenden Bakterien, nicht unmittelbar notwendig. Die Untersuchungen über die Physiologie der Bakterien haben ja sogar gezeigt, daß diese gegen organische Substanz ganz außerordentlich empfindlich sein können. Was jedoch für die Reinkultur gefunden wurde, gilt nicht für die natürlichen Verhältnisse, unter denen sogar die in Reinkulturen äußerst schädliche Glucose bis zu verhältnismäßig hohen Konzentrationen fördert, wie man aus Zahlen von BAZAREWSKI[4] entnehmen kann:

Zusatz	mg Nitrat-Stickstoff je 300 g Lehmboden (abzüglich der im Boden ursprünglich vorhandenen Menge) — Nach Tagen: 8	16
Ammonsulfat	24,8	77,7
Ammonsulfat + 0,02 % Glucose .	27,0	85,8
„ + 0,2 % „	27,6	102,4
„ + 1,0 % „	4,6	49,8
„ + 5,0 % „	—4,2	14,4

Es kann dabei in solchen Fällen nicht einmal entschieden werden, ob diese Hemmung der Salpetersäurebildung ihre Ursache in einer direkten Schädigung der nitrifizierenden Bakterien hat oder einer kräftigen Stickstoffassimilation zuzuschreiben ist, da in diesem Falle keine Bestimmungen des restlichen Ammoniaks bzw. der vermehrten Stickstoffestlegung vorliegen.

Jedenfalls geht die Nitratbildung aus organischem Material im Boden mit genügender Schnelligkeit vor sich, wie einmal die Nitratbildung in den „Salpeterhütten", in denen früher Nitrat gewonnen wurde, und sodann die zahlreichen Untersuchungen über Nitratbildung aus den verschiedensten organischen Stoffen zeigen, die in der landwirtschaftlichen Praxis als organische stickstoffhaltige

[1] COLEMAN, L. C.: S. 635, Anm. 1. [2] MAC BETH, J. G. u. N. R. SMITH: S. 635, Anm. 1.
[3] STEWART, R. u. J. E. GREAVES: S. 635, Anm. 2.
[4] BAZAREWSKI, ST. VON: S. 634, Anm. 8.

Düngemittel in Frage kommen. Natürlich spielt, da ja die Ammoniakbildung der Nitratbildung vorausgeht, auch hier das Kohlenstoff/Stickstoff-Verhältnis die gleiche Rolle wie bei der Ammoniakbildung. Es genügt an dieser Stelle, auf diese Ausführungen, S. 624, zu verweisen. Hier sei nur noch erwähnt, daß LIMBACH[1] die Wirkung von Extrakten in Zersetzung befindlichen Pflanzenmaterials auf den Verlauf der Nitratbildung prüfte, aber nur bei sehr hohen Konzentrationen eine hemmende Wirkung feststellen konnte.

Das folgende Beispiel nach PFEIFFER[2] möge nur noch zeigen, daß unter Umständen[3] die im Laboratorium festgestellte Nitratbildung organischer Stoffe der durch diese erzielten Erntemasse parallel geht, und ferner die Nitratbildung der chemischen Beschaffenheit des Materials, das durch „Aufschluß" für die Mikroorganismen leichter zugänglich wird:

	Wirkungswert	
	Nach Pflanzenmasse	Nach Nitrifizierbarkeit
Aufgeschlossenes Ledermehl	100	100
Gedämpftes Ledermehl	30,0	35,7
Rohes Ledermehl	2,1	8,0
Ammoniumnitrat	233	—

Der Einfluß der Wasserstoffionenkonzentration auf die Nitratbildung ist sehr bedeutend; es wurde an anderer Stelle schon ihre Bedeutung für die künstliche Kultur der nitrifizierenden Bakterien erwähnt[4]. Ferner wurde die Bedeutung der Reaktion für die Ammoniak- und Nitratbildung schon hervorgehoben[5]. Feststehen dürfte, daß Nitratbildung und Nitratbildner in Hochmoorböden und stark sauren Wald-Rohhumusböden fehlen. Nach MATTERN[6] soll in einem Buchen-Rohhumusboden von p_H 5,6—5,8 die Nitratbildung nur durch das Vorhandensein ätherlöslicher Stoffe ähnlich der Dihydroxystearinsäure[7] gehemmt sein. GAUGER und ZIEGENSPECK[8] fanden allerdings in reinem Hochmoorboden im Frühjahr und Spätherbst Spuren von nitrifizierenden Bakterien. Es ist jedoch undurchsichtig, ob hier nicht etwa einfach eine Staubinfektion eine Rolle gespielt hat oder ob der Nachweis eindeutig war. Für einige Waldböden seien folgende Zahlen nach FEHÉR[9] angeführt:

---

[1] LIMBACH, S.: S. 631, Anm. 3.

[2] PFEIFFER, TH. u. W. SIMMERMACHER: Das Ledermehl als Stickstoffquelle der Pflanzen. Fühlings landw. Ztg. **67**, 62 (1918).

[3] Vgl. im übrigen S. 662 ff. [4] Dieses Handbuch **7**, 279.

[5] Vgl. S. 621. [6] MATTERN, M.: S. 623, Anm. 4.

[7] SCHREINER, O. u. E. C. LATHROP: Dihydroxystearin acid in good and poor soils. J. amer. chem. Soc. **33**, 1414 (1911).

[8] GAUGER, W. u. H. ZIEGENSPECK: Untersuchung über die Bakterien des Stickstoffkreislaufes, insbesondere über die Nitrifikation in ostpreußischen Hochmooren. Bot. Arch. **27**, 327 (1929).

[9] FEHÉR, D.: Die Biologie des Waldbodens und ihre physiologische Bedeutung im Leben des Waldes. Acta Forestalia Fennica **34** (1929). — Daß auch in Waldböden, entgegengesetzt von früheren Anschauungen, Nitrat gebildet wird, zeigen zahlreiche sonstige Arbeiten: V. T. AALTONEN: S. 622, Anm. 1. — FR. WEIS: Über Vorkommen und Bildung der Salpetersäure in Wald- und Heideboden. Cbl. Bakter. II **28**, 434 (1910); Dansk Skovforen Tidskr. **1924**, 185. — K. VOGEL V. FALCKENSTEIN: Untersuchungen von märkischen Dünensandböden mit Kiefernbestand. Internat. Mitt. Bodenkde. **1**, 495 (1912). — Über Nitratbildung im Waldboden. Ebenda **3**, 494 (1913). — R. ALBERT: Bodenuntersuchungen im Gebiete der Lüneburger Heide. Z. Forst- u. Jagdwes. **44** (1912). — H. HESSELMAN: Medd. Stat. Skogsförsöksanst., H. **13/14**, 297 (1916/17); H. **23**, 337 (1927). — T. GAARDER u. O. HAGEM: Medd. Vestlandets forstl. Forsøksstat. **1921**, Nr. 4. — P. E. MÜLLER: Kgl. Danske Vidensk. Selsk. Biol. Medd. **4**, 2 (1924). — O. CARSTEN: Medd. Carls-

Bodenart	p_H	nitrifizierende Bakterien je g feuchter Erde	Nitratgehalt mg je 100 g feuchter Erde
Eichenwald bei Kiskomárom	5,2	10000	2,07
Kiefernwald bei Kiskomárom	5,4	10000	1,82
Fichtenwald bei Agfalva	5,2	10000	2,29
Niederwald bei Agfalva	4,9	10000	2,24
Fichtenwald am Varis	5,8	100	—
Fichtenwald an der Hochschule (Oktober)	5,5	1000	1,30
,, ,, ,, ,, (November)	5,9	—	—
,, ,, ,, ,, (Dezember)	6,1	—	—
Erlenwald auf Hallands-Väderö	4,1	10	—
Buchenwald auf Hallands-Väderö	5,2	10	—
Kiefernwald auf Hallands-Väderö	4,2	—	—

Diese Zahlen zeigen also, daß im allgemeinen in den sauersten Böden sowohl Nitratgehalt wie auch das Vorhandensein nitrifizierender Bakterien zurücktreten, diese Regel aber auch durchbrochen wird, so daß sich über die Extrembedingungen hinaus über die Wirkung der Wasserstoffionen, also in deren kritischem Bereich, unter natürlichen Verhältnissen noch nichts Sicheres aussagen läßt; jedenfalls werden hier die übrigen Faktoren, namentlich auch das Pufferungsvermögen, bestimmend eingreifen. Es wurde auch schon an anderer Stelle[1] erwähnt, daß der Boden durchaus nicht homogen sein dürfte, sich also auf „kleinstem Raum"[2], wie das auch in der höheren Pflanzenwelt der Fall ist, sehr verschiedene Bedingungen nebeneinander finden können; für die Mikroorganismen könnte das sogar in noch viel höherem Maße zutreffen. Jedenfalls kann die Frage nach der Abhängigkeit der Nitratbildung von der Wasserstoffionenkonzentration noch nicht als völlig geklärt angesehen werden.

Es kommt bei der Frage nach der Bedeutung der Wasserstoffionenkonzentration selbstverständlich auch sehr auf das der Nitratbildung unterliegende Material an; insbesondere ist darauf aufmerksam zu machen, daß sich auf schlecht gepufferten oder schwach sauren Böden die Nitratbildung aus organischem Material noch ungehemmt vollziehen kann, während sie etwa aus Ammoniumsulfat bereits wegen der frei werdenden Säure stark gehemmt erscheint, da ja nicht nur Salpetersäure entsteht, sondern auch der Schwefelsäurerest frei wird, wie folgendes Beispiel nach BARTHEL[3] zeigt. Auch die Ammoniakbildung aus dem organischen Material mag in solchen Fällen zu einer weiteren günstigen Gestaltung der Reaktion führen:

---

berg Labor. **15**, Nr. 1 (1921). — R. G. CLARKE: Oxford Forestry Mem. **1924**, Nr. 2. — A. NĚMEC u. K. KVAPIL: Über den Einfluß verschiedener Waldbestände auf den Gehalt und die Bildung von Nitraten im Waldboden. Z. Forst- u. Jagdwes. **59**, 321, 385 (1927). — Soeben wird allerdings von HARDER angegeben, daß noch bei stark saurer Reaktion Nitritbildung stattfände. Die neu isolierte Form Nitrosomonas Sphagni fusci soll dies noch bei p_H 3 tun (ferner wird dort eine Nitrososarcina als neue Form beschrieben): A. HARDER: Beiträge zur Kenntnis der Nitrifikation. Bot. Arch. **31**, 312 (1931). — Über Bedeutung der Wasserstoffionen vgl. weiter: Dieses Handbuch **7**, 279. — Ferner behaupten A. W. BLAIR u. A. L. PRINCE: Variation of nitrate nitrogen usw. Soil. Sci. **14**, 9 (1922), daß saurer Boden, auf dem bereits die Ernten litten, doch reichlich Nitrat enthielten. — Nach N. NEHRING: Der Einfluß der Bodenreaktion auf die Umsetzungen der verschiedenen Stickstoffverbindungen im Boden usw. Landw. Jb. **69**, 105 (1929) ist die Nitratbildung im Boden bei p_H 5,0 schwach, bei p_H 6,2 noch deutlich gehemmt, erst über p_H 6,5 verläuft sie ungehindert.

[1] Dieses Handbuch **7**, 279/280.

[2] KRAUS, G.: Boden und Klima auf kleinstem Raum. Jena: G. Fischer 1911.

[3] BARTHEL, CHR.: Beitrag zur Frage der Nitrifikation des Stallmiststickstoffes in der Erde. Cbl. Bakter. II **49**, 382 (1919).

Zugabe je 5 kg Erde	mg Nitrat-Stickstoff je 1 kg Erde nach Tagen				
	0	8	14	34	71
40 g Stalldünger	7,2	40,1	41,7	38,4	38,2
2 g Ammoniumsulfat	11,4	54,7	69,7	136,5	142,3

Erde vom Versuchsfeld (neutral).

Zugabe je 5 kg Erde	mg Nitrat-Stickstoff je 1 kg Erde nach Tagen				
	0	8	16	36	97
40 g Stalldünger	1,5	26,1	28,5	40,3	57,0
2 g Ammoniumsulfat	1,4	14,0	12,8	37,1	57,9

Erde von Ensta (sauer).

Aus Ammoniumsulfat ging also die Nitratbildung in dem neutralen Boden sehr viel energischer als aus Stalldünger vor sich. In dem sauren Boden zeigt sie sich aus Stalldünger anfänglich deutlich gehemmt, holt später aber nach und erreicht den gleichen Wert, während Ammoniumsulfat sowohl anfänglich wie auch später in der sauren Erde ganz erheblich zurückbleibt. In einem anderen Versuch dieses Autors bleiben die Ammoniumsulfatwerte auch nach 141 tägiger Versuchsdauer noch wesentlich unter den Stalldüngerwerten.

Der Reaktionsempfindlichkeit entsprechend hat denn auch die Zufuhr von Kalk, namentlich zum sauren Boden, eine große fördernde Wirkung auf die Nitratbildung, während auf neutralem Boden eine zwar merkbare, aber geringe Wirkung zu beobachten war, wie folgender Nitrifikationsversuch mit Hornmehl nach ARND[1] zeigt:

Kalkgabe	mg Stickstoff in 70 g Boden						
	Moostorf (sauer)		Heidehumus (sauer)		Niederungsmoor (neutral)		
	Ammoniak-N	Nitrat-N	Ammoniak-N	Nitrat-N	Ammoniak-N	Nitrat-N vorhanden	Nitrat-N neu gebildet
0	4,5	Spur	3,1	Spur	Spur	4,6	10,0
0,25	3,6	Spur	1,5	1,1	Spur	fehlt	
0,5	Spur	17,1	0,4	1,5	Spur	5,6	13,6
1,0	Spur	15,3	0,9	7,6	Spur	5,4	13,7
2,5 bzw. 2,0 bei Niederungsmoor	—	13,3	Spur	11,0	Spur	5,1	14,4

Im neutralen Niederungsmoorboden findet also auch ohne Kalk Nitratbildung statt, die in den sauren Böden erst von einer bestimmten Kalkzufuhr an einsetzt. Umgekehrt häuft sich in den sauren Böden etwas Ammoniak an, das

	mg Nitrat-Stickstoff auf 50 g Boden			
	$CaCO_3$ %	Nitrat-Stickstoff nach Tagen 28	49	77
Lehmiger Sand	—	6,93	10,87	20,74
,, ,,	0,3	9,63	12,97	20,99
,, ,,	1,0	9,20	15,42	20,24
Leichter Sand	—	1,74	2,56	3,36
,, ,,	0,3	1,93	6,61	6,52
,, ,,	1,0	3,39	8,28	11,92

[1] ARND, TH.: Zur Kenntnis der Nitrifikation in Moorböden. Cbl. Bakter. **49**, 1 (1919).

hier offenbar nicht weiter verarbeitet werden kann. Für einen lehmigen Sand und einen sehr leichten Sand fand Fischer[1] vorstehende Zahlen:

Diese merklichen Unterschiede können nur in dem geringeren Pufferungsvermögen des leichten Sandes gegenüber dem lehmigen Sand begründet sein; nur durch Zugabe von Kalk kann bei dem erstgenannten eine merkbare Nitratbildung einsetzen.

Denitrifikation.

Die Denitrifikation[2] ist der ausgesprochen gegensätzliche Vorgang zur Nitratbildung; beide schließen sich gegenseitig aus, da eben die Außenbedingungen, unter denen sie ablaufen, Sauerstoffmangel bei der Denitrifikation, Sauerstoffhunger bei der Nitratbildung, absolut gegensätzlich sind. Allerdings ist zu beachten, daß die Denitrifikation, wie schon an früherer Stelle hervorgehoben wurde, nicht durch eine eigens auf diesen Stoffwechsel eingestellte Bakteriengruppe durchgeführt wird, sondern nur als „Gelegenheitsstoffwechsel", bei Sauerstoffmangel eintritt. Man wird also gerade in diesem Falle von Laboratoriumsmethoden, Bestimmung der denitrifizierten Kraft[3], in Flüssigkeit oder in Erde, keine klaren Aufschlüsse erwarten können. Das geht z. B. mit aller Deutlichkeit aus Ergebnissen, wie sie nebenstehend von van Bazarewski[4] angeführt sind, hervor:

Bei Bodentiefe	Bei Denitrifikationsversuchen in Flüssigkeitskulturen waren verschwunden nach 10 Tagen in Prozenten des zugesetzten Salpeters		
cm	Boden vom Bauplatz d. Institutes	Sandsteinboden	Boden des Versuchsfeldes
10	95,7	93,9	57,7
25	97,2	1,2	86,9
50	75,8	+ 1,3	0
75	87,0	+ 1,5	24,7
100	+ 2,9	0,6	11,8
125	5,8	0,5	86,9

Bei den ungeheuren Schwankungen, die aber gerade durch die oben erwähnten Eigenschaften dieser Bakterien vielleicht ursächlich bedingt sind, läßt sich nur so viel sagen, daß jedenfalls die oberste, am besten durchlüftete, Bodenschicht sich nicht etwa durch Armut, sondern gerade durch Reichtum an denitrifizierenden Bakterien auszeichnet. Hier besonders spielt also nicht das Vorkommen der Bakterien, sondern die für sie gegebenen Bedingungen die Hauptrolle für den Ablauf der Umsetzungen.

Für die natürlichen Verhältnisse wird selbstverständlich Sauerstoffmangel in erster Linie durch einen zu hohen Wassergehalt verursacht werden, wie schon das S. 635 angeführte Beispiel zeigte. Bei Laboratoriumsversuchen hat Lemmermann[5] folgende Werte ermittelt:

Stickstoffverlust in Prozent von Boden Dahlem bei	
Wassergabe in Prozent der wasserfassenden Kraft	
50	1,5
75	10,3
100	79,1

Stickstoffverlust von 3 Böden bei voller Wassersättigung		
Boden	Stickstoffverlust in Prozent	Wasserfassungsvermögen
Dahlem	79,1	30,5
Prüfer	34,3	41,4
Rettgau	16,2	58,3

[1] Fischer, H., O. Lemmermann u. B. Heinitz: Versuche über Stickstoffumsetzung in verschiedenen Böden. Landw. Jb. **41**, 755 (1911). — Blair, A. W. u. A. L. Prince: S. 638, Anm. 9 von S. 637, geben bei saurem Boden durch Kalkung verminderte Nitratbildung an! Das ist ein Ergebnis, das durchaus nicht in den Rahmen des sonst Bekannten paßt.

[2] Die Nitratreduktion (dieses Handbuch 7, 280ff.) spielt in diesem Zusammenhang kaum eine Rolle, weshalb nicht darauf eingegangen ist.

[3] Waksman, S. A.: S. 623, Anm. 5. [4] Bazarewski, St. von: S. 634, Anm. 8.

[5] Lemmermann, O. u. J. L. Wichers: Verlauf der Denitrifikation im Boden bei verschiedenem Wassergehalt. Cbl. Bakter. II **41**, 608 (1914).

Bei voller Wasserkapazität können also große Salpetermengen in Verlust geraten; andererseits zeigen die unteren Zahlen, daß die Böden der Denitrifikation bei voller Wassersättigung sehr verschiedenen Widerstand entgegensetzen. Der Rettgau-Boden hatte selbst dann einen nur relativ geringfügigen Verlust. Wie die Zahlen zeigen, zeichnet er sich durch ein besonders hohes Wasserfassungsvermögen aus. Man wird nicht fehlgehen in der Annahme, daß diese Eigenschaft mit jener ursächlich zusammenhängt. Es ist anzunehmen, daß diese schweren Böden größere Adsorptionsfähigkeit für Gase, also auch Sauerstoff besitzen, oder vielleicht irgendwie indirekt in Hinsicht auf eine bessere Sauerstoffübertragung, also oxydationskatalytisch, tätig sind.

Wenn auch OELSNER[1] gezeigt hat, daß in einem von leicht oxydierbaren Kohlenstoffverbindungen freien Boden Denitrifikation stattfinden kann, die sich hier also nur auf Kosten der Humusstoffe zu vollziehen vermag, so zeigt das folgende Beispiel nach KOCH und PETTIT[2] doch die Wichtigkeit der organischen Substanz für das Eintreten der Denitrifikation, die offenbar um so stärker ist, je mehr Kohlenstoff zur Verfügung steht und je mehr die durch hohe Feuchtigkeit geschaffenen anaeroben Verhältnisse hervortreten:

Stickstoffverlust, mg je 100 g Boden (Lehmboden/Sand = 5/1) bei 26° nach etwa 3 Wochen

Wassergabe %	Glucose-Zusatz	Nitrat-N-Zusatz	Verlust an Stickstoff	Eiweiß-Stickstoff gebildet
18	285	23	—	7
18	285	55	— 3	3
18	2278	23	+ 1	24
18	2278	55	—	28
18	2278	110	—12	51,5
18	—	110	— 8	—
18	272	110	— 8	—
18	1088	110	— 8	12
18	2176	110	—18	15
18	2176	218	—40	verunglückt
18	3264	218	—56	39
18	544	54	— 5	4
25	544	54	— 6,5	2
30	544	54	—46	10
40	544	54	—47	9

Aus diesen Zahlen geht also klar hervor, daß neben dem Wassergehalt auch die Menge der organischen Substanz bei der Denitrifikation eine Rolle spielt, weiterhin aber auch, bei gleicher Menge organischer Substanz, die Menge der vorhandenen Nitrate. Bei den abnorm großen Mengen dieser Stoffe, um die es sich bei solchen Laboratoriumsversuchen handelt, wird dieser Vorgang in der Natur jedoch keine sehr wesentliche Rolle spielen und dann wohl nur unter sehr abnormen Verhältnissen, jedenfalls nicht normalerweise. Nur GERRETSEN[3] teilt mit, daß auf magerem Boden in Reisfeldern, die ja in der ersten Entwicklung unter Wasser stehen, wenn sie auf eine Zuckerrohrkultur folgen, bei der ziemlich große Nitratmengen im Boden verbleiben, ein Stickstoffverlust durch Denitrifikation eintrete.

[1] OELSNER, A.: Über die Nitratreduktion im nassen Ackerboden ohne Zusatz von Energiematerial. Cbl. Bakter. II **48**, 210 (1918).

[2] KOCH, A. u. H. PETTIT: Über den verschiedenen Verlauf der Denitrifikation im Boden und in Flüssigkeiten. Cbl. Bakter. II **26**, 335 (1910).

[3] GERRETSEN, F. C.: Methoden und Zweck der bakteriologischen Bodenanalyse. C. r. 3. Conf. Agropédol. Prag **1922**.

Die obige Übersicht zeigt weiter noch, daß gleichzeitig mit der Denitrifikation auch eine Stickstoffassimilation stattfinden kann, die jene bei nicht allzu extremen Verhältnissen übertrifft. Es wird an anderer Stelle noch darauf hinzuweisen sein, daß dieser Fall unter natürlichen Verhältnissen eine größere Rolle als die Denitrifikation spielt.

Die Temperaturbedingungen der Denitrifikation sind, wie folgende Zahlen zeigen (v. BAZAREWSKI[1]), ähnlich denjenigen der Nitratbildung:

Temperatur °C	Von dem ursprünglich vorhandenen Nitratstickstoff verblieben in Prozent			Temperatur °C	Von dem ursprünglich vorhandenen Nitratstickstoff verblieben in Prozent		
	Nach Tagen				Nach Tagen		
	6	12	18		6	12	18
7—9	93,5	21,0	—	30—32	5,4	—	—
15—18	66,8	8,8	—	40—42	77,3	76,6	19,6
25—27	4,7	—	—	50	101,6	99,6	100,9

Bei niederen Temperaturen ist die Denitrifikation also zwar verlangsamt, aber noch, namentlich nach längerer Zeit, merklich, während 40° C bereits sehr stark, 50° C absolut hemmen. Nach MISCHUSTIN[2] dagegen sollen unter den denitrifizierenden Bakterien viele Thermophilen sein. Die Denitrifikation vollzieht sich aber nach NETSCHAEFF[3] noch bei 0° C. Es ist also durchaus möglich, daß sich auch im Winter, wenn die Nitrate durch den Pflanzenbestand nicht aufgenommen werden, eine Denitrifikation in gewissem Umfange vollziehen könnte, falls nicht die Nitrate bereits der Auswaschung unterlegen sind, was noch wahrscheinlicher ist, da zu hoher Wassergehalt ja eine Vorbedingung der Denitrifikation ist.

Das Optimum der Wasserstoffionenkonzentration liegt nach SACHAROWA[4] auf der alkalischen Seite, bei p_H 7,9—8,2; die äußerste alkalische Grenze ist 9,6—9,8; auf der sauren Seite wird unter p_H 6,0 die Denitrifikation stark gehemmt. Möglicherweise deutet diese Beobachtung, falls sie allgemein zutrifft, weiter darauf hin, daß in der Natur die Bedingungen der Denitrifikation nicht sehr günstig sind, da Böden, die unter lang andauernder Nässe bzw. schlechter Durchlüftung stehen, wohl meist auch saure Reaktion zeigen werden.

Die Stickstoffbindung.

Die Stickstoffbindung ist an sich unabhängig von dem Stickstoffkreislauf, da ihr ja der ungeheure Vorrat an elementarem Stickstoff der Luft zur Verfügung steht, ist jedoch abhängig vom Kohlenstoffkreislauf. Allerdings greift der Stickstoffkreislauf insofern ein, als bei Gegenwart von gebundenem Stickstoff die Stickstoffbindung eingestellt wird. Wenn BURK und LINEWEAVER[5]

---

[1] BAZAREWSKI, ST. VON: S. 81, 634, Anm. 8.

[2] MISCHUSTIN, E.: S. 634, Anm. 5.

[3] NETSCHAEFF, N.: Über den Prozeß der Denitrifikation im Newaflusse. Leningrad 1923; russisch mit deutscher Zusammenfassung; ref. Cbl. Bakter. II **65**, 86 (1925).

[4] SACHAROWA, T. M.: Die Abhängigkeit der Denitrifikationsgeschwindigkeit von der Reaktion des Mediums. Cbl. Bakter. II **65**, 15 (1925). — Im vorigen nicht erwähnte Literatur über Denitrifikation: A. KARLSEN: Denitrification in uncultivated soils. Bergens Mus. Aarbook **1927**, Naturvidensk. rekke Nr. 4. — ZACHAROWA, T. M.: Reduktion der Nitrate im Ackerboden und Vegetation. Landw. Jb. **70**, 311 (1929). — Denitrification in podsol soils. Trans. Sci. Inst. Fertilizers **1929**, Nr. 60, 1. Russisch mit englischer Zusammenfassung.

[5] BURK, D. u. H. LINEWEAVER: The influence of fixed nitrogen on Azotobacter. J. Bacter. **19**, 383 (1930). — Vgl. auch dieses Handbuch **7**, 302/303. — Weitere Literatur hierzu: A. BONAZZI: The mineralization of atmospheric nitrogen by biological means. 4. Internat. Soil Sci. Conf. Rom III B **1924**, Nr. 8. — A. ZOOND: The relation of combined nitrogen

gefunden haben, daß bei 0,5—1,0 mg gebundenem Stickstoff auf 100 cm^3 der Kulturflüssigkeit die Stickstoffbindung bei Azotobacter fast augenblicklich eingestellt, d. h. durch die Assimilation des gebundenen Stickstoffs ersetzt wird, so wäre daraus zu schließen, daß im Boden normalerweise die Stickstoffbindung zurücktreten muß, da so viel verfügbarer gebundener Stickstoff wohl stets vorhanden sein wird. Denn ein Boden von 20% Wassergehalt und 1 mg Nitratstickstoff je 100 g (ein durchaus niedriger Wert) würde in der Bodenlösung 5 mg Nitratstickstoff auf 100 cm^3 Flüssigkeit enthalten. Diese Frage wird teilweise noch an späterer Stelle[1] behandelt werden; hier sollen einige allgemeine Gesichtspunkte gebracht werden, wobei die Knöllchenbakteriensymbiose der Leguminosen, die bei der Stickstoffbindung in quantitativ beträchtlichem Umfange unter natürlichen Verhältnissen erwiesen ist, unberücksichtigt bleiben und ebenfalls später behandelt werden soll[1].

Wenn man die frei lebenden stickstoffbindenden Mikroorganismen, namentlich also Azotobacter und Bacillus amylobacter in Betracht zieht, so kann man sich nach RIPPEL[2] die Größe der im Boden nach den vorliegenden Laboratoriumserfahrungen überhaupt möglichen Stickstoffbindung leicht errechnen. Nimmt man eine jährliche Kohlensäureproduktion je 1 ha von 8000 kg an und nimmt man weiterhin an, daß diese Kohlensäure aus Glucose entstanden sei, so würde das einer Glucosemenge von 5480 kg entsprechen. Bei dem normalen Verhältnis von verbrauchter Kohlenstoffquelle zu gebundenem Luftstickstoff = $^{100}/_{1}$ würde das also 54,8 kg gebundenem Luftstickstoff entsprechen, was also etwa eine für die Kulturpflanzen normale Stickstoffzufuhr bedeuten würde. Dabei wäre aber die Voraussetzung gemacht, daß diese ganze Kohlenstoffmenge restlos allein den Stickstoffbindern zur Verfügung gestanden hat. Nun können allerdings im Erdboden die Verhältnisse günstiger liegen, einmal, wenn sich die Versuche von KOCH und SEYDEL[3] bestätigen, wonach in jugendlichen Kulturen sehr viel mehr Stickstoff je Einheit der verbrauchten Kohlenstoffquelle gebunden wird, sodann dadurch, daß die Humusstoffe im Boden sowie Molybdän, Calcium usw. die Stickstoffbindung wesentlich fördern[4], wobei allerdings noch dahingestellt sein muß, ob sich in diesen Fällen das Verhältnis des verbrauchten Kohlenstoffs zum gebundenen Stickstoff günstiger gestaltet, weil sonst natürlich der verfügbare Kohlenstoff als begrenzender Faktor auftritt, und die Förderung durch jene Stoffe dadurch gegenstandslos würde. Andererseits muß man auch beachten, daß im Laboratorium meistens die Verhältnisse, weil sie einseitig gestaltet sind, günstiger als in der Natur liegen.

Jedenfalls geht aber aus den bisherigen Erfahrungen hervor, daß das Vorhandensein organischer Kohlenstoffverbindungen im Boden als begrenzender Faktor in Erscheinung tritt, zumal ja auch kein Grund dafür vorliegt, das Vorhandensein autotropher stickstoffbindender Mikroorganismen anzunehmen[5]. An diesem Punkt setzten denn auch Versuche ein, wie sie be-

to the physiological activity of Azotobacter. Brit. J. exper. Biol. **4**, 105 (1926). — S. KOSTYTSCHEW, A. RYSKALTSCHUK u. E. SCHWEZOWA: Biochemische Untersuchungen über Azotobacter agile. Z. physiol. Chem. **154**, 1 (1926).

[1] RIPPEL, A.: Dieses Handbuch 9, unter Brache, Gründüngung.

[2] RIPPEL, A.: Vergleichende Feldversuche über die Wirkung von Brache, Stalldünger und Klee. In: Feldversuche über Brache. Arb. dtsch. Landw.-Ges. **1928**, H. 364, 62ff.

[3] KOCH, A. u. S. SEYDEL: Versuche über den Verlauf der Stickstoffbindung durch Azotobakter. Cbl. Bakter. II **31**, 570 (1912).

[4] Vgl. dieses Handbuch 7, 305.

[5] RIPPEL, A.: Prinzipielle Bemerkungen zur Stickstoffbindung durch Mikroorganismen. J. Landw. **76**, 101 (1928).

sonders von A. KOCH[1] durchgeführt wurden, der z. B. bei wiederholter Zuckergabe zum Boden folgende Werte ermittelte:

Je 100 g Boden auf einmal gegebene Glucosemenge in g	Je 100 g Boden im ganzen gegebene Menge Glucose in g				Je 100 g Boden gebundener Stickstoff in mg				Je 1 g Glucose gebundener Stickstoff in mg			
	nach Wochen				nach Wochen				nach Wochen			
	5	8	18	26	5	8	18	26	5	8	18	26
0,2	1,0	1,6	3,6	5,2	8,3	14,9	17,8	18,9	8,3	9,3	4,9	3,6
0,5	2,5	4,0	9,0	13,0	20,1	32,5	36,8	31,6	8,0	8,1	4,1	2,4
1,0	5,0	8,0	18,0	26,0	35,8	57,2	58,7	52,7	7,2	7,2	3,3	2,0
1,5	7,5	12,0	27,0	37,5	40,5	66,7	68,5	66,8	5,4	5,5	2,5	1,8
2,0	8,0	14,0	26,0	36,0	43,9	78,8	80,0	78,8	5,5	5,6	3,1	2,2

Wenn auch die absolut gebundene Stickstoffmenge mit steigender Zuckergabe noch steigt, so fällt doch, wie die Übersicht zeigt, von einem gewissen Punkte an die je Einheit der verbrauchten Kohlenstoffquelle gebundene Stickstoffmenge. Daß man auf diese Weise, wie zu erwarten war, auch höhere Pflanzenerträge erzielen kann, zeigt folgendes Beispiel:

Zuckerzusatz zu 100 g Boden	Hafer 1905		Zuckerrüben 1906		Frühjahr 1906	
	Trockensubstanz	Stickstoff	Trockensubstanz	Stickstoff	Gesamt-N in 100 g Boden in mg	Nitrat-N in 100 g Boden in mg
	Verhältniszahlen					
0	100,0	100,0	100	100	93	1,0
2 % Glucose	32,8	62,5	186	190	105	1,7
2 % Rohrzucker	33,3	58,7	179	195	105	1,5
4 % Rohrzucker	37,7	78,1	283	339	119	3,7

Man sieht, daß anfänglich im 1. Jahr zwar die Ernte und die Stickstoffausbeute herabgesetzt werden, weil infolge der Kohlehydratzufuhr durch Mikroorganismenvermehrung eine Festlegung des vorhandenen gebundenen Stickstoffs stattfindet, worauf aber bei der zweiten Ernte ein starker Anstieg in der Produktion an Pflanzenmasse und Stickstoffausbeute stattfindet, wodurch die ursprüngliche Schädigung weit überholt wird. Nach dieser zweiten Ernte ist denn auch der Gesamtstickstoffgehalt und der Nitratstickstoffgehalt des Bodens immer noch höher als in der Kontrolle.

Es sei hier noch erwähnt, daß ja auch die Feststellung der stickstoffbindenden Kraft eines Bodens sich des gleichen Prinzipes bedient, indem Boden in eine C-haltige, N-freie Nährlösung eingeimpft[2] oder dem Boden ein geeignetes Kohlenstoffmaterial zugesetzt wird[3], welch' letztere Methode jedoch unbedingt vorzuziehen ist. WINOGRADSKY[4] geht in der Weise vor, daß er mit Nährlösung getränkte Kieselsäureplatten mit Erde impft und die Zahl der entwickelten Azotobacterkolonien oder den gebundenen Stickstoff bestimmt, wobei er aktive, wenig aktive und inaktive Böden unterscheidet.

Für die Verhältnisse in der Natur bzw. in der Landwirtschaft kommt Zucker natürlich nicht in Frage; man hat naturgemäß sein Augenmerk auf die Zell-

[1] KOCH, A.: Die Stickstoffanreicherung des Bodens durch frei lebende Bakterien und ihre Bedeutung für die Pflanzenernährung. J. Landw. **55**, 355, 366, 389 (1907). — Weitere Untersuchungen über Stickstoffanreicherung des Bodens durch frei lebende Bakterien. Ebenda **57**, 269 (1909).

[2] WAKSMAN, S. A.: S. 623, Anm. 5.

[3] KOCH, A.: oben, Anm. 1.

[4] WINOGRADSKY, S.: Études sur la microbiologie du sol. II. Sur les microbes fixateurs d'azote. Ann. Inst. Pasteur **40**, 455 (1926).

wandbestandteile gerichtet. KOCH erzielte jedoch mit Zellulose keinen Erfolg; wie folgende Erntezahlen eines 11 Jahre lang durchgeführten Versuches zeigen, wobei je 3 Jahre zusammengefaßt wurden[1]:

Jahr	Ernte an Pflanzenmasse in g je Gefäß			
	Behandlung			
	Boden allein	+ 120 g Papier	Papier + Mistauszug	Mistauszug allein
1911/13	68,3	12,8	17,9	67,0
1914/16	60,0	81,7	87,3	62,8
1917/19	66,0	77,4	82,8	69,9
1920/21	65,2	71,1	72,8	67,0
Zusammen:	259,5	243,0	260,8	266,7

Nach der anfänglichen Depression der Ernte steigt diese also, aber offenbar nur nach Maßgabe der ursprünglich festgelegten Menge des verfügbaren Bodenstickstoffs. Das Gesamtergebnis der 11 Jahre ist in allen Fällen gleich, auch wenn durch Impfung mit Mistauszug für reichliche Zufuhr zellulosezersetzender Bakterien gesorgt wurde. Chemisch-analytisch hatte KOCH zunächst mit Strohzusatz keine Stickstoffbindung feststellen können, konnte jedoch später[2] eine solche nachweisen, die sogar noch höher als bei Glucosezusatz war, indem er bei dieser auf 1 g verbrauchten Materials 6,5, bei Zellulose dagegen 9,9 mg Stickstoff als gebunden feststellte.

Es ist schwer, sich zur Zeit ein richtiges Bild über diese Verhältnisse zu machen. Am wahrscheinlichsten ist es, soweit noch eine Vermutung ausgesprochen werden kann, daß im Boden bei Zellulosezusatz deshalb keine Stickstoffbindung eintritt, weil diese sich aerob hauptsächlich durch Pilze[3] vollzieht, die ihrerseits die Kohlenstoffquelle entweder veratmen oder zu Mikroorganismensubstanz festlegen, den Stickstoffbindern also keine Energiequelle mehr übrig lassen. Wenn KOCH doch in dem erwähnten Falle Stickstoffbindung auf Grund zugesetzter Zellulose fand, so könnte vielleicht die Ursache die sein, daß zu völlig zersetzter Zellulose in flacher Flüssigkeitskultur frische Zellulose gegeben und das Ganze dann mit Erde bedeckt wurde, so daß also von vornherein ein außerordentliches Übergewicht der Zellulosezersetzer von Nicht-Pilz-Natur vorhanden war. In Mischkulturen von Zellulosezersetzern und Stickstoffbindern, namentlich B. amylobacter, haben ja auch PRINGSHEIM und andere[4] Stickstoffbindung festgestellt, die sogar größer als bei Verwendung von Zucker und Reinkultur war. Je 1 g verbrauchte Kohlenstoffquelle wurden nämlich bei 0,5 % Traubenzucker in der Lösung 3,2 mg N gebunden, bei Rohrzucker 4,2 mg, bei Zellulose in Mischkultur dagegen 10,4 bzw. 8,3 mg. Man sieht, daß auf diesem Gebiete noch die Grundlagen zu einer richtigen Beurteilung der Frage für natürliche Verhältnisse fast völlig fehlen.

Eine wesentliche Kohlenstoffquelle könnte nun den Stickstoffbindern noch durch grüne Algen zur Verfügung stehen; die mannigfachen Symbiosen, nament-

[1] RIPPEL, A.: Versuche aus dem Nachlaß von ALFRED KOCH. J. Landw. **72**, 17 (1924).
[2] KOCH, A.: Über Luftstickstoffbindung im Boden mit Hilfe von Zellulose als Energiematerial. Cbl. Bakter. II **27**, 1 (1910).
[3] Vgl. dieses Handbuch **7**, 319. Die geringe Menge des durch Pilze gebundenen Luftstickstoffs wird wohl keine erhebliche Rolle spielen.
[4] PRINGSHEIM, H.: Über die Verwendung von Zellulose als Energiequelle zur Assimilation des Luftstickstoffs. Cbl. Bakter. II **23**, 300 (1909). — Weiteres über die Verwendung von Zellulose usw. ebenda **26**, 222 (1910). — Die Bedeutung stickstoffbindender Bakterien. Biol. Cbl. **31**, 65 (1911). — HUTCHINSON, H. B. u. J. CLAYTON: On the decomposition of cellulose by an aerobic organism (Spirochaeta cytophaga n. sp.). J. agricult. Sci. **9**, 143 (1918).

lich von Azotobacter mit Cyanophyceen, Fucus usw.[1] könnten sich in dieser Richtung auswirken, wie man das auch für die Brache angenommen hat, wie später zu erwähnen sein wird. Aber auch hier ist über einige rohe Versuche hinaus noch nichts Sicheres bekannt. DEHÉRAIN und DEMOUSSY[2] fanden eine Stickstoffbindung von 80 mg auf 100 g Sand in den belichteten Teilen der Glasgefäße, in denen der Sand aufgestellt war, gegenüber 4 mg in den unteren, kaum belichteten Teilen.

Im Pflanzenversuch erzielten BOUILHAC und GIUSTINIANI[3] u. a. mit Mais:

Ungeimpft	4,7 g Trockensubstanz	mit	15,4 mg Stickstoff
Geimpft mit Algen .	6,6 ,, ,,	,,	46,7 ,, ,,

Wie weit jedoch unter natürlichen Verhältnissen eine solche Stickstoffbindung stattfindet, darüber lassen sich zur Zeit noch keine Angaben machen. Es ist in diesem Zusammenhang sehr wesentlich, darauf hinzuweisen, daß durch ROBERG[4] der Nachweis erbracht wurde, daß von grünen Algen organische Kohlenstoffverbindungen in das Substrat ausgeschieden werden. KLEIN und STEINER[5] stellten denn auch ein recht hohes Stickstoffbindungsvermögen in einem Süßwassersee fest. In einem solchen der Belichtung zugänglichen Substrat werden natürlich dic Verhältnisse für die Stickstoffbindung auf Grund der Metabiose Alge-Bakterien weitaus günstiger als im Erdboden liegen. Es wäre sehr wünschenswert, daß dieses Problem einmal quantitativ in Angriff genommen würde.

Jedenfalls muß hier ein Gesichtspunkt hervorgehoben werden: Die meisten Pflanzen haben Einrichtungen, sich irgendwelche Stickstoffquellen zugänglich zu machen, sei es z. B. den Humusstickstoff durch Mycorrhiza oder den elementaren Luftstickstoff durch Symbiose mit Bakterien bei den Leguminosen usw. Im übrigen läßt sich feststellen, daß überall in der Natur Stickstoffhunger herrscht, wovon man sich ohne weiteres überzeugen kann, wenn man eine Wildpflanze in fruchtbaren Boden verpflanzt. Man muß nun beachten, daß dieses Problem zwei Seiten hat: Einmal handelt es sich um die allgemeinere Frage, nämlich darum, ob geringe Stickstoffmengen gebunden werden, welche der Wildflora[6] ein kümmerliches Auskommen ermöglichen und den Boden wenigstens nicht absolut an Stickstoff verarmen lassen. Sodann aber handelt es sich um die besondere, landwirtschaftlich wichtige Frage, ob unter Umständen so große Mengen von Stickstoff gebunden werden können, daß der große Bedarf der Kulturpflanzen in wirtschaftlichem Sinne genügend gedeckt wird. Dieser

[1] Vgl. dieses Handbuch **7**, 294, 306.

[2] DEHÉRAIN, P. P. u. E. DEMOUSSY: C. r. Acad. Sci. Paris **130**, 466 (1900). — Auch in oberen Bodenschichten fand man teilweise erhebliche Stickstoffanreicherung gegenüber tieferen Schichten, wenn auch gegenteilige Angaben nicht fehlen (vgl. LÖHNIS: Handbuch, S. 677, 678). — Vgl. ferner C. B. LIPMAN u. L. J. H. TEAKLE: Symbiosis between Chlorella sp. and Azotobacter usw. J. gen. Physiol. **7**, 509 (1925).

[3] BOUILHAC u. GIUSTINIANI: Sur une culture de sarrasin en présence d'un mélange d'algues et de bactéries. C. r. Acad. Sci. Paris **137**, 1274 (1903); **138**, 293 (1904).

[4] ROBERG, M.: Ein Beitrag zur Stoffwechselphysiologie der Grünalgen. Jb. wiss. Bot. **72**, 369 (1930). — Man vergleiche hierzu die von PÜTTER (Literatur bei ROBERG) aufgestellte Theorie, wonach sich die Ernährung der Meeresorganismen größtenteils auf Grund der im Meerwasser gelösten Kohlenstoffverbindungen vollziehen soll.

[5] KLEIN, G. u. M. STEINER: Bakteriologisch-chemische Untersuchungen am Lunzer Untersee I. Österr. bot. Z. **78**, 289 (1929). — Vgl. auch HERM. FISCHER: Das Problem der Stickstoffbindung (Festlegung des Luftstickstoffs) bei niederen Pflanzen. Ber. dtsch. bot. Ges. **35**, 423 (1917) und den Abschnitt: Teichwirtschaftliche Behandlung des Bodens. Dieses Handbuch 9.

[6] Selbstverständlich könnte diese Betrachtung auch auf Tiere und Menschen ausgedehnt werden. Bei manchen Naturvölkern herrscht z. B. ein ausgesprochener Eiweißhunger.

zweite Punkt ist jedoch, wie später[1] ausgeführt werden wird, in negativem Sinne entschieden.

Die Wirkung der äußeren Verhältnisse auf die Stickstoffbindung ist zum Teil etwas verschieden von den Wirkungen auf die sonstigen Umsetzungen. Steigender Wassergehalt übt von einer unteren Grenze an, bei der die Stickstoffbindung einsetzt, nur einen geringen Einfluß auf die Stickstoffbindung aus. TRAAEN[2] fand bei 25° C in einem Boden, der ein Wasserfassungsvermögen von 27,4% besaß, folgende Stickstoffbindung:

	mg Stickstoff gebunden je 100 g trockene Erde							
Feuchtigkeit in % der Erde	5	10	17,5	25	30	20	30	40
mg Stickstoff	1,9	1,9	13,2	16,0	15,5	12,0	9,6	9,6

Die Stickstoffbindung hält sich also auch nach Übersättigung mit Wasser auf annähernd gleicher Höhe; dann löst offenbar der anaerobe Bacillus amylobacter den aeroben Azotobacter ab, wie auch in dem obigen Beispiel der Geruch nach Buttersäure und die mikroskopische Feststellung von Amylobacterformen ausdrücklich hervorgehoben werden. Andere Autoren fanden 2 Maxima bei variablem Wassergehalt[3], was also in gleichem Sinne liegt. Der anaerobe B. amylobacter kommt jedoch auch in aerobem Boden neben Azotobacter vor und entwickelt sich auch zusammen mit diesem unter aeroben Verhältnissen; es ist zur Zeit nicht möglich, zu entscheiden, welchem von beiden Organismen, oder ob der aeroben oder der anaeroben Stickstoffbindung in der Natur die größere Bedeutung zukommt. Manche Autoren neigen der letzten Ansicht zu[4]. PRINGSHEIM[5] fand z. B. auch in Mischkulturen mit Zellulosezersetzern bei Amylobacter mehr gebundenen Stickstoff (10,4 und 8,3 mg je 1 g verbrauchter Zellulose) als bei Azotobacter (4,5 mg). Es ist dabei weiter noch zu berücksichtigen, daß der anaerobe Amylobacter, wie erwähnt, auch unter aeroben Verhältnissen anzutreffen ist[6], während das umgekehrte niemals der Fall ist.

Auch durch die Bodenreaktion ist die Stickstoffbindung nicht scharf begrenzt nach dem Vorkommen des einen ziemlich engen, etwa neutralen Bereich liebenden Azotobacter, da Amylobacter weiter nach der sauren Seite geht, wie folgendes Beispiel nach GAINEY[7] zeigt, denn 174 Böden, in denen Azotobacter festgestellt wurde, ergaben eine Stickstoffbindung von 8,30 mg N_2 je

[1] Dieses Handbuch **9** (Brache, Gründüngung).

[2] TRAAEN, A.: S. 635, Anm. 1.

[3] LIPMAN, C. B. u. L. T. SHARP: Effect of moisture content of a sandy soil on its nitrogen-fixing power. Bot. Gaz. **59**, 402 (1915). — GREAVES, J. E. u. E. G. CARTER: Influence of barnyard manure and water upon the bacterial activities of the soil. J. agricult. Res. **6**, 889 (1916); **9**, 293 (1917). — Influence of moisture on the bacterial activities of the soil. Soil Sci. **10**, 361 (1920); **13**, 251 (1922).

[4] PRINGSHEIM, H.: Über die Verwendbarkeit verschiedener Energiequellen zur Assimilation des Luftstickstoffs und die Verbreitung stickstoffbindender Bakterien auf der Erde. Cbl. Bakter. II **20**, 248 (1908). — TRUFFAUT, G. u. N. BEZSONOFF: Sur la prédominance de l'activité des fixateurs anaérobies dans le sol. C. r. Acad. Sci. Paris **181**, 165 (1925). — OMELIANSKY, W. L., nach WAKSMAN: Principles, S. 560. An gleicher Stelle und S. 566 sagt WAKSMAN, daß bei Betrachtung der Kohlensäurebildung als Maßstab des Energieumsatzes Amylobacter intensiver Stickstoff binde als Azotobacter und verweist auf A. BONAZZI: The mineralization of atmospheric nitrogen by biological means. Act. 4. Conf. internat. Pédol. Rom 1924 **3**, 74 (1926). Der Verfasser konnte diese Angabe dort nicht finden.

[5] PRINGSHEIM, H.: S. 645, Anm. 4.

[6] Vgl. dieses Handbuch **7**, S. 297.

[7] GAINEY, P. L.: The significance of soil reaction in controlling nitrogen fixation in soils. Act. 4. Conf. internat. Pédol. Rom 1924 **3**, 31 (1926). Die weiteren Arbeiten dieses Verfassers in J. agricult. Res. **14**, 265 (1918); **24**, 185, 289, 759, 907 (1923). Dort auch weitere Literatur. — Vgl. ferner J. V. SHUNK: S. 632, Anm. 3.

50 cm³ 2proz. Mannitlösung; das p_H betrug 6,88[1]. 193 Böden, in denen Azotobacter nicht festgestellt wurde, ergaben eine Stickstoffbindung von 4,61 mg N_2 bei einem p_H von 5,44[1].

Die Stickstoffbindung ist also im Falle des sauren, azotobacterfreien Bodens zwar geringer gewesen als im Falle des Azotobacter-haltigen neutralen Bodens, beträgt aber immerhin noch 56% davon.

Das Temperaturoptimum der Stickstoffbindung liegt bei 25—30° C, also bei mittlerer Temperatur[2].

Hinsichtlich des Einflusses der Jahreszeit gilt das oben[3] für die Nitratbildung Gesagte[4].

Die Stickstoffassimilation.

Die Stickstoffassimilation, die Verarbeitung von mineralisiertem Stickstoff zu Mikroorganismensubstanz, wurde schon wiederholt an dieser Stelle behandelt, so daß hier von einer eingehenderen Darstellung abgesehen werden kann. Es sei nur noch einmal darauf hingewiesen, daß sie bei einem weiten Kohlenstoff-Stickstoffverhältnis in Erscheinung tritt und daß die Tätigkeit der Pilze in dieser Hinsicht besonders intensiv ist, da sie mehr Körpermasse bilden als die Bakterien. Besonders bei Zufuhr von Zellulose zum Boden bzw. Stroh (überhaupt von Kohlenhydraten) tritt eine intensive Festlegung des Stickstoffs ein, die man früher auf Denitrifikation zurückführte[5], wie das wiedergegebene Beispiel nach A. KOCH[6] zeigt. Die anfängliche Erntedepression wird später wieder durch den Mehrertrag bei Zellulosezufuhr ausgeglichen, sobald die Mineralisation der anfänglich gebildeten Mikroorganismensubstanz einsetzt. Ein anderes Beispiel[7] zeigt die gleiche Erscheinung für eine Zuckerzugabe zum Boden. Die Bedeutung ferner eines engen Kohlenstoff-Stickstoffverhältnisses für die Mineralisation des Stickstoffs beruht, wie erwähnt[8], ebenfalls teilweise auf diesem Prinzip.

Weiterhin ist es in diesem Zusammenhange wichtig, daß durch Nitratzufuhr die schädliche Wirkung aufgehoben werden kann, wie zahlreiche Versuche gezeigt haben[9].

Vornehmlich auf solchen Böden, die wie Moorböden und Rohhumusböden große Mengen von Zellwandbestandteilen bei zurücktretender Mineralisation

---

[1] Die Anzahl der auf p_H untersuchten Böden entspricht nicht ganz der obigen Zahl. Doch dürfte der Durchschnittswert der p_H-Zahlen davon nicht wesentlich berührt werden.

[2] Vgl. F. LÖHNIS: Handbuch, S. 687. — S. A. WAKSMAN: Principles, S. 585.

[3] Siehe S. 631. [4] Vgl. im übrigen F. LÖHNIS: Handbuch, S. 687ff.

[5] Vgl. dazu dieses Handbuch 7, 315. [6] KOCH, A.: Siehe S. 645.

[7] Vgl. S. 644. [8] Vgl. S. 624.

[9] Einige Literatur zu dieser Frage: TH. PFEIFFER u. O. LEMMERMANN: Denitrifikation und Stallmistwirkung. Landw. Versuchsstat. **54**, 386 (1900). — G. BREDEMANN: Untersuchungen über das Bakterienimpfpräparat „Heyls Concentrated Nitrogen Producer". Landw. Jb. **43**, 669 (1912). — H. B. HUTCHINSON: The influence of plant residues on nitrogen fixation and on losses of nitrate in the soil. J. agricult. Sci. **9**, 92 (1918). — O. RAHN: Die schädliche Wirkung der Strohdüngung und deren Verhütung. Z. techn. Biol. **7**, 172 (1919). — T. J. MURRAY: The effect of straw on the biological soil processes. Soil Sci. **12**, 233 (1921). — H. SCOTT: The influence of wheat straw on the accumulation of nitrate in the soil. J. amer. Soc. Agr. **13**, 233 (1921). — W. A. ALBRECHT: Nitrate accumulation under straw mulch. Soil Sci. **14**, 299 (1922). — C. BARTHEL u. N. BENGTSSON: Action of stable manure in the decomposition of cellulose in tilled soil. Ebenda **18**, 185 (1924). — J. A. VILJOEN u. E. B. FRED: The effect of different kinds of wood and wood pulp on plant growth. Ebenda **17**, 199 (1924). — R. C. COLLISON u. H. J. CONN: The effect of straw on plant growth. N. Y. Agr. Exp. Stat., Techn. Bull. **114** (1925). — T. L. MARTIN: Effect of straw on accumulation of nitrates and crop growth. Soil Sci. **20**, 159 (1925). — H. H. HILL: Decomposition of organic matter in soil. J. agricult. Res. **33**, 77 (1926).

infolge der sauren Beschaffenheit aufweisen, ist dann auch die Mycorrhiza als Hilfsmittel der Stickstoffbeschaffung besonders stark und typisch vertreten[1].

Endlich muß noch darauf hingewiesen werden, daß auch unter anaeroben Bedingungen eine merkbare Stickstoffassimilation stattfinden kann, sogar wenn daneben Denitrifikation erfolgt, wie Versuche von A. Koch zeigten[2].

Der Kreislauf des Schwefels.

Der Kreislauf des Schwefels vollzieht sich fast analog demjenigen des Stickstoffs, wie die obige Übersicht[3] erkennen läßt. Praktisch tritt er allerdings viel weniger in Erscheinung, weil der Bedarf der höheren Pflanzen an Schwefel sehr viel geringer ist als derjenige an Stickstoff, im Erdboden im allgemeinen aber genügende Mengen aufnehmbarer Schwefelverbindungen zur Verfügung stehen dürften. Die Ähnlichkeit mit dem Kreislauf des Stickstoffs zeigt sich in folgendem: Jede durch Mikroorganismen bewirkte Mineralisation der organischen Schwefelverbindungen führt über Schwefelwasserstoff zum Sulfat, das wieder von den höheren Pflanzen aufgenommen wird und von neuem seinen Kreislauf antritt — ganz analog dem Schicksal: organischer Stickstoff-Ammoniak-Nitrat. Die Desulfurikation[4] bietet weiterhin ein Analogon zur Denitrifikation, nämlich die Verarbeitung elementaren Schwefels zur Stickstoffbindung. Zum Teil handelt es sich dabei nicht um bloße Ähnlichkeiten, sondern (Schwefelwasserstoffoxydation, Desulfurikation) auch um stoffwechselphysiologisch gleichartige Vorgänge. Endlich ist, wie beim Stickstoff, der Schwefel im Erdboden zum größten Teil in organischer Form in den Humussubstanzen festgelegt.

Über den Gehalt einiger Böden an organisch und anorganisch gebundenem Schwefel unterrichtet folgende Übersicht nach Rippel[5]:

Boden	Prozent-S in Form von		Sulfat-S in Prozent des Gesamt-S	p_H
	Gesamt-S	Sulfat-S		
Waldboden, reiner Hainbuchenbestand (Westerberg bei Göttingen)	0,0845	0,0092	10,9	7,33
Waldboden aus altem Buchenbestand (Rathsfeld i. Kyffhäuser)	0,0579	0,0056	9,6	4,13
Komposterde	0,1260	0,0258	20,6	7,46
Felderde (Versuchsfeld Göttingen)	0,0418	0,0060	14,4	7,17

In dem „normalen" Boden vollzieht sich der Schwefelumsatz unter aeroben Verhältnissen: Es tritt niemals Schwefelwasserstoff in freier Form oder als Salz auf, sei es als Folge der Schwefelwasserstoffbildung aus organisch gebundenem, (Eiweiß-)Schwefel, sei es als Folge der Desulfurikation, der Sulfatzerstörung, sondern die Oxydation führt unmittelbar bis zur Schwefelsäure. Nur unter völligem Luftabschluß, wie in stagnierendem Wasser, kann es zur Anhäufung von Schwefelwasserstoff kommen, der dann durch Eisenfällung als schwarzer Schwefeleisenschlamm erscheint. Das ist charakteristisch für Meeres-, See- und Teichböden. Die Anhäufung von Schwefelwasserstoff nach der immer mehr anaerob werdenden Tiefe zu zeigt sich am besten am Beispiel des tiefen, aber durch eine noch unter 50 m tiefe Schwelle in den Dardanellen von der Kommunikation mit größeren Meeren abgeschnittenen schwarzen Meeres[6]:

---

[1] Vgl. dieses Handbuch 7, 312. [2] Vgl. S. 641.

[3] Siehe S. 601. [4] Dieses Handbuch 7, 329.

[5] Rippel, A.: Zur Kenntnis des Schwefelkreislaufs im Erdboden. J. Landw. 76, 1 (1928). Dort auch weitere Literatur.

[6] Lebedinzeff: Trav. Soc. natural. Odessa (russ.) 16 (1891); nach Lafar: Handbuch 3, 222.

In	einer	Tiefe	von	213 m	wurden	gefunden	0,33 cm^3	H_2S	im	Liter
,,	,,	,,	,,	427 ,,	,,	,,	2,22 ,,	,,	,,	,,
,,	,,	,,	,,	2026 ,,	,,	,,	5,55 ,,	,,	,,	,,
,,	,,	,,	,,	2528 ,,	,,	,,	6,55 ,,	,,	,,	,,

Offenbar vollzieht sich die Anhäufung von Schwefelwasserstoff nur unter sehr stark anaeroben Verhältnissen, da auch rein chemisch eine Oxydation von Schwefelwasserstoff und seinen Verbindungen bei Sauerstoffzutritt leicht eintritt, oder wenn, wie in Abwässern, durch große Mengen organischer Substanz der vorhandene Sauerstoff völlig hinweggenommen wird.

Ganz kurz sei hier noch auf die Limane[1] hingewiesen, seichte, salzige Seen an der Küste des Schwarzen Meeres, auf deren Grund sich der schwarze Limanschlamm ablagert, der zu Heilzwecken verwendet wird. Es handelt sich wieder um Schwefeleisen, das seine Entstehung dem durch Sulfatreduktion entstandenen Schwefelwasserstoff verdankt, die sich hier unter besonderen Standortsbedingungen vollzieht.

Die für andere mikrobiologische Vorgänge des Bodens so wichtige Bodenreaktion spielt offenbar für die Sulfatbildung keine so große Rolle, da die Sulfatbildung wohl durch alle aeroben Mikroorganismen durchgeführt werden kann, nicht aber auf eine kleine spezifische Gruppe beschränkt ist, wie das bei der Nitratbildung der Fall ist. Sie wird sich also überall vollziehen können, wo organisches Mikroorganismenleben möglich ist. Auch üben ja, wie an anderer Stelle[2] erwähnt wurde, Thiobacillus thiooxydans, der elementaren Schwefel, in der Natur aber wohl Schwefelwasserstoff und dergl. oxydiert, und Verwandte in einem sehr weiten Bereich der Wasserstoffionenkonzentration ihre Tätigkeit aus. Diese Tatsache ist von einiger Wichtigkeit in Hinblick auf die Anschauung von KAPPEN[3], wonach die aktive Azidität von Moorböden auf freier Schwefelsäure beruht. In diesem Zusammenhang sei noch erwähnt, daß DREWES[4] in einem stark sauren Moorboden unter p_H 3,5 kein vegetatives Bakterienleben mehr fand außer dem erwähnten Schwefelbakterium.

Die durch Mikroorganismen gebildete Schwefelsäure spielt in der Natur eine wichtige Rolle bei der Gesteinsverwitterung. BLANCK und Mitarbeiter[5] zeigten, daß die in Gesteinen zirkulierenden Lösungen nicht, wie man bisher glaubte, aus Nitraten, sondern vornehmlich aus Sulfaten bestehen, deren Bildung durch die in der überlagernden Humusschicht biologisch entstehende Schwefelsäure bedingt sein muß. Hierbei ist noch auf eines hinzuweisen: Die

---

[1] Ältere Zusammenfassung bei F. LAFAR: Handbuch der technischen Mykologie 3, 222. — Einige Literatur der letzten Jahre: N. DÉDOUSENKO-STEHÉGOLÉVA: Microflore du lac „Limana". Arch. russ. Protistol. 6, 9 (1927). Russisch mit französischer Zusammenfassung. — A. G. SALIMOWSKAJA: Bakteriologische Analyse des Schlammes aus dem Mschagasee. Bull. Inst. Hydrol. 21, 27 (1928). Russisch mit deutscher Zusammenfassung. — A. S. SASLAWSKY: Zur Frage der Wirkung hoher Salzkonzentrationen auf die biochemischen Prozesse im Limanschlamm. Cbl. Bakter. II 73, 18 (1928). — B. ISSATSCHENKO u. A. SALIMOWSKA: Über Thiobakterien der Salzseen. Proc. internat. Congr. Plant Sci. 1, 220 (1929). — A. SASLAWSKY u. N. HARZSTEIN: Über die Einwirkung gewisser Salze auf obligat halophile Thionsäurebakterien. Cbl. Bakter. II 80, 165 (1930).

[2] Dieses Handbuch 7, 331.

[3] KAPPEN, H.: Die Bodenazidität, S. 41. Berlin: Julius Springer 1929. — KAPPEN, H. u. M. ZAPFE: Über Wasserstoffionenkonzentration in Auszügen von Moorböden usw. Landw. Versuchsstat. 90, 321 (1911). S. 343.

[4] DREWES, K.: Mikrobiologische Untersuchung eines stark sauren Moorbodens. Cbl. Bakter. II 76, 114 (1928).

[5] Siehe E. BLANCK: Die biologische Verwitterung usw. Dieses Handbuch 2, 263, insbes. 275. — Auf die Wichtigkeit der Schwefelsäure für die Verwitterung wurde kürzlich auch hingewiesen von L. RIGOTARD: Role du soufre dans la formation de la terre végétale. C. r. Acad. Sci. Paris 190, 199 (1930).

höheren Pflanzen nehmen zwar relativ große Mengen von Sulfaten auf, aber nur ein kleiner Teil davon wird in organische Bindung übergeführt (in Blättern noch nicht 20 % nach RIPPEL[1]), kommt also bei der Mineralisation für die Bildung von Schwefelsäure in Frage. Ein Teil der mit den abfallenden Teilen der Bäume, wenn wir die Verhältnisse im Waldboden zugrunde legen, in den Boden gelangenden, von den höheren Pflanzen nicht verarbeiteten, Sulfaten wird aber durch die infolge der reichlichen Kohlenstoffversorgung kräftig einsetzende Mikroorganismen-, namentlich Pilzentwicklung assimiliert, also zur Schwefelwasserstoffstufe reduziert und kann bei der späteren Mineralisation wieder als Quelle für die Bildung von Schwefelsäure dienen. Das folgende Beispiel nach RIPPEL[2] möge zeigen, daß es sich hierbei um beträchtliche Mengen handeln kann:

50 g Boden + 3 g Rohrzucker; 50 % der wasserfassenden Kraft			
Ackererde		Komposterde	
Sulfatgehalt bei Beginn	0,0099 g	Sulfatgehalt bei Beginn	0,0258 g
,, nach 1 Monat . .	0,0009 g	,, nach 14 Tagen . .	0,0088 g
,, nach 2 Monaten .	0,0 g		

Es ist sehr wichtig, hierbei zu beachten, daß durch die vorübergehende mikrobiologische Festlegung des Sulfatschwefels zu organisch gebundenem Schwefel für die spätere Mineralisation wieder die Möglichkeit der Entstehung freier Schwefelsäure gegeben ist, wobei die organische Substanz unter Vermittlung der Organismen, als Energiequelle für diesen Reduktionsvorgang dient.

Eine dritte Quelle der biologischen Schwefelsäurebildung endlich ist der in den Humussubstanzen festgelegte Schwefel, dessen Mineralisation aber sehr langsam verlaufen dürfte[3], worüber man jedoch noch nichts näheres weiß.

Die Bildung der freien Schwefelsäure durch Mikroorganismen hat auch zu einer landwirtschaftlichen Nutzanwendung geführt durch eine biologische Nachahmung des Superphosphatverfahrens und des Verwitterungsvorganges: Erde wird mit Rohphosphat und Schwefel vermischt, unter Umständen mit Thiobacillus beimpft und einige Zeit sich selbst überlassen, wobei die durch die Oxydation des Schwefels gebildete Schwefelsäure das Rohphosphat zur Lösung, in eine für Pflanzen verwertbare Form, bringt[4], welche Wirkung auch durch den Pflanzenversuch erwiesen ist.

---

[1] RIPPEL, A.: Die Frage der Eiweißwanderung beim herbstlichen Vergilben der Laubblätter. Biol. Zbl. **41**, 508 (1921).

[2] RIPPEL, A.: S. 649, Anm. 5. [3] RIPPEL, A.: S. 649, Anm. 5.

[4] LIPMAN, J. G., H. C. MC LEAN u. H. C. LINT: Sulfur oxydation in soils and its effect on the availability of mineral phosphates. Soil Sci. **2**, 499 (1916). — MC LEAN, H. C.: The oxydation of sulfur by microorganisms in its relation to the availability of phosphates. Ebenda **5**, 251 (1918). — LIPMAN, J. G., A. W. BLAIR, W. H. MARTIN u. C. S. BECKWITH: Inoculated sulfur as a plant-food solvent. Ebenda **11**, 87 (1921). — TOTTINGHAM, W. E. u. E. B. HART: Sulfur and sulfur composts in relation to plant nutrition. Ebenda **11**, 49 (1921). — LIPMAN, J. G., S. A. WAKSMAN u. J. S. JOFFE: The oxydation of sulfur by soil microorganisms. Ebenda **12**, 475 (1921). — JOFFE, J. S.: Studies of sulfur oxydation in sulfur-floats-soil mixtures. Ebenda **13**, 107 (1922). — WAKSMAN, S. A. u. J. S. JOFFE: The chemistry of the oxydation of sulfur by microorganisms usw. J. of biol. Chem. **50**, 35 (1922). — RUDOLFS, W.: Oxydation of iron pyrites by sulfur-oxidizing organisms and their use for making mineral phosphates available. Soil Sci. **14**, 135 (1922). — Influence of sulfur oxydation upon growth of soybeans usw. Ebenda **14**, 247 (1922). — POWERS, W. L.: Studies of sulfur in relation to the soil solution. Univ. California Publ. Bot. **5**, 119 (1927). — KALUSHSKY, A.: Schwefel und Rohphosphate. Z. Pflanzenern., Düng. u. Bodenk. A **12**, 217 (1928).

Es ist weiter gezeigt worden, daß nicht nur Phosphorsäure, sondern auch Kalium[1] auf diese Weise für die Pflanzen aufgeschlossen werden. Endlich hat man auch Eisen den Pflanzen verfügbar machen können, indem durch Zugabe von Schwefel zum Boden die ja auf Eisenmangel bei alkalischer Bodenreaktion beruhende Chlorose geheilt werden konnte.

Selbst zu Reaktionsänderungen[2] hat man die biologische Oxydation des Schwefels auf alkalischen Böden herangezogen, welche durch Zugabe von Schwefel auf eine geringere Alkalität gebracht werden konnten.

Der Kreislauf der übrigen Stoffe.

Aus einem Grunde, der schon früher[3] erwähnt wurde, tritt der Kreislauf der übrigen Stoffe gegenüber demjenigen des Kohlenstoffs und des Stickstoffs sehr zurück. Immerhin kann auch der Kreislauf des Schwefels beispielsweise, wie oben auseinandergesetzt wurde, noch eine ganz merkbare Rolle spielen. Noch weniger unterrichtet sind wir über die Bedeutung des Kreislaufs des Phosphors. Die Tatsache, daß dieses Element zu den wichtigsten biologischen Grundstoffen gehört, hat zur Folge, daß es ebenfalls dem Schicksal von Stickstoff und Schwefel unterliegt, also den Kreislauf zwischen Verarbeitung zu organisch gebundenem Phosphor durch die höheren Pflanzen und der Mineralisation durch die Mikroorganismen[4] durchläuft, wobei die Mineralisation wohl zwangsmäßig als Folge des Abbaus der Kohlenstoffquelle erfolgt, wie das für die Ammoniakbildung auseinandergesetzt wurde[5].

Wie beim Stickstoff finden sich infolgedessen im Boden organische Phosphorverbindungen, und auch in den Humus scheint der Phosphor als organischer Bestandteil einzutreten[6]. Endlich sei darauf hingewiesen, daß auch eine Festlegung von Phosphor durch Mikroorganismen, die ja dieses lebenswichtige Element ebenfalls in größeren Mengen gebrauchen, erfolgen kann, wie gelegentliche Beobachtungen gezeigt haben[7]. CHOUCHAK[7] fand z. B. folgende Werte, die sicher noch höher gewesen wären, wenn er die Kohlenstoff-Stickstoffmenge noch weiter im Verhältnis zur Phosphorsäure gesteigert hätte. Er fand im Liter wässerigen Extraktes des Bodens, der bei 25% Feuchtigkeit aufgestellt war:

---

[1] RUDOLFS, W.: Sulfur oxydation in inoculated and uninoculated greensand mixtures and its relation to the availability of potassium. Soil Sci. **14**, 307 (1922). — SHEDD, O. M.: Influence of sulfur and gypsum on the solubility of potassium in soils usw. Ebenda **22**, 335 (1926).

[2] HIBBARD, P. L.: Sulfur for neutralizing alkali soil. Soil Sci. **11**, 385 (1921). — RUDOLFS, W.: Sulfur oxydation in „Black alkali" soils. Ebenda **13**, 215 (1922). — JOFFE, J. S. u. H. C. MC LEAN: Alkali soil investigations. Ebenda **17**, 395 (1924); **18**, 13, 133, 237 (1924). — HAYNES, J. D.: The rate of availability of various forms of sulfur fertilizers. Ebenda **25**, 7, 44 (1928).

[3] S. 602.

[4] S. 601.

[5] Vgl. dieses Handbuch **7**, 267 und oben S. 620.

[6] Außer der bei LÖHNIS: Handbuch der landw. Bakteriologie, S. 557, zitierten Literatur sei noch folgende erwähnt: E. SCHOREY: Nuclein acid in soils. Science, N. S. **35**, 390 (1911); Biochem. Bull. **1**, 104 (1911). — Some organic soil constituents. U. S. Dep. Agr. Bur. Soils Bull. **88** (1913). — R. A. GORTNER u. W. M. SHAW: The organic matter in the soil. V. Some data on humus phosphoric acid. Soil Sci. **3**, 99 (1916). — J. T. AUTEN: Organic phosphorus in soils. Ebenda **16**, 281 (1923). — O. SCHREINER: J. amer. Soc. Agronom. **15**, 117 (1923).

[7] DUSCHETSCHKIN, A.: Über die biologische Absorption der Phosphorsäure im Boden. Russ. J. exper. Landw. **12**, 650 (1911). — ZICHMAN-KEDROV, O. K.: Influence of lime on the process of formation of phosphorous acid in the soil. J. landw. Wiss. Moskau **5**, 157 (1928). — CHOUCHAK, D.: La lutte entre les plantes cultivées et les microorganismes du sol usw. C. r. Acad. Sci. Paris **189**, 262 (1929). Zahlen bei 25% Feuchtigkeit.

Zugabe von g P_2O_5 als Na_2HPO_4		0,1	0,1	0,1	0,1	
Zugabe von g Blutmehl		—	2,3	7,0	7,0	
		Gelöste P_2O_5				
Nach 2 Wochen	Gesamt	0,128	0,24	0,32	0,38	In dieser letzten Spalte Zugabe von Chloroform
	Mineralisch	Spur	Spur	Spur	0,28	
Nach 6 Wochen	Gesamt	0,131	0,121	0,131	0,25	
	Mineralisch	0,11	0,04	0,03	0,21	
Nach 12 Wochen	Gesamt	0,06	0,075	0,068	0,205	
	Mineralisch	0,01	0	0	0,17	

Ein Zusatz von Chloroform verlangsamte also, wie man sieht, das Verschwinden der wasserlöslichen Phosphorsäure, das sich somit als im wesentlichen mikrobiologisch bedingt erweist.

Es wäre erwünscht, daß über diese Fragen weitere Erfahrungen gesammelt würden, da sie möglicherweise wichtiger sind als man zur Zeit anzunehmen scheint, namentlich auch in Hinsicht auf die Mycorrhizafrage, die ja, wie an anderer Stelle erwähnt wurde, nicht nur eine Stickstoffrage, sondern auch eine solche der Mineralstoffe sein dürfte, wobei die Hauptbedeutung dem Phosphor zukommen wird.

Hinsichtlich des Kaliums werden die Verhältnisse noch weiter in der Richtung liegen, daß der biologische Kreislauf praktisch zurücktritt, weil der rein chemische überwiegt, wenn auch der biologische Kreislauf selbstverständlich besteht. KYROPOULOS[1] konnte keine biologische Festlegung von Kalium durch Bodenbakterien nachweisen. Vielleicht liegt das aber, wie überhaupt das Zurücktreten des biologischen Kreislaufes dieses Stoffes, auch daran, daß das Kalium viel lockerer in den Stoffwechsel einbezogen zu werden scheint als die übrigen bisher besprochenen Elemente, oder aber es überwiegt hier die Kalilösung aus dem Boden.

Hinsichtlich des Verhaltens gewisser seltener Stoffe, wie Kupfer, Zink, Jod, Molybdän usw., weiß man zudem noch nicht, ob bzw. wie weit hier die Mikroorganismen bestimmend in den Kreislauf eingreifen. Eine wirklich sichtbare Rolle in der Natur dürften lediglich gewisse Ablagerungen von Eisen[2], infolge der Tätigkeit von Eisenbakterien, vielleicht auch einige Kalkfällungen[3] spielen. In dem letztgenannten Falle sind allerdings in erster Linie gewisse Algen und andere grüne Pflanzen[4] tätig, die tatsächlich mächtige Kalkablagerungen dadurch erzeugen können, daß sie die Kohlensäure des im Wasser gelösten Calciumbikarbonats assimilieren und auf diese Weise Calciumcarbonat ausfällen, während Mikroorganismen durch Alkalisierung des Mediums die Kalkausfällung bewirken.

---

[1] KYROPOULOS, S.: Über die Festlegung von Kali durch Bodenbakterien. Z. Gärungsphysiol. **5**, 161 (1915).

[2] Über diese Mikroorganismen vgl. dieses Handbuch **7**, 331. — Ferner noch: B. W. PERFILIEV: Die Rolle der Mikroben in der Erzbildung. Verh. internat. Ver. theor. u. angew. Limnol. **3** II, 330 (1927). — Auch PIA unter Anm. 4, unten.

[3] GIMINGHAM, G. T.: The formation of calcium carbonate in the soil by bacteria. J. agricult. Sci. **4**, 145 (1911). — DREW, G. H.: On the precipitation of calcium carbonate by marine bacteria usw. Carnegie Inst. Washington, Dep. Mar. Biol., Pap. from Tortugas Labor. **5**, 7 (1914). — KELLERMANN, K. F. u. N. R. SMITH: Bacterial precipitation of calcium carbonate. J. Wash. Acad. Sci. **4**, 400 (1914). — MOLISCH, H.: Über Kalkbakterien und andere kalkfällende Pilze. Cbl. Bakter. II **65**, 130 (1925). — BERSA, E.: Neue kalkführende Schwefelbakterien. Planta **2**, 373 (1926). — NAESLUND, C.: Über Kalkausfällung durch Mikroorganismen. Biochem. Z. **184**, 1 (1927). — NADSON, G. A.: Beiträge zur Kenntnis der bakteriogenen Kalkablagerungen. Arch. f. Hydrobiol. **19**, 154 (1928). — PIA, J.: Die vorzeitlichen Spaltpilze und ihre Lebensspuren. Paläobiologica **1**, 457 (1928) (Sammelbericht).

[4] PIA, J.: Pflanzen als Gesteinsbildner. Berlin: Bornträger 1926.

Im übrigen beschränkt sich das Eingreifen der Mikroorganismen in den Kreislauf dieser Stoffe, soweit das merkbar nachgewiesen werden kann, auf indirekte Wirkungen des Löslichwerdens unlöslicher anorganischer Bodenbestandteile, wie das soeben beim Kreislauf des Schwefels ausgeführt wurde. Eine ähnliche Rolle scheint die Salpetersäure[1] zu spielen. Das Vorkommen von Nitrit- und Nitratbildnern auf hohen Bergen bzw. nackten Felsen, auf Mauern usw., kann nur durch den Ammoniakgehalt der Luft ermöglicht werden. Die entstehende Salpetersäure muß das Gestein angreifen, wie man das in Kultur nachgewiesen hat und wie es in der Natur namentlich bei dem „Faulhorn“ in der Schweiz der Fall ist, das die brüchige Beschaffenheit seines Gesteins, von der es den Namen erhalten hat, diesem Vorgang verdankt (Müntz). Düggeli[2] fand in angegriffenen Zementröhren mehr nitrifizierende Bakterien als in intaktem und dem umgebenden Boden.

Außer diesen anorganischen werden auch organische Säuren (einschließlich der „Humussäuren“), wie sie von vielen Pilzen und Bakterien gebildet werden, in der gleichen Richtung wirksam sein, wie man das namentlich von den auf nacktem Gestein vegetierenden Flechten und von kalkbewohnenden Pilzen und Algen[3] wird annehmen können[4]. Die Hauptwirkung wird jedoch der von Mikroorganismen gebildeten Kohlensäure zuzusprechen sein. Bassalik[5] hat durch Versuche gezeigt, daß Bakterien, auch solche wie B. extorquens, die keine andere Säure als Kohlensäure bilden, doch imstande sind, Silikate aufzuschließen und Kalium in merkbaren Mengen in Lösung zu bringen. Hierbei spielt der unmittelbare Kontakt der Bakterien mit dem Gestein eine besonders wichtige Rolle, weshalb z. B. die am meisten Kohlensäure bildende Hefe weniger stark aufschließt als Bakterien. Da die direkte mikroskopische Untersuchung des Bodens die Bakterienkolonien in engstem Kontakt mit den Gesteinstrümmern[6] zeigt, so wird dieser Umstand also von nicht zu unterschätzender Bedeutung sein.

Nach Drewes[7] soll allerdings die Lösung von Phosphaten nur durch Mikroorganismen erfolgen, welche organische Säuren bilden, namentlich Milch- und

[1] Müntz, A.: Sur la décomposition des roches et la formation de la terre arable. C. r. Acad. Sci. Paris **110**, 1370 (1890). — Helm, O.: Über die chemischen Bestandteile der Auswitterung von Ziegelsteinmauern usw. Schr. naturforsch. Ges. Danzig **8**, 175 (1894). — Tolomei, G.: Die Nitrifikation in Mauern. Atti Accad. Lincei Rom (5) **3**, 1 (1894). — Merril, P. G.: Desintegration of the granite rocks of the district of Columbia. Bull. geol. Soc. amer. **6**, 321 (1895). — Kellog, W. P.: Effect of nitrifying bacteria on the solubility of tricalcium phosphate. J. agricult. Res. **12**, 671 (1918). — Ames, J. W.: Solvent action of nitrification and sulfofication. Ohio Agr. Exp. Stat. Bull. **351** (1921).

[2] Düggeli, M.: Bakteriologische Untersuchungen an angegriffenen Cementröhren. Schweiz. Z. Straßenwes. **1930**, ref. Cbl. Bakter. II. **82**, 266 (1931).

[3] Vgl. dieses Handbuch **2**, 247; **7**, 334.

[4] Kunze, F.: Über Säureausscheidung bei Wurzeln und Pilzhyphen und ihre Bedeutung. Jb. wiss. Bot. **42**, 357 (1906). — Wirkung von „Humussäuren“: A. Baumann u. E. Gully: Untersuchungen über die Humussäuren. II. Die freien „Humussäuren“ des Hochmoores, ihre Natur, ihre Beziehungen zu den Sphagnen und zur Pflanzenernährung. Mitt. bayr. Moorkulturanst. **4**, 32 (1910). — N. Niklas: Untersuchungen über den Einfluß von Humusstoffen auf die Verwitterung der Silikate. Dissert., München 1912. — R. Guillin: Dissociation intégrale des silicates par l'acide carbonique et les acides humiciques usw. J. agricult. prat. **1929** I, 316. — Wirkung von Algen: M. Roux: Recherches biologiques sur le lac de'Annecy. Ann. biol. lacustre **2** (1907). — P. R. Jensen: Über Steinkorrosion an den Ufern von Furesö. Internat. Rev. d. Hydrobiol. Leipzig **2** (1909). — W. J. Vernadsky: Sur le problème de la décomposition du kaolin par les organismes. C. r. Acad. Sci. Paris **175**, 450 (1922). — Im übrigen vgl. hinsichtlich des Verwitterungsvorganges dieses Hand, buch **2**, 191, 257, 263.

[5] Bassalik, K.: Über Silikatzersetzung durch Bodenbakterien. Z. Gärungsphys. **2**, 1 (1912); **3**, 15 (1913). [6] Vgl. dieses Handbuch **7**, S. 254.

[7] Drewes, K.: Über die Beteiligung von Mikroorganismen an der Aufschließung unlöslicher Phosphate. Cbl. Bakter. II **76**, 101 (1928).

Buttersäurebakterien. Die folgende Übersicht zeigt die Wirkung einiger Mikroorganismen in Traubenzuckernährlösung mit Tricalciumphosphat nach DREWES (15tägige Kultur):

Mikroorganismenart	p_H	cm^3 $n/10$ NaOH	mg P_2O_5 gelöst	Gelöst in Proz. der zugesetzten P_2O_5 nach Abzug der Kontrolle
B. coli commune	4,5	3,7	116,8	46,9
B. coli albidoliquefaciens . . .	4,3	4,8	154,8	65,7
B. aerogenes	4,3	3,8	112,4	44,7
B. cloacae	4,7	3,3	126,8	51,8
B. prodigiosum	4,8	2,8	100,4	38,7
B. putidum	5,1	1,9	86,8	32,0
B. amylobacter	4,2	4,8	131,0	53,9
Torula spec. I	4,3	4,7	165,6	71,1
Torula spec. III	5,4	1,7	76,4	26,8
Penicillium spec.	5,4	1,4	65,2	21,1
Kontrolle, unbeimpft	6,2	0,5	22,4	—

Die weitere Übersicht zeigt das Fortschreiten der Lösung der Phosphorsäure mit der gebildeten Säure. Man darf nach diesen Versuchen jedoch die Wirkung der Kohlensäure nicht unterschätzen, denn im Erdboden tritt eben, gemäß den obigen Ausführungen, der unmittelbare Kontakt der Bakterien mit den Gesteins-

Probenahme nach Tagen	p_H	cm^3 $n/10$ NaOH	mg P_2O_5 gelöst	Durch Bakterien gelöste P_2O_5 in Proz.	Keimzahl je 1 cm^3
0	6,2	0,5	20,8	—	—
2,5	5,6	1,3	58,0	18,6	600000000
5	4,6	2,4	73,6	26,3	120000000
7,5	4,2	2,9	86,0	32,5	2000000
10	4,6	3,3	102,8	40,9	69100000
15	4,0	4,2	129,6	54,1	170000
20	4,3	4,8	149,2	63,9	530000
25	4,6	4,7	160,2	69,3	1100000

partikelchen in Erscheinung, was in Lösung nur sehr untergeordnet der Fall sein dürfte; außerdem wird im Boden durch das dauernde Hinwegnehmen gelöster Stoffe durch die höhere Pflanze das Lösungsgleichgewicht immer wieder nach der Seite erneuter Lösung verschoben. Darauf deutet auch obiger Versuch hin, denn Mikroorganismen, welche keine organischen Säuren bilden, wie B. prodigiosum, bringen beträchtliche Mengen in Lösung. Auch zeigen die in der zweiten Übersicht angegebenen Keimzahlen von B. coli, daß wahrscheinlich der Zucker schon verbraucht gewesen sein dürfte, als die Lösung immer noch weiter fortschritt; es konnte dann also wohl nur mehr Kohlensäure zur Wirkung kommen. Die Titrationsazidität ist ja auch kein Maßstab für die Menge der gebildeten Säure, da sie lediglich die potentielle Azidität des gebildeten Phosphates anzeigt. Endlich kann man zweifelhaft sein, ob B. coli usw. im Boden viel organische Säure werden bilden können. Man muß ja in dieser Hinsicht wohl mit ganz anderen Verhältnissen rechnen als sie in künstlicher Kultur bei Zuckerzusatz geschaffen werden[1].

[1] Weitere Literatur über Phosphatlösung durch Mikroorganismen: J. STOKLASA: Über den Einfluß der Bakterien auf die Knochenzersetzung. Cbl. Bakter. II **6**, 526 (1900). — Biochemischer Kreislauf des Phosphations im Boden. Ebenda **29**, 385 (1911). — J. STOKLASA, DUCHACEK u. PITRA: Beitr. chem. Physiol. u. Path. **3**, 322 (1902). — A. STÅLSTRÖM: Beitrag zur Kenntnis der Einwirkung steriler und in Gärung befindlicher organischer Stoffe auf die Lösung der Phosphorsäure des Tricalciumphosphates. Cbl. Bakter. II **11**, 724 (1904). —

Jedenfalls wird man mit einiger Berechtigung annehmen können, daß neben der Wirkung der durch die Tätigkeit der Mikroorganismen im Boden gebildeten organischen und starken anorganischen Säuren in erster Linie der Kohlensäure eine wichtige Rolle als Nährstoff-regulierendem Faktor zukommt, vor allem wohl in mineralischen Naturböden. Nach FRED und HAAS[1] erhöht zudem Anwesenheit von Bakterientätigkeit die aufschließende Tätigkeit von Pflanzenwurzeln gegenüber Marmor. Es sei hier nochmals darauf aufmerksam gemacht, daß auch die Tätigkeit der Mycorrhiza-Pilze von dem Gesichtspunkt der Versorgung der höheren Pflanze mit Mineralstoffen und nicht nur mit Stickstoff, aufzufassen ist; dieser Fall würde dann ein Gegenstück der Humusböden zu den Mineralböden darstellen.

Schließlich sei hier noch bemerkt, daß auch eine unmittelbare oxydative Veränderung von Gesteinen durch Mikroorganismentätigkeit vorkommen kann, wie die Oxydation von Pyrit, Eisenkies, Eisensulfid[2] und Zinkblende (Zinksulfid)[3] durch Schwefelbakterien zeigt.

Die Humusstoffe.

Die Humusstoffe in ihrer Bildung.

Wie schon erwähnt, ist die Bildung der Humusstoffe im Boden ein wichtiger Endvorgang im Kreislauf der Stoffe; es handelt sich dabei um alle die Substanzen, die sich, mit oder ohne Mikroorganismeneinwirkung entstanden, zeitweise der Mineralisation entziehen. Wie die von MAIWALD[4] im vorliegenden Handbuch gegebene Darstellung zeigt, handelt es sich um ein Gemisch der verschiedensten Stoffe, deren unmittelbares Verhalten zur Mikroorganismenwelt hier kurz ergänzend geschildert sei, während hinsichtlich aller weiteren Einzelheiten auf die erwähnten Ausführungen von MAIWALD verwiesen sei.

Von den für die vorliegende Betrachtung wichtigen Gesichtspunkten aus handelt es sich dabei um zwei Gruppen von Stoffen:

1. um solche, die außerhalb einer Mikrobeneinwirkung gebildet werden,

---

A. KOCH u. E. KRÖBER: Der Einfluß der Bodenbakterien auf das Löslichwerden der Phosphorsäure aus verschiedenen Phosphaten. Fühlings landw. Ztg. **55**, 225 (1906). — W. G. SACKETT, A. J. PATTEN u. C. W. BROWN: The solvent action of soil bacteria upon the insoluble phosphates of raw bone meal and natural rock phosphate. Michigan St. Agr. Coll. Exp. Stat. Bull. **43** (1908); Originalreferat Cbl. Bakter. II **20**, 688 (1908). — S. DE GRAZIA u. U. CERZA: Sull intervento dei mikroorganismi nella utilizazione dei phosphati insolubili del suolo da parte della piante superiore. Ann. R. Stat. Chem. Agr. sper. Roma II **2** (1908); **3** (1909). — E. KRÖBER: Über das Löslichwerden der Phosphorsäure aus wasserunlöslichen Verbindungen unter der Einwirkung von Bakterien und Hefen. J. Landw. **57**, 5 (1909). — R. PEROTTI: Über den biochemischen Kreislauf der Phosphorsäure im Boden. Cbl. Bakter. II **25**, 409 (1909). — S. A. SEWERIN: Die Mobilisierung der Phosphorsäure des Bodens unter dem Einfluß der Lebenstätigkeit der Bakterien. Ebenda II **28**, 561 (1910); **32**, 498 (1912). — W. E. TOTTINGHAM u. C. HOFFMANN: Nature of changes in the solubility and availability of phosphorus in fermenting mixtures. Wisc. Agr. Exp. Stat. Res. Bull. **23**, 273 (1913). — S. BAZAREWSKI: On the question of mobilisation of phosphoric acid in the soil by the agency of microorganisms. 1916. — C. G. HOPKINS u. A. L. WHITING: Soil bacteria and phosphates. Ill. Agr. Exp. Stat. Bull. **190** (1916). — C. A. JENSEN: Effect of decomposing organic matter on the solubility of certain inorganic constituents of the soil. J. agricult. Res. **9**, 253 (1917). — W. P. KELLEY: Effect of nitrifying bacteria on the solubility of tricalciumphosphate. Ebenda **12**, 671 (1918).

[1] FRED, E. B. u. A. R. C. HAAS: The etching of markle by roots in the presence of bacteria. J. gen. Physiol. **1**, 631 (1919).

[2] RUDOLFS, W.: S. 651, Anm. 4.

[3] RUDOLFS, W. u. A. HELLBRONNER: Oxydation of zinc sulfide by microorganisms. Soil Sci. **14**, 459 (1922).

[4] MAIWALD, K.: Dieses Handbuch **7**, 113.

2. um solche, die ihre Entstehung der Einwirkung von Mikroben, sei es durch direkte Umbildung oder durch Neubildung über Mikroorganismensubstanz, verdanken.

1. Zu der ersten Gruppe gehören verständlicherweise Stoffe, die sich dem Angriff von seiten der Mikroorganismenwelt gegenüber als sehr resistent erweisen. Das trifft vor allem für *Gerbstoffe* und Gerbstoff-Eiweißverbindungen zu. Es wurde an anderer Stelle[1] schon dargelegt, daß die Fähigkeit, diese Stoffe in überhaupt nennenswertem Maße zu zersetzen, soweit bisher Mikroorganismen untersucht wurden, auf die enge Gruppe der *Aspergillus*-, *Penicillium*-, *Citromyces*- und nächstverwandten Arten beschränkt ist, und daß insbesondere Bakterien in dieser Hinsicht ausscheiden. Ähnliches gilt von den *Ligninsubstanzen*, die ebenfalls für Bakterien so gut wie unangreifbar sind und nur gewissen Pilzen, vornehmlich holzzerstörenden Formen, zum Opfer fallen[2].

So ist es also von mikrobiologischen Gesichtspunkten aus ohne weiteres verständlich, daß sich beide Stoffgruppen im Laufe der Umsetzungen im Erdboden zum mindesten *relativ* anreichern und somit einen wesentlichen Bestandteil der „Humusstoffe" bilden müssen.

2. Die zweite Gruppe der Humusbestandteile bilden solche Stoffe, die offenbar von Mikroorganismen selbst aus fremder oder eigener Körpersubstanz gebildet werden, die dann ebenfalls dem Angriff von Mikroorganismen gegenüber naturgemäß sehr resistent sind, weil auch sie gewissermaßen einen Rückstand, nämlich den einer oxydativen Umwandlung bzw. einer autolytischen Verarbeitung, darstellen.

Im weiteren Sinne dürfen wir hierunter wohl einen Vorgang rechnen, dessen Chemismus heute wenigstens einigermaßen bekannt ist und der zuerst von BEIJERINCK[3] eingehender untersucht wurde, aber schon früher bekannt war (Literatur bei STAPP[4]), nämlich die *Melaninbildung*, wie sie auch bei *Azotobacter chroococcum*[5] vorzuliegen scheint. Man hat diesen Organismus geradezu für die dunkle Bodenfärbung verantwortlich gemacht[6]. Allerdings läßt sich hier nur mit lebenden Bakterien eine Braunfärbung von Tyrosin erzielen, während STAPP bei einigen Rassen von Knöllchenbakterien diesen Vorgang als enzymatischer Natur nachweisen konnte. Es kann bei *Azotobacter* entweder von außen zugeführtes Tyrosin oder eigenes nach Verbrauch der Kohlenhydrate und einsetzender Autolyse oxydiert werden.

Die Umwandlung des Tyrosins zu Melanin vollzieht sich nach RAPER[7] folgendermaßen:

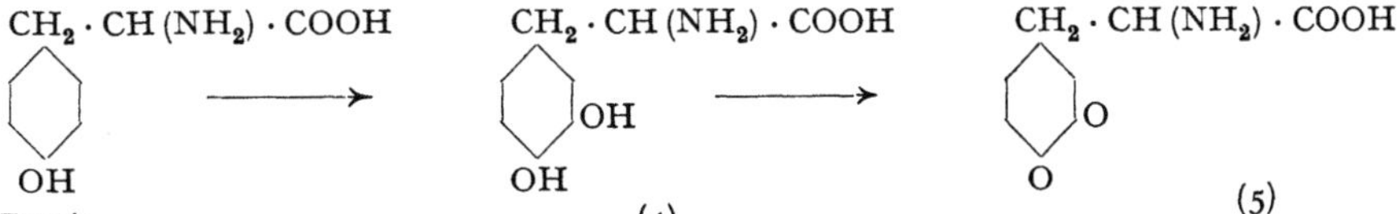

Tyrosin (4) (5)

[1] RIPPEL, A.: Dieses Handbuch **7**, 326. [2] RIPPEL, A.: Dieses Handbuch **7**, 321.

[3] BEIJERINCK, M. W.: Kon. Akad. Wetensch. Amsterdam **13**, 1066 (1911); Cbl. Bakter **29** II, 169 (1911).

[4] STAPP, C.: Beiträge zum Studium der Bakterientyrosinase. Biochem. Z. **141**, 42 (1923). — Vgl. auch K. HIRAI: Über das Vorkommen von *p*-Oxybenzaldehyd und *p*-Oxybenzoesäure bei der bakteriellen Tyrosinzersetzung, mit besonderer Berücksichtigung des dabei gebildeten Melanins. Biochem. Z. **135**, 299 (1923).

[5] RIPPEL, A. u. O. LUDWIG: Die Schwarzfärbung von Azotobacter chroococcum Beiij. als Melaninbildung. Cbl. Bakter. II **64**, 161 (1925).

[6] SACKETT, W. G.: Bakteriologische Untersuchungen über die Stickstoffbindung in gewissen Bodenarten von Colorado. Cbl. Bakter. II **34**, 81 (1912).

[7] RAPER, H. S.: Die Einwirkung von Tyrosinase auf Tyrosin. Fermentforschg. **9**, (N. F. **2**), 206 (1927).

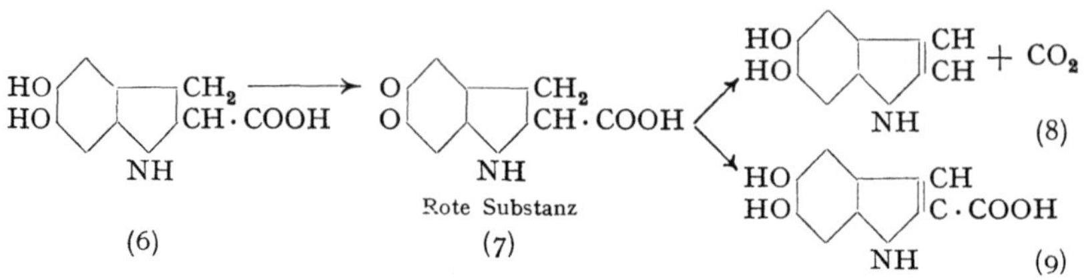

Als erstes Produkt entsteht danach Dioxyphenylalanin (4), das zu dem entsprechenden Chinon (5) oxydiert wird. Dieses wandelt sich nun intramolekular um, wobei das N-Atom der Seitenkette in den Indolkern eintritt; es entsteht 5,6-Dioxydihydrindol-2-carbonsäure (6), die wieder zu dem entsprechenden Chinon (7) oxydiert wird. Dieses Chinon soll den roten Körper darstellen, der bei der Melaninbildung intermediär erscheint und der dann wieder farblos wird, woraus je nach den Bedingungen die Base (8) oder die Carbonsäure (9) entsteht. Die Base soll normalerweise das Hauptprodukt sein und am meisten zur Melaninbildung beitragen.

Was in dem vorliegenden Zusammenhange bei dieser Vorstellung der Melaninbildung besonders wichtig sein dürfte, ist das Hinüberwandern des Stickstoffatoms aus der Seitenkette in die heterozyklische Bindung. Diese Bindungsart dürfte dann die große Resistenz solcher Stoffe gegen Mikroben-Einwirkung erklären, und es liegt nahe, anzunehmen, daß auch bei den eigentlichen Humusstoffen der Stickstoff in heterozyklischer Bindung vorliegt.

In den gleichen Zusammenhang wie die Melaninbildung gehört auch die Oxydation anderer aromatischer Körper, wie von Dioxybenzolen (Brenzkatechin, Resorcin, Hydrochinon, α-Naphtol) durch Bacillus mesentericus var. niger, der sein Substrat, auch reine Zuckernährböden, braun bis schwarz verfärbt[1]. Es sollen dabei Aminosäuren oder Amine mit diesen aromatischen Komplexen zusammentreten.

Es werden überhaupt viele aromatische Komplexe direkt oder indirekt eine Rolle spielen; so bildet nach BEIJERINCK[2] Actinomyces chromogenes Chinon, das durch Oxydation humusartige Stoffe liefert. Ferner bildet Micrococcus chinicus nach EMMERLING und ABDERHALDEN[3] Protocatechusäure aus Chinasäure, die sich durch Einwirkung des Luftsauerstoffs spontan bräunt. Ascochyta Pisi vermag nach LUDWIG[4] aromatische Alkaloide wie Phloridzin zu bräunen usw.[5].

Außerdem werden von zahlreichen Mikroorganismen, namentlich Pilzen, Stoffe gebildet, die sich in Farbe, Verhalten gegen Lösungsmittel usw. ganz wie gewisse Fraktionen der „Humusstoffe" des Bodens verhalten (unlöslich, alkalilöslich, alkohollöslich). Ein Beispiel bietet der Schimmelpilz Aspergillus niger, der solche Stoffe in seinen schwarzen Sporen enthält. RIPPEL und WALTER[6] fanden z. B. in der alkohollöslichen Fraktion 3,29% Stickstoff, in der alkalilöslichen

[1] MUSCHEL, A.: Zur Chemie der Schwarzfärbung kohlenhydrathaltiger Nährböden durch den Bac. mesentericus var. niger. Biochem. Z. 131, 570 (1922).

[2] BEIJERINCK, M. W.: Über Pigmentbildung bei Essigbakterien. Cbl. Bakter. II 29, 169 (1911).

[3] EMMERLING, O. u. E. ABDERHALDEN: Über einen Chinasäure in Protocatechusäure überführenden Pilz. Cbl. Bakter. II 10, 337 (1903).

[4] LUDWIG, O.: Untersuchungen an Ascochyta Piri Lib. Beitr. Biol. Pflanz. 16, 465 (1928).

[5] Vgl. noch A. PERRIER: Recherches sur la fermentation de quelques composés de la série cyclique et sur la formation de la matière noire de l'humus. Ann. Sci. Agron. (4) 2, 321 (1913).

[6] RIPPEL, A. u. R. WALTER: Über den Stickstoffgehalt des Aspergillins. Biochem. Z. 186, 474 (1927).

4,62 % N; eine verschiedene Stickstoffernährung hatte keinen Einfluß auf den N-Gehalt dieser Fraktionen, so daß es sich wohl um chemisch definierbare Körper handeln muß. Die Zahlen der unlöslichen Fraktion waren allerdings unregelmäßig.

Dieser Pilz scheidet außerdem solche Stoffe in die Nährlösung, bei Zucker als alleiniger Kohlenstoffquelle, aus, wobei zuerst alkohollösliche, dann alkalilösliche und mit Säure fällbare „Huminstoffe" entstehen[1]. Die Bildung dieser Stoffe hängt eng mit der Wasserstoffionenkonzentration zusammen, die ihrerseits wieder von bestimmendem Einfluß auf den Eiweißstoffwechsel ist, von dem die Bildung dieser Stoffe dann unmittelbar abhängt. In physiologisch alkalischem Medium, mit Alkalinitrat als Stickstoffquelle (bei Ammonsulfat als N-Quelle bleibt die Lösung infolge des Schwefelsäurerestes stark sauer und die Bildung der Huminstoffe erfolgt nicht), tritt, sobald der Zucker und die von diesem Pilz gebildeten organischen Säuren zerstört sind und die infolge der organischen Säuren ursprünglich saure Reaktion sich dem Neutralpunkt nähert, die Verfärbung des Substrates auf. Diese vertieft sich mit fortschreitender Autolyse immer mehr; auch das zurückbleibende Pilzmycel färbt sich, unter intensiver Erweichung, ebenfalls immer intensiver braun; es verbleibt ein dunkelbrauner Rest von einem Stickstoffgehalt von 3,2 bis 3,4 %. Es ist vielleicht kein Zufall, daß WAKSMAN[2] einen ähnlichen N-Gehalt in gewissen Humusstoffen fand. In den mit Säure aus der Lösung ausfallenden „Humusstoffen" wurde ein Stickstoffgehalt von 6,88 bis 7,35 % festgestellt. Es handelt sich jedoch hier nicht um Melaninbildung; denn Tyrosin wird von Aspergillus nicht in dieser Richtung verändert, ebenso wenig wie Tryptophan[3].

Gleichzeitig mit der nach dem Zuckerverbrauch einsetzenden Braunfärbung tritt auch Ammoniak als Zeichen der einsetzenden Autolyse auf, so daß sich die Bildung dieser „Huminstoffe" als abhängig von der Autolyse bei neutraler Reaktion erweist. Wenn es auch noch nicht nachgewiesen ist, so dürfte man doch auch hier einen Zusammenhang mit den bei der Autolyse frei werdenden aromatischen Komplexen annehmen. Die Tabelle auf S. 660 gibt ein qualitatives Bild dieser Vorgänge nach METZ[4]; quantitative Angaben über diese Autolyse finden sich bei BEHR.

Noch ein weiterer Umstand ist hierbei bemerkenswert, nämlich vor der eigentlichen Braunfärbung der Nährlösung tritt ein in alkalischer Lösung schön rotvioletter, wasserlöslicher, in saurer Lösung chromgelber, ätherlöslicher Farbstoff auf[5]. Es besteht große Wahrscheinlichkeit, daß dieser Farbstoff irgendwie mit der Bildung der „Huminstoffe" zusammenhängt, sei es, daß er ein Intermediärprodukt darstellt oder daß er aus ähnlichen oder gleichen Komplexen seine Entstehung nimmt wie jene. Es eröffnet sich somit ein Ausblick auf diesem Wege dem Chemismus der Bildung der „Huminstoffe" näher zu kommen, worauf RIPPEL[6] bereits aufmerksam gemacht hat; denn der Farbstoff ist kristallisierbar.

---

[1] BORTELS, H.: Über die Bedeutung von Eisen, Zink und Kupfer für Mikroorganismen. Biochem. Z. 182, 301 (1927). — METZ, O.: Über Wachstum und Farbstoffbildung einiger Pilze unter dem Einfluß von Eisen, Zink und Kupfer. Arch. Mikrobiol. 1, 197 (1930). — BEHR, G.: Über Autolyse bei Aspergillus niger. Ebenda 1, 418 (1930).

[2] WAKSMAN, S. A.: The origin and nature of the soil organic matter or soil „humus". I—V. Soil Sci. 22, 123, 221, 323, 395, 421 (1926).

[3] BEHR, G.: oben Anm. 1.

[4] METZ, O.: oben Anm. 1 (Tabelle S. 203).

[5] GORBACH, G.: Zur Kenntnis der Bakterienproteasen. Arch. Mikrobiol. 1, 537 (1930), fand bei Pseudomonas pyocyaneus stets Parallelität zwischen Farbstoff- und Enzymbildung.

[6] RIPPEL, A.: Mikrobiologische Bodenuntersuchung und ihre Grundlagen. Z. Pflanzenern. u. Düng. A 8, 268 (1927).

Alter in Tagen	p_H	Proz. Zucker in der Nährlösung	Mycel	Farbe der Nährlösung	NH_3
0	3,6	4,8	—	—	— —
2	3,9	4,3	Beginnt	Farblos	— —
3	4,3	4,0	Weiß	Farblos	— —
4	4,9	3,0	Weiß, beginnende Sporenbildung	Farblos	— —
5	5,45	1,7	Wenig Sporen	Farblos	— —
7	6,1	± 0	± Weiß	Bräunlich	— —
11	6,2	0	Mehr Sporen	Bräunlich	
14	6,65	0	Decke schwarz von Sporen	Braun mit Stich rot	
18	6,6	0	Autolyse, Decke wird weich	Intensiv rotbraun	+ +
23	6,5	0	In Auflösung, schmierig weich	Intensiv rotbraun	+ +

Eine Beobachtung von THOMAS[1] scheint diese Anschauung zu bestätigen. Danach bilden Bac. mesentericus fuscus und niger, die auf festen Nährböden durch offenbar melanin- oder huminartige Stoffe pigmentiert sind, auf synthetischen, flüssigen Nährböden Farbstoffe. Man könnte also denken, daß die Farbstoffe ihre Entstehung einer wenig gehemmten Oxydation verdanken, während volle Oxydation zu jenen Produkten führt.

Endlich sei noch hervorgehoben, daß bei der Bildung des Farbstoffes und der „Huminstoffe" offenbar Metalle, namentlich Kupfer, beteiligt zu sein scheinen; z. B. wird nach BORTELS und METZ[2] ohne Kupfer der braune Sporenfarbstoff bei Aspergillus nicht gebildet; die Sporen werden hellbräunlich, sind aber keimfähig[3]. Es könnte sich also um Kondensationskatalyse handeln, wie man nach Modellversuchen annehmen kann, also um Kondensation der bei der Autolyse frei werdenden aromatischen Komplexe.

Dieser Gesichtspunkt würde denn auch einen gewissen Zusammenhang mit der Melaninbildung herstellen; doch ist es zur Zeit natürlich noch verfrüht, Eingehenderes darüber aussagen zu wollen.

Außer diesem etwas genauer bekannten Fall von Aspergillus niger, dem sich noch eine besondere intensive Huminbildung bei Citromyces glaber anschließt, wie soeben FREY[4] feststellte, finden wir noch bei vielen Mikroorganismen, namentlich Pilzen, Stoffe, die sicherlich in den weiteren Zusammenhang der „Humusstoffe" einzureihen sind. Namentlich kommen hier Zellulose- und Holzzersetzer in Frage. VAN ITERSON[5] erwähnt z. B. Braunfärbung der Zellulose durch Bacillus ferrugineus, welches Bakterium allerdings als Zellulosezersetzer zweifelhaft ist[6]. Im übrigen dürfte es sich aber vornehmlich um Pilze[7]

[1] THOMAS, P.: Etude comparative de Bac. mesentericus fuscus Flügge et de Bac. mesentericus niger Lunt. Thèse. Nancy 1930.

[2] BORTELS, H.: S. 659, Anm. 1. — METZ, O.: S. 659, Anm. 1.

[3] Durch elektrolytische Reinigung der Nährlösung von Kupfer erzielten weiße Sporen: L. K. WOLFF u. A. EMMERIE: Über das Wachstum des Aspergillus niger und den Kupfergehalt des Nährbodens. Biochem Z. **228**, 443 (1930).

[4] FREY, A.: Beziehungen zwischen der Wasserstoffionenkonzentration und der Citronensäurebildung durch Aspergillus niger und Citromyces glaber. Arch. Mikrobiol. **2**, 272 (1931).

[5] ITERSON, G. VAN: Die Zersetzung der Zellulose durch aerobe Mikroorganismen. Cbl. Bakter. II **11**, 689 (1904). — Vgl. weiter: M. W. BEIJERINCK: Über Chinonbildung durch Streptothyrix chromogena usw. Ebenda II **6**, 2 (1900). — ST. BIEREMA: Die Assimilation von Ammon- usw. Stickstoff durch Mikroorganismen. Ebenda II **23**, 672 (1909), S. 686.

[6] BOKOR, R.: Mycococcus cytophagus. Arch. Mikrobiol. **1**, 1 (1930).

[7] Literatur über die Bedeutung der Pilze bei K. MAIWALD: dieses Handbuch **7**, 113ff.

und Actinomyceten handeln, die in dieser Hinsicht in Frage kommen, wie man den Arbeiten verschiedener Autoren entnehmen kann; nach VAN ITERSON wäre hier vor allem Pyrenochaeta humicola zu nennen. Nach WINOGRADSKY[1] entstehen gerade durch die Autolyse von Zellulosezersetzern humusartige Stoffe; bei Mycococcus cytophagus bleibt nach BOKOR[2] als Endprodukt des Organismus nach dem Verschwinden der Zellulose eine tief orangebraun verfärbte Masse zurück, die auch hier in Zusammenhang mit dem für diesen Organismus charakteristischen orangeroten Farbstoff stehen dürfte. Auch auf die Bildung von Humusstoffen durch holzzerstörende Pilze sei hier noch kurz hingewiesen[3]. Das oben ausführlich gebrachte Beispiel von Aspergillus zeigt jedoch, daß es offenbar nicht irgendein bevorzugtes Material für die Bildung der Huminstoffe geben dürfte, sondern daß offenbar die allgemeinen Bedingungen des Stoffwechsels, namentlich des Eiweißstoffwechsels bzw. der Autolyse maßgebend sein werden.

Farbstoffe und dunkle Färbungen sind überhaupt bei Pilzen, weniger bei einigen Bakterien (wenigstens was dunkle Färbungen betrifft), überaus verbreitet. Braungefärbtes Mycel besitzt z. B. der auf ausgestorbenen Pflanzenteilen häufige Cladosporium herbarum, um nur einen der häufigsten zu nennen. Viele Pilze, wie namentlich Zweige und Rinden bewohnende Ascomyceten, besitzen ein Fruchtgehäuse und Mycel von kohliger Beschaffenheit; ähnlich ist die Rindenschicht vieler Sklerotien, z. B. bei Botrytis-(Sclerotinia) Arten beschaffen usw.[4]. Es scheint auch fast, nach METZ[5], daß eine solche von vornherein kohlige Beschaffenheit des Mycels sich mit intensiver Farbstoffbildung ausschließt, vielleicht ein weiterer[6] Hinweis darauf, daß beide Erscheinungen eine ähnliche Ursache haben.

Es ist unmöglich, an dieser Stelle alle Einzelheiten aufzuführen, zumal solches ja nur auf die Aufzählung des Aussehens herauskäme. Was dringend notwendig wäre, ist die Zusammenfassung aller dieser Erscheinungen unter einem großen Gesichtspunkt; als solcher kann sich möglicherweise der Zusammenhang mit Eiweißumsatz und Autolyse, erweisen ähnlich den für die Melaninbildung und die Entstehung der „Huminstoffe" bei Aspergillus schon einigermaßen durchsichtigen Verhältnissen. Jedenfalls hat von der mikrobiologischen Seite her die Erforschung der Humussubstanzen vor allem auch bei den geschilderten Erscheinungen einzusetzen.

Die Humusstoffe in ihrer Zersetzung.

Die Art und Weise der Entstehung der Humusstoffe schließt auch schon gewisse Erscheinungen hinsichtlich ihrer Zersetzung ein. Die schwer zersetzlichen Gerbstoff-, Lignin- usw. Bestandteile sowie die von den Mikroorganismen direkt oder indirekt gebildeten eigentlichen Humusstoffe, ebenfalls schwer zersetzliche Produkte teilweise vermutlich autolytischer Vorgänge, häufen sich relativ im Boden an, nachdem die übrigen organischen Massen bereits dem

---

[1] WINOGRADSKY, S.: Études sur la microbiologie du sol. IV. Sur la dégradation de la cellulose dans le sol. Ann. Inst. Pasteur **43**, 549 (1929).

[2] BOKOR, R.: Mycococcus cytophagus. Arch. Mikrobiol. **1**, 1 (1930).

[3] WEHMER, C.: Lignin und Huminstoffe bei der pilzlichen Holzzersetzung. Ber. Dtsch. bot. Ges. **45**, 536 (1927). — KÜRSCHNER, R.: Über die humifizierende Einwirkung von Merulius lacrymans auf Hölzer. Ein Beitrag zur Kenntnis der Huminkörper. Z. angew. Chem. **40**, 224 (1927).

[4] Infolge der außerordentlichen Verbreitung solcher Erscheinungen muß hier auf die Aufzählung von Literaturstellen verzichtet werden.

[5] METZ, O.: S. 659, Anm. 1.

[6] Siehe oben S. 660 die Bemerkungen über Bac. mesentericus.

Angriff von seiten der Mikroorganismen erlegen sind. Auf diesen Humusbestandteilen beruht die Fähigkeit des Bodens, der keinerlei organische Substanz erhält, noch auf dem Wege der Mineralisation Kohlensäure, Nitrat, Sulfat usw. zu liefern.

Die sehr wesentliche Frage jedoch nach der Natur der gerade diesen Vorgang bewirkenden Mikroorganismen ist noch nicht im mindesten geklärt, obwohl sie eine der dringendsten auf dem Gebiete der Mikrobiologie des Bodens ist. Nach einer kurzen, im übrigen aber unveröffentlichten Bemerkung von WAKSMAN[1] sollen insbesondere Actinomyceten Lignin und Humus als einzige Kohlenstoffquelle verwenden können, würden in dieser Hinsicht also in erster Linie in Betracht zu ziehen sein[2]. Im übrigen ist es dagegen sehr wohl möglich, daß es nicht die allgemein bekannten Arten sind, sondern andere noch nicht oder wenig bekannte.

An anderer Stelle wurde schon ausgeführt, daß die bisher üblichen Methoden der Bodenuntersuchung wie auch der Reinzüchtung der Mikroorganismen Elektivmethoden sind, welche einer bestimmten Mikroorganismengruppe Elektivbedingungen schaffen und diese dann hervortreten lassen, oder welche auch Bedingungen hervorrufen, wie sie im natürlichen Substrat gar nicht verwirklicht sind. Es wurde dort auch darauf hingewiesen, daß die direkte mikroskopische Untersuchung des Bodens eine Mikroorganismenwelt erschlossen hat, die teilweise in morphologischer Hinsicht ganz anders beschaffen zu sein scheint als die bisher bekannte. Unter dieser autochtonen Mikroflora, wie sie WINOGRADSKY[3] genannt hat, dürften vielleicht mit die eigentlichen Humuszersetzer zu suchen sein, wenn auch möglicherweise mehr oder weniger alle Mikroorganismen, oder wenigstens sehr viele, in dieser Hinsicht in Frage kommen können. Die günstige Wirkung von Humusstoffen auf das Wachstum von Mikroorganismen, namentlich von stickstoffbindenden, in künstlichen Nährlösungen wird allerdings auf andere Ursachen (Eisen, Molybdän usw.), jedenfalls nicht auf den organischen Anteil, zurückgeführt[4].

In diesem Zusammenhang muß auch noch einmal auf das Mycorrhizaproblem verwiesen werden[5]; den Sinn der Mycorrhizabildung erblickt man ja darin, daß die Pilze ihrem Symbionten die Humusbestandteile des Bodens, namentlich deren Stickstoff, bei Saprophyten wie Neottia Nidus Avis, wohl auch deren Kohlenstoff, zugänglich machen, da diese eben für die höheren Pflanzen unangreifbar sind.

Die Mikroorganismen und der physiologische Zustand des Bodens als Ausdruck des Fruchtbarkeitszustandes des Bodens.

Von einigen Forschern sind Methoden ausgearbeitet worden, mit Hilfe von Mikroorganismen die Eignung eines Bodens als Substrat der darauf zu kulti-

---

[1] WAKSMAN, S. A.: Principles of Soil Microbiology, S. 298. London 1927.

[2] Nach F. REINITZER: Über die Eignung der Huminsubstanzen zur Ernährung von Pilzen. Bot. Ztg. 58, 59 (1900), u. J. NIKTINSKY: Jb. wiss. Bot. 37, 365 (1902), können Bakterien und Pilze Humusstoffe kaum oder nur wenig oder nicht als einzige C-Quelle verwerten, während R. A. ROBERTSON und IRVING: Biochem. J. 2, 458 (1907), natürliche und künstliche Huminpräparate für Penicillium verwertbar fanden. — F. CZAPEK: Biochemie der Pflanzen, 2. Aufl., 1, 388. Jena 1913, der diese Angaben zitiert, macht jedoch mit Recht darauf aufmerksam, daß die „Reinheit" solcher Präparate nur schwierig oder nicht zu kontrollieren sei. — Das dürfte auch gelten für die Verwertung von Humus durch ein harnstoffspaltendes Bakterium nach H. R. CHRISTENSEN: Cbl. Bakter. II 27, 336 (1910). — Einige weitere Angaben findet man bei F. LÖHNIS: Handbuch der landwirtschaftlichen Bakteriologie, S. 568 Berlin 1910.

[3] Dieses Handbuch 7, 254. [4] Dieses Handbuch 7, 304.

[5] Dieses Handbuch 7, 312.

vierenden Kulturpflanzen festzustellen. Man geht dabei von dem Gedanken aus, daß die enge Beziehung, die allgemein in Hinsicht auf den Stoffkreislauf zwischen den Mikroorganismen und höheren Pflanzen besteht, auch unmittelbar lokal in entsprechender Weise zum Ausdruck kommen müsse. Man hat hier drei Fälle zu unterscheiden:

1. Solche Methoden, welche bezwecken, die Eignung eines Bodens für die Kulturpflanzen festzustellen, soweit diese nicht unmittelbar mit der Nährstoffversorgung zusammenhängt.

2. Methoden zur Bestimmung des Nährstoffbedarfes der Pflanzen (nach der Definition von R. MEYER[1].

3. Methoden zur Bestimmung des Fruchtbarkeitszustandes des Bodens überhaupt.

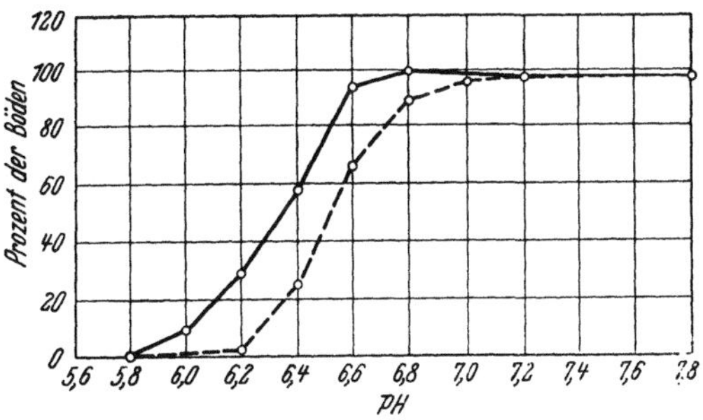

Abb. 20. Abhängigkeit des Gedeihens von Azotobacter vom p_H. Die ausgezogene Linie gibt an, ob überhaupt eine Entwicklung stattfindet, die gestrichelte, ob Azotobacter sich kräftig entwickelt. (Nach H. R. CHRISTENSEN aus H. LUNDEGÅRDT Klima und Boden S. 306. Jena G. Fischer 1925.)

1. Was Punkt 1 betrifft, so handelt es sich naturgemäß im wesentlichen um Bestimmung der Wasserstoffionenkonzentration; als besonders hierfür geeigneter Mikroorganismus hat sich Azotobacter chroococcum Beij. erwiesen, dessen Vorkommen in Erde sich durch Impfung von etwas Erde in eine 2proz. Mannitlösung an der rahmartigen, erst weißen, später braun oder schwarz werdenden Kahmhaut, charakteristisch für die Rohkultur, leicht erkennen läßt. CHRISTENSEN[2] zeigte zuerst eingehend, daß sein Vorkommen streng an die Wasserstoffionenkonzentration des Bodens gebunden ist, was im wesentlichen von späteren Autoren bestätigt werden konnte. Azotobacter findet sich nicht bei einer Wasserstoffionenkonzentration, die höher als $p_H = 5,8$ ist, nimmt aber schon von $p_H = 6,6$ an wesentlich ab. Das ist, wie von den genannten Autoren gezeigt wurde, bei etwa 50% der Böden der Fall[3]. In dänischen Waldböden fand er sich nur, wo Nester von kohlensaurem Kalk vorhanden waren[4]. Folgende kleine Übersicht erläutert das Vorkommen in verschiedenen Bodentypen:

Bodenart (und -zahl)	Wald (90)	Wald (25)	Wiese (200)	Acker (315)
p_H	3,65—4,5	5,9—7,0	unter 4,5—7,0	unter 4,5 bis über 7,0
Azotobacter in Proz. der Fälle	7	64	47	73

[1] MEYER, R.: Über den Begriff und die Bestimmung des Nährstoffbedürfnisses des Bodens. Z. Pflanzenern., Düng. u. Bodenk. A, **9**, 99 (1927); Nährstoffgehalt und Nährstoffbedarf. Ebenda A, **15**, 101 (1929).

[2] CHRISTENSEN, H. R.: Über das Vorkommen und die Verbreitung des Azotobacter chroococcum in verschiedenen Böden. Cbl. Bakter. II **17**, 109 (1907); Tidskr. Landbruget Planteavl. **13** (1906); Studien über den Einfluß der Bodenbeschaffenheit auf das Bakterienleben und den Stoffumsatz im Erdboden. Cbl. Bakter. II **43**, 1 (1915); Experiments in methods for determining the reaction of soils. Soil Sci. **11**, 115 (1917); Untersuchungen über einige neuere Methoden zur Bestimmung der Reaktion und des Kalkbedürfnisses des Erdbodens. Internat. Mitt. Bodenk. **13**, 111 (1923); Untersuchungen über das Kalkbedürfnis des Bodens. Z. Pflanzenern., Düng. u. Bodenk. A, **1**, 265 (1923). — CHRISTENSEN, H. R. u. O. H. LARSEN: Untersuchungen über Methoden zur Bestimmung des Kalkbedürfnisses des Bodens. Cbl. Bakter. II **29**, 347 (1911).

[3] CHRISTENSEN, R. H.: Kalktrangsündelsögelser. Danmarks Geolog. Untersogelse, Reihe III, Nr. 14 (Kopenhagen 1916), fand ihn bei 28562 untersuchten Proben in dänischen Böden in 55% der Fälle nicht (Autorref. Cbl. Bakter. II **49**, 558 [1919]).

[4] WEIS, F. u. C. H. BORNEBUSCH: On the presence of Azotobacter in Danish woods. Det. Forstlige Forsogs. **4**, 319 (1914).

Im allgemeinen ist er also häufiger im Acker- als in Wiesenböden, und in diesen wieder häufiger als in Waldböden. Eine weitere Übersicht nach CHRISTENSEN und LARSEN[1] mag zeigen, daß die Azotobacterprobe ähnliche Ergebnisse, wie das durch den Feldversuch festgestellte Kalkbedürfnis von Böden gibt.

Azotobacter-Probe	Kalkbedürftigkeit nach Feldversuch in Proz. der Fälle		
	nicht vorhanden	vorhanden	zweifelhaft
o	3	54	5
schwach . . .	8	2	2
kräftig	47	3	5

Es muß jedoch darauf aufmerksam gemacht werden, daß das Vorkommen von Azotobacter in Böden nicht nur von der Reaktion, sondern auch, wie NIEMEYER[2] betont, von der Durchlüftung abhängig ist; nach dem genannten Autor ist aus diesem Grunde, wenn nur die besser durchlüfteten Ackerböden berücksichtigt werden, sein Vorkommen häufiger; er fand ihn dann in 74% der Fälle; ein gleiches geht aus den obigen Zahlen hervor. Nach NIKLAS[3] sind auch Nährstoffe, vor allem Phosphorsäure, für sein Vorkommen von Bedeutung. Nach diesem Autor soll auch die Abhängigkeit von der Durchlüftung darauf zurückzuführen sein, daß schlechter durchlüftete Böden sauer sind. Das soll auch der Grund sein, weshalb Azotobacter in Unterböden weniger zahlreich ist als in den zugehörigen Oberböden.

Nach CHRISTENSEN[4] zeigt jedoch das Vorkommen von Azotobacter nicht nur die tatsächliche Reaktion des Bodens, sondern auch sein Pufferungsvermögen an, da die gleichzeitige Säurebildung durch die Begleitbakterien der Rohkultur je nach dem Pufferungsvermögen des Bodens die Entwicklung von Azotobacter noch zuläßt oder unterdrückt. JOHL[5] ist diesem Gedanken weiter nachgegangen. Im übrigen kann die CHRISTENSENsche Azotobactermethode in sinngemäßer Abänderung auch zur rohen Bestimmung der für den Boden notwendigen Kalkmengen zwischen $p_H = 5{,}8$ und 7,3 verwendet werden. Diese Azotobacterprobe wird so ausgeführt, daß 50 cm^3 2proz. Mannitlösung (die noch 0,02% K_2HPO_4 enthält) mit 5 g der zu prüfenden Erde (als Trockensubstanz angegeben) versetzt, sterilisiert und mit einer frischen Azotobacterrohkultur beimpft werden. Die geringere oder größere Stärke der sich entwickelnden Kahmhaut, nach Größenklassen geschätzt, zeigt den Grad der Kalkbedürftigkeit des betreffenden Bodens an. Während also die oben genannte Methode das Vorkommen von Azotobacter anzeigt, ist diese Methode ein Prüfmittel für die Azotobacterfähigkeit eines Bodens.

2. Mikrobiologische Methoden zur Bestimmung des Nährstoffbedarfes der Pflanzen: Diese Methoden sollen also feststellen, ob bzw. wie weit zu untersuchende Böden mit den wichtigen Pflanzennährstoffen in einer für die Pflanzen aufnehmbaren Form versorgt sind. Die prinzipielle Grundlage ist natürlich die, daß die drei wichtigen Nährstoffe der höheren Pflanzen, Stickstoff, Kalium, Phosphor Nährstoffe für alle lebenden Organismen, auch für die Mikroorganismen sind, wie aus der allgemeinen Stoffwechselphysiologie ja zur Genüge bekannt ist[6].

---

[1] CHRISTENSEN, H. R. u. O. H. LARSEN: S. 663, Anm. 2. Tab. 6, S. 367.

[2] NIEMEYER, L.: Azotobacter-Studien. Bot. Arch. 7, 347 (1924).

[3] Literatur S. 665, Anm. 5.

[4] CHRISTENSEN, H. R.: S. 663, Anm. 2; Untersuchungen über das Kalkbedürfnis des Bodens. Z. Pflanzenern., Düng. u. Bodenk. 1, 265 (1922). — CHRISTENSEN, H. R. u. S. T. JENSEN: Internat. Mitt. Bodenkde. 14, 1 (1926).

[5] JOHL, H.: Über die Beziehungen der Azotobacter-Entwicklung zum Pufferungsvermögen des Bodens. Dissert. Göttingen 1930.

[6] Vgl. Dieses Handbuch 7, 303 (Angaben über Azotobacter).

Es erscheint wesentlich, hier noch auf folgendes aufmerksam zu machen: R. MEYER[1] und A. RIPPEL[2] haben ausgeführt, daß es nur eine Methode der Bestimmung des Nährstoffbedarfs der Pflanze geben könne, welche nämlich den Maximalertrag berücksichtigt. Um abgekürzt zu arbeiten, kann möglicherweise die Kenntnis der zeitlichen Beziehungen zwischen Nährstoffaufnahme und Maximalertrag herangezogen werden, oder es kann mit Mikroorganismen gearbeitet werden, deren Ertrags- und Nährstoffaufnahmegesetz mit demjenigen der höheren Pflanzen in Beziehung zu setzen ist. Man sollte also, wenn man Fehlschläge vermeiden will, das Problem nicht einfacher auffassen als es ist, sondern seine umfassende Lösung versuchen.

In zahlreichen Arbeiten, wie von ENGBERDING[3], CHRISTENSEN[4] u. a. finden sich qualitative Angaben darüber, daß die Zufuhr von Stickstoff, Kalium, Phosphor, auf Zahl und Tätigkeit der Bodenmikroorganismen einwirkt. Ausgebaut wurden dann Methoden namentlich von NIKLAS und Mitarbeitern[5] (Azotobacter), die sich auf die Feststellung der Phosphorsäurebedürftigkeit der Böden beschränken, sowie BENECKE und SÖDING[6] (Aspergillus). An und für sich wäre die Wahl des Mikroorganismus natürlich gleichgültig, da sie auf die Nährstoffe qualitativ gleichartig reagieren.

NIKLAS-POSCHENRIEDER verwenden die Azotobactermethode. Böden, deren p_H zwischen 6,51 bis über 7,0 lag, ergaben z. B. folgenden Zusammenhang zwischen Phosphorreichtum und Azotobacterentwicklung:

---

[1] MEYER, R.: Nährstoffgehalt und Nährstoffbedarf. Z. Pflanzenern., Düng. u. Bodenk. A, 15, 101 (1929).

[2] RIPPEL, A.: Die Bestimmung des Nährstoffbedarfs der Pflanze. Internat. Ges. Bodenkde., Verh. IV. Komm. Königsberg 1929. Berlin 1930.

[3] ENGBERDING, D.: Vergleichende Untersuchungen über die Bakterienzahl im Ackerboden. Cbl. Bakter. II 23, 569 (1909).

[4] CHRISTENSEN, H. R.: S. 663, Anm. 2 (Cbl. Bakter. 43).

[5] NIKLAS, H. u. W. HIRSCHBERGER: Eine neue Methode zur raschen Ermittlung der Phosphorsäurebedürftigkeit unserer Böden. Z. angew. Chem. 37, 955 (1924). — HIRSCHBERGER, W.: Über die Bestimmung des Kali- und Phosphorsäuredüngebedürfnisses im Boden usw. Dissert. München, Techn. Hochsch. 1924. — ROIDL, J.: Untersuchungen über die Feststellung der Phosphorsäurebedürftigkeit der Böden mit Hilfe der biologischen Azotobactermethode. Dissert. Weihenstephan 1926. — POSCHENRIEDER, H.: Azotobacter als Boden- und Wurzelbakterium. Dissert. Weihenstephan 1926. — NIKLAS, H., H. POSCHENRIEDER u. A. HOCK: Über die Verbreitung des Azotobacters in den Böden Bayerns usw. Cbl. Bakter. II 66, 16 (1925/26). — NIKLAS, H., K. SCHARRER u. A. STROBEL: Phosphorlöslichkeit und Azotobacterwachstum. Landw. Jb. 63, 387 (1926). — NIKLAS, H.: Die Ermittlung des Nährstoffbedürfnisses usw. Fortschr. Landw. 1, 682 (1926). — NIKLAS, H. u. H. POSCHENRIEDER: Weitere Mitteilungen über die Verbreitung des Azotobacters im Boden usw. Cbl. Bakter. 71, 251 (1927). — GROLLMITZ, H.: Quantitative Bestimmung des Azotobacterwachstums mit chemisch-analytischen und chemisch-physikalischen Methoden. Dissert. Weihenstephan 1927. — NIKLAS, H., R. PÜRKHAUER u. H. POSCHENRIEDER: Beziehungen zwischen pflanzenaufnehmbarer (wurzellöslicher) Phosphorsäure und geologischer Bildung des Bodens. Z. Pflanzenern., Düng. u. Bodenk. A, 9, 136 (1927). — NIKLAS, H.: Über die Verbreitung des Azotobacters im Boden usw. Festschrift für STOKLASA, S. 279. 1928. — Die Forderung von HARTUNG und BAUMGÄRTEL (E. HARTUNG: Landw. Jb. Bayern 18, 295 [1928], T. BAUMGÄRTEL u. E. HARTUNG: Landw. Jb. 65, 625 [1927]), die Azotobacterprobe auf Bodenpreßsäften auszuführen, dürfte weder eine prinzipielle noch methodisch erstrebenswerte Neuerung darstellen. — Erwiderung hierzu H. NIKLAS, A. HOCK u. H. POSCHENRIEDER: Landw. Jb. Bayern 18, 575 (1928). — STÖCKLI, A.: Die Azotobacter-Methode zur Bestimmung der pflanzenaufnehmbaren Phosphorsäure im Boden. Landw. Jb. Schweiz 43, 811 (1929). — KREYBIG, L. VON: Erfahrungen über die Ermittlung des Nährstoffbedürfnisses und der Impffähigkeit der Böden mit der Azotobactermethode NIKLAS. Fortschr. Landw. 4, 12 (1929).

[6] BENECKE, W. u. H. SÖDING: Beiträge zum Ausbau der mikrobiologischen Bodenanalyse. Z. Pflanzenern., Düng. u. Bodenk. A, 10, 129 (1928).

Reichtum an Phosphorsäure	Anzahl der Böden	Azotobacter-Entwicklung in Prozenten			
		keine	schwache	mäßige	starke
Sehr arm	18	17	17	61	5
Arm	40	3	22	50	25
Bedingt arm . . .	107	4	13	48	35
Reich und sehr reich	75	1	2	17	80

Die Methode wird folgendermaßen ausgeführt (wobei allerdings zu bemerken ist, daß zur Zeit die Arbeitsregel noch nicht ganz festzustehen scheint; die angekündigte ausführliche Beschreibung ist noch nicht erschienen): 5 g Feinerde und 5 g Grobsand werden in einem 75 cm³ Erlenmeyerkölbchen mit so viel Nährlösung (2% Mannit, 0,02% KCl, 0,025% $MgSO_4$, 0,3% $CaCO_3$, Leitungswasser) versetzt, daß der Boden eben bedeckt ist, mit Azotobacterrohkultur geimpft und 7 Tage bei 25° C stehen gelassen, danach vorsichtig Wasser zugegeben, daß die Kahmhaut unverletzt auf der Flüssigkeit schwimmt; das ist von großer Wichtigkeit, da sie sonst zur Bewertung nicht gut zu sehen ist. Dann wird die Kahmhaut nach ihrer Entwicklungsstärke geschätzt. Je schwächer sie ist, um so phosphorsäurebedürftiger ist der Boden. Die Methode gab befriedigende Übereinstimmung mit dem durch Pflanzenversuch ermittelten Phosphorsäurereichtum der untersuchten Böden; daß Ausnahmen vorkamen, kann bei der Natur einer solchen biologischen Methode nicht überraschen[1]. Hier sei noch darauf hingewiesen, daß GOY einmal mit Recht darauf hinweist, daß es sich bei dieser Methode eben um Beobachtung einer Rohkultur handelt, deren Zusammensetzung naturgemäß niemals einheitlich sein kann.

Es ist denn auch schon öfters betont worden, daß durch zu intensive Entwicklung der Begleitbakterien infolge der Schaumbildung die Ausbildung der Kahmhaut leidet und ihre Bewertung unsicher wird[2]. SCHEFFER[3] empfiehlt daher eine Zusammensetzung der Nährlösung, die diesen Übelstand vermeidet, indem er in der obigen Nährlösung Mannit durch Calciumacetat ersetzt.

BENECKE und SÖDING verwenden Aspergillus niger (daneben auch eine Alge, Stichococcus), einen Organismus, der Azotobacter gegenüber den sehr wesentlichen Vorteil besitzt, daß seine feste Myceldecke leicht gewonnen und quantitativ bestimmt werden kann, während es sich bei Azotobacter ja nur um eine Schätzung der Stärke einer Rohkultur handelt. Bei Aspergillus kommt jedoch noch in Betracht, daß er ja zum Teil starke organische Säuren bildet (Oxalsäure, Citronensäure), während Azotobacter nur Kohlensäure bildet. Es wäre jedoch nicht ganz ausgeschlossen, daß die erwähnte Eigenschaft von Aspergillus sich gerade als besonders vorteilhaft erweisen könnte, wenn man berücksichtigt, daß eine der rein chemischen Methoden zur Bestimmung der für die höheren Pflanzen aufnehmbaren Phosphorsäure des Bodens mit verdünnter Citronensäure arbeitet. Jedenfalls läßt sich zur Zeit noch nicht irgend etwas Abschließendes aussagen. Weitere Versuche mit Aspergillus sind gerade eben von NIKLAS in Angriff genommen.

BENECKE und SÖDING arbeiten folgendermaßen: 25—50 cm³ Nährlösung (verschieden zusammengesetzt, meist 2% Glucose und die üblichen Mineralsalze) werden mit 0,5—2,0 g Boden, der vorher durch $^1/_4$stündiges Erhitzen auf 150 °C sterilisiert war, nochmals 10 Minuten bei 100° C sterilisiert. Nach Impfung mit

[1] Vgl. auch die Bemerkung S. 668.

[2] NIKLAS: S. 665, Anm. 5. — LOEW, O.: Über die Ernährung des Azotobacters im Boden. Cbl. Bakter. II 70, 36 (1927).

[3] SCHEFFER, F.: Schnellmethoden zur Bestimmung des Phosphorsäurebedürfnisses der Böden. Fortschr. Landw. 4, 37 (1929).

Aspergillussporen einer Reinkultur läßt man bei 33° stehen. Es ergab sich qualitativ einigermaßen befriedigende Übereinstimmung mit dem nach MITSCHERLICH im Gefäßversuch ermittelten Nährstoffgehalt. Quantitativ ausgeführte Versuche, wobei steigende Gaben des zu prüfenden Nährstoffes mit steigenden Mengen Boden verglichen wurden, und so die im Boden verfügbare Menge quantitativ ermittelt werden konnte, ergaben mehr Anschluß an die chemische als an die MITSCHERLICH-Methode, wie folgendes Beispiel zeigt:

Methode	Kalium	Phosphor	Stickstoff
Pilzversuch	100 : 60 : 30	100 : 50 : 34	53 : 100 : 50
Chemisch	100 : 92 : 37	100 : 68 : 81	69 : 100 : 46
Nach MITSCHERLICH . . .	100 : 58 : 51	100 <9 <9	7 : 100 : 14

Diese Zahlen sind in der Art gewonnen, daß drei Böden miteinander verglichen wurden, wobei der für einen Boden erhaltene Wert gleich 100 gesetzt und die beiden anderen in Relativzahlen davon ausgedrückt sind. Man sieht, daß die nach der chemischen Methode erhaltenen Zahlen besser mit denen des Pilzversuches übereinstimmen als die nach MITSCHERLICH erhaltenen. Es ist nicht ausgeschlossen, daß dies zum Teil damit zusammenhängt, daß die Bodenproben bei der starken Erhitzung auf 150° sich zu sehr veränderten, so daß man diese bei späteren Untersuchungen zweckmäßigerweise wird reduzieren müssen.

NIKLAS[1] und Mitarbeiter arbeiten zur Bestimmung des aufnehmbaren Kaliums in der Weise, daß sie 2,5 g Boden mit einer 10proz. Zuckerlösung übergießen, welche die übrigen Mineralsalze außer Kalium enthält, und außerdem mit 1% Citronensäure versetzt ist, um die im Boden vorhandene Mikroflora zu unterdrücken und die Reaktionsverhältnisse einigermaßen einheitlich zu gestalten. Das Nichtsterilisieren ist zweifellos ein großer Vorteil dieses Verfahrens. Nach 5—6 Tagen wird geerntet und nach dem Erntegewicht die Kalibedürftigkeit angegeben. Ein Vergleich von 162 untersuchten Böden mit der NEUBAUER-Methode hatte folgendes Ergebnis:

mg K_2O nach NEUBAUER	Zahl der Böden	Übereinstimmung in Prozenten			
		sg	g	z	s
0—14	39	66	—	25	9
14—20	28	78	—	22	—
20—30	44	44	39	11	6
30—40	31	68	16	—	16
40 und mehr	20	55	45	—	—
Gesamtübereinstimmung in Proz.	—	62,2	20,6	11,6	6,2
		82,2 (sg + g)			

sg = sehr gute, g = gute, z = zweifelhafte, s = schlechte Übereinstimmung.

Es erscheint einigermaßen aussichtsreich, auf diesem Wege weiter zu gehen, da sich immerhin 82,2% gute Übereinstimmungen ergaben, wobei noch einmal auf die oben auf S. 665 ausgeführten Gesichtspunkte hingewiesen sei.

Es sei ferner noch darauf aufmerksam gemacht, daß sich vielleicht Stickstoff prinzipiell anders verhalten könnte als Kalium und Phosphorsäure, welche letztgenannten im Erdboden in anorganischer Form vorliegen, während der Stick-

[1] NIKLAS, H., H. POSCHENRIEDER u. J. TRISCHLER: Eine neue Methode zur Feststellung der Düngebedürftigkeit der Böden. 1. Mitt. Bestimmung der Kalidüngebedürftigkeit der Böden mittels Aspergillus niger. Z. Pflanzenern., Düng. u. Bodenk. A, 18, 129 (1930). — NIKLAS, H. u. H. POSCHENRIEDER: Weitere Ergebnisse zur Bestimmung der Kalibedürftigkeit der Böden mittels Aspergillus niger. Arch. Pflanzenbau 5, 152 (1930).

stoff zum Teil erst während der Vegetation mineralisiert wird. Immerhin wird die Aspergillus-Methode wegen der obengenannten Vorzüge Beachtung finden müssen. Zu beachten ist jedoch, daß sich die einzelnen Rassen von Aspergillus niger auf gleichen Nährboden sehr stark im Erntegewicht unterscheiden können, so daß für einheitliche Arbeiten ein und dieselbe Rasse benutzt werden müßte.

3. Mikrobiologische Methoden zur Bestimmung des Fruchtbarkeitszustandes des Bodens überhaupt. Die ältesten bakteriologischen Methoden[1], von denen man seinerzeit viel erwartete und die heute noch, zum Teil sicher zwecklos, vielfache Anwendung finden, hatten das Ziel, die Anzahl der Mikroorganismen und die wesentlichen mikrobiellen Umsetzungen im Boden festzustellen bzw. die mehr oder weniger große Fähigkeit eines Bodens hierzu zu erweisen, um auf diese Weise einen Zusammenhang mit dem Fruchtbarkeitszustand eines Bodens überhaupt zu erbringen. Der Grundgedanke ist sicher richtig, daß nämlich ein fruchtbarer Boden auch eine reichere und tätigere Mikroorganismenflora als ein unfruchtbarer Boden besitzt.

Aber man muß sich darüber klar sein, daß eine derartige Methode nur als solche gewertet werden darf, wenn sie alle Fälle quantitativ erfaßt und nicht nur Aufschlüsse in extremen Fällen gibt. Ein solches Maß der Exaktheit ist jedoch bei den üblichen mikrobiologischen Methoden zur Feststellung des Fruchtbarkeitszustandes des Bodens nicht erreichbar. Das geht schon aus folgender, einfacher Überlegung hervor: Da für die Mineralisation des Stickstoffs das Kohlenstoff/Stickstoff-Verhältnis entscheidend ist, wie oben ausgeführt wurde, so können z. B. Stickstoffmineralisation und Zahl der Mikroorganismen gar nicht einander parallel gehen. Es kann natürlich in gewissen Fällen derartiges eintreten; aber das ist gewissermaßen dann nur ein Zufall, es kann aber niemals allgemein, sondern nur für vergleichbare Verhältnisse gelten[2]; jedoch dürfte es meist unbekannt sein, ob solche vorliegen.

Dieses Ergebnis hatten denn auch zwei neuere umfangreiche Versuchsreihen, die von MAASSEN und BEHN[2] sowie von WAKSMAN[3] durchgeführt wurden. Während allerdings die Erstgenannten zu einem gänzlich ablehnenden Schluß kommen, wenn sie auf S. 504 zusammenfassen „Unsere gesammelten Erfahrungen sprechen vielmehr dafür, daß es nicht möglich ist, mit den bisher üblichen Verfahren der bakteriologischen Bodenuntersuchung sichere Unterlagen zu schaffen zur Beurteilung des Fruchtbarkeitszustandes eines Bodens“, betrachtet der letztgenannte die Sachlage etwas günstiger. Auch WAKSMAN gibt jedoch zu, daß

---

[1] Vgl. dieses Handbuch 7, 248, ferner oben S. 602.

[2] Einige Beispiele, in denen solche Beziehungen gefunden wurden, sind S. 623 u. 637 wiedergegeben. Bezüglich weiterer Angaben vgl. man z. B. S. A. WAKSMAN. Der gegenwärtige Stand der Bodenmikrobiologie usw. Fortschr. naturw. Forschg., N. F., H. 10, Urban u. Schwarzenberg 1930.

[3] MAASSEN u. BEHN: Zur Kenntnis der bakteriologischen Bodenuntersuchungen. Arb. Biol. Reichsanst. 11, 399 (1923). — WAKSMAN, S. A.: Microbiological analysis of soil as an index of soil fertility: I. The mathematical interpretation of numbers of microorganisms in the soil. Soil Sci. 14, 81 (1922); II. Methods of study of numbers of microorganisms in the soil. Ebenda 14, 283 (1922); III. Influence of fertilisation upon numbers of microorganisms in the soil. Ebenda 15, 321 (1922); IV. Ammonia accumulation (Ammonification). Ebenda 15, 49 (1923); V. Methods for the study of nitrification. Ebenda 15, 241 (1923); VI. Nitrification. Ebenda 16, 55 (1923). — WAKSMAN, S. A. u. R. F. STARKEY: VII. Evolution of carbon dioxide. Ebenda 17, 141 (1924). — WAKSMAN, S. A. u. O. HEUKELEKIAN: VIII. Decomposition of cellulose. Ebenda 17, 275 (1924). — WAKSMAN, S. A. u. P. D. KARUNAKAR: IX. Nitrogen fixation and mannite decomposition. Ebenda 17, 379 (1924). — WAKSMAN, S. A. u. R. F. DUBOS: X. The catalytic power of the soil. Ebenda 22, 407 (1926). — Wegen der älteren Literatur sei auf WAKSMAN verwiesen. — Zu einem negativen Ergebnis kamen auch: E. MITSCHUSTIN u. V. SOKOLOV: Die Ertragsfähigkeit des Bodens und die mikrobiologischen Prozesse in demselben. J. Landw.-Wiss. Moskau 2, 38 (1925) (russ. u. deutsche Zsfssg.).

der Fruchtbarkeitszustand des Bodens, gemessen an der erreichbaren Pflanzenproduktion, nicht notwendigerweise den mikrobiellen Umsetzungen parallel gehen muß, wie auch seine Zahlen zeigen, welche in Abb. 21 nach seinem zusammen-

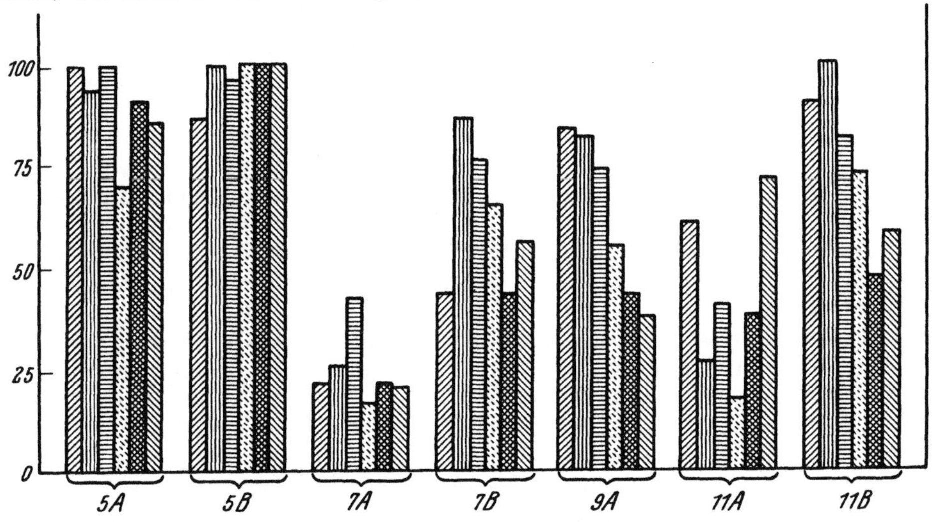

Abb. 21. Beziehung zwischen Produktionsfähigkeit des Bodens und Tätigkeit der Mikroorganismen. Ernte 1908—1922; Ernte 1923; Zahl der Mikroorganismen; nitrifizierende Kraft; CO_2-Bildung; Zersetzungsfähigkeit.
(Aus S. A. WAKSMAN: Principles of Soil Microbiology. S. 733.)

fassenden Diagramm wiedergegeben sind. Nach MAASSEN und BEHN seien folgende Beispiele gebracht[1], welche deutlich zeigen, daß keinerlei Parallelität besteht. Es sind dabei jeweils die Zahlen von Boden A bzw. Boden B gleich 100 gesetzt.

Boden	Ertrag	Zahl der Mikroorganismen	Stickstoff-Bindung	Nitrat-Bildung	Ammoniak-Bildung
A	100	100	100	100	100
B	9	28	87	127	93

Boden A normaler in Kultur befindlicher Ackerboden mit 0,065% Stickstoff; 1 Jahr vor Versuchsbeginn Stallmistdüngung. Boden B abnorm roher, seit 7 Jahren bebauter, niemals gedüngter Sandboden mit 0,017% Stickstoff.

Boden	Ertrag	Zahl der Mikroorganismen	Stickstoff-Bindung	Nitrit- bzw. Nitrat-Bildung		Ammoniak-Bildung	Denitrifikation	
A	145	122	134	(102)	(120)	135	(80)	99
B	100	100	100	(100)	(100)	100	(100)	100
C	15	25	135	(66)	(55)	20	(100)	113

Boden A mit Stallmist gedüngter Ackerboden; B ungedüngter Ackerboden; C roher Boden. ( ) bedeutet „Schnelligkeitswert".

Über die Methoden im einzelnen ist oben bereits gesprochen worden; es handelt sich um das Prinzip der schon erwähnten Umsetzungsversuche[2]. Die Bakterienzählung wurde bereits besprochen[3]. Dort wurden auch bereits die Gründe angeführt, weshalb kein Erfolg zu erwarten war, da nicht unter natürlichen, sondern unter elektiven Bedingungen gearbeitet wird; man vergleiche auch die Ausführungen von RIPPEL[4].

[1] Siehe S. 460 u. S. 476 ff. [2] Siehe S. 602. [3] Siehe dieses Handbuch 7, S. 248 ff.
[4] RIPPEL, A: Mikrobiologische Bodenuntersuchung und ihre Grundlagen. Z. Pflanzenerng., Düng. u. Bodenk. A, 8, 268 (1927).

Als eine weitere Methode zur Feststellung des Fruchtbarkeitszustandes eines Bodens ist hier die katalytische Kraft zu nennen, worunter die Fähigkeit des Bodens verstanden wird, aus Wasserstoffsuperoyxd molekularen Sauerstoff frei zu machen, eine bei Lebewesen sehr verbreitete Fähigkeit; ein Enzym, die Katalase, die bei Aeroben weiter als bei Anaeroben verbreitet ist, ist hierbei das wirksame Prinzip. So hat man denn auch die erwähnte Eigenschaft des Bodens mit seinem mikrobiologischen Zustand, jedoch zu Unrecht, gleich gesetzt. Einmal besitzen nicht alle Mikroorganismen die Katalase, namentlich nicht anaerobe Mikroorganismen[1], und zum anderen besitzen auch anorganische Stoffe die Fähigkeit zur Wasserstoffsuperoxyd-Zersetzung, eine Tatsache, die vom mikrobiologischen Gesichtspunkt aus diese Methode noch ungeeigneter als die obenerwähnten erscheinen lassen muß. So sind nach SCHARRER[2] und WAKSMAN[3] namentlich Mangan- und Eisenverbindungen in dieser Richtung wirksam, ebenso die Tonkolloide, wie schon KAPPEN[4] und WACHTEL[5] feststellten, endlich tote organische Stoffe. Ferner wird die katalytische Kraft durch Säuren gehemmt, durch alkalische Reaktionen dagegen gefördert. Eine Folge der Beteiligung anorganischer Stoffe ist denn auch, daß nach SCHARRER durch Glühen die katalytische Kraft zwar sehr herabgesetzt, aber in gewissen Fällen, wie bei eisenreichen Moorböden, kaum verändert wird.

Wenn auch, nach allem, kein Zusammenhang zwischen katalytischer Kraft und Keimgehalt des Bodens bestehen kann, so fand SCHARRER doch den niedrigsten katalytischen Wert bei der niedrigsten Keimzahl, im übrigen allerdings keinen Zusammenhang, wie die folgende Tabelle zeigt[6]:

Düngungsart	p_H	Gesamt-Keimzahl	Bakterien	Pilze	cm^3 Sauerstoff je 1 g lufttrockenen Bodens
Ungedüngt	6,58	28680	27200	1480	216,0
Grunddüngung	5,93	37200	35680	1600	186,0
Gr. + Kainit	5,67	36900	35800	1100	190,5
Gr. + 40proz. Kalisalz . . .	5,45	30150	29400	750	195,0
Gr. + Chlorkalium	5,52	16160	15960	760	184,0
Gr. + schwefelsaures Kalium	5,49	34740	34140	600	206,0

Man muß hierbei auch berücksichtigen, daß die an Ton usw. reicheren Böden meist auch geeigneter sind, eine zahlreiche Mikroorganismenflora zu beherbergen und auch im allgemeinen fruchtbarer sein werden, weil sie sich in relativ günstiger physikalisch-chemischer Verfassung befinden, so daß ein namentlich in Extremfällen vorhandener Parallelismus zwischen Keimzahl, katalytischer Kraft und Fruchtbarkeitszustand eben mehr oder weniger zufälliger aber nicht kausaler

[1] Diese Verhältnisse scheinen noch nicht ganz geklärt. Einige diesbezügliche Literatur: C. STAPP: Weitere Beiträge zur Kenntnis der Bakterienfermente. Über Katalase und Peroxydase bei Bakterien. Cbl. Bakter. I Orig. **92**, 161 (1924). — FR. SCHLUNK: Der Zweck der Katalase bei den Bakterien. Ebenda **92**, 116 (1924). — A. F. VIRTANEN u. H. KARSTRÖM: Quantitative Enzymbestimmungen an Mikroorganismen. I. Der Katalasegehalt der Bakterien. Biochem. Z. **161**, 9 (1925). — A. F. VIRTANEN u. O. WINTER: Ebenso II. Über die Einwirkung einiger Faktoren auf den Katalasegehalt von Bakterien. Ebenda **197**, 210 (1928). — O. KIRCHNER u. H. NAGELL: Die Verwendbarkeit der Methoden zur quantitativen Katalase- und Peroxydasebestimmung für Untersuchungen an Bakterien. Ebenda **174**, 167 (1926).

[2] SCHARRER, K.: Beiträge zur Kenntnis der wasserstoffperoxydzersetzenden Eigenschaften der Böden. Landw. Versuchsstat. **107**, 143 (1928).

[3] WAKSMAN, S. A.: S. 668, Anm. 3 (Nr. X).

[4] KAPPEN, H.: Die katalytische Kraft des Ackerbodens. Fühl. landw. Ztg. **62**, 377 (1913).

[5] WACHTEL, P.: Die Wasserstoffsuperoxydkatalyse durch Boden. Dissert. Jena 1912.

[6] SCHARRER, K.: Siehe Anm. S. 145.

Natur ist. Das nachfolgende Beispiel nach WAKSMAN[1] mag zeigen, daß zwischen katalytischer Kraft und Ertragsfähigkeit zwar ein geringer, aber doch nur sehr unsicherer Zusammenhang entsprechend den obigen Ausführungen besteht, der jedenfalls keine quantitative Erfassung im Sinne einer praktisch verwertbaren Methode erlaubt:

Düngung	Prüfung am 20. Juli: cm^3 Sauerstoff nach Minuten 10	20	Reihenfolge	Prüfung am 14. September: cm^3 Sauerstoff nach Minuten 10	20	Reihenfolge	Weizen-Ernte in pounds je acre: Gewicht	Reihenfolge
Stall- + Mineraldüngung	21,2	27,1	1	17,1	23,1	1	7,251	2
Keine	8,9	11,8	10	10,6	14,4	8	0,393	12
Mineraldüngung + $NaNO_3$	14,2	18,3	4	12,1	16,4	4	6,263	4
Mineraldüngung + $(NH_4)_2SO_4$	3,1	4,1	12	5,5	7,6	12	0,451	11
Mineraldüngung + Stroh	8,4	12,8	8	12,8	16,0	5	4,145	7
Mineraldünger + Stalldünger + $NaNO_3$	16,6	20,5	3	15,0	17,4	3	8,238	1
Mineraldüngung allein	7,7	10,1	11	10,6	12,5	11	3,141	9
Mineraldüngung + Kalk	11,2	14,5	7	10,6	14,0	9	3,175	8
Mineraldüngung + Stalldüngung + Kalk	17,3	21,5	2	14,4	18,8	2	4,973	5
Kalk allein	13,9	17,1	5	10,8	15,7	6	2,846	10
Mineraldüngung + $(NH_4)_2SO_4$ + Kalk	7,8	12,2	9	9,7	13,2	10	6,503	3
Mineraldüngung allein	11,8	16,1	6	11,3	15,3	7	4,669	6

[1] WAKSMAN, S. A.: Siehe Anm. S. 417.

Namenverzeichnis.

Sachverzeichnis.

C. G. Röder A.-G., Leipzig.

Verlag von Julius Springer / Berlin

Handbuch der Bodenlehre

Herausgegeben von

Dr. **E. Blanck**

o. ö. Professor und Direktor des agrikulturchemischen und bodenkundlichen Instituts der Universität Göttingen

Übersicht über die weiteren Bände

1. Teil: Allgemeine oder wissenschaftliche Bodenlehre.

Band I: **Die naturwissenschaftlichen Grundlagen der Lehre von der Entstehung des Bodens.** Bearbeitet von Professor Dr. E. Blanck, Göttingen, Dr. H. Fesefeldt, Göttingen, Dr. F. Giesecke, Göttingen, Dr. G. Hager, Bonn, Dr. F. Heide, Göttingen, Professor Dr. W. Meigen, Gießen, Professor Dr. S. Passarge, Hamburg, Professor Dr. H. Philipp, Köln, Dr. K. Rehorst, Breslau, Dr. L. Rüger, Heidelberg. Mit 29 Abbildungen. VIII, 335 Seiten. 1929. RM 27.—; gebunden RM 29.60

Band II: **Die Verwitterungslehre und ihre klimatologischen Grundlagen.** Bearbeitet von Professor Dr. E. Blanck, Göttingen, Professor Dr. K. Knoch, Berlin, Dr. K. Rehorst, Breslau, Professor Dr. G. Schellenberg, Göttingen, Professor Dr. J. Schubert, Eberswalde, Dr. E. Wasmund, Langenargen (Bodensee). Mit 50 Abbildungen. VI, 314 Seiten. 1929. RM 29.60; gebunden RM 32.—

Band III: **Die Lehre von der Verteilung der Bodenarten an der Erdoberfläche. Regionale und zonale Bodenlehre.** Bearbeitet von Professor Dr. E. Blanck, Göttingen, Dr. F. Giesecke, Göttingen, Professor Dr. H. Harrassowitz, Gießen, Professor Dr. H. Jenny, Columbia (U. S. A.), Geh.-Rat Professor Dr. G. Linck, Jena, Professor Dr. W. Meinardus, Göttingen, Professor Dr. H. Mortensen, Göttingen, Professor Dr. A. A. J. von 'Sigmond, Budapest, Professor Dr. H. Stremme, Danzig. Mit 61 Abbildungen und 3 Tafeln. VIII, 550 Seiten. 1930. RM 54.—; gebunden RM 57.—

Band IV: **Aklimatische Bodenbildung und fossile Verwitterungsdecken.** Bearbeitet von Professor Dr. E. Blanck, Göttingen, Dr. F. Giesecke, Göttingen, Professor Dr. H. Harrassowitz, Gießen, Professor Dr. H. Niklas, Weihenstephan, Geheimrat Professor Dr. Br. Tacke, Bremen. Mit 32 Abbildungen. VIII, 334 Seiten. 1930. RM 36.—; gebunden RM 39.—

Band V: **Der Boden als oberste Schicht der Erdoberfläche.** Bearbeitet von Dr. F. Giesecke, Göttingen, Professor Dr. A. Kumm, Braunschweig, Professor Dr. S. Passarge, Hamburg, Professor Dr. L. Rüger, Heidelberg, Geheimrat Professor Dr. K. Sapper, Würzburg, Professor Dr. H. Stremme, Danzig-Langfuhr, Dr. E. Wasmund, Langenargen (Bodensee). Mit 103 Abbildungen. VII, 483 Seiten. 1930. RM 52.—; gebunden RM 55.—

Band VI: **Die physikalische Beschaffenheit des Bodens.** Bearbeitet von Professor Dr. A. Densch, Landsberg a. d. Warthe, Dr. F. Giesecke, Göttingen, Professor Dr. M. Helbig, Freiburg i. Br., Professor Dr. V. F. Heß, Graz, Professor Dr. J. Schubert, Eberswalde, Professor Dr. F. Zunker, Breslau. Mit 104 Abbildungen. VIII, 423 Seiten. 1930. RM 43.60; gebunden RM 46.60

Band VII: **Der Boden in seiner chemischen und biologischen Beschaffenheit.** Bearbeitet von Professor Dr. E. Blanck, Göttingen, Dr. G. Hager, Bonn, Professor Dr. R. W. Hoffmann, Göttingen, Professor Dr. H. Lundegårdh, Stockholm, Dr. K. Maiwald, Breslau, Dr. A. Rieser, Wil (Schweiz), Professor Dr. A. Rippel, Göttingen, Dr. Fr. Steinriede, Münster i. W. Mit 72 Abbildungen. VII, 473 Seiten. 1931. RM 52.—; gebunden RM 55.—

2. Teil: Angewandte oder spezielle Bodenkunde (Technologie des Bodens).

Band IX: **Die Maßnahmen zur Kultivierung des Bodens.** In Vorbereitung.

Band X: **Die Bedeutung des Bodens in technischer, hygienischer sowie sonstiger Hinsicht für den Menschen und die Bodenkartierung.** In Vorbereitung.

GPSR Compliance

The European Union's (EU) General Product Safety Regulation (GPSR) is a set of rules that requires consumer products to be safe and our obligations to ensure this.

If you have any concerns about our products, you can contact us on ProductSafety@springernature.com

In case Publisher is established outside the EU, the EU authorized representative is:

Springer Nature Customer Service Center GmbH
Europaplatz 3
69115 Heidelberg, Germany

Batch number: 10683525

Printed by Printforce, the Netherlands